대기환경
기사·산업기사
필기

고경미 편저

일진사

표준주기율표
Periodic Table of the Elements

표기법
- 원자번호
- **기호**
- 원소명 (영문)
- 원소명 (국문)
- 일반 원자량
- 표준 원자량

1	2	3	4	5	6	7	8	9	10	11	12	13	14	15	16	17	18
1 **H** 수소 hydrogen 1.008 [1.0078, 1.0082]																	2 **He** 헬륨 helium 4.0026
3 **Li** 리튬 lithium 6.94 [6.938, 6.997]	4 **Be** 베릴륨 beryllium 9.0122											5 **B** 붕소 boron 10.81 [10.806, 10.821]	6 **C** 탄소 carbon 12.011 [12.009, 12.012]	7 **N** 질소 nitrogen 14.007 [14.006, 14.008]	8 **O** 산소 oxygen 15.999 [15.999, 16.000]	9 **F** 플루오린 fluorine 18.998	10 **Ne** 네온 neon 20.180
11 **Na** 소듐 sodium 22.990	12 **Mg** 마그네슘 magnesium 24.305 [24.304, 24.307]											13 **Al** 알루미늄 aluminium 26.982	14 **Si** 규소 silicon 28.085 [28.084, 28.086]	15 **P** 인 phosphorus 30.974	16 **S** 황 sulfur 32.06 [32.059, 32.076]	17 **Cl** 염소 Chlorine 35.45 [35.446, 35.457]	18 **Ar** 아르곤 argon 39.948
19 **K** 포타슘 potassium 39.098	20 **Ca** 칼슘 calcium 40.078(4)	21 **Sc** 스칸듐 scandium 44.956	22 **Ti** 타이타늄 titanium 47.867	23 **V** 바나듐 vanadium 50.942	24 **Cr** 크로뮴 chromium 51.996	25 **Mn** 망가니즈 manganese 54.938	26 **Fe** 철 iron 55.845(2)	27 **Co** 코발트 cobalt 58.933	28 **Ni** 니켈 nickel 58.693	29 **Cu** 구리 copper 63.546(3)	30 **Zn** 아연 zinc 65.38(2)	31 **Ga** 갈륨 gallium 69.723	32 **Ge** 저마늄 germanium 72.630(8)	33 **As** 비소 arsenic 74.922	34 **Se** 셀레늄 selenium 78.971(8)	35 **Br** 브로민 bromine 79.904 [79.901, 79.907]	36 **Kr** 크립톤 krypton 83.798(2)
37 **Rb** 루비듐 rubidium 85.468	38 **Sr** 스트론튬 strontium 87.62	39 **Y** 이트륨 yttrium 88.906	40 **Zr** 지르코늄 zirconium 91.224(2)	41 **Nb** 나이오븀 niobium 92.906	42 **Mo** 몰리브데넘 molybdenum 95.95	43 **Tc** 테크네튬 technetium	44 **Ru** 루테늄 ruthenium 101.07(2)	45 **Rh** 로듐 rhodium 102.91	46 **Pd** 팔라듐 palladium 106.42	47 **Ag** 은 silver 107.87	48 **Cd** 카드뮴 cadmium 112.41	49 **In** 인듐 indium 114.82	50 **Sn** 주석 tin 118.71	51 **Sb** 안티모니 antimony 121.76	52 **Te** 텔루륨 tellurium 127.60(3)	53 **I** 아이오딘 iodine 126.90	54 **Xe** 제논 xenon 131.29
55 **Cs** 세슘 caesium 132.91	56 **Ba** 바륨 barium 137.33	57–71 란타념족 lanthanoids	72 **Hf** 하프늄 hafnium 178.49(2)	73 **Ta** 탄탈럼 tantalum 180.95	74 **W** 텅스텐 tungsten 183.84	75 **Re** 레늄 rhenium 186.21	76 **Os** 오스뮴 osmium 190.23(3)	77 **Ir** 이리듐 iridium 192.22	78 **Pt** 백금 platinum 195.08	79 **Au** 금 gold 196.97	80 **Hg** 수은 mercury 200.59	81 **Tl** 탈륨 thallium 204.38 [204.38, 204.39]	82 **Pb** 납 lead 207.2	83 **Bi** 비스무트 bismuth 208.98	84 **Po** 폴로늄 polonium	85 **At** 아스타틴 astatine	86 **Rn** 라돈 radon
87 **Fr** 프랑슘 francium	88 **Ra** 라듐 radium	89–103 악티늄족 actinoids	104 **Rf** 러더포듐 rutherfordium	105 **Db** 두브늄 dubnium	106 **Sg** 시보귬 seaborgium	107 **Bh** 보륨 bohrium	108 **Hs** 하슘 hassium	109 **Mt** 마이트너륨 meitnerium	110 **Ds** 다름슈타튬 darmstadtium	111 **Rg** 뢴트게늄 roentgenium	112 **Cn** 코페르니슘 copernicium	113 **Nh** 니호늄 nihonium	114 **Fl** 플레로븀 flerovium	115 **Mc** 모스코븀 moscovium	116 **Lv** 리버모륨 livermorium	117 **Ts** 테네신 tennessine	118 **Og** 오가네손 oganesson

란타념족 (lanthanoids)

57	58	59	60	61	62	63	64	65	66	67	68	69	70	71
La 란타넘 lanthanum 138.91	**Ce** 세륨 cerium 140.12	**Pr** 프라세오디뮴 praseodymium 140.91	**Nd** 네오디뮴 neodymium 144.24	**Pm** 프로메튬 promethium	**Sm** 사마륨 samarium 150.36(2)	**Eu** 유로퓸 europium 151.96	**Gd** 가돌리늄 gadolinium 157.25(3)	**Tb** 터븀 terbium 158.93	**Dy** 디스프로슘 dysprosium 162.50	**Ho** 홀뮴 holmium 164.93	**Er** 어븀 erbium 167.26	**Tm** 툴륨 thulium 168.93	**Yb** 이터븀 ytterbium 173.05	**Lu** 루테튬 lutetium 174.97

악티늄족 (actinoids)

89	90	91	92	93	94	95	96	97	98	99	100	101	102	103
Ac 악티늄 actinium	**Th** 토륨 thorium 232.04	**Pa** 프로트악티늄 protactinium 231.04	**U** 우라늄 uranium 238.03	**Np** 넵투늄 neptunium	**Pu** 플루토늄 plutonium	**Am** 아메리슘 americium	**Cm** 퀴륨 curium	**Bk** 버클륨 berkelium	**Cf** 캘리포늄 californium	**Es** 아인슈타이늄 einsteinium	**Fm** 페르뮴 fermium	**Md** 멘델레븀 mendelevium	**No** 노벨륨 nobelium	**Lr** 로렌슘 lawrencium

서문

안녕하세요. 대기환경기사 및 대기환경산업기사 수험생 여러분!
대기환경 강사 고경미입니다.

대기환경기사·산업기사는 범위가 매우 방대하기 때문에 단순 암기만으로는 합격할 수 없는 자격증입니다. 하지만 동시에 60점만 넘으면 합격할 수 있는 절대평가 시험이기도 합니다. 합격기준만 맞추면 되기 때문에 확실한 학습전략만 있다면 모든 부분을 다 공부하지 않고도 쉽고 빠르게 합격할 수 있습니다.

그래서 저는 어떻게 하면 수험생 여러분이 가장 쉽고 빠르게 합격할 수 있을까 고민하였습니다. 그리고 그 해답을 찾기 위해 기출문제를 분석하였고, 분석된 내용을 바탕으로 크게 세 가지로 특징화하여 이 책을 집필하였습니다.

1. 대기환경기사 및 산업기사의 최신 가이드라인을 기준으로 목차가 구성되어 있습니다.
   (2023년 가이드라인 기준)
   가이드라인은 시험 출제 기준이기 때문에, 시험에 가깝게 목차를 구성한 대기환경기사·산업기사 필기 교재는 수험생분들의 체계적인 학습에 도움이 될 것입니다.

2. 철저한 기출문제 분석을 통해 목차별 출제율을 확인할 수 있습니다.
   과년도 3개년 기출분석 데이터를 통해 최신 출제경향을 파악할 수 있습니다.

3. 기출문제 분석을 통해 도출한 중요 내용을 바탕으로 과목별 학습에 유용한 합격전략을 수록하였습니다.
   중요한 것과 그렇지 않은 것을 파악할 수 있으며, 이를 통해 효율적인 학습이 가능합니다.

기출문제를 과목별, 가이드라인별로 철저하게 분석해, 중요한 부분은 확실하게 학습할 수 있도록 하였고, 잘 출제되지 않은 부분은 과감히 생략할 수 있도록 하였습니다. 이로써 전체 공부량의 40%만 공부하고도 합격할 수 있도록 가장 효율적으로 시험에 대비하여 합격할 수 있는 최적화된 교재를 만들었습니다. 이 책은 가장 짧은 시간에 대기환경기사와 대기환경산업기사 자격증을 취득하고자 하는 분들에게 큰 도움이 될 것입니다.

끝으로, 이 책이 수험생 여러분에게 합격을 위한 좋은 동반자이자 길잡이가 되어 모든 수험생 여러분들이 합격하기를 기원합니다.

고경미 드림

학습 체크리스트

1 대기환경기사 · 산업기사 단기 합격을 위한 필기 필수 기본서

· 대기환경기사 · 산업기사 필기시험을 대비하기 위한 필수 기본서로 꼭 필요한 핵심이론을 수록하였으며, 효율적인 학습이 가능하도록 구성하였습니다.

· 예제와 연습문제를 수록하여 기본을 탄탄하게 잡을 수 있으며, 기출문제를 통해 실전까지 한 번에 완성할 수 있습니다.

2 최신 가이드라인을 반영한 목차 구성

· 시험 출제기준이 되는 최신 가이드라인을 반영하여 목차를 구성함으로써 학습 체계를 다지는데 도움이 됩니다.

3 다양한 문제 유형에 대비한 체계적인 학습구성

핵심이론부터 문제풀이까지 학습할 수 있도록 체계적으로 구성하였습니다.

① 핵심이론 학습 후 예제문제와 OX문제를 통하여 이론을 좀 더 쉽게 파악할 수 있습니다.

② 각 Chapter 별로 수록된 연습문제를 통해 빈출문제부터 최신 출제 경향이 반영된 문제까지 다양한 유형의 문제를 파악하여 효과적인 학습이 가능합니다.

③ 과년도 기출문제와 상세한 해설을 통해 필기시험을 완벽하게 대비할 수 있습니다.

4 필기 출제 경향 분석

· 교재에 수록된 3개년 기출문제를 분석하여 최신 출제 경향을 파악할 수 있도록 하였습니다.

· 주제별로 정리된 예제와 연습문제를 통해 내용을 다시 한 번 익혀 기본을 탄탄하게 다질 수 있으며, 기출문제를 통해 실전까지 한 번에 완성할 수 있습니다.

· 철저한 기출문제 분석을 통해 각 과목별로 중요한 부분과 합격전략을 도출하여 교재에 수록하였습니다.

책의 구성

대기환경기사 · 산업기사 필기

1 핵심이론

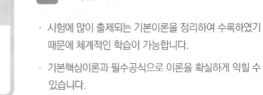

· 시험에 많이 출제되는 기본이론을 정리하여 수록하였기 때문에 체계적인 학습이 가능합니다.
· 기본핵심이론과 필수공식으로 이론을 확실하게 익힐 수 있습니다.

2 참고

· 핵심이론 학습 시 도움이 되는 참고내용을 수록하였습니다.

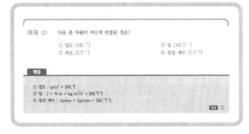

3 예제

· 이론 학습 후 예제문제를 통해 취약점을 보완할 수 있습니다.
· 기본이론과 필수공식을 문제에 바로 적용하여 풀어볼 수 있도록 구성하여 이론에 대한 이해를 높일 수 있도록 하였습니다.

4 OX 문제

· 이론 학습 후 출제빈도가 높은 암기사항은 OX문제로 제공하여 이론을 다시 한 번 확인할 수 있도록 하였습니다.

5 핵심정리

· 학습 시 꼭 알아야 되는 내용을 정리하였습니다.

· 이론을 더욱 효과적으로 학습할 수 있습니다.

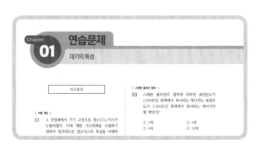

6 연습문제

· 과년도 기출문제를 완벽하게 분석하여 빈출 문제부터 최신 출제경향문제까지 각 챕터별로 분류하였고, 이를 통해 주제별로 실전유형문제를 연습할 수 있습니다.

· 내용문제와 계산문제를 구분하였으며, 문제별 풀이 방법을 확인할 수 있습니다.

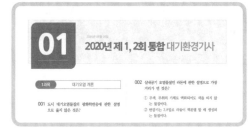

7 기출문제

· 2020년부터 2022년까지 최신 3개년의 과년도 기출문제와 완벽한 해설을 통해 문제 적응력을 향상시킬 수 있습니다.

* 산업기사의 경우, 2018년부터 2020년까지 수록

대기환경기사·산업기사 안내

■ 개요

· 경제의 고도성장과 산업화를 추진하는 과정에서 필연적으로 수반되는 오존층과, 온난화, 산성비 문제 등 대기오염이라는 심각한 문제를 일으키고 있습니다.

· 이러한 대기오염으로부터 자연환경 및 생활환경을 관리·보전하여 쾌적한 환경에서 생활할 수 있도록 대기 환경 분야에 전문기술인 양성이 시급해짐에 따라 자격제도가 제정되었습니다.

■ 대기환경기사 · 산업기사의 역할

· 대기 분야에 측정망을 설치하고 그 지역의 대기오염 상태를 측정하여 다각적인 연구와 실험분석을 통해 대기오염에 대한 대책을 마련하는 업무를 합니다.

· 대기오염 물질을 제거 또는 감소시키기 위한 오염방지시설을 설계, 시공, 운영하는 업무를 합니다.

■ 대기환경기사 · 산업기사의 전망

저황유 사용지역 확대, 청정연료 사용지역 확대, 지하 생활공간 공기질 관리, 시도 각 지자체의
대기오염 상시측정 의무화 등 대기오염에 대한 관리를 강화할 계획이어서 이에 대한 인력 수요가 증가할 것입니다.

대기환경기사 · 산업기사 자격증의 다양한 활용

1 취업

· 정부와 지방자치단체의 환경관리공단, 국립환경과학원, 보건환경연구원 등 공공기관 및 연구소로
  취업이 가능합니다.

· 대기오염 물질을 배출하는 일반사업장, 환경오염측정업체, 환경플랜트회사, 대기오염방지 설계 및
  시공업체, 환경시설관리업체 등으로 진출 가능합니다.

2 가산점 제도

· 6급 이하 및 기술직공무원 채용시험 시 가산점을 줍니다. 보건직렬의 보건 직류와 환경직렬의 일반환경,
  대기 직류에서 채용계급이 8·9급, 기능직 기능8급 이하일 경우와 6·7급, 기능직 기능7급 이상일 경우
  모두 3~5%의 가산점이 부여됩니다.

3 우대

· 관련업종 기업에서는 의무적으로 기사 및 산업기사를 고용해야한다는 것이 법으로 규정되어 있어
  관련업종 취업 시 우대받을 수 있습니다.

· 국가기술자격법에 의해 공공기관 및 일반기업 채용 시 그리고 보수, 승진, 전보, 신분보장 등에 있어서
  우대받을 수 있습니다.

시험 안내

■ 원서접수 안내

접수기간 내 큐넷(http://www.q-net.or.kr) 사이트를 통해 원서접수 (원서접수 시작일 10:00 ~ 마감일 18:00)

■ 응시자격

대기환경기사	· 동일(유사)분야 기사 · 산업기사 + 1년 · 기능사 + 3년 · 동일종목의 외국자격취득자 · 대졸(졸업예정자)	· 3년제 전문대졸 + 1년 · 2년제 전문대졸 + 2년 · 기사수준의 훈련과정 이수자 · 산업기사수준 훈련과정 이수 + 2년
대기환경산업기사	· 동일(유사)분야 산업기사 · 기능사 + 1년 · 동일종목의 외국자격취득자	· 기능경기대회 입상 · 전문대졸(졸업예정자) · 산업기사수준 훈련과정 이수자

■ 시험과목

구분	대기환경기사	대기환경산업기사
필기	① 대기오염개론 ② 연소공학 ③ 대기오염방지기술 ④ 대기오염 공정시험 기준(방법) ⑤ 대기환경관계법규	① 대기오염개론 ② 대기오염 공정시험 기준(방법) ③ 대기오염방지기술 ④ 대기환경관계법규
실기	대기오염방지 실무	대기오염방지 실무

■ 검정방법 및 시험시간

구분	필기		실기	
	검정방법	시험시간	검정방법	시험시간
대기환경기사	객관지 4지 택일형	과목당 20문항 (과목당 30분)	필답형	3시간
대기환경산업기사	객관지 4지 택일형	과목당 20문항 (과목당 30분)	필답형	2시간 30분

■ 시험방법

1년에 3회 시험을 치르며, 필기와 실기는 다른 날에 구분하여 시행합니다.

■ 합격자 기준

· 필기 : 100점을 만점으로 하여 과목당 40점 이상, 전과목 평균 60점 이상
· 실기 : 100점을 만점으로 하여 60점 이상
· 필기시험에 합격한 자에 대하여는 필기시험 합격자 발표일로부터 2년간 필기시험을 면제합니다.

■ 합격자 발표

최종 정답 발표는 인터넷(http://www.q-net.or.kr)을 통해 확인 가능합니다.
그리고 최종 합격자 발표는 발표일에 인터넷(http://www.q-net.or.kr) 또는 ARS(1666-0100)로 확인 가능합니다.

필기 출제 경향 분석

■ 대기환경기사

구분		2020년 1, 2회 통합	2020년 3회	2020년 4회	2021년 1회	2021년 2회	2021년 4회	2022년 1회	2022년 2회	출제빈도
대기오염개론	대기 공부를 위한 기초 개념	1	0	0	1	1	1	0	2	5%
	대기오염의 개념	0	2	4	3	1	1	1	1	5%
	대기오염물질 분류	3	4	3	4	3	0	4	4	20%
	2차 오염	1	1	2	1	2	3	2	3	13%
	대기오염의 영향 및 대책	3	2	0	2	1	1	0	1	3%
	대기오염문제	4	5	6	2	5	5	5	2	18%
	자동차의 대기오염	2	0	0	0	1	1	0	1	3%
	난류와 바람	1	0	1	2	1	2	0	0	0%
	대기의 안정	0	0	3	0	2	2	3	3	15%
	대기의 확산 및 오염예측	5	5	0	5	3	4	4	3	18%
	기타	0	0	1	0	0	0	1	0	3%
연소공학	연소	5	5	4	7	7	7	5	6	28%
	연소 계산	11	9	11	6	9	10	14	9	58%
	연소 설비	3	5	4	7	3	3	0	5	13%
	검댕	1	0	1	0	1	0	1	0	3%
	통기 및 환기	0	2	0	0	0	0	0	0	0%

구분		2020년 1, 2회 통합	2020년 3회	2020년 4회	2021년 1회	2021년 2회	2021년 4회	2022년 1회	2022년 2회	출제빈도
대기오염방지기술	입자 및 집진의 기초	4	3	3	2	1	3	4	3	18%
	집진장치	5	5	6	10	8	6	10	9	48%
	유해가스 및 처리	8	9	4	6	6	8	5	5	25%
	환기 및 통풍	3	3	7	2	5	3	1	3	10%
	기타	0	0	0	0	0	0	0	0	0%
대기오염공정시험기준	공정시험기준 공통사항	3	3	2	3	2	2	2	3	13%
	시료채취방법	5	7	2	4	6	6	3	4	18%
	기기분석	4	4	7	4	5	5	5	5	25%
	배출가스 중 무기물질	3	2	7	5	2	2	3	2	13%
	배출가스 중 금속화합물	2	1	0	1	1	1	1	0	3%
	배출가스 중 휘발성유기화합물	0	0	0	2	2	2	1	2	8%
	환경대기	1	2	0	0	1	1	3	4	18%
	배출가스 중 연속자동측정방법	2	1	2	1	1	1	2	0	5%
대기환경관계법규	법규의 기초	0	0	0	0	0	0	0	0	0%
	대기환경보전법	14	15	15	15	15	15	15	14	73%
	기타 대기 관련법	6	5	5	5	5	5	5	6	28%

■ 대기환경산업기사

구분		2018년 1회	2018년 2회	2018년 4회	2019년 1회	2019년 2회	2019년 4회	2020년 1, 2회 통합	2020년 3회	출제빈도
대기오염개론	대기 공부를 위한 기초 개념	2	2	2	1	1	4	0	0	7%
	대기오염의 개념	1	3	0	0	1	1	4	2	8%
	대기오염물질 분류	6	3	2	6	1	3	3	3	15%
	2차 오염	0	0	3	1	1	1	1	1	6%
	대기오염의 영향 및 대책	4	4	4	4	4	2	2	4	16%
	대기오염문제	3	3	2	5	6	5	4	3	18%
	자동차의 대기오염	1	0	1	0	1	0	0	0	1%
	난류와 바람	0	0	1	1	1	1	1	2	4%
	대기의 안정	2	1	1	1	2	2	1	0	7%
	대기의 확산 및 오염예측	2	4	6	2	2	4	4	4	16%
	기타	0	0	0	0	0	0	0	1	0%

구분		2018년 1회	2018년 2회	2018년 4회	2019년 1회	2019년 2회	2019년 4회	2020년 1, 2회	2020년 3회	출제빈도
대기오염공정시험기준	공정시험기준 공통사항	3	4	3	3	1	2	4	2	12%
	시료채취방법	6	5	5	4	4	3	5	2	23%
	기기분석	3	5	6	4	4	3	4	5	22%
	배출가스 중 무기물질	3	3	2	3	2	6	4	6	21%
	배출가스 중 금속화합물	2	2	1	1	2	1	2	1	6%
	배출가스 중 휘발성유기화합물	0	0	0	2	2	0	0	0	3%
	환경대기	1	0	2	2	3	2	1	4	10%
	배출가스 중 연속자동측정방법	1	1	0	1	1	0	0	0	2%
대기오염방지기술	연소	1	0	2	1	0	2	1	1	24%
	연소 계산	2	4	7	2	2	2	3	2	55%
	연소 설비	2	0	1	1	1	1	1	1	16%
	검댕	0	0	0	0	0	2	0	0	5%
	통기 및 환기	0	0	0	0	0	0	0	0	0%
	입자 및 집진의 기초	5	2	1	6	6	4	5	4	22%
	집진장치	4	8	4	4	5	2	4	4	30%
	유해가스 및 처리	6	4	3	4	5	4	4	7	36%
	환기 및 통풍	0	2	0	1	2	3	1	1	11%
	기타	0	0	0	0	0	0	1	0	1%
대기환경관계법규	법규의 기초	0	0	0	0	0	0	0	0	0%
	대기환경보전법	17	13	16	13	16	17	17	15	79%
	기타 대기 관련법	3	7	5	7	4	3	3	5	21%

대기 마스터 고경미가 알려주는 과목별 학습방법

1 대기오염개론

개론은 기사와 산업기사 유형별 출제경향이 동일합니다. (단답형 43%, 장답형 36%, 계산형 21%)

빈출 부분은 가스상 물질에서 각 물질의 특징을 묻는 문제가 10%로 가장 많이 출제되고, 대기의 특성이나 기온 역전, 플룸의 형태에서 많이 출제됩니다. 이 부분은 장답형이나 단답형의 내용문제로 많이 출제되기 때문에, 자주 나오는 부분을 정리하고, 빈출 기출문제를 풀어보면서 시험에 대비하도록 합니다.

계산형으로는 가시거리 계산 문제가 거의 매번 출제되고, 대기확산 방정식 부분이 많이 출제됩니다.

개론은 단답형 문제가 43%로 단순 암기 부분이 많아 점수를 얻기 좋은 과목입니다. 개론에서 80점 이상의 점수를 확보해야 안정적으로 합격하실 수 있습니다.

2 연소공학

연소공학은 기사에만 출제되는 과목이기 때문에 기사를 준비하는 수험생분들은 반드시 공부해야 합니다.

산업기사는 시험 과목에 연소공학이 따로 없지만 3과목 대기오염방지기술에서 약 5~7문제 정도 연소공학 부분이 포함되어 출제됩니다. 따라서, 산업기사 수험생분들도 반드시 익혀야 하는 부분입니다.

기사에서는 계산형 출제 비중이 34%로, 연소계산 부분에서 거의 대부분이 출제됩니다. 빈출 계산문제로는 연소가스량 부분, 발열량, 반응속도식 부분입니다. 내용문제는 연소의 종류나 연소장치 부분에서 주로 출제됩니다.

산업기사에서는 연소공학 문제가 5~7문제 정도 출제되는데, 그중에 3~4문제가 계산형 문제로, 연소계산 부분에서 출제됩니다. 내용문제는 대부분 제 1장 내용인 연소의 종류, 착화점, 연료 등에서 출제됩니다.

연소공학 부분은 계산형 출제 비중이 높기 때문에, 연소 계산 부분을 꼭 잡아야 고득점 취득이 가능합니다. 연소 계산은 암기보다 원리와 이해를 바탕으로 계산해야 하므로 꼭 원리를 알고 이해하여 계산문제 풀이를 할 수 있어야 합니다.

연소공학의 목표점수는 80점입니다.

3 대기오염방지기술

방지기술의 대부분 문제는 "집진장치"와 "가스상 물질의 처리"에서 출제됩니다.

"집진장치"에서 가장 출제 비중이 높은 부분은 "세정집진장치"이고, "가스상 물질"의 처리에서 가장 출제 비중이 높은 부분은 "유해가스 종류별 처리기술" 부분입니다. 특히, 집진장치는 각 집진장치의 특징을 물어보거나 집진율 등을 구하는 계산문제가 많이 출제되고, 유해가스 종류별 처리기술에서는 반응식을 이용한 계산형 문제가 많이 출제됩니다. 따라서, 집진장치와 가스 종류별 처리기술 부분을 더 철저하게 공부해야 고득점을 받을 수 있습니다.

대기오염방지기술의 목표점수는 75점입니다.

4   대기오염 공정시험기준(방법)

공정시험기준은 기사와 산업기사 모두 공통으로 출제됩니다.

유형별로는 계산형 문제가 10~15% 정도 출제되고 나머지 문제는 모두 단답형 문제가 출제됩니다.

계산형 문제는 주로, 농도 계산, 비산먼지 농도 계산, 농도 보정식 등에서 출제되므로 점수 얻기가 쉽습니다.

그러나, 단답형 문제는 단순 암기이기 때문에 공부하기는 쉽지만, 그 범위가 너무 넓어서 모든 부분을 다 공부하기가 어렵기 때문에 점수를 얻기 힘든 과목입니다. 따라서, 빈출 기출을 통해 잘 나오는 부분은 확실히 잡고, 버릴 부분은 과감히 생략하여 양을 줄여야 하는 과목입니다.

공정시험기준은 목표를 50점으로 잡고 시험에 자주 나오는 부분만 봅니다. 제 1장, 2장, 3장 부분이 자주 출제되고, 공부하기 수월한 장이므로 제 1장, 2장, 3장은 철저하게 공부합니다. 제 4장은 가장 많이 출제되는 장이지만 범위가 넓기 때문에 각 물질별 시험방법 종류나 자외선/가시선 분광법 부분만 철저하게 정리하고 나머지 부분은 과감히 버려서 양을 줄입니다.

제 5~8장은 장 맨 뒤에 나오는 한 눈에 보는 시험방법 표만 철저하게 공부하고 나머지는 기출문제를 통해 정리만 합니다.

5   대기환경관계법규

법규는 기사와 산업기사 모두 공통으로 출제됩니다. 유형별로는 100% 단답형, 암기 문제입니다.

대기관련 법규가 여러 가지 있지만, 그중 대기환경보전법에서 75%, 환경정책기본법이나 실내공기질 관리법, 악취방지법에서 15%가 출제됩니다.

법규도 양이 많기 때문에 목표점수를 60점으로 낮춰 학습할 양을 줄이고, 출제경향을 분석하여 그 양을 한 번 더 줄여서 중요한 것만 외우는 것이 법규의 학습전략입니다. 따라서, 기출문제를 통해 자주 출제되는 부분을 보도록 합니다.

자주 나오는 부분은 다음과 같습니다.

환경정책기본법에서 대기환경기준, 실내공기질 관리법의 유지기준 및 권고기준 등은 거의 매번 출제되는 문제이므로 꼭 정리하도록 합니다. 대기환경보전법에서는 대기오염물질이나 대기오염방지시설, 사업장 시설기준, 환경기술인, 위임업무 등이 가장 많이 출제되는 부분입니다.

목차

기출문제

1 과목

대기오염 개론

제 1장

대기 공부를 위한

기초 개념

Chapter 01 기초 단위

1. 차원(Dimension)

	기호	단위
길이(Length)	L	m, km, mm 등
질량(Mass)	M	g, kg, ton 등
시간(Time)	T	년, 일, 시간, 분, 초 등
온도(Temperature)	K	켈빈(K), ℃ 등

2. 기본단위

(1) 특징

① 같은 차원끼리는 크기 및 단위 환산이 가능

> 예 $1\text{ton} = 1,000\text{kg} = 10^{6}\text{g} = 10^{9}\text{mg}$

② 기준단위에 접두사를 붙여 단위의 크기를 나타냄

〈 접두사 〉

기호	크기	명칭
G	10^{9}	기가(giga−)
M	10^{6}	메가(mega−)
k	10^{3}	킬로(kilo−)
d	10^{-1}	데시(deci−)
c	10^{-2}	센티(centi−)
m	10^{-3}	밀리(mili−)
μ	10^{-6}	마이크로(micro−)
n	10^{-9}	나노(nano−)
p	10^{-12}	피코(pico)

(2) 종류

1) 길이

두 지점 사이의 거리

① 기준단위 : m

② 단위 : nm, μm, mm, cm, m, km

$$1km = 1,000m$$

$$1m = 10^3mm = 10^6\mu m = 10^9nm$$

③ 차원 : [L]

④ 단위환산

$$1km = \frac{10^3m}{1} \times \frac{100cm}{1m} = 10^5cm$$

$$= \frac{10^3m}{1} \times \frac{10^6\mu m}{1m} = 10^9\mu m$$

2) 질량

그 물질이나 물체의 고유의 양

① 기준단위 : g(그램)

② 단위 : ng, μg, mg, g, kg

$$1kg = 10^3g$$

$$1mg = 10^{-3}g$$

$$1\mu g = 10^{-6}g$$

$$1ng = 10^{-9}g$$

③ 차원 : [M]

④ 단위환산

$$1kg = \frac{10^3g}{1} \times \frac{10^3mg}{1g} = 10^6mg$$

$$= \frac{10^3g}{1} \times \frac{10^6\mu g}{1g} = 10^9\mu g$$

3) 시간

  ① 기준단위 : 초(sec)

  ② 단위 : 초(sec), 분(min), 시간(hr), 일(day), 주(week), 개월(month), 년(year)

$$1yr = 12month = 365day$$
$$1month = 30day$$
$$1day = 24hr$$
$$1hr = 60min$$
$$1min = 60sec$$

  ③ 차원 : [T]

  ④ 단위환산

$$1일 = 24hr$$
$$= \frac{24hr}{1} \times \frac{60min}{1hr} = 1,440min$$
$$= \frac{1,440min}{1} \times \frac{60sec}{1min} = 86,400sec$$

4) 온도

물체의 차고 뜨거운 정도를 수량으로 나타낸 것

  ① 단위 : 섭씨온도(℃), 화씨온도(F), 절대온도(K)

  ② 차원 : [K]

  ③ 단위환산

   - 절대온도와 섭씨온도 환산

$$T = t + 273$$

  T : 절대온도(K)
  t : 섭씨온도(℃)

   - 화씨온도와 섭씨온도 환산

$$°F = \frac{9}{5}℃ + 32$$

  °F : 화씨온도(°F)
  ℃ : 섭씨온도(℃)

3. 유도단위

(1) 면적
어떤 면의 넓이

① 단위 : cm^2, m^2, km^2

② 차원 : $[L^2]$

③ 단위환산

$$1km^2 = 1,000m^2 = 10^6m^2$$

$$1m^2 = 10^4cm^2 = 10^{12}\mu m^2 = 10^{18}nm^2$$

(2) 체적(부피, 용적)
어떤 물질이 차지하는 공간

① 단위 : m^3, L, cc

$$1m^3 = 1,000L$$

$$1cm^3 = 1cc$$

② 차원 : $[L^3]$

③ 단위환산

$$1m^3 = \frac{1m^3}{1} \times \frac{(100cm)^3}{1m^3} = 10^6cm^3$$

(3) 속도
단위 시간 동안에 이동한 위치 벡터의 변위, 물체의 빠르기

$$속도 = \frac{거리}{시간} \qquad\qquad v = \frac{l}{t}$$

① 단위 : m/s, cm/sec

② 차원 : $[L/T]$

(4) 가속도

단위시간당 속도의 변화율

$$\text{가속도} = \frac{\Delta\text{속도}}{\text{시간}} \qquad\qquad a = \frac{dv}{dt}$$

① 단위 : m/s^2, cm/s^2
② 차원 : $[L/T^2]$, $[L \cdot T^{-2}]$

(5) 중력가속도

지구 중력에 의하여 지구상의 물체에 가해지는 가속도

① 크기 : $9.8m/s^2 = 980cm/s^2$
② 차원 : $[L/T^2]$, $[L \cdot T^{-2}]$

(6) 힘

물체에 작용하여 물체의 모양을 변형시키거나 물체의 운동 상태를 변화시키는 원인

$$\begin{aligned}
\text{힘} &= \text{질량} \times \text{가속도} \\
F &= ma \\
(\text{단위}) \quad N &= kg \cdot (m/s^2)
\end{aligned}$$

① 단위 : N(뉴턴) $= kg \cdot m/sec^2$
② 차원 : $[ML/T^2]$
③ 단위환산

$$1dyne = 1g \cdot cm/sec^2$$
$$1N = 10^5 dyne$$

참고

힘은 벡터로, 크기와 방향을 가진다.
· 벡터 : 크기와 방향을 가지는 물리량
· 스칼라 : 방향은 없고 크기만 가지는 물리량

(7) 압력

단위 넓이의 면에 수직으로 작용하는 힘

$$\text{압력} = \frac{\text{힘}}{\text{면적}} \qquad P = \frac{F}{A} = \frac{ma}{A}$$

$$\text{(단위)} \quad Pa = \frac{N}{m^2} = \frac{kg \cdot m/s^2}{m^2} = \frac{kg}{m \cdot s^2}$$

① 단위

압력단위	기호 및 크기
기압	atm
수은주	mmHg = torr
수주	mmH_2O = mmAq = kg/m^2
파스칼	Pa = N/m^2 = $kg/m \cdot s^2$
킬로파스칼	1kPa = 1,000Pa

② 차원 : $[M/L \cdot T^2]$

③ 단위환산

대기압 크기 비교

$$
\begin{aligned}
\text{1기압} \quad &= \quad 1atm \\
&= \quad 760mmHg \\
&= \quad 10,332mmH_2O \\
&= \quad 101,325Pa \\
&= \quad 101.325kPa \\
&= \quad 1,013.25hPa \\
&= \quad 1,013.25mbar \\
&= \quad 14.7PSI
\end{aligned}
$$

(8) 에너지(일)

일반적으로는 일을 할 수 있는 능력 또는 그 양

$$
\begin{aligned}
\text{에너지(일)} \quad &= \quad \text{힘} \times \text{거리} \\
&= \quad N \times s \\
&= \quad kg \cdot (m/s^2) \times m \\
&= \quad kg \cdot m^2/s^2
\end{aligned}
$$

① 단위 : J

② 차원 : $[ML^2/T^2]$

(9) 동력(일률, power)
단위 시간 동안에 한 일의 양

$$동력(일률) = \frac{힘}{시간} = \frac{힘 \times 거리}{시간}$$

$$W = \frac{J}{sec} = \frac{N \cdot m}{sec} = \frac{kg(m/s^2)m}{sec} = kg \cdot m^2/sec^3$$

① 단위 : Watt
② 차원 : $[ML^2/T^3]$

(10) 무게(W)
어떤 질량을 가지는 물체가 받는 중력의 크기

$$무게 = 질량 \times 중력가속도$$
$$W = mg$$
$$1kg_f = kg \cdot (9.8m/s^2)$$

① 단위 : kg
② 차원 : $[ML/T^2]$
③ 질량과 무게 비교

	차원	단위
질량	M	kg
무게	ML/T^2 (힘의 차원과 같음)	kg_f

질량과 무게는 차원은 다르지만 크기가 같음
예 몸무게(무게) 48kg라 하면, 무게도 $48kg_f$, 질량도 48kg

(11) 밀도(ρ)
물질의 질량을 부피로 나눈 값

$$밀도 = \frac{질량}{부피} \qquad \rho = \frac{M}{V}$$

① 단위 : kg/m^3, g/cm^3
② 차원 : $[M/L^3]$
③ 특징
  ㉠ 물질의 성질 : 물질마다 고유의 값을 가짐
  ㉡ 온도에 따라 부피가 변하므로 밀도도 변함

(12) 비중(γ)

물질의 단위 부피당 무게

$$비중 = \frac{무게}{부피} \qquad\qquad \gamma = \frac{W}{V}$$

① 차원 : $[M/L^2T^2]$
② 밀도와 비중

$$\gamma = \frac{W}{V} = \frac{mg}{V}$$
$$= \frac{kg \cdot m/s^2}{m^3} = \frac{kg}{m^2s^2} = [\frac{m}{L^2T^2}]$$

$$\gamma = \rho \times g$$
$$비중 = 밀도 \times 중력가속도$$

③ 특징
  ㉠ 밀도가 $1kg/cm^3$이면 비중량도 $1kg_f/cm^3$ 임
  ㉡ 밀도와 비중은 질량과 무게처럼 크기는 같으나 차원이 다름
  ㉢ 밀도와 비중 모두 물질의 부피와 질량(무게)를 환산하는데 이용함

(13) 표면장력(σ)

액체는 액체 분자의 응집력 때문에 그 표면을 되도록 작게 하려는 성질에 의해 액체의 표면에 생기는 장력(힘)

① 단위 : N/m
② 차원 : $[M/T^2]$
③ 단위환산

$$1J/m^2 = 1N \cdot m/m^2 = 1N/m = kg/s^2 = 10^5 dyne/m$$

④ 특징
온도가 증가하면 액체의 표면장력은 작아짐

(14) 점성계수(μ)

① 정의

   ⊙ 점성(viscosity) : 유체의 흐름에 저항하려는 성질

   ⓛ 점성계수 : 유체 점성의 크기를 나타내는 물질 고유의 상수(유속구배와 전단력 사이
          비례상수(μ)

$\tau = \mu(\partial u / \partial y)$	τ : 유체의 경계면에 작용하는 전단력
	$\partial u / \partial y$: 유속 구배(속도 경사)
	u : 유속

② 단위 : poise, centi poise(cp), g/cm·s, kg/m·s, Pa·s

③ 차원 : [M/L·T], [ML^{-1}T^{-1}]

④ 단위환산

$$1\text{poise} = 1\text{g/cm}\cdot\text{s} = 1\text{dyne}\cdot\text{s/cm}^2$$

$$1\text{poise} = 100\text{cp}$$

$$1\text{kg/m}\cdot\text{s} = 10\text{g/cm}\cdot\text{s} = 10\text{poise}$$

⑤ 특징

   ⊙ 점성계수는 유체의 종류에 따라 값이 다름

   ⓛ 액체는 온도가 증가하면 점성계수 값이 작아짐

   ⓒ 기체는 온도가 증가하면 점성계수 값이 커짐

(15) 동점성계수(kinematic viscosity)

점성계수를 유체의 밀도로 나눈 계수

$$\nu = \frac{\mu}{\rho}$$

① 단위 : cm^2/sec, stoke

② 차원 : [L^2/T]

③ 단위환산

$$1\text{stoke(st)} = 1\text{cm}^2\text{/sec}$$
$$1\text{st} = 100\text{cSt(센티스토크)}$$

④ 특징

   ⊙ 점성계수도 온도에 따라 값이 달라지므로 동점성계수도 온도에 따라 값이 달라짐

   ⓛ 액체는 온도가 증가하면 동점성 계수 값이 작아짐

   ⓒ 기체는 온도가 증가하면 동점성 계수 값이 커짐

예제 01 다음 중 차원이 바르게 연결된 것은?

① 밀도 $[ML^{-2}]$

② 일 $[MLT^{-1}]$

③ 속도 $[LT^{-1}]$

④ 점성 계수 $[LT^{-2}]$

해설

① 밀도 : $g/m^3 = [ML^{-3}]$

② 일 : $J = N \cdot m = kg \cdot m^2/s^2 = [ML^2T^{-2}]$

④ 점성 계수 : $1poise = 1g/cm \cdot s = [ML^{-1}T^{-1}]$

정답 ③

Chapter 02
대기 공부를 위한 기초 화학

1. 화학적 단위

(1) 원자

물질을 구성하는 가장 작은 입자

(2) 분자

① 분자는 물질의 성질을 나타내는 가장 작은 입자
② 분자를 원자로 나누면 성질을 잃음
③ 분자는 그것을 구성하는 성분원자와는 전혀 다른 성질을 나타내는 입자
④ 기체 또는 용액에서 독립적으로 존재
⑤ 예 H_2, N_2, CO_2, He, Ne 등

(3) 이온

① 이온 : 원자가 전자를 잃거나 얻어 전하를 띠는 입자
② 양이온 : 전기적으로 중성인 원자가 전자를 잃어서 (+)전하를 띠는 입자
③ 음이온 : 전기적으로 중성인 원자가 전자를 얻어서 (−)전하를 띠는 입자

〈 여러가지 양이온과 음이온 〉

양이온		음이온	
Na^+	나트륨이온	Cl^-	염화이온
Ag^+	은이온	I^-	아이오딘화이온
Mg^{2+}	마그네슘이온	O^{2-}	산화이온
Ca^{2+}	칼슘이온	S^{2-}	황화이온
Al^{3+}	알루미늄이온	OH^-	수산화이온
NH_4^+	암모늄이온	CO_3^{2-}	탄산이온
H_3O^+	하이드로늄이온	PO_4^{3-}	인산이온
NO_2^-	아질산이온	HCO_3^-	중탄산이온
NO_3^-	질산이온	$Cr_2O_7^{2-}$	중크롬산이온 (다이크롬산이온)
H^+	수소이온	MnO_4^-	과망간산이온

2. 화학식량

어떤 물질의 화학식을 이루는 원자들의 원자량의 합

(1) 원자량

① 원자량 : 12C 원자의 질량을 12로 정하고, 이를 기준으로 한 원자의 상대적 질량

② 평균원자량 : 동위원소가 있는 원소인 경우, 그 원소의 질량수가 다르므로, 존재비율을 고려하여 평균원자량을 만듦

③ g원자량 : 원자량은 상대적인 값이므로 단위를 가지지 않지만, 실제 화학 반응에서 화합물의 질량을 계산할 때는 단위가 필요하기 때문에 원자량에 g(그램)을 붙인 그램원자량을 사용

〈 주요 g원자량 〉

원소명	원소기호	원자량	원소명	원소기호	원자량
수소	H	1	규소	Si	28
탄소	C	12	인	P	31
질소	N	14	황	S	32
산소	O	16	염소	Cl	35.5
불소	F	19	칼륨	K	39
나트륨	Na	23	칼슘	Ca	40
마그네슘	Mg	24	망간	Mn	55
알루미늄	Al	27	크롬	Cr	52

(2) 분자량

① 분자량 : 분자식을 구성하는 원자들의 원자량의 합, 상대적인 질량

② g분자량 : 물질의 분자량과 같은 질량을 그램 단위로 표시한 것

〈 주요 g분자량 〉

명칭	분자기호	분자량					
물	H_2O	1×2	+	16×1	=	18
수소	H_2			1×2	=	2
산소	O_2			16×2	=	32
질소	N_2			14×2	=	28
염소	Cl_2			35.5×2	=	71
이산화황	SO_2	32	+	16×2	=	64
삼산화황	SO_3	32×1	+	16×3	=	80
일산화탄소	CO	12	+	16	=	28
이산화탄소	CO_2	12	+	16×2	=	44
암모니아	NH_3	14	+	1×3	=	17
염화수소, 염산	HCl	1	+	35.5	=	36.5

(3) 몰
1) 정의

$$1mol = 6.02 \times 10^{23}개 = 아보가드로수(N_A)$$

연필 1다스 = 12개, 계란 1판 = 30개처럼 묶어서 표현하는 것 같이 어떤 물질 6.02×10^{23}개를 묶어서 1몰(mol)이라 표현함

2) 물질 1몰의 의미

$$원자 \ 1몰의 \ 질량 = 원자 \ 6.02 \times 10^{23}개의 \ 질량 = g \ 원자량(원자량g/mol)$$
$$분자 \ 1몰의 \ 질량 = 분자 \ 6.02 \times 10^{23}개의 \ 질량 = g \ 분자량(분자량g/mol)$$

3) 계산

$$몰수 = \frac{질량}{1몰의 \ 질량}$$

예제 01   Na 230g은 몇 mol인가?

해설

$$mol = \frac{230g}{23g/mol} = 10mol$$

정답 10mol

---

(4) g몰 질량
① 어떤 물질 1몰의 질량
② 원자량·분자량·실험식량 및 이온식량에 g을 붙인 값
③ 아보가드로수(6.02×10^{23}개) 만큼의 질량

(5) 당량
1) 정의
화학 반응에서 화학 양률적으로 각 원소나 화합물에 할당된 일정량

2) 종류

가) 원소의 당량

$$당량(eq) \ = \ [원소의\ 전하수]\ mol$$

$$g당량(g/eq) \ = \ \frac{몰질량(g/mol)}{원소의\ 전하수}$$

중성원소	이온	전하수	몰	당량	몰질량	g당량(g/eq)
Na	Na^+	1	1mol	= 1eq	= 23g	$\frac{23}{1} = 23$
Mg	Mg^{2+}	2	1mol	= 2eq	= 24g	$\frac{24}{2} = 12$
O	O^{2-}	2	1mol	= 2eq	= 16g	$\frac{16}{2} = 8$

나) 산염기 당량

수소이온(H^+) 1mol을 내놓거나 받아들일 수 있는 산(염기)의 양

$$당량(eq) \ = \ [산(염기)가수]\ mol$$

$$g당량(g/eq) \ = \ \frac{몰질량}{산(염기)가수}$$

	산	몰	당량	몰질량	g당량(g/eq)
1가산	HCl	1mol	= 1eq	= 36.5g	$\frac{36.5}{1} = 36.5$
2가산	H_2SO_4	1mol	= 2eq	= 98g	$\frac{98}{2} = 49$
3가산	H_3PO_4	1mol	= 3eq	= 98g	$\frac{98}{3} = 32.67$

다) 산화환원 당량

전자(e^-) 1mol을 내놓거나 받아들일 수 있는 산화제(환원제)의 양

$$당량(eq) \ = \ [이동하는\ 전자\ mol수]\ mol$$

$$g당량(g/eq) \ = \ \frac{몰질량}{이동하는\ 전자\ mol수}$$

	이동 전자 mol 수	몰	당량	몰질량	g당량(g/eq)
$KMnO_4$	5	1mol	= 5eq	= 158g	$\frac{158}{5} = 31.6$
$K_2Cr_2O_7$	6	1mol	= 6eq	= 294g	$\frac{294}{6} = 49$

OX 문제

01 $KMnO_4$ 1mol은 5eq이다.   (○ / ×)

02 $K_2Cr_2O_7$ 1mol은 6eq이다.   (○ / ×)

03 산소원자의 g당량은 16g이다.   (○ / ×)

04 Ca^{2+} 2mol = 1eq이다.   (○ / ×)

05 HCl 1당량은 36.5g이다.   (○ / ×)

3. 용액

(1) 정의
① 용매 : 녹이는 물질(오염가스)
② 용질 : 녹아들어가는 물질(공기)
③ 용액 : 용매 + 용질

(2) 특징
용액은 용매와 용질의 혼합물

(3) 용액의 농도
1) 정의

$$\text{농도} = \frac{\text{용질}}{\text{용액}}$$

2) 퍼센트 농도
① 질량/질량 퍼센트

$$(\text{w/w}) = \frac{\text{용질 g}}{\text{용액 100g}} \times 100(\%)$$

② 질량/부피 퍼센트

$$(\text{w/v}) = \frac{\text{용질 g}}{\text{용액 100ml}} \times 100(\%)$$

③ 부피/부피 퍼센트

$$(\text{v/v}) = \frac{\text{용질 ml}}{\text{용액 100ml}} \times 100(\%)$$

3) ppm(part per million)

    ① 정의 : 100만분의 $1(10^{-6})$을 나타냄

    ② 차원 : 무차원

    ③ 단위

$$부피/부피$$

$$\text{ppm} = \frac{1}{10^6} = \frac{1\,\text{m}^3}{10^6\,\text{m}^3} = \frac{1\,\text{L}}{10^6\,\text{L}} = \frac{1\,\text{mL}}{10^6\,\text{mL}}$$

$$\text{ppm} = \frac{1}{10^6} = \frac{1\,\text{mL}}{1\,\text{m}^3} = \frac{1\,\mu\text{L}}{1\,\text{L}}$$

$$질량/질량$$

$$\text{ppm} = \frac{1}{10^6} = \frac{10^{-6}}{1} = \frac{1\,\text{t}}{10^6\,\text{t}} = \frac{1\,\text{kg}}{10^6\,\text{kg}}$$

$$\text{ppm} = \frac{1}{10^6} = \frac{1\,\text{g}}{1\,\text{t}} = \frac{1\,\text{mg}}{1\,\text{kg}} = \frac{1\,\mu\text{g}}{1\,\text{g}}$$

4) ppb(part per billion)

    ① 정의 : 십억분의 $1(10^{-9})$을 나타냄

    ② 차원 : 무차원

    ③ 단위

$$\text{ppb} = \frac{1}{10^9} = \frac{1\,\text{m}^3}{10^9\,\text{m}^3} = \frac{1\,\text{L}}{10^9\,\text{L}} = \frac{1\,\text{mL}}{10^9\,\text{mL}}$$

$$\text{ppb} = \frac{1}{10^9} = \frac{1\,\mu\text{L}}{1\,\text{m}^3} = \frac{1\,\text{nL}}{1\,\text{L}}$$

$$\text{ppb} = \frac{1}{10^9} = \frac{1\,\text{mg}}{1\,\text{t}} = \frac{1\,\mu\text{g}}{1\,\text{kg}} = \frac{1\,\text{ng}}{1\,\text{g}}$$

    ④ 환산

$$1\text{ppb} = 10^{-3}\text{ppm}$$

$$1\text{ppm} = 1{,}000\text{ppb}$$

단위환산 핵심정리

$1 = 100\% = 10^6 \text{ppm} = 10^9 \text{ppb}$

$1\% = 10^4 \text{ppm} = 10^7 \text{ppb}$

$1\text{ppm} = 1,000\text{ppb}$

5) 몰 농도(M)

용액 1L 중 용질의 mol 수

$$\text{M농도(mol/l)} = \frac{\text{용질 mol}}{\text{용액 부피(L)}}$$

$$= \frac{w/M}{V}$$

w : 용질의 질량(g)

M : 용질의 몰질량(g/mol)

V : 용액의 부피(L)

6) 노말농도

용액 1L 중 용질의 당량(eq)

$$N = \frac{\text{용질 eq}}{\text{용액 L}}$$

Chapter 03 기체 관련 이론

1. 몰 부피

① 기체의 종류에 관계없이 표준상태(0℃, 1기압)에서 1몰의 부피는 22.4L
② 기체 1몰 = 기체분자 6.02×10^{23}개 = 22.4L(표준 상태)
③ 기체의 분자량 : 표준 상태에서 22.4L의 질량

$$1mol = 분자량g = 22.4L$$
$$1kmol = 분자량kg = 22.4Sm^3$$

2. 기체의 밀도

단위 부피당 물질의 질량

$$기체의\ 밀도(n) = \frac{분자량g}{22.4L}\ (0℃,\ 1기압)$$
$$= \frac{분자량kg}{22.4Sm^3}$$

같은 조건에서, 기체는 분자량이 크면, 밀도가 커짐

3. 기체성질에 관한 법칙

(1) 보일의 법칙(기체의 부피, 압력)

일정한 온도에서 일정량의 기체의 부피는 압력에 반비례

$$P_1V_1 = P_2V_2$$
$$V_2 = V_1 \times \frac{P_1}{P_2}$$

$$PV = K(일정)$$

예제 01 압력이 대기압 760mmHg에서 1,000mmHg로 변화되었을 때 $SO_2(g)$ 1kmol의 부피는 얼마인가?

해설

$$V_2 = 22.4Sm^3 \times \frac{760mmHg}{1,000mmHg} = 17.024m^3$$

정답 $17.024m^3$

---

(2) 샤를의 법칙

① 일정한 압력에서 기체의 부피와 온도는 비례함

$$\frac{V}{T} = K(일정)$$

$$\frac{V_1}{T_1} = \frac{V_2}{T_2} = K$$

T : 절대온도

② 일정한 압력에서 일정량의 기체는 온도가 1℃ 오를 때마다 그 부피가 0℃일 때 부피의 $\frac{1}{273}$ 만큼 씩 증가함

③ 기체부피 온도 보정식

$$V' = V \times \frac{273 + t}{273}$$

V′ : t℃에서의 부피
V : 0℃, 1기압에서의 부피
t : 온도(℃)

예제 02 200℃에서의 $SO_2(g)$ 1kmol의 부피는 얼마인가?

해설

0℃에서 SO_2 1kmol = $22.4Sm^3$ 이므로,

$$V_{200℃} = 22.4Sm^3 \times \frac{273 + 200}{273} = 38.81m^3$$

정답 $38.81m^3$

(3) 보일-샤를의 법칙

일정량의 기체의 부피는 압력에 반비례하고 절대온도에는 비례함

$$\frac{P_1 V_1}{T_1} = \frac{P_2 V_2}{T_2} = K(일정)$$

(4) 아보가드로 법칙

① 일정 온도, 일정 기압에서 기체 종류 관계없이 1mol의 부피는 일정
② 표준상태(STP, 0℃, 1atm)에서 기체 1mol = 22.4L

(5) 이상기체 상태방정식

① 이상기체 상태방정식

$$PV = nRT$$

② 이상기체상수

$$R = \frac{PV}{nT} = \frac{1atm \cdot 22.4L}{mol \cdot 273K} = 0.082atm \cdot L/mol \cdot K$$

$$R = \frac{1atm \cdot 22.4L}{mol \cdot 273K} \times \frac{101,325Pa}{1atm} \times \frac{1m^3}{1,000L} = 8.314J/mol \cdot K$$

(6) 헨리의 법칙

기체의 용해도는 그 기체에 작용하는 분압에 비례함

$$C = H \times P$$

C : 기체의 용해도
H : 헨리상수
P : 부분압력

1) 헨리의 법칙이 잘 적용되는 기체

① 물에 잘 녹지 않고, 극성이 작은 물질
② 주로 대기 중에 많이 존재하는 기체가 잘 적용됨
③ N_2, O_2, CO_2, 비활성기체(He, Ne, Ar) 등

(7) 그레이엄(Graham)의 법칙

같은 온도와 압력에서 두 기체의 확산속도는 분자량이나 밀도의 제곱근에 반비례 함

$$\frac{V_1}{V_2} = \sqrt{\frac{M_2}{M_1}} = \sqrt{\frac{d_2}{d_1}}$$

V : 확산속도
M : 분자량
d : 밀도

	수소(H_2)		산소(O_2)
분자량	2	$\xrightarrow{16배}$	32
확산 속도	4	$\xleftarrow{4배}$	1

참고

확산

① 확산(Diffusion) : 물질의 분자들이 스스로 운동하여 다른 기체나 액체물질 속으로 퍼져 나가는 현상
② 확산속도 : 기체의 혼합속도, 퍼져나가는 속도

연습문제

1장 대기 공부를 위한 기초 개념

계산문제

| ppm 변환 |

01 표준상태에서 SO_2농도가 $1.28g/m^3$라면 몇 ppm인가?

① 약 250   ② 약 350

③ 약 450   ④ 약 550

해설

$$1.28g/Sm^3 \times \frac{22.4Sm^3}{64kg} \times \frac{1kg}{10^3g} \times \frac{10^6ppm}{1} = 448ppm$$

정답 ③

| 단위환산1 - ppm 농도 계산1 (mg/Sm^3 → ppm) |

02 A사업장 내 굴뚝에서의 이산화질소 배출가스가 표준상태에서 $44mg/Sm^3$로 일정하게 배출되고 있다. 이를 ppm 단위로 환산하면?

① 21.4ppm   ② 24.4ppm

③ 44.8ppm   ④ 48.8ppm

해설

$$44mg/Sm^3 \times \frac{22.4mL}{46mg} = 21.43mL/Sm^3 = 21.43ppm$$

정답 ①

| 단위환산2 - ppm 농도 계산2 (V/V → W/W) |

03 염화수소 1V/V ppm에 상당하는 W/W ppm은? (단, 표준상태기준, 공기의 밀도는 $1.293kg/m^3$)

① 약 0.76   ② 약 0.93

③ 약 1.26   ④ 약 1.64

해설

$$X mg/kg = \frac{1mL}{m^3} \times \frac{36.5mg}{22.4mL} \times \frac{m^3}{1.293kg} = 1.26mg/kg$$

$$ppm(V/V) = mL/m^3$$

$$ppm(w/w) = mg/kg$$

정답 ③

| 단위환산3 - ppm 농도 계산3 표준상태 아닐 때, 온도 변화에 따른 ppm 농도 |

04 200℃, 1atm에서 이산화황의 농도가 $2.0g/m^3$이다. 표준상태에서는 약 몇 ppm인가?

① 986   ② 1,213

③ 1,759   ④ 2,314

해설

$$\frac{2.0g}{m^3} \times \frac{10^3mg}{1g} \times \frac{22.4SmL}{64mg} \times \frac{(273+200)mL}{(273+0)SmL}$$

$$= 1,212.82ppm$$

정답 ②

| 단위환산4 - (ppm → mg/m³) |

05 B-C유 보일러 배출가스 중 SO_2 농도가 표준상태에서 1,120ppm으로 측정되었다면 같은 조건에서는 몇 mg/Sm³인가?

① 392   ② 689
③ 3,200   ④ 3,870

해설

$$1,120ppm = 1,120\,mL/Sm^3$$

$$1,120\,mL/Sm^3 \times \frac{64mg}{22.4mL} = 3,200\,mg/Sm^3$$

정답 ③

| 단위환산5 - (ppm → kg/d) |

06 A공장에서 배출되는 아황산가스의 농도가 500ppm이고, 시간당 배출가스량이 80m³이라면 하루에 총 배출되는 아황산가스량(kg/day)은? (단, 표준상태 기준 및 24시간 연속가동)

① 1.26   ② 2.74
③ 3.77   ④ 4.52

해설

$$\frac{500 \times 10^{-6} Sm^3}{1\,Sm^3} \times \frac{64kg}{22.4m^3} \times 80m^3/hr \times \frac{24hr}{1day}$$

$$= 2.7428 kg/day$$

정답 ②

| 단위환산5 - (ppm → kg/d) |

07 어떤 굴뚝의 배출가스 중 SO_2 농도가 240ppm이었다. SO_2의 배출허용기준이 400mg/m³ 이하라면 기준 준수를 위하여 이 배출시설에서 줄여야 할 아황산가스의 최소농도는 약 몇 mg/m³인가? (단, 표준상태 기준)

① 286   ② 325
③ 452   ④ 571

해설

1) 유입농도(mg/m³)
   $240ppm = 240\,mL/Sm^3$
   $240\,mL/Sm^3 \times \frac{64mg}{22.4mL} = 685.714\,mg/Sm^3$

2) 배출허용기준 농도(ppm)
   $= 400mg/m^3$

3) 제거해야 할 농도
   $= (685.714 - 400) = 285.714 mg/m^3$

정답 ①

| 단위환산6 - 분자량 (ppm → mg/m³) |

08 분자량이 M인 대기오염 물질의 농도가 표준상태(0℃, 1기압)에서 448ppm으로 측정되었다. 표준상태에서 mg/m³로 환산하면?

① 1/20M   ② M/20
③ 20M   ④ 20/M

해설

$$\frac{448mL}{m^3} \times \frac{Mmg}{22.4SmL} = 20M$$

정답 ③

연습문제

09 표준상태에서 일산화질소 6.5ppm은 20℃, 1기압에서 몇 mg/m^3인가?

① 7.3   ② 8.1

③ 9.6   ④ 12.4

해설

일산화질소

$$\frac{6.5SmL}{Sm^3} \times \frac{30mg}{22.4SmL} \times \frac{(273+0)Sm^3}{(273+20)m^3} = 8.11mg/m^3$$

정답 ②

| 압력 |

10 다음 중 가장 높은 압력을 나타내는 것은?

① 15psi   ② 76kPa

③ 76torr   ④ 1,000mbar

해설

압력의 이해

① $15psi \times \dfrac{1atm}{14.7psi} = 1.0204atm$

② $76kPa \times \dfrac{1atm}{101.325kPa} = 0.7501atm$

③ $76torr \times \dfrac{1atm}{7,600torr} = 0.1atm$

④ $1,000mb \times \dfrac{1atm}{1013.25mb} = 0.9869atm$

정답 ①

11 Propane gas 100kg을 액화시켜 만든 연료가 완전기화될 때 그 용적은? (단, 표준상태 기준)

① $25.4Sm^3$ ② $50.9Sm^3$

③ $75.2Sm^3$ ④ $102.1Sm^3$

해설

$$100kg \times \frac{22.4Sm^3}{44kg} = 50.91Sm^3$$

정답 ②

| 용적1(stp) |

12 Propane 432kg을 기화시킨다면 표준상태에서 기체의 용적은?

① $560Sm^3$ ② $540Sm^3$

③ $280Sm^3$ ④ $220Sm^3$

해설

$$C_3H_8 : 44kg = 22.4Sm^3$$

$$432kg/h \times \frac{22.4Sm^3}{44kg} = 219.92Sm^3$$

정답 ④

| 용적2(25℃) |

13 상온 25℃에서 가스의 체적이 400m^{3}이었다. 이 때 기온이 35℃로 상승하였다면 가스의 체적은 얼마로 되는가?

① 408.2m^3 ② 410.1m^3

③ 413.4m^3 ④ 424.8m^3

해설

$$400\text{m}^3 \times \frac{(273+35)\text{m}^3}{(273+25)\text{m}^3} = 413.42\text{m}^3$$

정답 ③

| 단위시간당 배출량 – 표준상태 |

14 어느 사업장내 굴뚝 TMS에서의 이산화질소 배출량을 계산하려고 한다. 굴뚝에서의 이산화질소 배출농도가 표준상태에서 224ppm이고, 배출 유량이 10,000Sm^3/hr일 때 단위시간당 배출량(kg/hr)으로 환산하면? (단, 표준상태)

① 3.2   ② 3.8

③ 4.6   ④ 5.2

해설

$$\frac{224 \times 10^{-6}\text{Sm}^3}{1\text{Sm}^3} \times \frac{10,000\text{Sm}^3}{\text{hr}} \times \frac{46\text{kg}}{22.4\text{Sm}^3} = 4.6\text{kg/hr}$$

정답 ③

| 발생량(톤) |

15 0.2%(V/V)의 SO$_2$를 포함하고 매연 발생량이 500m^3/min인 매연이 연간 30%가 A지역으로 흘러가 이 지역의 식물에 피해를 주었다. 10년 후에 이 A지역에 피해를 준 SO$_2$양은? (단, 표준상태 기준, 기타조건은 고려하지 않음)

① 약 3,000톤   ② 약 4,500톤

③ 약 6,000톤   ④ 약 9,000톤

해설

$$\frac{500\text{m}^3}{\text{min}} \times \frac{0.2}{100} \times \frac{30}{100} \times \frac{64 \times 10^{-3}\text{t}}{22.4\text{Sm}^3} \times \frac{1,440\text{min}}{1\text{d}}$$

$$\times \frac{365\text{d}}{1\text{yr}} \times 10\text{yr} = 4,505\text{t}$$

정답 ②

연습문제

16 체적이 $100m^3$인 복사실의 공간에서 오존(O_3)의 배출량이 분당 0.4mg인 복사기를 연속 사용하고 있다. 복사기 사용전의 실내오존(O_3)의 농도가 0.2ppm라고 할 때 3시간 사용 후 오존 농도는 몇 ppb인가? (단, 환기가 되지 않음, 0℃, 1기압 기준으로 하며, 기타 조건은 고려하지 않음)

① 260   ② 380
③ 420   ④ 536

해설

1) 처음 오존농도 : 0.2ppm = 200ppb

2) 발생 오존농도

$$= \frac{오존(m^3)}{실내(m^3)} \times \frac{10^9 ppb}{1}$$

$$= \frac{\dfrac{0.4mg}{분} \times \dfrac{22.4Sm^3}{48kg} \times \dfrac{60분}{hr} \times \dfrac{1kg}{10^6 mg} \times 3hr}{100(m^3)}$$

$$\times 10^9 ppb$$

$$= 336ppb$$

$$\therefore 3시간 \ 사용 \ 후 \ 오존농도 = 처음농도 + 발생농도$$
$$= 200 + 336$$
$$= 536ppb$$

정답 ④

17 A사업장 굴뚝에서의 암모니아 배출가스가 30 mg/m^3로 일정하게 배출되고 있는데, 향후 이 지역 암모니아 배출허용기준이 20ppm으로 강화될 예정이다. 방지시설을 설치하여 강화된 배출허용기준치의 70%로 유지하고자 할 때, 이 굴뚝에서 방지시설을 설치하여 저감해야 할 암모니아의 농도는 몇 ppm인가?

① 11.5ppm   ② 16.8ppm
③ 20.8ppm   ④ 25.5ppm

해설

1) 유입농도(ppm)

$$= \frac{30mg}{m^3} \times \frac{222.4SmL}{17mg} = 39.5294 ppm$$

2) 유출농도(ppm) $= 20ppm \times 0.7 = 14ppm$

3) 제거해야할 농도 $= (39.5294 - 14)ppm$
$$= 25.53 ppm$$

정답 ④

제 2장

대기오염의 개념

Chapter 01 대기의 특성

1. 대기

지구 중력에 의하여 지구 주위를 둘러싸고 있는 기체(공기)

(1) 조성

〈 대기의 성분 〉

성 분	체적(%)	질량(%)	체류기간
N_2(질소)	78.088	75.527	4×10^8년
O_2(산소)	20.949	23.143	6000년
Ar(아르곤)	0.93	1.282	축적
CO_2(이산화탄소)	0.033	0.0456	7~10년
Ne(네온)	0.0018	0.0013	축적
He(헬륨)	0.000524	0.000072	축적
CH_4(메탄)	0.00014	0.000078	2.6~8년
Kr(크립톤)	0.000114	0.00033	축적
N_2O(아산화질소)	0.00005	0.000076	5~50년
H_2(수소)	0.00005	0.0000035	4~7년
CO(일산화탄소)	0.00001	0.00002	0.5년
Xe(크세논)	0.0000096	0.000039	축적
O_3(오존)	0.000002	0.000006	변동
NH_3(암모니아)	0.000001	0.000001	1~7일
NO_2(이산화질소)	0.0000001	0.0000003	–
SO_2(아황산가스)	0.00000002	0.00000009	–

성분	N_2	O_2	Ar	CO_2
부피비	78	21	0.93	0.03(330ppm)
질량비	76	23		
		99		

① STP에서 밀도는 $1.293kg/m^3$, 99%는 50km 이내에 존재

② 부피농도 순 : $N_2 > O_2 > Ar > CO_2 > Ne > He$

③ 대기구성성분 중 농도가 가장 안정된 성분은 산소, 질소, 이산화탄소, 아르곤임

④ 대기 중의 이산화질소, 암모니아성분의 농도는 쉽게 변화함

⑤ 대기 중에서 질소, 산소를 제외하고 가장 큰 부피를 차지하고 있는 물질은 아르곤임

⑥ 대기 중 오존의 배경농도는 약 0.01~0.04ppm 정도로 지역별 오염도에 따라 일변화가 매우 큼

(2) 체류시간

1) 체류시간 긴 물질

비활성기체	N_2 (질소)	O_2 (산소)	N_2O (아산화질소)	CO_2 (이산화탄소)	CH_4 (메탄)
축적, 영구기체	4억년	6,000년	5~50년	7~10년	2.6~8년

체류시간 순 : $N_2 > O_2 > N_2O > CO_2 > CH_4 > H_2 > CO > SO_2$

2) 체류시간 짧은 물질

① 용해도 큰 것, 반응성 큰 물질

② CO : 0.5년(3개월)

③ NH_3, NO, NO_2, SO_2 : 수일, 물에 잘 녹음, 반응성 큼

(3) 공기의 특성

1) 공기의 분자량

공기 중 질소(N_2) 78%, 산소(O_2) 21% 존재하므로,

$$28 \times 0.78 + 32 \times 0.21 = 29(g/mol)$$

2) 공기의 밀도

$$밀도 = \frac{질량}{부피} = \frac{M}{22.4} = \frac{29kg}{22.4Sm^3} = 1.3kg/Sm^3$$

3) 기체의 비중

$$비중 = \frac{기체의 밀도}{공기의 밀도} = \frac{\frac{M}{22.4}}{\frac{29}{22.4}} = \frac{M}{29}$$

기체 분자량↑ → 비중↑

2. 대기 열역학

(1) 태양에너지

1) 태양상수

햇빛에 수직인 $1cm^2$ 면적에 1분 동안 들어오는 태양복사에너지의 양

$$C = K \times \frac{1}{4\pi R^2} = 2cal/cm^2 \cdot min$$

2) 평균태양에너지

$$C_m = 2 \times \frac{\pi R^2}{4\pi R^2} = 0.5cal/cm^2 \cdot min$$

(2) 대기 열역학

1) 지구 복사 이론

① 스테판 볼츠만 법칙

흑체복사를 하는 물체에서 나오는 복사에너지는 표면온도의 4승에 비례함(흑체 : 입사하는 모든 파장의 전자기파를 반사하는 것 없이 모두 흡수하고 복사하는 가상의 물체)

$$E = T^4$$

E : 복사에너지
T : 절대온도
σ : 스테판 볼츠만 상수

② 비인(Vein)의 법칙

최대에너지 파장과 흑체 표면의 절대온도는 반비례함

$$\lambda = \frac{2,897}{T}$$

λ : 파장
T : 표면절대온도

③ 플랑크 복사법칙

온도가 증가할수록 복사선의 파장이 짧아지도록 그 중심이 이동함

	표면온도(K)	복사에너지	복사 파장
태양	6,000	큼	단파복사
지구	300	작음	장파복사

2) 대기 열역학의 특징

① 대기 중에서의 복사는 보통 $0.01 \sim 100\,\mu\mathrm{m}$ 파장영역에 속함

② 복사는 매질이 없는 진공상태에서도 열을 전달할 수 있음

③ 복사는 전자기장의 진동에 의한 파동형태의 에너지전달임

④ 붉은색은 장파, 푸른색은 단파의 특성을 가짐

⑤ 가시광선 : $0.36\,\mu\mathrm{m}$(보라색)$\sim 0.75\,\mu\mathrm{m}$(붉은색) 파장의 광선

⑥ 알베도(albedo) : 입사에너지에 대해 반사되는 에너지의 비

참고

알베도

지구 전체의 평균 반사율은 약 35%

지표면상태	수면(바다)	삼림	나지	사막	초지	얼음, 눈, 빙하
알베도	2	3~10%	7~20%	20%	15~30%	45~85%

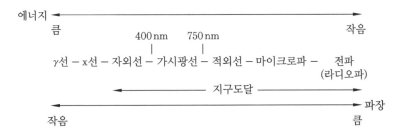

3. 대기권의 구조

(1) 온도에 따른 구분
온도 경사에 따라 4개의 층으로 구분

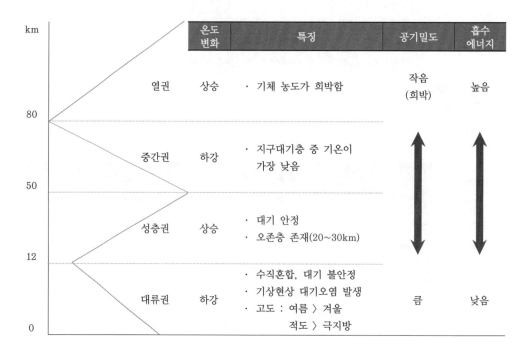

	온도 변화	특징	공기밀도	흡수 에너지
열권	상승	· 기체 농도가 희박함	작음 (희박)	높음
중간권	하강	· 지구대기층 중 기온이 가장 낮음		
성층권	상승	· 대기 안정 · 오존층 존재(20~30km)		
대류권	하강	· 수직혼합, 대기 불안정 · 기상현상 대기오염 발생 · 고도 : 여름 〉 겨울 적도 〉 극지방	큼	낮음

1) 대류권(Troposphere)
　가) 범위
　　① 지표~12(10)km
　　② 지표면 영향을 받는 지의 여부에 따라 대기경계층(1~2km까지)과 자유대기
　　　(그 이상)으로 구분
　　③ 대기경계층 : 대류권 하부 1~2km
　　④ 지표면 영향 큼, 기상현상 발생
　　⑤ 자유대기 : 대기경계층 상층, 지표면 영향 적음
　나) 특징
　　① 기상현상, 대기오염 발생
　　② 대류권의 고도
　　　여름 〉 겨울, 저위도 〉 고위도(위도 45°에서 12km, 극지방 최저)
　　③ 고도↑ → 기온↓(-6.5℃/km) → 공기의 수직혼합, 대기 불안정
　　④ 대류권은 평균 12km(위도 45°의 경우) 정도이며 극지방으로 갈수록 낮아짐
　　⑤ 광화학 오염
　　　주로 280~700nm 파장 흡수 물질

2) 성층권(Stratosphere)

가) 범위
12~50km

나) 특징
① 고도↑ → 기온↑(오존의 자외선 흡수 때문)
② 대기안정
③ 오존층 존재(20~30km)
④ 화산분출 등에 의하여 미세한 분진이 이 권역에 유입되면 수년간 남아 기후에 영향을 미침
⑤ 성층권을 비행하는 초음속 여객기에서 NO가 배출되면 NO는 오존파괴 촉매로 작용함
⑥ 초음속 비행기 성층권 비행 시 오존층파괴, CO_2의 증가

3) 중간권(Mesosphere)

가) 범위
50~80km

나) 특징
① 고도 증가 → 온도 하강
② 대기 불안정
③ 수증기가 없으므로 기상현상은 일어나지 않음
④ 지구대기층 중에서 가장 기온이 낮음
⑤ 지상 80km 부근 온도 : -90℃

4) 열권(온도권,Thermosphere)

가) 범위
지상 80km 이상

나) 특징
① 고도 증가 → 온도 증가
② 태양에 가장 가까운 대기
③ 기체 농도가 희박함
④ 오로라 현상

(2) 공기의 균질의 여부에 따른 구분
1) 균질층
① 공기의 혼합과 확산작용으로 공기가 균질함
② 대기의 연직 성분비가 거의 일정
③ 약 고도 0~80km

2) 이질층

① 중력의 영향이 적어져 조성 성분비가 달라짐
② 4개의 층으로 분류

고도	구분
2,000km 이상	수소층
1,000~2,000km	헬륨층
120~1,000km	산소층
80~120km	질소층

③ 고도 80km 이상

(3) 화학층과 전리층

1) 화학층

① 대기가 중성의 원자와 분자로 이루어짐
② 광분해가 일어남

2) 전리층

① 대기의 에너지가 높아 원자와 분자가 이온 상태(플라즈마)로 존재함
② 원소에서 전자가 떨어져 나옴
③ 고도 약 60~1,000km
④ 열권의 대부분과 중간권 및 외기권의 일부분을 포함

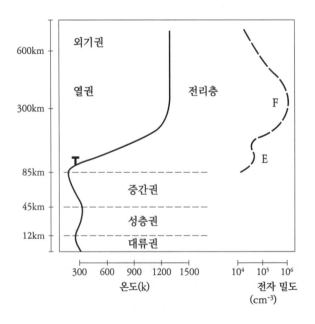

| 계산문제 |

01 A 산업체에서 기기 고장으로 염소(Cl_2)가스가 누출되었다. 이에 대한 사고대책을 수립하기 위하여 일차적으로 염소가스의 특성을 이해하고자 한다. 이 염소 가스는 동일한 체적의 공기보다 얼마나 더 무거운가?

① 약 1.5배 ② 약 2.0배
③ 약 2.5배 ④ 약 4.0배

해설

$$비중 = \frac{기체\ 분자량}{공기\ 분자량} = \frac{71}{29} = 2.45$$

정답 ③

| 평균 분자량 |

02 혼합기체의 부피조성이 질소(N_2) 80%와 이산화탄소(CO_2) 20%로 이루어졌을 때 평균분자량은?

① 31.2 ② 38.9
③ 44.0 ④ 49.3

해설

$$평균\ 분자량 = \Sigma\ (분자량 \times 조성비율)$$
$$= 28 \times 0.8 + 44 \times 0.2$$
$$= 31.2$$

정답 ①

| 스테판 볼츠만 법칙 |

03 스테판 볼츠만의 법칙에 의하면 표면온도가 2,000K인 흑체에서 복사되는 에너지는 표면온도가 1,000K인 흑체에서 복사되는 에너지의 몇 배인가?

① 2배 ② 4배
③ 8배 ④ 16배

해설

$$E \propto T^4 = \left(\frac{2,000}{1,000}\right)^4 = 16배$$

정답 ④

| 스테판 볼츠만 법칙 |

04 어느 도시 지역이 대기오염으로 인하여 시골 지역보다 태양의 복사열량이 10% 감소한다고 한다. 도시 지역의 지상온도가 255K 일 때, 시골 지역의 지상 온도는 얼마가 되겠는가? (단, 스테판 볼츠만의 법칙을 이용한다.)

① 약 288K ② 약 275K
③ 약 269K ④ 약 262K

해설

$$E = \sigma \times T^4 \ 이므로,$$
도시지역 에너지(E_1) = 시골지역 에너지(E_2) × 0.9
$$\sigma \times 255^4 = \sigma \times T^4 \times 0.9$$
$$\therefore T = \sqrt[4]{\frac{255^4}{0.9}} = 261.81K$$

정답 ④

연습문제

| 평균태양에너지 |

05 태양상수를 이용하여 지구표면의 단위 면적이 1분 동안에 받는 평균 태양에너지를 구하는 식으로 적합한 것은? (단, Cw : 평균 태양에너지, C : 태양상수, R : 지구반지름)

① $Cw = C \times [(\pi R^2 / 4\pi R^2)]$
② $Cw = C \times [(4\pi R^2 / \pi R^2)]$
③ $Cw = C \times [(\pi R / 2\pi R^2)]$
④ $Cw = C \times [(2\pi R / \pi R^2)]$

해설

정답 ①

| 비인 법칙 |

06 최대 에너지가 복사될 때 이용되는 파장(λ_m : μm)과 흑체의 표면온도(T : 절대온도단위)와의 관계를 나타내는 복사이론에 관한 법칙은? (단, 비례상수 a = 0.2898cm·K)

$$\lambda_m = a/T$$

① 스테판 – 볼츠만의 법칙
② 비인의 변위법칙
③ 플랑크의 법칙
④ 알베도의 법칙

해설

정답 ②

Chapter 02 대기오염의 특성

1. 대기오염의 양상

① 국지오염 : 좁은 지역 한정(시멘트먼지, 석탄먼지)
② 광역오염 : 넓은 지역(대단위발생원, 기상조건)
③ 단독오염
④ 복합오염 : 상가, 상승작용

2. 대기 오염 현황

1) 주목받는 대기오염물질

① SO_2, 먼지, 매연
② HC(VOC)와 NO_x의 광화학반응에 의한 O_3 등 문제가 대두

2) 대기오염 증가요인

① 자동차 수요의 급증(전체의 55% 이상)
② 에너지 소비의 급증
③ 산업장 증가
④ 불충분한 방지대책
⑤ 도시로의 인구집중
⑥ 지리적조건
⑦ 녹지훼손

3. 오염물질 농도 증감 추세

증가	감소
· 늦가을, 겨울 : NO_x, SO_x, TSP · 러쉬 아워 : NO_x, SO_x, TSP · 3월(봄), 9월(가을) : Oxidant(O_3), TSP · 낮 : Oxidant(O_3)	· 겨울 : Oxidant(O_3) 주말, 밤 · 6~9월(여름) : NO_x, SO_x, TSP

수송, 발전은 상승 추세, 난방은 감소 추세임

4. 오염물질별 배출량

    ① CO, HC : 수송 〉 난방 〉 산업 〉 발전

    ② TSP : 산업 〉 발전 〉 수송 〉 난방

    ③ SO_2 : 산업 〉 발전 〉 난방 〉 수송

    ④ NO_2 : 수송 〉 산업 〉 발전 〉 난방

Chapter 03 대기오염물질 배출원

1. 대기오염 배출원의 분류

(1) 배출원의 분류 1
고정배출원과 이동배출원으로 분류됨

1) 고정배출원
① 움직이지 않고 고정되어 있는 배출원
② 예 배출시설, 공장

2) 이동배출원
① 이동하는 배출원
② 예 자동차, 기차, 비행기, 선박 등

(2) 배출원의 분류 2
자연적 배출원과 이동배출원으로 분류됨

1) 자연적 배출원
자연상태에서 발생하는 배출원

입자상물질	· 해염입자($0.3\mu m$ 이상), 화산재, 토양먼지, 산불먼지, 꽃가루, 포자, 황사($0.1\mu m$ 이상), 광화학 반응으로 생성된 연무질(PAN, 황산염, 질산염, 암모늄염 : $0.2\mu m$ 이하)
가스상물질	· SO_x · 불소화합물 · 다이옥신(PCDDs) : 화산활동을 통해 대기로 직접배출 · CH_4, NH_3, H_2S, NO_x : 토양세균활동에 의한 소화, 식물의 대사기능을 통해 대기로 배출

2) 인위적 배출원
인공적으로 발생하는 배출원

3) 공정별 오염물질
가) 연소과정 생성 오염물질
① CO_2, SO_x, HC, HCHO
② 유기산, 먼지 등 항공기나 자동차의 내연기관에서는 CO와 NO_x가 높음
③ 유기성 먼지를 소각하거나 탈취목적으로 소각 시에는 특수한 오염물질이 발생할 수도 있음

나) 증발과정 생성 오염물질

　① Pb, Cd, Hg, Zn, Mg, Si, Al

　② 액체연료나 용제의 증발로 HC, 산, NH_3 등 발생, 단일성분 오염물질

다) 원광의 제련 프로세서 생성 오염물질

　① 배소, 소결, 분해, 반응과정, 폐기물처리 등에 의해 발생되는 유해물질

　② 불소 및 염소 화합물, SiO_2, Al, Fe, Mn, Pb, Ni, Ba, Ca, Cd 등 금속류

라) 파쇄, 마모, 퇴적, 이적 생성 오염물질

　① 분해, 가공, 운반과정, 건축 공사장의 먼지

마) 누설, 살포, 마모 생성 오염물질

　① 폭발성가스, 유해가스(농약, 살충제, 제초제 – 각종유해물질 비산, 자동차타이어, 기계마모 – 플라스틱, 금속, 먼지)

2. 오염물질별 배출원

〈 고정배출원(배출시설) 〉

오염물질	배출원(배출시설)
아황산가스(SO_2)	제련소, 펄프제조, 중유공장, 염료제조공장, 용광로, 산업장의 보일러시설, 화력발전소, 디젤자동차, 기타관련 화학공업 등
황화수소(H_2S)	암모니아공업, 가스공업, 펄프제조, 석유정제, 도시가스 제조업, 형광물질원료 제조업, 하수처리장 등
질소산화물(NO_x)	내연기관, 폭약, 비료, 필름제조, 초산제조 등 화학공업 등
일산화탄소(CO)	내연기관, 코크스 연소로, 제철, 탄광, 야금공업
암모니아(NH_3)	비료공장, 냉동공장, 표백, 색소제조공장, 나일론 및 암모니아 제조공장, 도금공업
불화수소(HF)	알루미늄 공업, 인산비료 공업, 유리제조 공업
이황화탄소(CS_2)	비스코스 섬유공업, 이황화탄소 제조공장 등
카드뮴(Cd)	아연제련, 카드뮴 제련
염화수소(HCl)	소다공업, 플라스틱 제조업, 활성탄 제조공장, 금속제련, 의약품, 쓰레기소각장 등
염소(Cl_2)	소다공업, 화학공업, 농약제조, 의약품
시안화수소(HCN)	화학공업, 가스공업, 제철공업, 청산제조업, 용광로, 코크스로
폼알데하이드(HCHO)	피혁공장, 합성수지공장, 포르말린 제조업, 섬유공업
브롬(Br_2)	염료제조, 의약 및 농약제조, 살충제
벤젠(C_6H_6)	석유정제, 포르말린제조, 도장공업, 페인트, 고무가공
페놀(C_6H_5OH)	타르공업, 화학공업, 도장공업, 의약품, 염료, 향료
비소(As)	안료, 의약품, 화학, 농약
아연(Zn)	산화아연의 제조, 금속아연의 용융, 아연도금, 청동의 주조 가공
크롬(Cr)	크롬산과 중크롬산제조업, 화학비료공업, 염색 공업, 시멘트 제조업, 피혁 제조
니켈(Ni)	석탄화력발전소, 디젤엔진 배기, 석면제조, 니켈광산
구리(Cu)	구리광산, 제련소, 도금공장, 농약제조
납(Pb)	건전지 및 축전지, 인쇄, 크레용, 에나멜, 페인트, 고무가공, 도가니, 내연기관
메탄올(CH_3OH)	포르말린제조, 도장공업, 고무 가스공업, 피혁, 메탄올제조업

제 3장

대기오염물질 분류

Chapter 01 입자상 물질

1. 대기오염물질의 분류

분류 기준	분류	예
생성과정에 따른 분류	1차 대기오염물질	SO_x, NO_x, CO, CO_2, HC, HCl, NH_3, H_2S, NaCl, N_2O_3
	2차 대기오염물질	O_3, PAN($CH_3COOONO_2$), H_2O_2, NOCl, 아크로레인(CH_2CHCHO), 케톤
	1 · 2차 대기오염물질	SO_2, SO_3, H_2SO_4, NO, NO_2, HCHO, 케톤류, 유기산
성상에 따른 분류	가스상 물질	SO_x, NO_x, O_3, CO, NH_3, HCl, Cl_2, HCHO, CS_2, 불소화합물, 페놀, 벤젠
	입자상 물질	· Aerosol, mist, dust, smoke, soot, fog, fume, haze, smog · 광의적먼지입경 : $0.001 \sim 500 \mu m$($50 \mu m$ 이상 눈으로 확인 가능) · 일반먼지 : $0.1 \sim 10 \mu m$ · 산업활동 시 배출먼지 : $0.01 \sim 100 \mu m$(비산재, 금속fume, 카본블랙, 황산미스트)
화학적 합성형태	유기성 물질	탄화수소화합물, 알데하이드 및 케톤류, 유기산, 기타(알코올 등)
	무기성 물질	황산화물, 질소산화물, 탄소산화물, 기타 황화수소, 불화수소, 암모니아

(1) 생성과정에 따른 분류

생성과정에 따라 다음과 같이 분류

1) 1차 대기오염물질

① 발생원에서 직접 대기 중으로 배출된 대기오염물질

② 예 SO_x, NO_x, 먼지, CO, CO_2, HC, HCl, NH_3, N_2O_3, SiO_2, NaCl, Pb, Zn 등 대부분

2) 2차 대기오염물질

① 1차 대기오염물질이 반응하여(산화반응이나 광화학반응) 생성된 대기오염물질

② 광화학 반응으로 생성된 옥시던트 : O_3, PAN, H_2O_2, NOCl(염화니트로실), CH_2CHCHO(아크로레인), 케톤 등

3) 1 · 2차 대기오염물질

① 1차 및 2차 대기오염물질에 모두에 속하는 경우

② 예 SO_2, SO_3, H_2SO_4, NO, NO_2, HCHO, 케톤류, 유기산 등

1차 오염물질은 광화학 반응이나 산화 반응으로 2차 오염물질이 됨

1차 오염물질		2차 오염물질
SO_2	→	SO_3
NH_3	→	$NO,\ NO_2$
NO	→	NO_2

예제 01 다음 중 1차 및 2차 오염물질에 모두 해당될 수 있는 것은?

① 이산화탄소   ② 납

③ 알데하이드   ④ 일산화탄소

해설

· 1차 오염물질 : 배출원에서 배출된 오염물질 형태
· 2차 오염물질 : 1차 오염물질의 산화 반응이나 광화학 반응으로 생성됨
· 1차 오염물질만 될 수 있는 것 : 납, 일산화탄소, CO_2
· 1, 2차 오염물질 : 알데하이드

정답 ③

(2) 성상에 따른 분류

① 입자상 물질 : 강하먼지, 부유먼지

② 가스상 물질 : SO_x, NO_x, O_3, CO, NH_3, HCl, Cl_2, HCHO, CS_2, 불소화합물, 페놀, 벤젠 등

2. 입자상 물질의 개요

(1) 정의

① 먼지(particulate) 또는 에어로졸(aerosol)

② 입경범위 : $0.001 \sim 500 \mu m$ (통상 $0.1 \sim 10 \mu m$)

(2) 입자상 물질의 분류

1) 부유성에 따른 분류

가) 강하먼지(dust fall)

① 먼지의 입경이 크기 때문에 공기 중에 떠있지 못하고 가라앉는 먼지

② 입경 크기 $20 \mu m$ 이상

③ 단위 : $ton/km^2/month$

나) 부유먼지(Total suspended particulate ; TSP)
① 먼지의 입경이 작아 공기 중에 떠다니는 먼지
② 비산먼지로도 불리고 사람의 폐포까지 침투되어 호흡기 질환을 일으키기도 함
③ 입경 크기 : $10\mu m$ 이하
④ 단위 : mg/m^3, $\mu g/m^3$
⑤ 분류 : 미세먼지(PM10), 초미세먼지(PM2.5)

2) 크기에 따른 분류
가) 먼지의 직경으로 분류함
① PM10 : 공기역학적 직경이 $10\mu m$ 이하인 먼지
② PM2.5 : 공기역학적 직경이 $2.5\mu m$ 이하인 먼지
③ 초미립자 : 직경이 $0.1\mu m$ 이하인 먼지
④ 미세입자 : 직경이 $0.1\mu m \sim 2\mu m$인 먼지
⑤ 조대입자 : 직경이 $2\mu m$ 이상인 먼지

참고

먼지 포집법

· 강하먼지 – 데포지트 게이지법(British deposit gauge) : 건식($ton/km^2/month$)
　　　　　　　더스트 자법(Dust jar) : 습식
· 부유먼지 – 중량농도법 : 고용량, 저용량 공기포집법(mg/m^3)
　　　　　　　상대농도측정법 : 광투과법, 광산란법, 베타선흡수법
· 엔더슨에어샘플러법 – 먼지의 입경분포를 인간의 호흡기에 적용, 입자상 물질의 입도분포 특성과 건강
　　　　　　　　　　　장애를 규명하는데 중요하게 사용

3) 먼지 모양에 따른 분류
① 등축형, 판형, 섬유형
② 이 중, 섬유형이 가장 피해 심함

3. 직경의 종류

(1) 공기역학적 직경(Aerodynamic Diameter)
본래의 먼지와 침강속도가 같고 밀도가 $1g/cm^3$인 구형입자의 직경

1) 종류
① PM10 : 공기역학적 직경이 $10\mu m$ 이하인 먼지, 호흡성 먼지량의 척도
② PM2.5 : 공기역학적 직경이 $2.5\mu m$ 이하인 먼지

2) 특징

① 공기역학적 직경은 먼지의 호흡기 침착, 공기정화기의 성능조사 등 입자의 특성 파악에 주로 이용됨

② 공기 중 먼지입자의 밀도가 $1g/cm^3$ 보다 크고, 구형에 가까운 입자의 공기역학적 직경은 실제 직경보다 항상 큼

(2) 스토크 직경(Stokes diameter)

본래의 먼지와 같은 밀도 및 침강속도를 갖는 입자상 물질의 직경

1) 특징

공기역학적 직경은 단위밀도($1g/cm^3$)를 갖는 구형입자로 가정하지만, 스토크 직경은 대상 입자상 물질의 밀도를 고려한다는 점이 다름

(3) 광학적 직경(Optical Diameter)

현미경으로 먼지의 그림자를 측정한 직경

1) 종류

① Feret경 : 입자의 끝과 끝을 연결한 선중 최대인 선의 길이

② Martin경 : 평면에 투영된 입자의 그림자 면적과 기준선이 평형하게 이등분하는 선의 길이(2개의 등면적으로 각 입자를 등분할 때 그 선의 길이)

③ 투영면적경(등가경) : 울퉁불퉁, 들쭉날쭉한 먼지의 면적과 동일한 면적을 가지는 원의 직경

2) 직경의 크기 비교

① 같은 먼지의 직경을 측정하더라도 직경의 종류에 따라 직경 크기가 달라짐

② Feret경 〉 투영면적경 〉 Martin경

4. 입자상 물질의 종류

입자상 물질	특징
먼지(dust)	· 대기 중 떠다니거나 흩날려 내려오는 입자상 물질 · 일반적으로 집진조작의 대상이 되는 고체입자
매연(smoke)	· 연료 중 탄소가 유리된 유리탄소를 주성분으로 한 고체상 물질
검댕(soot)	· 연소 과정에서의 유리탄소가 tar에 젖어 뭉쳐진 액체상 매연
훈연(fume)	· 금속산화물과 같이 가스상 물질이 승화, 증류 및 화학반응 과정에서 응축될 때 주로 생성되는 $1\mu m$ 이하의 고체입자 · 브라운 운동으로 상호응집이 쉬움
안개(fog)	· 증기의 응축에 의해 생성되는 액체입자 · 습도 약 100% · 가시거리 1km 미만
연무(mist)	· 미립자를 핵으로 증기가 응축하거나, 큰 물체로부터 분산하여 생기는 액체상 입자 · 습도 90% 이상 · 가시거리 1km 이상
박무(haze)	· 습도 70% 이하 · 가시거리 1km 이상 · 습도가 70% 이하로 시야를 방해하는 물질이며 크기는 $1\mu m$ 보다 작음
에어로졸 (aerosol)	· 고체 또는 액체입자가 기체 중에 안정적으로 부유하여 존재하는 상태

5. 입자상 물질인 대기오염물질의 특징과 영향

(1) 다이옥신

1) 정의

① 두 개의 산소교량, 두 개의 벤젠고리, 두 개 이상의 염소원자를 가지는 물질
② 두 개의 산소교량으로 2개의 벤젠고리가 연결된 일련의 유기염화물

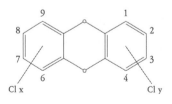

(a) PCDDs
(polychlorodibenzoparadioxin)

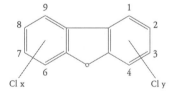

(b) PCDFs
(polychlorodibenzofuran)

2) 종류

① 다이옥신류(PCDD)와 퓨란류(PCDF)로 분류됨
② 총 210개의 이성질체를 가짐(PCDD 75종, PCDF 135종)

3) 특징

① 인위적 합성 화합물 중 가장 유해한 물질
② 지용성 : 벤젠 등 유기용매에 잘 녹음
③ 낮은 수용성
④ 열적, 화학적 안정, 비점 높음
⑤ 난용성, 난분해성
⑥ 낮은 증기압, 휘발성 낮음 : 표준상태에서 증기압이 매우 낮은 고형 화합물
⑦ 벤젠에 용해되는 지용성
⑧ 유기성 고체물질로서 용출실험에 의해서도 거의 추출되지 않음
⑨ 다이옥신은 산소원자가 2개인 PCDD와 산소원자가 1개인 PCDF를 통칭함
⑩ 2, 3, 7, 8-TCDD(2, 3, 7, 8-tetrachloro dibenzo-p-dixoin)가 독성 최대
⑪ 독성등가지수(TEF)를 기준으로 cyanide의 10,000배의 독성을 가짐
⑫ 입자상 물질에 강하게 침착됨 - 토양오염의 원인
⑬ 250~340nm(자외선영역)에서 광분해

4) 배출원

① 자연배출원 : 화산활동, 산불, 번개
② 인위배출원 : 자동차 배기가스, 유기염소계 화합물 소각(병원, 도시폐기물)

5) 생성

① PCB의 부분산화 또는 불완전연소 시 생성됨
② 살충제, 제초제 등의 농업 및 산업 화학물질의 부산물에서 발생함
③ 염소화합물이 고온에서 연소하여도 생성됨
④ 폐기물의 잔류화학 물질로써 열변형이 거의 되지 않고 소각과정에서 휘발되어 방출
⑤ 클로로페놀, PCB, 유사물질과 같은 구조체가 부분산화 또는 불완전연소 되어 발생
⑥ PCDDs 및 PCDFs와 무관한 유기 염소화합물이 300~600℃에서 열분해 된 후 환원반응을 통해 생성
⑦ 도시쓰레기가 유해폐기물 소각시보다 1,000배 이상 많이 배출됨
⑧ 250~300℃일 때 다이옥신 생성 최대
⑨ 고온에서 완전 연소될 때 완전 분해되어도, 연소 후 연소가스의 배출 시, 저온(300℃ 부근)에서 재형성될 수 있음

6) 인체 유입경로

음식물(97%), 호흡(3%)

7) 피해 및 영향

① 2, 3, 7, 8 – TCDD가 가장 독성이 강함

② 체내에서 배출되지 않고 쌓여 생물 농축되고 환경 호르몬으로 작용함

③ 기형성, 태아독성, 발암성, 면역특성, 기형아출산, 간장기능의 장애

8) 저감방법

① 소각 과정 중에서 다이옥신의 생성 억제

② 800℃ 이상 온도에서 소각

③ 쓰레기 소각로에서의 배출 공정을 개선하여 배출 기준 이하가 되도록 제거, 감소시킴

④ 분말 활성탄을 살포하여 다이옥신이 흡착되게 한 후, 이를 전기 집진기에 걸러서 다이옥신 농도를 저감시킴

9) 다이옥신의 지표

가) 독성 등가환산농도(TEQ, Toxic EQuivalent)

다이옥신류 동족체의 각 실측농도에 독성등가환산계수를 곱한 농도의 합

$$TEQ = \sum(TEF \times 각\ 동족체의\ 실측농도\ )$$

나) 독성등가환산계수(TEF Toxic Equivalency Factor)

① 독성이 강한 2, 3, 7, 8 – TCDD의 독성강도를 1로 기준하여, 다이옥신류의 각 동족체에 독성계수를 구한 것

② PCDDs의 허용농도는 가장 독성이 강한 2, 3, 7, 8 – TCDD를 기준한 독성등가인가(TEF)로 나타냄

(2) 다환방향족 탄화수소(PAH ; Polycyclic Aromatic Hydrocarbon)

1) 정의

① 고리형태를 갖고 있는 방향족 탄화수소

② 석탄, 기름, 쓰레기 또는 각종 유기물질의 불완전연소가 일어나는 동안에 형성된 화학물질 그룹

2) 특징

① 대부분 공기역학적 직경이 $2.5\mu m$ 미만인 입자상 물질

② 물에 잘 용해되지 않고 쉽게 휘발됨

③ 일반적으로 대기환경 내로 방출되며 수개월에서 수년 동안 존재함

④ 물에 쉽게 용해되지 않고, 쉽게 휘발되는 성질을 가지고 있어 토양오염의 원인이 됨

⑤ 미량으로도 암 및 돌연변이를 일으킬 수도 있음

⑥ 특히 benzo(a)pyrene이 발암성이 최대임

⑦ 고농도의 PAH는 지방분을 포함하는 모든 신체조직에 유입되어 간, 신장 등에 축적됨

(3) 석면(asbestos)

자연계에서 존재하는 섬유상 규산광물의 총칭

1) 특징

① 자연계에서 산출되는 길고, 가늘며, 강한 섬유상 물질
② 기본구조는 SiO_2 형태
③ 내열성, 내산성, 내알칼리성, 불활성, 발암성
④ 보통의 현미경으로는 식별이 어려워 멤브레인 필터를 사용한 위상차 현미경 사용
   (광굴절률 1.5)

2) 용도

① 자동차 브레이크, 건축물 단열재 등
② 국내에서 2009년 이후 사용이 금지되었지만 이전 사용된 석면은 약 200만톤으로
   특히 건축자재 원료로 많이 사용

3) 영향

가) 노출 경로
   ① 호흡, 경구 유입
   ② 인체에 폐암이나 악성 중피종, 석면폐증 등 발생
나) 석면폐증
   ① 석면 내의 Mg가 혈청 내에서 강력한 용혈작용을 해 적혈구를 증가시킴
   ② 폐가 섬유화되고, 흉막이 비후·석회화됨, 발암 등의 병변을 일으킴
   ③ 폐장에 섬유화를 일으켜 호흡기능을 저하시키고 폐질환을 발생시킴
   ④ 비가역적이며, 석면노출이 중단된 후에도 악화되는 경우가 있음
   ⑤ 폐하엽에 주로 발생하며 흉막을 따라 폐중엽이나 설엽으로 퍼져감
   ⑥ 폐의 석면화는 폐조직의 신축성을 감소시키고, 가스교환능력을 저하시켜 결국
      혈액으로의 산소공급이 불충분하게 됨
다) 독성 피해
   ① 청석면 〉 갈석면(황석면) 〉 온석면(백석면)
   ② 잠복기가 10~20년인 경우도 있음
   ③ 1급 발암물질

(4) 수은

① 배출원 : 농약제조업, 전기제품 제조업
② 유기수은이 무기수은보다 독성이 강함
③ 메틸수은(CH_3Hg)의 독성이 가장 강함
④ 매우 안정적이며 농축·축적되기 쉬움
⑤ 만성중독증 : 미나마타병, 헌터루셀병

(5) 크롬(Cr)

① 배출원 : 피혁공업, 염색공업, 시멘트제조업에서 발생
② Cr^{3+} 보다 Cr^{6+}의 독성이 강함
③ 호흡기, 피부 통해 유입, 간장, 신장 골수축적
④ 신장, 대변을 통해 배출
⑤ 장기간 흡입 시 코의 연결부에 구멍이 뚫리는 원형이 비중격천공이 생김
⑥ 만성 독성 : 카타르성 비염, 폐기종, 폐부종, 기관지염
⑦ 급성 독성 : 폐충혈, 폐암, 기관지염

(6) 기타 연소 시 발생하는 금속성 먼지

오염물질	질환	배출원
브롬(Br_2)	· 상온에서 적갈색 · 휘발성 · 실내 대기오염 · Cl_2와 유사작용 · 눈과 상기도의 점막손상 · 40ppm 이상이면 생명 위험	산화제, 살충제, 의약, 사진 재료
비소(As)	· 혈관 내 용혈을 일으켜 두통, 오심, 흉부 압박감 나타남 · 10ppm 정도에 폭로되면 혼미, 혼수, 사망에 이름 · 대표적 3대 증상 : 복통, 황달, 빈뇨 등 · 손 · 발바닥에 나타나는 각화증, 각막궤양, 비중격 천공, 탈모, 흑피증 등	석탄, 석유연소, 살충제, 안료, 색소 제조, 예전에는 매독 치료제와 전쟁 시 독가스로 사용됨
니켈(Ni)	· 폐암, 과혈당, 소화기, 중추신경계 장애	디젤($2\sim10,000\mu g/g$), 석탄, 담배, 석면
PCB	· 기형아 출산, 피부병 유발, 발암성	변압기, 충전기, 형광등, 수은등, 세탁기, 냉장고, 전자렌지, 카본 복사기, 도자기
바나듐(V)	· 인후자극, 설태 · 콜레스테롤, 인지질 및 지방분의 합성 저해 · 다른 영양물질의 대사 장해 · 코, 눈, 기도 자극	석탄, 석유 등 화석연료의 연소, 촉매제, 합금 제조, 잉크와 도자기 제조공정 등
베릴륨(Be)	· 섭취 · 피부 접촉으로는 거의 흡수 안 됨 · 흡입 시 폐, 뼈, 간, 비장에 침착	
탈륨(Tl)	· 수용성 염은 위장관, 피부, 호흡기로 쉽게 흡수	
알루미늄(Al)	· 뼈 · 뇌 조직에 독성 유발, 결막염, 습진	
셀레늄(Se)	적혈구 산화 손상 예방효과, 결막염(rose eye)	
아연/망간	· 발열 물질, Mn은 파킨슨 증후군과 유사증세 유발	
카드뮴	· 이따이이따이 병, 단백뇨, 신장 결석증	아연 정련공업
납	· 조혈기능 장애(헤모글로빈 형성을 억제), 빈혈 유발 · 신경계통 침해, 시신경 위축에 의한 실명, 사지 경련	무연 휘발유 차의 배기가스, 건전지 · 축전지, 에나멜, 페인트

연습문제

입자상 물질

내용문제

01 공기역학적직경(Aerodynamic Diameter)에 관한 설명으로 가장 적합한 것은?

① 원래의 먼지와 침강속도가 동일하며 밀도가 $1g/cm^3$인 구형입자의 직경
② 원래의 먼지와 침강속도가 동일하며 밀도가 $1kg/cm^3$인 구형입자의 직경
③ 원래의 먼지와 밀도 및 침강속도가 동일한 선형 입자의 직경
④ 원래의 먼지와 밀도 및 침강속도가 동일한 구형 입자의 직경

해설

정답 ①

02 비구형 입자의 크기를 역학적으로 산출하는 방법 중의 하나로 본래의 입자와 밀도 및 침강속도가 동일하다고 가정한 구형입자의 직경은?

① 종말직경　　　　② 종단직경
③ 공기역학적직경　　④ 스토크직경

해설

Stokes diameter(스토크직경)
본래의 분진과 밀도와 침강속도가 동일한 구형입자의 직경

정답 ④

03 입자상 물질의 크기 중 "마틴직경(Martin Diameter)"이란?

① 입자상 물질의 그림자를 2개의 등면적으로 나눈 선의 길이를 직경으로 하는 것
② 입자상 물질의 끝과 끝을 연결한 선 중 가장 긴 선을 직경으로 하는 것
③ 입경분포에서 개수가 가장 많은 입자를 직경으로 하는 것
④ 대수분포에서 중앙입경을 직경으로 하는 것

해설

martin 직경
2개의 등면적으로 각 입자를 등분할 때 그 선의 길이

정답 ①

04 Aerodynamic diameter의 정의로 가장 적합한 것은?

① 본래의 먼지보다 침강속도가 작은 구형입자의 직경
② 본래의 먼지와 침강속도가 동일하며, 밀도 $1g/cm^2$인 구형입자의 직경
③ 본래의 먼지와 밀도 및 침강속도가 동일한 구형입자의 직경
④ 본래의 먼지보다 침강속도가 큰 구형입자의 직경

해설

정답 ②

연습문제

05 입자크기 측정법 중 현미경을 이용하는 방법으로 투영된 입자의 모양이 원형이 아닐 때 입자의 최장 또는 최단 크기로 정의하거나 여러 방향으로 나누어 크기를 측정하여 산술평균한 값으로 정의하기도 하는 직경은?

① Optical diameter

② Equivalent diameter

③ Stokes diameter

④ Aerodynamic diameter

해설

② Equivalent diameter(등가직경)
입자의 대표 치수 또는 유체가 흐르는 관로, 개수로 등의 대표 치수를 나타낼 때에 사용

③ Stokes diameter(스토크직경)
구형이 아닌 입자와 같은 침강속도와 밀도를 갖는 구형입자의 직경

④ Aerodynamic diameter(공기역학적 직경)
구형이 아닌 입자와 침강속도가 같고, 밀도가 $1g/cm^3$인 구형입자의 직경으로 먼지의 호흡기 침착, 공기정화기의 성능조사 등 입자의 특성파악에 주로 이용

정답 ①

06 입자크기 측정법 중 현미경을 이용하는 방법으로 투영된 입자의 모양이 원형이 아닐 때, 입자의 최장 또는 최단 크기로 정의하거나 여러 방향으로 나누어 측정한 크기를 산술평균한 값으로 정의하는 직경은?

① 등가직경   ② 광학직경

③ Stokes직경   ④ 공기역학직경

해설

Optical diameter(광학직경)에 대한 설명이다.

① Equivalent diameter : 등가직경

③ Stokes diameter : 침전직경

④ Aerodynamic diameter : 공기역학적 직경

정답 ②

07 다음 중 인체의 폐포 침착률이 가장 큰 입경 범위는?

① $0.001 \sim 0.01 \mu m$ ② $0.01 \sim 0.1 \mu m$

③ $0.1 \sim 1.0 \mu m$ ④ $10 \sim 50 \mu m$

해설

③ 인체에 침착률이 가장 큰 입경범위는 $0.1 \sim 1.0 \mu m$ 이다.

정답 ③

08 다음 대기오염물질 중 바닷물의 물보라 등이 배출원이며, 1차 오염물질에 해당하는 것은?

① N_2O_3 ② 알데하이드
③ HCN   ④ NaCl

해설

정답 ④

09 다음의 대기오염물질 중 2차 오염물질과 가장 거리가 먼 것은?

① N_2O_3 ② PAN
③ O_3 ④ NOCl

해설

① N_2O_3는 1차오염물질에 해당한다.

정답 ①

10 다음 대기오염물질을 분류했을 때, 1차 오염물질로만 옳게 짝지어진 것은?

① N_2O_3, O_3
② H_2S, H_2O_2
③ HCl, $CH_3COOONO_2$
④ SiO_2, CO

해설

④의 항목들만 1차 오염물질이다. 1차 오염물질 primary polutants)은 발생원에서 직접 대기 중으로 배출되는 오염물질을 말하며, 거의 대부분의 오염물질이 여기에 속한다.

정답 ④

11 다음 중 1, 2차 대기오염물질 모두에 해당하는 것은?

① O_3 ② PAN
③ CO   ④ Aldehydes

해설

① O_3 : 2차 대기오염물질
② PAN : 2차 대기오염물질
③ CO : 1차 대기오염물질

정답 ④

연습문제

12 다음 중 2차 대기오염물질과 가장 거리가 먼 것은?

① NaCl
② H_2O_2
③ PAN
④ SO_3

해설

1차, 2차 오염물질의 분류
① NaCl은 1차 오염물질이다.

정답 ①

13 입자상 오염물질 측정방법을 중량농도법과 개수농도법으로 분류할 때, 다음 중 개수농도법에 해당하는 것은?

① 정전식 분급법
② β −ray 흡수법
③ 다단식 충돌판 측정법
④ Piezobalance

해설

정전식 분급법은 전기력으로 입자를 크기에 따라 분리하여 개수농도를 측정하는 방법이다.

정답 ①

14 다음은 입자상 물질의 측정장치 중 중량농도 측정방법에 관한 설명이다. ( )안에 가장 적합한 것은?

( )은/는 입자의 관성력을 이용하여 입자를 크기별로 측정하고, Cascade impactor로 크기별로 중량농도를 측정하는 방법이다.

① 여지포집법
② Piezobalance
③ 다단식 충돌판 측정법
④ 정전식 분급법

해설

정답 ③

15 세포내에서 SH기와 결합하여 헴(heme)합성에 관여하는 효소를 포함한 여러 세포의 효소 작용을 방해하며, 적혈구 내의 전해질이 감소되어 적혈구 생존기간이 짧아지고, 심한 경우 용혈성 빈혈이 나타나기도 하는 물질은 무엇인가?

① 카드뮴
② 납
③ 수은
④ 크롬

해설

정답 ②

16 다음은 어떤 오염물질에 관한 설명인가?

> 이 물질은 위장관에서 다른 원소들의 흡수에 영향을 미칠 수 있는데, 불소의 흡수를 억제하고, 칼슘과 철 화합물의 흡수를 감소시키며, 소장에서 인과 결합하여 인 결핍과 골연화증을 유발한다.

① 불화수소　　　　② 자일렌
③ 알루미늄　　　　④ 니켈

해설

정답 ③

17 다음 설명하는 대기오염물질로 가장 적합한 것은?

> · 이 물질의 직업성 폭로는 철강제조에서 아주 많으며, 알루미늄, 마그네슘, 구리와의 합금 제조 등에서도 흔한 편이다.
> · 이 흄에 급성폭로되면 열, 오한, 호흡 곤란 등의 증상을 특징으로 하는 금속열을 일으키거나 자연히 치유된다.
> · 만성폭로가 되면 파킨슨 증후군과 거의 비슷한 증후군으로 진전되어 말이 느리고 단조로워진다.

① 비소　　　　② 수은
③ 망간　　　　④ 납

해설

정답 ③

18 다음은 탄화수소류에 관한 설명이다. ( )안에 가장 적합한 물질은?

> 탄화수소류 중에서 이중결합을 가진 올레핀화합물은 포화 탄화수소나 방향족 탄화수소보다 대기중에서 반응성이 크다. 방향족 탄화수소는 대기 중에서 고체로 존재한다. 특히 ( )은 대표적인 발암 물질이며, 환경호르몬으로 알려져 있고, 연소 과정에서 생성된다. 숯불에 구운 쇠고기 등 가열로 검게 탄 식품, 담배연기, 자동차 배기가스, 석탄 타르 등에 포함되어 있다.

① 벤조피렌　　　　② 나프탈렌
③ 안트라센　　　　④ 톨루엔

해설

① 숯불에 구운 쇠고기 등 가열로 검게 탄 식품, 담배 연기, 자동차 배기가스, 석탄 타르 등에 포함되어 있는 대표적인 발암물질은 벤조피렌이다.

정답 ①

연습문제

19 다음 오염물질에 관한 설명으로 가장 적합한 것은?

> 이 물질의 직업성 폭로는 철강제조에서 매우 많다. 생물의 필수금속으로서 동·식물에서는 종종 결핍이 보고되고 있으며, 인체의 급성으로 과다폭로되면 화학성 폐렴, 간독성 등을 나타내며, 만성폭로 시 파킨슨 증후군과 거의 비슷한 증후군으로 진전되어 말이 느리고 단조로워진다.

① 납
② 불소
③ 구리
④ 망간

해설

정답 ④

20 대표적인 증상으로 인체 혈액 헤모글로빈의 기본 요소인 포르피린 고리의 형성을 방해함으로써 헤모글로빈의 형성을 억제하므로, 중독에 걸렸을 경우 만성 빈혈이 발생할 수 있는 대기오염물질에 해당하는 것은?

① 납
② 아연
③ 안티몬
④ 비소

해설

정답 ①

21 다음 대기오염물질 중 혈관 내 용혈을 일으키며, 3대 증상으로는 복통, 황달, 빈뇨이며, 급성중독일 경우 활성탄과 하제를 투여하고 구토를 유발시켜야 하는 것은?

① 석면
② 비소
③ 벤조(a)파이렌
④ 불소화합물

해설

> 비소는 혈관 내 용혈을 일으키며, 두통, 오심, 흉부 압박감을 호소하기도 한다. 10ppm 정도에 폭로되면 혼미, 혼수, 사망에 이른다. 대표적인 3대 증상으로는 복통, 황달, 빈뇨 등이며, 만성적인 폭로에 의한 국소 증상으로는 손·발바닥에 나타나는 각화증, 각막궤양, 비중격 천공, 탈모 등을 들 수 있다.
> 하제 : 설사 유도제

정답 ②

22 다음 중 광부나 석탄연료 배출구 주위에 거주하는 사람들의 폐중 농도가 증대되고, 배설은 주로 신장을 통해 이루어지며, 뼈에 소량 축적될 수 있으며, 만성 폭로시 설태가 끼이며, 혈장 콜레스테롤 수치가 저하될 수 있는 오염물질은?

① 구리
② 카드뮴
③ 바나듐
④ 비소

해설

> 바나듐에 폭로된 사람들에게는 혈장 콜레스테롤 수치가 저하되며, 만성폭로 시 설태가 끼일 수 있다.

정답 ③

23 다음은 오존의 생성원에 관한 설명이다. (　) 안에 알맞은 것은?

> 대류권에서 자연적 오존은 질소산화물과 식물에 방출된 탄화수소의 광화학반응으로 생성된다. 식물로부터 배출되는 탄화수소의 한 예로서 (　)는(은) 소나무에서 생기며, 소나무향을 가진다.

① 사이토카닌　　　② 에틸렌
③ ABA　　　　　④ 테르펜

해설

식물에서 방출된 탄화수소 : 테르펜, 이소프렌

정답 ④

24 다음은 어떤 물질에 폭로되었을 때에 관한 설명인가?

> ·급성폭로 시 다량의 눈물이 나는 등의 증상을 일으키며 폐렴이 생길 수 있다.
> ·만성폭로 시 설태가 끼이며, 혈장 콜레스테롤 수치가 저하된다.
> ·폐기능 검사상 폐쇄성 양상을 나타낸다.

① 셀레늄　　　② 바나듐
③ 수은　　　　④ 비소

해설

바나듐에 폭로된 사람들에게는 혈장 콜레스테롤 수치가 저하되며, 만성폭로 시 설태가 끼일 수 있다.

정답 ②

25 다음은 어떤 오염물질에 관한 설명인가?

> 이 오염물의 만성 폭로의 가장 흔한 증상은 단백뇨이다. 신피질에서 이 물질이 임계농도에 이르면 처음에는 저분자량의 단백질의 배설이 증가하는데, 계속적으로 폭로되면 아미노산뇨, 당뇨, 고칼슘뇨증, 인산뇨 등의 증상을 가지는 Fanconi씨 증후군으로 진행된다.

① As　　　② Hg
③ Cr　　　④ Cd

해설

Cd의 관한 설명이다.

정답 ④

26 다음 중 인체내에서 콜레스테롤, 인지질 및 지방분의 합성을 저해하거나 기타 다른 영양물질의 대사장애를 일으키며, 만성폭로 시 설태가 끼는 대기오염물질의 원소기호로 가장 적합한 것은?

① Se　　　② Tl
③ V　　　④ Al

해설

③ V(바나듐)

정답 ③

연습문제

27 다음 오염물질 중 사지 감각이상, 구음장애, 청력장애, 구실성 시야협착, 소뇌성 운동질환 등의 주요증상이 특징적이고, Hunter – Russel 증후군으로도 일컬어지고 있는 오염물질은?

① 메틸수은   ② 납
③ 크롬   ④ 카드뮴

해설

정답 ①

28 아연 광석의 채광이나 제련 과정에서 부산물로 생성되고, 만성중독증상으로 단백뇨와 골연화증을 수반하는 오염물질은?

① 카드뮴   ② 납
③ 수은   ④ 석면

해설

정답 ①

Chapter 02 가스상 물질

SO$_x$, NO$_x$, 염소 화합물 등 가스로 된 물질을 가스상 물질이라 한다.

1. 황화합물의 개요

(1) 황화합물의 분류

가) 산화 황화합물

인위적 배출원, 산화수 높음, 용해성 강함

예 SO$_2$, SO$_3$

나) 환원 황화합물

자연적 배출원, 산화수 낮음, 휘발성 강함

예 CS$_2$, H$_2$S, OCS 등

(2) 종류

SO$_x$(SO$_2$, SO$_3$), H$_2$S, H$_2$SO$_4$, CS$_2$, 머캅탄(CH$_3$SH) 등

(3) 특징

① SO$_2$는 물에 대한 용해도가 높아 구름의 액적, 빗방울, 지표수 등에 쉽게 녹아 H$_2$SO$_3$를 생성함

② SO$_2$는 280~290nm에서 강한 흡수를 보이지만 대류권에서는 거의 광분해 되지 않음

③ CS$_2$는 증발하기 쉬우며, CS$_2$ 증기는 공기보다 약 2.6배 더 무거움

④ 가스 상태의 SO$_2$는 대기압 하에서 환원제 및 산화제로 모두 작용할 수 있음

⑤ 해양을 통해 자연적 발생원 중 가장 많은 양의 황화합물이 DMS형태로 배출되고 있으며, 일부는 H$_2$S, OCS, CS$_2$ 형태로 배출되고 있음

⑥ 대기 중으로 유입된 SO$_2$는 물에 잘 녹고 반응성도 크므로 입자상 물질의 표면이나 물방울에 흡착된 후 비균질 반응에 의해 대부분 황산염으로 산화되어 제거됨

2. 황산화물(SO$_x$)

(1) 특징

① 일반적으로 SO$_2$와 SO$_3$를 말함

② 지구 전체 황화합물의 50% 이상을 차지함

③ 원유 중의 황은 모두 유기황으로 존재하며, 석탄 중의 황은 유기황 50%, 무기황 50%

④ 인위적/자연적 배출량이 비슷하며 인위적 배출량 중 97% 이상이 화석연료의 연소에 기인함

⑤ 전 세계의 황화합물 배출량 중 인위적 발생량이 50%를 차지하여 나머지 50%가 자연적 발생원에서 배출됨

⑥ 연소과정에서 생성되는 황산화물 중 SO$_2$ 95%, SO$_3$ 5%

⑦ 인위적 발생원에서 화석연료 중의 황화합물은 연소 시 대부분 SO$_2$가 됨

⑧ 산성비의 큰 원인

⑨ 환원성을 띠며 탈색 가능

⑩ 연료 중의 황분함량은 석탄이 가장 높음

(2) 종류

1) SO$_2$(아황산가스, 이산화황)

① 화석연료가 연소할 때 산화되어 발생

$$S + O_2 \rightarrow SO_2$$

② 무색, 불연성 기체, 자극성 냄새

③ 환원성이 있어서 수분과 함께 각종 색소 표백

④ 금, 백금을 제외한 거의 모든 금속 부식

⑤ SO$_2$ + 습기 → 석회암, 대리석을 부식시킴(화강암, 사암은 제외)

⑥ 물에 잘 녹아 대기 중 수분과 H$_2$SO$_4$ 생성

$$SO_2 + \frac{1}{2}O_2 \rightarrow SO_3 + H_2O \rightarrow H_2SO_4$$

⑦ 산성비의 원인

⑧ 체류시간 짧음

⑨ 용해도가 커서 대부분 황산염으로 산화되어 제거됨

⑩ 280~290nm 범위 파장 강하게 흡수

⑪ 대류권에서는 광분해되지 않고, 여기상태의 SO$_2$로 됨

⑫ 식물에 대한 영향 : 백화현상, 맥간반점

⑬ 자극성, 질식성 가스

⑭ 폐기종, 기관지염, 폐염, 궤양, 기도에 영향

⑮ 독성크기 : SO$_2$ 〈 SO$_2$ + 먼지 〈 SO$_2$ + mist(습기, SO$_2$의 10배 독성)

⑯ 먼지, 매연과 함께 대기오염 규정 지표

⑰ NO$_x$, O$_3$와 함께 섬모운동 장애각화(호흡기), 염료탈색, 환원성, 가죽 손상, 섬유강도 저하, 염료 변색시킴

⑱ 낮은 농도의 올레핀계 탄화수소라도 NO가 존재하면 SO$_2$를 광산화시키는데 상당히 효과적일 수 있음

⑲ 파라핀계 탄화수소는 NO$_2$와 SO$_2$가 존재하여도 aerosol을 거의 형성시키지 않음

2) SO$_3$(무수황산, 삼산화황)
① SO$_2$가 대기 중에서 산화되어 생성됨
② 연소 시 SO$_2$ 생성량(95%)에 비해 소량 생성
③ 물에 잘 녹음
④ 저산소연소법으로 생성량 감소
⑤ 수증기와 만나면 독성이 SO$_2$보다 10배 증가
⑥ 먼지, 해염 입자와 만나면 독성 상가작용 일어남

3) H$_2$S(황화수소)
① 황산화물 중 자연계에 가장 많이 존재
② 무색, 유독, 질식성 가스, 악취물질
③ 달걀 썩는 냄새, 1ppm 이하에서도 냄새 감지
④ 대부분 OH에 의해 산화되어 SO$_2$로 변환됨
⑤ 배출원 : 가스공업, 펄프, 석유, 도시가스, 하수처리장, 암모니아제조, 석유정제업
⑥ 악취, 불면증, 식욕부진
⑦ 페인트, 도료변색

4) CS$_2$(이황화탄소)
① 상온에서는 무색 투명하며, 자극성 냄새가 나는 액체
② 불용성
③ 증기는 공기보다 약 2.64배 정도 무거움
④ 연소, 증발 쉽고, 150℃ 이상에서 분해하여 탄산가스와 황화수소가 생성됨
⑤ 햇빛에 파괴될 정도로 불안정하지만 부식성은 비교적 약함
⑥ 끓는점 46℃(760mmHg), 인화점 -30℃
⑦ 배출원 : 비스코스 섬유공업
⑧ 중추신경계 장애

5) 황화메틸(DMS, CH$_3$SCH$_3$)
① 전지구적 규모에서 자연적 발생원 중 가장 많이 배출되는 황화합물
② 특히 해양에서 많이 발생함

6) 카보닐황화물(OCS)
① 매우 안정
② 청정대기에서 가장 고농도의 황화합물

3. 질소산화물(NOₓ)

(1) 특징

① 일반적으로 NO, NO_2를 칭함
② 인위적인 배출량이 자연적인 배출량의 10%
③ 저층 대기인 대류권에서 중요한 오염물질
④ 연료 중 함유 : 석탄 〉 중유 〉 경유 〉 휘발유 〉 천연가스

(2) 종류

NO, NO_2, N_2O, NO_3, N_2O_3, N_2O_4, N_2O_5

1) NO(일산화질소)

① 고온 연소과정에서 발생

$$N_2 + O_2 \rightarrow 2NO$$

② 연소과정에서 배출되는 질소산화물은 대부분 NO로 발생됨(90%)
③ 쉽게 NO_2로 산화됨
④ NO와 N_2O는 미생물의 작용에 의해 토양과 해양에서 배출됨
⑤ 무색, 무취, 무자극성의 기체
⑥ 물에 잘 녹지 않음
⑦ 헤모글로빈과 결합력이 매우 커서 메타헤모글로빈을 형성

인체영향 : 헤모글로빈(Hb : 혈색소)과 친화력(NO 〉 CO 〉 O_2)
식물 피해순서 : HF 〉 Cl_2 〉 SO_2 〉 O_3 〉 NO_x 〉 CO

2) NO₂(이산화질소)

① NO의 산화에 의해 생성

$$2NO + O_2 \rightarrow 2NO_2$$

② 적갈색의 자극성, 부식성을 가진 기체
③ 습도가 높은 경우 질산이 되어 금속을 부식시킴
④ 여름철 농도 높음 : NO가 강한 태양에너지에 의하여 NO_2로 산화 됨
⑤ 광화학적 분해 작용 때문에 대기의 O_3 농도를 증가시킴
⑥ 냉수 또는 알칼리 수용액과 작용하여 가시도에 영향을 미침
⑦ NO_2는 NO보다 인체에 미치는 독성이 5~7배 강함
⑧ 난용성이나, NO보다는 용해도가 높음
⑨ 헤모글로빈과 결합력 강함
⑩ 약 1ppm 이상 존재할 경우 육안으로 감지할 수 있음
⑪ 연소과정에서 직접 배출되기도 하나 그 양은 NO_x 중 약 5% 이하임

3) N₂O(아산화질소)

① 마취약 재료 (웃음기체)
② 달콤한 냄새와 맛
③ 무색, 불활성, 안정
④ 활성도가 낮아 체류시간이 긺
⑤ 대류권에서는 태양에너지에 대하여 매우 안정
⑥ 오존층 파괴 물질 : 성층권(오존층)에서는 오존을 분해
⑦ 온실효과 유발

(3) 질소산화물(NO_x) 발생

① 주로 연소과정에서 발생 : NO(90%), NO_2(10%)
② 대기오염 유발물질
③ 연소시, NO_x 생성에 영향인자 : 온도, 반응속도, 반응물질의 농도, 반응물질의
　　　　　　　　　　　　　　　　혼합정도, 연소실 체류시간

(4) 연소공정에서 발생하는 질소산화물(NO_x)의 종류

① Fuel NO_x : 연료 자체에 포함된 질소 성분의 연소로 발생
② Thermal NO_x : 연소시 고온 분위기에 의해, 공기 중의 질소가 고온에서 산화되어
　　　　　　　　　생성됨
③ Prompt NO_x : 연료와 공기 중 질소의 결합으로 발생

(5) NO_x의 대기 중 거동

1) 질소산화물의 광분해 순환

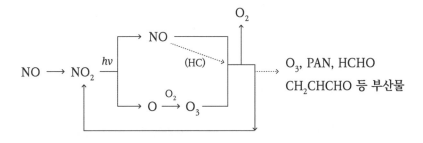

① 배기가스로 NO 생성
② NO가 산화되어 NO_2 생성 : 대기 중 VOC 등의 유기물이 존재하면, 우선적으로 광산화를
　　　　　　　　　　　　하여 과산화기를 형성하고 NO를 NO_2로 산화 시킴
③ O_3 생성 및 축적
④ 옥시던트 생성 : 다양한 광화학반응으로 옥시던트(PAN, HCHO, 아크롤레인 등의 2차
　　　　　　　　대기오염물질) 생성됨

2) 하루 중 NO_x 농도 변화

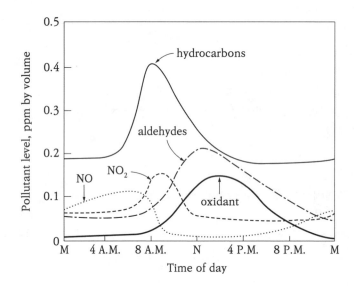

① NO 농도 증가(출근 시간) → NO_2로 산화 → 광산화로 인한 O_3 증가(한 낮)

4. 탄소화합물

(1) 이산화탄소(CO_2)

1) 순환과정
① 대기 중의 CO_2 농도는 여름에 감소하고 겨울에 증가함
② 지구의 북반구 대기중의 CO_2 농도가 남반구 보다 높음
③ 대기 중의 자연농도는 350ppm 정도이며, 체류시간은 대체로 2~4년임

2) 특징
① 실내 공기 오염 지표
② 온실효과 원인물질
③ 자연 상태 빗물의 pH가 5.6인 원인물질
④ 대기 중에 배출된 CO_2의 약 50%는 대기 중에 축적, 29% 해수 용해, 지상생물에 의하여 흡수(대기 > 해양 > 동토)
⑤ 지구온실효과에 대한 추정 기여도는 CO_2가 50% 정도로 가장 높음
⑥ 대기 중의 이산화탄소 농도는 북반구의 경우 계절적으로는 보통 겨울에 증가함
⑦ 지구 북반구의 이산화탄소의 농도가 상대적으로 높음

(2) 일산화탄소(CO)

1) 특징

① 무색, 무미, 무취의 기체

② 난용성, 비에 녹지 않음

③ 분자량 28(공기분자량 28.84, 공기보다 가벼움)

④ 금속산화물 환원시킴(환원제)

⑤ 소멸 과정 : 토양 박테리아의 활동에 의해 이산화탄소로 산화되어 제거, 광화학 반응
(대류권, 성층권)으로 제거

⑥ 체류시간 : 1~3개월

⑦ 대기 중의 일산화탄소의 농도는, 다른 대기오염 물질과 같이 일사나 비 혹은 계절풍
등 기상의 영향을 받음

⑧ 계절마다 주기적으로 변화해, 한 여름인 7월~8월에 가장 낮아지고, 11월~1월의
겨울에 높아짐

⑨ 가연성분의 불완전 연소시나 자동차에서 많이 발생됨

$$C + \frac{1}{2}O_2 \rightarrow CO$$

⑩ 인위적 발생량이 전체 총량 중 60% 이며, 이 중 휘발유(가솔린)차에 의한 것이 대부분

⑪ 청정 대기 중 농도는 0.1ppm 정도. 북반구 중위도(북위 50°) 부근에서 최대농도

⑫ 헤모글로빈과 비가역적 결합으로 카르보닐헤모글로빈(CO-Hb) 형성

⑬ 헤모글로빈 친화력 : O_2의 210배, 혈중 CO-Hb(%)가 1% 정도까지는 인체에 대한
특이사항은 거의 없음

⑭ 연탄가스 중독

참고

헤모글로빈과의 반응

$Hb + O_2 \rightarrow HbO_2$ (옥시 헤모글로빈) : 정상

$Hb + CO \rightarrow HbCO$ (카르복시 헤모글로빈) : 연탄가스 중독

$Hb + NO \rightarrow HbNO$ (변성 헤모글로빈, 니트로소 헤모글로빈) : 청색증 유발

(3) 탄화수소류(HC)

① 자연적 발생원 : 논, 습지, 광산 및 식물 등

② CH_4이 대기 중 가장 많음 : 미생물의 유기물 분해로 다량 발생, 배경농도 : 약 1.5ppm

③ C_1~C_4는 기체, C_5~C_{16}는 액체, C_{17} 이상은 고체

④ 자동차 감속 시 발생, 광화학 smog의 원인 물질로 작용

⑤ 발암성물질인 3, 4-벤조피렌(Benzopyrene)을 생성

⑥ 올레핀계 탄화수소(이중결합)는 포화 탄화수소나 방향족 탄화수소보다 반응성이
크기 때문에 광화학 옥시던트와 2차 탄화수소 생성에 기여, 오존 생성

⑦ 대기환경 중에서 탄화수소는 기체, 액체 또는 고체로 존재함

⑧ 탄화수소류 중에서 이중 결합을 가진 올레핀화합물은 방향족 탄화수소보다 대기 중에서의 반응성이 큼

⑨ 지구 규모의 탄화수소 발생량으로 볼 때 인위적 발생량은 전체의 1% 정도임

메탄계 탄화수소(CH_4)	· HC 중 대기 중 농도가 가장 높음(1.7~2ppm), 농도 증가 추세 · 인위적 발생량 중 가축의 비율이 최대
비메탄계 탄화수소	· 자연적 발생량이 인위적인 것보다 9배 이상 많음 · 자연적 발생은 침엽수에서 발생되는 이소프렌, 테르펜 등. 반응성이 높으며, 광화학반응을 통해 2차 오염물질의 부생에 기여

5. 불소화합물

(1) 종류

1) F_2

① 엷은 홍록색(거의 무색)의 자극성 유독 기체

② 천연적으로는 산출되지 않음

③ 거의 모든 원소와 직접 반응

④ 수소와 격렬하게 반응하여 HF 생성

⑤ 형석, 빙정석, 인광석 등의 광물로 산출

2) HF

① 무색, 발연성의 기체

② 물에 대한 용해도 매우 크고, 그 수용액은 약산

③ 대부분의 금속을 용해 부식시킴

(2) 특징

① 적은 농도에서도 피해를 주며, 특히 어린 잎에 현저함

② 주로 잎의 끝이나 가장자리의 발육부진이 두드러짐

③ 불소 및 그 화합물은 알루미늄의 잔해공장이나 인산비료 공장에서 HF 또는 SiF_4 형태로 배출됨

6. 염소화합물

(1) Cl_2

① 황록색의 자극성이 있는 맹독성 기체

② 표백 작용

③ 물과 접촉하면 쉽게 기화

④ 배출원 : 소다공업, 화학공업, 농약

(2) HCl

    ① 무색, 발연성, 자극성, 흡습성, 물과 접촉하면 쉽게 염산을 만듦

    ② 배출원 : 소다 공업, 플라스틱 공업, 활성탄 제조, 금속 제련, 쓰레기 소각, 금속 세척

    ③ 물에 대한 용해도 : $HCl > HF > NH_3 > SO_2 > Cl_2 > H_2S > CO_2 > O_2 > CO$

    ④ 부식성이 강함(소각로에서 고온부식을 유발하는 물질)

(3) 포스겐($COCl_2$)

    자극성 풀냄새의 무색 기체, 수중에서 급속히 염산으로 분해되므로 매우 위험

(4) 삼염화에틸렌

    중추신경계 억제, 간·신장 독성은 사염화탄소보다 낮음

7. 휘발성 유기화합물(VOC)

(1) 정의

    100℃ 이하의 비등점과 25℃에서 증기압이 1mmHg 보다 큰 유기화합물의 총칭

(2) 특징

    ① 대체로 C_{12} 이하의 HC로 구성, 유기용제 사용이 최대 배출원

    ② 유지류를 녹이고 스며드는 성질, 낮은 증기압, 광화학 반응성 높음, 차량운전 시 불완전 연소로 발생

    ③ 신경계 마취작용, 소화기, 호흡기 질환, 물질 자체가 직접적으로 유해

    ④ 세탁시설, 석유정제시설, 주유소, 산업공정

8. 옥시던트

    ① 정의 : 자동차 배기가스의 광화학 반응으로 생성된 2차 오염물질

    ② 종류 : O_3, PAN, PBN, 아크롤레인, 알데하이드, 케톤 등

내용문제

01 다음 설명에 해당하는 대기오염물질은?

> 비가연성인 폭발성이 있는 무색의 자극성 기체로서 융점은 -75.5℃, 비점은 -10℃ 정도이며, 환원성이 있으며, 표백현상도 나타낸다.

① 아황산가스   ② 이황화탄소
③ 황화수소   ④ 삼산화황

해설

아황산가스 : 환원성 표백제로 작용한다.

정답 ①

02 다음 설명에 해당하는 대기오염물질은?

> 비가연성이며 폭발성이 있는 무색의 자극성기체로서 산성비의 원인이 되기도 하고, 환원성이 있으며, 표백현상도 나타낸다.

① 이황화탄소   ② 황화수소
③ 이산화황   ④ 일산화탄소

해설

정답 ③

03 다음 대기오염물질 중 대기 내의 평균 체류시간이 1~4일 정도로 짧고, 지구 규모보다는 산성비와 같은 국지적인 환경오염에의 기여가 큰 것은?

① SO_2 ② O_3
③ CO_2 ④ N_2O

해설

강우의 산성화에 가장 큰 영향을 미치는 것은 SO_2 (아황산가스)로서 SO_2의 대기 내 평균체류시간은 1~4일이다.

정답 ①

04 다음 오염물질 중 상온에서 무색 투명하고, 순수한 경우에는 냄새가 거의 없지만 일반적으로 불쾌한 자극성 냄새를 가진 액체로서 햇빛에 파괴될 정도로 불안정하지만 부식성은 비교적 약하며, 끓는점은 약 46℃이며, 그 증기는 공기보다 약 2.64배 정도 무거운 것은?

① HCl   ② Cl_2
③ SO_2 ④ CS_2

해설

정답 ④

05 비스코스 섬유제조시 주로 발생하며, 불쾌한 자극성 냄새를 유발하는 액체이며, 끓는점은 약 46℃ 정도이고, 햇빛에 파괴될 정도로 불안정하지만 부식성은 비교적 약한 대기오염물질은?

① Hydrogen sulfide
② Carbon disulfide
③ Formaldehyde
④ Bromine

해설

이황화탄소(CS_2, Carbon disulfide)의 배출원 :
비스코스 섬유공업

정답 ②

06 다음에서 설명하는 대기오염물질로 가장 적합한 것은?

> 상온에서는 무색 투명하며, 일반적으로 자극성 냄새를 내는 액체이다. 햇빛에 파괴될 정도로 불안정하지만, 부식성은 비교적 약하다. 끓는점은 46℃(760mmHg), 인화점은 -30℃이다.

① CS_2
② $COCl_2$
③ Br_2
④ HCN

해설

정답 ①

07 비스코스 섬유 제조 시 주로 발생하는 무색의 유독한 휘발성 액체이며, 그 불순물은 불쾌한 냄새를 나타내는 대기오염물질은?

① 폼알데하이드(HCHO)
② 이황화탄소(CS_2)
③ 암모니아(NH_3)
④ 일산화탄소(CO)

해설

정답 ②

08 다음 대기오염물질 중 상온에서 무색투명하며, 일반적으로 불쾌한 자극성 냄새를 내는 액체이며, 햇빛에 파괴될 정도로 불안정하지만, 부식성은 비교적 약하고, 끓는점은 약 47℃ 정도, 인화점은 -30℃ 정도인 것은?

① HCl
② Cl_2
③ SO_2
④ CS_2

해설

CS_2의 끓는점은 약 47℃, 인화점은 -30℃

정답 ④

연습문제

09 발성이 높은 액체이므로 쉽게 작업실 내의 농도가 높아져 중추신경계에 대한 특징적인 독성작용으로 심한 급성 또는 아급성 뇌병증을 유발하며, 피부를 통해서도 흡수되지만 대부분 상기도를 통해 체내에 흡수되는 것은?

① 삼염화에틸렌   ② 염화비닐
③ 이황화탄소   ④ 아크릴 아미드

해설

이황화탄소에 대한 설명이다.

정답 ③

10 인체 내에 축적되어 영향을 주는 오염물질 중 하나로 혈액 속의 헤모글로빈과 결합하여 카르복시헤모글로빈을 형성하는 것은?

① NO   ② O_3
③ CO   ④ SO_3

해설

헤모글로빈과의 반응

$Hb + O_2 \rightarrow HbO_2$ (옥시 헤모글로빈)

$Hb + CO \rightarrow HbCO$ (카르복시 헤모글로빈)

$Hb + NO \rightarrow HbNO$ (변성 헤모글로빈, 니트로소 헤모글로빈)

CO-Hb는 혈액 중에서 산화되어 카보닐헤모글로빈을 형성함으로써 중추신경계 장애를 초래한다.

정답 ③

11 서울을 비롯한 대도시 지역에서 1990년부터 2000년까지 10년 동안 다른 대기오염물질에 비해 오염농도가 크게 감소하지 않은 대기오염물질은?

① 일산화탄소(CO)
② 납(Pb)
③ 아황산가스(SO_2)
④ 이산화질소(NO_2)

해설

최근 10년간 오염농도가 크게 감소하지 않은 물질
④ NO_2

정답 ④

12 도시 대기오염물질 중에서 태양빛을 흡수하는 아주 중요한 기체 중의 하나로서 파장 420nm 이상의 가시광선에 의해 광분해 되는 물질로서 대기 중 체류시간은 2~5일 정도인 것은?

① RCHO   ② SO_2
③ NO_2 ④ CO_2

해설

NO_2는 파장 420nm 이상의 가시광선을 흡수하여 NO와 O로 광분해하며, 체류시간은 2~5일이다.

정답 ③

13 다음 중 주로 연소 시에 배출되는 무색의 기체로 물에 매우 난용성이며, 혈액 중의 헤모글로빈과 결합력이 강해 산소 운반능력을 감소시키는 물질은?

① PAN   ② 알데하이드
③ NO   ④ HC

해설

정답 ③

14 연소과정에서 방출되는 NO_x 배출가스 중 NO : NO_2 의 개략적인 비는 얼마 정도인가?

① 5 : 95   ② 20 : 80
③ 50 : 50   ④ 90 : 10

해설

정답 ④

15 질소가스와 오존의 반응으로 형성되거나 미생물 활동에 의해 발생되고, 대류권에서는 온실가스로 성층권에서는 오존층 파괴물질로 알려져 있는 것은?

① NO   ② NO_2
③ N_2O ④ NH_3

해설

N_2O(아산화질소)

❶ 마취성이 있다.

❷ 대류권에서는 태양에너지에 대하여 매우 안정하지만, 성층권(오존층)에서는 오존을 분해하는 물질로 알려져 있다.

❸ 온실효과를 유발한다.

정답 ③

16 다음 중 "내연기관, 폭약, 비료, 필름 제조, 금속의 부식, 아크 등"이 주된 배출관련 업종인 오염물질은?

① NO_x ② Zn
③ HCHO   ④ CS_2

해설

NO_x 배출업종 : 폭약, 비료, 필름, 내연기관 등이 있다.

정답 ①

연습문제

Chapter 02 가스상 물질

17 '고온'의 연소과정 시 화염 속에서 주로 생성되는 질소산화물은?

① NO
② NO_2
③ NO_3
④ N_2O_5

해설

고온연소시 주로 생성되는 물질은 ① NO이다.

정답 ①

18 다음 중 강우에 의해 잘 제거되는 오염물질은?

① 구리
② NO_2
③ NH_3
④ CO

해설

NH_3는 물에 대한 용해도가 높다.

정답 ③

19 다음 설명과 가장 관련이 깊은 대기오염물질은?

- 이 물질은 반응성이 풍부하므로 단분자로는 거의 존재하지 않는다.
- 주로 어린 잎에 민감하며, 잎의 끝 또는 가장 자리가 탄다.
- 이 오염물질에 강한 식물로는 담배, 목화, 고추 등이다.

① 일산화탄소
② 염소 및 그 화합물
③ 오존 및 옥시던트
④ 불소 및 그 화합물

해설

단체(단분자)로 존재하지 않고 광물 내에 존재하는 경우가 많은 것은 불소화합물에 해당된다.

정답 ④

20 다음 설명하는 오염물질로 가장 적합한 것은?

부식성이 강하며 주로 상기도에 대하여 급성 흡입 효과를 나타내고 고농도 하에서는 일정기간이 지나면 폐부종을 유발하기도 한다. 만성 폭로 시 구강과 혀가 갈색으로 변색되며, 호흡시 독특한 냄새가 나고, 피부반점이 생긴다는 보고도 있다.

① arcyl amides
② NO_2
③ Br_2
④ MEK

해설

정답 ③

21 상온에서 녹황색이고, 강한 자극성 냄새를 내는 기체로서 비중이 2.49(공기=1)인 오염물질은?

① 염소   ② 이산화황
③ 황화수소   ④ 폼알데하이드

해설

대상물질의 비중을 가지고 분자량을 산출한다. 분자량은 $2.49 \times 29 = 71$, 녹황색을 가진 기체는 염소이다.

정답 ①

22 다음 오염물질의 재료와 구조물에 대한 영향 중 특히 타이어와 같은 고무제품에 접촉하면 균열 및 노화를 일으키며, 착색된 각종 섬유를 탈색시키는 것으로 가장 적합한 것은?

① 불화수소   ② 아황산가스
③ 일산화탄소   ④ 오존

해설

오존(O_3)의 재산상 피해
❶ 고무제품(타이어, 전선피복)에 손상을 입힌다.
❷ 각종 섬유류를 퇴색시킨다.

정답 ④

23 다음 중 주로 O_3에 의한 피해인 것은?

① 고무의 노화
② 석회석의 손상
③ 금속의 부식
④ 유리 제조품의 부식

해설

② 석회석의 손상, ③ 금속의 부식 : SO_2의 피해
④ 유리 제조품의 부식 : HF의 피해

정답 ①

24 다음 설명하는 오염물질로 가장 적합한 것은?

석유, 알루미늄, 플라스틱, 염료 등의 산업현장에서 촉매제로 널리 이용되며, 비점은 19℃ 정도이고, 코를 찌르는 자극성 취기를 나타내며, 온도에따라 액체나 기체로 존재하는 무색의 부식성 독성 물질이다.

① Copper
② Cytochrome
③ Ozone
④ Hydrogen fluoride

해설

정답 ④

연습문제

계산문제

| 가스상 물질 |

01 호흡을 통해 인체의 폐에 250ppm의 일산화탄소를 포함하는 공기가 흡입되었을 때, 혈액 내 최종포화 COHb는 몇 %인가? (단, 흡입공기 중 O_2는 21%, $\dfrac{COHb}{O_2Hb} = 240\dfrac{P_{CO}}{P_{O_2}}$)

① 22.2%　　　　② 28.6%

③ 33.3%　　　　④ 41.2%

해설

$$\frac{COHb}{O_2Hb} = 240\frac{P_{CO}}{P_{O_2}}$$

$$\frac{COHb}{1-COHb} = 240\frac{P_{CO}}{P_{O_2}}$$

$$\frac{COHb}{1-COHb} = 240\frac{250ppm}{210,000ppm}$$

$\therefore$ COHb = 0.2222 = 22.22%

정답 ①

제 4장

2차 오염

Chapter 01 광화학 반응

1. 광화학 반응의 3대 요소

① 질소산화물(NO_x) : NO, NO_2
② 탄화수소 : 올레핀계 탄화수소(C_nH_{2n})
③ 빛 : 자외선과 가시광선

$$HC + NO_x \xrightarrow{h\nu} O_3 \rightarrow \text{옥시던트}$$

참고

옥시던트(Oxidant)

· 전옥시던트 : O_2로는 산화되지 않는 KI를 산화시키는 물질
· 광화학옥시던트 : 전옥시던트에서 NO_2를 제외한 것
· 대기 중 NO_x가 HC, VOC와 반응하여 광화학옥시던트를 생성하고, 이 중 대부분은 오존임
· 종류 : PAN, PBN, PPN, 케톤, 아크롤레인, 알데하이드, H_2O_2 등

2. 물질별 광반응 파장

① NO_2 : 420nm
② 오존 : 200~300nm(강한 흡수), 450~700nm(약한 흡수)
③ 케톤 : 300~700nm
④ 알데하이드(RCHO) : 313nm 이하
⑤ 다이옥신 : 250~340nm(자외선 영역)에서 광분해

3. 광화학 반응

(1) 광화학 반응 과정

① 제 1단계 반응 : 광자에너지의 흡수와 해리의 최초 효과
② 제 2단계 반응 : 1단계 생성물에 의한 반응. 매우 급속히 진행
③ NO_2의 광분해에 의해 생성된 O · 는 HC(특히 올레핀)를 공격하여 산화시키고 유기성 자유기(R · , RO ·)를 생성
④ 광화학 연쇄반응

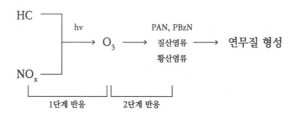

〈 광화학 반응과 옥시던트의 생성 반응 〉

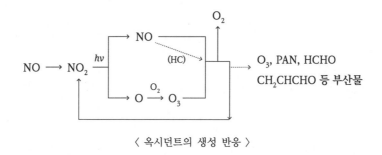

〈 옥시던트의 생성 반응 〉

(2) 하루 중 NOₓ, 오존의 농도 변화

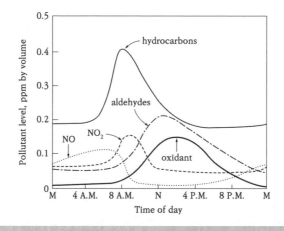

| NO | → | HC, NO₂ | → | 알데하이드 | → | O₃ | → | 옥시던트 |

① NO 농도 증가(출근 시간) → NO₂로 산화 → 광산화로 인한 O₃ 증가(한낮)함
② 배기가스로 NO 생성
③ NO가 산화되어 NO₂ 생성
    대기 중 VOC 등의 유기물이 존재하면, 우선적으로 광산화를 하여 과산화기를
    형성하고 NO를 NO₂로 산화시킴
④ O₃ 생성 및 축적
⑤ 옥시던트 생성 : 다양한 광화학반응으로 옥시던트(PAN, HCHO, 아크롤레인 등의 2차
    대기오염물질) 생성됨

(3) 특징

① 맑은 날 자외선의 강도가 클수록 잘 발생(여름 한낮)

② 대기 중의 광화학반응에서 탄화수소를 주로 공격하는 화학종은 OH^-

③ 대류권으로 들어오는 태양빛의 파장은 280nm이상의 파장

④ 대기 중에서의 오존 농도는 보통 NO_2로 산화되는 NO의 양에 비례하여 증가

⑤ NO에서 NO_2로의 산화가 거의 완료됨

⑥ NO_2가 최고농도에 달하면서 O_3가 증가되기 시작

$$2NO + O_2 \longrightarrow NO_2$$
$$NO_2 \xrightarrow{hv} NO+O \cdot (라디칼)$$
$$O \cdot + O_2 \longrightarrow O_3$$
$$O_3 + NO \longrightarrow NO_2 + O_2$$
$$NO + RO_2 \longrightarrow RO \cdot$$

⑥ NO 광산화율 : 탄화수소에 의하여 NO가 NO_2로 산화되는 비율(단위 : ppb/min)

⑦ 과산화기가 산소와 반응하여 오존이 생성되기도 함

$$H_2O_2 + O_2 \rightarrow O_3 + H_2O$$

⑧ 대기 중에 NO가 존재하면 O_3은 NO_2와 O_2로 되돌아가므로 O_3는 축적되지 않고 대기 중 O_3은 증가하지 않음

⑨ 자동차 운행이 많은 대도시 지역에서 발생

4. 광화학 스모그

(1) 현상

광화학 스모그는 질소산화물, 일산화탄소, 탄화수소가 대기 중에 농축되어 있다가 태양광선 중 자외선과 화학반응을 일으키면서 2차 오염물질인 광산화물(Oxidant)을 만들어 대기가 안개 낀 것처럼 뽀얗게 변하는 현상(하얀 스모그, 자주빛 스모그)

(2) 원인 및 조건

① 자동차 배기가스 : NO_x, 탄화수소 발생

② 강한 자외선 : 햇볕이 강하고 바람이 약한 날 발생되기 쉬움

(3) 광화학 스모그의 영향 인자

① 반응물의 양

② 빛의 강도

③ 대기의 안정도

④ 빛의 지속시간

(4) 과정

배기에서 방출되는 질소산화물과 탄화수소가 햇빛과 반응하여 오존을 만들어내는(광화학 반응) 대기오염의 형태로 이산화질소(NO_2)가스는 광에너지에 의하여 일산화질소(NO)와 산소원자(O)로 분활되고 분활된 산소원자(O)가 산소(O_2)와 결합하여 오존가스(O_3)를 생성함

(5) 영향 및 피해

① 인체 : 눈과 목의 점막을 자극, 따가움, 눈병, 호흡기 질환, 급성 중독 때엔 폐수종 유발, 사망, 가시거리 저하
② 식물 : 잎이 마르거나 열매가 열리지 않게 될 정도의 피해를 주며, 산림을 황폐시킴
③ 산업 : 자동차타이어 등 고무제품을 부식시켜 수명 감소

(6) 대책

① 화석연료 사용 억제
　가정, 화력발전 및 건물의 난방 등 화석연료의 연소, 자동차의 배기가스나 공장에서의 배기가스 등 줄임
② 대체 에너지 개발
　풍력, 태양, 해양, 지력 에너지 및 원자력 발전 등 이용
③ 자동차 운행량 감소
④ 자동차 대체연료 사용
　바이오매스, 수소전지, 연료전지, 바이오디젤 등
⑤ 배기가스 중 NO_x, CO, HC, SO_2 저감장치 개발

(7) 광학스모그(LA스모그)와 런던스모그 비교

	런던스모그	LA스모그
발생시기	새벽~이른아침	한낮(12시~2시 최대)
계절	겨울	여름
온도	4℃ 이하	24℃ 이상
습도	습윤(90% 이상)	건조(70% 이하)
바람	무풍	무풍
역전종류	복사성 역전, 지표 역전	침강성 역전, 공중 역전
오염원인	석탄연료의 매연(가정,공장)	자동차 매연(NO_x)
오염물질	SO_x	옥시던트
반응형태	환원	산화
시정거리	100m 이하	1km 이하
피해 및 영향	호흡기 질환, 사망자 최대	눈, 코, 기도 점막자극 고무 등의 손상
기간	단기간	장기간

내용문제

01 대기 내 질소산화물(NO_x)이 LA 스모그와 같이 광화학 반응을 할 때, 다음 중 어떤 탄화수소가 주된 역할을 하는가?

① 파라핀계 탄화수소
② 메탄계 탄화수소
③ 올레핀계 탄화수소
④ 프로판계 탄화수소

해설

올레핀계 탄화수소는 광화학적 스모그에 적극 반응하는 물질이다.

정답 ③

02 광화학적 스모그(smog)의 3대 주요 원인요소와 거리가 먼 것은?

① 아황산가스
② 자외선
③ 올레핀계 탄화수소
④ 질소산화물

해설

① 아황산가스는 광화학 스모그와는 관련이 없다.

정답 ①

03 광화학적 스모그(smog)의 3대 생성요소가 아닌 것은?

① 질소산화물(NO_x)
② 올레핀(olefin)계 탄화수소
③ 아황산가스(SO_2)
④ 자외선

해설

광화학 스모그의 3대 요소는 NO_x, HC, 자외선($h\nu$)이다.

정답 ③

04 대기 중 질소산화물이 광화학반응을 하여 광화학 스모그를 형성할 때 일반적으로 어떤 종류의 탄화수소가 가장 유리한가?

① Methane계 HC
② Trans계 HC
③ Olefin계 HC
④ Saturated계 HC

해설

광화학 반응과 관련된 HC(탄화수소)는 ③ 올레핀계 HC 이다.

정답 ③

05 다음 중 질소산화물의 광화학 반응에서 가장 늦게 생성되는 물질은?

① 오존　　　　　② 알데하이드
③ 아질산　　　　④ PAN

해설

정답 ④

06 광화학 스모그와 가장 거리가 먼 것은?

① NO　　　　　② CO
③ PAN　　　　　④ HCHO

해설

정답 ②

07 지표면 오존 농도를 증가시키는 원인이 아닌 것은?

① CO　　　　　② NO_x
③ VOCs　　　　④ 태양열 에너지

해설

정답 ①

08 다음 중 다이옥신의 광분해에 가장 효과적인 파장범위(nm)는?

① 100~150　　　② 250~340
③ 500~800　　　④ 1,200~1,500

해설

② 다이옥신은 자외선 영역(250~340nm)에서 광분해가 일어난다.

정답 ②

Chapter 02 2차 오염

1. 2차 오염물질 정의

광화학 반응(2차반응)으로 생성되는 물질

(1) 옥시던트(Oxidant)

① 전옥시던트 : O_2로는 산화되지 않는 KI를 산화시키는 물질의 총칭
② 광화학 옥시던트 : 전옥시던트 중 NO_2를 제외한 것
③ 광화학 옥시던트는 대기 중 NO_x가 HC, VOC와 반응하여 생성되고, 이 중 대부분은 O_3

2. 옥시던트(Oxidant)의 종류

PAN, PBN, PPN, 케톤, 아크롤레인, 알데하이드(HCHO), 과산화수소(H_2O_2), 염화니트로실(NOCl) 등

1) 오존(O_3)

① 무색, 무미, 해초(마늘)냄새
② 한낮에 농도 최대, 복사실에서 발생 많이 됨
③ 강한 산화제, 고무 노화 촉진
④ 0.02ppm에서 냄새 감지
⑤ 0.1ppm에서는 대부분 냄새를 맡음
⑥ 대기 중의 농도 : 0.01~0.04ppm

2) 니트로화과아세트산(PAN ; PeroxyAcetyl Nitrate)

① 분자식 : $CH_3COOONO_2$
② 무색, 무미의 액체, 불안정하고 눈에 통증 자극
③ 하루 중 PAN의 농도는 한낮에 최고로 됨
④ 식물의 영향은 잎의 밑 부분이 은동색 또는
　　청동색이 되고 생활력이 왕성한 초엽에 피해가 큼
⑤ 빛을 분산시켜 가시거리를 단축시킴
⑥ 눈에 통증을 일으키며 식물에도 해를 줌

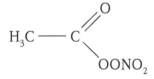

3) PBzN(Peroxy Benzonic-Nitrate)

① 분자식 : $C_6H_5COOONO_2$
② PBzN은 PAN보다 100배 가량 눈에 자극

4) 아크롤레인(Acrolein ; CH_2CHCHO)
① 휘발성이 강한 기체로, 폭발성 있음

옥시던트의 분자식 비교

· PAN : $CH_3COOONO_2$
· PPN : $C_2H_5COOONO_2$
· PBN : $C_6H_5COOONO_2$

내용문제

01 다음 대기오염물질 중 2차 오염물질에 해당하는 것은?

① CO
② CO_2
③ N_2O_3
④ NOCl

해설

정답 ④

02 다음 대기오염물질의 분류 중 2차 오염물질에 해당하지 않는 것은?

① NOCl
② 알데하이드
③ 케톤
④ N_2O_3

해설

① 2차 오염물질 ② 1, 2차 오염물질
③ 1, 2차 오염물질 ④ 1차 오염물질

정답 ④

03 대기오염물질의 분류 중 1차 오염물질이라 볼 수 없는 것은?

① 금속산화물
② 일산화탄소
③ 과산화수소
④ 방향족 탄화수소

해설

③ 과산화수소(H_2O_2)는 2차 오염물질에 해당한다.

정답 ③

04 다음 대기오염물질 중 2차 오염물질과 거리가 먼 것은?

① SO_3
② N_2O_3
③ H_2O_2
④ NO_2

해설

② N_2O_3는 1차 오염물질에 해당한다.

정답 ②

05 다음 대기오염물질을 분류했을 때, 1차 오염물질로만 옳게 짝지어진 것은?

① N_2O_3, O_3
② H_2S, H_2O_2
③ HCl, $CH_3COOONO_2$
④ SiO_2, CO

해설

④의 항목들만 1차 오염물질이다. 1차 오염물질(primary polutants)은 발생원에서 직접 대기 중으로 배출되는 오염물질을 말하며, 거의 대부분의 오염물질이 여기에 속한다.

정답 ④

06 다음 중 1, 2차 대기오염물질 모두에 해당하는 것은?

① O_3
② PAN
③ CO
④ Aldehydes

해설

① O_3 : 2차 대기오염물질
② PAN : 2차 대기오염물질
③ CO : 1차 대기오염물질

정답 ④

07 다음 중 2차 대기오염물질과 가장 거리가 먼 것은?

① NaCl   ② H_2O_2

③ PAN   ④ SO_3

해설

① NaCl은 1차 오염물질이다.

정답 ①

08 다음 대기오염물질의 분류 중 2차 오염물질에 해당하지 않는 것은?

① NOCl   ② O_3

③ H_2O_2 ④ SiO_2

해설

2차 오염물질(Oxidant)
O_3, PAN, PBzN, H_2O_2, NOCl, 아크롤레인(CH_2CHCHO)

정답 ④

09 다음의 대기오염물질 중 2차 오염물질과 가장 거리가 먼 것은?

① N_2O_3 ② PAN

③ O_3 ④ NOCl

해설

2차 오염물질(Oxidant)
O_3, PAN, PBzN, H_2O_2, NOCl, 아크롤레인(CH_2CHCHO)

정답 ①

10 다음 중 2차 대기오염물질과 가장 거리가 먼 것은?

① H_2O_2 ② NOCl

③ SO_2 ④ SO_3

해설

정답 ③

11 다음 대기오염물질 중 2차 오염물질에 해당하는 것은?

① SiO_2 ② H_2O_2

③ 방향족 탄화수소   ④ CO_2

해설

2차 오염물질의 종류 - ② H_2O_2
→ NOCl, Oxidants(O_3, PAN, 아크로레인, 케톤, HCHO), H_2O_2 등

정답 ②

12 대기오염물질 중 2차 오염물질로만 나열된 것은?

① NO, SO_2, HCl

② PAN, NOCl, O_3

③ PAN, NO, HCl

④ O_3, H_2S, 금속염

해설

2차 오염물질은 O_3, PAN, H_2O_2, NOCl, 아크로레인 등

정답 ②

연습문제

13 다음 대기오염물질의 분류 중 2차 오염물질에 해당하지 않는 것은?

① NOCl
② H_2O_2
③ NO_2
④ CO_2

해설

④ CO_2는 1차 오염물질이다.

정답 ④

14 다음 대기오염물질 중 2차 오염물질에 해당하지 않는 것은?

① 폼알데하이드(HCHO)
② 아세틱 에시드(CH_3COOH)
③ 퍼옥시 아세틸 나이트레이트($CH_3COOONO_2$)
④ 아크롤레인(CH_2CHCHO)

해설

정답 ②

15 광화학 반응의 주요 생성물 중 PAN(Peroxy acetyl nitrate)의 화학식을 옳게 나타낸 것은?

① $CH_3CO_2N_4O_2$
② $CH_3C(O)O_2NO_2$
③ $C_5H_{11}C(O)O_2N_4O_2$
④ $C_5H_{11}CO_2NO_2$

해설

PAN은 peroxyacetyl nitrate의 약자이며, $CH_3COOONO_2$의 분자식을 갖는다.

정답 ②

16 오존층의 O_3은 주로 어느 파장의 태양빛을 흡수하여 대류권 지상의 생명체들을 보호하는가?

① 자외선파장 450nm~640nm
② 자외선파장 290nm~440nm
③ 자외선파장 200nm~290nm
④ 고에너지 자외선파장 < 100nm

해설

③ 오존(O_3)은 자외선(200~400nm)을 흡수한다.

정답 ③

17 다음 대기조성물질의 월별 농도변화 양상 중 약간의 불규칙성을 제외하고서는 광화학 반응에 의해 대도시에서 뚜렷하게 하고동저(夏高東低)형의 분포를 나타내는 것은?

① O_3
② SO_2
③ NO_2
④ CO_2

해설

정답 ①

18 다음 중 PPN(Peroxy propionyl nitrate)의 화학식으로 옳은 것은?

① $C_6H_5COOONO$
② $C_2H_5COOONO_2$
③ $CH_3COOONO_2$
④ $C_4H_9COOONO_2$

해설

정답 ②

제 5장

대기오염의

영향 및 대책

Chapter 01 대기오염의 피해 및 영향

1. 대기오염의 영향

(1) 개요

1) 피해도

$$\text{피해도}(K) = \text{농도}(c) \times \text{폭로시간}(t)$$

2) 독성의 상승작용

단일오염물질보다 혼합오염물질에 노출될 경우 상승작용 등으로 독성이 더 강해짐

물질	독성 비교
$SO_2 \langle H_2SO_4$	10배
$NO \langle NO_2$	5배
PAN $\langle$ PBN	100배

2. 사람에 미치는 영향

(1) 인체 침입 경로

① 호흡기, 피부, 소화기, 특히 $0.1 \sim 1.0 \mu m$ 의 입자 폐포 침착율이 가장 커 인체에 피해 큼
② 대부분 호흡기로 유입

(2) 인체에 영향을 끼치는 물질

인체 영향	물질
폐자극성	O_3, SO_x, NO_x, Cl_2, NH_3, Br_2
폐 육아종	Be
발열성	망간화합물, 아연화합물
발암성	비소, 석면, 크롬, 니켈, 3,4-벤조피렌
눈, 코, 기도점막 자극	O_3, PAN(Oxidant)
조혈기능 장애	벤젠, 톨루엔, 자일렌
질식	이황화탄소, 일산화탄소, 황화수소
중독성 물질	납, 수은, 카드뮴, 셀레늄, 안티몬, 불소화합물
유독성 비금속 물질	비소화합물, 불소화합물, 셀레늄, 황
알레르기성 물질	알데하이드

(3) 오염 물질별 영향

1) 입자상 물질(분진, 먼지)

① 입경 작을수록 하기도로 잘 유입되며, $0.1\mu m$ 이하가 되면 오히려 침착률이 감소함

② 인체에 가장 유해한 입경은 $0.1 \sim 1.0\mu m$

③ $0.1 \sim 1.0\mu m$ 의 부유분진(TSP)은 폐포에 까지 침입하여 각종 호흡기 질환을 일으킴

④ 호흡성 질환 : 만성기관지염, 기관지 천식, 폐기종 등

⑤ 폐질환 : 진폐증, 규폐증, 탄폐증, 석면폐증 등

⑥ 시정거리를 감소

> **참고**
>
> **입자상 물질이 환경에 미치는 영향**
>
> ① 가시거리 감소
> ② 기후변화
> ③ 대기 화학 반응 촉진
> ④ 지구열평형 변화

2) 황산화물(SO_x)

① 호흡기질환(기관지염, 천식, 폐기종)

② SO_2의 단독 흡입보다 황산미스트가 되면 독성이 10배 강해짐

③ $1 \sim 2ppm$에서 냄새를 감지, $0.3ppm$에서 맛을 느낌

④ 황화수소와 머캅탄은 심한 악취

⑤ H_2S : 악취, 불면증, 식욕부진, 황화수소 100ppm 접촉 시 눈, 코, 목 만성자극증상 일으킴

⑥ CS_2 : 중추신경계 장애

3) 질소산화물(NO_x)

① 자동차 가속 시 발생, 대기 중 광화학 반응로 유독한 Oxidant를 생성

② 영향 : 눈, 코 자극 및 호흡기 질환(만성기관지염, 폐렴, 폐출혈)

③ 독성 : NO_2(적갈색) > NO(무색) (5~7배)

④ NO_2는 적갈색, 자극성 기체로 NO보다 독성이 강하며 공기보다 무겁고 물에 난용성임

⑤ 헤모글로빈(Hb)과의 친화력 : $NO > NO_2 > CO > O_2$

    ㉠ NO_2의 결합력 : CO의 약 300배

    ㉡ NO의 결합력 : CO의 약 1,000배

⑥ HbNO 형성, NO_2가 NO보다 독성 강함

⑦ NO_2는 $1 \sim 3ppm$ 정도에서 냄새를 감지가능

⑧ 인체 독성은 크고, 식물에 미치는 영향은 작음

⑨ 눈에 자극 없고 대체로 SO_2와 비슷

4) 옥시던트(Oxidant, 산화제)

① 정의 : 대기 중에 존재하는 산화성이 강한 오염 물질의 총칭
② 종류 : 1차 오염물질, 2차 오염물질(O_3, PAN, NO_2 등)
③ 광화학 스모그의 원인 물질
④ 영향 : 식물 잎 고사, 눈, 목구멍 자극
⑤ O_3 : 눈 자극, 폐수종, 폐충혈 등을 유발시키며, 섬모운동의 기능장애를 일으킬 수 있음

5) 일산화탄소(CO)

① 연료의 불완전 연소 시 발생
② 연탄가스
③ 중독 시 심장에 영향
④ O_2 보다 헤모글로빈(Hb)과의 친화력이 200~300배(약 210배) 정도 강하여, 다량 흡입 시 사망
⑤ 동물 중에는 카나리아에 영향 큼
⑥ HbCO 형성하나, HbCO 포화율 1% 미만에서는 인체에 미치는 영향 거의 없음
⑦ 식물에 미치는 영향은 경미
⑧ CO는 100ppm 정도에서 인체와 식물에 해로움

6) 오존

① DNA, RNA에 작용하여 유전인자에 변화를 일으킴
② 염색체 이상, 적혈구의 노화

오존 농도(ppm)	노출시간	영 향
0.1~0.3	1시간	호흡기자극 증상 증가, 기침, 눈자극
0.3~0.5	2시간	운동중 폐기능 감소
0.5 이상	6시간	마른기침, 흉부 불안

7) 납(Pb)

① 인체 유입 경로
   직접 호흡(20%, 1차 노출), 음식물 섭취(80%, 2차 노출)
② 중독 증상
   불면증, 식욕부진, 체온 저하, 혈압 저하, 헤모글로빈 감소, 신경계통(신경염, 신경마비)의 변질, 중추신경 장애, 뇌손상
③ 유아나 태아에 가장 민감
④ 세포 내에서 SH기와 결합하여 헴(heme)합성에 관여하는 효소를 포함한 여러 세포의 효소작용을 방해하며, 적혈구 내의 전해질이 감소되어 적혈구 생존기간이 짧아지고, 심한 경우 용혈성 빈혈을 나타냄

8) 불소화합물
① 반상치
② 60ppm에서 단시간 폭로되면 눈의 결막과 인후 자극 등 호흡기관에 불쾌감을 일으킴
③ 주로 HF, SiF_4 형태, Ca 대사 기능에 영향

9) 기타
① 벤젠 : 폐자극성, 조혈기능장애, 발암성
② 크롬(Cr) : 만성중독은 코, 폐 및 위장의 점막에 병변을 일으키는 것이 특징
③ 비소(As) : 피부염, 주름살 부분의 궤양을 비롯하여 색소침착, 손 발바닥의 각화, 피부암 등을 일으킴
④ 아크릴아마이드 : 다발성 신경염

(4) 증상별 구분
① 발암물질 : Ni, Cr, As, 다이옥신, 벤조피렌, 타르, 베릴륨
② 항암물질 : 셀렌(Se)
③ 유전자 영향물질 : Hg, 다이옥신(PCDD), PAH, O_3

3. 식물에 미치는 영향
식물은 인간이나 동물보다 오염물질에 더 민감하고 피해를 먼저 입음
(1) 피해

낮 〉 밤
공단, 도시 〉 농촌

(2) 식물 독성 크기(피해) 순서

$HF 〉 Cl_2 〉 SO_2 〉 O_3 〉 NO_2 〉 CO$

(3) 오염 물질별 영향
1) 불소
① 식물에 미치는 영향이 큼
② HF는 잎의 선단(끝부분)이나 엽록부를 상아색이나 갈색으로 고사시킴
③ 특히 어린 잎의 피해가 큼
④ 낮에 피해가 큼
⑤ 적은 농도에서도 피해줌
⑥ 주로 잎의 끝이나 가장자리의 발육부진이 두드러짐
⑦ 불소 및 그 화합물은 알루미늄의 잔해공장이나 인산비료 공장에서 HF 또는 SiF_4 형태로 배출됨
⑧ 양잠업에 피해를 줌

2) 입자상 물질

① 식물의 호흡기공을 폐쇄하므로 탄소동화작용 억제로 생육장애

② 병충해 저항력 약화

③ 농작물감소

④ 대기 중 Cu의 독성으로 뿌리 손상

3) 스모그

엽록소 파괴, 동화작용 억제, 효소작용 억제

4) 황산화물

① SO_2는 0.1~1ppm에서도 수 시간 내에 고등식물에게 피해를 줌

② 백화현상, 맥간반점

5) HCl

HCl은 SO_2보다 식물에 미치는 영향이 훨씬 적으며, 한계농도는 10ppm에서 수 시간 정도임

6) 암모니아

① 성숙한 잎에서 가장 민감함

② 갈색 또는 초록색으로 삶아진 형태를 나타냄

③ 암모니아의 독성은 HCl과 비슷한 정도임

④ 암모니아는 잎 전체에 영향을 줌

7) 오존

식물명	오존 농도(ppm)	노출시간	영향
무	0.05	20일(8시간/일)	수확량 50% 감소
카네이션	0.07	60일	개화 60% 감소
담배	0.10	5.5시간	꽃가루생산 50% 감소

〈 오염물질별 동·식물에 미치는 영향 〉

오염물질	동·식물에 미치는 영향	지표식물(약한 식물)	강한 식물
SO_2	·엽록소파괴 → 백화현상, 맥간반점, 흑반병, 잎 고사 ·기공이 열린 낮과 습도가 높을 때 피해가 더 큼	알팔파(자주개나리), 참깨, 담배, 육송, 나팔꽃, 메밀, 시금치, 고구마	협죽도, 수랍목, 감귤, 무궁화, 양배추, 옥수수
H_2S	·새 잎의 생장점에 침입	토마토, 코스모스, 오이, 담배	복숭아, 사과, 딸기
불소 화합물	·엽록반점 ·누에 발육 저해 ·젖소 우유분비량 감소	글라디올러스, 메밀, 옥수수, 자두, 어린 소나무, 살구, 배나무, 고구마	알팔파, 콩, 장미, 목화, 양배추, 담배, 토마토, 고추
O_3	·오래된 잎에 회백색, 갈색 반점	담배, 시금치, 파, 토마토, 토란	아카시아, 양배추, 딸기, 옥수수, 사과
Cl_2	·회백색 반점 ·식물 SO_2 독성의 3배	알팔파, 코스모스, 메밀	가지, 콩, 올리브
PAN	·잎의 밑부분이 은색, 청동색 변색(유리화) ·흑반병	강낭콩, 시금치, 샐러리, 상추	사과, 옥수수, 무, 양배추, 딸기
CO	·고농도에서 영향	지표동물-카나리아	
NH_3	·잎 전체 피해(백색·황색)	토마토, 해바라기, 메밀	
C_2H_4 (에틸렌)	·이상낙엽, 생장억제 ·낮은 농도에서도 피해 ·상편 생장, 전두운동 저해	스위트피, 토마토, 메밀, 코스모스	양배추, 상추, 양파
NO_x	·흑갈색 반점	담배, 해바라기, 진달래	아스파라거스, 명아주

4. 재료와 구조물에 미치는 영향

(1) 아황산가스(SO_2)

① 금속 부식

② 섬유, 가죽 종이 탈색, 손상

③ 탄산염 재료 부식(대리석, 석영, 슬레이트 등), 건물에 피해

④ Al은 다른 금속에 비해 보호막 형성을 잘하므로 SO_2에 대해 저항성 큼

(2) 오존(O_3)

① 산화력이 강해 고무제품(타이어, 전선피복) 손상, 각종 섬유류 퇴색

② 요오드화칼륨(KI) 녹말종이를 푸른색으로 변화시킴

(3) 불소화합물(HF)

유리제품, 도자기제품, 에나멜 부식

(4) 질소산화물(NO_x)

금속 부식, 섬유 퇴색

(5) H_2S

금속에 검은 피막 형성, 납성분 도료가 노출 시 검은색(PbS)으로 퇴색

내용문제

01 다음 오염물질 중 대표적인 인체의 국소증상으로 손·발바닥에 나타나는 각화증, 각막궤양, 비중격천공, Mee's line, 탈모 등이 있는 것은?

① Be　　　　　　② Hg
③ V　　　　　　④ As

해설

비중격 천공을 일으키는 물질은 As(비소)이다.

정답 ④

02 대기오염물질인 Mn, Zn 및 그 화합물이 인체에 미치는 영향으로 가장 알맞은 것은?

① 기형　　　　　② 비중격천공
③ 발열　　　　　④ 간암

해설

Mn, Zn은 발열성 물질이다 : 발열

정답 ③

03 식물의 잎에 회백색 반점, 잎맥 사이의 표백, 백화 현상을 일으키며, 쥐당나무, 까치밤나무 등은 강한 편이고, 지표식물로는 보리, 담배 등인 대기오염물질은?

① SO_2　　　　　② O_3
③ NO_2　　　　　④ HF

해설

① SO_2의 식물피해 증상은 엽맥사이의 반점이며, 지표식물로는 자주개나리, 보리, 담배 등이 있고, 강한식물로는 양배추, 용설란, 무궁화 등이 있다.

정답 ①

04 다음 중 아황산가스에 대한 식물별 저항력이 가장 강한 것은?

① 연초　　　　　② 장미
③ 옥수수　　　　④ 쥐당나무

해설

아황산가스에 대한 식물의 저항력

식물	저항력
담배(연초)	1.0
장미	2.8~4.3
옥수수	4.0
쥐당나무	15.5

정답 ④

05 다음 식물 중 아황산가스에 대한 저항력이 가장 큰 것은?

① 까지밤나무　　　② 포도
③ 단풍　　　　　　④ 등나무

해설

아황산가스에 강한 식물 - 까치밤나무

정답 ①

06 불소화합물의 지표식물로 가장 적합한 것은?

① 콩　　　　　　②목화
③ 담배　　　　　④ 옥수수

해설

불소화합물의 지표식물은 글라디올러스, 메밀, 옥수수, 자두이다.

정답 ④

07 대기오염물질별로 지표식물을 짝지은 것으로 가장 거리가 먼 것은?

① HF - 알팔파　　　② SO₂ - 담배
③ O₃ - 시금치　　　④ NH₃ - 해바라기

해설

알팔파(자주개나리)는 황산화물의 지표식물이다. 불소화합물에 대한 지표식물은 글라디올러스, 어린 소나무, 옥수수, 자두, 메밀 등이다.

정답 ①

08 다음 각 대기오염물질과 지표식물과의 연결로 가장 적합한 것은?

① 오존 - 목화
② 아황산가스 - 장미
③ 불화수소 - 목화
④ 암모니아 - 토마토

해설

암모니아의 지표식물 : 해바라기, 메밀, 토마토 등

정답 ④

09 다음 중 SO₂에 가장 강한 식물은?

① 옥수수　　　　② 양상추
③ 콩　　　　　　④ 사루비아

해설

· SO₂의 지표식물
알팔파(자주개나리), 메밀, 시금치, 고구마, 무등, 수목 중에는 전나무, 소나무, 낙엽송 등
· SO₂에 강한 식물
협죽도, 수랍목, 감귤, 옥수수, 장미, 글라디올러스, 양배추 등

정답 ①

연습문제

10 다음 중 가장 낮은 농도의 불화수소(HF)에 쉽게 피해를 받는 지표식물은?

① 장미　　　　　　② 라일락
③ 글라디올러스　　④ 양배추

해설

HF의 지표식물
글라디올러스 자두, 살구, 옥수수, 진달래, 복숭아, 소나무, 메밀 등

정답 ③

11 다음 식물 중 오존에 대해 가장 예민하고 피해가 커서 지표식물로도 이용되는 것은?

① 목화　　　　　　② 상추
③ 담배　　　　　　④ 블루그래스

해설

오존의 지표식물 : 시금치, 파, 토마토, 담배 등

정답 ③

12 다음 가스상 대기오염물질 중 식물에 영향이 가장 크며, 잎의 끝 또는 가장자리가 타거나 발육물질 등 특히 식물의 어린 잎에 피해가 큰 물질은?

① 오존　　　　　　② 아황산가스
③ 질소산화물　　　④ 플루오르화수소

해설

④ 플루오르화수소(HF)

정답 ④

13 대기오염물질에 대한 지표식물이 잘못 짝지어진 것은?

① SO_2 – 자주개나리
② H_2S – 사과
③ 오존 – 담배
④ 불소화합물 – 글라디올러스

해설

황화수소에 강한 식물은 복숭아, 딸기, 사과이고, 지표식물로는 코스모스, 오이, 무, 토마토, 담배 등이 있다.

정답 ②

14 대기오염물질과 지표식물의 연결로 거리가 먼 것은?

① SO_2 – 알팔파　　② HF – 글라디올러스
③ O_3 – 담배　　　　④ CO – 강낭콩

해설

④ 일산화탄소(CO)는 지표식물이 거의 없다.

정답 ④

15 [보기]의 피해현상을 일으키는 대기오염물질은?

> · 잎맥 사이의 표백현상이 나타난다.
> · 성숙한 잎에서 가장 민감하다.
> · 식물의 피해 한계는 $290\mu g/m^3$(2h 노출)정 도이다.

① 오존　　　　　　　② 염소
③ 아황산가스　　　　④ 이산화질소

해설

정답 ②

16 다음 중 불화수소에 대한 저항성이 가장 큰 식물은?

① 옥수수　　　　　　② 글라디올러스
③ 메밀　　　　　　　④ 목화

해설

④ 목화

① 불소화합물 지표식물 : 글러디올러스, 소나무, 옥수수, 자두, 살구, 메밀, 배나무, 고구마 등
② 불소화합물에 강한식물 : 장미, 토마토, 고추, 시금치, 담배, 목화 등

정답 ④

17 다음과 같은 피해를 유발하는 대기오염물질로 가장 적합한 것은?

> · 매우 낮은 농도에서 피해를 받을 수 있으며, 주된 증상으로 상편생장, 전두운동의 저해, 황화현상과 빠른 낙엽, 줄기의 신장저해, 성장 감퇴 등이 있음
> · 0.1ppm정도의 저 농도에서도 스위트피와 토마토에 상편생장을 일으킴

① 아황산가스　　　　② 오존
③ 불소화합물　　　　④ 에틸렌

해설

에틸렌의 지표식물 : 스위트피

정답 ④

18 다음 중 대기 내에서 금속의 부식속도가 일반적으로 빠른 것부터 순서대로 연결된 것은?

① 철 > 아연 > 구리 > 알루미늄
② 구리 > 아연 > 철 > 알루미늄
③ 알루미늄 > 철 > 아연 > 구리
④ 철 > 알루미늄 > 아연 > 구리

해설

정답 ①

Chapter 02 대기오염사건

1. 역사적 대기오염 사건

사건명	국적	발생년/월	원인물질	피해 및 영향	특징
뮤즈계곡 사건	벨기에	1930년 12월	SO_2, 먼지, 매연		· 공장지대
요코하마 사건	일본	1946년 12월	SO_2, 먼지, 매연	호흡기 질환, 천식, 심한 기침	· 공업지역
도노라 사건	미국	1948년 10월	SO_2, 먼지, 매연	호흡기 질환	
포자리카 사건	멕시코	1950년 11월	H_2S 누출	호흡기 및 중추신경계	· 공장폭발로 H_2S 누출 · 인재로 발생
런던스모그	영국	1952년 12월	SO_2, 먼지, 매연	호흡기 질환	· 사망자 최대(4,000명) · 뮤즈, 도노라는 공장 매연이 원인이지만, 런던은 60%가 가정 난방을 위한 석탄연소가 원인임 · 복사성 역전(방사성 역전)
LA스모그	미국	1954년 7월	옥시던트 (O_3, PAN 등)	호흡기 질환, 눈·코 자극	· 광화학스모그 · 자동차의 급격한 증가, NO_x와 HC가 광화학반응으로 O_3 등 광산화물 생성 · 침강성 기온역전
욧카이치 사건	일본	1960년대 초	SO_2, 먼지, 매연	호흡기 질환, 천식, 심한 기침	
세베소	이탈리아	1976년	다이옥신, 염소가스	피부병, 잔류오염	· 공장 가스 누출
보팔 사건	인도	1984년 12월	메틸이소시아네이트 (MIC, CH_3CNO)	호흡곤란, 구토, 기침, 충혈, 질식	· 살충제 제조공장에서 유독가스 유출사고(미국회사) · 인도, 사상 최악의 산업재해
TMI 원전사고	미국	1979년	방사성물질	발암률 증가	· 핵발전소 사고 · 방사능의 외부 유출은 막음
체르노빌 원전사고	우크라이나	1986년	방사성물질	발암, 유전질환, 기형아 등 세대를 이은 피해 발생	· 원자력발전소 폭발 · 대량의 방사능 유출

크라카타우 사건 : 인도에서 발생한 화산폭발사건(1883년), 자연재해

2. 대기오염 사건의 공통점

무풍지역, 기온역전, 대기가 안정할 때 발생(인위적 폭발, 원전사고 제외)

3. 광학스모그 런던스모그 비교

	런던스모그	LA스모그
발생 시기	새벽 ~ 이른아침	한낮(12시 ~ 2시 최대)
온도	4℃ 이하	24℃ 이상
습도	습윤(90% 이상)	건조(70% 이하)
바람	무풍	무풍
역전 종류	복사성 역전	침강성 역전
오염 원인	석탄연료의 매연(가정난방)	자동차 매연(NO_x)
오염 물질	SO_x	옥시던트
반응 형태	열적 환원반응	광화학적 산화반응
시정 거리	100m 이하	1km 이하
연기 특징	차가운 취기의 회색빛 농무형	회청색 연무형
반응 과정	연기 + 안개 + SO_2 → 환원형 smog	$HC + NO_x + hv → O_3$, PAN 등
피해 및 영향	호흡기 질환, 사망자 최대	눈, 코, 기도 점막자극 고무 등의 손상
발생 기간	단기간	장기간
발생 국가	개발도상국형	선진국형

참고

방사성 역전 : 밤과 아침 사이 지표면이 냉각되어 공기온도가 낮아져서 발생
침강성 역전 : 고기압 중심부에서 기층이 서서히 침강하며 기온이 단열압축으로 승온되어 발생

내용문제

01 유명한 대기오염사건들과 발생 국가의 연결로 옳지 않은 것은?

① LA스모그 사건 – 미국
② 뮤즈계곡 사건 – 프랑스
③ 도노라 사건 – 미국
④ 포자리카 사건 – 멕시코

해설

뮤즈계곡(1930년 벨기에) 사건

원인 : 금속, 유리, 아연, 제철공장에서 배출된 SO_2, 황산미스트, 불소화합물, 일산화탄소

정답 ②

02 다음은 역사적인 대기오염사건을 나열한 것이다. 먼저 발생한 사건부터 옳게 배열된 것은?

① 포자리카사건 – 도쿄 요코하마사건 – LA스모그사건 – 런던스모그사건
② 도쿄 요코하마사건 – 포자리카사건 – 런던스모그사건 – LA스모그사건
③ 포자리카사건 – 도쿄 요코하마사건 – 런던스모그사건 – LA스모그사건
④ 도쿄 요코하마사건 – 포자리카사건 – LA스모그사건 – 런던스모그사건

해설

순서별 사건 정리

뮤즈(30) – 요코하마(46) – 도노라(48) – 포자리카(50) – 런던(52) – LA(54) – 보팔(84)

정답 ②

03 역사적 대기오염사건과 주 원인물질을 바르게 짝지은 것은?

① 뮤즈 계곡 사건 – 아황산가스
② 도쿄 요코하마 사건 – 수은
③ 런던스모그 사건 – 오존
④ 포자리카 사건 – 메틸이소시아네이트

해설

① 뮤즈 계곡 사건 – 아황산가스
② 도쿄 요코하마 사건 – 원인불명
③ 런던스모그 사건 – 가정난방 배연
④ 포자리카 사건 – 황화수소 누출

정답 ①

04 유해화학물질의 생산, 저장, 수송, 누출 중의 사고로 인해 일어나는 대기오염 피해지역과 원인물질의 연결로 거리가 먼 것은?

① 체르노빌 – 방사능물질
② 포자리카 – 황화수소
③ 세베소 – 다이옥신
④ 보팔 – 이산화황

해설

정답은 ④ 보팔사건의 원인물질은 MIC(CH_3CNO)이다.

정답 ④

05 다음 역사적인 대기오염 사건 중 가장 먼저 발생한 사건은?

① 도노라 사건 ② 뮤즈계곡 사건
③ 런던스모그 사건 ④ 포자리카 사건

해설

순서별 사건 정리
뮤즈(30) – 요코하마(46) – 도노라(48) – 포자리카(50) – 런던(52) – LA(54) – 보팔(84)

정답 ②

06 다음 대기오염의 역사적 사건에 대한 주오염물질의 연결로 옳은 것은?

① 보팔시 사건 : SO_2, H_2SO_4-mist
② 포자리카 사건 : H_2S
③ 체르노빌 사건 : PCBs
④ 뮤즈계곡 사건 : methylisocynate

해설

① 보팔시 사건 : 메틸아이소시아네이트(CH_3CNO)
③ 체르노빌 사건 : 방사능 물질
④ 뮤즈계곡 사건 : SO_2, H_2SO_4-mist

정답 ②

07 벨기에의 뮤즈계곡 사건, 미국의 도노라 사건 및 런던 대기오염사건의 공통적인 주요 대기오염 원인물질로 가장 적합한 것은?

① SO_2 ② O_3
③ CS_2 ④ NO_2

해설

정답 ①

08 지구 여러 곳에서는 돌발적 대기오염과 관련된 물질의 누출사고로 많은 사상자를 내었다. 다음 중 발생도시와 그 누출오염물질의 연결이 가장 거리가 먼 것은?

① 포자리카 : H_2S
② 시베소 : Dioxine
③ 체르노빌 : 방사능
④ 보팔 : PCB

해설

보팔사건(1984년) : 인도
원인 : 메틸이소시아네이트($CH3CNO$)

정답 ④

09 다음 역사적인 대기오염사건 중 methyl isocyanate가 주된 오염원인 것은?

① Donora 사건
② Meuse valley 사건
③ Bhopal 시 사건
④ Poza Rica 사건

해설

보팔사건(1984년) : 인도
원인 : 메틸이소시아네이트(CH_3CNO)

정답 ③

연습문제

10 다음 대기오염과 관련된 역사적 사건 중 주로 자동차 등에서 배출되는 오염물질로 인한 광화학 반응에 기인한 것은?

① 뮤즈계곡 사건
② 런던 사건
③ 로스엔젤레스 사건
④ 포자리카 사건

해설

① 뮤즈(Meuse)계곡 사건 : 공장배연에 의한 사건
② 런던(London) 사건 : 가정난방 배연에 의한 사건
④ 포자리카(Pozarica) 사건 : 황화수소 누출사건

정답 ③

11 과거의 역사적으로 발생한 대기오염사건 중 London형 Smog의 기상 및 안정도 조건으로 옳지 않은 것은?

① 무풍상태   ② 습도는 85% 이상
③ 침강성 역전   ④ 접지 역전

해설

· 런던스모그 : 복사(방사)성 역전, 지표 역전
· 로스앤젤레스스모그 : 침강(하강)성 역전, 공중 역전

정답 ③

12 다음 국제적인 환경오염사건 중 MIC(메틸이소시아네이트)가스의 유출로 발생한 것은?

① 도노라(Donora) 사건
② 보팔(Bhopal) 사건
③ 크라카타우(Krakatau) 사건
④ 도쿄-요꼬하마(Tokyo-Yokohama) 사건

해설

보팔사건(1984년) : 인도
원인 : 메틸이소시아네이트(CH_3CNO)

정답 ②

13 다음 역사적 대기오염사건 중 주로 자동차 배출가스의 광화학 반응으로 생긴 사건은?

① 런던 사건
② 도노라 사건
③ 보팔 사건
④ 로스앤젤레스 사건

해설

대기오염의 역사적 사건의 이해

정답 ④

14 1984년 인도의 보팔시에서 발생한 대기오염 사건의 주 원인 물질은?

① H_2S ② SO_x
③ CH_3CNO ④ CH_3SH

해설

메틸이소시아네이트(CH_3CNO)이다.

정답 ③

15 다음 역사적인 대기오염사건 중 methyl isocyanate가 주된 오염원인 것은?

① Donora 사건
② Meuse valley 사건
③ Bhopal시 사건
④ Poza Rica 사건

해설

1984년에 인도 중부지방의 보팔시에서 발생한 대기오염 사건의 원인물질은 메틸이소시아네이트(MIC)이다.

정답 ③

16 London smog 사건의 기온역전층의 종류는?

① 복사성 역전 ② 침강성 역전
③ 난류성 역전 ④ 전선성 역전

해설

① 런던스모그 사건의 기온역전층은 복사역전(지표역전)이다.

정답 ①

17 London형 스모그 사건과 비교한 Los Angeles형 스모그 사건에 관한 설명으로 옳은 것은?

① 주 오염물질은 SO_2, smoke, H_2SO_4, 미스트 등이다.
② 주 오염원은 공장, 가정난방이다.
③ 침강성 역전이다.
④ 주로 아침, 저녁에 발생하고, 환원반응이다.

해설

①, ②, ④는 런던스모그에 대한 설명이다.
· LA 스모그 역전 : 침강(하강)성 역전, 공중 역전
· 런던 스모그 역전 : 복사(하강)성 역전, 지표 역전

정답 ③

18 대기오염물질의 확산과 관련된 스모그현상과 기온역전에 관한 설명으로 옳지 않은 것은?

① 로스엔젤레스 스모그사건은 광화학 스모그에 의한 침강성 역전이다.
② 런던스모그 사건은 산화반응에 의한 것으로 습도는 70% 이하 조건에서 발생하였다.
③ 침강성역전은 고기압권 내에서 공기가 하강하에 생기며, 주·야 구분없이 발생할 수 있다.
④ 방사성역전은 밤과 아침사이에 지표면이 냉각되어 공기온도가 낮아지기 때문에 발생한다.

해설

런던스모그 사건은 환원반응에 의한 것으로 습도는 90% 이상조건으로 발생하였다.

정답 ②

19 런던형 스모그에 관한 설명으로 틀린 것은?

① 주 오염물질은 먼지, SO_2다.
② 역전의 종류는 침강성 역전(하강형)이다.
③ 시정거리는 100m 이하이며 주된 화학반응은 환원반응이다.
④ 호흡기 자극, 폐렴 등에 의한 심각한 사망률을 나타내었다.

해설

런던형 스모그사건의 역전형태는 접지(복사)역전 형태이다.

정답 ②

20 대기오염과 관련된 설명으로 틀린 것은?

① 환경대기 중 미세먼지는 황산화물과 공존하면 더 큰 피해를 준다.

② 도노라 사건은 포자리카 사건 이후에 발생하였으며 1차 오염물질에 의한 사건이다.

③ 카보닐황은 대류권에서 매우 안정하기 때문에 거의 화학반응을 하지 않고 성층권으로 유입된다.

④ 멕시코의 포자리카 사건은 황화수소의 누출에 의해 발생한 것이다.

> **해설**
>
> 도노라 사건 이후에 포자리카 사건이 발생하였다. 주요 대기 오염사건의 발생년도는 다음과 같다.
> · 요코하마(횡빈) 사건 : 1946년 12월 일본
> · 도노라 사건 : 1948년 10월 미국
> · 포자리카 사건 : 1950년 11월 멕시코
> · 런던스모그 사건 : 1952년 12월 영국
>
> 정답 ②

21 대기오염의 역사적 사건에 관한 설명으로 옳지 않은 것은?

① 뮤즈계곡 사건 – 벨기에 뮤즈계곡에서 발생한 사건으로 금속, 유리, 아연, 제철, 황산공장 및 비료공장 등에서 배출되는 SO_2, H_2SO_4 등이 계곡에서 무풍상태에서 기온 역전 조건에서 발생했다.

② 포자리카 사건 – 멕시코 공업지역에서 발생한 오염사건으로 H_2S가 대량으로 인근 마을로 누출되어 기온역전으로 피해를 일으켰다.

③ 보팔시 사건 – 인도에서 일어난 사건으로 비료공장 저장탱크에서 MIC 가스가 유출되어 발생한 사건이다.

④ 크라카타우 사건 – 인도네시아에서 발생한 산화티타늄 공장에서 발생한 질산미스트 및 황산미스트에 의한 사건으로 이 지역에 주둔하던 미군과 가족들에게 큰 피해를 준 사건이다.

> **해설**
>
> ④ 크라카타우 사건 – 인도에서 발생한 화산폭발사건(1883년)으로 자연재해에 해당한다.
>
> 정답 ④

22 다음 중 London형 스모그에 관한 설명으로 가장 거리가 먼 것은? (단, Los Angeles형 스모그와 비교)

① 복사성 역전이다.

② 습도가 85% 이상이었다.

③ 시정거리가 100m 이하이다.

④ 산화반응이다.

> **해설**
>
> 런던스모그는 환원반응을 통하여 스모그가 형성되었다.
>
> 정답 ④

제 6장

대기오염문제

Chapter 01

지구 온난화 (온실효과, Green House Effect)

1. 온실효과

(1) 온실효과의 정의

지구로 들어온 태양열 중 적외선 일부가 온실가스에 의해 흡수되어 나가지 못하고 순환되는 현상

(2) 온실효과의 원리

① 태양에서 방출된 빛에너지는 지구의 대기층을 통과하면서, 일부분은 대기에 반사되어 우주로 방출되거나 대기에 직접 흡수됨. 그리하여 약 50% 정도의 햇빛만이 지표에 도달하게 되는데, 이때 지표에 의해 흡수된 빛에너지는 열에너지나 파장이 긴 적외선으로 바뀌어 다시 바깥으로 방출하게 됨(지구 복사)

② 이 방출되는 적외선 중 절반은 우주로 방출되지만, 나머지는 구름이나 수증기, 이산화탄소 같은 온실 효과 기체에 의해 흡수되며, 온실 효과 기체들은 이를 다시 지표로 되돌려 보냄. 이와 같은 작용을 반복하면서 지구를 덥게 하는 것임

③ 그러나 온실가스의 증가로 온실가스가 지구를 둘러싸게 되었음. 그 이유로 지구에 막이 생겼으며 태양의 열이 밖으로 나가지 못하게 되는 것임

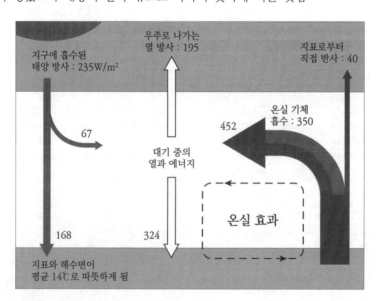

(3) 온실가스

    ① 적외선(열선)을 흡수하는 물질

    ② 종류 : CO_2, H_2O, N_2O 등

참고

성층권의 오존과 대류권의 온실가스 비교

구분	온실가스 종류	흡수파장	에너지
오존층(성층권)	O_3	자외선(200~290nm)	큼
대류권	CO_2, H_2O, N_2O 등	적외선(750nm~1,000μm)	작음

(4) 온실효과의 특징

  1) 보온효과

    ① 적외선은 열선이므로 온실효과로 지구는 항상 일정한 온도로 유지됨

    ② 연평균 기온이 일정해지므로 생명체가 살기 좋은 환경이 됨

참고

온실효과의 비교(달과 지구)

실제 대기에 의해 일어나는 온실효과는 지구를 항상 일정한 온도를 유지시켜 주는 매우 중요한 현상임. 만약 대기가 없어 온실효과가 없다면 지구는 화성처럼 낮에는 햇빛을 받아 수십도 이상 올라가지만, 반대로 태양이 없는 밤에는 모든 열이 방출되어 영하 100℃ 이하로 떨어지게 될 것임

구분	달	지구
대기	없음	있음
온실효과	없음	있음
온도변화	극심함	거의 일정(연평균 15℃)

(5) 인위적인 온실효과(지구 온난화)

    ① 인위적인 영향(화석연료 연소 등의 증가)으로 온실가스 양이 증가하여 온실효과가 가속화 됨

    ② 온실효과 그 자체가 문제가 아니라, 일부 온실효과를 일으키는 기체들이 과다하게 대기 중에 방출됨으로써 야기될지 모르는 이상 고온에 따른 지구 온난화 현상이 발생함

온실효과(보온효과) : 자연적 현상 + 인위적 영향으로 가속화 됨

2. 지구 온난화(온실효과)

온실효과는 자연적인 현상이나, 인위적인 영향으로 대기 중 온실가스(GHG)가 늘어나, 지구 온도가 증가하는 현상

(1) 발생

① 대기 중에 형성된 CO_2와 수증기의 층이 태양광선의 복사열 중 장파장인 적외선을 흡수(재방사)함으로써 발생

② 석탄, 석유, 가스 등 화석 연료의 과다 사용, 산림의 무분별한 파괴 때문에 매년 대기 중 이산화탄소 등 온실가스가 증가하여 지구 온난화가 가속화됨

(2) 원인물질(온실가스)

CO_2, CH_4, N_2O, SF_6, CFC, CH_3CCl_3, CCl_4, O_3, H_2O, 과불화탄소(PFC), 수소불화탄소(HFC) 등

(3) 지표

1) 온실효과 기여도

① 대기 중 존재량을 고려한 비율

② CO_2(55%) 〉 CFCs(17%) 〉 CH_4(15%) 〉 N_2O(5%) 〉 H_2O 등 기타 (8%)

2) 온난화 지수(global warming potential : GWP)

① 단위질량당 기여도(흡수율)

SF_6(23,900) 〉 PFC(7,000) 〉 HFC(1,300) 〉 N_2O (310) 〉 CH_4(21) 〉 CO_2(1)

② 온실효과를 일으키는 잠재력을 표현한 값

③ CO_2를 1로 기준함

(4) 영향

이상기온현상, 해수면 상승, 해빙, 사막화 현상, 엘리뇨, 라니냐 등 발생

① 엘리뇨, 라니냐 현상

구분	특징
엘리뇨	·무역풍이 평년보다 약해짐 ·찬 해수 용승현상의 약화 때문에 적도 동태평양에서 고수온 현상이 강화되어 나타남 ·홍수 피해, 어장 황폐화 ·남자 아이 또는 아기 예수의 의미
라니냐	·무역풍이 평년보다 강해짐 ·찬 해수 용승현상의 강화 때문에 적도 동태평양에서 저수온 현상이 강화되어 나타남 ·여자 아이의 의미

② 해수면 상승, 해빙

③ 수온 상승 : 생물의 증식활동을 억제시켜 해양 생태계에 영향을 끼침

④ 이상기후현상 : 어떤 지역은 폭풍, 홍수, 다른 지역은 한파 증폭

⑤ 고온성 병원균에 의한 전염병 증가, 농작물 피해

⑥ 생활환경 변화로 인해 산업구조와 사회문화에 변화

(5) 대책

　　① 화석연료 사용 줄임

　　② 대체 에너지 개발

　　③ 에너지 사용량 줄임

(6) 관련 협약

　　① 리우 선언 : 지구환경용량 이내에서 지속가능한 개발(Sustainable Development)

　　② 기후변화협약

　　③ 교토의정서 : 기후변화협약에 따른 온실가스 감축 목표에 관한 의정서

참고

교토의정서

1. 감축대상가스

　이산화탄소(CO_2), 메탄(CH_4), 아산화질소(N_2O), 과불화탄소(PFC), 수소불화탄소(HFC), 육불화황(SF_6)

> CFC 가스도 온실가스이나 몬트리올의정서에서 먼저 CFC 삭감결의를 했으므로, 교토의정서 6개 감축대상에는 들어가지 않음

2. 발효

　2005년 2월 16일부터 발효

3. 내용

　① 온실가스 배출량을 1990년 수준보다 평균 5.2% 감축

　② 감축 내용 제도

　　청정개발제도(CDM), 배출권거래제도(ET), 공동이행제도(JA), 이산화탄소 흡수원의 상계

4. 대상 국가

　① 1차 감축대상 : 2008~2012년 총 38개국

　② 2차 감축대상 : 우리나라 포함

　③ 미국은 2002년 3월 탈퇴(당시 최대 이산화탄소 배출국)

내용문제

---

01 다음 오염물질 중 온실효과를 유발하는 것으로 가장 거리가 먼 것은?

① 이산화탄소　　　　② CFCs
③ 메탄　　　　　　　④ 아황산가스

> **해설**
>
> 정답 ④

02 다음 중 기후·생태계 변화 유발물질과 거리가 먼 것은?

① 육불화황　　　　　② 메탄
③ 수소염화불화탄소　④ 염화나트륨

> **해설**
>
> 정답 ④

03 다음 중 지구온난화의 주 원인물질로 가장 적합하게 짝지어진 것은?

① $CH_4 - CO_2$　　　② $SO_2 - NH_3$
③ $CO_2 - HF$　　　　④ $NH_3 - HF$

> **해설**
>
> ① $CH_4 - CO_2$
>
> **참고** 온실기체의 주 원인물질 : CO_2, CFCs, CH_4, N_2O
>
> 정답 ①

04 지구 온난화를 일으키는 온실가스와 가장 거리가 먼 것은?

① CO　　　　　　　② CO_2
③ CH_4　　　　　　④ N_2O

> **해설**
>
> 온실가스의 종류는 다음과 같다.
>
> 육불화황(SF_6), 과불화탄소(PFCs), 수소불화탄소(HFCs), 아산화질소(N_2O), 메탄(CH_4), 이산화탄소(CO_2), CFC 등이다.
>
> 정답 ①

05 다음 (　　)안에 알맞은 것은?

> (　　)이란 적도 무역풍이 평년보다 강해지며, 서태평양의 해수면과 수온이 평년보다 상승하게 되고, 찬 해수의 용승현상 때문에 적도 동태평양에서 저수온 현상이 강화되어 나타나는 현상으로, 해수면의 온도가 6개월 이상 0.5℃ 이상 낮은 현상이 지속되는 것을 말한다.

① 엘니뇨 현상　　　② 사헬 현상
③ 라니냐 현상　　　④ 헤들리셀 현상

> **해설**
>
> 정답 ③

Chapter 02 오존층 파괴

1. 오존의 분포

권역	지구전체 비율	오존 농도(ppm)	특징	성질
성층권	90%	10	자외선 차단(흡수), 200~290nm	good
대류권	10%	0.04 이하	광화학스모그	bad

> **참고**
>
> 오존은 성층권에서는 대기 중의 산소 분자가 주로 240nm 이하의 자외선에 의해 광분해 되어 생성됨

2. 오존층

(1) 특징

① 오존의 생성과 분해가 가장 활발하게 일어나는 층

② 오존 밀집지역 : 20~30km

③ 최대농도 : 10ppm(25km)

④ 오존의 농도는 지역에 따라 다양

⑤ 북반구에서는 주로 겨울과 봄철에 낮아지고, 여름과 가을에는 높아짐

⑥ 오존층 두께 : 적도(200Dobson), 극지방(400Dobson)

⑦ 극지방 오존홀 발생(오존층 파괴현상 가장 심각한 곳)

⑧ 주파수 : $1 \times 10^{15} \sim 1.5 \times 10^{15}$Hz

돕슨(Dobson)

① 오존층의 두께를 표시하는 단위
② 지구대기 중의 오존 총량을 표준상태에서 두께로 환산했을 때 1mm를 100돕슨으로 정하고 있음
③ 100돕슨 = 1mm
④ 극지방 400돕슨, 적도 200돕슨
⑤ 지구전체의 평균 오존량은 약 300Dobson
⑥ 지리적, 계절적으로 평균치의 ±50% 정도까지 변화

(2) 역할

① 인간의 활동이 있는 대류권의 열평형을 유지
② 200nm~290nm(특히 237.5nm)의 자외선을 흡수하여 강한 자외선으로부터 지표면과 생물체를 보호함
③ 290nm 이하의 단파장인 UV-C는 대기 중의 산소와 오존 분자 등의 가스성분에 의해 흡수되어 지표면에 거의 도달하지 않음

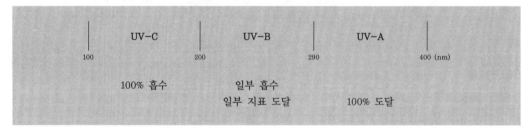

(3) 오존의 생성 및 분해

① 오존의 생성반응
오존은 자외선을 흡수하면 광해리를 일으켜 산소원자와 산소분자로 분해
② 오존의 분해반응
산소분자를 태양광선 중에서 240nm 이하의 자외선을 흡수하여 2개의 산소 원자로 해리(광분해)
③ 자연상태에서 오존층에서 오존의 생성과 소멸이 계속적으로 일어나면서 오존의 농도를 유지함
④ 오존의 파괴
오존층파괴물질에 의해 분해속도가 더 빨라져 오존 농도가 감소하게 되고 오존층이 파괴됨

오존의 생성 및 분해 반응

· 오존의 생성반응

$$O_2 \quad \rightarrow \quad O + O$$

$$2O_2 + 2O \rightarrow 2O_3$$

$$\overline{3O_2 \quad \rightarrow \quad 2O_3}$$

· 오존의 분해반응

$$O_3 + O \rightarrow 2O_2$$

$$2O_3 \quad \rightarrow \quad 3O_2$$

· 자연상태에서 오존 농도는 일정
  생성속도 = 분해속도 (평형)
  생성속도와 분해속도가 같아 자연상태에서 오존 농도는 일정함

· 오존의 파괴
  오존층 파괴물질이 오존의 분해반응의 촉매로 작용
  오존의 분해속도가 빨라져 오존 농도가 감소됨

(4) 성층권 오존 감소 영향

① 백내장, 피부암
② 광합성 작용과 수분이용의 효율감소로 식물 생장 떨어짐, 농작물 생산량 감소
③ 해양생태계 파괴, 광합성 플랑크톤에 피해를 주어 먹이사슬에 악영향을 줌

3. 오존층 파괴물질

(1) CFCs(프레온가스, Chloro Fluoro Carbon)

① 용도 : 스프레이류, 냉매제, 소화제, 발포제, 전자부품 세정제
② 합성화학물질로 염소, 불소 및 탄소를 포함, 이중 유리된 염소가 오존층을 파괴
③ $7 \sim 12 \mu m$ 의 복사에너지 흡수
④ 체류기간 : $5 \sim 10$년
⑤ 불활성, 대기 중 쉽게 분해되지 않음

(2) 질소산화물(NO, N_2O)

① 성층권을 비행하는 초음속 여객기에서 NO가 배출
② 오존파괴 촉매로 작용

(3) 할론(염화브롬화탄소, Halons)

① 특수용도 소화제

② CFC-11보다 오존층 파괴력이 10배 정도 크기 때문에 현재는 사용을 규제

③ 할론 특성에 영향을 주는 물질 : 브롬

4. 오존층파괴지수(ODP)

① CFC-11을 기준(1)으로, 상대적인 오존층 파괴 정도를 나타내는 지표

② 할론1301 〉 할론2402 〉 할론1211 〉 사염화탄소 〉 CFC11 〉 CFC12 〉 HCFC

5. CFC 명명법과 분자식

구분	제품명	분자식
CFC(프레온 가스)	CFC11	$CFCl_3$
	CFC12	CF_2Cl_2
할론	할론 1301	CF_3Br
	할론 1402	CF_4Br_2

예제 01 다음 CFC의 분자식을 구하여라.

① CFC11

② CFC12

③ 할론1301

해설

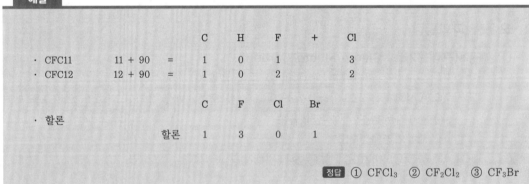

		C	H	F	+	Cl
· CFC11	11 + 90 =	1	0	1		3
· CFC12	12 + 90 =	1	0	2		2

		C	F	Cl	Br
· 할론	할론	1	3	0	1

정답 ① $CFCl_3$ ② CF_2Cl_2 ③ CF_3Br

6. 대체물질

CFCs 대체물질은 온실효과를 일으킴

(1) PFC(과불화탄소,Perfluoro carbon)
① C와 F만으로 분자를 구성
② 매우 강력한 결합을 가진 화합물
③ CFC의 분자결합보다 더욱 안정된 물질
④ 성층권에서는 분해되지 않고 더욱 고층에서 분해

(2) HFC(수소불화탄소, Hydrofluoro carbon)
① CFC 분자에 수소가 첨가된 구조
② 염소 없음
③ 대류권에서 쉽게 파괴되어 성층권까지 도달하지 않음

(3) HCFC(수소불화탄소, Hydrofluoro carbon)
① 수소가 첨가된 CFC
② 염소 있음

7. 오존층 파괴물질 규제 협약
① 비엔나 협약(1985년)
② 몬트리올 의정서(1987년)
③ 런던회의(1990년)
④ 코펜하겐 회의

계산문제

| CFC 분자식 구하기 |

01 성층권의 오존층 파괴의 원인물질인 CFC 화합물 중 CFC-12의 화학식은?

① CF_2Cl_2 ② $CHFCl_2$
③ $CFCl_3$ ④ CHF_2Cl

 해설

CFC 명칭	번호 + 90	C	H	F	Cl
CFC12	12 + 90 = 102	1	0	2	2

CFC의 화학식

① 번호 + 90

CFC12 : 12번 + 90 = 102

백의 자리수 = 탄소(C)수 = 1

십의 자리수 = 수소(H)수 = 0

일의 자리수 = 불소(F)수 = 2

② 염소의 개수

탄소(C)원자 1개는 4개의 결합선을 가지는데, 결합선에 빈 부분에 염소가 채워짐

따라서, 염소의 개수 = 4 - 2 = 2

```
     |
  —  C  —
     |
```

∴CFC-12의 화학식 : CF_2Cl_2

정답 ①

| CFC 분자식 구하기 |

02 다음 특정물질 중 펜타클로로플루오르에탄 (CFC-111)의 화학식으로 옳은 것은?

① $C_3H_2FCl_5$ ② $C_3HF_2Cl_5$
③ $C_3F_3Cl_5$ ④ C_2FCl_5

해설

CFC 명칭	번호 + 90	C	H	F	Cl
CFC111	111 + 90 = 201	2	0	1	5

CFC의 화학식

① 번호 + 90

CFC111 : 111 + 90 = 201

백의 자리수 = 탄소(C)수 = 2

십의 자리수 = 수소(H)수 = 0

일의 자리수 = 불소(F)수 = 1

② 염소의 개수

탄소(C)원자 1개는 4개의 결합선을 가지는데, 결합선에 빈 부분에 염소가 채워짐

따라서, 염소의 개수 = 6 - 1 = 5

```
     |     |
  —  C  —  C  —
     |     |
```

∴CFC-111의 화학식 : C_2FCl_5

정답 ④

| CFC 분자식 구하기 |

03 특정물질의 종류와 그 화학식의 연결로 옳지 않은 것은?

① CFC-214 : $C_3F_4Cl_4$

② Halon-2402 : $C_2F_4Br_2$

③ HCFC-133 : CH_3F_3Cl

④ HCFC-222 : $C_3HF_2Cl_5$

해설

③ HCFC-133 : $C_2H_2F_3Cl$

CFC의 화학식

① 번호 + 90

HCFC-133 : 133번 + 90 = 223

백의 자리수 = 탄소(C)수 = 2

십의 자리수 = 수소(H)수 = 2

일의 자리수 = 불소(F)수 = 3

② 염소의 개수

탄소(C)원자 2개는 6개의 결합선을 가지는데, 결합선에 빈 부분에 염소가 채워짐

따라서, 염소의 개수 = 6 - 5 = 1

```
    |   |
—   C — C —
    |   |
```

∴ HCFC-133의 화학식 : $C_2H_2F_3Cl$

정답 ③

| 오존층 두께 계산 |

04 오존 전량이 330DU이라는 것은 오존의 양을 두께로 표시 하였을 때 어느 정도인가?

① 3.3mm

② 3.3cm

③ 330mm

④ 330cm

해설

100DU = 1mm = 0.1cm 이므로,

330DU = 3.3mm = 0.33cm 임

정답 ①

Chapter

03 산성비 (Acid Rain)

1. 산성비의 정의

1) 자연강우

① 오염되지 않은 대기 중에는 CO_2가 350ppm 존재함

② 빗속에 이 CO_2가 용해되면 탄산(H_2CO_3, 약산)이 형성되어 pH가 5.6로 낮아짐

③ 자연강우의 pH 5.6

2) 산성비

pH 5.6 이하인 비

2. 산성비의 원인 물질

1) 원인물질

① 황산화물, 질소산화물, 염소산화물

② 인위적으로 배출된 SO_x 및 NO_x 화합물질이 대기중에서 황산 및 질산으로 변환되어 발생함

③ CO_2 이외의 산성물질에 의해 pH가 자연강우(pH5.6)보다 더 낮아짐

황산화물	: SO_2	$\rightarrow$ H_2SO_4	(65%)
질소산화물	: NO_2	$\rightarrow$ HNO_3	(30%)
염소산화물	: Cl_2	$\rightarrow$ HCl	(5%)

④ 기여도 : SO_x > NO_x > HCl

⑤ 온도가 낮을 때 기체의 용해도가 커지므로 산성비 효과가 커지게 됨

3. 산성비의 영향

1) 토양의 산성화
① 산성비가 토양에 내리면 토양은 산적 성격이 약한 교환기부터 순서적으로 Ca^{2+}, Mg^{2+}, Na^+, K^+ 등의 교환성 염기를 방출하고, 그 교환자리에 H^+가 흡착되어 치환됨
② 약한 교환기(Ca^{2+}, Mg^{2+}, Na^+, K^+)부터 방출되어 그 자리에 H^+ 흡착되고, Ca, K, Mg의 유실로 사막화 현상유발
③ Al, Mn 이온이 뿌리에 직접 흡수되거나 가수분해 되어 독성물질 유발
④ Al^{3+}은 산성의 토양에서만 존재하는 물질이고, 뿌리의 세포분열이나 Ca 또는 P의 흡수나 흐름을 저해함
⑤ 식물성장에 필요한 토양 미생물을 죽임
⑥ 지하수 침투 시 지하수원 산성화

2) 호수의 산성화
① Al 농도 증가로 수중 영양분의 가치가 저하되어 빈영양호 초래
② 물고기의 만성 쇠약병과 중금속에 의한 먹이사슬에 피해
③ 수중 생태계 파괴, 어류 사멸

3) 식물에 영향
① 식물 고사, 농작물, 산림에 직접적인 피해
② 일반적으로 산성비에 대한 내성은 침엽수가 활엽수보다 강함

4) 인체에 영향
눈, 피부자극, 대사기능장애, 위암, Al의 알츠하이머(노인성 치매)

5) 재산에 영향
급수관, 건축자재, 의류, 금속, 대리석, 전선 등이 부식됨

4. 산성비의 대책

국내	국외
억제 : 화석연료 사용 저감, 청정연료 사용 탈황설비를 설치 : 배연탈황, 배연탈질	· 1979년 스위스 제네바 협약(오염물질 장거리 이동관련) · 1985년 핀란드 헬싱키 의정서(SO_x 감축결의) · 1989년 불가리아 소피아 의정서(NO_x 감축결의)

계산문제

| pH 배수 |

01 A지역에서 빗물의 pH를 측정한 결과 5.1이었다. 빗물의 산성우 판정기준이 pH5.6이라고 할 때 A지역에서 측정한 빗물의 수소이온농도의 비는 산성우 판정기준의 경우에 비해 어떻게 되겠는가?

① 약 2.3배 높다. ② 약 2.3배 낮다.
③ 약 3.2배 높다. ④ 약 3.2배 낮다.

해설

$pH = -\log[H^+]$, $[H^+] = 10^{-pH}$

1) $pH = 5.1$일 때, $[H^+] = 10^{-5.1}$

2) $pH = 5.6$일 때, $[H^+] = 10^{-5.6}$

$\therefore \dfrac{10^{-5.1}}{10^{-5.6}} = 3.2$배 높다.

정답 ③

Chapter 04 대기 관련 국제 협약

1. 오존층 보호를 위한 국제협약

① 비엔나 협약 :
  1985년 3월 22일 채택된 오존층 보호를 위한 국제협약
② 몬트리올 의정서 :
  1987년 오존층 파괴물질인 염화불화탄소(CFCs)의 생성과 사용규제를 위한 협약
③ 런던회의 :
  1990년 런던에서 몬트리올 의정서의 내용을 보완, 개정
④ 코펜하겐 회의 :
  각국의 온실가스 감축 목표치 설정과 2012년 만료되는 교토 기후변화의정서를
  대체할 새로운 국제조약을 마련하려 했으나 결과적 실패

2. 산성비에 관한 국제협약

① 헬싱키 의정서(1985년) : 황산화물(SO_x) 저감에 관한 협약
② 소피아 의정서(1989년) : 질소산화물(NO_x) 저감에 관한 협약

3. 지구온난화 및 기후변화 협약

(1) 기후변화협약(리우 협약)

지구의 온난화를 규제 · 방지하기 위한 국제협약(1992년)

(2) 교토의정서(1997년)

① 선진국 38개국(미국, EU, 일본, 러시아 등)에 대해 2008~2012년까지 온실가스를
  1990년 대비 평균 5.2% 감축 의무에 관한 규약
② 이산화탄소(CO_2), 메탄(CH_4), 아산화질소(N_2O), 과불화탄소(PFC), 수소불화탄소
  (HFC), 육불화황(SF_6) 등 6가지 온실가스의 배출량 감소 결의

교토 메커니즘

· 공동이행제도(JA) : 선진국이 A국이 선진국인 B국에 투자하여 발생된 온실가스 감축분의 일정분을
　　　　　　　　　　A국의 감축 실적으로 인정하는 제도
· 청정개발체제(CDM) : 선진국인 A국이 개발도상국인 B국에 투자하여 발생된 온실가스 배출 감축분을
　　　　　　　　　　자국의 감축 실적에 반영할 수 있도록 하는 제도
· 배출권거래제(ET) : 온실가스 감축의무가 있는 국가에 배출쿼터를 부여한 후, 국가 간 배출 쿼터의
　　　　　　　　　거래를 허용하는 제도

(3) 기타 각종 환경관련 국제협약(조약)

① 람사협약 : 자연자원의 보전과 현명한 이용을 위한 습지보전 협약
② CITES : 멸종위기에 처한 야생동식물의 보호를 위한 협약
③ 바젤협약 : 지구환경보호를 위해 유해폐기물의 국가 간 교역을 규제하는 국제협약

Chapter 05 열섬현상

1. 열섬현상의 정의

① 주변 전원지역보다 도시의 온도가 더 높은 현상

② 도시고온 현상(Heat Island Effect, Dust dome effect)

2. 원인

① 연료 및 에너지 사용으로 인공열 증가

② 반사율이 큼 : 콘크리트, 아스팔트, 빌딩 유리 등

③ 바람길이 막힘

④ 열섬현상은 도시지역 표면의 열적 성질의 차이 및 지표면에서의 증발잠열의 차이 등으로 발생됨

⑤ 태양의 복사열에 의해 도시에 축적된 열이 주변지역에 비해 크기 때문에 형성됨

3. 특징

① 직경 10km 이상의 도시에서 잘 나타나는 현상임

② 주변 교외보다 도시에 축적된 열이 많아 온도가 높아짐

③ 오염물질이 확산이 잘 안되기 때문에 도시지역의 오염도 커짐

④ 안개 발생빈도 증가

⑤ 비가 자주 옴(rain out)

4. 대책

① 연료 및 에너지 사용 감소

② 녹지 및 수목 증가

③ 바람길 조성

Chapter 06 실내공기오염

1. 실내공기오염

1) 정의
지상·지하 공간을 포함한 실내공간에서 공기가 오염된 상태

2) 실내공기오염물질의 종류
가) 다중이용시설 등의 실내공기질 관리법 상 실내공간오염물질

① 미세먼지(PM-10)

② 이산화탄소(CO_2 ; Carbon Dioxide)

③ 폼알데하이드(Formaldehyde)

④ 총부유세균(TAB ; Total Airborne Bacteria)

⑤ 일산화탄소(CO ; Carbon Monoxide)

⑥ 이산화질소(NO_2 ; Nitrogen dioxide)

⑦ 라돈(Rn ; Radon)

⑧ 휘발성유기화합물(VOCs ; Volatile Organic Compounds)

⑨ 석면(Asbestos)

⑩ 오존(O_3 ; Ozone)

⑪ 미세먼지(PM-2.5)

⑫ 곰팡이(Mold)

⑬ 벤젠(Benzene)

⑭ 톨루엔(Toluene)

⑮ 에틸벤젠(Ethylbenzene)

⑯ 자일렌(Xylene)

⑰ 스티렌(Styrene)

2. 주요 실내공기 오염물질

Rn, VOC, 담배연기, TSP, NO_2, CO, CO_2, HCHO, 석면, 미생물 등

(1) 라돈(Rn)

1) 라돈의 생성(핵붕괴)

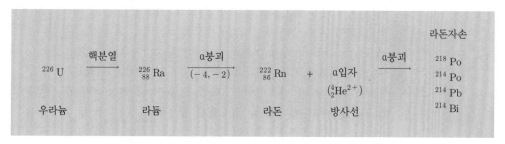

2) 특징
① 무색, 무취의 기체
② 액화 시 무색
③ 자연 방사능 물질
④ 반감기는 3.8일
⑤ 라듐(Ra-226)의 핵분열 시 생성되는 물질
⑥ 공기보다 9배나 무거워 지표에 존재
⑦ 주로 건축자재를 통하여 인체 유입
⑧ 화학적으로 거의 반응을 일으키지 않고, 흙 속에서 방사선 붕괴를 일으킴
⑨ 인체에 미치는 영향 : 폐암(폐에 흡입되어 α선을 방출)
⑩ 1급 발암물질

3) 노출 영향인자
① 토양과 가까울수록
② 오래된 집일수록, 균열 많을수록
③ 라돈포함 건축자재 사용 시
④ 라돈에 노출되기 쉬움

4) 대책
① 환기
② 라돈배출장치 설치
③ 공기유입장치 설치
④ 균열 메우기

(2) 석면

자연계에서 존재하는 섬유상 규산광물의 총칭

1) 특징

① 자연계에서 산출되는 길고, 가늘며, 강한 섬유상 물질
② 화학적으로 분류하면 사문석과 각섬석으로 구분가능하며, 이 중 사문석의 공업적 사용비율이 95%
③ 석면은 얇고 긴 섬유의 형태로서 규소, 수소, 마그네슘, 철, 산소, 나트륨 등의 원소를 함유하며, 그 기본구조는 산화규소의 형태를 취함
④ 내열성, 내산성, 내알칼리성, 내화성, 불활성, 절연성, 단열성, 발암성
⑤ 용도 : 건축물의 열차단제, 건축자재 등
⑥ 국내에서 2009년 이후 사용이 금지됨
⑦ 미국에서 가장 일반적인 것으로는 크리소타일(백선면)이 있음

2) 영향

① 노출 경로 : 호흡, 경구 유입
② 인체에 폐암이나 악성 중피종, 석면폐증 등 발생
③ 석면폐증 : 석면 내 Mg에 의해서 발생되며 적혈구가 증가되고 용혈현상 발생
④ 독성 피해 : 청석면 〉 갈석면(황석면, 아모싸이트) 〉 온석면(백석면)
⑤ 잠복기가 10~20년인 경우도 있음
⑥ 1급 발암물질

(3) CO_2

실내 또는 작업장의 공기오염 지표로 사용(전반적인 오염상태 추측 가능)

(4) 폼알데하이드(HCHO)

① 자극성 냄새를 갖는 가연성의 무색기체
② 물에 잘 녹으며 37% 수용액을 포르말린이라고 함
③ 새집증후군의 원인물질로 주목
④ 비중 : 약 1.03(공기 1, 공기보다 무거움)
⑤ 알데하이드 중에서 가장 간단한 유기화합물(메탄알)
⑥ 점막을 심하게 자극
⑦ 용도 : 방부제, 옷감, 잉크 등의 원료, 37% 수용액인 포르말린으로 시판
⑧ 배출원 : 화학제조공정, 피혁 공업, 합성수지공업 등

(5) BTEX(Benzene, Toluene, Ethylbenzene, Xylene)
석유류 중 휘발성이 강한 물질, VOC의 일종

1) 특징
독성 크기 : 톨루엔 〉 자일렌 〉 에틸벤젠 순서

① 벤젠은 혈액에 대해, 에틸벤젠은 신경계에 대해 독성 작용이 강함. 특히 벤젠은 급성 골수성 백혈병 유발, 지방이 많은 피하조직 및 골수에서 고농도로 축적되어 오래 잔존함

② 벤젠은 무색의 휘발성 액체이며, 끓는점은 약 80℃ 정도이고, 인화성이 강함, 주로 호흡으로 인체에 흡수(50%)

③ 톨루엔은 체내에서 마뇨산으로 대사하여 배설됨

④ 톨루엔의 끓는점은 약 111℃ 정도이고, 휘발성이 강하고 그 증기는 폭발성이 있음

3. 실내공기오염이 인체에 미치는 영향

① 빌딩증후군(SBS ; Sick Building Syndrome)
건축자재, 생활용품에서 나오는 각종 유해물질과 건물의 밀폐화로 인하여 실내 거주자들에게 눈 자극, 두통, 피로감, 소화기 장애 등과 같은 장기간에 걸쳐서 진행되는 만성적 증상을 의미함

② 레지오넬라 병
실내 환기가 불충분하고 습도가 높은 오염된 공기를 재순환하는 경우 미생물의 농도가 증가하여 알레르기성, 기타 호흡기 질환 유발. 특히 냉방장치와 관련된 박테리아에 의한 질환을 레지오넬라 병이라고 하며, 세균의 위해성은 그 자체의 병원성보다 세균의 수가 문제시 되는 경우가 많음

③ 폐암

④ 실내 부유분진 중에는 세균, 곰팡이, 곤충, 가루진드기 등이 포함되어 있어서 인체에 큰 영향을 미칠 수 있음

내용문제

01 일반 실내공간오염(indoor air pollution)물질로서 가장 거리가 먼 것은?

① 휘발성유기화합물(VOCs)
② 석면(Asbestos)
③ 폼알데하이드(Formaldehyde)
④ 염화비닐(Vinyl chloride)

해설

정답 ④

02 실내공기오염물질 중 석면의 위험성을 점점 커지고 있다. 다음 설명하는 석면의 분류에 해당하는 것은?

> 백석면이라고 하고 석면의 형태 중 가장 먼저 마주치는 광물로서 일반적으로 미국에서 발견되는 석면 중 95% 정도가 이에 해당한다. 이 광물은 매우 유용하고 섬유상의 층상 규산염광물이며, 이 광물의 이상적인 화학적 구조는 $Mg_3(Si_2O_5)(OH)_4$이다. 광택은 비단광택이고, 경도는 2.5이다.

① Chrysotile
② Antigorite
③ Lizardite
④ Orthoantigorite

해설

① 백석면 = 크리소타일(Chrysotile)

정답 ①

03 환기를 위한 실내공기오염의 지표가 되는 물질로 가장 적합한 것은?

① SO_2
② NO_2
③ CO
④ CO_2

해설

④ 실내공기오염의 지표물질은 이산화탄소(CO_2)이다.

정답 ④

Chapter 07 악취

1. 악취

(1) 정의

황화수소·메르캅탄류(싸이올류)·아민류, 기타 자극성 있는 기체상 물질이 사람의 후각을 자극하여 불쾌감과 혐오감을 주는 냄새

(2) 악취의 농도

① 최소자극농도 : 인간이 냄새를 맡지 못하지만 인체에 자극이나 영향을 미칠 수 있는 최소 농도, 악취물질이 인체에 자극을 줄 수 있는 최소 농도
② 최소감지농도 : 냄새의 유무를 감지할 수 있는 최소 농도
③ 인지농도 : 냄새의 질, 느낌 등을 표현할 수 있는 최소 농도

> 최소자극농도 : 냄새 ✕, 자극 ◯
> 최소감지농도 : 냄새의 유무를 감지할 수 있는 최소 농도
> 인지농도   : 냄새의 질, 느낌 등을 표현할 수 있는 최소 농도
> 최소자극농도 〈 최소감지농도 〈 인지농도

(3) 악취의 특징

① 화학적 구성보다는 물리적 차이에 따라 악취 여부가 좌우됨
② 사람의 후각에 의해서 측정
③ 심미적 지표
④ 가스상 물질 처리방법과 동일하게 제거 가능함

(4) 악취판정도

〈 악취판정도 〉

악취강도	악취도 구분	설 명	노말뷰탄올 농도(ppm)
0	무취(none)	상대적인 무취로 평상시 후각으로 아무것도 감지하지 못하는 상태	0
1	감지 냄새 (threshold)	무슨 냄새인지 알 수 없으나 냄새를 느낄 수 있는 정도의 상태	100
2	보통 냄새 (Moderate)	무슨 냄새인지 알 수 있는 정도의 상태	400
3	강한 냄새 (Strong)	쉽게 감지할 수 있는 정도의 강한 냄새를 말하며 예를 들어 병원에서 크레졸 냄새를 맡는 정도의 냄새	1,500
4	극심한 냄새 (Very Strong)	아주 강한 냄새, 예를 들어 여름철에 재래식 화장실에서 나는 심한 정도의 상태	7,000
5	참기 어려운 냄새 (Over Strong)	견디기 어려운 강렬한 냄새로서 호흡이 정지될 것 같이 느껴지는 정도의 상태	30,000

2. 악취물질

(1) 악취물질의 특징

① 휘발성이 강함(높은 증기압)
② 분자량 300 이하
③ 불포화 탄화수소
④ 방향족
⑤ $C_8 \sim C_{10}$의 물질이 많음
⑥ 증기압이 높을수록 악취가 강함
⑦ 대체로 실온에서 액상이고 반응성이 좋음
⑧ 표면흡착제에 잘 흡수됨
⑨ 실온에서 대다수는 액상이나 기체나 고체로 존재하는 경우도 있음
⑩ 분자량이 큰 물질은 냄새강도가 분자량에 반비례해서 단계적으로 약해지는 경향이 있으나 특정한 물질은 냄새가 거의 없음
⑪ 화학물질이 냄새 물질로 되기 위해서는 친유성기와 친수성기의 양기를 가져야 함
⑫ 분자내 수산기(-OH)의 수가 1개일 때 냄새 가장 강하고, 수가 증가하면 냄새 약해짐

물질명	최소감지농도(ppm)
메틸머캅탄(CH_3SH)	0.0001
트리메틸아민($(CH_3)_3N$)	0.0001
다이메틸설파이드($(CH_3)_2S$)	0.0001
페놀(C_6H_5OH)	0.00028
다이메틸다이설파이드($CH_3S_2CH_3$)	0.0003
황화수소(H_2S)	0.0005
아세트알데하이드(CH_3CHO)	0.002
스티렌($C_6H_5CHCH_2$)	0.03
이산화황(SO_2)	0.055
피리딘	0.063
에탄올(C_2H_5OH)	0.094
암모니아(NH_3)	0.1
폼알데하이드($HCHO$)	0.5
톨루엔($C_6H_5CH_3$)	0.9
아닐린	1
벤젠(C_6H_6)	2.7
아세톤	42

최소감지농도

메틸머캅탄, 트리메틸아민 〈 황화수소 〈 암모니아 〈 자일렌 〈 에틸벤젠 〈 폼알데하이드 〈 톨루엔 〈 아닐린 〈 벤젠 〈 아세톤

(2) 지정악취물질

〈 악취방지법규상 지정악취물질 〉

암모니아	뷰틸알데하이드	n-뷰틸산
메틸메르캅탄	n-발레르알데하이드	n-발레르산
황화수소	i-발레르알데하이드	i-발레르산
다이메틸설파이드	톨루엔	i-뷰틸알코올
다이메틸다이설파이드	자일렌	
트라이메틸아민	메틸에틸케톤	
아세트알데하이드	메틸아이소뷰틸케톤	
스타이렌	뷰틸아세테이트	
프로피온알데하이드	프로피온산	

제 7장

자동차의 대기오염

Chapter 01. 자동차 연료

Chapter 01 자동차 연료

1. 이동배출원(자동차) 연료

	이름	LNG	LPG	휘발유	경유
	주성분	메탄	부탄	n-옥탄	n-헥사데칸
	시성식	CH_4	C_4H_{10}	$n-C_8H_{18}$	$n-C_{16}H_{34}$
화합물 성질	끓는점(℃)	−162	−0.5	126	287
	분자량(g/mol)	16	58	114	226
	밀도(g/L, 20℃)	415	602	703	770
연소열/L	kcal/L	5,966	7,428	8,407	9,058
	상대비	−	1.00	1.13	1.22
CO_2 배출량	g/L	1,141	1,826	2,171	2,399
	상대비	1.00	1.60	1.90	2.10

2. 자동차 내연기관

(1) 내연기관의 기본 4행정과 작동인자 비교

1) 기본행정

흡입 → 압축 → 폭발 → 배기

(2) 내연기관의 이해

1) 공연비

연료와 공기의 혼합비율, 단위 시간당 공급되는 공기/연료 질량 비율

$$A/F = \frac{m_a M_a}{m_f M_f}$$

2) 압축비

최대 체적(= 연소실 체적 + 피스톤 행정 체적)을 연소실 체적으로 나눈 것

$$R_c = \frac{V}{V_c} = \frac{V_s + V_c}{V_c}$$

3) 노킹

① 정의

공기와 연료를 흡입하고 압축하여 폭발하기 전에, 폭발 시점이 되기 전에 일찍 점화되어 발생하는 불완전 연소 현상 혹은 비정상적인 폭발적인 연소 현상

② 영향

· 피스톤, 실린더, 밸브 등에 무리 발생
· 엔진 출력 저하 및 엔진 수명 단축
· 노크음 발생
· 연소효율 및 엔진효율 저해

③ 대책

· 옥탄가를 향상시킴
· 옥탄가 향상제 : 기존에는 4에틸 납이나 4메틸 납을 사용하였으나 납 성분의 오염 방지를 위해 최근에는 이용되지 않고 MTBE(Methyl Tertiary-Butyl Ether)가 사용되고 있음

4) 옥탄가

① 휘발유의 실제 성능을 나타내는 척도
② 휘발유가 연소할 때 이상폭발을 일으키지 않는 정도의 수치
③ 가장 노킹이 발생하기 쉬운 헵탄(heptane)의 옥탄가를 0으로 하고, 노킹이 발생하기 어려운 이소옥탄(iso-octane)의 옥탄가를 100으로 하여 결정함
④ 옥탄가는 0~100을 기준으로 숫자가 높을수록 옥탄가가 높아 노킹이 억제됨

5) 디젤노킹

디젤엔진에서, 연료가 분사된 후부터 자연점화에 도달하는데 걸리는 시간(점화시간)이 지연되어 엔진효율이 떨어지고 점화와 동시에 그때까지 분사된 연료가 순간적으로 연소되어 실린더 내부의 온도와 압력의 급상승으로 진동과 소음이 발생하는 현상

6) 세탄가(Cetane)

① 경유의 착화성을 나타내는데 이용되는 수치
② 디젤의 점화가 지연되는 정도
③ 발화성이 좋은 노말 세탄(n-cetane)의 값을 100, 발화성이 나쁜 알파 메틸나프탈렌을 0으로 하여 정함
④ 세탄가가 높을수록 노킹 줄어듦, 점화 지연시간이 짧아 연소 시 엔진 출력 및 엔진효율이 증대됨, 소음 감소

(3) 가솔린자동차와 디젤 자동차의 비교

	가솔린자동차	디젤자동차
점화방식	·불꽃점화방식	·압축점화방식
압축비	·8~15	·15~20
공연비(AFR)	·이론 공연비 약 15 ·실제 공연비 = 14.7 ·운전당량비 1 (공기비 1)	·이론 공연비 약 15 ·실제 공연비 18 이상 ·운전당량비 1 이하(공기비 1 이상)
노킹 원인	·표면 착화, 자기 발화	·착화 지연
노킹 방지	·옥탄가 향상제 첨가	·세탄가 향상제 첨가
연료선택	·높은 압력과 온도에 쉽게 연소되지 않는 것	·낮은 압력과 온도에서 쉽게 자체 폭발하는 것
특징	·고출력, 저소음 ·효율, 연비 낮음 ·VOC, CO, Pb 발생	·최대 효율이 가솔린의 1.5배 ·연비 높음 ·매연, NO_x, 소음진동 문제 ·압축비(15~20)가 높아 소음진동이 이 큼

3. 자동차 배출가스

(1) 자동차 배기가스의 개요

① 자동차 엔진에서는 일산화탄소, 탄화수소, 질소산화물, 각종 입자상태의 물질이 배출되며 이는 대기오염 및 건강에 악영향을 미치고 있음

② 자동차 배기가스의 유해성은 1950년대 LA 스모그로 처음 밝혀짐

③ 배기가스는 기관지 천식과 감기의 주 원인이 되고 있음

④ 특히 디젤차의 배기가스에 함유된 니트로피렌, 벤조피렌은 강한 발암성을 가지고 있음

⑤ 이산화탄소는 고농도로 동물의 체내에 흡수되면 강력한 발암물질인 니트로소아민, 니트로피렌으로 변화함

⑥ 질소산화물은 최근 유럽 및 북미를 중심으로 피해가 심각해지고 있는 산성비의 주요 원인물질이기도 함

(2) 자동차의 종류에 따른 배출가스

① 휘발유(가솔린) 자동차 : HC, CO, NO_x, Pb 등

② 경유(디젤) 자동차 : SO_x, 매연 등

연료	출고시 검사항목	정기검사 항목
휘발유	HC, CO, NO_x, HCHO	HC, CO, NO_x
디젤	HC, CO, NO_x, 매연, 입자상물질	매연

(3) 운전상태에 따른 배출가스

1) 가솔린 자동차

엔진작동상태	HC(%)	CO(%)	NO_x(%)	CO_2(%)
공전 시	0.075	5.2	0.003	9.5
운행 시	0.030	0.8	0.150	12.5
가속 시	0.040	5.2	0.300	10.2
감속 시	0.400	4.2	0.006	9.5

참고

	HC	CO	NO_x	CO_2
많이 나올 때	감속	공전, 가속	가속	운행
적게 나올 때	운행	운행	공전	공전, 감속

2) 디젤 자동차

① 디젤차에서는 공전 시 HC, CO의 배출이 적음
② 고속주행 시 NO_x 농도가 높고 매연이 많이 배출됨

(4) 자동차 배기가스의 배출원별 배출정도

(단위 : %)

배출원	HC	CO	NO_x
배기가스	60	100	100
Crankcase blowby	20	0	0
연료탱크 증발	20	0	0

참고

Crankcase blowby

① 피스톤과 실린더 틈새를 통해 크랭크케이스로 새는 가스
② 가솔린이나 LPG차에서만 문제되는 가스

(5) 공연비(AFR)에 따른 배출오염물질 농도

① 공연비가 이론양론비 이하일 때에는 불완전 연소에 의해 HC, CO가 많이 발생
② 이론양론적 공연비 근처에서는 CO_2 발생이 최대
③ AFR이 과도하게 증가되면 오히려 점화불량 및 불완전연소로 HC 농도가 증가
④ 적절한 공연비 폭 : 0.14

(6) 자동차의 주요 오염물질

1) 납(Pb)

① 옥탄가 향상제, 안티녹킹제로 이용됨

② 옥탄가 향상제 : 휘발유의 옥탄가를 높이기 위해 사에틸납($(CH_3CH_2)_4Pb$)이 첨가됨

③ 안티녹킹제 : 비정상 연소(knocking)의 저항물질로 첨가

④ 예전에는 유연휘발유(납이 포함된 휘발유)를 사용하였으나, 현재는 무연휘발유 (납이 포함되지 않은 휘발유)를 모두 사용함

2) 브롬(Br)

① 이용 : C_2H_2Br은 내연기관의 납제거용 첨가제로 사용

② 발생 : 가솔린차 배기가스에서 주로 발생

3) 기타 배출물질

① 3,4-벤조피렌 : 발암성물질

② 탄화수소, 먼지

4. 자동차 배출가스 방지 대책

(1) 자동차 배출가스 저감 대책

	휘발유(가솔린)자동차		경유(디젤)자동차
전처리	· 엔진개량(희박연소시스템) · 연료장치개량(전자식연료분사장치)배출가스	전처리	· 엔진개량 · 연료장치개량
후처리	· Blow-by 방지장치 · 삼원촉매장치 · 배기가스 재순환장치(EGR시스템) · 증발가스 방지장치	후처리	· 후처리장치(산화촉매, 입자상물질 여과장치) · 배기가스 재순환장치(EGR 시스템)

1) 삼원촉매 전환장치(TCCS ; Three-way Catalytic Conversion System)

① 휘발유 자동차의 배기가스를 처리하는 장치

② 산화 촉매와 환원 촉매의 기능을 가진 알맞은 촉매(백금, 로듐 등)를 사용하여 하나의 장치 내에서 CO, HC, NO_x를 동시에 처리하여 무해한 CO_2, H_2O, N_2로 만드는 장치

③ 두 개의 촉매층이 직렬로 연결되어 CO, HC, NO_x를 동시에 1/10로 저감할 수 있는 내연기관의 후처리기술

④ 산화 촉매 : 백금(Pt), 팔라듐(Pd)

⑤ 환원 촉매 : 로듐(Rh)

$$HC, CO \xrightarrow[(Pt,\ Pd)]{산화} CO_2,\ H_2O$$

$$NO_x \xrightarrow[(Rh)]{환원} N_2$$

(2) 대체 연료 자동차 개발 및 사용

1) 알코올 자동차
  ① 사탕수수를 원료로 알코올(에탄올)을 만들어 연료로 사용함
  ② 바이오매스
  ③ 문제점 : 배기가스로 폼알데하이드 발생

2) 전기 자동차
  ① 엔진 대신에 모터(전동기)로 달리는 자동차
  ② 내연기관 없이 전기 배터리로 자동차를 운행함
  ③ 피스톤 운동 없어 소음 적음, 배기가스 없음
  ④ 문제점 : 충전소 부족, 가격 인하 필요, 주행거리 향상되어야 함, 대중화가 필요함, 배터리 수명 짧음, 배터리 충전이 오래 걸림

3) 천연가스 자동차
  ① 가정에 공급되는 도시가스와 똑같은 천연가스(주성분은 메탄)를 압축 저장한 것을 사용함
  ② 저공해차, 도시가스 자동차(CNG)
  ③ LNG를 압축 저장한 것
  ④ 배기가스
     거의 수증기와 탄산가스로 가솔린 차에 비해 일산화탄소, 질소산화물 40~60% 저감
     주행성능이나 연료비면에서 가솔린과 비슷

4) 하이브리드 자동차
  내연 엔진과 전기 자동차의 배터리 엔진을 동시에 장착하여 기존의 일반 차량에 비해 연비(燃費) 및 유해가스 배출량을 획기적으로 줄인 차세대 자동차

내용문제

01 다음은 옥탄가에 관한 설명이다. (   )안에 알맞은 것은?

> 옥탄가는 안티노킹성이 우수하여 좋은 연소특성을 갖는 (㉠)의 안티노킹성을 100으로 하고, 상대적으로 쉽게 노킹하는 (㉡)의 안티노킹성을 0을 하여 부피비로 나타낸다.

① ㉠ iso-octane,   ㉡ n-octane
② ㉠ n-octane,   ㉡ iso-octane
③ ㉠ iso-octane,   ㉡ n-heptane
④ ㉠ n-heptane,   ㉡ n-octane

해설

정답 ③

02 일반적으로 가솔린 자동차 배기가스의 구성면에서 볼 때 다음 중 가장 많은 부피를 차지하는 물질은? (단, 가속상태 기준)

① 탄화수소   ② 질소산화물
③ 일산화탄소   ④ 이산화탄소

해설

전형적인(일반적인) 자동차 배출가스 구성

엔진작동 상태	HC(%)	CO(%)	NO_x(%)	CO_2(%)
공전 시	0.075	5.2	0.003	9.5
운행 시	0.03	0.8	0.15	12.5
가속 시	0.04	5.2	0.3	10.2
감속 시	0.4	4.2	0.006	9.5

정답 ④

03 자동차에서 배출되는 대기오염물질 중 크랭크케이스에서 blow by 가스로 배출되어 문제가 되는 것은?

① 질소산화물   ② 탄화수소
③ 일산화탄소   ④ 납

해설

정답 ②

계산문제

| 고속도로 탄화수소 양 |

01 고속도로 상의 교통밀도가 25,000대/hr이고, 각 차량의 평균 속도는 110km/hr이다. 차량의 평균 탄화수소의 배출량이 0.06g/s·대일 때, 고속도로에서 방출되는 탄화수소의 총량은 몇 g/s·m인가?

① 0.00136   ② 0.0136
③ 1.36   ④ 13.6

해설

$$\frac{0.06g}{S\cdot대}\times\frac{25,000대}{hr}\times\frac{hr}{110km}\times\frac{1km}{1,000m}$$
$$= 0.0136g/s\cdot m$$

정답 ②

| 고속도로 탄화수소 양 |

02 승용차 1대당 1일 평균 50km를 운행하며, 1km 운행에 26g의 CO를 방출한다고 하면 승용차 1대가 1일 배출하는 CO의 부피는? (단, 표준상태)

① 1,625L/day   ② 1,300L/day
③ 1,180L/day   ④ 1,040L/day

해설

$$\frac{50km}{d\cdot대}\times\frac{26\,g\,CO}{1km}\times\frac{22.4L}{28g} = 1,040\,L/d\cdot대$$

정답 ④

MEMO

제 8장

난류와 바람

Chapter 01. 난류와 바람

Chapter 01 난류와 바람

1. 난류

(1) 유체

1) 유체

① 액체와 기체를 합쳐 부르는 용어

② 변형이 쉽고 흐르는 성질을 가짐

③ 일정한 형태가 없음

(2) 유체의 흐름 판별

유체의 흐름은 레이놀드 수의 크기로 난류인지 층류인지 판별함

1) 레이놀드 수

① 유체 흐름의 형태를 나타내는 용어

② 레이놀드 수가 같으면 어떤 종류, 장소의 유체에서도 유체의 성질은 같음

③ 무차원

④ 유체에서는 관성력과 점성력의 비

$$R_e = \frac{관성력}{점성력} = \frac{\rho vD}{\mu} = \frac{vD}{\nu}$$

ρ : 밀도
μ : 점성계수
D : 관의 직경
v : 유속
ν : 동점성계수

2) 유체의 분류

	레이놀드 수	특징
층류	2,000 이하	흐름이 규칙적인 유체의 흐름
천이영역	2,000~4,000	층류와 난류 공존
난류	4,000 이상	흐름이 불규칙적인 유체의 흐름 흐름을 예측할 수 없음

(3) 난류

1) 정의

① 공기가 불규칙하게 움직이는 저공층의 공기흐름

② 불규칙하게 속도와 방향이 변하는 기류

2) 분류

① 역학적 난류(기계적 난류, 강제대류) : 풍속과 지표면의 요철에 의한 마찰로 발생
② 열적난류(자유대류) : 자연의 가열, 대류현상에 의해 발생

역학적 난류(기계적 난류, 강제 대류)	바람	수평이동
열적 난류(자유 내류)	대류	수직이동

3) 특징

① 대기가 불안정할 때 심해지고 마찰, 점성에 의해서도 발생함
② 대기오염물질을 확산시킴(바람, 난류)
③ 진동수 2cycle/hr 이상(1~0.1cycle/sec)

2. 바람

(1) 정의

① 바람 : 공기의 움직임 중 수평방향으로 움직이는 것
② 대류 : 공기의 움직임 중 수직방향으로 움직이는 것

(2) 바람에 작용하는 힘

1) 기압경도력(pressure gradient force)

① 특정 두 지점 사이 기압차에 의한 단위질량 당 작용하는 힘의 차이
② 방향 : 고기압에서 저기압방향으로 작용
③ 등압선이 조밀한 곳일수록 기압경도력 강함
⑤ 수평면상의 기압차(연직 성분은 중력에 의해 상쇄)
⑥ 밀한 곳일수록 강함

2) 전향력(코리올리스 힘 : Coriolis force)

① 지구 자전으로 발생하는 가상의 힘
② 속력에는 영향을 미치지 않고 운동의 방향만을 변화시킴
③ 방향
　㉠ 경도력과 반대방향
　㉡ 북반구 : 바람방향의 우측 직각방향(시계방향)으로 작용함
　㉢ 남반구 : 반시계방향으로 작용
④ 크기
　㉠ 위도, 지구 자전 가속도, 풍속의 함수로 나타냄
　㉡ 위도가 증가할수록 증가함
　㉢ 극지방에서 최대, 적도지방에서 0

----› 물체를 던진 방향
──→ 물체가 이동하는 방향
━━➤ 전향력의 방향

$$C= 2\Omega(\sin\Phi)U$$

C	:	전향력
Ω	:	지구자전 각속도(7.3×10^{-5}rad/sec)
Φ	:	위도
U	:	풍속

3) 원심력
① 중심에서 멀어지려는 힘
② 작용 방향 : 중심의 직각 방향
③ 반경이 작고 속도가 클수록, 원심력 커짐
④ 잘 발달된 고기압과 저기압 부근을 순환할 때 매우 효과적

4) 마찰력
① 지표에서 풍속에 비례하며 진행방향의 반대로 작용하는 힘
② 풍속 감소 역할 : 지표부근에서 크고 상층으로 올라갈수록 작아지므로 지표부근의 풍속을 감소시키는 역할
③ 풍향 변화 유발 : 마찰이 일어나면 풍속을 약하게 하고 코리올리스 힘도 감소하게 하므로 풍향변화에도 영향을 줌

(3) 바람의 종류
1) 지균풍
① 마찰 영향이 무시되는 상층(1km 이상)에서 부는 수평바람
② 작용 힘 : 기압경도력 + 전향력
③ 왼쪽에 저기압, 오른쪽에 고기압
④ 풍향 : 등압선과 평행
⑤ 공중풍 : 고도 1km 이상에서 부는 바람(마찰이 작용하지 않음)
⑥ 위도 $30°$ 지균풍속 〉 극지방 지균풍속 2배
⑦ 지상풍~지균풍 각도 : $15~20°$

2) 경도풍
① 지균풍에 원심력 효과가 포함된 수평바람
② 작용하는 힘 : 기압경도력 + 전향력 + 원심력
③ 공중풍 : 고도 1km 이상에서 부는 바람(마찰이 작용하지 않음)
④ 등압선에서 북반구 : 고기압에서는 시계방향으로 불어 나감
⑤ 북반구 : 저기압에서는 반시계 방향으로 불어 들어옴
⑥ 풍속은 고도에 따라 기압경도력에 비례하여 커짐

3) 지상풍

① 지면 마찰의 영향을 받는 바람

② 작용하는 힘 : 기압경도력 + 마찰력 + 전향력

③ 등압선과 평행 바람 아님, 바람쏠림 현상

④ 마찰층보다 더 높은 고도에서의 바람은 온도분포에 따라 결정됨

⑤ 평탄한 지표 위에서 부는 바람은 고도가 올라감에 따라 풍향, 풍속이 변하는데 지상풍이 고공에서 부는 지균풍과의 사이에 이루는 각도는 15~20°정도

⑥ 마찰력이 클수록 각도가 커짐

⑦ 마찰층 내 바람은 높이에 따라 시계방향으로 각천이가 생겨서 위로 올라갈수록 변하는 양이 감소하여 지균풍에 가까워짐

⑧ 에크만이 마찰에 따른 풍향, 풍속의 변화 이론을 증명, 이 나선을 '에크만 나선'이라고 부름

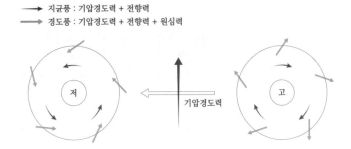

지균풍 : 기압경도력 + 전향력
경도풍 : 기압경도력 + 전향력 + 원심력

저   기압경도력   고

북반구 저기압 : 반시계 방향으로 불어들어옴   북반구 고기압 : 시계 방향으로 불어나감

(4) 국지풍

지형적인 영향으로 특정 지역에서만 부는 바람으로 등압선으로는 설명할 수 없는 바람

1) 해륙풍

① 원인 : 해륙의 비열차 또는 비열용량차

② 해풍 : 낮에 뜨거워지기 쉬운 육지가 저기압이 되어 바다 → 육지로 바람

③ 육풍 : 밤에 온도냉각률이 작은 바다가 저기압이 되어 육지 → 바다로 바람

④ 낮에는 해륙 간 기온차가 더 크고 해상에 장애물이 없으므로 해풍이 더 강함

	원인	낮	밤
해륙풍	바다와 육지의 비열차 (온도차)	해풍 / 강 바다 → 육지 / 8~15km	육풍 / 약 육지 → 바다 / 5~6km

2) 산곡풍

① 원인 : 지역 간 일사량차

② 곡풍 : 낮에는 산의 비탈면, 정상 부근이 더 쉽게 가열되어 산 비탈면을 따라 상승하는 바람이 붊

③ 산풍 : 밤에는 복사·냉각으로 산정이 빨리 냉각되어 산 비탈면을 따라 하강하는 바람이 붊

④ 산풍의 풍속 〉 곡풍의 풍속(산풍이 계곡으로 수렴하면서 풍속이 증가하기 때문)

	원인	낮	밤
산곡풍	비열차 (온도차)	곡풍 골짜기 → 정상	산풍 산정상 → 골짜기

3) 푄풍

① 원인

> 사면을 따라 상승한 기류가 단열냉각되며, 구름과 비를 형성
> → 정상에서는 건조한 공기가 됨
> → 산을 넘어 내려오며 건조단열적으로 승온됨

② 산맥의 풍하 측에 고온 건조한 바람이 부는 현상

③ 높새바람 : 태백산맥 서쪽 내륙에 부는 고온 건조한 바람

4) 전원풍

① 도시열섬현상(효과) → 도시중심부 상승기류 발생 → 시골에서 보완바람 수평으로 불어옴(전원풍 발생)

② 풍향 변화는 없지만 풍속은 주기적으로 변함, 하늘이 맑고 바람이 약한 야간에 특히 심하게 부는 경향이 있음

참고

열섬효과(heat island effect)

① 인공열 발생, 구조물에 의한 거칠기 변화 등으로 인접 교외보다 도시의 온도가 0.3~1.2℃ 더 높은 현상

② 하늘이 맑고 바람이 약한 밤, 여름~초가을에 직경 10km 이상 대도시에 발생하기 쉬움

③ 비가 많이 오고 안개가 자주 생기게 됨

3. 풍속

(1) 표준풍속
지상 10m 높이에서 10분 동안 관측한 후 평균값

(2) 지형과 풍속변화
① 지면이 평탄하면 바람이 순함
② 시골의 경우 높이에 대해 풍속 증가가 적음
③ 도시는 지표면 부근의 마찰과 난류에 의해 높이에 대한 풍속 증가가 커짐

(3) 풍속과 고도와의 관계(풍속의 지수법칙)
① Deacon식
100m 상공까지의 풍속 계산 시 사용

$$U = U_o \cdot \left(\frac{Z}{Z_o}\right)^P$$

U	:	고도 Z에서의 풍속(m/sec)
U_o	:	참조고도 Z_o에서의 풍속(m/sec)
P	:	풍속지수
Z_o	:	참조고도(m)
Z	:	문제의 고도(m)

② Sutton식

$$U = U_o \cdot \left(\frac{Z}{Z_o}\right)^{\frac{2}{2-n}}$$

U	:	고도 Z에서의 풍속(m/sec)
U_o	:	참조고도 Z_o에서의 풍속(m/sec)
n	:	안정도 계수(0.2~0.5) (안정0.5, 중립0.25, 불안정0.2)
Z_o	:	참조고도(m)
Z	:	문제의 고도(m)

(4) 풍속에 따른 오염물질 농도변화
풍속이 클수록 오염물질농도는 감소함

풍속↑ → 오염물질농도 ↓

풍속 a배 → 선상농도 $\frac{1}{a}$ 배, 면상농도 $\frac{1}{a^2}$ 배, 공간농도 $\frac{1}{a^3}$ 배

$$C_2 = C_1 \left(\frac{h_1}{h_2}\right)^3$$

C_1	:	고도 h_1의 오염물질 농도
C_2	:	고도 h_2의 오염물질 농도
h_1, h_2	:	고도(m)

4. 바람과 대기오염

(1) 다운 워시 현상(Down wash, Creep, 세류현상)
① 바람의 풍속(U) 〉 배출가스의 토출속도(V_s) 일 때, 굴뚝 풍하측을 오염시키는 현상
② 방지대책 : V_s 〉 2U

(2) 다운 드래프트 현상(Down draught, 역류현상)
① 굴뚝 높이가 장애물(건물, 산 등)보다 낮을 경우, 바람이 불면 장애물 뒤에 공동현상(부안)이 발생해 대기오염물질 농도가 건물 주위에서 높게 나타나는 현상
② 방지대책 : 굴뚝높이를 건물높이의 2.5배 이상 높임

(3) 풍향과 오염물질의 확산
1) 바람쏠림(wind shear)
① 지표의 마찰력 때문에 풍향이 고도에 따라 변하는 현상
② 지표와 경도풍 사이에서 15~40° 시계 방향으로 쏠림
③ 풍속이 약하고 마찰력이 클 때 쏠림 정도가 큼

5. 바람 장미(wind rose) (풍배도, 바람의 지속도표)

어떤 관측지점의 어느 기간에 대하여 각 방위별 풍향 출현 빈도를 방사 모양의 그래프에 나타낸 것
1) 표시항목

	정의	표시방법	비고
풍향	바람의 방향	막대 방향	· 방향 : 8방위, 16방위
풍속	바람의 세기	막대 굵기	· 무풍상태(calm) : 0.5m/s 이하 · 무풍상태의 출현빈도는 그래프 중심, 혹은 옆자리에 표시
발생빈도 (지속도)	전체 방향량을 100%로 하여 관측된 풍향별 발생빈도	막대 길이	· 백분율(%)로 표시 · 각각의 풍향에 대응하는 방위판 위에 방위선의 길이로 나타내거나 그 바깥 끝을 연결한 선으로 나타냄 · 막대의 길이가 가장 긴 방향이 주풍임

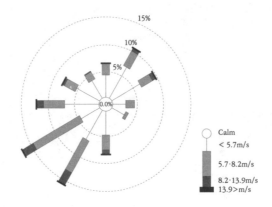

계산문제

| 레이놀즈수 |

01 직경이 25cm인 관에서 유체의 점도가 1.75×10^{-5}kg/m·sec이고, 유체의 흐름속도가 2.5m/sec라고 할 때, 이 유체의 레이놀즈수(N_{Re})와 흐름특성은? (단, 유체밀도는 1.15kg/m³이다.)

① 2,245, 층류   ② 2,350, 층류

③ 41,071, 난류   ④ 114,703, 난류

해설

$$R_e = \frac{DV\rho}{\mu} = \frac{DV}{\nu}$$

$$R_e = \frac{DV\rho}{\mu}$$

$$R_e = \frac{0.25\text{m} \times 2.5\text{m/s} \times 1.15\text{kg/m}^3}{1.75 \times 10^{-5}\text{kg/m·s}} = 41,071.43$$

$R_e > 4,000$ 이므로, 난류이다.

정답 ③

| 데콘식 - 고도 |

02 Deacon 법칙을 이용하여 풍속지수(p)가 0.28인 조건에서 지표높이 10m에서의 풍속이 4m/sec일 때, 상공의 풍속이 12m/sec가 되는 위치의 높이는 지표로부터 약 얼마인가?

① 약 200m   ② 약 300m

③ 약 400m   ④ 약 500m

해설

$$U = U_o \times \left(\frac{Z}{Z_o}\right)^p$$

$$12 = 4 \times \left(\frac{Z}{10}\right)^{0.28}$$

$$\therefore Z = 505.83\text{m}$$

정답 ④

| 고도 - 농도식 |

03 최대혼합고도를 400m로 예상하여 오염농도를 6ppm으로 추정하였는데 실제 관측된 최대혼합고도는 200m였다. 이 때 실제 나타날 오염농도는?

① 9ppm   ② 16ppm

③ 32ppm   ④ 48ppm

해설

고도변화에 따른 농도의 변화 비례식

$$C \propto \left(\frac{1}{Z}\right)^3$$

$$6\text{ppm} : \left(\frac{1}{400}\right)^3$$

$$X\text{ppm} : \left(\frac{1}{200}\right)^3$$

$$\therefore X(\text{ppm}) = 6 \times \left(\frac{400}{200}\right)^3 = 48\text{ppm}$$

정답 ④

연습문제

| 데콘식 – 고도 |

04 지상 20m에서의 풍속이 10m/s라고 한다면 지상 40m에서의 풍속(m/s)은? (단, Deacon의 power law 적용, P = 0.3)

① 약 10.9　　　　　② 약 11.3
③ 약 12.3　　　　　④ 약 13.3

해설

Deacon식에 의한 고도변화에 따른 풍속계산

$$U = U_o \times \left(\frac{Z}{Z_o} \right)^p = 10 \text{m/s} \times \left(\frac{40 \text{m}}{20 \text{m}} \right)^{0.3}$$

$$= 12.31 \text{m/s}$$

정답 ③

제 9장

대기의 안정

Chapter 01 대기 안정과 대기 안정도

1. 대기의 안정

1) 대기 안정(기온역전)
대기가 안정되어 오염물질의 확산이 안 되는 상태로, 대기오염이 심해짐

2) 대기 불안정
대기 오염물질의 확산이 잘 일어남, 대기오염 감소

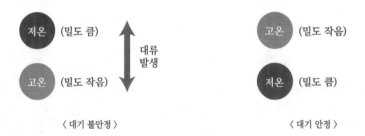

〈 대기 불안정 〉   〈 대기 안정 〉

2. 대기 안정도

역학적 평형상태에 있는 대기를 약간 흩뜨려 놓았을 때 되돌아가려거나, 그것으로 인해 대기의 상태가 변하려는 정도

(1) 대기 안정도의 분류

1) 정적 안정도(static stability)
① 정지상태에 있는 대기의 성층상태의 안정도
② 고도에 따른 온도 변화로만 대기 안정을 결정함
③ 기온감율, 온위경사

2) 동적 안정도(dynamic stability)
① 고도에 따른 온도 변화이외의 요소로 대기 안정을 결정함
② 파스킬수, 리차드슨수

> **참고**
>
> 정적 안정도 : 기온감율, 온위경사
> 동적 안정도 : 파스킬수, 리차드슨수

(2) 기온감률(lapse rate, dT/dZ)

1) 기온단열체감율(lapse rate, dT/dZ)

건조단열체감율(r_d)	① 기단이 외부와 열교환 없이 수증기의 응결을 일으키지 않고 팽창할 때 나타나는 온도변화의 비율(상대습도 100% 이하) ② $r_d = -1℃/100m$ ③ 이론적인 값
습윤단열체감율(r_w)	① 구름을 형성한 습윤공기가 팽창할 때 나타나는 온도변화의 비율 ② 수분이 응결되면서 수증기의 응축잠열이 외부로 발산됨 ③ 잠열로 r_d보다 온도가 적게 하강 ④ $r_w = -0.6℃/100m$
표준체감률(r_s)	① 국제 표준으로 정한 값 ② $r_s = -0.66℃/100m$
환경체감률(실측감률, r)	① 대기의 수직온도분포를 실제 측정한 값 ② 라디오존데 등으로 실측한 체감률

2) 기온감율과 안정도

건조단열감율(r_d)과 실제감율(환경감율, r)간의 관계로 대기의 안정도를 예측함

구분	대기 안정도	상태
$r > r_d > r_w$	불안정(과단열)	매우 불안정. 열적 난류, 빠른 확산
$r = r_d$	중립	
$r_d > r > r_w$	조건부 불안정(미단열)	약한 불안정 또는 안정, 느린 확산, 난류는 일어나지 않음
고도에 따른 온도 변화 없음	등온	안정상태로 상하혼합이 일어나지 않음
$r_d > r_w > r$	안정(역전)	강한 안정. 대기오염 심화

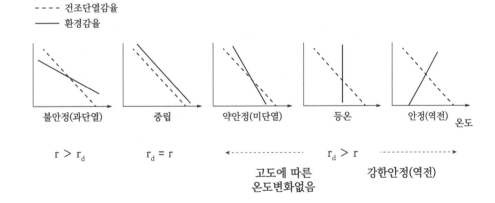

(3) 온위(Potential Temperature) 경사

1) 온위

어떤 고도의 건조 공기덩어리를 1,000hPa의 기압고도로 단열적으로 이동시켰을 때 갖는 온도

가) 특징

① 온도와 압력이 특수한 대기조합이 연관된 건조단열을 정의하는 한 방법임
② 밀도는 온위에 반비례하고, 온위가 높을수록 공기 밀도는 작아짐
③ 공기는 온위가 동일한 면을 따라 이동함

나) 온위의 계산

$$\theta = T\left(\frac{P_o}{P}\right)^{\frac{R}{C}} = T\left(\frac{1,000}{P}\right)^{0.288}$$
$$= T\left(\frac{P_o}{P}\right)^{\frac{k-1}{k}}$$

θ	:	온위(단위 : K)
P_o	:	1,000mbar
R	:	기체상수
c_p	:	정압비열
T	:	P기압에서의 절대온도(K)
P	:	공기의 기압(mbar)
k	:	비열비

참고

1mbar = hPa

2) 온위 경사 $\left(\dfrac{d\theta}{dz}\right)$

① 고도 변화에 따른 온위 차이값
② 정적인 안정도

3) 온위 경사($d\theta/dZ$)와 대기 안정도의 판정

① 고도가 증가함에 따라 온위가 감소, $d\theta/dZ < 0$: 불안정
② 고도가 증가함에 따라 온위가 일정, $d\theta/dZ = 0$: 중립
③ 고도가 증가함에 따라 온위가 증가, $d\theta/dZ > 0$: 안정(역전)

$\left(\dfrac{d\theta}{dZ}\right)_{env} < 0$	:	불안정
$\left(\dfrac{d\theta}{dZ}\right)_{env} = 0$	:	중립
$\left(\dfrac{d\theta}{dZ}\right)_{env} > 0$	:	안정

dZ	:	고도변화
$d\theta$	:	온도변화

고도	온위		
100m	300	100	200
50m	200	200	200
온위경사(dθ/dZ)	+	−	0
대기 안정도	안정	불안정	중립

(4) 파스킬(Pasquill)수

1) 정의

대기 안정도를 풍속, 운량(구름의 양), 일사량을 이용해 대기 안정도를 나타낸 값

2) 특징

① 6계급(A~F등급)으로 분류 : A(불안정)~F(가장 안정)

② 동적인 안정도

③ 낮에는 일사량과 풍속(지상 10m)으로, 야간에는 운량, 운고와 풍속 등으로부터 안정도를 구분함

④ 지표가 거칠고 열섬효과가 있는 도시나 지면의 성질이 균일하지 않은 곳에서는 오차가 크게 나타날 수 있음

(5) 리차드슨 수(Richardson's Number : Ri)

대류 난류를 기계적 난류로 전환시키는 비율

참고

① 자유 대류 = 대류 난류 = 열적 난류

② 강제 대류 = 기계적 난류

1) 공식

$$Ri = \frac{g}{T} \frac{\triangle T/\triangle Z}{(\triangle U/\triangle Z)^2}$$

g : 중력가속도$(9.8 m/sec^2)$

T : 평균절대온도$(℃+273) = \dfrac{T_1 + T_2}{2}$

$\triangle Z$: 고도차(m)

$\triangle U$: 풍속차(m/sec)

$\triangle T$: 온도차(℃)

2) 특징

① 지구경계층에서 기류의 안정도(바람 수직 분포, 난류의 성질 등)로 이용함
② 난류 확산으로 대기의 안정도를 나타냄
③ 동적인 안정도
④ 무차원수

3) 대기 안정도의 판정

① Ri < −0.04 : 대류(열적 난류) 지배, 대류가 지배적이어서 바람이 약하게 되어 강한 수직운동이 일어남
② −0.04 < Ri < 0 : 대류와 기계적 난류 둘 모두 존재, 주로 기계적 난류가 지배적
③ Ri = 0 : 기계적 난류만 존재
④ 0.25 < Ri : 수직방향 혼합 거의 없고, 대류 없음(안정), 난류가 층류로 변함

〈 리차드슨 수와 대기의 안정 〉

−	0	+
불안정	중립	안정

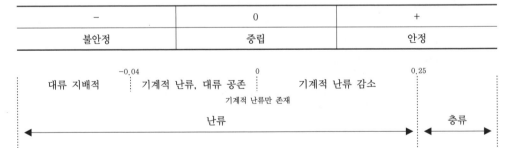

| 계산문제 |

| 기온감률 - 기온계산 |

01 지상으로부터 500m까지의 평균 기온감율은 1.2℃/100m이다. 100m 고도에서의 기온이 18℃일 때 400m에서의 기온은?

① 8.6℃ ② 10.8℃
③ 12.2℃ ④ 14.4℃

해설

고도변화에 따른 기온감율 계산

특정 고도에서의 기온

= 기준고도의 기온 − 평균기온감율 × 고도변화

$= 18℃ - \dfrac{1.2℃}{100m} \times (400-100)m = 14.4℃$

정답 ④

| 온위 |

02 2,000m에서 대기압력(최초 기압)이 805mbar, 온도가 5℃, 비열비 K가 1.4일 때, 온위(Potential temperature)는? (단, 표준압력은 1,000mbar)

① 약 284K ② 약 289K
③ 약 296K ④ 약 324K

해설

온위

$\theta = T\left(\dfrac{P_o}{P}\right)^{\frac{k-1}{k}} = (273+5) \times \left(\dfrac{1,000}{805}\right)^{\frac{1.4-1}{1.4}}$

$= 295.77K$

정답 ③

| 온위 |

03 다음 중 온위(θ(K) : Potential Temperature)를 표시한 식으로 옳은 것은? (단, R 및 C : 상수, T : 기온(K), P_0 : 기준이 되는 고도에서의 기압(1,000mb), P : 기온측정 고도에서의 기압(mb)을 나타냄)

① $\theta = T\left(\dfrac{P_0}{P}\right)^{R/C}$ ② $\theta = \dfrac{1}{T}\left(\dfrac{P}{P_0}\right)^{R/C}$

③ $\theta = \left(\dfrac{P}{P_0}\right)^{C/TR}$ ④ $\theta = \left(\dfrac{P_0}{P}\right)^{C/TR}$

해설

$\theta = T\left(\dfrac{P_o}{P}\right)^{\frac{R}{C}} = T\left(\dfrac{1,000}{P}\right)^{0.288}$

정답 ①

| 온위 |

04 대기압력이 950mb인 높이에서의 온도가 11.6℃이였다. 온위는 얼마인가? (단, $\theta = T\left(\dfrac{1,000}{P}\right)^{0.288}$)

① 288.8K ② 297.4K
③ 309.5K ④ 320.3K

해설

$\theta = T\left(\dfrac{1,000}{P}\right)^{0.288} = (273+11.6℃) \times \left(\dfrac{1,000}{950}\right)^{0.288}$

$= 288.84K$

정답 ①

연습문제

| 리차드슨수 Ri |

05 대기의 안정도와 관련된 리차드슨수(Ri)를 나타낸 식으로 옳은 것은? (단, g : 그 지역의 중력가속도, θ : 잠재온도, U : 풍속, Z : 고도)

① $Ri = \dfrac{(g/\theta)(dU/dZ)^2}{(d\theta/dZ)}$

② $Ri = \dfrac{(\theta/g)(dU/dZ)^2}{(d\theta/dZ)}$

③ $Ri = \dfrac{(g/\theta)(d\theta/dZ)}{(dU/dZ)^2}$

④ $Ri = \dfrac{(\theta/g)(d\theta/dZ)}{(dU/dZ)^2}$

해설

$$Ri = \frac{g}{T} \cdot \frac{\triangle T/\triangle Z}{(\triangle U/\triangle Z)^2}$$

g : 그 지역의 중력가속도
T : 잠재온도
U : 풍속
Z : 고도

정답 ③

Chapter 02 기온역전

1. 기온역전

① 높이에 따라 온도가 높아져 대기가 안정한 경우를 의미함
② 지표 부근의 대기오염도를 가중시킴
③ 역전층 : 기온역전이 발생한 층(고도↑ → 온도↑)

고온	
	안정(역전) → 대기오염확산 어려움, 대기오염 심화
저온	

2. 기온역전의 분류

공중 역전	침강성 역전	· 정체성 고기압 기층이 서서히 침강하면서 단열 압축되면 온도가 증가하여 발생 · 고기압, 장기간 → 고도하강 → 단열압축 → 온도 증가 · LA 스모그
	해풍형 역전	· 바다에서 차가운 바람이 더워진 육지로 바람이 불 때 발생 · 해풍(낮)이 불기 시작하면 바다의 서늘한 공기와 육지의 더워진 공기 사이에서 전선면이 생성(해풍형전선)
	난류형 역전	· 난류 발생으로 대기가 혼합되면서 기온분포는 건조단열체감율에 가까워지고 이 혼합층 상단에 역전층이 발생 · 난류가 일어날 때에는 대기오염은 적어짐
	전선형 역전	· 따뜻한 공기(온난기단)가 찬 공기(한랭 기단) 위를 타고 상승하는 전이층에서 발생
지표 역전	복사성 역전 (방사성)	· 밤에서 새벽까지 단기간 형성 · 밤에 지표면 열 냉각되어 기온역전 발생 · 일출 직전에 하늘이 맑고 바람이 적을 때 가장 강하게 형성 · 안개 발생, 매연이 소산되지 못하므로 대기오염 물질은 지표부근 축적 · 런던 스모그 · 플룸 : 훈증형
	이류성 역전	· 따뜻한 공기가 찬 지표면이나 수면 위를 지날 때 발생

1) 지표역전(접지역전, Ground Inversion)
   지표로부터 일정한 높이까지 역전층이 존재하는 형태

   가) 복사(방사)성 역전(Radiation inversion)
      ① 밤에서 새벽까지 단기간 형성
      ② 밤에 지표면 열 냉각되어(방사, 복사) 지표에 기온역전 발생
      ③ 바람이 약하고 맑은 새벽~이른 아침, 습도 낮은 가을~봄, 도시보다는 시골에 발생
      ④ 주로 단기간적인 오염물질 축적 야기
      ⑤ 일출과 함께 지표 부근부터 역전층이 해소됨
      ⑥ 일출직전에 하늘이 맑고 바람이 적을 때 가장 강하게 형성
      ⑦ 구름이 낀 날이나 센 바람이 부는 날에는 잘 생기지 않음
      ⑧ 안개 발생, 매연이 소산되지 못하므로 대기오염 물질은 지표부근 축적
      ⑨ 런던스모그와 관련
   나) 이류역전(advection inversion)
      ① 따뜻한 공기가 차가운 지표면이나 수면을 불어갈 때 따뜻한 공기의 하층이 찬 지표면, 수면에 의해 냉각되며 발생
      ② 겨울철의 육지, 호수 또는 바다, 임해 지역

2) 공중역전(Elevated Inversion)
   지표로부터 어느 상공까지는 불안정 상태의 대기를 형성하고, 그 불안정층 위에 역전층이 뚜껑처럼 존재

   가) 침강(하강)성 역전(Subsidence inversion)
      ① 고기압 중심부분에서 기층이 서서히 침강하면서 기온이 단열압축되면서 온도가 증가하여 발생, 매우 안정, 대기오염물질의 수직확산을 막음
      ② 고기압이 정체하고 있는 넓은 범위에 걸쳐서 시간에 무관하게 장기적으로 지속됨
      ③ 로스앤젤레스 스모그 발생과 밀접한 관계가 있는 역전형태임
      ④ 낮은 고도까지 하강하면 대기오염의 농도는 증가하는 경향이 있음
   나) 해풍형 역전(Sea-breeze inversion)
      해풍이 불기 시작하면 바다의 서늘한 공기와 육지의 더워진 공기 사이에서 전선면이 생성(해풍형 전선서 발생)
   다) 난류형 역전(Turbulent inversion)
      ① 난류가 발생할 때 혼합이 이루어지므로 기온분포는 건조단열체감율에 가까워지고 이 혼합층 상단에 역전층이 발생하는데 이 때 발생한 역전
      ② 난류가 일어날 때에는 대기오염은 적어짐
   라) 전선형 역전(Frontal inversion)
      따뜻한 공기가 찬 공기 위를 타고 상승하는 경우 전선면 주위에서는 전이층이 존재하게 되는데, 이 전이층에서 발생하는 역전이 전선형 역전임

	런던스모그	LA스모그
발생 시기	새벽 ~ 이른아침	한낮(12시 ~ 2시 최대)
온도	4℃ 이하	24℃ 이상
습도	습윤(90% 이상)	건조(70% 이하)
바람	무풍	무풍
역전 종류	복사성 역전	침강성 역전
오염 원인	석탄연료의 매연(가정,공장)	자동차 매연(NO_x)
오염 물질	SO_x	옥시던트
반응 형태	환원	산화
시정 거리	100m 이하	1km 이하
피해 및 영향	호흡기 질환, 사망자 최대	눈, 코, 기도 점막 자극, 고무 등의 손상
기간	단기간	장기간

Chapter

03 혼합고와 최대 혼합고

혼합고 (MH)	· 오염물질이 대기 중에서 혼합될 수 있는 지상으로부터의 최대 높이 · 대기오염물질 희석에 영향을 줌 $C \propto \dfrac{1}{h^3}$ · 혼합고가 높은 날은 대기오염이 적고 혼합고가 낮은 날은 대기오염이 심함 · 라디오존데(radiosonde)로 측정
최대 혼합고 (MMH)	· 건조단열감율과 환경감율이 만날 때까지의 고도 · 하루 중 밤에는 최소, 낮에는 최대 · 겨울이 최소, 여름이 최대 · 약 2,000~3,000m

1. 혼합고(Mixing Height)

(1) 정의

① 오염물질이 대기 중에서 혼합될 수 있는 지상으로부터의 최대 높이

② 대기가 불안정할 때 대기층은 상하수직 혼합이 가능하므로 이 층을 혼합층이라고 하며, 그 깊이를 혼합고라고 함

(2) 특징

① 대기오염물질 희석에 영향을 줌

② 혼합고가 높은 날은 대기오염이 적고 혼합고가 낮은 날은 대기오염이 심함

③ 라디오존데(radiosonde)로 측정

참고

라디오존데(Radiosonde)

· 고층대기의 온도, 기압, 습도, 풍향, 풍속 등의 기상요소를 측정하는 장비

· 라디오존데를 통해 혼합고, 환경감율을 알 수 있음

---

(3) 오염도와의 관계
오염물질의 농도는 대체로 혼합고의 3승에 반비례

$$C \propto \frac{1}{h^3}$$

$$C_2 = C_1 (MMD_1/MMD_2)^3$$

2. 최대 혼합고, 최대 혼합 깊이(Maximum Mixing Depth; MMD)

(1) 정의
① 열부상효과에 의해 대류가 유발되는 혼합층의 깊이
② 통상 1개월 간의 평균치를 이용하므로 평균 혼합고라고도 함

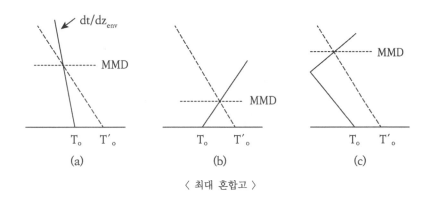

〈 최대 혼합고 〉

(2) 설정
건조단열감율과 환경감율이 만날 때까지의 고도

(3) 특징
① 실제 측정 시 MMD는 지상에서 수 km 상공까지의 실제공기의 온도종단도로 작성
하여 결정됨
② 하루 중 밤에는 최소, 낮에는 최대(2시경, 2~3km)
③ 겨울이 최소, 여름이 최대
④ 약 2,000~3,000m
⑤ 1.5km 미만일 때 오염도 증가
⑥ 일반적으로 MMD가 낮은 날은 대기오염이 심하고 높은 날에는 대기오염이 적음
⑦ 일반적으로 대단히 안정된 대기에서의 MMD는 불안정한 대기에서보다 MMD가 작음

| 계산문제 |

| 오염농도 – 최대혼합고 |

01 최대 혼합고도를 350m로 예상하여 오염농도를 3.5ppm으로 수정하였는데 실제 관측된 최대 혼합고는 175m였다. 이 때 실제 나타날 오염농도는?

① 16ppm   ② 28ppm

③ 32ppm   ④ 48ppm

해설

$C \propto \dfrac{1}{h^3}$ 이므로,

$3.5\text{ppm} : \dfrac{1}{350^3}$

$x \text{ ppm} : \dfrac{1}{175^3}$

$\therefore x = 28\text{ppm}$

정답 ②

제 10장

대기의 확산 및

오염예측

Chapter 01 대기 확산 방정식

1. 유효굴뚝높이

(1) 정의

굴뚝의 배출가스가 대기 중에 퍼져나가는 높이

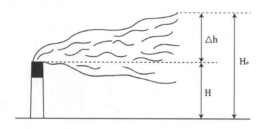

(2) 공식

$$H_e = H + \triangle h$$

H_e	:	유효 굴뚝높이(m)
H	:	실제 굴뚝높이(m)
$\triangle h$	:	연기 상승높이(m)

2. 연기상승고($\triangle h$)

연기 수직 확산폭의 중심선과 굴뚝 사이의 길이

(1) 영향인자

① 풍속 작을수록
② 배출속도 클수록
③ 굴뚝직경 클수록 커짐

(2) 공식

① 연기상승고

$$\triangle h = 1.5 V_s \times D/U$$

D	:	굴뚝직경(m)
U	:	풍속(m/s)
V_s	:	배출가스속도(m/s)

② 부력계수(F)가 주어지지 않는 경우 연기상승고

아래 식으로 부력계수를 먼저 계산한 후, 문제에 주어진 연기상승고 공식으로
계산함

$$F = gV_s \times \left(\frac{D}{2}\right)^2 \times \left(\frac{T_s - T_a}{T_a}\right)$$

F	:	부력계수
g	:	중력가속도(m/s^2)
V_s	:	배출가스 속도(m/s)
T_s	:	배출가스 온도(K)
T_a	:	외기 온도(K)

③ 홀랜드 식

$$\Delta H = \frac{V_s \cdot d}{U}\left[1.5 + 2.68 \times 10^{-3} Pa\left(\frac{T_s - T_a}{T_s}\right)d\right]$$

Pa : 기압(mbar, hPa)

3. 최대착지농도(C_{max})

(1) 정의

연기가 땅바닥에 떨어질 때의 최대 농도

(2) 공식

가우시안 모델에서 유도됨

$$C_{max} = \frac{2Q}{\pi e U H_e^2}\left(\frac{\sigma_z}{\sigma_y}\right)$$

C_{max}	:	최대착지농도
Q	:	오염물질 배출량(m^3/sec)
		(= 가스유량 ×오염물질농도)
U	:	풍속(m/s)
H_e	:	유효굴뚝높이(m)
σ_z, σ_y	:	확산계수

예제 01 다음 표와 같은 조건의 변화로 C_{max} 값은 몇 배가 되는가?

조건 변화	C_{max}
배출량 1.5배 증가	
풍속 2배 증가	
유효굴뚝높이 3배 증가	
배출량 1/2로 감소 풍속 2배 증가 유효굴뚝높이 3배 증가	

정답

조건 변화	C_{max}
배출량 1.5배 증가	1.5배
풍속 2배 증가	$\dfrac{1}{2}$배
유효굴뚝높이 3배 증가	$\dfrac{1}{9}$배
배출량 1/2로 감소 풍속 2배 증가 유효굴뚝높이 3배 증가	$\dfrac{1}{36}$배

4. 최대착지거리(X_{max})

최대 착지농도가 나타날 때의 굴뚝에서의 수평거리

$$X_{max} = \left(\frac{H_e}{\sigma_z}\right)^{\frac{2}{2-n}}$$

H_e : 유효굴뚝높이(m)
σ_z : z축 확산계수
n : 안정도계수

5. 굴뚝(연돌)에서의 연기 확산 특성

(1) 다운 워시 현상(Down wash, Creep, 세류현상)

배출구의 풍하방향에 연기가 휘말려 떨어지는 현상

1) 방지대책

① 배출구 가스유속을 풍속의 2배 이상으로 높임($V_s > 2U$)

② 배기가스 온도를 높여 부력, 운동력 증대

③ 배출 구경을 감소시켜 가스 유속을 증가시킴

(2) 다운 드래프트 현상 (Down draught, 역류현상)

굴뚝 높이가 장애물(건물, 산 등)보다 낮을 경우, 배출구의 풍하방향에 연기가 휘말려 떨어지는 현상

1) 방지대책

① 굴뚝높이를 건물높이의 2.5배 이상 높임

② 배기가스 온도를 높여 부력, 운동력 증대

Chapter 02 플룸

1. 안정도에 따른 플룸(연기) 형태

대기안정도	온도 Looping	온도 Coning	온도 Fanning
	불안정 $r > r_d$ $Ri < 0$	중립 $r = r_d$ $Ri = 0$	역전(안정) $r < r_d$ $Ri > 0$
플룸	밧줄형, 환상형(looping)	원추형(coning)	부채형(fanning)
특징	· 대기가 불안정하여 난류가 심할 때 발생 · 지표면이 가열되고 바람이 약한 맑은 날 낮, 일사량 강할 때에 주로 발생 · 굴뚝 지표면 부근에 일시적으로 고농도 현상 발생	· 바람 강한 날, 구름끼고 햇빛 없는 날 · 연기모양 : 가우시안 모델(정규분포)	· 연기의 농도는 높지만 굴뚝 부근 지면에서는 농도가 낮음
대기안정도	온도 Lofting	온도 Fumigation	온도 Trapping
플룸	지붕형(lofting)	훈증형(fumigation)	구속형, 함정형(trapping)
특징	· 상층은 불안정, 하층은 안정할 때 발생 · 주로 고기압 지역에서 하늘이 맑고 바람이 약한 경우, 초저녁~아침사이 발생하기 쉬움(과도기적 현상)	· 지표면 역전이 해소될 때(새벽~아침) 단기간 발생 · 대기상태가 상층은 안정, 하층은 불안정할 때 발생 · 하늘이 맑고 바람이 약한 날 아침에 잘 발생 · 최대착지농도(C_{max}) 가장 큼 · 런던형 스모그	· 상층에서 침강역전(공중역전)과 지표(하층)에서 복사역전(지표역전) 이 동시에 발생하는 경우 발생

(1) 환상형(looping)

① 청명하고 바람이 약한 한낮, 대기가 매우 불안정할 때
② 혼합이 왕성하여 전반적인 오염도는 낮으나, 국지적임
③ 일시적으로 최대착지농도는 가장 높고, 최대착지거리는 가장 짧음

(2) 원추형(coning)

① 중립대기 조건일 때 나타남
② 연기모양의 요동이 적은 형태
③ 바람이 다소 강하고, 일사량이 약하고 구름 많은 날, 일몰 전 오후 잠깐 나타남
④ 오염물질 단면분포는 가우시안 분포를 이룸

(3) 부채형(fanning)

① 쾌청한 날 밤~새벽, 복사 역전층 내 배출원이 존재할 때, 기온역전 상태의 대기오염이 심할 때 발생함
② 수평 · 수직 분산이 적고, 최대착지거리가 크고 최대착지농도는 낮음
③ 전체 대기층이 강한 안정 시에 나타나며, 연직확산이 적어 굴뚝높이가 낮으면 지표 면에 심각한 대기오염문제를 발생시킬 수도 있음

(4) 지붕형(lofting)

① 상층이 불안정, 하층이 안정일 경우에 나타남
② 쾌청하고 바람 약한 날 일몰 후~초저녁 또는 이른 아침

(5) 훈증형(fumigation)

① 일출 후 지표가 가열되어 형성된 불안정층 내 굴뚝 상단이 위치할 때, 일출 후 잠깐 발생함
② 굴뚝 상공은 역전층, 하단은 불안정층
③ 굴뚝 배출원에 의한 지표오염도가 가장 높은 plume 형태

(6) 구속형(trapping)

① 상층은 침강역전, 하층은 복사역전
② 연기에 의한 지표오염도는 낮으나, 오염물질의 확산은 어려움(접지역전층)

2. 플룸의 형태와 오염정도

① 지표의 착지농도가 최대인 것 : 환상형
② 지표에 대한 오염도가 최대인 것 : 훈증형
③ 지표 부근의 대기오염이 심할 때(대기가 안정할 때) 나타나는 모형 : 부채형

3. 하루 중의 플룸 형태 변화

일출 전(밤)	일출 후	낮	일몰 전	일몰 후
fanning	fumigation	looping	coning	lofting
부채형	훈증형	환상형 = 파상형	원추형 = 종형	지붕형 = 처마형
·기온역전 시 연직운동이 억제되어 발생	·지표 오염농도 최대	·대기불안정 ·난류 심할 때	·대기중립조건일 때 ·바람이 다소 강하거나 구름이 많이 낀 경우 ·날씨 흐리고 바람이 비교적 약할 때	·바닥이 차가워진 상태

Chapter

03 대류 및 난류확산에 의한 모델

1. 대기오염의 확산 메커니즘

① 이류이동 : 매질의 흐름을 따르는 이동
② 확산이동 : 농도차나 난류 특성에 의한 이동

2. 대기오염 확산모델

(1) 확산 이론

1) Fick의 확산방정식

① 분산 모델의 기초 법칙
② 단위시간에 단위면을 이동하는 물질의 양(flux)은 그 면의 법선 방향의 농도 경사에 비례

$$F = -K \frac{\partial C}{\partial x}$$

$$\frac{dC}{dt} = K_x \frac{\partial^2 C}{\partial x^2} + K_y \frac{\partial^2 C}{\partial y^2} + K_z \frac{\partial^2 C}{\partial z^2}$$

가) 가정조건
① 점오염원, 오염물질 기체
② 오염물은 점원에서 계속 배출됨
③ 농도변화 없는 정상상태 분포($dC/dt = 0$), 안정상태
④ 풍속 일정, 바람의 주 이동방향은 X축
⑤ X축 방향 확산은 이류에 의한 이동량에 비해 매우 작음

(2) 분산모델

1) 상자모델(box model)

질량보존법칙에 기본을 둔 모델

가) 가정조건
① 면 배출원
② 배출된 대기오염물질은 방출과 동시에 전 지역에 혼합

③ 대기오염 배출원이 측정지역에 균일하게 분포

④ 배출원 균일분포, 균일혼합, 속도일정, 상자 안 농도 균일

⑤ 바람은 상자 측면에서 수직 단면에 직각방향으로 불며 바람의 방향과 속도 일정

⑥ 배출오염물질은 다른 물질로 전환되지 않으며, 오염물질의 분해가 있는 경우는 1차 반응으로 취급

⑦ 배출원 오염물질은 다른 물질로 변하지도 않고 지면에 흡수되지도 않음

⑧ 상자 안에서는 밑면에서 방출되는 오염물질이 상자높이인 혼합층까지 즉시 균등하게 혼합됨

⑨ 고려되는 공간의 단면에 직각방향으로 부는 바람의 속도가 일정하여 환기량이 일정함

⑩ 오염물질의 농도가 시간에 따라서만 변하는 0차원 모델

2) 가우시안식

가) 가정조건

Fick's law 가정조건과 거의 동일

① 오염물질은 점배출원으로부터 연속적으로 방출됨

② 연기의 확산은 정상상태로 가정함

③ 오염물 주 이동방향은 x축

④ 풍속 U 일정

⑤ 풍하 측의 대기안정도와 확산 계수는 변하지 않음

⑥ 대기오염물질 배출원에서 연속 배출, 풍하방향으로의 확산 무시

⑦ x축 확산은 이류이동이 지배적

⑧ 오염물질 연속 방출, 소멸·생성하지 않음

⑨ 배출물질 : 가스, 직경 $10\mu m$ 미만의 먼지 및 에어로졸, 장기간 공기 중에 부유하는 부유물질

⑩ 1차 반응

⑪ 오염분포의 표준편차 : 약 10분간의 평균치

⑫ 점오염원에서는 풍하 방향으로 확산되어 가는 plume이 정규분포 한다고 가정하여 유도함

나) 특징

① 주로 평탄지역에 적용이 가능함

② 장기적인 대기오염도 예측에 사용이 용이함

③ 풍하측 x방향으로의 난류확산은 이류확산에 비하여 매우 작다고 가정하여 유도함

④ 주로 평탄지역에 적용하도록 개발되어 왔으나, 최근 복잡지형에도 적용이 가능하도록 개발되고 있음

⑤ 간단한 화학반응을 묘사할 수 있음

⑥ 장기, 단기적인 대기오염도 예측에 사용이 용이함

⑦ 지표면으로부터 고도 H에 위치하는 점원 – 지면으로부터 반사가 있는 경우에 사용함

다) 가우시안 확산방정식

$$C(x,y,z,H_e) = \frac{Q}{2\pi\sigma_y\sigma_z U}\exp\left[\frac{-1}{2}\left(\frac{y}{\sigma_y}\right)^2\right] \times \left\{\exp\left[\frac{-1}{2}\left(\frac{z-H_e}{\sigma_z}\right)^2\right] + \exp\left[\frac{-1}{2}\left(\frac{z+H_e}{\sigma_z}\right)^2\right]\right\}$$

Q : 오염물질 배출량(= 가스유량 × 오염물질농도(mg/m^3))

σ_z, σ_y : 각 방향 확산폭(m)

라) 가우시안 방정식을 이용한 농도 계산

    ① 지표에서의 농도(z = 0)

$$C(x,y,0:H_e) = \frac{Q}{\pi\sigma_y\sigma_z U}\exp\left[-\frac{1}{2}\left\{\left(\frac{y}{\sigma_y}\right)^2 + \left(\frac{H_e}{\sigma_z}\right)^2\right\}\right]$$

    ② 중심선상(중심축상) 지표 농도(y, z = 0)

$$C(x,0,0:H_e) = \frac{Q}{\pi\sigma_y\sigma_z U}\exp\left[-\frac{1}{2}\left(\frac{H_e}{\sigma_z}\right)^2\right]$$

    ③ 배출원의 중심선상(중심축상) 지상오염 농도(y, z, H_e, = 0)

$$C(x,0,0:0) = \frac{Q}{\pi\sigma_y\sigma_z U}$$

마) Sutton의 확산식

    ① 최대착지농도, 최대착지거리를 묻는 문제에 적용

    ② 중심축상 최대지상농도

$$C_{max}(x_{max},0,0:H_e) = \frac{2Q}{\pi eU\,(H_e)^2}\left(\frac{\sigma_z}{\sigma_y}\right)$$

Q : 오염물질 배출량
     (= 가스유량 × 오염물질농도)
σ_z, σ_y : 각 방향으로의 확산계수

    ③ 최대지상농도가 출현하는 최대착지거리

$$X_{max} = \left(\frac{H_e}{\sigma_z}\right)^{\frac{2}{2-n}}$$

n : Sutton의 안정도계수

(3) 수용모델
수용체의 각종 정보를 바탕으로 한 모델링

1) 개요
① '모델링'이라는 협의의 개념보다는 대기오염물질의 물리화학적 분석과 각종 응용통계 분석까지를 포함한 광의의 개념으로 이용되고 있음
② 분류 : 오염물질의 분석방법에 따라 현미경분석법과 화학분석법으로 구분함

2) 수용모델의 종류
가) 현미경분석법
① 분진을 입자단위로 분석
② 광학현미경법, 전자현미경법, 자동전자현미경법 등

나) 화학분석법
① 시료를 채취하여 물리·화학적 정보, 통계학 이용
② 농축계수법, 시계열분석법, 공간계열분석법, 화학질량수지법, 다변량분석법 등

3) 특징
가) 장점
① 오염원의 조업 및 운영상태에 대한 정보가 없어도, 지형, 기상학적 정보 없이도 사용이 가능함
② 새로운 오염원과 불확실한 오염원, 불법 배출 오염원에 대한 정량적인 확인 및 평가가 가능함
③ 수용체 입장에서 영향평가가 현실적으로 이루어 질 수 있음
④ 입자상, 가스상 물질, 가시도 문제 등 환경 전반에 응용할 수 있음
⑤ 불법 배출 오염원을 정량적으로 확인 평가할 수 있음
나) 단점
① 현재나 과거에 일어났던 일을 추정, 미래를 위한 전략은 세울 수 있으나 미래 예측은 어려움
② 측정 자료를 입력 자료로 사용하므로 시나리오 작성이 곤란함
③ 2차 오염원의 확인이 안 됨

(4) 분산모델
가) 장점
① 미래의 대기질을 예측할 수 있음
② 대기오염 정책입안에 도움을 줌
③ 2차 오염원의 확인이 가능함
④ 오염원의 운영 및 설계요인이 효과를 예측할 수 있음
⑤ 점, 선, 면 오염원의 영향을 평가할 수 있음

나) 단점
　　① 기상의 불확실성과 오염원이 미확인될 때 많은 문제점을 가짐
　　② 오염물의 단기간 분석 시 문제가 됨
　　③ 지형, 오염원의 조업조건에 따라 영향을 받음
　　④ 새로운 오염원인 지역 내에 생길 때 매번 재평가를 하여야 함
　　⑤ 분진의 영향평가는 기상의 불확실성과 오염원이 미확인인 경우에 문제점을 가짐

분산모델	수용모델
기상학적 원리에서 영향을 예측하는 모델	수많은 오염원의 기여도를 추정하는 모델
① 미래의 대기질을 예측 가능 ② 대기오염제어 정책입안에 도움 ③ 2차 오염원의 확인이 가능 ④ 점, 선, 면 오염원의 영향 평가 가능 ⑤ 기상의 불확실성, 오염원 미확인 같은 경우에는 문제점 야기 ⑥ 특정 오염원의 영향을 평가할 수 있는 잠재력이 있음 ⑦ 오염물의 단기간 분석 시 문제 야기 ⑧ 지형 및 오염원의 조업조건에 영향 ⑨ 새로운 오염원이 지역 내에 들어서면 매번 재평가 ⑩ 기상과 관련하여 대기 중의 무작위적인 특성을 적절하게 묘사할 수 없기 때문에 결과에 대한 불확실성이 크게 작용함 ⑪ 분진의 영향평가는 기상의 불확실성과 오염원이 미확인인 경우에 많은 문제점을 가짐	① 지형이나 기상학적 정보 없이도 사용 가능 ② 오염원의 조업이나 운영상태에 대한 정보 없이도 사용 가능 ③ 수용체 입장에서 영향평가가 현실적 ④ 입자상, 가스상 물질, 가시도 문제 등을 환경과학 전반에 응용 가능 ⑤ 현재나 과거에 일어났던 일을 추정하여 미래를 위한 전략은 세울 수 있지만 미래 예측은 곤란 ⑥ 측정자료를 입력자료로 사용하므로 시나리오 작성이 곤란

(5) 경도모델(또는 K-이론모델)

　1) 가정 조건
　　　① 연기의 축에 직각인 단면에서 오염의 농도분포는 가우스 분포(정규분포)이다.
　　　② 오염물질은 지표를 침투하지 못하고 반사한다.
　　　③ 배출원에서 오염물질의 농도는 무한하다.
　　　③ 풍하 측으로 지표면은 평평하고 균등하다.
　　　④ 풍하 측으로 가면서 대기의 안정도는 일정하고 확산계수는 변하지 않는다.

(6) 시뮬레이션

대기 분야에 적용되는 분산모델의 종류 및 특징

    ① ADMS : 영국, 도시지역

    ② AUSPLUME : 호주, 미국 ISC-ST, ISC-LT 개조

    ③ CTDMPLUS : 복잡한 지형(미국)

    ④ CMAQ : 국지규모에서 지역규모까지 다양한 모델링(미국)

    ⑤ RAM : 바람장 모델. 기상예측에 사용(미국)

    ⑥ RAMS : 바람장과 오염물질의 분산을 동시에 계산(미국)

    ⑦ UAM : 광화학 반응 고려(미국)

    ⑧ TCM : 장기모델로 한국에서 많이 사용되었음(미국)

    ⑨ ISCST(미국)

Chapter 03

연습문제

대류 및 난류확산에 의한 모델

| 계산문제 |

| 연기 유효상승고 |

01 원형굴뚝의 반경이 1.5m, 배출속도가 7m/sec, 평균풍속은 3.5m/sec일 때, 다음 식을 이용하여 △h(유효상승고)를 계산한 값은?

(단, $\triangle h = 1.5 \left(\dfrac{V_s}{U} \right) \times D$ 이용)

① 18.0m   ② 9.0m

③ 6m   ④ 4.5m

해설

유효상승고(△h) 계산

$\triangle h = 1.5 \left(\dfrac{V_s}{U} \right) \times D = 1.5 \times \left(\dfrac{7\text{m/s}}{3.5\text{m/s}} \right) \times 3\text{m} = 9\text{m}$

정답 ②

| 연기 유효상승고 |

02 내경이 2m인 굴뚝에서 온도 440K의 연기가 6m/s의 속도로 분출되며 분출지점에서의 주변 풍속은 4m/s이다. 대기의 온도가 300K, 중립조건일 때 연기의 상승 높이(⊿h)는?

(단, $\triangle h = \dfrac{114 \cdot C \cdot F^{\frac{1}{3}}}{U}$ 이용, C = 1.58,

F = 부력매개변수)

① 약 136m   ② 약 166m

③ 약 181m   ④ 약 195m

해설

1) 부력계수

$F = \left\{ gV_s \times \left(\dfrac{D}{2} \right)^2 \times \left(\dfrac{T_s - T_a}{T_a} \right) \right\}$

$= \left\{ 9.8\text{m/s}^2 \times 6\text{m/s} \times \left(\dfrac{2\text{m}}{2} \right)^2 \times \left(\dfrac{440\text{K} - 300\text{K}}{300\text{K}} \right) \right\}$

$= 27.44$

2) 연기상승고

$\triangle h = \dfrac{114 \cdot C \cdot F^{\frac{1}{3}}}{U}$

$= \dfrac{114 \times 1.58 \times (27.44)^{\frac{1}{3}}}{4\text{m/s}} = 135.82\text{m}$

정답 ①

연습문제

| 유효굴뚝높이 H_e |

03 실제굴뚝높이가 70m, 굴뚝내경 6m, 굴뚝가스 배출속도 15m/sec, 굴뚝주위의 풍속이 5m/sec 이라면 유효굴뚝높이는? (단, $\triangle H = 1.5 \times (V_s/U) \times D$ 을 이용)

① 27m ② 97m
③ 127m ④ 147m

해설

유효굴뚝높이(H_e) = 실제굴뚝높이(H_s) + 유효상승고($\triangle H$)

$H_e = 70m + 1.5 \times \left(\dfrac{15m/s \times 6m}{5m/s} \right) = 97m$

정답 ②

| 유효굴뚝높이 H_e |

04 실제 굴뚝높이가 100m이고, 안지름이 1.2m인 굴뚝에서 아황산가스를 포함하는 연기가 12m/s의 속도로 배출되고 있다. 배출가스 중 아황산가스의 농도가 3,000ppm일 때, 유효굴뚝높이는? (단, 풍속은 2m/s, 수직 및 수평 확산계수는 모두 0.1, $\triangle H = D \left(\dfrac{V_s}{U} \right)^{1.4}$ 를 이용하며, 연기와 대기의 온도차는 무시한다.)

① 약 15m ② 약 55m
③ 약 115m ④ 약 155m

해설

1) 연기상승고($\triangle H$)

$\triangle H = D \left(\dfrac{V_s}{U} \right)^{1.4} = 1.2m \times \left(\dfrac{12m/s}{2m/s} \right)^{1.4} = 14.7432m$

2) 유효굴뚝높이(H_e)

$H_e = H_s + \triangle H = 100m + 14.7432m = 114.74m$

정답 ③

| 유효굴뚝높이 H_e _ 홀렌드 식 |

05 굴뚝높이 50m, 배출 연기온도 200℃, 배출 연기속도 30m/s, 굴뚝직경이 2m인 화력발전소가 있다. 지금 주변 대기온도가 20℃이고, 굴뚝 배출구에서 대기 풍속이 10m/s이며, 대기압은 1,000mb인 조건에서 다음 Holland식을 이용한 연기의 유효굴뚝높이는?

$$\triangle H = \frac{V_s \cdot d}{U} \left[1.5 + 2.68 \times 10^{-3} Pa \left(\frac{T_s - T_a}{T_s} \right) d \right]$$

① 약 71m ② 약 85m
③ 약 93m ④ 약 21m

해설

1) 연기상승고

$\triangle H = \dfrac{30 \times 2}{10} \left[1.5 + 2.68 \times 10^{-3} \times 1,000 \left(\dfrac{(473-293)}{473} \times 2 \right) \right]$

$= 21.24(m)$

2) 유효굴뚝높이

$H_e = H + \triangle H = 50 + 21.24 = 71.24(m)$

정답 ①

| 유효굴뚝높이 H_e _ TVA |

06 직경 4m인 굴뚝에서 연기가 10m/s의 속도로 풍속 5m/s인 대기로 방출된다. 대기는 27℃, 중립상태($\triangle \theta / \triangle Z = 0$)이고, 연기의 온도가 167℃ 일 때 TVA모델에 의한 연기의 상승고(m)는?

(단, TVA 모델 : $\triangle H = \dfrac{173 \cdot F^{\frac{1}{3}}}{U \cdot \exp^{(0.64\triangle\theta/\triangle Z)}}$,

부력계수($F = [g \cdot V_s \cdot d^2 \cdot (T_s - T_a)]/4T_a$)를 이용할 것)

① 약 196m ② 약 165m
③ 약 145m ④ 약 124m

해설

TVA모델에 의한 연기상승 높이

$$F = \frac{9.8m/s^2 \times 10m/s \times (4m)^2 \times \{(273+167)-(273+27)\}}{4 \times (273+27)}$$

$$= 182.933$$

$$\triangle H = \frac{173 \cdot F^{\frac{1}{3}}}{U \cdot \exp^{(0.64\triangle\theta/\triangle Z)}}$$

$$= \frac{173(182.9333)^{\frac{1}{3}}}{5m/s \times 1} = 196.41m$$

정답 ①

| 굴뚝배출속도 |

07 굴뚝의 반경이 1.5m, 평균풍속이 180m/min인 경우 굴뚝의 유효연돌높이를 24m 증가시키기 위한 굴뚝 배출가스 속도는? (단, 연기의 유효 상승 높이 $\triangle H = 1.5 \times \dfrac{W_s}{U} \times D$ 이용)

① 13m/s ② 16m/s
③ 26m/s ④ 32m/s

해설

$$\triangle H = 1.5 \times \frac{W_s}{U} \times D$$

$$= 1.5 \times \frac{W_s}{\dfrac{180m}{min} \times \dfrac{1min}{60s}} \times 3m$$

$$\therefore \text{ 배출가스속도}(W_s) = 16m/s$$

정답 ②

| 연기상승고 응용 - 굴뚝직경 |

08 실제 굴뚝높이 120m에서 배출가스의 수직 토출속도가 20m/s, 굴뚝높이에서의 풍속은 5m/s이다. 굴뚝의 유효고도가 150m가 되기 위해서 필요한 굴뚝의 직경은? (단, $\triangle H = \{(1.5 \times V_s) \cdot D\}/U$를 이용할 것)

① 2.5m ② 5m
③ 20m ④ 25m

해설

$$\triangle H = H_e - H = 150 - 120 = 30m$$

$$\triangle H = 1.5\left(\frac{V_s}{U}\right)D$$

$$30 = 1.5\left(\frac{20}{5}\right)D$$

$$\therefore D = 5m$$

정답 ②

연습문제

| 최대 착지거리 X_{max} |

09 Sutton의 확산식에서 지표고도에서 최대오염이 나타나는 풍하 측 거리(m)는? (단, $K_y = K_z$ = 0.07, H_e = 129m, $\frac{2}{2-n}$ = 1.14 이다.)

① 약 3,950m   ② 약 4,250m
③ 약 5,280m   ④ 약 6,510m

해설

$$X_{max} = \left(\frac{H_e}{\sigma_z}\right)^{\frac{2}{2-n}} = \left(\frac{129}{0.07}\right)^{1.14} = 5,280.32m$$

정답 ③

| 최대 착지거리 X_{max} |

10 대기의 상태가 약한 역전일 때 풍속은 3m/s이고, 유효굴뚝높이는 78m이다. 이때 지상의 오염물질이 최대 농도가 될 때의 착지거리는? (단, sutton의 최대착지거리의 관계식을 이용하여 계산하고, K_y, K_z는 모두 0.13, 안정도 계수(n)는 0.33을 적용할 것)

① 2,123.9m   ② 2,546.8m
③ 2,793.2m   ④ 3,013.8m

해설

$$X_{max} = \left(\frac{H_e}{\sigma_z}\right)^{\frac{2}{2-n}} = \left(\frac{78}{0.13}\right)^{\frac{2}{2-0.33}} = 2,123.9m$$

정답 ①

| C_{max} |

11 배출구로부터 배출된 오염물질이 확산·희석되는 과정으로부터 유효굴뚝높이(H_e)와 지표상의 최대도달농도(C_{max})와의 관계에 있어서, 일반적으로 H_e가 처음의 2배로 되면 C_{max}값은 어떻게 되겠는가?

① 처음의 1/4   ② 처음의 1/2
③ 처음의 2배   ④ 처음의 4배

해설

$$C_{max} \propto \frac{1}{H_e^2} = \frac{1}{(2)^2} = \frac{1}{4}$$

정답 ①

| C_{max} |

12 유효굴뚝높이 200m인 연돌에서 배출되는 가스량은 $20m^3/sec$, SO_2농도는 1,750ppm이다. k_y=0.07, k_z=0.09인 중립 대기조건에서의 SO_2의 최대 지표농도(ppb)는? (단, 풍속은 30m/s이다.)

① 34ppb   ② 22ppb
③ 15ppb   ④ 9ppb

해설

$$C_{max} = \frac{2 \cdot QC}{\pi \cdot e \cdot U \cdot (H_e)^2} \times \left(\frac{\sigma_z}{\sigma_y}\right)$$

$$= \frac{2 \times 20m^3/s \times 1,750ppm}{\pi \times e \times 30m/s \times (200m)^2} \times \left(\frac{0.09}{0.07}\right)$$

$$= 8.7824 \times 10^{-3}ppm \times \frac{10^3 ppb}{1ppm} = 8.78ppb$$

정답 ④

| C_{max} |

13 유효굴뚝높이 100m 인 연돌에서 배출되는 가스량은 $10m^3/sec$, SO_2의 농도가 1,500ppm 일 때 Sutton식에 의한 최대지표농도는? (단, K_y = K_z = 0.05, 평균풍속은 10m/sec이다.)

① 약 0.008ppm
② 약 0.035ppm
③ 약 0.078ppm
④ 약 0.116ppm

해설

$$C_{max} = \frac{2 \cdot Q \cdot C}{\pi \cdot e \cdot U \cdot (H_e)^2} \times \left(\frac{\sigma_z}{\sigma_y} \right)$$

$$= \frac{2 \times 10m^3/s \times 1,500ppm}{\pi \times e \times 10m/s \times (100m)^2} \times \left(\frac{0.05}{0.05} \right)$$

$$= 0.0351ppm$$

정답 ②

| C_{max} |

14 굴뚝 배출가스량 $15m^3/s$, HCl의 농도 802 ppm, 풍속 20m/s, K_y=0.07, K_z=0.08 인 중립 대기조건에서 중심축상 최대 지표농도가 1.61×10^{-2}ppm인 경우 굴뚝의 유효고는? (단, Sutton의 확산식을 이용한다.)

① 약 30m
② 약 50m
③ 약 70m
④ 약 100m

해설

$$C_{max} = \frac{2 \cdot Q \cdot C}{\pi \cdot e \cdot U \cdot (H_e)^2} \times \left(\frac{\sigma_z}{\sigma_y} \right)$$

$$1.61 \times 10^{-2} = \frac{2 \times 15m^3/s \times 802ppm}{\pi e \times 20 \times H_e^2} \left(\frac{0.08}{0.07} \right)$$

$$\therefore H_e = 100m$$

정답 ④

| C_{max} |

15 굴뚝의 현재 유효고가 55m일 때, 최대 지표 농도를 절반으로 감소시키기 위해서는 유효고도(m)를 얼마만큼 더 증가시켜야 하는가? (단, Sutton식을 적용하고, 기타 조건은 동일하다고 가정)

① 77.8m
② 32.0m
③ 22.8m
④ 11.4m

해설

$$C_{max} = \frac{2 \cdot Q \cdot C}{\pi \cdot e \cdot U \cdot (H_e)^2} \times \left(\frac{\sigma_z}{\sigma_y} \right) \text{ 에서, } C_{max} \propto \frac{1}{H_e^2} \text{ 이므로,}$$

$$\frac{C_2}{C_1} = \frac{(H_{e_1})^2}{(H_{e_2})^2}$$

$$\frac{1}{2} = \frac{55^2}{(H_{e_2})^2}$$

$$\therefore H_{e_2} = \sqrt{2} \times 55 = 77.78(m)$$

증가시켜야할 높이 = 77.78 - 55 = 22.78m

정답 ③

연습문제

| C$_{max}$ |

16 A공장의 현재 유효연돌고가 44m이다. 이 때의 농도에 비해 유효연돌고를 높여 최대 지표농도를 1/2로 감소시키고자 한다. 다른 조건이 모두 같다고 가정할 때 sutton식에 의한 유효연돌고는?

① 약 62m   ② 약 66m
③ 약 71m   ④ 약 75m

해설

$$C_{max} = \frac{2 \cdot QC}{\pi \cdot e \cdot U \cdot (H_e)^2} \times \left(\frac{\sigma_z}{\sigma_y}\right) \text{ 에서, } C_{max} \propto \frac{1}{H_e^2} \text{ 이므로,}$$

$$\frac{C_2}{C_1} = \frac{(H_{e_1})^2}{(H_{e_2})^2}$$

$$\frac{1}{2} = \frac{44^2}{(H_{e_2})^2}$$

$$\therefore H_{e_2} = \sqrt{2} \times 44 = 62.22 (m)$$

정답 ①

| C$_{max}$ |

17 굴뚝 유효고도가 75m에서 100m로 높아졌다면 굴뚝의 풍하 측 중심축상 지상최대 오염농도는 75m일 때의 것과 비교하면 몇 %가 되겠는가? (단, Sutton의 확산 관련식을 이용)

① 약 25%   ② 약 56%
③ 약 75%   ④ 약 88%

해설

$$C_{max} \propto \frac{1}{(H_e)^2} \text{ 이므로,}$$

$$\frac{C_{max,\,100m}}{C_{max,\,75m}} \times 100 = \frac{\dfrac{1}{(100m)^2}}{\dfrac{1}{(75m)^2}} \times 100 = 56.25(\%)$$

정답 ②

| 가우시안 |

18 가우시안형의 대기오염확산방정식을 적용할 때, 지면에 있는 오염원으로부터 바람부는 방향으로 250m 떨어진 연기의 중심축상 지상오염농도(mg/m³)는? (단, 오염물질의 배출량 6g/sec, 풍속 4.5m/sec, σ_y는 22.5m, σ_z는 12m이다.)

① 1.26   ② 1.36
③ 1.57   ④ 1.83

해설

가우시안 방정식

$$C = \frac{Q}{2\pi\sigma_y\sigma_z U} \exp\left[\frac{-1}{2}\left(\frac{y}{\sigma_y}\right)^2\right]$$

$$\times \left\{\exp\left[\frac{-1}{2}\left(\frac{z-H_e}{\sigma_z}\right)^2\right] + \exp\left[\frac{-1}{2}\left(\frac{z+H-e}{\sigma_z}\right)^2\right]\right\}$$

지상의 오염도를 묻고 있으므로, z = 0
중심축상의 오염농도를 구하므로, y = 0
지상의 배출원이므로, H_e = 0

$$C(x,0,0,0) = \frac{Q}{\pi U \sigma_y \sigma_z}$$

$$= \frac{6 \times 10^3 mg/sec}{\pi \times 4.5 m/sec \times 22.5m \times 12m}$$

$$= 1.57 mg/m^3$$

정답 ③

| 가우시안 |

19 유효높이 60m인 굴뚝으로부터 SO$_2$가 160g/s의 질량속도로 배출되고 있다. 굴뚝높이에서의 풍속은 6m/s, 풍하거리 500m에서 대기안정 조건에 따른 편차 σ_y는 28m, σ_z는 18.5m이었다. 가우시안모델에서 지표반사를 고려할 때, 이 굴뚝으로부터 풍하거리 500m의 중심선상의 지표농도는?

① 약 34μg/m^3 ② 약 66μg/m^3
③ 약 85μg/m^3 ④ 약 101μg/m^3

해설

연기 중심선상 오염물질 지표 농도

$$C(x,0,0,H_e) = \frac{Q}{\pi U \sigma_y \sigma_z} \exp\left[-\frac{1}{2}\left(\frac{H_e}{\sigma_z}\right)^2\right]$$

$$= \frac{160 \times 10^6 \mu g/s}{\pi \times 6 m/s \times 28 m \times 18.5 m} \exp\left[-\frac{1}{2}\left(\frac{60}{18.5}\right)^2\right]$$

$$= 85.19 \mu g/m^3$$

정답 ③

| 가우시안 |

20 정규(Gaussian) 확산 모델과 Turner의 확산계수(10분 기준)를 이용해서 대기가 약간 불안정할 때 하나의 굴뚝에서 배출되는 SO$_2$의 풍하 1km 지점에서의 지상농도가 0.20ppm인 것으로 평가(계산)하였다면 SO$_2$의 1시간 평균농도는? (단, $C_2 = C_1 \times \left(\frac{t_1}{T_2}\right)^q$ 이용, q=0.17이다.)

① 약 0.26ppm   ② 약 0.22ppm
③ 약 0.18ppm   ④ 약 0.15ppm

해설

$$C_2 = C_1 \times \left(\frac{t_1}{T_2}\right)^q$$

$$C_2 = 20 \times \left(\frac{10}{60}\right)^{0.17} = 0.147\,ppm$$

정답 ④

연습문제

| 고속도로 방출 탄화수소양 |

21 1시간에 10,000대의 차량이 고속도로 위에서 평균시속 80km로 주행하며, 각 차량의 평균 탄화수소 배출률 0.02g/sec이다. 바람이 고속도로와 측면 수직방향으로 5m/sec로 불고 있다면 도로지반과 같은 높이의 평탄한 지형의 풍하 500m 지점에서의 지상오염농도($\mu g/m^3$)는? (단, 대기는 중립상태이며, 풍하 500m에서의 σ_z = 15m, $C(x, y, 0) = \dfrac{2q}{(2\pi)^{\frac{1}{2}}\sigma_z \cdot U}\exp\left[-\dfrac{1}{2}\left(\dfrac{H}{\sigma_z}\right)\right]$를 이용)

① $26.6\mu g/m^3$ ② $34.1\mu g/m^3$
③ $42.4\mu g/m^3$ ④ $51.2\mu g/m^3$

해설

1) 고속도로에서 방출되는 탄화수소의 양(g/sec · m)

$$\frac{0.02g/sec \cdot 대 \times 10,000대/hr}{80km/hr \times 1,000m/km} = 0.0025g/m \cdot s$$

2) $C(x, y, 0)$

$$= \frac{2 \times 0.0025 \times 10^6 g/m \cdot s}{(2\pi)^{\frac{1}{2}} \times 15m \times 5m/sec} \times \exp\left[-\frac{1}{2}\left(\frac{0}{15}\right)^2\right]$$

$$= 26.6\mu g/m^3$$

정답 ①

| 상자모델 - 몇시간 후 작업장 평균농도 |

22 부피가 3,500m³이고 환기가 되지 않은 작업장에서 화학반응을 일으키지 않는 오염물질이 분당 60mg씩 배출되고 있다. 작업을 시작하기 전에 측정한 이 물질의 평균 농도가 10mg/m³이라면 1시간 이후의 작업장의 평균 농도는 얼마인가? (단, 상자모델을 적용하며, 작업시작 전, 후의 온도 및 압력조건은 동일하다.)

① $11.0mg/m^3$ ② $13.6mg/m^3$
③ $18.1mg/m^3$ ④ $19.9mg/m^3$

해설

1) 1시간 후 발생 농도

$$농도 = \frac{부하 \times 시간}{부피} = \frac{\dfrac{60mg}{min} \times 60min}{3,500m^3} = 1.03mg/m^3$$

2) 1시간 후 평균 농도

$$10mg/m^3 + 1.03mg/m^3 = 11.03mg/m^3$$

정답 ①

Chapter 04 대기질 지표

1. 시정거리(가시거리)

대기의 혼탁정도를 표시하는 하나의 척도로서 주간에는 하늘을 배경으로한 현저한 목표물을 수직으로 볼 수 있는 최대거리

(1) 계산 공식

1) 흡광도 공식(Lambert-Beer 법칙)

강도의 빛이 dL의 거리를 통과하며 ΔI 만큼 강도가 감소했을 때,

$$\Delta I = dI = -\sigma I dL \qquad \begin{array}{l} \sigma \ : \ \text{소광계수(산란계수, extinction coeff.)}, \\ \text{흡수, 반사, 분산의 효과를 포함한 계수} \end{array}$$

이를 적분하면,

$$I = I_o \times e^{-\sigma L}$$

2) 분산면적비 이용

가) 가시거리의 계산

$$L_v(m) = \frac{5.2\rho r}{KC} \qquad \begin{array}{lcl} \rho & : & \text{밀도}(g/cm^3) \\ r & : & \text{입자의 반경}(\mu m) \\ K & : & \text{분산면적비} \\ C & : & \text{농도}(g/m^3) \end{array}$$

나) 가정

① 빛의 소광이 분산에만 의존
② 모두 구형으로 균등분포
③ 입자상 물질농도 균등, 상대습도 70% 이하, 수평적 조명 일정

3) Ross의 식

① 상대습도가 70%일 때 적용
② TSP(부유분진)이 많으면 시정거리는 짧아짐

$$L_v(km) = \frac{1,000A}{C} \qquad \begin{array}{lcl} L & : & \text{가시거리}(km) \\ G & : & \text{먼지농도}(\mu g/m^3) \\ A & : & \text{실험계수}(0.6 \sim 2.4, \text{ 보통 } 1.2) \end{array}$$

(2) 특징
① 시정거리는 대기 중 입자의 산란계수에 반비례한다.
② 시정거리는 대기 중 입자의 농도에 반비례한다.
③ 시정거리는 대기 중 입자의 밀도에 비례한다.
④ 시정거리는 대기 중 입자의 직경에 비례한다.

(3) 시정장애
① 시정장애현상의 직접적인 원인은 주로 미세먼지 때문이다.
② 시정장애는 특히 $0.01 \sim 1\mu m$ 크기의 미세먼지들에 의한 빛의 산란 및 흡수현상이다.
③ 대부분 대기 중에서 1차 오염물질들이 서로 반응, 응축, 응집하여 생성, 성장하기 때문에 2차 오염물질이라고 불린다.
④ 이들 2차 오염물질의 입경분포, 화학성분, 수분함량 등의 여러 인자들이 시정장애현상에 영향을 미친다.

2. 헤이즈 계수(Coh ; Coeff. of haze)
빛전달률을 측정했을 때 광화학적 밀도가 0.01이 되도록 하는 여과지상의 빛을 분산시키는 고형물의 양

(1) 공식
1) 투과도(빛전달률)

$$\text{투과도} = \frac{\text{투과광}}{\text{입사광}} \qquad\qquad t = \frac{I_t}{I_o}$$

2) 불투명도
분진이 축적된 여과지를 통과한 빛전달률의 역수

$$\text{불투명도} = \frac{1}{\text{빛전달률}} = \frac{\text{입사광}}{\text{투과광}} \qquad\qquad \text{불투명도} = \frac{1}{t} = \frac{I_o}{I_t}$$

3) 광학적 밀도(OD)
불투명도(투과도의 역수)를 log 씌운 값

$$\text{광학적 밀도} = \log(\text{불투명도}) = \log\left(\frac{1}{\text{투과도}}\right)$$

$$OD = \log\left(\frac{1}{t}\right) = \log\left(\frac{I_o}{I_t}\right)$$

4) COH

광학적 밀도를 0.01로 나눈 값

$$\text{Coh} = \frac{\text{광학적 밀도}}{0.01} = \frac{\log\left(\dfrac{1}{\text{투과도}}\right)}{0.01} = \frac{\log\left(\dfrac{\text{입사광}}{\text{투과광}}\right)}{0.01}$$

$$\text{Coh} = \frac{(\text{OD})}{0.01} = \frac{\log\left(\dfrac{1}{\text{t}}\right)}{0.01} = \frac{\log\left(\dfrac{I_o}{I_t}\right)}{0.01}$$

5) 1,000m 당 COH

$$\text{Coh} = \frac{\log\left(\dfrac{1}{\text{투과도}}\right) \times 100}{\text{통과거리(m)}} \times 1{,}000\text{m}$$

$$\text{Coh} = \frac{\log\left(\dfrac{I_0}{I_t}\right) \times 100}{\text{여과속도(m/sec)} \times \text{시간(s)}} \times 1{,}000\text{m}$$

예제 01   어떤 도시의 분진의 농도를 측정하기 위하여 공기를 여과지를 통하여 0.4m/sec의 속도로 3시간 동안 여과시킨 결과 깨끗한 여과지에 비해 사용된 여과지의 빛전달률이 80%이었다. 이때 1,000m당의 Coh를 계산하면?

해설

$$\text{Coh}_{1,000} = \frac{\log\left(\dfrac{1}{0.8}\right) \times 100}{0.4 \times 3 \times 3{,}600} \times 1{,}000\text{m} = 2.24$$

정답 2.24

---

(2) 특징

① 값이 클수록 대기오염도 증가
② 깨끗한 공기에 대한 Coh는 0임
③ Coh 단위는 여과지에 제거된 먼지의 양에 따라 결정되므로 비실용적

3. 오염물의 기준지표(PSI, Pollutant Standards Index)

(1) 정의
    ① 미국의 국가 대기질 기준
    ② EPA(Environmental Protection Agency)에서 채택된 오염물 기준지표(PSI)

(2) 용도
여러 도시에서 대기질의 전반적인 평가를 일반 시민에게 제공하기 위해 사용

(3) 대상항목
대상항목은 SO_2, CO, NO_2, TSP, O_3, 먼지와 아황산의 혼합물 등 6개의 부지표로 구성되어 있다.

    ① 1hr $O_3(\mu g/m^3)$
    ② 8hr $CO(mg/m^3)$, 24hr $TSP(\mu g/m^3)$, 24hr $SO_2(\mu g/m^3)$, TSP × $SO_2(\mu g/m^3)$, 1hr $NO_2(\mu g/m^3)$

(4) 특징
    ① 각각의 부 지표 PSI를 구한 후 그 중 최대값이 PSI가 되며, 이 때 최대값을 갖는 오염물질을 주요오염물질이라 함
    ② EPA가 개발함
    ③ PSI에 의한 오염도 표시는 1에서 500까지 나타내며 지수 100을 기준하여 100을 초과하는 경우 환경기준을 초과하는 것으로 나타내어지고 있음

장점	단점
· 일반인 알기 쉬움	· 인간의 건강에만 초점을 맞춤
· 계산방법 간단	(동식물 유해는 고려하지 않음)
· 일별, 시간별 변화를 알 수 있음	· 각 오염물질의 결합 시 상승작용은 고려하지 않음

(5) 등급

구분	좋은	중간	나쁨	매우 나쁨	유해
PSI 수치	0~50	51~100	101~199	200~300	300 이상

지수 100을 기준으로, 100 초과하면 기준을 초과하는 것으로 간주함

대기질 지표

계산문제

| 가시거리 |

01 상대습도가 70%이고, 상수를 1.2로 정의할 때, 면지농도가 $70\mu g/m^3$이면, 가시거리는 얼마인가?

① 약 12km   ② 약 17km
③ 약 22km   ④ 약 27km

해설

상대습도 70%일 때의 가시거리 계산

$$L(km) = \frac{1,000 \times A}{G} = \frac{1,000 \times 1.2}{70} = 17.14km$$

정답 ②

| 가시거리 |

02 상대습도가 70%이고, 상수를 1.2로 정의할 때, 거시거리가 10km라면 농도는 대략 얼마인가?

① $50\mu g/m^3$ ② $120\mu g/m^3$
③ $200\mu g/m^3$ ④ $280\mu g/m^3$

해설

상대습도 70%일 때의 가시거리 계산

$$L(km) = \frac{1,000 \times A}{G} = \frac{1,000 \times 1.2}{70\mu g/m^3} = 17.14km$$

$$10 = \frac{1,000 \times 1.2}{G(\mu g/m^3)}$$

$$\therefore G = 120\mu g/m^3$$

정답 ②

| 가시거리 |

03 파장 5,210 인 빛 속에서 밀도가 $1.25g/cm^3$이고, 직경 $0.3\mu m$인 기름 방울의 분산면적비가 4일 때 먼지농도가 $0.4mg/m^3$이라면 가시거리(V)는? (단, $V = \frac{5.2 \times \rho \times r}{K \times C}$ 를 이용)

① 609m   ② 805m
③ 1,000m   ④ 1,230m

해설

분산면적비(K) 사용 시 가시거리 계산

$$가시거리(V) = \frac{5.2 \cdot \rho \cdot r}{K \cdot C}$$

$$= \frac{5.2 \times 1.25g/cm^3 \times 0.15\mu m}{4 \times 0.4mg/m^3 \times \frac{1g}{10^3 mg}} = 609.38m$$

정답 ①

| 시정거리한계 |

04 빛의 소멸계수(σ_{ext}) $0.45km^{-1}$인 대기에서, 시정거리의 한계를 빛의 강도가 초기 강도의 95%가 감소했을 때의 거리라고 정의할 때, 이 때 시정거리 한계는? (단, 광도는 Lambert-Beer 법칙을 따르며, 자연대수로 적용)

① 약 12.4km   ② 약 8.7km
③ 약 6.7km   ④ 약 0.1km

해설

Lambert-Beer 법칙에 의한 가시거리 계산

입사광(I_0)이 100%일 때 95% 감소했으므로 투사광(I_t)은 5% 이다.

$$\frac{I_t}{I_0} = e^{-\sigma X}$$

$$\frac{5}{100} = e^{-(0.45km^{-1} \times X)}$$

$$\therefore 거리(X) = 6.66km$$

정답 ③

연습문제

| 기름방울 분산면적비 - 먼지농도 |

05 파장이 5,240인 빛 속에서 밀도가 $0.85g/cm^3$ 이고, 지름이 0.8μm인 기름방울의 분산면적비 K가 4.1이라면 가시거리가 2,414m 되기 위해서는 분진의 농도는 약 얼마가 되어야 하는가?

① $1.23 \times 10^{-4} g/m^3$ ② $1.44 \times 10^{-4} g/m^3$
③ $1.62 \times 10^{-4} g/m^3$ ④ $1.79 \times 10^{-4} g/m^3$

해설

$$V(m) = \frac{5.2 \rho r}{KC}$$

$$2,414m = \frac{5.2 \times \dfrac{0.85g}{cm^3} \times 0.4\mu m}{4.1 \times C(g/m^3)}$$

$$\therefore C = 1.79 \times 10^{-4} g/m^3$$

정답 ④

| Coh |

06 상업지역에 분진의 농도를 측정하기 위하여 여과지를 통하여 0.2m/sec의 속도로 2.5시간 동안 여과시킨 결과 깨끗한 여과지에 비해 사용한 여과지의 빛전달률이 60%이었다면 1,000m당의 Coh는?

① 12.3 ② 6.2
③ 3.6   ④ 3.1

해설

1,000m당

$$Coh = \frac{\log\left(\dfrac{1}{t}\right) \times 100}{총 이동거리(m)} \times 1,000m$$

$$= \frac{\log\left(\dfrac{1}{0.6}\right) \times 100}{0.2m/s \times 2.5hr \times \dfrac{3,600s}{1hr}} \times 1,000m = 12.33$$

정답 ①

| Coh |

07 시골지역의 먼지에 의한 빛 흡수율을 조사하기 위하여 직경 120mm인 여과지에 500L/분의 속도로 10시간 동안 포집하여 빛 전달률을 측정하니 60%이었다. 1,000m당 Coh는?

① 0.84 ② 1.42
③ 2.43 ④ 3.68

해설

1) 속도

$$V = \frac{Q}{A} = \frac{0.5m^3/min \times \dfrac{1min}{60s}}{\dfrac{\pi}{4} \times (0.12m)^2} = 0.7368m/s$$

2) 1,000m당 Coh 계산

$$\frac{\log\left(\dfrac{1}{t}\right) \times 100}{총 이동거리(m)} \times 1,000m$$

$$= \frac{\log\left(\dfrac{1}{t}\right) \times 100}{0.7368m/s \times 10hr \times \dfrac{3,600s}{1hr}} \times 1,000m = 0.84$$

정답 ①

MEMO

2과목

연소공학

제 1 장

연소

Chapter 01 연소 이론

1. 연소의 정의

(1) 산화

산소와 반응하는 모든 반응

1) 산화의 종류

① 점진적 산화 : 산화 반응 ➡ 열
② 급격한 산화 : 연소 반응 ➡ 열 + 빛
③ 격렬한 산화 : 폭발 반응 ➡ 열 + 빛 + 힘

(2) 연소

① 연소 : 가연성분이 산소와 반응하여, 매우 빠른 속도로 산화하면서 열과 빛을 내는 현상(발열반응)
② 연소의 3요소 : 가연물, 산소공급원, 점화원(착화점 이상의 온도)
③ 연소가 되기 위해서는 착화온도까지 가열해야 하고 공기 또는 산소의 공급이 필요

가연성 물질	+	산소	→	산화물	+	반응열, 불꽃
(연료)		(공기)		(연소 생성물)		(발열량)

(3) 완전 연소의 조건 (3T)

① Temperature(온도) : 착화점 이상의 온도
② Time(시간) : 완전 연소가 되기에 충분한 시간
③ Turbulence(혼합) : 연료와 산소가 충분히 혼합되어야 함

(4) 완전연소와 불완전연소의 차이점

구분	완전연소	불완전연소
산소공급	충분	불충분
연소온도	높음	낮음
불꽃 색	더 밝음	덜 밝음
연소생성물	CO_2, H_2O	CO, H_2O, 타르(매연, HC)

(5) 연소 시 발생되는 이상 현상

1) 불완전 연소
① 산소량이 부족하여 산화반응을 완전히 완료하지 못해 미연소물(일산화탄소, 그을음, 타르 등)이 생기는 현상
② 연소 시 가스와 공기(산소)의 혼합이 불충분하거나 연소온도가 낮을 경우 발생함

2) 역화(Back Fire)
연소 시 연료의 분출속도가 연소속도보다 느려 불꽃이 염공 속으로 빨려들어가 혼합관 속에서 연소하는 현상

3) 선화(Lifting)
① 불꽃이 염공 위에 들뜨는 현상
② 연소가스의 분출속도가 연소속도보다 빠를 때 발생

참고

염공

가스 버너에서 연료 가스 또는 연료 가스와 공기의 혼합 가스를 분출시키기 위한 가스 분사구

---

4) 황염
불꽃이 황색으로 되는 현상
공기가 부족해 완전연소가 안될 때 발생

2. 착화온도(firing temperature)

(1) 정의
① 착화점(발화점) : 연료가 가열되어 점화원(불꽃)없이 스스로 불이 붙는 최저 온도
② 인화점 : 연료가 가열되어 점화원(불꽃)이 있을 때 연소가 일어나는 최소 온도

(2) 특징
① 착화점은 인화점보다 항상 높음(착화점 > 인화점)
② 착화점이 낮을수록 연소되기 쉬움, 폭발의 위험 커짐
③ 착화점이 높을수록 연소되기 어려움, 폭발의 위험이 적어져 안전함
④ 착화점은 압력, 산소 농도, 촉매 등에 영향을 받음, 물질의 고유 특성은 아님

(3) 착화온도가 낮아지는 경우

· 산소 농도 높을수록

· 산소와의 친화성 클수록

· 화학반응성이 클수록

· 화학결합의 활성도가 클수록

· 탄화수소의 분자량이 클수록

· 분자구조 복잡할수록

· 비표면적이 클수록   착화온도 낮아짐 / 연소되기 쉬움

· 압력이 높을수록

· 동질성 물질에서 발열량이 클수록

· 활성화에너지가 낮을수록

· 열전도율 낮을수록

· 석탄의 탄화도가 낮을수록

(4) 주요 연료의 착화온도(℃)

연료	착화온도	연료	착화온도
황린(P_4)	50	무연탄	440~500
유황(S)	230	프로판	460~520
파라핀 왁스	245	일산화탄소	480~650
이탄	250	중유	530~580
적린(P_5)	260	수소	580~600
갈탄	250~450	코크스	650~750
휘발유	300~350	메탄, 천연가스	650~750
목탄	320~370	발생로가스(용광로가스)	700~800
역청탄	320~400	탄소	800~1,000
부탄	430~510		

3. 연소의 형태와 분류

(1) 연료에 따른 주요 연소 형태

연료	연소 형태	특징
고체 연료	표면 연소	· 표면온도 증가 → 고온 → 내부 연소 · 고정탄소의 연소 · 청염, 단염 발생 · 예 석탄, 목탄, 코크스 등(휘발분 거의 없는 연료)
	분해 연소	· 휘발분의 연소 · 적염, 장염 발생 · 예 목재, 석탄 등
	훈연 연소 (발연 연소)	· 열분해로 발생한 휘발분이 점화되지 않고 다량의 연기를 수반해 표면반응을 일으켜 연소됨 · 예 종이, 목재, 면 등(열분해 온도가 낮은 물질)
액체 연료	증발 연소	· 휘발성이 높은 연료 → 증발 → 기체가 연소 · 대부분의 액체연료 · 증발온도가 열분해온도 보다 낮을 때 발생 · 예 휘발유, 등유, 경유, 나프탈렌, 양초 등
	분해 연소	· 증발온도보다 분해온도가 낮은 경우에 가열에 의해 휘발분이 떨어진 부분부터 연소하는 현상 · 증발온도 〉 분해온도 · 열분해 → 휘발분이 표면에서 떨어져 나와 연소 · 각종 불순물 등의 연소형태 · 예 목재, 석탄, 중유 등
	심지 연소	· 등심 연소, 목면이나 유리 섬유 등의 심지에 의해 모세관 현상으로 액체연료를 빨아올려 화염으로부터 대류나 복사열로 증발시켜 연소하는 형태
기체 연료	확산 연소	· 연료를 분사 후 대기 중의 산소와 반응시키는 연소 · ① 확산 + ② 혼합
	예혼합 연소	· 미리 공기와 연료를 혼합하여 연소시키는 방법 · ① 혼합 + ② 확산 · 혼합율이 높으므로 연소 효율이 높고, 단염이며, 그을음이 없음 · 혼합기체의 분출속도가 느릴 때 역화의 위험이 큼
	부분 예혼합 연소	· 확산연소와 예혼합 연소의 절충식으로 일부를 혼합하고, 나머지를 연소실 내에서 · 확산에 연소시키는 방법 · 소형 또는 중형버너로 널리 사용 · 기체연료 또는 공기의 분출속도에 의해 생기는 흡인력을 이용하여 공기 또는 연료를 흡인함

(2) 연소의 종류
1) 표면연소
① 고체연료 표면에 고온을 유지시켜 표면에서 반응을 일으켜 내부로 연소가 진행되는 형태
② 숯불연소, 불균일연소
③ 코크스나 목탄과 같은 휘발성 성분이 거의 없는 연료의 연소 형태
④ 산소나 산화가스가 고체표면 및 내부 공간에 확산되어 표면반응을 하며 연소
⑤ 열분해에 의하여 가연성 가스를 발생하지 않고 물질 그 자체가 연소
⑥ 열분해가 끝난 코크스는 열분해가 어려운 고정탄소로 그 자체가 연소
예 흑연, 코크스, 목탄 등과 같이 대부분 탄소만으로 되어있는 고체연료

2) 분해연소
① 열분해에 의해 발생된 가스와 공기가 혼합하여 연소
② 연소 초기에 가연성 고체(목탄, 석탄, 타르 등)가 열분해에 의하여 가연성 가스가 생성되고 이것이 긴 화염을 발생시키는 연소
③ 고분자 물질은 분해연소하며 증발온도보다 분해온도가 낮은 경우에는 가열에 의해 열분해되어 휘발하기 쉬운 성분의 표면에서 떨어져 나와 연소하는 현상
④ 불꽃 발생
예 대부분의 고체연료의 연소, 목재, 석탄, 타르 등

3) 발연연소(훈연연소)
열분해로 발생된 휘발성분이 정화되지 않고 다량의 발연을 수반하여 표면반응을 일으키면서 연소하는 형태

4) 증발연소
① 화염으로부터 열을 받으면 가연성 증기가 발생하는 연소
② 액체연료가 액면에서 증발하여 가연성 증기로 되어 산소와 반응, 착화되어 화염이 발생하고 증발이 촉진되면서 연소됨
③ 비교적 용융점이 낮은 고체가 연소되기 전에 용융되어 액체와 같이 표면에서 증발되어 연소하는 현상
예 휘발유, 등유, 알코올, 벤젠 등의 액체연료

5) 확산 연소
① 가연성 연료와 외부공기가 서로 확산에 의해 혼합하면서 화염을 형성하는 연소형태
② 화염이 길고 그을음이 발생이 쉬우나, 역화의 위험은 없음
예 기체 연료

6) 예혼합 연소

① 기체연료와 공기를 알맞은 비율로 혼합(AFR)하여 혼합기에 넣어 점화시키는 연소

② AFR(공기, 연료 비율)이 중요 인자로 작용

7) 자기연소(내부 연소)

① 공기 중 산소를 필요로 하지 않으며, 분자(물질 자체) 자신이 가지고 있는 산소에 의해 연소

② 연료 내부의 산소를 이용해 연소

예 니트로글리세린, 폭탄, 다이너마이트

내용문제

01 연소반응에서 가연성물질을 산화시키는 물질로 가장 거리가 먼 것은?

① 산소　　　　② 산화질소
③ 유황　　　　④ 할로겐계 물질

해설

가연성 물질을 산화시키는 물질(조연성 물질)
산소, 산화질소, 할로겐계 물질 등

정답 ③

02 연료의 착화온도에 관한 설명이 틀린 것은?

① 분자구조가 복잡할수록 낮아진다.
② 활성화에너지가 클수록 낮아진다.
③ 발열량이 높을수록 낮아진다.
④ 화학결합의 활성도가 클수록 낮아진다.

해설

활성화에너지가 작을수록 낮아진다.

정답 ②

03 다음 연료 중 착화점이 가장 높은 것은?

① 갈탄(건조)　　② 발생로가스
③ 수소　　　　④ 무연탄

해설

각종 연료의 착화온도

① 갈탄의 착화온도 : 250~450℃

② 발생로가스의 착화온도 : 700~800℃

③ 수소의 착화온도 : 580~600℃

④ 무연탄의 착화온도 : 440~500℃

정답 ②

04 다음 연료 중 착화온도가 가장 높은 것은?

① 갈탄(건조)　　② 중유
③ 역청탄　　　④ 메탄

해설

각종 연료의 착화온도

① 갈탄(건조)의 착화온도 : 250~450℃

② 중유의 착화온도 : 530~580℃

③ 역청탄의 착화온도 : 325~400℃

④ 메탄의 착화온도 : 650~750℃

정답 ④

05 다음 중 착화온도(℃)가 가장 낮은 연료는?

① 코크스　　　　② 메탄
③ 일산화탄소　　④ 이탄(자연건류)

해설

착화온도

① 코크스 : 650~750℃ ② 메탄 : 650~750℃

③ 일산화탄소 : 480~650℃ ④ 이탄 : 250℃

정답 ④

06 다음 연료 중 일반적으로 착화온도가 가장 높은 것은?

① 목탄　　　　② 무연탄
③ 갈탄(건조)　④ 역청탄

해설

정답 ②

07 다음 연소의 종류 중 흑연, 코크스, 목탄 등과 같이 대부분 탄소만으로 되어있는 고체연료에서 관찰되는 연소형태는?

① 표면연소　　② 내부연소
③ 증발연소　　④ 자기연소

해설

표면연소는 휘발분이 없는 고체연료의 가장 대표적인 연소형태로 적열 코크스나 숯의 표면에 산소가 접촉하여 연소가 일어나며, 표면이 빨갛게 빛을 낼 뿐, 화염은 생성되지 않음

정답 ①

08 다음 연소 중 코크스나 목탄 등이 고온으로 될 때 빨간 짧은 불꽃을 내면서 연소하는 것으로, 휘발성분이 없는 고체연료의 연소형태인 것은?

① 자기연소　　② 분해연소
③ 표면연소　　④ 내부연소

해설

표면연소는 휘발분이 없는 고체연료(코크스, 목탄)의 가장 대표적인 연소형태로 적열 코크스나 숯의 표면에 산소가 접촉하여 연소가 일어나며, 표면이 빨갛게 빛을 낼뿐 화염은 생성되지 않음

정답 ③

09 다음은 연소의 종류에 관한 설명이다. ( ) 안에 알맞은 것은?

목재, 석탄, 타르 등은 연소초기에 열분해에 의해 가연성 가스가 생성되고, 이것이 긴 화염을 발생시키면서 연소하게 되는데 이러한 연소를 ( )라 한다.

① 표면연소　　② 분해연소
③ 자기연소　　④ 확산연소

해설

정답 ②

연습문제

10 화염으로부터 열을 받으면 가연성 증기가 발생하는 연료로써, 휘발유, 등유, 알코올, 벤젠 등의 액체연료의 연소형태는?

① 증발연소   ② 자기연소
③ 표면연소   ④ 발화연소

> **해설**
>
> ① 휘발유, 등유, 알코올, 벤젠 등이 증기가 휘발하면서 화염을 발생시키는 연소형태는 증발연소 임
>
> 정답 ①

11 다음 연소의 종류 중 휘발유, 등유, 알코올, 벤젠 등 액체연료의 연소방식에 해당하는 것은?

① 자기연소   ② 확산연소
③ 증발연소   ④ 표면연소

> **해설**
>
> ③ 증발연소
> 휘발유, 등유, 알코올, 벤젠 등의 액체연료가 화염으로부터 열을 받으면 가연성 증기가 발생하여 연소가 되는 것
>
> 정답 ③

12 다음 중 기체연료의 연소형태에 해당하지 않는 것은?

① 확산연소   ② 분해연소
③ 예혼합연소   ④ 부분 예혼합연소

> **해설**
>
> 정답 ②

13 화염이 길고, 그을음이 발생하기 쉬운 반면, 역화(Back fire)의 위험이 없으며, 공기와 가스를 예열할 수 있는 연소방식은?

① 예혼합연소   ② 확산연소
③ 플라즈마연소   ④ 컴팩트 연소

> **해설**
>
> 기체연료의 연소방식
> · 확산연소 : 기체연료와 공기를 연소실로 각각 보내어 연소하는 방식이다. 역화의 위험성이 적다.
> · 예혼합 방식 : 기체연료와 공기를 미리 혼합한 후 연소실로 공급하는 방식이다. 역화의 위험성이 크다.
>
> 정답 ②

14 다음 중 전형적인 자기연소를 하는 가연물에 해당하는 것은?

① 아이소옥탄(iso-octane)
② 나이트로 글리세린(Nitro-glycerine)
③ 나프타(Naphtha)
④ 나프탈렌(Naphthalene)

해설

정답 ②

15 니트로글리세린과 같은 물질의 연소형태로써 공기 중의 산소 공급 없이 연소하는 것은?

① 자기연소
② 분해연소
③ 증발연소
④ 표면연소

해설

니트로글리세린은 다이너마이트의 원료이기도 하며, 자기연소하는 물질이다.

정답 ①

16 기체연료의 연소방식으로 옳은 것은?

① 스토커 연소
② 예혼합 연소
③ 유동층 연소
④ 회전식버너 연소

해설

기체연료의 연소방식에는 확산연소, 예혼합연소, 부분 예혼합연소 등이 있다.

정답 ②

Chapter

02 연료의 종류 및 특성

1. 연료

연소 시에 발생하는 열을 경제적으로 이용할 수 있는 가연성 물질

(1) 종류

	고체 연료	액체 연료	기체 연료
탄소수	12 이상	5~12	1~4
종류	석탄, 코크스, 목재 등	석유 (휘발유, 중유, 경유, 등유 등)	LPG, LNG
연소효율	작음	중간	큼
필요 공기량 (필요 산소량)	많이 소요	중간	적게 소요
발열량	적음	중간	큼
매연 발생	많음	중간	적음
저장 및 운반	쉬움	중간	어려움
폭발의 위험	적음	중간	큼
특징	· 초기형 · SO_x의 주 발생연료	· 중기형, 초기 선진국형 · NO_x의 주 발생연료 · 우리나라의 주 에너지원	· 후기형, 선진국형 온실가스 주 발생연료

(2) 연료 구비조건

① 공급이 쉬워야 함
② 인체에 영향을 미치지 않아야 함
③ 발열량이 커야 함
④ 점화·소화가 편리해야 함
⑤ 오염물질 발생이 작아야 함
⑥ 가격이 저렴해야 함
⑦ 보관·운반·관리가 쉬워야 함
⑧ 구입·취급·사용이 쉬워야 함
⑨ 안정성, 경제성이 있어야 함

2. 고체연료

(1) 특징

1) 장·단점

장 점	단 점
· 가격 저렴 · 보관, 저장, 취급(수송) 편리 · 야적 가능 · 연소장치가 간단 · 매장량이 풍부	· 파쇄·건조 등 전처리 시설이 필요함 · 변질이 쉬움(습기와 압력에 약함) · 불완전 연소가 쉬움(효율이 낮음) · 완전연소가 어려워 회분이 남음 · 연소효율이 낮고 고온을 얻기 어려움 · 연소조절이 어려움 · 발열량이 낮음(평균 8,000kcal/kg) · 착화연소가 곤란 · 과잉공기비가 큼 · 오염물질 배출량이 큼 · 매연이 발생됨 · 연료의 배관수송이 어려움

2) 고체연료의 분석방법

가) 공업 분석

건류나 연소 등의 방법으로 석탄을 공업적으로 이용할 때 석탄의 특성을 표시하는 분석방법

> 연료 = 수분 + 휘발분 + 고정탄소 + 회분

① 수분 : 항습시료(부착 수분을 제거한 것)를 105~110℃로 건조시켰을 때의 감량분 양과 항습시료 양과의 중량비(%)

② 회분 : 항습시료를 공기 중에 유통시키면서 서서히 가열하고 800±10℃로 연소시켜 재로 변했을 때, 잔류하는 무기물의 양과 항습시료 양과의 중량비(%)

③ 휘발분 : 항습시료를 925℃에서 7분간 연소시켰을 때의 감량분 양과 항습시료 양과의 중량비(%)

나) 원소 분석

연료를 구성하는 원소를 질량비(%)로 분석함

> 연료 = 탄소(C) + 수소(H) + 산소(O) + 황(S) + 질소(N) + 회분(ash) + 수분(W)

3) 성분

$$연료 = 고형물 + 수분$$
$$고형물 = 휘발분 + 회분 + 고정탄소$$

① 수분
  ㉠ 부착수분 : 표면에 부착된 수분
  ㉡ 고정수분 : 성분과 성분사이에 부착된 수분
  ㉢ 결합수분 : 성분 내에 포함된 수분으로 제거가 안 됨
② 고정탄소
  ㉠ 고체연료에 포함되어 있는 비휘발성 탄소
  ㉡ 탄화도가 클수록 고정탄소 값 큼

$$고정탄소(\%) = 100(\%) - (수분(\%) + 회분(\%) + 휘발분(\%))$$

③ 휘발분 : 불순물에 해당, 각종 타르
④ 회분
  ㉠ 연소반응 후 남아있는 재(ash)
  ㉡ 항습시료를 공기 중에 유통시키면서 서서히 가열하고 $800 \pm 10 \degree C$로 연소시켜 재로 변했을 때, 잔류하는 무기물의 양과 항습시료 양과의 중량비를 %로 나타냄
  ㉢ 산성 성분(SiO_2, Al_2O_3, TiO_2 등)과 염기성 성분(CaO, MgO, NaO 등)이 있으며, 이 중 실리카(SiO_2)가 가장 많음
  ㉣ 산성 성분이 많을수록 용융점이 높아짐

4) 용어
가) 연료비

$$연료비 = \frac{고정탄소}{휘발분}$$

① 탄화도의 정도를 나타내는 지수
② 연료비가 높을수록 양질의 석탄임
③ 연료별 연료비 크기 : 무연탄 〉 역청탄 〉 갈탄 〉 이탄 〉 목재

나) 비열
① 수분 많을수록, 비열 커짐
② 연료비, C/H, 회분 작을수록, 비열 커짐

다) 석탄의 탄화도
① 정의 : 석탄의 숙성정도
② 석탄 탄화도 증가의 영향

> 탄화도 높을수록
> – 고정탄소, 연료비, 착화온도, 발열량, 비중 증가함
> – 수분, 이산화탄소, 휘발분, 비열, 매연 발생, 산소함량, 연소속도 감소함

5) 연소특성
① 수분 : 착화 불량, 열손실 초래
② 회분 : 발열량 낮음, 연소성 나쁨
③ 휘발분 : 매연 발생량 증가, 장염 발생
③ 고정탄소 : 발열량 높고 매연발생률 낮음, 연소성 좋음, 단염 발생

(2) 고체연료의 종류
석탄(유연탄, 무연탄), 코크스, 목탄, 장작 등

1) 석탄
가) 특징
① 석탄 연소 시 잔류물인 회분 중 가장 많이 함유되는 것은 SiO_2임
② 점결성은 석탄에서 코크스를 생산할 때 중요한 성질임
③ 석탄의 휘발분은 매연발생의 요인이 됨
④ 건조한 석탄의 경우는 탄화도가 높을수록 착화온도는 높아짐
⑤ 연료 조성변화에 따른 연소특성으로 수분은 착화불량과 열손실을, 회분은 발열량 저하 및 연소불량을 초래함
⑥ 석탄의 저장법이 나쁘면 완만하게 발생하는 열이 내부에 축적되어 온도상승에 의한 발화가 촉진될 수 있는데 이를 자연발화라 함
⑦ 자연발화 가능성이 높은 갈탄 및 아탄은 정기적으로 탄층 내부의 온도를 측정할 필요가 있음
⑧ 자연발화를 피하기 위해 저장은 건조한 곳을 택하고 퇴적은 가능한 한 낮게 함

나) 무연탄(無煙炭)
① 탄화가 가장 잘 되어 연기를 내지 않고 연소하는 석탄
② 탄소 함유량 90% 이상
③ 휘발분이 3~7%로 적음
④ 연소 시 불꽃이 짧고 연기가 나지 않음
⑤ 탄화도가 가장 큼
⑥ 청염, 단염 발생
⑦ 발화온도가 높음(400~500℃), 산포식 스토커
⑧ 우리나라의 고체연료의 대부분을 차지함

다) 유연탄(有煉炭)
① 탄소함유량이 90% 미만인 석탄
② 적염, 장염발생

라) 역청탄(瀝靑炭, bituminous coal, 흑탄)
  ① 탄소함유량 80~90%
  ② 수소함유량은 4~6%이며 탄화도가 상승함에 따라 수소가 감소하고 탄소가 증가함
  ③ 발열량은 8,100kcal/kg 이상임
  ④ 제철용 코크스, 도시가스로 이용되며 최근에는 수소의 첨가, 가스화 등의 연구가
    발달되어 석탄화학공업의 가장 중요한 자원임
  ⑤ 건류(乾溜)때에는 역청 비슷한 물질이 생기므로 이름이 붙었음

마) 갈탄(褐炭, brown coal)
  ① 탄소함유량 60~70%
  ② 흑갈색을 띠며 발열량이 4,000~6,000kcal/kg, 휘발성분이 40% 정도임
  ③ 다른 탄에 비하여 고정탄소(수분, 휘발분 및 회분을 뺀 나머지) 함량이 적고 물기에
    젖기 쉽고, 건조하면 가루가 되기 쉬움
  ④ 코크스 제조용으로 사용하기는 어렵고 대부분 가정연료나 기타 연료로 사용됨

바) 토탄(이탄) : 탄소함유량 60~70%

연료별 연료비 크기 : 무연탄 〉 역청탄 〉 갈탄 〉 이탄 〉 목재

사) 코크스(cokes)
  ① 점결탄을 주로 하는 원료탄을 1,000℃ 내외의 온도에서 건류하여 얻어지는 2차 연료
  ② 코크스로에서 제거, 휘발분이 거의 없어 매연이 발생하지 않음
  ③ 회분이 모두 잔류하여 원료탄보다 회분 함량 많음

아) 미분탄(pulverized coal)
  ① 입자 지름 0.5mm 이하인 미세한 석탄
  ② 무연탄을 잘게 갈아서 연소효율을 높힌 연료
  ③ 연소실로 부유상태로 불어넣고 연소시킴
  ④ 역화의 위험성이 크지만, 사용·화력조절 등이 용이함

미분탄의 특징

① 저질탄을 유용하게 사용가능
② 부대시설 및 동력 소비량 많이 필요
③ 대형 연소시설에 이용
④ 접촉표면적이 커서 작은 공기비로 연소 가능
⑤ 연소효율 높음, 폭발 우려
⑥ 부하변동에 쉽게 응할 수 있음
⑦ 고효율집진장치 필요

3. 액체연료

휘발유, 등유, 경유, 중유 등의 상온에서 액체 상태인 연료

(1) 특징

1) 장·단점

장 점	단 점
· 단위중량당 발열량이 큼(평균 10,000kcal/kg) · 회분의 발생이 거의 없음 · 전반적으로 오염물질 발생이 적음 · 고체연료보다 매연발생 적음 · 고체 대비 점화·소화가 쉬움 · 품질이 일정하며, 변질이 적음 · 운반·취급·사용이 용이함 · 연소조절이 용이 · 품질이 일정 · 액체를 분무화하여 산소와 반응하여 연소가 됨 · 분무입경이 작을수록 착화와 연소속도 증가 · 발열량이 높아 연소효율 좋음(완전연소 가능)	· 국부과열의 위험이 있음 · 역화·화재의 위험이 있음 · 연소 시 소음발생을 유발 · 연소시설의 규모가 큼 · 불완전 연소 시 SO_x 발생 · 황산화물이 문제가 됨(C중유) · 국내자원이 적고 수입에의 의존비율 높음 · 재 속에 금속산화물이 소량 포함되었을 경우 장애 원인이 될 수 있음

2) 비중(밀도)

① 크기 순서 : 중유 〉 경유 〉 등유 〉 휘발유

② 석유의 비중이 클수록

㉠ C/H비 증가

㉡ 점도 증가

㉢ 착화점 증가

㉣ 발열량과 연소특성 나빠짐

3) 탄수소비(C/H비)

① 크기 순서 : 중유 〉 경유 〉 등유 〉 휘발유

참고

연료의 탄수소비

· 올레핀계 〉 나프텐계 〉 파라핀계

· 아세틸렌 〉 프로필렌 〉 프로판 〉 메탄

    C_2H_2 C_3H_4 C_3H_8 CH_4

· 올레핀계 : 불포화 C_nH_{2n}

· 나프텐계 : 포화 C_nH_{2n}

· 파라핀계 : C_nH_{2n+2}

② C/H비가 클수록
　　㉠ 비중, 점도 매연, 비점, 휘도, 방사율↑
　　㉡ 발열량, 연소성, 이론공연비↓

참고

방사율(복사율)

빛을 흡수해 다시 내보내는 비율

4) 황분 함량의 정도

석탄 〉 C 중유 〉 B 중유 〉 A 중유 〉 경유 〉 등유 〉 휘발유 〉 LPG

(2) 액체연료의 종류와 성상

① 연료의 비등점(끓는점)에 따라 구분됨.
② 탄소수, 분산력(반데르발스힘), 끓는점(비등점) 크기

LPG 〈 휘발유(나프타) 〈 등유 〈 경유 〈 중유 〈 아스팔트			
액체연료	탄소수	끓는점(비등점)	용도
휘발유 (나프타)	5~12	30~200℃	·자동차(가솔린) 연료 ·석유화학공업에 이용
등유	12~14	150~300℃	·난방용, 항공용, 조명용 연료
경유 (디젤 연료)	15~17	200~320℃	·디젤 기관의 연료 ·자동차 연료 ·중장비 연료
중유	17 이상	350~470℃	·공업용, 대형 보일러 연료

참고

원유의 분별증류

원유는 혼합물로, 열을 가하면 끓는점이 낮은 물질부터 증류되어 분리된다.

·LPG
·휘발유(나프타) : 30~200℃
·등유 : 150~300℃
·경유 : 200~320℃
·중유 : 350~470℃
·아스팔트 : 분별증류 후 남은 찌꺼기

1) 중유
① 중유는 점도에 따라 A, B, C유로 구분됨
② 점도 : C 중유 〉 B 중유 〉 A 중유
③ 점도가 클수록 증가하는 것 : 황분, 비중, 매연, 인화점, 잔류탄소, 유동점
④ 점도가 클수록 감소하는 것 : 증기압
⑤ 비중이 클수록 증가하는 것 : 유동점, 점도, 잔류탄소 등
⑥ 비중이 클수록 낮아지는 것 : 발열량, 연소성, 연소효율 등

2) DME(Dimethyl Ether)
① 상온, 상압에서 무색 투명한 기체
② LPG와 유사한 기압에서 액화됨
③ 산소함유율이 높고, 경유보다 점도가 낮음
④ 금속 부식성은 거의 없으나, 탄성이 있는 고분자 물질
⑤ 고무류를 팽창, 용해함

4. 기체연료

LNG, LPG 등의 상온에서 기체 상태인 연료

(1) 특징

장 점	단 점
· 연소효율 높음 · 회분 및 SO_2, 매연 발생이 거의 없음 · 오염물질 배출 거의 없음 · 발열량이 높음(평균 11,000kcal/kg 이상) · 공기와 혼합률이 적당하면 착화와 연소가 동시에 발생 · 적은 과잉공기비(10~20%)로 완전연소가 가능 · 점화 · 소화가 용이 · 연소조절이 쉬워 안정된 연소가 가능 · 연소율 가연범위(Turn-down Ratio, 부하변동범위) 큼	· 저장 및 수송 불편 · 시설비 · 생산비 · 보관비가 비쌈 · 폭발 위험성, 실내 누출 시 위험, 취급 곤란 · 연소 시, 연소가스의 유출속도가 너무 빠르면 취소가 일어나고 늦어지면 역화가 발생

(2) 기체연료의 종류와 성상

	LNG	LPG	
생성	지하 매장	석유 채굴 및 정제과정	
주성분	메탄	프로판, 부탄	
	CH_4	C_3H_8	C_4H_{10}
착화점(℃)	540	430~520	
액화점(℃)	−162	−42.1	−0.5
분자량(g/mol)	16	44	58
밀도(공기대비)	0.55	1.52	2.01
발열량($kcal/Nm^3$)	9,500		22,000
연소범위	5~15	2.1~9.5	
물성	·공기보다 가벼워 확산시 화재 및 폭발 위험 작음 ·불꽃조절이 용이함 ·열효율 높음 ·착화점 높아 연소, 폭발 위험 작음 ·무색, 무취, 무미이므로 누출 시 감지를 위해 착취제 첨가	·액화 및 기화가 쉬움 ·기화 시 공기보다 무겁고 액화시 물보다 가벼움 ·연소하한이 낮아 화재 및 폭발 위험 큼 ·기화잠열이 높아 기화열 많이 필요함 ·무색, 무취, 무미이므로 누출 시 감지를 위해 착취제 첨가	
용도	·도시가스, 산업용 연료	·가정 연료, 산업용 연료, 자동차 연료	
연소 특성	·$CH_4 + 2O_2 \rightarrow CO_2 + 2H_2O$ ·연소 시 상대적으로 적은 공기 필요 ·연소하한이 LPG 보다 높음	·$C_3H_8 + 5O_2 \rightarrow 3CO_2 + 4H_2O$ ·연소 시 많은 공기 필요 ·연소하한이 낮아 폭발 위험	
장점	·누출 시 폭발 위험 적음 ·가격 저렴 ·가스공급이 중단되지 않음 ·연소조절 쉬움 ·대기오염물질 없음	·발열량 높음, 연소조절 쉬움 ·설치비 저렴 ·운반 쉬움	
단점	·초기 설치비 큼	·누출 시 폭발 위험 큼	

1) 액화천연가스(LNG)

① 천연가스를 냉각시켜 액화시킨 것

② 주성분 : 메탄(CH_4)

③ 용도 : 자동차(택시) 연료, 도시가스 연료

④ 공기보다 비중 작음

2) 액화석유가스(LPG)

  ① 석유 정제시 나오는 가스

  ② 상온에서 10~20기압을 가하거나 또는 -49℃로 냉각시킬 때 용이하게 액화되는
   석유계의 탄화수소가스를 말함

  ③ 주성분 : 프로판(C_3H_8), 부탄(C_4H_{10})

  ④ 상온에서 약간의 압력(10~20atm)으로 쉽게 액화됨

  ⑤ 발열량이 높음

  ⑥ 황분과 회분이 거의 없어 오염도가 낮음

  ⑦ 비중이 공기보다 커서 인화·폭발 위험성이 있음

  ⑧ 독성이 없음

  ⑨ 액체에서 기화 시 잠열(증발열)로 인한 열손실 큼

  ⑩ 유지류를 잘 녹이므로 고무 패킹 등으로 누출을 막으면 곤란

3) 압축천연가스(CNG)

  ① 천연가스를 높은 압력으로 압축한 것

  ② 옥탄가가 높아서 엔진압축비를 높일 수 있음

  ③ 가솔린 보다 CO, HC, CO_2 발생 적음

  ④ 가솔린 보다 출력이 낮고 충전시간이 길며, 폭발 위험성이 있음

4) 기타 기체연료

  ① 코크스로 가스(COG) : 코크스로에서 코크스 제조 시 부생되는 가스. H_2와 CH_4가
               주성분

  ② 고로가스 : 용광로 발생가스. CO, N_2이 주성분

  ③ 발생로가스 : 석탄이나 코크스를 적열상태에서 산소나 공기를 보내어 불완전연소
         시켜서 얻어지는 가스로 CO(26.7%)와 N_2(55.8%)가 주성분

  ④ 수성가스 : 고온으로 가열된 무연탄이나 코크스 등에 수증기를 반응시켜 얻은
        기체연료, H_2, CO가 주성분

5. 슬러리 및 에멀션연료

석탄에 석유나 물을 혼합하여 액체연료처럼 쓰는 연료

(1) 종류

1) COM(Coal Oil Mixture)

  ① 중유 중에서 석탄을 분쇄, 혼합하며 슬러리로 만든 연료

  ② 중유를 절약하고 석탄의 이용 확대를 도모할 목적으로 개발되어 중유만 사용할
   때보다 미립화 특성이 좋음

  ③ 석탄은 수송이 힘들지만, COM은 파이프라인이나 탱커를 이용하여 수송 가능

  ④ 중유 전용 보일러를 사용하는 곳에는 바로 사용할 수 없어 개조가 필요함

⑤ 화염길이는 미분탄 연소에 가깝고, 화염 안정성은 중유연소에 가까움
⑥ 표면연소 시기에는 연소온도가 높아질수록 표면연소가 가속됨
⑦ 분해연소 시기에는 50wt%(w/w) 중유에 휘발분이 추가되는 형태로 되기 때문에 미분탄 연소보다는 분무연소에 더 가까움
⑧ 분무상태 불량시 역화나 화재의 위험성이 큼
⑨ 재와 매연 발생, 연소가스의 연소실 내 체류시간 부족, 분서변의 폐쇄와 마모 등의 문제점을 가짐
⑩ 재와 매연처리시설(NOx, SOx, 분진 처리시설) 필요함

2) CWM(Coal Water Mixture)
① 미분탄에 15~25wt%의 물 혼합
② 연소 효율이 좋지 않기 때문에 많이 쓰이지는 않음
③ 분해연소 시기에서는 30wt%(w/w)의 물이 증발하여 증발열을 빼앗으면서 동시에 휘발분과 산소를 희석하기 때문에, 화염의 안정성이 매우 나쁨
④ 유체 연료이므로 핸들링이 용이하고 분진 발생 없음

· COM(Coal Oil Mixture) : 석탄분말에 기름을 혼합
· CWM(Coal Water Mixture) : 석탄분말에 물을 혼합

3) 에멀션연료
① 경유나 중유 등에 20~40wt%의 물을 가하고 계면활성제를 혼합 교반
② 물의 증발잠열에 의해 온도가 낮아져 온도 NO_x의 생성 억제

(2) 석탄 슬러리의 특징
① 미분탄연소보다 연소온도가 100~150℃ 낮아서 온도 NO_x의 발생량이 적음
② 유해성분을 포함하고 있으므로 처리시설 및 체류시간을 미분탄 연소시설 수준으로 중유 전용 보일러에 적용하려면 별도의 개조가 필요

내용문제

01 석탄에 함유된 수분의 3가지 수분형태와 거리가 먼 것은?

① 유효수분   ② 부착수분
③ 고유수분   ④ 화합수분(결합수분)

해설

정답 ①

02 다음 중 연료비(고정탄소/휘발분)가 가장 높은 석탄은?

① 무연탄   ② 갈색갈탄
③ 흑색갈탄   ④ 고도역청탄

해설

무연탄은 연료비가 7 이상으로 석탄 중 가장 연료비가 높다.
정답 ①

03 석탄의 탄화도가 증가하면 감소하는 것은?

① 고정탄소   ② 착화온도
③ 매연발생률   ④ 발열량

해설

탄화도가 커질수록
증가하는 것 : 고정탄소, 발열량, 연료비, 착화온도
감소하는 것 : 휘발분, 매연, 비열, 산소, 연소속도
정답 ③

04 석탄의 탄화도가 증가하면 감소하는 것은?

① 착화온도   ② 비열
③ 발열량   ④ 고정탄소

해설

석탄의 탄화도에 따른 증가 / 감소 구분

※ 석탄의 탄화도가 증가함에 따라 증가하는 것 : 고정탄소, 착화온도, 발열량, 연료비

※ 석탄의 탄화도가 증가함에 따라 감소하는 것 : 수분 및 휘발분, 매연, 비열, 산소량
정답 ②

05 석탄의 탄화도가 증가하면 감소하는 것은?

① 비열   ② 발열량
③ 고정탄소   ④ 착화온도

해설

정답 ①

06 무연탄의 탄화도가 커질수록 나타나는 성질로서 틀린 것은?

① 휘발분이 감소한다.
② 발열량이 증가한다.
③ 착화온도가 낮아진다.
④ 고정탄소의 양이 증가한다.

해설

탄화도가 증가할수록 휘발분과 비열, 매연은 감소하고, 고정탄소의 함량과 착화온도 및 발열량은 증가한다.
정답 ③

07 다음 중 석탄의 탄화도 증가에 따라 감소되는 것은?

① 고정탄소   ② 착화온도
③ 휘발분   ④ 발열량

해설

탄화도가 커질수록

증가하는 것 : 고정탄소, 발열량, 연료비, 착화온도

감소하는 것 : 휘발분, 매연, 비열, 산소, 연소속도

정답 ③

08 다음 중 석탄의 탄화도 증가에 따라 증가하지 않는 것은?

① 고정탄소   ② 비열
③ 발열량   ④ 착화온도

해설

탄화도가 커질수록

증가하는 것 : 고정탄소, 발열량, 연료비, 착화온도

감소하는 것 : 휘발분, 매연, 비열, 산소, 연소속도

정답 ②

09 다음 중 석탄의 탄화도가 증가할수록 가지는 성질로 옳지 않은 것은?

① 수분 및 휘발분이 감소한다.
② 고정탄소 및 산소의 양이 증가한다.
③ 발열량이 증가하고, 착화온도가 높아진다.
④ 연료비가 증가한다.

해설

② 고정탄소량은 증가하고 산소의 양은 감소한다.

정답 ②

10 다음 중 탄화도가 가장 작은 것은?

① 역청탄   ② 이탄
③ 갈탄   ④ 무연탄

해설

탄화도에 의한 분류

종류	탄화도에 따른 C(탄소)농도
토탄(이탄)	약 19~26%
아탄	약 21~37%
갈탄	약 75~84%
역청탄(유연탄)	약 84~90%
무연탄	약 90% 이상

정답 ②

11 다음 중 탄화도가 가장 큰 것은?

① 이탄 ② 갈탄
③ 역청탄 ④ 무연탄

해설

탄화도, 연료비 : 무연탄 〉역청탄 〉갈탄 〉아탄 〉토탄(이탄)
고체연료에서 탄화도가 큰 것은 연료비가 큰 것
– ④ 무연탄

정답 ④

12 다음 중 탄화도가 가장 작은 것은?

① 역청탄 ② 이탄
③ 갈탄 ④ 무연탄

해설

② 고체연료의 탄화도는 연료비가 증가할수록 함께 증가한다.

참고

탄화도, 연료비 : 무연탄 〉역청탄 〉갈탄 〉아탄 〉토탄(이탄)

정답 ②

13 다음은 어떤 고체연료에 관한 설명인가?

· 흑색고체이며, 비점결성에서 강점결까지 다양한 범주의 성질을 갖는다.
· 탄소함유율은 75~90%, 휘발분은 20~45% 정도 함유한다.
· 착화온도가 330~450℃이며, 연소 시 황색화염을 수반하며, 건류하여 코크스, 석탄타르, 석탄가스 등을 생산하는데 많이 사용된다.
· 산업용으로 아주 다양하게 사용되며, 발전용, 보일러용으로 사용된다.

① 갈탄 ② 역청탄
③ 무연탄 ④ 이탄

해설

정답 ②

14 다음 액체연료 C/H 비의 순서로 옳은 것은? (단, 큰 순서 > 작은 순서)

① 중유 > 등유 > 경유 > 휘발유
② 중유 > 경유 > 등유 > 휘발유
③ 휘발유 > 등유 > 경유 > 중유
④ 휘발유 > 경유 > 등유 > 중유

해설

정답 ②

연습문제

15 다음 중 C/H의 크기순으로 옳게 배열된 것은?

① 올레핀계 > 나프텐계 > 아세틸렌 > 프로필렌 > 프로판
② 나프텐계 > 올레핀계 > 아세틸렌 > 프로판 > 프로필렌
③ 올레핀계 > 나프텐계 > 프로필렌 > 프로판 > 아세틸렌
④ 나프텐계 > 아세틸렌 > 올레핀계 > 프로필렌 > 프로판

해설

연료의 탄수소비
· 올레핀계 > 나프텐계 > 파라핀계
· 아세틸렌 > 프로필렌 > 프로판 > 메탄
　C_2H_2　　C_3H_4　　C_3H_8　　CH_4

정답 ①

16 연소 시 매연 발생량이 가장 적은 탄화수소는?

① 나프텐계　　　　② 올레핀계
③ 방향족계　　　　④ 파라핀계

해설

연료의 탄수소비
올레핀계 > 나프텐계 > 파라핀계

정답 ④

17 다음 연료 중 황(S)성분의 함량 순서로 가장 적합한 것은?

① 중유 > 경유 > 등유 > 휘발유 > LPG
② 중유 > 등유 > 경유 > 휘발유 > LPG
③ 중유 > 석탄 > 등유 > 경유 > LPG
④ 석탄 > 중유 > 등유 > 경유 > 휘발유

해설

① 중유 > 경유 > 등유 > 휘발유 > LPG

정답 ①

18 중유는 A, B, C로 구분된다. 이것을 구분하는 기준은?

① 점도　　　　　　② 비중
③ 착화온도　　　　④ 유황함량

해설

중유는 점도를 기준으로 하여 주로 A, B, C 중유로 분류된다.

정답 ①

19 다음 중 착화성이 좋은 경유의 세탄값의 범위로 가장 적합한 것은?

① 0.1~1　　　　② 1~5
③ 5~10　　　　④ 40~60

해설

세탄가가 높은 경유가 좋은 경유이다.

정답 ④

20 다음 중 시판되고 있는 액화석유가스의 구성으로 가장 적합한 것은?

① methane 10%, propane 90%의 혼합물
② methane 70%, propane 30%의 혼합물
③ propane 10%, butane 90%의 혼합물
④ propane 70%, butane 30%의 혼합물

해설

정답 ④

21 다음 중 LPG의 주성분으로 나열된 것은?

① C_3H_8, C_4H_{10}　　② C_2H_6, C_3H_6
③ CH_4, C_3H_6　　④ CH_4, C_2H_6

해설

LPG의 주성분 : 프로판, 부탄(C_3H_8, C_4H_{10})

LNG의 주성분 : 메탄(CH_4)

정답 ①

22 액화천연가스의 대부분을 차지하는 구성성분은?

① CH_4　　　　② C_2H_6
③ C_3H_8　　　　④ C_4H_{10}

해설

LPG의 주성분 : 프로판, 부탄(C_3H_8, C_4H_{10})

LNG의 주성분 : 메탄(CH_4)

정답 ①

23 기체연료의 연소방식으로 옳은 것은?

① 스토커 연소　　② 예혼합 연소
③ 유동층 연소　　④ 회전식버너 연소

해설

기체연료의 연소방식에는 확산연소, 예혼합 연소, 부분 예혼합 연소 등이 있다.

정답 ②

연습문제

24 다음 중 기체의 연소속도를 지배하는 주요인 자와 가장 거리가 먼 것은?

① 발열량   ② 촉매
③ 산소와의 혼합비   ④ 산소농도

해설

정답 ①

25 기체연료와 공기를 혼합하여 연소할 경우 다음 중 연소속도가 가장 큰 것은? (단, 대기압, 25℃ 기준)

① 메탄   ② 수소
③ 프로판   ④ 아세틸렌

해설

각종 기체연료의 연소속도(cm/sec)
① 메탄의 연소속도 : 37
② 수소의 연소속도 : 291
③ 프로판의 연소속도 : 43
④ 아세틸렌의 연소속도 : 154

정답 ②

26 연료의 표면적을 넓게 하여 연소반응이 원활하게 이루어지도록 하는 연소형태와 가장 거리가 먼 것은?

① 분사연소
② COM(coal oil mixture)연소
③ 미분연소
④ 층류연소

해설

④ 표면적을 넓게 한다는 의미는 연료를 미립화 한다는 의미이므로 층류연소와는 관계가 없다.

정답 ④

27 황함량이 가장 낮은 연료는?

① LPG   ② 중유
③ 경유   ④ 휘발유

해설

정답 ①

28 다음 설명에 해당하는 기체연료는?

> 고온으로 가열된 무연탄이나 코크스 등에 수증기를 반응시켜 얻는 기체연료
> $C + H_2O \rightarrow H_2 + Q$
> $C + 2H_2O \rightarrow CO_2 + 2H_2 + Q$

① 수성가스   ② 고로가스
③ 오일가스   ④ 발생로가스

해설

① 수성가스
고온으로 가열된 무연탄이나 코크스 등에 수증기를 반응시켜 얻은 기체연료로 주성분은 CO(35%)와 H_2(49%)이며 주로 원료가스 제조용으로 사용한다.

정답 ①

29 다음은 기체연료에 관한 설명이다. ( ) 안에 가장 적합한 것은?

> ( )는 가열된 석탄 도는 코크스에 공기와 수증기를 연속적으로 주입하여 부분적으로 산화반응시킴으로써 얻어지는 기체연료로서 가연성분은 CO(25~30%), 수소(10~15%) 및 약간의 메탄이다. 또한 이 가스는 제조상 공기공급에 의해 다량의 질소를 함유하고 있다.

① 발생로가스   ② 수성가스
③ 도시가스   ④ 합성천연가스(SNG)

해설

① 다량의 질소를 포함하는 것은 발생로가스이다.

정답 ①

30 다음은 어떤 석유대체 연료에 관한 설명인가?

> 케로겐(kerogen)이라 불리우는 유기질 물질이 스며들어 있는 혈암같은 암반을 말하는 것으로, 이 물질은 원래 식물이 수백만년동안 석유로 토화되어 유기물질에 흡수된 것이다. 이것이 압력을 받아 성층화가 이루어져 이 물질을 만들게 된다.

① 오일셰일(oil shale)
② 타르샌드(tar sand)
③ 오일샌드(oil sand)
④ 오리멀젼(orimulsion)

해설

정답 ①

31 다음은 연료에 관한 설명이다. ( )안에 알맞은 것은?

> ( )은(는) 역청이라고도 부르며, 천연적으로 나는 탄화수소류 또는 그 비금속유도체 등의 혼합물의 총칭으로서 원유나 아스팔트, 피치, 석탄 등을 말한다.

① 브라이트 스톡(Bright Stock)
② 베이시스(Bases)
③ 비츄멘(Bitumen)
④ 브리넬링(Brinelling)

해설

정답 ③

연습문제

계산문제

| 연료비 |

01 석탄을 공업분석 한 결과 수분이 0.8%, 휘발분이 8.5%이었다. 이 석탄의 연료비는?

① 1.2   ② 2.6

③ 4.8   ④ 10.7

해설

고정탄소 = 100 − (수분 + 휘발분 + 회분)

= 100 − (0.8 + 8.5) = 90.7

$연료비 = \dfrac{고정탄소}{휘발분} = \dfrac{90.7}{8.5} = 10.67$

정답 ④

| 기체연료의 밀도 응용 |

02 다음 중 $1Sm^3$의 중량이 2.59kg인 포화탄화수소 연료에 해당하는 것은?

① CH_4 ② C_2H_6

③ C_3H_8 ④ C_4H_{10}

해설

$\dfrac{분자량(kg)}{22.4Sm^3} = \dfrac{2.59kg}{1Sm^3}$ 이므로,

분자량이 58인 분자 C_4H_{10}이 정답이 된다.

① CH_4 : 16   ② C_2H_6 : 30

③ C_3H_8 : 44   ④ C_4H_{10} : 58

정답 ④

제 2장

연소 계산

Chapter 01 연소열역학 및 열수지

1. 반응속도

화학반응이 일어날 때 단위시간에 감소한 반응물질의 농도 혹은 증가한 생성물질의 농도

(1) 반응속도의 원리

반응이 진행되면, 반응물의 농도는 감소하고, 생성물의 농도는 증가함

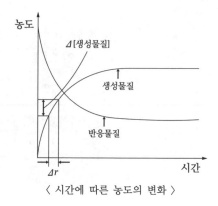

〈 시간에 따른 농도의 변화 〉

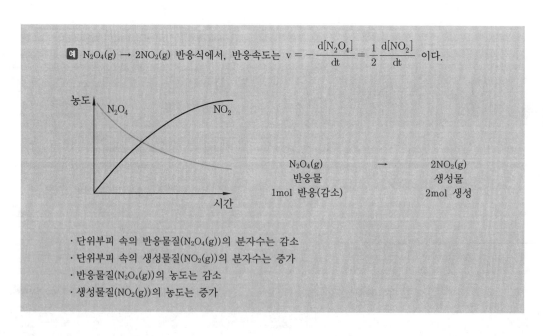

예 $N_2O_4(g) \rightarrow 2NO_2(g)$ 반응식에서, 반응속도는 $v = -\dfrac{d[N_2O_4]}{dt} = \dfrac{1}{2}\dfrac{d[NO_2]}{dt}$ 이다.

$N_2O_4(g)$	$\rightarrow$	$2NO_2(g)$
반응물		생성물
1mol 반응(감소)		2mol 생성

· 단위부피 속의 반응물질($N_2O_4(g)$)의 분자수는 감소
· 단위부피 속의 생성물질($NO_2(g)$)의 분자수는 증가
· 반응물질($N_2O_4(g)$)의 농도는 감소
· 생성물질($NO_2(g)$)의 농도는 증가

(2) 반응속도식

$$\text{반응속도}(V) = \frac{\text{반응물(생성물)의 농도변화}}{\text{단위시간}} = - \text{반응속도상수} \times \text{반응물 농도}^{\text{반응차수}} = \frac{dC}{dt} = -kC^{n}$$

1) 반응속도상수(k)

① 반응속도 v이 $v = k[A]^{a}[B]^{b}$과 같이 표시되는 경우의 비례상수 k
② 농도에 영향 받지 않음
③ 온도, 반응물질 종류에 따라 달라짐
④ 실험값으로 구함

2) 반응차수(n)

① 속도방정식에 나타난 농도항 차수의 전체 합계
② n값은 실험으로 결정됨

(3) 반응차수별 반응 속도식

	0차 반응	1차 반응	2차 반응
유도	$n = 0$	$n = 1$	$n = 2$
반응속도식	$\dfrac{dC}{dt} = -k$	$\dfrac{dC}{dt} = -kC$	$\dfrac{dC}{dt} = -kC^{2}$
적분속도식	$C = C_0 - kt$	$\ln\dfrac{C}{C_0} = -kt$	$\dfrac{1}{C} = \dfrac{1}{C_0} + kt$
그래프			
특징	·반응물이나 생성물의 농도에 무관한 속도로 진행되는 반응 ·시간에 따라 반응물이 직선적으로 감소	·반응속도가 반응물질의 농도에 비례 ·대부분의 반응은 1차 반응임	·반응속도가 반응물질 농도의 제곱에 비례
반감기	$\dfrac{C_0}{2k}$ 초기 농도에 비례 반감기가 점점 감소함	$\dfrac{\ln 2}{k}$ 초기 농도와 무관 반감기 일정	$\dfrac{1}{kC_0}$ 초기 농도에 반비례 반감기가 점점 증가함

(4) 반감기(Half-Life)

반응물(오염물질)의 농도가 최초의 1/2로 감소할 때까지 걸리는 시간

	유도	반감기	특징
0차 반응	$\frac{1}{2}C_0 = C_0 - k \times t$ $t = \dfrac{C_0 - 0.5C_0}{k} = \dfrac{C_0}{2k}$	$\dfrac{C_0}{2k}$	· 초기 농도에 비례
1차 반응	$\ln\dfrac{1/2C_0}{C_0} = -Kt$ $t = \dfrac{\ln 2}{K} \fallingdotseq \dfrac{0.7}{K}$	$\dfrac{\ln 2}{K}$	· 초기 농도와 무관 · 항상 일정
2차 반응	$\dfrac{1}{1/2C_0} - \dfrac{1}{C_0} = kt$ $\dfrac{1}{C_0} = kt$ $t = \dfrac{1}{kC_0}$	$\dfrac{1}{kC_0}$	· 초기 농도에 반비례

① 반응차원이 높을수록 반응속도가 초기에 빠르고 후기에는 느리며, 반응 완료시간이 길어짐
② 한 반응을 끝까지 완료시키려면 반응차원이 낮을수록 유리

(5) 반응속도의 영향인자

반응물질의 종류	· 결합의 재배열이 일어나지 않는 반응 · 이온 사이에 일어나는 반응	대부분 빠름
	· 공유결합반응 · 결합의 재배열이 일어나는 반응	느림
온도	온도 증가 → $E_K \rangle E_a$ 분자수 증가, 충돌횟수 증가 → 반응속도 증가	
농도	농도 증가 → 충돌횟수 증가 → 반응속도 증가	
압력	압력 증가 → 반응계의 부피 감소 → 농도 증가 → 반응속도 증가	
촉매	· 정촉매 : 정반응 역반응 속도 증가, 활성화에너지 감소 · 부촉매 : 정반응 역반응 속도 감소, 활성화에너지 증가	

1) 반응물의 농도

대부분의 화학반응은 반응물의 농도가 증가할 때 빨리 진행(단, 0차 반응은 제외)

2) 온도

① 온도가 증가하면 반응속도는 빨라짐

② 대부분의 화학적 반응과 생물학적 반응은 온도가 10℃ 상승할 때마다 반응속도는 약 2배로 빨라짐

③ 반트호프-아레니우스 식

온도 변화에 따른 반응속도 상수 보정식

$$\frac{d(\ln k)}{dT} = -\frac{E_a}{RT^2}$$

$$\ln\frac{k_2}{k_1} = -\frac{E_a}{R}\left(\frac{1}{T_2} - \frac{1}{T_1}\right)$$

T :	절대온도
k :	반응속도상수
E_a :	활성화에너지
R :	이상기체상수

양변에 e를 밑으로 하면,

$$\frac{k_2}{k_1} = e^{\frac{E_a(T_2 - T_1)}{RT_1T_2}}$$

E, R, T_1, T_2는 상수이므로 $e^{E_a/RT_1T_2} = \theta$ 라 하면,

$$k_2 = k_1 \cdot \theta^{T_2 - T_1}$$

3) 활성화 에너지

① 활성화에너지(E_a) : 반응을 일으키기 위해 필요한 최소 에너지

② 화학반응이 일어나기 위해서는, 반응물질이 가지는 운동에너지(E_K)가 활성화에너지(E_a) 보다 더 커야 반응이 일어남 (E_K > E_a 분자가 반응에 참여하게 됨)

③ 활성화에너지가 작을수록 반응이 일어나기 쉬움

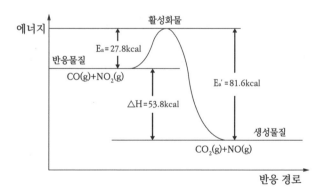

⟨ $CO(g) + NO_2(g) \rightarrow CO_2(g) + NO(g)$의 반응경로 ⟩

4) 촉매

반응속도만 변화시키고 자신은 반응 전후에서 변화가 없는 물질

가) 특징

① 대부분의 화학반응은 촉매를 첨가함으로써 반응속도가 빨라짐

② 활성화 에너지 크기 조절

③ 소량만 있어도 촉매역할 가능

④ 촉매 사용으로 변하는 것 : 활성화 에너지, 반응 속도, 반응 경로

⑤ 촉매 사용으로 변하지 않는 것 : 반응열, 반응 엔탈피, 농도, 평형 상태 등

나) 종류

① 정촉매 : 반응속도를 빠르게 하는 촉매, 활성화 에너지 낮춤, 정반응(역반응) 모두 빨라짐

② 부촉매 : 반응속도를 느리게 하는 촉매, 활성화 에너지 높임, 정반응(역반응) 모두 느려짐

	활성화에너지	반응속도
정촉매	낮아짐	빨라짐
부촉매	높아짐	느려짐

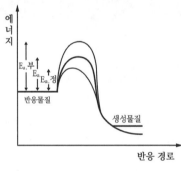 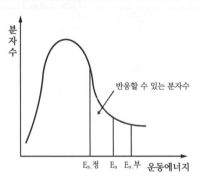

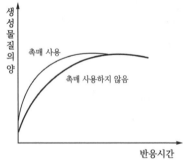

· E_a : 촉매가 없을 때의 활성화에너지
· E_a.정 : 정촉매가 있을 때의 활성화에너지
· E_a.부 : 부촉매가 있을 때의 활성화에너지

〈 촉매의 영향 〉

(6) 반응메커니즘
반응물질이 단계적으로 진행되어 생성물질로 되는 일련의 과정

예 반응메커니즘

$$2NO(g) + O_2(g) \rightarrow 2NO_2(g)$$

1단계	$2NO(g) + O_2(g)$ $\underset{k_{-1}}{\overset{k_1}{\rightleftharpoons}}$ $N_2O_4(g)$	(빠름)	
2단계	$N_2O_4(g)$ $\overset{k_2}{\longrightarrow}$ $2NO_2(g)$	(느림) 속도결정단계	
전체반응식	$2NO(g) + O_2(g) \rightarrow 2NO_2(g)$		

전체 반응속도식 = 2단계 반응속도식 $v_{전체} = v_{2단계} = k_2[N_2O_4]$

· 중간체 : $N_2O_4(g)$
· 반응속도가 가장 느린 2단계 = 속도결정단계
· 전체 반응속도 식 = 2단계 반응속도 식
· 2단계의 활성화 에너지가 가장 큼

---

1) 속도결정단계
① 전체 반응속도에 영향을 가장 많이 미치는 단계
② 여러 반응단계 중 속도가 가장 느린 단계
③ 활성화 에너지가 가장 큼
④ 전체반응속도 = 가장 느린 반응 속도

2) 중간체
① 반응 메커니즘에서 앞 단계의 생성물질이 뒷 단계에서 반응물질의 역할을 하는 물질
② 전체반응식에 포함되지 않는 물질

2. 화학 평형

(1) 화학 평형

가역반응에서 반응이 진행되면, 어느 순간 정반응 속도와 역반응 속도가 같아져, 겉으로 보면 반응이 정지된 것처럼 보이는 상태

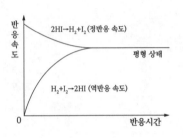

HI의 분해 및 생성반응에서의
시간에 따른 HI의 농도변화

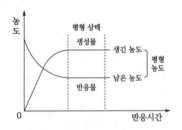

$H_2(g) + I_2(g) \rightleftharpoons 2HI(g)$ 반응에서의
시간에 따른 농도변화

$$aA + bB \underset{v_2}{\overset{v_1}{\rightleftharpoons}} cC + dD$$

① 정반응 속도 = 역반응 속도
② 반응물과 생성물의 농도가 일정함
③ 가역상태, 동적 평형
④ 가시적 변화 없음
⑤ 자발적으로 평형에 도달함($\triangle G \langle 0$)

(2) 평형상수(K)

화학반응이 평형 상태에 있을 때 생성물질의 농도 곱과 반응물질의 농도 곱의 비

1) 평형상수의 계산

$aA + bB \underset{v_2}{\overset{v_1}{\rightleftharpoons}} cC + dD$ 반응식에서,

$$K = \frac{[C]^c [D]^d}{[A]^a [B]^b}$$

K	: 평형상수
[ ]	: 평형상태에 있는 화학 종의 농도(M)
a, b, c, d	: 반응식의 계수

2) 평형상수의 성질

① 온도가 일정하면 항상 일정
② 평형상수 K값이 크면 반응은 평형이 정반응 쪽으로 치우쳐서 평형에서 생성물질이 많음

③ K값이 작으면 평형이 역반응 쪽으로 치우쳐서 평형에서 반응물질의 양이 많음

K > 1	정반응 우세
K < 1	역반응 우세

④ 정반응과 역반응의 평형상수의 관계는 역수관계

$$K_{역반응} = 1/ \ K_{정반응}$$

⑤ 순수한 액체(l)나 고체(s)상태 물질의 몰농도는 거의 변화가 없으므로 무시함(1로 계산)
　　예 $[H_2O(l)]$ = 1, 예 $[CaCO_3(s)]$ = 1
⑥ 기체의 농도는 그 기체의 분압과 같음
　　예 $[O_2(g)]$ = P_{O_2}
⑦ Hess의 법칙 적용됨

3. 연소 열역학

(1) 열화학 반응식
물질의 상태와 에너지의 출입을 함께 나타낸 화학 반응식

$$2H_2(g) + O_2(g) \rightarrow 2H_2O(l) + 136.6kcal \ (반응열, \ Q)$$

$$2H_2(g) + O_2(g) \rightarrow 2H_2O(l), \ \triangle H = -136.6kcal \ (반응엔탈피, \ \triangle H)$$

$$H_2(g) + \frac{1}{2}O_2(g) \rightarrow H_2O(l) + 68.3kcal$$

(2) 반응 엔탈피
1) 정의
① 반응열 : 물질들이 반응을 일으킬 때 방출하거나 흡수하는 열
② 엔탈피(H) : 어떤 물질에 포함된 에너지(어떤 계가 가지고 있는 열함량)
③ 반응 엔탈피($\triangle H$) : 정압상태에서 화학 반응으로 변하는 엔탈피 변화

반응 엔탈피 = 생성물의 엔탈피 - 반응물의 엔탈피

④ 반응열(발열량) : 일정한 온도에서 화학적 반응이 일어날 때 흡수되거나 방출되는 열의 양
⑤ 발열반응 : 생성물질의 에너지보다 반응물질의 에너지가 높아 반응 시 열을 방출하는
　　반응(주위 온도상승)
⑥ 흡열반응 : 생성물질의 에너지보다 반응물질의 에너지가 낮아 반응 시 열을 흡수하는
　　반응(주위 온도 하강)

2) 반응 엔탈피와 반응열

반응	정의	반응엔탈피	반응열
발열 반응	반응에 의해 계가 주위로 열을 방출(에너지를 잃는)반응	$\Delta H < 0$	$Q > 0$
흡열 반응	반응에 의해 계가 주위로 열을 흡수(에너지를 얻는)반응	$\Delta H > 0$	$Q < 0$

	흡열반응	발열반응
반응엔탈피	+	−
엔탈피	증가	감소
반응열	−	+
주변온도	감소	증가

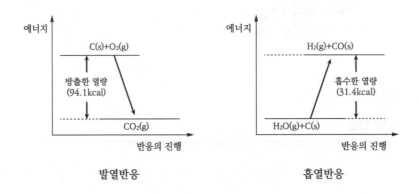

발열반응   흡열반응

① 반응엔탈피(ΔH)와 반응열(Q)은 크기 동일, 부호 반대

$$CH_4(g) + 2O_2(g) \rightarrow CO_2(g) + 2H_2O(l), \ \Delta H^\circ = -890kJ/mol$$

$$CH_4(g) + 2O_2(g) \rightarrow CO_2(g) + 2H_2O(l) + 890kJ/mol$$

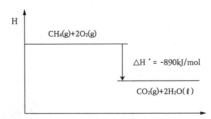

② 역반응의 ΔH°는 정반응의 ΔH°와 크기는 같고 부호는 반대

$$\Delta H^\circ \text{역반응} = -\Delta H^\circ \text{정반응}$$

$$CH_4(g) + 2O_2(g) \rightarrow CO_2(g) + 2H_2O(l), \ \Delta H^\circ = -890kJ/mol$$

$$CO_2(g) + 2H_2O(l) \rightarrow CH_4(g) + 2O_2(g), \ \Delta H^\circ = 890kJ/mol$$

③ 엔탈피는 물질의 양에 비례함

$$CH_4(g) + 2O_2(g) \rightarrow CO_2(g) + 2H_2O(l), \quad \Delta H^\circ = -890kJ(엔탈피)$$

$$2CH_4(g) + 4O_2(g) \rightarrow 2CO_2(g) + 4H_2O(l), \quad \Delta H^\circ = -1,780kJ(엔탈피)$$

④ 엔탈피는 반응경로와 무관함

3) 연소열(ΔH)

① 연료 1몰이 완전 연소할 때의 반응열

> 예 $CH_4(g) + 2O_2(g) \rightarrow CO_2(g) + 2H_2O(g), \quad \Delta H = -802.4kJ/mol$
>
> $CH_4(g)$가 연소되는 반응이므로, (연소는 항상 발열반응)
>
> $CH_4(g)$의 연소열(반응열) : $+802.4kJ$
>
> 연소열(ΔH) : $-802kJ$

(3) 깁스자유에너지(Gibbs free energy, G)

반응의 자발성 여부를 예측할 수 있는 상태함수

1) 깁스자유에너지와 자발성

① 열역학 제2법칙에 따라서 $\Delta S_{우주} > 0$일 때 반응은 자발적이다.

② $\Delta S_{우주} > 0$이면, $\Delta G < 0$이므로, $\Delta G < 0$일 때가 자발적이다.

$$\Delta G = \Delta H - T\Delta S$$

$\Delta G < 0$	자발적
$\Delta G = 0$	가역과정(평형상태)
$\Delta G > 0$	비자발적

(4) 헤스의 법칙(총열량 불변의 법칙)

① ΔH는 상태함수이므로 반응 경로에 무관함

② 어느 특정 반응물이 특정 생성물이 되는 화학 반응이 한 단계로 진행되든, 여러 단계로 진행되든 그 반응의 ΔH는 항상 일정함

③ 실험적으로 구하기 어려운 반응식의 반응열을 계산에 의해 이론적으로 구하기 위해서 헤스의 법칙 이용

1) 반응 엔탈피의 헤스의 법칙 적용

예제 01 메탄의 표준생성엔탈피($\triangle H_f^\circ$)를 구하여라.

① $H_{2(g)} + \dfrac{1}{2}O_{2(g)} \rightarrow H_2O_{(g)}$ $\qquad\qquad$ $H_1^\circ = -286kJ$

② $C_{(s)} + O_{2(g)} \rightarrow CO_{2(g)}$ $\qquad\qquad$ $H_2^\circ = -394kJ$

③ $CH_{4(g)} + 2O_{2(g)} \rightarrow CO_{2(g)} + 2H_2O_{(g)}$ $\qquad$ $H_3^\circ = -890kJ$

$C_{(s)} + 2H_{2(g)} \rightarrow CH_{4(g)}, \triangle H_f^\circ$

해설

$2 \times$ ① $\quad 2H_{2(g)} + O_{2(g)} \rightarrow 2H_2O_{(g)}$ $\qquad$ $2H_1^\circ = -2 \times 286kJ$

$+$ ② $\qquad C_{(s)} + O_{2(g)} \rightarrow CO_{2(g)}$ $\qquad\qquad$ $+H_2^\circ = -394kJ$

$-$ ③ $\quad CO_{2(g)} + 2H_2O_{(g)} \rightarrow CH_{4(g)} + 2O_{2(g)}$ $\quad$ $-H_3^\circ = 890kJ$

─────────────────────────────────────

$\qquad\qquad C_{(s)} + 2H_{2(g)} \rightarrow CH_{4(g)}$ $\qquad\qquad$ $\triangle H_f^\circ = -76kJ$ (발열반응)

정답 $-76kJ$(발열반응)

2) 깁스자유에너지의 헤스의 법칙 적용

예제 02 $\triangle G^\circ$를 계산하시오.

① $\quad C_{(s)다이아몬드} + O_{2(g)} \rightarrow CO_{2(g)}$ $\qquad$ $\triangle G_1^\circ = -397kJ$

② $\quad C_{(s)흑연} + O_{2(g)} \rightarrow CO_{2(g)}$ $\qquad$ $\triangle G_2^\circ = -394kJ$

─────────────────────────────────────

$\quad C_{(s)다이아몬드} \rightarrow C_{(s)흑연}$ $\qquad$ $\triangle G^\circ$

해설

① $\quad C_{(s)다이아몬드} + O_{2(g)} \rightarrow CO_{2(g)}$ $\qquad$ $\triangle G_1^\circ = -397kJ$

② $\quad C_{(s)흑연} + O_{2(g)} \rightarrow CO_{2(g)}$ $\qquad$ $\triangle G_2^\circ = -394kJ$

─────────────────────────────────────

$\quad C_{(s)다이아몬드} \rightarrow C_{(s)흑연}$ $\qquad\qquad$ $\triangle G^\circ$

① $-$ ② 이므로, $\triangle G^\circ = \triangle G_1^\circ - \triangle G_2^\circ = -397kJ - (-394kJ) = -3kJ$

정답 $-3kJ$

(5) 기타 열역학적 성질

1) 비열

① 정의 : 물질 1g의 온도를 1℃(K) 올리는 데 필요한 열량

② 단위 : cal/g · ℃, kcal/kg · ℃

③ 같은 열량을 흡수 할 때, 비열이 클수록 온도변화가 적음(예 모래와 물)

④ 비열이 클수록 더 많은 열을 흡수하므로 냉각효과가 뛰어남

⑤ 물의 비열 : 1cal/g · ℃ = 1kcal/kg · ℃

> 1cal : 물 1g을 1℃ 상승시키는 데 필요한 열량
> 1cal = 4.2J

참고

각종 탄의 비열

무연탄의 비열 : 0.22~0.23kcal/kg · ℃

역청탄의 비열 : 0.24~0.26kcal/kg · ℃

2) 현열(sensible heat)

① 물질의 상태변화를 일으키지 않고 온도 변화만 일으키는 열

② 온도만 변화시킴, 상태변화 없음

$$Q = m \cdot c \cdot \Delta t$$

Q :	현열(kcal)
m :	질량(kg)
c :	비열(kcal/kg · ℃)
Δt :	온도차(℃)

3) 잠열

① 물질의 상태를 변화시키기 위해 흡수 혹은 방출 시키는 열

② 상태변화에만 사용됨, 온도 변화 없음

③ 얼음의 융해잠열(고체 → 액체) : 80kcal/kg

④ 물의 증발잠열(액체 → 기체) : 539kcal/kg

$$Q = m \cdot \gamma$$

Q :	잠열(kcal)
m :	질량(kg)
γ :	융해잠열, 증발잠열(kcal/kg)

4) 물의 상태변화

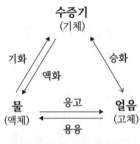

〈 물의 상태 변화 〉

	정의	상태 변화
흡열과정	상태 변화 시 필요한 에너지를 흡수함	용해, 기화, 승화
발열과정	상태 변화 시 에너지를 방출함	용융, 액화, 승화

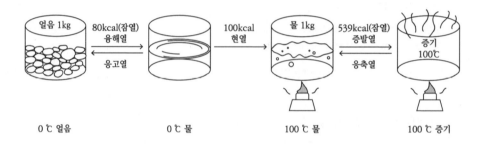

〈 물의 상태 변화 〉

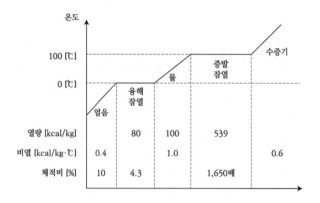

예제 01 15℃ 물 1kg이 200℃ 증기로 변할 때 흡수되는 열량을 구하시오.

해설

① 물이 수증기로 변할 때 필요한 열량

Q = 물의 현열 + 물의 증발잠열 + 수증기의 현열

② 계산과정

$Q = m \cdot c \cdot \triangle t + m \cdot \gamma + m \cdot c \cdot \triangle t$

$= 1 \times 1 \times (100 - 15) + 1 \times 539 + 1 \times 0.6 \times (200 - 100)$

$= 684 \text{kcal}$

정답 684kcal

(6) 연소범위(= 폭발범위, 가연범위)

1) 계산

르 샤틀리에의 원리를 적용하여 산정

$$L = \frac{100}{\dfrac{P_1}{n_1} + \dfrac{P_2}{n_2} + \cdots + \dfrac{P_n}{n_n}}$$

· L : 혼합가스의 연소한계
· P : 각 성분 가스의 체적(%)
· n : 각 성분 단일 가스의 연소한계

2) 르 샤틀리에의 원리(화학평형의 이동 법칙)

평형상태에서 온도, 압력, 농도 등의 변화가 생기면, 그 변화를 감소시키는 방향으로 반응이 진행돼 새로운 평형에 도달함

3) 연소범위의 특징

① 가스의 온도가 높아지면 일반적으로 넓어짐
② 가스압이 높아지면 하한값이 크게 변화되지 않으나 상한 값은 높아짐
③ 폭발한계 농도 이하에서는 폭발성 혼합가스를 생성하기 어려움
④ 압력이 상압(1기압)보다 높아질 때 변화가 큼

4) 주요 연소의 연소범위(폭발한계, 가연한계)

연료	폭발범위(하한~상한)(%)
수소	4 ~ 75
일산화탄소	12.5 ~ 74
메탄	5 ~ 15
에탄	3.1 ~ 12.5
프로판	2.1 ~ 10.1
옥탄	0.95 ~ 3.2
에틸렌	2.7 ~ 28.6
아세틸렌	2.5 ~ 80
벤젠	1.2 ~ 7.8
톨루엔	1.3 ~ 7

연습문제

연소열역학 및 열수지

내용문제

01 A(g) → 생성물 반응에서 그 반감기가 0.693/k인 반응은? (단, k는 속도상수이다.)

① 0차 반응　　　　② 1차 반응
③ 2차 반응　　　　④ n차 반응

해설

정답 ②

---

02 연소반응에서 반응속도상수 k를 온도의 함수 인 다음 반응식으로 나타낸 법칙은?

$$k = k_0 \cdot e^{-E_a/RT}$$

① Henry's Law
② Fick's Law
③ Arrhenius's Law
④ Van der Waals's Law

해설

정답 ③

---

03 다음 중 표준공기 내에서 연소범위(Vol%)가 가장 넓은 것은?

① 메탄　　　　② 아세틸렌
③ 벤젠　　　　④ 톨루엔

해설

정답 ②

계산문제

| 1차 반응 1 농도 → 시간 |

01 어떤 1차 반응에서 반감기가 10분이었다. 반응 물이 1/10 농도로 감소할 때까지는 얼마의 시 간이 걸리겠는가?

① 6.9min　　　　② 33.2min
③ 693min　　　　④ 3,323min

해설

1차 반응식

$$\ln\left(\frac{C}{C_o}\right) = -k \cdot t$$

1) 반응속도 상수(k)

$$\ln\left(\frac{1}{2}\right) = -k \times 10\min$$

∴ k = 0.0693/min

2) 반응물이 1/10 농도로 감소될 때까지의 시간

$$\ln\left(\frac{1}{10}\right) = -0.0693/\min \times t$$

∴ t = 33.23min

정답 ②

연습문제

| 1차 반응 2 속도상수 → 시간 |

02 오산화이질소(N_2O_5)의 분해는 아래와 같이 45℃에서 속도상수 $5.1 \times 10^{-4} s^{-1}$인 1차 반응이다. N_2O_5의 농도가 0.25M에서 0.15M으로 감소되는 데는 약 얼마의 시간이 걸리는가?

$$2N_2O_5(g) \rightarrow 4NO_2(g) + O_2(g)$$

① 5min
② 9min
③ 12min
④ 17min

해설

1차 반응속도식

$$\ln\left(\frac{C}{C_o}\right) = -k \cdot t$$

$$\ln\left(\frac{0.15}{0.25}\right) = -5.1 \times 10^{-4}/s \times t$$

$$\therefore t = 1,001.6188s \times \frac{1min}{60s} = 16.69min$$

정답 ④

| 1차 반응 3 시간, 농도 → 속도상수 |

03 어떤 화학과정에서 반응물질이 25% 분해하는데 41.3분 걸린다는 것을 알았다. 이 반응이 1차라고 가정할 때, 속도상수 K는?

① $1.437 \times 10^{-4} s^{-1}$
② $1.232 \times 10^{-4} s^{-1}$
③ $1.161 \times 10^{-4} s^{-1}$
④ $1.022 \times 10^{-4} s^{-1}$

해설

1차반응식

$$\ln\left(\frac{C}{C_o}\right) = -k \times t$$

$$\ln\left(\frac{75}{100}\right) = -k \times 41.3min \times \frac{60s}{1min}$$

$$\therefore k = 1.1609 \times 10^{-4}/sec$$

정답 ③

| 0차 반응 |

04 어떤 0차 반응에서 반응을 시작하고 반응물의 1/2이 반응하는데 40분이 걸렸다. 반응물의 90%가 반응하는데 걸리는 시간은?

① 66분
② 72분
③ 133분
④ 185분

해설

0차 반응식

$$C = C_0 - kt$$

1) $\frac{1}{2} - 1 = -k \times 40min$

$\therefore k = 0.0125/min$

2) $\frac{10}{100} - 1 = -0.0125 \times t$

$\therefore t = 72min$

정답 ②

| 2차 반응 반감기 → 시간 |

05 창고에 화재가 발생하여 적재된 어떤 화합물이 10분 동안에 1/2이 소실되었다. 이 화합물의 80%가 소실되는데 걸리는 시간은? (단, 연소반응은 2차 반응으로 진행된다.)

① 30분 ② 40분
③ 50분 ④ 60분

해설

2차 반응식

$$\frac{1}{C} - \frac{1}{C_o} = kt$$

1) $\dfrac{1}{1/2} - \dfrac{1}{1} = k \times 10$

∴ k = 0.1

2) $\dfrac{1}{0.2} - \dfrac{1}{1} = 0.1 \times t$

∴ t = 40min

정답 ②

| 평형상수 |

06 A + B ⇌ C + D 반응에서 A와 B의 반응물질이 각각 1mol/L이고, C와 D의 생성물질이 각각 0.5mol/L일 때, 평형상수 값을 구하면?

① 0.25 ② 0.5
③ 0.75 ④ 1.0

해설

	A	+	B	↔	C	+	D
평형농도	1		1		0.5		0.5

$$k = \frac{[C][D]}{[A][B]} = \frac{0.5 \times 0.5}{1 \times 1} = 0.25$$

정답 ①

| 아레니우스식 반응속도상수 → 활성화에너지 |

07 사진현상을 하였더니 현상의 속도상수가 17℃일 때에 비하여 26℃에서 2배였다. 활성화에너지(cal/mole)는?

① 12,000 ② 12,670
③ 12,970 ④ 13,270

해설

$$k = A \cdot e^{\frac{-E_a}{RT}}$$

$$\ln \frac{k_2}{k_1} = -\frac{E_a}{R}\left(\frac{1}{T_2} - \frac{1}{T_1}\right)$$

(단, R(기체상수) : 0.0083kJ/mol · K)

$$\ln \frac{2}{1} = -\frac{E_a}{0.0083}\left(\frac{1}{273 + 26} - \frac{1}{273 + 17}\right)$$

$$\therefore E_a = \frac{55.4281\,kJ}{mol} \times \frac{1,000J}{1kJ} \times \frac{1cal}{4.2J}$$

$$= 13,197.17cal/mol$$

정답 ④

연습문제

| 폭발범위(하한~상한)1 계산 |

08 조성이 메탄 50%, 에탄 30%, 프로판 20%인 혼합가스의 폭발범위로 가장 적합한 것은? (단, 메탄의 폭발범위 5~15%, 에탄의 폭발범위 3~12.5%, 프로판의 폭발범위 2.1~9.5%, 르샤틀리에의 식 적용)

① 1.2~8.6%　　② 1.9~9.6%
③ 2.5~10.8%　　④ 3.4~12.8%

해설

르샤틀리에의 폭발범위 계산

$$L = \frac{100}{\dfrac{V_1}{L_1} + \dfrac{V_2}{L_2} + \cdots \dfrac{V_n}{L_n}}$$

$$L_{하한} = \frac{100}{\dfrac{50}{5} + \dfrac{30}{3} + \dfrac{20}{2.1}} = 3.39\,\%$$

$$L_{상한} = \frac{100}{\dfrac{50}{15} + \dfrac{30}{12.5} + \dfrac{20}{9.5}} = 12.76\%$$

∴ 3.39% ~ 12.76%

정답 ④

| 폭발범위(하한~상한)2 이론적 공식 |

09 다음 중 폭발성 혼합가스의 연소범위(L)를 구하는 식으로 옳은 것은? (단, nn : 각 성분 단일의 연소한계(상한 또는 하한), Pn : 각 성분 가스의 체적(%))

① $L = \dfrac{100}{\dfrac{n_1}{P_1} + \dfrac{n_2}{P_2} + \cdots}$

② $L = \dfrac{100}{\dfrac{P_1}{n_1} + \dfrac{P_2}{n_2} + \cdots}$

③ $L = \dfrac{n_1}{P_1} + \dfrac{n_2}{P_2} + \cdots$

④ $L = \dfrac{P_1}{n_1} + \dfrac{P_2}{n_2} + \cdots$

해설

$$\frac{100}{L} = \frac{V_1}{L_1} + \frac{V_2}{L_2} + \frac{V_3}{L_3} + \cdots$$

$$\therefore L = \frac{100}{\dfrac{V_1}{L_1} + \dfrac{V_2}{L_2} + \dfrac{V_3}{L_3} + \cdots}$$

문제의 기호에 맞게 바꾸면,

$$L = \frac{100}{\dfrac{P_1}{n_1} + \dfrac{P_2}{n_2} + \cdots}$$

L_1, L_2, L_3 : 각 성분 단일의 연소한계(상한 또는 하한)

V_1, V_2, V_3 : 각 성분 기체의 체적(%)

L : 혼합기체의 폭발범위

정답 ②

| 폭발범위(하한~상한)3 하한 연소범위 |

10 아래의 조성을 가진 혼합기체의 하한 연소범위(%)는?

성분	조성(%)	하한연소범위(%)
메탄	80	5.0
에탄	15	3.0
프로판	4	2.1
부탄	1	1.5

① 3.46 ② 4.24
③ 4.55 ④ 5.05

해설

르 샤틀리에의 폭발범위

$$L(\%) = \frac{100}{\dfrac{V_1}{L_1} + \dfrac{V_2}{L_2} + \cdots + \dfrac{V_n}{L_n}}$$

$$L(\%) = \frac{100}{\dfrac{80}{5.0} + \dfrac{15}{3.0} + \dfrac{4}{2.1} + \dfrac{1}{1.5}} = 4.24\%$$

정답 ②

| 헤스의 법칙 이용 엔탈피 계산 |

11 아래 식을 이용하여 $C_2H_4(g) + H_2(g) \rightarrow C_2H_6(g)$로 되는 반응의 엔탈피를 구하면?

$$2C + 2H_2(g) \rightarrow C_2H_4(g) \quad \triangle H_f = 52.3KJ$$
$$2C + 3H_2(g) \rightarrow C_2H_6(g) \quad \triangle H_f = -84.7KJ$$

① −137.0kJ ② −32.4kJ
③ 32.4kJ ④ 137.0kJ

해설

$-$식① $\quad C_2H_4(g) \quad\quad \rightarrow 2C + 2H_2(g) \quad \triangle H_1 = -52.3kJ$
$+$식② $\quad 2C + 3H_2(g) \rightarrow C_2H_6(g) \quad\quad \triangle H_2 = -84.7kJ$
_____
$\quad\quad\quad\quad C_2H_4(g) + H_2 \rightarrow C_2H_6(g) \quad\quad \triangle H$

$\triangle H = \triangle H_1 + \triangle H_2$
$\quad\quad = -52.3 + (-84.7)$
$\quad\quad = -137.0(kJ)$

정답 ①

Chapter 02 공기량

1. 연소 계산의 기초

(1) 연소 반응

가연성 물질	+	산소	→	산화물	+	반응열, 불꽃
(연료)		(공기)		(연소 생성물)		발열량

① 가연분 : 연료 중 C, H, S
② 조연성 가스 : 공기 중 산소
③ 연소 생성물 : 가연분이 연소되면서 생성된 산화물
④ 발열량 : 연료가 연소되면서 발생하는 반응열

(2) 연소 반응식

가연성 물질	+	산소	→	산화물	+	반응열, 불꽃
(연료)		(공기)		(연소 생성물)		발열량
탄소 : C	+	O_2	→	CO_2	+	8,100(kcal/kg)
수소 : H_2	+	$\frac{1}{2}O_2$	→	H_2O	+	34,000(kcal/kg)
황 : S	+	O_2	→	SO_2	+	2,500(kcal/kg)
메탄 : CH_4	+	$2O_2$	→	CO_2	+	$2H_2O$
탄화수소류 : C_mH_n	+	$\left(m+\frac{n}{4}\right)O_2$	→	mCO_2	+	$\frac{n}{2}H_2O$

1) 탄소(C)의 연소

중량				부피			
C	+ O_2	→	CO_2	C	+ O_2	→	CO_2
12kg	32kg		44kg	12kg	22.4sm^3		22.4sm^3
1kg	2.67kg		3.67kg(44/12)	1kg	1.87sm^3		1.87sm^3(22.4/12)

2) 수소(H)의 연소

중량				부피			
H_2	$+$	$\frac{1}{2}O_2$	$\rightarrow$ H_2O	H_2	$+$	$\frac{1}{2}O_2$	$\rightarrow$ H_2O
2kg		16kg	18kg	2kg		$11.2sm^3$	$22.4sm^3$
1kg		8kg	9kg(18/2)	1kg		$5.6sm^3$	$11.2sm^3$(22.4/2)

3) 황(S)의 연소

중량				부피			
S	$+$	O_2	$\rightarrow$ SO_2	S	$+$	O_2	$\rightarrow$ SO_2
32kg		32kg	64kg	32kg		$22.4sm^3$	$22.4sm^3$
1kg		1kg	2kg(64/32)	1kg		$0.7sm^3$	$0.7sm^3$(22.4/32)

4) 주요 연료의 연소반응식

연료	연소반응식					
메탄	CH_4	$+$	$2O_2$	$\rightarrow$	CO_2	$+$ $2H_2O$
에탄	C_2H_6	$+$	$3.5O_2$	$\rightarrow$	$2CO_2$	$+$ $3H_2O$
프로판	C_3H_8	$+$	$5O_2$	$\rightarrow$	$3CO_2$	$+$ $4H_2O$
부탄	C_4H_{10}	$+$	$6.5O_2$	$\rightarrow$	$4CO_2$	$+$ $5H_2O$
에틸렌	C_2H_4	$+$	$3O_2$	$\rightarrow$	$2CO_2$	$+$ $2H_2O$
프로필렌	C_3H_6	$+$	$4.5O_2$	$\rightarrow$	$3CO_2$	$+$ $3H_2O$
부틸렌	C_4H_8	$+$	$6O_2$	$\rightarrow$	$4CO_2$	$+$ $4H_2O$
아세틸렌	C_2H_2	$+$	$2.5O_2$	$\rightarrow$	$2CO_2$	$+$ H_2O
메탄올	CH_3OH	$+$	$1.5O_2$	$\rightarrow$	CO_2	$+$ $2H_2O$
에탄올	C_2H_5OH	$+$	$3O_2$	$\rightarrow$	$2CO_2$	$+$ $3H_2O$
페놀	C_6H_5OH	$+$	$7O_2$	$\rightarrow$	$6CO_2$	$+$ $3H_2O$

2. 이론산소량(O_o)

단위 연료당 완전연소시키는 데 필요한 최소한의 산소량

(1) 고체 및 액체 연료의 이론 산소량

1) O_o(kg/kg)

$$O_o(kg/kg) = \frac{32}{12}C + \frac{16}{2}\left(H - \frac{O}{8}\right) + \frac{32}{32}S$$
$$= 2.667C + 8\left(H - \frac{O}{8}\right) + S$$
$$= 2.667C + 8H - O + S$$

예제 01
C 50%, H 25%, S 10%, O 15%로 구성된, 연료를 연소할 때 필요한 이론산소량 (kg/kg)은?

해설

$$O_o(kg/kg) = \frac{32}{12}C + \frac{16}{2}\left(H - \frac{O}{8}\right) + \frac{32}{32}S$$
$$= \frac{32}{12} \times 0.5 + \frac{16}{2}\left(0.25 - \frac{0.15}{8}\right) + \frac{32}{32} \times 0.1$$
$$= 3.283$$

정답 3.283(kg/kg)

2) O_o(Sm³/kg)

$$O_o(Sm^3/kg) = \frac{22.4}{12}C + \frac{11.2}{2}\left(H - \frac{O}{8}\right) + \frac{22.4}{32}S$$
$$= 1.867C + 5.6\left(H - \frac{O}{8}\right) + 0.7S$$
$$= 1.867C + 5.6H - 0.70O + 0.7S$$

예제 02
C 50%, H 25%, S 10%, O 15%로 구성된, 연료를 연소할 때 필요한 이론산소량 (Sm³/kg)은?

해설

$$O_o(Sm^3/kg) = \frac{22.4}{12}C + \frac{11.2}{2}\left(H - \frac{O}{8}\right) + \frac{22.4}{32}S$$
$$= \frac{22.4}{12} \times 0.5 + \frac{11.2}{2}\left(0.25 - \frac{0.15}{8}\right) + \frac{22.4}{32} \times 0.1$$
$$= 2.298$$

정답 2.298(Sm³/kg)

유효수소

1) 무효수소

연료 중 산소는 모두 연료 중 수소와 화합하여 결합수(물)이 된다.

$$H_2 + \frac{1}{2}O_2 \rightarrow H_2O$$

2kg : 32kg

무효수소 : 산소 공급 없이 연료 중 산소로 연소되는 수소, $\dfrac{O}{8}$

무효수소는 산소 공급이 필요 없으므로 이론 산소량을 계산할때는 빼준다.

2) 유효수소

유효수소 : 산소를 공급받아 연소되는 수소

유효수소 = 총 수소 − 무효수소 = $H - \dfrac{O}{8}$

이론산소량을 계산할 때는 유효수소만 고려한다.

(2) 기체 연료의 이론 산소량

1) $O_o(Sm^3/Sm^3)$

연소반응식에서 연료와 산소의 몰수 비

예제 03 메탄의 이론 산소량(Sm^3/Sm^3)은?

해설

$$CH_4 + 2O_2 \rightarrow CO_2 + 2H_2O$$

$1Sm^3 : 2Sm^3$

$\therefore O_o(Sm^3/Sm^3) = 2$

정답 $2(Sm^3/Sm^3)$

3. 이론공기량(A_o)

연료의 완전 연소 시 필요한 최소한의 공기량

(1) $A_o(kg/kg)$

공기 중 산소는 무게비로 23.2% 존재함

$$A_o(kg/kg) = O_o/0.232 = (2.67C + 8H - O + S)/0.232$$

(2) $A_o(Sm^3/kg)$

공기 중 산소는 부피비로 21% 존재함

$$A_o(Sm^3/kg) = O_o/0.21 = (1.867C + 5.6H - 0.7O + 0.7S)/0.21$$

(3) $A_o(Sm^3/Sm^3)$

공기 중 산소는 부피비로 21% 존재함

$$A_o(Sm^3/Sm^3) = O_o/0.21$$

(4) 각 연료의 이론공기량(단위 Sm^3/kg)

연료	연소반응식						이론산소량(Sm^3/Sm^3)	이론공기량(Sm^3/Sm^3)
메탄	CH_4	$+$	$2O_2$	$\rightarrow$	CO_2	$+$	$2H_2O$	2	9.5
에탄	C_2H_6	$+$	$3.5O_2$	$\rightarrow$	$2CO_2$	$+$	$3H_2O$	3.5	16.7
프로판	C_3H_8	$+$	$5O_2$	$\rightarrow$	$3CO_2$	$+$	$4H_2O$	5	23.8
부탄	C_4H_{10}	$+$	$6.5O_2$	$\rightarrow$	$4CO_2$	$+$	$5H_2O$	6.5	31.0
에틸렌	C_2H_4	$+$	$3O_2$	$\rightarrow$	$2CO_2$	$+$	$2H_2O$	3	14.3
프로필렌	C_3H_6	$+$	$4.5O_2$	$\rightarrow$	$3CO_2$	$+$	$3H_2O$	4.5	21.4
부틸렌	C_4H_8	$+$	$6O_2$	$\rightarrow$	$4CO_2$	$+$	$4H_2O$	6	28.6
아세틸렌	C_2H_2	$+$	$2.5O_2$	$\rightarrow$	$2CO_2$	$+$	H_2O	2.5	11.9
메탄올	CH_3OH	$+$	$1.5O_2$	$\rightarrow$	CO_2	$+$	$2H_2O$	1.5	7.1
에탄올	C_2H_5OH	$+$	$3O_2$	$\rightarrow$	$2CO_2$	$+$	$3H_2O$	3	14.3
페놀	C_6H_5OH	$+$	$7O_2$	$\rightarrow$	$6CO_2$	$+$	$3H_2O$	7	33.3

연료	이론공기량(Sm^3/Sm^3)		
고로가스	0.7		
발생로가스	0.9	~	1.2
석탄가스	4.5	~	5.5
천연가스(LNG)	8.5	~	10
코크스	8	~	9
무연탄	9	~	10
역청탄	10	~	13
액화석유가스(LPG)	14.3	~	31.0

4. 실제 공기량(A)

$$A = mA_o$$

5. 공기비(m)

이론공기량에 대한 실제공기량의 비

$$m = \frac{A}{A_o}$$

(1) 계산 – 배기가스 성분으로 계산
1) 완전 연소 시

$$m = \frac{21}{21 - O_2} = \frac{N_2}{N_2 - 3.76 O_2}$$

$$m = \frac{CO_{2max}}{CO_2}$$

2) 불완전 연소 시

$$m = \frac{N_2}{N_2 - 3.76(O_2 - 0.5 CO)}$$

(2) 특징

m < 1	m = 1	1 < m
· 공기부족 · 불완전 연소	· 완전연소	· 과잉공기
· 매연, 검댕, CO, HC 증가 · 폭발위험	· CO_2 발생량 최대	· SO_x, NO_x 증가 · 연소온도 감소, 냉각효과 · 열손실 커짐 · 저온부식 발생 · 희석효과가 높아져, 연소 생성물의 농도 감소

(3) 각종 연소장치의 공기비

보통 저질 연료일수록 공기비가 커짐

연소 방법	가스 버너	오일 버너	미분탄 버너	이동화 격자	수평화 격자
공기비(m)	1.1~1.2	1.2~1.4	1.2~1.4	1.3~1.6	1.5~2.0

6. 과잉공기량

$$과잉공기량 = 실제공기량 - 이론공기량$$
$$= A - A_0$$
$$= mA_0 - A_0$$
$$= (m - 1)A_0$$

7. 과잉공기율

$$과잉공기율 = \frac{과잉공기량}{이론공기량} = \frac{A - A_0}{A_0} = \frac{A}{A_0} - 1 = m - 1$$

연습문제

공기량

내용문제

| 연소반응식 완성 |

01 다음 가스연료의 완전연소 반응식으로 옳지 않은 것은?

① 메탄 : $CH_4 + O_2 \ (\longrightarrow)\ CO_2 + 2H_2$

② 일산화탄소 : $2CO + O_2 \ (\longrightarrow)\ 2CO_2$

③ 수소 : $2H_2 + O_2 \ (\longrightarrow)\ 2H_2O$

④ 프로판 : $C_3H_8 + 5O_2 \ (\longrightarrow)\ 3CO_2 + 4H_2O$

해설

$CH_4 + 2O_2 \longrightarrow CO_2 + 2H_2O$

정답 ①

02 다음 중 과잉산소량(잔존 O_2량)을 옳게 표시한 것은?(단, A : 실제공기량, A_o : 이론공기량, m : 공기과잉계수(m>1), 표준상태이며, 부피 기준임)

① $0.21 \cdot m \cdot A_o$　　② $0.21 \cdot (m-1) \cdot A_o$

③ $0.21 \cdot m \cdot A$　　④ $0.21 \cdot (m-1) \cdot A$

해설

과잉산소량 = 실제산소량 - 이론산소량

= (0.21 × 실제공기량) - (0.21 × 이론공기량)

= $0.21mA_o - 0.21A_o$

= $0.21(m-1)A_o$

정답 ②

03 다음 기체연료 중 완전연소에 필요한 이론공기량(Sm^3/Sm^3)이 가장 많이 필요한 것은?

① 수소　　　　　　② 액화석유가스

③ 메탄　　　　　　④ 에탄

해설

이론산소량이 클수록, 이론공기량도 크다.

① 수소 : $H_2 + 1/2O_2 \rightarrow H_2O$

② LPG : $C_3H_8 + 5O_2 \rightarrow 3CO_2 + 4H_2O$

③ 메탄 : $CH_4 + 2O_2 \rightarrow CO_2 + 2H_2O$

④ 에탄 : $C_2H_6 + 3.5O_2 \rightarrow 2CO_2 + 3H_2O$

정답 ②

04 천연가스의 이론공기량으로 가장 적합한 것은?

① $8.5 \sim 10 Sm^3/Sm^3$

② $10 \sim 15 Sm^3/Sm^3$

③ $20 \sim 25 Sm^3/Sm^3$

④ $25 \sim 35 Sm^3/Sm^3$

해설

천연가스(LNG)의 주성분은 메탄임

메탄 : $CH_4 + 2O_2 \rightarrow CO_2 + 2H_2O$

$A_o(Sm^3/Sm^3) = O_o/0.21 = 2/0.21 = 9.52$

정답 ①

연습문제

05 과잉공기가 클 때 나타나는 현상으로 틀린 것은?

① 연소실 내 온도 저하
② 배출가스 중 NO_x량 증가
③ 배출가스에 의한 열손실의 증가
④ 배출가스의 온도가 높아지고 매연이 증가

해설

배출가스의 온도가 낮아지고 매연이 감소한다.

정답 ④

06 다음 연소장치 중 일반적으로 가장 큰 공기비를 필요로 하는 것은?

① 미분탄버너　　　② 수평수동화격자
③ 오일버너　　　　④ 가스버너

해설

각종 연소장치의 공기비
(보통 저질 연료일수록 공기비가 크다.)

연소방법	공기비(m)
가스 버너	1.1~1.2
오일 버너	1.2~1.4
미분탄 버너	1.2~1.4
이동화 버너	1.3~1.6
수평화 버너	1.5~2.0

정답 ②

| **계산문제** |

| **이론산소량(kg/kg)** |

01 탄소 50kg과 수소 50kg을 완전 연소시키는데 필요한 이론적인 산소의 양은?

① 312kg　　　　　② 386kg
③ 432kg　　　　　④ 533kg

해설

$$O_o(kg/kg) = \frac{32}{12}C + \frac{16}{2}\left(H - \frac{O}{8}\right) + \frac{32}{32}S$$

$$= 2.667C + 8\left(H - \frac{O}{8}\right) + S$$

$$= 2.667 \times 50 + 8 \times 50$$

$$= 533.35kg$$

정답 ④

| **이론산소량(kg/kg)** |

02 원소구성비(무게)가 C=75%, O=9%, H=13%, S=3%인 석탄 1kg을 완전연소 시킬 때 필요한 이론산소량은?

① 1.94kg　　　　　② 2.09kg
③ 2.66kg　　　　　④ 2.98kg

해설

$$O_o(kg/kg) = \frac{32}{12}C + \frac{16}{2}\left(H - \frac{O}{8}\right) + \frac{32}{32}S$$

$$= \frac{32}{12} \times 0.75 + \frac{16}{2}\left(0.13 - \frac{0.09}{8}\right) + \frac{32}{32} \times 0.03$$

$$= 2.98$$

$$\therefore O_o(kg) = (2.98kg/kg) \times 1kg = 2.98kg$$

정답 ④

| 이론산소량(Sm^3/Sm^3) 1 |

03 Butane $2Sm^3$를 완전연소 할 때 필요한 이론 산소량은?

① $6.5Sm^3$ ② $13.0Sm^3$

③ $31.0Sm^3$ ④ $61.9Sm^3$

해설

몰수비 = 부피비 이므로,

$$C_4H_{10} + 6.5O_2 \rightarrow 4CO_2 + 5H_2O$$
$$1 : 6.5$$

$$\therefore O_o(Sm^3) = \frac{6.5Sm^3}{Sm^3} \times 2Sm^3 = 13Sm^3$$

정답 ②

| 이론산소량(Sm^3/Sm^3) 2 |

04 분자식이 C_mH_n인 탄화수소가스 $1Sm^3$의 완전연소에 필요한 이론산소량(Sm^3)은?

① $4.8m + 1.2n$ ② $0.21m + 0.79n$

③ $m + 0.56n$ ④ $m + 0.25n$

해설

$$C_mH_n + \frac{4m+n}{4}O_2 \rightarrow mCO_2 + \frac{n}{2}H_2O$$

$$O_o(Sm^3/Sm^3) = \frac{4m+n}{4} = m + 0.25n$$

정답 ④

| 이론공기량(Sm^3/kg) 1 - 연료연소식, 반응비 |

05 메탄올 $2.0kg$을 완전연소 하는데 필요한 이론 공기량(Sm^3)은?

① 2.5 ② 5.0

③ 7.5 ④ 10

해설

1) 이론산소량(O_o)

$$CH_3OH + 1.5O_2 \rightarrow CO_2 + 2H_2O$$

$$32kg \quad : \quad 1.5 \times 22.4Sm^3$$

$$2kg \quad : \quad O_o(Sm^3)$$

$$\therefore O_o = 2.1Sm^3$$

2) 이론 공기량(A_o)

$$A_o = \frac{O_o}{0.21} = \frac{2.1Sm^3}{0.21} = 10Sm^3$$

정답 ④

연습문제

| 이론공기량(Sm³/kg) 2 - 연료-원소별 질량비 |

06 탄소 85%, 수소 14%, 황 1% 조성을 가진 중유 2.5kg을 완전연소 시 필요한 이론 공기량은?

① 약 11.3Sm³   ② 약 22.6Sm³

③ 약 28.3Sm³   ④ 약 32.4Sm³

해설

1) $O_o(Sm^3/kg)$

$O_o = \dfrac{22.4}{12}C + \dfrac{11.2}{2}\left(H - \dfrac{O}{8}\right) + \dfrac{22.4}{32}S$

$= 1.867C + 5.6\left(H - \dfrac{O}{8}\right) + 0.7S$

$= 1.867 \times 0.85 + 5.6 \times 0.14 + 0.7 \times 0.01$

$= 2.3779$

2) $A_o(Sm^3/kg) = \dfrac{O_o}{0.21} = 11.323$

3) $A_o(Sm^3) = \dfrac{11.323 Sm^3}{kg} \times 2.5kg$

$= 28.30$

정답 ③

| 이론공기량(Sm³/kg) 2 - 연료-원소별 질량비 |

07 A석유의 원소조성(질량)비가 탄소 78%, 수소 21%, 황 1%이다. 이 석유 1.5kg을 완전 연소 시키는데 필요한 이론공기량은?

① 12.6Sm³   ② 18.9Sm³

③ 25.6Sm³   ④ 47.3Sm³

해설

$O_o(Sm^3/kg) = \dfrac{22.4}{12}C + \dfrac{11.2}{2}\left(H - \dfrac{O}{8}\right) + \dfrac{22.4}{32}S$

$= 1.867C + 5.6\left(H - \dfrac{O}{8}\right) + 0.7S$

$= 1.867 \times 0.78 + 5.6 \times 0.21 + 0.7 \times 0.01$

$= 2.639$

$A_o(Sm^3/kg) = \dfrac{O_o}{0.21} = \dfrac{2.639}{0.21} = 12.5666$

$\therefore A_o(Sm^3) = 12.5666 \times 1.5 = 18.85$

정답 ②

| 이론공기량(Sm³/Sm³) 1 |

08 수소가스 3.33Sm³를 완전연소 시키기 위해 필요한 이론공기량(Sm³)은?

① 약 32   ② 약 24

③ 약 12   ④ 약 8

해설

$H_2 + 0.5O_2 \rightarrow H_2O$

$A_o(Sm^3/Sm^3) = \dfrac{O_o}{0.21} = \dfrac{0.5}{0.21} = 2.381 \, Sm^3/Sm^3$

$\therefore 2.381Sm^3/Sm^3 \times 3.33Sm^3 = 7.93Sm^3$

정답 ④

09 황화수소(H_2S) $1.0Sm^3$를 완전 연소할 때 소요되는 이론 연소공기량은?

① 약 $2.4Sm^3$ ② 약 $7.1Sm^3$
③ 약 $9.6Sm^3$ ④ 약 $12.3Sm^3$

해설

$H_2S + 1.5O_2 \rightarrow H_2O + SO_2$

$A_o(Sm^3/Sm^3) = \dfrac{O_o}{0.21} = \dfrac{1.5}{0.21} = 7.14$

정답 ②

10 분자식 C_mH_n인 탄화수소 $1Sm^3$를 완전연소 시 이론공기량이 $19Sm^3$인 것은?

① C_2H_4 ② C_2H_2
③ C_3H_8 ④ C_3H_4

해설

① $C_2H_4 + 3O_2 \rightarrow 2CO_2 + 2H_2O$

$A_o = \dfrac{O_o}{0.21} = \dfrac{3}{0.21} = 14.285 Sm^3/Sm^3$

② $C_2H_2 + 2.5O_2 \rightarrow 2CO_2 + H_2O$

$A_o = \dfrac{O_o}{0.21} = \dfrac{2.5}{0.21} = 11.90 Sm^3/Sm^3$

③ $C_3H_8 + 5O_2 \rightarrow 3CO_2 + 4H_2O$

$A_o = \dfrac{O_o}{0.21} = \dfrac{5}{0.21} = 23.80 Sm^3/Sm^3$

④ $C_3H_4 + 4O_2 \rightarrow 3CO_2 + 2H_2O$

$A_o = \dfrac{O_o}{0.21} = \dfrac{4}{0.21} = 19.04 Sm^3/Sm^3$

정답 ④

11 기체연료의 이론공기량(Sm^3/Sm^3)을 구하는 식으로 옳은 것은? (단, H_2, CO, C_xH_y, O_2는 연료 중의 수소, 일산화탄소, 탄화수소, 산소의 체적비를 의미한다.)

① $0.21\{0.5H_2+0.5CO+(x+y/4)C_xH_y-O_2\}$
② $0.21\{0.5H_2+0.5CO+(x+y/4)C_xH_y+O_2\}$
③ $1/0.21\{0.5H_2+0.5CO+(x+y/4)C_xH_y-O_2\}$
④ $1/0.21\{0.5H_2+0.5CO+(x+y/4)C_xH_y+O_2\}$

해설

H_2, CO, C_xH_y의 연소반응식은 다음과 같다.

$H_2 + \dfrac{1}{2}O_2 \rightarrow H_2O$

$CO + \dfrac{1}{2}O_2 \rightarrow CO_2$

$C_xH_y + \dfrac{4x+y}{4}O_2 \rightarrow xCO_2 + \dfrac{y}{2}H_2O$

그러므로 이론산소량은 아래 식으로 구할 수 있다.

$\therefore A_o = \dfrac{O_o}{0.21}$
$= \dfrac{1}{0.21}\left\{0.5H_2+0.5CO+\dfrac{4x+y}{4}C_xH_y-O_2\right\}$

정답 ③

연습문제

| 이론공기량(Sm^3/Sm^3) 3 - 혼합가스 |

12 혼합가스에 포함된 기체의 조성이 부피기준으로 메탄이 10%, 프로판이 30%, 부탄이 60%인 기체연료가 있다. 이 기체연료 0.67L를 완전연소 하는데 필요한 이론 공기량은? (단, 연료와 공기는 동일 조건의 기체이다.)

① 17.9L   ② 19.6L

③ 22.2L   ④ 26.7L

해설

10% $CH_4 + 2O_2 \rightarrow CO_2 + 2H_2O$

30% $C_3H_8 + 5O_2 \rightarrow 3CO_2 + 4H_2O$

60% $C_4H_{10} + 6.5O_2 \rightarrow 4CO_2 + 5H_2O$

$A_o = \dfrac{O_o}{0.21} = \dfrac{2 \times 0.1 + 5 \times 0.3 + 6.5 \times 0.6}{0.21} = 26.67 L/L$

$\therefore 26.67 L/L \times 0.67L = 17.87L$

정답 ①

| 공기비 계산1 (m=A/A$_o$) - Gw |

13 A 액체연료를 완전연소한 결과 습연소가스량이 15Sm^3/kg이었다. 이 연료의 이론공기량이 12Sm^3/kg일 때, 이론습배출가스량이 13Sm^3/kg 이었다면 공기비(m)는?

① 약 1.01   ② 약 1.17

③ 약 1.29   ④ 약 1.57

해설

실제 습가스량 = 이론 습가스량 + 과잉공기량

$G_w = G_{ow} + (m-1)A_o$

$15 = 13 + (m-1) \times 12$

$\therefore m = 1.17$

정답 ②

| 공기비 계산2 (m=A/A$_o$) - 혼합연료 |

14 CH_4 95%, CO_2 1%, O_2 4%인 기체연료 1Sm^3에 대하여 12Sm^3의 공기를 사용하여 연소하였다면 이 때의 공기비는?

① 1.05   ② 1.13

③ 1.21   ④ 1.35

해설

95% $CH_4 + 2O_2 \rightarrow CO_2 + 2H_2O$

1% $CO_2 \rightarrow CO_2$

4% O_2

$\therefore A_o = \dfrac{O_o}{0.21} = \dfrac{2 \times 0.95 - 0.04}{0.21} = 8.8571\, Sm^3/Sm^3$

$\therefore m = \dfrac{A}{A_o} = \dfrac{12}{8.8571} = 1.35$

정답 ④

| 공기비 계산3 (m=A/A₀) – G_d 이용 |

15 프로판(C_3H_8) $1Sm^3$을 완전연소 시켰을 때 건
조연소가스 중의 CO_2 농도는 11%이었다. 공기
비는 약 얼마인가?

① 1.05   ② 1.15

③ 1.23   ④ 1.39

해설

1) G_d

$$C_3H_4 + 5O_2 \longrightarrow 3CO_2 + 4H_2O$$

$$X_{CO_2} = \frac{CO_2}{G_d} \times 100\%$$

$$11 = \frac{3}{G_d} \times 100\%$$

$$\therefore G_d = 27.27 Sm^3/Sm^3$$

2) m

$$A_o(Sm^3/Sm^3) = \frac{O_o}{0.21} = \frac{5}{0.21} = 23.81$$

$$G_d = (m-0.21)A_o + CO_2$$

$$27.27 = (m-0.21)23.81 + 3$$

$$\therefore m = 1.23$$

정답 ③

| 공기비 계산4 – 배기가스 조성 |

16 중유연소 가열로의 배기가스를 분석한 결과
용량비로 $N_2 = 80\%$, $CO = 12\%$, $O_2 = 8\%$의 결
과를 얻었다. 공기비는?

① 1.1   ② 1.4

③ 1.6   ④ 2.0

해설

$$공기비(m) = \frac{N_2}{N_2 - 3.76(O_2 - 0.5CO)}$$

$$= \frac{80}{80 - 3.76 \times (8 - 0.5 \times 12)}$$

$$= 1.1$$

정답 ①

| 공기비 계산5 – 완전연소 시 |

17 연소계산에서 연소 후 배출가스 중 산소농도
가 6.2%라면 완전연소 시 공기비는?

① 1.15   ② 1.23

③ 1.31   ④ 1.42

해설

완전연소시(배기가스 중 산소농도를 이용한) 공기비 계산

$$m = \frac{21}{21 - O_2} = \frac{21}{21 - 6.2} = 1.42$$

정답 ④

연습문제

| 필요(실제)공기량(Sm^3/kg) 1 – 연료-연소반응식 이용 |

18 프로판 1.5kg을 공기비 1.1로 완전 연소시키기 위해 필요한 실제공기량은 얼마인가? (단, 표준상태 기준)

① $10.5Sm^3$ ② $13.3Sm^3$
③ $20.0Sm^3$ ④ $23.6Sm^3$

해설

$C_3H_8 + 5O_2 \longrightarrow 3CO_2 + 4H_2O$

$44kg : 5 \times 22.4Sm^3$

$1.5kg : O_o Sm^3$

$\therefore O_o = 3.8181Sm^3$

$\therefore A = mA_o = m\dfrac{O_o}{0.21} = 1.1 \times \dfrac{3.8181}{0.21} = 20Sm^3$

정답 ③

| 필요(실제)공기량(Sm^3/kg) 2 – 원소별 조성 |

19 탄소, 수소의 중량조성이 각각 90%, 10%인 액체연료가 매시 20kg 연소되고, 공기비는 1.2라면 매시 필요한 공기량(Sm^3/hr)은?

① 약 215   ② 약 256
③ 약 278   ④ 약 292

해설

$$O_o(Sm^3/kg) = \frac{22.4}{12}C + \frac{11.2}{2}\left(H - \frac{O}{8}\right) + \frac{22.4}{32}S$$

$$= 1.867C + 5.6\left(H - \frac{O}{8}\right) + 0.7S$$

$$= 1.867 \times 0.9 + 5.6 \times 0.1$$

$$= 2.2403$$

$$A_o(Sm^3/kg) = \frac{O_o}{0.21} = \frac{2.2403}{0.21} = 10.6680$$

$$A = mA_o = 1.2 \times \frac{10.6680Sm^3}{kg} \times \frac{20kg}{hr}$$

$$= 256.03\,Sm^3/hr$$

정답 ②

| 필요(실제)공기량(Sm^3/kg) 3 − 원소별 조성 + 배기가스로 m 구해서 계산 |

20 C 85%, H 15%의 액체연료를 100kg/h로 연소하는 경우, 연소 배출가스의 분석결과가 CO_2 12%, O_2 4%, N_2 84%이었다면 실제연소용 공기량은? (단, 표준상태 기준)

① 약 $1,160Sm^3$/h ② 약 $1,410Sm^3$/h
③ 약 $1,620Sm^3$/h ④ 약 $1,730Sm^3$/h

해설

1) $A_o = \dfrac{O_o}{0.21}$

$= \dfrac{1.867 \times 0.85 + 5.6 \times 0.15}{0.21}$

$= 11.5569 (m^3/kg) \times 100kg/h$

$= 1,155.7 (m^3/h)$

2) $m = \dfrac{N_2}{N_2 - 3.76 O_2} = \dfrac{84}{84 - 3.76 \times 4} = 1.218$

$\therefore A = 1.218 \times 1,155.7 = 1,407.74 (Sm^3/h)$

정답 ②

| 필요(실제)공기량(Sm^3/Sm^3) − 혼합가스 |

21 A 연료가스가 부피로 H_2 9%, CO 24%, CH_4 2%, CO_2 6%, O_2 3%, N_2 56%의 구성비를 갖는다. 이 기체 연료를 1기압 하에서 20%의 과잉공기로 연소시킬 경우 연료 $1Sm^3$당 요구되는 실제 공기량은?

① $0.83Sm^3$ ② $1Sm^3$
③ $1.68Sm^3$ ④ $1.98Sm^3$

해설

9% $H_2 + \dfrac{1}{2} O_2 \rightarrow H_2O$

24% $CO + \dfrac{1}{2} O_2 \rightarrow CO_2$

2% $CH_4 + 2O_2 \rightarrow CO_2 + 2H_2O$

6% $CO_2 \rightarrow CO_2$

56% $N_2 \rightarrow N_2$

3% O_2

$A_o (Sm^3/Sm^3) = \dfrac{O_o}{0.21}$

$= \dfrac{0.5 \times 0.09 + 0.5 \times 0.24 + 2 \times 0.02 - 0.03}{0.21}$

$= 0.8333$

$\therefore A = mA_o = 1.2 \times 0.8333 = 1(Sm^3/Sm^3)$

정답 ②

연습문제

| 필요공기량(Sm³/kg) – Rosin 식 이용 |

22 저위발열량 11,000kcal/kg의 중유를 연소시키는데 필요한 공기량(Sm³/kg)은? (단, Rosin식 적용)

① 약 8.5 ② 약 11.4
③ 약 13.5 ④ 약 19.6

해설

발열량을 이용한 간이식(Rosin식) 액체연료(Sm³/kg)

$$A_o = 0.85 \times \frac{H_1}{1,000} + 2$$

$$= 0.85 \times \frac{11,000}{1,000} + 2$$

$$= 11.35 \, (Sm^3/kg)$$

발열량을 이용한 간이식(Rosin식)

1. 고체연료(Sm³/kg)
   이론공기량(A_o)

$$A_o = 1.01 \times \frac{저위발열량(H_1)}{1,000} + 0.5$$

   이론연소가스량

$$G_o = 0.89 \times \frac{저위발열량(H_1)}{1,000} + 1.65$$

2. 액체연료(Sm³/kg)
   이론공기량(A_o)

$$A_o = 0.85 \times \frac{저위발열량(H_1)}{1,000} + 2$$

   이론연소가스량(G_o)

$$G_o = 1.11 \times \frac{저위발열량(H_1)}{1,000}$$

정답 ②

| 시간당 필요한 이론 공기량(Sm³/hr) |

23 중유의 중량 성분 분석결과 탄소 82%, 수소 11%, 황 3%, 산소 1.5%, 기타 2.5%라면 이 중유의 완전연소 시 시간당 필요한 이론공기량은?(단, 연료사용량 100L/hr, 연료비중 0.95이며, 표준상태 기준)

① 약 630Sm³ ② 약 720Sm³
③ 약 860Sm³ ④ 약 980Sm³

해설

1) 이론 공기량

$$A_o = \frac{O_o}{0.21}$$

$$= \frac{1.867C + 5.6\left(H - \frac{O}{8}\right) + 0.7S}{0.21}$$

$$= \frac{1.867 \times 0.82 + 5.6 \times 0.11 + 0.7 \times 0.03 - 0.7 \times 0.015}{0.21}$$

$$= 10.2735 \, (Sm^3/kg)$$

2) 시간당 필요공기량

$$= \frac{10.2735 Sm^3}{kg} \times \frac{100L}{hr} \times \frac{0.95kg}{1L}$$

$$= 975.98 Sm^3/hr$$

정답 ④

| 시간당 필요(실제)공기량(Sm³/hr) |

24 C＝82%, H＝15%, S＝3%의 조성을 가진 액체 연료를 2kg/min으로 연소시켜 배기가스를 분석하였더니 CO_2＝12.0%, O_2＝5%, N_2＝83%라는 결과를 얻었다. 이 때 필요한 연소용 공기량 (Sm³/hr)은?

① 약 1,100 ② 약 1,300
③ 약 1,600 ④ 약 1,800

해설

1) 이론 공기량

$$A_o = \frac{O_o}{0.21}$$

$$= \frac{1.867C + 5.6\left(H - \frac{O}{8}\right) + 0.7S}{0.21}$$

$$= \frac{1.867 \times 0.82 + 5.6 \times 0.15 + 0.7 \times 0.03}{0.21}$$

$$= 11.39 \, (Sm^3/kg)$$

2) 공기비 $m = \dfrac{N_2}{N_2 - 3.76\,O_2} = \dfrac{83}{83 - 3.76 \times 5} = 1.29$

3) 시간당 필요공기량

$$= 1.29 \times \frac{11.39Sm^3}{kg} \times \frac{2kg}{min} \times \frac{60min}{1hr}$$

$$= 1763.17 m^3/hr$$

정답 ④

| 과잉공기량 – 원소별 조성 + 배기가스로 m 구해서 계산 |

25 탄소 87%, 수소 13%의 연료를 완전연소 시 배기가스를 분석한 결과 O_2는 5%이었다. 이 때 과잉공기량은?

① 1.3Sm³/kg ② 3.5Sm³/kg
③ 4.6Sm³/kg ④ 6.9Sm³/kg

해설

87% : $C + O_2 \rightarrow CO_2$

13% : $H_2 + 1/2O_2 \rightarrow H_2O$

1) 이론 공기량

$$A_o(Sm^3/kg) = \frac{O_o}{0.21}$$

$$= \frac{1.867C + 5.6\left(H - \frac{O}{8}\right) + 0.7S}{0.21}$$

$$= \frac{1.867 \times 0.87 + 5.6 \times 0.13}{0.21}$$

$$= 11.2$$

2) 공기비

$$m = \frac{21}{21 - O_2} = \frac{21}{21 - 5} = 1.3125$$

3) 과잉공기량 ＝ (m-1)A_o
$$= (1.3125 - 1) \times 11.2 = 3.5(Sm^3/kg)$$

정답 ②

Chapter 03 연소가스 분석 및 농도산출

1. 연소가스량

(1) 연소가스량의 정의

① 이론 건연소 가스량(G_{od}) : 완전연소 시 발생하는 배기가스 중 수증기(수분)가 포함되지 않은 상태의 가스량

② 이론 습연소 가스량(G_{ow}) : 완전연소 시 발생하는 배기가스 중 수증기(수분)가 포함되는 상태의 가스량

③ 실제 건연소 가스량(G_d) : 실제 연소 시 발생하는 배기가스 중 수증기(수분)가 포함되지 않은 상태의 조건의 가스량

④ 실제 습연소 가스량(G_w) : 실제 연소 시 발생하는 배기가스 중 수증기(수분)가 포함되는 상태의 가스량

습연소가스량	=	건연소가스량	+	수분량
G_{ow}	=	G_{od}	+	$\Sigma(H_2O)$
G_w	=	G_d	+	$\Sigma(H_2O)$

실제연소가스량	=	이론연소가스량	+	과잉공기량
G_d	=	G_{od}	+	$(m-1)A_o$
G_w	=	G_{ow}	+	$(m-1)A_o$

(2) 원소분석을 통한 계산

1) 연소가스량(Sm^3/kg)

$$G_{od}(Sm^3/kg) = (1 - 0.21)A_o + \sum 연소생성물(H_2O\ 제외)$$

$$
\begin{aligned}
G_d(Sm^3/kg) &= G_{od} + (m - 1)A_o \\
&= (m - 0.21)A_o + \sum 연소생성물(H_2O\ 제외)
\end{aligned}
$$

$$
\begin{aligned}
G_{ow}(Sm^3/kg) &= (1 - 0.21)A_o + \sum 연소생성물(H_2O\ 포함) \\
&= G_{od} + \frac{22.4}{2}H + \frac{22.4}{18}W
\end{aligned}
$$

$$
\begin{aligned}
G_w(Sm^3/kg) &= G_{ow} + (m - 1)A_o \\
&= (m - 0.21)A_o + \sum 연소생성물(H_2O\ 포함)
\end{aligned}
$$

연소생성물(Sm^3/kg)

$$C + O_2 \rightarrow CO_2 \qquad\qquad H_2 + \frac{1}{2}O_2 \rightarrow H_2O$$

12kg　　　　22.4Sm^3　　　　2kg　　　　22.4Sm^3

$$S + O_2 \rightarrow SO_2 \qquad\qquad H_2O \rightarrow H_2O$$

32kg　　　22.4Sm^3　　　　18kg　　22.4Sm^3

$$N_2 \rightarrow N_2$$

28kg　　22.4Sm^3

$$\sum 연소생성물(H_2O제외) = \frac{22.4}{12}C + \frac{22.4}{32}S + \frac{22.4}{28}N$$

$$\sum 연소생성물(H_2O포함) = \frac{22.4}{12}C + \frac{22.4}{32}S + \frac{22.4}{28}N + \frac{22.4}{2}H + \frac{22.4}{18}W$$

참고

· 연소생성물(H_2O 제외) = 건조생성물

· 연소생성물(H_2O 포함) = 모든생성물

① $G_{od}(Sm^3/kg)$

$$G_{od}(Sm^3/kg) = (1 - 0.21)A_o + \ \Sigma \text{연소생성물}(H_2O \text{ 제외})$$

$$
\begin{aligned}
G_{od}(Sm^3/kg) &= (1 - 0.21)A_o + \ \Sigma \text{연소생성물}(H_2O \text{ 제외}) \\
&= (1 - 0.21)A_o + \frac{22.4}{12}C + \frac{22.4}{32}S + \frac{22.4}{28}N \\
&= (1 - 0.21)A_o + (1.867C + 0.7S + 0.8N) \\
&= A_o - 0.21A_o + (1.867C + 0.7S + 0.8N) \\
&= A_o - 0.21 \times O_o / 0.21 + (1.867C + 0.7S + 0.8N) \\
&= A_o - O_o + (1.867C + 0.7S + 0.8N) \\
&= A_o - \left(1.867C + 5.6\left(H - \frac{O}{8}\right) + 0.7S\right) + (1.867C + 0.7S + 0.8N) \\
&= A_o - 5.6H + 0.7O + 0.8N
\end{aligned}
$$

② $G_d(Sm^3/kg)$

$$G_d(Sm^3/kg) = G_{od} + (m - 1)A_o$$

$$G_d(Sm^3/kg) = (m - 0.21)A_o + \ \Sigma \text{연소생성물}(H_2O \text{ 제외})$$

$$
\begin{aligned}
G_d(Sm^3/kg) &= G_{od} + (m - 1)A_o \\
&= A_o - 5.6H + 0.7O + 0.8N + (m - 1)A_o \\
&= mA_o - 5.6H + 0.7O + 0.8N
\end{aligned}
$$

③ $G_{ow}(Sm^3/kg)$

$$G_{ow}(Sm^3/kg) = (1 - 0.21)A_o + \ \Sigma \text{연소생성물}(H_2O \text{ 포함})$$

$$G_{ow}(Sm^3/kg) = G_{od} + \frac{22.4}{2}H + \frac{22.4}{18}W$$

$$
\begin{aligned}
G_{ow}(Sm^3/kg) &= G_{od} + \frac{22.4}{2}H + \frac{22.4}{18}W \\
&= A_o - 5.6H + 0.7O + 0.8N + 11.2H + 1.244W \\
&= A_o + 5.6H + 0.7O + 0.8N + 1.244W
\end{aligned}
$$

④ $G_w(Sm^3/kg)$

$$G_w(Sm^3/kg) = G_{ow} + (m - 1)A_o$$

$$G_w(Sm^3/kg) = (m - 0.21)A_o + \ \Sigma \text{연소생성물}(H_2O \text{ 포함})$$

$$
\begin{aligned}
G_w(Sm^3/kg) &= G_{ow} + (m - 1)A_o \\
&= A_o - 5.6H + 0.7O + 0.8N + 11.2H + 1.244W + (m - 1)A_o \\
&= mA_o - 5.6H + 0.7O + 0.8N + 11.2H + 1.244W \\
&= mA_o + 5.6H + 0.7O + 0.8N + 1.244W
\end{aligned}
$$

예제 01 C 30%, H 20%, S 5%, O 20%, 수분 10%, ash 15%인 고형폐기물 1kg을 소각할 때,

1) 이론 습연소 가스량(Sm^3/kg)과

2) 실제 습연소 가스량(Sm^3/kg)을 계산하라.(단, m = 1.5)

해설

$$O_o\,(Sm^3/kg) = \frac{22.4}{12}C + \frac{11.2}{2}\left(H - \frac{O}{8}\right) + \frac{22.4}{32}S$$

$$= \frac{22.4}{12}0.3 + \frac{11.2}{2}\left(0.2 - \frac{0.2}{8}\right) + \frac{22.4}{32}0.05$$

$$= 1.575$$

$$A_o\,(Sm^3/kg) = O_o/0.21 = 7.5$$

1) $G_{ow}\,(Sm^3/kg)$

$\quad G_{ow} = (1 - 0.21)A_o + \Sigma$연소생성물($H_2O$ 포함)

$$= (1 - 0.21)A_o + \frac{22.4}{12}C + \frac{22.4}{32}S + \frac{22.4}{28}N + \frac{22.4}{2}H + \frac{22.4}{18}W$$

$$= (1 - 0.21) \times 7.5 + \frac{22.4}{12} \times 0.3 + \frac{22.4}{32} \times 0.05 + \frac{22.4}{28} \times 0 + \frac{22.4}{2} \times 0.2 + \frac{22.4}{18} \times 0.1$$

$$= 8.88$$

2) $G_w\,(Sm^3/kg)$

$\quad G_w = G_{ow} + (m - 1)A_o$

$$= 8.88 + (1.5 - 1) \times 7.5$$

$$= 12.63$$

다른 풀이)

1) $G_{ow}\,(Sm^3/kg) = A_o + 5.6H + 0.7O + 0.8N + 1.244W$

$$= 7.5 + 5.6 \times 0.2 + 0.7 \times 0.2 + 1.244 \times 0.1$$

$$= 8.88$$

2) $G_w\,(Sm^3/kg) = mA_o + 5.6H + 0.7O + 0.8N + 1.244W$

$$= 1.5 \times 7.5 + 5.6 \times 0.2 + 0.7 \times 0.2 + 1.244 \times 0.1$$

$$= 12.63$$

정답 1) 8.88 2) 12.63

2) 연소가스량(Sm^3/Sm^3)

① $G_{od}(Sm^3/Sm^3)$

$$G_{od}(Sm^3/Sm^3) = (1-0.21)A_O + \Sigma 연소생성물(H_2O \text{ 제외})$$

② $G_d(Sm^3/Sm^3)$

$$G_{od}(Sm^3/Sm^3) = (m-0.21)A_O + \Sigma 연소생성물(H_2O \text{ 제외})$$

③ $G_{ow}(Sm^3/kg)$

$$G_{ow}(Sm^3/Sm^3) = (1-0.21)A_O + \Sigma 연소생성물(H_2O \text{ 포함})$$

④ $G_w(Sm^3/kg)$

$$G_w(Sm^3/Sm^3) = (m-0.21)A_O + \Sigma 연소생성물(H_2O \text{ 포함})$$

예제 02

프로판의 가스량을 구하여라. (단, m=1.5)

$$C_3H_8 + 5O_2 \rightarrow 3CO_2 + 4H_2O$$

1) G_{od}

2) G_d

3) G_{ow}

4) G_w

해설

1) G_{od}

$O_o(Sm^3/Sm^3) = 5$

$A_o(Sm^3/Sm^3) = O_o/0.21 = 23.809$

$G_{od}(Sm^3/Sm^3) = (1-0.21) \times 23.809 + 3 = 21.809$

2) G_d

$G_d(Sm^3/Sm^3) = (1.5-0.21) \times 23.809 + 3 = 33.713$

3) G_{ow}

$G_{ow}(Sm^3/Sm^3) = (1-0.21) \times 23.809 + 3 + 4 = 25.809$

4) G_w

$G_w(Sm^3/Sm^3) = (1.5-0.21) \times 23.809 + 3 + 4 = 37.713$

정답 1) 21.809　2) 33.713　3) 25.809　4) 37.713

(3) 발열량을 이용한 간이식(Rosin식)

1) 고체연료(Sm^3/kg)

① 이론공기량(A_o)

$$A_o = 1.01 \times \frac{저위발열량(H_l)}{1,000} + 0.5$$

② 이론연소가스량

$$G_o = 0.89 \times \frac{저위발열량(H_l)}{1,000} + 1.65$$

2) 액체연료(Sm^3/kg)

① 이론공기량(A_o)

$$A_o = 0.85 \times \frac{저위발열량(H_l)}{1,000} + 2$$

② 이론연소가스량(G_o)

$$G_o = 1.11 \times \frac{저위발열량(H_l)}{1,000}$$

2. 배기가스 중의 농도계산

해당 물질의 양을 구한 뒤 전체 배기가스량으로 나누어 계산

① CO_2 농도

$$X_{CO_2} = \frac{CO_2\ 발생량}{가스량} \times 100(\%)$$

② SO_2 발생량

$$X_{SO_2} = \frac{SO_2\ 발생량}{가스량} \times 10^6 (ppm)$$

③ Dust 발생량

$$X_{dust} = \frac{Dust\ 발생량(mg/kg)}{가스량(m^3/kg)}\ (mg/m^3)$$

3. 최대 이산화탄소량(CO_{2max}, %)

(1) 정의

① 연료를 완전연소시켰을 때 발생되는 건조연소가스(G_{od}) 중의 CO_2 함량(%)

② 공기 중 산소가 모두 CO_2로 변화 하여 연소가스 중의 CO_2 비율이 최대가 된 것을 의미

(2) 계산

① 이론 건조 연소가스량(G_{od})를 이용한 계산

$$CO_{2max} = \frac{CO_2}{G_{od}} \times 100(\%)$$

② 배기가스 조성을 이용한 계산

$$CO_{2max} = \frac{21(CO_2 + CO)}{21 - O_2 + 0.395CO}$$

(3) 특징

① 완전연소하는 경우 이론건조연소가스(G_{od}) 중 CO_2의 백분율

② CO_{2max} 는 배기가스 중에 포함되어 있는 CO_2의 최대치

③ 연소가스 중 CO_2의 농도가 최대값을 갖도록 연소하는 것이 이상적

(4) 주요 연료의 $(CO_2)_{max}$ 값(%)

연료	$(CO_2)_{max}$ 값(%)	연료	$(CO_2)_{max}$ 값(%)
탄소	21.0	코크스	20.0~20.5
목재	19.0~21.0	연료유	15.0~16.0
갈탄	19.0~19.5	코크스로 가스	11.0~11.5
역청탄	18.5~19.0	발생로 가스	18.0~19.0
무연탄	19.0~20.0	고로 가스	24.0~25.0

4. 공기연료비(공연비, Air/Fuel Ratio, AFR)

① 정의 : 연료가 산소와 반응하여 완전연소 할 경우 그때 넣은 공기와 연료의 비율

② C/H비가 클수록 이론공연비가 증가함

부피식	$AFR = \dfrac{공기(mole)}{연료(mole)} = \dfrac{산소(mole)/0.21}{연료(mole)}$
무게식	$AFR = \dfrac{공기(kg)}{연료(kg)} = \dfrac{산소(kg)/0.232}{연료(kg)}$

예제 03 C_2H_5OH의 공연비?

	C_2H_5OH + $3O_2$ → $2CO_2$ + $3H_2O$		AFR
부피	1	3	$\dfrac{\text{산소(mole)}/0.21}{\text{연료(mole)}} = \dfrac{3/0.21}{1} = 14.2$
무게	46	3×32	$\dfrac{\text{산소(kg)}/0.232}{\text{연료(kg)}} = \dfrac{3 \times 32/0.232}{46} = 8.99$

정답 AFR(부피) : 14.2, AFR(무게) : 8.99

5. 등가비(Φ : Equivalent Ratio)

공기비의 역수 $\left(\dfrac{1}{m}\right)$

(1) 공식

$$\Phi = \dfrac{\left(\dfrac{\text{실제연료량}}{\text{산화제}}\right)\text{의 비}}{\left(\dfrac{\text{완전연소 연료량}}{\text{산화제}}\right)\text{의 비}} = \dfrac{\left(\dfrac{F}{A}\right)_a}{\left(\dfrac{F}{A}\right)_s}$$

F : 연료의 질량

A : 공기의 질량, 산화제의 질량

(2) 특징

공기비	$m < 1$	$m = 1$	$1 < m$
등가비	$1 < \Phi$	$\Phi = 1$	$\Phi < 1$
AFR	작아짐		커짐
특징	· 공기 부족 · 연료 과잉 · 불완전 연소 · 매연, CO, HC 발생량 증가 · 폭발 위험	· 완전연소 · CO_2 발생량 최대	· 과잉 공기 · 산소 과대 · SO_x, NO_x 발생량 증가 · 연소온도 감소 · 열손실 커짐 · 저온부식 발생 · 탄소함유물질 　(CH_4, CO, C 등) 농도 감소 · 방지시설의 용량이 커지고 　에너지 손실 증가 · 희석효과가 높아져 연소 생성 　물의 농도 감소

내용문제

01 다음 수식은 무엇을 산출하기 위한 식인가?

$$G = mA_o - 5.6H + 0.7O + 0.8N(Sm^3/kg)$$

① 기체연료의 이론습연소가스량(Sm^3/Sm^3)
② 고체 및 액체연료의 이론습연소가스량(Sm^3/kg)
③ 기체연료의 실제습연소가스량(Sm^3/Sm^3)
④ 고체 및 액체연료의 실제건연소가스량(Sm^3/kg)

해설

④ 고체 및 액체연료의 실제건조연소가스량(Sm^3/kg)

연소가스량(Sm^3/kg)

$G_{od}(Sm^3/kg) = A_o - 5.6H + 0.7O + 0.8N$

$G_d(Sm^3/kg) = mA_o - 5.6H + 0.7O + 0.8N$

$G_{ow}(Sm^3/kg) = A_o + 5.6H + 0.7O + 0.8N + 1.244W$

$G_w(Sm^3/kg) = mA_o + 5.6H + 0.7O + 0.8N + 1.244W$

정답 ④

02 다음 ( )안에 알맞은 것은?

( ) 배출가스 중의 CO_2 농도는 최대가 되며, 이 때의 CO_2량을 최대탄산가스량 $(CO_2)_{max}$라 하고, CO_2/G_{od} 비로 계산한다.

① 실제공기량으로 연소시킬 때
② 공기부족상태에서 연소시킬 때
③ 연료를 다른 미연성분과 같이 불완전 연소 시킬 때
④ 이론공기량으로 완전연소 시킬 때

해설

정답 ④

03 다음 연료 중 $(CO_2)_{max}$ 값(%)이 가장 큰 것은?

① 고로 가스   ② 코크스로 가스
③ 갈탄   ④ 역청탄

해설

각종 연료의 $(CO_2)_{max}$ 값(%)

연료	$(CO_2)_{max}$ 값(%)	연료	$(CO_2)_{max}$ 값(%)
탄소	21.0	코크스	20.0~20.5
목재	190.~21.0	연료유	15.0~16.0
갈탄	19.0~19.5	코크스로 가스	11.0~11.5
역청탄	18.5~19.0	발생로 가스	18.0~19.0
무연탄	19.0~20.0	고로 가스	24.0~25.0

정답 ①

04 다음 각 연료의 $(CO_2)_{max}$ 값(%)으로 가장 거리가 먼 것은?

① 탄소 : 21
② 고로가스 : 15~16
③ 갈탄 : 19.0~19.5
④ 코크스 : 20.0~20.5

해설

고로가스 $(CO_2)_{max}$: 24~25%

정답 ②

05 각종 연료의 $(CO_2)_{max}$ 값(%)으로 거리가 먼 것은?

① 탄소 : 21.0
② 고로가스 : 24.0~25.0
③ 역청탄 : 18.5~19.0
④ 코크스로 가스 : 19.0~20.0

해설

④ 코크스로 가스의 $(CO_2)_{max}$: 11~11.5%

정답 ④

06 다음 연료 중 $(CO_2)_{max}$(%)값(최대탄산가스량 값(%))이 일반적으로 가장 작은 것은?

① 고로가스   ② 발생로가스
③ 코크스로가스   ④ 무연탄

해설

각종 연료의 $(CO_2)_{max}$
① 고로가스의 $(CO_2)_{max}$: 24~25(%)
② 발생로가스의 $(CO_2)_{max}$: 18~19(%)
③ 코크스로 가스의 $(CO_2)_{max}$: 11~11.5(%)
④ 무연탄의 $(CO_2)_{max}$: 19~20(%)

정답 ③

연습문제

계산문제

| $G_{od}(Sm^3/Sm^3)$ |

01 메탄가스 $1m^3$가 완전연소할 때 발생하는 이론건조연소 가스량 몇 m^3인가? (단, 표준상태 기준)

① 4.8　　　　　② 6.5

③ 8.5　　　　　④ 10.8

해설

$CH_4 + 2O_2 \rightarrow CO_2 + 2H_2O$

$G_{od}(Sm^3/Sm^3) = (1-0.21)A_o + \Sigma$ 연소생성물(H_2O 제외)

$= (1-0.21)2/0.21 + 1$

$= 8.52 Sm^3/Sm^3$

정답 ③

| $G_{od}(Sm^3/kg)$ |

02 연료 중 질소와 산소를 포함하지 않는 액체 및 고체연료의 이론건조 배출 가스량 G_{od}와 이론공기량 A_o의 관계식으로 옳은 것은?

① $G_{od} = A_o + 5.6H$

② $G_{od} = A_o - 5.6H$

③ $G_{od} = A_o + 11.2H$

④ $G_{od} = A_o - 11.2H$

해설

$G_{od}(Sm^3/kg) = (1-0.21)A_o +$ 건조생성물

$= A_o - 0.21\left(\dfrac{1.867C + 5.6\left(H - \dfrac{O}{8}\right) + 0.7S}{0.21}\right)$

$+ \left(1.867C + 0.7S + \dfrac{22.4}{28}N\right)$

$= A_o - 5.6H + 0.7O + 0.8N$

산소, 질소가 없으므로,

$G_{od}(Sm^3/kg) = A_o - 5.6H$

정답 ②

| CO_2발생량 계산 → $G_{od}(Sm^3/Sm^3)$ |

03 프로판과 부탄의 용적비가 1 : 1의 비율로 된 연료가 있다. 이 연료를 완전연소 시킨 후 건조연소가스 중의 CO_2는 20%이였다. 이 연료 $1Sm^3$ 당 건조 연소 가스량은?

① $1.75Sm^3$　　　　② $17.5Sm^3$

③ $3.5Sm^3$　　　　④ $35Sm^3$

해설

혼합기체의 건조가스량 계산

$50\% : C_3H_8 + 5O_2 \rightarrow 3CO_2 + 4H_2O$

$50\% : C_4H_{10} + 6.5O_2 \rightarrow 4CO_2 + 5H_2O$

1) 프로판과 부탄의 CO_2 발생량(Sm^3/Sm^3) 계산

$3 \times 0.5 + 4 \times 0.5 = 3.5(Sm^3/Sm^3)$

2) 건조 가스량 계산

$\dfrac{CO_2(Sm^3/Sm^3)}{G_{od}(Sm^3/Sm^3)} \times 100 = 20\%$

$G_{od} = \dfrac{CO_2}{0.2} = \dfrac{3.5}{0.2} = 17.5 Sm^3$

정답 ②

| $G_d(Sm^3/Sm^3)$ |

04 Propane gas $1Sm^3$을 공기비 1.21로 완전연소할 때 생성되는 건조연소가스량은? (단, 표준상태 기준)

① $26.8Sm^3$ ② $24.2Sm^3$
③ $22.3Sm^3$ ④ $21.8Sm^3$

해설

$C_3H_8 + 5O_2 \rightarrow 3CO_2 + 4H_2O$

$G_d(Sm^3/Sm^3) = (m - 0.21)A_o + \Sigma$연소생성물($H_2O$ 제외)

$G_d(Sm^3/Sm^3) = (1.21 - 0.21)\dfrac{5}{0.21} + 3$

$\qquad = 26.81 Sm^3/Sm^3$

정답 ①

| $G_d(Sm^3/Sm^3) \rightarrow G_d(Sm^3)$ |

05 프로판 $1Sm^3$을 공기비 1.1로 완전연소시켰을 때의 건연소가스량은?

① $18Sm^3$ ② $21Sm^3$
③ $24Sm^3$ ④ $27Sm^3$

해설

$C_3H_8 + 5O_2 \rightarrow 3CO_2 + 4H_2O$

$A_o(Sm^3/Sm^3) = 5 \times \dfrac{1}{0.21} = 23.81 m^3$

$G_d(Sm^3/Sm^3) = (m-0.21)A_o + CO_2$

$G_d(Sm^3/Sm^3) = (1.1-0.21) \times 23.81 + 3 = 24.19$

$G_d(Sm^3) = 24.19 Sm^3/Sm^3 \times 1Sm^3 = 24.19 Sm^3$

정답 ③

| 완전연소식 m → $G_d(Sm^3/kg)$ |

06 C : 85%, H : 10%, O : 2%, S : 2%, N : 1%로 구성된 중유 1kg을 완전연소시킨 후 오르자트 분석결과 연소가스 중의 O_2 농도는 5.0 %였다. 건조연소 가스량(Sm^3/kg)은?

① 8.9 ② 10.9
③ 12.9 ④ 15.9

해설

1) $A_o(Sm^3/kg) = \dfrac{O_o}{0.21}$

$= \dfrac{1.867C + 5.6\left(H - \dfrac{O}{8}\right) + 0.7S}{0.21}$

$= \dfrac{1.867 \times 0.85 + 5.6\left(0.1 - \dfrac{0.02}{8}\right) + 0.7 \times 0.02}{0.21}$

$= 10.223$

2) $m = \dfrac{21}{21 - O_2} = \dfrac{21}{21 - 5} = 1.3125$

3) $G_d = mA_o - 5.6H + 0.7O + 0.8N$

$= 1.3125 \times 10.223 - 5.6 \times 0.1 + 0.7 \times 0.02 + 0.8 \times 0.01$

$= 12.88 Sm^3/kg$

정답 ③

연습문제

| 배기가스식 m → G_d(Sm³/kg) |

07 중유 1kg 중 C 86%, H 12%, S 2%가 포함되어 있었고, 배출가스 성분을 분석한 결과 CO_2 13%, O_2 3.5%이었다. 건조연소가스량 (G_d, Sm³/kg)은?

① 9.5   ② 10.2

③ 12.3   ④ 16.4

해설

$G_d(Sm^3/kg) = (m-0.21)A_o + 건조생성물$

1) $A_o(Sm^3/kg) = \dfrac{O_o}{0.21}$

$= \dfrac{\left(\dfrac{22.4}{12}\times0.86+\dfrac{11.2}{2}\times0.12+\dfrac{22.4}{32}\times0.02\right)}{0.21}$

$= 10.9111(Sm^3/kg)$

2) $m = \dfrac{N_2}{N_2-3.76(O_2-0.5CO)} = \dfrac{83.5}{83.5-3.76\times3.5} = 1.1870$

3) 건조생성물 $= \dfrac{22.4}{12}C + \dfrac{22.4}{32}S + \dfrac{22.4}{28}N$

$= \dfrac{22.4}{12}\times0.86 + \dfrac{22.4}{32}\times0.02 = 1.6193(Sm^3/kg)$

4) $G_d(Sm^3/kg) = (m-0.21)A_o + 건조생성물$

$= (1.1870-0.21)\times10.9111 + 1.6193$

$= 12.28$

정답 ③

| G_{ow}(Sm³/kg) |

08 어떤 액체연료 1kg 중 C : 85%, H : 10%, O : 2%, N : 1%, S : 2%가 포함되어 있다. 이 연료를 공기비 1.3으로 완전연소 시킬 때 발생하는 실제 습배출가스량(Sm³/kg)은?

① 8.6   ② 9.8

③ 10.4   ④ 13.9

해설

$A_o = \dfrac{O_o}{0.21}$

$= \dfrac{1.867C + 5.6\left(H-\dfrac{O}{8}\right) + 0.7S}{0.21}$

$= \dfrac{1.867\times0.85 + 5.6\left(0.1-\dfrac{0.02}{8}\right) + 0.7\times0.02}{0.21}$

$= 10.2236 Sm^3/kg$

$\therefore G_w = mA_o + 5.6H + 0.7O + 0.8N + 1.244W$

$= 1.3\times10.2236 + 5.6\times0.1 + 0.7\times0.02$
$\quad + 0.8\times0.01$

$= 13.87 Sm^3/kg$

정답 ④

| $G_{ow}(Sm^3/Sm^3)$ |

09 CH_4 $0.5Sm^3$, C_2H_6 $0.5Sm^3$를 m=1.3으로 완전 연소시킬 경우 습연소가스량(Sm^3/Sm^3)은?

① 약 18 ② 약 22

③ 약 25 ④ 약 28

> **해설**

실제 습연소가스량 계산(Sm^3/Sm^3)

$0.5Sm^3$: $CH_4 + 2O_2 \rightarrow CO_2 + 2H_2O$

$0.5Sm^3$: $C_2H_6 + 3.5O_2 \rightarrow 2CO_2 + 3H_2O$

$G_w(Sm^3/Sm^3) = (m-0.21)A_o + \Sigma$모든생성물

$= (1.3-0.21) \times \dfrac{(2\times0.5+3.5\times0.5)}{0.21}$

$\qquad + (1+2)\times0.5 + (2+3)\times0.5$

$= 18.27(Sm^3/Sm^3)$

정답 ①

| $G_w(Sm^3/Sm^3)$ |

10 메탄 $3.0Sm^3$을 완전연소시킬 때 발생되는 이론 습연소 가스량(Sm^3)은?

① 약 25.6 ② 약 28.6

③ 약 31.6 ④ 약 34.6

> **해설**

이론 습연소가스량 계산(Sm^3/Sm^3)

$CH_4 + 2O_2 \rightarrow CO_2 + 2H_2O$

$G_w(Sm^3/Sm^3) = (1-0.21)A_o + \Sigma$모든생성물

$\qquad = (1-0.21) \times \dfrac{2}{0.21} + (1+2)$

$\qquad = 10.5238(Sm^3/Sm^3)$

$\therefore G_w(Sm^3) = 10.5238(Sm^3/Sm^3) \times 3Sm^3$

$\qquad = 31.57Sm^3$

정답 ③

| AFR(질량) |

11 Octane이 완전연소 할 때 이론적인 공기와 연료의 질량비를 구하면?

① 9.7kg air/kg fuel

② 11.4kg air/kg fuel

③ 15.1kg air/kg fuel

④ 19.3kg air/kg fuel

> **해설**

$C_8H_{18} + 12.5O_2 \rightarrow 8CO_2 + 9H_2O$

$AFR = \dfrac{공기(kg)}{연료(kg)} = \dfrac{산소(kg)/0.232}{연료(kg)}$

$\qquad = \dfrac{12.5\times32/0.232}{114} = 15.12$

정답 ③

연습문제

| AFR(부피) 1 - 완전연소 시 |

12 1mole의 프로판이 완전연소 할 때의 AFR은? (단, 부피기준)

① 9.5   ② 19.5

③ 23.8   ④ 33.8

해설

$$C_3H_8 + 5O_2 \rightarrow 3CO_2 + 4H_2O$$

$$\therefore AFR = \frac{공기(mole)}{연료(mole)} = \frac{산소(mole)/0.21}{연료(mole)}$$

$$= \frac{5/0.21}{1} = 23.81$$

정답 ③

| AFR(부피) 1 - 완전연소 시 |

13 아세틸렌이 완전연소할 때의 이론공연비(A/F ratio, 부피비)는?

① 2.5   ② 8.9

③ 11.9   ④ 25

해설

$$C_2H_2 + 2.5O_2 \rightarrow 2CO_2 + H_2O$$

$$\therefore AFR = \frac{공기(mole)}{연료(mole)} = \frac{산소(mole)/0.21}{연료(mole)}$$

$$= \frac{2.5/0.21}{1} = 11.904$$

정답 ③

| AFR(부피) 2 - m 주어짐 |

14 Methane 1mole이 공기비 1.33으로 연소하고 있을 때 부피기준의 공연비(Air Fuel Ratio)는?

① 9.5   ② 11.4

③ 12.7   ④ 17.1

해설

$$CH_4 + 2O_2 \rightarrow CO_2 + 2H_2O$$

$$AFR = \frac{공기(mole)}{연료(mole)} = \frac{m \times 산소(mole)/0.21}{연료(mole)}$$

$$= \frac{1.33 \times 2(mole)/0.21}{1(mole)} = 12.67$$

정답 ③

| AFR(질량, 부피) |

15 옥탄(Octane)을 이론적으로 완전연소 시킬 때 부피 및 무게에 의한 공기연료비(AFR)로 옳은 것은?

① 부피 : 39.5, 무게 : 13.1

② 부피 : 49.5, 무게 : 14.1

③ 부피 : 59.5, 무게 : 15.1

④ 부피 : 69.5, 무게 : 16.1

해설

$$C_8H_{18} + 12.5O_2 \rightarrow 8CO_2 + 9H_2O$$

$$1) \ AFR(부피비) = \frac{공기(mole)}{연료(mole)} = \frac{12.5/0.21}{1} = 59.52$$

$$2) \ AFR(질량비) = \frac{공기(kg)}{연료(kg)} = \frac{12.5 \times 32/0.232}{114} = 15.12$$

정답 ③

| SO₂ 발생량(Sm³/hr) |

16 3.0%의 황을 함유하는 중유를 매 시 2,000kg 연소할 때 생기는 황산화물(SO₂)의 이론량 (Sm³/hr)은?

① 42　　　　　　　② 66
③ 84　　　　　　　④ 105

해설

$$S + O_2 \ \rightarrow \ SO_2$$

$$32kg \ : \ 22.4Sm^3$$

$$\frac{2,000kg}{hr} \times \frac{3}{100} \ : \ X \ Sm^3/hr$$

$$\therefore X = \frac{2,000kg}{hr} \times \frac{3}{100} \times \frac{22.4Sm^3 \, SO_2}{32kg \, S} = 42Sm^3/hr$$

정답 ①

| SO₂ 발생량(Sm³/hr) |

17 유황 함유량이 1.6%(W/W)인 중유를 매시 100톤 연소시킬 때 굴뚝으로 부터의 SO₃배출량 (Sm/h)은? (단, 유황은 전량이 반응하고 이 중 5%는 SO₃로서 배출되며 나머지는 SO₂로 배출된다.)

① 1,120　　　　　② 1,064
③ 136　　　　　　④ 56

해설

$$S + O_2 \rightarrow SO_2 + 1/2O_2 \ \rightarrow \ SO_3$$

$$32kg \qquad\qquad : \quad 22.4Sm^3$$

$$\frac{100,000kg}{hr} \times \frac{1.6}{100} \times \frac{5}{100} \ : \ X \ Sm^3/h$$

$$\therefore X = \frac{100,000kg}{hr} \times \frac{1.6}{100} \times \frac{22.4Sm^3 \, SO_3}{32kg \, S} = 56Sm^3/hr$$

정답 ④

| SO₂ 발생량(Sm³/hr) |

18 황 함유량 1.6wt%인 중유를 시간당 50ton으로 연소시킬 때 SO₂의 배출량(Sm³/hr)은? (단, 표준상태를 기준으로 하고, 황은 100% 반응하며, 이 중 5%는 SO₃로 나머지는 SO₂로 배출된다.)

① 532　　　　　　② 560
③ 585　　　　　　④ 605

해설

$$S + O_2 \ \rightarrow \ SO_2$$

$$32kg \qquad : \qquad 22.4Sm^3$$

$$\frac{50,000kg}{h} \times \frac{1.6}{100} \times \frac{95}{100} \ : \ X$$

$$\therefore X = 532Sm^3/h$$

정답 ①

| SO₂ 발생량(Sm³) 공식유도 |

19 황분이 중량비로 S%인 중유를 매시간 W(L) 사용하는 연소로에서 배출되는 황산화물의 배출량(m³/hr)은? (단, 표준상태기준, 중유비 중 0.9, 황분은 전량 SO₂로 배출)

① 21.4SW　　　　② 1.24SW
③ 0.0063SW　　　④ 0.789SW

해설

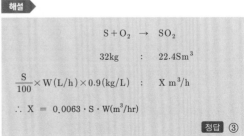

$$S + O_2 \ \rightarrow \ SO_2$$

$$32kg \quad : \quad 22.4Sm^3$$

$$\frac{S}{100} \times W(L/h) \times 0.9(kg/L) \ : \ X \ m^3/h$$

$$\therefore X = 0.0063 \cdot S \cdot W(m^3/hr)$$

정답 ③

연습문제

| $SO_2 \rightarrow$ S 성분 |

20 시간당 1ton의 석탄을 연소시킬 때 발생하는 SO_2는 $0.31Sm^3/min$ 이었다. 이 석탄의 황 함유량(%)은? (단, 표준상태를 기준으로 하고, 석탄 중의 황성분은 연소하여 전량 SO_2가 된다.)

① 2.66%　　　　② 2.97%

③ 3.12%　　　　④ 3.40%

해설

$$S + O_2 \rightarrow SO_2$$

$$32kg \quad : \quad 22.4Sm^3$$

$$\frac{1,000kg}{hr} \times \frac{S(\%)}{100} \times \frac{1hr}{60min} \quad : \quad 0.31Sm^3/min$$

$$\therefore S = 2.66\%$$

정답 ①

| $G_d(Sm^3/kg) \rightarrow SO_2$ |

21 C, H, S의 중량비가 각각 85%, 13%, 2%인 중유를 공기비 1.2로 완전연소 시킬 때 발생되는 건조연소가스 중 SO_2의 농도(ppm)는? (단, 중유 중 S성분은 모두 SO_2로 된다.)

① 856ppm　　　② 996ppm

③ 1,113ppm　　④ 1,358ppm

해설

$$G_d(Sm^3/kg) = (m-0.21)A_o + \Sigma \text{건조생성물}$$

$$1) \ A_o = \frac{O_o}{0.21} = \frac{1.867C + 5.6\left(H - \frac{O}{8}\right) + 0.7S}{0.21}$$

$$= \frac{1.867 \times 0.85 + 5.6 \times 0.13 + 0.7 \times 0.02}{0.21}$$

$$= 11.0902 Sm^3/kg$$

$$2) \ G_d = mA_o - 5.6H + 0.7O + 0.8N$$

$$= 1.2 \times 11.0902 - 5.6 \times 0.13 = 12.5802 Sm^3/kg$$

$$3) \ SO_2 = \frac{SO_2}{G_d} \times 10^6 = \frac{0.7S}{G_d} \times 10^6$$

$$= \frac{0.7 \times 0.02}{12.5802} \times 10^6 = 1,112.86ppm$$

정답 ③

| m → G_d → SO_2 |

22 탄소 86%, 수소 13%, 황 1%의 중유를 연소하여 배기가스를 분석했더니 $CO_2 + SO_2$가 13%, O_2가 3%, CO가 0.5%이었다. 건조 연소가스 중의 SO_2 농도는? (단, 표준상태 기준)

① 약 590ppm ② 약 970ppm
③ 약 1,120ppm ④ 약 1,480ppm

해설

1) m
$$N_2 = 100 - (13 + 3 + 0.5) = 83.5\%$$

$$m = \frac{N_2}{N_2 - 3.76(O_2 - 0.5CO)}$$

$$= \frac{83.5}{83.5 - 3.76(3 - 0.5 \times 0.5)}$$

$$= 1.14$$

2) $A_o = \dfrac{O_o}{0.21}$

$$= \frac{1.867C + 5.6\left(H - \dfrac{O}{8}\right) + 0.7S}{0.21}$$

$$= \frac{1.867 \times 0.86 + 5.6 \times 0.13 + 0.7 \times 0.01}{0.21}$$

$$= 11.1458$$

3) $G_d(Sm^3/kg) = mA_o - 5.6H + 0.7O + 0.8N$

$$= 1.14 \times 11.1458 - 5.6 \times 0.13$$

$$= 11.9782 Sm^3/kg$$

4) $SO_2(ppm) = \dfrac{SO_2}{G_d} \times 10^6 = \dfrac{0.7S}{G_d} \times 10^6$

$$= \frac{0.7 \times 0.01}{11.9782} \times 10^6 = 584.39ppm$$

정답 ①

| $G_w(Sm^3/kg)$ → SO_2 |

23 C 84%, H 13%, S 2%, N 1% 의 중유를 1kg 당 14Sm^3의 공기로 완전연소시킨 경우 실제 습배기가스 중 SO_2는 몇 ppm(용량비)이 되는가? (단, 중유 중의 황은 모두 SO_2가 되는 것으로 가정한다.)

① 약 2,000ppm ② 약 1,800ppm
③ 약 1,120ppm ④ 약 950ppm

해설

$G_w(Sm^3/kg) = mA_o + 5.6H + 0.7O + 0.8N + 1.244W$

$$= 14 + 5.6 \times 0.13 + 0.8 \times 0.01$$

$$= 14.736 Sm^3/kg$$

$\therefore SO_2(ppm) = \dfrac{SO_2}{G_w} \times 10^6 = \dfrac{0.7S}{G_w} \times 10^6$

$$= \frac{0.7 \times 0.02}{14.736} \times 10^6 = 950.05ppm$$

TIP

$G_{od} = A_o - 5.6H + 0.7O + 0.8N$

$G_d = mA_o - 5.6H + 0.7O + 0.8N$

$G_{ow} = A_o + 5.6H + 0.7O + 0.8N + 1.244W$

$G_w = mA_o + 5.6H + 0.7O + 0.8N + 1.244W$

정답 ④

연습문제

| $G_d + W = G_w \to SO_2$ |

24 A 연소시설에서 연료 중 수소를 10% 함유하는 중유를 연소시킨 결과 건조연소가스 중의 SO_2 농도가 600ppm이었다. 건조연소가스량이 13 Sm^3/kg이라면 실제습배가스량 중 SO_2 농도(ppm)는?

① 약 350   ② 약 450
③ 약 550   ④ 약 650

해설

1) 수분량

$$H_2 + \frac{1}{2}O_2 \to H_2O$$

$$H_2O\,(Sm^3/kg) = \frac{22.4Sm^3}{2kg} \times 0.1 = 1.12(Sm^3/kg)$$

2) $G_w = G_d + $ 수분량

$$= 13 + 1.12$$

$$= 14.12(Sm^3/kg)$$

3) SO_2 양

$$\frac{SO_2(Sm^3/kg)}{13(Sm^3/kg)} \times 10^6 = 600ppm$$

$$\therefore SO_2 = \frac{600 \times 13}{10^5} = 7.8 \times 10^{-3}(Sm^3/kg)$$

4) 실제 습배가스 중 SO_2(ppm)

$$\frac{7.8 \times 10^{-3}(Sm^3/kg)}{14.12(Sm^3/kg)} \times 10^6 = 552.41ppm$$

정답 ③

| SO_2/G_d |

25 탄소 85%, 수소 10%, 황 5%인 중유를 공기비 1.2로 연소할 때 건조배출가스 중 SO_2의 부피비(%)는?

① 0.29   ② 1.46
③ 2.60   ④ 3.72

해설

1) $SO_2 = 0.7 \times 0.05 = 0.035 m^3/kg$

2) $A_o = O_o \times \dfrac{1}{0.21}$

$$= (1.867 \times 0.85 + 5.6 \times 0.1 + 0.7 \times 0.05) \times \frac{1}{0.21}$$

$$= 10.3902 m^3/kg$$

3) $G_d = (m - 0.21)A_O + CO_2 + SO_2$

$$= (1.2 - 0.21) \times 10.3902 + \frac{22.4}{12} \times 0.85 + 0.035$$

$$= 11.9081 m^3/kg$$

4) $X_{SO_2} = \dfrac{SO_2}{G_d} \times 100 = \dfrac{0.035}{11.9081} \times 100 = 0.29\%$

정답 ①

| 배기가스(완전연소식) → $(CO_2)_{max}$ |

26 석탄 연소 후 배출가스 성분분석 결과 $CO_2 =$ 15%, $O_2 = 5\%$, $N_2 = 80\%$ 일 때, $(CO_2)_{max}(\%)$ 는?

① 약 15% ② 약 20%
③ 약 25% ④ 약 30%

해설

$$(CO_2)_{max} = \frac{21(CO_2 + CO)}{21 - O_2 + 0.395CO}$$

$$\therefore (CO_2)_{max} = \frac{21 \times 15}{21 - 5} = 19.69\%$$

정답 ②

| 배기가스 → $(CO_2)_{max}$ |

27 연소가스 분석결과 CO_2 11%, O_2 7% 일 때, $(CO_2)_{max}(\%)$는?

① 11.5% ② 16.5%
③ 22.5% ④ 33.5%

해설

배출가스 분석치(%)로 계산하는 $(CO_2)_{max}(\%)$

$$(CO_2)_{max}(\%) = \frac{21 \times (CO_2 + CO)}{21 - (O_2) + 0.395(CO)}$$

$$= \frac{21 \times (11 + 0)}{21 - (7) + 0.395 \times (0)} = 16.5\%$$

정답 ②

| $G_{od}(Sm^3/kg)$ → $(CO_2)_{max}$ |

28 C 85%, H 7%, O 5%, S 3%인 중유의 이론적인 $(CO_2)max(\%)$ 값은?

① 9.6 ② 12.6
③ 17.6 ④ 20.6

해설

1) $A_o = \dfrac{O_o}{0.21}$

$$= \frac{(1.867 \times 0.85 + 5.6 \times 0.07 + 0.7 \times 0.03 - 0.7 \times 0.05)}{0.21}$$

$$= 9.3569 Sm^3/kg$$

2) $G_{od} = (1-0.21)A_o + CO_2 + SO_2$

$$= (1-0.21) \times 9.3569$$

$$+ \frac{22.4}{12} \times 0.85 + \frac{22.4}{32} \times 0.03$$

$$= 8.9996 Sm^3/kg$$

3) $CO_{2MAX} = \dfrac{CO_2}{G_{od}} \times 100\%$

$$= \frac{\frac{22.4}{12} \times 0.85}{8.9996} \times 100\% = 17.63\%$$

정답 ③

연습문제

| $G_{od}(Sm^3/Sm^3) \rightarrow (CO_2)_{max}$ |

29 공기를 사용하여 프로판(C_3H_8)을 완전연소시킬 때 건조가스 중의 $(CO_2)_{max}$(%)는?

① 13.76   ② 14.76
③ 15.25   ④ 16.85

해설

$C_3H_8 + 5O_2 \rightarrow 3CO_2 + 4H_2O$

1) $G_{od} = (1 - 0.21)A_o + \Sigma$ 건조생성물(H_2O 제외)

$$= (1 - 0.21) \times \frac{5}{0.21} + 3 = 21.8(Sm^3/Sm^3)$$

2) $(CO_2)_{max}(\%) = \dfrac{CO_2(부피)}{G_{od}(부피)} \times 100 = \dfrac{3}{21.8} \times 100$

$$= 13.76\%$$

정답 ①

| m, $G_w(Sm^3/Sm^3) \rightarrow CO_2$ |

30 Butane $1Sm^3$을 과잉공기 20%로 완전연소 시켰을 때 생성되는 습배출가스 중 CO_2의 농도는 몇 Vol%인가?

① 8.4%   ② 10.1%
③ 12.6%   ④ 14.8%

해설

$C_4H_{10} + 6.5O_2 \rightarrow 4CO_2 + 5H_2O$

1) $G_w = (m - 0.21)A_o + \Sigma$ 모든생성물(H_2O 포함)

$$= (1.2 - 0.21)\frac{6.5}{0.21} + (4 + 5)$$

$$= 39.64(Sm^3/Sm^3)$$

2) $CO_2(\%) = \dfrac{CO_2}{G_w} \times 100 = \dfrac{4}{39.64} \times 100$

$$= 10.09\%$$

정답 ②

| $G_{ow}(Sm^3/Sm^3) \rightarrow CO_2$ |

31 H_2 50%, CH_4 25%, CO_2 18%, O_2 7%로 조성된 기체연료를 이론공기량으로 완전연소 시켰다. 습배출가스 중 CO_2의 농도(%)는?

① 10.8%   ② 15.4%
③ 18.2%   ④ 21.6%

해설

$G_{ow} = (1 - 0.21)A_o + \Sigma$ 모든생성물(H_2O 포함)

50% : $H_2 + \frac{1}{2}O_2 \rightarrow H_2O$

25% : $CH_4 + 2O_2 \rightarrow CO_2 + 2H_2O$

18% : $CO_2 \rightarrow CO_2$

7% : O_2

1) $A_o(Sm^3/Sm^3) = \dfrac{O_o}{0.21}$

$$= \frac{0.5 \times 0.5 + 2 \times 0.25 - 0.07}{0.21}$$

$$= 3.2381(Sm^3/Sm^3)$$

2) $G_{ow} = (1 - 0.21)A_o + $ 모든생성물(H_2O 포함)

$$= (1 - 0.21) \times 3.2381$$

$$+ (1 \times 0.5 + 3 \times 0.25 + 1 \times 0.18 - 0.07)$$

$$= 3.9881(Sm^3/Sm^3)$$

3) G_{ow} 중 $CO_2(\%)$

$$\frac{CO_2(Sm^3/Sm^3)}{G_{ow}(Sm^3/Sm^3)} = \frac{(1 \times 0.25 + 1 \times 0.18)}{3.9881}$$

$$= 0.1087 = 10.78\%$$

정답 ①

| $G_d(Sm^3/Sm^3) \rightarrow CO_2$ |

32 A 기체연료 $2Sm^3$을 분석한 결과 C_3H_8 $1.7Sm^3$, CO $0.15Sm^3$, H_2 $0.14Sm^3$, O_2 $0.01Sm^3$였다면 이 연료를 완전연소 시켰을 때 생성되는 이론 습연소가스량(Sm^3)은?

① 약 $41Sm^3$ 　　　② 약 $45Sm^3$

③ 약 $52Sm^3$ 　　　④ 약 $57Sm^3$

해설

$$
\begin{array}{ccccccc}
C_3H_8 & + & 5O_2 & \rightarrow & 3CO_2 & + & 4H_2O \\
1 & : & 5 & : & 3 & : & 4 \\
1.75Sm^3 & : & 8.5Sm^3 & : & 5.1Sm^3 & : & 6.8Sm^3
\end{array}
$$

$$
\begin{array}{ccccc}
CO & + & 0.5O_2 & \rightarrow & CO_2 \\
1 & : & 0.5 & : & 1 \\
0.15Sm^3 & : & 0.075Sm^3 & : & 0.15Sm^3
\end{array}
$$

$$
\begin{array}{ccccc}
H_2 & + & 0.5O_2 & \rightarrow & H_2O \\
1 & : & 0.5 & : & 1 \\
0.14Sm^3 & : & 0.07Sm^3 & : & 0.14Sm^3
\end{array}
$$

1)
$$
A_o = \frac{O_o}{0.21} = \frac{(8.5+0.075+0.07)-0.01}{0.21} = 41.119Sm^3
$$

2) $G_{ow} = (1-0.21)A_o + \Sigma$모든생성물($H_2O$ 포함)

$G_{ow} = (1-0.21) \times 41.119 +$

　　$[(5.1+0.15)+(6.8+0.14)]$

　　$= 44.67Sm^3$

정답 ②

| $G_{ow}(Sm^3/kg) \rightarrow CO_2$ |

33 중유 조성이 탄소 87%, 수소 11%, 황 2%이었다면 이 중유연소에 필요한 이론 습연소가스량(Sm^3/kg)은?

① 9.63 　　　② 11.35

③ 12.96 　　　④ 13.62

해설

$G_{ow} = (1-0.21)A_o + \Sigma$모든생성물($H_2O$ 포함)

1) $A_o = \dfrac{O_o}{0.21}$

$\quad = \dfrac{(1.867 \times 0.87)+(5.6 \times 0.11)+(0.7 \times 0.02)}{0.21}$

$\quad = 10.735(Sm^3/kg)$

2) Σ모든생성물(H_2O 포함)

$\quad \dfrac{22.4}{12}C + \dfrac{22.4}{2}H \times \dfrac{22.4}{32}S + \dfrac{22.4}{28}N + \dfrac{22.4}{18}W$

$\quad = 1.867 \times 0.87 + 11.2 \times 0.11 + 0.7 \times 0.02$

$\quad = 2.870(Sm^3/kg)$

3) $G_{ow} = (1-0.21) \times 10.735 + 2.870$

$\quad = 11.35(Sm^3/kg)$

정답 ②

연습문제

| $G_d(Sm^3/kg) \rightarrow CO_2$ |

34 탄소 87%, 수소 13%의 경유 1kg을 공기비 1.3으로 완전연소 시켰을 때, 실제건조연소 가스 중 CO_2 농도(%)는?

① 10.1% ② 11.7%

③ 12.9% ④ 13.8%

해설

실제 건가스(Sm^3/kg) 중 CO_2(%)

1) $A_o = \dfrac{O_o}{0.21} = \dfrac{1.867 \times C + 5.6\left(H - \dfrac{O}{8}\right) + 0.7S}{0.21}$

$= \dfrac{1.867 \times 0.087 + 5.6 \times 0.13}{0.21}$

$= 11.20(Sm^3/kg)$

2) $G_d = mA_o - 5.6H + 0.7O + 0.8N$

$= 1.3 \times 11.2 - 5.6 \times 0.13$

$= 13.833(Sm^3/kg)$

3) G_d 중 CO_2(%)

$\dfrac{CO_2}{G_d} \times 100(\%) = \dfrac{1.867 \times 0.87}{13.833} \times 100\% = 11.74\%$

정답 ②

| 혼합가스 → CO_2 발생량 |

35 프로판과 부탄이 용적비 3:2로 혼합된 가스 $1Sm^3$가 이론적으로 완전연소 할 때 발생하는 CO_2의 양(Sm^3)은?

① 2.7 ② 3.2

③ 3.4 ④ 3.9

해설

혼합기체의 CO_2 발생량(Sm^3/Sm^3)

$\dfrac{3}{5}$: $C_3H_8 + 5O_2 \rightarrow 3CO_2 + 4H_2O$

$\dfrac{2}{5}$: $C_4H_{10} + 6.5O_2 \rightarrow 4CO_2 + 5H_2O$

$\therefore CO_2$ 발생량 $= 3 \times \dfrac{3}{5} + 4 \times \dfrac{2}{5} = 3.4m^3$

정답 ③

36 프로판(C_3H_8)과 에탄(C_2H_6)의 혼합가스 $1Sm^3$를 완전연소 시킨 결과 배기가스 중 이산화탄소(CO_2)의 생성량이 $2.8Sm^3$이었다. 이 혼합가스의 mol비(C_3H_8/C_2H_6)는 얼마인가?

① 0.25   ② 0.5

③ 2.0   ④ 4.0

해설

프로판의 부피를 x, 에탄의 부피를 y라고 하면,

$x \, Sm^3 : C_3H_8 + 5O_2 \rightarrow 3CO_2 + 4H_2O$

$y \, Sm^3 : C_2H_6 + 3.5O_2 \rightarrow 2CO_2 + 3H_2O$

1) 혼합기체 부피가 $1Sm^3$ 이므로,

$x + y = 1$ ·························· (식1)

2) CO_2 생성량은 $2.8Sm^3$ 이므로,

$3x + 2y = 2.8$ ···················· (식2)

식1, 2를 연립방정식으로 풀면,

$x = 0.8Sm^3, \quad y = 0.2Sm^3$

몰수비는 부피비와 같으므로,

$\therefore \dfrac{\text{프로판}}{\text{에탄}} = \dfrac{0.8}{0.2} = 4$

정답 ④

37 저위발열량 11,000kcal/kg인 중유를 완전연소 시키는데 필요한 이론습연소가스량(Sm^3/kg)은? (단, 표준상태 기준, Rosin의 식 적용)

① 약 8.1   ② 약 10.2

③ 약 12.2   ④ 약 14.2

해설

Rosin 식을 이용한 액체연료의 G_o 계산

$$G_o\left(\frac{Sm^3}{kg}\right) = 1.11 \times \left(\frac{H_L}{1,000}\right)$$
$$G_o\left(\frac{Sm^3}{kg}\right) = 1.11 \times \left(\frac{11,000}{1,000}\right) = 12.21\,(Sm^3/kg)$$

정답 ③

Chapter

04 발열량과 연소온도

1. 발열량

① 연료 단위량이 완전 연소할 때 발생하는 열량
② 단위질량의 연료가 완전연소 후, 처음의 온도까지 냉각될 때 발생하는 열량

(1) 단위

① 고체 및 액체연료 : kcal/kg
② 기체연료 : $kcal/Sm^3$

(2) 종류

1) 고위 발열량(H_h)

① 총 발열량. 연소 시 발생하는 전체 열량
② 측정 : 봄브 열량계(Bomb Calorimeter)

2) 저위 발열량(H_l)

① 총 발열량에서 연료 중 수분이나 수소 연소에 의해 생긴 수분의 증발잠열을 제외한 열량

> 저위발열량 = 고위발열량 - 증발잠열

② 일반적으로 수증기의 증발잠열은 이용이 잘 안되기 때문에 저위발열량이 주로 사용됨
③ 실제 소각시설 설계 발열량

(3) 발열량의 계산1(Dulong식)

전체 수소 중 유효수소를 고려한 식

1) 고체 및 액체 연료의 발열량 계산

① 고위발열량

$$H_h\,(kcal/kg) = 8,100C + 34,000\left(H - \frac{O}{8}\right) + 2,500S$$

② 저위발열량

$$H_l = H_h - 600(9H + W)$$

H	: 연료 내의 수소비율
W	: 연료 내의 수분비율
600	: 0℃에서 H_2O 1kg의 증발열량

예제 01

C 30%, H 20%, O 10%, S 20% W 10% 회분10%인 연료의 고위발열량(H_h)과 저위발열량(H_l)을 구하라.

해설

$$H_h \text{ (kcal/kg)} = 8,100C + 34,000\left(H - \frac{O}{8}\right) + 2,500S$$

$$= 8,100 \times 0.3 + 34,000\left(0.2 - \frac{0.1}{8}\right) + 2,500 \times 0.2$$

$$= 9,305$$

$$H_l \text{ (kcal/kg)} = H_h - 600(9H + W)$$

$$= 9,305 - 600(9 \times 0.2 + 0.1)$$

$$= 3,725$$

정답 H_h : 9,305kcal/kg, H_l : 3,725kcal/kg

2) 기체 연료의 발열량 계산

$$H_l = H_h - 480 \sum H_2O$$

H_l :	저위발열량(kcal/Sm^3)
480 :	H_2O의 증발잠열(kcal/Sm^3)
	$\left(480\text{kcal/sm}^3 = 600\text{kcal/kg} \times \dfrac{18\text{kg}}{22.4\text{sm}^3}\right)$
H_2O :	연료 1mol 당 반응식에서의 생성 H_2O 몰 수

(4) 발열량의 계산2(표준생성열에 의한 발열량 계산)

연소반응식의 반응열을 이용해 고위발열량을 계산함

$$\triangle H = \sum n \, H_{f \, 생성}^0 - \sum n \, H_{f \, 반응}^0$$

$\triangle H$:	반응엔탈피(kJ/mol)
$H_{f \, 반응}^0$:	반응물의 표준 생성열
$H_{f \, 생성}^0$:	생성물의 표준 생성열
n :	반응물 및 생성물 각각의 계수

각 성분의 발열량 반응식

1) 고체 · 액체연료

① C : $C + O_2 \rightarrow CO_2 + 8{,}100kcal/kg$

② H₂ : $H_2 + \dfrac{1}{2}O_2 \rightarrow H_2O + 34{,}000kcal/kg$

③ S : $S + O_2 \rightarrow SO_2 + 2{,}500kcal/kg$

2) 기체연료

① 수소 : $H_2 + \dfrac{1}{2}O_2 \rightarrow H_2O + 3{,}036kcal/m^3$

② 일산화탄소 : $CO + \dfrac{1}{2}O_2 \rightarrow CO_2 + 3{,}040kcal/m^3$

③ 메탄 : $CH_4 + 2O_2 \rightarrow CO_2 + 2H_2O + 9{,}530kcal/m^3$

④ 아세틸렌 : $C_2H_2 + \dfrac{5}{2}O_2 \rightarrow 2CO_2 + H_2O + 14{,}000kcal/m^3$

⑤ 에틸렌 : $C_2H_4 + 3O_2 \rightarrow 2CO_2 + 2H_2O + 15{,}280kcal/m^3$

⑥ 에탄 : $C_2H_6 + \dfrac{7}{2}O_2 \rightarrow 2CO_2 + 3H_2O + 16{,}620kcal/m^3$

⑦ 프로필렌 : $C_3H_6 + \dfrac{9}{2}O_2 \rightarrow 3CO_2 + 3H_2O + 22{,}070kcal/m^3$

⑧ 프로판 : $C_3H_8 + 5O_2 \rightarrow 3CO_2 + 4H_2O + 24{,}370kcal/m^3$

⑨ 부틸렌 : $C_4H_8 + 6O_2 \rightarrow 4CO_2 + 4H_2O + 29{,}170kcal/m^3$

⑩ 부탄 : $C_4H_{10} + \dfrac{13}{2}O_2 \rightarrow 4CO_2 + 5H_2O + 33{,}250kcal/m^3$

(5) 주요 연료의 발열량

1) 총발열량(kcal/kg)

연료	총발열량(kcal/kg)	연료	총발열량(kcal/kg)
일산화탄소	2,430	신탄	4,500
황	2,500	무연탄	4,650
탄소	8,100	아역청탄	5,350
벤젠	10,030	유연탄(연료용)	6,200
부틸렌	11,630	수입무연탄	6,550
프로필렌	11,770	유연탄(원료용)	7,000
아세틸렌	12,030	코크스	7,050
프로판	12,040	석유코크	8,100
에틸렌	12,130	아스팔트	9,900
에탄	12,410	원유	10,750
부탄	12,840	부탄	11,850
메탄	13,320	프로판	12,050
수소	34,000	천연가스(LNG)	13,000

2) 총발열량(kcal/Sm^3)

연료	총발열량(kcal/Sm^3)
용제	7,950,000
휘발유	8,000,000
나프타	8,050,000
항공유	8,750,000
실내등유	8,800,000
등유	8,950,000
경유	9,050,000
중유-A 유	9,300,000
중유-B 유	9,650,000
중유-C 유	9,900,000
도시가스(LNG)	10,550
도시가스(LPG)	15,000

2. 연소온도와 연소실 열발생률

(1) 이론연소온도(단열연소온도)

가연물질이 완전히 연소되고 열손실이 없다고 할 때, 연소실 내의 가스온도

$$t_o = \frac{H_l}{G_w C_p} + t$$

t_o	:	이론연소온도
t	:	기준온도(예열온도)
H_l	:	저위발열량($kcal/Sm^3$)
G_w	:	실제연소가스량(Sm^3/Sm^3)
C_p	:	연소가스의 평균비열($kcal/Nm^3 \cdot ℃$)

(2) 연소실 열발생률(연소실 열부하)

연소실 단위용적 당 발생하는 열량

$$열발생률 = \frac{연료소비량 \times 저발열량}{연소실 체적}$$

$$Q_v = \frac{G_f H_l}{V}$$

Q_v	:	연소실 열발생률($kcal/m^3 \cdot hr$)
H_l	:	저위발열량($kcal/kg$)
G_f	:	시간당 연료사용량(kg/hr)
V	:	연소실 체적(m^3)

(3) 열효율

열효율은 공급열과 유효열의 비

$$열효율(E) = \frac{유효출열}{H_l \times 연료량} \times 100(\%)$$

(4) 연소효율

가연성 물질을 연소할 때 완전 연소량에 대하여 실제 연소되는 양의 백분율

$$연소효율 = \frac{실제\ 연소량}{완전\ 연소량}$$

$$연소효율 = \frac{저위발열량 - (미연\ 손실 + 불완전\ 연소\ 손실)}{저위발열량}$$

$$\eta = \frac{H_l - (L_C + L_l)}{H_l}$$

η	:	연소효율
H_l	:	저위발열량
L_c	:	미연 손실
L_i	:	불완전 연소 손실

3. 주요 연료의 연소 속도

연료	연소속도(cm/s)	연료	연소속도(cm/s)
메탄	37	프로판	43
등유	37	일산화탄소	43
가솔린	38	메탄올	55
톨루엔	38	에틸렌	75
에탄	40	아세틸렌	154
벤젠	41	수소	291

내용문제

01 기체연료 중 연소하여 수분을 생성하는 H_2 와 C_xH_y 연소반응의 발열량 산출식에서 아래의 480이 의미하는 것은?

$$H_l = H_h - 480(H_2 + \sum y/2 \cdot C_xH_y)(kcal/Sm^3)$$

① H_2O 1kg의 증발잠열
② H_2 1kg의 증발잠열
③ H_2O $1Sm^3$의 증발잠열
④ H_2 $1Sm^3$의 증발잠열

해설

H_2O의 증발잠열

· 480kcal/Sm^3

· 600kcal/kg

정답 ③

02 다음 기체연료 중 고위발열량(kcal/Sm^3)이 가장 낮은 것은?

① 메탄
② 에탄
③ 프로판
④ 에틸렌

해설

① CH_4 ② C_2H_6 ③ C_3H_8 ④ C_2H_4

기체연료의 (고위)발열량(kcal/Sm^3)은 탄소(C)나 수소(H)의 수가 많을수록 증가한다.

정답 ①

03 다음 기체연료 중 고위발열량(kJ/mole)이 가장 큰 것은? (단, 25℃, 1atm을 기준으로 한다.)

① carbon monoxide
② methane
③ ethane
④ n - pentane

해설

기체연료에서 탄소와 수소의 개수가 많은 연료가 발열량도 크다.

① carbon monoxide(CO)의 고위발열량 : 3,040(kcal/Sm^3)

② methane(CH_4)의 고위발열량 : 9,530(kcal/Sm^3)

③ ethane(C_2H_6)의 고위발열량 : 16,220(kcal/Sm^3)

④ n-pentane(C_5H_{12})의 고위발열량 : 40,110(kcal/Sm^3)

정답 ④

04 연료의 완전연소 시 발열량(kcal/Sm^3)이 가장 큰 것은?

① Propane
② Ethylene
③ Acetylene
④ Propylene

해설

① C_3H_8 ② C_2H_4 ③ C_2H_2 ④ C_2H_6

기체연료의 (고위)발열량(kcal/Sm^3)은 탄소(C)나 수소(H)의 수가 많을수록 증가한다.

정답 ①

05 다음의 기체연료 중 고위발열량(kcal/Sm^3)이 가장 낮은 것은?

① Ethylene
② Ethane
③ Acetylene
④ Methane

해설

① C_2H_4 ② C_2H_6 ③ C_2H_2 ④ CH_4

정답 ④

계산문제

| 고위발열량 - 듀롱식 |

01 황 2kg을 공기 중에서 이론적으로 완전연소시킬 때 발생되는 열량은? (단, 황은 모두 SO_2로 전환되며, 열량은 80,000kcal/mol)

① 1,250kcal   ② 2,500kcal
③ 5,000kcal   ④ 80,000kcal

해설

$$H_h = 8,100C + 34,000\left(H - \frac{O}{8}\right) + 2,500S$$
$$= 2,500 \times S = 2,500 \times 2$$
$$= 5,000\text{kcal/kg}$$

다른풀이)
$$S \quad + \quad O_2 \quad \rightarrow \quad SO_2$$
$$1\text{mol} = 32\text{kg}$$
$$2\text{kg S} \times \frac{1\text{mol}}{32\text{kg}} \times \frac{80,000\text{kcal}}{1\text{mol}} = 5,000\text{kcal}$$

정답 ③

| 저위발열량(kcal/kg) - 듀롱식 |

02 중유 1kg 속에 H 13%, 수분 0.7%가 포함되어 있다. 이 중유의 고위발열량이 5,000kcal/kg일 때, 이 중유의 저위발열량(kcal/kg)은?

① 4,126   ② 4,294
③ 4,365   ④ 4,926

해설

저위발열량(kcal/kg) 계산
$$H_l = H_h - 600(9H + W)$$
$$= 5,000 - 600(9 \times 0.13 + 0.007)$$
$$= 4,293.8\text{kcal/kg}$$

정답 ②

| 고위 → 저위발열량(kcal/kg) - 듀롱식 |

03 액체연료의 성분분석결과 탄소 84%, 수소 11%, 황 2.4%, 산소 1.3%, 수분 1.3% 이었다면 이 연료의 저위발열량은? (단, Dulong 식을 사용)

① 약 8,000kcal/kg
② 약 10,000kcal/kg
③ 약 13,000kcal/kg
④ 약 15,000kcal/kg

해설

1) 고위발열량
$$H_h = 8,100C + 34,000\left(H - \frac{O}{8}\right) + 2,500S$$
$$= 8,100 \times 0.84 + 34,000\left(0.11 - \frac{0.013}{8}\right)$$
$$\quad + 2,500 \times 0.024$$
$$= 10,548.75\text{kcal/kg}$$

2) 저위발열량
$$H_l = H_h - 600(9H + W)$$
$$= 10,548.75 - 600(9 \times 0.11 + 0.013)$$
$$= 9,946.95\text{kcal/kg}$$

정답 ②

| 저위발열량(kcal/Sm³) |

04 프로판의 고발열량이 20,000kcal/Sm³ 이라면 저발열량(kcal/Sm³)은?

① 17,240   ② 17,820
③ 18,080   ④ 18,430

해설

저위발열량(kcal/Sm³) 계산
$$C_3H_8 + 5O_2 \rightarrow 3CO_2 + 4H_2O$$
$$H_l = H_h - 480\sum H_2O$$
$$= 20,000 - 480 \times 4 = 18,080(\text{kcal/Sm}^3)$$

정답 ③

연습문제

| 혼합기체 저위발열량(kcal/Sm³) |

05 메탄과 프로판이 1 : 2로 혼합된 기체연료의 고위발열량이 19,400kcal/Sm³이다. 이 기체연료의 저위발열량 (kcal/Sm³)은?

① 11,500   ② 13,600

③ 15,300   ④ 17,800

해설

혼합기체의 저위발열량(kcal/Sm³)

$\dfrac{1}{3}$: $CH_4 + 2O_2 \rightarrow CO_2 + 2H_2O$

$\dfrac{2}{3}$: $C_3H_8 + 5O_2 \rightarrow 3CO_2 + 4H_2O$

$H_l = H_h - 480\sum H_2O$

$\quad = 19,400 - 480 \times \left(2 \times \dfrac{1}{3} + 4 \times \dfrac{2}{3}\right)$

$\quad = 17,800 \text{kcal/Sm}^3$

정답 ④

| 발열량 - 원소별 열량 이용 |

06 탄소 1kg 연소 시 이론적으로 30,000kcal의 열이 발생하고, 수소 1kg 연소 시 이론적으로 34,100kcal의 열이 발생된다면, 에탄 2kg 연소시 이론적으로 발생되는 열량은?

① 30,820kcal   ② 55,600kcal

③ 61,640kcal   ④ 74,100kcal

해설

1) 에탄 중에 포함된 탄소의 열량

$$\dfrac{30,000\text{kcal}}{\text{kg C}} \times \dfrac{2 \times 12\text{kg C}}{30\text{kg C}_2\text{H}_6} = \dfrac{24,000\text{kcal}}{\text{kg C}_2\text{H}_6}$$

2) 에탄 중에 포함된 수소의 열량

$$\dfrac{34,100\text{kcal}}{\text{kg H}} \times \dfrac{6 \times 1\text{kg H}}{30\text{kg C}_2\text{H}_6} = \dfrac{6,820\text{kcal}}{\text{kg C}_2\text{H}_6}$$

3) 에탄의 발열량

$\quad = (24,000 + 6,820)\text{kcal/kg} \times 2\text{kg}$

$\quad = 61,640\text{kcal}$

정답 ③

07 연소실에서 아세틸렌 가스 1kg을 연소시킨다. 이 때 연료의 80%(질량기준)가 완전연소되고, 나머지는 불완전연소 되었을 때 발생되는 열량(kcal)은? (단, 연소반응식은 아래식에 근거하여 계산)

$$\cdot\ C + O_2 \rightarrow CO_2 \quad \triangle H = 97,200kcal/kmole$$
$$\cdot\ C + \frac{1}{2}O_2 \rightarrow CO \quad \triangle H = 29,200kcal/kmole$$
$$\cdot\ H + \frac{1}{2}O_2 \rightarrow H_2O \quad \triangle H = 57,200kcal/kmole$$

① 39,130   ② 10,530

③ 9,730   ④ 8,630

해설

연료의 80%(질량기준)가 완전연소되고, 나머지는 불완전연소 되므로, CO_2는 80% CO는 20% 생성됨

완전 연소식 $C_2H_2 + 2.5O_2 \rightarrow 2CO_2 + H_2O$

불완전 연소식 $C_2H_2 + 1.5O_2 \rightarrow 2CO + H_2O$

CO_2의 발열량 $= 97,200kcal/kmol \times \dfrac{2kmol\ CO_2}{26kg\ C_2H_2} \times 0.8$

$\qquad\qquad = 5,981kcal/kg$

CO의 발열량 $= 29,200kcal/kmol \times \dfrac{2kmol\ CO}{26kg\ C_2H_2} \times 0.2$

$\qquad\qquad = 449kcal/kg$

H_2O의 발열량 $= 57,200kcal/kmol \times \dfrac{1kmol\ H_2O}{26kg\ C_2H_2}$

$\qquad\qquad\qquad \times (0.8 + 0.2)$

$\qquad\qquad = 2,200kcal/kg$

$\therefore$ 아세틸렌의 전체 발열량 $= 5,981 + 449 + 2,200$

$\qquad\qquad\qquad\qquad = 8,630kcal$

정답 ④

08 벤젠의 연소반응이 다음과 같을 때 벤젠의 연소열(kJ/mole)은 얼마인가? (단, 표준상태(25℃, 1atm)에서의 표준생성열)

$$C_6H_6(g) + 7.5O_2(g) \rightarrow 6CO_2(g) + 3H_2O(g)$$

생성열	$C_6H_6(g)$	$O_2(g)$	$CO_2(g)$	$H_2O(g)$
$\triangle H^{\circ}_f(kJ/mole)$	83	0	−394	−286

① −3,127kJ/mole

② −3,252kJ/mole

③ −3,305kJ/mole

④ −3,514kJ/mole

해설

표준생성열을 이용한 연소열 계산

$\triangle H = \sum nH^{\circ}_{f\ 생성} - \sum nH^{\circ}_{f\ 반응}$

$\quad = \{6 \times (-394) + 3 \times (-286)\} - \{(83 + 7.5 \times 0)\}$

$\quad = -3,305(kJ/mol)$

정답 ③

연습문제

| 헤스의 법칙 이용 엔탈피 계산 |

09 아래 식을 이용하여 $C_2H_4(g) + H_2(g) \rightarrow C_2H_6(g)$로 되는 반응의 엔탈피를 구하면?

$$2C + 2H_2(g) \rightarrow C_2H_4(g) \quad \triangle H_f = 52.3 KJ$$
$$2C + 3H_2(g) \rightarrow C_2H_6(g) \quad \triangle H_f = -84.7 KJ$$

① $-137.0kJ$ ② $-32.4kJ$

③ $32.4kJ$ ④ $137.0kJ$

해설

$-$식① $C_2H_4(g) \quad \rightarrow 2C + 2H_2(g) \quad \triangle H_1 = -52.3kJ$

$+$식② $2C+3H_2(g) \rightarrow C_2H_6(g) \qquad \triangle H_2 = -84.7kJ$

$\overline{\qquad\qquad C_2H_4(g)+H_2 \rightarrow C_2H_6(g) \qquad \triangle H \qquad}$

$$\triangle H = \triangle H_1 + \triangle H_2$$
$$= -52.3 + (-84.7)$$
$$= -137.0(kJ)$$

정답 ①

| 연소온도식 → 평균 정압 비열 |

10 저위발열량이 9,000kcal/Sm^3인 기체 연료를 15℃의 공기로 연소할 때, 이론 연소가스량 25 Sm^3/Sm^3이고, 이론연소온도는 2,500℃이다. 이 때, 연료가스의 평균정압비열(kcal/Sm^3 · ℃)은? (단, 기타조건은 고려하지 않음)

① 0.145 ② 0.243

③ 0.384 ④ 0.432

해설

$$연소온도 = \frac{H_1}{GC_p} + t_s$$

$$2,500 = \frac{9,000}{25 \times C_p} + 15$$

$$\therefore C_p = 0.145 kcal/Sm^3 \cdot ℃$$

정답 ①

| 연소온도식 → 이론연소온도 |

11 아래 조건의 기체연료의 이론연소온도(℃)는 약 얼마인가?

· 연료의 저발열량 : 7,500kcal/Sm^3
· 연료의 이론연소가스량 : 10.5Sm^3/Sm^3
· 연료연소가스의 평균정압비열 : 0.35kcal/Sm^3 · ℃
· 기준온도(t) : 25℃
· 지금 공기는 예열되지 않고, 연소가스는 해리되지 않는 것으로 한다.

① $1,916$ ② $2,066$

③ $2,196$ ④ $2,256$

해설

기체연료의 이론연소온도

$$t_o = \frac{H_1}{G \times C_p} + t$$

$$= \frac{7,500kcal/Sm^3}{10.5Sm^3/Sm^3 \times 0.35kcal/Sm^3 \cdot ℃} + 25℃$$

$$= 2,065.82℃$$

정답 ②

| 고위발열량 → 연소효율 계산 |

12 수소 12%, 수분 1%를 함유한 중유 1kg의 발열량을 열량계로 측정하였더니 10,000kcal/kg이었다. 비정상적인 보일러의 운전으로 인해 불완전연소에 의한 손실열량이 1,400kcal/kg이라면 연소효율은?

① 82% ② 85%
③ 87% ④ 90%

해설

1) $H_l = H_h - 600(9H+W)$

   $= 10,000 - 600(9 \times 0.12 + 0.01) = 9,346(kcal/kg)$

2) 연소효율

   $\eta = \dfrac{H_l - (L_c + L_i)}{H_l}$

   $= \dfrac{9,346 - 1,400}{9,346} = 0.8502 = 85.02\%$

정답 ②

| 열발생률 → 중유양 |

13 가로, 세로, 높이가 각각 3m, 1m, 1.5m인 연소실에서 연소실 열발생률을 2.5×10^5kcal/$m^3 \cdot$hr가 되도록 하려면 1시간에 중유를 몇 kg 연소시켜야 하는가? (단, 중유의 저위발열량은 11,000kcal/kg이다.)

① 약 50 ② 약 100
③ 약 150 ④ 약 200

해설

연소실 열발생률 응용

$\dfrac{2.5 \times 10^5 kcal}{m^3 \cdot hr} \times \dfrac{kg}{11,000 kcal} \times (3 \times 1 \times 1.5)m^3$

$= 102.27 (kg/hr)$

정답 ②

| 열발생률 |

14 크기가 $1.2m \times 2m \times 1.5m$인 연소실에서 저위발열량이 10,000kcal/kg인 중유를 1.5시간에 100kg씩 연소시키고 있다. 이 연소실의 열발생율은?

① 약 $165,246$kcal/$m^3 \cdot$hr
② 약 $185,185$kcal/$m^3 \cdot$hr
③ 약 $277,778$kcal/$m^3 \cdot$hr
④ 약 $416,667$kcal/$m^3 \cdot$hr

해설

열발생률$(kcal/m^3 \cdot hr) = \dfrac{연료소비량 \times 저발열량}{연소실체적}$

$= \dfrac{100kg/1.5hr \times 10,000kcal/kg}{1.2m \times 2m \times 1.5m}$

$= 185,185.19kcal/m^3 \cdot hr$

정답 ②

| 열발생률 응용2 → 연소실 용적 |

15 최적 연소부하율이 100,000kcal/$m^3 \cdot$hr인 연소로를 설계하여 발열량이 5,000kcal/kg인 석탄을 200kg/hr로 연소하고자 한다면 이 때 필요한 연소로의 연소실 용적은? (단, 열효율은 100% 이다.)

① $200m^3$ ② $100m^3$
③ $20m^3$ ④ $10m^3$

해설

연소실 열발생률 응용2

$\dfrac{m^3 \cdot hr}{100,000kcal} \times \dfrac{200kg}{hr} \times \dfrac{5,000kcal}{kg} = 10m^3$

정답 ④

연습문제

| 물데우는 열량 → 온도 |

16 15℃ 물 10L를 데우는데 10L의 프로판 가스가 사용되었다면 물의 온도는 몇 ℃로 되는가? (단, 프로판(C$_3$H$_8$)가스의 발열량은 488.53kcal/mole이고, 표준상태의 기체로 취급하며, 발열량은 손실 없이 전량 물을 가열하는데 사용되었다고 가정한다.)

① 58.8   ② 49.8

③ 36.8   ④ 21.8

해설

1) 프로판 10L에 상당하는 열량(kcal)

$$\frac{488.53\text{kcal}}{\text{mol}} \times \frac{1\text{mol}}{22.4\text{L}} \times 10\text{L} = 218.0938\text{kcal}$$

2) 프로판으로 데울 수 있는 물의 온도(℃)

$q = cm\triangle t$

$$218.0938\text{kcal} \times \frac{1\text{kcal}}{1\text{kg} \cdot ℃} \times \left(10\text{L} \times \frac{1\text{kg}}{1\text{L}}\right) \times (t-15)℃$$

(단, 물의 비열은 1cal/g·℃, 물의 밀도는 1 임)

∴ 상승온도(t) = 36.8℃

정답 ③

제 3장

연소 설비

Chapter 01 연소장치 및 연소방법

1. 연료별 연소장치

	연소장치	종류
고체연료	스토커	화격자, 유동층, 미분탄
액체연료	버너	유압식, 회전식(로터리), 고압공기식, 저압공기식
기체연료	버너	확산연소, 예혼합연소

2. 고체연료 연소장치

(1) 연료의 투입방식

1) 상부투입방식(상입식)
① 투입 연료와 공기 방향이 향류로 교차
② 최상층부터 연료층 → 건류층 → 환원층 → 산화층 → 회층 → 화격자 순서로 구성
③ 착화기능이 우수함
④ 화격자상 고정층이 형성되어야 하므로 분상의 석탄을 그대로 사용하기에는 곤란

2) 하부투입방식(하입식)
① 투입 연료와 공기 방향이 같은 방향으로 이동
② 최상층부터 환원층 → 산화층 → 건류층 → 연료층 → 화격자 순서로 구성
③ 저융점 회분을 포함하거나 착화성이 나쁜 연료에는 부적절

3) 각 층별 발생 가스
① 공기 주입 측에서 O_2 농도 최대
② 연료 측에서는 연료 내 휘발분이 방출됨
③ 연료 측에서는 산소부족상태에서 연소하므로 (H_2 + CH_4) 농도 최대임
④ 산화 측에서 CO_2 최대가 되었다가 환원·건류 측에서 일부가 CO로 되며 감소

(2) 연료의 연소방식

연소 방식	장점	단점
화격자	· 석탄을 그대로 공급함 · 전처리 필요 없음 · 연속적인 소각과 배출이 가능 · 용량부하가 큼 · 전자동 운전이 가능	· 연소속도와 착화가 느림 · 체류시간, 소각시간이 긺 · 교반력이 약하여 국부가열이 발생 · 클링커 장애 발생
유동층	· 연소효율 좋음 · 소규모 장치 · 연소온도가 낮음 · NO_x 발생량 적음 · 기계장치가 간단해 고장이 적음	· 부하변동에 약함 · 파쇄 등 전처리 필요 · 비산먼지발생 · 폭발의 위험 · 유동매체를 매번 공급해야 함 · 압력손실이 큼 · 동력사용이 큼
미분탄	· 적은공기로 완전연소 가능 · 점화 및 소화가 쉬움 · 부하변동에 대응이 쉬움	· 비산재 발생이 큼 · 집진장치 필요 · 화재 및 폭발 위험 · 유지비가 큼

참고

클링커(clinker)

1) 정의
석탄 연소에 있어서 화층 온도가 재의 용융점 이상의 고온으로 상승했을 때, 석탄재가 녹아 덩어리로 굳은 것

2) 영향
클링커는 미연소된 석탄까지 한꺼번에 끌어들이므로, 클링커가 발생하면 연소 상태를 악화시켜 석탄의 손실을 초래하고, 클링커가 노벽에 부착되면 이것을 떼어낼 때 노벽이 상하며, 보일러의 전열면에 부착되면 전열을 방해하여 보일러의 효율이 저하하는 등의 장해를 가져옴

1) 화격자(스토크) 연소

가) 정의
소각로 내에 고정화격자 또는 이동화격자를 설치하여 이 화격자 위에 소각하고자 하는 소각물을 올려놓고 아래에서 공기를 주입해 연소시키는 방식

나) 특징

장 점	단 점
· 쓰레기를 대량으로 간편하게 소각처리하는 데 적합 · 연속적 소각 배출 가능 · 수분이 많거나 발열량이 낮은 폐기물 소각 가능 · 용량부하 큼 · 자동 운전 가능 · 유동층보다 비산먼지량이 적고 수명이 긺 · 전처리시설이 필요 없음	· 열에 쉽게 용해되는 물질(플라스틱)의 소각에는 부적합(화격자 막힘 우려) · 소각시간이 긺 · 배기가스량 많음 · 교반력이 약해 국부가열 발생 · 고온에서 기계적 가동에 의해 금속부의 마모 및 손실 심함 · 소각로의 가동, 정지조작이 불편

다) 연소방식

연소방식	특징
상향연소방식	· 투입되는 연료와 공기의 방향이 향류로 교차되는 형태(공기가 화격자 하부에서 공급) · 발열량 낮은 생활폐기물 소각에 유리 · 화격자상에 고정층을 형성하지 않으면 안 되므로 분상의 석탄은 그대로 사용하기에 곤란함 · 정상상태에서의 고정층은 상부로부터 석탄층, 건조층, 건류층, 환원층, 산화층, 회층으로 구성됨 · 착화가 편리하고 무연탄 연소에 많이 사용됨
하향연소방식	· 공기가 피소각물 상부에서 공급 · 휘발분이 많고 열분해 속도가 빠른 폐플라스틱, 폐타이어 등이나 발열량 높은 폐기물 소각에 유리

라) 화격자 방식

화격자 방식	특징
계단식	· 고정·가동화격자를 교대로 계단모양으로 배치 · 가동화격자는 왕복운동
병렬요동식	· 고정·가동화격자를 횡방향으로 나란히 배치 · 강한 교반력과 이송력이 있음 · 화격자의 메워짐이 적어 낙진량이 많고 냉각기능 부족 · 단계별 연소장치 · 저급연료 및 쓰레기 소각 시 사용
역동식	· 가동화격자가 계단식의 반대방향으로 왕복하며 건조 - 연소 - 후연소 단계로 이송·교반·연소가 양호 · 화격자의 마모가 많음
회전롤러식	· 드럼형 가동화격자의 회전에 의해 이송
이상식	· 높이차이가 있는 가동화격자로 건조 - 연소 - 후연소 단계로 이송
부채형 반전식	· 부채형의 가동화격자를 90°로 반전시키며 이송 · 교반력이 우수하여 저질의 쓰레기에 적합 · 산포식 스토커 : 연료를 뿌리는 방식, 착화가 쉬움, 무연탄 연소 시 사용 · 체인 스토커 : 자동 체인벨트에 의한 이동·소각, 저급연료 및 쓰레기 소각 시 사용 · 하급식 스토커 : 공급 스크류에 의해 스토커의 하부로 연료를 공급

2) 미분탄 연소장치

석탄의 연소효율과 조절 능력을 높이기 위해 200mesh$(74\mu m)$ 이하로 분쇄하여 연소하는 방식

가) 특징

① 반응속도는 탄의 성질, 공기량 등에 따라 변하기는 하나, 연소에 용하는 시간은 대략 입자지름의 제곱에 비례함

② 대형과 대용량 설비에 적합

장점	단점
· 비표면적 증대, 완전연소 용이, 공기비↓ · 같은 양의 석탄에서는 표면적이 대단히 커지고 공기와의 접촉 및 열전달도 좋아지므로 작은 공기비로 완전연소가 됨 · 연소 속도가 빠르며, 제어가 용이 · 스토커연소에 비해 공기와의 접촉 및 열전달도 좋아지므로 작은 공기비로 완전연소가 가능한 편 · 점화 및 소화 시 열손실이 적음 · 부하변동에 쉽게 적용할 수 있음 · 사용연료의 범위가 넓음 · 스토커 연소에 적합하지 않은 점결탄과 저위발열탄 등도 사용할 수가 있음	· 설비비와 유지비가 비싸고, 연료의 보관 시 비산과 연소 시 역화의 문제가 있음 · 재비산이 많고 집진장치가 필요함 · 분쇄기 및 배관 중에 폭발의 우려 및 수송관의 마모가 일어날 수 있음

나) 분류

① 수평연소식 : 노벽에 수평으로 분사

② 코너연소식 : 버너를 연소실 코너에 설치하여 노내 중앙의 가상원의 접선방향으로 분사

3) 유동층(fluid bed) 연소

모래 등 내열성 분립체를 유동매체로 충전하고, 바닥의 공기분산판으로 고온 가스를 불어넣어 유동층상을 형성시켜서 연료를 균일하게 연속적으로 투입하여 연소하는 장치

가) 특징

① 화격자와 미분탄 연소의 중간 형태

② 일반 소각로에서 소각이 어려운 난연성 폐기물의 소각에 적합함

③ 특히 폐유, 폐윤활유 등의 소각에 탁월함

④ 격심한 입자의 운동으로 층 내 온도가 일정하게 유지됨

⑤ 연소온도 : 800~1,000℃

장점	단점
· 유동층을 형성하는 분체와 공기와의 접촉면적이 큼 · 탈황 및 NOₓ 저감 · 슬러지연소 가능 · 장치 소, 클링커 장해 없음 · 함수율 높은 폐기물 소각에 적합 · 건설비와 전열면적이 적고 화염이 적음 · 유지관리에 용이 · 과잉 공기율이 낮음 · 로 내에서 산성가스의 제거가 가능	· 부하변동에 약함 · 파쇄 등 전처리 필요 · 동력비 소요가 크고 유동매체의 비산 · 분진 발생이 많음 · 미연탄소가 가스와 같이 배출 됨 · 수명이 긴 char는 연소가 완료되지 않고 배출될 수 있으므로 재연소장치에서의 연소가 필요함 · 유동매체의 손실로 인한 보충이 필요함

나) 유동매체의 조건
    ① 불활성일 것
    ② 융점이 높을 것
    ③ 비중이 낮을 것
    ④ 내열, 내마모성일 것
    ⑤ 열충격에 강할 것
    ⑥ 미세하고 입도분포가 균일할 것
    ⑦ 유동매체의 열용량이 커서, 액상, 기상 및 고형 폐기물의 전소 및 혼소가 가능할 것
    ⑧ 안정된 공급, 구하기 쉬워야 함
    ⑨ 가격이 저렴해야 함

다) 유동층연소에서 부하변동에 대한 적응성이 좋지 않은 단점을 보완하기 위한 방법
    ① 공기분산판을 분할하여 층을 부분적으로 유동시킴
    ② 유동층을 몇 개의 셀로 분할하여 부하에 따라 작동시키는 수를 변화시킴
    ③ 층의 높이를 변화시킴

라) 석탄의 유동층 연소방식에 대한 설명
    ① 전열면적이 적게 됨
    ② 부하변동에 쉽게 응할 수 없음
    ③ 다른 연소법에 비해 재와 미연탄소의 방출이 많음

4) 회전로(rotary kiln)
    ① 내면에 내화물이 부착된 원통형 노체를 선회하면 투입된 연료는 교반·건조와 함께 이동되며 연소
    ② 소각 시 공기와의 접촉이 좋고 효율적으로 난류가 생성됨
    ③ 여러 가지 형태의 폐기물(고체, 액체, 슬러지 등)을 동시 소각할 수 있음
    ④ 다양한 상태의 유해폐기물에 적용 가능
    ⑤ 전처리가 필요 없음
    ⑥ 내화재 손상이 심하며 분진배출이 많음
    ⑦ 2차 연소실 필요

5) 고정상 소각로(Fixed Bed Incinerator)

가) 정의
소각로 내의 화상 위에서 소각물을 태우는 방식

나) 특징

장점	단점
· 열에 열화, 용해되는 소각물(플라스틱), 입자상 물질 소각에 적합 · 화격자에 적재가 불가능한 슬러지, 입자상 물질의 폐기물 소각 가능	· 체류시간이 긺 · 교반력이 약해 국부가열이 발생가능 · 연소효율이 나쁨 · 잔사 용량이 많이 발생 · 초기 가온시 또는 저열량 폐기물에는 보조연료가 필요

3. 액체연료 연소장치

(1) 액체연료의 연소방식

1) 기화 연소방식
① 연료를 고온의 물체에 접촉시켜 발생하는 증기를 연소
② 경질유 연소에 주로 사용

연소방식	특징
심지식 연소	· 심지를 삽입하여 모세관현상으로 올라온 연료 표면에 가열하여 연소 · 그을음과 악취가 심함
포트식 연소	· 주로 휘발성이 좋은 경질유를 대상으로 기름을 접시모양의 용기에 넣어 점화하여, 연소열로 인해 가열되어 발생하는 증기 외부 공급공기와 혼합하여 연소하는 방식
증발식 연소	· 연소실 내의 방사열에 의해 기화한 연료를 공급공기와 혼합하여 연소하는 방식

2) 분무화 연소 방식(버너)
① 분무용 버너로 액체연료를 미립화시켜 표면적 증가된 유적에 공기를 접촉·혼합하여 연소하는 방식
② 중질유 연소에 주로 사용

가) 종류

	분무압 (kg/cm²)	유량 조절비	연료사용량 (L/h)	분무각도 (°)	특징
고압 공기식 버너	2~10	1:10	3~500L/hr (외부) 10~1,200L/hr (내부)	20~30	· 유량조정비가 커서 부하변동에 강함 · 연료 점도가 커도 분무가 쉬움 · 가장 좁은 각도의 긴 화염 발생 · 소음이 큼 · 분무공기량 적게 소요 (이론연소공기량의 7~12%) · 고점도 유류에도 적용 가능
저압 공기식 버너	0.05~0.2	1:5	2~200	30~60	· 자동연소제어 용이 · 소형 설비, 가장 용량 작음 · 공기량 많이 소요 (분무공기량이 이론연소공기량의 30~50%) · 짧은 화염 발생
회전식 버너 (로터리)	0.3~0.5	1:5	1,000L/hr (직결식) 2,700L/hr (벨트식)	40~80	· 3,000~10,000rpm으로 회전하는 분무컵에 송입되는 연료유가 원심력으로 되고, 동시에 송풍기의 1차 공기에 의해 분무되는 형식 · 분무매체는 기계적 원심력과 공기임 · 회전수는 5,000~6,000rpm 범위 · 입경이 큰 슬러지나 수분이 많은 폐유 등에 적합 · 구조 간단, 취급 용이 · 연료적용범위 넓음 · 중소형 보일러에 이용 · 유량조절비는 큰 편 · 단염
유압 분무식 버너	5~30	환류식 1:3 비환류식 1:2	15~2,000	40~90	· 유체에 직접 압력을 가하여 노즐을 통해 분사 · 구조 간단, 유지보수 쉬움 · 대용량 버너 · 점도 높은 연료에 부적합 · 부하변동에 대응 어려움
증기 분무식 버너	–	–	–	–	· 공기 대신 증기를 분무함 · 입경이 미세하고, 저부하에서도 효율이 높음 · 증기의 열·압력에너지를 분무화에 이용하므로 점도가 높은 기름도 쉽게 분무시킬 수 있음 · 설비가 비교적 복잡함
건타입 버너	7 이상	–	–	–	· 분무압 7kg/cm² 이상 · 유압식과 공기분무식을 합한 것 · 연소가 양호함 · 전자동 연소 가능

① 유량조절 범위가 좁으면, 부하변동에 적용하기 어려움
② 분사각도가 좁으면 장염 발생

나) 유류 연소 버너가 갖추어야 할 조건
① 넓은 부하범위에 걸쳐 기름의 미립화가 가능할 것
② 소음발생이 적을 것
③ 점도가 높은 기름도 적은 동력비로서 미립화가 가능할 것

4. 기체연료 연소장치

연소장치	종류	특징
확산 연소	포트형, 버너형 선회식, 방사식	· 공기와 기체 연료를 별도로 공급하여 연소 · 연소조정범위 넓음 · 장염 발생 · 연료 분출속도 느림 · 연료의 분출속도가 클 때, 그을음이 발생하기 쉬움 · 기체연료와 연소용 공기를 버너 내에서 혼합시키지 않음 · 역화의 위험이 없으며, 공기를 예열할 수 있음
예혼합 연소	고압버너, 저압버너, 송풍버너	· 연소용 공기의 전부를 미리 연료와 혼합하여 버너로 분출시켜 연소 · 연소가 내부에서 연료와 공기의 혼합비가 변하지 않고 균일하게 연소됨 · 화염온도가 높아 연소부하가 큰 경우에 사용이 가능함 · 짧은 불꽃 발생 · 매연 적게 생성 · 연료 유량 조절비가 큼 · 혼합기 분출속도 느릴 경우, 역화 발생 가능

(1) 확산 연소 연소장치

1) 포트형

① 큰 단면적의 화구로부터 공기와 가스를 연소실에 보내는 방식
② 공기와 기체 연료를 별도로 공급하여 연소시키므로, 모두 예열이 가능함
③ 버너 자체가 로벽과 함께 내화벽돌로 조립되어 내부에 개구된 것
④ 가스와 공기를 함께 가열할 수 있는 이점이 있음
⑤ 밀도가 큰 공기 출구는 상부에, 밀도가 작은 가스 출구는 하부에 배치되도록 함
⑥ 고발열량 탄화수소를 사용할 경우에는 가스 압력을 이용하여 노즐로부터 고속으로 분출하게 하여 그 힘으로 공기를 흡인하는 방식을 취함
⑦ 구조상 가스와 공기압을 높이지 못한 경우에 사용함

2) 버너형

① 공기와 가스를 가이드베인을 통해 혼합시키는 형태
② 선회식 : 연료와 공기를 선회날개를 통해 혼합시키는 방식, 고로가스와 같이 저발열량 연료에 적합
③ 방사식 : 천연가스와 같이 고발열량 가스에 적합

(2) 예혼합연소

연소용 공기의 전부를 미리 연료와 혼합하여 버너로 분출시켜 연소

1) 특징

① 높은 연소부하가 가능하므로 고온가열용으로 적합
② 분출속도가 느릴 경우에는 역화 위험
③ 완전연소가 용이하고 그을음 생성량이 적음
④ 구조상 가스와 공기압이 높은 경우 사용함

2) 연소장치

가) 고압 버너

① 분무압 2kg/cm^2 이상
② 연소실내 압력정압(+)으로 유지
③ 소형 가열로에 사용

나) 저압 버너

① 분무압 70~160mmHg
② 연료 분출시 주위 공기를 흡인
③ 역화 방지를 위해 1차 공기량은 이론 공기량의 60%, 2차 공기는 로내 압력을 부압(−)으로 유지하여 흡인
④ 가정용, 소형공업용

다) 송풍 버너

① 연소용 공기를 가압하여 송입하는 형식
② 가압공기를 분출과 동시에 기체연료를 흡인·혼합하는 버너

(3) 부분 예혼합 연소

① 주로 소형 또는 중형에 쓰임
② 기체 연료와 공기의 분출속도에 따른 흡인력으로 연료와 공기를 흡인함

> **참고**
>
> **역화**
>
> • 정의 : 가스노즐 분출속도가 연소속도보다 느리게 되면 화염이 버너 내부에서 연소하는 현상
>
> • 원인
> - 인화점이 낮은 연료 및 유류성분 중 물·이물질 포함한 경우
> - 점화시간 지연 및 압력이 과대한 경우
> - 노즐부식 및 버너가 과열상태인 경우
> - 공기보다 연료 공급이 먼저 이루어진 경우
> - 1차 공기가 과대한 경우
> - 버너노즐부의 과열로 인하여 연소속도가 증가한 경우
> - 분출가스압이 저하한 경우
>
> • 버너(불꽃) : 연료공급장치(가스)

5. 각종 연소장애와 그 대책 등

(1) 저온부식

1) 원인

150℃ 이하로 온도가 낮아지면, 수증기가 응축되어 이슬(물)이 되면서 주변의 산성가스들과 만나 산성염(황산, 염산, 질산 등)이 발생하게 됨

2) 방지대책

① 연소가스 온도를 산노점(이슬점) 이상으로 유지
② 과잉공기를 줄여서 연소함
③ 예열공기를 사용하여 에어퍼지를 함
④ 보온시공을 함
⑤ 연료를 전처리하여 유황분을 제거함
⑥ 내산성이 있는 금속재료의 선정
⑦ 장치표면을 내식재료로 피복함

(2) 연소공정에서 과잉공기량의 공급이 많을 경우 발생하는 현상

① 연소실의 온도 낮아짐
② 배출가스에 의한 열손실 증대, 열효율 감소
③ 저온부식 발생

내용문제

01 모닥불이나 화재 등도 이 연소의 일종이며, 고정된 연료층을 연소용 공기가 통과하면서 연소가 일어나는 것으로 금속격자 위에 연료를 깔고 아래에서 공기를 불어 연소시키는 형태는?

① 확산연소   ② 분무화연소
③ 화격자연소   ④ 표면연소

해설

정답 ③

02 클링커 장애(Clinker trouble)가 가장 문제가 되는 연소장치는?

① 화격자 연소장치   ② 유동층 연소장치
③ 미분탄 연소장치   ④ 분무식 오일버너

해설

정답 ①

03 고체연료 연소장치 중 하급식 연소방법으로 연소과정이 미착화탄 → 산화층 → 환원층 → 회층으로 변하여 연소되고, 연료층을 항상 균일하게 제어할 수 있고, 저품질 연료도 유효하게 연소시킬 수 있어 쓰레기 소각로에 많이 이용되는 화격자 연소장치로 가장 적합한 것은?

① 포트식 스토커(Pot Stoker)
② 플라즈마 스토커(Plasma Stoker)
③ 로타리 킬른(Rotary Kiln)
④ 체인 스토커(Chain Stoker)

해설

정답 ④

04 대형 소각로에 사용하는 가동식 화격자 상에서 건조, 연소 및 후연소가 이루어지며 쓰레기의 교반 및 연소조건이 양호하고 소각효율이 매우 높으나 마모가 많은 화격자 방식은?

① 회전 로울러식   ② 부채형 반전식
③ 계단식   ④ 역동식

해설

역동식 화격자 소각로는 가동화격자가 계단식 화격자의 반대 방향으로 왕복운동을 하면서 피소각물질을 건조 – 연소 – 후연소 단계로 이동시키는 화격자이다. 교반 및 연소조건이 양호하고 소각률이 높으나 화격자의 마모가 많은 것이 결점이다.

정답 ④

05 다음은 가동화격자의 종류에 관한 설명이다. ( )안에 알맞은 것은?

> ( )는 고정화격자와 가동화격자를 횡방향으로 나란히 배치하고 가동화격자를 전후로 왕복운동 시킨다. 비교적 강한 교반력과 이송력을 갖고 있으며 화격자 눈의 매워짐이 별로 없어 낙진량이 많고 냉각작용이 부족하다.

① 부채형 반전식 화격자
② 병렬요동식 화격자
③ 이상식 화격자
④ 회전 로울러식 화격자

해설

정답 ②

06 폐타이어를 연료화하는 주된 방식과 가장 거리가 먼 것은?

① 가압분해 증류 방식
② 액화법에 의한 연료추출 방식
③ 열분해에 의한 오일추출 방식
④ 직접 연소 방식

해설

폐타이어 연료화의 주된 방식
❶ 액화법에 의한 연료추출 방식
❷ 열분해에 의한 오일추출 방식
❸ 직접 연소 방식

정답 ①

07 다음 설명하는 연소장치로 가장 적합한 것은?

> · 증기압 또는 공기압은 2~10kg/cm^{2}이다.
> · 유량조절범위는 1:10 정도이다.
> · 분무각도는 20~30°, 연소시 소음이 발생된다.
> · 대형가열로 등에 많이 사용된다.

① 고압공기식 버너
② 유압식 버너
③ 저압공기분무식 버너
④ 슬래그탭 버너

해설

정답 ①

08 공기압은 2~10kg/cm^2, 분무화용 공기량은 이론공기량의 7~12%, 분무각도는 30° 정도이며, 유량조절범위는 1:10 정도인 액체연료의 연소장치는?

① 유압식 버너 ② 고압공기식 버너
③ 충돌 분무식 버너 ④ 회전식 버너

해설

유량조절범위가 1:10인 버너는 고압공기식 버너다.

정답 ②

연습문제

09 다음은 유류연소용 버너에 관한 설명이다. ( ) 안에 알맞은 것은?

> ( )는 증기압 또는 공기압은 $2 \sim 10 \text{kg/cm}^2$이고, 무화용 공기량은 이론공기량의 7~12% 정도이다. 유량조절비는 1:10 정도이며, 분무각도는 20~30° 정도이다.

① 유압식 버너
② 회전식 버너
③ 저압공기분무식 버너
④ 고압공기식 버너

해설

유량조절범위
유압식 버너(1:1.5), 회전식 버너(1:5), 고압공기식 버너(1:10), 저압공기식 버너(1:5)

정답 ④

10 [보기]에서 설명하는 내용으로 가장 적합한 유류연소버너는?

> · 화염의 형식 : 가장 좁은 각도의 긴 화염이다.
> · 유량조절범위 : 약 1:10 정도이며, 대단히 넓다.
> · 용도 : 제강용 평로, 연속가열로, 유리용해로 등의 대형가열로 등에 많이 사용된다.

① 유압식
② 회전식
③ 고압공기식
④ 저압공기식

해설

정답 ③

11 다음은 액체연료의 연소방식에 관한 설명이다. ( )안에 알맞은 것은?

> ( )는 기름을 접시모양의 용기에 넣어 점화하면 연소열로 인해 액면이 가열되어 발생되는 증기가 외부에서 공급되는 공기와 혼합 연소하는 방식으로 휘발성이 좋은 경질유의 연소에 효과적이다.

① 이류체 분무화식 연소
② 증기 분무식 연소
③ 부분 예혼합 연소
④ 포트식 연소

해설

정답 ④

12 유압식과 공기분무식을 합한 것으로 유압은 보통 7kg/cm^2 이상이며, 연소가 양호하고 소형이며, 전자동 연소가 가능한 액체연료의 연소장치는?

① 저압분무식 버너
② 건(gun)타입 버너
③ 선회 버너
④ 송풍 버너

해설

정답 ②

13 액체연료의 연소방식을 기화(Vaporization) 연소방식과 분무화(Atomization) 연소방식으로 분류할 때 다음 중 기화 연소방식에 해당하지 않는 것은?

① 심지식 연소
② 반전식 연소
③ 포트식 연소
④ 증발식 연소

> **해설**

정답 ②

14 액체연료를 효율적으로 연소시키기 위해서는 연료를 미립화하여야 한다. 이때 미립화 특성을 결정하는 인자로 틀린 것은?

① 분무유량
② 분무입경
③ 분무점도
④ 분무의 도달 거리

> **해설**
>
> ③ 분무점도는 미립화 특성에 영향을 미치지 않음
>
> **미립화의 특성을 결정하는 인자**
> 연료의 전도, 분사속도, 분사압력, 분무유량, 분무입경, 분무의 도달거리, 분무각, 입경분포

정답 ③

15 액체연료가 미립화되는데 영향을 미치는 요인으로 가장 거리가 먼 것은?

① 분사압력
② 분사속도
③ 연료의 점도
④ 연료의 발열량

> **해설**
>
> **미립화의 특성을 결정하는 인자**
> 연료의 전도, 분사속도, 분사압력, 분무유량, 분무입경, 분무의 도달거리, 분무각, 입경분포

정답 ④

16 다음 중 기체연료의 연소방식에 해당되는 것은?

① 스토커 연소
② 회전식버너(Rotary burner) 연소
③ 예혼합 연소
④ 유동층 연소

> **해설**

정답 ③

연습문제

17 절충식 방법으로써 연소용 공기의 일부를 미리 기체연료와 혼합하고 나머지 공기는 연소실 내에서 혼합하여 확산 연소시키는 방식으로 소형 또는 중소형 버너로 널리 사용되며, 기체연료 또는 공기의 분출속도에 의해 생기는 흡인력을 이용하여 공기 또는 연료를 흡인하는 것은?

① 확산연소　　　　　② 예혼합연소
③ 유동층연소　　　　④ 부분예혼합연소

해설

정답 ④

18 연소용 공기의 일부를 미리 연료와 혼합하고, 나머지 공기는 연소실 내에서 혼합하여 확산 연소시키는 연소방식으로 소형 또는 중형 버너로 널리 사용되는 기체연료의 연소방식은?

① 부분연소　　　　　② 간헐연소
③ 연속연소　　　　　④ 부분예혼합연소

해설

정답 ④

19 다음 중 기체연료의 확산연소에 사용되는 버너 형태로 가장 적합한 것은?

① 공기 분무식 버너　　② 심지식 버너
③ 회전식 버너　　　　④ 포트형 버너

해설

기체연료 중 확산연소에 사용되는 버너의 종류 - 포트형, 버너형

정답 ④

20 다음 중 확산연소에 사용되는 버너로서 주로 천연가스와 같은 고발열량의 가스를 연소시키는데 사용되는 것은?

① 건타입 버너　　　　② 선회 버너
③ 방사형 버너　　　　④ 고압 버너

해설

① 건타입 버너 - 액체연료의 연소장치
② 선회 버너 - 확산연소용 버너 중 고로가스와 같이 저질 연료를 연소시키는데 사용
④ 고압 버너 - 기체연료의 연소방식 중 예혼합연소의 연소장치

정답 ③

21 다음 설명하는 연소장치로 가장 적합한 것은?

> 기체연료의 연소장치로서 천연가스와 같은 고
> 발열량 연료를 연소시키는데 사용되는 버너

① 선회버너　　　　　② 방사형버너
③ 유압분무식 버너　　④ 건식버너

해설

정답 ②

22 다음 중 기체연료의 연소장치로서 천연가스와 같은 고발열량 연료를 연소시키는데 가장 적합하게 사용되는 버너의 종류는?

① 선회형 버너　　　　② 방사형 버너
③ 회전식 버너　　　　④ 건타입 버너

해설

정답 ②

23 기체연료의 압력을 $2kg/cm^2$ 이상으로 공급하므로 연소실 내의 압력은 정압이며, 소형의 가열로에 사용되는 버너는?

① 고압버너　　　　　② 저압버너
③ 송풍버너　　　　　④ 선회버너

해설

예혼합버너

① 고압버너 : 기체연료의 압력을 $2kg/cm^2$ 이상으로 공급하며, 압력은 정압이다. 소형가열로에서 사용한다.

② 저압버너 : 기체연료 압력을 70~160mmHg 정도로 공급하며, 압력은 부압(공기흡인식)이다. 가정용, 소형 공업용으로 사용한다.

③ 송풍버너 : 연소용 공기를 가압하여 송입하며, 가압공기를 노즐로부터 분출시킴과 동시에 기체연료를 흡인, 혼합하여 연소시키는 방식이다.

정답 ①

24 다음 중 기체연료 연소장치에 해당하지 않는 것은?

① 송풍 버너　　　　　② 선회 버너
③ 방사형 버너　　　　④ 로터리 버너

해설

기체연료의 연소장치

❶ 확산 연소 : 포트형, 버너형(선회형, 방사형 버너)

❷ 예혼합 연소 : 송풍버너, 고압버너, 저압버너

정답 ④

연습문제

| 계산문제 |

| SO₂ 감소량 계산 |

01 3%의 황이 함유된 중유를 매일 100kL 사용하는 보일러에 황함량 1.5%인 중유를 30% 섞어 사용할 때, SO₂ 배출량은 몇 % 감소하겠는가? (단 중유의 황성분은 모두 SO_2로 전환, 중유비중 1.0으로 가정함)

① 30% ② 25%
③ 15% ④ 10%

해설

감소하는 S(%) = 감소하는 SO_2(%)

감소하는 황(%) = $(1 - \dfrac{\text{나중 황}}{\text{처음 황}}) \times 100$

$= \left(1 - \dfrac{100\text{kL}(0.015 \times 0.3 + 0.03 \times 0.7)}{100\text{kL} \times 0.03}\right) \times 100 = 15\%$

정답 ③

Chapter 02 내연기관의 연소

1. 이동배출원(자동차) 연료

	이름	LNG	LPG	휘발유	경유
	주성분	메탄	부탄	n-옥탄	n-헥사데칸
	시성식	CH_4	C_4H_{10}	$n-C_8H_{18}$	$n-C_{16}H_{34}$
화합물 성질	끓는점(℃)	-162	-0.5	126	287
	분자량(g/mol)	16	58	114	226
	밀도(g/L, 20℃)	415	602	703	770
연소열/L	kcal/L	5,966	7,428	8,407	9,058
	상대비	-	1.00	1.13	1.22
CO_2 배출량	g/L	1,141	1,826	2,171	2,399
	상대비	1.00	1.60	1.90	2.10

2. 자동차 내연기관

(1) 내연기관의 기본 4행정과 작동인자 비교

1) 기본행정

흡입 → 압축 → 폭발 → 배기

(2) 내연기관의 이해

1) 공연비

연료와 공기의 혼합비율, 단위 시간당 공급되는 공기/연료 질량 비율

$$A/F = \frac{m_a M_a}{m_f M_f}$$

2) 압축비

최대 체적(= 연소실 체적 + 피스톤 행정 체적)을 연소실 체적으로 나눈 것

$$R_c = \frac{V}{V_c} = \frac{V_s + V_c}{V_c}$$

3) 노킹

① 정의

공기와 연료를 흡입하고 압축하여 폭발하기 전에, 폭발 시점이 되기 전에 일찍 점화되어 발생하는 불완전 연소 현상 혹은 비정상적인 폭발적인 연소 현상

② 영향

· 피스톤, 실린더, 밸브 등에 무리 발생
· 엔진 출력 저하 및 엔진 수명 단축
· 노크음 발생
· 연소효율 및 엔진효율 저해

③ 대책

· 옥탄가를 향상시킴
· 옥탄가 향상제 : 기존에는 4에틸 납이나 4메틸 납을 사용하였으나 납 성분의 오염 방지를 위해 최근에는 이용되지 않고 MTBE(Methyl Tertiary-Butyl Ether)가 사용되고 있음

4) 옥탄가

① 휘발유의 실제 성능을 나타내는 척도
② 휘발유가 연소할 때 이상폭발을 일으키지 않는 정도의 수치
③ 가장 노킹이 발생하기 쉬운 헵탄(heptane)의 옥탄가를 0으로 하고, 노킹이 발생하기 어려운 이소옥탄(iso-octane)의 옥탄가를 100으로 하여 결정함
④ 옥탄가는 0~100을 기준으로 숫자가 높을수록 옥탄가가 높아 노킹이 억제됨

5) 디젤노킹

디젤엔진에서, 연료가 분사된 후부터 자연점화에 도달하는데 걸리는 시간(점화시간)이 지연되어 엔진효율이 떨어지고 점화와 동시에 그때까지 분사된 연료가 순간적으로 연소되어 실린더 내부의 온도와 압력의 급상승으로 진동과 소음이 발생하는 현상

6) 세탄가(Cetane)

① 경유의 착화성을 나타내는데 이용되는 수치
② 디젤의 점화가 지연되는 정도
③ 발화성이 좋은 노말 세탄(n-cetane)의 값을 100, 발화성이 나쁜 알파 메틸나프탈렌을 0으로 하여 정함
④ 세탄가가 높을수록 노킹 줄어듦, 점화지연시간이 짧아 연소시 엔진 출력 및 엔진 효율이 증대됨, 소음 감소

(3) 가솔린 엔진과 디젤 엔진

① 가솔린 엔진 : 연료를 공기와 혼합하여 실린더에 흡입, 압축시킨 후 점화플러그에 의해 강제로 연속 폭발시키는 방식

② 디젤 엔진 : 공기만을 연소실에 흡입, 압축하여 고온 고압의 압축공기를 형성시킨 다음, 압축 종료 직전에 고압의 연료를 분사함으로써 공기 압축열에 의해 연료를 자기착화 되게 하는 자연 연소방식

(4) 가솔린자동차와 디젤 자동차의 비교

	가솔린자동차	디젤자동차
점화방식	불꽃점화방식	압축점화방식
압축비	8~15	15~20
공연비(AFR)	·이론 공연비 약 15 ·실제 공연비 = 14.7 ·운전당량비 1(공기비 1)	·이론 공연비 약 15, ·실제 공연비 18 이상 ·운전당량비 1 이하(공기비 1 이상)
노킹 원인	표면 착화, 자기 발화	착화 지연
노킹 방지	옥탄가 향상제 첨가	세탄가 향상제 첨가
연료선택	높은 압력과 온도에 쉽게 연소되지 않는 것	낮은 압력과 온도에서 쉽게 자체폭발 하는 것
특징	·고출력, 저소음 ·효율, 연비 낮음 ·VOC, CO, Pb 발생	·최대 효율이 가솔린의 1.5배 ·연비 높음 ·매연, NO_x, 소음진동 문제 ·압축비(15~20)가 높아 소음진동이 이 큼

3. 자동차 배출가스

(1) 자동차 배기가스의 개요

① 자동차 엔진에서는 일산화탄소, 탄화수소, 질소산화물, 각종 입자상태의 물질이 배출되며 이는 대기오염 및 건강에 악영향을 미치고 있음

② 자동차 배기가스의 유해성은 1950년대 LA스모그로 처음 밝혀짐

③ 배기가스는 기관지 천식과 감기의 주원인이 되고 있음

④ 특히 디젤차의 배기가스에 함유된 니트로피렌, 벤조피렌은 강한 발암성을 가지고 있음

⑤ 이산화탄소는 고농도로 동물의 체내에 흡수되면 강력한 발암물질인 니트로소아민, 니트로피렌으로 변화함

⑥ 질소산화물은 최근 유럽 및 북미를 중심으로 피해가 심각해지고 있는 산성비의 주요 원인물질이기도 함

(2) 자동차의 종류에 따른 배출가스

① 휘발유(가솔린) 자동차 : HC, CO, NO_x, Pb 등

② 경유(디젤) 자동차 : SO_x, 매연 등

연료	출고시 검사항목	정기검사 항목
휘발유	HC, CO, NO_x, HCHO	HC, CO, NO_x
디젤	HC, CO, NO_x, 매연, 입자상물질	매연

(3) 운전상태에 따른 배출가스
1) 가솔린 자동차

엔진작동상태	HC(%)	CO(%)	NO_x(%)	CO_2(%)
공전 시	0.075	5.2	0.003	9.5
운행 시	0.030	0.8	0.150	12.5
가속 시	0.040	5.2	0.300	10.2
감속 시	0.400	4.2	0.006	9.5

참고

	HC	CO	NO_x	CO_2
많이 나올 때	감속	공전, 가속	가속	운행
적게 나올 때	운행	운행	공전	공전, 감속

2) 디젤 자동차
① 디젤차에서는 공전 시 HC, CO의 배출이 적음
② 고속주행 시 NO_x 농도가 높고 매연이 많이 배출됨

(4) 자동차 배기가스의 배출원별 배출정도

(단위 : %)

배출원	HC	CO	NO_x	Pb
배기가스	60	100	100	100
Crankcase blowby	20	0	0	0
연료탱크증발	20	0	0	0

참고

Crankcase blowby

① 피스톤과 실린더 틈새를 통해 크랭크케이스로 새는 가스
② 가솔린이나 LPG차에서만 문제되는 가스

(5) 공연비(AFR)에 따른 배출오염물질 농도
① 공연비가 이론양론비 이하일 때에는 불완전연소에 의해 HC, CO가 많이 발생
② 이론양론적 공연비 근처에서는 NO_x와 CO_2 발생이 최대
③ AFR이 과도하게 증가되면 오히려 점화불량 및 불완전연소로 HC 농도가 증가
④ 적절한 공연비폭 : 0.14

(6) 자동차의 주요 오염물질

1) 납(Pb)
① 옥탄가 향상제, 안티녹킹제로 이용됨
② 옥탄가 향상제 : 휘발유의 옥탄가를 높이기 위해 사에틸납$((CH_3CH_2)_4Pb)$이 첨가됨
③ 안티녹킹제 : 비정상 연소(녹킹 : knocking)의 저항물질로 첨가
④ 예전에는 유연휘발유(납이 포함된 휘발유)를 사용하였으나, 현재는 무연휘발유(납이 포함되지 않은 휘발유)를 모두 사용함

2) 브롬(Br)
① 이용 : C_2H_2Br은 내연기관의 납제거용 첨가제로 사용
② 발생 : 가솔린차 배기가스에서 주로 발생
③ 기타 배출물질
④ 3,4-벤조피렌 : 발암성물질
⑤ 탄화수소, 먼지

4. 자동차 배출가스 방지대책

(1) 자동차 배출가스 저감 대책

	휘발유(가솔린)자동차		경유(디젤)자동차
전처리	· 엔진개량(희박연소시스템) · 연료장치개량(전자식연료분사장치)배출가스	전처리	· 엔진개량 · 연료장치개량
후처리	· Blow-by 방지장치 · 삼원촉매장치 · 배기가스재순환장치(EGR시스템) · 증발가스 방지장치	후처리	· 후처리장치(산화촉매, 입자상물질 여과장치) · 배기가스 재순환장치(EGR 시스템)

1) 삼원촉매 전환장치(TCCS ; Three-way Catalytic Conversion System)
① 휘발유 자동차의 배기가스를 처리하는 장치
② 산화촉매와 환원촉매의 기능을 가진 알맞은 촉매(백금, 로듐 등)를 사용하여 하나의 장치 내에서 CO, HC, NO_x를 동시에 처리하여 무해한 CO_2, H_2O, N_2로 만드는 장치
③ 두 개의 촉매 층이 직렬로 연결되어 CO, HC, NO_x를 동시에 1/10로 저감할 수 있는 내연기관의 후처리기술
④ 산화 촉매 : Pt, Pd
⑤ 환원 촉매 : Rh

$$\left.\begin{array}{c} HC \\ CO \end{array}\right\} \xrightarrow[\text{(Pt, Pd)}]{\text{산화}} CO_2, H_2O$$

$$NO_x \xrightarrow[\text{(Rh)}]{\text{환원}} N_2$$

(2) 대채 연료 자동차 개발 및 사용

1) 알코올 자동차
① 사탕수수를 원료로 알코올(에탄올)을 만들어 연료로 사용함
② 바이오매스
③ 문제점 : 배기가스로 폼알데하이드 발생

2) 전기 자동차
① 엔진 대신에 모터(전동기)로 달리는 자동차
② 내연기관 없이 전기 배터리로 자동차를 운행함
③ 피스톤 운동 없어 소음 적음, 배기가스 없음
④ 문제점 : 충전소 부족, 가격 인하 필요, 주행거리 향상되어야 함, 대중화가 필요함, 배터리 수명 짧음, 배터리 충전이 오래 걸림

3) 천연가스 자동차
① 가정에 공급되는 도시가스와 똑같은 천연가스(주성분은 메탄)를 압축 저장한 것을 사용함
② 저공해차, 도시가스 자동차(CNG)
③ LNG를 압축 저장한 것
④ 배기가스
거의 수증기와 탄산가스로 가솔린 차에 비해 일산화탄소, 질소산화물 40~60% 저감
주행성능이나 연료비 면에서 가솔린과 비슷

4) 하이브리드 자동차
내연 엔진과 전기자동차의 배터리 엔진을 동시에 장착하여 기존의 일반 차량에 비해 연비(燃費) 및 유해가스 배출량을 획기적으로 줄인 차세대 자동차

5. 노킹 방지대책

(1) 디젤노킹(diesel knocking)의 방지법
① 세탄가가 높은 연료를 사용함
② 착화성(세탄가)이 좋은 경유를 사용함
③ 분사개시 때 분사량을 감소시킴
④ 분사시기를 알맞게 조정함
⑤ 급기 온도를 높임
⑥ 압축비, 압축압력, 압축온도를 높임
⑦ 엔진의 온도와 회전속도를 높임
⑧ 흡인공기에 와류가 일어나게 하고, 온도를 높임

(2) 엔진 구조에 대한 노킹방지 대책

　① 연소실을 구형(circular type)으로 함

　② 점화플러그는 연소실 중심에 부착시킴

　③ 난류를 증가시키기 위해 난류생성 pot를 부착시킴

(3) 가솔린 노킹(knocking)의 방지법

　① 옥탄가가 높은 가솔린 사용

　② 혼합비 높임

　③ 화염전파속도 높임

　④ 화염전파거리 짧게 함

　⑤ 점화시기를 늦춤

　⑥ 압축비 낮춤

　⑦ 혼합가스와 냉각수 온도 낮춤

　⑧ 혼합가스에 와류를 증대시킴

　⑨ 연소실에 탄소가 퇴적된 경우, 탄소를 제거함

내용문제

01 전형적인 자동차 배기가스를 구성하는 다음 물질 중 가장 많은 양(부피%)을 차지하고 있는 것은? (단, 공전상태 기준)

① HC   ② CO
③ NO_x ④ SO_x

해설

전형적인(일반적인) 자동차 배출가스 구성

엔진작동상태	HC(%)	CO(%)	NO_x(%)	CO_2(%)
공전 시	0.075	5.2	0.003	9.5
운행 시	0.03	0.8	0.15	12.5
가속 시	0.04	5.2	0.3	10.2
감속 시	0.4	4.2	0.006	9.5

정답 ②

02 다음 중 옥탄가가 가장 낮은 물질은?

① 노말 파라핀류   ② 이소 올레핀류
③ 이소 파라핀류   ④ 방향족 탄화수소

해설

일반적인 옥탄가 순서

올레핀 및 방향족 탄화수소 〉 이소 파라핀류 〉 노말 파라핀류

정답 ①

03 휘발유의 안티노킹제(anti – knocking agent)로 옥탄가를 증진시키는 물질로 최근에 널리 사용되는 물질은?

① Cenox
② Cetane
③ TEL(tetraethyl lead)
④ MTBE(methyl tetra–butyl ether)

해설

MTBE는 배기가스 오염가스 저감물질로 80년대 중반부터 각광받기 시작하여 기존에 옥탄가 향상제로 사용되던 4에틸납(TEL), 4메틸납(TML)를 대체하여 배기가스 중의 탄화수소, 일산화탄소 배출량을 감소시켜 무연휘발유의 첨가제로 중심적인 역할을 하고 있다.

정답 ④

04 다음 중 가솔린자동차에 적용되는 삼원촉매 기술과 관련된 오염물질과 거리가 먼 것은?

① SO_x ② NO_x
③ CO   ④ HC

해설

삼원촉매장치
산화촉매(Pt, Pd)와 환원촉매(Rh)의 기능을 가진 알맞은 촉매를 사용하여 하나의 장치내에서 CO, HC, NO_x를 동시에 처리하여 무해한 CO_2, H_2O, N_2로 만드는 장치이다.

정답 ①

제 4장

검댕

Chapter 01. 검댕(그을음)

Chapter 01 검댕(그을음)

1. 매연 발생 원인

① 연소실의 체적이 적을 때
② 통풍력이 부족할 때
③ 무리하게 연소시킬 때
④ 불완전 연소가 발생할 때

2. 검댕(그을음, 매연)의 발생 특징

(1) 고체연료

휘발분이 큰 연료일수록 검댕이 잘 발생함

(2) 액체연료

① 분해가 쉽거나 산화하기 쉬운 탄화수소는 매연 발생이 적음
② 연료의 C/H의 비율이 클수록, 분자량이 클수록 매연이 잘 발생함
③ 중합 및 고리화합물 등과 같이 반응이 일어나기 쉬운 탄화수소일수록 매연이 잘 발생함
④ 탈수소가 용이한 연료일수록 매연이 잘 발생함
⑤ -C-C- 의 탄소결합을 절단하기보다 탈수소가 쉬운 쪽이 매연이 잘 발생함
⑥ 연소실 부하가 클수록 매연이 잘 발생함
⑦ 연소실 온도가 낮아지면 매연이 잘 발생함
⑧ 분무 시 액체방울이 클수록 매연이 잘 발생함

(3) 검댕의 발생빈도 순서

타르 〉 고휘발분 역청탄 〉 중유 〉 저휘발분 역청탄 〉 아탄 〉 코크스 〉
경질 연료유 〉 등유 〉 석탄 가스 〉 제조가스 〉 액화석유가스(LPG) 〉 천연가스

3. 탄화수소(C_nH_m)

탄소와 수소로 이루어진 화합물

(1) 탄화수소의 종류

1) 포화탄화수소

예 파라핀계 (C_nH_{2n+2})

2) 불포화탄화수소

① 나프텐계와 올레핀계
② 올레핀계는 포화 또는 방향족 탄화수소보다 대기 중 반응성이 큼

3) 방향족탄화수소

예 벤조피렌, 벤젠 등

(2) 탄화수소비(C/H)

① 중질 연료일수록 탄수소비(C/H)가 큼
② 석유계 연료의 탄수소비(C/H)는 연소용 공기량과 발열량, 그리고 연료의 연소특성에 영향을 줌
③ 탄수소비(C/H)가 크면 비교적 비점이 높은 연료의 경우 매연이 잘 발생함
④ 탄수소비(C/H)가 클수록 이론공연비도 감소하여 휘도가 높고 방사율이 커짐

내용문제

계산문제

01 다음 연료 중 검댕의 발생이 가장 적은 것은?

① 저휘발분 역청탄   ② 코크스

③ 중유   ④ 고휘발분 역청탄

해설

검댕의 발생빈도 순서

타르 > 고휘발분 역청탄 > 중유 > 저휘발분 역청탄 > 아탄 > 코크스 > 경질 연료유 > 등유 > 석탄 가스 > 제조가스 > 액화 석유가스(LPG) > 천연가스

정답 ②

02 연소 시 매연 발생량이 가장 적은 탄화수소는?

① 나프텐계   ② 올레핀계

③ 방향족계   ④ 파라핀계

해설

매연은 탄수소비가 클수록 발생량이 많다.

탄수소비 : 올레핀계 > 나프텐계 > 파라핀계

정답 ④

| G_d 계산, 검댕농도 계산 |

01 C : 78%, H : 22%로 구성되어 있는 액체연료 1kg을 공기비 1.2로 연소하는 경우에 C의 1%가 검댕으로 발생된다고 하면 건연소가스 1Sm³중의 검댕의 농도(g/Sm³)는 약 얼마인가?

① 0.55   ② 0.75

③ 0.95   ④ 1.05

해설

1)
$$G_d = m A_o - 5.6H + 0.7O + 0.8N$$
$$= 1.2 \times \frac{1.867 \times 0.78 + 5.6 \times 0.22}{0.21} - 5.6 \times 0.22$$
$$= 14.1295 \, Sm^3/kg$$

2) 연료 1kg 연소 시 발생하는 검댕량(g)

$$1,000g \times 0.78 \times 0.01 = 7.8g$$

3) $\dfrac{검댕(g)}{배기가스(Sm^3)} = \dfrac{7.8g}{14.1295Sm^3/kg \times 1kg}$

$$= 0.55g/Sm^3$$

정답 ①

제 5장

통기 및 환기

Chapter 01. 통풍 및 환기장치

Chapter

01 통풍 및 환기장치

1. 통풍의 종류와 특징

(1) 자연통풍

① 연소배기가스와 외기의 밀도차
② 연돌 높이에 의존하는 통풍 방식
③ 배출가스 유속은 3~4m/s
④ 통풍력은 15mmH$_2$O 정도
⑤ 간단하고 동력소모 및 소음이 없으나, 외부 영향을 크게 받음

(2) 인공통풍

1) 가압통풍(압입통풍)

① 가압통풍기를 이용
② 연소실 내 압력을 대기압보다 약간 정압(+)으로 유지
③ 내압이 정압(+)으로 연소효율이 좋음
④ 송풍기 고장이 적고 유지보수 용이
⑤ 소모동력이 적고 연소용 공기 예열에 적합
⑥ 고온의 연소가스 누출 위험, 역화 위험성

2) 흡인통풍

① 흡인통풍기를 이용
② 연소실 내의 압력을 부압(−)으로 유지
③ 노내압이 부압으로 냉기 침입의 우려가 있음
④ 역화 위험이 없고 통풍력이 크나 동력소요가 크며 연소용 공기 예열에는 부적합
⑤ 송풍기의 점검 및 보수가 어려움
⑥ 굴뚝의 통풍저항이 큰 경우에 적합함

3) 평형통풍

① 가압·흡인 통풍기를 모두 이용
② 연소실 내 압력을 정압 또는 부압으로 조절 가능
③ 대형 연소시설에 적합
④ 시설비, 유지비용이 많고 소음, 동력 발생 많음

2. 굴뚝의 통풍력(자연통풍 기준)

① 굴뚝높이가 높고, 단면적이 적을수록 통풍력은 커짐
② 배출가스의 온도가 높을수록 통풍력 커짐
③ 굴뚝 내의 굴곡이 없을수록 통풍력이 커짐
④ 외기주입이 없을수록 통풍력이 커짐

(1) 외기 및 가스의 비중량과 온도를 알 때

$$Z = 273H \left[\frac{\gamma_a}{273 + t_a} - \frac{\gamma_g}{273 + t_g} \right]$$

Z	: 통풍력(mmH$_2$O)
γ_a	: 외기(공기) 밀도(kg/Sm^3)
γ_g	: 가스 밀도(kg/Sm^3)
t_a	: 외기 온도($^\circ$C)
t_g	: 가스 온도($^\circ$C)
H	: 굴뚝높이(m)

(2) 외기온도와 가스의 온도를 알 때

공기 및 가스 밀도(비중)를 1.3kg/Sm^{3}으로 가정함

$$Z = 355H \left[\frac{1}{273 + t_a} - \frac{1}{273 + t_g} \right]$$

계산문제

| 통풍력 계산 - 비중량 제시 |

01 굴뚝높이가 50m, 배기가스의 평균온도가 120℃ 일 때, 통풍력은 15.41mmH₂O이다. 배기가스 온도를 200℃로 증가시키면 통풍력(mmH₂O)은 얼마가 되는가? (단, 외기온도는 20℃이며, 대기 비중량과 가스의 비중량은 표준상태에서 1.3kg/Sm³이다.)

① 약 8mmH₂O ② 약 18mmH₂O

③ 약 23mmH₂O ④ 약 29mmH₂O

해설

풀이 1)

$$Z = 273H \times \left\{ \frac{r_a}{273 + t_a} - \frac{r_g}{273 + t_g} \right\}$$

$$\therefore Z = 273 \times 50 \times \left\{ \frac{1.3}{273 + 20} - \frac{1.3}{273 + 200} \right\}$$

$$= 23.05\,mmH_2O$$

풀이 2)

$$Z = 355H \left(\frac{1}{273 + t_a} - \frac{1}{273 + t_g} \right)$$

$$= 355 \times 50 \left(\frac{1}{273 + 20} - \frac{1}{273 + 200} \right) = 23.05\,mmH_2O$$

정답 ③

| 연돌높이 계산 - 통풍력 응용 |

02 연돌 내의 배출가스 평균온도는 320℃, 배출가스속도는 7m/s, 대기온도는 25℃이다. 굴뚝의 지름이 600cm, 풍속이 5m/s 일 때, 통풍력을 80mmH₂O로 하기 위한 연돌의 높이는? (단, 공기와 배출가스의 비중량은 1.3kg/Sm³, 연돌내의 압력손실은 무시한다.)

① 약 85m ② 약 95m

③ 약 110m ④ 약 135m

해설

$$Z = 355 \times H \times \left\{ \frac{1}{273 + t_a} - \frac{1}{273 + t_g} \right\}$$

$$80\,mmH_2O = 355 \times H \times \left\{ \frac{1}{273 + 25} - \frac{1}{273 + 320} \right\}$$

$$\therefore H = 134.99m$$

정답 ④

MEMO

3과목

대기오염
방지기술

제 1장

입자 및 집진의

기초

Chapter 01

입자와 입경분포

1. 입자동력학

(1) 입자에 작용하는 힘

입자에 작용하는 힘 = 외력 – 부력 – 항력

(2) 입자의 종말침강속도

1) 중력 집진장치에서의 종말침강속도

가) 입자에 작용하는 힘

① 중력(F_g)

$$F_g = mg = (\rho V)g = \frac{1}{6}\pi\rho_p d_p^3 g$$

② 부력(F_b)

$$F_b = \frac{1}{6}\pi\rho_g d_p^3 g$$

③ 항력(마찰력, F_d)

$$F_d = 3\pi\mu v_p d_p$$

ρ_p : 입자밀도

ρ_g : 가스밀도

v : 유체의 속도

r : 회전반경

μ : 가스의 점도(점성계수)

v_p : 유체에 대한 입자의 상대속도

나) 입자 침강속도

입자 침강속도 공식을 유도하면 다음과 같음

$$
\begin{array}{ccccc}
\text{중력} & - & \text{부력} & = & \text{항력} \\
F_g & - & F_b & = & F_d
\end{array}
$$

$$
\frac{1}{6}\pi d_p^3 (\rho_p - \rho_g)g = 3\pi\mu v_p d_p \qquad \text{이므로,}
$$

따라서, 입자 침강 속도는 다음과 같음

$$
v_p = \frac{d_p^2 (\rho_p - \rho_g)g}{18\mu}
$$

2) 원심력 집진장치에서의 입자의 침강속도

가) 입자에 작용하는 힘

① 원심력(F_c)

$$
F_c = \frac{m v_p^2}{r} = \frac{1}{6r}\pi d_p^3 \rho_p \, v^2
$$

② 부력(F_b)

$$
F_b = \frac{1}{6r}\pi d_g^3 \rho_g \, v^2
$$

③ 항력(마찰력, F_d)

$$
F_d = 3\pi\mu v_p d_p
$$

나) 입자 침강속도

입자 침강속도 공식을 유도하면 다음과 같음

$$
\begin{array}{ccccc}
\text{원심력} & - & \text{부력} & = & \text{항력} \\
F_c & - & F_b & = & F_d
\end{array}
$$

$$
\frac{1}{6}\pi d_p^3 (\rho_p - \rho_g)\frac{v^2}{r} = 3\pi\mu v_p d_p \qquad \text{이므로,}
$$

따라서, 입자 침강속도는 다음과 같음

$$
v_p = \frac{d_p^2 (\rho_p - \rho_g)v^2}{18\mu r}
$$

3) 입자의 침강 이론

① 투영면적이 클수록, 입자 상대속도 제곱에 비례하여 항력이 증가함
② 항력계수(C_D)와 항력은 비례함
③ 층류상태에서는 침강속도에 대해서 Stokes 법칙이 성립함
④ 층류상태(Stokes 영역, $R_e \leq 1$)에서의 항력계수

$$
C_D = \frac{24}{R_e}
$$

C_D : 항력계수

R_e : 레이놀즈 수

2. 입경과 입경분포

(1) 입경의 정의 및 분류

직경의 종류	정의 및 특징
침전 직경(＝스토크스 직경)	· 대상 밀도를 갖는 본래 분진과 동일한 침강속도를 갖는 입자의 직경
공기역학적 직경	· 원래 분진과 침강속도는 같고 단위밀도($1g/cm^3$)를 갖는 구형입자의 직경 · 입자의 형상·밀도가 다르더라도 침강속도만 같다면 동역학적 직경이 동일함
중앙입경(＝중위경)	· 체상곡선에서 R=50%에 대응하는 입경
산술평균입경	· 모든 입경을 더해서 입자수로 나눈 값
기하평균입경	· 대수분포에서의 중위경(50% 입경) $\log d_m = \dfrac{\sum n_i \log d_i}{\sum n_i}$
상당직경	· 해당 단면이 직사각형일 때, 2ab/(a+b)를 직경으로 사용
광학적 직경	· Feret경 : 입자의 끝과 끝을 연결한 선중 최대인 선의 길이 · Martin경 : 평면에 투영된 입자의 그림자 면적과 기준선이 평형하게 이등분하는 선의 길이(2개의 등면적으로 각 입자를 등분할 때 그 선의 길이) · 투영면적경(등가경) : 울퉁불퉁, 들쭉날쭉한 먼지의 면적과 동일한 면적을 가지는 원의 직경

같은 먼지 입자라도 어떤 직경을 사용하느냐에 따라 측정 직경 값이 다름

$$d_{산술평균} \rangle d_{중앙값} \rangle d_{최빈값}$$

(2) 입경분포의 해석

1) Rosin-Rammler 분포

가) 체상분율(R)

임의 입경 d_p보다 큰 입자가 차지하는 비율(%)

$$R = 100e^{-\beta d_p^n}$$

R(wt%) :	체상분율
β :	입도 특성계수
n :	입경지수
d_p :	입자의 직경

① 입도특성계수가 클수록 입경이 미세한 먼지로 됨
② 입경지수 n이 클수록 입경 분포 간격이 좁은 입자로 구성

나) 체하분율(D)

임의 입경 d_p보다 작은 입자가 차지하는 비율(%)

$$D = 100 - R$$

2) 기하표준편차

$$\sigma_g = \frac{84.13\% \ 입경}{50\% \ 입경}$$

3) 커닝험 보정계수

① 미세한 입자(직경 〈 $1\mu m$ 이하)에 작용하는 항력이 스토크스 법칙으로 예측한 값보다 작아서 보정계수를 곱함
② 항상 1이상의 값을 가짐
③ 미세입자일수록 값이 큼

4) 진비중(S)과 겉보기비중(Sb)의 비(S/Sb)

① 입자 직경이 작을수록, S/Sb가 크고, 비표면적이 커짐
② S/Sb이 클수록, 재비산이 잘 발생함

$$겉보기\ 비중 = \frac{고형물\ 질량}{전체\ 부피}$$

$$진비중 = \frac{고형물\ 질량}{고형물\ 부피}$$

$$먼지\ 부피 = 고형물\ 부피 + 공극의\ 부피$$

5) 공극률(n)

$$공극률 = 1 - \frac{겉보기\ 밀도}{진\ 밀도} \qquad n = 1 - \frac{\rho_{겉}}{\rho_{진}}$$

(3) 입경분포 측정방법

직접	현미경법, 표준 체거름법(표준 체측정법)
간접	관성충돌법, 침강법, 광산란법

참고

관성충돌법

· 입자의 관성충돌을 이용하여 간접적으로 입경 측정
· 입자의 질량크기 분포를 알 수 있음
· 시료채취가 힘들고 되튐으로 인한 시료 손실이 있음
· Cascade impactor가 대표적임

01 중력침강을 결정하는 중요 매개변수는 먼지입자의 침전속도이다. 다음 중 이 침전속도 결정 시 가장 관계가 깊은 것은?

① 입자의 유해성 ② 입자의 크기와 밀도
③ 대기의 분압 ④ 입자의 온도

해설

입자의 침강속도

$$v_p = \frac{d_p^2(\rho_p - \rho_g)g}{18\mu}$$

정답 ②

02 입경측정방법 중 간접측정방법이 아닌 것은?

① 표준체측정법 ② 관성충돌법
③ 액상침강법 ④ 광산란법

해설

직접	현미경법, 표준 체거름법(표준 체측정법)
간접	관성충돌법, 침강법, 광산란법

정답 ①

03 다음 먼지의 입경측정방법 중 간접 측정법과 가장 거리가 먼 것은?

① 관성충돌법 ② 액상침강법
③ 표준체측정법 ④ 공기투과법

해설

③ 표준체측정법은 직접측정방법에 해당한다.

정답 ③

04 다음 입자상 물질의 크기를 결정하는 방법 중 입자상 물질의 그림자를 2개의 등면적으로 나눈 선의 길이를 직경으로 하는 입경은?

① 마틴직경 ② 등면적경
③ 피렛직경 ④ 투영면적경

해설

martin 직경

2개의 등면적으로 각 입자를 등분할 때 그 선의 길이

정답 ①

05 광학현미경을 이용하여 입경을 측정하는 방법에서 입자의 투영면적을 이용하여 측정한 입경 중 입자의 투영면적 가장자리에 접하는 가장 긴 선의 길이로 나타내는 것은?

① 등면적 직경   ② Feret 직경
③ Martin 직경   ④ Heyhood 직경

해설

정답 ②

06 일반적으로 대기오염 발생원에서 배출되는 먼지의 입경분포에 대한 자료의 대푯값들을 크기 순으로 나열한 것으로 가장 적합한 것은? (단 산술평균 : $\overline{d_p}$, 최빈값 : M_O, 중앙값 : M_d)

① $\overline{d_p} > M_O > M_d$

② $M_d > \overline{d_p} > M_O$

③ $\overline{d_p} > M_d > M_O$

④ $M_d > M_O > \overline{d_p}$

해설

$d_{산술평균} > d_{중앙값} > d_{최빈값}$

정답 ③

07 먼지입도의 분포(누적분포)를 나타내는 식은?

① Rayleigh 분포식
② Freundlich 분포식
③ Rosin – Rammler 분포식
④ Cunningham 분포식

해설

정답 ③

연습문제

계산문제

| 질량 = 밀도×부피, 질량 ∝ D³ |

01 동일한 밀도를 가진 먼지입자(A, B)가 2개가 있다. B먼지입자의 지름이 A먼지입자의 지름보다 100배가 더 크다고 하면, B먼지입자 질량은 A먼지입자의 질량보다 몇 배나 더 크겠는가?

① 100
② 10,000
③ 1,000,000
④ 100,000,000

> **해설**
>
> 질량 = 밀도 × 체적 = 밀도 × $\dfrac{\pi}{6}$D³
>
> 질량 ∝ D³ 이므로,
>
> $\dfrac{M_B}{M_A} = \left(\dfrac{D_B}{D_A}\right)^3 = 100^3 = 1{,}000{,}000$
>
> **정답** ③

| 비표면적 |

02 입경이 $50\mu m$인 입자의 비표면적(표면적/부피)은? (단, 구형입자 기준)

① $1{,}200\mathrm{cm}^{-1}$
② $900\mathrm{cm}^{-1}$
③ $600\mathrm{cm}^{-1}$
④ $300\mathrm{cm}^{-1}$

> **해설**
>
> $S_v = \dfrac{6}{d_p}$
>
> $\therefore\ S_v = \dfrac{6}{50\mu m} \times \dfrac{10^6\mu m}{1m} \times \dfrac{1m}{100cm} = 1{,}200\mathrm{cm}^{-1}$
>
> **정답** ①

| 종말침강속도(스토크식) |

03 Stokes 운동이라 가정하고, 직경 $20\mu m$, 비중 1.3인 입자의 표준대기중 종말침강속도는 몇 m/s인가? (단, 표준공기의 점도와 밀도는 각각 $3.44\times10^{-5}\mathrm{kg/m \cdot s}$, $1.3\mathrm{kg/m^3}$이다.)

① 1.64×10^{-2}
② 1.32×10^{-2}
③ 1.18×10^{-2}
④ 0.82×10^{-2}

> **해설**
>
> $V_g = \dfrac{(\rho_p - \rho)\times d^2 \times g}{18\mu}$
>
> $= \dfrac{(1{,}300 - 1.3)\mathrm{kg/m^3} \times (20\times10^{-6}\mathrm{m})^2 \times 9.8\mathrm{m/s^2}}{18\times3.44\times10^{-5}\mathrm{kg/m \cdot s}}$
>
> $= 8.22\times10^{-3}\mathrm{m/s} = 0.82\times10^{-2}\mathrm{m/s}$
>
> **정답** ④

| 스토크식 응용 1 (V ∝ d²) |

04 직경 $10\mu m$인 입자의 침강속도가 0.5cm/sec였다. 같은 조성을 지닌 $30\mu m$ 입자의 침강속도는? (단, 스토크 침강속도식 적용)

① 1.5cm/sec
② 2cm/sec
③ 3cm/sec
④ 4.5cm/sec

> **해설**
>
> $V_g \propto d^2$
>
> $0.5\mathrm{cm/s} : (10\mu m)^2$
>
> $x\,\mathrm{cm/s} : (30\mu m)^2$
>
> $\therefore\ x = 4.5\mathrm{cm/s}$
>
> **정답** ④

| 스토크식 응용 2 (표준상태가 아닐 때 v 계산) |

05 층류의 흐름인 공기 중에 입경이 $2.2\mu m$, 밀도가 2,400g/L인 구형입자가 자유낙하하고 있다. 이 때 구형입자의 종말속도는? (단, 20℃에서의 공기 점도는 1.81×10^{-4} poise 이다.)

① 3.5×10^{-6}m/s   ② 3.5×10^{-5}m/s

③ 3.5×10^{-4}m/s   ④ 3.5×10^{-3}m/s

해설

1) 공기밀도(ρ)

$$\frac{1.3\text{kg}}{\text{Sm}^3}\times\frac{(273+0)\text{Sm}^3}{(273+20)\text{m}^3}=1.2112\text{kg/m}^3$$

2) 종말속도

$$V_g=\frac{(\rho_p-\rho)\text{d}^2\text{g}}{18\mu}$$

$$=\frac{(2,400-1.2112)\text{kg/m}^3\times(2.2\times10^{-6}\text{m})^2\times9.8\text{m/s}^2}{18\times1.81\times10^{-4}\text{poise}\times\frac{0.1\text{kg/m}\cdot\text{s}}{1\text{poise}}}$$

$$=3.49\times10^{-4}\text{m/s}$$

TIP

1poise = 1g/cm · s
       = 0.1kg/m · s

정답 ③

| 스토크 직경으로 공기역학적 직경 계산 |

06 먼지의 Stoke's 직경이 5×10^{-4}cm, 입자의 밀도가 1.8g/cm³일 때 이 분진의 공기역학적 직경(cm)은?

① 7.8×10^{-4} ② 6.7×10^{-4}

③ 5.4×10^{-4} ④ 2.6×10^{-4}

해설

1) 입자 밀도
   스토크 직경의 입자 밀도 = 1.8g/cm³
   공기 역학적 직경의 입자 밀도 = 1g/cm³

2) 먼지 입자의 침강속도
   스토크 직경의 침강속도 :

$$V_g=\frac{(1,800-1.3)\times\text{d}_s^2\times\text{g}}{18\mu}$$

   공기역학적 직경의 침강속도 :

$$V_g=\frac{(1,000-1.3)\times\text{d}_a^2\times\text{g}}{18\mu}$$

   스토크 직경의 침강속도 = 공기역학적 직경의 침강속도 이므로,

$$\frac{(1,800-1.3)\times(5\times10^{-4})^2\times\text{g}}{18\mu}$$

$$=\frac{(1,000-1.3)\times\text{d}_a^2\times\text{g}}{18\mu}$$

$$\therefore \text{d}_a=\sqrt{\frac{(1,800-1.3)}{(1,000-1.3)}}\times(5\times10^{-4})$$

$$=6.71\times10^{-4}\text{cm}$$

정답 ②

연습문제

| 낙하지점(L) 계산 |

07 직경 $100\mu m$ 의 먼지가 높이 8m되는 위치에서 바람이 5m/sec 수평으로 불 때 이 먼지의 전방 낙하지점은? (단, 동종의 $10\mu m$ 먼지의 낙하속도는 0.6cm/sec)

① 67m   ② 77m

③ 88m   ④ 99m

해설

$V_g \propto d^2$ 이므로,

$0.6 : 10^2 = x : 100^2$

$\therefore x = 60cm/sec = 0.6m/sec$

$\dfrac{H}{L} = \dfrac{V_g}{U}$ 이므로,

$\therefore L = \dfrac{H \times U}{V_g} = \dfrac{8m \times 5m/sec}{0.6m/sec} = 66.67m$

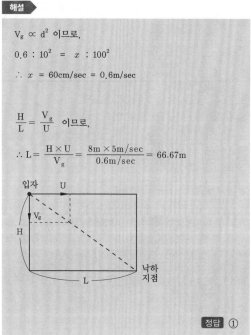

정답 ①

| 스토크식 응용3 - 지면에 도달하는데 걸리는 시간 |

08 상온에서 밀도가 $1,000kg/m^3$, 입경 $50\mu m$ 인 구형 입자가 높이 5m 정지대기 중에서 침강 하여 지면에 도달하는데 걸리는 시간(sec)은 약 얼마인가? (단, 상온에서 공기밀도는 $1.2kg/m^3$, 점도는 $1.8\times10^{-5}kg/m \cdot sec$이며, Stokes 영역이다.)

① 66   ② 86

③ 94   ④ 105

해설

1) 침강속도

$V_g = \dfrac{(\rho_p - \rho) \times d^2 \times g}{18\mu}$

$= \dfrac{(1,000 - 1.2)kg/m^3 \times (50 \times 10^{-6}m)^2 \times 9.8m/s^2}{18 \times 1.8 \times 10^{-5}kg/m \cdot s}$

$= 0.07552m/s$

2) 지면 도달에 걸리는 시간

$시간 = \dfrac{거리}{시간} = \dfrac{5m}{0.07552m/s} = 66.20sec$

정답 ①

| 공극률 |

09 공극률이 20%인 분진의 밀도가 1,700kg/m³ 이라면, 이 분진의 겉보기 밀도(kg/m³)는?

① 1,280   ② 1,360
③ 1,680   ④ 2,040

> **해설**
>
> 공극률 $= 1 - \dfrac{겉보기\ 밀도}{진\ 밀도}$
>
> $n = 1 - \dfrac{\rho_{겉}}{\rho_{진}}$
>
> $0.2 = 1 - \dfrac{\rho_{겉}}{1,700}$
>
> $\therefore \rho_{겉} = 1,360 kg/m^3$
>
> **정답** ②

| 체상분율, 체하분율 |

10 먼지의 입경$d_p(\mu m)$을 Rosin-Rammler 분포에 의해 체상분포 $R(\%)=100\exp(-\beta d_p^n)$으로 나타낸다. 이 먼지는 입경 35$\mu m$ 이하가 전체의 약 몇 %를 차지하는가? (단, $\beta=0.063$, n=1)

① 11%   ② 21%
③ 79%   ④ 89%

> **해설**
>
> 1) 체상분율(R) $= 100 \cdot e(-\beta d_p^n)$
> $= 100 \cdot e(-0.063 \times 35^1)$
> $= 11.03\%$
>
> 2) 체하분율(D) $= 100 - R$
> $= 100 - 11.03$
> $= 88.97\%$
>
> **정답** ④

| 기하평균입경 |

11 배출가스 내 먼지의 입도분포를 대수확률지에 작도한 결과 직선이 되었다. 50% 입경과 84.13% 입경이 각각 7.8μm와 4.6μm 이었을 때 기하평균입경(μm)은?

① 1.7   ② 4.6
③ 6.2   ④ 7.8

> **해설**
>
> 기하평균입경 = 50% 입경이므로, 7.8μm 이다.
>
> **정답** ④

Chapter 02 집진의 기초

1. 집진 효율

(1) 집진율(제거율, η)

$$\text{집진율} = \frac{(\text{처음 농도} - \text{나중 농도})}{\text{처음 농도}} = 1 - \frac{\text{나중 농도}}{\text{처음 농도}} \qquad \eta = \frac{C_o - C}{C_o} = 1 - \frac{C}{C_o}$$

(2) 통과율(P)

$$\text{통과율} = \frac{\text{나중 농도}}{\text{처음 농도}} = 1 - \text{집진율} \qquad P = \frac{C}{C_o} = 1 - \eta$$

2. 집진 방법

(1) 연결 방식에 따른 분류

1) 직렬 연결

직렬 연결을 하면, 처리가스량은 동일하고 집진율이 증가함

$$\eta_T = 1 - (1 - \eta_1)(1 - \eta_2)$$

η_1 : 1차 집진장치의 집진율

η_2 : 2차 집진장치의 집진율

η_T : 전체 집진장치의 집진율

2) 병렬 연결

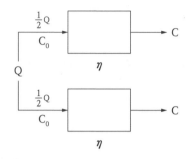

병렬 연결을 하면, 처리가스량이 증가하고 집진율은 동일함

(2) 수분 사용에 의한 구분

	수분 사용	종류
건식	없음	중력 집진, 원심력 집진, 관성력 집진, 여과 집진, 건식 전기 집진
습식	있음	세정집진, 습식 전기집진

3. 집진장치의 선정 시 고려사항

	중력	관성력	원심력	세정	여과	전기
집진효율(%)	40~60	50~70	85~95	80~95	90~99	90~99.9
가스속도 (m/s)	1~2	1~5	접선유입식 : 7~15 축류식 : 10	60~90	0.3~0.5	건식 : 1~2 습식 : 2~4
압력손실 (mmH₂O)	10~15	30~70	50~150 (80~100)	300~800	100~200	10~20
처리입경 (μm)	50 이상	10~100	3~100	0.1~100	0.1~20	0.05~20
특징	설치비 최소 구조간단			동력비 최대	고온가스처리 안됨	유지비 작음 설치비 최대

1) 먼지의 입경(입경분포)
가장 먼저 고려해야 함

2) 먼지의 비중
비중이 적을수록 입자의 분리포집이 어렵고 또한 재비산 현상을 일으키기 쉬움

3) 함진농도
① 중력, 관성력, 원심력 집진장치 : 함진농도가 클수록 집진율도 커짐
② 세정 집진장치 : 함진 농도 $10g/Sm^3$ 이하
③ 전기 집진장치 : 함진 농도 $30g/Sm^3$ 이하

4) 먼지의 부착성

먼지의 입경이 작을수록 비표면적이 커지므로 부착성은 증가

5) 먼지의 전기저항

전기집진장치는 전기저항이 $10^4 \sim 10^{11}$ Ωcm 범위 내 제거효율이 가장 우수

6) 처리가스 온도

① 여과집진장치는 고온가스 처리 안 됨
② 너무 온도가 높을 때(내열온도 이상) : 여과포 재질 손상
③ 너무 온도가 낮을 때(산노점 이하) : 여과포 눈막힘 또는 저온부식발생 우려

7) 먼지의 응집성

입자크기 차이가 클수록 응집이 잘 됨

8) 먼지의 폭발성

건조하면 폭발의 위험이 큼

9) 처리가스의 속도

집진장치의 종류		처리가스속도(m/sec)
중력 집진		1~3
관성력 집진		1~5
원심력 집진		7~15
세정 집진	충전탑	0.1~1
	벤투리 스크러버	60~90
여과 집진		0.3~0.5
전기 집진	건식	1~2
	습식	2~4

① 처리 가스 속도가 느릴수록 효율이 좋아지는 집진장치 : 중력, 여과, 충전탑, 전기
② 처리 가스 속도가 빠를수록 효율이 좋아지는 집진장치 : 원심력, 벤투리 스크러버

집진장치별 특징정리

1. 유속
   - 최대 : 벤투리 스크러버(60~90m/s)
   - 최소 : 백필터(여과집진기)(0.3~10cm/s)
   - 유속이 빠를수록 집진율 증가 : 원심력, 관성력, 벤투리 스크러버(세정)
   - 유속이 느릴수록 집진율 증가 : 중력, 여과, 전기

2. 압력손실 : 대체로 클수록 동력소모 및 유지비가 큼
   - 최대 : 벤투리 스크러버(300~800mmH$_2$O)
   - 최소 : 중력(15mmH$_2$O 이하), 전기(20mmH$_2$O 이하) → 유지비용 저렴

3. 처리입경 : 대체로 작을수록 집진율 및 설치비용이 큼
   - 가장 미세한 입자를 제거할 수 있는 것 : 전기(최하 0.05μm)
   - 미세한 입자 제거에 곤란한 것 : 중력(최고 20μm까지)

4. 설치비
   - 최대 : 전기 및 여과(백필터)
   - 최소 : 중력, 관성력

5. 기타 특징
   - 분진입자와 유해가스 동시 제거하는 것 : 세정
   - 점착·부착성, 폭발성 분진 및 고온가스처리에 적합 : 세정
   - 점착·부착성, 폭발성 분진 및 고온가스처리에 부적합 : 여과
   - 부하 및 조성 변경에 민감한 것 : 전기

내용문제

01 집진장치 설계 시 측정해야 될 집진입자 특성으로 거리가 먼 것은?

① 발화온도　　　　② 입도분포
③ 진밀도　　　　　④ 농도

해설

집진장치 설계 시 측정해야 될 특성은 발화온도가 아니고 처리가스 온도이다.

정답 ①

02 고체 벽으로 입자를 흐르게 하여 입자를 응집시켜 포집하는 집진장치들은 유사한 설계식을 사용하여 입자를 포집한다. 이것과 가장 관계가 먼 것은?

① 전기집진장치　　② 중력침강실
③ 사이클론　　　　④ 백필터

해설

정답 ④

계산문제

| 먼지 통과율 P = CQ/C₀Q₀ |

01 전기로에 설치된 백필터의 입구 및 출구 가스량과 먼지농도가 다음과 같을 때 먼지의 통과율은?

- 입구가스량 : $11,400 \text{Sm}^3/\text{hr}$
- 출구가스량 : $270 \text{Sm}^3/\text{min}$
- 입구 먼지농도 : $12,630 \text{mg/Sm}^3$
- 출구 먼지농도 : 1.11g/Sm^3

① 10.5%　　　　　② 11.1%
③ 12.5%　　　　　④ 13.1%

해설

$$P = \frac{CQ}{C_oQ_o} \times 100(\%)$$

$$= \frac{1.11 \text{g/Sm}^3 \times 270 \text{Sm}^3/\text{min} \times 60 \text{min}/1\text{hr}}{12.630 \text{g/Sm}^3 \times 11,400 \text{Sm}^3/\text{hr}} \times 100\%$$

$$= 12.49\%$$

정답 ③

| 직렬 연결 시 총 집진효율 |

02 집진율이 70%인 원심력집진장치 후단에 집진효율이 90%인 전기집진장치를 직렬로 연결하여 운전한다. 이 때 총괄 집진효율은?

① 95.0%　　　　　② 95.5%
③ 97.0%　　　　　④ 98.5%

해설

$$\eta_T = 1 - (1 - \eta_1)(1 - \eta_2)$$

$$= 1 - (1 - 0.7)(1 - 0.9)$$

$$= 0.97 = 97\%$$

정답 ③

| 집진응용 1 - 집진효율 |

03 A 집진장치의 입구와 출구에서의 먼지 농도가 각각 11mg/Sm³와 0.2×10^{-3}g/Sm³ 이라면 집진률(%)은?

① 96.2% ② 97.2%
③ 98.2% ④ 99.4%

해설

$$\eta_T = 1 - \frac{C}{C_o} = 1 - \frac{0.2}{11}$$

$$= 0.9818 = 98.18\%$$

정답 ③

| 집진응용 2 - 부분집진율 |

04 A 집진장치의 입구와 출구에서의 함진가스 농도가 각각 10g/Sm³, 100mg/Sm³ 이고, 그 중 입경범위가 0~5μm인 먼지의 질량분율이 각각 8%와 60% 일 때, 이 집진장치에서 입경범위 0~5μm인 먼지의 부분집진율(%)은?

① 89.5% ② 90.3%
③ 92.5% ④ 94.5%

해설

부분집진율

$$\eta = \left(1 - \frac{C f}{C_0 f_0}\right) \times 100$$

$$\eta = \left(1 - \frac{0.1g/Sm^3 \times 0.6}{10g/Sm^3 \times 0.08}\right) \times 100 = 92.5\%$$

정답 ③

| 집진응용 3 - 통과율 변화 시 집진율 변화 계산 |

05 사이클론에서 처리가스량에 대하여 외기의 누입이 없을 때 집진율은 88% 였다면 외부로부터 외기가 10% 누입이 될 때의 집진율은? (단, 이 때 먼지통과율은 누입되지 않은 경우의 3배에 해당한다.)

① 54% ② 64%
③ 75% ④ 83%

해설

처음 집진율은 88% 이므로, 처음 통과율은 12%임
먼지 통과율이 3배가 되었으므로,
나중 통과율 = 12 × 3 = 36%임

∴ 나중 집진율 = 100 - 나중 통과율
         = 100 - 36
         = 64%

정답 ②

| 집진응용 3 - 통과율 변화 시 집진율 변화 계산 |

06 A 집진장치에서 처음에는 99.5%의 먼지를 제거하였는데 성능이 떨어져 현재 98% 밖에 제거하지 못한다고 하면 현재 먼지의 배출농도는 처음 배출농도의 몇배로 되겠는가?

① 1.5배 ② 2배
③ 3배 ④ 4배

해설

처음 통과량 : 100-99.5 = 0.5%

나중 통과량 : 100-98 = 2%

$$\therefore \frac{\text{나중 통과량}}{\text{처음 통과량}} = \frac{2}{0.5} = 4배$$

정답 ④

연습문제

| 성능저하 → 나중농도 배율 |

07 여과 집진장치에서 여과포가 마멸되어 집진율이 99.9%에서 99.5%로 낮아졌을 때 출구에서 배출되는 먼지 농도는 어떻게 변화 되겠는가? (단, 기타 조건은 변경이 없다고 가정한다.)

① 원래의 1/2 　　② 원래의 4배
③ 원래의 5배 　　④ 원래의 10배

해설

초기 집진율 : 99.9%, 　초기 통과율 : 0.1%
마멸 후 집진율 : 99.5%, 　마멸 후 통과율 : 0.5%

$\dfrac{0.5}{0.1} = 5$ 이므로,

초기 통과율의 5배 증가하였다.

정답 ③

| 집진응용 4 - 직렬연결 시 총집진효율 + 출구먼지농도 계산 |

08 배출가스 중 먼지농도가 2,500mg/Sm³인 먼지를 처리하고자 제진효율이 60%인 중력집진장치, 80%인 원심력집진장치, 85%인 세정집진장치를 직렬로 연결하여 사용해 왔다. 여기에 효율이 85%인 여과집진장치를 하나 더 직렬로 연결할 때, 전체집진효율(㉠)과 이 때 출구의 먼지농도(㉡)는 각각 얼마인가?

① ㉠ 97.5%, ㉡ 62.5mg/Sm³
② ㉠ 98.3%, ㉡ 42.5mg/Sm³
③ ㉠ 99.0%, ㉡ 25mg/Sm³
④ ㉠ 99.8%, ㉡ 5mg/Sm³

해설

1) $\eta_T = 1 - (1-\eta_1)(1-\eta_2)(1-\eta_3)(1-\eta_4)$

$= 1 - (1-0.6)(1-0.8)(1-0.85)(1-0.85)$

$= 0.9982 + 99.82\%$

2) 통과율 $= 100 - 99.8 = 0.2\%$

3) $C = 2,500mg/Sm^3 \times 0.002 = 5mg/Sm^3$

정답 ④

| 집진응용 5 - 2차 집진율 계산 |

09 집진효율이 70%인 1차 집진장치가 있다. 총집진효율이 98%이라면 2차 집진장치의 집진효율은?

① 91.1% 　　② 93.3%
③ 94.8% 　　④ 96.5%

해설

$\eta_T = 1 - (1-\eta_1)(1-\eta_2)$

$0.98 = 1 - (1-0.7)(1-\eta_2)$

$\therefore \eta_2 = 0.9333 = 93.33\%$

정답 ②

| 입출구 유량이 다른 경우의 집진율 |

10 집진장치의 입구쪽의 처리가스유량이 300,000 Sm^3/h, 먼지농도가 15g/Sm^3이고, 출구쪽의 처리된 가스의 유량은 305,000Sm^3/h, 먼지농도가 40mg/Sm^3이었다. 이 집진장치의 집진율은 몇 % 인가?

① 98.6   ② 99.1

③ 99.7   ④ 99.9

해설

$$\eta = \left(1 - \frac{CQ}{C_oQ_o}\right) \times 100(\%)$$

$$= \left(1 - \frac{0.04 \times 305,000}{15 \times 300,000}\right) \times 100$$

$$= 99.73\%$$

정답 ③

| 유입농도 |

11 집진효율이 98%인 집진시설에서 처리 후 배출되는 먼지농도가 0.3g/m^3 일 때 유입된 먼지의 농도는 몇 g/m^3인가?

① 10   ② 15

③ 20   ④ 25

해설

$$C = C_o(1 - \eta)$$

$$\therefore C_o = \frac{C}{(1-\eta)} = \frac{0.3}{(1-0.98)} = 15(g/m^3)$$

정답 ②

| 총집진율, 2차 집진율 계산 |

12 먼지 농도가 10g/Sm^3인 매연을 집진율 80%인 집진장치로 1차 처리하고 다시 2차 집진장치로 처리한 결과 배출가스 중 먼지 농도가 0.2 g/Sm^3이 되었다. 이때 2차 집진장치의 집진율은? (단, 직렬기준)

① 70%   ② 80%

③ 85%   ④ 90%

해설

1) 총 집진효율(η_T)

$$\eta_T = 1 - \frac{C}{C_o}$$

$$= 1 - \frac{0.2}{10}$$

$$= 0.98 = 98\%$$

2) 2차 집진장치 효율(η_2)

$$\eta_T = 1 - (1 - \eta_1)(1 - \eta_2)$$

$$0.98 = 1 - (1 - 0.8)(1 - \eta_2)$$

$$\therefore \eta_2 = 0.9 \times 100 = 90\%$$

정답 ④

연습문제

| 총집진율 1차 집진율 계산 |

13 두 종류의 집진장치를 직렬로 연결하였다. 1차 집진장치의 입구 먼지농도는 13g/m^3, 2차 집진장치의 출구 먼지농도는 0.4g/m^3이다. 2차 집진장치의 처리효율을 90%라 할 때, 1차 집진장치의 집진효율은? (단, 기타 조건은 같다.)

① 약 56% ② 약 69%

③ 약 74% ④ 약 76%

해설

1) $\eta_T = 1 - \dfrac{C}{C_o}$

$= 1 - \dfrac{0.4}{13} = 0.9692$

2) η_1

$\eta_T = 1 - (1 - \eta_1)(1 - \eta_2)$

$0.9692 = 1 - (1 - \eta_1)(1 - 0.9)$

$\therefore \ \eta_1 = 0.692 = 69.2\%$

정답 ②

| 총집진율, 1차 집진율 → 2차 집진율 계산 |

14 총집진효율 90%를 요구하는 A공장에서 50% 효율을 가진 1차 집진장치를 이미 설치하였다. 이때 2차 집진장치는 몇 % 효율을 가진 것이어야 하는가? (단, 장치 연결은 직렬조합이다.)

① 70 ② 75

③ 80 ④ 85

해설

$\eta_T = 1 - (1 - \eta_1)(1 - \eta_2)$

$0.9 = 1 - (1 - 0.5)(1 - \eta_2)$

$\therefore \ \eta_2 = 0.8 = 80\%$

정답 ③

| 집진 먼지량 |

15 시간당 $10,000\text{Sm}^3$의 배출가스를 방출하는 보일러에 먼지 50%를 제거하는 집진장치가 설치되어 있다. 이 보일러를 24시간 가동했을 때 집진되는 먼지량은? (단, 배출가스 중 먼지농도는 0.5g/Sm^3이다.)

① 50kg ② 60kg

③ 100kg ④ 120kg

해설

집진되는 먼지량

$= \dfrac{0.5\text{g}}{\text{Sm}^3} \times 0.5 \times \dfrac{10,000\text{Sm}^3}{\text{hr}} \times 24\text{hr} \times \dfrac{1\text{kg}}{1,000\text{g}}$

$= 60\,\text{kg}$

정답 ②

제 2장

집진장치

Chapter
01 중력 집진장치

1. 원리

입자가 가지는 중력에 의하여 함진 배기 중 입자를 자연침강에 의해 분리포집

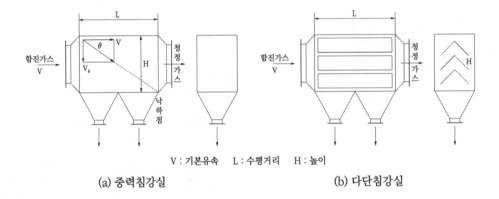

V : 기본유속   L : 수평거리   H : 높이

(a) 중력침강실   (b) 다단침강실

2. 설계인자

① 처리 입경 : 50~1,000μm (50μm 이상)

② 압력손실 : 10~15mmH$_2$O

③ 집진효율 : 40~60%

④ 처리가스 속도 : 1~2m/sec

3. 특징

(1) 장단점

장점	단점
· 구조가 간단하고 설치비용이 적음 · 압력손실이 적음 · 먼지부하가 높은 가스 처리 용이 · 고온가스 처리 용이 · 주로 전처리로 많이 이용	· 미세먼지 포집 어려움 · 집진효율이 낮음 · 먼지부하 및 유량변동에 적응성이 낮음 · 시설의 규모가 커짐

(2) 입자의 침강속도(stokes 식)

$$V_g(m/s) = \frac{(\rho_p - \rho_a)d^2 g}{18\mu}$$

V_g : 침강속도(m/sec)

ρ_p : 입자의 밀도(kg/m^3)

ρ_a : 가스의 밀도(1.3kg/m^3)

d : 입자의 직경(m)

g : 중력가속도(9.8m/sec^2)

μ : 가스의 점도($kg/m \cdot s$)

(3) 체류시간

$$체류시간 = \frac{거리}{속도}$$

$$t = \frac{L}{v} = \frac{H}{V_g}$$

t : 체류시간

L : 침강실 길이

H : 침강실 높이

v : 함진가스(유입가스) 속도

V_g : 입자의 침강속도

(4) 표면부하율(표면적 부하)

표면부하율이 작을수록 입자의 침강이 잘 됨

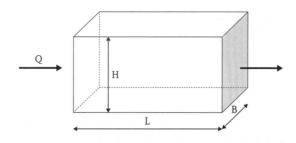

$$V = AH = LBH = Qt$$

$$Q/A = H/t$$

V : 침강실 체적(용적)

A : 침강실 면적

L : 침강실 길이

B : 침강실 폭

H : 침강실 높이

Q : 함진 가스 유량

Q/A : 표면 부하율

(5) 집진율

$$\eta = \frac{V_g}{Q/A} = \frac{V_g t}{H}$$

V_g : 입자의 침강속도

η : 침전 효율

$$\eta = \frac{V_g/V_x}{H/L} = \frac{V_g L}{V_x H}$$

V_g : 입자의 침강속도

V_x : 가스 유속

$$\eta = \frac{V_g}{Q/A} = \frac{d^2(\rho_p - \rho_a)g}{18\mu} \times \frac{LB}{Q}$$

(6) 최소입경(한계입경, 임계입경, d_p)
100% 집진(제거)가능한 최소입경

$V_g = Q/A$ 이면 100% 집진됨

$$\frac{(\rho_p - \rho_a)d^2 g}{18\mu} = \frac{Q}{A}$$

$$\frac{(\rho_p - \rho_a)d^2 g}{18\mu} = \frac{Q}{LB}$$

$$\therefore d = \sqrt{\frac{Q}{LB}\frac{18\mu}{(\rho_p - \rho_a)g}}$$

(7) 효율 향상 조건

침강실 내 가스 유속 작을수록,
침강실의 높이(H) 작을수록,
길이(L) 길수록,
입구 폭 클수록,   집진효율 증가
침강속도(V_g) 클수록,
입자의 밀도가 클수록,
단수 높을수록,
침강실 내 배기기류는 균일해야함

연습문제

중력 집진장치

<table><tr><td>계산문제</td></tr></table>

| 침강실 길이 1 $L = \dfrac{V \times H}{V_g}$ |

01 배출가스의 흐름이 층류일 때 입경 $100\mu m$ 입자가 100% 침강하는데 필요한 중력 침강실의 길이는? (단, 중력 침전실의 높이 1m, 배출가스의 유속 2m/s, 입자의 종말침강속도는 0.5m/s 이다.)

① 1m
② 4m
③ 10m
④ 16m

해설

$$\eta = \frac{V_g \times L}{V \times H} = 1$$

$$\therefore L = \frac{V \times H}{V_g} = \frac{2m/s \times 1m}{0.5m/s} = 4m$$

정답 ②

| 침강실 길이 1 $L = \dfrac{V \times H}{V_g}$ |

02 중력침강실 내의 함진가스의 유속이 2m/sec인 경우, 바닥면으로부터 1m 높이(H)로 유입된 먼지는 수평으로 몇 m 떨어진 지점에 착지하겠는가? (단, 층류기준, 먼지의 침강속도는 0.4m/sec)

① 2.5
② 3.5
③ 4.5
④ 5.0

해설

$$L = \frac{V \times H}{V_s}$$

$$\therefore L = \frac{2 \times 1}{0.4} = 5m$$

정답 ④

| 침강실 길이 1 $L = \dfrac{V \times H}{V_g}$ |

03 지름 $40\mu m$ 입자의 최종 침전속도가 15cm/sec 라고 할 때 중력침전실의 높이가 1.25m 이면 입자를 완전히 제거하기 위해 소요되는 이론적인 중력침전실의 길이는? (단, 가스의 유속은 1.8m/sec이다.)

① 12m
② 15m
③ 18m
④ 20m

해설

$$L = \frac{V \times H}{V_g}$$

$$\therefore L = \frac{1.8 \times 1.25}{0.15} = 15m$$

정답 ②

| 침강실 길이 2 (1/L ∝ d²) |

04 침강실의 길이 5m인 중력집진장치를 사용하여 침강집진할 수 있는 먼지의 최소입경이 $140\mu m$ 였다. 이 길이를 2.5배로 변경할 경우 침강실에서 집진 가능한 먼지의 최소입경(μm)은? (단, 배출가스의 흐름은 층류이고, 길이 이외의 모든 조건은 동일하다.)

① 약 70
② 약 89
③ 약 99
④ 약 129

해설

스토크식에서,

$$V_g \propto d^2 \propto \frac{1}{L} \text{ 이므로,}$$

$$\frac{1}{L} \ : \ d^2$$

$$\frac{1}{5m} \ : \ (140)^2$$

$$\frac{1}{(5m) \times 2.5} \ : \ (d)^2$$

따라서, 먼지의 최소입경 = $88.54\mu m$

정답 ②

연습문제

| 침강실 길이 3 ($v = Q/A = Q/BH \rightarrow \eta = V_g L N_c/VH \rightarrow$ 침강실 길이) |

05 높이 2.5m, 폭 4.0m인 중력식 집진장치의 침강실에 바닥을 포함하며 20개의 평행판을 설치하였다. 이 침강실에 점도가 2.078×10^{-5}kg/m·sec인 먼지가스를 2.0m³/sec 유량으로 유입시킬 때 밀도가 1,200kg/m³이고, 입경이 40 μm인 먼지입자를 완전히 처리하는데 필요한 침강실의 길이는? (단, 침강실의 흐름은 층류)

① 0.5m　　　　　② 1.0m

③ 1.5m　　　　　④ 2.0m

해설

1) $V = \dfrac{Q}{A} = \dfrac{Q}{B \times H} = \dfrac{2.0\text{m}^3/\text{s}}{4\text{m} \times 2.5\text{m}} = 0.2\text{m/s}$

2) 침강속도

$$V_g = \frac{(\rho_s - \rho) \times d^2 \times g}{18 \times \mu}$$

$$= \frac{(1200 - 1.3)\text{kg/m}^3 \times (40 \times 10^{-6}\text{m})^2 \times 9.8\text{m/s}^2}{18 \times 2.078 \times 10^{-5}\text{kg/m·s}}$$

$$= 0.0503\text{m/s}$$

3) 침강실 길이

$\eta = \dfrac{V_g \times L \times (\text{Nc})}{V \times H}$ 이고,

먼지입자를 완전히 처리할 때 $\eta = 1$ 이므로,

$\eta = \dfrac{V_g \times L \times (\text{Nc})}{V \times H} = 1$

$\therefore L = \dfrac{V \times H}{V_g \times \text{Nc}} = \dfrac{0.2\text{m/s} \times 2.5\text{m}}{0.0503\text{m/s} \times 20단} = 0.497\text{m}$

정답 ①

| 최소제거입경 1 |

06 높이 7m, 폭 10m, 길이 15m의 중력집진장치를 이용하여 처리가스를 4m³/sec의 유량으로 비중이 1.5인 먼지를 처리하고 있다. 이 집진장치가 포집할 수 있는 최소입자의 크기(d_{min})는? (단, 온도는 25℃, 점성계수는 1.85×10^{-5} kg/m·s 이며 공기의 밀도는 무시한다.)

① 약 32μm　　　　② 약 25μm

③ 약 17μm　　　　④ 약 12μm

해설

$\rho_p = 1.5\text{t/m}^3 = 1,500\text{kg/m}^3$

$V = \dfrac{d^2(\rho_p - \rho_a)g}{18\mu} = \dfrac{Q}{LB}$ 이므로, (단, $\rho_a \fallingdotseq 0$)

$d = \sqrt{\dfrac{Q}{LB} \cdot \dfrac{18\mu}{\rho_p g}}$

$= \sqrt{\dfrac{4\text{m}^3/\text{s} \times 18 \times 1.85 \times 10^{-5}\text{kg/m·s}}{10\text{m} \times 15\text{m} \times 1,500\text{kg/m}^3 \times 9.8\text{m/s}^2}}$

$= 2.457 \times 10^{-5}\text{m} \times \dfrac{10^6 \mu\text{m}}{1\text{m}} = 24.57\mu\text{m}$

정답 ②

| 최소제거입경 2 |

07 길이 5m, 높이 2m인 중력침강실이 바닥을 포함하여 8개의 평행판으로 이루어져 있다. 침강실에 유입되는 분진가스의 유속이 0.2m/s 일 때 분진을 완전히 제거할 수 있는 최소입경은 얼마인가? (단, 입자의 밀도는 1,600kg/m^3, 분진가스의 점도는 2.1×10^{-5}kg/m·s, 밀도는 1.3 kg/m^{3}이고 가스의 흐름은 층류로 가정한다.)

① 31.0μm   ② 23.2μm

③ 15.5μm   ④ 11.6μm

해설

1) 집진율 100%(완전 제거 시)일 때 침강속도
  침강실에 8개의 평행판이 있으므로, 높이는 1/8 이 된다.

$$\eta = \frac{V_g \times L}{V \times H}$$

$$1 = \frac{V_g \times 5}{0.2 \times (2/8)}$$

$$\therefore V_g = 0.01 \text{m/s}$$

2) 분진 완전 제거 시 최소 입경

$$V_g = \frac{d^2(\rho_p - \rho_a)g}{18\mu} \text{ 이므로,}$$

$$0.01 = \frac{d^2(1,600 - 1.3) \times 9.8}{18 \times (2.1 \times 10^{-5})}$$

$$\therefore d = 1.553 \times 10^{-5} \text{m} \times \frac{10^6 \mu\text{m}}{1\text{m}} = 15.53\mu\text{m}$$

정답 ③

| 최소제거입경 3, 25℃ |

08 온도 25℃ 염산액적을 포함한 배출가스 1.5m^3/s를 폭 9m, 높이 7m, 길이 10m의 침강집진기로 집진제거 하고자 한다. 염산비중이 1.6이라면, 이 침강집진기가 집진할 수 있는 최소제거 입경(μm)은? (단, 25℃에서의 공기점도 1.85×10^{-5} kg/m·s)

① 약 12   ② 약 19

③ 약 32   ④ 약 42

해설

1) 25℃에서 공기 밀도(ρ_a)

$$\rho_a = \frac{1.3\text{kg}}{\text{Sm}^3} \times \frac{(273 + 0)\text{Sm}^3}{(273 + 25)\text{m}^3} = 1.19\text{kg/m}^3$$

2) 입자 비중(ρ_p) = 1.6t/m^3 = 1,600kg/m^3

3) 최소제거 입경

$$d = \sqrt{\frac{Q}{LB} \cdot \frac{18\mu}{(\rho_p - \rho_a)g}}$$

$$= \sqrt{\frac{1.5 \times 18 \times 1.85 \times 10^{-5}}{10 \times 9 \times (1,600 - 1.19) \times 9.8}}$$

$$= 1.882 \times 10^{-5}\text{m} \times \frac{10^6 \mu\text{m}}{1\text{m}}$$

$$= 18.82\mu\text{m}$$

정답 ②

연습문제

| 집진율 $\eta = \dfrac{g \cdot (\rho_p - \rho_s) \cdot n \cdot W \cdot L \cdot d_p^2}{18 \cdot \mu \cdot Q}$ |

09 배출가스 $0.4\text{m}^3/\text{s}$를 폭 5m, 높이 0.2m, 길이 10m의 중력식 침강집진장치로 집진제거한다면 처리가스 내의 입경 $10\mu m$ 먼지의 집진효율은? (단, 먼지밀도 1.10g/cm^3, 배출가스밀도 1.2kg/cm^3, 처리가스점도 $1.8 \times 10^{-4}\text{g/cm} \cdot \text{s}$, 단수 1, 집진효율 $\eta = \dfrac{d_p^2 (\rho_p - \rho_s) g W L}{18 \mu Q}$)

① 약 22%　　　② 약 42%
③ 약 63%　　　④ 약 81%

해설

1) 점도

$$\frac{1.8 \times 10^4 \text{g}}{\text{cm} \cdot \text{s}} \times \frac{1\text{kg}}{10^3 \text{g}} \times \frac{100\text{cm}}{1\text{m}} = 1.8 \times 10^{-5} \text{kg/m} \cdot \text{s}$$

2) 중력집진장치의 집진율

$$\eta = \frac{g \cdot (\rho_p - \rho_s) \cdot n \cdot W \cdot L \cdot d_p^2}{18 \cdot \mu \cdot Q}$$

$$= \frac{9.8\text{m/s}^2 \times (1,100 - 1.2)\text{kg/m}^3 \times 1 \times 5\text{m} \times 10\text{m} \times (10 \times 10^{-6}\mu m/m)^2}{18 \times 1.8 \times 10^{-5}\text{kg/m} \cdot \text{s} \times 0.4\text{m}^3/\text{s}}$$

$$= 0.4154 = 41.54\%$$

정답 ②

Chapter 02 관성력 집진장치

1. 원리

함진가스를 방해판에 충돌시켜 기류의 급격한 방향전환을 일으켜서 입자의 관성력에 의해 가스 흐름으로부터 입자를 분리 포집함

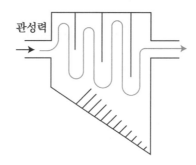

2. 설계인자

① 처리 입경 : $10{\sim}100\mu m$
② 압력손실 : $37{\sim}80mmH_2O$
③ 집진효율 : $50{\sim}70\%$
④ 처리가스 속도 : $1{\sim}5m/sec$

3. 특징

(1) 장단점

장점	단점
· 구조가 간단하고 취급이 용이	· 미세입자 포집이 곤란
· 전처리용으로 많이 이용	· 효율이 낮음
· 운전비, 유지비 저렴	· 방해판 전환각도 큼
· 고온가스 처리 가능	

(2) 효율향상조건

충돌직전의 처리가스속도 클수록
방향전환각도 작을수록
전환횟수가 많을수록
방향전환 곡률반경(기류반경) 작을수록
출구 가스속도 작을수록
방해판 많을수록

집진효율 증가(압력손실 커짐)

4. 종류

① 충돌식
② 반전식 : 곡관형, louver형, multibaffle형 등

Chapter 03 원심력 집진장치

1. 원리

함진가스에 선회운동을 부여하여 입자에 작용하는 원심력에 의해 분리포집

2. 설계인자

① 취급입자 직경 : $3 \sim 100 \mu m$

② 압력손실 : $50 \sim 150 mmH_2O$

③ 집진효율 : $85 \sim 95\%$

④ 입구유속 : 접선유입식($7 \sim 15m/s$), 축류식($10m/s$)

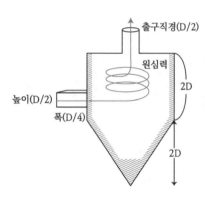

설계조건	표준 사이클론
몸통 직경	D
유입구 높이	D/2
유입구 폭	D/4
몸체의 높이	2D
원추의 높이	2D
출구직경	D/2

3. 특징

(1) 장단점

장점	단점
· 조작 간단	· 미세입자 집진효율 낮음
· 유지관리 쉬움	· 수분함량이 높은 먼지 집진이 어려움
· 운전비 저렴	· 분진량과 유량의 변화에 민감
· 설치비가 낮음	
· 고온가스처리 가능	
· 압력손실 작음	
· 내열 소재로 제작 가능	
· 먼지량이 많아도 처리 가능	

① 여과, 세정, 전기 집진장치의 전처리 집진장치로 이용
② 직렬, 병렬로 연결하여 사용이 가능
③ 고농도일 때는 병렬 연결하여 사용하고, 응집성이 강한 먼지인 경우는 직렬연결 (단수 3단 한계)하여 사용함
④ 미세한 입자를 원심분리하고자 할 때 가장 큰 영향인자는 사이클론의 직경
⑤ Blow down 방식을 적용하면 먼지제거효율을 향상시킴

(2) 효율 향상 조건

먼지의 농도, 밀도, 입경 클수록 입구 유속 빠를수록 유량 클수록 회전수 많을수록 몸통 길이 길수록 몸통 직경 작을수록 처리가스 온도 낮을수록 점도 작을수록	집진효율 증가 / 압력손실 증가

블로우 다운(Blow down)방식, 직렬 연결을 사용하면 먼지 제거 효율 향상

(3) 블로우 다운(Blow down)

사이클론 하부 분진박스(dust box)에서 처리가스량의 5~15%에 상당하는 함진가스를 추출시키면 유효 원심력을 증대시킴, 또한 선회기류의 흐트러짐과 집진된 먼지의 재비산을 방지됨

1) 블로우 다운 효과

① 원심력 증대 → 처리효율 증가
② 재비산 방지
③ 폐색방지
④ 가교현상 방지

4. 관련 공식

(1) 분리속도(V_r)

원심 분리력 = 원심력 - 부력 = $\dfrac{\pi d^3}{6}(\rho_p - \rho_a)\dfrac{v^2}{r}$

항력 = $3\pi\mu dV_r$

원심 분리력 = 항력 이므로,

$\dfrac{\pi d^3}{6}(\rho_p - \rho_a)\dfrac{v^2}{r} = 3\pi\mu dV_r$ 임

V_r에 관해 식을 정리하면 아래와 같음

$$V_r = \dfrac{d_p^2(\rho_p - \rho)v^2}{18\mu r}$$	d_p : 입자 직경 ρ_p : 입자 밀도 ρ : 가스 밀도 v : 함진가스 속도 r : 몸통 반경 μ : 가스 점성계수(kg/m·s)

(2) 분리계수(S)

① 원심력에 의한 입자 분리능력을 나타낸 지표
② 중력분리속도(V_g)와 원심분리속도(V_r)의 비

$$S = \dfrac{V_r}{V_g} = \dfrac{mv^2/r}{mg} = \dfrac{v^2}{rg}$$	v : 함진가스 속도 r : 몸통 반경

(3) 집진효율

$\eta = \dfrac{\text{분진입자가 이동한 수평 거리}}{\text{사이클론의 유입구 폭}}$ $= \dfrac{V_r \Delta t}{B}$ $= \dfrac{1}{B} \times \dfrac{d_p^2(\rho_p - \rho)v^2}{18\mu r} \times \dfrac{2\pi r N_e}{v}$ $\therefore \ \eta = \dfrac{\pi N_e v d_p^2(\rho_p - \rho)}{9\mu B}$	V_r : 분리속도 v : 가스 유속 d_p : 입자 직경 ρ_p : 입자 밀도 ρ : 가스 밀도 μ : 가스 점성계수(kg/m·s) r : 사이클론 몸통 반경 N_e : 유효회전수 B : 사이클론 유입구 폭

(4) 유효회전수(N_e)

$$N_e = \frac{\left(H_1 + \dfrac{H_2}{2}\right)}{h}$$

h : 유입구 높이
H_1 : 몸통 높이
H_2 : 원추 높이

(5) 임계입경($d_{p_{100}}$)

집진 효율이 100%($\eta = 1$)일 때 입경

$$d_{p_{100}} = \sqrt{\frac{9\mu B}{\pi N_e v(\rho_p - \rho)}}$$

(6) 절단입경(cut size diameter, $d_{p_{50}}$)

집진 효율이 50%($\eta = 0.5$)일 때 입경
설계 시 절단 입경은 반드시 5μm 이상이어야 함

$$d_{p_{50}} = \sqrt{\frac{9\mu B}{2\pi N_e v(\rho_p - \rho)}}$$

(7) 사이클론 압력강하식

$$\Delta P(\text{mmH}_2\text{O}) = F \times \frac{\gamma v^2}{2g}$$

F : 압력손실계수
v : 가스 속도

(8) 운전조건 변화시 집진효율

1) 다른 조건은 일정하고 처리가스량(Q)만 변할 때

$$\frac{100(\%) - \eta_1}{100(\%) - \eta_2} = \left(\frac{Q_2}{Q_1}\right)^{0.5}$$

η_1 : 처음 집진율
η_2 : 나중 집진율
Q_1 : 처음 처리가스량
Q_2 : 나중 처리가스량

2) 다른 조건은 일정하고 점성계수(μ)만 변할 때

$$\frac{100(\%) - \eta_1}{100(\%) - \eta_2} = \left(\frac{\mu_1}{\mu_2}\right)^{0.5}$$

η_1 : 처음 집진율
η_2 : 나중 집진율
μ_1 : 처음 점성계수
μ_2 : 나중 점성계수

5. 종류

가스 유입·유출 형식에 따라 접선유입식과 축류식으로 분류됨

(1) 접선유입식

① 입구모양에 따라 나선형과 와류형으로 나뉨

② 입구유속은 7~15m/s

③ 압력손실은 100~150mmH$_2$O, 대단위 배기량 처리 가능

(2) 축류식

반전형과 직진형으로 분류됨

1) 반전형

① 압력손실이 80mmH$_2$O로 접선유입식보다 낮음

② 블로다운이 불필요하고 안내익의 각에 따라 집진율 변화가 큼

2) 직진형

반전형에 비해 사용 빈도가 낮음

(3) 멀티사이클론

① 대부분 축류식 반전형을 병렬 연결한 형태

② 고농도 가스 고효율 처리 가능

③ 단위 사이클론 내경이 작을수록 미세입자가 포집됨

④ 블로다운 형식은 채용하지 않으나, 폐색되기 쉬움

┌─────────────────────┐
│   **내용문제**   │
└─────────────────────┘

01 아래 그림은 다음 중 어떤 집진장치에 해당
하는가?

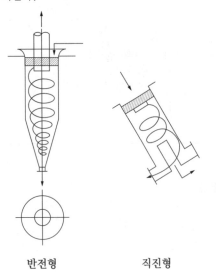

반전형   직진형

① 중력집진장치   ② 관성력집진장치
③ 원심력집진장치   ④ 전기집진장치

해설

정답 ③

---

02 원심력 집진장치에서 사용하는 "Cut Size
Diameter"의 의미로 가장 적합한 것은?

① 집진율이 50%인 입경
② 집진율이 100%인 입경
③ 블로우다운 효과에 적용되는 최소입경
④ Deutsch Anderson식에 적용되는 입경

해설

절단입경(cut size)
50%의 집진효율로 제거되는 먼지의 입경을 말하는데 설계
시 절단입경은 반드시 $5\mu m$ 이상이어야 한다.

정답 ①

---

03 사이클론에서 50%의 집진효율로 제거되는 입
자의 최소입경을 무엇이라 부르는가?

① critical diameter
② cut size diameter
③ average size diameter
④ analytical diameter

해설

50% 제거입경 = Cut size diameter = 절단입경

① 한계입경
② 절단입경
③ 평균입경

정답 ②

---

04 사이클론(Cyclone)의 조업 변수 중 집진효율을 결정하는 가장 중요한 변수는?

① 유입가스의 속도
② 사이클론의 내부 높이
③ 유입가스의 먼지 농도
④ 사이클론에서의 압력손실

해설

정답 ①

05 하부의 더스트 박스(dust box)에서 처리가스량의 5~10%를 처리하여 사이클론 내 난류현상을 억제시켜 먼지의 재비산을 막아주고 장치 내벽에 먼지가 부착되는 것을 방지하는 효과는?

① 에디(eddy)
② 브라인딩(blinding)
③ 분진 폐색(dust plugging)
④ 블로우 다운(blow down)

해설

블로우 다운(blow down)에 대한 설명이다. 블로우 다운의 효과는 다음과 같다.
❶ 유효 원심력 증대
❷ 집진효율 향상
❸ 내통의 폐색방지(더스트 플러그 방지)
❹ 분진의 재비산방지

정답 ④

| 계산문제 |

| 회전수 |

01 사이클론의 원추부 높이가 1.4m, 유입구 높이가 15cm, 원통부 높이가 1.4m 일 때 외부선회류의 회전수는? (단, $N = (1/H_A)[H_B + (H_C/2)]$)

① 6회   ② 11회
③ 14회   ④ 18회

해설

$$N_e = \frac{\left(H_1 + \dfrac{H_2}{2}\right)}{h}$$

여기서, h : 유입구 높이(m)
    H_1 : 사이클론 몸통 길이(m)
    H_2 : 사이클론 원추 길이(m)

$$\therefore N_e = \frac{\left(1.4 + \dfrac{1.4}{2}\right)}{0.15} = 14$$

정답 ③

| 분리계수 1 |

02 원추하부 지름이 20cm인 cyclone에서 가스 접선 속도가 5m/sec이면 분리계수는?

① 25.5   ② 18.5
③ 12.8   ④ 9.7

해설

$$분리계수(S) = \frac{V^2}{Rg} = \frac{5^2}{0.1 \times 9.8} = 25.51$$

정답 ①

연습문제

| 분리계수 2 - 단위환산 |

03 원추하부반경이 30cm인 사이클론에서 배출가스의 접선속도가 600m/min일 때 분리계수는?

① 3.0   ② 3.4
③ 30   ④ 34

해설

$$S = \frac{V^2}{R \times g} = \frac{(600\text{m}^3/\text{min} \times \frac{1\text{min}}{60s})^2}{0.3\text{m} \times 9.8\text{m}/s^2} = 34$$

정답 ④

| 부분집진효율 - 임계입경 공식응용 1 |

04 A 공장의 연마실에서 발생되는 배출가스의 먼지제거에 Cyclone이 사용되고 있다. 유입폭이 40cm이고, 유효회전수 5회, 입구유입속도 10m/s로 가동중인 공정조건에서 10μm 먼지입자의 부분집진효율은 몇 %인가? (단, 먼지의 밀도는 1.6g/cm³, 가스점도는 1.75× 10⁻⁴g/cm·s, 가스밀도는 고려하지 않음)

① 약 40   ② 약 45
③ 약 50   ④ 약 55

해설

100%(이론)제거 입경 공식(d_p)

$$d_p = \sqrt{\frac{9 \cdot \mu \cdot b \eta}{(\rho_p - \rho) \cdot \pi \cdot V \cdot N}}$$

$$\therefore \eta = \frac{(\rho_p - \rho) \cdot \pi \cdot V \cdot N \cdot d_p^2}{9 \cdot \mu \cdot b}$$

$$= \frac{(1{,}600 - 0)\text{kg}/\text{m}^3 \times \pi \times 10\text{m}/\text{s} \times 5 \times (10 \times 10^{-6}\text{m})^2}{9 \times 1.75 \times 10^{-5}\text{kg}/\text{m} \cdot \text{s} \times 0.4\text{m}}$$

$$= 0.3989 = 39.89\%$$

정답 ①

| 절단입경 |

05 유입구 폭이 20cm, 유효회전수가 8인 사이클론에 아래 상태와 같은 함진가스를 처리하고자 할 때, 이 함진가스에 포함된 입자의 절단입경(μm)은?

> – 함진가스의 유입속도 : 30m/s
> – 함진가스의 점도 : 2×10⁻⁵kg/m·s
> – 함진가스의 밀도 : 1.2kg/m³
> – 먼지입자의 밀도 : 2.0g/cm³

① 2.78   ② 3.46
③ 4.58   ④ 5.32

해설

사이클론의 절단입경(d_{p50})

$$d_{p50} = \sqrt{\frac{9 \times \mu \times b}{2 \times (\rho_p - \rho) \times \pi \times V \times N}}$$

$$= \sqrt{\frac{9 \times 2 \times 10^{-5}\text{kg} \cdot \text{m} \cdot \text{s} \times 0.2\text{m}}{2 \times (2{,}000 - 1.2)\text{kg}/\text{m}^3 \times \pi \times 30\text{m}/\text{s} \times 8}} \times \frac{10^6 \mu\text{m}}{1\text{m}}$$

$$= 3.4559 \mu\text{m}$$

정답 ②

| 사이클론 압력손실 |

06 입구 직경이 400mm인 접선유입식 사이클론으로 함진가스 100m³/min을 처리할 때, 배출가스의 밀도는 1.28kg/m³이고, 압력손실계수가 8이면 사이클론 내의 압력손실은?

① 83mmH₂O   ② 92mmH₂O
③ 114mmH₂O   ④ 126mmH₂O

해설

1) $$V = \frac{Q}{A} = \frac{100\text{m}^3}{\text{min}} \times \frac{4}{\pi \times (0.4)^3} \times \frac{1\text{min}}{60\text{sec}}$$

$$= 13.26\text{m}/\text{sec}$$

2) 압력손실

$$\triangle P = F \times P_v = F \times \frac{\gamma V^2}{2g}$$

$$= 8 \times \frac{1.28 \times 13.26^2}{2 \times 9.8} = 91.86\text{mmH}_2\text{O}$$

정답 ②

| 먼지통과율 → C 계산 |

07 먼지농도 $50g/Sm^3$의 함진가스를 정상운전 조건에서 96%로 처리하는 사이클론이 있다. 처리가스의 15%에 해당하는 외부공기가 유입될 때의 먼지 통과율이 외부공기 유입이 없는 정상운전 시의 2배에 달한다면, 출구가스중의 먼지농도는?

① $3.0g/Sm^3$ ② $3.5g/Sm^3$
③ $4.0g/Sm^3$ ④ $4.5g/Sm^3$

해설

1) 정상상태에서의 출구가스 먼지농도(C)
$C = C_o(1-\eta) = 50(1-0.96) = 2g/Sm^3$

2) 외부공기 유입시 출구가스 먼지농도(C')

정상상태 먼지 통과율 : $\dfrac{CQ}{C_oQ}$

외부공기 유입시 먼지통과율 : $\dfrac{C'\times1.15Q}{C_oQ}$

외부공기 유입시 먼지통과율은 정상상태의 2배 이므로,

$\dfrac{C'\times1.15Q}{C_oQ} = 2\times\dfrac{CQ}{C_oQ}$

$\therefore C' = \dfrac{2\times2}{1.15} = 3.478$

정답 ②

Chapter 04 세정 집진장치

1. 원리

① 세정액을 분사시키거나 함진가스를 분산시켜 액적 또는 액막을 형성시켜 함진가스를 세정시킴
② 접촉에 의한 분진 및 유해가스의 동시처리가 가능

(1) 주요 포집 메커니즘

① 관성충돌 : 액적-입자 충돌에 의한 부착포집
② 확산 : 미립자 확산에 의한 액적과의 접촉포집
③ 증습에 의한 응집 : 배기가스 증습에 의한 입자간 상호응집
④ 응결 : 입자를 핵으로 한 증기의 응결에 따른 응집성 증가
⑤ 부착 : 액막의 기포에 의한 입자의 접촉부착

> **참고**
>
> $0.1\mu m$ 이하 입자 포집에는 확산작용이 지배적임

2. 설계인자

① 취급입경 $0.1 \sim 100\mu m$
② 압력손실(벤투리 스크러버) $300 \sim 800 mmH_2O$

3. 특징

(1) 장단점

장점	단점
· 입자상 및 가스상 물질 동시제거가능	· 동력비 큼
· 유해가스제거가능	· 먼지의 성질에 따라 효과가 다름
· 고온가스 처리 가능	– 소수성 먼지 : 집진효과 적음
· 구조가 간단함	– 친수성 먼지 : 폐색 가능
· 설치면적 작음	· 물 사용량이 많음
· 먼지의 재비산이 없음	– 급수설비, 폐수처리시설 설치 필요
· 처리효율이 먼지의 영향을 적게 받음	– 수질오염발생
· 인화성, 가열성, 폭발성 입자를 처리가능	· 배출시 가스 재가열 필요
· 부식성 가스 중화 가능	· 동절기 관의 동결 위험
	· 장치부식 발생
	· 압력강하와 동력으로 습한 부위와 건조한 부위 사이에 고형질이 생성될 수 있음
	· 포집된 먼지는 오염될 수 있음
	· 부산물 회수 곤란
	· 폐색장애 가능
	· 폐슬러지의 처리비용이 비쌈

(2) 좋은 흡수액(세정액)의 조건

       ① 용해도가 커야 함

       ② 화학적으로 안정해야 함

       ③ 용매의 화학적 성질과 비슷해야 함

       ④ 독성, 부식성이 없어야 함

       ⑤ 휘발성이 작아야 함

       ⑥ 점성이 작아야 함

       ⑦ 어는점이 낮아야 함

       ⑧ 가격이 저렴해야 함

(3) 액가스비를 증가시켜야 하는 경우

    처리하기 힘든 먼지일수록 액가스비를 증가시켜야 함

       ① 먼지 입자의 소수성이 클 때

       ② 먼지의 입경이 작을 때

       ③ 먼지 입자의 점착성이 클 때

       ④ 처리가스의 온도가 높을 때

(3) 관성충돌계수가 증가하는 조건

       ① 먼지의 밀도가 커야 함

       ② 먼지의 입경이 커야 함

       ③ 액적의 직경이 작아야 함

       ④ 처리가스와 액적의 상대속도가 커야 함

    먼지는 크고, 무거울수록, 액적은 직경이 작을수록, 비표면적이 클수록 관성충돌계수 증가함

4. 분류

(1) 세정액 접촉방법에 의한 분류

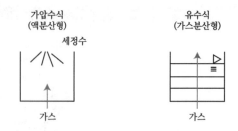

1) 가압수식(액분산형)
① 물을 가압 공급하여 함진가스 내 분사
② 종류 : 스크러버(벤투리, 사이클론), 충전탑, 분무탑

2) 유수식(가스분산형)
① 장치 내 세정액을 채운 후 가스를 유입
② 종류 : S임펠러형, 로터형, 가스선회형, 가스분출형

분류	가압수식(액분산형)	유수식(저수식, 가스분산형)	
특징	가스에 액을 뿌리는 방법	저수된 수조에 가스를 통과시키는 방법	
액가스비	큼	작음	
종류	· 충전탑(packed tower) · 분무탑(spray tower) · 벤투리 스크러버 · 사이클론 스크러버 · 제트 스크러버	단탑	포종탑 다공판탑
		기포탑	

집진효율	· 벤투리, 제트, 사이클론 :
	  가스유속 빠를수록 집진효율 높아짐
	· 충전탑, 분무탑 :
	  가스유속 느릴수록 집진효율 높아짐
		· 가스유속 느릴수록 집진효율 높아짐	

※ 가스가 아래에서 위로 이동하는 방식은 가스 유속이 느림(충전탑, 분무탑, 단탑 등)

3) 회전식
송풍기 팬의 회전을 이용

① 특징

종류	특징
타이젠 와셔(Theisen washer)	· 고정 및 회전날개로 구성된 다익형의 날개차를 고속선회시켜 함진가스와 세정수를 교반 · 제거율이 높음 · 별도 송풍기 필요 없음
임펄스 스크러버	· 회전날개로 구성된 다익형의 날개차 이용 · 집진율 낮음 · 동력비 적음

② 회전식 스크러버의 물방울 직경(수적경) 계산

$$d_w(\mu m) = \frac{200}{N\sqrt{R}} \times 10^4$$

N : 회전수

R : 회전판 반경(cm)

5. 종류

(1) 충전탑

원통형 탑 내에 충전물을 쌓아두고 흡수액은 상부에서 하부로, 오염가스를 하부에서 상부로 통과시켜 접촉처리

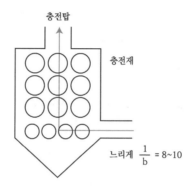

1) 설계인자

처리가스 속도	0.3~1m/s(0.5~1.5m/s)
압력손실	50mmH$_2$O
액가스비	1~10L/m^3(2~3L/m^3)
탑 높이	2~5m
유량	15~20t/m^2·h

2) 장단점

장점	단점
·처리가스속도 작음 ·압력손실 작음 ·구조 간단 ·부식성 없음 ·처리가스 량 변동시 대응력 좋음	·충전물 비쌈 ·침전물이 발생시 처리 어려움 ·범람(Flooding), 편류(Channelling) 발생 가능

3) 집진효율 향상조건

① 처리 가스량, 가스 속도 작을수록
② 충전재의 충전밀도 클수록
③ 가스체류시간 길수록
④ 충전재 입력 작을수록
⑤ 충전재 표면적 클수록

4) 좋은 충전물의 조건
① 충전밀도가 커야 함
② Hold-up이 작아야 함
③ 공극율이 커야 함
④ 비표면적이 커야 함
⑤ 압력손실이 작아야 함
⑥ 내열성, 내식성이 커야 함
⑦ 충분한 강도를 지녀야 함
⑧ 화학적으로 불활성이어야 함

5) 유지관리상 문제
① 범람(Flooding)

현상	·물이 충전물 위로 넘치는 현상
원인	·함진가스 유입속도가 너무 빠른 경우 발생
대책	·유속을 Flooding이 발생하는 유속의 40~70% 속도로 주입

② 편류(Channelling)

현상	·충전탑에서 흡수액 분배가 잘 되지 않아 한 쪽으로만 액이 지나가는 현상
원인	·충전물의 입도가 다를 경우 ·충전밀도가 작을 경우 발생
대책	·탑의 직경(D)과 충전물 직경(d)비 : D/d = 8~10으로 설계 ·입도가 고른 충전물로 충전함 ·높은 공극률과 낮은 저항의 충전재를 사용함

(2) 분무탑(Spray tower)
탑 내 몇 개의 살수노즐을 이용, 함진가스와 향류 접촉

1) 설계인자
① 가스 겉보기 속도 : 1~2m/sec
② 액가스비 : 0.5~1.5L/m^3
③ 압력손실 : 10~50mmH$_2$O

2) 장단점

장점	단점
·충전물이 없어 막힘없음	·미세입자포집이 어려움
·범람, 편류 발생 없음	·동력소모가 발생함
·가격 저렴	·액가스비 큼
·침전물 발생시에도 사용 가능	·스프레이 구멍이 잘 막힘
	·분무액과 가스의 접촉이 어려워 효율이 낮음

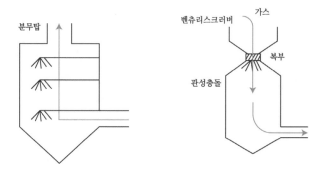

(3) 벤투리 스크러버

1) 원리 : 관성충돌
함진가스를 벤투리관 throat 부에 60~90m/s 고속으로 공급하고, 목부(throat) 주변 노즐에서 세정액을 분사되게 하여 수적에 분진입자를 충돌·포집

2) 설계인자

처리가스 속도	60~90m/s
먼지농도	$10g/m^3$ 이하
압력손실	$300~800mmH_2O$
효율	80~90%
액가스비	· 친수성입자 또는 굵은 먼지입자 : $0.3~0.5L/m^3$ · 친수성이 아닌 입자 또는 미세입자 : $0.5~1.5L/m^3$

3) 특징
물방울 직경은 분진의 150배 정도임

장점	단점
· 집진효율이 큼(세정집진 중 효율 최대) · 소형으로 대용량 가스처리 가능	· 압력손실이 가장 큼

4) 목부 유속과 노즐 개수 및 수압 관계식

$$n\left(\frac{d}{D_t}\right)^2 = \frac{v_t L}{100\sqrt{P}}$$

n : 노즐 수
d : 노즐 직경
D_t : 목부 직경
P : 수압(mmH₂O)
v_t : 목부 유속(m/s)
L : 액가스비(L/m³)

(4) 사이클론 스크러버

1) 원리

원심력을 이용해, 탑내를 선회·상승하는 가스에 탑 중심의 노즐로부터 액적 분사

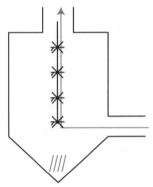

사이클론스크러버
원심력 + 물뿌림 = 사이클론

2) 설계인자

① 입구가스속도 : 15~35m/s

② 가스 겉보기속도 : 1~2m/s

③ 액가스비 : 0.5~1.5L/m^3

④ 압력손실 : 50~300mmH$_2$O

3) 장단점

① 장점 : 집진 효율 좋은 편, 구조 간단

② 단점 : 노즐이 잘 막힘

4) 처리효율 향상 조건

① 몸통 길이가 길수록

② 몸통 직경은 작을수록

(5) 제트 스크러버

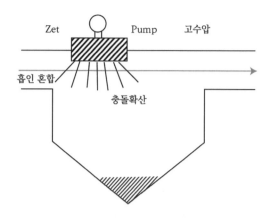

1) 원리

① 세정수를 회전날개를 가진 분무노즐에 의해 고속으로 분사시켜 주위의 함진가스를 흡인한 후 throat 부분에서 가속됨

② 확대관을 통과하는 사이에 기액이 혼합

③ 액적과 분진의 충돌, 확산 등에 의하여 분진을 분리

2) 설계인자

입구가스 속도	10~20m/s
throat부 가스유속	10~100m/s
압력손실	40~200mmH$_2$O
액가스비	10~100L/m^3

3) 장단점

장점	단점
· 처리효율 높음 · 승압효과가 있으므로 송풍기 불필요	· 물사용량(액가스비) 가장 큼 · 운전비 비쌈 · 소량 가스처리에만 사용

(6) 단탑

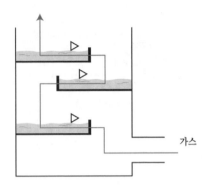

가스

1) 설계인자

가스 유입속도	$0.3{\sim}1\text{m/s}$
압력손실	$100{\sim}200\text{mmH}_2\text{O}$
액가스비	$0.3{\sim}5\text{L/m}^3$
단간격	40cm

2) 특징

장점	단점
· 액가스비 작음 · 처리용량이 큰 시설에 적합 · 판수 증가 시 고농도 가스도 일시처리 가능 · 머무름 현상으로 흡수액의 hold-up이 큰 편	· 구조 복잡 · 부하 변동에 대응이 어려움 · 압력손실 큼

잘 흡수되지 않는 물질이나 부유물이 함유된 경우 부적합하나 충전탑에 비해서 우수

3) 종류

① 포종탑(tray tower) : 포종을 갖는 tray를 다단으로 설치하고 각 단에서 흡수액을
흘려보내 배기가스가 이를 통과
② 다공판탑(sieve plate tower) : 포종 대신 다공판을 설치한 구조

참고

처리효율 : 포종탑 〉 다공판탑

충전탑과 단탑 비교

분류	충전탑	단탑
분류	액분산형	가스분산형
액가스비(L/m^3)	큼	작음
구조	간단	복잡
압력손실(mmH$_2$O)	작음(50)	큼(100~200)
처리가스속도	0.3~1m/s	

(7) 기포탑

1) 설계인자

가스속도	0.01~0.3m/s
압력손실	200~500mmH$_2$O

2) 특징

장점	단점
· 고체입자의 현탁액을 흡수액으로 할 때에는 효율 좋음 · 흡수효율이 높음	· 압력손실이 큼 · 가스 속도가 어느 값 이상이 되면 효율이 낮아짐

내용문제

01 다음 중 확산력과 관성력을 주로 이용하는 집진장치로 가장 적합한 것은?

① 중력집진장치   ② 전기집진장치
③ 원심력 집진장치   ④ 세정집진장치

> **해설**
>
> 세정집진장치
> ❶ 입자가 큰 경우 : 중력, 관성력을 이용하여 포집
> ❷ 입자가 작은 경우 : 확산력, 응집력을 이용하여 포집
>
> 정답 ④

02 다음 설명하는 세정집진장치로 가장 적합한 것은?

> · 고정 및 회전날개로 구성된 다익형의 날개차를 350~750rpm 정도로 고속선회하여 함진가스와 세정수를 교반시켜 먼지를 제거한다.
> · 미세먼지도 99% 정도까지 제거 가능하다.
> · 별도의 송풍기는 필요 없으나 동력비는 많이 든다.
> · 액가스비는 $0.5 \sim 2 L/m^3$ 정도이다.

① Impulse Scrubber
② Theisen Washer
③ Venturi Scrubber
④ Jet Scrubber

> **해설**
>
> 정답 ②

03 세정집진장치 중 액가스비가 $10 \sim 50 L/m^3$ 정도로 다른 가압수식에 비해 10배 이상이며, 다량의 세정액이 사용되어 유지비가 고가이므로 처리가스량이 많지 않을 때 사용하는 것은?

① Venturi Scrubber
② Theisen Washer
③ Jet Scrubber
④ Impluse Scrubber

> **해설**
>
> 젯트(Jet Scrubber) 스크러버
>
> 1) 장점
>   ❶ 집진효율이 크다.
>   ❷ 가스의 저항이 적다.
>   ❸ 승압효과를 가지므로 송풍기가 필요하지 않다.
>
> 2) 단점
>   ❶ 용수 소요량이 많으므로 동력비가 많이 소요된다.
>   ❷ 다량의 가스처리가 곤란하다.
>
> 정답 ③

04 다음 중 가스의 압력손실은 작은 반면, 세정액 분무를 위해 상당한 동력이 요구되며, 장치의 압력손실은 2~20mmH₂O, 가스 겉보기 속도는 0.2~1m/s 정도인 세정집진장치에 해당하는 것은?

① Venturi Scrubber
② Cyclone Scrubber
③ Spray Tower
④ Packed Tower

해설

분무탑의 특징
❶ 가스 겉보기 속도 : 0.2~1m/sec
❷ 액가스비(L) : 0.1~1.2L/m³
❸ 압력손실 : 2~20mmH₂O

정답 ③

05 다음은 충전탑에 관한 설명이다. ( )안에 가장 적합한 것은?

일반적으로 충전탑은 가스의 속도를 (㉠)의 속도로 처리하는 것이 보통이며, 액가스비는 (㉡)를 사용하며 압력손실은 100~250mmH₂O 정도이다.

① ㉠ 0.5~1.5m/sec, ㉡ 0.05~0.1L/m³
② ㉠ 0.5~1.5m/sec, ㉡ 2~3L/m³
③ ㉠ 5~10m/sec, ㉡ 0.05~0.1L/m³
④ ㉠ 5~10m/sec, ㉡ 2~3L/m³

해설

정답 ②

06 유수식 세정집진장치의 종류와 가장 거리가 먼 것은?

① 가스분수형
② 스크루형
③ 임펠라형
④ 로터형

해설

세정집진장치는 크게 유수식과 가압수식, 회전식으로 분류된다.
· 유수식 : 임펠러형, 가스선회형, 가스분출형, 로터형
· 가압수식 : 벤투리스크러버, 제트스크러버, 사이클론스크러버, 충전탑, 분무탑

정답 ②

07 다음 세정집진장치 중 입구유속(기본유속)이 가장 빠른 것은?

① Jet Scrubber
② Venturi Scrubber
③ Theisen Washer
④ Cyclone Scrubber

해설

벤투리스크러버의 입구유속(60~90m/sec)이 세정집진장치 중 가장 빠르기 때문에 효율도 가장 우수하다.

정답 ②

연습문제

08 다음 중 물을 가압 공급하여 함진가스를 세정하는 방식의 가압수식 스크러버에 해당하지 않는 것은?

① Venturi Scrubber
② Impulse Scrubber
③ Packed Tower
④ Jet Scrubber

해설

세정집진장치는 크게 유수식과 가압수식, 회전식으로 분류된다.
· 유수식 : 임펠러형, 가스선회형, 가스분출형, 로터형
· 가압수식 : 벤투리스크러버, 제트스크러버, 사이클론스크러버, 충전탑, 분무탑

정답 ②

09 벤투리스크러버의 액가스비를 크게 하는 요인으로 옳지 않은 것은?

① 먼지입자의 친수성이 클 때
② 먼지의 입경이 작을 때
③ 먼지입자의 점착성이 클 때
④ 처리가스의 온도가 높을 때

해설

① 먼지입자의 친수성이 클 때는 액가스비를 크게 할 필요가 없다.
벤투리스크러버에서 액·가스비를 크게 하는 이유
(장치 내에 물 공급을 증가시키는 이유)
❶ 분진의 입경이 작을 때
❷ 분진의 농도가 높을 때
❸ 분진입자의 친수성이 적을 때
❹ 처리가스의 온도가 높을 때
❺ 분진 입자의 점착성이 클 때

정답 ①

10 충전탑(packed tower)내 충전물이 갖추어야 할 조건으로 적절치 않은 것은?

① 단위체적당 넓은 표면적을 가질 것
② 압력손실이 작을 것
③ 충전밀도가 작을 것
④ 공극률이 클 것

해설

③ 충전밀도가 클 것
충전물 구비조건
❶ 충전밀도가 커야 함
❷ Hold-up이 작아야 함
❸ 공극율이 커야 함
❹ 비표면적이 커야 함
❺ 압력손실이 작아야 함
❻ 내열성, 내식성이 커야 함
❼ 충분한 강도를 지녀야 함
❽ 화학적으로 불활성이어야 함

정답 ③

11 물을 가압 공급하여 함진가스를 세정하는 형식의 가압수식 스크러버가 아닌 것은?

① Venturi Scrubber
② Impulse Scrubber
③ Spray Tower
④ Jet Scrubber

해설

Impulse Scrubber는 회전식 세정집진장치에 해당한다.

정답 ②

12 벤투리 스크러버 적용시 액가스비를 크게 하는 요인으로 옳지 않은 것은?

① 먼지의 친수성이 클 때
② 먼지의 입경이 작을 때
③ 처리가스의 온도가 높을 때
④ 먼지의 농도가 높을 때

해설

먼지의 친수성이 작을 때

액가스비를 증가시켜야 하는 경우

처리하기 힘든 먼지일수록 액가스비를 증가시켜야 함

❶ 먼지 입자의 소수성이 클 때
❷ 먼지의 입경이 작을 때
❸ 먼지 입자의 점착성이 클 때
❹ 처리가스의 온도가 높을 때

정답 ①

13 가스의 압력손실은 작은 반면, 세정액 분무를 위해 상당한 동력이 요구되며, 장치의 압력손실은 2~20mmH₂O, 가스 겉보기 속도는 0.2~1m/s 정도인 세정집진장치는?

① 벤투리스크러버(Venturi scrubber)
② 사이클론스크러버(Cyclone scrubber)
③ 충전탑(Packed tower)
④ 분무탑(Spray tower)

해설

분무탑은 원통형의 탑 내에 흡수액을 분사할 수 있는 다수의 노즐을 설치하여 세정액을 살수하고, 오염가스는 하부에서 상부로 살수층을 통과하게 하여 오염가스와 흡수액을 접촉시켜 처리하는 방법으로 구조가 간단하며, 압력손실이 작은 반면 분무노즐이 막히기 쉽고, 노즐에 따라 흡수효율에 영향을 주고, 효율이 낮은 단점이 있다.

정답 ④

14 벤투리스크러버의 액가스비를 크게 하는 요인으로 가장 거리가 먼 것은?

① 먼지 입자의 점착성이 클 때
② 먼지 입자의 친수성이 클 때
③ 먼지의 농도가 높을 때
④ 처리가스의 온도가 높을 때

해설

② 먼지 입자의 친수성이 적을 때

정답 ②

15 세정집진장치 중 액가스비가 10~50L/m³ 정도로 다른 가압수식에 비해 10배 이상이며, 다량의 세정액이 사용되어 유지비가 고가이므로 처리가스량이 많지 않을 때 사용하는 것은?

① Venturi scrubber
② Theisen washer
③ Jet scrubber
④ Impulse scrubber

해설

③ 액가스비가 가장 큰 것은 Jet scrubber이다.

정답 ③

16 압력손실은 100~200mmH₂O 정도이고, 가스량 변동에도 비교적 적응성이 있으며, 흡수액에 고형분이 함유되어 있는 경우에는 흡수에 의해 침전물이 생기는 등 방해를 받는 세정장치로 가장 적합한 것은?

① 다공판탑　　　　　② 제트스크러버
③ 충전탑　　　　　　④ 벤투리스크러버

해설

정답 ③

연습문제

17 유수식 세정집진장치의 종류와 가장 거리가 먼 것은?

① 가스분수형　　　② 스크류형
③ 임펠라형　　　　④ 로터형

해설

② 스크류형이라는 세정집진장치는 없다.

정답 ②

18 다음 중 기체분산형 흡수장치에 해당하는 것은?

① Venturi Scrubber
② Plate Tower
③ Packed Tower
④ Spray Tower

해설

흡수장치

· 액분산형 : 충전탑, 분무탑, 스크러버(벤투리, 사이클론, 제트)

· 가스분산형 : 단탑(plate tower) (포종탑, 다공판탑)

정답 ②

19 다음 중 가스분산형 흡수장치로만 짝지어진 것은?

① 단탑, 기포탑　　② 기포탑, 충전탑
③ 분무탑, 단탑　　④ 분무탑, 충전탑

해설

정답 ①

계산문제

| 충전탑 높이 1 h = HOG×NOG |

01 불화수소를 함유한 용해성이 높은 가스를 충전탑에서 흡수처리 할 때 기상총괄단위수(NOG)를 10, 기상총괄이동단위높이(HOG)를 0.5m로 할 때 충전탑의 높이(m)는?

① 5　　　　　　② 5.5
③ 10　　　　　④ 10.5

해설

$$h = NOG \times HOG$$
$$\therefore h = 0.5 \times 10 = 5m$$

정답 ①

| 충전탑 높이 2 h = HOG×NOG |

02 기상 총괄이동단위높이가 2m인 충전탑을 이용하여 배출가스 중의 HF를 NaOH 수용액으로 흡수제거하려 할 때, 제거율을 98%로 하기 위한 충전탑의 높이는?

① 5.6m　　　　② 5.9m
③ 6.5m　　　　④ 7.8m

해설

$$h = HOG \times NOG = 2m \times \ln\left(\frac{1}{1-0.98}\right)$$
$$= 7.82m$$

정답 ④

| 충전탑 높이 3 h ∝ NOG |

03 배출가스 중의 HF를 충전탑에서 수산화나트륨 수용액과 향류로 접촉시켜 흡수시킬 때 효율이 90%였다. 동일조건에서 95%의 효율을 얻기 위해서는 이론적으로 충전층의 높이를 원래의 몇 배로 하면 되겠는가? (단, 기타 조건은 변동사항 없음)

① 1.1배   ② 1.3배
③ 2.3배   ④ 3배

해설

$h = NOG \times HOG$ 이므로 $h \propto NOG$ 임

$$\therefore \frac{h_{54}}{h_{80}} = \frac{NOG_{95}}{NOG_{80}} = \frac{\ln\left(\dfrac{1}{1 - \dfrac{95}{100}}\right)}{\ln\left(\dfrac{1}{1 - \dfrac{90}{100}}\right)} = 1.3$$

단, $NOG = \ln\left(\dfrac{1}{1-\eta}\right)$

정답 ②

| 물방울 직경 $D_w = \dfrac{200}{N\sqrt{R}}$ |

04 송풍기 회전판 회전에 의하여 집진장치에 공급되는 세정액이 미립자로 만들어져 집진하는 원리를 가진 회전식 세정집진장치에서 직경이 10cm인 회전판이 9,620rpm으로 회전할 때 형성되는 물방울의 직경은 몇 μm인가?

① 93   ② 104
③ 208   ④ 316

해설

회전판의 반경과 물방울 직경과의 관계식을 이용한 계산

$$D_w = \frac{200}{N\sqrt{R}}$$

$$= \frac{200}{9,620\sqrt{5cm}} = 9.2976 \times 10^{-3} cm$$

$$\therefore D_w = 9.2976 \times 10^{-3} cm \times \frac{10^4 \mu m}{1cm} = 92.976 \mu m$$

N : 회전수(rpm)
R : 회전판의 반경(cm)
D_w : 물방울 직경

정답 ①

연습문제

| **흡수탑 직경** $Q = AV = \dfrac{\pi}{4}D^2 \times V$ |

05 유량 $40,715m^3/hr$의 공기를 원형 흡습탑을 거쳐 정화하려고 한다. 흡습탑의 접근유속을 $2.5m/sec$로 유지하려면 소요되는 흡습탑의 지름(m)은?

① 약 2.8   ② 약 2.4
③ 약 1.7   ④ 약 1.2

> **해설**

$$Q = AV = \frac{\pi}{4}D^2 \times V$$

$$(40,715/3,600)m^3/s = \frac{\pi}{4}D^2 \times 2.5$$

$$\therefore D = 2.4m$$

정답 ②

| **목부 가스 속도 – 벤투리 압력손실식** $\triangle P = (0.5+L) \times \dfrac{\gamma V^2}{2g}$ |

06 Venturi Scrubber에서 액가스비가 $0.6L/m^3$, 목부의 압력손실이 $330mmH_2O$일 때 목부의 가스속도(m/sec)는? (단, 가스비중은 $1.2kg/m^3$, 이며, Venturi Scrubber의 압력손실식

$$\triangle P = (0.5+L)\frac{\gamma \cdot V^2}{2g}$$를 이용할 것)

① 60   ② 70
③ 80   ④ 90

> **해설**

$$\triangle P = (0.5+L) \times \frac{\gamma V^2}{2g}$$

$$330 = (0.5+0.6) \times \frac{1.2 \times V^2}{2 \times 9.8}$$

$$\therefore V = 70m/sec$$

정답 ②

| **압력손실(벤투리스크러버 압력강하식)** |

07 목(throat) 부분의 지름이 30cm인 Venturi Scrubber를 사용하여 $360m^3/min$의 함진가스를 처리할 때, $320L/min$의 세정수를 공급할 경우 이 부분의 압력손실(mmH_2O)은? (단, 가스밀도는 $1.2kg/m^3$이고, 압력손실계수는 [0.5+액가스비] 이다.)

① 약 545   ② 약 575
③ 약 615   ④ 약 665

> **해설**

벤투리 스크러버의 압력강하식

$$L = \frac{세정수량}{가스유량} = \frac{320L/min}{360m^3/min} = 0.89L/m^3$$

$$\gamma = 1.2kg/m^3$$

$$V_t = \frac{Q}{A_t} = \frac{360m^3}{min} \times \frac{4}{\pi \times (0.3m)^2} \times \frac{1min}{60sec} = 84.88m/sec$$

$$\triangle P = (0.5+L)\frac{\gamma V^2}{2g}$$

$$\therefore \triangle P = (0.5+0.89) \times \frac{1.2 \times (84.88)^2}{2 \times 9.8} = 613mmH_2O$$

정답 ③

Chapter 05 여과 집진장치

1. 원리

함진가스를 여과재(filter)에 통과시켜 입자를 관성충돌, 차단, 확산에 의해 포집

① 관성충돌($1\mu m$ 이상) : 섬유에 직접 충돌

② 중력 작용 : 입경 클수록 비중 클수록 효율 커짐

③ 확산 작용($0.1\mu m$ 이하)

④ 직접 차단($0.1{\sim}1\mu m$) : 섬유와의 접촉으로 포집

> · 관성충돌, 중력 : $1\mu m$ 이상, 입자 클수록 집진효율 높아짐
> · 확산, 직접차단 : $0.1\mu m$ 이하

2. 분류

(1) 여과포 모양에 따른 분류

① 원통식, 봉투식, 평판식(met식) 등

② 일반적으로 원통식이 가장 많이 쓰임

(2) 여과방식에 의한 분류

	표면여과	내면여과
원리	얇은 여포를 사용하여 처음에 여포에 부착된 1차 초층을 여과층으로 하여 포집	여재를 비교적 엉성하게 틀 속에 충전하여 이를 여과층으로 하여 먼지입자 포집
특징	· 고농도 · 대용량 배기가스에 사용 · 일반적으로 건식 사용 · 여과포 재생이 가능(청소 후 재사용) · 온도를 산노점 이상으로 유지해야함(눈막힘 방지)	· 여과속도가 느림 · 저농도 · 소용량 배기가스처리에 제한적 사용 · 일반적으로 건식 사용 · 여과포 재생이 곤란하여 주기적 교체 필요
예	봉투식, bag filter	자동차에어필터, package 형 filter, 방사먼지용 air filter

(3) 청소방법(탈진방식)에 따른 분류

종류		특징
간헐식	진동형(중앙, 상하), 역기류형, 역세형, 역세 진동형	· 운전과 청소 따로 진행 · 여러 개의 방으로 구분하고 방 하나씩 가스 흐름을 차단하여 순차적으로 탈진하는 방식 · 압력손실 및 분진부하가 일정수준에 이를 때마다 분진층 탈리 · 저농도 소량가스에 효율적 · 분진 재비산이 적음 · 집진율 높음, 여포 수명이 긺 · 점착성·조대 먼지의 경우 여포 손상 가능
		진동형 · 여포의 음파진동, 횡진동, 상하진동에 의해 포집된 먼지층을 털어내는 방식 · 접착성 먼지의 집진에는 사용할 수 없음
		역기류형 · 적정 여과속도 : 0.5~1.5cm/s · glass fiber와 같이 쉽게 손상되는 여과재는 사용이 곤란함
연속식	충격기류식 (pulse jet 형, reverse jet 형), 음파 제트(sonic jet)	· 운전과 청소를 동시에 진행 · 처리량 많을 경우 사용, 대용량가스 처리 가능 · 여과·탈진 조작을 동시에 행하는 방식 · 고농도, 고부착성의 함진가스 처리에 적합 · 재비산이 많고 집진율 낮음 · 압력손실 일정

3. 설계인자

① 처리 입경 : 0.1~20μm

② 압력손실 : 100~200mmH$_2$O

③ 집진효율 : 90~99%

④ 처리가스 속도 : 0.3~0.5m/sec(느릴수록 효율 좋음)

4. 여과집진장치 설계요소

(1) 겉보기 여과유속

$$v_f = \frac{Q_f}{A_f}$$

① 유속범위 : 0.3~10cm/s

(2) 여과면적(A)

① 여과포 1지의 여과면적

$$A_{1지} = \pi DL$$

$A_{1지}$: 여과포 1지의 여과면적
D : 여과포 직경
L : 여과포 길이

② 총 여과면적(A_f)

$$A_f = N \times A_{1지} = N(\pi\,DL)$$

A_f : 총 여과면적
N : 여과포 수(백필터 개수)
L : 여과포 길이

(3) 여과포 개수(백필터 개수, N)

$$N = \frac{Q}{A_{1지} V_f} = \frac{Q}{(\pi \times D \times L) \times V_f}$$

Q : 처리량
A_f : 총 여과면적
$A_{1지}$: 여과포 1지의 여과면적
V_f : 여과속도
D : 여과포 직경
L : 여과포 길이

(4) 여과포 길이/직경 비(L/D)

길이/직경 비가 크면 마찰 위험이 있고 먼지제거가 곤란하므로, 여과포 직경(D)과 길이(L)는 L/D = 20 이하로 설계함

(5) 분진부하(Q/A)

여과포 단위면적당 포집된 분진량

(6) 여과시간

총 여과시간
= (단위집진실 운전시간 + 단위집진실 탈진시간) × 집진실수 - 단위집진실 탈진시간[1]

[1] 단위집진실 탈진시간은 기계 가동 시 탈진시간 정도 워밍업 하므로 빼줌

(7) 먼지 부하(L_d)

$$L_d = C_i \times V_f \times t \times \eta$$

L_d : 먼지 부하(kg/m^2)
C_i : 먼지 농도(g/m^3)
V_f : 여과속도
t : 여과시간
η : 집진율

(8) 먼지층의 두께

$$먼지층 두께 = \frac{L_d}{\rho}$$

L_d : 먼지 부하(kg/m^2)
ρ : 먼지 밀도(kg/m^3)

(9) 탈진방식

여과시간 : 탈진시간 = 10 : 1 이상으로 설계함

5. 특징

(1) 장단점

장점	단점
· 미세입자 집진효율이 높음 · 처리입경범위가 넓음 · 취급 쉬움 · 여러 가지 형태의 분진 포집 가능 · 다양한 여재를 사용함으로써 설계 및 운영에 융통성이 있음	· 소요 설치공간 큼 · 유지비 큼 · 습하면 눈막힘 현상으로 여과포 막힘 · 내열성이 적어 고온가스처리 어려움 · 가스의 온도에 따라 여과재 선택에 제한을 받음 · 여과포는 손상 쉬움(고온, 부착성 화학물질) · 수분 · 여과속도 적응성 낮음 · 폭발 위험성

(2) 효율 향상 조건

① 여과속도(V_f)가 작을수록 효율이 좋아짐
② 매연의 성상, 먼지 탈락방식을 고려하여 적당한 여과포를 선정하여야 함
③ 필요에 따라 유리섬유의 silicon처리나 합성섬유의 내열처리 필요
④ 집진기 정지 시 매연발생시설의 정지 후 5~10분간 백필터를 운전하여 매연을 충분히 치환한 후 집진장치 정지

(3) 여과포 특징

① 고온용(250℃) : 유리섬유, 내열성 나일론 등
② 저온용(80℃) : 목면(cotton), 양모 등
③ 내산 · 내알칼리성 : 데비론, 카네카론, 비닐론 등
④ 산성에 취약 : 목면
⑤ 알칼리성에 취약 : 양모, 사란, 나일론 등

· 유리섬유(Glass Fiber) : 내열온도 250℃, 염기에 약함
· 목면 : 주로 사용, 내열온도 80℃, 산에 약함

(4) 주요 여과포의 내열온도

① 목면(Cotton)의 내열온도 : 80℃
② 유리섬유(Glass fiber)의 내열온도 : 250℃
③ 나일론(nylon)의 내열온도 : 110~150℃
④ 양모(wool)의 내열온도 : 80℃

여과포	최고사용온도(℃)	내산성	내알칼리성	강도	흡수성(%)	가격비
목 면	80	×	△	1	8	1
양 모	80	△	×	0.4	1.6	6
사 란	80	△	×	0.6	0	4
데비론	95	○	○	1	0.04	2.2
비닐론	100	○	○	1.5	5	1.5
카네카론	100	○	○	1.1	0.5	5
나일론 (폴리아미드계)	110	△	○	2.5	4	4.2
오론	150	○	×	1.6	0.4	6
나일론 (폴리에스테르계)	150	○	×	1.6	0.4	6.5
테크론 (폴리에스테르계)	150	○	×	1.6	0.4	6.5
유리섬유 (글라스파이버)	250	○	×	1	0	7
흑연화섬유	250	△	○	1	10	

(5) 처리유지관리상 고려사항

처리 온도 : 이슬점~내열온도로 유지

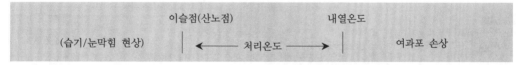

여과포 손상을 방지하기 위해 청소할 때는 초층은 덜어내지 않음

참고

블라인딩 효과
점착성 강한 분진이 수분의 응결로 인해 여과포에 부착된 상태로 탈리되지 않아 압력손실 증가

연습문제

여과 집진장치

내용문제

01 다음 집진장치 중 관성충돌, 직접차단, 확산, 정전기적 인력, 중력 등이 주된 집진원리인 것은?

① 여과집진장치   ② 원심력집진장치
③ 전기집진장치   ④ 중력집진장치

해설

정답 ①

02 여과집진장치의 먼지제거 메커니즘과 가장 거리가 먼 것은?

① 관성충돌(inertial im paction)
② 확산(diffusion)
③ 직접차단(direct interception)
④ 무화(atom ization)

해설

여과집진장치의 메커니즘은 관성충돌, 직접차단, 확산, 중력 등이다.

정답 ④

03 다음 중 여과집진장치에서 여포를 탈진하는 방법이 아닌 것은?

① 기계적 진동(Mechanical Shaking)
② 펄스제트(Pulse Jet)
③ 공기역류(Reverse Air)
④ 블로다운(Blow Down)

해설

블로우 다운은 원심력 집진장치 관련 용어임

정답 ④

04 다음은 어떤 여과집진장치에 관한 설명인가?

· 함진가스는 외부여과하고, 먼지는 여포외부에 걸리므르 여포에 Casing이 필요하며, 여포의 상부에는 각각 Venturi관과 Nozzle이 붙어 있어 압축공기를 분사 Nozzle에서 일정시간 마다 분사하여 부착한 먼지를 털어내야 한다.
· 현상은 원통형으로 소형화가 가능하고, 여포를 부직포로 하면 직 포의 2~3배, 여과속도 2~5m/min에서 처리할 수 있다.

① Pulse jet 형   ② 진동형
③ 역기류 형   ④ Reblower 형

해설

압축공기를 nozzle에서 일정시간 마다 분사하는 여과집진장치는 Pulse jet 형이다.

정답 ①

05 다음 중 직물여과기(Fabric Filter)의 여과직물을 청소하는 방법과 거리가 먼 것은?

① 임펙트 제트형 ② 진동형
③ 역기류형 ④ 펄스 제트형

해설

여과집진장치의 탈진방식
· 간헐식 탈진방식 : 진동형, 역기류형, 역기류 진동형
· 연속식 탈진방식 : 역제트기류 분사형, 충격제트기류 분사형

정답 ①

06 다음 특성을 가지는 산업용 여과재로 가장 적당한 것은?

· 최대허용온도가 약 80℃
· 내산성은 나쁨, 내알칼리성은 (약간)양호

① Cotton ② Teflon
③ Orlon ④ Glass fiber

해설

정답 ①

07 다음 여과재(filter bag) 재질 중 내산성 및 내알칼리성이 모두 양호한 것은?

① 비닐론 ② 사란
③ 테트론 ④ 나일론(에스테르계)

해설

성질\종류	최고사용 온도(℃)	내산성	내알칼리성
사란	80	약간 양호	불량
비닐론	100	양호	양호
나일론 에스테르계	150	불량	불량
테트론	150	양호	불량

정답 ①

08 여과집진장치에서 처리가스 중 SO_2, HCl 등을 함유한 200℃ 정도의 고온 배출가스를 처리하는데 가장 적합한 여재는?

① 목면(cotton)
② 유리섬유(glass fiber)
③ 나일론(nylon)
④ 양모(wool)

해설

② 고온에 가장 잘 견디는 섬유는 유리섬유(Glass fiber) 이다.

참고 각종 여과재의 내열온도

① 목면(Cotton)의 내열온도 : 80℃

② 유리섬유(Glass fiber)의 내열온도 : 250℃

③ 나일론(nylon)의 내열온도 : 110~150℃

④ 양모(wool)의 내열온도 : 80℃

정답 ②

연습문제

Chapter 05 여과 집진장치

09 여과포(bag filter)에 사용되는 여재 중 고온에 가장 잘 견디는 것은?

① 오올론
② 비닐론
③ 글라스화이버
④ 폴리아미드계 나일론

해설

유리섬유(glass filter)는 250℃까지 사용 가능하여 여재 중 가장 고온에 대한 적응력이 강하다.

정답 ③

10 여과백에 사용되는 다음 여재 중 가장 고온에 견디는 것은?

① 오올론
② 비닐론
③ 폴리아미드계 나일론
④ 글라스 화이버

해설

① 오올론 : 150℃
② 비닐론 : 100℃
③ 나일론(아미드) : 110℃
④ 유리섬유(glass fiber) : 250℃

정답 ④

11 여과집진장치를 이용한 먼지 또는 훈연 처리에서 다음 중 최대여과속도가 가장 큰 것은?

① 합성세제   ② 밀가루
③ 금속훈연   ④ 산화아연

해설

정답 ②

12 여과집진장치에서 여재(filter)를 선정할 때 고려할 사항이 아닌 것은?

① 가격   ② 전기저항
③ 기계적 강도   ④ 처리가스 온도

해설

전기저항은 전기집진기의 설계 시 고려된다.

정답 ②

13 여과집진장치에서 여과포 탈진방법의 유형이라고 볼 수 없는 것은?

① 진동형
② 역기류형
③ 충격제트기류 분사형
④ 승온형

해설

여과 직물 청소 방법(탈락 방식)
· 간헐식 : 진동형, 역기류형
· 연속식 : reverse air형(역제트기류형),
          pulse jet형(충격제트기류형)

정답 ④

계산문제

| 백필터 집진효율 $\eta_i = 1 - \dfrac{CQ}{C_oQ_o}$ |

01 A공장 Bag Filter의 입구 가스량은 $35.8Sm^3$/hr, 입구먼지농도는 $4.56g/Sm^3$이었고, 출구 가스량은 $0.71Sm^3/min$, 출구 먼지농도는 $5mg/Sm^3$이었다. 이 Bag Filter의 집진효율 (%)은?

① 97.83   ② 98.42
③ 99.16   ④ 99.87

해설

$$\eta_i = 1 - \frac{CQ}{C_oQ_o}$$
$$= \left(1 - \frac{5mg/Sm^3 \times 0.71Sm^3/min \times 60min/hr}{4,560mg/Sm^3 \times 35.8Sm^3/hr}\right)$$
$$= 0.9987$$
$$= 99.87\%$$

정답 ④

| 여과백면적 |

02 배출 가스량 $3,000m^3/min$인 함진 가스를 여과속도 $4cm/sec$로 여과하는 백필터의 소요 여과면적은?

① $1,000m^2$ ② $1,250m^2$
③ $1,500m^2$ ④ $2,000m^2$

해설

$$A = \frac{Q}{V} = \frac{3,000m^3/min}{0.04m/s \times \frac{60s}{1min}} = 1,250m^2$$

정답 ②

| 여과백 수 |

03 먼지농도 $10g/m^3$인 배기가스를 $1,200m^3/min$로 배출하는 배출구에 여과집진장치를 설치하고자 한다. 이 여과집진장치의 평균 여과속도는 $3m/min$이고, 여기에 직경 20cm, 길이 4m의 여과백을 사용한다면 필요한 여과백의 수는?

① 120개   ② 140개
③ 160개   ④ 180개

해설

$$N = \frac{Q}{\pi \times D \times L \times V_f} = \frac{1,200m^3/min}{\pi \times 0.2m \times 4m \times 3m/min}$$
$$= 159.15$$
∴ 백필터의 개수는 160개

정답 ③

| 여과백 수 |

04 8개 실로 분리된 충격 제트형 여과집진장치에서 전체 처리가스량 $8,000m^3/min$, 여과속도 $2m/min$로 처리하기 위하여 직경 0.25m, 길이 12m 규격의 필터 백(filter bag)을 사용하고 있다. 이 때 집진장치의 각 실(house)에 필요한 필터백의 개수는?(단, 각 실의 규격은 동일함, 필터백은 짝수로 선택함)

① 50   ② 54
③ 58   ④ 64

해설

$$N = \frac{Q_{1실}}{\pi \times D \times L \times V_f} = \frac{\left(\frac{8,000m^3/min}{8}\right)}{\pi \times 0.25m \times 12m \times 2m/min}$$
$$= 53.15$$
∴ 필터백 개수는 54개

정답 ②

연습문제

| 먼지부하 응용 1 – 먼지층 두께 |

05 면적 1.5m²인 여과집진장치로 먼지농도가 1.5g/m³인 배기가스가 100m³/min으로 통과하고 있다. 먼지가 모두 여과포에서 제거되었으며, 집진된 먼지층의 밀도가 1g/cm³ 라면 1시간 후 여과된 먼지층의 두께는?

① 1.5mm　　　　② 3mm

③ 6mm　　　　　④ 15mm

해설

1) $V = \dfrac{Q}{A} = \dfrac{100\mathrm{m^3/min}}{1.5\mathrm{m^2}} = 66.6667\mathrm{m/min}$

2) 먼지부하(L_d)

$L_d = C_i \times V_f \times t \times \eta = \dfrac{15\mathrm{g}}{\mathrm{m^3}} \times \dfrac{66.6667\mathrm{m}}{\mathrm{min}} \times 60\mathrm{min} \times 1$

$= 6,000\mathrm{g/m^2} = 6\mathrm{kg/m^2}$

3) 먼지층의 밀도(ρ)

$\rho = \dfrac{1\mathrm{g}}{\mathrm{cm^3}} = \dfrac{1\mathrm{kg}}{10^3\mathrm{g}} \times \left(\dfrac{100\mathrm{cm}}{1\mathrm{m}}\right)^3 = 1,000\mathrm{kg/m^3}$

4) 먼지층의 두께(mm)

$\dfrac{L_d}{\rho} = \dfrac{6\mathrm{kg/m^2}}{1,000\mathrm{kg/m^3}} = 0.006\mathrm{m} = 6\mathrm{mm}$

정답 ③

| 먼지부하 응용 2 – 탈진주기 1 |

06 Bag filter에서 먼지부하가 360g/m²일 때마다 부착먼지를 간헐적으로 탈락시키고자 한다. 유입가스 중의 먼지농도가 10g/m³이고, 겉보기 여과속도가 1cm/sec일 때 부착먼지의 탈락시간 간격은? (단, 집진율은 80%이다.)

① 약 0.4hr　　　② 약 1.3hr

③ 약 2.4hr　　　④ 약 3.6hr

해설

$L_d(\mathrm{g/m^2}) = C_i \times V_f \times \eta \times t$

$\therefore t = \dfrac{L_d}{C_i \times V_f \times \eta}$

$= \dfrac{360(\mathrm{g/m^2})}{10(\mathrm{g/m^3}) \times 0.01(\mathrm{m/sec}) \times 0.8} \times \dfrac{1\mathrm{hr}}{3,600\mathrm{sec}}$

$= 1.25(\mathrm{h})$

정답 ②

07 백필터의 먼지부하가 420g/m²에 달할 때 먼지를 탈락시키고자한다. 이 때 탈락시간 간격은?(단, 백필터 유입가스 함진농도는 10g/m³, 여과속도는 7,200cm/hr이다.)

① 25분   ② 30분
③ 35분   ④ 40분

해설

부하량 = 먼지농도 × 여과속도 × 집진율 × 탈진주기

$L_d(g/m^2) = C_i \times V_f \times \eta \times t$

$$\therefore t = \frac{L_d}{C_i \times V_f \times \eta}$$

$$= \frac{420\,(g/m^2)}{10\,(g/m^3) \times 72m/hr} \times \frac{60\min}{1hr}$$

$$= 35\min$$

정답 ③

Chapter 06 전기 집진장치

1. 원리

① 고압직류 전원을 사용하여 집진극을 (+), 방전극을 (−)로 불평등 전계를 형성함
② 이 전계에서의 코로나 방전을 이용
③ 함진가스 내 입자에 전하를 부여하고 대전입자를 쿨롱력에 의하여 집진극에 분리 포집함

(1) 주요 메커니즘

① 하전에 의한 쿨롱력
② 전계경도에 의한 힘
③ 입자 간에 작용하는 흡인력
④ 전기풍에 의한 힘

핵심정리

· 코로나 방전 : 특고압 직류전원 → 불꽃, 방전, 발광 → + 이온 생성
· 코로나 방전에 의해 발생하는 전기력으로 입자를 대전시켜 집진시키는 장치

집진극(+)	R 방전극(−)	집진극(+)

2. 종류

	건식	습식
속도	1~2m/s	2~4m/s
압력손실	10mmH$_2$O	20mmH$_2$O
장점	· 폐수 발생하지 않음	· 건식보다 처리속도가 빠름 · 소규모 설치 가능 · 항상 깨끗하여 강한 전계를 형성하여 집진효율이 높음 · 역전리 재비산 현상 없음
단점	· 습식보다 장치가 큼 · 역전리, 재비산 현상 대응 어려움	· 감전 및 누전 위험 · 폐수 및 슬러지 생성됨 · 배기가스 냉각으로 부식 발생

1. 하전식 전기 집진장치

종류	1단식	2단식
특징	· 하전과 집진이 같은 전계에서 일어남 · 함진농도 높은 가스처리에 사용 · 보통 산업용으로 많이 쓰임 · 재비산 억제 효과적 · 오존, 역전리 잘 발생함	· 하전부와 집진부가 분리됨 · 비교적 함진농도가 낮은 가스처리에 유용 · 1단식에 비해 오존의 생성이 감소됨 · 역전리 억제 효과적 · 재비산 방지 곤란

2. 음극 코로나와 양극 코로나 비교

종류	음극(-) 코로나	양극(+) 코로나
정의	전기집진장지에서 방전극을 (−)극, 집진극을 (+)로 했을 때, 방전극에 나타나는 코로나	전기집진장지에서 방전극을 (+)극, 집진극을 (−)극으로 했을 때 방전극에 나타나는 코로나
특징	· 코로나 개시전압이 낮음 · 불꽃개시전압이 높음 · 강한 전계를 얻을 수 있음 · 방전극에서 발생하는 산소라디칼이 공기 중 산소와 결합하여 다량의 오존 발생	· 전계강도 약함 · 오존발생 적음
용도	· 산업용, 공업용 전기집진장치	· 가정용, 공기정화용

3. 설계인자

① 처리 입경 : $0.05 \sim 20\mu m$ ($0.1 \sim 0.5\mu m$ 입경에 효율 최대)

② 압력손실 : 건식($10mmH_2O$), 습식($20mmH_2O$)

③ 집진효율 : $90 \sim 99.9\%$

④ 처리가스 속도 : 건식($1 \sim 2m/sec$), 습식($2 \sim 4m/sec$)

4. 특징

(1) 장단점

장점	단점
· 미세입자 집진효율	· 설치비용 큼
· 낮은 압력손실	· 가스상 물질 제어 안 됨
· 대량가스처리 가능	· 운전조건 변동에 적응성 낮음
· 운전비 적음	· 넓은 설치면적 필요
· 온도 범위 넓음	· 비저항 큰 분진 제거 곤란
· 배출가스의 온도강하가 적음	· 분진부하가 대단히 높으면 전처리 시설이 요구
· 고온가스 처리 가능(약 500℃ 전후)	· 근무자의 안전성 유의
· 연속운전 가능	

(2) 집진극과 방전극

1) 집진극

① 재질 : 주로 탄소 함유량이 많은 스테인리스강이나 합금판

② 형식

처리 조건	알맞은 집진극 형식
함진가스를 수평 및 수직류로 처리할 때	평판형
함진가스를 수직류로 처리할 때	관형, 원통형, 격자형 등
대량가스를 고집진율로 처리할 때	판상 집진극

③ 집진극 길이(L)

100% 집진가능한 집진극의 길이

$$L = RU / w$$

R : 집진극과 방전극 사이의 거리(m)

U : 처리가스속도(m/s)

w : 겉보기 속도(m/s)

2) 방전극

① 재질

㉠ 구리, 티타늄, 고탄소강, 알루미늄 등 금속재료로 된 강선

㉡ 코로나방전이 용이하도록 가늘고, 날카로운 부분(edge)이 있을 것

㉢ 가늘고 길수록 좋음

(3) 전기저항률(비저항)

포집된 분진층의 전류에 대한 전기 저항($\Omega \cdot cm$)

1) 계산

$$\rho_d = \frac{E_d}{i}$$

E_d : 분진층 전계강도(V/cm)

i : 전류밀도(A/cm^2)

2) 특징

① 전기집진장치 성능을 가장 크게 지배하는 요인.

② 집진효율이 좋은 전기비저항 범위 : $10^4 \sim 10^{11} \Omega cm$

	$10^4 \ \Omega cm$ 이하일 때	$10^{11} \ \Omega cm$ 이상일 때
현상	· 포집 후 전자 방전이 쉽게 되어 재비산(jumping)현상 발생	· 역코로나(전하가 바뀜, 불꽃방전이 정지 되고, 형광을 띤 양(+)코로나 발생) · 역전리(back corona) 발생 · 집진효율 떨어짐
심화 조건	· 유속 클 때	· 가스 점성이 클 때 · 미분탄, 카본블랙 연소 시
대책	· 함진가스 유속을 느리게 함 · 암모니아수 주입	· 물, 수증기, SO_3, H_2SO_4, 무수황산, NaCl, 소다회(Soda Lime), TEA 등 주입

3) 영향인자

① 온도 : 일반적으로 100~200℃에서 전기저항 최대

② 수분량 : 수분량이 증가하면 최대 전기저항률은 고온측으로 이동

③ 분진 및 가스 조성

    ㉠ 배기가스 중 SO_3, H_2O 많아지면 저항 감소

    ㉡ SiO_2 많아지면 전기저항 높아짐

④ 입자 형상

5. 집진효율

실제 집진율 산정에는 Deutsch-Anderson 식을 사용

(1) Deutsch-Anderson 식

1) 공식

종류	공식		
평판형	$\eta = \left[1 - e^{\left(-\frac{Aw}{Q}\right)}\right] \times 100(\%)$	A : 집진판 면적(m^2) w : 겉보기 속도(m/s) R : 집진극과 방전극 사이 거리(m) Q : 처리가스량(m^3/s)	
원통형	$\eta = \left[1 - e^{\left(-\frac{2Lw}{RU}\right)}\right] \times 100(\%)$	L : 집진판 길이(m) w : 겉보기 속도(m/s) R : 반경(m) U : 처리가스속도(m/s) Q : 처리가스량(m^3/s)	

2) 가정

① 분진 입자 직경 일정
② 가스흐름에 수직단면의 가스 중 분진 함유량 일정
③ 가스와 분진은 수직혼합이 없이 X축 방향으로 일정속도 U로 이동
④ 분진은 X축상의 모든 위치에서 Y축과 Z축 방향으로 균등하게 분포
⑤ 대전장과 집진장은 일정하고 균일
⑥ 재비산 없음

(2) 효율 향상 조건

· 입자경 클수록 · 점성계수 작을수록 · 집진 면적 넓을수록 · 처리가스량 적을수록	효율 증가

① 처리가스 속도 느리게 : 건식 = 1~2m/sec, 습식 = 2~4m/sec 이하
② 시동 시에는 애자, 애관 등의 표면을 깨끗이 닦아 고압회로의 절연저항이 100MΩ 이상이 되도록 함
③ 고압회로의 절연저항은 1,000MV로 측정, 100MΩ 이상
④ 함진가스 중 먼지의 농도가 높을 경우 전압을 높여야 함
⑤ 전기비저항 : $10^4 \sim 10^{11} \Omega$cm

6. 유지관리 시 문제점 – 2차 전류에 대한 장애현상

(1) 2차 전류가 현저하게 떨어질 때

1) 원인
① 먼지 농도 높을 때
② 먼지 저항 높을 때

2) 대책
① 스파크 횟수 증가
② 조습용 스프레이 수량 증가
③ 입구 먼지 농도 조절

(2) 2차 전류가 많이 흐를 때(방전 전류)

1) 원인
① 고압회로의 절연불량
② 먼지 농도 낮을 때
③ 공기부하 시험을 행할 때
④ 이온이동도가 큰 가스를 처리 할 때
⑤ 방전극이 너무 가늘 때

2) 대책
고압부 절연회로의 점검 및 방전극 교체

내용문제

---

01 처리용량이 크며, 먼지의 크기가 $0.1 \sim 0.9 \mu m$ 인 것에 대해서도 높은 집진 효율을 가지며, 습식 또는 건식으로도 제진할 수 있고, 압력손실이 매우 적고, 유지비도 적게 소요될 뿐 아니라 고온의 가스도 처리 가능한 집진장치는?

① 전기집진장치　　② 원심력집진장치
③ 세정집진장치　　④ 여과집진장치

해설

정답 ①

02 다음 중 전기집진장치에서 전기집진이 가장 잘 이루어질 수 있는 먼지의 비저항 영역으로 가장 적합한 것은?

① $10^2 \sim 10^4 \Omega \cdot cm$
② $10^7 \sim 10^{10} \Omega \cdot cm$
③ $10^{12} \sim 10^{15} \Omega \cdot cm$
④ $10^{14} \sim 10^{18} \Omega \cdot cm$

해설

전기비저항은 $10^4 \sim 10^{11} \Omega \cdot cm$일 때 효율이 가장 좋다.

정답 ②

03 다음 중 전기집진장치에서 입자에 작용하는 전기력의 종류로 가장 거리가 먼 것은?

① 대전입자의 하전에 의한 쿨롱력
② 전계강도에 의한 힘
③ 브라운 운동에 의한 확산력
④ 전기풍에 의한 힘

해설

전기집진장치에서 입자에 작용하는 전기력
쿨롱(coulomb)력, 입자간 흡인력, 전계강도에 의한 힘, 전기풍에 의한 힘

정답 ③

04 다음 중 전기집진장치의 방전극의 재질로서 가장 거리가 먼 것은?

① 폴로늄　　　　② 티타늄 합금
③ 고탄소강　　　④ 스테인리스

해설

방전극의 재질 : 고탄소강, 스테인레스강, 구리, 티타늄, 합금 및 알루미늄 등이 사용된다.

정답 ①

05 전기집진장치에서 2차 전류가 주기적으로 변하거나 불규칙적으로 흐르는 장애현상이 발생할 때의 대책으로 가장 거리가 먼 것은?

① 조습용 스프레이의 수량을 늘린다.
② 분진을 충분하게 탈리시킨다.
③ 방전극과 집진극을 점검한다.
④ 1차 전압을 스파크와 전류의 흐름이 안정될 때까지 낮추어 준다.

해설

조습용 스프레이의 수량을 늘리는 것은 2차 전류가 현저하게 떨어질 때의 방지 대책이다.

정답 ①

06 전기집진장치에서 2차 전류가 많이 흐를 때의 원인으로 가장 거리가 먼 것은?

① 방전극이 너무 굵을 때
② 먼지의 농도가 너무 낮을 때
③ 이온이동도가 큰 가스를 처리할 때
④ 공기 부하시험을 행할 때

해설

① 방전극이 너무 가늘 때

정답 ①

07 전기집진장치의 장애현상 중 2차 전류가 많이 흐를 때의 원인으로 옳지 않은 것은?

① 먼지의 농도가 너무 낮을 때
② 공기 부하시험을 행할 때
③ 방전극이 너무 가늘 때
④ 이온 이동도가 적은 가스를 처리할 때

해설

④ 이온 이동도가 큰 가스를 처리할 때

정답 ④

08 전기집진장치 운전 시 역전리 현상의 원인으로 가장 거리가 먼 것은?

① 미분탄 연소 시
② 입구의 유속이 클 때
③ 배가스의 점성이 클 때
④ 먼지의 비저항이 너무 클 때

해설

전기집진장치의 유지관리
② 입구유속이 클 때는 재비산 현상이 발생

정답 ②

09 전기집진장치에서 먼지의 비저항이 비정상적으로 높은 경우 투입하는 물질과 거리가 먼 것은?

① H_2SO_4 ② NH_3
③ NaCl   ④ soda lime

해설

조절제
· 비저항이 낮을 때($10^4 \Omega \cdot cm$ 이하) :
암모니아수 주입
· 비저항이 높을 때($10^{11} \Omega \cdot cm$ 이상) :
물, 수증기, SO_3, H_2SO_4, NaCl, 소다회(Soda Lime),
TEA 등 주입

정답 ②

10 전기집진장치의 전기저항이 높거나 낮을 때 주입하는 물질로 거리가 먼 것은?

① silica gel   ② 트리에틸아인
③ NH_3 ④ 물

해설

① 실리카겔은 흡착제의 종류이다.
※ 전기집진장치의 전기저항이 낮을 때 주입하는 물질 :
암모니아(NH_3)
※ 전기집진장치의 전기저항이 높을 때 주입하는 물질 :
물, 수증기, SO_3, H_2SO_4, NaCl, 소다회(Soda Lime), TEA

정답 ①

연습문제

Chapter 06 전기 집진장치

계산문제

| 원통형 집진효율 |

01 A공장의 전기집진장치에서 원통형 집진극의 반경이 8cm이고, 길이가 1.5m이다. 처리 가스의 유속을 1.5m/sec로 하고 먼지입자가 집진극을 향하여 이동하는 이동분리속도가 10cm/sec라면 먼지제거 효율은?

① 약 92%　　② 약 94%
③ 약 96%　　④ 약 98%

해설

원통형 집진장치의 집진효율

$$\eta = 1 - e^{\left(-\frac{2Lw}{RU}\right)}$$

$$= 1 - e^{\left(-\frac{2\times1.5m\times0.1m/s}{0.08m\times1.5m/s}\right)}$$

$$= 0.9179$$

$$= 91.79\%$$

정답 ①

| 평판형 집진율 |

02 가로 5m, 세로 8m인 두 집진판이 평행하게 설치되어 있고, 두 판 사이 중간에 원형철심 방전극이 위치하고 있는 전기집진장치에 굴뚝가스가 120 m^3/min로 통과하고, 입자이동속도가 0.12 m/s일 때의 집진효율은? (단, Deutsch – Anderson 식 적용)

① 98.2%　　② 98.7%
③ 99.2%　　④ 99.7%

해설

$$\eta = 1 - e^{\left(\frac{-Aw}{Q}\right)}$$

$$= 1 - e^{\left(-\frac{5\times8\times2\times0.12}{120/60}\right)}$$

$$= 0.9918$$

$$= 99.18\%$$

정답 ③

| 평판형 집진율 응용 1 – 집진 면적 |

03 98% 효율을 가진 전기집진기로 유량이 5,000m^3/min인 공기흐름을 처리하고자 한다. 표류속도(We)가 6.0cm/sec일 때, Deutsch식에 의한 필요 집진면적은 얼마나 되겠는가?

① 약 3,938m^2　　② 약 4,431m^2
③ 약 4,937m^2　　④ 약 5,433m^2

해설

$$\eta = 1 - e^{-\frac{Aw}{Q}}$$

$$0.98 = 1 - e^{-\frac{A\times0.06}{5,000/60}}$$

$$\therefore A = 5,433.37m^2$$

정답 ④

| 평판형 집진율 응용 2 - 집진판 매수 |

04 전기집진장치 내 먼지의 겉보기 이동속도는 0.11 m/s, 5m×4m인 집진판 182매를 설치하여 유량 9,000m³/min를 처리할 경우 집진효율은? (단, 내부 집진판은 양면집진, 2개의 외부 집진판은 각 하나의 집진면을 가진다.)

① 98.0%   ② 98.8%

③ 99.0%   ④ 99.5%

해설

1) 평판형 전기집진장치의 집진매수

집진판개수를 N 이라 하면,
양면이므로 2N 이고, 그 중 2개의 외부집진판을 각각 집진면이 1개 이므로,
집진매수 = 2N-2 = 2×182-2 = 362

2) 처리효율

$$\eta = 1 - \exp\left\{-\frac{A \times W}{Q}\right\}$$

$$= 1 - \exp\left\{-\frac{(5 \times 4)m^2 \times 362 \times 0.11m/s}{9{,}000m^3/min \times \dfrac{1min}{60s}}\right\}$$

$$= 0.9950 = 99.50\%$$

정답 ④

| 충전입자 이동속도 |

05 전기집진장치의 처리가스 유량 110m³/min, 집진극 면적 500m², 입구 먼지농도 30g/Sm³, 출구 먼지농도 0.2g/Sm³ 이고 누출이 없을 때 충전 입자의 이동속도는? (단, Deutsch 효율식 적용)

① 0.013m/s   ② 0.018m/s

③ 0.023m/s   ④ 0.028m/s

해설

1) 처리효율

$$\eta = 1 - \frac{C}{C_o} = 1 - \frac{0.2}{30}$$

$$= 0.9933$$

2) 충전입자 이동속도(w)

$$\eta = 1 - e^{\frac{-Aw}{Q}}$$

$$0.9933 = 1 - e^{\frac{-500w}{110/60}}$$

$$\therefore w = 0.0184m/s$$

정답 ②

| 집진극 길이 계산 |

06 전기집진장치에서 방전극과 집진극 사이의 거리가 10cm, 처리가스의 유입속도가 2m/sec, 입자의 분리속도가 5cm/sec일 때, 100% 집진 가능한 이론적인 집진극의 길이(m)는? (단, 배출가스의 흐름은 층류이다.)

① 2   ② 4

③ 6   ④ 8

해설

전기 집진기의 이론적 길이(L)

$$L = \frac{RU}{w} = \frac{0.1 \times 2}{0.05} = 4m$$

정답 ②

연습문제

| 집진극 길이 계산 |

07 평판형 전기집진장치의 집진판 사이의 간격이 10cm, 가스의 유속은 3m/s, 입자가 집진극으로 이동하는 속도가 4.8cm/s 일 때, 층류영역에서 입자를 완전히 제거하기 위한 이론적인 집진극의 길이(m)는?

① 1.34 ② 2.14
③ 3.13 ④ 4.29

해설

집진판 사이 간격이 10cm 이면, 집진판과 집진극 사이 거리(R)는 5cm 임

전기 집진기의 이론적 길이(L)

$$L = \frac{RU}{w} = \frac{0.05 \times 3}{0.048} = 3.125m$$

정답 ③

| 집진면적 배수 계산 |

08 전기집진장치의 먼지 제거효율을 95%에서 99%로 증가시키고자 할 때, 집진극의 면적은 길이방향으로 몇 배 증가하여야 하는가? (단, 나머지 조건은 일정하다고 가정함)

① 1.24배 증가 ② 1.54배 증가
③ 1.84배 증가 ④ 2.14배 증가

해설

$$\eta = 1 - e^{(-\frac{Aw}{Q})}$$

$$\therefore A = -\frac{Q}{w}\ln(1-\eta) \text{ 이므로,}$$

$$\frac{A_{99}}{A_{95}} = \frac{-\frac{Q}{w}\ln(1-0.99)}{-\frac{Q}{w}\ln(1-0.95)} = 1.54(\text{배})$$

정답 ②

| 집진율변화로 집진극 면적비 계산 2 |

09 전기집진장치에서 입구 먼지농도가 16g/Sm³, 출구 먼지농도가 0.1g/Sm³이었다. 출구 먼지농도를 0.03g/Sm³으로 하기 위해서는 집진극의 면적을 약 몇 % 넓게 하면 되는가? (단, 다른 조건은 무시한다.)

① 32% ② 24%
③ 16% ④ 8%

해설

$$\text{처음 효율} = 1 - \frac{0.1}{16} = 0.9938$$

$$\text{나중 효율} = 1 - \frac{0.03}{16} = 0.9981$$

$$\eta = 1 - e^{(\frac{-Aw}{Q})}$$

$$\therefore A = -\frac{Q}{w}\ln(1-\eta)$$

$$\therefore \frac{A_{\text{나중효율}}}{A_{\text{처음효율}}} = \frac{-\frac{Q}{w}\ln(1-0.9981)}{-\frac{Q}{w}\ln(1-0.9938)} = 1.2327$$

그러므로, 23.27% 더 크게 하면 된다.

정답 ②

제 3장

유해가스 및 처리

Chapter 01 유체역학

1. 유체

기체와 액체처럼 흐르는 물질

2. 흐름의 분류

(1) 시간 변화에 따른 분류

① 정류 : 시간이 변화함에 따라 흐름이 일정함

② 부정류 : 시간이 변화함에 따라 흐름이 변함

(2) 흐름에 따른 분류

층류와 난류로 분류됨

① 층류 : 규칙적인 흐름

② 난류 : 불규칙적인 흐름

1) 레이놀즈수

$$R_e = \frac{관성력}{점성력} = \frac{vd}{\nu} = \frac{\rho vd}{\mu}$$

v	: 유속
d	: 관의 직경
ρ	: 유체 밀도
μ	: 유체 점성계수
ν	: 유체 동점성계수

2) 흐름의 판별

종류	레이놀즈수 (R_e)	흐름의 특성
층류	$R_e < 2,000$ 관수로에서는 $R_e < 400$	·규칙적, 일정한 흐름 ·흐름을 예측할 수 있음
천이영역	2,000~4,000	·층류와 난류의 중간
난류	$4,000 < R_e$	·불규칙적인 흐름 ·흐름을 예측하기 어려움

내용문제

01 다음과 같은 일반적인 베르누이의 정리에 적용되는 조건이 아닌 것은?

$$\frac{P}{\rho \cdot g} + \frac{V^2}{2 \cdot g} + Z = Constant$$

① 정상 상태의 흐름이다.
② 직선관에서만의 흐름이다.
③ 같은 유선상에 있는 흐름이다.
④ 마찰이 없는 흐름이다.

해설

베르누이 정리 가정조건
❶ 같은 유선을 따르는 비점성 흐름이다.
❷ 정상 상태의 흐름이다.
❸ 마찰이 없는 흐름이다.
❹ 비압축성 유체의 흐름이다.(밀도가 일정하다.)

정답 ②

계산문제

| 레이놀즈수 1 $R_e = \dfrac{DV\rho}{\mu}$ |

01 직경 0.3m인 덕트로 공기가 1m/sec로 흐를 때 이 공기의 레이놀즈 수(N_{Re})는? (단, 공기의 점성계수는 $1.8 \times 10^{-4} g/cm \cdot s$)

① 약 1,083   ② 약 2,167
③ 약 3,251   ④ 약 4,334

해설

$$1.8 \times 10^{-4} g/cm \cdot s = 1.8 \times 10^{-5} kg/m \cdot s$$

$$R_e = \frac{DV\rho}{\mu}$$

$$= \frac{0.3 \times 1 \times 1.3}{1.8 \times 10^{-5}} = 21,667$$

정답 ②

| 레이놀즈수 2 $R_e = \dfrac{DV}{\nu}$ |

02 반경이 15cm인 덕트에 1기압, 동점성 계수 $2.0 \times 10^{-5} m^2/sec$, 밀도 $1.7 g/cm^3$인 유체가 300m/min의 속도로 흐르고 있을 때 Reynold 수는?

① 37,500   ② 42,500
③ 63,750   ④ 75,000

해설

$$R_e = \frac{DV}{\nu} = \frac{0.3m \times (300/60)m/sec}{2 \times 10^{-5} m^2/sec} = 75,000$$

정답 ④

연습문제

| 레이놀즈수 3 – 온도 20℃일 때 |

03 내경이 120mm의 원통내를 20℃ 1기압의 공기가 30m³/hr로 흐른다. 표준상태의 공기의 밀도가 1.3kg/Sm³, 20℃의 공기의 점도가 1.81×10^{-4}poise이라면 레이놀드 수는?

① 약 4,500 ② 약 5,900
③ 약 6,500 ④ 약 7,300

해설

1) 20℃에서의 공기의 밀도

$$1.3\text{kg/Sm}^3 \frac{(273+0)}{(273+20)} = 1.211\text{kg/m}^3$$

2) 20℃에서의 레이놀드 수

$$R_e = \frac{DV\rho}{\mu}$$

$$= \frac{0.12\text{m} \times \dfrac{30\text{m}^3/\text{hr}}{\frac{\pi}{4}(0.12\text{m})^2} \times \dfrac{1\text{hr}}{3,600\text{s}} \times 1.211\text{kg/m}^3}{1.8 \times 10^{-5}\text{kg/m·s}}$$

$$= 5,948.66$$

정답 ②

| 점성계수 계산 $\nu = \frac{\mu}{\rho}$ |

04 밀도 0.8g/cm³인 유체의 동점도가 3Stoke이라면 절대점도는?

① 2.4poise ② 2.4centi poise
③ 2,400poise ④ 2,400centi poise

해설

$\nu = \dfrac{\mu}{\rho}$ 이므로,

$$\mu = \rho\nu = \frac{0.8\text{g}}{\text{cm}^3} \times \frac{3\text{cm}^2}{\text{s}} = 2.4\text{g/cm·s} = 2.4\,\text{poise}$$

정답 ①

| 질량유속 → Q → V |

05 온도 20℃ 압력 120kPa의 오염공기가 내경 400mm의 관로내를 질량유속 1.2kg/s로 흐를 때 관내의 유체의 평균유속은?(단, 오염공기의 평균분자량은 29.96이고 이상기체로 취급한다. 1atm = 1.013×10^5 Pa)

① 6.47m/s ② 7.52m/s
③ 8.23m/s ④ 9.76m/s

해설

1) 온도 20℃ 압력 120kPa일 때 오염공기의 유량(m³/s)

$$\frac{1.2\text{kg}}{\text{s}} \times \frac{22.4\text{Sm}^3}{29.96\text{kg}} \times \frac{(273+20) \times (101.3\text{kPa})\text{m}^3}{(273+0) \times (120\text{kPa})\text{Sm}^3}$$

$$= 0.8127\text{m}^3/\text{s}$$

2) 유속(V)

$$v = \frac{Q}{A} = \frac{0.8127\text{m}^3/\text{s}}{\frac{\pi}{4} \times (0.4\text{m})^2} = 6.4673\text{m/s}$$

정답 ①

| 풍속계산 $R_e = \frac{DV}{\nu}$ 이용 |

06 1atm, 20℃에서 공기 동점성계수 $\nu = 1.5 \times 10^{-5}$ m²/s 일 때 관의 지름을 50mm로 하면 그 관로에서의 풍속(m/s)은?(단, 레이놀즈 수는 2.5 $\times 10^4$ 이다.)

① 2.5m/s ② 5.0m/s
③ 7.5m/s ④ 10.0m/s

해설

$$R_e = \frac{DV}{\nu}$$

$$2.5 \times 10^4 = \frac{0.05 \times V}{1.5 \times 10^{-5}}$$

$$\therefore V = 7.5\text{m/s}$$

정답 ③

| 관경변화 시 속도비 |

07 유체가 흐르는 관의 직경을 2배로 하면 나중속도
는 처음속도 대비 어떻게 변화되는가?(단, 유량
변화 등 다른 조건은 변화 없다고 가정한다.)

① 처음의 1/8로 된다.
② 처음의 1/4로 된다.
③ 처음의 1/2로 된다.
④ 처음과 같다.

해설

유량 변화가 없으므로,

$Q = A_1 V_1 = A_2 V_2$ 임

$\dfrac{\pi}{4} D_1^2 V_1 = \dfrac{\pi}{4} D_2^2 V_2$

$\dfrac{\pi}{4} D_1^2 V_1 = \dfrac{\pi}{4} (2D_1)^2 V_2$

$\therefore V_2 = \dfrac{1}{4} V_1$

정답 ②

Chapter 02 가스상 물질 처리 방법별 분류

- ·가스상 처리방법별 분류
  - 흡수법
  - 흡착법
  - 산화(환원)법
- ·유해가스 종류별 분류
  - 황산화물(SO_x) 제거
  - 질소산화물(NO_x) 제거
  - 기타 가스 : 염소가스 등
- ·악취 처리

1. 흡수법(absorption)

흡수법은 세정집진과 동일함

(1) 흡수이론

1) 헨리의 법칙

일정 온도에서 일정량 액체에 용해되는 기체 질량은 그 압력에 비례함

$$P = HC$$

P : 분압(atm)

C : 액중 농도($kmol/m^3$)

H : 헨리상수($atm \cdot m^3/kmol$)

① 용해도 작을수록 헨리상수 H는 커짐

〈 물질별 헨리상수 〉 ($atm \cdot m^3/kmol$)

온도 가스성분	30℃	70℃	온도 가스성분	30℃	70℃
H_2	7.2×10^4	7.61×10^4	CO	3.04×10^3	–
N_2	9.24×10^4	1.25×10^5	CO_2	1.86×10^3	3.9×10^3
공기	7.71×10^4	1.05×10^5	H_2S	6.09×10^2	1.19×10^3
CO	6.2×10^4	8.45×10^4	SO_2	1.6×10^1	1.3×10^2
O_2	4.75×10^4	6.63×10^4	HCHO	1.2×10^1	1.4×10^2
NO	3.1×10^4	4.38×10^4	CH_2COOH	2.7×10^{-2}	1.8×10^{-1}
CH_4	4.49×10^4	6.66×10^4	HF	3.0×10^{-3}	5.5×10^{-2}
C_2H_6	3.42×10^4	6.23×10^4	HCl	2.0×10^{-6}	1.3×10^{-5}

② 헨리의 법칙이 잘 적용되는 기체

헨리의 법칙이 잘 적용 되는 기체	헨리의 법칙이 적용되기 어려운 기체
·용해도가 작은 기체 ·N_2, H_2, O_2, CO, CO_2, NO, NO_2, H_2S 등	·용해도가 크거나 반응성이 큰 기체 ·Cl_2, HCl, HF, SiF_4, SO_2, NH_3 등

③ 용해도 순서 : HCl $>$ HF $>$ NH_3 $>$ SO_2 $>$ Cl_2 $>$ O_2

2) 용해도에 따른 흡수장치 선정

가) 총괄물질 이동계수

물질 이동 시 추진력인 물질이동계수를 역수 취하면 물질이동에 대한 저항이 됨

$$\frac{1}{K_G} = \frac{1}{K_g} + \frac{H}{K_l}$$

$$\frac{1}{K_L} = \frac{1}{K_l} + \frac{1}{HK_g}$$

K_G, K_L : 기상, 액상 총괄물질 이동계수

K_g, K_l : 기상, 액상 이동계수

H : 헨리상수

나) 기체 용해도에 따른 흡수탑 선정

	용해도가 큰 가스	용해도가 작은 가스
H값	작음	큼
관련식 적용	H/K_l 항이 무시됨	$1/HK_g$ 항이 무시
저항	가스측의 저항이 지배적	액측 저항이 지배적
총괄물질 이동계수	$\dfrac{1}{K_G} = \dfrac{1}{K_g}$	$\dfrac{1}{K_L} = \dfrac{1}{K_l}$
적합한 흡수장치	액분산형 흡수장치 (충전탑, 분무탑, 벤투리 스크러버 등)	가스분산형 흡수장치 (단탑, 기포탑)

(2) 흡수장치

① 가스분산형 흡수장치

② 액분산형 흡수장치

분류	가압수식(액분산형)	유수식(저수식, 가스분산형)	
특징	가스에 액을 뿌리는 방법	저수된 수조에 가스를 통과시키는 방법	
액가스비	큼	작음	
종류	충전탑 분무탑(spray tower) 벤투리 스크러버 사이클론 스크러버 제트 스크러버	단탑	포종탑 다공판탑
		기포탑	

(3) 각 흡수장치 특징

TIP 흡수법은 세정집진장치와 같으므로, 세정집진장치 내용을 복습하도록 합니다.

1) 충전탑(packed tower)

원통형 탑 내에 충전물을 쌓아두고 흡수액은 상부에서 하부로, 오염가스를 하부에서 상부로 통과시켜 접촉처리

① 단탑류에 비해 압력손실 작음
② 포말성 흡수액에도 적응성이 좋음
③ 흡수액 내 부유물에 의해 충전층의 공극이 폐색될 수 있음
④ 희석열 등으로 온도 변화가 심한 곳에는 부적합

2) 분무탑(spray tower)

원통형 탑 내에 노즐로 세정액을 분사하고 오염가스를 하부에서 상부로 통과

① 침전물이 생기는 경우 적합하고 구조가 간단
② 분무에 소요되는 동력이 과다함
③ 가스 유출 시 비말이 많음
④ 편류 발생이 쉽고 액 – 가스 간 균일한 접촉이 어려움

3) 단탑(plate tower)

가) 종류
① 포종탑(tray tower) : 포종을 갖는 tray를 다단으로 설치하고 각 단에서 흡수액을 흘려보내 배기가스가 이를 통과
② 다공판탑(sieve plate tower) : 포종 대신 다공판을 설치한 구조

나) 설계인자
① 액가스비 : $0.3 \sim 5 L/m^3$
② 압력손실 : $100 \sim 200 mmH_2O$
③ 판 간격 : 40cm

다) 특징
① 처리용량이 큰 시설에 적합
② 판수 증가 시 고농도 가스도 일시처리 가능
③ 잘 흡수되지 않는 물질이나 부유물이 함유된 경우 부적합하나 충전탑에 비해서 우수
④ 머무름 현상으로 흡수액의 hold-up이 큰 편
⑤ 가스량의 변동이 격심할 때는 조업할 수 없음

(4) 충전탑 설계요소

1) 기상총괄단위수(NOG)

$$NOG = \ln\left(\frac{1}{1-\eta}\right)$$

NOG : 총괄 이동단위 수
η : 흡수 효율

2) 충전층의 높이

$$h = HOG \times NOG = HOG \times \ln\frac{1}{1-\eta}$$

HOG	:	총괄 이동단위 높이
NOG	:	총괄 이동단위 수
η	:	흡수 효율

3) 흡수액량

$$L = G \times \frac{m}{f}$$

L	:	흡수액량(kg · mol/hr)
G	:	가스량(kg · mol/hr)
m	:	평선의 기울기
f	:	stripping factor

4) 압력손실과 가스속도

① 홀드업(hold-up) : 충전층 내 액보유량
② 부하점(loading point) : 유속 증가 시 액의 hold-up이 현저히 증가(loading)하는 지점
③ 범람점(flooding point) : 부하점 초과하여 유속 증가 시 가스가 액중으로 분산 · 범람(flooding)하는 지점
④ 압력손실은 log(가스속도)와 비례

2. 흡착법(adsorption)

흡착제(활성탄, 실리카겔, 활성알루미나, 합성제올라이트)를 이용하여 오염가스와 악취 등을 제거하는 방법

(1) 흡착법의 적용

① 오염가스를 회수할 가치가 있는 경우
② 오염가스가 연소하기 어려운 경우
③ 배기 내 오염물 농도가 매우 낮은 경우
④ 분자량이 크고 용해도가 낮은 경우

(2) 흡착의 분류

	물리적 흡착	화학적 흡착
반응	· 가역반응	· 비가역반응
계	· open system	· closed system
원동력	· 분자간 인력(반데르발스 힘) · 2~20kJ/g mol	· 화학 반응 · 20~400kJ/g mol
흡착열 발열량	· 낮음	· 높음
흡착층	· 다분자 흡착	· 단분자 흡착
온도, 압력 영향	· 온도영향이 큼 (온도↓, 압력↑ → 흡착↑) (온도↑, 압력↓ → 탈착↑)	· 온도영향 적음 (임계온도 이상에서 흡착 안 됨)
재생	· 가능	· 불가능

(3) 등온 흡착식

1) 랭뮤어(Langmuir) 등온흡착식

가) 가정조건

① 약한 화학적 흡착

② 단분자층 흡착

③ 가역반응

④ 평형상태

나) 특징

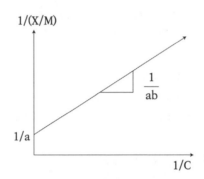

$$\frac{X}{M} = \frac{abC}{1+bC}$$

$$\frac{1}{X/M} = \frac{1}{ab} \cdot \frac{1}{C} + \frac{1}{a}$$

X :	흡착된 피흡착물의 농도
M :	주입된 흡착제의 농도
C :	흡착되고 남은 피흡착물질의 농도 평형농도
a, b :	경험상수

OX 문제

01   Langmuir 등온 흡착식은 한정된 표면만이 흡착에 이용된다.   (○ / ×)

02   Langmuir 등온 흡착식은 표면에 흡착된 용질물질은 그 두께가 분자 한 개 정도의 두께이다.   (○ / ×)

03   Langmuir 등온 흡착식에서 흡착은 비가역적이다.   (○ / ×)

04   Langmuir 등온 흡착은 평형조건에서의 흡착이다.   (○ / ×)

정답

01 ○   02 ○   03 ×   04 ○

2) Freundlich 등온흡착식

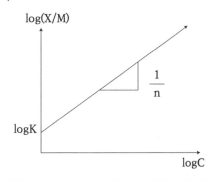

$$\frac{X}{M} = K \cdot C^{1/n}$$

$$\log\frac{X}{M} = \frac{1}{n}\log C + \log K$$

X :	흡착된 피흡착물의 농도
M :	주입된 흡착제의 농도
C :	흡착되고 남은 피흡착물질의 농도 평형농도
K, n :	경험상수

(4) 흡착장치

1) 흡착장치의 종류

흡착장치 종류	특징
고정층 방식	· 입상활성탄의 흡착층에 가스 통과 · 흡 · 탈착 동시 진행을 위해 2대 이상이 필요
이동층 흡착장치	· 흡착제는 상부에서 하부로 · 가스는 하부에서 상부로
유동층 흡착장치	· 가스 유속 크게 유지 가능 · 접촉 양호, 가스 – 흡착제 향류접촉 가능 · 흡착제 마모 큼 · 조업 중 조건 변동 곤란

2) 흡착장치 설계 및 선택 시 고려사항

① 가스가 흡착시설 내 체류기간 충분해야 함
② 흡착제의 사용기간(수명)이 길어야 함
③ 가스 흐름에 대한 저항성이 적어야 함
④ 흡착 방해 물질은 전처리 제거해야 함
⑤ 흡착제를 재생시킬 수 있는 시설이 있으면 좋음

(5) 흡착제

1) 흡착제의 조건
① 단위질량당 표면적이 큰 것
② 어느 정도의 강도 및 경도를 지녀야함
③ 흡착효율이 높아야 함
④ 가스 흐름에 대한 압력손실이 적어야 함
⑤ 어느 정도의 강도를 가져야 함
⑥ 재생과 회수가 쉬워야 함

2) 흡착제의 종류
① 활성탄 : 현재 가장 많이 사용. 비극성 물질을 흡착, 유기용제의 증기제거에 사용
② 실리카겔 : 250℃ 이하에서 물 및 유기물을 잘 흡착
③ 활성 알루미나 : 물과 유기물을 잘 흡착하며 175~325℃로 가열하여 재생 사용
④ 합성 제올라이트 : 특정한 물질을 선택적으로 흡착시키거나 흡착속도를 다르게 할 수 있음
　　　　　　　　　극성이 다른 물질이나 포화가 다른 탄화수소 물질의 분리가 가능
⑤ 마그네시아 : 표면적이 200m^2/g 정도로서, 주로 휘발유 및 용제정제 등으로 사용됨

3) 흡착제 재생법
① 가열공기 통과 탈착식
② 수세 탈착식
③ 수증기 탈착식
④ 감압 탈착식
⑤ 고온의 불활성 기체 주입방법

(6) 유지관리상 문제점

1) 파과현상
① 파과현상 : 흡착 시, 처음에는 흡착이 잘 이루어지다가 파과점(break point) 이후부터
　　　　　　　배출가스중의 오염가스 농도가 급격히 상승하는 현상
② 파과점(break point) : 흡착영역이 이동하여 흡착층 전체가 포화되는 지점
③ 파과점에 도달하면, 처리효율이 급격히 떨어지므로, 파과점에 도달하기 전에 재생을
　　해주어야 함

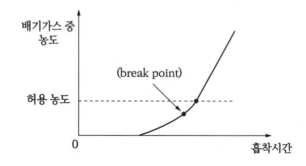

3. 연소법

공장에서 배출되는 가연성 성분을 태워서 제거하는 방법

(1) 특징
① 폐기되는 열량을 회수 가능
② 투자비, 조업비 큼

(2) 종류

직접 연소법	· 오염가스를 연소장치 내에서 태우는 방법 · 오염물의 발열량이 연소에 필요한 전체 열량의 50% 이상 될 때 경제적
가열 연소법	· 오염 가스 중에 가연성 성분이 매우 낮아서 직접연소가 곤란할 경우
촉매 연소법	· 촉매 사용 : 백금, 알루미나 · 반응속도 증가 → 체류시간 단축 · 연소온도 낮아짐(300~500℃) → NO_x 저감 · 촉매독 주의 : S, Fe, Pb, Si, P 등

1) 직접 연소법(아프터 버어너법)
① 오염가스를 연소장치 내에서 태우는 방법
② 오염물의 발열량이 연소에 필요한 전체 열량의 50% 이상 될 때 경제적
③ 연소장치 설계시 오염물질의 폭발한계점(인화점)을 잘 알아야 함
④ HC, H_2, NH_3, KCN 및 유독성 가스의 제거법으로 사용
⑤ 화염온도가 1,400℃ 이상일 때, 질소산화물이 생성 우려

2) 가열 연소법
① 오염 가스중에 가연성 성분이 매우 낮아서 직접연소가 곤란할 경우에 사용
② 가열연소 설계시에는 3T(시간, 온도, 혼합) 등을 고려하여 설계

3) 촉매 연소법
① 오염가스 중 가연성 성분을 연소로 내에서 촉매를 사용하여 불꽃 없이 산화시키는 방법
② 체류시간을 단축시킬 수 있으며 연소온도가 300~500℃로 낮기 때문에 NO_x의 발생을 줄일 수 있음
③ 배출가스량이 적은 경우, 악취물질의 종류 및 농도변화가 적은 시설에 적합(일반 연소법으로 처리가 어려운 저농도의 경우일 때 효과적)
④ 촉매를 사용으로 활성화 에너지를 낮춰 연소가 효과적으로 일어남
⑤ 운전비용이 저렴하고 자동제어가 가능하며 질소산화물의 생성이 거의 없음
⑥ 장치의 부식과 처리대상가스 제한
⑦ 촉매 : 백금과 알루미나 등
⑧ 촉매독 : S, Fe, Pb, Si, P 등

내용문제

01 다음 중 가스분산형 흡수장치로만 짝지어진 것은?

① 단탑, 기포탑
② 기포탑, 충전탑
③ 분무탑, 단탑
④ 분무탑, 충전탑

해설

정답 ①

02 다음 중 기체분산형 흡수장치에 해당하는 것은?

① Venturi Scrubber
② Plate Tower
③ Packed Tower
④ Spray Tower

해설

흡수장치
· 액분산형 : 충전탑, 분무탑, 스크러버(벤투리, 사이클론, 제트)
· 가스분산형 : 단탑(plate tower) (포종탑, 다공판탑)

정답 ②

03 다음 흡수장치 중 기체분산형에 해당하는 것은?

① spray tower
② plate tower
③ venturi scrubber
④ spray chamber

해설

정답 ②

04 다음 흡수장치 중 압력손실이 가장 큰 것은?

① 충전탑
② 분무탑
③ 벤투리 스크러버
④ 사이클론 스크러버

해설

벤투리 스크러버 압력손실 : 300~800mmH₂O

정답 ③

05 다음 흡수장치 중 가스분산형 흡수장치에 해당하는 것은?

① 벤투리 스크러버
② 기포탑
③ 젖은 벽탑
④ 분무탑

해설

흡수장치
· 액분산형 : 충전탑, 분무탑, 스크러버(벤투리, 사이클론, 제트)
· 가스분산형 : 단탑(plate tower) (포종탑, 다공판탑)

정답 ②

06 유해가스를 처리하기 위한 흡수액의 구비요건으로 옳지 않은 것은?

① 용해도가 높아야 한다.
② 휘발성이 커야 한다.
③ 점성이 비교적 작아야 한다.
④ 용매의 화학적 성질과 비슷해야 한다.

해설

② 휘발성이 작아야 한다.

정답 ②

07 기체 분산형 흡수장치는?

① 단탑(plate tower)
② 충전탑(packed tower)
③ 분무탑(spray tower)
④ 벤투리 스크러버(venturi scrubber)

해설

가스분산형에 속하는 것은 단탑(포종탑, 다공판탑)과 기포탑이다. ②, ③, ④는 액분산형 흡수장치에 속한다.

정답 ①

08 다음 흡수장치 중 기체분산형에 해당하는 것은?

① Plate tower
② Spray tower
③ Spray chamber
④ Venturi scrubber

해설

· 가스분산형 흡수장치
  다공판탑(plate tower), 포종탑(tray tower), 기포탑 등

· 액분산형 흡수장치
  충전탑(packed tower), 분무탑(spray tower), 벤투리 스크러버 등 각종 스크러버

정답 ①

09 가스 흡수법의 효율을 높이기 위한 흡수액의 구비요건으로 옳은 것은?

① 용해도가 낮아야 한다.
② 용매의 화학적 성질과 비슷해야 한다.
③ 흡수액의 점성이 비교적 높아야 한다.
④ 휘발성이 높아야 한다.

해설

흡수액의 구비요건
❶ 용해도가 높아야 한다.
❷ 용매의 화학적 성질과 비슷해야 한다.
❸ 흡수액의 점성이 비교적 낮아야 한다.
❹ 휘발성이 낮아야 한다.

정답 ②

10 흡수장치를 액분산형과 기체분산형으로 분류할 때 다음 중 기체분산형에 해당하는 것은?

① Spray Tower
② Packed Tower
③ Plate Tower
④ Spray Chamber

해설

흡수장치

· 액분산형 : 충전탑, 분무탑, 스크러버(벤투리, 사이클론, 제트)

· 가스분산형 : 단탑(plate tower) (포종탑, 다공판탑)

정답 ③

11 흡수탑에 적용되는 흡수액 선정시 고려할 사항으로 가장 거리가 먼 것은?

① 휘발성이 커야 한다.
② 용해도가 커야 한다.
③ 비점이 높아야 한다.
④ 점도가 낮아야 한다.

해설

흡수액의 구비조건

❶ 용해도가 커야 한다.

❷ 부식성이 없어야 한다.

❸ 휘발성이 적어야 한다.

❹ 가격이 저렴해야 하고 점성이 작아야 한다.

❺ 화학적으로 안정해야 하며 독성이 없어야 한다.

정답 ①

12 액측 저항이 클 경우에 이용하기 유리한 가스분산형 흡수장치는?

① 충전탑
② 다공판탑
③ 분무탑
④ 하이드로필터

해설

액측저항이 지배적일 때는 가스분산형 흡수장치를 사용한다.

· 가스분산형 흡수장치
단탑(다공판탑, 포종탑), 기포탑 등

· 액분산형 흡수장치
충전탑(packed tower), 분무탑(spray tower), 벤투리 스크러버, 사이클론 스크러버 등

정답 ②

13 흡수에 의한 가스상 물질의 처리장치로 거리가 먼 것은?

① 충전탑
② 분무탑
③ 다공판탑
④ 활성 알루미나탑

해설

활성 알루미나탑은 흡착에 의한 가스상 물질의 처리장치이다.

정답 ④

14 흡수탑의 충전물에 요구되는 사항으로 거리가 먼 것은?

① 단위 부피내의 표면적이 클 것
② 간격의 단면적이 클 것
③ 단위 부피의 무게가 가벼울 것
④ 가스 및 액체에 대하여 내식성이 없을 것

해설

충전탑의 충전물에 대한 구비조건
❶ 단위용적에 대하여 표면적이 클 것
❷ 공극률이 클 것
❸ 압력손실이 작고 충진밀도가 클 것
❹ 액가스 분포를 균일하게 유지할 수 있을 것
❺ 내식성과 내열성이 크고, 내구성이 있을 것

정답 ④

15 흡수장치의 종류 중 기체분산형 흡수장치에 해당하는 것은?

① venturi scrubber
② spray tower
③ packed tower
④ plate tower

해설

④ plate tower(단탑)

정답 ④

16 기상농도와 액상농도의 평형관계를 나타내는 헨리법칙이 적용되지 않는 기체는?

① O_2
② N_2
③ CO_2
④ NH_3

해설

NH_3는 비교적 수용성이 높은 기체로 헨리법칙으로 적용 할 수 없다. 난용성인 기체만 헨리의 법칙이 적용된다.

정답 ④

17 다음 기체 중 물에 대한 헨리상수($atm \cdot m^3/kmol$) 값이 가장 큰 물질은? (단, 온도는 30℃, 기타 조건은 동일하다고 본다.)

① HF
② HCl
③ H_2S
④ SO_2

해설

정답 ③

18 다음 중 가스분산형 흡수장치에 해당하는 것은?

① 기포탑
② 사이클론 스크러버
③ 분무탑
④ 충전탑

해설

정답 ①

연습문제

19 다음은 흡착제에 관한 설명이다. ( )안에 가장 적합한 것은?

> 현재 분자체로 알려진 ( )이/가 흡착제로 많이 쓰이는데, 이것은 제조과정에서 그 결정구조를 조절하여 특정한 물질을 선택적으로 흡착시키거나 흡착속도를 다르게 할 수 있는 장점이 있으며, 극성이 다른 물질이나 포화정도가 다른 탄화수소의 분리가 가능하다.

① Activated carbon
② Synthetic Zeolite
③ Silica gel
④ Activated Alumina

해설

② 합성 제올라이트(Synthetic Zeolite)

정답 ②

20 악취 및 휘발성 유기화합물질 제거에 일반적으로 가장 많이 사용하는 흡착제는?

① 제올라이트
② 활성백토
③ 실리카겔
④ 활성탄

해설

④ 활성탄을 흡착제로 가장 많이 사용한다.

정답 ④

21 흡착제를 친수성(극성)과 소수성(비극성)으로 구분 할 때, 다음 중 친수성 흡착제에 해당하지 않는 것은?

① 활성탄
② 실리카겔
③ 활성 알루미나
④ 합성 지올라이트

해설

표준체측정법(체거름법)은 직접 측정법이다.

정답 ①

22 다음 중 표면적이 $200m^2/g$ 정도로서, 주로 휘발유 및 용제정제 등으로 사용되는 흡착제는?

① 실리카겔(Silica Gel)
② 본차(Bone Char)
③ 폴링(Pall Ring)
④ 마그네시아(Magnesia)

해설

정답 ④

23 다음 중 흡착제의 흡착능과 가장 관련이 먼 것은?

① 포화   ② 보전력

③ 파과점   ④ 유전력

해설 ▶

> **정답 ④**

24 흡착에 의한 탈취방법에서 활성탄을 흡착제로 사용할 경우 효과가 거의 없는 것은?

① 페놀류   ② 유기염소화합물

③ 메탄   ④ 에스테르류

해설 ▶

> **정답 ③**

25 다음 중 다공성 흡착제인 활성탄으로 제거하기에 가장 효과가 낮은 유해가스는?

① 알코올류   ② 일산화탄소

③ 담배연기   ④ 벤젠

해설 ▶

> 물리적 흡착방법으로 제거할 수 있는 물질의 분자량은 정상상태에 있는 공기량보다 커야 하고, 분자량이 45 이상일 때 가능하므로, 45 미만인 NO, NH₃, CO 등의 처리가 어렵다.
>
> **정답 ②**

26 다음 중 활성탄으로 흡착 시 가장 효과가 적은 것은?

① 일산화질소   ② 알코올류

③ 아세트산   ④ 담배연기

해설 ▶

> ① 흡착법으로 효과가 적은 것은 일산화질소, 일산화탄소 등이다.
>
> **정답 ①**

27 물리적 흡착과 화학적 흡착의 일반적인 특성을 상대 비교한 내용으로 틀린 것은?

	구분	물리적 흡착	화학적 흡착
가	흡착과정	가역성이 높음	가역성이 낮음
나	오염가스의 회수	용이	어려움
다	온도범위	대체로 높은 온도	낮은 온도
라	흡착열	낮음	높음

① 가   ② 나

③ 다   ④ 라

해설 ▶

> 물리적 흡착의 온도범위는 낮고, 화학적 흡착은 반응열을 수반하여 온도가 높다.
>
> **정답 ③**

연습문제

Chapter 02 가스상 물질 처리 방법별 분류

28 유해가스를 촉매연소법으로 처리할 때 촉매에 바람직하지 않은 물질과 가장 거리가 먼 것은?

① 납(Pb)
② 수은(Hg)
③ 황(S)
④ 일산화탄소(CO)

해설

촉매독에는 비소, 수은, 납, 주석, 황, 아연 등이 있다.

정답 ④

29 유해가스를 촉매연소법으로 처리할 때 촉매의 수명을 단축시키거나 효율을 감소시킬 수 있는 물질과 거리가 먼 것은?

① Fe
② Si
③ Pd
④ P

해설

촉매산화법에서 촉매독을 유발하는 물질은 Fe, Pb, Si, As, P, S 등이다.

정답 ③

30 휘발유 자동차의 배출가스를 감소하기 위해 적용되는 삼원촉매 장치의 촉매물질 중 환원촉매로 사용되고 있는 물질은?

① Pt
② Ni
③ Rh
④ Pd

해설

산화촉매제 : 백금(Pt), 팔라듐(Pd)

환원촉매제 : 로듐(Rh)

정답 ③

31 다음에서 설명하는 탈취방법으로 가장 적합한 것은?

직접연소법에서 과다한 열사용으로 인한 운영비가 문제되는 점을 보완하기 위한 기술로서, 유량이 작은 가스의 경우에는 유지관리비에서 장점이 있다. 이 방법에는 고정층 내의 온도를 일정하게 유지시키기 위해 자동전화밸브를 서로 전갈아 열을 고정층 내에서 서로 번갈아 공급한다. 그리고 악취농도가 낮을 경우에는 자동적으로 프로세스 가스팬과 가스취입 장치와 가스흡입 장치가 작동하여 전기히터를 작동시키지 않고 고정층 내 온도를 유지시키는 방식도 있다.

① 축열 연소법
② 촉매 산화 탈취법
③ 코로나를 이용한 탈취법
④ 기존 시설의 연소실을 이용하는 방법

해설

정답 ①

계산문제

| 헨리의 법칙 – 수중 유해가스농도 계산 |

01 Henry 법칙이 적용되는 가스로서 공기 중 유해가스의 분압이 16mmHg일 때, 수중 유해가스의 농도는 3.0kmol/m³ 이었다. 같은 조건에서 가스분압이 435mmH₂O가 되면 수중 유해가스의 농도는?

① $1.5kmol/m^3$ ② $3.0kmol/m^3$
③ $6.0kmol/m^3$ ④ $9.0kmol/m^3$

해설

16mmHg를 mmH₂O로 바꾸면

$$16mmHg \times \frac{10,332mmH_2O}{760mmHg} = 217.52mmH_2O$$

헨리의 법칙 P = HC 이므로

$$\therefore \ P \propto C$$

$$217.52mmH_2O \ : \ 3kg \cdot mol/m^3$$

$$435mmH_2O \ : \ x\,kg \cdot mol/m^3$$

$$\therefore \ x = \frac{435mmH_2O}{217.52mmH_2O} \times 3kmol/m^3 = 5.99kmol/m^3$$

정답 ③

| 헨리의 법칙 – 헨리상수 계산 |

02 유해가스와 물이 일정한 온도에서 평형상태에 있다. 기상의 유해가스의 분압이 40mmHg일 때 수중가스의 농도가 16.5kmol/m³ 이다. 이 경우 헨리 정수(atm · m³/kmol)는 약 얼마인가?

① 1.5×10^{-3} ② 3.2×10^{-3}
③ 4.3×10^{-2} ④ 5.6×10^{-2}

해설

헨리의 법칙 P = HC 이므로,

$$\therefore H = \frac{P}{C} = \frac{40mmHg}{16.5kmol/m^3} \times \frac{1atm}{760mmHg}$$

$$= 3.189 \times 10^{-3} atm \cdot m^3/kmol$$

정답 ②

| K_G, k_g, k_L 관계 |

03 헨리법칙을 이용하여 유도된 총괄물질이동계수와 개별물질이동계수와의 관계를 나타낸 식은? (단, K_G : 기상총괄물질이동계수, k_l : 액상물질이동계수, k_g : 기상물질이동계수, H : 헨리정수)

① $\dfrac{1}{K_G} = \dfrac{H}{k_g} + \dfrac{k_g}{k_l}$

② $\dfrac{1}{K_G} = \dfrac{1}{k_l} + \dfrac{k_g}{H}$

③ $\dfrac{1}{K_G} = \dfrac{1}{k_g} + \dfrac{H}{k_l}$

④ $\dfrac{1}{K_G} = \dfrac{1}{k_l} + \dfrac{H}{k_g}$

해설

정답 ③

연습문제

| 충전탑 흡수액양 $L = G \times \dfrac{m}{f}$ |

04 20℃, 1기압에서 충전탑으로 혼합가스 중의 암모니아를 제거하려고 한다. Stripping Factor가 0.8이고, 평형선의 기울기가 0.8일 경우 흡수액의 양(kg · mol/h)은? (단, 흡수액은 암모니아를 포함하지 않고, 재순환되지 않으며, 등온상태라 가정, 혼합가스량은 20℃, 1기압에서 40kg · mol/h이다.)

① 약 28 　　　　② 약 40
③ 약 57 　　　　④ 약 89

해설

$$L = G \times \frac{m}{f} = 40 \times \frac{0.8}{0.8} = 40\,(\text{kg·mol/hr})$$

L : 흡수액량(kg · mol/hr)
G : 가스량(kg · mol/hr)
m : 평선의 기울기
f : stripping factor

정답 ②

| 충전탑 높이 |

05 흡수장치의 총괄이동 단위높이(HOG)가 1.0m이고, 제거율이 95%라면, 이 흡수장치의 높이는 약 몇 m로 하여야 하는가?

① 1.2m 　　　　② 3.0m
③ 3.5m 　　　　④ 4.2m

해설

$$h = HOG \times NOG = 1.0\text{m} \times \ln\left(\frac{1}{1-0.95}\right) = 3.00$$

정답 ②

| 충전탑 높이 응용 – 흡수율 계산 |

06 배출가스중의 HCl을 충전탑에서 수산화칼슘수용액과 향류로 접촉시켜 흡수 제거시킨다. 충전탑의 높이가 2.5m일 때 90%의 흡수효율을 얻었다면 높이를 4m로 높이면 흡수효율은 몇 %인가? (단, 이동단위수 $NOG = \ln\left(\dfrac{1}{1-E/100}\right)$ 로 계산되고 E는 효율이며 HOG는 일정하다.)

① 92.5 　　　　② 94.5
③ 95.3 　　　　④ 97.5

해설

$h = HOG \times NOG$ 이므로,

$$h \propto NOG \propto \ln\left(\frac{1}{1-\eta}\right)$$

2.5m : $\ln\left(\dfrac{1}{1-0.9}\right)$

4m : $\ln\left(\dfrac{1}{1-\eta}\right)$

흡수율$(\eta) = 0.9749 = 97.49\%$

정답 ④

| 흡수탑 직경 Q = AV |

07 유량 $500,000m^3$/day의 공기를 흡수탑을 거쳐 정화하려고 한다. 흡수탑의 접근 유속을 2.0m/sec로 유지하려면 소요되는 흡수탑의 지름은?

① 1.2m   ② 1.7m

③ 1.9m   ④ 2.5m

해설

$$Q = \frac{500,000m^3}{day} \times \frac{1day}{86,400\sec} = 5.79(m^3/\sec)$$

$$Q = \frac{\pi D^2}{4} \times V$$

$$5.79 = \frac{\pi \times D^2}{4} \times 2$$

$$\therefore D = 1.92(m)$$

정답 ③

| 제거농도 = 현재농도 - 기준 농도 |

08 A굴뚝 배출가스 중 염소가스의 농도가 $150mL/Sm^3$이다. 이 염소가스의 농도를 $25mg/Sm^3$로 저하시키기 위하여 제거해야 할 (mL/Sm^3)은?

① 95   ② 111

③ 125   ④ 142

해설

현재농도 : $150mL/Sm^3$

기준농도 : $25mg/Sm^3 \times \frac{22.4mL}{71mg} = 7.89mL/Sm^3$

제거농도 = 현재농도 - 기준농도

= 150 - 7.89

= $142.11mL/Sm^3$

정답 ④

| 프리들리히 등온흡착식 |

09 Freundlich 등온흡착식으로 가장 적합한 것은? (단, X = 흡착된 용질량(제거가스 농도 : $C_i - C_o$), M = 흡착제량, C_o = 출구가스농도, C_i = 입구가스농도, K, n = 상수)

① $\frac{X}{M} = KC_o^{\frac{1}{n}}$ ② $\frac{X}{M} = (KC_o)^{\frac{1}{n}}$

③ $\frac{M}{X} = KC_i^{\frac{1}{n}}$ ④ $\frac{M}{X} = (KC_i)^{\frac{1}{n}}$

해설

정답 ①

Chapter 03 유해가스 종류별 처리기술

1. 황산화물의 방지기술

(1) 분류

분류	정의	공법 종류
전처리 (중유탈황)	연료 중 탈황	· 접촉 수소화 탈황 · 금속산화물에 의한 흡착 탈황 · 미생물에 의한 생화학적 탈황 · 방사선 화학에 의한 탈황
후처리 (배연탈황)	배기가스 중 SO_x 제거	· 흡수법 · 흡착법 · 산화법 · 전자선 조사법

> **참고**
>
> **기타 황산 저감 대책**
> · 저황 성분 함유연료의 사용으로 황산화물의 발생량 방지
> · 높은 굴뚝으로 배기가스 배출 시 수직 및 수평 확산에 의해 농도를 감소시킴
> · 대체연료의 전환을 통하여 황산화물의 발생량을 낮춤

(2) 전처리(중유탈황)

1) 접촉 수소화 탈황법

① 실용적이고 가장 널리 쓰이는 중유탈황방법

② 현재 가장 많이 사용

③ 반응온도 : 350~420℃

④ 종류

직접탈황법	· 전처리 없이 내독성 촉매(Co-Ni-Mo)를 이용 · 고온 · 고압에서 수소와 유기황화합물을 반응시켜 S, H_2S로 제거
간접탈황법	상압 잔유를 감압증류하여 촉매독이 적은 경유분을 탈황시키고 감압잔유와 재혼합

(3) 후처리(배연탈황)

1) 분류

① 처리 원리별 분류

분류	공법 종류
흡수법	· 건식 석회석 주입법 · 석회 흡수법 · NaOH 흡수법 · Na_2SO_3 흡수법 · 암모니아법 · 산화흡수법 · 활성산화망간법
흡착법	활성탄 흡착법
산화법	촉매산화법(접촉산화법)

② 용매 사용여부에 따른 분류

분류	특징 및 공법 종류
건식법	· 장치규모가 큼 · 배출가스 온도저하가 작음 · 종류 : 석회석 주입법, 활성탄 흡착법, 활성산화망간법, 전자선조사법
습식법	· 효율이 높으나, 연돌확산이 나쁘고, 수질오염 문제 발생 · 종류 : NaOH 흡수, Na_2SO_3 흡수, 암모니아법, 산화흡수법

③ 흡수제 재생여부에 따른 분류

분류	종류
폐기식 공법	· 건식 석회석 주입법 · 반건식 알칼리토 흡수법
재생식 공법	· Na_2SO_3 흡수법(가성소다 흡수법, Wellmann-lord 법) · 활성산화망간법 · 암모니아법 · 활성탄 흡착법

2) 주요 배연탈황법

가) 건식 석회석 주입법

연소실에 석회석($CaCO_3$)을 직접 주입하여 소성에 의해 생성된 생석회(CaO)와 SO_2를 900~1,000℃에서 반응시켜 $CaSO_4$ 분말(석고)로 제거

① 반응

소성 → 흡수 → 산화 과정

$$CaCO_3 + SO_2 + \frac{1}{2}O_2 \rightarrow CaSO_4 + CO_2$$

② 영향을 많이 받지 않음
③ 소규모 보일러나 노후 시설에 설치 가능
④ 접촉시간이 짧고 깊게 침투하지 못함
⑤ 효율이 낮음(40%)
⑥ 스케일, 부식 발생함

나) 암모니아 흡수법

① SO_2를 NH_3 수용액과 반응시켜 황산암모늄 또는 아황산암모늄으로 회수
② 탈황률 : 약 90%

다) 가성소다 흡수법

① 수용액상의 가성소다($NaOH$)를 흡수탑으로 주입시켜 SO_2를 흡수
② 부산물로 Na_2SO_3 회수
③ Wellmann-Lord 법
④ 탈황률 : 90% 이상

라) 석회세정법

① 용해도가 낮은 탄산칼슘, 산화칼슘을 슬러리 상태로 만들어 흡수제로 사용
② SO_2는 $CaSO_3$, $CaSO_4 \cdot 2H_2O$로 회수
③ 탈황률 : 90%
④ 반건식 흡수법

참고

스케일링 방지대책

· 부생된 석고를 반송하고 흡수액 중 석고 농도를 5% 이상 높게 하여 결정화 촉진.
· 순환액 pH 변동 줄임
· 흡수액량을 다량 주입하여 탑내 결착 방지.
· 가능한 탑내 내장물 최소화

마) 활성산화망간법

화학조성이 일정치 않은 활성산화망간($MnO_x \cdot nH_2O$)을 분말상으로 하여 기류수송방식의 흡수탑에서 SO_2 및 O_2와 반응시켜 $MnSO_4$ 생성

바) 산화법

접촉산화법	· 촉매층(실리카겔의 담체에 V_2O_5, 황산칼륨촉매 고정)을 사용하여 SO_2를 접촉·산화시켜 무수황산으로 제거 · 80%의 황산 회수 · 탈황률 : 약 90% · 촉매 : V_2O_5, K_2SO_4사용
금속산화법	· SO_2를 Zn, Fe, Cu, Mn 등의 산화물에 반응시켜 회수 · 흡수제의 기능과 효율이 장시간 지속됨 · 배기가스 배출온도에서 반응이 가능 · 흡수·재생이 같은 온도에서 진행됨 · 부산물을 생성하지 않음

사) 전자선 조사법

① 전자선을 배기가스에 조사하여 NO_x, SO_x를 동시에 고체미립자로 하여 집진장치로 제거

② NH_4NO_3과 $(NH_4)_2SO_4$ 입자화 됨

제거물질	반응비
SO_x	S : $CaCO_3$ = 1 : 1 S : $CaSO_4$ = 1 : 1 S : NaOH = 1 : 2

2. 질소산화물(NO_x) 제거방법

(1) 질소산화물(NO_x) 발생

1) 발생 특징

① 주로 연소과정에서 발생

② 대기오염 유발물질 : NO(90%), NO_2(10%)

③ 연소 시, NO_x 생성에 영향인자 : 온도, 반응속도, 반응물질의 농도, 반응물질의 혼합정도, 연소실 체류시간

2) 연소공정에서 발생하는 질소산화물(NO_x)의 종류

질소산화물	정의 및 특징
Fuel NO_x	· 연료 자체가 함유하고 있는 질소 성분의 연소로 발생하는 질소산화물 · 원료 중 질소성분 중에서 10~60% 정도가 질소산화물로 산화됨
Thermal NO_x	· 연료의 연소로 인한 고온분위기에서 연소공기의 분해과정에서 발생하는 질소산화물 · 주로 1,000℃이상에서 발생 · 고온, 과잉산소 조건에서 가장 많이 발생함 · NOx 중 발생량이 가장 큼 $$N_2 + O \rightarrow NO + N$$ $$N + O_2 \rightarrow NO + O$$
Prompt NO_x	· 불꽃 주변에서 일어나는 반응으로 빠르게 생성하는 질소산화물 · 주로 낮은 화염온도, 저연비, 빠른 연소공간에서 많이 생성됨 · 다른 종류의 NO_x에 비하여 생성량이 극히 적어 거의 무시해도 됨

(2) NO_x의 저감방법
　　① 연소 중 저감 : 연소 조절
　　② 배기가스 중 저감 : 배기가스 탈질

1) 연소조절에 의한 NO_x의 저감방법
　　① 저온 연소 : NO_x는 고온(250~300℃)에서 발생하므로, 예열온도 조절로 저온 연소를 하면 NO_x 발생을 줄일 수 있음
　　② 저산소 연소
　　③ 저질소 성분연료 우선 연소
　　④ 2단 연소 : 버너부분에서 이론공기량의 95%를 공급하고 나머지 공기는 상부의 공기구멍에서 공기를 더 공급하는 방법
　　⑤ 최고 화염온도를 낮추는 방법
　　⑥ 배기가스 재순환 : 가장 실용적인 방법, 소요공기량의 10~15%의 배기가스를 재순환시킴
　　⑦ 버너 및 연소실의 구조개선
　　⑧ 수증기 및 물분사 방법

2) 배기가스 탈질(NO 제거)

① 흡수법 : 용융염 흡수법
② 흡착법
③ 촉매 환원법 : 선택적 촉매환원법(SCR), 선택적 무촉매환원법(SNCR)
④ 접촉분해법
⑤ 전자선조사법
⑥ 접촉 환원법
⑦ 수세법

3) 접촉환원법

촉매 접촉 하에 환원제를 이용하여 NO_x를 N_2로 환원 처리하는 방법

① 환원법에 사용되는 촉매

㉠ Pt, Al_2O_3, TiO_2에 V_2O_5, Fe_2O_3, Cr_2O_3 등의 금속산화물을 도포시킨 것
㉡ 단, Al_2O_3계는 SO_2, SO_3, O_2와 쉽게 반응하여 황산염을 생성하므로 촉매활성이 저하하기 쉬움

분류	특징

선택적 촉매환원법
(SCR ; Selective Catalytic Reduction)
	·촉매를 이용하여 배기가스 중 존재하는 O_2와는 무관하게 NO_x를 선택적으로 N_2로 환원시키는 방법
	·촉매 : TiO_2, V_2O_5
	·환원제 : NH_3, $(NH_2)_2CO$, H_2S, H_2 등
	
	  - NH_3는 산소에 의해 반응속도가 증대되고, 공해 문제도 적어서 많이 사용
	  - H_2S를 사용하는 경우 Claus 반응에 의해 NO_x, SO_x 동시 제거 가능
	  - 질소산화물 전환율은 온도에 따라 종모양을 나타냄
	
	·온도 : 275~450℃(최적반응 350℃)
	·제거효율 : 90%
	·반응식
	
	$$6NO + 4NH_3 \rightarrow 5N_2 + 6H_2O$$
	$$6NO_2 + 8NH_3 \rightarrow 7N_2 + 12H_2O$$

비선택적 촉매환원법
(NCR ; Nonselective Catalytic Reduction)
	·촉매을 이용하여 배기가스 중 O_2를 환원제로 먼저 소비한 다음, NO_x를 환원시키는 방법
	·촉매 : Pt, Co, Ni, Cu, Cr, Mn
	·환원제 : CH_4, H_2, H_2S, CO
	
	  - NO_x와의 반응정도는 CO 〉 H_2 〉 CH_4 순임
	  - 탄화수소의 경우 탄소수가 많을수록, 불포화도가 높을수록 반응성이 좋음
	
	·온도 : 200~450(350)℃

선택적 무촉매환원법(SNCR)	·촉매 사용하지 않음 ·온도 : 750~950℃ (최적 800~900℃) ·제거효율 : 약 40~70% ·반응식 $$4NO + 4NH_3 + O_2 \rightarrow 4N_2 + 6H_2O$$ $$4NO + (NH_3)_2CO + O_2 \rightarrow 4N_2 + 4H_2O + 2CO_2$$

참고

SO_x, NO_x 동시 제어 기술

$DESONO_x$, NO_xSO 공정, 전자선 조사법, 암모니아 주입 활성탄 흡착법, CuO 공정

① NO_xSO 공정 : 감마 알루미나 담체에 탄산나트륨을 3.5~3.8% 정도 첨가하여 제조된 흡착제를 사용하여 SO_2와 NO_x를 동시에 제거하는 공정

② CuO공정 : 알루미나 담체에 CuO를 함침시켜 SO_2는 흡착반응시키고, NO_x는 선택적 촉매환원되어 제거하는 공정

③ 활성탄 흡착법 : S, H_2SO_4 및 액상 SO_2등이 부산물이 생성되며, 공정 중 재가열이 없으므로 경제적임

---

3. VOC의 처리

(1) 소각처리

분류	특징
직접화염산화	온도 750~850℃
열산화	열회수식과 축열식으로 분류됨
촉매소각로	· 배출량이 작음 · 저농도에 적합 · 촉매독 : Cu, Au, Ag, Zn, Cd, 촉매수명 단축시킴 · 반응온도 : 300~400℃ · 보조연료 불필요

(2) 흡수처리

① 형식 : con-current, cross
② con-current가 자주 사용됨
③ 지방족 HC, 방향족 HC, 할로겐 HC 처리에는 곤란

(3) 흡착처리

① 흡착제 : 활성탄이 주로 사용됨
② 활성탄은 메탄올, 알데하이드류, 아민류와 같은 극성화합물, 탄화수소류(특히 불포화지방족)의 흡착특성이 나쁨

(4) 막분리

VOC 포함가스를 압축시킨 후, 물의 어는점 이하에서 운영되는 응축기를 통과시킨 다음, 유기용제가 우선적으로 침투되는 막모듈을 통과시켜 VOCs 농축시키는 방법

(5) 냉각 응축(저온 응축)

  ① 대상물질을 이슬점 이하로 낮추어 회수함

  ② 고농도이고 회수가치 있을 때 사용

(6) 기타 방법

  ① 생물여과 : 적절한 수분과 VOCs를 함유한 가스를 bed로 주입하여 부착된 미생물에
    의하여 VOCs를 산화

  ② UV 및 플라즈마

내용문제

01 Co-Ni-Mo을 수소첨가촉매로 하여 250~450℃에서 30~150kg/cm² 의 압력을 가하여 H_2S, S, SO_2 형태로 제거하는 중유탈황방법은?

① 직접탈황법　　　　② 흡착탈황법
③ 활성탈황법　　　　④ 산화탈황법

해설

정답 ①

02 다음은 중질유의 탈황방법이다. ( )안에 가장 적합한 것은?

( )은 상압잔유를 감압증류에 의하여 증류하고 얻어진 감압경유를 수소화탈황에 의해 탈황화하며, 이 탈황된 경유야 감압잔유를 혼합하여황이 적은 제품을 생산하는 방법이다.

① 직접탈황법　　　　② 간접탈황법
③ 중간탈황법　　　　④ 다단탈황법

해설

중유탈황의 접촉수소화 탈황

❶ 직접탈황 :

Co-Ni-Mo을 수소첨가촉매로 하여 250~450℃에서 30~150kg/cm² 의 압력을 가하여 H_2S, S, SO_2 형태로 제거

❷ 간접탈황 :

상압증류에서 얻어진 증류를 감압증류 시켜 다시 경유를 얻고 이 경유를 수소화 탈황시키는 것, 경유와 감압전유를 혼합하여 황이 적은 제품을 생산

❸ 중간탈황 :

상압증류에서 얻은 증유를 감압증류시켜 경유와 감압잔유를 얻고 감압잔유를 프로판 또는 분자량이 큰 탄화수소를 사용하여 아스팔트분과 잔유로 분리시키는 것. 이 잔유와 감압경유를 혼합하여 탈황시킨 후 아스팔트분과 다시 혼합하여 황이 적은 제품을 생산

정답 ②

03 배출가스 중 황산화물을 접촉식 황산제조방법의 원리를 이용한 촉매산화법으로 처리할 때 사용되는 일반적인 촉매로 가장 적합한 것은?

① PtO　　　　　　　② PbO_2
③ V_2O_5　　　　　　④ $KMnO_4$

해설

접촉산화법(촉매산화법)의 촉매제

③ V_2O_5, Pt, K_2SO_4

정답 ③

04 황산화물 배출제어 방법 중 재생식 공정으로 가장 적절한 것은?

① 석회석법　　　　　② 웰만-로드법
③ Chiyoda 법　　　　④ 이중염기법

해설

분류	종류
폐기식 공법	· 건식 석회석 주입법 · 반건식 알칼리토 흡수법
재생식 공법	· Na_2SO_3 흡수법 (가성소다 흡수법, Wellmann-lord 법) · 활성산화망간법 · 암모니아법 · 활성탄 흡착법

정답 ②

05 배연탈황기술과 거리가 먼 것은?

① 석회석 주입법 ② 수소화 탈황법
③ 활성산화 망간법 ④ 암모니아법

해설

② 접촉(수소화) 탈황법은 배연탈황 기술이 아니고 중유탈황방법이다.

정답 ②

06 활성탄에 SO_2를 흡착시키면 황산이 생성된다. 이를 탈착시키는 방법 중 활성탄 소모나 약산이 생성되는 단점을 극복하기 위해 H_2S 또는 CS_2를 반응시켜 단체의 S를 생성시키는 방법은?

① 세척법 ② 산화법
③ 환원법 ④ 촉매법

해설

정답 ③

07 다음 중 연소조절에 의해 질소산화물 발생을 억제시키는 방법으로 가장 적합한 것은?

① 이온화연소법 ② 고산소연소법
③ 고온연소법 ④ 수증기 분무

해설

질소산화물 방지기술 :

저온 연소, 저산소 연소, 저질소 성분 우선연소, 2단연소, 배기가스 재순환연소

정답 ④

08 연소 시 질소산화물(NO_x)의 발생을 감소시키는 방법으로 틀린 것은?

① 2단 연소
② 연소부분 냉각
③ 배기가스 재순환
④ 높은 과잉공기 사용

해설

④ 저공기비 연소상태로 운전하면 공기량이 줄어들어 발생, NO_x 농도는 높아지나, 발생량이 줄어 들어 NO_x 발생량을 억제할 수 있다.

정답 ④

09 질소산화물(NO_x)의 억제방법으로 가장 거리가 먼 것은?

① 저산소 연소
② 배출가스 재순환
③ 화로 내 물 또는 수증기 분무
④ 고온영역 생성 촉진 및 긴불꽃연소를 통한 화염온도 증가

해설

질소산화물 억제의 기본원리는 온도를 낮추어서 Themal NO_x의 생성을 방지하는 것이다.

질소산화물의 억제방법

❶ 저산소 연소
❷ 배기가스 재순환(FGR)
❸ 물 또는 수증기 분무
❹ 저온도 연소
❺ 2단 연소방법
❻ 연소실 구조의 변경
❼ 연료의 전환
❽ 연소실 열부하 저감법

정답 ④

연습문제

10 연료의 연소 시 질소산화물(NO_x)의 발생을 줄이는 방법으로 가장 거리가 먼 것은?

① 예열연소   ② 2단연소
③ 저산소연소   ④ 배기가스 재순환

해설

연소조절에 의한 NO_x 처리 방법

❶ 저온 연소
❷ 저산소 연소
❸ 저질소성분 우선연소
❹ 2단연소
❺ 배가스 재순환연소
❻ 버너 및 연소실의 구조개량

정답 ①

11 연소과정에서 NO_x의 발생 억제 방법으로 틀린 것은?

① 2단 연소   ② 저온도 연소
③ 고산소 연소   ④ 배기가스 재순환

해설

③ NO_x 발생억제 방법은 저산소 연소이다.

정답 ③

12 연소 조절에서 NO_x의 생성을 억제하는 방법으로 가장 적합한 것은?

① 공연비를 높게 한다.
② 화로 내에서 수소와 산소의 합성반응을 증진시켜 발열반응을 유도한다.
③ 연소용 공기의 예열 온도를 높인다.
④ 배기가스를 재순환하여 연소한다.

해설

④ 질소산화물을 억제하는 방법은 배기가스 재순환 이다.

정답 ④

13 NO_x의 제어는 연소방식의 변경과 배연가스의 처리기술의 2가지로 구분할 수 있는데, 다음 중 연소방식을 변환시켜 NO_x의 생성을 감축시키는 방안으로 가장 거리가 먼 것은?

① 접촉산화법
② 물주입법
③ 저과잉 공기연소법
④ 배기가스 재순환법

해설

접촉산화법은 황산화물(SO_x) 제어 방법이다.

정답 ①

14 선택적 촉매환원(SCR)법과 선택적 비촉매환원 (SNCR)법이 주로 제거하는 오염물질은?

① 휘발성유기화합물
② 질소산화물
③ 황산화물
④ 악취물질

해설

정답 ②

15 알루미나 담채에 탄산나트륨을 3.5~3.8% 정도 첨가하여 제조된 흡착제를 사용하여 SO_2와 NO_x를 동시에 제거하는 공정은?

① 석회석 세정법
② Wellman–Lord법
③ Dual Acid scrubbing
④ NO_xSO 공정

해설

SO_x, NO_x 동시 제어 기술

DESONO$_x$, NO$_x$SO 공정, 전자선 조사법, 암모니아 주입 활성탄 흡착법, CuO 공정

정답 ④

16 다음 중 SO_x와 NO_x를 동시에 제어하는 기술로 거리가 먼 것은?

① Filter cage 공정
② 활성탄 공정
③ NO_xSO 공정
④ CuO 공정

해설

정답 ①

17 다음은 배가스 탈황, 탈질공정에 관한 설명이다. ( )안에 가장 적합한 것은?

( )은 덴마크의 Haldor Topsoe사가 개발한 것으로, 305MW 규모의 발전소에 시험되었으며 탈황과 탈질이 별도의 반응기에서 독립적으로 일어난다. 먼저 배가스에 있는 분진을 완전히 제거한 다음 배가스에 암모니아를 주입시킨 후 SCR 촉매반응기를 통과시키며, 이 공정은 SO_2와 NO_x를 95% 이상 제거할 수 있으며, 부산물로 판매가능한 황산을 얻을 수 있고, 폐기물이 배출되지 않는 장점이 있다.

① 전자빔공정
② 산화구리공정
③ DESONO$_x$ 공정
④ WSA–SNO$_x$ 공정

해설

정답 ④

연습문제

18 사업장에서 발생되는 케톤(Ketone)류를 제어하는 방법 중 제어효율이 가장 낮은 방법은?

① 직접소각법 　　② 응축법
③ 흡착법 　　④ 흡수법

해설

케톤의 처리는 직접소각, 응축, 흡수법으로 처리한다.

정답 ③

19 VOCs의 종류 중 지방족 및 방향족 HC를 처리하기 위해 적용하는 제어기술로 가장 거리가 먼 것은?

① 흡수 　　② 생물막
③ 촉매소각 　　④ UV 산화

해설

VOCs 수용성이 낮아 흡수처리에 부적합하다.

VOCs 제어기술 : 소각(연소), 흡착, 냉각 응축, 생물학적 여과, UV 및 플라즈마

정답 ①

20 VOCs를 98% 이상 제어하기 위한 VOCs 제어기술과 가장 거리가 먼 것은?

① 후연소
② 루우프(loop) 산화
③ 재생(regenerative) 열산화
④ 저온(cryogenic) 응축

해설

정답 ②

21 다음 중 VOCs 처리방법으로 가장 거리가 먼 것은?

① 흡착 　　② 마스킹
③ 연소 　　④ 응축

해설

VOC 처리방법 : 흡수(지방족인 경우 효율이 낮다), 흡착, 산화(연소, 소각), 응축, 생물막처리법

VOCs 제어기술 : 소각(연소), 흡착, 냉각 응축, 생물학적 여과, UV 및 플라즈마

정답 ②

22 VOCs를 98% 이상 제어하기 위한 VOCs 제어 기술과 가장 거리가 먼 것은?

① 활성탄 흡착(Activated Carbon Adsorption)
② 응축(Condensation)
③ 수은환원(Mercury Reduction)
④ 흡수(Absorption)

해설

휘발성유기화합물 제어기술에는 연소법, 흡착법, 응축법, 흡수법이 있다.

정답 ③

23 다음에서 설명하는 실내오염물질은?

VOC의 한 종류이며 가장 일반적인 오염물질중 하나이고, 건물 내부에서 발견되는 오염물질 중 가장 심각한 오염물질이다. 각종 광택제와 풀, 발포성 단열재, 카펫, 합판틀, 파티클보드 선반 및 가구 등의 새 자재에서 주로 방출된다.

① HCHO
② Carbon Tetrachloride
③ Trimethylbenzene
④ Styrene

해설

정답 ①

계산문제

| S → NaOH양 |

01 매시간 4ton의 중유를 연소하는 보일러의 배연 탈황에 수산화나트륨을 흡수제로 하여 부산물로서 아황산나트륨을 회수한다. 중유 중 황성분은 3.5%, 탈황율이 98%라면 필요한 수산화나트륨의 이론량(kg/h)은?(단, 중유 중 황성분은 연소시 전량 SO_2로 전환되며, 표준상태를 기준으로 한다.)

① 230
② 343
③ 452
④ 553

해설

$$S + O_2 \rightarrow SO_2 + 2NaOH \rightarrow Na_2SO_3 + H_2O$$

$$S : 2NaOH$$
$$32kg : 2 \times 40kg$$

$$\frac{3.5}{100} \times 4,000kg/h \times \frac{98}{100} : NaOH(kg/h)$$

$$\therefore NaOH = \frac{3.5}{100} \times 4,000kg/h \times \frac{98}{100} \times \frac{2 \times 40}{32}$$
$$= 343kg/h$$

정답 ②

연습문제

| 흡수된 SO₂양 |

02 가스 $1m^3$당 50g의 아황산가스를 포함하는 어떤 폐가스를 흡수 처리하기 위하여 가스 $1m^3$에 대하여 순수한 물 2,000kg의 비율로 연속 향류 접촉시켰더니 폐가스 내 아황산가스의 농도가 1/10로 감소하였다. 물 1,000kg에 흡수된 아황산가스의 양(g)은?

① 11.5   ② 22.5

③ 33.5   ④ 44.5

해설

처음 아황산가스 농도 $50g/m^3$

나중 아황산가스 농도 $50g/m^3 \times \dfrac{1}{10} = 5g/m^3$ 이므로,

1) 물 2,000kg에 흡수된 아황산가스농도 :

$50 - 5 = 45g/m^3$

2) 물 1,000kg에 흡수된 아황산가스농도 :

$\dfrac{1}{2} \times 45g/m^3 = 22.5g/m^3$

정답 ②

| SO₂ – CaCO₃로 제거 시, 필요한 CaCO₃ 양 |

03 100Sm³/hr의 배출가스를 방출하는 연소로를 건식석회석법으로 SO₂를 처리하고자 한다. 이 때 배출가스의 SO₂ 농도가 2,500ppm일 때 SO₂를 100% 제거하기 위한 필요한 CaCO₃의 양은?

① 0.84kg/hr   ② 1.12kg/hr

③ 1.58kg/hr   ④ 2.17kg/hr

해설

$$SO_2 + CaCO_3 + 1/2O_2 \rightarrow CaSO_4 + CO_2$$

$$SO_2 : CaCO_3$$

$$22.4Sm^3 : 100kg$$

$$\dfrac{2,500}{10^6} \times 100Sm^3/hr : CaCO_3 kg/hr$$

따라서, CaCO₃ 필요량 = 1.12kg/hr

정답 ②

| 시간당 SO₂ 발생량 |

04 비중 0.9, 황성분 1.6%인 중유를 1,400L/h로 연소시키는 보일러에서 황산화물의 시간당 발생량은? (단, 표준상태 기준, 황성분은 전량 SO₂으로 전환된다.)

① 14Sm³/h   ② 21Sm³/h

③ 27Sm³/h   ④ 32Sm³/h

해설

$$S + O_2 \rightarrow SO_2$$

$$32kg \quad : \quad 22.4Sm^3$$

$$\dfrac{1.6}{100} \times \dfrac{140L}{h} \times \dfrac{0.9kg}{L} \quad : \quad X(Sm^3/h)$$

$$\therefore X = \dfrac{1.6}{100} \times \dfrac{140L}{h} \times \dfrac{0.9kg}{L} \times \dfrac{22.4Sm^3 SO_2}{32kg S}$$

$$= 14.1112Sm^3/hr$$

정답 ①

| 중화적정식 |

05 400ppm의 HCl을 함유하는 배출가스를 처리하기 위해 액가스비가 $2L/Sm^3$인 충전탑을 설계하고자 한다. 이 때 발생되는 폐수를 중화하는 데 필요한 시간당 0.5N NaOH 용액의 양은? (단, 배출가스는 $400Sm^3/h$로 유입되며, HCl은 흡수액인 물에 100% 흡수된다.)

① 9.2L ② 11.4L
③ 14.2L ④ 18.8L

해설

1) 발생하는 HCl 의 당량(eq/h)

$$\frac{400 \times 10^{-6} Sm^3 HCl}{Sm^3 가스} \times \frac{400 Sm^3}{h} \times \frac{1,000 eq}{22.4 Sm^3}$$

$= 7.1428 eq/h$

2) 중화 적정식

HCl의 당량 = NaOH의 당량

$NV = N' V'$

$7.1428 eq/h = \frac{0.5 eq}{L} \times X(L/h)$

$\therefore X(L/h) = 14.28$

정답 ③

| 산소 공존 시 선택적 접촉환원법 – NH_3 사용량(Sm^3/h) |

06 500ppm의 NO를 함유하는 배기가스 45,000 Sm^3/h를 암모니아 선택적 접촉환원법으로 배연 탈질할 때 요구되는 암모니아의 양(Sm^3/h)은? (단, 산소가 공존하는 상태이며, 표준상태 기준)

① 15.0 ② 22.5
③ 30.0 ④ 34.5

해설

암모니아(NH_3)를 이용한 선택적 접촉환원법
(산소 공존 상태 기준)

$$4NO + 4NH_3 + O_2 \rightarrow 4N_2 + 6H_2O$$

$4 \times 22.4 Sm^3 : 4 \times 22.4 Sm^3$

$\frac{500}{10^6} \times 45,000 Sm^3/h : NH_3(Sm^3/h)$

따라서, $NH_3 = 22.5(Sm^3/h)$

정답 ②

연습문제

| 산소 공존 시 선택적 접촉환원법 – NH₃ 사용량(kg/h) |

07 A배출시설의 배출량은 $200,000Sm^3/h$, 이 배출가스에 함유된 질소산화물은 280ppm 이었다. 이 질소산화물을 암모니아에 의한 선택적 촉매환원법(산소 공존없이)으로 처리할 경우 암모니아의 이론소요량(kg/h)은? (단, 배출가스 중 질소산화물은 모두 NO로 계산하고, 표준상태를 기준으로 한다.)

① 약 28 ② 약 38
③ 약 43 ④ 약 48

해설

$$6NO + 4NH_3 \rightarrow 5N_2 + 6H_2O$$

$$6 \times 22.4Sm^3 : 4 \times 17kg$$

$$200,000\,Sm^3/hr \times \frac{280}{10^6} : x\,kg/hr$$

$$\therefore x = 28.33kg/hr$$

정답 ①

| CO에 의한 비선택적 접촉 환원법 |

08 질산공장의 배출가스 중 NO₂ 농도가 80ppm, 처리가스량이 $1,000Sm^3$ 이었다. CO에 의한 비선택적 접촉환원법으로 NO₂를 처리하여 NO와 CO₂로 만들고자 할 때, 필요한 CO의 양은?

① $0.04Sm^3$ ② $0.08Sm^3$
③ $0.16Sm^3$ ④ $0.32Sm^3$

해설

$$NO_2 + CO \rightarrow NO + CO_2$$

$$NO_2 : CO$$

$$1Sm^3 : 1Sm^3$$

$$\frac{80mL}{m^3} \times 1,000Sm^3 \times \frac{1m^3}{10^6 mL} : x$$

$$\therefore x = 0.08Sm^3$$

정답 ②

Chapter 04 악취 발생 및 처리

1. 악취

황화수소 · 메르캅탄류(싸이올류) · 아민류, 기타 자극성 있는 기체상 물질이 사람의 후각을 자극하여 불쾌감과 혐오감을 주는 냄새

(1) 악취 농도

① 최소자극농도 : 인간이 냄새를 맡지 못하지만 인체에 자극이나 여향을 미칠 수 있는 최소 농도. 악취물질이 인체에 자극을 줄 수 있는 최소 농도를 말함

② 최소감지농도 : 냄새의 유무를 감지할 수 있는 최소 농도

③ 인지농도 : 냄새의 질, 느낌 등을 표현할 수 있는 최소 농도

최소자극농도 =	냄새 ×, 자극 O
최소감지농도 =	냄새의 유무를 감지할 수 있는 최소 농도
인지농도 =	냄새의 질, 느낌 등을 표현할 수 있는 최소 농도

최소자극농도 〈 최소감지농도 〈 인지농도

물질명	최소감지농도(ppm)
메틸머캅탄(CH_3SH)	0.0001
트리메틸아민($(CH_3)_3N$)	0.0001
다이메틸설파이드($(CH_3)_2S$)	0.0001
페놀(C_6H_5OH)	0.00028
다이메틸다이설파이드($CH_3S_2CH_3$)	0.0003
황화수소(H_2S)	0.0005
아세트알데하이드(CH_3CHO)	0.002
스티렌($C_6H_5CHCH_2$)	0.03
이산화황(SO_2)	0.055
피리딘	0.063
에탄올(C_2H_5OH)	0.094
암모니아(NH_3)	0.1
폼알데하이드(HCHO)	0.5
톨루엔($C_6H_5CH_3$)	0.9
아닐린	1
벤젠(C_6H_6)	2.7
아세톤	42

최소감지농도

메틸머캅탄, 트리메틸아민 〈 황화수소 〈 암모니아 〈 자일렌 〈 에틸벤젠 〈 폼알데하이드 〈 톨루엔 〈 아닐린 〈 벤젠 〈 아세톤

(2) 악취의 특징
① 사람의 후각에 의해서 측정
② 심미적 지표
③ 가스상물질 처리방법과 동일하게 제거 가능

(3) Weber – Fechner 법칙
① 물리적 자극량과 인간의 감각강도의 관계를 나타낸 식
② 물리화학적 자극량과 인간의 감각강도 관계는 웨버 훼히너(Weber–Fechner) 법칙과 잘 맞음

$$I = K \log C + b$$

C : 물리적 자극량(악취 농도)
I : 인간의 감각강도

2. 악취 오염물질

(1) 악취유발물질의 특징
① 휘발성이 강함(높은 증기압)
② 분자량 300 이하
③ 불포화 탄화수소
④ 방향족
⑤ $C_8 \sim C_{10}$의 물질이 많음

분류	특징
물리적 특성	· 냄새는 화학적 구성보다는 구성 그룹의 배열에 의한 물리적 차이에 결정됨 · 증기압 : 일반적으로 증기압이 높을수록 악취가 심함 · 용해도 : 물과 지방질에 잘 녹음 · 적외선 흡수 : 적외선을 강하게 흡수. 예외로 파라핀과 CS_2는 적외선에 투명 · 라만효과 : 냄새는 분자 내부 진동에 의존한다고 가정되어 라만변이와 연관이 있을 것으로 추정
화학적 특성	· 대체로 실온에서 액상이고 반응성이 좋음 · 저분자일수록 휘발성이 클수록 악취가 심함 · $C_8 \sim C_{13}$인 분자가 가장 악취 강함 · 친유성·친수성의 양기(兩基)를 가지고, 불포화도가 높을수록, 방향족 화합물의 경우 환상이 클수록 냄새가 강함 · 분자 내 수산기가 1개일 때 가장 강하고 수가 증가하면 감소 · 복합체 형성하면 냄새 감소

(2) 악취물질별 악취

① 황화합물 : 양파, 계란 부패하는 냄새

② 질소화합물 : 분뇨, 생선 냄새

③ 알데하이드류 : 자극적이고, 새콤하면서 타는 듯한 냄새

④ 탄화수소류 : 자극적인 신나 냄새, 가솔린 냄새

⑤ 지방산류 : 땀 냄새, 젖은 구두 냄새

(3) 지정악취물질

〈 악취방지법규상 지정악취물질 〉

암모니아	i-발레르알데하이드
메틸메르캅탄	톨루엔
황화수소	자일렌
다이메틸설파이드	메틸에틸케톤
다이메틸다이설파이드	메틸아이소뷰틸케톤
트라이메틸아민	뷰틸아세테이트
아세트알데하이드	프로피온산
스타이렌	n-뷰틸산
프로피온알데하이드	n-발레르산
뷰틸알데하이드	i-발레르산
n-발레르알데하이드	i-뷰틸알코올

3. 악취 처리방법

물리적 처리 방법	· 수세법 · 흡착법	· 냉각법(응축법) · 환기법(ventilation)
화학적 처리 방법	· 화학적 산화법 : 오존산화법, 염소산화법 · 약액세정법 : 산 · 알칼리 세정법	· 산화법 : 연소산화법, 촉매산화법 · 은폐법(Masking법)

(1) 물리적 방식

1) 수세법

① 세정수 이용한 세척처리

② 제거 대상 : 암모니아, 저급아민류, 저급유기산류, 케톤류, 알데하이드류, 페놀 등 친수성 극성기를 가지는 성분

③ 특징 : 수용성 가스에 유효. 효율 낮아서 전처리 과정으로 이용

2) 흡착법

① 주로 이용되는 방법. 비교적 소량가스에 이용

② 효율 : 60~70% 상온에서 실시, 제진, 제습, 감온 조치 필요

활성탄 흡착 효과	악취 성분 물질
효과가 큰 물질	메르캅탄류, 페놀류, 지방산류, 지방족탄화수소류, 방향족탄화수소류, 유기염소화합물, 알코올류(메탄올 제외), 케톤류, 알데하이드류(폼알데하이드 제외), 에스테르류
효과가 보통인 물질	황화수소, 아황산가스, 염소, 폼알데하이드, 아민류 등
효과가 작은 물질	암모니아, 메탄올, 메탄, 에탄 등

3) 냉각응축법
① 냄새를 가진 가스를 응결 또는 냉각시켜서 응축시키는 처리방법
② 종류 : 접촉 응축법, 표면응결법
③ 고농도·소량가스, 고온가스에 유리

4) 환기법(ventilation)
① 후드와 덕트를 사용하거나 높은 굴뚝을 사용하여 악취를 외부로 강제 배출
② 운영비 최소

(2) 화학적 방식
1) 화학적 산화법
① 화학반응과 물리적인 흡수법을 이용해 악취가스나 유해가스를 제거하는 가장 일반화된 방법
② 종류 : 오존산화법, 염소산화법
③ 산화제의 종류 : O_3, $KMnO_4$, $NaOCl$, H_2O_2, ClO_2, Cl_2, ClO 등

2) 약액세정법
산·알칼리 세정법 – 산성, 알칼리성 가스를 별도로 처리

3) 연소법(산화법)
가) 연소산화법(직접연소법)
① 악취물질을 600~800℃의 화염으로 직접 연소시키는 방법
② 연료는 CO_2와 H_2O 이외에는 생성되지 않아야 하며, 불완전연소가 되어서는 안 됨
③ 접촉시간 : 0.3~0.5초
④ 효율 : 90% 이상
나) 촉매산화법(촉매연소법)
① 백금 등의 금속 촉매를 이용하여 250~450℃로 처리하는 방법
② 연소장치가 간단
③ 효율 : 90% 이상
④ 촉매 : 백금, 팔라듐 등
⑤ 촉매 선정 조건
㉠ 산화성이 높을 것
㉡ 활성도가 클 것
㉢ 압력손실이 작을 것
㉣ 가격이 저렴할 것

4) 은폐법(Masking법)
좋은 냄새가 풍기는 향료(바닐린, 종진류, 초산벤질 등)를 이용하여 악취를 가리는 방법

연습문제

악취 발생 및 처리

Chapter 04

내용문제

---

01 다음 중 $(CH_3)_2CHCH_2CHO$의 냄새특성으로 가장 적합한 것은?

① 양파, 양배추 썩는 냄새
② 분뇨냄새
③ 땀냄새
④ 자극적이며, 새콤하고 타는 듯한 냄새

해설

$(CH_3)_2CHCH_2CHO$는 알데하이드류이며, 자극적이며, 새콤하고 타는 냄새가 난다.

정답 ④

---

03 다음 악취물질 중 "자극적이며, 새콤하고 타는 듯한 냄새"와 가장 가까운 것은?

① CH_3SH
② $(CH_3)_2CH_2CHO$
③ $CH_3S_2CH_3$
④ $(CH_3)_2S$

해설

② $(CH_3)_2CH_2CHO$: 알데하이드(-CHO)류 물질의 악취가 자극적이며, 새콤하고 타는 듯한 냄새가 난다.

정답 ②

---

03 다음 악취 중 공기 중에서의 최소감지농도(ppm)가 가장 높은 것은?

① 페놀
② 아세톤
③ 초산
④ 염소

해설

악취물질의 최소감지농도

① 페놀의 최소감지농도 : 0.047ppm
② 아세톤의 최소감지농도 : 100ppm
③ 초산의 최소감지농도 : 1.0ppm
④ 염소의 최소감지농도 : 0.314ppm

정답 ②

---

04 다음 악취 중 공기 중에서 최소감지농도가 가장 큰 것은?

① 아세톤
② 식초
③ 폼알데하이드
④ 페놀

해설

최소감지농도

① 아세톤 : 42ppm
② 식초 : 0.006ppm
③ 폼알데하이드 : 0.5ppm
④ 페놀 : 0.00028ppm

정답 ①

연습문제

05 다음 질소화합물 중 일반적으로 공기 중에서의 최소감지농도(ppm)가 가장 낮은 것은?

① 삼메틸아민　　　　② 피리딘
③ 아닐린　　　　　　④ 암모니아

해설

① 삼메틸아민의 최소감지농도 : 0.0001ppm
② 피리딘의 최소감지농도 : 0.063ppm
③ 아닐린의 최소감지농도 : 1ppm
④ 암모니아의 최소감지농도 : 3ppm

정답 ①

06 다음 중 활성탄 흡착법을 이용하여 악취를 제거하고자 할 때 거의 효과가 거의 없는 것은?

① 페놀(Phenol)
② 스타이렌(Styrene)
③ 에틸머캡탄(Ethyl Mercaptan)
④ 암모니아(Ammonia)

해설

활성탄 흡착 효과	악취 성분 물질
효과가 큰 물질	메르캅탄류, 페놀류, 지방산류, 지방족탄화수소류, 방향족탄화수소류, 유기염소화합물, 알코올류(메탄올 제외), 케톤류, 알데하이드류(폼알데하이드 제외), 에스테르류
효과가 보통인 물질	황화수소, 아황산가스, 염소, 폼알데하이드, 아민류 등
효과가 작은 물질	암모니아, 메탄올, 메탄, 에탄 등

정답 ④

07 악취제거 시 화학적 산화법에 사용하는 산화제로 가장 거리가 먼 것은?

① O_3　　　　　② $Fe_2(SO_4)_3$
③ $KMnO_4$　　　④ $NaOCl$

해설

악취제거에 사용되는 산화제의 종류

O_3, $KMnO_4$, $NaOCl$, Cl_2, ClO

정답 ②

08 화학산화법으로 악취를 처리할 때 산화제로 적합하지 않은 것은?

① $KMnO_4$　　　② ClO_2
③ O_3　　　　　④ CH_3SHO_2

해설

산화제의 종류

O_3, $KMnO_4$, $NaOCl$, H_2O_2, ClO_2, Cl_2, ClO 등

정답 ④

09 다음 악취방지방법 중 운영비(Operational Cost)가 일반적으로 가장 적게 드는 방법은?

① Adsorption
② Chmical Absorption
③ Chemical Oxidation
④ Ventilation

> **해설**
>
> 흡착법(Adsorption), 흡수법(Chemical Absorption), 화학적 산화법(Chemical oxidation), 환기법(Ventilation) 중 운영비가 가장 적은 것은 환기법이다.
>
> **정답** ④

10 악취물질을 직접불꽃소각 방식에 의해 제거할 경우 다음 중 가장 적합한 연소온도 범위는?

① 100~200℃ ② 200~300℃
③ 300~450℃ ④ 600~800℃

> **해설**
>
> ④ 600~800℃
>
> **정답** ④

Chapter 05

기타 배출시설에서 발생하는 유해가스 처리

1. 염소 및 염화수소의 처리방법

① 충전탑 흡수법
② 소석회($Ca(OH)_2$) 및 가성소다($NaOH$)에 의한 알칼리 흡수법
③ 제거물질별 반응비

반응비
HCl : $NaOH$ = 1 : 1
HCl : $Ca(OH)_2$ = 2 : 1
Cl_2 : $NaOH$ = 1 : 2
Cl_2 : $Ca(OH)_2$ = 1 : 1

반응비에 따라 소요 물질의 양을 계산할 수 있음

④ 반응식

$$HCl + NaOH \rightarrow NaCl + H_2O$$

$$2HCl + Ca(OH)_2 \rightarrow CaCl_2 + 2H_2O$$

$$Cl_2 + 2NaOH \rightarrow NaCl + NaOCl + H_2O$$

$$Cl_2 + Ca(OH)_2 \rightarrow CaOCl_2 + H_2O$$

2. 다이옥신의 제어

공법	특징
촉매분해법	· 금속산화물 또는 귀금속 촉매를 이용하여 분해
광분해법	· 자외선을 배기가스에 조사
열분해법	· 산소가 희박한 환원성 분위기에서 탈염소화 · 수소첨가반응을 통해 분해
고온열분해법	· 배기가스 온도를 850℃ 이상으로 유지하여 열분해 · 현재 많이 이용 중
초임계유체 분해법	· 초임계유체의 극대 용해도를 이용하여 흡수제거
오존산화법	· 수중 다이옥신을 처리하는 방법 · 용액 중 오존을 주입하여 산화분해 · 염기성 조건일수록, 온도가 높을수록 분해 잘 됨

3. 불소화합물의 처리

① 사용장치

　분무탑, 벤투리 스크러버, 제트 스크러버(충전탑은 침전물이 발생하므로 사용할 수 없음)

② 반응

　㉠ SiF_4가 물과 반응하여 SiO_2와 HF 생성

　㉡ SiF_4는 다시 HF와 반응하여 H_2SiF_6(규불화수소산)을 생성

③ $Ca(OH)_2$, NaOH에 의한 중화

　㉠ 불소는 물과 반응성이 크고 폭발위험이 있으므로 5~10% NaOH 용액을 흡수제로 사용함

　㉡ $Ca(OH)_2$를 투입하면 부산물로 형석(CaF_2)이 얻어짐

4. 기타 유해물질의 처리

① 염화인(PCl_3) : 비교적 물에 잘 용해되므로 물에 흡수시켜 제거

② 아크롤레인

　㉠ NaOCl 등의 산화제를 혼입한 NaOH 용액으로 흡수 제거

　㉡ 가스 중에 오존을 주입하여 산화시킨 후 가성소다에 흡수

③ 벤젠 : 촉매연소에 의한 제거

④ 시안화수소 : 물에 대한 용해도가 매우 크므로 가스를 물로 세정함

⑤ 이산화셀렌

　㉠ 코트렐집진기로 포집

　㉡ 결정으로 석출

　㉢ 물에 잘 용해되는 성질을 이용해 스크러버에 의해 세정

⑥ 일산화탄소(CO) : 백금계의 촉매를 사용하여 연소(촉매연소법)

⑦ 이황화탄소(CS_2) : 암모니아를 불어넣는 방법으로 제거

내용문제

01 염소를 함유한 폐가스를 소석회와 반응시켜 생성되는 물질은?

① 실리카겔　　　　　② 표백분
③ 차아염소산나트륨　　④ 포스겐

해설

$Cl_2 + Ca(OH)_2 \rightarrow CaOCl_2(표백분) + H_2O$

또는 $2Cl_2 + 2Ca(OH)_2 \rightarrow CaOCl_2 + Ca(OCl)_2 + 2H_2O$

정답 ②

02 다음 유해가스 처리법 중 염화수소 제거에 가장 적합한 것은?

① 흡착법　　　　　② 수세흡수법
③ 연소법　　　　　④ 촉매연소법

해설

염화수소의 경우 수세흡수법이 가장 적합하다.

정답 ②

03 다음 중 가스상 오염물질과 그 처리방법의 연결로 적합하지 않은 것은?

① SO_2 – 석회수 세정법
② NO_x – 촉매 환원법
③ HCl – $CaCO_3$에 의한 흡수법
④ CO – 촉매 연소법

해설

③ HCl – $Ca(OH)_2$에 의한 흡수법

정답 ③

04 다음은 불소화합물 처리에 관한 설명이다. (　) 안에 알맞은 화학식은?

사불화규소는 물과 반응하여 콜로이드 상태의 규산과 (　)이 생성된다.

① CaF_2　　　　　② $NaHF_2$
③ $NaSiF_6$　　　　④ H_2SiF_6

해설

④ H_2SiF_6(규불산, 규불화수소산)

정답 ④

05 다이옥신 처리대책이 아닌 것은?

① 촉매분해법
② 오존산화법
③ 생물학적 분해법
④ 선택적 접촉환원법

해설

다이옥신 처리대책

광분해법, 촉매분해법, 고온열분해법, 생물학적 분해법, 초임계유체 분해법, 오존산화법

정답 ④

06 다음 중 다이옥신의 광분해에 가장 효과적인 파장범위는?

① 150~220nm ② 250~340nm
③ 360~540nm ④ 600~850nm

해설

다이옥신의 광분해 파장 : 자외선 영역(250~340nm)

정답 ②

07 유해물질 처리방법으로 가장 거리가 먼 것은?

① 불소 : 가성소다에 의한 흡수제거
② 아크로레인 : 염산용액에 의한 흡수제거
③ 염화인 : 물에 흡수시켜 제거
④ 벤젠 : 촉매연소에 의한 제거

해설

아크롤레인 : NaOCl 등의 산화제를 혼입한 NaOH 용액으로 흡수 제거, 가스 중에 오존을 주입하여 산화시킨 후 가성소다에 흡수하는 방법

정답 ②

08 유해가스 처리방법으로 옳지 않은 것은?

① 시안화수소 – 물에 의한 세정
② 아크로레인 – 물에 의한 세정
③ 벤젠 – 촉매연소
④ 비소 – 알칼리액에 의한 세정

해설

② 아크로레인은 그대로 흡수가 불가능하여 NaClO 등의 산화제를 혼입한 가성소다 용액으로 흡수 제거한다.

정답 ②

09 CO를 백금계 촉매를 사용하여 CO_2로 완전 산화시켜 처리할 때 촉매의 수명을 단축시키는 물질과 가장 거리가 먼 것은?

① Zn   ② Pb
③ S   ④ NO_x

해설

④ 촉매독 물질은 주로 (중)금속류 물질들이다.

정답 ④

연습문제

| 계산문제 |

| (HCl : Ca(OH)₂ = 2 : 1) |

01 표준상태에서 염화수소 함량이 0.1%인 배출가스 1,000m³/hr를 수산화칼슘(Ca(OH)₂)액으로 처리하고자 한다. 염화수소가 100% 제거된다고 할 때, 1시간당 필요한 수산화칼슘의 이론적인 양은?

① 0.42kg   ② 0.83kg

③ 1.24kg   ④ 1.65kg

해설

$$2HCl + Ca(OH)_2 \rightarrow CaCl_2 + 2H_2O$$

$$2HCl : Ca(OH)_2$$

$$2 \times 22.4Sm^3 : 74kg$$

$$\frac{0.1}{100} \times 1,000m^3/h : Ca(OH)_2(kg/h)$$

$$Ca(OH)_2 = 1.65 \, kg/h$$

정답 ④

| (Cl₂ : Ca(OH)₂ = 1 : 1) |

02 염소농도가 0.68%인 배기가스 2,500Sm³/hr을 Ca(OH)₂의 현탁액으로 세정 처리하여 염소를 제거하려 한다. 이론적으로 필요한 Ca(OH)₂양 (kg/hr)은?

① 약 56   ② 약 66

③ 약 76   ④ 약 86

해설

$$Cl_2 + Ca(OH)_2 \rightarrow CaOCl_2 + H_2O$$

$$Cl_2 : Ca(OH)_2$$

$$22.4Sm^3 : 74kg$$

$$\frac{0.68}{100} \times 2,500Sm^3/h : x \, kg/h$$

$$\therefore x = 56.16kg/h$$

정답 ①

| (Cl₂ : NaOH = 1 : 2) |

03 염소가스를 함유하는 배출가스에 100kg의 수산화나트륨을 포함한 수용액을 순환 사용하여 100% 반응시킨다면 몇 kg의 염소가스를 처리할 수 있는가? (단, 표준상태 기준)

① 약 82kg   ② 약 85kg

③ 약 89kg   ④ 약 93kg

해설

$$Cl_2 + 2NaOH \rightarrow NaCl + NaOCl + H_2O$$

$$71(kg) : 80(kg)$$

$$x(kg) : 100(kg)$$

$$\therefore x(kg) = \frac{71 \times 100}{80} = 88.75kg$$

정답 ③

| (Cl₂ : HCl) |

04 메탄의 치환 염소화 반응에서 C₂Cl₄를 만들 경우 메탄 1kg당 부생되는 HCl의 이론량은? (단, 표준상태 기준)

① 4.2Sm³   ② 5.6Sm³

③ 6.4Sm³   ④ 7.8Sm³

해설

$$2CH_4 \quad + 6Cl_2 \quad \rightarrow \quad C_2Cl_4 + \quad 8HCl$$

$$2 \times 16kg \qquad : \qquad \qquad 8 \times 22.4Sm^3$$

$$1kg \qquad : \qquad \qquad X\ Sm^3$$

$$\therefore\ X = \frac{8 \times 22.4\,Sm^3}{2 \times 16kg} \times 1kg = 5.6Sm^3$$

정답 ②

| 배출허용기준을 만족시키기 위한 처리율 |

05 배출가스 중 염화수소의 농도가 500ppm 이다. 배출허용기준이 100mg/Sm³일 때, 최소한 몇 %를 제거해야 배출허용기준을 만족시킬 수 있는가? (단, 표준상태 기준이며, 기타 조건은 동일하다.)

① 약 68%   ② 약 78%

③ 약 88%   ④ 약 98%

해설

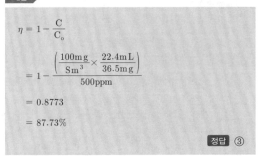

$$\eta = 1 - \frac{C}{C_o}$$

$$= 1 - \frac{\left(\frac{100\,mg}{Sm^3} \times \frac{22.4\,mL}{36.5\,mg}\right)}{500ppm}$$

$$= 0.8773$$

$$= 87.73\%$$

정답 ③

| 배출허용기준을 만족시키기 위한 C/C₀ |

06 A굴뚝 배출가스 중의 염화수소 농도가 250ppm 이었다. 염화수소의 배출허용기준을 80mg/Sm³로 하면 염화수소의 농도를 현재 값의 몇 %이하로 하여야 하는가? (단, 표준상태 기준)

① 약 10% 이하   ② 약 20% 이하

③ 약 30% 이하   ④ 약 40% 이하

해설

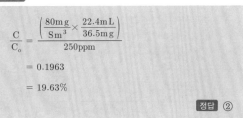

$$\frac{C}{C_o} = \frac{\left(\frac{80\,mg}{Sm^3} \times \frac{22.4\,mL}{36.5\,mg}\right)}{250ppm}$$

$$= 0.1963$$

$$= 19.63\%$$

정답 ②

연습문제

| HF → pH 계산 |

07 불화수소농도가 250ppm인 굴뚝 배출가스량 1,000Sm³/h를 10m³의 물로 10시간 순환 세정할 경우, 순환수의 pH는? (단, 불화수소는 60%가 전리하고, 불소의 원자량은 19)

① 2.18   ② 2.48

③ 2.72   ④ 2.94

해설

1) 순환수 중 HF의 해리로 발생하는 수소이온[H⁺]의 몰농도(mol/L)

$$[H^+] = \frac{\text{흡수되는 HF의양(mol)}}{\text{순환수의 양(L)}}$$

$$= \frac{\dfrac{1,000Sm^3}{h} \times \dfrac{250mL}{1Sm^3} \times 0.6 \times 10hr \times \dfrac{1mol}{22.4 \times 10^3 mL}}{10m^3 \times \dfrac{1,000L}{1m^3}}$$

$$= 6.6964 \times 10^{-3} M$$

2) pH

$$pH = -\log[H^+]$$
$$= -\log(6.6964 \times 10^{-3})$$
$$= 2.17$$

정답 ①

| (HF : Ca(OH)₂ = 2 : 1) |

08 불화수소 0.5%(V/V)를 포함하는 배출가스 6,660Sm³/h를 Ca(OH)₂ 현탁액으로 처리할 때 이론적으로 필요한 Ca(OH)₂의 양은?

① 55kg/hr   ② 45kg/hr

③ 35kg/hr   ④ 25kg/hr

해설

$$2HF + Ca(OH)_2 \rightarrow CaF_2 + 2H_2O$$

$$2HF \quad : \quad Ca(OH)_2$$
$$2 \times 22.4Sm^3 \quad : \quad 74kg$$
$$6,660Sm^3/hr \times 0.005 \quad : \quad x\,kg/hr$$

$$\therefore x = 55kg/hr$$

정답 ①

| 반응비를 이용한 규불산 회수율 |

09 HF 3,000ppm, SiF₄ 1,500ppm 들어있는 가스를 시간당 22,400Sm³씩 물에 흡수시켜 규불산을 회수하려고 한다. 이론적으로 회수할 수 있는 규불산의 양은? (단, 흡수율은 100%)

① 67.2Sm³/h   ② 1.5kmol/h

③ 3.0kmol/h   ④ 22.4Sm³/h

해설

(ppm)	2HF	+ SiF₄	→ H₂SiF₆
처음 농도	3,000	1,500	
반응 농도	-3,000	-1,500	
나중 농도			1,500

(부피)농도비 = 몰수비와 같으므로,
HF : SiF₄ : H₂SiF₆ = 2:1:1 로 반응한다.

따라서, 생성되는 규불산(H₂SiF₆)의 농도는 1,500ppm 이다.

$$\frac{1,500 \times 10^{-6} Sm^3}{Sm^3} \times \frac{22,400Sm^3}{h} \times \frac{1\,kmol}{22.4Sm^3}$$

$$= 1.5\,kmol/h$$

정답 ②

제 4장

환기 및 통풍

Chapter 01. 환기 및 통풍

Chapter 01 환기 및 통풍

1. 환기

(1) 분류

① 환기력에 의한 분류 : 자연 환기, 기계 환기
② 환기방식에 의한 분류 : 전체 환기, 국소환기

> · 전체 환기 : 실내 전체를 환기시키는 방식, 대풍량의 배기장치가 필요함
> · 국소 환기 : 오염물질이 발생원에서 실내에 확산되기 전에 포집 · 제거하는 환기 방법

2. 국소환기(국소 배기)장치

공기 오염물질이 실내에 확산되기 전에 그 발생원으로부터 가까운 곳에서 포집하여 배출하는 장치

(1) 흡인방법에 의한 분류

① 직접흡인방법 : 발생시설 본체에서 직접 흡인하는 방법
② 간접흡인방법 : 발생원에서 발생된 오염물질을 후드로 포착하여 흡인

(2) 구성

후드 – 덕트 – 송풍기 – 굴뚝

1) 후드

오염물질 발생원 쪽에 설치하여 외부로 배출시키는 장치

가) 분류

포위식(Enclosing)후드	· 발생원이 후드 안에 있는 경우
외부식(Exterior) 후드	· 발생원과 후드가 일정거리 떨어져 있는 경우 · 종류 : 리시버식 후드, 포집식 후드

나) 후드의 종류

종류	특징
포위식 후드 (enclosures hood)	·오염원을 가능한 최대로 포위하여 오염물질이 후드 밖으로 누출되는 것을 막고 필요한 공기량을 최소한으로 줄일 수 있는 후드 ·오염원을 완전히 둘러싸고 공기의 면속도가 충분히 고려된 형태 ·완전한 오염방지 가능 ·주변 난기류 영향 적음 ·종류 : 커버형(작은 구멍 정도의 개구부만 있음), 　　　　글로브 박스형(양손을 넣어 작업할 수 있는 정도의 구멍), 　　　　부스형(전면 개방), 드래프트 챔버형(미닫이문)
외부형 후드 (capture hood)	·국소배기장치의 송풍기 힘에 의해 능동적으로 오염물질을 후드로 끌어들이는 형태 ·흡인력이 외부에까지 미치도록 한 것 ·필요공기량 소요가 많음 ·다른 종류의 후드에 비해 근로자가 방해를 많이 받지 않고 작업가능 ·외부 난기류의 영향으로 흡인효과가 떨어짐 ·종류 　- 후드 모양 : 슬로트형, 루버형, 그리드형 　- 흡인위치 : 측방, 상방, 하방형 등
리시버식 후드 (recieving hood, 수형 후드)	·발생원과 후드가 일정거리 떨어져 있는 경우 ·종류 : 캐노피형, 그라인더 커버형
천개형 후드 (canopy hood)	·가열된 상부개방 오염원에서 배출되는 오염물질 포집에 사용
포착형 후드 (capture hood)	·작업장 내의 오염물질을 포착하기 위해 충분히 빠른 속도의 직접 기류를 만들어서 포집

다) 후드의 제어속도(통제속도, 포착속도 ; control velocity)
　① 오염물질의 발생속도를 이겨내고 오염물질을 후드내로 흡인하는데 필요한 최소의
　　기류속도
　② 발생하는 오염물질을 후드로 끌어들이는데 요구되는 제어속도는 오염원에서 뿐만
　　아니라 오염원에서 후드 반대쪽으로 비산하는 오염물질의 초기속도가 0이 되는
　　지점(무효점)까지 도달해야 제대로 오염물질을 처리할 수 있음
　③ 확산조건, 오염원의 주변 기류에 대한 영향이 큼
　④ 유해물질의 발생조건이 조용한 대기 중 거의 속도가 없는 상태로 비산하는
　　경우(가스, 흄 등)의 제어속도 범위는 0.5~1m/s 정도임
　⑤ 유해물질의 발생조건이 빠른 공기의 움직임이 있는 곳에서 활발히 비산하는
　　경우(분쇄기 등)의 제어속도 범위는 1.0~2.5m/s 정도임

> ·무효점(null point) : 오염물질 운동량이 소실되어 속도가 0이 되는 위치
> ·플랜지(flange) : 후드 뒤 쪽의 공기흡입을 줄이면서 제어속도를 높일 수 있음
>
> 플랜지 부착 효과
> ① 포착속도가 커짐
> ② 동일한 오염물질 제거에 있어 압력손실은 감소함
> ③ 후드 뒤쪽의 공기 흡입을 방지할 수 있음
> ④ 동일한 오염물질 제거에 있어 송풍량이 25%정도 감소함

라) 후드의 흡입 향상 조건
  ① 후드를 발생원에 가깝게 설치
  ② 후드의 개구면적을 작게 함
  ③ 충분한 포착속도를 유지
  ④ 기류흐름 및 장해물 영향 고려(에어커튼 사용)
  ⑤ 배풍기 여유율을 30%로 유지 함

2) 덕트(Duct)
  ① 후드와 외부의 연결통로
  ② 공기나 기타 유체가 흐르는 통로 및 구조물

참고

반송속도(V_t)

1) 정의
  공기에 포함된 오염물질이 덕트 내에 쌓이지 않고 운반되는 속도

2) 특징
  ① 오염물질의 특성에 따라 크기가 달라짐
    · 입자상 물질 〉 가스상 물질
    · 가스상 물질(가스, 증기) : 5~10m/s
    · 입자상 물질 : 10~25m/s
  ② 반송속도가 너무 빠르면 나타나는 현상 :
    마찰손실 증가, 송풍기의 용량 증가, 에너지 낭비 발생, 덕트의 마모가 심해짐
  ③ 적정 덕트 반송 속도

유해물질	예	덕트 반송 속도(m/s)
증기, 가스, 연기	모든 증기, 가스, 연기	특별한 규정은 없으나 경제적 측면을 감안하여 5.0~10.0
흄	용접	10~12.5
매우 작고 가벼운 먼지	나무 가루	12.5~15
건조한 먼지 또는 가루	면먼지, 미세한 고무 먼지, 베이크라이트 먼지, 먼지	15~20
산업장의 일반 먼지	연마먼지, 주물먼지, 석면방지의 석면 먼지	18~20
무거운 먼지	무겁고 습기찬 톱 먼지, 샌드블라스트, 납	20~25
무겁고 젖은 먼지	젖은 시멘트	25

3) 송풍기(Blower)

인공적인 바람을 일으켜 공기를 이동시키는 기계

가) 유량 조절방법
① 회전수 변화
② 댐퍼 부착
③ 베인 콘트롤법(날개 조절법)

나) 종류

대분류	소분류	특징
원심형 송풍기	전향날개형(다익형)	· 효율 낮음 · 제한된 곳이나 저압에서 대풍량이 필요한 곳에 설치
	후향날개형(터보형)	· 구조 간단, 소음 큼 · 설치장소 제약 적음 · 고온·고압의 대용량에 적합함 · 압입통풍기로 주로 사용
	비행기 날개형(익형)	· 터보형을 변형한 것 · 고속 가동되며 소음 적음 · 원심력 송풍기 중 가장 효율 높음
축류식 송풍기	프로펠러형	· 축차에 두 개 이상의 두꺼운 날개가 있는 형태 · 저압·대용량에 적합 · 저효율
	고정날개축류형(베인형)	· 적은 공간 소요 · 축류형 중 가장 효율 높음 · 공기분포 양호
	튜브형	· 덕트 도중에 설치하여 송풍압력을 높임 · 국소 통기 또는 대형 냉각탑에 사용

참고

환기시설 설계에 사용되는 보충용 공기

1) 보충용 공기

환기시설에 의해 작업장 내에서 배기된 만큼의 공기를 작업장 내로 재공급해야 하는 공기

2) 설계 조건
① 보충용 공기가 배기용 공기보다 약 10~15% 정도 많도록 조절하여 실내를 약간 양압으로 하는 것이 좋음
② 여름에는 보통 외부공기를 그대로 공급을 하지만, 공정 내의 열부하가 커서 제어해야 하는 경우에는 보충용 공기를 냉각하여 공급함
③ 보충용 공기의 유입구는 작업장이나 다른 건물의 배기구에서 나온 유해물질의 유입을 유도할 수 있는 위치로서 바닥에서 2.4m~3m 정도에서 유입하도록 함

3. 국소 환기장치 관련 계산 공식

(1) 후드의 흡인 유량

$$Q = AV$$

Q : 후드 흡입유량
A : 관 면적
V : 흡입 속도

(2) 압력 손실

① 후드의 압력손실

$$\Delta P = F \times P_v = F \times \frac{\gamma v^2}{2g}$$

$$F = \frac{(1 - K_i^2)}{K_i^2}$$

F : 후드 압력손실계수
K_i : 후드 유입계수

② 덕트의 압력손실

㉠ 원형 직선덕트

$$\Delta P = F \times P_v = 4f \frac{L}{D} \times \frac{\gamma v^2}{2g}$$

F : 상수
P_v : 속도압(mmH$_2$O)
f : 마찰손실계수
L : 관의 길이(m)
D : 관의 직경(m)
γ : 유체비중(kg$_f$/m^3)
v : 유속(m/s)

4f를 λ로 나타내기도 함

㉡ 장방형 직선덕트

$$\Delta P = F \times P_v = f \frac{L}{D_o} \times \frac{\gamma v^2}{2g}$$

D_o : 상당직경 = 2ab/(a+b)

압력의 종류

· 정압(static pressure)
  - 시설 내 잠재에너지
  - 동압과 무관하게 독립적으로 발생하며 유체를 압축(음압)시키거나 팽창(양압)시키려 함, 유체흐름에 직각으로 작용
· 동압(dynamic pressure, 속도압)
  - 유동방향으로 작용하는 단위체적의 유체가 갖는 운동에너지로, 항상 양압

$$P_v = \frac{\gamma v^2}{2g}$$

γ : 유체 비중(kg_f/m^3)
v : 유속(m/s)
P_v : 속도압(mmH_2O)

· 전압(total pressure)
  전압 = 정압 + 동압, 크기 일정함

(3) 송풍기의 동력

$$P = \frac{Q \triangle P \alpha}{102\eta}$$

P = 소요 동력(kW)
Q = 처리가스량(m^3/sec)
$\triangle P$ = 압력(mmH_2O)
α = 여유율(안전율)
η = 효율

P를 마력 단위로 구하고자 할 때, 1HP = 746W ≒ 0.75kW 이므로 분모에 이를 곱해주면 됨

(4) 송풍기의 상사 법칙(1 법칙)

송풍기의 크기(D)와 유체 밀도(ρ)가 일정할 때,

① 유량(Q)은 회전수(N)의 1승에 비례함

$$Q \propto N \qquad Q_2 = Q_1\left(\frac{N_2}{N_1}\right) \qquad \frac{Q_1}{N_1} = \frac{Q_2}{N_2}$$

② 압력(P)은 회전수의 2승(N^2)에 비례함

$$P \propto N^2 \qquad P_2 = P_1\left(\frac{N_2}{N_1}\right)^2 \qquad \frac{P_1}{N_1^2} = \frac{P_2}{N_2^2}$$

③ 동력(W)은 회전수의 3승(N^3)에 비례함

$$W \propto N^3 \qquad W_2 = W_1\left(\frac{N_2}{N_1}\right)^3 \qquad \frac{W_1}{N_1^3} = \frac{W_2}{N_2^3}$$

내용문제

01 아래 후드 형식으로 가장 적합한 것은?

> 작업을 위한 하나의 개구면을 제외하고 발생원 주위를 전부 애워싼 것으로 그 안에서 오염물질이 발산된다. 이 방식은 오염물질의 송풍시 낭비되는 부분이 적은데 이는 개구면 주변의 벽이 라운지 역할을 하고, 측벽은 외부로부터 분기류의 의한 방해에 대하여 방해판 역할을 하기 때문이다.

① 수(receiving)형 후드
② 슬롯(slot)형 후드
③ 부스(booth)형 후드
④ 캐노피(canopy)형 후드

해설

정답 ③

02 다음 후드 중 가열된 상부개방 오염원에서 배출되는 오염물질을 포집하는데 일반적으로 사용되며, 주로 고온의 오염공기를 배출하고 과잉습도를 제거 할 때 제한적으로 사용되며, 오염원이 고온이 아닐 때는 사용되지 않는 것은?

① 방사형 후드(radiation hood)
② 포위형 후드(enclosure hood)
③ 포착형 후드(capturing hood)
④ 천개형 후드(canopy hood)

해설

천개형 후드(canopy type)
발생원에서 열부력(고온의 기체)에 의한 상승기류 회전에 의한 관성기류가 있을 때 그 기류 방향에 따라서 오염공기를 받아들이도록 한 것

정답 ④

03 국소환기에 있어서 후드를 설계할 때 고려사항에 대한 설명으로 가장 거리가 먼 것은?

① 후드는 난기류의 영향을 고려하여 외부식으로 한다.
② 후드는 가급적 발생원에 가까이 설치한다.
③ 충분한 제어속도를 유지한다.
④ 후드의 개구면적을 가능한 작게 한다.

해설

외부식 후드는 난기류의 영향을 많이 받기 때문에 포위식이나 부스식 후드를 선정하는 것이 좋다.

정답 ①

04 원형 Duct의 기류에 의한 압력손실에 관한 설명으로 옳지 않은 것은?

① 길이가 길수록 압력손실은 커진다.
② 유속이 클수록 압력손실은 커진다.
③ 직경이 클수록 압력손실은 작아진다.
④ 곡관이 많을수록 압력손실은 작아진다.

해설

④ 곡관이 많을수록 압력손실은 커진다.

정답 ④

05 다음 중 후드의 형식에 해당되지 않는 것은?

① Diffusion Type   ② Enclosure Type
③ Booth Type   ④ Receiving Type

해설

후드의 종류
포위식(enclosure type), 외부식(exterior type), 부스식
(booth type), 리시버식(receiving type) 등

정답 ①

06 환기장치에서 후드(Hood)의 일반적인 흡인요령으로 거리가 먼 것은?

① 후드를 발생원에 근접시킨다.
② 국부적인 흡인방식을 택한다.
③ 충분한 포착속도를 유지한다.
④ 후드의 개구면적을 크게 한다.

해설

④ 후드의 개구면적을 좁게 한다.

정답 ④

07 송풍기를 운전할 때 필요유량에 과부족을 일으켰을 때 송풍기의 유량조절 방법에 해당하지 않는 것은?

① 회전수 조절법   ② 안내익 조절법
③ Damper 부착법   ④ 체걸름 조절법

해설

정답 ④

08 표준형 평판 날개형보다 비교적 고속에서 가동되고, 후향 날개형을 정밀하게 변형시킨 것으로써 원심력 송풍기 중 효율이 가장 좋아 대형 냉난방 공기조화장치, 산업용 공기청정장치 등에 주로 이용되며, 에너지 절감효과가 뛰어난 송풍기 유형은?

① 비행기 날개형(airfoil blade)
② 방사 날개형(radial blade)
③ 프로펠러형(propeller)
④ 전향 날개형(forward curved)

해설

① 원심력 송풍기 중 효율이 가장 좋은 것은 비행기 날개형
(airfoil blade)이다.

정답 ①

연습문제

09 다음은 축류 송풍기에 관한 설명이다. ( )안에 가장 적합한 것은?

> ( )는 축류형 중 가장 효율이 높으며, 일반적으로 직선류 및 아담한 공간이 요구되는 HVAC 설비에 응용된다. 공기의 분포가 양호하여 많은 산업장에서 응용되고 있다.

① 고정날개 축류형 송풍기
② 원통 축류형 송풍기
③ 방사 경사형 송풍기
④ 공기회전차 축류형 송풍기

해설

정답 ①

10 송풍기를 원심력과 축류형으로 분류할 때 다음 중 축류형에 해당하는 것은?

① 프로펠러형
② 방사경사형
③ 비행기날개형
④ 전향날개형

해설

송풍기의 분류
· 원심력 송풍기 : 터보형(후향날개형), 다익형(전향날개형), 익형(비행기)
· 축류형 송풍기 : 프로펠러형, 튜브형, 베인형

정답 ①

11 다음 중 원심형 송풍기에 해당하지 않는 것은?

① 터보형
② 평판형
③ 다익형
④ 프로펠라형

해설

송풍기 종류
원심형 송풍기 : 터보형, 평판형, 다익형
축류형 송풍기 : 프로펠라형, 튜브형, 베인형

정답 ④

12 다음은 원심력송풍기의 유형 중 어떤 유형에 관한 설명인가?

> 축차의 날개는 작고 회전축차의 회전방향쪽으로 굽어있다. 이 송풍기는 비교적 느린 속도로 가동되며, 이 축차는 대로 '다람쥐축차'라고도 불린다. 주로 가정용 화로, 중앙난방장치 및 에어컨과 같이 저압 난방 및 환기 등에 이용된다.

① 방사 날개형
② 전향 날개형
③ 방사 경사형
④ 프로펠러형

해설

정답 ②

13 다음은 원심송풍기에 관한 설명이다. ( )안에 알맞은 것은?

> ( )의 익현길이가 짧고 깃폭이 넓은 36~64매나 되는 다수의 전경깃이 강철판의 회전차에 붙여지고, 용접해서 만들어진 케이싱 속에 삽입된 형태의 팬으로서 시로코팬이라고도 널리 알려져 있다.

① 레이디얼팬   ② 터어보팬
③ 다익팬   ④ 익형팬

해설

시로코팬이라고도 불리는 팬은 다익팬이다.

정답 ③

14 원심형 송풍기의 성능에 대한 설명으로 옳은 것은?

① 송풍기의 풍량은 회전수의 제곱에 비례한다.
② 송풍기의 풍압은 회전수의 제곱에 비례한다.
③ 송풍기의 크기는 회전수의 제곱에 비례한다.
④ 송풍기의 동력은 회전수의 제곱에 비례한다.

해설

정답 ②

계산문제

| 환기량 |

01 실내에서 발생하는 CO_2의 양이 시간당 $0.3m^3$일 때 필요한 환기량? (단, CO_2의 허용농도와 외기의 CO_2농도는 각각 0.1%와 0.03% 이다.)

① 약 $430m^3/h$ ② 약 $320m^3/h$
③ 약 $210m^3/h$ ④ 약 $145m^3/h$

해설

$$Q = \frac{M}{C_o - C} = \frac{0.3m^3/hr}{0.001 - 0.0003} = 428.57m^3/hr$$

여기서,   Q : 환기량(m^3/hr)
         M : 발생량(m^3/hr)
         C_o : 실내 허용 농도(m^3/m^3)
         C : 신선 외기 농도(m^3/m^3)

정답 ①

연습문제

| 희석물질수지식 응용 – 농도감소 소요시간 계산 |

02 암모니아의 농도가 용적비로 200ppm인 실내공기를 송풍기로 환기시킬 때, 실내용적이 4,000 m^3이고, 송풍량이 100m^3/min이면 농도를 20 ppm으로 감소시키기 위한 시간은?

① 82분   ② 92분
③ 102분   ④ 112분

해설

$$\ln \frac{C}{C_o} = -\frac{Q}{V}t$$

$$\ln \frac{20}{200} = -\frac{100m^3/min}{4,000m^3} \times t$$

$$\therefore \ t = 92.10 \ min$$

참고

물질수지식

$$V\frac{dC}{dt} = QC_o - QC - kC^h$$

조건에서 $C = 0$, 반응 없으므로 $n = 0$

$$\therefore \ V\frac{dC}{dt} = -QC$$

$$\int_{C_o}^{C} \frac{1}{C} dC = -\frac{Q}{V}\int_{o}^{t} dt$$

$$\ln \frac{C}{C_o} = -\frac{Q}{V}t$$

정답 ②

| 해로운 숯 태우기 양(kg) |

03 공기 중 CO_2 가스의 부피가 5%를 넘으면 인체에 해롭다고 한다면 지금 600m^3 되는 방에서 문을 닫고 80%의 탄소를 가진 숯을 최소 몇 kg을 태우면 해로운 상태로 되겠는가? (단, 기존의 공기 중 CO_2 가스의 부피는 고려하지 않음, 실내에서 완전혼합, 표준상태 기준)

① 약 5kg   ② 약 10kg
③ 약 15kg   ④ 약 20kg

해설

1) 인체에 해로울 수 있는 CO_2 양(m^3)

    $600m^3 \times 0.05 = 30m^3$

2) CO_2 30m^3이 배출되기 위한 숯 사용량(kg)

$$C + O_2 \ \rightarrow \ H_2O$$

$$12kg \ : \ 22.4Sm^3$$

$$x \ kg \times \frac{80}{100} \ : \ 30m^3$$

$$\therefore x = \ 약 \ 20kg$$

정답 ④

| 송풍기 소요동력 |

04 처리가스량 $25,420\text{m}^3/\text{hr}$, 압력손실이 100 mmH_2O인 집진장치의 송풍기 소요동력은 약 얼마인가? (단, 송풍기의 효율은 60%, 여유 율은 1.3)

① 9kW ② 12kW
③ 15kW ④ 18kW

해설

$$P = \frac{Q \times \triangle P \times \alpha}{102 \times \eta}$$

$$= \frac{(25,420/3,600) \times 100 \times 1.3}{102 \times 0.6} = 14.43$$

여기서, P : 소요 동력(kW)
　　　　 Q : 처리가스량(m^3/sec)
　　　　 $\triangle$P : 압력(mmH_2O)
　　　　 α : 여유율(안전율)
　　　　 η : 효율

정답 ③

| 송풍기 소요동력 응용 1 (kW $\propto$ N^3 $\propto$ Q^3) |

05 송풍기의 크기와 유체의 밀도가 일정한 조건 에서 한 송풍기가 1.2kW의 동력을 이용하여 $20\text{m}^3/\text{min}$의 공기를 송풍하고 있다. 만약 송 풍량이 $30\text{m}^3/\text{min}$으로 증가했다면 이 때 필 요한 송풍기의 소요동력(kW)은?

① 1.5 ② 1.8
③ 2.7 ④ 4.1

해설

회전수(N)를 변화하면 송풍기의 풍량(Q), 풍압(P_s), 동력(W)은 각각 1승, 2승, 3승에 비례하여 변하므로,

W $\propto$ N^3 $\propto$ Q^3 임

$$W : Q^3$$

$$1.2\text{kW} : (20\text{m}/\text{min})^3$$

$$x\text{kW} : (30\text{m}/\text{min})^3$$

$$x = 4.05\text{kW}$$

정답 ④

| 송풍기 정압 |

06 송풍기가 표준공기(밀도 : 1.2kg/m^3)를 $10\text{m}^3/$ sec 로 이동시키고 $1,000\text{rpm}$으로 회전할 때 정압이 900N/m^2이었다면 공기밀도가 1.0kg/ m^3으로 변할 때 송풍기의 정압은?

① 520N/m^2 ② 625N/m^2
③ 750N/m^2 ④ 820N/m^2

해설

$$P_{S2} = P_{S1} \times \frac{\rho_2}{\rho_1} = 900 \times \frac{1}{1.2} = 750\text{N/m}^2$$

정답 ③

연습문제

| 송풍기 상사법칙 |

07 송풍관에 송풍량 $40m^3/min$을 통과시켰을 때 $20mmH_2O$의 압력손실이 생겼다. 송풍량이 $60 m^3/min$로 증가된다면 압력손실(mmH_2O)은?

① 20   ② 30

③ 35   ④ 45

해설

송풍기 상사법칙

유량(Q) $\propto$ N, 정압(P_s) $\propto$ N^2 이므로,

$$Q^2 \propto P_s \ \text{임}$$

$(40m^3/min)^2 : 20mmH_2O$

$(60m^3/min)^2 : x \, mmH_2O$

$$\therefore \ 압력손실(x) = \frac{60^2}{40^2} \times 20 = 45mmH_2O$$

정답 ④

| 송풍관 내 압력손실 $\triangle P(mmH_2O) = 4f \times \dfrac{L}{D} \times \dfrac{\gamma V^2}{2g}$ |

08 원형 덕트에서 길이 L, 마찰계수 f, 직경 D, 유속 v일 때 압력손실(H_f)의 비례관계 표현으로 옳은 것은? (단, g : 중력가속도)

① $H_f \propto f \dfrac{DLv^2}{g}$ ② $H_f \propto f \dfrac{gLv}{D}$

③ $H_f \propto f \dfrac{Lv^2}{gD}$ ④ $H_f \propto f \dfrac{Dv^2}{gL}$

해설

원형 덕트에서의 압력손실은 마찰계수, 관의 길이, 유속에 비례하고 관의 직경, 중력가속도에 반비례한다.

$$\triangle P(mmH_2O) = 4f \times \frac{L}{D} \times \frac{\gamma V^2}{2g}$$

정답 ③

| 후드 압력 손실 $\triangle P = F \times h$ |

09 유입계수 0.75, 속도압 $25mmH_2O$ 일 때, 후드의 압력손실(mmH_2O)은?

① 16.5   ② 17.6

③ 18.8   ④ 19.4

해설

관의 압력손실

1) $F = \dfrac{1 - Ce^2}{Ce^2} = \dfrac{1 - 0.75^2}{0.75^2} = 0.7778$

2) $\triangle P = F \times h = 0.7778 \times 25 = 19.45(mmH_2O)$

정답 ④

| 관내 속도압 |

10 $50m^3/min$의 공기를 직경 28cm의 원형관을 사용하여 수송하고자 할 때 관내의 속도압(mmH₂O)을 구하면? (단, 공기의 비중은 $1.2kg/m^3$)

① 8.6 ② 9.6
③ 11.2 ④ 15.6

해설

$$1) V = \frac{Q}{A} = \frac{50m^3/min \times 1min/60sec}{\frac{\pi}{4}(0.28)^2}$$

$$= 13.533m/sec$$

$$2) h = \frac{\gamma V^2}{2g} = \frac{1.2 \times 13.533^2}{2 \times 9.8} = 11.212mmH_2O$$

정답 ③

| 관로 풍속 - 레이놀즈수 이용 |

11 60mmHg, 20℃이고, 공기 동점성계수 $1.5 \times 10^{-5}m^2/sec$ 일 때 관지름을 50mm로 하면 그 관로의 풍속(m/sec)은? (단, 레이놀즈수는 21,667)

① 1.2 ② 4.5
③ 6.5 ④ 9.0

해설

$$R_e = \frac{DV}{v}$$

$$21,667 = \frac{0.05 \times V}{1.5 \times 10^{-5}}$$

$$\therefore V = 6.5m/sec$$

정답 ③

| 덕트내 공기밀도 - 레이놀즈수 응용 |

12 공기의 유속과 점도가 각각 1.5m/s 와 0.0187 cP일 때 레이놀즈 수를 계산한 결과 1,950이었다. 이 때 덕트 내를 이동하는 공기의 밀도는? (단, 덕트의 직경은 75mm이다.)

① $0.23kg/m^3$ ② $0.29kg/m^3$
③ $0.32kg/m^3$ ④ $0.40kg/m^3$

해설

$$\mu = 0.0187 \times 0.01g/cm \cdot sec = 1.87 \times 10^{-5}g/cm \cdot sec$$

$$R_e = \frac{Dv\rho}{\mu}$$

$$\therefore \rho = \frac{R_e \times \mu}{Dv}$$

$$= \frac{1,950 \times (0.0187 \times 10^{-2}g/cm \cdot s)}{0.075m \times 1.5m/s} \times \frac{100cm}{1m} \times \frac{1kg}{10^3g}$$

$$= 0.32kg/m^3$$

정답 ③

연습문제

| 피토관에 의한 유속 계산 $V = C\sqrt{\dfrac{2gP_v}{\gamma}}$ |

13 굴뚝(연돌)에서 피토관을 사용하여 배출가스의 유속을 구하고자 측정한 결과가 아래 [보기]와 같을 때, 이 굴뚝에서의 배출가스 유속은?

> C : 피토관 계수이며 값은 1
> g : 중력가속도이며 값은 $9.8m/s^2$
> h : 동압으로 측정값은 $5.0mmH_2O$
> γ : 배출가스 밀도이며 측정값은 $1.5kg/m^3$

① 약 5m/s   ② 약 6m/s
③ 약 7m/s   ④ 약 8m/s

해설

피토관에 의한 유속

$$V = C\sqrt{\frac{2gP_v}{\gamma}} = 1 \times \sqrt{\frac{2 \times 9.8 \times 5}{1.5}} = 8.08m/sec$$

V : 유속(m/s)
C : 피토관 계수
P_v : 동압(mmH₂O)
γ : 배출가스 밀도(kg/m³)

정답 ④

| 공기이동속도 Q = AV |

14 직경이 500mm인 관에 60m³/min의 공기가 통과한다면 공기의 이동속도는?

① 5.1m/sec   ② 5.7m/sec
③ 6.2m/sec   ④ 6.9m/sec

해설

1) $Q(m^3/sec) = \dfrac{60m^3}{min} \times \dfrac{1min}{60se} = 1m^3/sec$

2) $A = \dfrac{\pi}{4}D^2 = \dfrac{\pi}{4} \times 0.5^2 = 0.1963m^2$

3) $V = \dfrac{Q}{A} = \dfrac{1}{0.1963} = 5.09(m/sec)$

정답 ①

| 공기이동속도 Q = AV |

15 직경이 203.2mm인 관에 35m³/min의 공기를 이동시키면 이때 관내 이동 공기의 속도는 약 몇 m/min인가?

① 18m/min   ② 72m/min
③ 980m/min   ④ 1,080m/min

해설

1) $A = \dfrac{\pi}{4}D^2 = \dfrac{\pi}{4} \times (0.2032)^2 = 0.0324m^2$

2) $V = \dfrac{Q}{A} = \dfrac{35m^3/min}{0.0324m^2} = 1,080.24(m/min)$

정답 ④

| 장방형 굴뚝 상당 직경 |

16 장방형 굴뚝에서 가로길이가 a, 세로길이가 b
일 경우 상당직경의 표현식으로 옳은 것은?

① $\dfrac{2ab}{a+b}$ 　　　　② $\dfrac{a+b}{2ab}$

③ $\sqrt{a\times b}$ 　　　　④ $\dfrac{a+b}{2}$

해설

장방형 굴뚝 상당직경 $= \dfrac{2가로(m)\times세로(m)}{가로(m)+세로(m)} = \dfrac{2ab}{a+b}$

정답 ①

| 굴뚝에 의한 마찰손실 |

17 높이 100m, 직경이 1m인 굴뚝에서 260℃의 배
출가스가 12,000m³/hr로 토출될 때 굴뚝에 의한
마찰손실은 약 얼마인가? (단, 굴뚝의 마찰계수는
$\lambda = 0.06$, 표준상태의 공기밀도는 1.3kg/m^3)

① 1.84mmH₂O 　　　　② 2.94mmH₂O

③ 3.68mmH₂O 　　　　④ 4.82mmH₂O

해설

1) $\gamma = \dfrac{1.3\text{kg}}{\text{Sm}^3} \times \dfrac{273}{273+260} \times \dfrac{1}{1} = 0.67\text{kg/m}^3$

2) $V = \dfrac{Q}{A} = \dfrac{12,000\text{m}^3}{\text{hr}} \times \dfrac{1\text{hr}}{3,600\text{sec}} \times \dfrac{1}{\dfrac{\pi\times(1\text{m})^2}{4}}$

$= 4.24\text{m/sec}$

3) $\triangle P_f = 4f \times \dfrac{L}{D} \times \dfrac{\gamma V^2}{2g} = \lambda \times \dfrac{L}{D} \times \dfrac{\gamma V^2}{2g}$

$\triangle P_f = 0.06 \times \dfrac{100}{1} \times \dfrac{0.67\times(4.24)^2}{2\times9.8} = 3.68\text{mmH}_2\text{O}$

정답 ③

4과목

대기오염
공정시험
기준

제 1장

공정시험기준

공통사항

Chapter 01 총칙

1. 개요

① 목적

이 시험기준은 환경분야 시험·검사 등에 관한 법률 제6조 규정에 의거 대기오염물질을 측정함에 있어서 측정의 정확 및 통일을 유지하기 위하여 필요한 제반사항에 대하여 규정함을 목적으로 한다.

② 적용범위

㉠ 환경정책기본법 제12조 환경기준 중 대기환경기준의 적합여부, 대기환경보전법 제16조 배출허용기준의 적합여부는 대기오염공정시험기준(이하 "공정시험기준"이라 한다)의 규정에 의하여 시험 판정한다.

㉡ 대기환경보전법에 의한 오염실태조사는 따로 규정이 없는 한 공정시험기준의 규정에 의하여 시험한다.

③ 공정시험기준에서 필요한 어원, 분자식, 화학명 등은 (   ) 내에 기재한다.

④ 공정시험기준의 내용은 총칙, 정도보증/정도관리, 일반 시험기준, 항목별 시험기준, 동시분석 시험기준으로 구분한다. 단, 이 시험법에 규정한 방법이 분석화학적으로 반드시 최고의 정밀도와 정확도를 갖는다고는 할 수 없으며 공정시험기준 이외의 방법이라도 측정결과가 같거나 그 이상의 정확도가 있다고 국내외에서 공인된 방법은 이를 사용할 수 있다.

⑤ 공정시험기준 중 각 항에 표시한 검출한계, 정량한계 등은 재현성, 안정성 등을 고려하여 해당되는 각조의 조건으로 시험하였을 때 얻을 수 있는 한계치를 참고하도록 표시한 것이므로 실제 측정 시 채취량이 줄어들거나 늘어날 경우 한계치가 조정될 수 있다.

⑥ 공정시험기준에서 사용하는 수치의 맺음법은 따로 규정이 없는 한 한국산업표준 KS Q 5002(데이터의 통계적 기술)의 4사5입법 수치 맺음법을 따른다.

⑦ 공정시험기준에서 규정하지 않은 사항에 대해서는 일반적인 화학적 상식에 따르되 이 시험방법에 기재한 방법 중 세부조작은 시험의 본질에 영향을 주지 않는다면 실험자가 적당히 변경, 조절할 수도 있다.

⑧ 하나 이상의 공정시험기준으로 시험한 결과가 서로 달라 판정에 영향을 줄 경우에는 항목별 공정시험기준의 주 시험방법에 의한 분석 성적에 의하여 판정한다. 단, 주 시험방법은 따로 규정이 없는 한 항목별 공정시험기준의 1법으로 한다.

⑨ 배출허용기준 중 표준산소농도를 적용받는 항목에 대하여는 다음 식을 적용하여 오염물질의 농도 및 배출가스량을 보정한다.

○ 오염물질 농도 보정

$$C = C_a \times \frac{21 - O_s}{21 - O_a}$$

C	:	오염물질 농도(mg/Sm^3 또는 ppm)
O$_s$	:	표준산소농도(%)
O$_a$	:	실측산소농도(%)
C$_a$	:	실측오염물질농도(mg/Sm^3 또는 ppm)

○ 배출가스유량 보정

$$Q = Q_a \div \frac{21 - O_s}{21 - O_a}$$

C	:	배출가스유량(Sm^3/일)
O$_s$	:	표준산소농도(%)
O$_a$	:	실측산소농도(%)
C$_a$	:	실측배출가스유량(Sm^3/일)

2. 화학분석 일반사항

(1) 단위 및 기호

주요 단위 및 기호는 다음 표 1과 같으며, 여기에 표시되지 않은 단위는 KS A ISO 80000-1 (양 및 단위 - 제1부 : 일반사항) 또는 국제 표준단위계(SI) 및 그 사용방법규정에 따른다.

〈 표 1. 도량형의 단위 및 기호 〉

종류	단위	기호	종류	단위	기호
길이	미터	m	용량		
	센티미터	cm		킬로리터	kL
	밀리미터	mm		리터	L
	마이크로미터(마이크론)	μm(μ)		밀리리터	mL
	나노미터(밀리마이크론)	nm(mμ)		마이크로리터	μL
	옹스트롬	Å			
무게	킬로그램	kg	부피		
	그램	g		세제곱미터	m^3
	밀리그램	mg		세제곱센티미터	cm^3
	마이크로그램	μg		세제곱밀리미터	mm^3
	나노그램	ng			
넓이	제곱미터	m^2	압력	기압	atm
	제곱센티미터	cm^2		수은주밀리미터	mmHg
	제곱밀리미터	mm^2		수주밀리미터	mmH$_2$O

(2) 농도표시

① 중량백분율로 표시할 때는 (질량분율 %)의 기호를 사용한다.

② 액체 1000mL 중의 성분질량(g) 또는 기체 1000mL 중의 성분질량(g)을 표시할 때는 g/L의 기호를 사용한다.

③ 액체 100mL 중의 성분용량(mL) 또는 기체 100mL 중의 성분용량(mL)을 표시할 때는 (부피분율 %)의 기호를 사용한다.

④ 백만분율(Parts Per Million)을 표시할 때는 ppm의 기호를 사용하며 따로 표시가 없는 한 기체일 때는 용량 대 용량(부피분율), 액체일 때는 중량 대 중량(중량분율)을 표시한 것을 뜻한다.

⑤ 1억분율(Parts Per Hundred Million)은 pphm, 10억분율(Parts Per Billion)은 ppb로 표시하고 따로 표시가 없는 한 기체일 때는 용량 대 용량(부피분율), 액체일 때는 중량 대 중량(중량분율)을 표시한 것을 뜻한다.

⑥ 기체 중의 농도를 mg/m^3로 표시했을 때는 m^3은 **표준상태(0℃, 760mmHg)**의 기체용적을 뜻하고 Sm^3로 표시한 것과 같다. 그리고 am^3로 표시한 것은 실측상태(온도·압력)의 기체용적을 뜻한다.

(3) 온도의 표시

① 온도의 표시는 셀시우스(Celcius) 법에 따라 아라비아 숫자의 오른쪽에 ℃를 붙인다. 절대온도는 K로 표시하고 절대온도 0K는 -273℃로 한다.

② **표준온도는 0℃, 상온은 15~25℃, 실온은 1~35℃**로 하고, **찬 곳은** 따로 규정이 없는 한 0~15℃의 곳을 뜻한다.

③ **냉수는 15℃ 이하, 온수는 60~70℃, 열수는 약 100℃**를 말한다.

④ "수욕상 또는 수욕 중에서 가열한다."라 함은 따로 규정이 없는 한 수온 100℃에서 가열함을 뜻하고 약 100℃ 부근의 증기욕을 대응할 수 있다.

⑤ **"냉후"(식힌 후)**라 표시되어 있을 때는 보온 또는 가열 후 실온까지 냉각된 상태를 뜻한다.

⑥ 각 조의 시험은 따로 규정이 없는 한 상온에서 조작하고 조작 직후 그 결과를 관찰한다.

(4) 물

시험에 사용하는 물은 따로 규정이 없는 한 **정제수** 또는 **이온교환수지로 정제한 탈염수**를 사용한다.

(5) 액의 농도

① 단순히 용액이라 기재하고, 그 용액의 이름을 밝히지 않은 것은 수용액을 뜻한다.

② 혼액(1+2), (1+5), (1+5+10) 등으로 표시한 것은 액체상의 성분을 각각 1용량 대 2용량, 1용량 대 5용량 또는 1용량 대 5용량 대 10용량의 비율로 혼합한 것을 뜻하며, (1 : 2), (1 : 5), (1 : 5 : 10) 등으로 표시할 수도 있다. 보기를 들면, 황산 (1+2) 또는 황산 (1 : 2)라 표시한 것은 황산 1용량에 물 2용량을 혼합한 것이다.

③ 액의 농도를 (1→2), (1→5) 등으로 표시한 것은 그 용질의 성분이 고체일 때는 1g을, 액체일 때는 1mL를 용매에 녹여 전량을 각각 2mL 또는 5mL로 하는 비율을 뜻한다.

(6) 시약, 시액, 표준물질

① 시험에 사용하는 시약은 따로 규정이 없는 한 특급 또는 1급 이상 또는 이와 동등한 규격의 것을 사용하여야 한다. 단, 단순히 염산, 질산, 황산 등으로 표시하였을 때는 따로 규정이 없는 한 다음 표 2에 규정한 농도 이상의 것을 뜻한다.

〈 표 2. 표준물질 〉

명칭	화학식	농도(%)	비중
암모니아수	NH_4OH	28.0~30.0(NH_3로서)	0.9
과산화수소	H_2O_2	30.0~35.0	1.11
염산	HCl	35.0~37.0	1.18
플루오린화수소	HF	46.0~48.0	1.14
브로민화수소	HBr	47.0~49.0	1.48
아이오딘화수소	HI	55.0~58.0	1.7
질산	HNO_3	60.0~62.0	1.38
과염소산	$HClO_4$	60.0~62.0	1.54
인산	H_3PO_4	85.0 이상	1.69
황산	H_2SO_4	95.0 이상	1.84
아세트산	CH_3COOH	99.0 이상	1.05

② 시험에 사용하는 표준품은 원칙적으로 특급 시약을 사용하며 표준액을 조제하기 위한 표준용시약은 따로 규정이 없는 한 데시케이터에 보존된 것을 사용한다.

③ 표준품을 채취할 때 표준액이 정수로 기재되어 있어도 실험자가 환산하여 기재수치에 "약"자를 붙여 사용할 수 있다.

④ "약"이란 그 무게 또는 부피 등에 대하여 ±10% 이상의 차가 있어서는 안 된다.

(7) 방울수

"방울수"라 함은 20℃에서 정제수 20방울을 떨어뜨릴 때 그 부피가 약 1mL 되는 것을 뜻한다.

(8) 기구

① 공정시험기준에서 사용하는 모든 유리기구는 KS L 2302(이화학용 유리기구의 모양 및 치수)에 적합한 것 또는 이와 동등 이상의 규격에 적합한 것으로 국가 또는 국가에서 지정하는 기관에서 검정을 필한 것을 사용해야 한다.

② 부피플라스크, 피펫, 뷰렛, 눈금실린더, 비커 등 화학분석용 유리기구는 국가검정을 필한 것을 사용한다.

③ 여과용 기구 및 기기를 기재하지 아니하고 "여과한다"라고 하는 것은 KS M 7602 거름종이 5종 또는 이와 동등한 여과지를 사용하여 여과함을 말한다.

(9) 용기

① "**용기**"라 함은 시험용액 또는 시험에 관계된 물질을 보존, 운반 또는 조작하기 위하여 넣어두는 것으로 시험에 지장을 주지 않도록 깨끗한 것을 뜻한다.

② "**밀폐용기**"라 함은 물질을 취급 또는 보관하는 동안에 **이물**이 들어가거나 **내용물**이 손실되지 않도록 보호하는 용기를 뜻한다.

③ "**기밀용기**"라 함은 물질을 취급 또는 보관하는 동안에 외부로부터의 **공기** 또는 **다른 가스**가 침입하지 않도록 내용물을 보호하는 용기를 뜻한다.

④ "**밀봉용기**"라 함은 물질을 취급 또는 보관하는 동안에 **기체** 또는 **미생물**이 침입하지 않도록 내용물을 보호하는 용기를 뜻한다.

⑤ "**차광용기**"라 함은 광선을 투과하지 않은 용기 또는 투과하지 않게 포장을 한 용기로서 취급 또는 보관하는 동안에 내용물의 광화학적 변화를 방지할 수 있는 용기를 뜻한다.

(10) 분석용 저울 및 분동

이 시험에서 사용하는 분석용 저울은 적어도 0.1mg까지 달 수 있는 것이어야 하며 분석용 저울 및 분동은 국가검정을 필한 것을 사용하여야 한다.

(11) 관련 용어

① "**정확히 단다**"라 함은 규정한 양의 검체를 취하여 분석용 저울로 0.1mg까지 다는 것을 뜻한다.

② 액체성분의 양을 "**정확히 취한다**" 함은 **홀피펫**, **부피플라스크** 또는 이와 동등 이상의 정도를 갖는 용량계를 사용하여 조작하는 것을 뜻한다.

③ "**항량이 될 때까지 건조한다 또는 강열한다**"라 함은 따로 규정이 없는 한 보통의 건조방법으로 1시간 더 건조 또는 강열할 때 전후 무게의 차가 매 g당 0.3mg 이하일 때를 뜻한다.

④ 시험조작 중 "**즉시**"란 30초 이내에 표시된 조작을 하는 것을 뜻한다.

⑤ "**감압 또는 진공**"이라 함은 따로 규정이 없는 한 15mmHg 이하를 뜻한다.

⑥ "이상" "초과" "이하" "미만"이라고 기재하였을 때 이자가 쓰인 쪽은 어느 것이나 기산점 또는 기준점인 숫자를 포함하며, "미만" 또는 "초과"는 기산점 또는 기준점의 숫자는 포함하지 않는다. 또 "a~b"라 표시한 것은 a 이상 b 이하임을 뜻한다.

⑦ "바탕시험을 하여 보정한다" 함은 시료에 대한 처리 및 측정을 할 때 시료를 사용하지 않고 같은 방법으로 조작한 측정치를 빼는 것을 뜻한다.

⑧ 시료의 시험, 바탕시험 및 표준액에 대한 시험을 일련의 동일시험으로 행할 때 사용하는 시약 또는 시액은 동일 로트(lot)로 조제된 것을 사용한다.

⑨ "정량적으로 씻는다" 함은 어떤 조작으로부터 다음 조작으로 넘어갈 때 사용한 비커, 플라스크 등의 용기 및 여과막 등에 부착한 정량대상 성분을 사용한 용매로 씻어 그 세액을 합하고 먼저 사용한 같은 용매를 채워 일정용량으로 하는 것을 뜻한다.

⑩ 용액의 액성 표시는 따로 규정이 없는 한 유리전극법에 의한 pH미터로 측정한 것을 뜻한다.

(12) 시험결과의 표시 및 검토

① 시험결과의 표시단위는 따로 규정이 없는 한 가스상 성분은 ppm(μmol/mol) 또는 ppb(nmol/mol)로 입자상 성분은 mg/Sm^3, μg/Sm^3 또는 ng/Sm^{3}으로 표시한다.

② 시험성적수치는 마지막 유효숫자의 다음 단위까지 계산하여 한국산업표준 KS Q 5002(데이터의 통계적 기술)의 4사5입법 수치 맺음법에 따라 기록한다.

③ 방법검출한계 미만의 시험결과 값은 검출되지 않은 것으로 간주하고 불검출로 표시한다.

Chapter 02 정도보증/정도관리

1. 측정 용어의 정의

1) (측정) 불확도(uncertainty)
측정결과에 관련하여 측정량을 합리적으로 추정한 값의 산포 특성을 나타내는 인자

2) (측정값의) 분산(dispersion)
측정값의 크기가 흩어진 정도로서 크기를 표시하기 위해 대표적으로 표준편차를 이용한다.

3) (측정의) 소급성(traceability)
① 측정의 결과 또는 측정의 값이 모든 비교의 단계에서 명시된 불확도를 갖는 끊어지지 않는 비교의 사슬을 통하여 보통 국가 표준 또는 국제표준에 정해진 기준에 관련시켜 질 수 있는 특성
② 시험분석 분야에서 소급성의 유지는 교정 및 검정곡선 작성과정의 표준물질 및 순수 물질을 적절히 사용함으로써 달성할 수 있다.

4) (측정 가능한) 양(quantity)
① 정성적으로 구별되고, 정량적으로 결정될 수 있는 어떤 현상, 물체, 물질의 속성
② 일반적인 의미의 양은 물질량의 농도, 유량, 길이, 시간, 질량, 온도, 전기저항, 등이 있다.

5) (측정의) 오차(error)
① 측정 결과에서 측정량의 참값을 뺀 값
② 오차는 계통오차와 우연오차로 구별되며, 참값은 구할 수가 없으므로 오차를 정확하게 구할 수 없다.
③ 추정된 계통오차는 측정 결과의 보정을 통하여 제거되나, 참값과 오차를 정확하게 알 수 없기 때문에 이에 대한 보상도 완전할 수 없다.

6) 측정(measurement)
① 양의 값을 결정하기 위한 일련의 작업
② 시험분석은 화학분야의 물질량, 농도 등을 결정하기 위한 측정방법의 일종이다.

7) (양의) 참값(true value)
  ① 주어진 특정한 양에 대한 정의와 일치하는 값
  ② 시험분석의 정확성을 확인하기 위하여 참값을 대신하여 불확실성이 적은 인증표준물질의 인증값을 사용할 수 있지만, 이 값도 완전한 값은 아니다.
  ③ 시험분석의 정확성을 확인하기 위하여 사용할 수 있는 불확실성이 적은 값으로는 인증표준물질의 인증값, 첨가 시료의 첨가 농도 그리고 희석 시료의 희석 비율 등이 있다.

8) (측정의) 편향(bias)
  계통오차(systematic error)로 인해 발생되는 측정 결과의 치우침으로서, 시험분석 절차의 온도효과 혹은 추출의 비효율성, 오염, 교정 오차 등에 의해 발생한다.

2. 시험분석 용어의 정의

1) 검정곡선(calibration curve)
  시험분석 과정에서 기기 및 시스템의 지시값과 측정 대상의 양이나 농도를 관련시키는 곡선

2) 검정곡선검증(CCV, calibration curve verification)
  검정곡선을 작성하는데 사용한 표준물질을 시료 분석 전후에 재측정하여 시간에 따른 기기 감도의 드리프트(drift)를 관리하는 정도관리의 한 방법으로서 보통 하나의 시료군(batch)에 대하여 1회 이상 실시한다.

3) 검출한계(detection limit)
  시험분석 대상을 검출할 수 있는 최소한의 양 또는 농도로서 적용 대상에 따라서 기기검출한계와 방법검출한계로 구분한다.

4) 교정, 검정(calibration)
  측정 및 시험·분석 과정에서 기기 및 시스템의 지시값과 측정 대상의 양이나 농도를 관련시키는 일련의 작업

5) (시료의) 균질도(homogeneity)
  시료 내에서 시험분석 대상 성분에 차이가 나는 정도. 시료의 균질성은 시료채취방법, 위치에 따라 달라진다.

6) 상대검정곡선법(internal standard calibration)
  시험·분석기기 또는 시스템이 드리프트(drift)하는 것을 보정하기 위한 방법으로서, 분석 시료와 검정곡선 작성용 시료에 각각 분석 성분과 다른 성분(내부표준물)을 일정량 첨가하고 분석하는 방법

7) 표준물질(reference material)

시험방법 및 기기의 교정을 위하여 측정 분석 대상량 또는 농도를 알고 있는 물질로서 첨가량을 알고 있는 첨가 물질, 인증표준물질(certified reference material, CRM) 및 표준물질(reference material, RM) 등이 있다.

8) 대체표준물질(surrogate)

화학적 시험 측정항목과 비슷한 성분이나 일반적으로 환경 시료에서는 발견되지 않는 물질로서 매질효과를 보정하거나 시험방법을 확인하고 분석자를 평가하기 위해 사용한다.

9) 분취시료(aliquots)

균질한 하나의 시료로부터 나눈 여러 개의 시료로서 시험수행 능력을 확인하거나 정밀도 등을 평가하기 위하여 사용할 수 있다.

10) 매질효과(matrix effect)

시험분석 과정에서 각각의 시료 중에 존재하는 시험분석 대상 외의 성분이나 매질의 차이에 의한 다양한 종류의 간섭 효과

11) 바탕시료(blank)

측정항목이 포함되지 않은 기준 시료를 의미하며 측정분석의 오염 확인과 이상 유무를 확인하기 위해 사용한다. 사용 목적에 따라 정제수 바탕시료(reagent blank water), 기기세척(equipment rinse), 방법바탕시료(method blank), 현장바탕시료(field blank), 운송바탕시료(trip blank) 등이 있다.

12) 반복시료/분할시료(replicate sample/split sample)

① 반복시료/분할시료는 측정의 정밀도를 확인하는데 사용되며 같은 지점에서 동일한 시간에 동일한 방법으로 채취하고 독립적으로 처리하고 같은 방법으로 측정된 둘 이상의 시료를 말한다.

② 시료가 만약 단지 2개만 채취되었다면, 이를 이중시료(duplicate sample)라고 하고, 시료채취현장에서 분리한 것을 현장분할시료(field split sample)라고 하고, 실험실에서 분리된 것을 실험실 분할시료(lab split sample)라고 한다.

13) 스팬기체(span gas)

교정에 사용되는 기준 기체로서 직선성이 양호한 측정·분석방법 또는 기기에 대하여 검정식의 기울기 또는 감응인자를 교정하기 위한 기체

14) (시료의) 안정도(stability)

시료 중의 시험분석 성분이 시간이 경과하면서 변화하는 정도. 시료의 안정성은 시료 채

취 용기 및 방법에 따라 달라진다.

15) 유기 정제 시약(organic free reagent)

휘발성유기화합물질들을 비롯하여 미량 화학물질이 측정항목의 방법검출한계 수준에서 측정되지 않도록 제조된 정제 시약. 유기 정제시약의 제조는 사용 목적에 따라 간섭물질을 제거하고 확인하여야 하며 정제된 시약은 정기적으로 확인하여야 한다. 유기 정제수 (free-organic reagent water)의 경우, 증류장치, 탈이온장치, 막거름장치, 활성탄흡착 장치 등을 사용하여 용도에 맞게 제조할 수 있다.

16) 정량한계(minimum quantitation limit)

시험항목을 측정 분석하는데 있어 측정 가능한 검정농도(calibration point)와 측정신호를 완전히 확인 가능한 분석 시스템의 최소 수준으로서 시험분석 대상을 정량화할 수 있는 최소한의 양 또는 농도이다. 같은 의미로 최소 수준(minimum level, limit of quantitation, minimum level of quantification, MLQ)이라는 용어로 사용되고 있다.

17) 정밀도(precision)

연속적으로 반복하여 시험분석한 결과들 상호간에 근접한 정도

18) 정확도(accuracy)

시험분석 결과가 참값에 근접하는 정도

19) 제로기체(zero gas)

측정하고자 하는 분석성분이 포함되어 있지 않은 기준 기체로서 측정·분석방법 또는 기기에 대하여 측정 범위의 바탕 시험값을 보정하기 위한 기체

20) 첨가시료

시험분석의 정확성을 확인하고 매질효과를 보정하거나 교정용 시료 제작을 목적으로 첨가하여 제조되는 시료로서, 대상에 따라서 정제수 첨가시료(reagent water spike), 매질첨가시료(fortified sample or matrix spike), 정제용 내부표준물질(clean-upinternal standard), 주사기 첨가용 내부표준물질(syringe spike internal standard), 시료채취용 내부표준물질(sampling spike) 등이 있다.

21) (시험분석기기 또는 시스템의) 드리프트(drift)

시험 분석기기나 시스템의 감도 또는 바탕 시험값 등이 변화하는 것으로서, 변화되는 정도가 단시간의 정밀도 또는 잡음 수준보다 많이 변하는 현상

22) 표준물첨가법(standard addition method)
매질효과가 큰 시험·분석방법에 대하여 매질효과를 보정하며 분석할 수 있는 방법으로서, 시료를 분할하고 분석 대상 성분(표준물)을 일정량 첨가하여 분석하는 방법

23) 혼합 시료(composite sample)
같은 시료채취 지점에서 특정한 조건(시간과 유량)에 따라 채취하여 하나로 균질화한 혼합시료

Chapter 03 시료 전처리

1. 산 분해(acid digestion)

(1) 개요

필터에 채취한 무기질 시료를 용해시키기 위하여 단일산이나 혼합산(mixed acid)의 묽은산 혹은 진한산을 사용하여 오픈형 열판에서 직접 가열하여 시료를 분해하는 방법이다. 전처리에 사용하는 산류에는 염산(HCl), 질산(HNO₃), 플루오린화수소산(HF), 황산(H₂SO₄), 과염소산(HClO₄) 등이 있는데 염산과 질산을 가장 많이 사용한다. **이 방법은 다량의 시료를 처리할 수 있고 가까이서 반응과정을 지켜볼 수 있는 장점이 있으나 분해 속도가 느리고 시료가 쉽게 오염될 수 있는 단점이 있다. 또 휘발성 원소들의 손실 가능성이 있어 극미량원소의 분석이나 휘발성 원소의 정량분석에는 적합하지 않다.** 또한 산의 증기로 인해 열판과 후드 등이 부식되며, 분해 용기에 의한 시료의 오염을 유발할 수 있다. **질산이나 과염소산의 강한 산화력으로 인한 폭발 등의 안전문제 및 플루오린화수소산의 접촉으로 인한 화상 등을 주의해야 한다.**

(2) 종류

① 질산 - 염산법
② 질산 - 과산화수소수법
③ 질산법

2. 마이크로파 산분해(microwave acid digestion)

① 마이크로파 산분해 방법은 원자흡수분광법(AAS)이나 유도결합플라스마방출분광법(ICP-AES) 등으로 무기물을 분석하기 위한 시료의 전처리 방법으로 주로 이용된다.

② 이것은 일정한 압력까지 견디는 테플론(teflon) 재질의 용기 내에 시료와 산을 가한 후 마이크로파를 이용하여 일정 온도로 가열해 줌으로써, 소량의 산을 사용하여 고압 하에서 짧은 시간에 시료를 전처리하는 방법이다.

③ 대부분의 마이크로파 분해장치는 파장이 12.2cm, 주파수가 2,450MHz인 마이크로파를 발생시킨다. 이때 산 수용액 중의 시료는 산화되면서 마이크로파에 의한 빠른 분자진동으로 분자결합이 절단되어 이온상태의 용액으로 분해된다. 이 방법은 고압에서 270℃까지 온도를 상승시킬 수 있어 기존의 대기압 하에서의 산분해 방법보다 최고 100배 빠르게 시료를 분해할 수 있고, 마이크로파 에너지를 조절할 수 있어 재현성 있는 분석을 할 수 있다. 유기물은 0.1~0.2g, 무기물은 2g 정도까지 분해시킬 수 있다.

④ 시료의 분해는 닫힌계에서 일어나므로 외부로부터의 오염, 산 증기의 외부 유출, 휘발성 원소의 손실이 없다. 테플론 용기를 사용하므로 용기에 의한 금속의 오염이 없고, 고압 하에서 분해하므로 질산으로도 대부분의 금속을 산화시킬 수 있다. 따라서 과염소산과 같은 폭발성이 있는 위험한 산을 사용하지 않아도 되는 장점이 있다.

⑤ 마이크로파 산분해 장치의 가격이 가정용 전자렌지에 비해 100배 이상 비싸고, 다량의 시료를 한꺼번에 처리할 수 없다는 단점이 있지만 지금까지 알려진 무기물 시료 전처리 방법 중 가장 효과적인 방법 중의 하나이다.

3. 초음파 추출

단일산이나 혼합산을 사용하여 가열하지 않고 시료 중 분석하고자 하는 성분을 추출하고자 할 때 초음파 추출기를 이용한다.

4. 회화법(ashing)

회화법은 유기물 및 동식물 생체시료 중의 회분을 측정하기 위하여 일반적으로 사용하는 전처리 방법이다. 수분을 포함하는 시료는 건조기에서 건조한 후, 건조시료 1~0g을 무게를 잰 백금접시, 백금도가니, 또는 사기도가니 등에 넣고 무게를 단다. 시료가 든 용기를 버너로 서서히 가열하여 450~550℃의 온도에서 재를 만든다. 생성물은 주로 금속 산화물로서 이를 산으로 용해한 후 분석한다. 이 방법은 처리과정이 비교적 단순하고 시료의 양에 제한이 없어 유기물에 포함된 미량의 무기물 분석에 적용한다. 그러나 용기에 의한 시료의 오염 가능성이 있고 고온 회화로 인한 휘발성 원소의 손실이 있을 수 있으며 전력 소모가 큰 단점이 있다.

5. 저온회화법

시료를 채취한 여과지를 회화실에 넣고 약 200℃ 이하에서 회화한다. 셀룰로스 섬유제 여과지를 사용했을 때에는 그대로, 유리섬유제 또는 석영섬유제 여과지를 사용했을 때에는 적당한 크기로 자르고 250mL짜리 원뿔형 비커에 넣은 다음 **염산(1+1) 70mL 및 과산화수소수(30%) 5mL**를 가한다. 이것을 물중탕 중에서 약 30분간 가열하여 녹인다.

6. 용매 추출법(solvent extraction)

적당한 용매를 사용하여 액체나 고체 시료에 포함되어 있는 성분을 추출하는 방법이다. 액체 시료의 추출은 분별 깔때기(separatory funnel)를 이용하여 액체 시료와 용매를 격렬히 흔들어 액체 시료 중 용매에 가용성분을 추출한다. 이를 위해 시료와 용매의 두 층을 분리하고 추출하는 작업을 반복함으로써 액체 시료에 포함된 성분을 거의 추출할 수 있다. 용매는 추출하고자 하는 성분에 대한 용해도가 크고 분배계수(partition coefficient)가 큰 것을 사용한다.

연습문제

공정시험기준 공통사항

내용문제

| 온도 |

01 화학분석 시 온도의 표시에 관한 설명으로 옳지 않은 것은?

① 냉수는 15℃ 이하이다.
② 온수는 60~70℃, 열수는 약 100℃를 말한다.
③ 찬 곳은 따로 규정이 없는 한 4℃ 이하를 뜻한다.
④ 냉후(식힌 후)라 표시되어 있을 때는 보온 또는 가열 후 실온까지 냉각된 상태를 뜻한다.

해설

③ 찬 곳 : 따로 규정이 없는 한 0~15℃의 곳

온도의 표시

· 표준온도 : 0℃   · 상온 : 15~25℃

· 실온 : 1~35℃   · 냉수 : 15℃ 이하

· 온수 : 60~70℃   · 열수 : 약 100℃

"냉후"(식힌 후)라 표시되어 있을 때는 보온 또는 가열 후 실온까지 냉각된 상태를 뜻한다.

정답 ③

| 온도 |

02 대기오염공정시험기준상 일반시험방법에 관한 설명으로 옳은 것은?

① 상온은 15~25℃, 실온은 1~35℃로 하고, 찬 곳은 따로 규정이 없는 한 4℃ 이하의 곳을 뜻한다.
② 냉후(식힌 후)라 표시되어 있을 때는 보온 또는 가열 후 상온까지 냉각된 상태를 뜻한다.
③ 시험은 따로 규정이 없는 한 상온에서 조작하고 조작 직후 그 결과를 관찰한다.
④ 냉수는 4℃ 이하, 온수는 50~60℃, 열수는 100℃를 말한다.

해설

정답 ③

| 온도 |

03 온도표시에 관한 설명으로 옳지 않은 것은?

① "냉후"(식힌 후)라 표시되어 있을 때는 보온 또는 가열 후 실온까지 냉각된 상태를 뜻한다.
② 상온은 15~25℃, 실온은 1~35℃로 한다.
③ 찬 곳은 따로 규정이 없는 한 0~5℃를 뜻한다.
④ 온수는 60~70℃이고, 열수는 약 100℃를 말한다.

해설

정답 ③

연습문제

04 대기오염공정시험기준에서 정하고 있는 온도에 대한 설명으로 옳지 않은 것은?

① 냉수 : 15℃ 이하
② 찬 곳은 따로 규정이 없는 한 0~15℃ 의 곳
③ 온수 : 35~50℃
④ 실온 : 1~35℃

해설

③ 온수 : 60~70℃

정답 ③

---

05 대기오염공정시험기준상 용기에 관한 용어 정의로 옳지 않은 것은?

① 용기라 함은 시험용액 또는 시험에 관계된 물질을 보존, 운반 또는 조작하기 위하여 넣어두는 것으로 시험에 지장을 주지 않도록 깨끗한 것을 뜻한다.
② 밀폐용기라 함은 물질을 취급 또는 보관하는 동안에 이물이 들어가거나 내용물이 손실되지 않도록 보호하는 용기를 뜻한다.
③ 기밀용기라 함은 광선을 투과하지 않은 용기 또는 투과하지 않게 포장을 한 용기로서 취급 또는 보관하는 동안에 내용물의 광화학적 변화를 방지할 수 있는 용기를 뜻한다.
④ 밀봉용기라 함은 물질을 취급 또는 보관하는 동안에 기체 또는 미생물이 침입하지 않도록 내용물을 보호하는 용기를 뜻한다.

해설

용기 : 시험용액 또는 시험에 관계된 물질을 보존, 운반 또는 조작하기 위하여 넣어두는 것으로 시험에 지장을 주지 않도록 깨끗한 것

밀폐용기 : 물질을 취급 또는 보관하는 동안에 이물이 들어가거나 내용물이 손실되지 않도록 보호하는 용기

기밀용기 : 물질을 취급 또는 보관하는 동안에 외부로부터의 공기 또는 다른 가스가 침입하지 않도록 내용물을 보호하는 용기

밀봉용기 : 물질을 취급 또는 보관하는 동안에 기체 또는 미생물이 침입하지 않도록 내용물을 보호하는 용기

차광용기 : 광선을 투과하지 않은 용기 또는 투과하지 않게 포장을 한 용기로서 취급 또는 보관하는 동안에 내용물의 광화학적 변화를 방지할 수 있는 용기

정답 ③

| 용어 |

06 화학분석 일반사항에 관한 규정으로 옳은 것은?

① 방울수라 함은 20℃에서 정제수 20방울을 떨어뜨릴 때 그 부피가 약 10mL 되는 것을 뜻한다.
② 기밀용기라 함은 물질을 취급 또는 보관하는 동안에 기체 또는 미생물이 침입하지 않도록 내용물을 보호하는 용기를 뜻한다.
③ "감압 또는 진공"이라 함은 따로 규정이 없는 한 15mmHg 이하를 뜻한다.
④ 시험조작 중 "즉시"란 10초 이내에 표시된 조작을 하는 것을 뜻한다.

해설

① 방울수라 함은 20℃에서 정제수 20방울을 떨어뜨릴 때 그 부피가 약 1mL 되는 것을 뜻한다.
② 밀봉용기라 함은 물질을 취급 또는 보관하는 동안에 기체 또는 미생물이 침입하지 않도록 내용물을 보호하는 용기를 뜻한다.
④ 시험조작 중 "즉시"란 30초 이내에 표시된 조작을 하는 것을 뜻한다.

정답 ③

| 용어 |

07 대기오염공정시험기준상 화학분석 일반사항에 관한 규정 중 옳은 것은?

① 상온은 15~25℃, 실온은 1~35℃, 찬곳은 따로 규정이 없는 한 0~15℃의 곳을 뜻한다.
② 방울수라 함은 20℃에서 정제수 10방울을 떨어뜨릴 때 그 부피가 약 1mL 되는 것을 뜻한다.
③ "약"이란 그 무게 또는 부피 등에 대하여 ±1% 이상의 차가 있어서는 안된다.
④ 10억분율은 pphm으로 표시하고 따로 표시가 없는 한 기체일때는 용량 대 용량(부피분율), 액체일 때는 중량 대 중량(중량분율)을 표시한 것을 뜻한다.

해설

② "방울수"라 함은 20℃에서 정제수 20방울을 떨어뜨릴 때 그 부피가 약 1mL 되는 것을 뜻한다.
③ "약"이란 그 무게 또는 부피 등에 대하여 ±10% 이상의 차가 있어서는 안된다.
④ 1억분율(Parts Per Hundred Million)은 pphm, 10억분율(Parts Per Billion)은 ppb로 표시하고 따로 표시가 없는 한 기체일 때는 용량 대 용량(부피분율), 액체일 때는 중량 대 중량(중량분율)을 표시한 것을 뜻한다.

정답 ①

연습문제

| 용어 |

08 분석시험에 관한 기재 및 용어설명 중 옳은 것은?

① 용액의 액성표시는 따로 규정이 없는 한 유리전극법에 의한 pH 미터로 측정한 것을 뜻한다.
② "정확히 단다"라 함은 규정한 양의 검체를 취하여 분석용 저울로 1mg까지 다는 것을 뜻한다.
③ 시험조작 중 "즉시"란 10초 이내에 표시된 조작을 하는 것을 뜻한다.
④ "감압 또는 진공"이라 함은 따로 규정이 없는 한 1.5mmHg 이하를 뜻한다.

해설

② "정확히 단다"라 함은 규정한 양의 검체를 취하여 분석용 저울로 0.1mg까지 다는 것을 뜻한다.
③ 시험조작 중 "즉시"란 30초 이내에 표시된 조작을 하는 것을 뜻한다.
④ "감압 또는 진공"이라 함은 따로 규정이 없는 한 15mmHg 이하를 뜻한다.

정답 ①

| 용어 |

09 다음은 방울수에 관한 정의이다. ( )안에 알 맞은 것은?

> 방울수라 함은 (㉠)℃에서 정제수 (㉡)방울을 떨어뜨릴 때 그 부피가 약 (㉢)mL가 되는 것을 말한다.

① ㉠ 10, ㉡ 10, ㉢ 1
② ㉠ 10, ㉡ 20, ㉢ 1
③ ㉠ 20, ㉡ 10, ㉢ 1
④ ㉠ 20, ㉡ 20, ㉢ 1

해설

정답 ④

| 용어 |

10 대기오염공정시험기준상 시험의 기재 및 용어의 의미로 옳은 것은?

① "정확히 단다"라 함은 규정한 양의 검체를 취하여 분석용 저울로 0.1mg까지 다는 것을 뜻한다.
② 고체성분의 양을 "정확히 취한다"라 함은 홀피펫, 메스플라스크 등으로 0.1mL까지 취하는 것을 뜻한다.
③ "감압 또는 진공"이라 함은 따로 규정이 없는 한 15mmH₂O 이하를 뜻한다.
④ 시험조작 중 "즉시"라 함은 10초 이내에 표시된 조작을 하는 것을 뜻한다.

해설

② 액체성분의 양을 "정확히 취한다" 함은 홀피펫, 부피플라스크 또는 이와 동등 이상의 정도를 갖는 용량계를 사용하여 조작하는 것을 뜻한다.
"정확히 단다"라 함은 규정한 양의 검체를 취하여 분석용 저울로 0.1mg까지 다는 것을 뜻한다.
③ "감압 또는 진공"이라 함은 따로 규정이 없는 한 15mmHg 이하를 뜻한다.
④ 시험조작 중 "즉시"라 함은 30초 이내에 표시된 조작을 하는 것을 뜻한다.

정답 ①

11 화학분석 일반사항에 관한 설명으로 옳지 않은 것은?

① "약"이란 그 무게 또는 부피 등에 대하여 ±5% 이상의 차가 있어서는 안 된다.
② 표준품을 채취할 때 표준액이 정수로 기재되어 있어도 실험자가 환산하여 기재수치에 "약"자를 붙여 사용할 수 있다.
③ "방울수"라 함은 20℃에서 정제수 20방울을 떨어뜨릴 때 그 부피가 약 1mL 되는 것을 뜻한다.
④ 시험에 사용하는 표준품은 원칙적으로 특급시약을 사용하며 표준액을 조제하기 위한 표준용시약은 따로 규정이 없는 한 데시케이터에 보존된 것을 사용한다.

해설

① "약"이란 그 무게 또는 부피 등에 대하여 ±10% 이상의 차가 있어서는 안 된다.

정답 ①

12 화학분석 일반사항에 관한 설명으로 옳지 않은 것은?

① 10억분율은 pphm로 표시하고 따로 표시가 없는 한 기체일 때는 용량 대 용량(부피분율), 액체일 때는 중량 대 중량(중량분율)을 표시한 것을 뜻한다.
② 냉수(冷水)는 15℃ 이하, 온수(溫水)는 60~70℃를 말한다.
③ 각조의 시험은 따로 규정이 없는 한 상온에서 조작하고 조작 직 후 그 결과를 관찰한다.
④ 황산(1:2)이라고 표시한 것은 황산 1용량에 물 2용량을 혼합한 것이다.

해설

① 1억분율(Parts Per Hundred Million)은 pphm, 10억분율(Parts Per Billion)은 ppb로 표시하고 따로 표시가 없는 한 기체일 때는 용량 대 용량(부피분율), 액체일 때는 중량 대 중량(중량분율)을 표시한 것을 뜻한다.

정답 ①

연습문제

13 화학분석 일반사항에 관한 설명으로 옳지 않은 것은?

① 표준품을 채취할 때 표준액이 정수로 기재되어 있어도 실험자가 환산하여 기재수치에 "약"자를 붙여 사용할 수 있다.
② "방울수"라 함은 20℃에서 정제수 20방울을 떨어뜨릴 때 그 부피가 약 1mL되는 것을 뜻한다.
③ 실온은 1~35℃로 하고, 찬 곳은 따로 규정이 없는 한 0~15℃의 곳을 뜻한다.
④ "밀봉용기"라 함은 물질을 취급 또는 보관하는 동안에 외부로부터의 공기 또는 다른 가스가 침입되지 않도록 내용물을 보호하는 용기를 뜻한다.

해설

④ "밀봉용기"라 함은 물질을 취급 또는 보관하는 동안에 기체 또는 미생물이 침입하지 않도록 내용물을 보호하는 용기를 뜻한다.

정답 ④

| 용액의 표시 |

14 염산(1+4)라고 되어 있을 때, 실제 조제할 경우 어떻게 계산하는가?

① 염산 1mL을 물 2mL에 혼합한다.
② 염산 1mL을 물 3mL에 혼합한다.
③ 염산 1mL을 물 4mL에 혼합한다.
④ 염산 1mL을 물 5mL에 혼합한다.

해설

액의 농도

· 염산(1+4) : 염산 1mL + 물 4mL

정답 ③

| 용액의 표시 |

15 액의 농도를 (1→5)로 표시한 것으로 가장 적합한 것은?

① 고체 1mg을 용매 5mL에 녹인 농도
② 액체 1g을 용매 5mL에 녹인 농도
③ 액체 1용량에 물 5용량을 혼합한 것
④ 고체 1g을 용매에 녹여 전량을 5mL로 하는 비율

해설

액의 농도를 (1→5)

· 고체 1g을 용매에 녹여 전량을 5mL로 하는 비율
· 액체 1mL를 용매에 녹여 전량을 5mL로 하는 비율

정답 ④

16 액의 농도에 관한 설명으로 옳지 않은 것은?

① 액의 농도를 (1→5)로 표시한 것은 그 용질의 성분이 고체일 때는 1g을 용매에 녹여 전량을 5mL로 하는 비율을 말한다.

② 황산(1:7)은 용질이 액체일 때 1mL를 용매에 녹여 전량을 7mL로 하는 것을 뜻한다.

③ 혼액(1+2)은 액체상의 성분을 각각 1용량 대 2용량의 비율로 혼합한 것을 뜻한다.

④ 단순히 용액이라 기재하고 그 용액의 이름을 밝히지 않은 것은 수용액을 뜻한다.

해설

> ② 황산(1 : 7)은 액체상의 성분을 각각 1용량 대 7용량으로함, 즉, 용질이 액체일 때 1mL를 용매 7mL에 녹이는 것
>
> **정답** ②

17 공정시험기준 중 일반화학분석에 대한 공통적인 사항으로 따로 규정이 없는 경우 사용해야 하는 시약의 규격으로 옳지 않은 것은? (명칭 : 농도(%) : 비중)

① 암모니아수 : 32.0~38.0(NH₃로서) : 1.38

② 플루오린화수소산 : 46.0~48.0 : 1.14

③ 브로민화수소산 : 47.0~49.0 : 1.48

④ 과염소산 : 60.0~42.0 : 1.54

해설

시약 및 표준용액 : 시약의 농도

명칭	화학식	농도(%)	비중
암모니아수	NH_4OH	28.0~30.0 (NH₃로서)	0.9
과산화수소	H_2O_2	30.0~35.0	1.11
염산	HCl	35.0~37.0	1.18
플루오린화수소	HF	46.0~48.0	1.14
브로민화수소	HBr	47.0~49.0	1.48
아이오딘화수소	HI	55.0~58.0	1.7
질산	HNO_3	60.0~62.0	1.38
과염소산	$HClO_4$	60.0~62.0	1.54
인산	H_3PO_4	85.0 이상	1.69
황산	H_2SO_4	95.0 이상	1.84
아세트산	CH_3COOH	99.0 이상	1.05

정답 ①

연습문제

18 다음 액체시약 중 비중이 가장 큰 것은? (단, 브로민의 원자량은 79.9, 염소는 35.5, 아이오 딘은 126.9이다.)

① 브로민화수소(HBr, 농도 : 49%)
② 염산(HCl, 농도 : 37%)
③ 질산(HNO_3, 농도 : 62%)
④ 아이오딘화수소(HI, 농도 : 58%)

해설

① 브로민화수소(HBr, 농도 : 49%) : 1.48
② 염산(HCl, 농도 : 37%) : 1.18
③ 질산(HNO_3, 농도 : 62%) : 1.38
④ 아이오딘화수소(HI, 농도 : 58%) : 1.7

정답 ④

19 시험에 사용하는 시약이 따로 규정 없이 단순히 보기와 같이 표시되었을 때 다음 중 그 규정한 농도(%)가 일반적으로 가장 높은 값을 나타내는 것은?

① HNO_3
② HCl
③ CH_3COOH
④ HF

해설

정답 ③

20 다음 중 대기오염공정시험기준에서 <아래>의 조건에 해당하는 규정농도 이상의 것을 사용해야 하는 시약은? (단, 따로 규정이 없는 상태)

· 농도 이상 : 85% 이상
· 비중 : 약 1.69

① $HClO_4$
② H_3PO_4
③ HCl
④ HNO_3

해설

정답 ②

21 대기오염공정시험기준상 따로 규정이 없을 경우 사용하는 시약의 규격으로 틀린 것은?

	명칭	농도(%)	비중
㉮	아세트산	99.9% 이상	1.05
㉯	과산화수소	30.0~35.0	1.11
㉰	아이오딘화수소산	28.0~30.0	0.90
㉱	과염소산	60.0~62.0	1.54

① ㉮
② ㉯
③ ㉰
④ ㉱

해설

정답 ③

| 대기오염공정시험기준 총칙 |

22 다음 설명은 대기오염공정시험기준 총칙의 설명이다. ( ) 안에 들어갈 단어로 가장 적합하게 나열된 것은? (순서대로 ㉠, ㉡, ㉢)

> 이 시험기준의 각 항에 표시한 검출한계, 정량한계 등은 (㉠), (㉡) 등을 고려하여 해당되는 각 조의 조건으로 시험하였을 때 얻을 수 있는 (㉢)를 참고하도록 표시한 것이므로 실제 측정 시 채취량이 줄어들거나 늘어날 경우 (㉢)가 조정될 수 있다.

① 반복성, 정밀성, 바탕치
② 재현성, 안정성, 한계치
③ 회복성, 정량성, 오차
④ 재생성, 정확성, 바탕치

해설

총칙 - 적용범위
공정시험기준 중 각 항에 표시한 검출한계, 정량한계 등은 재현성, 안정성 등을 고려하여 해당되는 각조의 조건으로 시험하였을 때 얻을 수 있는 한계치를 참고하도록 표시한 것이므로 실제 측정 시 채취량이 줄어들거나 늘어날 경우 한계치가 조정될 수 있다.

정답 ②

| 정도보증/정도관리 |

23 다음은 측정용어의 정의이다. ( )안에 가장 적합한 용어는?

> – (㉠)(은)는 측정결과에 관련하여 측정량을 합리적으로 추정한 값의 산포 특성을 나타내는 인자를 말한다.
> – (㉡)(은)는 측정의 결과 또는 측정의 값이 모든 비교의 단계에서 명시된 불확도를 갖는 끊어지지 않는 비교의 사슬을 통하여 보통 국가 표준 또는 국제표준에 정해진 기준에 관련시켜 질 수 있는 특성을 말한다.
> – 시험분석 분야에서 (㉡)의 유지는 교정 및 검정곡선 작성과정의 표준물질 및 순수물질을 적절히 사용함으로써 달성할 수 있다.

① ㉠ 대수정규분포도, ㉡ (측정의) 유효성
② ㉠ (측정)불확도, ㉡ (측정의) 유효성
③ ㉠ 대수정규분포도, ㉡ (측정의) 소급성
④ ㉠ (측정)불확도, ㉡ (측정의) 소급성

해설

측정 용어의 정의

(측정) 불확도(uncertainty)

· 측정결과에 관련하여 측정량을 합리적으로 추정한 값의 산포 특성을 나타내는 인자

(측정의) 소급성(traceability)

· 측정의 결과 또는 측정의 값이 모든 비교의 단계에서 명시된 불확도를 갖는 끊어지지 않는 비교의 사슬을 통하여 보통 국가 표준 또는 국제표준에 정해진 기준에 관련시켜 질 수 있는 특성

· 시험분석 분야에서 소급성의 유지는 교정 및 검정곡선 작성과정의 표준물질 및 순수 물질을 적절히 사용함으로써 달성할 수 있다.

정답 ④

연습문제

| 시료 전처리 |

24 다음은 중금속 분석을 위한 전처리 방법 중 저온회화법에 관한 설명이다. ㉠, ㉡에 알맞은 것은?

> 시료를 채취한 여과기를 회화실에 넣고 약 (㉠)에서 회화한다. 셀룰로스 섬유제 여과지를 사용했을 때에는 그대로, 유리섬유제 또는 석영섬유제 여과지를 사용했을 때는 적당한 크기로 자르고 250mL 원뿔형 비커에 넣은 다음 (㉡)를 가한다. 이것을 물중탕 중에서 약 30분간 가열하여 녹인다.

① ㉠ 200℃ 이하, ㉡ 황산(2+1) 70mL 및 과망간산포타슘(0.025N) 5mL

② ㉠ 450℃ 이하, ㉡ 황산(2+1) 70mL 및 과망간산포타슘(0.025N) 5mL

③ ㉠ 200℃ 이하, ㉡ 염산(1+1) 70mL 및 과산화수소수(30%) 5mL

④ ㉠ 450℃ 이하, ㉡ 염산(1+1) 70mL 및 과산화수소수(30%) 5mL

해설

시료 전처리 - 저온회화법

시료를 채취한 여과지를 회화실에 넣고 약 200℃ 이하에서 회화한다. 셀룰로스 섬유제 여과지를 사용했을 때에는 그대로, 유리섬유제 또는 석영섬유제 여과지를 사용했을 때에는 적당한 크기로 자르고 250mL짜리 원뿔형 비커에 넣은 다음 염산(1+1) 70mL 및 과산화수소수(30%) 5mL를 가한다. 이것을 물중탕 중에서 약 30분간 가열하여 녹인다.

정답 ③

| 시료 전처리 |

25 시료 전처리 방법 중 산분해(acid digestion)에 관한 설명과 가장 거리가 먼 것은?

① 극미량원소의 분석이나 휘발성 원소의 정량분석에는 적합하지 않은 편이다.

② 질산이나 과염소산의 강한 산화력으로 인한 폭발 등의 안전문제 및 플루오린화수소산의 접촉으로 인한 화상 등을 주의해야 한다.

③ 분해 속도가 빠르고 시료 오염이 적은 편이다.

④ 염산과 질산을 매우 많이 사용하며, 휘발성 원소들의 손실 가능성이 있다.

해설

③ 분해 속도가 느리고 시료가 쉽게 오염될 수 있다.

시료 전처리 방법 - 산 분해(acid digestion)

필터에 채취한 무기질 시료를 용해시키기 위하여 단일산이나 혼합산(mixed acid)의 묽은산 혹은 진한산을 사용하여 오픈형 열판에서 직접 가열하여 시료를 분해하는 방법이다. 전처리에 사용하는 산류에는 염산(HCl), 질산(HNO_3), 플루오린화수소산(HF), 황산(H_2SO_4), 과염소산($HClO_4$) 등이 있는데 염산과 질산을 가장 많이 사용한다. 이 방법은 다량의 시료를 처리할 수 있고 가까이서 반응과정을 지켜볼 수 있는 장점이 있으나 분해 속도가 느리고 시료가 쉽게 오염될 수 있는 단점이 있다. 또 휘발성 원소들의 손실 가능성이 있어 극미량원소의 분석이나 휘발성 원소의 정량분석에는 적합하지 않다. 또한 산의 증기로 인해 열판과 후드 등이 부식되며, 분해 용기에 의한 시료의 오염을 유발할 수 있다. 질산이나 과염소산의 강한 산화력으로 인한 폭발 등의 안전문제 및 플루오린화수소산의 접촉으로 인한 화상 등을 주의해야 한다.

정답 ③

02 A오염물질의 실측농도가 250mg/Sm³이고 이 때 실측산소농도가 3.5%이다. A오염물질의 보정농도(mg/Sm³)는? (단, A오염물질은 배출허용기준 중 표준산소농도를 적용받으며, 표준산소농도는 4%이다.)

① 약 219mg/Sm³ ② 약 243mg/Sm³
③ 약 247mg/Sm³ ④ 약 286mg/Sm³

해설

$$C = C_a \times \frac{21 - O_s}{21 - O_a}$$

$$C = 250 \times \frac{21 - 4}{21 - 3.5} = 242.85ppm$$

정답 ②

| 계산문제 |

01 어떤 사업장의 굴뚝에서 실측한 배출가스 중 A오염물질의 농도가 600ppm이었다. 이 때 표준산소농도는 6%, 실측산소농도는 8%이었다면 이 사업장의 배출가스 중 보정된 A오염물질의 농도는? (단, A오염물질은 배출허용기준 중 표준산소농도를 적용받는 항목이다.)

① 약 486ppm ② 약 520ppm
③ 약 692ppm ④ 약 768ppm

해설

오염물질 농도 보정

$$C = C_a \times \frac{21 - O_s}{21 - O_a}$$

$$C = 600 \times \frac{21 - 6}{21 - 8} = 692.30ppm$$

여기서, C : 오염물질 농도(mg/Sm³ 또는 ppm)
O_s : 표준산소농도(%)
O_a : 실측산소농도(%)
C_a : 측오염물질농도(mg/Sm³ 또는 ppm)

정답 ③

03 황성분 1.6% 이하 함유한 액체연료를 사용하는 연소시설에서 배출되는 황산화물(표준산소농도를 적용받는 항목)의 실측농도측정 결과 741ppm이었고, 배출가스 중의 실측산소농도는 7%, 표준산소농도는 4%이다. 황산화물의 농도(ppm)는 약 얼마인가?

① 750ppm ② 800ppm
③ 850ppm ④ 900ppm

해설

$$C = C_a \times \frac{21 - O_s}{21 - O_a}$$

$$C = 741 \times \frac{21 - 4}{21 - 7} = 899.78ppm$$

정답 ④

연습문제

04 다음 중 배출가스유량 보정식으로 옳은 것은? (단, Q : 배출가스유량(Sm³/일), O_s : 표준산소농도(%), O_a : 실측산소농도(%), Q_a : 실측배출가스유량(Sm³/일))

① $Q = Q_a \div \dfrac{21 - O_s}{21 - O_a}$

② $Q = Q_a \times \dfrac{21 - O_s}{21 - O_a}$

③ $Q = Q_a \div \dfrac{21 + O_s}{21 + O_a}$

④ $Q = Q_a \times \dfrac{21 + O_s}{21 + O_a}$

해설

배출가스 유량 보정

$$Q = Q_a \div \dfrac{21 - O_s}{21 - O_a}$$

여기서, Q : 배출가스유량(Sm³/일)
O_s : 표준산소농도(%)
O_a : 실측산소농도(%)
Q_a : 실측배출가스유량(Sm³/일)

정답 ①

| 농도와 농도 계산 |

05 배출가스 중의 SO_2량이 2,286mg/Sm³일 때, ppm으로 환산한 값은? (단, 표준상태 기준)

① 약 300 ② 800
③ 약 1,200 ④ 6,530

해설

$$\dfrac{2,286\,\text{mg}}{\text{Sm}^3} \times \dfrac{22.4\,\text{mL}}{64\,\text{mg}} = 800.1\,\text{mL/Sm}^3 = 800.1\,\text{ppm}$$

정답 ②

| 농도와 농도 계산 |

06 이산화황(SO_2) 25.6g을 포함하는 2L 용액의 몰농도(M)는?

① 0.02M ② 0.1M
③ 0.2M ④ 0.4M

해설

$$\dfrac{25.6\,\text{g}}{2\,\text{L}} \times \dfrac{1\,\text{mol}}{64\,\text{g}} = 0.2\,\text{mol/L}$$

정답 ③

| 농도와 농도 계산 |

07 A 농황산의 비중은 약 1.84이며, 농도는 약 95%이다. 이것을 몰 농도로 환산하면?

① 35.6mol/L ② 22.4mol/L
③ 17.8mol/L ④ 11.2mol/L

해설

$$\dfrac{95\,\text{g}\,H_2SO_4 \times \dfrac{1\,\text{mol}}{98\,\text{g}}}{100\,\text{g} \times \dfrac{1\,\text{mL}}{1.84\,\text{g}} \times \dfrac{1\,\text{L}}{1,000\,\text{mL}}} = 17.836\,\text{M}$$

정답 ③

| 농도와 농도 계산 |

08 비중이 1.88, 농도 97%(중량 %)인 농황산(H_2SO_4)의 규정 농도(N)는?

① 18.6N ② 24.9N
③ 37.2N ④ 49.8N

해설

$$N(\text{eq/L}) = \dfrac{97\,\text{g}\,\text{황산} \times \dfrac{2\,\text{eq}}{98\,\text{g}}}{100\,\text{g} \times \dfrac{1\,\text{mL}}{1.88\,\text{g}} \times \dfrac{1\,\text{L}}{1,000\,\text{mL}}} = 37.21\,\text{N}$$

정답 ③

| 농도와 농도 계산 |

09 시판되는 염산시약의 농도가 35%이고 비중이 1.18인 경우 0.1M의 염산 1L를 제조할 때 시판 염산시약 약 몇 mL취하여 정제수로 희석하여야 하는가?

① 3   ② 6
③ 9   ④ 15

해설

$$NV = N'V'(mol = mol)$$

$$\frac{35g\,HCl \times \frac{1mol}{36.5g}}{100mL} \times x\,mL = \frac{0.1mol}{L} \times 1L$$

$$\therefore x = 10.42mL$$

정답 ③

MEMO

제 2장

시료채취방법

Chapter 01

배출가스 중 가스상 물질의 시료채취방법

이 시험기준은 굴뚝을 통하여 대기 중으로 배출되는 가스상물질을 분석하기 위한 시료의 채취방법에 대하여 규정한다. 단, 이 시험기준에서 표시하는 가스상물질의 시료채취량은 표준상태(0℃, 760mmHg)로 환산한 건조시료 가스량을 말한다.

1. 시료채취장치

(1) 장치의 구성

흡수병, 채취병 등을 쓰는 시료채취장치는 다음의 각 요소로 구성된다.

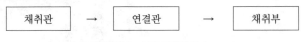

〈 그림 1. 시료채취장치 〉

(2) 채취관

1) 재질

① 화학반응이나 흡착작용 등으로 배출가스의 분석결과에 영향을 주지 않는 것
② 배출가스 중의 부식성 성분에 의하여 잘 부식되지 않는 것
③ 배출가스의 온도, 유속 등에 견딜 수 있는 충분한 기계적 강도를 갖는 것, 채취관, 충전 및 여과지의 재질은 일반적으로 분석물질, 공존가스 및 사용온도 등에 따라서 표 3에 나타낸 것 중에서 선택한다.

〈 표 3. 분석물질의 종류별 채취관 및 연결관 등의 재질 〉

분석물질, 공존가스	채취관, 연결관의 재질	여과재	비고
암모니아	① ② ③ ④ ⑤ ⑥	ⓐ ⓑ ⓒ	① 경질유리
일산화탄소	① ② ③ ④ ⑤ ⑥ ⑦	ⓐ ⓑ ⓒ	② 석영
염화수소	① ②　　 ⑤ ⑥ ⑦	ⓐ ⓑ ⓒ	③ 보통강철
염소	① ②　　 ⑤ ⑥ ⑦	ⓐ ⓑ ⓒ	④ 스테인리스강 재질
황산화물	① ②　 ④ ⑤ ⑥ ⑦	ⓐ ⓑ ⓒ	⑤ 세라믹
질소산화물	① ②　 ④ ⑤ ⑥	ⓐ ⓑ ⓒ	⑥ 플루오르수지
이황화탄소	① ②　　　 ⑥	ⓐ ⓑ	⑦ 염화바이닐수지
폼알데하이드	① ②　　　 ⑥	ⓐ ⓑ	⑧ 실리콘수지
황화수소	① ②　 ④ ⑤ ⑥ ⑦	ⓐ ⓑ ⓒ	⑨ 네오프렌
플루오린화합물	④　 ⑥	ⓒ	
사이안화수소	① ②　 ④ ⑤ ⑥ ⑦	ⓐ ⓑ ⓒ	
브로민	① ②　　　 ⑥	ⓐ ⓑ	
벤젠	① ②　　　 ⑥	ⓐ ⓑ	ⓐ 알칼리 성분이 없는 유리솜 또는 실리카솜
페놀	① ②　 ④　 ⑥	ⓐ ⓑ	ⓑ 소결유리
비소	① ②　 ④ ⑤ ⑥ ⑦	ⓐ ⓑ ⓒ	ⓒ 카보런덤

2) 규격

① 채취관은 흡입가스의 유량, 채취관의 기계적 강도, 청소의 용이성 등을 고려해서 안지름 6~25mm 정도의 것을 쓴다.

② 채취관의 길이는 선정한 채취점까지 끼워 넣을 수 있는 것이어야 한다.

③ 배출가스의 온도가 높을 때에는 관이 구부러지는 것을 막기 위한 조치를 해두는 것이 필요하다.

④ 먼지가 섞여 들어오는 것을 줄이기 위해서 채취관의 앞 끝의 모양은 직접 먼지가 들어오기 어려운 구조의 것이 좋다.

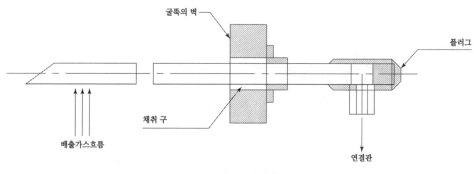

〈 그림 2. 채취관 〉

3) 여과재

① 시료 중에 먼지 등이 섞여 들어오는 것을 막기 위하여 필요에 따라서 그림 3과 같이 채취관의 적당한 위치에 여과재를 넣는다.

② 여과재는 먼지의 제거율이 좋고 압력손실이 적으며 흡착, 분해 작용 등이 일어나지 않는 것을 쓴다.

③ 여과재를 끼우는 부분은 교환이 쉬운 구조의 것으로 한다. 여과지를 채취관 앞쪽에 넣는 경우 입자에 의해 채취관이 막히지 않도록 적절한 조치를 취한다.

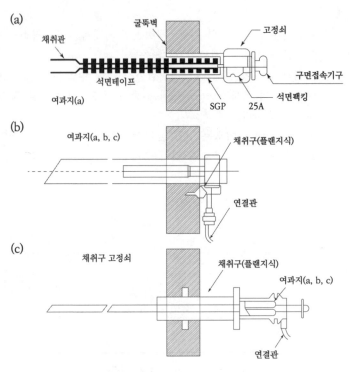

〈 그림 3. 채취구 및 여과재의 설치 〉

4) 채취관의 고정용 기구

① 재료로서는 보통 강철 또는 스테인리스강 재질을 쓴다.

② 배출가스 중의 수분 또는 이슬점이 높은 기체성분이 응축해서 채취관이 부식될 염려가 있는 경우, 여과재가 막힐 염려가 있는 경우, 분석물질이 응축수에 용해되어 오차가 생길 염려가 있는 경우에는 채취관을 보온 또는 가열한다.

③ 보온 재료는 암면, 유리섬유제 등을 쓰고 가열은 전기가열, 수증기 가열 등의 방법을 쓴다. 전기가열 채취관을 쓰는 경우에는 가열용 히터를 보호관으로 보호하는 것이 좋다.

④ 보호관의 재질은 표 3에 나타난 것 중에서 적당한 것을 선정한다.

(3) 연결관

1) 재질

① 연결관의 재질은 사용하는 채취관의 종류에 따라 적당한 것을 쓴다. 이은 부분이나 충전 등 연결관의 일부에 부득이 흡착성이 있는 재질을 쓰는 경우에는 가스와의 접촉면적을 최소화한다.

② 연결관, 충전 등의 재질에는 일반적으로 분석물질, 공존가스, 사용온도 등에 따라서 표 3에 나타낸 것 중에서 선정한다.

③ 일반적으로 사용되는 **플루오로수지 연결관(녹는점 260℃)은 250℃ 이상**에서는 사용할 수 없다.

2) 연결관의 규격

① 연결관의 안지름은 연결관의 길이, 흡입가스의 유량, 응축수에 의한 막힘 또는 흡입펌프의 능력 등을 고려해서 4~25mm로 한다.

② 가열 연결관은 시료연결관, 퍼지라인(purge line), 교정가스관, 열원(선), 열전대 등으로 구성되어야 한다.

③ 연결관의 길이는 되도록 짧게 하고, 부득이 길게 해서 쓰는 경우에는 이음매가 없는 배관을 써서 접속 부분을 적게 하고 받침 기구로 고정해서 사용해야 하며, 76m를 넘지 않도록 한다.

④ 연결관은 가능한 한 수직으로 연결해야 하고 부득이 구부러진 관을 쓸 경우에는 응축수가 흘러나오기 쉽도록 경사지게(5° 이상)하고 시료가스는 아래로 향하게 한다.

⑤ 연결관은 새지 않는 구조이어야 하며, 분석계에서의 배출가스 및 바이패스(by-pass) 배출가스의 연결관은 배후 압력의 변동이 적은 장소에 설치한다.

⑥ 하나의 연결관으로 여러 개의 측정기를 사용할 경우 각 측정기 앞에서 연결관을 병렬로 연결하여 사용한다.

(4) 채취부

그림 4와 같이 가스 흡수병, 바이패스용 세척병, 펌프, 가스미터 등으로 조립한다. 접속에는 갈아맞춤(직접접속), 실리콘 고무, 플루오로 고무 또는 연질 염화바이닐관을 쓴다.

① 흡수병
유리로 만든 것으로 분석대상 가스에 따라서 맞춰 사용한다.

② 수은 마노미터
대기와 압력차가 100mmHg 이상인 것을 쓴다.

③ 가스 건조탑
유리로 만든 가스건조탑을 쓴다. 이것은 펌프를 보호하기 위해서 쓰는 것이며 건조제로서는 입자상태의 **실리카젤**, **염화칼슘** 등을 쓴다.

④ 펌프
배기능력 0.5~5L/min인 밀폐형인 것을 쓴다.

⑤ 가스미터
일회전 1L의 습식 또는 건식 가스미터로 온도계와 압력계가 붙어 있는 것을 쓴다.

(a) 흡수병을 쓰는 경우 (시료 채취량 10L~20L의 경우)

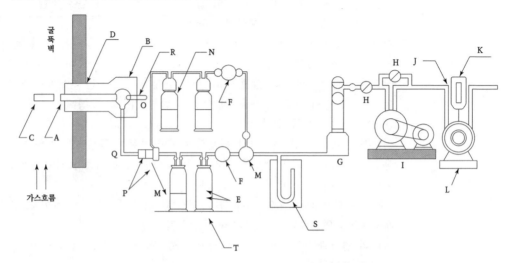

A : 시료 채취관	G : 가스 건조탑	N : 바이패스용 세척병 (E와 같은 것)
B : 연결관	H : 유량 조절 콕	O : 실리콘 고무판
C : 여과지	I : 밀폐식 흡인펌프	P : 구면 갈아 맞춤 이용관
D : 보온재	J : 온도계	Q : 히터
E : 흡수병	K : 압력계	R : 온도계
F : 유리여과지	L : 습식가스 미터	S : 수은 마노미터
	M : 3방 콕	T : 조절대

(b) 채취병을 쓰는 경우 (시료가스 채취량이 적은 경우)

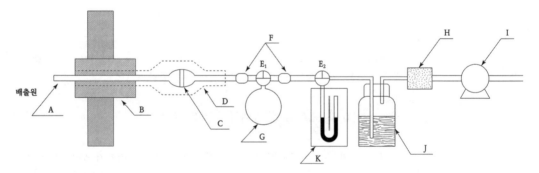

A : 시료가스 채취관	G : 채취병
B : 보온재	H : 건조제
C : 여과지	I : 흡인 펌프
D : 히터	J : 세척병
E : 3방 콕 (E_1, E_2)	K : 진공 마노미터
F : 실리콘 고무판	

⟨ 그림 4 ⟩

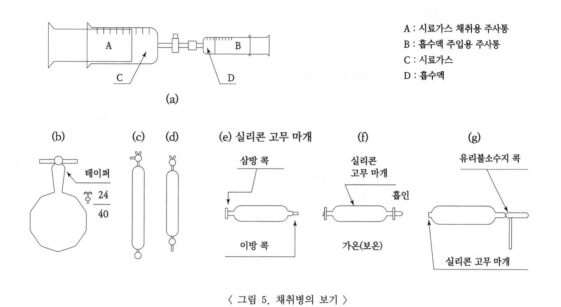

A : 시료가스 채취용 주사통
B : 흡수액 주입용 주사통
C : 시료가스
D : 흡수액

(a)

(b)

테이퍼
↕ 24/40

(c) (d)

(e) 실리콘 고무 마개

삼방 콕

이방 콕

(f)

실리콘
고무 마개

흡인

가온(보온)

(g)

유리불소수지 콕

실리콘 고무 마개

〈 그림 5. 채취병의 보기 〉

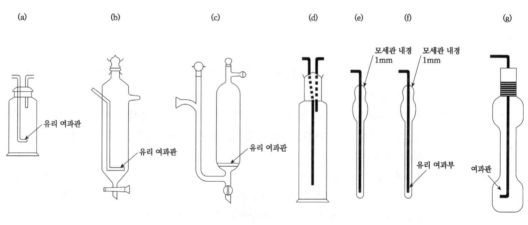

(a)

유리 여과관

(b)

유리 여과관

(c)

유리 여과관

(d)

(e)

모세관 내경
1mm

(f)

모세관 내경
1mm

유리 여과부

(g)

여과관

〈 그림 6. 흡수병의 보기 〉

(5) 흡수병을 사용할 때 시료채취장치

1) 부착

가) 채취관

① 채취관은 배출가스의 흐름에 따라서 **직각**이 되도록 연결한다.

② 채취관은 채취구에 고정쇠를 써서 고정한다.

③ 채취구에는 굴뚝에 바깥지름 34mm 정도의 강철관을 100~150mm의 길이로 용접하고, 끝에 나사를 낸다. 쓰지 않을 때에는 뚜껑을 덮어 둔다.

④ 채취관에 **유리솜을 채워서 여과재로 쓰는 경우에는, 그 채우는 길이는 50~150mm** 정도로 한다. 굴뚝가스의 압력이 부압일 때는 기체의 흐름속으로, 또 흡입속도가 너무 클 때는 연결관 쪽으로 각각 여과재가 빨려 들어가는 경우가 있으므로 주의할 필요가 있다.

나) 연결관

① 연결관은 되도록 **짧은 것**이 좋으나, 부득이 길게 할 때에는 받침 기구를 써서 고정한다.

② 채취관과 연결관, 연결관과 채취부 등의 접속은 구면 또는 테이퍼 접속기구를 쓴다.

다) 채취부

① 분석용 흡수병은 1개 이상 준비하고 각각에 규정량의 흡수액을 넣는다. 분석대상 가스별 분석방법 및 흡수액은 표 4에 나타내었다.

② 바이패스용 세척병은 1개 이상 준비하고 분석물질이 **산성일 때는 수산화소듐 용액** (NaOH, 질량분율 20%)을, **알칼리성일 때는 황산(H_2SO_4)** (질량분율 25%)을 각각 50mL씩 넣는다.

③ **흡수계 및 바이패스계의 세척병 입구측, 출구측은 각각 3방콕으로 연결**한다.

④ 흡수병 등의 접속에는 구면 갈아맞춤(직접접속) 또는 실리콘 고무판 등을 쓴다.

⑤ 흡수병은 되도록 채취위치 가까이에 놓고 필요에 따라서 냉각 중탕에 넣어서 냉각한다.

⑥ 흡수병을 나무상자 등에 고정해 두면 들고 다니는데 편리하다.

〈 표 4. 분석물질별 분석방법 및 흡수액 〉

분석물질	분석방법	흡수액
암모니아	·인도페놀법	·붕산 용액(5g/L)
염화수소	·이온크로마토그래피 ·싸이오사이안산제2수은법	·정제수 ·수산화소듐 용액(0.1mol/L)
염소	·오르토톨리딘법	·오르토톨리딘 염산 용액(0.1g/L)
황산화물	·침전적정법	·과산화수소수 용액(1+9)
질소산화물	·아연환원 나프틸에틸렌다이아민법	·황산 용액(0.005mol/L)
이황화탄소	·자외선/가시선분광법 ·가스크로마토그래피	·다이에틸아민구리 용액
폼알데하이드	·크로모트로핀산법 ·아세틸아세톤법	·크로모트로핀산 + 황산 ·아세틸아세톤 함유 흡수액
황화수소	·자외선/가시선분광법	·아연아민착염 용액
플루오린화합물	·자외선/가시선분광법 ·적정법 ·이온선택전극법	·수산화소듐 용액(0.1mol/L)
사이안화수소	·자외선/가시선분광법	·수산화소듐 용액(0.5mol/L)
브로민화합물	·자외선/가시선분광법 ·적정법	·수산화소듐 용액(0.1mol/L)
페놀	·자외선/가시선분광법 ·가스크로마토그래피	·수산화소듐 용액(0.1mol/L)
비소	·자외선/가시선분광법 ·원자흡수분광광도법 ·유도결합플라스마 분광법	·수산화소듐 용액(0.1mol/L)

TIP 수산화소듐 흡수액인 분석물질
염화수소, 플루오린화합물, 사이안화수소, 브로민화합물, 페놀, 비소

(6) 채취병을 사용할 때 시료채취장치

① 채취병은 미리 새는 곳이 없는가를 시험하여 새지 않는 것으로 준비한다.

② 시료가 산성일 때에는 **수산화소듐 용액**(NaOH, sodium hydroxide, 분자량 : 40.00, 질량분율 20%)을, 알칼리성일 때에는 황산(H_2SO_4, 질량분율 25%)을 각각 50mL 넣은 세척병을 흡입 펌프 앞에 넣는다. 이 때 세척병의 사용은 펌프를 보호하기 위한 것이다.

③ 채취병의 접속에는 구면 접속기구 또는 실리콘 고무관을 쓴다.

④ 채취병은 가급적 채취 위치 가까이에 접속한다.

2. 시료채취장치의 취급

(1) 흡수병을 사용할 때 누출 확인 시험
① 미리 소정의 흡입유량에 있어서 장치안의 부압(대기압과 압차)을 수은 마노미터로 측정한다.
② 채취관 쪽의 3방콕을 닫고 펌프 쪽의 3방콕을 연 다음 펌프의 유량조절 콕을 조작하여 분석용 흡수병을 부압(소정의 흡입유량에 있어서의 장치안의 부압의 2배 정도)으로 하고 펌프 바로 앞의 콕을 닫는다.
③ 흡수병에 거품이 생기면 그 앞의 부분에 공기가 새는 것으로 본다. 또 펌프의 3방콕을 닫았을 때의 수은 마노미터의 압차가 적어지면, 펌프 바로 앞부분까지 새는 곳이 있는 것으로 본다.
④ 새는 부분은 장치를 다시 조립해서 새는 곳이 없는가 다시 확인한다. 흡수병의 갈아맞춤 부분에 약간의 먼지가 붙어 있을 때에는 깨끗이 닦고, 갈아 맞춤부분을 정제수 1~2방울로 적셔서 차폐한다. 공기가 새는 것을 막고 필요한 때는 **실리콘 윤활유**등을 발라서 새는 것을 막는다.

(2) 흡수병을 사용할 때 취급법
① **흡수병에 시료를 보내기 전에 바이패스 등을 써서 배관 속을 시료로 충분히 바꾸어 놓는다.**
② 시료의 흡입유량은 최고 2L/min 정도로 한다. 채취하는 시료량은 시료 중의 분석대상 성분의 농도에 따라서 증감한다.
③ 시료를 채취할 때는 시료의 부피를 측정하는 위치에서 동시에 가스미터상의 온도, 압력 및 대기압을 측정해 둔다.
④ 건조시료가스 채취량(L)은 다음 식에 따라 계산한다.
  ㉠ 습식가스 미터를 사용할 시

$$V_s = V \times \frac{273}{273+t} \times \frac{P_a + P_m - P_v}{760}$$

  ㉡ 건식가스 미터를 사용할 시

$$V_s = V \times \frac{273}{273+t} \times \frac{P_a + P_m}{760}$$

V : 가스미터로 측정한 흡입가스량(L)
V_s : 건조시료가스 채취량(L)
t : 가스미터의 온도(℃)
P_a : 대기압(mmHg)
P_m : 가스미터의 게이지압(mmHg)
P_v : t ℃에서의 포화수증기압(mmHg)

3. 주의사항

(1) 일반사항

① 시료채취에 종사하는 사람의 안전을 위하여 다음의 조치를 강구할 필요가 있다.

② 채취에 종사하는 사람은 보통 2인 이상을 1조로 한다.

③ 굴뚝 배출가스의 조성, 온도 및 압력과 작업환경 등을 잘 알아둔다.

④ 옥외에서 작업하는 경우에는 바람의 방향을 확인하여 **바람이 부는 쪽에서 작업**하는 것이 좋다.

⑤ 위험방지를 위하여 다음의 사항들에 충분히 주의한다.

　　㉠ 피부를 노출하지 않는 복장을 하고, 안전화를 신는다.

　　㉡ 작업환경이 고온인 경우에는 드라이아이스 자켓 등을 입는다.

　　㉢ 높은 곳에서 작업을 하는 경우에는 반드시 안전밧줄을 쓴다.

　　㉣ 교정용 가스가 들어있는 고압가스 용기를 취급하는 경우에는 안전하고 쉽게 운반, 설치를 할 수 있는 방법을 쓴다.

　　㉤ 측정 작업대까지 오르기 전에 승강시설의 안전여부를 반드시 점검한다.

(2) 채취위치의 주의사항

① 위험한 장소는 피한다.

② 채취위치의 주변에는 적당한 높이와 측정작업에 충분한 넓이의 안전한 작업대를 만들고, 안전하고 쉽게 오를 수 있는 설비를 갖춘다.

③ 채취 위치의 주변에는 배전 및 급수 설비를 갖추는 것이 좋다.

(3) 채취구에서의 주의사항

① 수직굴뚝의 경우에는 채취구를 같은 높이에 **3개 이상** 설치하는 것이 좋다.

② 배출가스 중의 먼지 측정용 채취구(바깥지름 115mm 정도)를 이용하는 경우에는 지름이 다른 관 또는 플랜지 등을 사용하여 가스가 새는 일이 없도록 접속해서 배출가스용 채취구로 한다.

③ 굴뚝내의 압력이 매우 큰 **부압(-300mmH$_2$O 정도 이하)**인 경우에는, 시료채취용 굴뚝을 부설하여 부피가 큰 펌프를 써서 시료가스를 흡입하고 그 부설한 굴뚝에 채취구를 만든다.

④ 굴뚝내의 압력이 **정압(+)**인 경우에는 채취구를 열었을 때 유해가스가 분출될 염려가 있으므로 충분한 주의가 필요하다.

(4) 시료채취장치의 주의사항

① 흡수병은 각 분석법에 공용할 수가 있는 것도 있으나, 대상 성분마다 전용으로 하는 것이 좋다. 만일 공용으로 할 때에는 대상 성분이 달라질 때마다 **묽은 산 또는 알칼리 용액과 정제수로 깨끗이 씻은 다음** 다시 **흡수액으로 3회** 정도 씻은 후 사용한다.

② 습식가스미터를 이동 또는 운반할 때에는 반드시 물을 뺀다. 또 오랫동안 쓰지 않을 때에도 그와 같이 배수한다.

③ 가스미터는 100mmH$_2$O 이내에서 사용한다.

④ 습식가스미터를 장시간 사용하는 경우에는 배출가스의 성상에 따라서 수위의 변화가 일어날 수 있으므로 필요한 수위를 유지하도록 주의한다.

⑤ 가스미터는 정밀도를 유지하기 위하여 필요에 따라 오차를 측정해 둔다.

⑥ 시료가스의 양을 재기 위하여 쓰는 채취병은 미리 0℃ 때의 참부피를 구해둔다.

⑦ 주사통에 의한 시료가스의 계량에 있어서 계량 오차가 크다고 생각되는 경우에는 흡입펌프 및 가스미터에 의한 채취방법을 이용하는 것이 좋다.

⑧ 시료채취장치의 조립에 있어서는 채취부의 조작을 쉽게 하기 위하여 흡수병, 마노미터, 흡입펌프 및 가스미터는 가까운 곳에 놓는다. 또 습식가스미터는 정확하게 수평을 유지할 수 있는 곳에 놓아야 한다.

⑨ **배출가스 중에 수분과 미스트(mist)가 대단히 많을 때에는 채취부와 흡입펌프, 전기배선, 접속부 등에 물방울이나 미스트(mist)가 부착되지 않도록 한다.**

Chapter 02

배출가스 중 입자상 물질의 시료채취방법

1. 용어 정의

① 배출가스

연료, 기타의 것의 연소, 합성, 분해, 열원으로서의 전기의 사용 및 기계적 처리 등에 따라 발생하는 고체 입자를 함유하는 가스. 수분을 함유하지 않는 가스는 건조 배출가스, 수분을 함유하는 가스는 습윤 배출가스라 한다.

② **등속흡입**

먼지시료를 채취하기 위해 흡입 노즐을 이용하여 배출가스를 흡입할 때, 흡입노즐을 **배출가스의 흐름방향으로 배출가스와 같은 유속으로 가스를 흡입**하는 것을 말한다.

③ **먼지농도**

표준상태(0℃, 760mmHg)의 건조 배출가스 1Sm^3 중에 함유된 먼지의 무게단위를 말한다.

2. 분석기기 및 기구

(1) 반자동식 시료 채취기

흡입노즐, 흡입관, 피토관, 여과지홀더, 여과지 가열장치, 임핀저 트레인, 가스흡입 및 유량측정부 등으로 구성되며 여과지홀더의 위치에 따라 1형과 2형으로 구별된다.

1) 흡입노즐

① 흡입노즐은 스테인리스강 재질, 경질유리, 또는 석영 유리제로 만들어진 것으로 다음과 같은 조건을 만족시키는 것이어야 한다.

② 흡입노즐의 안과 밖의 가스흐름이 흐트러지지 않도록 흡입노즐 **내경(d)은 3mm 이상**으로 한다. 흡입노즐의 내경(d)은 정확히 측정하여 **0.1mm 단위**까지 구하여 둔다.

③ 흡입노즐의 꼭짓점은 그림 7과 같이 **30° 이하의 예각**이 되도록 하고 매끈한 반구 모양으로 한다.

④ 흡입노즐 내외면은 매끄럽게 되어야 하며 흡입노즐에서 먼지 채취부까지의 흡입관은 **내부면이 매끄럽고 급격한 단면의 변화와 굴곡이 없어야 한다.**

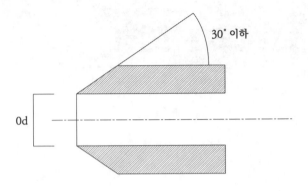

30° 이하

0d

〈 그림 7. 흡입노즐의 꼭지부분 〉

2) 흡입관

수분응축 방지를 위해 시료가스 온도를 120±14℃로 유지할 수 있는 **가열기를 갖춘 보로실리케이트(borosilicate), 스테인리스강 재질 또는 석영 유리관을 사용**한다.

3) 피토관

피토관 계수가 정해진 L형 피토관(C : 1.0 **전후**) 또는 S형(웨스턴형 C : 0.84 **전후**) 피토관으로서 배출가스 유속의 계속적인 측정을 위해 흡입관에 부착하여 사용한다.

4) 차압게이지

2개의 경사마노미터 또는 이와 동등의 것을 사용한다. 하나는 배출가스 동압측정을 다른 하나는 오리피스 압차 측정을 위한 것이다.

5) 여과지홀더

① 여과지홀더는 원통형 또는 원형의 먼지채취 여과지를 지지해주는 장치를 말한다.
② 이 장치는 유리제 또는 스테인리스강 재질 등으로 만들어진 것으로 내식성이 강하고 여과지 탈착이 쉬워야 한다.
③ 여과지를 끼운 곳에서 공기가 새지 않아야 한다.

6) 여과부 가열장치

시료채취 시 여과지홀더 주위를 120±14℃의 온도를 유지할 수 있고 주위온도를 3℃ 이내까지 측정할 수 있는 온도계를 모니터 할 수 있도록 설치하여야 한다. 다만, 이 장치는 2형 시료채취장치를 이용할 경우에만 사용된다.

7) 임핀저 트레인 및 냉각 상자

8) 가스흡입 및 유량측정부

진공게이지, 진공펌프, 온도계, 건식가스미터 등으로 구성되며 등속흡입유량을 유지하고 흡입 가스량을 측정할 수 있게 되어 있다.

(2) 수동식 시료 채취기

　　먼지채취부, 가스흡입부, 흡입유량 측정부 등으로 구성되며 먼지채취부의 위치에 따라 1형과 2형으로 구분된다. 1형은 먼지채취기를 굴뚝 안에 설치하고 2형은 먼지채취기를 굴뚝 밖으로 설치하는 것이다. 먼지시료 채취장치의 모든 접합부는 가스가 새지 않도록 하여야 하고 2형일 때는 배출가스 온도가 이슬점 이하가 되지 않도록 보온 또는 가열해 주어야 한다.

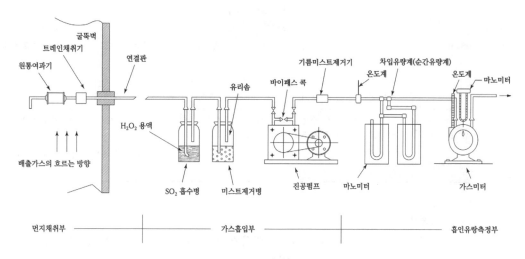

〈 그림 8. 수동식 먼지시료 채취장치(1형) 〉

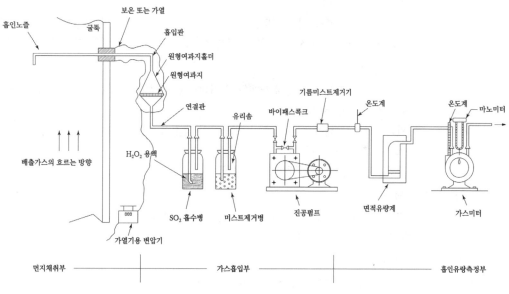

〈 그림 9. 수동식 먼지시료 채취장치(2형) 〉

1) 먼지채취부

먼지채취부의 구성은 흡입노즐, 여과지 홀더, 고정쇠, 드레인채취기, 연결관 등으로 구성된다. 단, 2형일 때는 흡입노즐 뒤에 흡입관을 접속한다.

항목	내용
흡입노즐	· 흡입노즐은 안과 밖의 가스 흐름이 흐트러지지 않도록 흡입노즐 내경(d)은 3mm 이상으로 한다. · 꼭짓점은 30° 이하의 예각이 되도록 하고 매끈한 반구 모양으로 한다. · 흡입노즐 내외면은 매끄럽게 되어야 한다.
여과지 홀더	· 여과지 홀더는 원통형 또는 원형의 먼지채취 여과지를 지지해주는 장치를 말한다. · 이 장치는 유리제 또는 스테인리스강 재질 등으로 만들어진 것으로 내식성이 강하고 여과지 탈착이 쉬워야 한다. · 여과지를 끼운 곳에서 공기가 새지 않아야 한다.
고정쇠	· 여과지 홀더를 끼우기 위하여 사용하는 것으로 스테인리스강 재질이 좋다.
드레인 채취기	· 내부에 유리솜을 채운 것으로서 흡입가스에 의한 드레인이 여과지 홀더에 역류하는 것을 방지하기 위하여 사용한다.
연결관	· 여과지 홀더 또는 드레인 채취기에서 가스흡입용의 고무관(진공용)에 이르기까지의 연결부이다.

2) 가스흡입부

① 가스흡입부는 배출가스를 흡입하기 위한 흡입장치 및 황산화물에 의한 부식을 막기 위한 SO_2 흡수병과 미스트 제거병으로 구성된다.

② 가스흡입부에는 흡입유량을 가감하기 위한 조절밸브를 적당한 위치에 장치하고 흡입장치의 가스 출구 측에는 필요에 따라 유량계를 보호하기 위하여 미스트 제거기를 설치한다.

③ 흡입장치에는 굴뚝 내의 부압, 먼지시료 채취장치 각 부분의 저항에 충분히 견딜 수 있고 필요한 속도로서 가스를 흡입할 수 있는 진공펌프, 송풍기 등을 사용한다.

3) 흡입유량 측정부

① 흡입유량 측정부는 적산유량계(가스미터) 및 로터미터 또는 차압유량계 등의 순간유량계로 구성된다.

② 원칙적으로 적산유량계는 흡입 가스량의 측정을 위하여 또 순간유량계는 등속흡입 조작을 확인하기 위하여 사용한다.

③ 순간유량계는 적산유량계로 교정하여 사용한다.

4) 분석용 저울

0.1mg까지 정확하게 측정할 수 있는 저울을 사용하여야 하며 측정표준 소급성이 유지된 표준기에 의해 교정되어야 한다.

5) 건조용 기기

시료채취 여과지의 수분평형을 유지하기 위한 기기로서 $20 \pm 5.6℃$ 대기 압력에서 적어도 24시간을 건조시킬 수 있어야 한다. 또는, 여과지를 105℃에서 적어도 2시간 동안 건조시킬 수 있어야 한다.

(3) 자동식 시료 채취기

흡입노즐, 흡입관, 피토관, 차압게이지, 여과지홀더, 임핀저 트레인, 자동등속흡입 제어부, 유량자동제어밸브, 산소농도계, 온도측정부, 측정데이타 기록부 등으로 구성되어 있으며 시료채취장치의 모든 접속부분에 가스누출이 있어서는 안 된다.

1) 흡입노즐

① 흡입노즐은 **스테인리스강 재질, 경질유리**, 또는 **석영 유리제**로 만들어진 것으로 다음과 같은 조건을 만족시키는 것이어야 한다.

② 흡입노즐의 안과 밖의 가스흐름이 흐트러지지 않도록 흡입노즐 내경(d)은 3mm 이상으로 한다. 흡입노즐의 내경(d)은 정확히 측정하여 0.1mm 단위까지 구하여 둔다.

③ 흡입노즐의 꼭짓점은 30° **이하의 예각**이 되도록 하고 매끈한 반구모양으로 한다.

④ 흡입노즐 내외면은 매끄럽게 되어야 하며 흡입노즐에서 먼지 채취부까지의 흡입관은 내부면이 매끄럽고 급격한 단면의 변화와 굴곡이 없어야 한다.

⑤ 측정점에서 배출가스 유속을 측정하지 않고 그 유속과 흡입가스의 유속이 일치되도록 한 것으로서 이 노즐은 측정점의 정압 또는 동압과 흡입노즐 내의 정압 또는 동압과 일치하도록 가스를 흡입할 경우에 측정점의 배출가스 유속과 가스의 흡입속도가 같게 되도록 한 구조와 기능을 갖는 것이다.

⑥ 흡입노즐에서 먼지채취부까지의 흡입관은 내면이 매끄럽고 급격한 단면의 변화와 굴곡이 있어서는 안 된다.

2) 흡입관

수분응축 방지를 위해 시료가스 온도를 120±14℃로 유지할 수 있는 가열기를 갖춘 **보로실리케이트(borosilicate), 스테인리스강 재질** 또는 **석영 유리관**을 사용한다.

3) 피토관

피토관 계수가 정해진 L형 피토관(C : 1.0 **전후**) 또는 S형(웨스턴형 C : 0.84 **전후**) 피토관으로서 배출가스 유속의 계속적인 측정을 위해 흡입관에 부착하여 사용한다.

4) 차압게이지

차압게이지는 최소 단위 0.1~0.5mmH₂O 까지 측정하여 출력 신호를 발생할 수 있는 정밀 전자 마노미터를 사용한다.

5) 여과지 홀더

① 여과지 홀더는 원통형 또는 원형의 먼지채취 여과지를 지지해주는 장치를 말한다.

② 이 장치는 유리제 또는 스테인리스강 재질 등으로 만들어진 것으로 내식성이 강하고 여과지 탈착이 쉬워야 한다.

③ 여과지를 끼운 곳에서 공기가 새지 않아야 한다.

3. 측정 위치, 측정공 및 측정점의 선정

(1) 측정위치

① 측정위치는 원칙적으로 굴뚝의 굴곡부분이나 단면모양이 급격히 변하는 부분을 피하여 배출가스 흐름이 안정되고 측정작업이 쉽고 안전한 곳을 선정한다.

② 수직굴뚝 하부 끝단으로부터 위를 향하여 그곳의 **굴뚝 내경의 8배 이상**이 되고, 상부 끝단으로부터 아래를 향하여 그곳의 **굴뚝 내경의 2배 이상**이 되는 지점에 측정공 위치를 선정하는 것을 원칙으로 한다.

③ 위의 기준에 적합한 측정공 설치가 곤란하거나 측정작업의 불편, 측정자의 안전성 등이 문제될 때에는 하부 내경의 2배 이상과 상부 내경의 1/2배 이상 되는 지점에 측정공 위치를 선정할 수 있다.

④ 수직굴뚝에 측정공을 설치하기가 곤란하여 부득이 수평 굴뚝에 측정공이 설치되어 있는 경우는 수평굴뚝에서도 측정할 수 있으나 측정공의 위치가 수직굴뚝의 측정위치 선정기준에 준하여 선정된 곳이어야 한다.

⑤ 방지시설에서 입자상 물질의 저감 효율을 측정하는 경우, 방지시설 전단과 후단에 측정공을 설치하여 동시에 시료를 채취해야 한다.

(2) 측정공 및 측정작업대

측정위치에는 측정자의 안전과 측정작업을 위한 작업대와 측정공이 설치되어야 한다.

1) 측정공의 규격

측정공은 그림 10과 같이 측정위치로 선정된 굴뚝 벽면에 내경 100~150mm 정도로 설치하고 측정 시 이외에는 마개를 막아 밀폐하고 측정 시에도 흡입관 삽입 이외의 공간은 공기가 새지 않도록 밀폐되어야 한다.

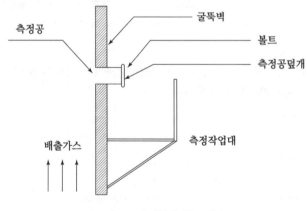

〈 그림 10. 측정공의 구조 예 〉

(3) 측정점의 선정

측정점은 측정위치로 선정된 굴뚝단면의 모양과 크기에 따라 다음과 같은 요령으로 적당수의 등면적으로 구분하고 구분된 각 면적마다 측정점을 선정한다.

1) 굴뚝단면이 원형일 경우

① 그림 11과 같이 측정 단면에서 서로 직교하는 직경선상에 표 5가 부여하는 위치를 측정점으로 선정한다.

② 측정점수는 굴뚝직경이 4.5m를 초과할 때는 20점까지로 한다.

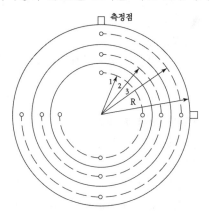

〈 그림 11. 원형단면의 측정 환산 예 〉

〈 표 5. 원형단면의 측정점 〉

굴뚝직경 2R(m)	반경 구분수	측정점수
1 이하	1	4
1 초과 2 이하	2	8
2 초과 4 이하	3	12
4 초과 4.5 이하	4	16
4.5 초과	5	20

③ 굴뚝 단면적이 $0.25m^2$ 이하로 소규모일 경우에는 그 굴뚝 단면의 중심을 대표점으로 하여 1점만 측정한다.

④ 측정 단면에서 유속의 분포가 비교적 대칭을 이루는 경우 수평굴뚝은 수직 대칭 축에 대하여 1/2의 단면을 취하고 측정점의 수를 1/2로 줄일 수 있으며, 수직 굴뚝은 1/4의 단면을 취하고 측정점의 수를 1/4로 줄일 수 있다.

4. 시료 채취 및 방법

(1) 개요

먼지 시료채취 방법으로는 직접채취법, 이동채취법, 대표점채취법 등이 있다.

① 직접 채취법

측정점마다 1개의 먼지 채취기를 사용하여 시료를 채취한다.

② 이동 채취법

1개의 먼지 채취기를 사용하여 측정점을 이동하면서 각각 같은 흡입시간으로 먼지시료를 채취한다.

③ 대표점 채취법

규정에 따라 정해진 대표점에서 1개 또는 수개의 먼지채취기를 사용하여 먼지 시료를 채취한다.

(2) 시료채취절차 – 반자동식 시료 채취기

① 측정점 수를 선정한다.

② 배출가스의 온도를 측정한다.

③ S자형 피토관과 경사마노미터로 배출가스의 정압과 평균동압을 각각 측정한다.

④ 피토관을 측정공에서 굴뚝내의 측정점까지 삽입하여 전압공을 배출가스 흐름방향에 바로 직면시켜 압력계에 의하여 동압을 측정한다.

⑤ **동압은 원칙적으로 0.1mmH₂O의 단위까지 읽는다.**

⑥ 이때, 피토관의 배출가스 흐름방향에 대한 편차를 10° 이하가 되어야 한다.

⑦ 배출가스의 수분량을 측정한다.

⑧ 흡입노즐이 배출가스가 흐르는 역방향을 향하도록 흡입노즐을 측정점까지 끼워 넣고 흡입을 시작할 때 배출가스가 흐르는 방향에 직면하도록 돌려 편차를 10° 이하로 한다.

⑨ 매 채취점마다 동압을 측정하여 계산자(노모그래프) 또는 계산기를 이용하여 등속 흡입을 위한 적정한 흡입노즐 및 오리피스압차를 구한 후 유량조절밸브를 그 오리피스차압이 유지되도록 유량을 조절하여 시료를 채취한다.

⑩ 한 채취점에서의 채취시간을 **최소 2분 이상**으로 하고 모든 채취점에서 채취시간을 동일하게 한다.

⑪ 시료채취 중에 굴뚝 내 배출가스 온도, 건식 가스미터의 입구 및 출구온도, 여과지 홀더 온도, 최종 임핀저 통과 후의 가스온도, 진공게이지압 등을 측정 기록한다.

⑫ 채취가 끝날 때마다 측정점에서의 가스시료 채취량을 기록해 둔다.

(3) 시료채취절차 – 수동식 채취기

① 측정점 수를 선정한다.

② 배출가스의 온도를 측정한다.

③ 배출가스 중의 수분량을 측정한다.

④ 배출가스의 유속을 측정한다.

⑤ 흡입노즐이 배출가스가 흐르는 역방향을 향하도록 흡입노즐을 측정점까지 끼워 넣고 흡입을 시작할 때 배출가스가 흐르는 방향에 직면하도록 돌려 편차를 10° 이하로 한다.

⑥ 배출가스의 흡입은 흡입노즐로부터 흡입되는 가스의 유속과 측정점의 배출가스 유속이 일치하도록 등속흡입을 행한다.

⑦ 보통형(1형) 흡입노즐을 사용할 때 등속흡입을 위한 흡입량은 다음 식에 의하여 구한다.

$$q_m = \frac{\pi}{4}d^2v\left(1 - \frac{X_w}{100}\right)\frac{273+\theta_m}{273+\theta_s} \times \frac{P_a+P_s}{P_a+P_m-P_v} \times 60 \times 10^{-3}$$

q_m	:	가스미터에 있어서의 등속 흡입유량(L/min)
d	:	흡입노즐의 내경(mm)
v	:	배출가스 유속(m/s)
X_w	:	배출가스 중의 수증기의 부피 백분율(%)
θ_m	:	가스미터의 흡입가스 온도(℃)
θ_s	:	배출가스 온도(℃)
P_a	:	측정공 위치에서의 대기압(mmHg)
P_s	:	측정점에서의 정압(mmHg)
P_m	:	가스미터의 흡입가스 게이지압(mmHg)
P_v	:	θ_m의 포화수증기압(mmHg)

[주] 건식 가스미터를 사용하거나 수분을 제거하는 장치를 사용할 때는 P_v를 제거한다.

⑧ 등속흡입 정도를 알기 위하여 다음 식에 의해 구한 값이 (90~110)% 범위여야 한다.

$$I(\%) = \frac{V'_m}{q_m \times t} \times 100$$

I	:	등속흡입계수(%)
V'_m	:	흡입가스량(습식가스미터에서 읽은 값)(L)
q_m	:	가스미터에 있어서의 등속 흡입유량(L/min)
t	:	가스 흡입시간(min)

⑨ 흡입가스량은 원칙적으로 채취량이 원형여과지일 때 채취면적 $1cm^2$ 당 1mg 정도, 원통형 여과지일 때는 전체채취량이 5mg 이상 되도록 한다. 다만, 동 채취량을 얻기 곤란한 경우에는 흡입유량을 400L 이상 또는 흡입시간을 40분 이상으로 한다.

⑩ 배출가스를 흡입한 후에는 흡입을 중단하고 흡입노즐을 다시 역방향으로 한 후 속히 연도 밖으로 끄집어낸다. 먼지채취기 뒤쪽의 배관은 그때까지 떼어서는 안 된다. 단, 굴뚝 내의 부압이 클 때는 흡입노즐을 반대방향으로 향한 채 흡입량을 측정하고 흡입펌프를 작동시킨 채 신속히 흡입노즐을 꺼내고 정지시킨다.

⑪ 시료채취가 끝나면 흡입관을 빼내고 방냉한 후 노즐 주변의 먼지를 닦아낸다.

⑫ 흡입관과 여과지 홀더를 분리하고 먼지가 채취된 여과지는 시료보관병에 보관한다.

(4) 시료채취절차 - 자동식 채취기

① 시료채취는 측정점수를 선정하여 시료채취부의 **노즐을 상부 방향으로** 측정점에 도달시킨 후 측정과 동시 노즐을 하부방향으로 하여 **최소 2분에 1회씩 측정점을 이동**하면 등속흡입은 자동으로 이루어지며 그때 시료채취량 및 흡입조건이 자동으로 제어 및 저장된다.

② **등속흡입 계수가 90~110% 범위**에 동작할 수 있도록 등속흡입 유량 자동시간을 설정한다.

5. 분석절차

(1) 반자동 채취장치의 전처리

① 원통형 여과지를 **110±5℃에서 충분히 1~3시간 건조**하고 데시케이터 내에서 실온까지 냉각하여 **무게를 0.1mg까지 측정**한 후 여과지홀더에 끼운다.

② 임핀저 트레인 중 첫 번째와 두 번째 임핀저에 각각 100g의 물(또는 과산화수소)을 넣고 네 번째 임핀저에는 미리 무게를 단 200~300g의 실리카젤을 넣는다.

③ 임핀저 트레인을 통과하는 배출가스의 온도가 높을 경우 임핀저 주위에 잘게 부순 얼음을 채워 넣는다.

(2) 측정방법

굴뚝에서 배출되는 먼지시료를 반자동식 채취기를 이용 배출가스의 유속과 같은 속도로 시료가스를 흡입(이하 등속흡입이라 한다)하여 일정온도로 유지되는 실리카 섬유제 여과지에 먼지를 채취한다. 먼지가 채취된 여과지를 **110±5℃에서 충분히 1~3시간 건조**시켜 부착수분을 제거한 후 먼지의 질량 농도를 계산한다. 다만, **배연탈황시설과 황산미스트에 의해서 먼지농도가 영향을 받은 경우에는 여과지를 160℃ 이상에서 4시간 이상 건조**시킨 후 먼지농도를 계산한다.

1) 배출가스 수분량 측정

① 흡습관법에 따른 수분량 측정장치는 그림 12에 보기를 든 바와 같이 흡입관, 흡습관, 가스 흡입장치, 적산유량계(가스미터) 등으로 구성한다.

② 흡입관으로는 스테인리스강 재질 또는 석영제 유리관을 사용한다. 먼지의 혼입을 방지하기 위하여 흡입관의 선단에 유리섬유 등의 여과재를 넣어둔다.

③ 배출가스 중의 수분량은 습한 가스 중의 수증기의 부피 백분율로 표시하고 다음 식에 의하여 구한다.

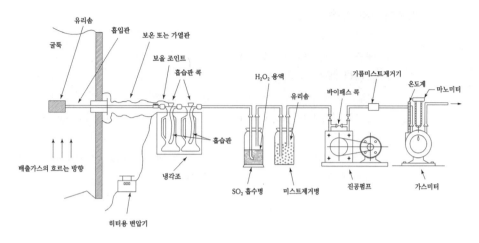

〈 그림 12. 수분측정장치의 구성 〉

㉠ 습식 가스미터를 사용할 때

$$X_w = \frac{\dfrac{22.4}{18}m_a}{V_m \times \dfrac{273}{273+\theta_m} \times \dfrac{P_a+P_m-P_v}{760} + \dfrac{22.4}{18}m_a} \times 100$$

㉡ 건식 가스미터를 사용할 때

$$X_w = \frac{\dfrac{22.4}{18}m_a}{V_m{}' \times \dfrac{273}{273+\theta_m} \times \dfrac{P_a+P_m}{760} + \dfrac{22.4}{18}m_a} \times 100$$

X_w : 배출가스 중의 수증기의 부피 백분율(%)

m_a : 흡습 수분의 질량($m_{a2}-m_{a1}$)(g)

V_m : 흡입한 가스량(습식 가스미터에서 읽은 값)(L)

V'_m : 흡입한 가스량(건식 가스미터에서 읽은 값)(L)

θ_m : 가스미터에서의 흡입 가스온도(℃)

P_a : 측정공 위치에서의 대기압(mmHg)

P_m : 가스미터에서의 가스게이지압(mmHg)

P_v : θ_m 에서의 포화 수증기압(mmHg)

2) 배출가스의 유속 측정

가) 유속 측정방법

① 배출가스의 동압을 측정하는 기구로서는 피토관 계수가 정해진 피토관과 경사마노미터 등을 사용한다.

② 피토관이 전압(total pressure)공을 측정점에서 가스의 흐르는 방향에 직면하게 놓고 전압과 정압(static pressure)의 차이로 동압(Velocity pressure)을 측정한다.

③ 배출가스 유속의 측정에는 피토관으로 교정한 풍속계 등의 기체 유속계를 써도 좋다. 단, 배출가스의 성상(온도, 압력 및 조성) 및 성질에 따라 지시치가 달라질 때는 피토관에 의한 측정치로 보정한다.

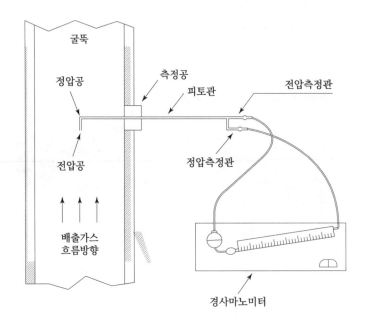

〈 그림 13. 피토관에 의한 배출가스 유속측정 〉

$$V = C \sqrt{\frac{2gh}{\gamma}}$$

V : 유속(m/s)
C : 피토관 계수
h : 피토관에 의한 동압 측정치(mmH$_2$O)
g : 중력가속도(9.81m/s^2)
γ : 굴뚝 내의 배출가스 밀도(kg/m^3)

나) 배출가스의 밀도를 구하는 방법

① 배출가스 조성으로부터 아래 계산식으로 구하거나 가스밀도계에 의한 측정치로 계산한다.

$$\gamma = \gamma_0 \times \frac{273}{273 + \theta_s} \times \frac{P_a + P_s}{760}$$

γ : 굴뚝 내의 배출가스 밀도(kg/m^3)

γ_0 : 온도 0℃ 기압 760mmHg로 환산한 습한 배출가스 밀도(kg/Sm^3)

P_a : 측정공 위치에서의 대기압(mmHg)

P_s : 각 측정점에서 배출가스 정압의 평균치(mmHg)

θ_s : 각 측정점에서 배출가스 온도의 평균치(℃)

② 일반적으로 고체연료 및 액체연료를 공기를 사용하여 연소시킬 때는 $\gamma_0 = 1.30$ kg/m^3로 하는 것도 좋다.

다) 경사 마노미터의 동압 계산

$$h = \gamma \times L \times \sin\theta \times \frac{1}{\alpha}$$

h : 동압(mmH_2O, kg/m^3)

γ : 경사마노미터 내 용액의 비중 (톨루엔 사용 시 0.85)

θ : 경사각

α : 확대율

L : 액주길이(mm)

Chapter 03

배출가스 중 휘발성유기화합물(VOCs) 시료채취방법

이 시험기준은 산업시설 등에서 덕트 또는 굴뚝 등으로 배출되는 배출가스 중 휘발성유기화합물 (volatile organic compounds, VOCs)의 시료채취에 적용하며, 실내 공기나 배출원에서 일시적으로 배출되는 미량 휘발성유기화합물의 채취 및 누출 확인, 굴뚝 환경이나 기기의 분석 조건 하에서 매우 낮은 증기압을 갖는 휘발성유기화합물의 측정에는 적용하지 않는다. 또한, 알데하이드류 화합물질에 대해서도 적용하지 않는다.

1. 시료채취 위치

배출가스 중 입자상물질의 시료채취방법을 따른다.

2. 시료채취장치

(1) 흡착관법

휘발성유기화합물 시료채취장치(VOST, volatile organic sampling train)는 시료채취관, 밸브, 응축기(2 세트), 흡착관(2 세트), 응축수 트랩(2 세트), 건조제(실리카젤), 유량계, 진공펌프 및 진공게이지와 건식가스미터로 구성되며, 각 장치의 모든 연결부위는 진공용 윤활유를 사용하지 않고 플루오로수지 재질의 관을 사용하여 연결한다.

1) 채취관
채취관 재질은 유리, 석영, 플루오로수지 등으로, 120℃ 이상까지 가열이 가능한 것이어야 한다.

2) 밸브
플루오로수지, 유리 및 석영재질로 밀봉 윤활유(sealing grease)를 사용하지 않고 기체의 누출이 없는 구조이어야 한다.

3) 응축기 및 응축수 트랩
응축기 및 응축수 트랩은 유리재질이어야 하며, 응축기는 기체가 앞쪽 흡착관을 통과하기 전 기체를 20℃ 이하로 낮출 수 있는 부피어야 하고 상단 연결부는 밀봉윤활유를 사용하지 않고도 누출이 없도록 연결해야 한다.

4) 흡착관
① 흡착관은 스테인리스강 재질(예 : 5×89mm) 또는 파이렉스(pyrex) 유리(예 : 5×89 mm)로 된 관에 측정대상 성분에 따라 흡착제를 선택하여 각 흡착제의 파과부피 (breakthrough volume)를 고려하여 일정량 이상(예 : 200mg)으로 충전한 후에 사용한다. 흡착관은 시판되고 있는 별도규격 제품을 사용할 수 있다.

② 각 흡착제는 반드시 지정된 최고 온도범위와 기체유량을 고려하여 사용하여야 하며, 흡착관은 사용하기 전에 반드시 안정화(컨디셔닝) 단계를 거쳐야 한다.

③ 보통 350℃(흡착제의 종류에 따라 조절가능)에서 99.99% 이상의 헬륨기체 또는 질소기체 50~100mL/min으로 적어도 2시간 동안 안정화(시판된 제품은 최소 30분 이상) 시키고, 흡착관은 양쪽 끝단을 테플론 재질의 마개를 이용하여 밀봉하거나, 불활성 재질의 필름을 사용하여 밀봉한 후 마개가 달린 용기 등에 넣어 이중 밀봉하여 보관한다.

④ 흡착관은 24시간 이내에 사용하지 않을 경우 4℃의 냉암소에 보관하고, 반드시 시료채취 방향을 표시해주고 고유번호를 적도록 한다.

5) 유량 측정부

① 흡착관법의 유량 측정부는 진공게이지, 진공펌프, 건식가스미터 및 이와 관련된 밸브와 장비들로 구성된다. 앞쪽의 응축기와 흡착관사이의 기체온도를 앞쪽응축기 바깥표면에 연결된 열전기쌍(thermocouple)을 이용하여 측정하되 이 지점의 온도는 20℃ 이하가 되어야 하고, 만약 그렇지 않다면 다른 응축기를 사용하여야 한다.

② 기기의 온도 및 압력 측정이 가능해야 하며, 최소 100mL/min의 유량으로 시료채취가 가능해야 한다.

6) 시료채취 연결관

시료채취관에서 응축기 및 기타부분의 연결관은 가능한 짧게 하고, 밀봉윤활유 등을 사용하지 않고 누출이 없어야 하며, **플루오로수지 재질**의 것을 사용한다.

(2) 시료채취 주머니 방법

① **시료채취관, 응축기, 응축수 트랩, 진공흡입 상자, 진공펌프로 구성**되며, 각 장치의 모든 연결부위는 플루오로수지 재질의 관을 사용하여 연결한다.

② 시료채취 주머니는 시료채취 동안이나 채취 후 보관 시 반드시 직사광선을 받지 않도록 하여 시료성분이 시료채취 주머니 안에서 흡착, 투과 또는 서로간의 반응에 의하여 손실 또는 변질되지 않아야 한다.

③ 진공흡입상자(렁샘플러)를 사용하여 시료를 채취하는 것이 가장 안전하다. 이러한 시료채취 시스템의 원리는 통 내부의 공기를 진공펌프로 빨아들여 진공상태로 만든 뒤 외부의 시료를 시료채취 주머니 내부로 서서히 유입시키는 방법으로서 간단히 제작하여 쓸 수 있다.

④ 시료채취의 입구는 되도록 유리섬유(유리솜)와 같은 여과재를 채워 먼지의 유입을 막아야 한다. 또한 기존의 복잡한 진공흡입장치를 현장에서 간편하게 휴대하여 사용할 수 있도록 휴대용 케이스 형태로 제작하여 사용하기도 한다.

⑤ 배출가스의 온도가 100℃ 미만으로 시료채취 주머니 내에 수분응축의 우려가 없는 경우 응축기 및 응축수 트랩을 사용하지 않아도 무방하다.

⑥ 채취관

⑦ 응축기 및 응축수 트랩

⑧ 진공용기

진공용기는 1~10L 시료채취 주머니를 담을 수 있어야 하며, 용기가 완전진공이 되도록 밀폐된 구조의 것을 사용하여야 한다.

⑨ 진공펌프

시료채취펌프는 흡입유량이 1~10L/min의 용량과 격막펌프(격막펌프)로 휘발성 유기화합물의 흡착성이 낮은 재질(테플론 재질)로 된 것을 사용한다.

3. 시료채취방법

(1) 흡착관법

① 흡착관은 사용하기 전에 적절한 방법으로 안정화한 후 흡착관을 시료채취장치에 연결한다. 단, 흡착관은 물과의 친화력에 따라 응축기 뒤쪽 또는 응축수 트랩 뒤쪽에 각각 연결할 수 있다.

② 누출시험을 실시한 후 시료를 도입하기 전에 가열한 시료채취관 및 연결관을 시료로 충분히 치환한다.

③ **시료흡입속도는 100~250mL/min 정도로 하며, 시료채취량은 1~5L 정도가 되도록 한다.**

④ 시료가스미터의 유량, 온도 및 압력을 측정한다.

⑤ 시료를 채취한 흡착관은 양쪽 끝단을 테플론 재질의 마개를 이용하여 단단히 막고 불활성 재질의 필름 등으로 밀봉하거나 마개가 달린 용기 등에 넣어 이중으로 외부공기와의 접촉을 차단하여 분석하기 전까지 4℃ 이하에서 냉장 보관하여 가능한 빠른 시일 내에 분석한다.

(2) 시료채취 주머니 방법

① 시료채취 주머니는 새 것을 사용하는 것을 원칙으로 하되 만일 재사용 시에는 제로기체와 동등 이상의 순도를 가진 **질소나 헬륨기체를 채운 후 24시간** 혹은 그 이상동안 시료채취주머니를 놓아둔 후 퍼지(purge)시키는 조작을 반복하고, 시료채취주머니 내부의 기체를 채취하여 기체크로마토크래프를 이용하여 사용 전에 오염여부를 확인하고 오염되지 않은 것을 사용한다.

② 누출시험을 실시한 후 시료를 채취하기 전에 가열한 시료채취관 및 도관을 통해 시료로 충분히 치환한다.

③ 시료채취 주머니를 시료채취장치에 연결한다.

④ **1~10L 규격의 시료채취주머니를 사용하여 1~2L/min 정도로 시료를 흡입**한다.

⑤ 시료채취 주머니는 빛이 들어가지 않도록 차단하고 시료채취 이후 24시간 이내에 분석이 이루어지도록 한다. 시료채취 전에는 시료채취 주머니의 바탕시료 확인 후 시료채취에 임하도록 한다.

Chapter 04 환경대기 시료채취방법

이 시험방법은 환경정책기본법에서 규정하는 환경기준 설정항목 및 기타 대기 중의 오염물질 분석을 위한 입자상 및 가스상 물질의 채취 방법에 대하여 규정한다.

1. 시료 채취 지점 수 및 채취 장소의 결정

환경기준 시험을 위한 시료채취 지점 수 및 지점 장소는 측정하려고 하는 대상 지역의 발생원 분포, 기상조건 및 지리적, 사회적 조건을 고려하여 다음과 같이 결정한다.

(1) 시료 채취 지점 수의 결정

1) 인구비례에 의한 방법

$$측정점수 = \frac{\text{그 지역 가주지면적}}{25\,km^2} \times \frac{\text{그 지역 인구밀도}}{\text{전국 평균인구밀도}}$$

2) 대상지역의 오염정도에 따라 공식을 이용하는 방법

측정하고자 하는 대상지역의 오염정도에 따라서 다음 공식을 이용하여 결정한다.

$$N = N_x + N_y + N_z$$

$$N_x = (0.095) \cdot \left(\frac{C_n - C_s}{C_s} \right) \cdot (x)$$

$$N_y = (0.0096) \cdot \left(\frac{C_s - C_b}{C_s} \right) \cdot (y)$$

$$N_z = (0.0004) \cdot (z)$$

- N : 채취지점수
- C_n : 최대농도
- C_s : 환경기준(행정기준)
- C_b : 최저농도(자연상태)
- x : 환경기준보다 농도가 높은 지역(km^2)
- y : 환경기준보다 농도가 낮으나 자연농도보다 높은 지역(km^2)
- z : 자연상태의 농도와 같은 지역(km^2)

(2) 시료 채취 장소의 결정

① 중심점에 의한 동심원을 이용하는 방법

측정하려고 하는 대상지역을 대표할 수 있다고 생각되는 한 지점을 선정하고 지도 위에 그 지점을 중심점으로 0.3~2km의 간격으로 동심원을 그린다. 또 중심점에서 각 방향(8방향 이상)으로 직선을 그어 각각 동심원과 만나는 점을 측정점으로 한다.

② TM좌표에 의한 방법

전국 지도의 TM좌표에 따라 해당지역의 1 : 25,000 이상의 지도위에 2~3km 간격
으로 바둑판 모양의 구획을 만들고 그 구획마다 측정점을 선정한다.

③ 기타 방법

과거의 경험이나 전례에 의한 선정 또는 이전부터 측정을 계속하고 있는 측정
점에 대하여는 이미 선정되어 있는 지점을 측정점으로 할 수 있다.

2. 시료 채취 위치 선정

시료채취 위치는 그 지역의 주위환경 및 기상조건을 고려하여 다음과 같이 선정한다.

① 시료채취 위치는 원칙적으로 주위에 건물이나 수목 등의 장애물이 없고 그 지역의
오염도를 대표할 수 있다고 생각되는 곳을 선정한다.

② 주위에 건물이나 수목 등의 장애물이 있을 경우에는 **채취위치로부터 장애물까지의
거리가 그 장애물 높이의 2배 이상 또는 채취점과 장애물 상단을 연결하는 직선이
수평선과 이루는 각도가 30° 이하 되는 곳을 선정**한다. (그림 14)

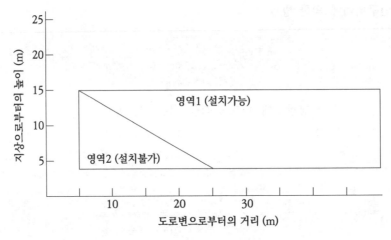

〈 그림 14. 부유먼지 측정기의 도로로부터의 거리와 시료 채취높이 〉

③ 주위에 건물 등이 밀집되거나 접근되어 있을 경우에는 건물 바깥벽으로부터 적어
도 1.5m 이상 떨어진 곳에 채취점을 선정한다.

④ 시료채취의 높이는 그 부근의 평균오염도를 나타낼 수 있는 곳으로서 가능한 한
1.5~30m 범위로 한다.

3. 가스상 물질의 시료 채취방법

(1) 직접채취법

이 방법은 시료를 측정기에 직접 도입하여 분석하는 방법으로 채취관 – 분석장치 – 흡입펌프로 구성된다.

1) 채취관

① 채취관은 일반적으로 4불화에틸렌수지(teflon), 경질유리, 스테인리스강제 등으로 된 것을 사용한다. 채취관의 길이는 5m 이내로 되도록 짧은 것이 좋으며, 그 끝은 빗물이나 곤충 기타 이물질이 들어가지 않도록 되어 있는 구조이어야 한다.

② 채취관을 장기간 사용하여 내면이 오염되거나 측정성분에 영향을 줄 염려가 있을 때는 채취관을 교환하거나 잘 씻어 사용한다.

2) 분석장치

분석장치는 측정하려는 기체 성분에 따라 각 항에서 규정하는 것을 사용한다.

3) 흡입펌프

흡입펌프는 사용목적에 맞는 용량의 회전 펌프(rotary pump) 또는 격막 펌프(diaphragm pump)를 사용하며 전기용 또는 전지(battery)용이 있다.

(2) 용기채취법

이 방법은 **시료를 일단 일정한 용기에 채취한 다음 분석에 이용하는 방법**으로 **채취관 – 용기, 또는 채취관 – 유량조절기 – 흡입펌프 – 용기**로 구성된다.

① 용기 : 용기는 일반적으로 진공병 또는 공기 주머니(air bag)를 사용한다.

(3) 용매채취법

① 이 방법은 측정대상 기체와 선택적으로 흡수 또는 반응하는 용매에 시료가스를 일정유량으로 통과시켜 채취하는 방법으로 채취관 – 여과재 – 채취부 – 흡입펌프 – 유량계(가스미터)로 구성된다.

② **유량계 : 적산 유량계 또는 순간 유량계를 사용**한다.

순간 유량계	종류
면적식 유량계	·부자식(floater) 유량계 ·피스톤식 유량계 ·게이트식 유량계
기타 유량계	·오리피스(orifice) 유량계 ·벤튜리(venturi)식 유량계 ·노즐(flow nozzle)식 유량계

(4) 고체흡착법

이 방법은 **고체분말표면에 기체가 흡착되는 것을 이용하는 방법**으로 시료채취장치는 **흡착관, 유량계 및 흡입펌프로 구성**한다.

(5) 저온농축법

이 방법은 탄화수소와 같은 기체성분을 냉각제로 냉각 응축시켜 공기로부터 분리 채취하는 방법으로 주로 GC나 GC/MS 분석기에 이용한다.

4. 입자상 물질의 시료 채취방법

대기 중에 부유하고 있는 먼지, 흄(fume), 미스트(mist)와 같은 입자상물질의 시료채취는 다음의 방법들을 이용한다.

(1) 고용량 공기시료채취기법

1) 적용범위

이 방법은 대기 중에 부유하고 있는 입자상물질을 고용량 공기시료채취기(high volume air sampler)를 이용하여 여과지상에 채취하는 방법으로 입자상물질 전체의 질량농도를 측정 하거나 금속성분의 분석에 이용한다. 이 방법에 의한 채취입자의 입경은 일반적으로 $0.1 \sim 100 \mu m$ 범위이지만, 입경별 분리 장치를 장착할 경우에는 PM-10 이나 PM-2.5 시료의 채취에 사용할 수 있다.

2) 장치의 구성

고용량 공기시료채취기는 **공기흡입부, 여과지홀더, 유량측정부 및 보호상자로 구성**된다. (그림 15)

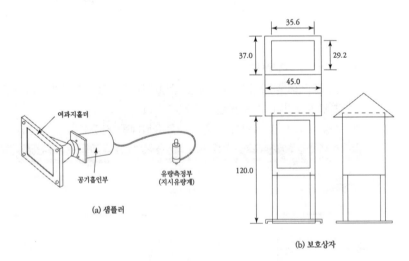

⟨ 그림 15. 고용량 공기시료 채취기 ⟩

① 공기흡입부

공기흡입부는 직권정류자 모터에 2단 원심 터빈형 송풍기가 직접 연결된 것으로 무부하일 때의 흡입유량이 약 2m^3/min이고 24시간 이상 연속 측정할 수 있는 것이어야 한다.

② 여과지 홀더

여과지홀더(filter holder)는 보통 15×22cm, 또는 20×25cm 크기의 여과지를 공기가 새지 않도록 안전하게 장착할 수 있고 공기흡입부에 직접 연결할 수 있는 구조이어야 하며 여과지 홀더를 구성하는 각 부분의 재질과 크기는 다음과 같다.

③ 유량측정부

유량측정부는 시료 공기 흡입유량을 측정하는 부분으로 통상 공기흡입부에 붙어 있고 장착 및 탈착이 쉬운 부자식 유량계를 사용한다. 지시유량계는 상대유량 단위로서 1.0~2.0m^3/min의 범위를 0.05m^3/min까지 측정할 수 있도록 눈금이 새겨진 것을 사용한다. 또 지시유량계의 눈금은 통상 고용량 공기시료 채취기를 사용하는 상태에서 기준 유량계로 교정하여 사용한다.

④ 보호상자

보호상자(shelter)는 고용량 공기시료채취기의 입자상물질의 채취면을 위로 향하게 하여 수평으로 고정할 수 있고 비, 바람 등에 의한 여과지의 파손을 방지할 수 있는 내식성 재질로 된 것을 사용한다. 보호상자는 그림 15의 (b)와 같이 지붕, 본체상자, 받침다리의 3부분으로 구성되어 있고 지붕과 본체상자 사이에는 공간이 있어야 한다.

⑤ 채취용 여과지

입자상 물질의 채취에 사용하는 여과지는 0.3μm 되는 입자를 99% 이상 채취할 수 있으며 압력손실과 흡수성이 적고 가스상 물질의 흡착이 적은 것이어야 하며 또한 분석에 방해되는 물질을 함유하지 않은 것이어야 한다. 사용된 여과지의 재질은 일반적으로 유리섬유, 석영섬유, 폴리스타이렌, 나이트로셀룰로스, 플루오로수지 등으로 되어 있으며 분석에 사용한 여과지의 종류와 재질을 기록해 놓는다.

3) 시료채취 위치 및 시간

① 시료채취 위치

시료채취장소 및 위치는 원칙적으로 그 부근의 오염도를 대표할 수 있고 특정한 발생원이나 교통기관 등의 영향을 직접적으로 받지 않는 곳을 선정한다.

② 채취시간

채취시간은 원칙적으로 24시간으로 한다. 단, 특정원소의 분석을 목적으로 할 경우에는 분석 감도에 따라 적당히 조정할 수 있다.

4) 시료채취 조작

① 채취전 여과지의 무게재기

채취된 여과지를 미리 온도 20℃, 상대습도 50%에서 일정한 무게가 될 때까지 보관하였다가 0.01mg의 감도를 갖는 분석용 저울로 0.1mg까지 정확히 단다. 단, 항온 항습 장치가 없을 때는 상온에서 질량분율 50% 염화칼슘용액을 제습제로 한 데시케이터 내에서 일정한 무게가 될 때까지 보관한 다음 위와 같은 방법으로 무게를 잰다.

② 채취조작

㉠ 시료채취기가 정상적으로 작동하는가를 확인한다.

㉡ 무게를 잰 여과지를 여과지홀더에 고정시키고 나사를 조여 공기가 새지 않도록 한다. 이 때 여과지의 입자 채취면이 위를 향하도록 한다.

㉢ 시료채취기를 보호상자 내에 수평으로 고정시킨다.

㉣ 뒷면의 배기판에 설치되어 있는 유량계 연결꼭지에 고무관을 사용하여 유량계를 연결한다.

㉤ 전원 스위치를 넣고 시료채취 시작시간을 기록한다.

㉥ 채취를 시작하고부터 5분 후에 유량계의 눈금을 읽어 유량을 기록하고 유량계는 떼어 놓는다. 이때의 유량은 보통 $1.2 \sim 1.7\mathrm{m}^3/\mathrm{min}$ 정도 되도록 한다. 또 유량계의 눈금은 유량계부자(Floater)의 중앙부를 읽는다.

㉦ 채취가 종료되기 직전에 다시 유량계를 연결하고 유량을 읽어 다음과 같이 흡입공기량을 산출한다.

$$흡인공기량 = \frac{Q_s + Q_e}{2} t$$

Q_s : 시료채취 개시 직후의 유량(m^3/분)

Q_e : 시료채취 종료 직전의 유량(m^3/분)

t : 시료채취시간(분)

(2) 저용량 공기시료채취법

1) 적용범위

일반적으로 이 방법은 대기 중에 부유하고 있는 $10\mu m$ 이하의 입자상 물질을 저용량 공기시료채취기를 사용하여 여과지 위에 채취하고 질량농도를 구하거나 금속 등의 성분분석에 이용한다.

2) 장치의 구성

저용량 공기시료채취기의 기본구성은 **흡입펌프, 분립장치, 여과지홀더 및 유량측정부로 구성된다.** (그림 16)

가) 흡입펌프

흡입펌프는 연속해서 30일 이상 사용할 수 있고 되도록 다음의 조건을 갖춘 것을 사용한다.

① 진공도가 높을 것

② 유량이 큰 것

③ 맥동이 없이 고르게 작동될 것

④ 운반이 용이할 것

나) 여과지홀더

여과지홀더는 보통 직경이 110mm 또는 47mm 정도의 여과지를 파손되지 않고 공기가 새지 않도록 장착할 수 있는 것이어야 한다.

다) 유량측정부

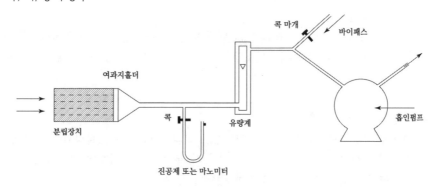

⟨ 그림 16. 저용량 공기시료 채취기의 구성 ⟩

유량측정부는 통상 다음과 같이 하여 유량을 측정한다.

① 부자식 면적유량계

유량계는 채취용 여과지홀더와 흡입펌프와의 사이에 설치한다. 이 유량계에 새겨진 눈금은 20℃, 760mmHg에서 10~30L/min 범위를 0.5L/min까지 측정할 수 있도록 되어 있는 것을 사용한다.

라) 분립장치

분립장치는 $10\mu m$ 이상 되는 입자를 제거하는 장치로서 싸이클론방식(cyclone방식, 원심분리방식도 포함)과 다단형방식이 있다.

마) 채취용 여과지

입자상 물질의 채취에 사용하는 채취용 여과지는 구멍 크기(pore size)가 $1\sim3\mu m$ 되는 나이트로셀룰로즈제 멤브레인 필터(nitrocellulose membrane filter), 유리 섬유 여과지 또는 석영 섬유 여과지 등을 사용하여 다음과 같은 조건이 맞는 것을 사용한다.

① $0.3\mu m$의 입자상물질에 대하여 99% 이상의 초기채취율을 갖는 것

② 압력손실이 낮은 것

③ 가스상 물질의 흡착이 적고 흡습성 및 대전성이 적을 것

④ 취급하기 쉽고 충분한 강도를 가질 것

⑤ 분석에 방해되는 물질을 함유하지 않을 것

3) 시료채취 위치 및 시간

① 시료채취 장소 및 위치

그 부근의 오염도를 대표할 수 있고 특정한 발생원이나 교통기간 등의 영향을 직접적으로 받지 않는 곳을 택한다.

② 채취시간

채취시간은 원칙적으로 24시간 또는 2~7일 간 연속 채취한다. 단, 질량 농도만을 측정하거나 특정원소의 분석을 목적으로 할 경우에는 분석 감도에 따라 적당히 조정할 수 있다.

4) 유량의 교정

저용량 공기시료채취기에 의한 입자상 물질의 채취는 항상 설정되어 있는 일정 유량으로 흡입해야 하고 여과지 또는 시료채취기 각 부분의 공기저항에 의하여 생기는 압력손실을 측정하여 유량계의 유량을 교정해 주어야 한다.

$$Q_r = 20 \sqrt{\frac{760}{760 - \triangle P}}$$

Q_r : 유량계 눈금값(L/min)

$\triangle P$: 마노미터로 측정한 압력손실(mmHg)

내용문제

| 배출가스 중 가스상 물질 시료채취방법 |

01 굴뚝 배출가스 중 황산화물의 시료채취 장치에 관한 설명으로 옳지 않은 것은?

① 가열부분에 있어서의 배관의 접속은 채취관과 같은 재질, 혹은 보통 고무관을 사용한다.

② 시료 중의 황산화물과 수분이 응축되지 않도록 시료채취관과 콕 사이를 가열할 수 있는 구조로 한다.

③ 시료 중에 먼지가 섞여 들어가는 것을 방지하기 위하여 채취관과 앞 끝에 알칼리(alkali)가 없는 유리솜 등 적당한 여과재를 넣는다.

④ 시료채취관은 배출가스 중의 황산화물에 의해 부식되지 않는 재질, 예를 들면 유리관, 석영관, 스테인리스강관 등을 사용한다.

해설

① 황산화물의 채취관, 연결관 재질
경질유리, 석영, 스테인리스강 재질, 세라믹, 플루오로수지, 염화바이닐수지

분석물질, 공존가스	채취관, 연결관의 재질							여과재		
암모니아	❶	❷	❸	❹	❺	❻		ⓐ	ⓑ	ⓒ
일산화탄소	❶	❷	❸	❹	❺	❻	❼	ⓐ	ⓑ	ⓒ
염화수소	❶	❷			❺	❻	❼	ⓐ	ⓑ	ⓒ
염소	❶	❷			❺	❻	❼	ⓐ	ⓑ	ⓒ
황산화물	❶	❷		❹	❺	❻		ⓐ	ⓑ	ⓒ
질소산화물	❶	❷		❹	❺	❻		ⓐ	ⓑ	ⓒ
이황화탄소	❶	❷				❻		ⓐ	ⓑ	ⓒ
폼알데하이드	❶	❷				❻		ⓐ	ⓑ	
황화수소	❶	❷		❹	❺	❻	❼	ⓐ	ⓑ	ⓒ
플루오린화합물				❹		❻				ⓒ
사이안화수소	❶	❷		❹	❺	❻	❼	ⓐ	ⓑ	ⓒ
브로민	❶	❷				❻		ⓐ	ⓑ	
벤젠	❶	❷				❻		ⓐ	ⓑ	
페놀	❶	❷		❹		❻		ⓐ	ⓑ	
비소	❶	❷		❹	❺	❻	❼	ⓐ	ⓑ	ⓒ

비고 : ❶ 경질유리, ❷ 석영, ❸ 보통강철, ❹ 스테인리스강 재질, ❺ 세라믹, ❻ 플루오로수지, ❼ 염화바이닐수지, ❽ 실리콘수지, ❾ 네오프렌 / ⓐ 알칼리 성분이 없는 유리솜 또는 실리카솜, ⓑ 소결유리, ⓒ 카보런덤
❶, ❷, ❻은 거의 다 들어감(플루오린화합물 제외)

정답 ①

| 배출가스 중 가스상 물질 시료채취방법 |

02 굴뚝배출가스 중 벤젠을 분석하고자 할 때, 사용하는 채취관이나 도관의 재질로 적절하지 않은 것은?

① 경질유리　　　　② 석영
③ 플루오로수지　　④ 보통강철

해설

❶, ❷, ❻은 거의 다 들어감(플루오린화합물 제외)

정답 ④

| 배출가스 중 가스상 물질 시료채취방법 |

03 암모니아 시료 채취 시 채취관의 재질로 가장 적합한 것은?

① 보통강철　　　　② 네오프렌
③ 실리콘수지　　　④ 염화바이닐수지

해설

❶, ❷, ❻은 거의 다 들어감 (플루오린화합물 제외)

보통강철 : 암모니아, 일산화탄소 2가지

정답 ①

| 배출가스 중 가스상 물질 시료채취방법 |

04 분석대상가스가 페놀인 경우, 채취관과 연결관의 재질로 가장 거리가 먼 것은?

① 석영　　　　　　② 경질유리
③ 보통강철　　　　④ 플루오로수지

해설

❶, ❷, ❻은 거의 다 들어감(플루오린화합물 제외)

보통강철 : 암모니아, 일산화탄소 만 해당됨

정답 ③

연습문제

05 굴뚝배출가스 중 분석대상가스별 흡수액과의 연결로 옳지 않은 것은?

① 플루오린화합물 – 수산화소듐용액(0.1mol/L)
② 황화수소 – 아세틸아세톤용액(0.2mol/L)
③ 페놀 – 수산화소듐용액(0.1mol/L)
④ 브로민화합물 – 수산화소듐용액(0.1mol/L)

해설

분석물질별 분석방법 및 흡수액

분석물질	분석방법	흡수액
암모니아	· 인도페놀법	· 붕산 용액(5g/L)
염화수소	· 이온크로마토그래피 · 싸이오사이안산제2수은법	· 정제수 · 수산화소듐 용액 (0.1mol/L)
염소	· 오르토톨리딘법	· 오르토톨리딘 염산 용액 (0.1g/L)
황산화물	· 침전적정법	· 과산화수소수 용액(1+9)
질소산화물	· 아연환원 나프틸에틸렌다이아민법	· 황산 용액(0.005mol/L)
이황화탄소	· 자외선/가시선분광법 · 가스크로마토그래피	· 다이에틸아민구리 용액
폼알데하이드	· 크로모트로핀산법 · 아세틸아세톤법	· 크로모트로핀산 + 황산 · 아세틸아세톤 함유 흡수액
황화수소	· 자외선/가시선분광법	· 아연아민착염 용액
플루오린 화합물	· 자외선/가시선분광법 · 적정법 · 이온선택전극법	· 수산화소듐 용액(0.1mol/L)
사이안화수소	· 자외선/가시선분광법	· 수산화소듐 용액(0.5mol/L)
브로민화합물	· 자외선/가시선분광법 · 적정법	· 수산화소듐 용액(0.1mol/L)
페놀	· 자외선/가시선분광법 · 가스크로마토그래피	· 수산화소듐 용액(0.1mol/L)
비소	· 자외선/가시선분광법 · 원자흡수분광광도법 · 유도결합플라스마 분광법	· 수산화소듐 용액(0.1mol/L)

정답 ②

---

06 굴뚝 배출가스 중 CS_2의 측정에 사용되는 흡수액은? (단, 자외선/가시선 분석방법으로 측정)

① 붕산용액
② 가성소다 용액
③ 황산구리 용액
④ 다이에틸아민구리 용액

해설

배출가스 중 이황화탄소 – 자외선/가시선분광법

화학반응 등에 따라 굴뚝으로부터 배출되는 기체 중의 이황화탄소를 분석하는 방법에 관하여 규정한다. 다이에틸아민구리 용액에서 시료가스를 흡수시켜 생성된 다이에틸다이싸이오카밤산구리의 흡광도를 435nm의 파장에서 측정하여 이황화탄소를 정량한다.

정답 ④

---

07 시료채취 시 흡수액으로 수산화소듐용액을 사용하지 않는 것은?

① 플루오린화합물 ② 이황화탄소
③ 사이안화수소 ④ 브로민화합물

해설

수산화소듐 흡수액인 분석물질

염화수소, 플루오린화합물, 사이안화수소, 브로민화합물, 페놀, 비소

정답 ②

| 배출가스 중 가스상 물질 시료채취방법 |

08 분석대상가스 중 아세틸아세톤 함유 흡수액을 흡수액으로 사용하는 것은?

① 사이안화수소　　　　② 벤젠
③ 비소　　　　　　　　④ 폼알데하이드

해설

　　　　　　　　　　　　　　　　　정답 ④

| 배출가스 중 가스상 물질 시료채취방법 |

09 배출가스의 흡수를 위한 분석대상가스와 그 흡수액을 연결한 것으로 옳지 않은 것은?

① 페놀 – 수산화소듐용액(0.1mol/L)
② 비소 – 수산화소듐용액(0.1mol/L)
③ 황화수소 – 아연아민착염용액
④ 사이안화수소 – 아세틸아세톤 함유 흡수액

해설

④ 사이안화수소 – 수산화소듐

수산화소듐 흡수액인 분석물질
염화수소, 플루오린화합물, 사이안화수소, 브로민화합물, 페놀, 비소

아세틸아세톤은 폼알데하이드 – 아세틸아세톤법

　　　　　　　　　　　　　　　　　정답 ④

| 배출가스 중 가스상 물질 시료채취방법 |

10 굴뚝 배출가스 중 브로민화합물 분석에 사용되는 흡수액으로 옳은 것은?

① 황산 + 과산화수소 + 정제수
② 붕산용액(5g/L)
③ 수산화소듐용액(0.1mol/L)
④ 다이에틸아민구리용액

해설

수산화소듐 흡수액인 분석물질
염화수소, 플루오린화합물, 사이안화수소, 브로민화합물, 페놀, 비소

　　　　　　　　　　　　　　　　　정답 ③

| 배출가스 중 가스상 물질 시료채취방법 |

11 다음은 분석 대상 가스에 따른 분석방법 및 흡수액에 대한 연결이다. 옳지 않은 것은?

	분석 대상가스	분석방법	흡수액
㉠	질소 산화물	아연환원 나프틸에틸렌 다이아민법	수산화소듐용액 (0.4W/V%)
㉡	브로민 화합물	자외선/가시선 분광법	수산화소듐용액 (0.1mol/L)
㉢	염화 수소	싸이오사이안산 제2수은법	수산화소듐용액 (0.1mol/L)
㉣	사이안화 수소	자외선/가시선 분광법	수산화소듐용액 (0.5mol/L)

① ㉠　　　　　　　　　② ㉡
③ ㉢　　　　　　　　　④ ㉣

해설

수산화소듐 흡수액인 분석물질
염화수소, 플루오린화합물, 사이안화수소, 브로민화합물, 페놀, 비소

　　　　　　　　　　　　　　　　　정답 ①

| 배출가스 중 가스상 물질 시료채취방법 |

12 배출가스 중의 수분량 측정에 사용되는 흡습제로 적당한 것은?

① 탄산칼슘　　　　② 탄산소듐
③ 무수염화칼슘　　④ 염화마그네슘

해설

흡습제, 건조제 : 입자상의 무수염화칼슘을 사용한다.

정답 ③

| 배출가스 중 가스상 물질 시료채취방법 |

13 굴뚝에서 배출되는 가스에 대한 시료채취 시 주의해야 할 사항으로 거리가 먼 것은?

① 굴뚝 내의 압력이 매우 큰 부압(-300mmH₂O 정도 이하)인 경우에는 시료채취용 굴뚝을 부설한다.
② 굴뚝 내의 압력이 부압(-)인 경우에는 채취구를 열었을 때 유해가스가 분출될 염려가 있으므로 충분한 주의를 필요로 한다.
③ 가스미터는 100mmH₂O 이내에서 사용한다.
④ 시료가스의 양을 재기 위하여 쓰는 채취병은 미리 0℃ 때의 참부피를 구해둔다.

해설

② 굴뚝내의 압력이 정압(+)인 경우에는 채취구를 열었을 때 유해가스가 분출될 염려가 있으므로 충분한 주의가 필요하다.

채취구에서의 주의사항
· 수직굴뚝의 경우에는 채취구를 같은 높이에 3개 이상 설치하는 것이 좋다.
· 배출가스 중의 먼지 측정용 채취구(바깥지름 115mm 정도)를 이용하는 경우에는 지름이 다른 관 또는 플랜지 등을 사용하여 가스가 새는 일이 없도록 접속해서 배출가스용 채취구로 한다.
· 굴뚝내의 압력이 매우 큰 부압(-300mmH₂O정도 이하)인 경우에는, 시료채취용 굴뚝을 부설하여 부피가 큰 펌프를 써서 시료가스를 흡입하고 그 부설한 굴뚝에 채취구를 만든다.
· 굴뚝내의 압력이 정압(+)인 경우에는 채취구를 열었을 때 유해가스가 분출될 염려가 있으므로 충분한 주의가 필요하다.

시료채취장치의 주의사항
· 흡수병은 각 분석법에 공용할 수가 있는 것도 있으나, 대상 성분마다 전용으로 하는 것이 좋다. 만일 공용으로 할 때에는 대상 성분이 달라질 때마다 묽은 산 또는 알칼리 용액과 정제수로 깨끗이 씻은 다음 다시 흡수액으로 3회 정도 씻은 후 사용한다.
· 습식가스미터를 이동 또는 운반할 때에는 반드시 물을 뺀다. 또 오랫동안 쓰지 않을 때에도 그와 같이 배수한다.
· 가스미터는 100mmH₂O 이내에서 사용한다.
· 시료가스의 양을 재기 위하여 쓰는 채취병은 미리 0℃ 때의 참부피를 구해둔다.
· 배출가스 중에 수분과 미스트(mist)가 대단히 많을 때에는 채취부와 흡입펌프, 전기배선, 접속부 등에 물방울이나 미스트(mist)가 부착되지 않도록 한다.

정답 ②

| 배출가스 중 가스상 물질 시료채취방법 |

14 굴뚝을 통하여 대기중으로 배출되는 가스상물질을 분석하기 위한 시료 채취방법에 대한 주의사항 중 옳지 않은 것은?

① 흡수병을 공용으로 할 때에는 대상 성분이 달라질 때마다 묽은 산 또는 알칼리용액과 물로 깨끗이 씻은 다음 다시 흡수액으로 3회 정도 씻은 후 사용한다.
② 가스미터는 500mmH$_2$O 이내에서 사용한다.
③ 습식 가스미터를 이용 또는 운반할 때에는 반드시 물을 빼고, 오랫동안 쓰지 않을 때에도 그와 같이 배수한다.
④ 굴뚝내의 압력이 매우 큰 부압(-300mmH$_2$O 정도 이하)인 경우에는, 시료 채취용 굴뚝을 부설하여 용량이 큰 펌프를 써서 시료가스를 흡입하고 그 부설한 굴뚝에 채취구를 만든다.

해설

가스미터는 100mmH$_2$O 이내에서 사용한다.

정답 ②

| 배출가스 중 가스상 물질 시료채취방법 |

15 아래의 시료가스 채취장치에서 B와 C의 명칭으로 가장 적합한 것은?

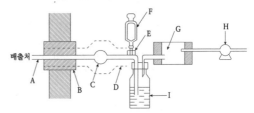

① B : 보온재, C : 건조재
② B : 보온재, C : 여과지
③ B : 여과지, C : 보온재
④ B : 여과지, C : 건조재

해설

A : 시료가스 채취관   E : 3방콕
B : 보온재   F : 채취병
C : 여과지   G : 건조제
D : 히터   H : 흡인 펌프
                  I : 세척병

정답 ②

연습문제

16 가스상물질 시료채취방법에 관한 설명으로 옳지 않은 것은?

① 연결관의 길이는 되도록 길게 하고, 접속부분의 면적을 되도록 크게 하도록 한다.

② 일반적으로 사용되는 플루오로수지 연결관(녹는점 260℃)은 250℃ 이상에서는 사용할 수 없다.

③ 하나의 연결관으로 여러 개의 측정기를 사용할 경우 각 측정기 앞에서 연결관을 병렬로 연결하여 사용한다.

④ 보온 재료는 암면, 유리섬유제 등을 쓰고 가열은 전기가열, 수증기 가열 등의 방법을 쓴다.

해설

① 연결관의 길이는 되도록 짧게 하고, 접속부분의 면적은 최소화 하도록 한다.

정답 ①

17 굴뚝 배출가스상 물질의 시료채취방법으로 옳지 않은 것은?

① 채취관은 흡입가스의 유량, 채취관의 기계적 강도, 청소의 용이성 등을 고려해서 안지름 6~25mm정도의 것을 쓴다.

② 채취관의 길이는 선정한 채취점까지 끼워 넣을 수 있는 것이어야 하고, 배출가스의 온도가 높을 때에는 관이 구부러지는 것을 막기 위한 조치를 해두는 것이 필요하다.

③ 여과재를 끼우는 부분은 교환이 쉬운 구조의 것으로 한다.

④ 일반적으로 사용되는 플루오로수지 도관은 100℃ 이상에서는 사용할 수 없다.

해설

④ 일반적으로 사용되는 플루오로수지 연결관(녹는점 260℃)은 250℃ 이상에서는 사용할 수 없다.

정답 ④

| 배출가스 중 가스상 물질 시료채취방법 |

18 굴뚝 배출 가스상물질 시료채취장치 중 연결관에 관한 설명으로 옳지 않은 것은?

① 연결관은 가능한 한 수직으로 연결해야 하고 부득이 구부러진 관을 쓸 경우에는 응축수가 흘러나오기 쉽도록 경사지게(5° 이상)한다.

② 연결관의 안지름은 연결관의 길이, 흡입가스의 유량, 응축수에 의한 막힘 또는 흡입펌프의 능력 등을 고려해서 4~25mm로 한다.

③ 하나의 연결관으로 여러 개의 측정기를 사용할 경우 각 측정기 앞에서 연결관을 병렬로 연결하여 사용한다.

④ 연결관의 길이는 되도록 길게 하며, 10m를 넘지 않도록 한다.

해설

④ 연결관의 길이는 되도록 짧게 하고, 부득이 길게 해서 쓰는 경우에는 이음매가 없는 배관을 써서 접속 부분을 적게 하고 받침 기구로 고정해서 사용해야 하며, 76m를 넘지 않도록 한다.

정답 ④

| 배출가스 중 가스상 물질 시료채취방법 |

19 굴뚝을 통하여 대기 중으로 배출되는 가스상물질의 시료 채취방법 중 채취부에 관한 기준으로 옳은 것은?

① 수은 마노미터는 대기와 압력차가 50mmHg 이상인 것을 쓴다.

② 펌프보호를 위해 실리콘 재질의 가스건조탑을 쓰며, 건조제는 주로 활성알루미나를 쓴다.

③ 펌프는 배기능력 10~20L/분인 개방형인 것을 쓴다.

④ 가스미터는 일회전 1L의 습식 또는 건식 가스미터로 온도계와 압력계가 붙어 있는 것을 쓴다.

해설

배출가스 중 가스상물질 시료채취방법 – 채취부

① 수은 마노미터
대기와 압력차가 100mmHg 이상인 것을 쓴다.

② 가스 건조탑
유리로 만든 가스건조탑을 쓴다. 이것은 펌프를 보호하기 위해서 쓰는 것이며 건조제로서는 입자상태의 실리카겔, 염화칼슘 등을 쓴다.

③ 펌프
배기능력 0.5~5L/min인 밀폐형인 것을 쓴다.

정답 ④

연습문제

| 배출가스 중 입자상 물질 시료채취방법 |

20 굴뚝 단면이 원형일 경우 먼지측정을 위한 측정점에 관한 설명으로 옳지 않은 것은?

① 굴뚝 직경이 4.5m를 초과할 때는 측정점수는 20이다.
② 굴뚝 반경이 2.5m인 경우에 측정점수는 20이다.
③ 굴뚝 단면적이 1m² 이하로 소규모일 경우에는 그 굴뚝 단면의 중심을 대표점으로 하여 1점만 측정한다.
④ 굴뚝 직경이 1.5m인 경우에 반경 구분수는 2이다.

해설

② 굴뚝 반경이 2.5m인 경우 = 직경이 5m인 경우에 측정점수는 20이다.

③ 굴뚝 단면적이 $0.25m^2$ 이하로 소규모일 경우에는 그 굴뚝 단면의 중심을 대표점으로 하여 1점만 측정한다.

배출가스 중 입자상 물질의 시료채취방법
(배출가스 중 먼지 동일)

측정점의 선정 – 원형단면의 측정점

굴뚝직경 2R(m)	반경 구분수	측정점수
1 이하	1	4
1 초과 2 이하	2	8
2 초과 4 이하	3	12
4 초과 4.5 이하	4	16
4.5 초과	5	20

정답 ③

| 배출가스 중 입자상 물질 시료채취방법 |

21 굴뚝반경(단면이 원형)이 3m인 경우, 배출가스 중 먼지측정을 위한 굴뚝 측정점수로 적합한 것은?

① 20   ② 16
③ 12   ④ 8

해설

직경 = 2R = 6m 이므로, 측정점수는 20

정답 ①

| 배출가스 중 입자상 물질 시료채취방법 |

22 굴뚝 단면이 원형이고, 굴뚝 직경이 3m인 경우 배출가스먼지 측정을 위한 측정점 수는?

① 8   ② 12
③ 16   ④ 20

해설

정답 ②

| 배출가스 중 입자상 물질 시료채취방법 |

23 굴뚝 배출가스 중 먼지 채취시 배출구(굴뚝)의 직경이 2.2m의 원형 단면일 때, 필요한 측정점의 반경구분수와 측정점수는?

① 반경구분수 1, 측정점수 4
② 반경구분수 2, 측정점수 8
③ 반경구분수 3, 측정점수 12
④ 반경구분수 4, 측정점수 16

해설

정답 ③

| 배출가스 중 입자상 물질 시료채취방법 |

24 굴뚝직경 1.7m인 원형단면 굴뚝에서 배출가스 중 먼지(반자동식 측정)를 측정하기 위한 측정점수로 적절한 것은?

① 4   ② 8
③ 12   ④ 16

해설

정답 ②

| 배출가스 중 입자상 물질 시료채취방법 |

25 반자동식 측정법으로 반경 1.8m인 원형굴뚝에서 먼지를 채취하고자 할 때 측정점수로 옳은 것은?

① 4   ② 8
③ 12   ④ 16

해설

직경 = 2R = 3.6m 이므로, 측정점수는 12

정답 ③

| 배출가스 중 입자상 물질 시료채취방법 |

26 굴뚝반경이 3.2m인 원형 굴뚝에서 먼지를 채취하고자 할 때의 측정점수는?

① 8   ② 12
③ 16   ④ 20

해설

직경 = 2R = 6.4m 이므로, 측정점수는 20

정답 ④

| 배출가스 중 입자상 물질 시료채취방법 |

27 굴뚝 배출가스 중 먼지측정을 위해 시료채취를 실시할 경우 등속흡입 정도를 보기 위한 등속흡입계수의 범위로 가장 적합한 것은?

① 85~105%   ② 90~110%
③ 95~110%   ④ 95~115%

해설

배출가스 중 먼지 – 반자동식 측정법

등속흡입 정도를 보기 위해 다음 식 또는 계산기에 의해서 등속흡입계수를 구하고 그 값이(90~110)% 범위 내에 들지 않는 경우에는 다시 시료채취를 행한다.

정답 ②

연습문제

28 반자동식 채취기에 의한 방법으로 배출가스 중 먼지를 측정하고자 할 경우 흡인노즐에 관한 설명이다. ( )안에 가장 적합한 것은?

> 흡입노즐의 안과 밖의 가스흐름이 흐트러지지 않도록 흡입노즐 안지름(d)은 (㉠)으로 한다. 흡입노즐의 안지름(d)은 정확히 측정하여 0.1mm 단위까지 구하여 둔다. 흡입노즐의 꼭짓점은 (㉡)의 예각이 되도록 하고 매끈한 반구모양으로 한다.

① ㉠ 1mm 이상, ㉡ 30° 이하
② ㉠ 1mm 이상, ㉡ 45° 이하
③ ㉠ 3mm 이상, ㉡ 30° 이하
④ ㉠ 3mm 이상, ㉡ 45° 이하

해설

「배출가스 중 먼지 – 반자동식 측정법」

배출가스 중 입자상 물질의 시료채취 방법

– 흡입노즐

· 흡입노즐은 스테인리스강 재질, 경질유리, 또는 석영 유리제로 만들어진 것으로 다음과 같은 조건을 만족시키는 것이어야 한다.

· 흡입노즐의 안과 밖의 가스흐름이 흐트러지지 않도록 흡입노즐 안지름(d)은 3mm 이상으로 한다. 흡입노즐의 안지름(d)은 정확히 측정하여 0.1mm 단위까지 구하여 둔다.

· 흡입노즐의 꼭짓점은 30° 이하의 예각이 되도록 하고 매끈한 반구모양으로 한다.

· 흡입노즐 내외면은 매끄럽게 되어야 하며 흡입노즐에서 먼지 채취부까지의 흡입관은 내부면이 매끄럽고 급격한 단면의 변화와 굴곡이 없어야 한다.

정답 ③

---

29 배출가스 중 입자상 물질 시료채취를 위한 분석기기 및 기구에 관한 설명으로 옳지 않은 것은?

① 흡입노즐은 스테인리스강 재질, 경질유리, 또는 석영 유리제로 만들어진 것으로 사용한다.

② 흡입노즐의 안과 밖의 가스흐름이 흐트러지지 않도록 흡입노즐 내경(d)은 3mm 이상으로 한다.

③ 흡입관은 수분응축을 방지하기 위해 시료가스 온도를 120±14℃로 유지할 수 있는 가열기를 갖춘 보로실리 케이트, 스테인리스강 재질 또는 석영유리관을 사용한다.

④ 흡입노즐의 꼭짓점은 60° 이하의 예각이 되도록 하고 매끈한 반구모양으로 한다.

해설

④ 흡입노즐의 꼭짓점은 30° 이하의 예각이 되도록 하고 매끈한 반구 모양으로 한다.

배출가스 중 입자상 물질의 시료채취 방법

– 흡입노즐

· 흡입노즐은 스테인리스강 재질, 경질유리, 또는 석영 유리제로 만들어진 것으로 다음과 같은 조건을 만족시키는 것이어야 한다.

· 흡입노즐의 안과 밖의 가스흐름이 흐트러지지 않도록 흡입노즐 안지름(d)은 3mm 이상으로 한다. 흡입노즐의 안지름(d)은 정확히 측정하여 0.1mm 단위까지 구하여 둔다.

· 흡입노즐의 꼭짓점은 30° 이하의 예각이 되도록 하고 매끈한 반구모양으로 한다.

· 흡입노즐 내외면은 매끄럽게 되어야 하며 흡입노즐에서 먼지 채취부까지의 흡입관은 내부면이 매끄럽고 급격한 단면의 변화와 굴곡이 없어야 한다.

정답 ④

| 배출가스 중 입자상 물질 시료채취방법 |

30 다음은 굴뚝에서 배출되는 먼지측정방법에 관한 설명이다. ( )안에 알맞은 말을 순서대로 옳게 나열한 것은?

> "수동식 채취기를 사용하여 굴뚝에서 배출되는 기체 중의 먼지를 측정할 때 흡입가스량은 원칙적으로 (㉠) 여과지 사용시 채취면적 $1cm^2$ 당 (㉡)mg 정도이고, (㉢) 여과지 사용시 전체 먼지채취량이 (㉣)mg 이상이 되도록 한다"

① ㉠ 원통형, ㉡ 0.5, ㉢ 원형, ㉣ 1
② ㉠ 원통형, ㉡ 1, ㉢ 원형, ㉣ 5
③ ㉠ 원형, ㉡ 0.5, ㉢ 원통형, ㉣ 1
④ ㉠ 원형, ㉡ 1, ㉢ 원통형, ㉣ 5

해설

배출가스 중 입자상 물질의 시료채취 방법
수동식 채취기
흡입가스량은 원칙적으로 채취량이 원형여과지일 때 채취면적 $1cm^2$ 당 1mg 정도, 원통형여과지일 때는 전체채취량이 5mg 이상 되도록 한다. 다만, 구리 채취량을 얻기 곤란한 경우에는 흡입유량을 400L 이상 또는 흡입시간을 40분 이상으로 한다.

정답 ④

| 배출가스 중 입자상 물질 시료채취방법 |

31 굴뚝 배출가스 중 먼지를 시료채취장치 1형을 사용한 반자동식 채취기에 의한 방법으로 측정할 경우 원통형 여과지의 전처리 조건으로 가장 적합한 것은?(단, 배출가스 온도가 $110\pm5℃$ 이상으로 배출된다.)

① $80\pm5℃$에서 충분히(1~3시간) 건조
② $100\pm5℃$에서 30분간 건조
③ $120\pm5℃$에서 30분간 건조
④ $110\pm5℃$에서 충분히(1~3시간) 건조

해설

「배출가스 중 입자상 물질의 시료채취 방법」
반자동 채취장치의 전처리 – 시료 채취장치 1형을 사용하는 경우
원통형 여과지를 $110\pm5℃$에서 충분히 1~3시간 건조하고 데시케이터 내에서 실온까지 냉각하여 무게를 0.1mg까지 측정한 후 여과지홀더에 끼운다.

정답 ④

연습문제

| 배출가스 중 입자상 물질 시료채취방법 |

32 굴뚝 배출가스 중 먼지를 반자동식 측정방법 으로 채취하고자 할 경우, 먼지시료채취 기록지 서식에 기재되어야 할 항목과 거리가 먼 것은?

① 배출가스 온도(℃)
② 오리피스압차(mmH₂O)
③ 여과지 표면적(cm²)
④ 수분량(%)

해설

배출가스 중 먼지 – 반자동식 측정법

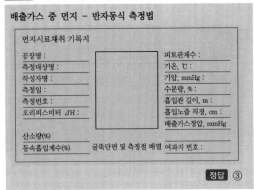

먼지시료채취 기록지

공장명 :
측정대상명 :
작성자명 :
측정일 :
측정번호 :
오리피스미터 ⊿H :

산소량(%)
등속흡입계수(%)   굴뚝단면 및 측정점 배열

피토관계수 :
기온, ℃ :
기압, mmHg :
수분량, % :
흡입관 길이, m :
흡입노즐 직경, cm :
배출가스정압, mmHg

여과지 번호 :

정답 ③

| 배출가스 중 휘발성유기화합물(VOCs) 시료채취방법 |

33 굴뚝 배출가스 중 휘발성유기화합물을 시료채취 주머니를 이용하여 채취하고자 할 때 가장 거리가 먼 것은?

① 진공용기는 1~10L의 시료채취 주머니를 담을 수 있어야 한다.
② 소각시설의 배출구같이 시료채취 주머니 내로 입자상 물질의 유입이 우려되는 경우에는 여과재를 사용하여 입자상물질을 걸러주어야 한다.
③ 시료채취 주머니의 각 장치의 모든 연결부위는 유리 재질의 관을 사용하여 연결하고, 밀봉윤활유 등을 사용하여 누출이 없도록 하여야 한다.
④ 배출가스의 온도가 100℃ 미만으로 시료채취 주머니 내에 수분응축의 우려가 없는 경우 응축수 트랩을 사용하지 않아도 무방하다.

해설

③ 각 장치의 모든 연결부위는 플루오로수지 재질의 관을 사용하여 연결한다.

휘발성 유기화합물의 시료채취방법

시료채취 주머니는 시료채취 동안이나 채취 후 보관 시 반드시 직사광선을 받지 않도록 하여 시료성분이 시료채취 주머니 안에서 흡착, 투과 또는 서로간의 반응에 의하여 손실 또는 변질되지 않아야 한다.

① 진공용기는 1L~10L 시료채취 주머니를 담을 수 있어야 하며, 용기가 완전진공이 되도록 밀폐된 구조의 것을 사용하여야 한다.
② 소각시설의 배출구같이 시료채취 주머니 내로 입자상 물질의 유입이 우려되는 경우에는 시료채취의 입구는 되도록 유리섬유(glass wool)와 같은 여과재를 채워 먼지의 유입을 막아야 한다.
④ 배출가스의 온도가 100℃ 미만으로 시료채취 주머니 내에 수분응축의 우려가 없는 경우 응축기 및 응축수 트랩을 사용하지 않아도 무방하다.

정답 ③

| 환경대기 시료채취방법 |

34 환경대기 중 시료채취위치 선정기준으로 옳지 않은 것은?

① 주위에 건물 등이 밀집되어 있을 때는 건물 바깥 벽으로부터 적어도 1.5m 이상 떨어진 곳에 채취점을 선정한다.

② 시료의 채취높이는 그 부분의 평균오염도를 나타낼 수 있는 곳으로서 가능한 1.5~30m 범위로 한다.

③ 주위에 장애물이 있을 경우에는 채취위치로부터 장애물까지의 거리가 그 장애물 높이의 1.5배 이상이 되도록 한다.

④ 주위에 장애물이 있을 경우에는 채취점과 장애물 상단을 연결하는 직선이 수평선과 이루는 각도가 30° 이하 되는 곳을 선정한다.

해설

③ 주위에 장애물이 있을 경우에는 채취위치로부터 장애물까지의 거리가 그 장애물 높이의 2배 이상이 되도록 한다.

환경대기 시료채취 방법 – 시료 채취 위치 선정

시료채취 위치는 그 지역의 주위환경 및 기상조건을 고려하여 다음과 같이 선정한다.

· 시료채취 위치는 원칙적으로 주위에 건물이나 수목 등의 장애물이 없고 그 지역의 오염도를 대표할 수 있다고 생각되는 곳을 선정한다.

· 주위에 건물이나 수목 등의 장애물이 있을 경우에는 채취위치로부터 장애물까지의 거리가 그 장애물 높이의 2배 이상 또는 채취점과 장애물 상단을 연결하는 직선이 수평선과 이루는 각도가 30° 이하 되는 곳을 선정한다.

· 주위에 건물 등이 밀집되거나 접근되어 있을 경우에는 건물 바깥벽으로부터 적어도 1.5m 이상 떨어진 곳에 채취점을 선정한다.

· 시료채취의 높이는 그 부근의 평균오염도를 나타낼 수 있는 곳으로서 가능한 한 1.5~30m 범위로 한다.

정답 ③

| 환경대기 시료채취방법 |

35 환경대기 중 가스상 물질의 시료채취방법에서 시료가스를 일정유량으로 통과시키는 것으로 채취관–여과재–채취부–흡입펌프–유량계(가스미터)의 순으로 시료를 채취하는 방법은?

① 용기채취법   ② 용매채취법

③ 직접채취법   ④ 채취여지에 의한 방법

해설

환경대기 시료채취방법 – 가스상 물질의 시료채취방법

· **직접 채취법**
시료를 측정기에 직접 도입하여 분석하는 방법으로 채취관 – 분석장치 – 흡입펌프로 구성된다.

· **용기채취법**
시료를 일단 일정한 용기에 채취한 다음 분석에 이용하는 방법으로 채취관-용기, 또는 채취관-유량조절기-흡입펌프 –용기로 구성된다.

· **용매채취법**
측정대상 기체와 선택적으로 흡수 또는 반응하는 용매에 시료가스를 일정유량으로 통과시켜 채취하는 방법으로 채취관 – 여과재 – 채취부 – 흡입펌프 –유량계(가스미터)로 구성된다.

· **고체흡착법**
고체분말표면에 기체가 흡착되는 것을 이용하는 방법으로 시료채취장치는 흡착관, 유량계 및 흡입펌프로 구성한다.

· **저온농축법**
탄화수소와 같은 기체성분을 냉각제로 냉각 응축시켜 공기로부터 분리 채취하는 방법으로 주로 GC나 GC/MS 분석기에 이용한다.

정답 ②

연습문제

| 환경대기 시료채취방법 |

36 다음은 환경대기 시료 채취방법에 관한 설명이다. 가장 적합한 것은?

> 이 방법은 측정대상 기체와 선택적으로 흡수 또는 반응하는 용매에 시료가스를 일정유량으로 통과시켜 채취하는 방법으로 채취관 - 여과재 - 채취부 - 흡입펌프 - 유량계(가스미터)로 구성된다.

① 용기채취법
② 채취용 여과지에 의한 방법
③ 고체흡착법
④ 용매채취법

해설

정답 ④

| 환경대기 시료채취방법 |

37 환경대기 중 가스상 물질을 용매채취법으로 채취할 때 사용하는 순간유량계 중 면적식 유량계는?

① 게이트식 유량계　　② 미스트식 가스미터
③ 오리피스 유량계　　④ 노즐식 유량계

해설

환경대기 시료채취방법 – 용매채취법

유량계 : 적산 유량계 또는 순간 유량계를 사용한다.

순간 유량계	종류
면적식 유량계	· 부자식(floater) 유량계 · 피스톤식 유량계 · 게이트식 유량계
기타 유량계	· 오리피스(orifice) 유량계 · 벤튜리(venturi)식 유량계 · 노즐(flow nozzle)식 유량계

정답 ①

38 일반적으로 환경대기 중에 부유하고 있는 총부유 먼지와 10μm 이하의 입자상 물질을 여과지 위에 채취하여 질량농도를 구하거나 금속 등의 성분분석에 이용되며, 흡입펌프, 분립장치, 여과지홀더 및 유량측정부의 구성을 갖는 분석방법으로 가장 적합한 것은?

① 고용량 공기시료채취기법
② 저용량 공기시료채취기법
③ 광산란법
④ 광투과법

해설

환경대기 중 먼지 측정방법 – 고용량 공기시료채취기법

대기 중에 부유하고 있는 입자상물질을 고용량 공기시료채취를 이용하여 여과지 상에 채취하는 방법으로 입자상물질 전체의 질량농도(mass concentration)를 측정하거나 금속 성분의 분석에 이용한다. 이 방법에 의한 채취입자의 입경은 일반적으로 0.1~100μm 범위이다

구성 : 공기흡입부, 여과지홀더, 유량측정부, 보호상자

환경대기 중 먼지 측정방법 – 저용량 공기시료채취기법

이 방법은 환경 대기 중에 부유하고 있는 입자상 물질을 저용량 공기시료채취기를 사용하여 여과지 위에 채취하는 방법으로 일반적으로 총부유먼지와 10μm 이하의 입자상 물질을 채취하여 질량농도를 구하거나 금속 등의 성분분석에 이용한다.

구성 : 흡입펌프, 분립장치, 여과지홀더, 유량측정부

정답 ②

39 환경대기 중의 먼지농도 시료채취 방법인 고용량 공기시료채취기법에 관한 설명으로 옳지 않은 것은?

① 채취입자의 입경은 일반적으로 0.1~100μm 범위이다.
② 공기흡입부의 경우 무부하일 때의 흡입유량이 보통 0.5m³/hr범위 정도로 한다.
③ 공기흡입부, 여과지홀더, 유량측정부 및 보호상자로 구성된다.
④ 채취용 여과지는 보통 0.3μm되는 입자를 99%이상 채취할 수 있는 것을 사용한다.

해설

② 공기흡입부는 직권정류자모터에 2단 원심터빈형 송풍기가 직접 연결된 것으로 무부하일 때의 흡입유량이 약 2m³/min 이고 24시간 이상 연속 측정할 수 있는 것이어야 한다.

정답 ②

40 환경대기 중 먼지를 고용량 공기시료 채취기로 채취하고자 한다. 이 방법에 따른 시료채취 유량으로 가장 적합한 것은?

① 10~300L/min
② 0.5~1.0m³/min
③ 1.2~1.7m³/min
④ 2.2~2.8m³/min

해설

환경대기 중 먼지 측정방법 – 고용량 공기시료채취기법

채취을 시작하고부터 5분 후에 유량계의 눈금을 읽어 유량을 기록하고 유량계는 떼어 놓는다. 이때의 유량은 보통 1.2~1.7m³/min 정도 되도록 한다.

정답 ③

연습문제

| 환경대기 시료채취방법 |

41 환경대기 중의 먼지 측정에 사용되는 저용량 공기 시료채취 장치 중 흡인펌프가 갖추어야 하는 조건으로 거리가 먼 것은?

① 연속해서 30일 이상 사용할 수 있어야 한다.
② 진공도가 높아야 한다.
③ 맥동이 순차적으로 발생되어야 한다.
④ 유량이 크고 운반이 용이하여야 한다.

해설

환경대기 중 먼지 측정방법 – 저용량 공기시료채취기법 – 흡입펌프

흡입펌프는 연속해서 30일 이상 사용할 수 있고 되도록 다음의 조건을 갖춘 것을 사용한다.

· 진공도가 높을 것

· 유량이 큰 것

· 맥동이 없이 고르게 작동될 것

· 운반이 용이할 것

정답 ③

계산문제

| 배출가스 중 입자상 물질 시료채취방법 |

01 A굴뚝의 측정공에서 피토관으로 가스의 압력을 측정해 보니 동압이 15mmH$_2$O 이었다. 이 가스의 유속은? (단, 사용한 피토관의 계수(C)는 0.85이며, 가스의 단위체적당 질량은 1.2kg/m^{3}로 한다.)

① 약 12.3m/s   ② 약 13.3m/s
③ 약 15.3m/s   ④ 약 17.3m/s

해설

유속 측정방법

$$V = C\sqrt{\frac{2gh}{\gamma}} = 0.85 \times \sqrt{\frac{2 \times 9.8 \times 15}{1.2}} = 13.3\,\mathrm{m/s}$$

여기서,

V : 유속(m/s)

C : 피토관 계수

h : 피토관에 의한 동압 측정치(mmH$_2$O)

g : 중력가속도(9.81m/s^2)

γ : 굴뚝 내의 배출가스 밀도(kg/m^3)

정답 ②

| 배출가스 중 입자상 물질 시료채취방법 |

02 굴뚝의 측정공에서 피토관을 이용하여 측정한 조건이 다음과 같을 때 배출가스의 유속은?

> · 동압 : 13mmH$_2$O
> · 피토관계수 : 0.85
> · 가스의 밀도 : 1.2kg/m^3

① 10.6m/sec ② 12.4m/sec
③ 14.8m/sec ④ 17.8m/sec

해설

피토관 유속 측정방법

$$V = C\sqrt{\frac{2gh}{\gamma}} = 0.85 \times \sqrt{\frac{2 \times 9.8 \times 13}{1.2}} = 12.385 \text{m/s}$$

정답 ②

| 배출가스 중 입자상 물질 시료채취방법 |

03 굴뚝 배출가스 유속을 피토관으로 측정한 결과가 다음과 같을 때 배출가스 유속은?

> · 동압 : 100mmH$_2$O
> · 배출가스 온도 : 295℃
> · 표준상태 배출가스 비중량 :
>   1.2kg/m^3(0℃, 760mmHg)
> · 피토관 계수 : 0.87

① 43.7m/s ② 48.2m/s
③ 50.7m/s ④ 54.3m/s

해설

1) 295℃에서 배출가스 비중량(배출가스의 밀도)

$$\gamma = \gamma_o \times \frac{273}{273 + \theta_s} \times \frac{P_a + P_s}{760}$$

$$\gamma = 1.2 \times \frac{273}{273 + 295} = 0.5767 \ \text{kg/m}^3$$

여기서,

γ	:	굴뚝 내의 배출가스 밀도(kg/m^3)
γ_o	:	온도 0℃ 기압 760mmHg로 환산한 습한 배출가스 밀도(kg/Sm^3)
P_a	:	측정공 위치에서의 대기압(mmHg)
P_s	:	각 측정점에서 배출가스 정압의 평균치(mmHg)
θ_s	:	각 측정점에서 배출가스 온도의 평균치(℃)

2) 유속 측정방법

$$V = C\sqrt{\frac{2gh}{\gamma}} = 0.87 \times \sqrt{\frac{2 \times 9.8 \times 100}{0.5767}} = 50.719 \text{m/s}$$

정답 ③

연습문제

04 A굴뚝 내 배출가스의 유속을 피토관으로 측정한 결과 동압이 25mmH₂O 였고, 온도가 211℃ 이었다면 이때 굴뚝 내 배출가스의 유속은? (단, 표준상태에서 배출가스의 밀도 : 1.3kg/Sm³, 피토관 계수 : 0.98, 기타 조건은 같다고 가정)

① 18.6m/sec ② 20.4m/sec
③ 22.8m/sec ④ 25.3m/sec

해설

1) 295℃에서 배출가스 비중량(배출가스의 밀도)

$$\gamma = \gamma_o \times \frac{273}{273+\theta_s} \times \frac{P_a+P_s}{760}$$

$$\gamma = 1.3 \times \frac{273}{273+211} = 0.7332 \ kg/m^3$$

2) 유속 측정방법

$$V = C\sqrt{\frac{2gh}{\gamma}} = 0.98 \times \sqrt{\frac{2\times9.8\times25}{0.7332}} = 25.33\,m/s$$

정답 ④

05 굴뚝 내의 배출가스 유속을 피토관으로 측정한 결과 그 동압이 2.2mmHg 이었다면 굴뚝내의 배출가스의 평균유속(m/sec)은? (단, 배출가스 온도 250℃, 공기의 비중량 1.3kg/Sm³, 피토관계수 1.2이다.)

① 8.6 ② 16.9
③ 25.5 ④ 35.3

해설

1) 295℃에서 배출가스 비중량(배출가스의 밀도)

$$\gamma = \gamma_o \times \frac{273}{273+\theta_s} \times \frac{P_a+P_s}{760}$$

$$\gamma = 1.3 \times \frac{273}{273+250} = 0.6785 \ kg/m^3$$

2) 유속 측정방법

$$V = C\sqrt{\frac{2gh}{\gamma}}$$

$$= 1.2 \times \sqrt{\frac{2\times9.8\times2.2\,mmHg \times \frac{10332\,mmH_2O}{760\,mmHg}}{0.6785}}$$

$$= 35.27\,m/s$$

정답 ④

| 배출가스 중 입자상 물질 시료채취방법 |

06 굴뚝 내를 흐르는 배출가스 평균유속을 피토관으로 동압을 측정하여 계산한 결과 12.8m/s였다. 이때 측정된 동압은? (단, 피토관 계수는 1.0이며, 굴뚝 내의 습한 배출가스의 밀도는 1.2 kg/m^3)

① 8mmH$_2$O   ② 10mmH$_2$O
③ 12mmH$_2$O   ④ 14mmH$_2$O

해설

유속 측정방법

$$V = C\sqrt{\frac{2gh}{\gamma}}$$

$$12.8m/s = 1.0 \times \sqrt{\frac{2 \times 9.8 \times h}{1.2}}$$

$$\therefore \ h = 10.03mmH_2O$$

정답 ②

| 배출가스 중 입자상 물질 시료채취방법 |

07 어떤 굴뚝 배출가스의 유속을 피토관으로 측정하고자 한다. 동압 측정시 확대율이 10배인 경사 마노미터를 사용하여 액주 55mm를 얻었다. 동압은 약 몇 mmH$_2$O인가? (단, 경사 마노미터에는 비중 0.85의 톨루엔을 사용한다.)

① 7.0   ② 6.5
③ 5.5   ④ 4.7

해설

경사 마노미터의 동압 계산

동압 = 액체비중×액주(mm)×sin(경사각)×$\left(\dfrac{1}{확대율}\right)$

$$= 0.85 \times 55 \times \frac{1}{10}$$

$$= 4.675mmH_2O$$

kg/m^3 = mmH$_2$O

정답 ④

| 배출가스 중 입자상 물질 시료채취방법 |

08 굴뚝 배출가스 중 수분의 부피백분율을 측정하기 위하여 흡습관에 배출가스 10L를 흡인하여 유입시킨 결과 흡습관의 중량 증가는 0.82g이었다. 이때 가스흡인은 건식 가스미터로 측정하여 그 가스미터의 가스 게이지압은 4mmHg이고, 온도는 27℃였다. 그리고 대기압은 760mmHg였다면 이 배출가스 중 수분량(%)은?

① 약 10%   ② 약 13%
③ 약 16%   ④ 약 18%

해설

배출가스 중의 수분량 측정(건식 가스미터를 사용할 때)

$$X_w = \frac{수분량}{건조가스량 + 수분량} \times 100$$

$$X_w = \frac{\dfrac{22.4}{18}m_a}{V_m' \times \dfrac{273}{273+\theta_m} \times \dfrac{P_a+P_m}{760} + \dfrac{22.4}{18}m_a} \times 100$$

$$X_w = \frac{\dfrac{22.4L}{18g} \times 0.82g}{10L \times \dfrac{273}{273+27} \times \dfrac{760+4}{760} + \dfrac{22.4L}{18g} \times 0.82g} \times 100\% = 10.03\%$$

여기서,

X_w	:	배출가스 중의 수증기의 부피 백분율(%)
m_a	:	흡습 수분의 질량($m_{a2}-m_{a1}$)(g)
V_m'	:	흡입한 가스량(건식 가스미터에서 읽은 값)(L)
θ_m	:	가스미터에서의 흡입 가스온도(℃)
P_a	:	측정공 위치에서의 대기압(mmHg)
P_m	:	가스미터에서의 가스게이지압(mmHg)

정답 ①

연습문제

09 먼지측정을 위해 굴뚝배출가스 중 수분량을 측정하였다. 측정결과가 다음과 같을 때 배출가스 중 수분량은? (단, 16℃의 포화수증기압은 14.1mmHg)

- 대기압 : 758mmHg
- 흡입가스 온도 : 16℃
- 흡입 습배기가스량 : 10L
- 흡습 전 흡습관 중량 : 71.607g
- 흡습 후 흡습관 중량 : 72.327g
- 습식가스미터 게이지 압력 : 0mmHg

① 약 6% ② 약 9%
③ 약 13% ④ 약 22%

해설

배출가스 중의 수분량 측정(습식 가스미터를 사용할 때)

$$X_w = \frac{수분량}{건조가스량 + 수분량} \times 100$$

$$X_w = \frac{\frac{22.4}{18}m_a}{V_m \times \frac{273}{273+\theta_m} \times \frac{P_a+P_m-P_v}{760} + \frac{22.4}{18}m_a} \times 100$$

$$X_w = \frac{\frac{22.4L}{18g}(72.327-71.607)g}{10L \times \frac{273}{273+16} \times \frac{758+0-14.1}{760} + \frac{22.4L}{18g}(72.327-71.607)g}$$
$$\times 100$$

$$= 8.813\%$$

정답 ②

10 굴뚝배출가스 중 수분량이 체적백분율로 10%이고, 배출가스의 온도는 80℃, 시료채취량은 10L, 대기압은 0.6기압, 가스미터 게이지압은 25mmHg, 가스미터온도 80℃에서의 수증기포화압이 255mmHg라 할 때, 흡수된 수분량(g)은?

① 0.459 ② 0.328
③ 0.205 ④ 0.147

해설

배출가스 중의 수분량 측정(포화 수증기압이 주어졌을 때)

$$X_w = \frac{수분량}{건조가스량 + 수분량} \times 100$$

$$X_w = \frac{\frac{22.4}{18}m_a}{V_m \times \frac{273}{273+\theta_m} \times \frac{P_a+P_m-P_v}{760} + \frac{22.4}{18}m_a} \times 100$$

$$10\% = \frac{\frac{22.4L}{18g} \times x\,g}{10L \times \frac{273}{273+80} \times \frac{0.6atm \times \frac{760mmHg}{1atm} + 25 - 255}{760} + \frac{22.4L}{18g} \times x\,g}$$
$$\times 100\%$$

$$\therefore 수분량(x) = 0.205g$$

정답 ③

| 배출가스 중 입자상 물질 시료채취방법 |

11 보통형(I형) 흡입노즐을 사용한 굴뚝 배출가스 흡입 시 10분간 채취한 흡입가스량(습식가스미터에서 읽은 값)이 60L였다. 이때 등속흡입이 행해지기 위한 가스미터에 있어서의 등속흡입유량의 범위로 가장 적합한 것은? (단, 등속흡입정도를 알기 위한 등속흡입계수 $I(\%) = \dfrac{V_m}{q \cdot t} \times 100$ 이다.)

① 3.3~5.3L/min   ② 5.5~6.7L/min
③ 6.5~7.6L/min   ④ 7.5~8.3L/min

해설

입자상물질의 시료채취방법
(배출가스 중 굴뚝 배출 시료채취방법, 배출가스 중 입자상 물질 시료채취방법 동일)

등속흡입 정도를 알기 위하여 다음 식에 의해 구한 값이 90~110% 범위여야 한다.

$$I(\%) = \frac{V_m}{q_m \times t} \times 100$$

여기서,

I : 등속계수(%)
V_m : 흡입기체량(습식가스미터에서 읽은 값)(L)
q_m : 가스미터에 있어서의 등속 흡입유량(L/min)
t : 기체 흡입시간(분)

1) 90%일 때, 등속흡입유량

$$90(\%) = \frac{60L}{q_m \times 10\min} \times 100$$

$$\therefore q_m = 6.67L/\min$$

2) 110%일 때, 등속흡입유량

$$110(\%) = \frac{60L}{q_m \times 10\min} \times 100$$

$$\therefore q_m = 5.45L/\min$$

그러므로, 5.45~6.67L/min

정답 ②

| 배출가스 중 입자상 물질 시료채취방법 |

12 굴뚝 배출가스 중 먼지를 보통형(1형) 흡입노즐을 이용할 때 등속흡입을 위한 흡입량(L/min)은?

· 대기압 : 765mmHg
· 측정점에서의 정압 : -1.5mmHg
· 건식가스미터의 흡입가스 게이지압 : 1mmHg
· 흡입노즐의 내경 : 6mm
· 배출가스의 유속 : 7.5m/s
· 배출가스 중 수증기의 부피 백분율 : 10%
· 건식가스미터의 흡입온도 : 20℃
· 배출가스 온도 : 125℃

① 14.8   ② 11.6
③ 9.9   ④ 8.4

해설

보통형 (1형) 흡입노즐을 사용할 때 등속흡입을 위한 흡입량

$$q_m = \frac{\pi}{4}(0.006m)^2 \times 7.5m/s \times (1-0.1)\frac{273+20}{273+125}$$

$$\times \frac{765+(-1.5)}{765+1} \times \frac{1,000L}{1m^3} \times \frac{60\sec}{1\min}$$

$$= 8.40L/\min$$

$$q_m = \frac{\pi}{4}d^2 v \left(1 - \frac{X_w}{100}\right)\frac{273+\theta_m}{273+\theta_s} \times \frac{P_a+P_s}{P_a+P_m-P_v}$$

$$\times 60 \times 10^{-3}$$

여기서,

q_m : 가스미터에 있어서의 등속 흡입유량(L/min)
d : 흡입노즐의 내경(mm)
v : 배출가스 유속(m/s)
X_w : 배출가스 중의 수증기의 부피 백분율(%)
θ_m : 가스미터의 흡입가스 온도(℃)
θ_s : 배출가스 온도(℃)
P_a : 대기압(mmHg)
P_s : 측정점에서의 정압(mmHg)
P_m : 가스미터의 흡입가스 게이지압(mmHg)
P_v : θ_m에서의 포화 수증기압(mmHg)

정답 ④

연습문제

13 어느 지역에 환경기준시험을 위한 시료채취 지점 수(측정점수)는 약 몇 개소 인가? (단, 인구비례에 의한 방법기준)

> · 그 지역 가주지 면적 = 80km²
> · 그 지역 인구밀도 = 1,500명/km²
> · 전국평균인구밀도 = 450명/km²

① 6개소   ② 11개소

③ 18개소   ④ 23개소

해설

시료 채취 지점 수 및 채취 장소의 결정 – 인구비례에 의한 방법

$$측정점수 = \frac{그\ 지역\ 가주지면적}{25\,km^2} \times \frac{그\ 지역\ 인구밀도}{전국\ 평균인구밀도}$$

$$측정점수 = \frac{80km^2}{25km^2} \times \frac{1,500명/km^2}{450명/km^2} = 10.66 ≒ 11$$

정답 ②

14 환경대기 중 시료채취 방법에서 인구비례에 의한 방법으로 시료채취 지점수를 결정하고자 한다. 그 지역의 인구밀도가 4,000명/km², 그 지역 가주지 면적이 5,000km², 전국 평균 인구밀도가 5,000명/km²일 때, 시료채취 지점수는?

① 110개   ② 160개

③ 250개   ④ 320개

해설

$$측정점수 = \frac{그\ 지역\ 가주지면적}{25\,km^2} \times \frac{그\ 지역\ 인구밀도}{전국\ 평균인구밀도}$$

$$측정점수 = \frac{5,000km^2}{25km^2} \times \frac{4,000명/km^2}{5,000명/km^2} = 160\,개$$

정답 ②

15 저용량 공기시료채취기에 의해 환경대기 중 먼지 채취 시 여과지 또는 샘플러 각 부분의 공기 저항에 의하여 생기는 압력손실을 측정하여 유량계의 유량을 보정해야 한다. 유량계의 설정조건에서 760mmHg에서의 유량을 20L/min, 사용조건에 따른 유량계 내의 압력손실을 150 mmHg라 할 때, 유량계의 눈금값은 얼마로 설정하여야 하는가?

① 16.3L/min   ② 20.3L/min

③ 22.3L/min   ④ 25.3L/min

해설

유량계의 유량지시 값의 압력에 의한 보정

$$Q_r = 20\sqrt{\frac{760}{760 - \triangle P}} = 20\sqrt{\frac{760}{760 - 150}} = 22.32L/min$$

Q_r : 유량계의 눈금값

20 : 760mmHg에서 유량(Q_o = 20L/min)

$\triangle P$: 유량계 내의 압력손실(mmHg)

정답 ③

제 3장

기기분석

Chapter 01

기체크로마토그래피

1. 원리 및 적용범위

이 법은 기체시료 또는 기화한 액체나 고체시료를 운반가스(carrier gas)에 의하여 분리, 관내에 전개시켜 기체상태에서 분리되는 각 성분을 크로마토그래프로 분석하는 방법으로 일반적으로 무기물 또는 유기물의 대기오염 물질에 대한 정성, 정량 분석에 이용한다.

2. 개요

① 이 법에서 충전물로서 흡착성 고체분말을 사용할 경우에는 기체–고체 크로마토그래피, 적당한 담체(solid support)에 고정상 액체를 함침시킨 것을 사용할 경우에는 기체–액체 크로마토그래피라 한다.

② 일정유량으로 유지되는 운반가스(carrier gas)는 시료도입부로부터 분리관내를 흘러서 검출기를 통하여 외부로 방출된다. 이때, **시료도입부, 분리관, 검출기 등은 필요한 온도를 유지해 주어야 한다.**

③ 시료도입부로부터 기체, 액체 또는 고체시료를 도입하면 기체는 그대로, 액체나 고체는 가열기화되어 운반가스에 의하여 분리관내로 송입되고 시료 중의 각 성분은 충전물에 대한 각각의 흡착성 또는 용해성의 차이에 따라 분리관 내에서의 이동속도가 달라지기 때문에 각각 분리되어 분리관 출구에 접속된 검출기를 차례로 통과하게 된다.

④ 검출기에는 원리에 따라 여러가지가 있으며 성분의 양과 일정한 관계가 있는 전기신호로 변환시켜 기록계(또는 다른 데이터 처리장치)에 보내져서 분리된 각 성분에 대응하는 일련의 곡선 봉우리가 되는 크로마토그램(chromatogram)을 얻게 된다.

⑤ 실제로 어떤 조건에서 시료를 분리관에 도입시킨 후 그 중의 **어떤 성분이 검출되어 기록지상에 봉우리로 나타날 때까지의 시간을 머무름시간(retention time)**이라 하며 이 **머무름시간에 운반가스의 유량을 곱한 것을 머무름부피(retention volume)**라 한다.

⑥ 이 값은 어떤 특정한 실험조건 하에서는 그 성분물질마다 고유한 값을 나타내기 때문에 정성분석을 할 수 있으며 또 기록지에 그려진 곡선의 넓이 또는 봉우리의 높이는 시료성분량과 일정한 관계가 있기 때문에 이것에 의하여 정량분석을 할 수가 있다.

3. 장치

이 장치의 기본구성은 그림 17과 같으며, 이 기본구성을 복수열로 조합시킨 형식이나 복수열 유로로 검출기의 신호를 서로 보상하는 형식도 있다.

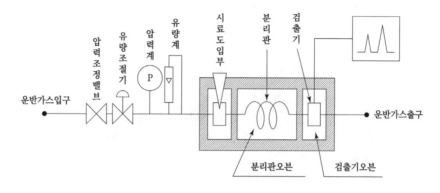

〈 그림 17. 장치의 기본구성 〉

운반가스입구 → 유량 및 압력조절부 → 시료도입부 → 분리관 → 검출기

(1) 가스유로계

1) 운반가스유로

운반가스유로는 유량조절부와 분리관유로로 구성된다.

가) 유량조절부는 분리관입구의 압력을 일정하게 유지하여 주는 압력조절밸브, 분리 관내를 흐르는 가스의 유량을 일정하게 유지하여 주는 유량조절기 등으로 구성되며 필요에 따라 유량계가 첨부되어야 한다. 유량조절기를 갖는 장치는 유량조절기의 일차측 압력을 일정하게 유지해 주어야 하며 배관의 재료는 내면이 깨끗한 금속이어야 한다.

나) 분리관유로는 시료도입부, 분리관, 검출기기배관으로 구성된다. **배관의 재료는 스테인리스강(stainless steel)이나 유리 등 부식에 대한 저항이 큰 것이어야 한다.**

2) 연소용 가스, 기타 필요한 가스의 유로

이온화 검출기가 다른 검출기를 사용할 때 필요한 연소용 가스, 청소가스(scavenge gas) 기타 필요한 가스의 유로는 각각 전용조절기구가 갖추어져야 하고 필요에 따라 압력계 또는 유량계가 첨부되어야 한다.

(2) 시료도입부

① 주사기를 사용하는 시료도입부는 실리콘고무와 같은 내열성 탄성체격막이 있는 시료 기화실로서 **분리관 온도와 동일하거나 또는 그 이상의 온도를 유지할 수 있는 가열 기구가 갖추어져야 하고,** 필요하면 온도조절기구, 온도측정기구 등이 있어야 한다.

② 가스 시료도입부는 가스계량관(통상 0.5~5mL)과 유로변환기구로 구성된다.

(3) 가열오븐

1) 분리관 오븐(Column Oven)

① 분리관 오븐은 내부용적이 분석에 필요한 길이의 분리관을 수용할 수 있는 크기이어야 하며 임의의 일정온도를 유지할 수 있는 가열기구, 온도조절기구, 온도측정기구 등으로 구성된다.

② 온도조절 정밀도는 ±0.5℃의 범위이내 전원 전압변동 10%에 대하여 온도변화 ±0.5℃ 범위 이내(오븐의 온도가 150℃ 부근일 때)이어야 한다. 또 승온 가스크로마토그래프에서는 승온기구 및 냉각기구를 부가한다.

2) 검출기 오븐(Detector Oven)

① 검출기 오븐은 검출기를 한 개 또는 여러 개 수용할 수 있고 분리관 오븐과 동일하거나 그 이상의 온도를 유지할 수 있는 가열기구, 온도조절기구 및 온도측정기구를 갖추어야 한다.

② 방사성 동위원소를 사용하는 검출기를 수용하는 검출기 오븐에 대하여는 온도조절 기구와는 별도로 독립작용 할 수 있는 과열방지기구를 설치해야 한다. 가스를 연소시키는 검출기를 수용하는 검출기 오븐은 그 가스가 오븐 내에 오래 체류하지 않도록 된 구조이어야 한다.

(4) 검출기

기체크로마토그래피 분석에 사용하는 검출기는 각각 그 목적에 따라 다음과 같은 것을 사용한다.

1) 열전도도 검출기(TCD, thermal conductivity detector)

① 금속 필라멘트(filament), 전기저항체(thermistor)를 검출소자로 하여 금속판(block) 안에 들어있는 본체와 안정된 직류전기를 공급하는 전원회로, 전류조절부, 신호검출 전기회로, 신호 감쇄부 등으로 구성된다.

② 네 개로 구성된 필라멘트에 전류를 흘려주면 필라멘트가 가열되는데, 이 중 2개의 필라멘트는 운반 기체인 헬륨에 노출되고 나머지 두 개의 필라멘트는 운반 기체에 의해 이동하는 시료에 노출된다.

③ 이 둘 사이의 **열전도도 차이를 측정함으로써 시료를 검출**하여 분석한다.

④ 열전도도 검출기는 모든 화합물을 검출할 수 있어 분석 대상에 제한이 없고 값이 싸며 시료를 파괴하지 않는 장점에 비하여 다른 검출기에 비해 감도(sensitivity)가 낮다.

2) 불꽃이온화 검출기(flame ionization detector, FID)

① 수소 연소 노즐(nozzle), 이온 수집기(ion collector)와 전극 및 배기구로 구성되는 본체와 이 전극 사이에 직류전압을 주어 흐르는 이온전류를 측정하기 위한 직류전압 변환회로, 감도 조절부, 신호감쇄부 등으로 구성된다.

② 대부분의 유기화합물은 수소와 공기의 연소 불꽃에서 전하를 띤 이온을 생성하는데 생성된 이온에 의한 전류의 변화를 측정한다. 불꽃이온화 검출기는 **대부분의 화합물에 대하여 열전도도 검출기보다 약 1,000배 높은 감도를 나타내고 대부분의 유기화합물의 검출이 가능하므로 가장 흔히 사용된다.**

③ 특히 탄소 수가 많은 유기물은 10pg까지 검출할 수 있어 대기 오염 분석에서 미량의 유기물을 분석할 경우에 유용하다.

④ 불꽃이온화 검출기에 응답하지 않는 물질로는 비활성 기체, O_2, N_2, H_2O, CO, CO_2, CS_2, H_2S, NH_3, N_2O, NO, NO_2, SO_2, SiF_4 및 $SiCl_4$ 등이 있다.

⑤ 또한 감도가 다소 떨어지는 시료로는 할로겐, 아민, 히드록시기 등의 치환기를 갖는 시료로서 치환기가 증가함에 따라 감도는 더욱 감소한다.

3) 전자 포획 검출기(electron capture detector, ECD)

① 방사성 물질인 Ni-63 혹은 삼중수소로부터 방출되는 β선이 운반 기체를 전리하여 이로 인해 전자 포획 검출기 셀(cell)에 전자구름이 생성되어 일정 전류가 흐르게 된다.

② 이러한 전자 포획 검출기 셀에 전자친화력이 큰 화합물이 들어오면 셀에 있던 전자가 포획되어 이로 인해 전류가 감소하는 것을 이용하는 방법으로 유기 할로겐 화합물, 나이트로 화합물 및 유기 금속 화합물 등 전자 친화력이 큰 원소가 포함된 화합물을 수 ppt의 매우 낮은 농도까지 선택적으로 검출할 수 있다.

③ 따라서 유기 염소계의 농약분석이나 PCB(polychlorinated biphenyls) 등의 환경오염 시료의 분석에 많이 사용되고 있다. 그러나 탄화수소, 알코올, 케톤 등에는 감도가 낮다.

④ 전자 포획 검출기 사용 시 주의사항으로는 운반 기체에 수분이나 산소 등의 오염물이 함유되어 있는 경우에는 감도의 저하나 검정곡선의 직선성을 잃을 수도 있으므로 고순도(99.9995%)의 운반 기체를 사용하여야 하고 반드시 수분 트랩(trap)과 산소 트랩을 연결하여 수분과 산소를 제거할 필요가 있다.

4) 질소인 검출기(nitrogen phosphorous detector, NPD)

① 불꽃이온화 검출기와 유사한 구성에 알칼리금속염의 튜브를 부착한 것으로 운반 기체와 수소기체의 혼합부, 조연기체 공급구, 연소노즐, 알칼리원, 알칼리원 가열기구, 전극 등으로 구성된다. 가열된 알칼리금속염은 촉매 작용으로 질소나 인을 함유하는 화합물의 이온화를 증진시켜 유기 질소 및 유기 인 화합물을 선택적으로 검출할 수 있다.

② 질소-인 검출기에서 질소나 인을 함유하는 화합물에 대한 감도는 일반 탄화수소 화합물에 대한 감도의 약 100,000배로 질소 또는 인 화합물에 대한 선택성이 커서, 살충제나 제초제의 분석에 일반적으로 사용된다.

③ 불꽃 열이온화 검출기(flame thermoionic detector, FTD)는 위의 질소인 검출기와 같은 검출기이다.

5) 불꽃 광도 검출기(flame photometric detector, FPD)

① 구성
불꽃이온화 검출기와 유사하고 운반기체와 조연기체의 혼합부, 수소 기체 공급구, 연소 노즐, 광학 필터, 광전증배관(photomultiplier tube) 및 전원 등으로 구성되어 있다.

② 기본 원리

황이나 인을 포함한 탄화수소 화합물이 불꽃이온화 검출기 형태의 불꽃에서 연소될 때 화학적인 발광을 일으키는 성분을 생성하는데 시료의 특성에 따라 황 화합물은 393nm, 인 화합물은 525nm의 특정 파장의 빛을 발산한다. 이들 빛은 광학 필터(황 화합물은 393nm, 인 화합물은 525nm)를 통해 광전 증배관에 도달하고, 이에 연결된 전자 회로에 신호가 전달되어 황이나 인을 포함한 화합물을 선택적으로 분석 할 수 있다.

③ 불꽃 광도 검출기에 의한 황 또는 인 화합물의 감도(sensitivity)는 일반 탄화수소 화합물에 비하여 100,000배 커서, H_2S나 SO_2와 같은 황 화합물은 약 200ppb까지, 인 화합물은 약 10ppb까지 검출이 가능하다.

6) 광이온화 검출기(photo ionization detector, PID)

① 10.6eV의 자외선(UV) 램프에서 발산하는 120nm의 빛이 벤젠이나 톨루엔과 같은 대부분의 방향족 화합물을 충분히 이온화시킬 수 있고, 또한 H_2S, 헥세인, 에탄올과 같이 이온화 에너지가 10.6eV 이하인 화합물을 이온화시킴으로써 이들을 선택적으로 검출할 수 있다.

② 메탄올이나 물 등과 같이 이온화 에너지가 10.6eV보다 큰 화합물은 광이온화 검출기로 검출되지 않는다.

③ 광이온화 검출기의 장점은 매우 민감하고, 잡음(noise)이 적고, 직선성이 탁월하고 시료를 파괴하지 않는다는 것이다.

7) 펄스 방전 검출기(pulsed discharge detector, PDD)

① 시료를 헬륨 펄스 방전(helium pulsed discharge)에 의해 이온화시키고 이로 인해 생성된 전자는 전극으로 모여서 전류의 변화를 가져온다.

② 펄스 방전 검출기는 전자 포획(electron capture) 모드와 헬륨 광이온화(helium photoionization) 모드로 이용할 수 있다.

③ 전자 포획 모드에서는 기존의 전자 포획 검출기와 같이 전자 친화성이 큰 원소를 함유한 화합물인 프레온, 염소성 살충제 등의 할로겐 함유 화합물을 수 펨토그램(1fg = 10^{-15}g)까지 선택적으로 검출할 수 있는데 기존의 전자 포획 검출기와는 달리 방사성 물질을 사용하지 않아 안전하고 검출기의 온도를 400℃까지 올려 사용할 수 있다.

④ 헬륨 광이온화 모드에서는 대부분의 무기물 및 유기물을 검출할 수 있어 기존의 불꽃이온화 검출기 사용에 따른 불꽃이나 수소 기체의 사용이 문제가 되는 곳에서 불꽃이온화 검출기를 대체할 수 있다.

8) 원자 방출 검출기(atomic emission detector, AED)

① 시료를 구성하는 원소들의 원자 방출(atomic emission)을 검출하기 때문에 이용 범위가 광범위하다. 원자 방출 검출기의 구성은 캐필러리 컬럼의 마이크로파 유도 플라스마 챔버로의 도입부, 마이크로파 챔버, 챔버의 냉각부, 회절격자와 원자선을 모아서 분산시키는 광학 거울, 컴퓨터에 연결된 광다이오드 배열기(photodiode array)로 구성되어 있다.

② 컬럼에서 흘러나온 시료는 마이크로파로 가열된 플라스마 구멍(plasma cavity)으로 유입되고 화합물은 원자화되어 원자들은 플라스마에 의해 들뜨게 된다. 들뜬 원자에 의해 방출된 빛은 광다이오드 배열기에 의해 파장에 따라 분리되어 각 원소에 대한 크로마토그램을 얻을 수 있다.

9) 전해질 전도도 검출기(ELCD, electrolytic conductivity detector)

① 기준전극, 분석전극과 기체-액체 접촉기(contactor) 및 기체-액체 분리기(separator)를 가지고 있다.

② 전도도 용매를 셀에 주입하고 기준전극에 의해 전류가 흐르게 된다.

③ 기체-액체 접촉기에서 기체 반응 생성물과 결합하게 되고 이 화합물은 분석 전극을 지나면서 액체상을 가진 기체-액체 분리기에서 기체상과 액체상으로 분리된다.

④ 이 때 전위계(electrometer)가 기준 전극과 분석 전극 사이의 전도도 차이를 측정함으로써 성분의 농도를 측정한다.

⑤ 할로겐, 질소, 황 또는 나이트로아민(nitroamine)을 포함한 유기화합물을 이 방법으로 검출할 수 있다.

10) 질량 분석 검출기(mass spectrometric detector, MSD)

① GC에 질량 분석기(MS)를 부착하여 검출기로 사용한다.

② GC 컬럼에서 분리된 화합물이 질량분석기에서 이온화 되어 이온의 질량 대 전하 비(m/z)로 분리하여 기록된다. 대부분의 화합물을 수 ng까지 고감도로 분석할 수 있다.

③ 질량 분석기는 다양한 화합물을 검출할 수 있고, 토막내기 패턴(fragmentation pattern)으로 화합물 구조를 유추할 수도 있다.

4. 운반가스

운반가스(carrier gas)는 **충전물이나 시료에 대하여 불활성이고 사용하는 검출기의 작동에 적합한 것을 사용한다. 일반적으로 열전도도형 검출기(TCD)에서도 순도 99.8% 이상의 수소나 헬륨을, 불꽃이온화 검출기(FID)에서는 순도 99.8% 이상의 질소 또는 헬륨을 사용하며** 기타 검출기에서는 각각 규정하는 가스를 사용한다.

5. 분리관, 충전물질 및 충전방법

(1) 분리관

분리관(column)은 충전물질을 채운 **내경 2~7mm(모세관식 분리관을 사용할 수도 있다)**의 시료에 대하여 불활성금속, 유리 또는 합성수지관으로 각 분석방법에서 규정하는 것을 사용한다.

(2) 충전물질 종류

흡착형충전물, 분배형 충전물질, 다공성 고분자형 충전물

1) 흡착형충전물

① 기체-고체 크로마토그래피에서는 분리관의 내경에 따라 표 6와 같이 입도가 고른 흡착성 고체분말을 사용한다.

〈 표 6. 분리관의 내경에 따른 흡착제 및 담체의 입경 범위 〉

분리관 내경(mm)	흡착제 및 담체의 입경 범위(μ m)
3	149~177(100~80mesh)
4	177~250(80~60mesh)
5~6	250~590(60~28mesh)

② 흡착성 고체분말은 실리카젤, 활성탄, 알루미나, 합성제올라이트(zeolite) 등이며, 또한 이러한 분말에 표면처리한 것을 각 분석방법에 규정하는 방법대로 처리하여 활성화한 것을 사용한다.

2) 분배형 충전물질

기체-액체 크로마토그래피에서는 위에 표시한 입경범위에서의 적당한 담체에 고정상 액체를 함침시킨것을 충전물로 사용한다.

가) 담체(Support)

담체는 시료 및 고정상 액체에 대하여 불활성인 것으로 규조토, 내화벽돌, 유리, 석영, 합성수지 등을 사용하며 각 분석방법에서 전처리를 규정한 경우에는 그 방법에 따라 산처리, 알칼리처리, 실란처리(silane finishing) 등을 한 것을 사용한다.

나) 고정상 액체(Stationary Liquid)

고정상 액체는 가능한 한 다음의 조건을 만족시키는 것을 선택한다.

① 분석대상 성분을 완전히 분리할 수 있는 것이어야 한다.

② 사용온도에서 증기압이 낮고, 점성이 작은 것이어야 한다.

③ 화학적으로 안정된 것이어야 한다.

④ 화학적 성분이 일정한 것이어야 한다.

〈 표 7. 일반적으로 사용하는 고정상 액체의 종류 〉

종류	물질명
탄화수소계	헥사데칸
	스쿠아란(Squalane)
	고진공 그리이스
실리콘계	메틸실리콘
	페닐실리콘
	사이아노실리콘
	플루오린화규소
폴리글리콜계	폴리에틸렌글리콜
	메톡시폴리에틸렌글리콜
에스테르계	이염기산다이에스테르
폴리에스테르계	이염기산폴리글리콜다이에스테르
폴리아미드계	폴리아미드수지
에테르계	폴리페닐에테르
기타	인산트라이크레실 다이에틸폼아미드 다이메틸설포란

3) 다공성 고분자형 충전물

① 이 물질은 다이바이닐벤젠(divinyl benzene)을 가교제(bridge intermediate)로 스타이렌계 단량체를 중합시킨 것과 같이 고분자 물질을 단독 또는 고정상 액체로 표면처리하여 사용한다.

② 시료의 봉우리가 기록계의 기록지상에 진동이 없이, 또한 가능한 한 큰 봉우리를 그리도록 성분에 따른 감도를 조절한다.

6. 분리의 평가

① 분리관효율

분리관효율은 보통 **이론단수 또는 1이론단에 해당하는 분리관의 길이** HETP(height equivalent to a theoretical plate)로 표시하며, 크로마토그램(그림 18)상의 봉우리로부터 다음 식에 의하여 구한다.

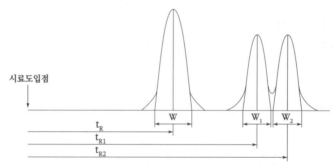

〈 그림 18. 크로마토그램 〉

· 이론단수$(n) = 16 \cdot \left(\dfrac{t_R}{W}\right)^2$	t_R : 시료도입점으로부터 봉우리 최고점까지의 길이(머무름시간) W : 봉우리의 좌우 변곡점에서 접선이 자르는 바탕선의 길이

· HETP $= \dfrac{L}{n}$	L : 분리관의 길이(mm) HETP : 이론단수(n = 1)가 1일 때에 해당하는 분리관 길이(mm)

② 분리능

2개의 접근한 봉우리의 분리의 정도를 나타내기 위하여 분리계수 또는 분리도를 가지고 다음과 같이 정량적으로 정의하여 사용한다.

· 분리계수$(d) = \dfrac{t_{R2}}{t_{R1}}$	t_{R1} : 시료도입점으로부터 봉우리 1의 최고점까지의 길이(머무름시간) t_{R2} : 시료도입점으로부터 봉우리 2의 최고점까지의 길이(머무름시간)
· 분리도$(R) = \dfrac{2(t_{R2} - t_{R1})}{W_1 + W_2}$	W_1 : 봉우리 1의 좌우 변곡점에서의 접선이 자르는 바탕선의 길이(피크폭) W_2 : 봉우리 2의 좌우 변곡점에서의 접선이 자르는 바탕선의 길이(피크폭)

7. 정성분석

정성분석은 동일 조건하에서 특정한 미지성분의 머무름 값과 예측되는 물질의 봉우리의 머무름 값을 비교하여야 한다. 그러나 어떤 조건에서 얻어지는 하나의 봉우리가 한 가지 물질에 반드시 대응한다고 단정할 수는 없으므로 고정상 또는 분리관 온도를 변경하여 측정하거나 또는 다른 방법으로 정성이 가능한 경우에는 이 방법을 병용하는 것이 좋다.

(1) 머무름 값

① 머무름 값의 종류로는 머무름시간(retention time), 머무름부피(retention volume), 머무름비(retention ratio), 머무름지표(retention indicator) 등이 있다.

② 머무름시간을 측정할 때는 3회 측정하여 그 평균치를 구한다. 일반적으로 5~30분 정도에서 측정하는 봉우리의 머무름시간은 반복시험을 할 때 ±3% 오차범위 이내이어야 한다.

③ 머무름 값의 표시는 무효부피(dead volume)의 보정유무를 기록하여야 한다.

(2) 다른 방법을 범용한 정성

다른 방법을 병용할 때에는 반응관, 사용검출기, 분취방법, 기타 사용방법 등에 대한 설명 및 의견을 덧붙일 수가 있다.

8. 정량분석

정량분석은 각 분석방법에 규정하는 방법에 따라 시험하여 얻어진 크로마토그램(chromatogram)의 재현성, 시료분석의 양, 봉우리의 면적 또는 높이와의 관계를 검토하여 분석한다. 이 때 정확한 정량결과를 얻기 위해서는 크로마토그램의 각 곡선봉우리는 대칭적이고 각각 완전히 분리되어야 한다.

(1) 곡선의 면적 또는 봉우리의 높이 측정

곡선의 면적 또는 봉우리의 높이 중 어느 것을 사용할 것인가는 각 시험방법의 규정 또는 사용기기의 특성에 따라 결정한다.

1) 봉우리의 높이 측정

곡선의 정점(peak)으로부터 기록지 횡축으로 수직선을 내려 바탕선(baseline)과 교차하는 점과 정점과의 거리를 봉우리의 높이로 한다.

2) 곡선의 넓이 측정

① 반 높이선 나비법

② 적분기를 사용하는 방법

(2) 정량법

측정된 넓이 또는 높이와 성분량과의 관계를 구하는 데는 다음 방법에 의한다. 검정곡선 작성 후 연속하여 시료를 측정하여 결과를 산출한다.

1) 절대검정곡선법

① 정량하려는 성분으로 된 순물질을 단계적으로 취하여 크로마토그램을 기록하고 봉우리넓이 또는 봉우리높이를 구한다.

② 이것으로부터 **성분량을 횡축에 봉우리 넓이 또는 봉우리 높이를 종축에 취하여** 그림 19과 같이 **검정곡선을 작성한다.**

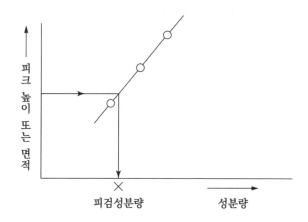

〈 그림 19. 절대검정곡선법에 의한 검정곡선 〉

2) 넓이 백분율법

① 크로마토그램으로부터 얻은 시료 각 성분의 봉우리 면적을 측정하고 그것들의 합을 **100으로 하여 이에 대한 각각의 봉우리넓이 비를 각 성분의 함유율로 한다.**

② 이 방법은 도입시료의 전 성분이 용출되며, 또한 사용한 검출기에 대한 각 성분의 상대감도가 같다고 간주되는 경우에 적용하며, 각 성분의 대개의 함유율(X_i)을 알 수가 있다.

$$X_i(\%) = \frac{A_i}{\sum\limits_{i=1}^{n} A_i} \times 100 \qquad \begin{aligned} A_i &: \text{i 성분의 봉우리 넓이} \\ n &: \text{전 봉우리 수} \end{aligned}$$

3) 보정넓이 백분율법

도입한 시료의 전 성분이 용출되며 또한 용출전 성분의 상대감도가 구해진 경우는 다음 식에 의하여 정확한 함유율을 구할 수 있다.

$$X_i(\%) = \frac{\dfrac{A_i}{f_i}}{\sum\limits_{i=1}^{n} \dfrac{A_i}{f_i}} \times 100 \qquad \begin{aligned} f_i &: \text{i 성분의 상대감도} \\ n &: \text{전 봉우리 수} \end{aligned}$$

4) 상대검정곡선법

① 정량하려는 성분의 순물질(X) 일정량에 내부표준물질(S)의 일정량을 가한 혼합시료의 크로마토그램을 기록하여 봉우리 넓이를 측정한다.

② 횡축에 **정량하려는 성분량(M_X)과 내부표준물질량(M_S)의 비(M_X/M_S)**를 취하고 분석시료의 크로마토그램에서 측정한 정량할 성분의 **봉우리넓이(A_X)와 표준물질 봉우리넓이(A_S)의 비(A_X/A_S)**를 취하여 그림 20과 같은 검정곡선을 작성한다.

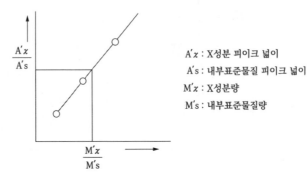

A'_x : X성분 피이크 넓이
A'_s : 내부표준물질 피이크 넓이
M'_x : X성분량
M'_s : 내부표준물질량

⟨ 그림 20. 상대검정곡선법에 의한 검정곡선 ⟩

5) 표준물첨가법

시료의 크로마토그램으로부터 피검성분 A 및 다른 임의의 성분 B의 봉우리 넓이 a_1 및 b_1을 구한다. 다음에 시료의 일정량 W에 성분 A의 기지량 ΔW_A[1])을 가하여 다시 크로마토그램을 기록하여 성분 A 및 B의 봉우리 넓이 a_2 및 b_2를 구하면 K의 정수로 해서 다음 식이 성립한다.

$$\frac{W_A}{W_B} = K\frac{a_1}{b_1} \qquad\qquad \text{(식1)}$$

$$\frac{W_A + \Delta W_A}{W_B} = K\frac{a_2}{b_2} \qquad\qquad \text{(식2)}$$

(식1), (식2)에서 W_A 및 W_B는 시료 중에 존재하는 A 및 B성분의 양, K는 비례상수이다. 위 식으로부터 성분 A의 부피 또는 무게 함유율 X(%)를 다음식으로 구한다.

$$X(\%) = \frac{\Delta W_A}{\left(\dfrac{a_2}{b_2} \cdot \dfrac{b_1}{a_1} - 1\right)W} \times 100 \qquad\qquad \text{(식3)}$$

1) ΔW_A의 양은 a_2/b_2의 값이 $1.2 \sim 2.0$의 사이에 있도록 가하여야 한다.

Chapter 02 자외선/가시선 분광법

1. 원리 및 적용범위

이 시험방법은 시료물질이나 시료물질의 용액 또는 여기에 적당한 시약을 넣어 발색시킨 용액의 흡광도를 측정하여 시료 중의 목적성분을 정량하는 방법으로 **파장 200~1,200nm**에서의 액체의 흡광도를 측정함으로써 대기 중이나 굴뚝배출 가스 중의 오염물질 분석에 적용한다.

2. 개요

① 자외선/가시선 분광법은 일반적으로 광원으로 나오는 빛을 단색화장치(monochrometer) 또는 필터(filter)에 의하여 좁은 파장 범위의 빛만을 선택하여 액층을 통과시킨 다음 광전측광으로 흡광도를 측정하여 목적성분의 농도를 정량하는 방법이다.

② 강도 I_o되는 단색광속이 그림 21과 같이 농도 C, 길이 ℓ 이 되는 용액층을 통과하면 이 용액에 빛이 흡수되어 입사광의 강도가 감소한다.

③ 통과한 직후의 빛의 강도 I_t와 I_o 사이에는 **램버어트 비어(Lambert-Beer)의 법칙**에 의하여 다음의 관계가 성립한다.

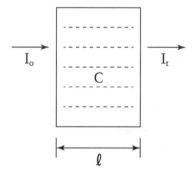

〈 그림 21. 자외선/가시선분광법 원리도 〉

④ 램버어트 비어(Lambert–Beer) 법칙

$$I_t = I_o \cdot 10^{-\epsilon C \ell}$$

I_o : 입사광의 강도
I_t : 투사광의 강도
C : 농도
ℓ : 빛의 투사거리
ϵ : 비례상수로서 흡광계수(C = 1mol, ℓ = 10 mm일 때의 ϵ의 값을 몰흡광계수라 하며 K로 표시한다.)

⑤ 투과도(t)

$$t = \frac{I_t}{I_o} = 10^{-\epsilon C \ell}$$

⑥ 투과퍼센트(T)

$$T = t \times 100 (\%)$$

⑦ 흡광도(A)

$$A = \log \frac{1}{t} = \log \frac{I_o}{I_t} = \epsilon C \ell$$

I_o : 입사광의 강도
I_t : 투사광의 강도
t : 투과도
A : 흡광도

⑧ 흡수율

$$흡수율 = 100\% - 투과도$$

3. 장치

(1) 구성

광원부 – 파장선택부 – 시료부 – 측광부

① 광원부의 **광원에는 텅스텐램프, 중수소방전관** 등을 사용하며 점등을 위하여 전원부나 렌즈와 같은 광학계를 부속시킨다.
② 가시부와 근적외부의 광원으로는 주로 텅스텐램프를 사용하고 자외부의 광원으로는 주로 중수소 방전관을 사용한다. 또, 전원부에는 광원의 강도를 안정시키기 위한 장치를 사용할 때도 있다.

(2) 파장선택부

① 파장의 선택에는 일반적으로 **단색화장치(monochrometer) 또는 필터(filter)**를 사용한다.
② 단색장치로는 프리즘, 회절격자 또는 이 두 가지를 조합시킨 것을 사용하며 단색광을 내기 위하여 슬릿(slit)을 부속시킨다. 필터에는 색유리 필터, 젤라틴 필터, 간접필터 등을 사용한다.

(3) 시료부

시료부에는 일반적으로 **시료액을 넣은 흡수셀**(cell, 시료셀)과 대조액을 넣는 **흡수셀**(대조셀)이 있고 이 셀을 보호하기 위한 **셀홀더**(cell holder)와 이것을 광로에 올려 놓을 시료실로 구성된다.

(4) 측광부

① 측광부의 광전측광에는 광전관, 광전자증배관, 광전도셀 또는 광전지 등을 사용하고 필요에 따라 증폭기 대수변환기가 있으며 지시계, 기록계 등을 사용한다.

② **광전관, 광전자증배관은 주로 자외 내지 가시파장 범위에서 광전도셀은 근적외 파장범위에서, 광전지는 주로 가시파장 범위 내에서의 광선측광에 사용된다.**

③ 지시계는 투과율, 흡광도, 농도 또는 이를 조합한 눈금이 있고 숫자로 표시되는 것도 있다. 기록계에는 투과율, 흡광도, 농도 등을 자동기록한다.

(5) 광전분광광도계

① 파장선택부에 단색화 장치를 사용한 장치로 구조에 따라 단광속형과 복광속형이 있고 복광속형에는 흡수 스펙트럼을 자동기록 할 수 있는 것도 있다.

② 광전분광광도계에는 미분측광, 2파장측광, 시차측광이 가능한 것도 있다.

(6) 광전광도계

파장 선택부에 필터를 사용한 장치로 단광속형이 많고 비교적 구조가 간단하여 작업분석용에 적당하다.

(7) 흡수셀

① 흡수셀은 일반적으로 그림 22와 같이 사각형 또는 시험관형의 것을 사용한다.

② 그림 22(2)의 (a)는 액량 1mL 이하 액층의 길이 10mm 이상의 것, (b)는 시료액을 흘려보내면서 그 농도를 측정할 때, (c)는 휘발성 시료액을 넣었을 때 마개가 있는 것, (d)는 액층의 길이가 50mm 이상으로 저농도 시료를 측정할 때 사용하는 특수용도용 흡수셀의 보기이다.

③ **흡수셀의 재질로는 유리, 석영, 플라스틱 등을 사용한다. 유리제는 주로 가시 및 근적외부 파장범위, 석영제는 자외부 파장범위, 플라스틱제는 근적외부 파장범위를 측정할 때 사용한다.**

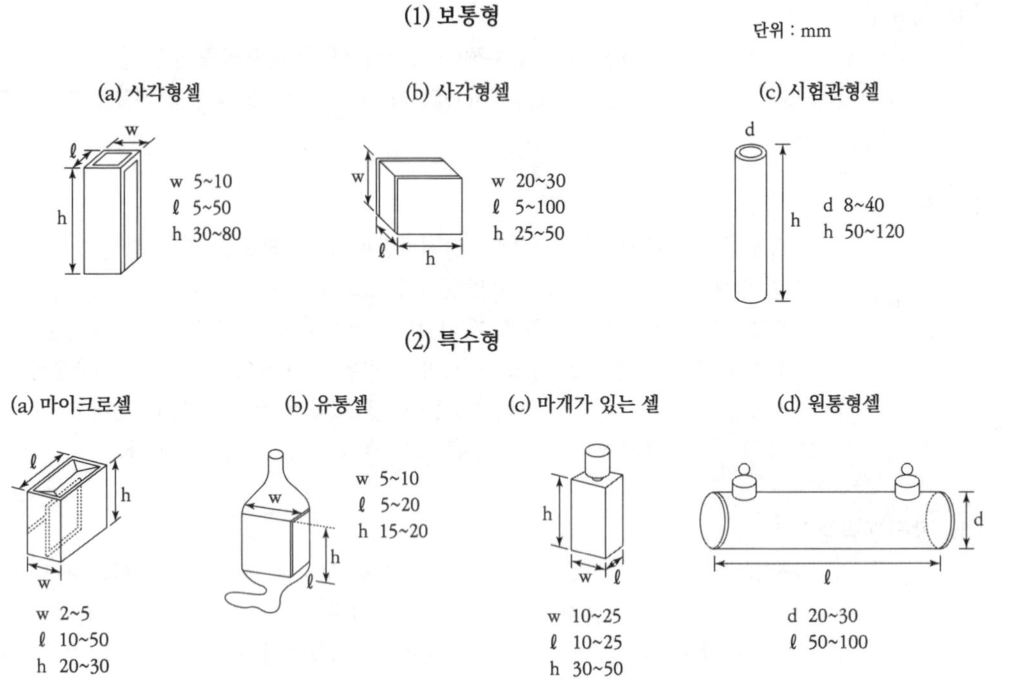

(1) 보통형

단위 : mm

(a) 사각형셀

w 5~10
ℓ 5~50
h 30~80

(b) 사각형셀

w 20~30
ℓ 5~100
h 25~50

(c) 시험관형셀

d 8~40
h 50~120

(2) 특수형

(a) 마이크로셀

w 2~5
ℓ 10~50
h 20~30

(b) 유통셀

w 5~10
ℓ 5~20
h 15~20

(c) 마개가 있는 셀

w 10~25
ℓ 10~25
h 30~50

(d) 원통형셀

d 20~30
ℓ 50~100

〈 그림 22. 흡수셀의 모양 〉

(8) 장치의 보정

① 파장

자동기록식 광전분광광도계의 **파장 교정은 홀뮴**(Holmium) 유리의 흡수스펙트럼을 이용한다.

② 흡광도 눈금의 보정

110℃에서 3시간 이상 건조한 다이크로뮴산포타슘(1급 이상)을 0.05mol/L 수산화포타슘(KOH) 용액에 녹여 다이크로뮴산포타슘($K_2Cr_2O_7$) 용액을 만든다. 그 농도는 시약의 순도를 고려하여 $K_2Cr_2O_7$으로서 0.0303g/L가 되도록 한다. 이 용액의 일부를 신속하게 10.0mm 흡수셀에 취하고 25℃에서 1nm 이하의 파장폭에서 흡광도를 측정한다.

③ 미광의 유무조사

광원이나 광전측광 검출기에는 한정된 사용 파장역이 있어 200~800nm 파장역에서는 미광(stray light)의 영향이 크기 때문에 **컷트필터(cut filter)를 사용하며 미광의 유무를 조사하는 것이** 좋다.

4. 측정

(1) 장치의 설치

장치는 되도록 다음과 같은 조건을 구비한 실내에 설치한다.

① 전원의 전압 및 주파수의 변동이 적을 것
② 직사광선을 받지 않을 것
③ 습도가 높지 않고 온도변화가 적을 것
④ 부식성 가스나 먼지가 없을 것
⑤ 진동이 없을 것

(2) 흡수셀의 준비

① 시료액의 **흡수 파장이 약 370nm 이상일 때는 석영 또는 경질유리 흡수셀을 사용하고 약 370nm 이하일 때는 석영흡수셀을 사용한다.**
② **따로 흡수셀의 길이(L)를 지정하지 않았을 때는 10mm 셀을 사용한다.**
③ 시료셀에는 시험용액을, 대조셀에는 따로 규정이 없는 한 정제수를 넣는다. 넣고자 하는 용액으로 흡수셀을 씻은 다음 적당량(셀의 약 8부까지)을 넣고 외면이 젖어 있을 때는 깨끗이 닦는다. 필요하면(휘발성 용매를 사용할 때와 같은 경우) 흡수셀에 마개를 하고 흡수셀에 방향성이 있을 때는 항상 방향을 일정하게 하여 사용한다.
④ 흡수셀은 미리 깨끗하게 씻은 것을 사용한다.
⑤ 흡수셀의 세척방법
   탄산소듐(Na_2CO_3) 용액(20g/L)에 소량의 음이온 계면활성제(보기 : 액상 합성세제)를 가한 용액에 흡수셀을 담가 놓고 필요하면 40~50℃로 약 10분간 가열한다. 흡수셀을 꺼내 정제수로 씻은 후 질산(1+5)에 소량의 과산화수소를 가한 용액에 약 30분간 담가놓았다가 꺼내어 정제수로 잘 씻는다. 깨끗한 가제나 흡수지 위에 거꾸로 놓아 물기를 제거하고 실리카겔을 넣은 데시케이터 중에서 건조하여 보존한다. 급히 사용하고자 할 때는 물기를 제거한 후 에탄올로 씻고 다시 에틸에테르로 씻은 다음 드라이어(dryer)로 건조해도 무방하다. 또 빈번하게 사용할 때는 정제수로 잘 씻은 다음 정제수를 넣은 용기에 담가 두어도 무방하다. 질산과 과산화수소의 혼액 대신에 새로 만든 크로뮴산과 황산용액에 약 1시간 담근 다음 흡수셀을 꺼내어 정제수로 충분히 씻어내도 무방하다. 그러나 이 방법은 크로뮴의 정량이나 자외선 영역 측정을 목적으로 할 때 또는 접착하여 만든 셀에는 사용하지 않은 것이 좋다. 또 세척 후에는 지문이 묻지 않도록 주의하고 빛이 통과하는 면에는 손이 직접 닿지 않도록 해야 한다.

(3) 측정 준비

흡광도의 측정 준비는 다음과 같이 한다.

① 측정파장에 따라 필요한 광원과 광전측광 검출기를 선정한다.
② 전원을 넣고 잠시 방치하여 장치를 안정시킨 후 감도와 영점(Zero)을 조절한다.
③ 단색화 장치나 필터를 이용하여 지정된 측정파장을 선택한다.

(4) 흡광도의 측정

흡광도의 측정은 원칙적으로 다음과 같은 순서로 한다.

① 눈금판의 지시가 안정되어 있는지 여부를 확인한다.
② 대조셀을 광로에 넣고 광원으로 부터의 광속을 차단하고 영점을 맞춘다. 영점을 맞춘다는 것은 투과율 눈금으로 눈금판의 지시가 영이 되도록 맞추는 것이다.
③ 광원으로부터 광속을 통하여 눈금 100에 맞춘다.
④ 시료셀을 광로에 넣고 눈금판의 지시치를 흡광도 또는 투과율로 읽는다. 투과율로 읽을 때는 나중에 흡광도로 환산해 주어야 한다.
⑤ 필요하면 대조셀을 광로에 바꿔 넣고 영점과 100에 변화가 없는지 확인한다.
⑥ 위 ②, ③, ④의 조작 대신에 농도를 알고 있는 표준용액 계열을 사용하여 각각의 눈금에 맞추는 방법도 무방하다.

Chapter 03 원자흡수분광광도법

1. 원리 및 적용범위

이 시험방법은 시료를 적당한 방법으로 해리시켜 중성원자로 증기화하여 생긴 **기저상태(Ground State or Normal State)의 원자가 이 원자 증기층을 투과하는 특유파장의 빛을 흡수하는 현상을 이용하여 광전측광과 같은 개개의 특유파장에 대한 흡광도를 측정하여 시료 중의 원소농도를 정량하는 방법으로** 대기 또는 배출 가스 중의 **유해 중금속**, 기타 원소의 분석에 적용한다.

2. 용어

① 역화(flame back)
불꽃의 연소속도가 크고 혼합기체의 분출속도가 작을 때 연소현상이 내부로 옮겨지는 것

② 원자흡광도(Atomic Absorptivity or Atomic Extinction Coefficient)
어떤 진동수 I의 빛이 목적원자가 들어 있지 않은 불꽃을 투과했을 때의 강도를 $I_0\nu$, 목적원자가 들어 있는 불꽃을 투과했을 때의 강도를 $I\nu$라 하고 불꽃 중의 목적원자농도를 c, 불꽃 중의 광도의 길이(Path Length)를 ℓ라 했을 때,

$$E_{AA} = \frac{\log_{10} \cdot I_0\nu/I\nu}{c \cdot \ell}$$ 로 표시되는 양을 말한다.

③ 원자흡광(분광)분석[Atomic Absorption(Spectrochemical) Analysis]
원자흡광 측정에 의하여 하는 화학분석

④ 원자흡광(분광)측광[Atomic Absorption (Spectro) Photometry]
원자흡광 스펙트럼을 이용하여 시료 중의 특정원소의 농도와 그 휘선의 흡광정도(보통은 보정되지 않은 흡광도로 나타냄)와의 상관관계를 측정하는 것

⑤ 원자흡광스펙트럼(Atomic Absorption Spectrum)
물질의 원자증기층을 빛이 통과할 때 각각 특유한 파장의 빛을 흡수한다. 이 빛을 분산하여 얻어지는 스펙트럼을 말한다.

⑥ 공명선(Resonance Line)
원자가 외부로부터 빛을 흡수했다가 다시 먼저 상태로 돌아갈 때 방사하는 스펙트럼선

⑦ 근접선(Neighbouring Line)
목적하는 스펙트럼선에 가까운 파장을 갖는 다른 스펙트럼선

⑧ 중공음극램프(Hollow Cathode Lamp)

원자흡광분석의 광원이 되는 것으로 목적원소를 함유하는 중공음극 한 개 또는 그 이상을 저압의 네온과 함께 채운 방전관

⑨ 다음극 중공음극램프(Multi-Cathod Hollow Cathode Lamp)

두 개 이상의 중공음극을 갖는 중공음극램프

⑩ 다원소 중공음극램프(Multi-Element Hollow Cathode Lamp)

한 개의 중공음극에 두 종류 이상의 목적원소를 함유하는 중공음극램프

⑪ 충전가스(Filler Gas)

중공음극램프에 채우는 가스

⑫ 소연료불꽃(Fuel-Lean Flame)

가연성가스와 조연성 가스의 비를 적게 한 불꽃 즉, 가연성 가스 / 조연성 가스의 값을 적게 한 불꽃

⑬ 다연료 불꽃(Fuel-Rich Flame)

가연성 가스/조연성 가스의 값을 크게 한 불꽃

⑭ 분무기(Nebulizer Atomizer)

시료를 미세한 입자로 만들어 주기 위하여 분무하는 장치

⑮ 분무실(Nebulizer-Chamber, Atomizer Chamber)

분무기와 함께 분무된 시료용액의 미립자를 더욱 미세하게 해주는 한편 큰 입자와 분리시키는 작용을 갖는 장치

⑯ 슬롯버너(Slot Burner, Fish Tail Burner)

가스의 분출구가 세극상으로 된 버너

⑰ 전체분무버너(Total Consumption Burner, Atomizer Burner)

시료용액을 빨아올려 미립자로 되게 하여 직접 불꽃 중으로 분무하여 원자증기화하는 방식의 버너

⑱ 예복합 버너(Premix Type Burner)

가연성 가스, 조연성 가스 및 시료를 분무실에서 혼합시켜 불꽃 중에 넣어주는 방식의 버너

⑲ 선폭(Line Width)

스펙트럼선의 폭

⑳ **선프로파일(Line Profile)**

파장에 대한 스펙트럼선의 강도를 나타내는 곡선

㉑ **멀티 패스(Multi-Path)**

불꽃 중에서의 광로를 길게 하고 흡수를 증대시키기 위하여 반사를 이용하여 불꽃 중에 빛을 여러 번 투과시키는 것

3. 원리

원자증기화하여 생긴 기저상태의 원자가 그 원자증기층을 투과하는 특유파장의 빛을 흡수하는 성질을 이용

4. 장치

(1) 장치의 개요

원자흡광 분석장치는 일반적으로 그림 23과 같이 **광원부, 시료원자화부, 파장선택부(분광부) 및 측광부**로 구성되어 있고 단광속형과 복광속형이 있다. 또 여러 개 원소의 동시 분석이나 내부표준 물질법에 의한 분석을 목적으로 할 때는 구성요소를 여러 개 복합 멀티채널(Mult-Channel)형의 장치도 있다.

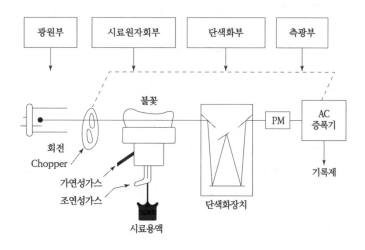

〈 그림 23. 원자흡수 분광광도법 분석장치의 구성 〉

(2) 광원부

원자흡광분석용 광원은 원자흡광 스펙트럼선의 선폭보다 좁은 선폭을 갖고 휘도가 높은 스펙트럼을 방사하는 **중공음극램프**가 많이 사용된다.

(3) 시료원자화부

시료원자화부는 **시료를 원자증기화하기 위한 시료원자화 장치와 원자증기 중에 빛을 투과시키기 위한 광학계**로 되어 있다.

1) 시료원자화장치

시료를 원자화하는 일반적인 방법은 용액상태로 만든 시료를 불꽃 중에 분무하는 방법이며, 플라스마 젯트(Plasma Jet) 불꽃 또는 방전(Spark)을 이용하는 방법도 있다. 또 고체시료를 흑연도가니 중에 넣어서 증발시키거나 음극 스퍼터(Sputtering)에 의하여 원자화시키는 방법도 있다.

가) 버너

시료용액을 직접 불꽃 중으로 분무하여 원자화하는 **전분무 버너**와 시료용액을 일단 분무실내에 불어넣고 미세한 입자만을 불꽃 중에 보내는 **예혼합 버너**가 있다.

나) 불꽃

① 원자흡광 분석에 사용되는 불꽃을 만들기 위한 **조연성 가스와 가연성 가스의 조합**은 수소-공기, 수소-공기-아르곤, 수소-산소, 아세틸렌-공기, 아세틸렌-산소, 아세틸렌- 아산화질소, 프로페인-공기, 석탄가스-공기 등이 있다.

② 이들 가운데 **수소-공기, 아세틸렌-공기, 아세틸렌-아산화질소 및 프로페인-공기**가 가장 널리 이용된다.

③ 이 중에서도 **수소- 공기와 아세틸렌-공기**는 거의 대부분의 원소분석에 유효하게 사용되며 수소-공기는 원자외 영역에서의 불꽃자체에 의한 흡수가 적기 때문에 이 파장영역에서 분석선을 갖는 원소의 분석에 적당하다.

④ **아세틸렌-아산화질소 불꽃은 불꽃의 온도가 높기 때문에 불꽃 중에서 해리하기 어려운 내화성산화물(Refractory Oxide)을 만들기 쉬운 원소의 분석에 적당하다. 프로페인-공기 불꽃은 불꽃 온도가 낮고 일부 원소에 대하여 높은 감도를 나타낸다.**

⑤ 어떠한 종류의 불꽃이라도 가연성 가스와 조연성가스의 혼합비는 감도에 크게 영향을 주며 최적혼합비는 원소에 따라 다르다.

⑥ 또 불꽃 중에서의 원자증기의 밀도 분포는 원소의 종류와 불꽃의 성질에 따라 다르다. 따라서 광원에서 나오는 빛을 불꽃의 어느 부분에 통과시키느냐에 따라 감도가 달라지기 때문에 분석 온도나 분석조건에 따라서 불꽃 중의 가장 적당한 곳에 빛이 통과하도록 버너의 위치를 조절해줄 필요가 있다.

다) 가스유량 조절기

가연성 가스 및 조연성 가스의 압력과 유량을 조절하여 적당한 혼합비로 안정한 불꽃을 만들어 주기 위하여 사용된다.

2) 광학계

원자 흡광분석에서는 분석의 감도를 높여주고 안정한 측정치를 얻기 위하여 불꽃 중에 빛을 투과시킬 때 다음의 조건을 만족시킬 수 있어야 한다.

① 빛이 투과하는 불꽃 중에서의 유효길이를 되도록 길게 한다.

② 불꽃으로부터 빛이 벗어나지 않도록 한다. 가늘고 긴 세극을 갖는 슬롯 버너를 사용할 때는 빛이 투과하는 불꽃의 길이를 10cm 정도까지 길게 할 수는 있지만 유효불꽃 길이를 그 이상으로 해 주려면 적당한 광학계를 이용하여 빛을 불꽃 중에 반복하여 투과시키는 멀티패스(Multi Path) 방식을 사용한다.

(4) 분광기(파장선택부, 단색화부)

광원램프에서 방사되는 휘선스펙트럼 가운데서 필요한 분석선만을 골라내기 위하여 사용되는데 일반적으로 회절격자나 프리즘(Prism)을 이용한 분광기가 사용된다.

① 분광기

분광기로서는 광원램프에서 방사되는 휘선 스펙트럼 중 필요한 분석선만을 다른 근접선이나 바탕(Background)으로부터 분리해 내기에 충분한 분해능을 갖는 것이어야 한다.

② 필터

알칼리나 알칼리토류 원소와 같이 광원의 스펙트럼 분포가 단순한 것에서는 분광기 대신 간섭필터를 사용하는 수가 있다.

③ 기타 분광장치

광원부에 연속광원을 사용할 때는 매우 높은 분해능을 갖는 분광기가 필요하기 때문에 에탈론(Ethalon)간섭분광기가 사용된다. 또 특수한 분광장치로 공명발광의 원리를 응용한 공명 단색계(Resonance Monochrometer)가 있다.

(5) 측광부

측광부는 원자화된 시료에 의하여 흡수된 빛의 흡수강도를 측정하는 것으로서 검출기, 증폭기 및 지시계기로 구성된다. 검출기로부터의 출력전류를 측정하는 방식에는 직류방식과 교류방식이 있다. 직류방식은 광원을 직류로 동작시키는 경우에 사용되며 교류방식은 광원을 교류로 동작시키는 경우나 광원을 직류로 동작시키고 광단속기(Chopper)로 단속시키는 경우에 이용된다.

① 검출기

사용하는 분석선의 파장에 따라 적당한 분광감도특성을 갖는 검출기가 사용된다. **원자외영역에서부터 근적외 영역에 걸쳐서는 광전자 증배관을 가장 널리 사용**한다. 이 밖에 광전관 광전도셀(Cell), 광전지 등도 이용된다.

② 증폭기

직류방식일 때는 검출기에서 나오는 출력신호를 직류 증폭기에서 증폭하고 교류방식일 때는 교류증폭기에서 증폭한 후 정류하여 지시계기로 보낸다. 교류방식에서는 불꽃의 빛이나 시료의 발광 등의 영향이 적다.

③ 지시계기

지시계기는 증폭기에서 나오는 신호를 흡광도, 흡광율(%) 또는 투과율(%) 등으로 눈금을 읽기 위한 것으로 주로 직독식미터, 보상식 전위차계(Potentiometer), 기록계 디지털표시기 등이 사용된다. 이때 대수변화기나 눈금확대기 등이 사용되고 측광 정밀도를 높이기 위하여 적분장치가 사용되기도 한다.

5. 측정순서

① 전원 스위치 및 관련 스위치를 넣어 측광부에 전류를 통한다.

② 광원램프를 점등하여 적당한 전류값으로 설정한다. 다수의 광원램프를 동시에 사용할 경우에는 미리 예비점등 시켜두면 편리하다.

③ 가연성 가스 및 조연성 가스 용기가 각각 가스유량조정기를 통하여 버너에 파이프로 연결되어 있는가를 확인한다.

④ 가스유량 조절기의 밸브를 열어 불꽃을 점화하여 유량조절 밸브로 가연성 가스와 조연성 가스의 유량을 조절한다.

⑤ 분광기의 파장눈금을 분석선의 파장에 맞춘다.

⑥ 0을 맞춘다(이때 광원으로부터 광속을 차단하고 용매를 불꽃 중에 분무시킨다). 0을 맞춘다는 것은 투과백분율 눈금으로 지시계기의 가르킴을 0%에 맞추는 것이다.

⑦ 100을 맞춘다(이때 광원으로부터의 광속은 차단을 푼다). 100을 맞춘다는 것은 투과 백분율 눈금으로 지시계기의 가르킴을 100%에 맞추는 것이다.

⑧ 시료용액을 불꽃 중에 분무시켜 지시한 값을 읽어 둔다. 지시한 값이 투과 백분율만으로 표시되는 경우에는 보통 흡광도로 환산한다.

6. 검정곡선의 작성과 정량법

(1) 검정곡선법

검정곡선은 적어도 3종류 이상의 농도의 표준시료용액에 대하여 흡광도를 측정하여 표준물질의 농도를 가로대에, 흡광도를 세로대에 취하여 그래프를 그려서 작성한다. 그림 24 (a)에 따라서 분석시료에 대하여 흡광도를 측정하고 검정곡선의 직선영역에 의하여 목적성분의 농도를 구한다. 이 방법은 분석시료의 조성과 표준시료와의 조성이 일치하거나 유사하여야 한다. 조성이 다른 경우에는 조성의 차로 인한 분석오차가 분석정밀도에 대하여 무시될 수 있는가를 확인해 둘 필요가 있다.

(2) 표준첨가법

같은 양의 분석시료를 여러 개 취하고 여기에 표준물질이 각각 다른 농도로 함유되도록 표준용액을 첨가하여 용액열을 만든다. 이어 각각의 용액에 대한 흡광도를 측정하여 가로대에 용액영역 중의 표준물질 농도를, 세로대에는 흡광도를 취하여 그래프용지에 그려 검정곡선을 작성한다. 그림 24 (b)에 있어서 목적성분의 농도는 검정곡선이 가로대와 교차하는 점으로부터 첨가표준물질의 농도가 0인 점까지의 거리로써 구한다. 이 방법이 유효한 범위는 검정곡선이 저농도 영역까지 양호한 직선성을 가지며 또한 원점을 통하는 경우에만 한하고 그 이외에는 분석오차를 일으킨다.

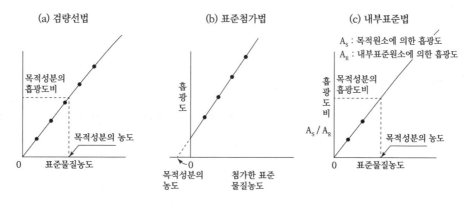

(a) 검량선법   (b) 표준첨가법   (c) 내부표준법

주 : 상기 검량선의 세로대는 흡광도에 비례한 지시계의 눈금이라도 좋다.

〈 그림 24. 각종 정량법에 의한 검정곡선 〉

(3) 내부표준물질법

이 방법은 분석시료 중에 다량으로 함유된 공존원소 또는 새로 분석시료 중에 가한 내부 표준원소(목적원소와 물리적 화학적 성질이 아주 유사한 것이어야 한다.)와 목적원소와의 흡광도 비를 구하는 동시 측정을 행한다. 목적원소에 의한 흡광도 A_S와 표준원소에 의한 흡광도 A_R와의 비를 구하고 A_S/A_R 값과 표준물질 농도와의 관계를 그래프에 작성하여 검정곡선을 만든다. 이 방법은 측정치가 흩어져 상쇄하기 쉬우므로 분석값의 재현성이 높아지고 정밀도가 향상된다.

7. 간섭

(1) 간섭의 종류

    ① 분광학적 간섭
       장치나 불꽃의 성질에 기인하는 것
    ② 물리적 간섭
       시료용액의 점성이나 표면장력 등 물리적 조건의 영향에 의하여 일어나는 것
    ③ 화학적 간섭
       원소나 시료에 특유한 것

(2) 분광학적 간섭

이 종류의 간섭은 장치나 불꽃의 성질에 기인하는 것으로서 다음과 같은 경우에 일어난다.

    ① 분석에 사용하는 스펙트럼선이 다른 인접선과 완전히 분리되지 않는 경우
       파장선택부의 분해능이 충분하지 않기 때문에 일어나며 검정곡선의 직선영역이 좁고 구부러져 있어 분석감도 정밀도도 저하된다. 이때는 다른 분석선을 사용하여 재분석하는 것이 좋다.
    ② 분석에 사용하는 스펙트럼의 불꽃 중에서 생성되는 목적원소의 원자증기 이외의 물질에 의하여 흡수되는 경우

표준시료와 분석시료의 조성을 더욱 비슷하게 하며 간섭의 영향을 어느 정도까지 피할 수 있다.

(3) 물리적 간섭

시료용액의 점성이나 표면장력 등 물리적 조건의 영향에 의하여 일어나는 것으로 보기를 들면 시료용액의 점도가 높아지면 분무 능률이 저하되며 흡광의 강도가 저하된다. 이러한 종류의 간섭은 표준시료와 분석시료와의 조성을 거의 같게 하여 피할 수 있다.

(4) 화학적 간섭

가) 불꽃 중에서 원자가 이온화하는 경우
① 이온화 전압이 낮은 알칼리 및 알칼리토류 금속원소의 경우에 많고 특히 고온 불꽃을 사용한 경우에 두드러진다.
② 이 경우에는 이온화 전압이 더 낮은 원소 등을 첨가하여 목적원소의 이온화를 방지하여 간섭을 피할 수 있다.
나) 공존물질과 작용하여 해리하기 어려운 화합물이 생성되어 흡광에 관계하는 기저상태의 원자수가 감소하는 경우
① 공존하는 물질이 음이온의 경우와 양이온의 경우가 있으나 일반적으로 음이온 쪽의 영향이 크다.
② 이들의 간섭을 피하는 데는 다음과 같은 방법을 이용하여 취해진다.
㉠ 이온교환이나 용매추출 등에 의한 방해물질의 제거
㉡ 과량의 간섭원소의 첨가
㉢ 간섭을 피하는 양이온「(란타늄, 스트론튬, 알칼리 원소 등), 음이온 또는 은폐제, 킬레이트제 등의 첨가」
㉣ 목적원소의 용매추출
㉤ 표준첨가법의 이용

Chapter 04 비분산적외선분광분석법

1. 개요

(1) 적용범위

이 시험법은 **적외선 영역에서 고유 파장 대역의 흡수 특성을 갖는 성분가스의 농도 분석에 적용**된다. 선택성 검출기를 이용하여 시료 중의 특정 성분에 의한 적외선의 흡수량 변화를 측정하여 시료 중에 들어있는 특정 성분의 농도를 구하는 방법으로 대기 및 굴뚝 배출기체 중의 오염물질을 연속적으로 측정하는 비분산 정필터형 적외선 가스 분석기에 대하여 적용한다. 비분산적외선 분석기의 검출한계는 분석 광학계의 적외선 복사선이 시료 중을 통과하는 거리에 따라 다르며 복사선 통과 거리가 10~16m일 때 분석기의 검출한계를 0.5ppm까지 낮출 수 있다.

(2) 간섭물질

1) 입자상물질

대기 또는 굴뚝 배출가스에 포함된 먼지 등 입자상 물질이 측정에 영향을 줄 수 있다. 이들 물질의 영향을 최소화하기 위하여 시료채취부 전단에 **여과지($0.3\mu m$)를 부착하여야** 한다. 여과지의 재질은 유리섬유, 셀룰로스 섬유 또는 합성수지제 거름종이 등을 사용한다.

2) 수분

적외선흡수법의 경우 시료 측정에 영향을 주는 인자로 시료 중 수분 함량이 매우 중요하다. 정확한 성분가스 농도를 측정하기 위해서는 시료가스 중 수분 함량을 구하고 이를 필요한 경우 보정해 주여야 한다.

2. 용어 정의

① 비분산
빛을 프리즘(prism)이나 회절격자와 같은 분산소자에 **의해 분산하지 않는 것**
② 정필터형
측정성분이 흡수되는 적외선을 그 흡수 파장에서 측정하는 방식
③ 반복성
동일한 분석기를 이용하여 동일한 측정대상을 동일한 방법과 조건으로 비교적 단시간에 반복적으로 측정하는 경우로서 각각의 측정치가 일치하는 정도
④ 비교가스
시료 셀에서 적외선 흡수를 측정하는 경우 대조가스로 사용하는 것으로 **적외선을 흡수하지 않는 가스**

⑤ 시료 셀

시료가스를 넣는 용기

⑥ 비교 셀

비교(Reference)가스를 넣는 용기

⑦ 시료 광속

시료 셀을 통과하는 빛

⑧ 비교 광속

비교 셀을 통과하는 빛

⑨ 제로가스

분석기의 **최저 눈금 값을** 교정하기 위하여 사용하는 가스

⑩ 스팬가스

분석기의 **최고 눈금 값을** 교정하기 위하여 사용하는 가스

⑪ 제로 드리프트

측정기의 **최저눈금에** 대한 지시치의 일정기간 내의 **변동**

⑫ 교정범위

측정기 최대측정범위의 80~90% 범위에 해당하는 교정 값을 말한다.

⑬ 스팬 드리프트

측정기의 **교정범위눈금에** 대한 지시 값의 일정기간 내의 **변동**

3. 분석기기 및 기구

(1) 비분산적외선분석기

비분산적외선분석기는 고전적 측정 방법인 복광속 분석기와 일반적으로 **고농도의 시료 분석에 사용되는 단광속 분석기** 및 간섭 영향을 줄이고 저농도에서 **검출 능이 좋은 가스필터 상관 분석기** 등으로 분류된다.

1) 복광속 비분산분석기

① 구성 : 광원 – 회전섹터 – 광학필터 – 시료셀 – 검출기 – 증폭기 – 지시계

② 복광속 분석기의 경우 시료 셀과 비교 셀이 분리되어 있으며 적외선 광원(이하 "광원"이라 한다)이 회전섹터 및 광학필터를 거쳐 시료셀과 비교셀을 통과하여 적외선 검출기(이하 "검출기"라 한다)에서 신호를 검출하여 증폭기를 거쳐 측정농도가 지시계로 지시된다.

③ 광원

광원은 원칙적으로 **흑체발광으로 니크로뮴선 또는 탄화규소의 저항체에 전류를 흘려 가열한 것을 사용**하며 광원의 온도가 올라갈수록 발광되는 적외선의 세기가 커지지만 **온도가 지나치게 높아지면 불필요한 가시광선의 발광이 심해져서 적외선 광학기의 산란광으로 작용하여 광학기를 교란시킬 우려가 있다.** 따라서 적외선 및 가시광선의 발광량을 고려하여 광원의 온도를 정해야하는데 1,000~1,300K 정도가 적당하다.

④ 회전섹터

회전섹터는 시료광속과 비교광속을 일정주기로 단속시켜 광학적으로 변조시키는 것으로 측정 광신호의 증폭에 유효하고 잡신호 영향을 줄일 수 있다.

⑤ 광학필터

광학필터는 시료가스 중에 간섭 물질가스의 흡수 파장역의 적외선을 흡수제거하기 위하여 사용하며, 가스필터와 고체필터가 있는데 이것은 단독 또는 적절히 조합하여 사용한다.

⑥ 시료셀

시료셀은 시료가스가 흐르는 상태에서 양단의 창을 통해 시료광속이 통과하는 구조를 갖는다.

⑦ 비교셀

비교셀은 시료셀과 동일한 모양을 가지며 아르곤 또는 질소 같은 불활성 기체를 봉입하여 사용한다.

⑧ 검출기

검출기는 광속을 받아들여 시료가스 중 측정성분 농도에 대응하는 신호를 발생시키는 선택적 검출기 혹은 광학필터와 비선택적 검출기를 조합하여 사용한다.

2) 단광속 비분산분석기

단광속 분석기는 단일 시료 셀을 갖고 적외선 흡광도를 측정하는 분석기로 높은 농도 성분의 측정에 적합하며 간섭 물질에 의한 영향을 피할 수 없다.

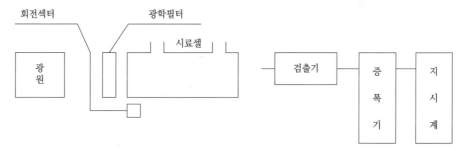

〈 그림 25. 단광속 분석기의 구성 〉

3) 가스필터 상관 비분산분석기

가스필터 상관 분석기는 적외선광원, 가스필터, 대역통과(band pass)광학필터, 적외선흡수 광학셀, 반사거울, 적외선 검출기 등으로 구성된다. 광원에서 방출되는 적외선 복사광은 회전하는 가스필터를 통과하게 되는데, 이 가스필터에는 질소가스가 충전되어 있는 측정 셀 (mearsurment cell)과 기준가스가 충전되어있는 기준 셀(reference cell)로 나뉘어져 있고 광원으로부터 나온 빛이 이 셀을 번갈아 가며 통과하고 적외선흡수셀 내로 들어가게 된다.

(2) 시료채취장치

① 시료를 분석기에 연속적으로 도입하기 위하여 시료 채취 장치를 사용한다.

② 시료 채취장치는 가스채취기구, 가스 흡인펌프, 제습기, 트랩, 건조기, 제진기, 압력계, 압력조절기, 유량계, 유량조절기, 각종 배관·계통변환기 등을 시료가스의 종류와 상태에 따라 필요한 것을 적절히 조합 연결한 것이다.

③ **측정가스의 유량과** 온도 허용범위는 사용 목적에 따라 다르지만 일반적으로 유량은 0.2~2.0L/min, 허용 온도범위는 정해진 유량으로 가스를 도입할 때 원칙적으로 0~50℃ 사이로 한다.

④ 따라서 채취장치는 분석을 방해하는 각종 고형 부유물이나 액체 부유물 등이 충분히 제거되어, 분석기에 정해진 성능을 유지할 수 있도록 만들어져야 한다.

⑤ 굴뚝 시료가스 채취장치
굴뚝배출가스 측정 시 필요하며 흡인노즐, 흡인관, 여과지홀더, 굴뚝가스 분류 유로와 이들 장치를 150℃ 정도까지 가열이 가능한 펌프와 유량계측시스템을 구비한 장비를 이용한다.

⑥ 펌프와 유량계측 시스템
유량계와 연결하여 20~30L/min의 수준으로 시료를 채취할 수 있는 **흡인펌프**를 사용한다. 이러한 유량 범위에서 유속을 측정할 수 있는 가스미터가 필요하다.

(3) 분석기의 설치 장소

분석기의 설치장소는 다음과 같은 조건을 갖추어야 한다.

① 진동이 작은 곳
② 부식 가스나 먼지가 없는 곳
③ 습도가 높지 않고 온도변화가 작은 곳
④ 전원의 전압 및 주파수의 변동이 작은 곳

(4) 측정기기 성능

측정기를 처음 설치할 때는 설치하기에 앞서 다음의 항목별 절차에 따라 성능을 조사하고 결과를 기록한다. 측정 가스성분, 농도범위, 공존가스, 기타 배출원의 상태 등에 따라서 제조, 운영되어야 하며 원칙적으로 다음과 같은 성능을 유지해야 한다.

① 재현성
동일 측정조건에서 제로가스와 스팬가스를 번갈아 **3회** 도입하여 각각의 측정값의 평균으로부터 편차를 구한다. 이 편차는 전체 눈금의 **±2%** 이내이어야 한다.

② 감도
최대눈금범위의 **±1%** 이하에 해당하는 농도변화를 검출할 수 있는 것이어야 한다.

③ 제로 드리프트
동일 조건에서 제로가스를 연속적으로 도입하여 **고정형은 24시간, 이동형은 4시간** 연속 측정하는 동안에 전체 눈금의 **±2% 이상**의 지시 변화가 없어야한다.

④ 스팬 드리프트

동일 조건에서 제로가스를 흘려 보내면서 때때로 스팬가스를 도입할 때 제로 드리프트(zero drift)를 뺀 드리프트가 **고정형은 24시간, 이동형은 4시간** 동안에 전체 눈금값의 **±2% 이상**이 되어서는 안 된다.

⑤ 응답시간

제로 조정용 가스를 도입하여 안정된 후 유로를 스팬가스로 바꾸어 기준 유량으로 분석기에 도입하여 그 농도를 눈금 범위 내의 어느 일정한 값으로부터 다른 일정한 값 으로 갑자기 변화시켰을 때 스텝(step) 응답에 대한 소비시간이 **1초** 이내이어야 한다. 또 이때 최종 지시 값에 대한 **90%의** 응답을 나타내는 시간은 **40초** 이내이어야 한다.

⑥ 온도변화에 대한 안정성

측정가스의 온도가 표시온도 범위 내에서 변동해도 성능에 지장이 있어서는 안 된다.

⑦ 유량변화에 대한 안정성

측정가스의 유량이 표시한 기준유량에 대하여 **±2%** 이내에서 변동하여도 성능에 지장이 있어서는 안 된다.

⑧ 주위 온도변화에 대한 안정성

주위온도가 표시 허용변동 범위 내에서 변동하여도 성능에 지장이 있어서는 안 된다.

⑨ 전압변동에 대한 안정성

전원전압이 설정 전압의 **±10%** 이내로 변화하였을때 지시 값 변화는 전체눈금의 **±1%** 이내여야 하고, 주파수가 설정 주파수의 **±2%**에서 변동해도 성능에 지장이 있어서는 안 된다.

Chapter 05 이온크로마토그래피

1. 원리 및 적용범위

이 방법은 이동상으로는 액체, 그리고 고정상으로는 이온교환수지를 사용하여 이동상에 녹는 혼합물을 고분리능 고정상이 충전된 분리관내로 통과시켜 시료성분의 용출상태를 전도도 검출기 또는 광학 검출기로 검출하여 그 농도를 정량하는 **방법**으로 일반적으로 강수(비, 눈, 우박 등), 대기먼지, 하천수 중의 **이온성분**을 정성, 정량 분석하는데 이용한다.

2. 개요

고성능 이온크로마토그래피에서는 저용량의 이온교환체가 충진되어 있는 분리관 중에서 강전해질의 용리액을 이용하여 용리액과 함께 목적이온 성분을 순차적으로 이동시켜 분리 용출한 다음 써프렛서(Suppressor)에 통과시켜 용리액에 포함된 강전해질을 제거시킨다. 이어서 강전해질이 제거된 용리액과 함께 목적이온 성분을 전기전도도 셀에 도입하여 각각의 머무름시간에 해당하는 전기전도도를 검출함으로써 각각의 이온성분의 농도를 측정한다.

3. 장치

(1) 장치의 개요

일반적으로 사용하는 이온크로마토그래프는 **용리액조, 송액펌프, 시료주입장치, 분리관, 써프렛서, 검출기 및 기록계로 구성**되며 분리관에서 검출기까지는 측정목적에 따라 다소 차이가 있다.

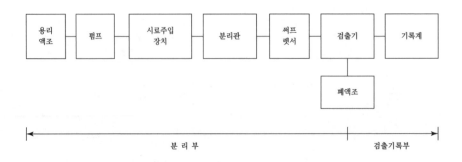

〈 그림 26. 이온크로마토그래프의 구성 〉

(2) 용리액조

이온성분이 용출되지 않는 재질로써 용리액을 직접 공기와 접촉시키지 않는 밀폐된 것을 선택한다. 일반적으로 **폴리에틸렌**이나 **경질 유리제**를 사용한다.

(3) 송액펌프

송액펌프는 일반적으로 다음조건을 만족시키는 것을 사용하여야 한다.

> ① **맥동이 적은 것**
> ② **필요한 압력을 얻을 수 있는 것**
> ③ **유량조절이 가능할 것**
> ④ **용리액 교환이 가능할 것**

(4) 시료주입장치

일정량의 시료를 밸브조작에 의해 분리관으로 주입하는 루프주입방식이 일반적이며 셉텀(Septum)방법, 셉텀레스(Septumless)방식 등이 사용되기도 한다.

(5) 분리관

> ① 이온교환체의 구조면에서는 표층피복형, 표층박막형, 전다공성 미립자형이 있으며, 기본 재질면에서는 폴리스타이렌계, 폴리아크릴레이트계 및 실리카계가 있다.
> ② 또 양이온 교환체는 표면에 설폰산기를 보유한다.
> ③ 분리관의 재질은 내압성, 내부식성으로 용리액 및 시료액과 반응성이 적은 것을 선택하며 에폭시수지관 또는 유리관이 사용된다.
> ④ 일부는 스테인레스관이 사용되지만 금속이온 분리용으로는 좋지 않다.

(6) 써프렛서

> ① 써프렛서란 **용리액에 사용되는 전해질 성분을 제거하기 위하여 분리관 뒤에 직렬로 접속시킨 것**으로써 전해질을 물 또는 저전도도의 용매로 바꿔줌으로써 전기전도도 셀에서 **목적이온 성분과 전기전도도만을 고감도로 검출할 수 있게 해주는 것**이다.
> ② 써프렛서는 관형과 이온교환막형이 있으며, 관형은 음이온에는 스티롤계 강산형(H^+) 수지가, 양이온에는 스티롤계 강염기형(OH^-)의 수지가 충진된 것을 사용한다.

(7) 검출기

검출기는 분리관 용리액 중의 시료성분의 유무와 양을 검출하는 부분으로 일반적으로 전도도 검출기를 많이 사용하고, 그 외 자외선, 가시선 흡수검출기(UV, VIS 검출기), 전기화학적 검출기 등이 사용된다.

① 전기전도도 검출기

분리관에서 용출되는 각 이온 종을 직접 또는 써프렛서를 통과시킨 전기전도도계 셀내의 고정된 전극 사이에 도입시키고 이때 흐르는 전류를 측정하는 것이다.

② 자외선 및 가시선 흡수 검출기

자외선흡수검출기(UV 검출기)는 **고성능 액체 크로마토그래피 분야에서 가장 널리 사용되는 검출기**이며, 최근에는 이온크로마토그래피에서도 전기전도도 검출기와 병행하여 사용되기도 한다. 또한 가시선 흡수 검출기(VIS 검출기)는 전이금속 성분의 발색반응을 이용하는 경우에 사용된다.

③ 전기화학적 검출기

정전위 전극반응을 이용하는 전기화학 검출기는 **검출 감도가 높고 선택성이 있는 검출기**로써 분석화학 분야에 널리 이용되는 검출기이며 전량검출기, 암페로 메트릭 검출기 등이 있다.

(8) 설치조건

① 실온 15~25℃, 상대습도 30~85% 범위로 급격한 온도변화가 없어야 한다.
② 진동이 없고 직사광선을 피해야 한다.
③ 부식성 가스 및 먼지 발생이 적고 환기가 잘 되어야 한다.
④ 대형변압기, 고주파가열 등으로부터의 전자유도를 받지 않아야 한다.
⑤ 공급전원은 기기의 사양에 지정된 전압 전기용량 및 주파수로 전압변동은 10% 이하이고 주파수 변동이 없어야 한다.

(9) 정량법

얻어진 크로마토그램으로부터 봉우리 면적 또는 봉우리 높이와 성분량의 관계를 구하는 방법은 다음과 같다.

① 절대검정곡선법
② 넓이 백분율법
③ 보정넓이 백분율법
④ 상대검정곡선법
⑤ 피검성분 추가법
⑥ 데이터 처리방치를 이용하는 방법

(10) 검출한계

정도보증/정도관리 검출한계에 따른다.

Chapter 06 흡광차분광법

1. 원리 및 적용범위

이 방법은 일반적으로 빛을 조사하는 발광부와 50~1,000m 정도 떨어진 곳에 수광부(또는 발·수광부와 반사경)사이에 형성되는 빛의 이동경로(Path)를 통과하는 가스를 실시간으로 분석하며, 측정에 필요한 **광원**은 180~2,850nm **파장을 갖는 제논(Xenon) 램프**를 사용하여 이산화황, 질소산화물, 오존 등의 대기오염물질 분석에 적용한다.

(1) 측정원리

① 흡광차분광법(Differential Optical Absorption Spectroscopy : DOAS)은 흡광광도법의 기본 원리인 **Beer-Lambert 법칙을 응용**하며 다음의 관계식이 성립한다.

$$I_t = I_o \cdot 10^{-\epsilon C\ell}$$

I_o	:	입사광의 광도
I_t	:	투사광의 광도
C	:	농도
ℓ	:	빛의 투사거리
ϵ	:	흡광계수

② 각 가스의 화합물들은 고유의 흡수 파장을 가지고 있어 농도에 비례한 빛의 흡수를 보여준다. 위 식에서 각 가스에 대한 빛의 투과율(I_t/I_o)과 흡광계수, 빛의 투사거리를 알면 가스의 농도를 구할 수 있다.

③ 이 흡광원리를 이용하여 지금까지는 1개 파장(nm) 빛에 따른 1개의 흡수율만을 구해 농도를 구했다. 그러나 흡광차분광법(DOAS)은 일정 파장 간격범위의 연속 흡수 스펙트럼 곡선을 통해 농도를 구한다.

④ 이와 같이 **일반 흡광광도법은 미분적(일시적)**이며 **흡광차분광법(DOAS)은 적분적(연속적)**이란 차이점이 있다.

(2) 검출방식

분광계는 Czerny-Turner 방식이나 Holographic 방식 등을 사용한다. 주로 사용되는 검출기인 광전자증배관은 광방출음극, 집속전극, 전자증폭기 그리고 전자를 모으는 양극으로 구성되어 있다. 빛이 음극으로 들어오면 광음극은 전자를 방출하고 이 광전자들은 이차 방출에 의해서 전자들이 증폭되는 증폭기쪽으로 집속전극의 전압에 의해서 이동하게 된다.

2. 장치

(1) 장치의 개요

흡광차 분광법의 분석장치는 분석기와 광원부로 나누어지며, 분석기 내부는 분광기, 샘플 채취부, 검지부, 분석부, 통신부 등으로 구성된다.

(2) 광원부

발광부/수광부(또는 발·수광부) 및 광케이블로 구성되며, 외부 환경에 영향이 없는 구조로 구성된다.

① 발광부/수광부 및 발·수광부

발광부는 광원으로 제논 램프를 사용하며, 점등을 위하여 시동 전압이 매우 큰 전원공급 장치를 필요로 한다. 제논 램프는 180~2,850nm의 파장 대역을 갖는다. 수광부는 발광부에서 조사된 빛을 채취한다.

② 광 케이블

채취된 빛을 분석기내의 분광기에 전달한다.

(3) 분석기

대상 가스를 측정, 분석 및 데이터를 저장한다. 컴퓨터 데이터 베이스에는 측정하고자 하는 가스에 대한 파장에 관한 모든 정보를 내장하고 있으며, 진동이나 기계적인 방해 요소에 의해서 측정에 방해받지 않는다.

Chapter 07 X-선 형광분광법

1. 개요

X-선 형광분광법(XRF, X-ray fluorescence spectrometry)은 산소의 원자번호보다 큰 원자번호를 가지는 원소를 정성적으로 확인하기 위해 가장 널리 사용되는 분석법 중의 하나이며, 원소의 반정량 또는 정량분석에 이용된다. XRF의 특별한 장점은 시료를 파괴하지 않는다는 데 있으며, 필터에 채취한 먼지 시료의 원소 분석(정성, 정량분석)에 유용하게 사용되기도 한다.

2. 기기장치

X-선 형광분광법의 기기 부품은 광원, 파장 선택기, 검출기 및 신호 처리장치로 이루어진다. 기기 부품의 조합에 따라 X-선 형광 기기는 파장분산형(WDX, wavelength dispersive X-ray spectrometer)과 에너지분산형(EDX, energy dispersive X-ray spectrometer) 및 비분산형 (nondispersive X-ray spectrometer)의 세 가지 종류로 나눌 수 있다.

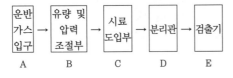

| 내용문제 |

| 기체크로마토그래피 |

01 다음 기체크로마토그래피의 장치구성 중 가열 장치가 필요한 부분과 그 이유로 가장 적합하게 연결된 것은?

| 운반 가스 입구 | → | 유량 및 압력 조절부 | → | 시료 도입부 | → | 분리관 | → | 검출기 |
| A | | B | | C | | D | | E |

① A, B, C-운반가스 및 시료의 응축을 방지하기 위해
② A, C, D-운반가스의 응축을 방지하고 시료를 기화하기 위해
③ C, D, E-시료를 기화시키고 기화된 시료의 응축 및 응결을 방지하기 위해
④ B, C, D-운반가스의 유량의 적절한 조절과 분리관내 충진제의 흡착 및 흡수능을 높이기 위해

해설

기체크로마토그래피
시료도입부, 분리관, 검출기 등은 필요한 온도를 유지해 주어야 한다.

정답 ③

| 기체크로마토그래피 |

02 기체크로마토그래피의 장치구성에 관한 설명으로 가장 거리가 먼 것은?

① 방사성 동위원소를 사용하는 검출기를 수용하는 검출기 오븐에 대하여는 온도조절기구와는 별도로 독립작용 할 수 있는 과열방지기구를 설치해야 한다.
② 분리관오븐의 온도조절 정밀도는 ±0.5℃ 범위 이내 전원 전압변동 10%에 대하여 온도변화 ±0.5℃ 범위 이내(오븐의 온도가 150℃ 부근일 때)이어야 한다.
③ 머무름시간을 측정할 때는 10회 측정하여 그 평균치를 구한다. 일반적으로 5~30분정도에서 측정하는 봉우리의 머무름시간은 반복시험을 할 때 ±5% 오차범위 이내이어야 한다.
④ 불꽃이온화 검출기는 대부분의 화합물에 대하여 열전도도 검출기보다 약 1,000배 높은 감도를 나타내고 대부분의 유기화합물의 검출이 가능하므로 흔히 사용된다.

해설

기기분석 – 기체크로마토그래피
③ 머무름시간을 측정할 때는 3회 측정하여 그 평균치를 구한다. 일반적으로 5~30분 정도에서 측정하는 봉우리의 머무름시간은 반복시험을 할 때 ±3% 오차범위 이내이어야 한다.

정답 ③

| 기체크로마토그래피 |

03 다음은 기체크로마토그래피에 사용되는 검출기에 관한 설명이다. ( ) 안에 가장 적합한 것은?

> ( )는 안정된 직류전기를 공급하는 전원회로, 전류조절부, 신호검출 전기회로, 신호감쇄부 등으로 구성되며, 둘 사이의 열전도도 차이를 측정함으로써 시료를 검출하여 분석한다. 모든 화합물을 검출할 수 있어 분석 대상에 제한이 없고, 값이 싸며 시료를 파괴하지 않는 장점이 있으나, 다른 검출기에 비해 감도가 낮다.

① Flame Ionization Detector
② Electron Capture Detector
③ Thermal Conductivity Detector
④ Flame Photometric Detector

해설

1. 열전도도 검출기

열전도도 검출기(TCD, thermal conductivity detector)는 금속 필라멘트(filament), 전기저항체(thermistor)를 검출소자로 하여 금속판(block) 안에 들어있는 본체와 안정된 직류전기를 공급하는 전원회로, 전류조절부, 신호검출 전기회로, 신호 감쇄부 등으로 구성된다. 네 개로 구성된 필라멘트에 전류를 흘려주면 필라멘트가 가열되는데, 이 중 2개의 필라멘트는 운반 기체인 헬륨에 노출되고 나머지 두 개의 필라멘트는 운반 기체에 의해 이동하는 시료에 노출된다. 이 둘 사이의 열전도도 차이를 측정함으로써 시료를 검출하여 분석한다. 열전도도 검출기는 모든 화합물을 검출할 수 있어 분석 대상에 제한이 없고 값이 싸며 시료를 파괴하지 않는 장점에 비하여 다른 검출기에 비해 감도(sensitivity)가 낮다.

2. 불꽃이온화 검출기

불꽃이온화 검출기(flame ionization detector, FID)는 수소 연소 노즐(nozzle), 이온 수집기(ion collector)와 전극 및 배기구로 구성되는 본체와 이 전극 사이에 직류전압을 주어 흐르는 이온전류를 측정하기 위한 직류전압 변환회로, 감도조절부, 신호감쇄부 등으로 구성된다. 대부분의 유기화합물은 수소와 공기의 연소 불꽃에서 전하를 띤 이온을 생성하는데 생성된 이온에 의한 전류의 변화를 측정한다. 불꽃이온화 검출기는 대부분의 화합물에 대하여 열전도도 검출기보다 약 1,000배 높은 감도를 나타내고 대부분의 유기화합물의 검출이 가능하므로 가장 흔히 사용된다. 특히 탄소 수가 많은 유기물은 10pg 까지 검출할 수 있어 대기 오염 분석에서 미량의 유기물을 분석할 경우에 유용하다. 불꽃이온화 검출기에 응답하지 않는 물질로는 비활성 기체, O_2, N_2, H_2O, CO, CO_2, CS_2, H_2S, NH_3, N_2O, NO, NO_2, SO_2, SiF_4 및 $SiCl_4$ 등이 있다. 또한 감도가 다소 떨어지는 시료로는 할로겐, 아민, 히드록시기 등의 치환기를 갖는 시료로서 치환기가 증가함에 따라 감도는 더욱 감소한다.

3. 전자 포획 검출기

전자 포획 검출기(electron capture detector, ECD)는 방사성 물질인 Ni-63 혹은 삼중수소로부터 방출되는 β선이 운반 기체를 전리하여 이로 인해 전자 포획 검출기 셀 (cell)에 전자구름이 생성 되어 일정 전류가 흐르게 된다. 이러한 전자 포획 검출기 셀에 전자 친화력이 큰 화합물이 들어오면 셀에 있던 전자가 포획 되어 이로 인해 전류가 감소하는 것을 이용하는 방법으로 유기 할로겐 화합물, 나이트로 화합물 및 유기 금속 화합물 등 전자 친화력이 큰 원소가 포함된 화합물을 수 ppt의 매우 낮은 농도 까지 선택적으로 검출할 수 있다. 따라서 유기 염소계의 농약분석 이나 PCB(polychlorinated biphenyls) 등의 환경오염 시료의 분석에 많이 사용되고 있다. 그러나 탄화수소, 알코올, 케톤 등에는 감도가 낮다. 전자 포획검출기 사용 시 주의사항으로는 운반 기체에 수분이나 산소 등의 오염물이 함유되어 있는 경우에는 감도의 저하나 검정곡선의 직선성을 잃을 수도 있으므로 고순도(99.9995%)의 운반 기체를 사용하여야 하고 반드시 수분 트랩(trap)과 산소 트랩을 연결하여 수분과 산소를 제거할 필요가 있다.

4. 질소인 검출기

질소인 검출기(nitrogen phosphorous detector, NPD)는 불꽃이온화 검출기와 유사한 구성에 알칼리금속염의 튜브를 부착한 것으로 운반 기체와 수소기체의 혼합부, 조연기체 공급구, 연소 노즐, 알칼리원, 알칼리원 가열기구, 전극 등으로 구성된다. 가열된 알칼리금속염은 촉매 작용으로 질소나 인을 함유하는 화합물의 이온화를 증진시켜 유기 질소 및 유기 인 화합물을 선택적으로 검출할 수 있다. 질소-인 검출기에서 질소나 인을 함유하는 화합물에 대한 감도는 일반 탄화수소 화합물에 대한 감도의 약 100,000배로 질소 또는 인 화합물에 대한 선택성이 커서, 살충제나 제초제의 분석에 일반적으로 사용된다.

정답 ③

연습문제

04 전자 포획 검출기(ECD)에 관한 설명으로 옳지 않은 것은?

① 탄화수소, 알코올, 케톤 등에 대해 감도가 우수하다.
② 유기 할로겐 화합물, 나이트로 화합물 및 유기금속 화합물 등 전자 친화력이 큰 원소가 포함된 화합물을 수 ppt의 매우 낮은 농도까지 선택적으로 검출할 수 있다.
③ 방사성 물질인 Ni-63 혹은 삼중수소로부터 방출되는 β선이 운반 기체를 전리하여 이로 인해 전자포획검출기 셀(cell)에 전자구름이 생성되어 일정 전류가 흐르게 된다.
④ 고순도(99.9995%)의 운반기체를 사용하여야 하고 반드시 수분트랩(trap)과 산소트랩을 연결하여 수분과 산소를 제거할 필요가 있다.

해설

① 탄화수소, 알코올, 케톤 등에 대해 감도가 낮다.

정답 ①

| 기체크로마토그래피 |

05 기체크로마토그래피에서 정량분석방법과 가장 거리가 먼 것은?

① 넓이 백분율법
② 표준물첨가법
③ 내부표준물질법
④ 절대검정곡선법

해설

기기분석 – 기체크로마토그래피 정량법

· 절대검정곡선법   · 넓이 백분율법
· 보정넓이 백분율법   · 상대검정곡선법
· 표준물첨가법

정답 ③

| 기체크로마토그래피 |

06 기체크로마토그래피 정량법 중 정량하려는 성분으로 된 순물질을 단계적으로 취하여 크로마토그램을 기록하고 봉우리 넓이 또는 봉우리 높이를 구하는 방법으로서 성분량을 횡축에, 봉우리 넓이 또는 봉우리 높이를 종축으로 하는 것은?

① 보정넓이백분율법
② 절대검정곡선법
③ 넓이백분율법
④ 표준물첨가법

해설

기체크로마토그래피 정량법

❶ 절대검정곡선법
정량하려는 성분으로 된 순물질을 단계적으로 취하여 크로마토그램을 기록하고 봉우리넓이 또는 봉우리높이를 구한다. 이것으로부터 성분량을 횡축에 봉우리 넓이 또는 봉우리 높이를 종축에 취하여 검정곡선을 작성한다.

❷ 넓이 백분율법
크로마토그램으로부터 얻은 시료 각 성분의 봉우리 면적을 측정하고 그것들의 합을 100으로 하여 이에 대한 각각의 봉우리넓이 비를 각 성분의 함유율로 한다. 이 방법은 도입시료의 전 성분이 용출되며, 또한 사용한 검출기에 대한 각 성분의 상대감도가 같다고 간주되는 경우에 적용하며, 각 성분의 대개의 함유율(Xi)을 알 수가 있다.

❸ 보정넓이 백분율법
도입한 시료의 전 성분이 용출되며 또한 용출전 성분의 상대감도가 구해진 경우 정확한 함유율을 구할 수 있다.

❹ 상대검정곡선법
정량하려는 성분의 순물질(X) 일정량에 내부표준물질(S)의 일정량을 가한 혼합시료의 크로마토그램을 기록하여 봉우리 넓이를 측정한다. 횡축에 정량하려는 성분량(MX)과 내부표준물질량(MS)의 비(MX/MS)를 취하고 분석시료의 크로마토그램에서 측정한 정량할 성분의 봉우리 넓이(AX)와 표준물질 봉우리넓이(AS)의 비(AX/AS)를 취하여 검정곡선을 작성한다.

참고 원자흡수분광광도법

검정곡선의 작성과 정량법
❶ 검정곡선법
❷ 표준첨가법
❸ 내부표준물질법

정답 ②

| 기체크로마토그래피 |

07 기체크로마토그래피의 정성분석에 관한 설명으로 거리가 먼 것은?

① 동일 조건하에서 특정한 미지성분의 머무름 값와 예측되는 물질의 봉우리의 머무름 값을 비교한다.
② 머무름 값의 표시는 무효부피(Dead Volume) 의 보정유무를 기록하여야 한다.
③ 보통 5~30분 정도에서 측정하는 봉우리의 머무름시간을 반복시험을 할 때 ±5% 오차 범위 이내이어야 한다.
④ 머무름시간을 측정할 때는 3회 측정하여 그 평균치를 구한다.

> **해설**
>
> ③ 머무름시간을 측정할 때는 3회 측정하여 그 평균치를 구한 다. 일반적으로 5~30분 정도에서 측정하는 봉우리의 머무름 시간은 반복시험을 할 때 ±3% 오차범위 이내이어야 한다.
>
> **정답** ③

| 기체크로마토그래피 |

08 기체–고체 크로마토그래피에서 분리관 내경이 3mm일 경우 사용되는 흡착제 및 담체의 입경범 위(μm)로 가장 적합한 것은? (단, 흡착성 고체분 말, 100~80mesh 기준)

① 120~149 μm
② 149~177 μm
③ 177~250 μm
④ 250~590 μm

> **해설**
>
> **기체크로마토그래피**
>
> 분리관의 내경에 따른 흡착제 및 담체의 입경 범위
>
> | 분리관 내경(mm) | 흡착제 및 담체의 입경 범위(μm) |
> |---|---|
> | 3 | 149~177(100~80mesh) |
> | 4 | 177~250(80~60mesh) |
> | 5~6 | 250~590(60~28mesh) |
>
> **정답** ②

| 기체크로마토그래피 |

09 다음은 기체크로마토그래피에 사용되는 충전물 질에 관한 설명이다. ( )안에 가장 적합한 것은?

> ( )은 다이바이닐벤젠(Divinyl Benzene)을 가교제(Bridge Intermediate)로 스타이렌계 단 량체를 중합시킨 것과 같이 고분자 물질을 단 독 또는 고정상 액체로 표면처리 하여 사용한다.

① 흡착형 충전물질
② 분배형 충전물질
③ 다공성 고분자형 충전물질
④ 이온교환막형 충전물질

> **해설**
>
> **기체크로마토그래피에 사용되는 충전물질**
>
> **흡착형충전물**
> 기체–고체 크로마토그래피에서는 분리관의 내경에 따라 입도 가 고른 흡착성고체분말을 사용한다. 여기서 사용하는 흡착 성 고체분말은 실리카겔, 활성탄, 알루미나, 합성제올라이트 (zeolite) 등이며, 또한 이러한 분말에 표면처리한 것을 각 분석방법에 규정하는 방법대로 처리하여 활성화한 것을 사용 한다.
>
> **분배형 충전물질**
> 기체–액체 크로마토그래피에서는 위에 표시한 입경범위 에 서의 적당한 담체에 고정상 액체를 함침시킨 것을 충전물 로 사용한다.
>
> **다공성 고분자형 충전물질**
> 이 물질은 다이바이닐벤젠(divinyl benzene)을 가교제(bridge intermediate)로 스타이렌계 단량체를 중합시킨 것과 같이 고 분자 물질을 단독 또는 고정상 액체로 표면처리하여 사용한다.
>
> **정답** ③

연습문제

10 기체 – 액체 크로마토그래피에서 일반적으로 사용되는 분배형 충전물질인 고정상 액체의 종류 중 탄화수소계에 해당되는 것은?

① 플루오린화규소 ② 스쿠아란(Squalane)
③ 폴리페닐에테르 ④ 활성알루미나

해설

기체크로마토그래피

일반적으로 사용하는 고정상 액체의 종류

종류	물질명
탄화수소계	헥사데칸 스쿠아란(Squalane) 고진공 그리이스
실리콘계	메틸실리콘 페닐실리콘 사이아노실리콘 플루오린화규소
폴리글리콜계	폴리에틸렌글리콜 메톡시폴리에틸렌글리콜
에스테르계	이염기산다이에스테르
폴리에스테르계	이염기산폴리글리콜다이에스테르
폴리아미드계	폴리아미드수지
에테르계	폴리페닐에테르
기타	인산트라이크레실 다이에틸폼아미드 다이메틸설포란

정답 ②

11 기체 – 액체 크로마토그래피에서 고정상 액체의 구비조건으로 옳은 것은?

① 사용온도에서 증기압이 낮고, 점성이 작은 것이어야 한다.
② 사용온도에서 증기압이 낮고, 점성이 큰 것이어야 한다.
③ 사용온도에서 증기압이 높고, 점성이 작은 것이어야 한다.
④ 사용온도에서 증기압이 높고, 점성이 큰 것이어야 한다.

해설

고정상 액체(Stationary Liquid)
고정상 액체는 가능한 한 다음의 조건을 만족시키는 것을 선택한다.
· 분석대상 성분을 완전히 분리할 수 있는 것이어야 한다.
· 사용온도에서 증기압이 낮고, 점성이 작은 것이어야 한다.
· 화학적으로 안정된 것이어야 한다.
· 화학적 성분이 일정한 것이어야 한다.

정답 ①

12 자외선/가시선분광법 분석장치 구성에 관한 설명으로 옳지 않은 것은?

① 일반적인 장치 구성순서는 시료부 – 광원부 – 파장선택부 – 측광부 순이다.

② 단색장치로는 프리즘, 회절격자 또는 이 두가지를 조합시킨 것을 사용하며 단색광을 내기 위하여 슬릿(slit)을 부속시킨다.

③ 광전관, 광전자증배관은 주로 자외 내지 가시파장 범위에서, 광전도셀은 근적외 파장범위에서 사용한다.

④ 광전분광광도계에는 미분측광, 2파장측광, 시차측광이 가능한 것도 있다.

해설

자외선/가시선 분광법 장치구성

| 광원부 | 파장선택부 | 시료부 | 측광부 |

정답 ①

13 다음은 자외선/가시선 분광법에서 측광부에 관한 설명이다. (   )안에 가장 알맞은 것은?

> 측광부의 광전측광에는 광전관, 광전자증배관, 광전도셀 또는 광전지 등을 사용한다. 광전관, 광전자증배관은 주로 (㉠) 범위에서, 광전도셀은 (㉡) 범위에서, 광전지는 주로 (㉢) 범위 내에서의 광전측광에 사용된다.

① ㉠ 근적외파장, ㉡ 자외파장, ㉢ 가시파장

② ㉠ 가시파장, ㉡ 근자외 내지 가시파장, ㉢ 적외파장

③ ㉠ 근적외파장, ㉡ 근자외파장, ㉢ 가시내지 근적외파장

④ ㉠ 자외 내지 가시파장, ㉡ 근적외파장, ㉢ 가시파장

해설

자외선/가시선 분광법 – 측광부
측광부의 광전측광에는 광전관, 광전자증배관, 광전도셀 또는 광전지 등을 사용하고 필요에 따라 증폭기 대수변환기가 있으며 지시계, 기록계 등을 사용한다. 또 광전관, 광전자증배관은 주로 자외 내지 가시파장 범위에서 광전도셀은 근적외 파장범위에서, 광전지는 주로 가시파장 범위 내에서의 광선측광에 사용된다. 지시계는 투과율, 흡광도, 농도 또는 이를 조합한 눈금이 있고 숫자로 표시되는 것도 있다. 기록계에는 투과율, 흡광도, 농도 등을 자동기록한다.

정답 ④

14 다음 중 자외선/가시선 분광법에서 흡광도를 측정하기 위한 순서로써 원칙적으로 제일 먼저 행하여야 할 행위는?

① 시료셀을 광로에 넣고 눈금판의 지시치를 흡광도 또는 투과율로 읽는다.
② 광로를 차단 후 대조셀로 영점을 맞춘다.
③ 광원으로부터 광속을 통하여 눈금 100에 맞춘다.
④ 눈금판의 지시가 안정되어 있는지 여부를 확인한다.

해설

흡광도의 측정

흡광도의 측정은 원칙적으로 다음과 같은 순서로 한다.

❶ 눈금판의 지시가 안정되어 있는지 여부를 확인한다.
❷ 대조셀을 광로에 넣고 광원으로 부터의 광속을 차단하고 영점을 맞춘다. 영점을 맞춘다는 것은 투과율 눈금으로 눈금판의 지시가 영이 되도록 맞추는 것이다.
❸ 광원으로부터 광속을 통하여 눈금 100에 맞춘다.
❹ 시료셀을 광로에 넣고 눈금판의 지시치를 흡광도 또는 투과율로 읽는다. 투과율로 읽을 때는 나중에 흡광도로 환산해 주어야 한다.
❺ 필요하면 대조셀을 광로에 바꿔 넣고 영점과 100에 변화가 없는지 확인한다.
❻ 위 2, 3, 4의 조작 대신에 농도를 알고 있는 표준용액 계열을 사용하여 각각의 눈금에 맞추는 방법도 무방하다.

정답 ④

15 자외선/가시선 분광법에서 흡수셀의 세척방법에 관한 설명 중 가장 거리가 먼 것은?

① 탄산소듐(Na_2CO_3) 용액(20g/L)에 소량의 음이온 계면활성제(보기 : 액상 합성세제)를 가한 용액에 흡수셀을 담가 놓고 필요하면 40~50℃로 약 10분간 가열한다.
② 흡수셀을 꺼내 정제수로 씻은 후 질산(1+5)에 소량의 과산화수소를 가한 용액에 약 30분간 담궈 둔다.
③ 흡수셀을 새로 만든 크로뮴산과 황산용액에 약 1시간 담근 다음 흡수셀을 꺼내어 정제수로 충분히 씻어내어 사용해도 된다.
④ 빈번하게 사용할 때는 정제수로 잘 씻은 다음 식염수(9%)에 담궈두고 사용한다.

해설

④ 빈번하게 사용할 때는 정제수로 잘 씻은 다음 정제수를 넣은 용기에 담가 두어도 무방하다.

흡수셀의 세척방법

· 탄산소듐(Na_2CO_3) 용액(20g/L)에 소량의 음이온 계면활성제(보기 : 액상 합성세제)를 가한 용액에 흡수셀을 담가 놓고 필요하면 40~50℃로 약 10분간 가열한다.

· 흡수셀을 꺼내 정제수로 씻은 후 질산(1+5)에 소량의 과산화수소를 가한 용액에 약 30분간 담가 놓았다가 꺼내어 정제수로 잘 씻는다.

· 깨끗한 가제나 흡수지 위에 거꾸로 놓아 물기를 제거하고 실리카겔을 넣은 데시케이터 중에서 건조하여 보존한다. 급히 사용하고자 할 때는 물기를 제거한 후 에탄올로 씻고 다시 에틸에테르로 씻은 다음 드라이어(dryer)로 건조해도 무방하다.

· 또 빈번하게 사용할 때는 정제수로 잘 씻은 다음 정제수를 넣은 용기에 담가 두어도 무방하다.

· 질산과 과산화수소의 혼액 대신에 새로 만든 크로뮴산과 황산용액에 약 1시간 담근 다음 흡수셀을 꺼내어 정제수로 충분히 씻어내도 무방하다. 그러나 이 방법은 크로뮴의 정량이나 자외선 영역 측정을 목적으로 할 때 또는 접착하여 만든 셀에는 사용하지 않은 것이 좋다.

· 또 세척 후에는 지문이 묻지 않도록 주의하고 빛이 통과하는 면에는 손이 직접 닿지 않도록 해야 한다.

정답 ④

16 흡광도 눈금 보정을 위한 용액 제조방법으로 가장 적합한 것은?

① 100℃에서 2시간 이상 건조한 과망간산포타슘(1급 이상)을 0.5mol/L 수산화소듐 용액에 녹여 과망간산포타슘용액을 만들어 그 농도는 $KMnO_4$으로서 0.0125g/L가 되도록 한다.

② 110℃에서 3시간 이상 건조한 과망간산포타슘(1급 이상)을 0.05mol/L 수산화포타슘 용액에 녹여 과망간산포타슘용액을 만들어 그 농도는 $KMnO_4$으로서 0.0155g/L가 되도록 한다.

③ 100℃에서 2시간 이상 건조한 다이크로뮴산포타슘(1급 이상)을 0.5mol/L 수산화소듐 용액에 녹여 다이크로뮴산포타슘($K_2Cr_2O_7$) 용액을 만들어 그 농도는 $K_2Cr_2O_7$으로서 0.0153g/L가 되도록한다.

④ 110℃에서 3시간 이상 건조한 다이크로뮴산포타슘(1급 이상)을 0.05mol/L 수산화포타슘(KOH)용액에 녹여 다이크로뮴산포타슘($K_2Cr_2O_7$) 용액을 만들어 그 농도는 $K_2Cr_2O_7$으로서 0.0303g/L가 되도록 한다.

해설

자외선/가시선분광법 – 흡광도 눈금의 보정
110℃에서 3시간 이상 건조한 다이크로뮴산포타슘(1급 이상)을 0.05mol/L 수산화포타슘(KOH) 용액에 녹여 다이크로뮴산포타슘($K_2Cr_2O_7$) 용액을 만든다. 그 농도는 시약의 순도를 고려하여 $K_2Cr_2O_7$으로서 0.0303g/L가 되도록 한다. 이 용액의 일부를 신속하게 10.0mm 흡수셀에 취하고 25℃에서 1nm 이하의 파장폭에서 흡광도를 측정한다. 이 때 각 파장에 있어서의 흡광도 및 투과율은 이상이 없는한 표의 값을 나타내야 하며 만일 다른 값을 나타내면 표에 의하여 흡광도 눈금을 보정한다.

정답 ④

17 자동기록식 광전분광광도계의 파장교정에 사용되는 흡수 스펙트럼은?

① 홀뮴유리　　② 석영유리
③ 플라스틱　　④ 방전유리

해설

자외선/가시선분광법
자동기록식 광전분광광도계의 파장교정은 홀뮴(Holmium)유리의 흡수스펙트럼을 이용한다.

정답 ①

18 자외선가시선분광법에서 자동기록식 광전분광광도계의 파장교정에 이용되는 것은?

① 다이크로뮴산포타슘용액의 흡광도
② 간섭필터의 흡광도
③ 커트필터의 미광
④ 홀뮴유리의 흡수스펙트럼

해설

자외선/가시선분광법
자동기록식 광전분광광도계의 파장교정은 홀뮴(Holmium)유리의 흡수스펙트럼을 이용한다.

정답 ④

연습문제

| 자외선/가시선 분광법 |

19 자외선/가시선 분광법에서 미광(Stray light)의 유무조사에 사용되는 것은?

① Cell Holder ② Holmium Glass
③ Cut Filter ④ Monochrometer

해설

미광의 유무조사
광원이나 광전측광 검출기에는 한정된 사용파장역이 있어 200~800nm 파장역에서는 미광(stray light)의 영향이 크기 때문에 컷트필터(cut filter)를 사용하며 미광의 유무를 조사하는 것이 좋다.

정답 ③

| 원자흡수분광광도법(원자흡광법) |

20 원자흡수분광광도법의 원리를 가장 올바르게 설명한 것은?

① 시료를 해리시켜 중성원자로 증기화하여 생긴 기저상태의 원자가 이 원자 증기층을 투과 하는 특유파장의 빛을 흡수하는 현상을 이용
② 시료를 해리시켜 발생된 여기상태의 원자가 기저상태로 되면서 내는 열의 피크폭을 측정
③ 시료를 해리시켜 발생된 여기상태의 원자가 원자 증기층을 통과하는 빛의 발생속도의 차이를 이용
④ 시료를 해리시켜 발생된 여기상태의 원자가 기저상태로 돌아올 때 내는 가스속도의 차이를 이용한 측정

해설

원자흡수분광광도법
이 시험방법은 시료를 적당한 방법으로 해리시켜 중성원자로 증기화하여 생긴 기저상태(Ground State or Normal State)의 원자가 이 원자 증기층을 투과하는 특유파장의 빛을 흡수하는 현상을 이용하여 광전측광과 같은 개개의 특유파장에 대한 흡광도를 측정하여 시료 중의 원소농도를 정량하는 방법으로 대기 또는 배출 가스 중의 유해 중금속, 기타 원소의 분석에 적용한다.

정답 ①

| 원자흡수분광광도법(원자흡광법) |

21 원자흡수분광광도법에서 원자흡광 분석장치의 구성과 거리가 먼 것은?

① 분리관 ② 광원부
③ 단색화부 ④ 시료원자화부

해설

원자흡수분광광도법 – 분석장치 구성
광원부-시료원자화부-파장선택부(분광부, 단색화부)-측광부

정답 ①

| 원자흡수분광광도법(원자흡광법) |

22 다음 중 원자흡수분광광도법에 사용되는 분석 장치인 것은?

① Stationary Liquid
② Detector Oven
③ Nebulizer-Chamber
④ Electron Capture Detector

해설

① 고정상 액체(Stationary Liquid) – 기체 크로마토그래피
② 검출기 오븐(Detector Oven) – 기체 크로마토그래피
③ 분무실(Nebulizer-Chamber, Atomizer Chamber) – 원자흡수분광광도법
④ 전자 포획 검출기(Electron Capture Detector, ECD) – 기체 크로마토그래피

정답 ③

23 원자흡수분광광도법에서 사용하는 용어의 정의로 옳은 것은?

① 공명선(Resonance Line) : 원자가 외부로부터 빛을 흡수했다가 다시 먼저 상태로 돌아갈 때 방사하는 스펙트럼선
② 중공음극램프(Hollow Cathode Lamp) : 원자흡광분석의 광원이 되는 것으로 목적원소를 함유하는 중공음극 한 개 또는 그 이상을 고압의 질소와 함께 채운 방전관
③ 역화(Flame Back) : 불꽃의 연소속도가 작고 혼합기체의 분출속도가 클 때 연소현상이 내부로 옮겨지는 것
④ 멀티 패스(Multi-Path) : 불꽃 중에서 광로를 짧게 하고 반사를 증대시키기 위하여 반사 현상을 이용하여 불꽃 중에 빛을 여러번 투과시키는 것

해설

중공음극램프(Hollow Cathode Lamp)
원자흡광분석의 광원이 되는 것으로 목적원소를 함유하는 중공음극 한 개 또는 그 이상을 저압의 네온과 함께 채운 방전관

역화(flame back)
불꽃의 연소속도가 크고 혼합기체의 분출속도가 작을 때 연소현상이 내부로 옮겨지는 것

멀티 패스(Multi-Path)
불꽃 중에서의 광로를 길게 하고 흡수를 증대시키기 위하여 반사를 이용하여 불꽃 중에 빛을 여러번 투과시키는 것

정답 ①

24 원자흡수분광광도법에 사용되는 용어설명으로 옳지 않은 것은?

① 역화(Flame Back) : 불꽃의 연소속도가 크고 혼합기체의 분출속도가 작을 때 연소현상이 내부로 옮겨지는 것
② 중공음극램프(Hollow Cathode Lamp) : 원자흡광 분석의 광원이 되는 것으로 목적원소를 함유하는 중공음극 한 개 또는 그 이상을 고압의 질소와 함께 채운 방전관
③ 멀티 패스(Multi-Path) : 불꽃 중에서의 광로를 길게 하고 흡수를 증대시키기 위하여 반사를 이용하여 불꽃중에 빛을 여러 번 투과시키는 것
④ 공명선(Resonance Line) : 원자가 외부로부터 빛을 흡수했다가 다시 먼저 상태로 돌아갈 때 방사하는 스펙트럼선

해설

② 중공음극램프(Hollow Cathode Lamp)
원자흡광분석의 광원이 되는 것으로 목적원소를 함유하는 중공음극 한 개 또는 그 이상을 저압의 네온과 함께 채운 방전관

정답 ②

연습문제

| 원자흡수분광광도법(원자흡광법) |

25 원자흡수분광광도법에서 사용되는 용어에 관한 설명으로 옳지 않은 것은?

① 슬롯버너(Slot Burner) : 가스의 분출구가 세극상(細隙狀)으로 된 버너

② 선프로파일(Line Profile) : 불꽃 중에서의 광로(光路)를 길게 하고 흡수를 증대시키기 위하여 반사를 이용하여 불꽃 중에 빛(光束)을 여러번 투과시키는 것

③ 공명선(Resonance Line) : 원자가 외부로 부터 빛을 흡수했다가 다시 먼저 상태로 돌아갈 때(遷移) 방사하는 스펙트럼선

④ 역화(Flame Back) : 불꽃의 연소속도가 크고 혼합기체의 분출속도가 작을 때 연소현상이 내부로 옮겨지는 것

해설

② 선프로파일(Line Profile)
파장에 대한 스펙트럼선의 강도를 나타내는 곡선

멀티 패스(Multi-Path)
불꽃 중에서의 광로를 길게 하고 흡수를 증대시키기 위하여 반사를 이용하여 불꽃 중에 빛을 여러번 투과시키는 것

정답 ②

| 원자흡수분광광도법(원자흡광법) |

26 원자흡수분광광도법에서 원자흡광분석시 스펙트럼의 불꽃 중에서 생성되는 목적원소의 원자증기 이외의 물질에 의하여 흡수되는 경우에 일어나는 간섭의 종류는?

① 이온학적 간섭　　② 분광학적 간섭
③ 물리적 간섭　　　④ 화학적 간섭

해설

원자흡수분광광도법의 간섭

· 분광학적 간섭 : 장치나 불꽃의 성질에 기인하는 것

· 물리적 간섭 : 시료용액의 점성이나 표면장력 등 물리적 조건의 영향에 의하여 일어나는 것

· 화학적 간섭 : 원소나 시료에 특유한 것

정답 ②

| 원자흡수분광광도법(원자흡광법) |

27 원자흡수분광광도법에서 화학적 간섭을 방지하는 방법으로 가장 거리가 먼 것은?

① 이온교환에 의한 방해물질 제거
② 표준첨가법의 이용
③ 미량의 간섭원소의 첨가
④ 은폐제의 첨가

해설

③ 과량의 간섭원소의 첨가

화학적 간섭 방지방법

· 이온교환이나 용매추출 등에 의한 방해물질의 제거

· 과량의 간섭원소의 첨가

· 간섭을 피하는 양이온(보기 : 란타늄, 스트론튬, 알칼리원소 등) 음이온 또는 은폐제, 킬레이트제 등의 첨가

· 목적원소의 용매추출

· 표준첨가법의 이용

정답 ③

| 원자흡수분광광도법(원자흡광법) |

28 원자흡수분광광도법에서 목적원소에 의한 흡광도 A_S와 표준원소에 의한 흡광도 A_R과의 비를 구하고 A_S/A_R값과 표준물질 농도와의 관계를 그래프에 작성하여 검정곡선을 만들어 시료 중의 목적원소 농도를 구하는 정량법은?

① 표준첨가법　　② 내부표준물질법
③ 절대검정곡선법　④ 검정곡선법

해설

원자흡수분광광도법 – 검정곡선의 작성과 정량법

내부표준물질법
이 방법은 분석시료 중에 다량으로 함유된 공존원소 또는 새로 분석시료 중에 가한 내부 표준원소(목적원소와 물리적 화학적 성질이 아주 유사한 것이어야 한다)와 목적원소와의 흡광도비를 구하는 동시 측정을 행한다. 목적원소에 의한 흡광도 A_S와 표준원소에 의한 흡광도 A_R와의 비를 구하고 A_S/A_R 값과 표준물질 농도와의 관계를 그래프에 작성하여 검정곡선을 만든다.

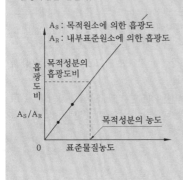

정답 ②

| 원자흡수분광광도법(원자흡광법) |

29 다음은 원자흡수분광광도법에서 검정곡선 작성과 정량법에 관한 설명이다. (　)안에 가장 적합한 것은?

> (　)은 목적원소에 의한 흡광도 A_S의 비를 구하고 표준원소에 의한 흡광도 A_R의 비를 구하고 A_S/A_R 값과 표준물질 농도와의 관계를 그래프에 작성하여 검정곡선을 만드는 방법이다. 이 방법은 측정치가 흩어져 상쇄하기 쉬우므로 분석값의 재현성이 높아지고 정밀도가 향상된다.

① 내부표준물질법　② 외부표준물질법
③ 표준첨가법　　　④ 검정곡선법

해설

정답 ①

| 비분산 적외선 분광법 |

30 비분산 적외선 분석기의 구성에서 (　)안에 들어갈 명칭을 옳게 나열한 것은? (단, 복광속 분석기)

> 광원 – (㉠) – (㉡) – 시료셀 – 검출기 – 증폭기 – 지시계

① ㉠ 광학섹터, ㉡ 회전필터
② ㉠ 회전섹터, ㉡ 광학필터
③ ㉠ 광학필터, ㉡ 회전필터
④ ㉠ 회전섹터, ㉡ 광학섹터

해설

비분산 적외선 분석기(복광속 비분산분석기)의 구성
광원–회전섹터–광학필터–시료셀–검출기–증폭기–지시계
정답 ②

연습문제

31 비분산적외선분광분석법에서 용어의 정의 중 "측정성분이 흡수되는 적외선을 그 흡수 파장에서 측정하는 방식"을 의미하는 것은?

① 정필터형   ② 복광필터형
③ 회절격자형   ④ 적외선흡광형

해설

비분산적외선분광분석법 - 용어 정의

· 비분산
빛을 프리즘(prism)이나 회절격자와 같은 분산소자에 의해 분산하지 않는 것

· 정필터형
측정성분이 흡수되는 적외선을 그 흡수 파장에서 측정하는 방식

· 반복성
동일한 분석기를 이용하여 동일한 측정대상을 동일한 방법과 조건으로 비교적 단시간에 반복적으로 측정하는 경우로서 각각의 측정치가 일치하는 정도

· 시료 셀
시료가스를 넣는 용기

· 비교 셀
비교(Reference)가스를 넣는 용기

· 시료 광속
시료 셀을 통과하는 빛

· 비교 광속
비교 셀을 통과하는 빛

· 비교가스
시료 셀에서 적외선 흡수를 측정하는 경우 대조가스로 사용하는 것으로 적외선을 흡수하지 않는 가스

· 제로가스
분석기의 최저 눈금 값을 교정하기 위하여 사용하는 가스

· 스팬가스
분석기의 최고 눈금 값을 교정하기 위하여 사용하는 가스

· 제로 드리프트
측정기의 최저눈금에 대한 지시치의 일정기간 내의 변동

· 스팬 드리프트
측정기의 교정범위눈금에 대한 지시 값의 일정기간 내의 변동

· 교정범위
측정기 최대측정범위의 80~90% 범위에 해당하는 교정 값을 말한다.

정답 ①

32 비분산적외선분광분석법에 관한 설명으로 옳지 않은 것은?

① 선택성 검출기를 이용하여 적외선의 흡수량 변화를 측정하여 시료 중 성분의 농도를 구하는 방법이다.
② 광원은 원칙적으로 니크로뮴선 또는 탄화규소의 저항체에 전류를 흘려 가열한 것을 사용한다.
③ 대기 중 오염물질을 연속적으로 측정하는 비분산 정필터형 적외선 가스분석기에 대하여 적용한다.
④ 비분산(Nondispersive)은 빛을 프리즘이나 회절격자와 같은 분산소자에 의해 충분히 분산되는 것을 말한다.

해설

④ 비분산(Nondispersive)은 빛을 프리즘이나 회절격자와 같은 분산소자에 의해 분산하지 않는 것을 말한다.

정답 ④

| 비분산 적외선 분광법 |

33 비분산적외선분광분석법에서 분석기의 최저 눈금 값을 교정하기 위하여 사용하는 가스는?

① 비교가스   ② 제로가스
③ 스팬가스   ④ 혼합가스

해설

정답 ②

| 비분산 적외선 분광법 |

34 비분산 적외선 분석기의 측정기기 성능 유지기준으로 거리가 먼 것은?

① 재현성 : 동일 측정조건에서 제로가스와 스팬가스를 번갈아 10회 도입하여 각각의 측정값이 평균으로부터 편차를 구하며 이 편차는 전체 눈금의 ±1% 이내이어야 한다.
② 감도 : 최대눈금범위의 ±1% 이하에 해당하는 농도변화를 검출할 수 있는 것이어야 한다.
③ 유량변화에 대한 안정성 : 측정가스의 유량이 표시한 기준유량에 대하여 ±2% 이내에서 변동하여도 성능에 지장이 있어서는 안된다.
④ 전압 변동에 대한 안정성 : 전원전압이 성정 전압의 ±10% 이내로 변화하였을 때 지시 값 변화는 전체 눈금의 ±1% 이내여야 하고, 주 파수가 설정 주파수의 ±2%에서 변동해도 성능에 지장이 있어서는 안된다.

해설

① 재현성 : 동일 측정조건에서 제로가스와 스팬가스를 번갈아 3회 도입하여 각각의 측정값이 평균으로부터 편차를 구하며 이 편차는 전체 눈금의 ±2% 이내이어야 한다.

비분산 적외선 분석기 측정기기 성능

· 재현성
동일 측정조건에서 제로가스와 스팬가스를 번갈아 3회 도입하여 각각의 측정값의 평균으로부터 편차를 구한다. 이 편차는 전체 눈금의 ±2% 이내이어야 한다.

· 감도
최대눈금범위의 ±1% 이하에 해당하는 농도변화를 검출할 수 있는 것이어야 한다.

· 제로 드리프트
동일 조건에서 제로가스를 연속적으로 도입하여 고정형은 24시간, 이동형은 4시간 연속 측정하는 동안에 전체 눈금의 ±2% 이상의 지시 변화가 없어야한다.

· 스팬 드리프트
동일 조건에서 제로가스를 흘려 보내면서 때때로 스팬가스를 도입할 때 제로 드리프트(zero drift)를 뺀 드리프트가 고정형은 24시간, 이동형은 4시간 동안에 전체 눈금값의 ±2% 이상이 되어서는 안된다.

· 응답시간
제로 조정용 가스를 도입하여 안정된 후 유로를 스팬가스로 바꾸어 기준 유량으로 분석기에 도입하여 그 농도를 눈금 범위 내의 어느 일정한 값으로부터 다른 일정한 값으로 갑자기 변화시켰을 때 스텝(step) 응답에 대한 소비시간이 1초 이내이어야 한다. 또 이때 최종 지시 값에 대한 90%의 응답을 나타내는 시간은 40초 이내이어야 한다.

· 온도변화에 대한 안정성
측정가스의 온도가 표시온도 범위 내에서 변동해도 성능에 지장이 있어서는 안된다.

· 유량변화에 대한 안정성
측정가스의 유량이 표시한 기준유량에 대하여 ±2% 이내에서 변동하여도 성능에 지장이 있어서는 안된다.

· 주위 온도변화에 대한 안정성
주위온도가 표시 허용변동 범위 내에서 변동하여도 성능에 지장이 있어서는 안된다.

· 전압변동에 대한 안정성
전원전압이 설정 전압의 ±10% 이내로 변화하였을 때 지시 값 변화는 전체눈금의 ±1% 이내여야 하고, 주파수가 설정 주파수의 ±2%에서 변동해도 성능에 지장이 있어서는 안된다.

정답 ①

연습문제

| 비분산 적외선 분광법 |

35 다음은 비분산 적외선 분광분석법 중 응답시간 (response time)의 성능 기준을 나타낸 것이다. ㉠, ㉡에 알맞은 것은?

> 제로 조정용 가스를 도입하여 안정된 후 유로를 (㉠)로 바꾸어 기준 유량으로 분석기에 도입하여 그 농도를 눈금 범위 내에 어느 일정한 값으로부터 다른 일정한 값으로 갑자기 변화시켰을 때 스텝(step)응답에 대한 소비시간이 1초 이내이어야 한다. 또 이 때 최종 지시치에 대한 (㉡)을 나타내는 시간은 40초 이내이어야 한다.

① ㉠ 비교가스, ㉡ 10%의 응답
② ㉠ 스팬가스, ㉡ 10%의 응답
③ ㉠ 비교가스, ㉡ 90%의 응답
④ ㉠ 스팬가스, ㉡ 90%의 응답

해설

비분산 적외선 분광분석법 – 응답시간

제로 조정용 가스를 도입하여 안정된 후 유로를 스팬가스로 바꾸어 기준 유량으로 분석기에 도입하여 그 농도를 눈금 범위 내의 어느 일정한 값으로부터 다른 일정한 값으로 갑자기 변화시켰을 때 스텝(step) 응답에 대한 소비시간이 1초 이내이어야 한다. 또 이때 최종 지시 값에 대한 90%의 응답을 나타내는 시간은 40초 이내이어야 한다.

정답 ④

| 비분산 적외선 분광법 |

36 비분산 적외선 분광분석법에서 복광속 비분산 분석기 적용시 사용하는 분석기의 광원으로 가장 적절한 것은?

① 적외선 광원인 중수소방전관
② 근적외부의 광원인 텅스텐램프
③ 좁은 선폭을 갖고 휘도가 높은 스펙트럼을 방사하는 중공음극램프
④ 니크로뮴선 또는 탄화규소의 저항체에 전류를 흘려 가열한 것

해설

비분산 적외선 분석기(복광속 비분산분석기)

광원은 원칙적으로 흑체발광으로 니크로뮴선 또는 탄화규소의 저항체에 전류를 흘려 가열한 것을 사용하며 광원의 온도가 올라갈수록 발광되는 적외선의 세기가 커지지만 온도가 지나치게 높아지면 불필요한 가시광선의 발광이 심해져서 적외선 광학계의 산란광으로 작용하여 광학계를 교란시킬 우려가 있다. 따라서 적외선 및 가시광선의 발광량을 고려하여 광원의 온도를 정해야하는데 1,000~1,300K 정도가 적당하다.

정답 ④

| 이온크로마토그래피 |

37 이온크로마토그래피의 일반적인 장치 구성순서로 옳은 것은?

① 펌프 – 시료주입장치 – 용리액조 – 분리관 – 검출기 – 써프렛서
② 용리액조 – 펌프 – 시료주입장치 – 분리관 – 써프렛서 – 검출기
③ 시료주입장치 – 펌프 – 용리액조 – 써프렛서 – 분리관 – 검출기
④ 분리관 – 시료주입장치 – 펌프 – 용리액조 – 검출기 – 써프렛서

해설

이온크로마토그래피의 장치 구성 순서

용리액조 – 송액펌프 – 시료주입장치 – 분리관 – 써프렛서 – 검출기 및 기록계

정답 ②

| 이온크로마토그래피 |

38 다음 각 장치 중 이온크로마토그래피의 주요 장치 구성과 거리가 먼 것은?

① 용리액조   ② 송액펌프
③ 써프렛서   ④ 회전섹터

해설

이온크로마토그래피의 장치 구성 순서

용리액조 – 송액펌프 – 시료주입장치 – 분리관 – 써프렛서 – 검출기 및 기록계

비분산 적외선 분석기(복광속 비분산분석기)의 구성

광원 – 회전섹터 – 광학필터 – 시료셀 – 검출기 – 증폭기 – 지시계

정답 ④

| 이온크로마토그래피 |

39 이온크로마토그래피(Ion Chromatography)의 장치에 관한 설명 중 ( )안에 알맞은 것은?

( )(이)란 용리액에 사용되는 전해질 성분을 제거하기 위하여 분리관 뒤에 직렬로 접속시킨 것으로써 전해질을 물 또는 저전도도의 용매로 바꿔줌으로써 전기전도도 셀에서 목적이온 성분과 전기전도도만을 고감도로 검출할 수 있게 해주는 것이다.

① 분리관   ② 용리액조
③ 송액펌프   ④ 써프렛서

해설

써프렛서란 용리액에 사용되는 전해질 성분을 제거하기 위하여 분리관 뒤에 직렬로 접속시킨 것으로써 전해질을 물 또는 저전도도의 용매로 바꿔줌으로써 전기전도도 셀에서 목적이온 성분과 전기전도도만을 고감도로 검출할 수 있게 해주는 것이다.

정답 ④

연습문제

| 이온크로마토그래피 |

40 다음은 이온크로마토그래피의 검출기에 관한 설명이다. ( )안에 가장 적합한 것은?

> (㉠)는 고성능 액체크로마토그래피 분야에서 가장 널리 사용되는 검출기이며, 최근에는 이온크로마토그래피에서도 전기 전도도 검출기와 병행하여 사용되기도 한다. 또한 (㉡)는 전이금속 성분의 발색반응을 이용하는 경우에 사용된다.

① ㉠ 자외선흡수검출기, ㉡ 가시선흡수검출기
② ㉠ 전기화학적검출기, ㉡ 염광광도검출기
③ ㉠ 이온전도도검출기, ㉡ 전기화학적검출기
④ ㉠ 광전흡수검출기, ㉡ 암페로메트릭검출기

해설

검출기
검출기는 분리관 용리액 중의 시료성분의 유무와 량을 검출하는 부분으로 일반적으로 전도도 검출기를 많이 사용하고, 그외 자외선, 가시선 흡수검출기(UV, VIS 검출기), 전기화학적 검출기 등이 사용된다.

· **전기전도도 검출기**
분리관에서 용출되는 각 이온 종을 직접 또는 써프렛서를 통과시킨 전전도도계 셀내의 고정된 전극 사이에 도입시키고 이때 흐르는 전류를 측정하는 것이다.

· **자외선 및 가시선 흡수 검출기**
자외선흡수검출기(UV 검출기)는 고성능 액체크로마토그래피 분야에서 가장 널리 사용되는 검출기이며, 최근에는 이온크로마토그래피에서도 전기전도도 검출기와 병행하여 사용되기도 한다. 또한 가시선 흡수 검출기(VIS 검출기)는 전이금속 성분의 발색반응을 이용하는 경우에 사용된다.

· **전기화학적 검출기**
정전위 전극반응을 이용하는 전기화학 검출기는 검출 감도가 높고 선택성이 있는 검출기로써 분석화학 분야에 널리 이용되는 검출기이며 전량검출기, 암페로 메트릭 검출기 등이 있다.

정답 ①

| 이온크로마토그래피 |

41 이온크로마토그래피 구성장치에 관한 설명으로 옳지 않은 것은?

① 써프렛서는 관형과 이온교환막형이 있으며, 관형은 음이온에는 스티롤계 강산형(H^+) 수지가 사용된다.
② 분리관의 재질은 내압성, 내부식성으로 용리액 및 시료액과 반응성이 큰 것을 선택하며 주로 스테인리스관이 사용된다.
③ 용리액조는 용출되지 않는 재질로서 용리액을 직접공기와 접촉시키지 않는 밀폐된 것을 선택한다.
④ 검출기는 분리관 용리액 중의 시료성분의 유무와 양을 검출하는 부분으로 일반적으로 전도도 검출기를 많이 사용하는 편이다.

해설

② 분리관의 재질은 내압성, 내부식성으로 용리액 및 시료액과 반응성이 적은 것을 선택하며 에폭시수지관 또는 유리관이 사용된다. 일부는 스테인레스관이 사용되지만 금속이온 분리용으로는 좋지 않다.

정답 ②

| 이온크로마토그래피 |

42 이온크로마토그래피에 사용되는 장치에 관한 설명으로 옳지 않은 것은?

① 용리액조는 일반적으로 폴리에틸렌이나 경질 유리제를 사용한다.

② 분리관의 경우 일부는 스테인레스관이 사용되지만 금속이온 분리용으로는 좋지 않다.

③ 써프렛서란 전해질을 고전도의 용매로 바꿔 줌으로써 전기전도도 셀에서 목적이온 성분과 전기전도도만을 고감도로 감출 수 있게 해주는 것으로서, 관형은 음이온에는 스티롤계 강염기형(OH⁻)의 수지가 충진된 것을 사용한다.

④ 검출기는 분리관 용리액 중의 시료성분의 유무와 양을 검출하는 부분으로 일반적으로 전도도 검출기를 많이 사용하고, 그 외 자외선, 가시선 흡수검출기(UV, VIS 검출기), 전기화학적 검출기 등이 사용된다.

해설

③ 써프렛서란 용리액에 사용되는 전해질 성분을 제거하기 위하여 분리관 뒤에 직렬로 접속시킨 것으로써 전해질을 물 또는 저전도의 용매로 바꿔줌으로써 전기전도도 셀에서 목적이온 성분과 전기전도도만을 고감도로 검출할 수 있게 해주는 것이다.

써프렛서는 관형과 이온교환막형이 있으며, 관형은 음이온에는 스티롤계 강산형(H⁺) 수지가, 양이온에는 스티롤계 강염기형(OH⁻)의 수지가 충진된 것을 사용한다.

정답 ③

| 이온크로마토그래피 |

43 이온크로마토그래피에서 검출한계는 각 분석방법에서 규정하는 조건에서 출력신호를 기록할 때 잡음신호의 얼마에 해당하는 목적성분의 농도를 검출한계로 하는가?

① 1/2   ② 2배

③ 10배   ④ 100배

해설

검출한계는 각 분석방법에서 규정하는 조건에서 출력신호를 기록할 때 잡음신호(Noise)의 2배에 해당하는 목적성분의 농도를 검출한계로 한다.

정답 ②

| 이온크로마토그래피 |

44 이온크로마토그래피의 설치조건으로 거리가 먼 것은?

① 대형변압기, 고주파가열등으로부터 전자유도를 받지 않아야 한다.

② 부식성 가스 및 먼지발생이 적고 환기가 잘 되어야 한다.

③ 실온 15~25℃, 상대습도 30~85% 범위로 급격한 온도변화가 없어야 한다.

④ 공급전원은 기기의 사양에 지정된 전압 전기용량 및 주파수로 전압변동은 15% 이하여야 한다.

해설

④ 공급전원은 기기의 사양에 지정된 전압 전기용량 및 주파수로 전압변동은 10% 이하여야 한다.

이온크로마토그래피 설치조건

· 실온 15~25℃, 상대습도 30~85% 범위로 급격한 온도변화가 없어야 한다.

· 진동이 없고 직사광선을 피해야 한다.

· 부식성 가스 및 먼지발생이 적고 환기가 잘 되어야 한다.

· 대형변압기, 고주파가열등으로부터의 전자유도를 받지 않아야 한다.

· 공급전원은 기기의 사양에 지정된 전압 전기용량 및 주파수로 전압변동은 10% 이하이고 주파수 변동이 없어야 한다.

정답 ④

연습문제

| 흡광차분광법 |

45 흡광차분광법(DOAS)으로 측정 시 필요한 광원으로 옳은 것은?

① 1,800~2,850nm 파장을 갖는 Zeus램프
② 200~900nm 파장을 갖는 Zeus램프
③ 180~2,850nm 파장을 갖는 Xenon램프
④ 200~900nm 파장을 갖는 Hollow cathode 램프

해설

흡광차분광법(DOAS)

측정에 필요한 광원은 180~2,850nm 파장을 갖는 제논 램프를 사용한다.

정답 ③

| 흡광차분광법 |

46 흡광차분광법에서 사용하는 발광부의 광원으로 적합한 것은?

① 중공음극램프   ② 텅스텐램프
③ 자외선램프   ④ 제논램프

해설

정답 ④

| 흡광차분광법 |

47 흡광차분광법(Dfferenrial Optical Absorption Spectroscopy)에 관한 설명으로 옳지 않은 것은?

① 광원은 180~2,850nm 파장을 갖는 제논 램프를 사용한다.
② 주로 사용되는 검출기는 자외선 및 가시선 흡수 검출기이다.
③ 분광계는 Czerny Turner 방식이나 Holographic 방식을 채택한다.
④ 이산화황, 질소산화물, 오존 등의 대기오염 물질분석에 적용된다.

해설

② 주로 사용되는 검출기는 광전자증배관(Photo Multiplier Tube)검출기나 PDA(Photo Diode Array)검출기이다.

흡광차분광법

일반적으로 빛을 조사하는 발광부와 50~1,000m 정도 떨어진 곳에 설치되는 수광부(또는 발·수광부와 반사경) 사이에 형성되는 빛의 이동경로(Path)를 통과하는 가스를 실시간으로 분석하며, 측정에 필요한 광원은 180~2,850nm 파장을 갖는 제논(Xenon) 램프를 사용하여 이산화황, 질소산화물, 오존 등의 대기오염물질 분석에 적용한다.

정답 ②

| 흡광차분광법 |

48 흡광차분광법에 관한 설명으로 옳지 않은 것은?

① 일반 흡광광도법은 적분적이며, 흡광차분광법은 미분적이라는 차이가 있다.
② 측정에 필요한 광원은 180~2,850nm 파장을 갖는 제논램프를 사용한다.
③ 분석장치는 분석기와 광원부로 나누어지며, 분석기 내부는 분광기, 샘플 채취부, 검지부, 분석부, 통신부 등으로 구성된다.
④ 광원부는 발·수광부 및 광케이블로 구성된다.

해설

① 일반 흡광광도법은 미분적(일시적)이며 흡광차분광법(DOAS)은 적분적(연속적)이란 차이점이 있다.

정답 ①

계산문제

01 기체크로마토그래피에서 분리관 효율을 나타내기 위한 이론단수를 구하는 식으로 옳은 것은? (단, t_R : 시료도입점으로부터 봉우리 최고점까지의 길이, W : 봉우리의 좌우 변곡점에서 접선이 자르는 바탕선의 길이)

① $16 \times \dfrac{t_R}{W}$ ② $16 \times \left(\dfrac{t_R}{W}\right)^2$

③ $16 \times \left(\dfrac{W}{t_R}\right)^2$ ④ $16 \times \dfrac{W}{t_R}$

해설

이론단수$(n) = 16 \times \left(\dfrac{t_R}{W}\right)^2$

여기서,

t_R : 시료도입점으로부터 봉우리 최고점까지의 길이(머무름시간)

W : 봉우리의 좌우 변곡점에서 접선이 자르는 바탕선의 길이

정답 ②

02 이론단수가 1,600인 분리관이 있다. 머무름시간이 20분인 피크의 좌우변곡점에서 접선이 자르는 바탕선의 길이가 10mm 일 때, 기록지 이동속도는? (단, 이론단수는 모든 성분에 대하여 같다.)

① 2.5mm/min ② 5mm/min
③ 10mm/min ④ 15mm/min

해설

이론단수$(n) = 16 \times \left(\dfrac{t_R}{W}\right)^2$

$1,600 = 16 \times \left(\dfrac{20\min \times v(mm/min)}{10mm}\right)^2$

$\therefore v = 5mm/min$

여기서,

t_R : 시료도입점으로부터 봉우리 최고점까지의 길이(머무름시간)

W : 봉우리의 좌우 변곡점에서 접선이 자르는 바탕선의 길이(피크폭)

정답 ②

| 기체크로마토그래피 |

03 이론단수가 1,600인 분리관이 있다. 머무름시간이 10분인 피크의 좌우 변곡점에서 접선이 자르는 바탕선의 길이는?(단, 기록지 이동속도는 5mm/min, 이론단수는 모든 성분에 대하여 같다.)

① 1mm ② 2mm

③ 5mm ④ 10mm

해설

$$이론단수(n) = 16 \times \left(\frac{t_R}{W}\right)^2$$

$$1,600 = 16 \times \left(\frac{10\min \times 5\mathrm{mm/min}}{W\,\mathrm{mm}}\right)^2$$

$$\therefore W = 5\mathrm{mm}$$

여기서,

t_R : 시료도입점으로부터 봉우리 최고점까지의 길이 (머무름시간)

W : 봉우리의 좌우 변곡점에서 접선이 자르는 바탕선의 길이

정답 ③

| 기체크로마토그래피 |

04 기체 크로마토그래피에서 1, 2 시료의 분석치가 다음과 같을 때 분리계수는?

> · 피크 1의 머무름시간 : 3분
> · 피크 2의 머무름시간 : 5분
> · 피크 1의 폭 : 35초
> · 피크 2의 폭 : 44초

① 1.7 ② 2.5

③ 3.0 ④ 4.4

해설

$$분리계수(d) = \frac{t_{R2}}{t_{R1}} = \frac{5}{3} = 1.667$$

여기서,

t_{R1} : 시료도입점으로부터 봉우리 1의 최고점까지의 길이(머무름시간)

t_{R2} : 시료도입점으로부터 봉우리 2의 최고점까지의 길이(머무름시간)

W_1 : 봉우리 1의 좌우 변곡점에서의 접선이 자르는 바탕선의 길이(폭)

W_2 : 봉우리 2의 좌우 변곡점에서의 접선이 자르는 바탕선의 길이(폭)

정답 ①

05 기체크로마토그래피에서 A, B 성분의 머무름 시간이 각각 2분, 3분 이었으며, 피크폭은 32초, 38초 이었다면 이 때 분리도(R)은?

① 1.1 ② 1.4

③ 1.7 ④ 2.2

해설

$$분리도(R) = \frac{2(t_{R2} - t_{R1})}{W_1 + W_2}$$

$$= \frac{2(3-2)\min \times \dfrac{60s}{1\min}}{(32+38)s} = 1.71$$

여기서,

t_{R1} : 시료도입점으로부터 봉우리 1의 최고점까지의 길이(머무름시간)

t_{R2} : 시료도입점으로부터 봉우리 2의 최고점까지의 길이(머무름시간)

W_1 : 봉우리 1의 좌우 변곡점에서의 접선이 자르는 바탕선의 길이(피크폭)

W_2 : 봉우리 2의 좌우 변곡점에서의 접선이 자르는 바탕선의 길이(피크폭)

정답 ③

06 자외선/가시선 분광법에서 적용되는 램버어트 –비어(Lambert–Beer)의 법칙에 관계되는 식으로 옳은 것은? (단, I_0 : 입사광의 강도, C : 농도, ε :흡광계수, I_t : 투사광의 강도, ℓ : 빛의 투사거리)

① $I_o = I_t \cdot 10^{-\varepsilon C\ell}$

② $I_t = I_o \cdot 10^{-\varepsilon C\ell}$

③ $C = (I_t/I_o) \cdot 10^{-\varepsilon C\ell}$

④ $C = (I_o/I_t) \cdot 10^{-\varepsilon C\ell}$

해설

램버어트–비어(Lambert–Beer)의 법칙

$$I_t = I_o \cdot 10^{-\varepsilon C\ell}$$

여기서,

I_o : 입사광의 강도

I_t : 투사광의 강도

C : 농도

ℓ : 빛의 투사거리

ε : 비례상수로서 흡광계수

(C = 1mol, ℓ = 10mm일 때의 ε의 값을 몰흡광계수라 하며 K로 표시한다.)

정답 ②

연습문제

07 램버어트 비어(Lambert-Beer)의 법칙에 관한 설명으로 옳지 않은 것은? (단, I_o = 입사광의 강도, I_t = 투사광의 강도, C = 농도, L = 빛의 투사거리, ε = 흡광계수, t = 투과도)

① $I_t = I_o \cdot 10^{-\varepsilon C\ell}$ 로 표현한다.
② $\log(1/t) = A$를 흡광도라 한다.
③ ε 는 비례상수로서 흡광계수라 하고, C = 1mmol, L = 1mm일 때의 ε 의 값을 몰 흡광계수라 한다.
④ $\dfrac{I_t}{I_o} = t$ 를 투과도라 한다.

해설

③ ε 는 비례상수로서 흡광계수라 하고, C = 1mol, L = 10mm일 때의 ε 의 값을 몰 흡광계수라 한다.

정답 ③

08 흡광광도 측정에서 최초광의 75%가 흡수되었을 때 흡광도는 약 얼마인가?

① 0.25 ② 0.3
③ 0.6 ④ 0.75

해설

$$A = \log \frac{I_o}{I_t} = \log \frac{100}{25} = 0.602$$

정답 ③

09 광원에서 나오는 빛을 단색화장치에 의하여 좁은 파장범위의 빛만을 선택하여 어떤 액층을 통과시킬 때 입사광이 강도가 1이고, 투사광의 강도가 0.5였다. 이 경우 Lambert-Beer법칙을 적용하여 흡광도를 구하면?

① 0.3 ② 0.5
③ 0.7 ④ 1.0

해설

$$A = \log \frac{1}{t} = \log \frac{I_o}{I_t} = \log \frac{1}{0.5} = 0.30$$

정답 ①

10 흡광광도계에서 빛의 흡수율이 85%일 때 흡광도는?

① 약 0.07 ② 약 0.18
③ 약 0.46 ④ 약 0.82

해설

흡수율 = 100% - 투과도

$$A = \log \frac{I_o}{I_t} = \log \frac{100}{15} = 0.823$$

정답 ④

11 자외선가시선분광법에서 램버어트 비어(Lambert-Beer)의 법칙에 따른 흡광도 표현으로 옳은 것은? (단, I_o : 입사광의 강도, I_t : 투사광의 강도, t = I_t/I_o 이다.)

① 10^t ② t × 100
③ $\log(1/t)$ ④ $\log t$

해설

$$A = \log \frac{1}{t} = \log \frac{I_o}{I_t}$$

정답 ③

제 4장

배출가스 중

무기물질

Chapter

01

배출가스 중 먼지

1. 개요

배출가스 중에 함유되어 있는 액체 또는 고체인 입자상 물질을 등속흡입하여 측정한 먼지로서, 먼지농도 표시는 **표준상태(0℃, 760mmHg)의 건조 배출가스 1Sm³ 중에 함유된 먼지의 질량** 농도를 측정하는데 사용된다.

2. 적용 가능한 시험방법

측정방법	개요	적용범위
반자동식 측정법	반자동식 시료채취기에 의해 질량농도를 측정하는 방법	굴뚝에서 배출되는 액체 또는 고체인 입자상 물질을 등속흡입 측정하여 부착 수분을 제거하고 먼지의 질량농도를 측정하는데 사용된다.
수동식 측정법	수동식 시료채취기에 의해 질량농도를 측정하는 방법	
자동식 측정법	자동식 시료채취기에 의해 질량농도를 측정하는 방법	

참고

배출가스 중 먼지의 시료채취방법은 입자상 물질의 시료채취방법과 동일함

Chapter 02 비산먼지

측정대상이 되는 환경 대기 중에 부유하는 고체 및 액체의 입자상 물질을 말한다.

1. 목적

이 시험기준은 시멘트 공장, 전기아크로를 사용하는 철강공장, 연탄공장, 석탄야적장, 도정 공장, 골재공장 등 특정 발생원에서 일정한 굴뚝을 거치지 않고 외부로 비산되거나 물질의 파쇄, 선별, 기타 기계적 처리에 의하여 비산배출되는 먼지의 농도를 측정하기 위한 시험방법이다.

2. 용어정의

① 비산먼지

대기 중에 부유하는 고체 및 액체의 입자상 물질로서, 대기환경보전법에서는 굴뚝을 거치지 않고 대기 중에 직접 배출되는 경우를 말한다. 날림먼지라고도 한다.

② 총부유먼지

측정대상이 되는 환경 대기 중에 부유하고 있는 총 먼지를 말한다. 국제적으로 정확한 총부유먼지의 크기에 대한 명확한 규명은 없으나 일반적으로 총부유먼지는 입자직경이 $(0.01 \sim 100)\mu m$ 이하인 먼지를 말한다.

③ 먼지의 분류

먼지(PM)는 PM-10(AED $\leq 10\mu m$), PM-2.5(AED $\leq 2.5\mu m$)로 분류되어 관리되고 있다.

④ 질량농도

기체의 단위 용적 중에 함유된 물질의 질량으로 표현된 농도를 말한다.

⑤ 입자농도

공기 또는 다른 기체의 단위체적당 입자수로 표현된 농도를 말한다.

3. 적용 가능한 시험방법

측정방법	측정원리 및 개요	적용범위
고용량공기 시료채취법	고용량 펌프(1,133~1,699L/min)를 사용하여 질량농도를 측정	
저용량공기 시료채취법	저용량 펌프(16.7L/min 이하)를 사용하여 질량농도를 측정	먼지는 대기 중에 함유되어 있는 액체 또는 고체인 입자상 물질로서 먼지의 질량농도를 측정하는데 사용된다.
베타선법	여과지 위에 베타선을 투과시켜 질량농도를 측정	
광학기법	광학기법을 이용하여 불투명도를 측정	

(1) 비산먼지 – 고용량공기시료채취법

대기 중에 부유하고 있는 입자상물질을 고용량공기시료채취기를 이용하여 여과지 위에 채취
하는 방법으로 **입자상물질 전체의 질량농도(mass concentration)를 측정하거나 입자상 물
질 중 금속성분 등의 분석**에 이용한다.

1) 채취된 먼지의 농도계산

채취 전후의 여과지의 질량차이와 흡입 공기량으로부터 다음 식에 의하여 먼지 농도를 구한다.

$$\text{비산먼지의 농도}(\mu g/Sm^3) = \frac{We - Ws}{V} \times 10^3$$

We : 채취 후 여과지의 질량(mg)
Ws : 채취 전 여과지의 질량(mg)
V : 총 공기흡입량(m^3)

2) 비산먼지 농도의 계산

각 측정지점의 채취먼지량과 풍향 풍속의 측정결과로부터 비산먼지의 농도를 구한다.

비산먼지농도 : $C = (C_H - C_B) \times W_D \times W_S$

C_H : 채취먼지량이 가장 많은 위치에서의 먼지농도(mg/Sm^3)

C_B : 대조위치에서의 먼지농도(mg/Sm^3)

W_D, W_S : 풍향, 풍속 측정결과로부터 구한 보정계수
단, 대조위치를 선정할 수 없는 경우에는 C_B는 0.15mg/Sm^3로 한다.

3) 보정

풍향, 풍속 보정계수(W_D, W_S)는 다음과 같이 구한다.

① 풍향에 대한 보정

풍향 변화 범위	보정계수
전 시료채취 기간 중 주 풍향이 90° 이상 변할 때	1.5
전 시료채취 기간 중 주 풍향이 45~90° 변할 때	1.2
전 시료채취 기간 중 주 풍향이 변동이 없을 때(45° 미만)	1.0

② 풍속에 대한 보정

풍속 범위	보정계수
풍속이 0.5m/s 미만 또는 10m/s 이상되는 시간이 전 채취시간의 50% 미만일 때	1.0
풍속이 0.5m/s 미만 또는 10m/s 이상되는 시간이 전 채취시간의 50% 이상일 때	1.2

(풍속의 변화 범위가 위 표를 초과할 때는 원칙적으로 다시 측정한다.)

4) 채취유량(흡인공기량)의 계산

$$\text{흡인공기량} = \frac{Q_s - Q_e}{2} \times t$$

Q_s : 채취개시 직후의 유량(m^3/min)

Q_e : 채취종료 직전의 유량(m^3/min)

t : 채취시간(min)

(2) 비산먼지 – 저용량공기시료채취법

이 방법은 환경 대기 중에 부유하고 있는 입자상 물질을 저용량공기시료채취기를 사용하여 여과지 위에 채취하는 방법으로 일반적으로 10μm **이하**의 입자상 물질을 채취하여 질량농도를 측정하거나 입자상 물질 중 금속성분 등의 분석에 이용한다.

(3) 비산먼지 – 베타선법

대기 중에 부유하고 있는 입자상물질을 일정시간 여과지 위에 채취하여 베타선을 투과시켜 입자상 물질의 질량농도를 연속적으로 측정하는 방법이다.

Chapter 03 배출가스 중 암모니아

1. 적용 가능한 시험방법

자외선/가시선분광법 – 인도페놀법이 주 시험방법이며, 시험방법의 정량범위는 표와 같다.

분석방법	정량범위	방법검출한계	정밀도(%RSD)
자외선/가시선분광법 – 인도페놀법	(1.2~12.5)ppm (시료채취량 : 20L, 분석용 시료용액 : 250mL)	0.4ppm	10% 이내

2. 자외선/가시선분광법 – 인도페놀법

(1) 목적

분석용 시료 용액에 페놀–나이트로프루시드소듐 용액과 하이포아염소산소듐 용액을 가하고 암모늄 이온과 반응하여 생성하는 인도페놀류의 흡광도를 측정하여 암모니아를 정량한다.

(2) 적용범위

시료채취량 20L인 경우 시료 중의 암모니아의 농도가 (1.2~12.5)ppm인 것의 분석에 적합하고, 이산화질소가 100배 이상, 아민류가 몇십 배 이상, 이산화황이 10배 이상 또는 황화수소가 같은 양 이상 각각 공존하지 않는 경우에 적용할 수 있다.

Chapter 04 배출가스 중 일산화탄소

1. 적용 가능한 시험방법

자동측정법 – 비분산적외선분광분석법이 주 시험방법이며, 시험방법들의 정량범위는 표와 같다.

분석방법	정량범위	방법검출한계	정밀도(%RSD)
자동측정법 – 비분산적외선분광분석법	(0~1,000)ppm	–	–
자동측정법 – 전기화학식(정전위전해법)	(0~1,000)ppm	–	–
기체크로마토그래피	TCD : 1,000ppm 이상 FID : (1~2,000)ppm	314ppm 0.3ppm	10% 이내

2. 자동측정법 – 비분산적외선분광분석법 – 연속분석방법

(1) 목적

비분산적외선분광분석법은 선택성 검출기를 이용하여 시료 중의 특정 성분에 의한 적외선의 흡수량 변화를 측정하여 시료 중에 들어있는 특정 성분의 농도를 구하는 방법이다.

(2) 적용범위

대기 및 굴뚝 배출가스 중의 오염물질을 연속적으로 측정하는 비분산 정필터형 적외선 가스분석기에 대하여 적용하며, 측정범위는 0~1,000ppm 이하로 한다.

(3) 용어정의

① 비분산
  빛을 프리즘(prism)이나 회절격자와 같은 분산소자에 의해 분산하지 않는 것을 말한다.
② 정필터형
  측정성분이 흡수되는 적외선을 그 흡수 파장에서 측정하는 방식을 말한다.
③ 반복성
  동일한 분석계를 이용하여 동일한 측정대상을 동일한 방법과 조건으로 비교적 단시간에 반복적으로 측정하는 경우로써 개개의 측정치가 일치하는 정도를 말한다.
④ 응답시간
  시료채취부를 통하지 않고 제로가스를 측정기의 분석부에 흘려주다가 갑자기 스팬가스로 바꿔서 흘려준 후, 기록계에 표시된 지시치가 스팬가스 보정치의 90%에 해당하는 지시치를 나타낼 때까지 걸리는 시간을 말한다.

⑤ 교정가스

소급성이 명시된 표준가스를 말한다.

⑥ 스팬가스

분석계를 교정하기 위하여 사용하는 가스로서 측정범위의 70~90%의 표준가스를 말한다.

⑦ 제로가스

분석계를 교정하기 위하여 사용하는 순도가 높고 분석결과에 영향을 주지 않는 가스로서, 0.1ppm 이하 또는 스팬값의 0.1% 이하인 고순도 공기를 말한다.

3. 자동측정법 – 전기화학식(정전위전해법)

(1) 목적

가스 투과성 격막을 통해서 전해조 중의 전해질에 확산 흡수된 일산화탄소를 정전위전해법에 의해서 산화시키고, 그 때에 생기는 전해 전류를 이용하여, 시료 중에 포함된 일산화탄소의 농도를 연속적으로 측정하는 방법이다.

$$CO + H_2O \longrightarrow CO_2 + 2H^+ + 2e^-$$

[주 1] 이 계측기는 소형 경량으로써 이동 측정에 적합하다.

(2) 측정범위

0~1,000ppm 이하로 한다.

(3) 용어정의

① 교정가스

소급성이 명시된 표준가스를 말한다.

② 스팬가스

분석계를 교정하기 위하여 사용하는 가스로서 측정범위의 70~90%의 표준가스를 말한다.

③ 제로가스

분석계를 교정하기 위하여 사용하는 순도가 높고 분석결과에 영향을 주지 않는 가스로서, 0.1ppm 이하 또는 스팬값의 0.1% 이하인 고순도 공기를 말한다.

④ 반복성

동일한 분석계를 이용하여 동일한 측정대상을 동일한 방법과 조건으로 비교적 단시간에 반복적으로 측정하는 경우로써 개개의 측정치가 일치하는 정도를 말한다.

⑤ 응답시간

시료채취부를 통하지 않고 제로가스를 측정기의 분석부에 흘려주다가 갑자기 스팬가스로 바꿔서 흘려준 후, 기록계에 표시된 지시치가 스팬가스 보정치의 90%에 해당하는 지시치를 나타낼 때까지 걸리는 시간을 말한다.

4. 기체크로마토그래피

(1) 목적

열전도도검출기(TCD, thermal conductivity detector) 또는 메테인화 반응장치 및 불꽃이온화 검출기(FID, flame ionization detector)를 구비한 기체크로마토그래프를 이용하여 절대 검정곡선법에 의해 일산화탄소 농도를 구한다.

(2) 적용범위

① **열전도도검출기** : 일산화탄소 농도가 1,000ppm 이상인 시료에 적용한다. 방법검출한계는 314ppm이다.
② **불꽃이온화검출기** : 일산화탄소 농도가 (1~2,000)ppm인 시료에 적용한다. 방법검출한계는 0.3ppm이다.

(3) 기체크로마토그래프

1) 장치

① 검출기
열전도도검출기 또는 메테인화 반응장치가 있는 불꽃이온화검출기를 사용한다. 열전도형검출기는 CO 함유율이 1,000ppm 이상인 경우에 사용한다.
② 분리관
내면을 잘 세척한 안지름 (2~4)mm, 길이 (0.5~1.5)m의 스테인리스강 재질관, 유리관 등을 사용한다.
③ 충전제
합성제올라이트를 사용한다.

2) 기체크로마토그래프 조작

① 분리관 오븐 온도 : 40~250℃
② 운반가스 유량 : 25~50mL/min

(4) 시약 및 표준용액

① 표준가스
소급성이 명시된 가스상 인증표준물질을 구입하여 사용한다.
② 운반가스, 연료가스 및 조연가스
부피분율이 **99.9% 이상의 헬륨, 질소 또는 수소**를 사용한다.

Chapter 05 배출가스 중 염화수소

1. 적용 가능한 시험방법

배출가스 중 염화수소 – 이온크로마토그래피가 주 시험방법이며, 시험방법의 정량범위는 표와 같다.

분석방법	정량범위	방법검출한계
이온크로마토그래피	0.4~7.9ppm	0.1ppm
	(시료채취량 : 20L, 분석용 시료용액 : 100mL)	
	6.3~160ppm	2.0ppm
	(시료채취량 : 20L, 분석용 시료용액 : 250mL)	
싸이오사이안산제이수은 자외선/가시선분광법	2.0~80.0ppm	0.6ppm
	(시료채취량 : 40L, 분석용 시료용액 : 250mL)	

2. 배출가스 중 염화수소 – 이온크로마토그래피

(1) 목적

이 시험기준은 연소 및 화학반응 등에 따라 굴뚝 등으로 배출되는 배출가스 중의 염화수소를 분석하는 방법에 대하여 규정한다. 배출가스에 포함된 가스상의 염화수소를 흡수액을 이용하여 채취한 후 이온크로마토그래프로 농도를 산정한다.

(2) 적용범위

이 시험법은 환원성 황화합물의 영향이 무시되는 경우에 적합하며 2개의 연속된 흡수병에 흡수액(정제수)을 각각 25mL 담은 뒤 20L 정도의 기체 시료를 채취한 다음, 이온크로마토그래프에 주입하여 얻은 크로마토그램을 이용하여 분석한다. 정량범위는 시료기체를 통과시킨 흡수액을 100mL로 묽히고 분석용 시료용액으로 하는 경우 0.4~7.9ppm이다. 동일한 시료채취방법을 적용한 시료용액일지라도 농축 컬럼을 통과시킬 경우 앞에서 제시된 정량범위의 한계 값을 낮출 수 있다. 방법검출한계는 0.1ppm이다.

(3) 간섭물질

① 염화소듐(NaCl), 염화암모늄(NH_4Cl) 등 채취시약에 녹아 염화 이온을 발생시킬 수 있는 입자상물질들이 측정에 영향을 줄 수 있다. 이들 물질의 영향이 의심될 경우 시료채취관 전단에 여과지($0.45\mu m$ 또는 $0.8\mu m$)를 사용하여 영향을 최소화한다.

② 이온크로마토그래피는 환원성 황화물 등의 영향이 무시되는 경우에 적합하다.

3. 배출가스 중 염화수소 - 싸이오사이안산제이수은 자외선/가시선분광법

(1) 목적

이 시험기준은 연소 및 화학반응 등에 따라 굴뚝 등으로 배출되는 배출가스 중의 염화수소를 분석하는 방법에 대하여 규정한다. 싸이오사이안산제이수은 자외선/가시선분광법은 배출가스에 포함된 가스상의 염화수소를 흡수액을 이용하여 채취한 후 자외선/가시선분광법으로 농도를 산정한다.

(2) 적용범위

이 시험법은 이산화황, 기타 할로겐화물, 사이안화물 및 황화합물의 영향이 무시되는 경우에 적합하며, 2개의 연속된 흡수병에 **흡수액(0.1mol/L의 수산화소듐 용액)**을 각각 50mL 담은 뒤 40L 정도의 시료를 채취한 다음, **싸이오사이안산제이수은 용액과 황산철(Ⅱ)암모늄 용액**을 가하여 발색시켜, **파장 460nm**에서 흡광도를 측정한다. 정량범위는 시료기체를 통과시킨 흡수액을 250mL로 묽히고 분석용 시료용액으로 하는 경우 2.0~80.0ppm이며, 방법검출한계는 0.6ppm이다.

(3) 간섭물질

① 염화소듐(NaCl), 염화암모늄(NH_4Cl) 등 채취시약에 녹아 염화 이온을 발생시킬 수 있는 입자상물질들이 측정에 영향을 줄 수 있다. 이들 물질의 영향이 의심될 경우 시료채취관 전단에 여과지($0.45\mu m$ 또는 $0.8\mu m$)를 사용하여 영향을 최소화한다.

② 싸이오사이안산제이수은 자외선/가시선분광법은 이산화황, 기타 할로겐화물, 사이안화물 및 환원성 황화물의 영향이 무시되는 경우에 적합하다.

③ 배출가스 중에 염화수소와 염소가 공존하는 경우에는 삼산화비소(1g/L)를 가한 수산화소듐 용액(0.1mol/L)을 흡수액으로 하여 시료기체를 채취한 뒤 염화 이온(Cl^-) 농도(mg/mL)를 구한다. 동시에 배출가스 중 - 염소에서 규정하는 적용 가능한 시험방법에 따라 시료기체 중의 염소 농도를 측정하고, 염화 이온 농도로부터 염소 농도에 상응하는 염화 이온(Cl^-) 농도(mg/mL)를 빼준 값으로부터 시료기체 중의 염화수소 농도(mg/Sm^3)를 구한다. 사이안화물의 경우는 흡수액에 아세트산염 완충액을 첨가하여 pH 5로 조정하는 것으로 $10^{-5}mol/L$ 정도까지, 황화합물의 경우에는 같은 농도의 과망간산포타슘을 흡수액에 첨가하여 피할 수 있다.

Chapter 06

배출가스 중 염소

1. 적용 가능한 시험방법

자외선/가시선분광법 – 4 –피리딘카복실산 – 피라졸론법이 주 시험방법이며,
시험방법의 정량범위는 표와 같다.

분석방법	정량범위	방법검출한계	정밀도
자외선/가시선분광법 – 오르토돌리딘법	(0.2~5.0)ppm (시료채취량 : 2.5L, 분석용 시료용액 : 50mL)	0.1ppm	10% 이내
자외선/가시선분광법 – 4 –피리딘카복실산 – 피라졸론법	0.08ppm 이상 (시료채취량 : 20L, 분석용 시료용액 : 50mL)	0.03ppm	10% 이내

2. 배출가스 중 염소 – 자외선/가시선분광법 – 오르토톨리딘법

(1) 목적

오르토톨리딘을 함유하는 흡수액에 시료를 통과시켜 얻어지는 발색액의 흡광도를 측정하여
염소를 정량하는 방법이다.

(2) 적용범위

① 시료채취량이 2.5L이고 분석용 시료용액의 양이 50mL인 경우 정량범위는 (0.2
~5.0)ppm이며, 방법검출한계는 0.1ppm이다. 정량범위 상한 값을 넘어서는 경우
분석용 시료용액을 흡수액으로 희석하여 분석할 수 있다.

② 이 방법은 브로민, 아이오딘, 오존, 이산화질소 및 이산화염소 등의 산화성가스나
황화수소, 이산화황 등의 환원성가스의 영향을 무시할 수 있는 경우에 적용한다.

(3) 분석절차

① 시료채취가 끝나면 약 20℃에서 분석용 시료를 10mm 셀에 취한다.

② 대조액으로 흡수액을 사용하여 파장 435nm 부근에서 흡광도를 측정하여 이를 A로
한다.

③ 염소 표준착색용액 조제 후 약 20℃에서 (5~20)min 사이에 같은 조작을 하고 흡
광도를 측정하여 As로 한다.

3. 배출가스 중 염소 – 자외선/가시선분광법 – 4 – 피리딘카복실산 – 피라졸론법

(1) 목적

배출가스 중 염소를 p–톨루엔설폰아마이드 용액으로 흡수하여 클로라민–T로 전환시키고 사이안화포타슘 용액을 첨가하여 염화사이안으로 전환시킨 후, 완충 용액 및 4–피리딘카복실산–피라졸론 용액을 첨가하여 발색시키고 흡광도를 측정하여 염소를 정량한다.

(2) 적용범위

① 시료채취량이 20L이고 분석용 시료용액의 양이 50mL인 경우, 정량범위는 0.08ppm 이상이며 방법검출한계는 0.03ppm이다.

② 배출가스 중 브로민, 아이오딘, 오존, 이산화염소 등의 산화성가스 또는 황화수소, 이산화황 등의 환원성가스가 공존하면 영향을 받으므로 그 영향을 무시하거나 제거할 수 있는 경우에 적용한다. 이산화질소의 영향은 받지 않는다.

Chapter

07 배출가스 중 황산화물

1. 목적

이 시험기준은 연소 등에 따라 굴뚝 등에서 배출되는 배출가스 중의 황산화물($SO_2 + SO_3$)을 분석하는 방법에 대하여 규정한다.

2. 적용 가능한 시험방법

배출가스 중 황산화물 – 자동측정법이 주 시험방법이며, 시험방법들의 정량범위는 표와 같다.

분석방법	분석원리 및 개요	적용범위
자동측정법 – 전기화학식 (정전위전해법)	정전위전해분석계를 사용하여 시료를 가스투과성 격막을 통하여 전해조에 도입시켜 전해액 중에 확산 흡수되는 이산화황을 산화전위로 정전위전해하여 전해 전류를 측정하는 방법	$(0{\sim}1{,}000)$ppm SO_2
자동측정법 – 용액전도율법	시료를 과산화수소에 흡수시켜 용액의 전기전도율 (electro conductivity)의 변화를 용액전도율 분석계로 측정하는 방법	$(0{\sim}1{,}000)$ppm SO_2
자동측정법 – 적외선 흡수법	시료가스를 셀에 취하여 7,300nm 부근에서 적외선 가스분석계를 사용하여 이산화황의 광흡수를 측정하는 방법	$(0{\sim}1{,}000)$ppm SO_2
자동측정법 – 자외선 흡수법	자외선흡수분석계를 사용하여 $(280{\sim}320)$nm에서 시료 중 이산화황의 광 흡수를 측정하는 방법	$(0{\sim}1{,}000)$ppm SO_2
자동측정법 – 불꽃 광도법	불꽃광도검출분석계를 사용하여 시료를 공기 또는 질소로 묽힌 다음 수소 불꽃 중에 도입할 때에 394nm 부근에서 관측되는 발광광도를 측정하는 방법	$(0{\sim}1{,}000)$ppm SO_2
침전적정법 – 아르세나조 Ⅲ법	시료를 과산화수소수에 흡수시켜 황산화물을 황산으로 만든 후 아이소프로필알코올과 아세트산을 가하고 아르세나조 Ⅲ을 지시약으로 하여 아세트산 바륨 용액으로 적정	시료 20L를 흡수액에 통과시켜 250mL로 묽게 하여 분석용 시료용액으로 할 때 전 황산화물의 농도가 약 $(140.0{\sim}700.0)$ppm의 시료에 적용된다. 광도 적정법일 때의 정량 범위는 $(50.0{\sim}700.0)$ppm이다.

3. 배출가스 중 황산화물 – 침전적정법 – 아르세나조 Ⅲ법

(1) 목적

시료를 과산화수소수에 흡수시켜 황산화물을 황산으로 만든 후 아이소프로필알코올과 아세트산을 가하고 아르세나조 Ⅲ을 지시약으로 하여 아세트산바륨 용액으로 적정한다.

(2) 적용범위

① 이 방법은 시료가스 20L를 흡수액에 통과시키고 이 액을 250mL로 묽게 하여 분석용 시료용액으로 할 때 전 황산화물의 농도가 (140~700)ppm의 시료에 적용된다.

② 방법검출한계는 44.0ppm이다.

③ 광도 적정법일 때의 정량범위는 (50.0~700)ppm이며, 방법검출한계는 15.7ppm이다.

4. 배출가스 중 황산화물 - 자동측정법

이 시험방법은 현장에서 이동형 측정기를 사용하여 굴뚝 배출가스 중 황산화물(SO_2)을 자동측정하는 방법에 관하여 규정한다.

(1) 적용 가능한 방법

측정	개요
자동측정법 - 전기화학식 (정전위전해법)	정전위전해분석계를 사용하여 시료를 가스투과성 격막을 통하여 전해조에 도입시켜 전해액 중에 확산 흡수되는 이산화황을 규정된 산화전위로 정전위전해하여 전해전류를 측정하는 방법이다.
자동측정법 - 용액 전도율법	시료를 과산화수소에 흡수시켜 용액의 전기전도율(electro conductivity)의 변화를 용액전도율 분석계로 측정하는 방법이다.
자동측정법 - 적외선 흡수법	시료가스를 셀에 취하여 7,300nm 부근에서 적외선 가스분석계를 사용하여 이산화황의 광흡수를 측정하는 방법이다.
자동측정법 - 자외선 흡수법	자외선 흡수분석계를 사용하여 (280~320)nm에서 시료 중 이산화황의 광흡수를 측정하는 방법이다.
자동측정법 - 불꽃 광도법	불꽃광도검출분석계를 사용하여 시료를 공기 또는 질소로 묽힌 다음 수소불꽃 중에 도입할 때에 394nm 부근에서 관측되는 발광광도를 측정하는 방법이다.

(2) 측정범위

0~1,000ppm으로 이하로 한다.

(3) 간섭물질

① 측정방법별 간섭물질

측정방법	간섭물질
전기화학식(정전위전해법)	황화수소, 이산화질소, 염화수소, 탄화수소, 염소
용액 전도율법	염화수소, 암모니아, 이산화질소, 이산화탄소
적외선 흡수법	수분, 이산화탄소, 탄화수소
자외선 흡수법	이산화질소
불꽃 광도법	황화수소, 이황화탄소, 탄화수소, 이산화탄소

② 수분에 의한 영향

수분에 의한 영향을 최소화하기 위해 시료채취관을 가열하거나, 응축기 및 응축수 트랩을 연결하여 사용한다.

Chapter

08 배출가스 중 질소산화물

1. 적용 가능한 시험방법

배출가스 중 질소산화물 – 자동측정법이 주 시험방법이며, 시험방법들의 정량범위는 표와 같다.

분석방법	분석원리 및 개요	정량범위
자동측정법 – 전기화학식 (정전위 전해법)	가스투과성 격막을 통하여 전해질 용액에 시료가스 중의 질소산화물을 확산·흡수시키고 일정한 전위의 전기에너지를 부가하면 질산이온으로 산화시켜서 생성되는 전해전류로 시료가스 중 질소산화물의 농도를 측정한다.	(0~1,000)ppm
자동측정법 – 화학 발광법	일산화질소와 오존이 반응하여 이산화질소가 될 때 발생하는 발광강도를 (590~875)nm 부근의 근적외선 영역에서 측정하여 시료 중의 일산화질소의 농도를 측정하는 방법이다. 이산화질소는 일산화질소로 환원시킨 후 측정한다.	(0~1,000)ppm
자동측정법 – 적외선 흡수법	일산화질소의 5,300nm 적외선 영역에서 광흡수를 이용하여 시료 중의 일산화질소의 농도를 비분산형 적외선분석계로 측정하는 방법이다. 이산화질소는 일산화질소로 환원시킨 후 측정한다.	(0~1,000)ppm
자동측정법 – 자외선 흡수법	일산화질소는 (195~230)nm, 이산화질소는 (350~450)nm 부근에서 자외선의 흡수량 변화를 측정하여 시료 중의 일산화질소 또는 이산화질소의 농도를 측정하는 방법이다.	(0~1,000)ppm
자외선/가시선분광법 – 아연환원 나프틸에틸렌다이아민법	–	(6.7~230)ppm (시료채취량 : 150mL, 분석용 시료용액 : 20mL)

2. 배출가스 중 질소산화물 – 자외선/가시선분광법 – 아연환원 나프틸에틸렌다이아민법

(1) 목적

시료 중의 질소산화물을 오존 존재 하에서 흡수액에 흡수시켜 **질산 이온**으로 만들고 **분말금속아연**을 사용하여 **아질산 이온으로 환원**한 후 **설파닐아마이드(sulfanilamide) 및 나프틸에틸렌다이아민(naphthylethylene diamine)**을 반응시켜 얻어진 착색의 흡광도로부터 질소산화물을 정량하는 방법으로서 배출가스 중의 질소산화물을 이산화질소로 하여 계산한다.

(2) 적용범위

① 시료채취량 150mL인 경우 시료 중의 질소산화물 농도가 (6.7~230)ppm의 것을 분석하는데 적당하다. 방법검출한계는 2.1ppm이다.

② 2,000ppm 이하의 이산화황은 방해하지 않고 염화 이온 및 암모늄 이온(ammonium)의 공존도 방해하지 않는다.

(3) 분석기기 및 기구

① 광도계

광전광도계(photoelectric photometer) 또는 광녹말광 광도계를 이용한다.

② 시료채취용 주사기

콕이 붙은 부피 200mL 또는 500mL의 유리 주사기를 사용한다.

③ 흡수액 주입용 주사기

부피 20mL 또는 100mL의 유리 주사기를 사용한다.

④ 오존발생장치

오존발생장치는 오존이 (부피분율 1%) 정도의 오존 농도를 얻을 수 있는 것으로써 질소산화물의 생성량이 적고, 그 산포 또한 작은 것이어야 한다.

(4) 시약 및 표준용액

① 흡수액

1L 부피플라스크에 정제수 약 800mL를 넣고 황산(1+17) 5mL를 넣어 정제수로 표선까지 채운다.

② 산소

③ 설파닐아마이드 혼합용액

설파닐아마이드($NH_2C_6H_4SO_2NH_2$) 3.33g을 정확히 달아 염산(1+1) 10mL 및 정제수 50mL를 가하여 녹인다. 별도로 아세트산소듐 3수화물($CH_3CO_2Na \cdot 3H_2O$, sodium acetate, 분자량 : 136.08, 특급) 250g을 정제수 약 400mL에 녹이고 먼저 조제한 설파닐아마이드의 염산 용액을 가한다. 여기에 아세트산 또는 수산화소듐(100g/L) 용액을 가하여 pH (7.0±0.1)로 조절한 후 정제수로 전체량을 1L로 한다.

④ 아연분말(질소산화물 분석용)

시약 1급의 아연분말로써 질산이온의 아질산이온으로의 환원율이 90% 이상인 것을 사용한다.

⑤ 염산(1+1)

염산과 정제수를 1:1 비율로 조제한다.

⑥ 나프틸에틸렌다이아민 용액

나프틸에틸렌다이아민($C_{12}H_{14}N_2 \cdot 2HCl$) 0.1g을 정제수 100mL에 녹인다.

(5) 이산화질소(NO₂) 표준용액

(105~110)℃의 건조기에서 2시간 건조 후 데시케이터에서 냉각한 질산포타슘(KNO₃)을 0.451g을 정확히 달아 1L 부피플라스크에 넣고 정제수에 녹여 1L로 한다. 이 용액 10mL를 1L 부피플라스크에 취하고 정제수로 표선까지 채운다. 이 용액 1mL는 $1\mu L \cdot NO_2(0℃, 760mmHg)$에 상당한다.

3. 배출가스 중 질소산화물 – 자동측정법

이 시험기준은 이동형 측정기를 사용하여 굴뚝배출가스 중 질소산화물(NO, NO₂)을 자동측정하는 방법에 관하여 규정한다.

(1) 적용 가능한 방법

〈 표 8. 자동측정기에 의한 질소산화물 연속측정법 〉

측정방법	개요	측정범위	간섭물질
자동측정법 – 전기화학식 (정전위 전해법)	가스투과성 격막을 통하여 전해질 용액에 시료가스 중의 질소산화물을 확산·흡수시키고 일정한 전위의 전기에너지를 부가하여 질산이온으로 산화시켜서 생성되는 전해전류로 시료가스 중 질소산화물의 농도를 측정한다.	(0~1,000) ppm NO	염화수소, 황화수소, 염소
자동측정법 – 화학 발광법	일산화질소와 오존이 반응하여 이산화질소가 될 때 발생하는 발광강도를 (590~875)nm 부근의 근적외선 영역에서 측정하여 시료 중의 일산화질소의 농도를 측정하는 방법이다. 이산화질소는 일산화질소로 환원시킨 후 측정한다.	(0~1,000) ppm NO	이산화탄소
자동측정법 – 적외선 흡수법	일산화질소의 5,300nm 적외선 영역에서 광흡수를 이용하여 시료 중의 일산화질소의 농도를 비분산형 적외선분석계로 측정하는 방법이다. 이산화질소는 일산화질소로 환원시킨 후 측정한다.	(0~1,000) ppm NO	수분, 이산화탄소, 이산화황, 탄화수소
자동측정법 – 자외선 흡수법	일산화질소는 (195~230)nm, 이산화질소는 (350~450)nm 부근에서 자외선의 흡수량 변화를 측정하여 시료 중의 일산화질소 또는 이산화질소의 농도를 측정하는 방법이다.	(0~1,000) ppm NO	이산화황, 탄화수소

Chapter 09 배출가스 중 이황화탄소

1. 적용 가능한 시험방법

기체크로마토그래피가 주 시험방법이며, 시험방법들의 정량범위는 표와 같다.

분석방법	정량범위	방법검출한계	정밀도
기체크로마토그래피	(0.5~10.0)ppm (FPD)	0.1ppm	10% 이내
자외선/가시선분광법	(4.0~60.0)ppm (시료채취량 : 10L, 시료액량 : 200mL)	1.3ppm	10% 이내

2. 배출가스 중 이황화탄소 – 기체크로마토그래피

(1) 목적

이 시험기준은 화학반응 등에 따라 굴뚝으로부터 배출되는 기체 중의 이황화탄소를 분석하는 방법에 관하여 규정한다. 불꽃광도검출기(flame photometric detector) 혹은 이와 동등 이상의 성능을 갖는 황화물 선택성 검출기[1]나 질량분석기를 구비한 기체크로마토그래프를 사용하여 정량한다.

1) 펄스 불꽃광도검출기(PFPD), 황 발광검출기(SCD), 원자발광검출기(AED)

(2) 적용범위

이 시험기준은 이황화탄소 농도 0.5ppm 이상의 배출 분석에 적합하다. 배출가스 중에 포함된 황화합물의 대부분이 이황화탄소이어서 전(total) 황화물로 측정해도 지장이 없는 경우에는 분리관을 생략한 불꽃광도 검출방식 연속분석계를 사용해도 좋다. 이황화탄소의 방법검출한계는 0.1ppm이다.

(3) 간섭물질

① 수분에 의한 간섭

기체크로마토그래피로 분석 시 대기 중 시료는 항시 수분을 포함하고 있으므로 상대 습도가 높은 경우에는 시료의 농축과정 전에 수분을 제거하여 수분으로 인한 농축과정의 영향을 최소화 하여야 한다. 수분에 의한 영향은 채취관(probe), 연결 부위 등의 가열을 통하여 제거할 수 있으며 대개 sample line을 가열을 통해 제거할 수 있다.

② 일산화탄소와 이산화탄소에 의한 간섭

일산화탄소(CO)와 이산화탄소(CO_2)는 불꽃광도검출기(FPD) 감도 감소에 상당한 영향을 준다. 그러므로 GC/FPD 분석시 이황화탄소(CS_2)가 일산화탄소(CO)와 이산화탄소(CO_2)로부터 완전히 분리된 조건에서 분석이 되어야 한다. 분리가 어려운 경우에는 GC/MS로서 MS의 선택적 검출에 의해서 이황화탄소(CS_2)를 분석하여야 한다.

③ 이산화황(SO_2)에 의한 간섭

이산화황(SO_2)은 특정 간섭 물질이 아니나 다른 화합물에 비해 많은 영향을 미친다. 그러므로 이산화황 스크러버를 사용하여 시료에서 이산화황을 제거한 후 GC/FPD 분석을 하거나, 기체크로마토그래프 컬럼에서 이산화황과 이황화탄소가 충분히 분리된 조건에서 분석을 하여야 한다. 분리가 어려운 경우에는 기체크로마토그래프/질량분석기로서 선택적 검출에 의해서 이황화탄소를 분석하여야 한다.

④ 황 원소에 의한 간섭

시료채취 과정에서의 가스상 황이 많은 경우에는 응축으로 인하여 여과재가 막힐 수 있으므로, 여과재를 주기적으로 관리하고 적시에 교체하여야 한다.

⑤ 알칼리미스트에 의한 간섭

몇몇 제어장치에서 배출되는 알칼리미스트(alkali mist)는 이산화황 스크러버에서 pH 상승을 유발하여 낮은 시료 회수율을 초래한다. 매 분석마다 이산화황 스크러버를 교체한다면 이러한 영향을 줄일 수 있을 것이다.

3. 배출가스 중 이황화탄소 – 자외선/가시선분광법

(1) 목적

이 시험기준은 화학반응 등에 따라 굴뚝으로부터 배출되는 기체 중의 이황화탄소를 분석하는 방법에 관하여 규정한다. 다이에틸아민구리 용액에서 시료가스를 흡수시켜 생성된 다이에틸다이싸이오카밤산구리의 흡광도를 435nm의 파장에서 측정하여 이황화탄소를 정량한다.

(2) 적용범위

이 시험기준은 시료가스 채취량 10L인 경우 배출가스 중의 이황화탄소 농도가 (4.0~60.0) ppm인 것의 분석에 적합하다. 이황화탄소의 방법검출한계는 1.3ppm이다.

(3) 간섭물질

① 황화수소에 의한 간섭

시료에 황화수소가 포함되어 있으면 시료의 흡광도 측정 시 영향을 미쳐 정확한 농도를 알 수 없다. 황화수소는 아세트산카드뮴 용액을 사용하여 제거 할 수 있다.

Chapter 10

배출가스 중 황화수소

1. 적용 가능한 시험방법

자외선/가시선분광법 – 메틸렌블루법이 주 시험방법이며, 시험방법들의 정량범위는 표와
같다.

분석방법	정량범위	방법검출한계	정밀도
자외선/가시선분광법 – 메틸렌블루법	(1.7~140)ppm (시료채취량 : (0.1~20)L, 분석용 시료용액 : 200mL 또는 20mL)	0.5ppm	10% 이내
기체크로마토그래피	0.5ppm 이상 (시료채취주머니 채취 및 직접주입)	0.2ppm	10% 이내

2. 배출가스 중 황화수소 – 자외선/가시선분광법 – 메틸렌블루법

(1) 목적

배출가스 중의 황화수소를 **아연아민착염 용액**에 흡수시켜 **p–아미노다이메틸아닐린 용액**과
염화철(Ⅲ) 용액을 가하여 생성되는 **메틸렌블루**의 흡광도를 측정하여 황화수소를 정량한다.

(2) 적용범위

① 이 시험기준은 시료가스 채취량이 (0.1~20)L인 경우 시료 중의 황화수소가
(1.7~140)ppm 함유되어 있는 경우의 분석에 적합하다. 방법검출한계는 0.5ppm
이다.

② 황화수소의 농도가 140ppm 이상인 것에 대하여는 분석용 시료용액을 흡수액으로
적당히 묽게 하여 분석에 사용할 수가 있다.

3. 배출가스 중 황화수소 – 기체크로마토그래피

(1) 목적

배출가스 중 황화수소를 시료채취 주머니에 채취하여 충분한 분리능을 가질 수 있는 분리관
(column)으로 분리하고 불꽃광도검출기(flame photometric detector) 또는 동등 이상의 성
능을 갖는 검출기를 구비한 기체크로마토그래프로 황화수소를 정량한다.

(2) 적용범위

① 정량범위는 0.5ppm 이상이며 방법검출한계는 0.2ppm이다.

② 배출가스 중 **일산화탄소, 이산화탄소 또는 수분** 등이 공존하면 영향을 받으므로 그 영향을 무시하거나 제거할 수 있는 경우에 적용한다.

(3) 간섭물질

① 황화수소 머무름시간과 이산화황 및 카보닐황화물(carbonyl sulfide) 머무름시간을 비교하여 충분한 분리능을 가질 수 있는지 확인한다.

② 배출가스 중 이산화황의 공존으로 분리능 등에 영향이 예상되는 경우에는 시트르산 완충 용액을 통과시킨 배출가스를 채취한다.

Chapter 11

배출가스 중 플루오린화합물

1. 적용 가능한 시험방법

자외선/가시선분광법이 주 시험방법이며, 시험방법들의 정량범위는 표와 같다.

분석방법	정량범위	방법검출한계
자외선/가시선분광법	0.05~7.37ppm (시료채취량 : 80L, 분석용 시료용액 : 250mL)	0.02ppm
적정법	0.60~4200ppm (시료채취량 : 40L, 분석용 시료용액 : 250mL)	0.20ppm
이온선택전극법	7.37~737ppm (시료채취량 : 40L, 분석용 시료용액 : 250mL)	2.31ppm

2. 배출가스 중 플루오린화합물 – 자외선/가시선분광법

(1) 목적

① 이 시험기준은 굴뚝 등에서 배출되는 배출가스 중의 무기 플루오린화합물을 플루오린화 이온으로 분석하는 데 목적이 있다.

② 굴뚝에서 적절한 시료채취장치를 이용하여 얻은 시료 흡수액을 일정량으로 묽게 한 다음 완충액을 가하여 pH를 조절하고 란타넘과 알리자린콤플렉손을 가하여 생성되는 생성물의 흡광도를 분광광도계로 측정하는 방법이다. 흡수 파장은 **620nm**를 사용한다.

(2) 적용범위

① 이 방법은 연료 및 기타 물질의 연소, 금속의 제련과 가공, 이화학적 처리 등에 의해 굴뚝, 덕트 등으로부터 배출되는 기체 중의 플루오린화합물을 분석하는 데 사용된다.

② 이 시험기준은 시료채취량 80L인 경우 정량범위는 플루오린화합물로서 (0.05~7.37)ppm이며, 방법검출한계는 0.02ppm이다.

(3) 간섭물질

시료가스 중에 **알루미늄(III), 철(II), 구리(II), 아연(II) 등의 중금속** 이온이나 인산 이온이 존재하면 방해 효과를 나타낸다. 따라서 적절한 증류 방법을 통해 플루오린화합물을 분리한 후 정량하여야 한다.

(4) 흡수액

수산화소듐 용액(0.1N)

(5) 배출가스 중의 플루오린화합물 농도 계산법

$$C = \frac{(a-b) \times \dfrac{250}{v}}{V_s} \times 1,000 \times \frac{22.4}{19}$$

C : 플루오린화합물의 농도(ppm 또는 μmol/mol)

a : 분석용 시료용액의 플루오린화 이온 질량(mg)

b : 현장바탕 시료용액의 플루오린화 이온 질량(mg)

V_s : 표준상태 건조가스 시료채취량(L)

v : 분석용 시료용액 중 정량에 사용한 부피(mL)

250 : 분석용 시료용액의 전체 부피(mL)

3. 배출가스 중 플루오린화합물 – 적정법

(1) 목적

① 이 시험기준은 굴뚝 등에서 배출되는 배출가스 중의 무기 플루오린화합물을 플루오린화 이온으로 분석하는 데 목적이 있다.

② 이 방법은 플루오린화 이온을 방해 이온과 분리한 다음, 완충액을 가하여 pH를 조절하고 **네오토린**을 가한 다음 **질산토륨** 용액으로 적정하는 방법이다.

(2) 적용범위

① 이 방법은 연료 및 기타 물질의 연소, 금속의 제련과 가공, 이화학적 처리 등에 의해 굴뚝, 덕트 등으로부터 배출되는 기체 중의 플루오린화합물을 분석하는 데 사용된다.

② 이 방법의 정량범위는 HF로서 0.60~4,200ppm이고, 방법검출한계는 0.20ppm이다.

(3) 간섭물질

① 시료가스 중에 알루미늄(III), 철(II), 구리(II), 아연(II) 등의 중금속 이온이나 인산 이 온이 존재하면 방해 효과를 나타낸다. 따라서 적절한 증류 방법을 통해 플루오린화합물을 분리한 후 정량하여야 한다.

② 황산염이나 아황산염에 의한 방해는 전처리 과정 중 30% H_2O_2에 의해 제거시킬 수 있다.

③ 잔류염소에 의한 방해는 염산하이드록실아민 용액을 첨가함으로써 제거할 수 있다.

(4) 배출가스 중의 플루오린화합물 농도 계산법

$$C = \frac{(a-b) \times \frac{250}{v}}{V_s} \times f \times 1,000 \times \frac{19}{20}$$

C : 플루오린화합물의 농도(ppm 또는 μmol/mol)

a : 분석용 시료용액의 적정에 쓰인

0.025mol/L 질산토륨 용액 부피(mL)

b : 현장바탕 시료용액의 적정에 쓰인

0.025mol/L 질산토륨 용액 부피(mL)

f : 0.025mol/L 질산토륨 용액 1mL에 상당하는

플루오린화수소의 양(mL)

V_s : 표준상태 건조가스 시료채취량(L)

v : 분석용 시료용액 중 정량에 사용한 부피(mL)

250 : 분석용 시료용액의 전체 부피(mL)

4. 배출가스 중 플루오린화합물 – 이온선택전극법

(1) 목적

① 이 시험기준은 굴뚝 등에서 배출되는 배출가스 중의 무기 플루오린화합물을 플루오린화 이온으로 분석하는 데 목적이 있다.

② 굴뚝에서 적절한 시료채취장치를 이용하여 얻은 시료 흡수액을 플루오린화 이온 전극을 이용하여 전기전도도를 측정하는 방법이다.

(2) 적용범위

① 이 방법은 연료 및 기타 물질의 연소, 금속의 제련과 가공, 이화학적 처리 등에 의해 굴뚝, 덕트 등으로부터 배출되는 기체 중의 플루오린화합물을 분석하는 데 사용된다.

② 이 시험기준은 시료채취량 40L인 경우 정량범위는 플루오린화합물로서 (7.37~737)ppm이며, 방법검출한계는 2.31ppm이다.

(3) 간섭물질

시료가스 중에 알루미늄(III), 철(II) 등의 중금속 이온이 공존하면 영향을 받는다. 따라서 2종류의 이온세기조절용 완충용액을 가했을 때 전위차가 3mV를 초과하면 증류법에 의해 플루오린화합물을 분리한 후 정량한다.

Chapter 12 배출가스 중 사이안화수소

1. 적용 가능한 시험방법

자외선/가시선분광법 – 4 – 피리딘카복실산 – 피라졸론법이 주 시험방법이며, 시험방법들의 정량범위는 표와 같다.

분석방법	정량범위	방법검출한계	정밀도
자외선/가시선분광법- 4-피리딘카복실산-피라졸론법	0.05~8.61ppm (시료채취량 : 10L, 분석용 시료용액 : 250mL)	0.02ppm	10% 이내
연속흐름법	0.11ppm 이상 (시료채취량 : 20L, 분석용 시료용액 : 250mL)	0.03ppm	10% 이내

2. 배출가스 중 사이안화수소 – 자외선/가시선분광법 – 4 – 피리딘카복실산 – 피라졸론법

(1) 목적

이 방법은 사이안화수소를 흡수액에 흡수시킨 다음 이것을 발색시켜서 얻은 발색액에 대하여 흡광도를 측정하여 사이안화수소를 정량한다.

(2) 적용범위

① 시료채취량이 10L이고 분석용 시료용액의 양이 250mL인 경우 정량범위는 (0.05~8.61)ppm이며, 방법검출한계는 0.02ppm이다. 정량범위 상한 값을 넘어서는 경우 분석용 시료용액을 수산화소듐 용액(4g/L)으로 희석하여 분석할 수 있다.

② 배출가스 중 염소 등의 산화성가스 또는 알데하이드류, 황화수소, 이산화황 등의 환원성가스가 공존하면 영향을 받으므로 그 영향을 무시하거나 제거할 수 있는 경우에 적용한다.

(3) 간섭물질

① 배출가스 중 알데하이드류가 공존할 경우 흡수액 100mL에 에틸렌다이아민 용액(35g/L) 2mL를 첨가하여 채취한다.

② 배출가스 중 염소 등의 산화성가스가 공존할 경우 흡수액 100mL에 삼산화비소 용액 0.1mL를 첨가하여 채취한다.

(4) 시약 및 표준용액

        ① 흡수액 : 수산화소듐

        ② p-다이메틸아미노벤질리덴로다닌 – 아세톤 용액

        ③ 에틸렌다이아민 용액

        ④ 삼산화비소 용액

        ⑤ 4-피리딘카복실산 – 피라졸론 용액

        ⑥ 덱스트린 용액   ⑦ 플루오레세인소듐 용액

        ⑧ 질산은 용액   ⑨ 아세트산(1+1), 아세트산(1+8)

        ⑩ 페놀프탈레인 용액(1g/L)   ⑪ 인산이수소포타슘 용액

        ⑫ 인산염 완충액(pH 7.2)   ⑬ 클로라민 – T 용액

3. 배출가스 중 사이안화수소 – 연속흐름법

(1) 목적

배출가스 중 사이안화수소를 수산화소듐 용액으로 흡수하여 완충 용액을 첨가한 후 자외선 분해 및 가열 증류 방식 또는 자외선 분해 및 소수성 막에 의한 가스 확산 방식으로 다시 사이안화수소로 유출시키고 완충 용액 및 클로라민-T 용액을 첨가하여 염화사이안으로 전환시킨 후 발색 용액을 첨가하여 발색시키고 흡광도를 측정하여 사이안화수소를 정량한다.

(2) 적용범위

        ① 시료채취량이 20L이고 분석용 시료용액의 양이 250mL인 경우, 정량범위는 0.11ppm 이상이며 방법검출한계는 0.03ppm이다.

        ② 배출가스 중 염소 등의 산화성가스 또는 알데하이드류, 황화수소, 이산화황 등의 환원성가스가 공존하면 영향을 받으므로 그 영향을 무시하거나 제거할 수 있는 경우에 적용한다.

(3) 간섭물질

        ① 배출가스 중 알데하이드류가 공존할 경우에는 흡수액 100mL에 에틸렌다이아민 용액(35g/L) 2mL를 첨가하여 채취한다.

        ② 배출가스 중 염소 등의 산화성가스가 공존할 경우에는 흡수액 100mL에 삼산화비소 용액 0.1mL를 첨가하여 채취한다.

(4) 시약

        ① 흡수액 : 수산화소듐(NaOH)

        ② p-다이메틸아미노벤질리덴로다닌-아세톤 용액

        ③ 에틸렌다이아민 용액   ④ 삼산화비소 용액

        ⑤ 수산화소듐 용액   ⑥ 덱스트린 용액

        ⑦ 플루오레세인소듐 용액   ⑧ 질산은 용액

        ⑨ 분석기기용 시약

Chapter 13

배출가스 중 매연

1. 목적

이 시험기준은 굴뚝 등에서 배출되는 매연을 링겔만 매연 농도표(Ringelman smoke chart)에 의해 비교 측정하기 위한 시험방법이다.

2. 용어정의

① 링겔만 매연 농도표

링겔만(Ringelman)이라는 사람이 창안한 방법으로 매연의 정도에 따라 색이 진하고 연하게 나타나며, 이를 링겔만 표준 농도표와 비교하여 매연 농도를 측정한다.

② 매연

공기 중에 부유하며 강하게 빛을 흡수 및 산란하는 미립자상 물질을 말하며 기본적인 형태로 탄소를 포함한다.

3. 측정위치의 선정

될 수 있는 한 바람이 불지 않을 때 굴뚝 배경의 검은 장해물을 피한다. **연기의 흐름에 직각인 위치**에 **태양광선을 측면으로 받는 방향**으로부터 농도표를 측정자의 앞 16m에 놓고 200m 이내 (가능하면 연도에서 16m)의 적당한 위치에 서서 굴뚝배출구에서 (30~45)cm 떨어진 곳의 농도를 측정자의 눈높이의 **수직**이 되게 관측 비교한다.

4. 측정방법

(1) 링겔만 매연 농도법

보통 가로 14cm 세로 20cm의 백상지에 각각 0mm, 1.0mm, 2.3mm, 3.7mm, 5.5mm 전폭의 격자형 흑선을 그려 백상지의 흑선부분이 전체의 0%, 20%, 40%, 60%, 80%, 100%를 차지하도록 하여 이 흑선과 굴뚝에서 배출하는 매연의 검은 정도를 비교하여 각각 (0~5)도까지 **6종**으로 분류한다.

(2) 불투명도법

① 코크스로, 용광로 등을 사용하는 제철업 및 제강업종에서 입자상 물질이 시설로부터 제일 많이 새어나오는 곳을 대상으로 하여 측정한다. 이때 태양은 측정자의 좌측 또는 우측에 있어야 하고 측정자는 시설로부터 배출가스를 분명하게 관측할 수 있는 거리에 위치해야 한다. (그 거리는 아무리 멀어도 1km를 넘지 않아야 한다.)

② 불투명도 측정은 **링겔만 매연농도표 또는 매연 측정기(smoke Scope)를 이용하여 30초 간격으로 비탁도를 측정**한 다음 불투명도 측정용지(별지서식)에 기록한다. **비탁도는 최소 0.5° 단위로 측정값을 기록하며 비탁도에 20%를 곱한 값을 불투명도 값으로 한다.**

5. 배출가스 중 매연 – 광학기법

(1) 목적

이 시험기준은 굴뚝 등에서 배출되는 매연을 측정하는 방식으로 광학기법을 이용하여 불투명도를 산정하는 것을 목적으로 한다.

(2) 적용 범위

굴뚝, 플레어스택 등에서 배출되는 매연을 측정하는 광학기법에 대하여 적용한다.

(3) 불투명도

대기 중 배출되는 가스 흐름을 투과해서 물체를 식별하고자 할 때 불명확하게 하는 정도를 말하며, 매연이 배출되는 지점과 배경지점을 카메라로 촬영한 후, 비교하여 산정하며, 결과는 **0~100% 사이에서 5% 단위로 나타낸다.**

Chapter 14

배출가스 중 산소

1. 적용 가능한 방법

자동측정법 – 전기화학식이 주 시험방법이며, 시험방법들의 정량범위는 표와 같다.

분석방법		정량범위
자동측정법	전기화학식	(0~25.0)%
	자기식(자기풍)	(0~5.0)%
	자기식(자기력)	(0~10.0)%

2. 배출가스 중 산소 – 자동측정법 – 전기화학식

(1) 목적

① 이 방법은 산소의 전기화학적 산화환원 반응을 이용하여 산소농도를 연속적으로 측정한다.

② 전극방식과 질코니아 방식이 있다.

(2) 적용범위

1) 질코니아 방식

이 방식은 고온에서 산소와 반응하는 가연성가스(일산화탄소, 메테인 등) 또는 질코니아 소자를 부식시키는 가스(SO_2 등)의 영향을 무시할 수 있는 경우 또는 그 영향을 제거할 수 있는 경우에 적용한다.

2) 전극방식

① 이 방식에서는 **산화환원반응을 일으키는 가스(SO_2, CO_2 등)의 영향을 무시할 수 있는 경우** 또는 영향을 제거할 수 있는 경우에 적용할 수 있다.

② 이 방식은 가스투과성격막을 통하여 전해조 중에 확산 흡수된 산소가 고체전극 표면위에서 환원될 때 생기는 잔해전류를 검출한다.

③ 이 방식에서는 외부로부터 환원전위를 주는 정전위 전해형 및 폴라로그래프(polarography)형과 갈바니(galvani) 전지를 구성하는 갈바니 전지형이 있다.

④ **전극방식 : 정전위 전해형, 폴라로그래프(polarography)형, 갈바니 전지형**

3. 배출가스 중 산소 – 자동측정법 – 자기식

(1) 개요

1) 목적

① 이 방법은 상자성체인 산소분자가 자계 내에서 자기화 될 때 생기는 흡입력을 이용하여 산소농도를 연속적으로 구한다.

② 자기풍 방식과 자기력 방식이 있다.

2) 적용범위

① 이 방식은 **체적자화율이 큰 가스**(일산화질소, NO)의 영향을 무시할 수 있는 경우에 적용할 수 있다.

② **측정범위 : 자기풍 0~5.0% 이하, 자기력 0~10.0% 이하**

(2) 배출가스 중 산소 – 자동측정법 – 자기식(자기풍)

1) 자기풍 방식

이 방식은 자계 내에서 흡입된 산소분자의 일부가 가열되어 자기성을 잃는 것에 의하여 생기는 자기풍의 세기를 열선소자에 의하여 검출한다.

2) 자기식 산소측정기 – 자기풍 분석계

자기풍 분석계는 **측정셀, 비교셀, 열선소자, 자극 증폭기** 등으로 구성된다.

① 측정셀

측정셀은 자극과 열선소자에 의하여 산소분자의 자기화와 자기화의 소멸을 행하여 **자기풍을 발생**하는 부분이다.

② 비교셀

비교셀은 열선소자에 의하여 시료가스의 **열대류**가 일어나게 하는 부분이다.

③ 자극

자극은 **자계를 발생**시키기 위한 것으로 원칙적으로는 영구자석을 사용한다.

④ 열선소자

열선소자는 전기저항이 크고 가는 금속선으로 일정전류에 의하여 시료를 가열함과 동시에 시료기류의 **빠른** 속도를 검출하는 소자의 기능도 갖는다.

(3) 배출가스 중 산소 – 자동측정법 – 자기식(자기력)

1) 자기력의 방식

이 방식은 **덤벨형과 압력검출형**으로 나뉘며 다음과 같다.

가) 덤벨형

이 방식은 덤벨(dumb-bell)과 시료 중의 산소와의 자기화 강도의 차에 의하여 생기는 덤벨의 편위량을 검출한다. 덤벨형 자기력 분석계는 측정셀, 덤벨, 자극편, 편위검출부, 증폭기 등으로 구성된다.

① 측정셀

측정셀은 시료 유통실로서 자극사이에 배치하여 덤벨 및 불균형 자계발생 자극편을 내장한 것을 말한다.

② **덤벨**

덤벨은 **자기화율이 적은 석영** 등으로 만들어진 중공의 구체를 막대 양 끝에 부착한 것으로 **질소 또는 공기를 봉입**한 것을 말한다.

③ 자극편

자극편은 외부로부터 영구자석에 의하여 자기화되어 불균등 자장을 발생하는 것을 말한다.

④ 편위검출부

편위검출부는 덤벨의 편위를 검출하기 위한 것으로 광원부와 덤벨봉에 달린 거울에서 반사하는 빛을 받는 수광기로 된다.

⑤ 피드백코일

피드백코일은 편위량을 없애기 위하여 전류에 의하여 자기를 발생시키는 것으로 일반적으로 백금선이 이용된다.

나) 압력검출형

이 방식은 **주기적으로 단속하는 자계 내에서 산소분자에 작용하는 단속적인 흡입력을 자계 내에 일정유량으로 유입하는 보조가스의 배압변화량으로서 검출**한다. 압력검출형 자기력 분석계는 측정셀, 자극보조가스용 조리개, 검출소자, 증폭기 등으로 구성된다.

① 측정셀

측정셀은 자기화율이 적은 재질로 만들어진 시료가스 유통실로 그 일부를 자극사이에 배치한다.

② 자극

자극은 전자 코일에 주기적으로 단속하여 흐르는 전류에 의하여 자기화가 촉진되어 측정셀의 일부에 단속적인 불균형자계를 발생시키는 것이다.

③ 검출소자

검출소자는 시료가스에 작용하는 단속적인 흡입력을 보조가스용 조리개의 배압의 차로서 검출하는 것으로 소자에는 원칙적으로 압력검출형 또는 열식유량계형이 사용된다. 또 보조가스에는 질소, 공기 등을 사용한다.

Chapter 15

유류 중의 황함유량 분석방법

이 시험기준은 연료용 유류 중의 황함유량을 측정하기 위한 분석방법에 대하여 규정한다.

1. 적용 가능한 시험방법

유류 중 황함유량 분석을 위한 시료는 일반적으로 두 가지 방법에 의해 분석된다.

분석 방법의 종류	황함유량에 따른 적용 구분	방법검출한계	적용 유류
연소관식 공기법(중화적정법)	질량분율 0.010% 이상	0.003%	원유·경유·중유 등
방사선식 여기법(기기분석법)	질량분율 (0.030~5.000)%	0.009%	

2. 유류 중의 황함유량 분석방법 – 연소관식 공기법

(1) 적용범위

이 시험기준은 원유, 경유, 중유 등의 황함유량을 측정하는 방법을 규정하며 유류 중 황함유량이 질량분율 0.010% 이상의 경우에 적용하며 방법검출한계는 질량분율 0.003%이다. 950~1,100℃로 가열한 석영 재질 연소관 중에 공기를 불어넣어 시료를 연소시킨다. 생성된 **황산화물을 과산화수소(3%)에 흡수시켜 황산으로 만든 다음, 수산화소듐** 표준액으로 중화적정하여 황함유량을 구한다.

(2) 간섭물질

이 시험기준은 원유, 경유, 중유에 질량분율 0.010% 이상 포함한 황분을 분석하는 방법이지만, 다음을 포함한 첨가제가 든 시료에는 적용할 수 없다.

〈 표 9. 간섭물질 〉

방해요소	첨가제
불용상 황산염을 만드는 금속	Ba, Ca 등
연소되어 산을 발생시키는 원소	P, N, Cl 등

3. 유류 중의 황함유량 분석방법 – 방사선 여기법

(1) 적용범위

① 이 시험기준은 원유, 경유, 중유 등의 황함유량을 측정하는 방법을 규정하며 유류 중 황함유량이 질량분율 0.030~5.000%인 경우에 적용하며 방법검출한계는 질량 분율 0.009%이다. 시료에 방사선을 조사하고, 여기된 황의 원자에서 발생하는 형광 X선의 강도를 측정한다. 시료 중의 황함유량은 미리 표준시료를 이용하여 작성된 검정곡선으로 구한다.

② 시험 결과의 정확(편차)성의 점검에는 황함유량 표준차를 인정하는 표준시료를 이용하면 좋다.

(2) 간섭물질

방사선 여기법은 중금속 첨가물(알킬납, 윤활유 첨가제 등)을 포함한 시료에는 적용할 수 없는 경우가 있다.

Chapter 16

배출가스 중 미세먼지(PM-10 및 PM-2.5)

1. 목적

이 시험기준은 연소시설, 폐기물소각시설 및 기타 산업공정의 배출시설을 대상으로 굴뚝 배출가스의 입자상 물질 중 공기역학적 직경이 $10\mu m$(이하 PM-10)와 $2.5\mu m$(이하 PM-2.5) 이하인 미세먼지에 대한 측정을 수행하는 경우에 대하여 규정한다.

2. 적용범위

이 방법은 응축성 먼지는 고려하지 않고 여과성 먼지(필터 또는 싸이클론/필터 조합을 통과하지 못하는 물질) 측정에만 적용된다. 농도 표시는 표준상태(0℃, 760mmHg)의 건조배출가스 $1Sm^3$ 중에 함유된 먼지의 중량으로 표시한다.

3. 적용제한

① 배출가스 온도가 260℃를 초과할 경우 적합하지 않을 수 있다.
② 시료채취장치(싸이클론 및 여과지홀더)의 길이(450mm)와 장치에 의한 가스 흐름의 영향을 최소화하기 위하여 610mm 이상의 굴뚝(덕트) 내경이 필요하다.
③ 시료채취장치(노즐 및 싸이클론)의 원활한 입출을 위한 측정공의 직경은 160mm 이상이어야 한다.
④ 습식 방지시설을 사용하는 경우 배출가스가 포화수증기 상태에서는 수분의 영향으로 측정오차가 클 수 있으므로 적합하지 않다.

4. 측정방법의 종류

① 반자동식 채취기에 의한 방법
② 수동식(조립) 채취기에 의한 방법
③ 자동식 채취기에 의한 방법

5. 농도 계산

배출가스 중의 PM-10, PM-2.5 농도는 다음 식에 의해 소수점 둘째 자리까지 계산하고 소수점 첫째자리까지 표기한다.

$$C_n = \frac{m_d}{V_m' \times \dfrac{273}{273+\theta_m} \times \dfrac{P_a + \Delta H/13.6}{760}} \times 10^3$$

C_n : PM-10, PM-2.5 농도(mg/Sm^3)

m_d : 채취된 먼지량(mg)

V_m' : 건식가스미터에서 읽은 가스시료 채취량(L)

θ_m : 건식가스미터의 평균온도(℃)

P_a : 측정공 위치에서의 대기압(mmHg)

ΔH : 오리피스 압력차(mmH_2O)

Chapter

17

배출가스 중 하이드라진

1. 배출가스 중 하이드라진 – 황산함침여지채취 – 고성능액체크로마토그래피

(1) 목적

이 방법은 굴뚝배출가스 중 하이드라진(hydrazine, NH_2NH_2)의 농도를 측정하기 위한 시험 방법으로 굴뚝 배출가스 중 하이드라진의 시료를 황산(sulfuric acid, H_2SO_4)으로 처리한 유리섬유필터에 채취하여 각 성분을 액체크로마토그래프(LC, Liquid Chromatograph)에 의해 분리한 후 자외선 검출기(Ultraviolet Detector)에 의해 측정한다.

(2) 적용범위

이 방법은 산업시설 등에서 덕트 또는 굴뚝으로 배출되는 배출가스 중 하이드라진을 황산으로 처리한 유리섬유필터에 시료를 채취하는 방법이며 목표농도는 시료채취량이 240L인 경우 $0.03ppm(39.0\mu g/m^3)\sim1.00ppm(1.3mg/m^3)$ 수준으로 수분이 적은 저농도 수준의 시료에 적용할 수 있다. 방법검출한계는 0.01ppm이다.

(3) 간섭물질

1) 시료채취 상의 간섭물질

채취된 배출가스 시료 내에 황산과 반응하는 간섭물질이 있는 경우 황산의 감소로 인한 하이드라진의 농축량이 적어져서 유리섬유필터 채취과정에서 하이드라진의 파과가 일어날 수 있다. 또한 하이드라진이나 황산염 하이드라진(hydrazine sulfate, $NH_2NH_2 \cdot H_2SO_4$)과 반응하는 간섭물질이 시료에 공존하는 경우에는 측정결과에 영향을 줄 수 있다. 그러므로 이러한 간섭물질은 기록하여 결과와 함께 보고하여야 한다.

2) 분석 상의 간섭물질

① 300nm UV 검출기에서 감응을 나타내고 benzalazine($C_{14}H_{12}N_2$)의 일반적인 머무름 시간(RT, Retention Time)과 같은 RT를 갖는 화합물이 간섭물질로 존재할 수 있다. 가능성이 있는 간섭물질들을 제출한 시료와 함께 실험실에 보고해야 하며, 시료를 추출하기 전에 간섭물질의 영향을 배제할 수 있는 방법을 고려하여야 한다.

② LC의 분석조건은 간섭물질을 피할 수 있도록 한다.

③ 필요한 경우, 분석과정에서 간섭을 일으킬 수 있는 모든 시약의 점검과 순도를 확인해야 한다.

2. 배출가스 중 하이드라진 – HCl 흡수액 – 고성능액체크로마토그래피

(1) 목적

이 방법은 굴뚝배출가스 하이드라진(NH_2NH_2, hydrazine)의 농도를 측정하기 위한 시험방법으로 굴뚝배출 가스 중 하이드라진을 염산(HCl, hydrochloric acid)을 흡수액으로 하여 채취하고 목표성분을 액체크로마토그래프(LC, Liquid Chromatograph) 시스템에 의해 분리한 후 자외선 검출기(UV, Ultraviolet Detector)에 의해 측정한다.

(2) 적용범위

이 방법은 산업시설 등에서 덕트 또는 굴뚝으로 배출되는 배출가스 중 하이드라진을 염산을 흡수액으로 하여 채취하고 HPLC–UV 시스템으로 분석하는 방법에 관하여 규정한다. 목표농도는 100L 배출가스 시료에 대해서 (0.07~3.00)ppm, (0.09~4.00mg/m^3)이고 15L 배출가스 시료에 대해서 (0.45~21.0)ppm, (0.6~27.0mg/m^3)이다. 방법검출한계는 100L 배출가스 시료에 대해서 0.02ppm이다.

(3) 간섭물질

① 자외선 검출기의 300nm 파장에서 감응을 나타내고 benzlalzine($C_{14}H_{12}N_2$)의 일반적인 머무름시간(RT, Retention Time)과 같은 RT를 갖는 화합물이 간섭물질로 존재할 수 있다. 가능성이 있는 간섭물질들을 제출한 시료와 함께 실험실에 보고해야 하며, 시료를 추출하기 전에 간섭물질의 영향을 배제할 수 있는 방법을 고려하여야 한다.

② LC의 분석조건은 간섭물질을 피할 수 있도록 한다.

③ 필요한 경우, 분석과정에서 간섭을 일으킬 수 있는 모든 시약을 점검하고, 순도를 확인해야 한다.

3. 배출가스 중 하이드라진 – HCl 흡수액 – 기체크로마토그래피

(1) 목적

이 방법은 굴뚝배출가스 하이드라진(H_2NNH_2)의 농도를 측정하기 위한 시험방법으로 굴뚝배출 가스 중 하이드라진의 시료를 염산(HCl)을 흡수액으로 하여 채취하고 목표성분을 기체크로마토그래프(GC)에 의해 분리한 후 불꽃이온화 검출기(FID), 질소인 검출기(NPD), 혹은 질량분석기(MS)에 의해 측정한다.

(2) 적용범위

이 방법은 산업시설 등에서 덕트 또는 굴뚝으로 배출되는 배출가스 중 하이드라진을 염산을 흡수액으로 하여 채취하고 GC 시스템에서 분석하는 방법에 관하여 규정한다. 흡수병으로 시료를 채취하는 방법의 목표농도는 100L 배출가스시료에 대해서 (0.07~3.00)ppm, (0.09~4.00)mg/m^{3}이고 15L 배출가스시료에 대해서 (0.45~21.00)ppm, (0.6~27.0)mg/m^{3}이다. 방법검출한계는 100L 배출가스시료에 대해서 0.02ppm이다.

(3) 간섭물질

① FID에서 감응을 나타내고 acetone azine($(CH_3)_2C=NN=C(CH_3)_2$)의 일반적인 머무름시간(RT, Retention Time)과 같은 RT를 갖는 화합물이 간섭물질로 존재할 수 있다. 가능성이 있는 간섭물질들을 제출한 시료와 함께 실험실에 보고해야 하며, 시료를 추출하기 전에 간섭물질의 영향을 배제할 수 있는 방법을 고려하여야 한다.

② GC 분석조건은 간섭물질을 피할 수 있도록 한다.

③ 필요한 경우, 분석과정에서 간섭을 일으킬 수 있는 모든 시약을 점검하고 순도를 확인해야 한다.

4. 배출가스 중 하이드라진 – HCI 흡수액 – 자외선 / 가시선분광법

(1) 목적

이 방법은 굴뚝배출가스 중 하이드라진(H_2NNH_2)의 농도를 측정하기 위한 시험방법으로 굴뚝배출가스 중 하이드라진의 시료가스를 0.1mol/L HCl에 흡수시킨 후 p-dimethylaminobenzalazine의 quinoid 유도체를 가시선흡수분광광도법으로 분석하는 과정을 포함하고 있다.

(2) 적용범위

이 방법은 산업시설 등에서 덕트 또는 굴뚝으로 배출되는 배출가스 중 하이드라진을 흡수병에 채취하여 분석하는 방법에 관하여 규정한다. 이 방법을 이용하여 분석 가능한 농도범위는 100L 배출가스시료에 대해서 (0.07~3.00)ppm, (0.09~4.00)mg/m^{3}이고, 15L 배출가스시료에 대해서 (0.45~21.0)ppm, (0.6~27.0)mg/m^{3}이다. 이 방법은 hydrazine vapor에 적용가능하며, 에어로졸 상에 관한실험은 수행되지 않았다. 유리염기(free base)는 에어로졸인 hydrazine monohydrochloride과 hydrazine sulfate와 같은 염으로부터 분리되지 못한다. 방법검출한계는 100L 배출가스시료에 대해서 0.02ppm이다.

(3) 간섭물질

메틸하이드라진(CH_6N_2)이 간섭물질이며, 이 외에도 다른 하이드라진 물질들이 간섭물질이될 수 있다.

1. 배출가스 중 무기물질 시험방법

무기물질	시험방법
매연	·광학기법
먼지	·반자동식 측정법 ·수동식 측정법 ·자동식 측정법
플루오린화합물	·자외선/가시선분광법 ·적정법 ·이온선택전극법
비산먼지	·고용량공기시료채취법 ·저용량공기시료채취법 ·베타선법 ·광학기법
산소	·자동측정법 – 전기화학식 ·자동측정법 – 자기식(자기풍) ·자동측정법 – 자기식(자기력)
사이안화수소	·자외선/가시선분광법 – 4 – 피리딘카복실산 – 피라졸론법 ·연속흐름법
암모니아	·자외선/가시선분광법 – 인도페놀법
염소	·자외선/가시선분광법 – 오르토톨리딘법 ·자외선/가시선분광법 – 4 – 피리딘카복실산 – 피라졸론법
염화수소	·이온크로마토그래피 ·싸이오사이안산제이수은 자외선/가시선분광법
유류 중의 황함유량 분석방법	·연소관식 공기법 ·방사선 여기법
이황화탄소	·기체크로마토그래피 ·자외선/가시선분광법
일산화탄소	·자동측정법 – 비분산적외선분광분석법 ·자동측정법 – 전기화학식(정전위전해법) ·기체크로마토그래피
질소산화물	·자동측정법 ·자외선/가시선분광법 – 아연환원 나프틸에틸렌다이아민법
황산화물	·자동측정법 ·침전적정법 – 아르세나조 Ⅲ법
황화수소	·자외선/가시선분광법 – 메틸렌블루법 ·기체크로마토그래피
하이드라진	·황산함침여지채취 – 고성능액체크로마토그래피 ·HCl 흡수액 – 고성능액체크로마토그래피 ·HCl 흡수액 – 기체크로마토그래피 ·HCl 흡수액 – 자외선/가시선분광법

2. 자외선/가시선분광법 정리

(1) 흡광도 파장순

분야	물질 - 분석방법	흡광도(nm)
휘발성유기화합물	폼알데하이드 - 아세틸아세톤 자외선/가시선분광법	420
무기물질	이황화탄소 - 자외선/가시선분광법	435
무기물질	염소 - 자외선/가시선분광법 - 오르토톨리딘법	435
금속화합물	니켈화합물 - 자외선/가시선분광법	450
무기물질	염화수소 - 싸이오사이안산제이수은 자외선/가시선분광법	460
휘발성유기화합물	브로민화합물 - 자외선/가시선분광법	460
무기물질	하이드라진 - HCl 흡수액 - 자외선/가시선분광법	480
금속화합물	비소화합물 - 자외선/가시선분광법	510
휘발성유기화합물	페놀화합물 - 4 - 아미노안티피린 자외선/가시선분광법	510
금속화합물	크로뮴화합물 - 자외선/가시선분광법	540
무기물질	질소산화물 - 자외선/가시선분광법 - 아연환원 나프틸에틸렌다이아민법	545
휘발성유기화합물	폼알데하이드 - 크로모트로핀산 자외선/가시선분광법	570
무기물질	플루오린화합물 - 자외선/가시선분광법	620
무기물질	사이안화수소 - 자외선/가시선분광법 - 4 - 피리딘카복실산 - 피라졸론법	620
무기물질	염소 - 자외선/가시선분광법 - 4 - 피리딘카복실산 - 피라졸론법	638
무기물질	암모니아 - 자외선/가시선분광법 - 인도페놀법	640
무기물질	황화수소 - 자외선/가시선분광법 - 메틸렌블루법	670

(2) 흡광도 분야별

분야	물질 - 분석방법	흡광도
금속화합물	니켈화합물 - 자외선/가시선분광법	450
금속화합물	비소화합물 - 자외선/가시선분광법	510
금속화합물	크로뮴화합물 - 자외선/가시선분광법	540
무기물질	이황화탄소 - 자외선/가시선분광법	**435**
무기물질	염소 - 자외선/가시선분광법 - 오르토톨리딘법	435
무기물질	염화수소 - 싸이오사이안산제이수은 자외선/가시선분광법	**460**
무기물질	하이드라진 - HCl 흡수액 - 자외선/가시선분광법	480
무기물질	질소산화물 - 자외선/가시선분광법 - 아연환원 나프틸에틸렌다이아민법	545
무기물질	플루오린화합물 - 자외선/가시선분광법	620
무기물질	사이안화수소 - 자외선/가시선분광법 - 4 - 피리딘카복실산 - 피라졸론법	620
무기물질	염소 - 자외선/가시선분광법 - 4 - 피리딘카복실산 - 피라졸론법	638
무기물질	암모니아 - 자외선/가시선분광법 - 인도페놀법	**640**
무기물질	황화수소 - 자외선/가시선분광법 - 메틸렌블루법	670
휘발성유기화합물	폼알데하이드 - 아세틸아세톤 자외선/가시선분광법	420
휘발성유기화합물	브로민화합물 - 자외선/가시선분광법	460
휘발성유기화합물	페놀화합물 - 4 - 아미노안티피린 자외선/가시선분광법	510
휘발성유기화합물	폼알데하이드 - 크로모트로핀산 자외선/가시선분광법	**570**

4장 연습문제

배출가스 중 무기물질

| 내용문제 |

| 배출가스 중 먼지 |

01 배출가스 중 수동식측정방법으로 먼지측정을 위한 장치구성에 관한 설명으로 옳지 않은 것은?

① 원칙적으로 적산유량계는 흡입 가스량의 측정을 위하여 또 순간유량계는 등속흡입조작을 확인하기 위하여 사용한다.

② 먼지채취부의 구성은 흡입노즐, 여과지홀더, 고정쇠, 드레인채취기, 연결관 등으로 구성되며, 단, 2형일 때는 흡입노즐 뒤에 흡입관을 접속한다.

③ 여과지홀더는 유리제 또는 스테인리스강 재질 등으로 만들어진 것을 쓴다.

④ 건조용기는 시료채취 여과지의 수분평형을 유지하기 위한 용기로서 20±5.6℃ 대기 압력에서 적어도 4시간을 건조시킬 수 있어야 한다. 또는, 여과지를 100℃에서 적어도 2시간 동안 건조시킬 수 있어야 한다.

> **해설** ▶
>
> ④ 건조용기 : 시료채취 여과지의 수분평형을 유지하기 위한 용기로서 20±5.6℃ 대기 압력에서 적어도 24시간을 건조시킬 수 있어야 한다. 또는, 여과지를 105℃에서 적어도 2시간 동안 건조시킬 수 있어야 한다.
>
> **정답** ④

| 배출가스 중 먼지 |

02 굴뚝 배출가스 중 먼지 측정을 위해 수동식측정법으로 측정하고자 할 때 사용되는 분석 기기에 대한 설명으로 거리가 먼 것은?

① 흡입노즐은 안과 밖의 가스 흐름이 흐트러지지 않도록 흡입노즐 안지름(d)은 1mm 이상으로 한다.

② 흡입노즐의 꼭짓점은 30° 이하의 예각이 되도록 하고 매끈한 반구 모양으로 한다.

③ 분석용 저울은 0.1mg까지 정확하게 측정할 수 있는 저울을 사용하여야 하며 측정표준 소급성이 유지된 표준기에 의해 교정되어야 한다.

④ 건조용기는 시료채취 여과지의 수분평형을 유지하기 위한 용기로서 20±5.6℃ 대기 압력에서 적어도 24시간을 건조시킬 수 있어야 한다.

> **해설** ▶
>
> ① 흡입노즐은 안과 밖의 가스 흐름이 흐트러지지 않도록 흡입노즐 안지름(d)은 3mm 이상으로 한다.
>
> **정답** ①

| 비산먼지 |

03 고용량공기시료채취법을 사용하여 비산먼지를 측정하고자 한다. 풍속이 0.5m/s 미만 또는 10m/s 이상 되는 시간이 전 채취시간의 50% 미만일 때 풍속에 대한 보정계수는?

① 0.8 ② 1.0
③ 1.2 ④ 1.5

해설

비산먼지 – 고용량공기시료채취법

풍속에 대한 보정

풍 속 범 위	보정계수
풍속이 0.5m/s 미만 또는 10m/s 이상되는 시간이 전 채취시간의 50% 미만일 때	1.0
풍속이 0.5m/s 미만 또는 10m/s 이상되는 시간이 전 채취시간의 50% 이상일 때	1.2

정답 ②

| 비산먼지 |

04 고용량공기시료채취법으로 외부로 비산배출되는 먼지농도를 측정하고자 한다. 풍속의 범위가 0.5m/sec 미만 또는 10m/sec 이상 되는 시간이 전 채취시간의 50% 이상일 때 풍속에 대한 보정계수는?

① 1.0 ② 1.2
③ 1.4 ④ 1.5

해설

정답 ②

| 비산먼지 |

05 특정 발생원에서 일정한 굴뚝을 거치지 않고 외부로 비산배출되는 먼지를 고용량 공기시료채취법으로 측정하고자할 때, 측정방법에 관한 설명으로 가장 거리가 먼 것은?

① 시료채취장소는 원칙적으로 측정하려고 하는 발생원의 부지경계선상에 선정하며 풍향을 고려하여 그 발생원의 비산먼지 농도가 가장 높을 것으로 예상되는 지점 3개소 이상을 선정한다.

② 풍속이 0.5m/초 미만 또는 10m/초 이상되는 시간이 전 채취시간의 50% 이상일 때는 풍속 보정계수는 1.2로 한다.

③ 전 시료채취 기간 중 주풍향이 변동 없을 때(45° 미만)는 풍향보정계수는 1.5로 한다.

④ 각 측정지점의 채취먼지량과 풍향풍속의 측정결과로부터 비산먼지농도를 구할 때 대조위치를 선정할 수 없는 경우에는 0.15mg/m^{3}를 대조위치의 먼지농도로 한다.

해설

③ 전 시료채취 기간 중 주풍향이 변동 없을 때(45° 미만)는 풍향보정계수는 1.0로 한다.

비산먼지 – 고용량공기시료채취법

❶ 풍향에 대한 보정

풍향 변화 범위	보정계수
전 시료채취 기간 중 주 풍향이 90° 이상 변할 때	1.5
전 시료채취 기간 중 주 풍향이 45°~90° 변할 때	1.2
전 시료채취 기간 중 주 풍향이 변동이 없을 때(45° 미만)	1.0

❷ 풍속에 대한 보정

풍 속 범 위	보정계수
풍속이 0.5m/s 미만 또는 10m/s 이상되는 시간이 전 채취시간의 50% 미만일 때	1.0
풍속이 0.5m/s 미만 또는 10m/s 이상되는 시간이 전 채취시간의 50% 이상일 때	1.2

정답 ③

연습문제

| 배출가스 중 산소 측정방법 |

06 굴뚝 배출가스 중의 산소를 자동으로 측정하는 방법으로 원리면에서 자기식과 전기화학식 등으로 분류할 수 있다. 다음 중 전기화학식 방식에 해당하지 않는 것은?

① 정전위 전해형   ② 덤벨형
③ 폴라로그래프형   ④ 갈바니전지형

해설

배출가스 중 산소 – 자동측정법 – 전기화학식

전극방식 : 정전위 전해형, 폴라로그래프(polarography)형, 갈바니 전지형

참고 배출가스 중 산소 – 자동측정법 – 자기식(자기력) : 덤벨형, 압력검출형

정답 ②

| 배출가스 중 산소 측정방법 |

07 굴뚝 배출가스 내의 산소측정방법 중 덤벨형(Dumb-Bell) 자기력 분석계의 구성장치에 관한 설명으로 옳지 않은 것은?

① 측정셀은 시료 유동실로서 자극 사이에 배치하여 덤벨 및 불균형 자계발생 자극편을 내장한 것이다.
② 덤벨은 자기화율이 큰 석영 등으로 만들어진 중공의 구체를 막대 양 끝에 부착한 것으로 아르곤을 봉입한 것이다.
③ 자극편은 외부로부터 영구자석에 의하여 자기화되어 불균등 자장을 발생하는 것이다.
④ 피드백코일은 편위량을 없애기 위하여 전류에 의하여 자기를 발생시키는 것으로 일반적으로 백금선이 이용된다.

해설

배출가스 중 산소 – 자동측정법 – 자기식(자기력)

자기력 분석계

② 덤벨은 자기화율이 적은 석영 등으로 만들어진 중공의 구체를 막대 양 끝에 부착한 것으로 질소 또는 공기를 봉입한 것을 말한다.

정답 ②

| 배출가스 중 일산화탄소 |

08 대기오염공정시험기준상 굴뚝배출가스 중 일산화탄소 분석방법으로 옳지 않은 것은?

① 자외선가시선분광법
② 정전위전해법
③ 비분산적외선분광분석법
④ 기체크로마토그래피

해설

배출가스 중 일산화탄소
· 자동측정법 – 비분산적외선분광분석법(주시험방법)
· 자동측정법 – 전기화학식(정전위전해법)
· 기체크로마토그래피

정답 ①

| 배출가스 중 일산화탄소 |

09 굴뚝 배출가스 중 일산화탄소(CO) 분석방법과 가장 거리가 먼 것은?

① 비분산적외선분광분석법
② 이온전극법
③ 정전위전해법
④ 기체크로마토그래피

해설

이온선택전극법 – 플루오린화합물 밖에 없음

정답 ②

| 배출가스 중 일산화탄소 |

10 기체크로마토그래피로 굴뚝 배출가스 중 일산화탄소를 분석 시 분석기기 및 기구 등의 사용에 관한 설명과 가장 거리가 먼 것은?

① 운반가스 : 부피분율 99.9% 이상의 헬륨
② 충전제 : 활성알루미나(Al_2O_3 93.1%, SiO_2 0.02%)
③ 검출기 : 메테인화 반응장치가 있는 불꽃이온화 검출기
④ 분리관 : 내면을 잘 세척한 안지름 2~4mm, 길이 0.5~1.5m인 스테인리스강 재질관

해설

배출가스 중 일산화탄소 – 기체크로마토그래피
충전제 : 합성제올라이트

정답 ②

| 배출가스 중 염소 |

11 굴뚝에서 배출되는 염소가스를 분석하는 오르토톨리딘법에서 분석용 시료의 시험온도로 가장 적합한 것은?

① 약 0℃   ② 약 10℃
③ 약 20℃   ④ 약 50℃

해설

배출가스 중 염소 – 자외선/가시선분광법 – 오르토톨리딘법
약 20℃에서 분석용 시료를 10mm 셀에 취한다.

정답 ③

| 배출가스 중 황산화물 |

12 굴뚝배출가스 중 황산화물을 아르세나조Ⅲ법으로 측정할 때에 관한 설명으로 옳지 않은 것은?

① 흡수액은 과산화수소수를 사용한다.
② 지시약은 아르세나조Ⅲ를 사용한다.
③ 아세트산바륨 용액으로 적정한다.
④ 이 시험법은 수산화소듐으로 적정하는 킬레이트 침전법이다.

해설

배출가스 중 황산화물 – 침전적정법 – 아르세나조Ⅲ법
시료를 과산화수소수에 흡수시켜 황산화물을 황산으로 만든 후 아이소프로필알코올과 아세트산을 가하고 아르세나조Ⅲ을 지시약으로 하여 아세트산바륨 용액으로 적정한다.

정답 ④

| 배출가스 중 황산화물 |

13 굴뚝 배출가스 중 황산화물 측정 시 사용하는 아르세나조 Ⅲ법에서 사용되는 시약이 아닌 것은?

① 과산화수소
② 아이소프로필알코올
③ 아세트산바륨
④ 수산화소듐

해설

배출가스 중 황산화물 – 침전적정법 – 아르세나조Ⅲ법
시약 : 과산화수소수, 아이소프로필알코올, 아세트산, 아르세나조Ⅲ, 아세트산바륨

정답 ④

| 배출가스 중 질소산화물 |

14 다음은 굴뚝배출가스 중의 질소산화물에 대한 아연환원 나프틸에틸렌다이아민 분석방법이다. ( )안에 들어갈 말로 올바르게 연결된 것은? (순서대로 ㉠ – ㉡ – ㉢)

> 시료 중의 질소산화물을 오존 존재 하에서 흡수액에 흡수시켜 (㉠)으로 만든다. 이 (㉠)을 (㉡)을 사용하여 (㉢)으로 환원한 후 설파닐아마이드 및 나프틸에틸렌다이아민을 반응시켜 얻어진 착색의 흡광도로부터 질소 산화물을 정량하는 방법이다.

① 아질산이온–분말금속아연–질산이온
② 아질산이온–분말황산아연–질산이온
③ 질산이온–분말황산아연–아질산이온
④ 질산이온–분말금속아연–아질산이온

해설

배출가스 중 질소산화물 – 자외선/가시선분광법 – 아연환원 나프틸에틸렌다이아민법

시료 중의 질소산화물을 오존 존재 하에서 흡수액에 흡수시켜 질산 이온으로 만들고 분말금속아연을 사용하여 아질산이온으로 환원한 후 설파닐아마이드(sulfanilamide) 및 나프틸에틸렌다이아민(naphthyl ethylene diamine)을 반응시켜 얻어진 착색의 흡광도로부터 질소산화물을 정량하는 방법으로서 배출가스 중의 질소산화물을 이산화질소로 하여 계산한다.

정답 ④

| 배출가스 중 질소산화물 |

15 다음은 굴뚝 배출가스 중의 질소산화물을 아연환원 나프틸에틸렌다이아민법으로 분석 시 시약과 장치의 구비조건이다. (   )안에 알맞은 것은?

> 질소산화물분석용 아연분말은 시약 1급의 아연분말로서 질산이온의 아질산이온으로의 환원율이 (㉠) 이상인 것을 사용하고, 오존발생장치는 오존이 (㉡) 정도의 오존농도를 얻을 수 있는 것을 사용한다.

① ㉠ 65% ㉡ 부피분율 0.1%
② ㉠ 90% ㉡ 부피분율 0.1%
③ ㉠ 65% ㉡ 부피분율 1%
④ ㉠ 90% ㉡ 부피분율 1%

해설

아연분말(질소산화물 분석용)
시약 1급의 아연분말로써 질산이온의 아질산이온으로의 환원율이 90% 이상인 것을 사용한다.

오존발생장치
오존발생장치는 오존이 (부피분율 1%) 정도의 오존 농도를 얻을 수 있는 것으로써 질소산화물의 생성량이 적고, 그 산포 또한 작은 것이어야 한다.

정답 ④

| 배출가스 중 이황화탄소 |

16 다음 중 다이에틸아민구리 용액에서 시료가스를 흡수시켜 생성된 다이에틸 다이싸이오카밤산구리의 흡광도를 435nm의 파장에서 측정하는 항목은?

① CS$_2$
② H$_2$S
③ HCN
④ PAH

해설

배출가스 중 이황화탄소 - 자외선/가시선분광법

다이에틸아민구리 용액에서 시료가스를 흡수시켜 생성된 다이에틸 다이싸이오카밤산구리의 흡광도를 435nm의 파장에서 측정하여 이황화탄소를 정량한다.

분야	물질 - 분석방법	흡광도 (nm)
휘발성 유기화합물	폼알데하이드 – 아세틸아세톤 자외선/가시선분광법	420
무기물질	이황화탄소 – 자외선/가시선분광법	435
무기물질	염소 – 자외선/가시선분광법 – 오르토톨리딘법	435
금속화합물	니켈화합물 – 자외선/가시선분광법	450
무기물질	염화수소 – 싸이오사이안산제이수은 자외선/가시선분광법	460
휘발성 유기화합물	브로민화합물 – 자외선/가시선분광법	460
무기물질	하이드라진 – HCl 흡수액 – 자외선/가시선분광법	480
금속화합물	비소화합물 – 자외선/가시선분광법	510
휘발성 유기화합물	페놀화합물 – 4-아미노안티피린 자외선/가시선분광법	510
금속화합물	크로뮴화합물 – 자외선/가시선분광법	540
무기물질	질소산화물 – 자외선/가시선분광법 – 아연환원 나프틸에틸렌다이아민법	545
휘발성 유기화합물	폼알데하이드 – 크로모트로핀산 자외선/가시선분광법	570
무기물질	플루오린화합물 – 자외선/가시선분광법	620
무기물질	사이안화수소 – 자외선/가시선분광법 – 4-피리딘카복실산-피라졸론법	620
무기물질	염소 – 자외선/가시선분광법 – 4-피리딘카복실산-피라졸론법	638
무기물질	암모니아 – 자외선/가시선분광법 – 인도페놀법	640
무기물질	황화수소 – 자외선/가시선분광법 – 메틸렌블루법	670

정답 ①

연습문제

| 배출가스 중 플루오린화합물 |

17 굴뚝 배출가스 중 플루오린화합물 분석방법으로 옳지 않은 것은?

① 자외선/가시선분광법은 시료가스 중에 알루미늄(Ⅲ), 철(Ⅱ), 구리(Ⅱ) 등의 중금속 이온이나 인산이온이 존재하면 방해효과를 나타내므로 적절한 증류방법에 의해 분리한 후 정량한다.

② 자외선/가시선분광법은 증류온도를 145±5℃, 유출속도를 3~5mL/min으로 조절하고, 증류된 용액이 약 220mL가 될 때까지 증류를 계속한다.

③ 적정법은 pH를 조절하고 네오토린을 가한 다음 수산화 바륨용액으로 적정한다.

④ 자외선/가시선분광법의 흡수 파장은 620nm를 사용한다.

해설

③ 적정법은 pH를 조절하고 네오토린을 가한 다음 질산토륨으로 적정한다.

배출가스 중 플루오린화합물 - 적정법
플루오린화 이온을 방해 이온과 분리한 다음, 완충액을 가하여 pH를 조절하고 네오토린을 가한 다음 질산토륨 용액으로 적정하는 방법이다.

배출가스 중 플루오린화합물 - 자외선/가시선분광법
굴뚝에서 적절한 시료채취장치를 이용하여 얻은 시료 흡수액을 일정량으로 묽게 한 다음 완충액을 가하여 pH를 조절하고 란타넘과 알리자린콤플렉손을 가하여 생성되는 생성물의 흡광도를 분광광도계로 측정하는 방법이다. 흡수 파장은 620nm를 사용한다.

- 간섭물질
시료가스 중에 알루미늄(III), 철(II), 구리(II), 아연(II) 등의 중금속 이온이나 인산 이온이 존재하면 방해 효과를 나타낸다. 따라서 적절한 증류 방법을 통해 플루오린화합물을 분리한 후 정량하여야 한다.

정답 ③

| 배출가스 중 사이안화수소 |

18 다음은 4 - 피리딘카복실산 - 피라졸론법으로 사이안화수소를 분석할 때, 사이안화수소 표정방법에 관한 사항이다. ( ) 안에 알맞은 것은?

> 사이안화수소용액은 사이안화포타슘(KCN) 약 2.5g을 물에 녹여서 1L로 하며, 이 용약은 사용할 때에 다음 방법으로 표정한다.
> ※ 표정 : 본 용액 100mL를 정확하게 취하여 지시약으로서 (㉮) 0.5mL을 가하고 N/10질산은 용액으로 적정하여 용액의 색이 황색에서 (㉯)이 되는 점을 종말점으로 한다.

① ㉮ p-다이메틸아미노벤질리덴로다닌의 아세톤 용액, ㉯ 청색

② ㉮ p-다이메틸아미노벤질리덴로다닌의 아세톤 용액, ㉯ 적색

③ ㉮ 0.1N 수산화소듐 용액, ㉯ 청색

④ ㉮ 0.1N 수산화소듐 용액, ㉯ 적색

해설

배출가스 중 사이안화수소 - 자외선/가시선분광법 - 4 - 피리딘카복실산 - 피라졸론법

표정 : 본 용액 100mL를 정확하게 취하여 수산화소듐 용액(2%) 1mL와 지시약으로서 p-다이메틸아미노벤질리덴로다닌의 아세톤 용액 0.5mL을 가하고 0.1N 질산은 용액으로 적정하여 용액의 색이 황색에서 적색이 되는 점을 종말점으로 한다.

정답 ②

| 배출가스 중 사이안화수소 |

19 굴뚝 배출가스 중 사이안화수소를 자외선가시선분광법으로 분석할 때, 사용되는 시약으로 옳은 것은?

① 아르세나조 Ⅲ
② 나프틸에틸렌다이아민
③ 아세틸아세톤
④ 4 – 피리딘카복실산 – 피라졸론 용액

해설

배출가스 중 사이안화수소 – 자외선/가시선분광법 – 4 – 피리딘카복실산 – 피라졸론법

· 흡수액 : 수산화소듐

· 시약 : 에틸렌다이아민 용액, 삼산화비소 용액, 덱스트린 용액, 플루오레세인소듐 용액, 질산은 용액, p-다이메틸아미노벤질리덴로다닌-아세톤 용액, 아세트산(1+1), 아세트산(1+8), 페놀프탈레인 용액(1g/L), 인산이수소포타슘 용액, 인산염 완충액(pH7.2), 클로라민-T 용액, 4-피리딘카복실산-피라졸론 용액

① 배출가스 중 황산화물 – 침전적정법 – 아르세나조 Ⅲ법
② 배출가스 중 질소산화물 – 자외선/가시선분광법 – 아연환원 나프틸에틸렌다이아민법
③ 배출가스 중 폼알데하이드 – 아세틸아세톤 자외선/가시선분광법

정답 ④

| 배출가스 중 매연 |

20 링겔만 매연 농도표를 이용한 방법에서 매연측정에 관한 설명으로 옳지 않은 것은?

① 농도표는 측정자의 앞 16cm에 놓는다.
② 농도표는 굴뚝배출구로부터 30~45cm 떨어진 곳의 농도를 관측 비교한다.
③ 측정자의 눈높이에 수직이 되게 관측 비교한다.
④ 매연의 검은 정도를 6종으로 분류한다.

해설

① 농도표는 측정자의 앞 16m에 놓는다.

측정위치의 선정
될 수 있는 한 바람이 불지 않을 때 굴뚝 배경의 검은 장해물을 피해 연기의 흐름에 직각인 위치에 태양광선을 측면으로 받는 방향으로 부터 농도표를 측정치의 앞 16m에 놓고 200m 이내(가능하면 연도에서 16m)의 적당한 위치에 서서 굴뚝배출구에서 (30~45)cm 떨어진 곳의 농도를 측정자의 눈높이의 수직이 되게 관측 비교한다

링겔만 매연 농도법
보통 가로 14cm 세로 20cm의 백상지에 각각 0mm, 1.0mm, 2.3mm, 3.7mm, 5.5mm 전폭의 격자형 흑선을 그려 백상지의 흑선부분이 전체의 0%, 20%, 40%, 60%, 80%, 100%를 차지하도록 하여 이 흑선과 굴뚝에서 배출하는 매연의 검은 정도를 비교하여 각각 (0~5)도까지 6종으로 분류한다.

정답 ①

연습문제

| 배출가스 중 매연 |

21 링겔만 매연 농도법을 이용한 매연 측정에 관한 내용으로 옳지 않은 것은?

① 매연의 검은 정도는 6종으로 분류한다.
② 될 수 있는 한 바람이 불지 않을 때 측정한다.
③ 연돌구 배경의 검은 장해물을 피해 연기의 흐름에 직각인 위치에서 태양광선을 측면으로 받는 방향으로부터 농도표를 측정자 앞 16m에 놓는다.
④ 굴뚝 배출구에서 30~40m 떨어진 곳의 농도를 측정자의 눈높이에 수직이 되게 관측 비교한다.

해설

④ 굴뚝배출구에서 (30~45)cm 떨어진 곳의 농도를 측정자의 눈높이의 수직이 되게 관측 비교한다

정답 ④

| 배출가스 중 매연 |

22 굴뚝에서 배출되는 매연을 링겔만 매연농도표에 의해 비교 측정하고자 할 때 측정방법으로 옳지 않은 것은?

① 굴뚝 배경은 검은 장애물은 피한다.
② 될 수 있는 한 바람이 불지 않을 때 측정한다.
③ 굴뚝 배출구에서 30~45cm 떨어진 곳의 농도를 관측 비교한다.
④ 연기의 흐름에 직각인 위치에 태양광선을 정면으로 받은 방향을 선정한다.

해설

정답 ④

| 유류 중의 황 함유량 |

23 연료용 유류 중의 황 함유량을 측정하기 위한 분석 방법은?

① 방사선식 여기법
② 자동 연속 열탈착 분석법
③ 시료채취 주머니 – 열 탈착법
④ 몰린 형광 광도법

해설

연료용 유류 중의 황함유량을 측정하기 위한 분석방법

종류 : 연소관식 공기법(중화적정법)
　　　　방사선식 여기법(기기분석법)

정답 ①

24 다음은 유류 중의 황함유량 분석방법 중 연소관식 공기법에 관한 설명이다. (   )안에 알맞은 것은?

> 이 시험기준은 원유 경유 중유의 황함유량을 측정하는 방법을 규정하며 유류 중 황함유량이 질량분율 0.01% 이상의 경우에 적용한다. (㉠)로 가열한 석영재질 연소관 중에 공기를 불어넣어 시료를 연소시킨다. 생성된 황산화물을 과산화수소 3%에 흡수시켜 황산으로 만든 다음, (㉡)표준액으로 중화적정하여 황함유량을 구한다.

① ㉠ 450~550℃, ㉡ 질산포타슘
② ㉠ 450~550℃, ㉡ 수산화소듐
③ ㉠ 950~1,100℃, ㉡ 질산포타슘
④ ㉠ 950~1,100℃, ㉡ 수산화소듐

해설

유류 중의 황함유량 분석방법 – 연소관식 공기법

이 시험기준은 원유, 경유, 중유 등의 황함유량을 측정하는 방법을 규정하며 유류 중 황함유량이 질량분율 0.010% 이상의 경우에 적용하며 방법검출한계는 질량분율 0.003%이다. 950~1,100℃로 가열한 석영 재질 연소관 중에 공기를 불어넣어 시료를 연소시킨다. 생성된 황산화물을 과산화수소(3%)에 흡수시켜 황산으로 만든 다음, 수산화소듐 표준액으로 중화적정하여 황함유량을 구한다.

정답 ④

25 다음 중 오염물질과 그 측정방법의 연결로 옳지 않은 것은?

① 플루오린 : 이온선택전극법
② 질소산화물 : 페놀다이설폰산법
③ 브로민화합물 : 질산토륨 – 네오토린법
④ 벤젠 : 기체 크로마토그래피

해설

물질	측정방법
플루오린화합물	・자외선/가시선분광법 ・적정법 ・이온선택전극법
질소산화물	・자외선/가시선분광법 – 아연환원 나프틸에틸렌다이아민법 ・자동측정법
브로민화합물	・자외선/가시선분광법 ・적정법
벤젠	・기체크로마토그래피

정답 ③

연습문제

26 굴뚝 배출가스 중의 황화수소 분석방법에 관한 설명으로 옳은 것은?

① 오르토톨리딘을 함유하는 흡수액에 황화수소를 통과시켜 얻어지는 발색액의 흡광도를 측정한다.

② 시료 중의 황화수소를 아연아민착염 용액에 흡수시켜 p-아미노다이메틸아닐린 용액과 염화철(Ⅲ) 용액을 가하여 생성되는 메틸렌블루의 흡광도를 측정한다.

③ 다이에틸아민구리 용액에서 황화수소가스를 흡수시켜 생성된 다이에틸다이싸이오카밤산구리의 흡광도를 측정한다.

④ 황화수소 흡수액을 일정량으로 묽게 한 다음 완충액을 가하여 pH를 조절하고, 란타넘과 알리자린 콤플렉손을 가하여 얻어지는 발색액의 흡광도를 측정한다.

해설

배출가스 중 황화수소 – 자외선/가시선분광법 – 메틸렌블루법
배출가스 중의 황화수소를 아연아민착염 용액에 흡수시켜 p-아미노다이메틸아닐린 용액과 염화철(Ⅲ) 용액을 가하여 생성되는 메틸렌블루의 흡광도를 측정하여 황화수소를 정량한다.

① 배출가스 중 염소 – 자외선/가시선분광법 – 오르토톨리딘법
오르토톨리딘을 함유하는 흡수액에 시료를 통과시켜 얻어지는 발색액의 흡광도를 측정하여 염소를 정량하는 방법이다.

③ 배출가스 중 비소화합물 – 자외선/가시선분광법
시료 용액 중의 비소를 수소화비소로 하여 발생시키고 이를 다이에틸다이싸이오카밤산은의 클로로폼 용액에 흡수시킨 다음 생성되는 적자색 용액의 흡광도를 510nm에서 측정하여 비소를 정량한다.

④ 배출가스 중 플루오린화합물 – 자외선/가시선분광법
굴뚝에서 적절한 시료채취장치를 이용하여 얻은 시료 흡수액을 일정량으로 묽게 한 다음 완충액을 가하여 pH를 조절하고 란타넘과 알리자린콤플렉손을 가하여 생성되는 생성물의 흡광도를 분광광도계로 측정하는 방법이다. 흡수파장은 620nm를 사용한다.

정답 ②

27 다음 분석대상물질과 그 측정방법과의 연결이 잘못 짝지어진 것은?

① 사이안화수소 – 4-피리딘카복실산 – 피라졸론법
② 폼알데하이드 – 크로모트로핀산법
③ 황화수소 – 메틸렌블루법
④ 플루오린화합물 – 오르토톨리딘법

해설

· 배출가스 중 염소 – 자외선/가시선분광법 : 오르토톨리딘법

정답 ④

제 5장

배출가스 중

금속화합물

Chapter

01 배출가스 중 금속화합물

1. 목적

배출가스 중 금속 측정의 주된 목적은 유해성 금속 성분에 대한 배출을 감시하고 관리하는데 있다. 주요 측정대상 금속은 니켈, 비소, 수은, 카드뮴, 크로뮴 등과 같은 발암성 금속 성분과 납, 아연 등이 포함된다. 또한 소듐, 칼슘, 규소 등과 같은 항목은 인체의 위해성은 없으나 먼지 오염의 제어를 위해 모니터링 되기도 한다. 배출가스 중 부유먼지에 함유된 금속에 대한 정확한 측정 결과는 배출량 관리를 위한 정책 수립의 기본 자료로써 활용된다.

2. 적용 가능한 시험방법

① 배출가스 중 금속분석을 위한 시료는 일반적으로 적절한 방법으로 전처리하여 기기분석을 실시한다. 금속 별로 사용되는 기기분석방법은 표 10과 같으며, **원자흡수분광광도법을 주 시험방법**으로 한다.

② 원자흡수분광광도법, 유도결합플라스마 원자발광분광법, 자외선/가시선분광법의 정량범위 및 방법검출한계는 항목별 시험방법에 제시되어 있다.

〈 표 10. 배출가스 중 금속 - 적용 가능한 시험방법 〉

측정 금속	원자흡수분광광도법	유도결합플라스마 원자발광분광법	자외선/가시선분광법
비소	O[1), 2)]	O	O
카드뮴	O	O	–
납	O	O	–
크로뮴	O	O	O
구리	O	O	–
니켈	O	O	O
아연	O	O	–
수은	O[3)]	–	–
베릴륨	O	–	–

1) 수소화물 발생 원자흡수분광광도법
2) 흑연로원자흡수분광광도법
3) 냉증기원자흡수분광광도법

3. 배출가스 중 금속화합물 – 원자흡수분광광도법

(1) 목적

구리, 납, 니켈, 아연, 철, 카드뮴, 크로뮴, 베릴륨을 원자흡수분광광도법에 의해 정량하는 방법으로, 시료용액을 직접 **공기–아세틸렌 불꽃**에 도입하여 원자화 시킨 후, 각 금속 성분의 특성파장에서 흡광세기를 측정하여 각 금속 성분의 농도를 구한다.

(2) 적용범위

① 이 시험기준은 연료 및 기타 물질의 연소, 금속의 제련 및 가공, 요업, 약품제조, 폐기물 처리 등에 수반하여 굴뚝 등에서 배출되는 배출가스 중에서 존재하는 금속 (구리, 납, 니켈, 아연, 카드뮴, 크로뮴, 베릴륨) 및 그 화합물의 분석방법에 대하여 규정한다. 입자상 금속화합물은 강제 흡입 장치를 통해 여과장치에 채취하고, 분석농도를 구한 후 배출가스 유량에 따라 배출가스 중의 금속 농도를 산출한다.
② 원자흡수분광광도법을 이용한 각 금속의 측정파장, 정량범위, 정밀도 및 방법검출한계는 표 11과 같다.

〈 표 11. 원자흡수분광광도법의 측정파장, 정량범위, 정밀도 및 방법검출한계 〉

측정 금속	측정파장 (nm)	정량범위 (mg/Sm³)	정밀도 (% 상대표준편차)	방법검출한계 (mg/Sm³)
Cu	324.8	0.012~5.000	10 이내	0.004
Pb	217.0/283.3	0.050~6.250	10 이내	0.015
Ni	232.0	0.010~5.000	10 이내	0.003
Zn	213.8	0.003~5.000	10 이내	0.001
Fe	248.3	0.125~12.50	10 이내	0.037
Cd	228.8	0.010~0.380	10 이내	0.003
Cr	357.9	0.100~5.000	10 이내	0.030
Be	234.9	0.010~0.500	10 이내	0.003

(3) 간섭 물질

1) 광학적 간섭

① 분석하고자 하는 금속과 근접한 파장에서 발광하는 물질이 존재하거나, 측정파장의 스펙트럼이 넓어질 때, 이온과 원자의 재결합으로 연속 발광할 때 또는 분자띠 발광 시에 발생할 수 있다.
② 광학적 간섭은 측정에 사용하는 스펙트럼이 다른 인접선과 완전히 분리되지 않아 파장 선택부의 분해능이 충분하지 않기 때문에 검정곡선의 직선영역이 좁고 구부러져 측정감도 및 정밀도가 저하된다. 이 경우 다른 파장을 사용하여 다시 측정하거나 표준물질첨가법을 사용하여 간섭효과를 줄일 수 있다.

2) 물리적 간섭

시료의 분무 시, 시료의 점도와 표면장력의 변화 등의 매질효과에 의해 발생한다. 시료를 희석하거나, 표준물질첨가법을 사용하여 간섭효과를 줄일 수 있다.

3) 화학적 간섭

① 화학적 간섭은 **원자화 불꽃 중에서 이온화하거나, 공존물질과 작용하여 해리하기 어려운 화합물이 생성되는 경우 발생**할 수 있다. 이온화로 인한 간섭은 분석대상 원소보다 이온화 전압이 더 낮은 원소를 첨가하여 측정 원소의 이온화를 방지할 수 있고, 해리하기 어려운 화합물을 생성하는 경우에는 용매추출법을 사용하여 측정 원소를 추출하여 분석하거나 표준물질첨가법을 사용하여 간섭효과를 줄일 수 있다.

② 시료 내 **납, 카드뮴, 크로뮴의 양이 미량으로 존재하거나 방해물질이 존재할 경우, 용매추출법을 적용**하여 정량할 수 있다.

③ **니켈 분석 시 다량의 탄소가 포함된 시료의 경우, 시료를 채취한 여과지를 적당한 크기로 잘라서 자기도가니에 넣어 전기로를 사용하여 800℃에서 30분 이상 가열한 후 전처리 조작을 행한다. 또한 카드뮴, 크로뮴 등을 동시에 분석하는 경우에는 500℃에서 2~3시간 가열한 후 전처리 조작을 행한다.**

④ **아연 분석 시 213.8nm 측정파장을 이용할 경우 불꽃에 의한 흡수 때문에 바탕선(baseline)이 높아지는 경우가 있다.**

⑤ **철 분석 시 니켈, 코발트가 다량 존재할 경우 간섭이 일어날 수 있다.** 이때 검정 곡선용 표준용액의 매질을 일치시키고 아세틸렌-아산화질소 불꽃을 사용하여 분석하거나, 흑연로원자흡수분광광도법을 이용하여 간섭을 최소화시킬 수 있다. 규소를 다량 포함하고 있을 때는 $0.2g/L$ 염화칼슘($CaCl_2$, calcium chloride) 용액을 첨가하여 분석하고, 유기산(특히 시트르산)이 다량 포함되어 있을 때는 $0.5g/L$ 인산을 가하여 간섭을 줄일 수 있다.

⑥ **카드뮴 분석 시 알칼리금속의 할로겐화물이 다량 존재하면, 분자흡수, 광산란 등에 의해 양의 오차가 발생한다.** 이 경우에는, 미리 카드뮴을 용매추출법으로 분리하거나 바탕시험 값 보정을 실시한다.

⑦ **크로뮴 분석 시 아세틸렌 – 공기 불꽃에서는 철, 니켈 등에 의한 방해를 받는다.** 이 경우 황산소듐, 황산포타슘 또는 이플루오린화수소암모늄을 $10g/L$ 정도 가하여 분석하거나, 아세틸렌 – 아산화질소 불꽃을 사용하여 방해를 줄일 수 있다.

(4) 배출가스 중의 금속 성분 농도 계산방법

배출가스 중의 해당 금속 농도는 0℃, 760mmHg로 환산한 시료가스 $1Sm^3$ 중 금속의 mg 수로 나타내며, 다음 식에 따라서 계산한다.

$$C = C_S \times \frac{V_f}{V_s} \times \frac{1}{1,000}$$

C : 표준상태에서 건조한 배출가스 중의 입자상 금속 농도(mg/Sm³)

C_S : 시료용액 중의 금속 농도(μg/mL)

V_f : 시료용액의 최종 부피(mL)

V_s : 표준상태에서의 건조한 시료가스 채취량(Sm³)

4. 배출가스 중 금속화합물 – 유도결합플라스마 분광법

(1) 목적

구리, 납, 니켈, 아연, 카드뮴, 크로뮴, 비소를 유도결합플라스마 분광법에 의해 정량하는 방법으로, 시료용액을 플라스마에 분무하고 각 성분의 특성파장에서 발광세기를 측정하여 각 성분의 농도를 구한다.

(2) 적용범위

이 시험기준은 연료 및 기타 물질의 연소, 금속의 제련과 가공, 이화학적 처리 등에 의해 굴뚝, 덕트 등으로부터 배출되는 입자상 금속 및 금속화합물의 분석 방법에 대해 규정한다. 입자상 금속화합물은 강제 흡입 장치를 통해 여과장치에 채취하고, 분석농도를 구한 후 배출가스 유량에 따라 배출가스 중의 금속 농도를 산출한다.

유도결합플라스마 분광법을 이용한 각 금속의 정량범위와 정밀도는 다음과 같다.

〈 표 12. 유도결합플라스마 분광법의 정량범위와 정밀도 〉

원소	측정파장 (nm)	정량범위 (mg/Sm³)	정밀도 (%상대표준편차)	방법검출한계 (mg/m³)
Cu	324.75	0.010~5.000	10 이내	0.003
Pb	220.35	0.025~0.500	10 이내	0.008
Ni	231.60 / 221.65	0.010~5.000	10 이내	0.003
Zn	206.19	0.100~5.000	10 이내	0.030
Fe	259.94	0.025~12.50	10 이내	0.009
Cd	226.50	0.004~0.500	10 이내	0.001
Cr	357.87 / 206.15 / 267.72	0.002~1.000	10 이내	0.001
As	193.696	0.003~0.130ppm	10 이내	0.001ppm

(3) 간섭 물질

유도결합플라스마 분광법에서 일반적으로 다음의 간섭현상이 존재한다.

1) 광학적 간섭

① 분석하고자 하는 금속과 근접한 파장에서 발광하는 물질이 존재하거나, 측정파장의 스펙트럼이 넓어질 때, 이온과 원자의 재결합으로 연속 발광할 때 또는 분자띠 발광 시에 발생할 수 있다.

② 광학적 간섭은 측정에 사용하는 스펙트럼이 다른 인접선과 완전히 분리되지 않아 파장 선택부의 분해능이 충분하지 않기 때문에 검정곡선의 직선영역이 좁고 구부러져 측정감도 및 정밀도가 저하된다. 이 경우 다른 파장을 사용하여 다시 측정하거나 표준물질첨가법을 사용하여 간섭효과를 줄일 수 있다.

2) 물리적 간섭

시료의 분무 시 시료의 점도와 표면장력의 변화 등의 매질효과에 의해 발생한다. 시료를 희석하거나, 표준물질첨가법을 사용하여 간섭효과를 줄일 수 있다.

3) 화학적 간섭

① 화학적 간섭은 플라스마 중에서 이온화하거나, 공존물질과 작용하여 해리하기 어려운 화합물이 생성되는 경우 발생할 수 있다. **이온화로 인한 간섭은 분석대상 원소보다 이온화 전압이 더 낮은 원소를 첨가하여 측정원소의 이온화를 방지할 수 있고, 해리하기 어려운 화합물을 생성하는 경우에는 용매추출법을 사용하여 측정원소를 추출하여 분석하거나 표준물질첨가법을 사용하여 간섭효과를 줄일 수 있다.**

② **납, 니켈, 카드뮴 및 크로뮴 분석 시, 시료 중의 소듐, 포타슘, 마그네슘, 칼슘 등의 농도가 높고, 분석 성분의 농도가 낮은 경우에는 시료 농축 및 방해물질 제거를 위하여 용매추출법을 이용하여 정량할 수 있다.**

③ **소듐, 칼슘, 마그네슘 등과 같은 염의 농도가 높은 시료에서, 절대검정곡선법을 적용할 수 없는 경우에는 표준물질첨가법을 사용하도록 한다.**

Chapter 02 배출가스 중 비소화합물

1. 적용 가능한 시험방법

수소화물생성원자흡수분광광도법이 주 시험방법이며, 시험방법들의 정량범위는 표와 같다.

분석방법	정량범위	방법검출한계
수소화물생성원자흡수분광광도법	0.003~0.130ppm (분석용 시료용액 250mL, 건조시료가스량 1Sm^{3}인 경우)	0.001ppm
흑연로원자흡수분광광도법	0.003~0.013ppm (분석용 시료용액 250mL, 건조시료가스량 1Sm^{3}인 경우)	0.001ppm
유도결합플라스마 원자발광분광법	0.003~0.130ppm (분석용 시료용액 250mL, 건조시료가스량 1Sm^{3}인 경우)	0.001ppm
자외선/가시선분광법	0.007~0.035ppm (분석용 시료용액 250mL, 건조시료가스량 1Sm^{3}인 경우)	0.002ppm

2. 배출가스 중 비소화합물 – 수소화물생성원자흡수분광광도법

시료용액 중의 비소를 수소화비소로 하여 아르곤 – 수소 불꽃 중에 도입하고 비소에 의한 원자흡수를 파장 193.7nm에서 측정하여 비소를 정량한다.

3. 배출가스 중 비소화합물 – 흑연로원자흡수분광광도법

비소를 흑연로원자흡수분광광도법으로 정량하는 방법으로, 비소 속빈음극램프를 점등하여 안정화시킨 후, 전처리한 시료용액을 흑연로에 주입하고 비소화합물을 원자화시켜 파장 193.7nm에서 원자흡수분광광도법 통칙에 따라 조작을 하여 시료용액의 흡광도 또는 흡수 백분율을 측정하는 방법이다.

4. 배출가스 중 비소화합물 – 유도결합플라스마 분광법

전처리한 시료용액을 27.1MHz(또는 40.68MHz)의 초고주파(rf) 장에 의해 생성된 아르곤 플라스마 중에 분무하여 도입하고 파장 193.696nm에서 발광세기를 측정하여 비소를 정량한다.

5. 배출가스 중 비소화합물 - 자외선/가시선분광법

(1) 목적

시료용액 중의 비소를 수소화비소로 하여 발생시키고 이를 다이에틸다이싸이오카밤산은 클로로폼 용액에 흡수시킨 다음 생성되는 적자색 용액의 흡광도를 510nm에서 측정하여 비소를 정량한다.

(2) 적용범위

① 이 시험기준은 연료 및 기타 물질의 연소, 금속의 제련 및 가공, 요업, 약품제조, 폐기물 처리 등에 수반하여 굴뚝 등에서 배출되는 배출가스 중에서 입자상 비소 및 이들 화합물과 가스상의 수소화비소를 분석하는 방법에 대하여 규정한다.

② 입자상 비소화합물은 강제 흡입 장치를 사용하여 여과장치에 채취하고, 가스상 비소는 적당한 수용액 중에 흡수 채취하며, 채취된 물질을 산 분해 처리한다.

③ 전처리하여 용액화한 시료용액 중의 비소를 다이에틸다이싸이오카밤산은 자외선/가시선분광법으로 측정한다. 분석농도를 구한 후 배출가스 유량으로부터 배출가스 중의 비소 농도를 산출한다.

④ 정량범위는 0.007~0.035ppm(분석용 시료용액 250mL, 건조시료가스량 $1Sm^3$ 인 경우)이고, 방법검출한계는 0.002ppm이며, 정밀도는 10% 이하이다.

(3) 간섭물질

① 비소 및 비소화합물 중 일부 화합물은 휘발성이 있다. 따라서 채취 시료를 전처리하는 동안 비소의 손실 가능성이 있다. 전처리 방법으로서 **마이크로파 산분해법**을 이용할 것을 권장한다.

② 일부 금속(크로뮴, 코발트, 구리, 수은, 몰리브데넘, 니켈, 백금, 은, 셀레늄 등)이 수소화비소(AsH_3) 생성에 영향을 줄 수 있지만 시료용액 중의 이들 농도는 간섭을 일으킬 정도로 높지는 않다.

③ 황화수소가 영향을 줄 수 있으며, 이는 **아세트산납**으로 제거할 수 있다.

④ 안티몬은 스티빈(stibine)으로 환원되어 510nm에서 최대 흡수를 나타내는 착화합물을 형성케 함으로써 비소 측정에 간섭을 줄 수 있다.

⑤ 메틸 비소화합물은 pH 1에서 메틸수소화비소(methylarsine)를 생성하여 흡수용액과 착화합물을 형성하고 총 비소 측정에 영향을 줄 수 있다.

Chapter

03 배출가스 중 카드뮴화합물

1. 적용 가능한 시험방법

원자흡수분광광도법이 주 시험방법이며, 시험방법들의 정량범위는 표와 같다.
시료 중 카드뮴의 농도가 낮은 경우, 용매추출법을 이용한 전처리가 요구된다.

분석방법	정량범위	방법검출한계
원자흡수분광광도법	$0.010 \sim 0.380mg/m^3$ (분석용 시료용액 250mL, 건조시료가스량 $1Sm^3$인 경우)	$0.003mg/m^3$
유도결합플라스마 원자발광분광법	$0.004 \sim 0.500mg/m^3$ (분석용 시료용액 250mL, 건조시료가스량 $1Sm^3$인 경우)	$0.001mg/m^3$

2. 배출가스 중 카드뮴화합물 – 원자흡수분광광도법

카드뮴을 원자흡수분광광도법으로 정량하는 방법으로, 카드뮴의 **속빈음극램프**를 점등하여
안정화시킨 후, **228.8nm**의 파장에서 원자흡수분광광도법 통칙에 따라 조작을 하여 시료용
액의 흡광도 또는 흡수 백분율을 측정하는 방법이다.

3. 배출가스 중 카드뮴화합물 – 유도결합플라스마 분광법

카드뮴을 유도결합플라스마 분광법으로 정량하는 방법으로, 시료용액을 플라스마에 분무
하여, 파장 226.50nm(또는 214.439nm)에서 발광세기를 측정하여 카드뮴의 농도를 구
한다.

Chapter

04 배출가스 중 납화합물

1. 적용 가능한 시험방법

원자흡수분광광도법이 주 시험방법이며, 시험방법들의 정량범위는 표와 같다.

분석방법	정량범위	방법검출한계
원자흡수분광광도법	$0.050 \sim 6.250 mg/Sm^3$ (분석용 시료용액 250mL, 건조시료가스량 $1Sm^3$인 경우)	$0.015 mg/Sm^3$
유도결합플라스마 원자발광분광법	$0.025 \sim 0.500 mg/Sm^3$ (분석용 시료용액 250mL, 건조시료가스량 $1Sm^3$인 경우)	$0.008 mg/Sm^3$

2. 배출가스 중 납화합물 – 원자흡수분광광도법

(1) 목적

납을 원자흡수분광광도법에 따라서 정량하는 방법으로, 측정파장은 217.0nm 또는 283.3nm 를 이용한다.

(2) 간섭물질

① 시료 내 납의 양이 미량으로 존재하거나 방해물질이 존재할 경우, 용매추출법(A 법 또는 B법)을 적용하여 정량할 수 있다.

② 시료용액 중의 납 농도가 낮거나, 방해물질(Ca^{2+}, 고농도 SO_4^{2-} 등)이 존재할 경 우에는 용매추출법을 적용하여 정량할 수 있다.

3. 배출가스 중 납화합물 – 유도결합플라스마 분광법

(1) 목적

납을 유도결합플라스마 분광법으로 정량하는 방법이며, 시료용액을 플라스마에 분무하여, 파장 220.351nm의 발광세기를 측정한다.

(2) 간섭물질

시료용액 중에 소듐, 포타슘, 마그네슘, 칼슘 등의 농도가 높고, 납의 농도가 낮은 경우에는 용매추출법을 이용하여 납을 정량할 수 있다.

Chapter 05 배출가스 중 크로뮴화합물

1. 적용 가능한 시험방법

원자흡수분광광도법이 주 시험방법이며, 시험방법들의 정량범위는 표와 같다.
시료 중 크로뮴의 농도가 낮은 경우, 용매추출법을 이용한 전처리가 요구된다.

분석방법	정량범위	방법검출한계
원자흡수분광광도법	$0.100 \sim 5.000 \text{mg/Sm}^3$ (분석용 시료용액 250mL, 건조시료가스량 1m^3인 경우)	0.030mg/Sm^3
유도결합플라스마 원자발광분광법	$0.002 \sim 1.000 \text{mg/Sm}^3$ (분석용 시료용액 250mL, 건조시료가스량 1m^3인 경우)	0.001mg/Sm^3
자외선/가시선분광법	$0.002 \sim 0.050 \text{mg/Sm}^3$ (건조시료가스량 1Sm^3인 경우)	0.001mg/Sm^3

2. 배출가스 중 크로뮴화합물 – 원자흡수분광광도법

(1) 목적

크로뮴을 원자흡수분광광도법으로 정량하는 방법으로, 크로뮴의 속빈음극램프를 점등하여 안정화시킨 후, 357.9nm의 파장에서 원자흡수분광광도법 통칙에 따라 조작을 하여 시료용액의 흡광도 또는 흡수 백분율을 측정하는 방법이다.

(2) 간섭물질

① 크로뮴의 농도가 낮은 시료용액에서, 추출을 방해하는 물질을 함유하지 않은 경우에는 N,N-다이옥틸옥탄아민(트라이옥틸아민)의 아세트산뷰틸 용액으로 추출한 후 불꽃 중에 분무하여 크로뮴을 정량할 수 있다.

② 아세틸렌-공기 불꽃에서는 철, 니켈 등에 의한 방해를 받는다. 이 경우 황산소듐, 이황산포타슘 또는 이플루오린화수소암모늄을 10g/L 정도 가하여 분석하거나, 아세틸렌-산화이질소 불꽃을 사용하여 방해를 줄일 수 있다.

3. 배출가스 중 크로뮴화합물 – 유도결합플라스마 분광법

(1) 목적

크로뮴을 유도결합플라스마 분광법으로 정량하는 방법이며, 시료용액을 유도결합플라스마 내에 분무하여 파장 357.87nm(또는 206.149nm)의 발광세기를 측정하고, 크로뮴을 정량한다.

(2) 간섭물질

시료용액 중에 소듐, 포타슘, 마그네슘, 칼슘 등의 농도가 높고, 크로뮴의 농도가 낮은 경우에는 N,N-다이옥틸옥탄아민(트라이옥틸아민)의 아세트산뷰틸 용액으로 추출 후, 플라스마 토치 중에 분무하여 크로뮴을 정량할 수 있다.

4. 배출가스 중 크로뮴화합물 – 자외선/가시선분광법

(1) 목적

시료용액 중의 크로뮴을 **과망간산포타슘**에 의하여 6가로 산화하고, **요소**를 가한 다음, 아질산소듐으로 과량의 **과망간산염**을 분해한 후 다이페닐카바자이드를 가하여 발색시키고, 파장 540nm 부근에서 흡광도를 측정하여 정량하는 방법이다.

(2) 간섭물질

① 시료용액이 철을 함유하는 경우에는 철이 증가함에 따라 흡광도가 낮아지며, 이 인산소듐 용액을 가하여 방해를 줄일 수 있다.
② 몰리브데넘, 수은, 바나듐 등이 영향을 미친다. 몰리브데넘은 0.1mg까지는 영향을 주지 않고, 수은은 염화물 이온 첨가에 의해, 또 바나듐은 발색 후 10~15분 경과하고 나서 흡광도를 측정하면 방해를 줄일 수 있다.
③ 철 외에 방해물질이 많은 경우에는 클로로폼으로 추출 후 크로뮴을 정량할 수 있다.

Chapter 06 배출가스 중 구리화합물

1. 적용 가능한 시험방법

원자흡수분광광도법이 주 시험방법이며, 시험방법들의 정량범위는 표와 같다.

분석방법	정량범위	방법검출한계
원자흡수분광광도법	$0.012{\sim}5.000mg/Sm^3$ (분석용 시료용액 250mL, 건조시료가스량 $1Sm^3$인 경우)	$0.004mg/Sm^3$
유도결합플라스마 원자발광분광법	$0.010{\sim}5.000mg/Sm^3$ (분석용 시료용액 250mL, 건조시료가스량 $1Sm^3$인 경우)	$0.003mg/Sm^3$

2. 배출가스 중 구리화합물 – 원자흡수분광광도법

구리를 원자흡수분광광도법으로 정량하는 방법으로, 구리 속빈음극램프를 점등하여 안정화시킨 후, 324.8nm의 파장에서 원자흡수분광광도법 통칙에 따라 조작을 하여 시료용액의 흡수도 또는 흡수 백분율을 측정하는 방법이다.

3. 배출가스 중 구리화합물 – 유도결합플라스마 분광법

구리를 유도결합플라스마 분광법으로 정량하는 방법이며, 시료용액을 플라스마에 분무하여, 파장 324.75nm에서 발광세기를 측정한다.

Chapter 07 배출가스 중 니켈화합물

1. 적용 가능한 시험방법

원자흡수분광도법이 주 시험방법이며, 시험방법들의 정량범위는 표와 같다.

분석방법	정량범위	방법검출한계
원자흡수분광도법	$0.010 \sim 5.000\text{mg/Sm}^3$ (분석용 시료용액 250mL, 건조시료가스량 1Sm^3인 경우)	0.003mg/Sm^3
유도결합플라스마 원자발광분광법	$0.010 \sim 5.000\text{mg/Sm}^3$ (분석용 시료용액 250mL, 건조시료가스량 1m^3인 경우)	0.003mg/Sm^3
자외선/가시선분광법	$0.002 \sim 0.050\text{mg/Sm}^3$ (건조시료가스량 1m^3인 경우)	0.001mg/Sm^3

2. 배출가스 중 니켈화합물 – 원자흡수분광도법

(1) 목적

니켈을 원자흡수분광도법에 의해 정량하는 방법으로, 니켈 속빈음극램프를 점등하여 안정화시킨 후, 232nm의 파장에서 원자흡수분광도법 통칙에 따라 조작을 하여 시료용액의 흡광도 또는 흡수 백분율을 측정하는 방법이다.

(2) 간섭물질

① 다량의 탄소가 포함된 시료의 경우, 시료를 채취한 필터를 적당한 크기로 잘라서 자기도가니에 넣어 전기로를 사용하여 800℃에서 30분 이상 가열한 후 전처리 조작을 행한다.

② 카드뮴, 크로뮴 등을 동시에 분석하는 경우에는 500℃에서 2~3시간 가열한 후 전처리 조작을 행한다.

③ 다른 금속이온이 다량으로 존재하는 경우에는 용매추출법을 적용하여 정량할 수 있다.

3. 배출가스 중 니켈화합물 – 유도결합플라스마 분광법

(1) 목적

니켈을 유도결합플라스마 분광법으로 정량하는 방법이며, 시료용액을 플라스마에 분무하여, 파장 231.60nm(또는 221.647nm)의 발광세기를 측정한다.

(2) 간섭물질

① 다량의 탄소가 포함된 시료의 경우, 시료를 채취한 필터를 적당한 크기로 잘라서 자기도가니에 넣어 전기로를 사용하여 800℃에서 30분 이상 가열한 후 전처리 조작을 행한다.

② 시료용액 중에 소듐, 포타슘, 마그네슘, 칼슘 등의 농도가 높고, 니켈의 농도가 낮은 경우에는 용매추출법을 이용하여 정량할 수 있다.

4. 배출가스 중 니켈화합물 - 자외선/가시선분광법

(1) 목적

니켈 이온을 약한 암모니아 액성에서 다이메틸글리옥심과 반응시켜, 생성하는 니켈착화합물을 클로로폼으로 추출하고, 이것을 묽은 염산으로 역추출한다. 이 용액에 브로민수를 가하고 암모니아수로 탈색하여, 약한 암모니아 액성에서 재차 다이메틸글리옥심과 반응시켜 생성하는 적갈색의 니켈화합물을 파장 450nm 부근에서 흡수도를 측정하여 정량하는 방법이다.

(2) 간섭물질

① 다량의 탄소가 포함된 시료의 경우, 시료를 채취한 필터를 적당한 크기로 잘라서 자기도가니에 넣어 전기로를 사용하여 800℃에서 30분 이상 가열한 후 전처리 조작을 행한다.

② 방해하는 원소는 Cu, Mn, Co, Cr 등이나 이 원소들이 단독으로 니켈과 공존하면 비교적 영향이 적다. Cu 10mg, Mn 20mg, Co 2mg, Cr 10mg까지 공존하여도 니켈의 흡광도에 영향을 미치지 않는다.

③ 니켈-다이메틸글리옥심의 클로로폼에 의한 추출은 pH 8~11 사이로, 가장 적당한 범위는 pH 8.5~9.5이다.

④ 니켈-다이메틸글리옥심 착염의 최대흡수는 450nm와 540nm이나 시간이 경과함에 따라 파장이 변하며, 약 20분까지는 안정하다. 따라서 흡수도 측정은 발색 후 20분 이내에 이루어져야 한다.

Chapter 08 배출가스 중 아연화합물

1. 적용 가능한 시험방법

원자흡수분광광도법이 주 시험방법이며, 시험방법들의 정량범위는 표와 같다.

분석방법	정량범위	방법검출한계
원자흡수분광광도법	$0.003\sim5.000$mg/Sm^3 (분석용 시료용액 250mL, 건조시료가스량 1Sm^{3}인 경우)	0.001mg/Sm^3
유도결합플라스마 원자발광분광법	$0.100\sim5.000$mg/Sm^3 (분석용 시료용액 250mL, 건조시료가스량 1Sm^{3}인 경우)	0.030mg/Sm^3

2. 배출가스 중 아연화합물 – 원자흡수분광광도법

(1) 목적

아연을 원자흡수분광광도법으로 정량하는 방법으로 아연 속빈음극램프를 점등하여 안정화시킨 후, 213.8nm의 파장에서 원자흡수분광광도법 통칙에 따라 조작을 하여 시료용액의 흡광도 또는 흡수 백분율을 측정하는 방법이다.

(2) 간섭물질

① 시료용액 중의 아연 농도가 낮은 경우에는 용매추출법을 적용하여 농축시킬 수 있다. ('환경대기 중 카드뮴 화합물–원자흡수분광법' 시험법에 따름)
② 213.8nm 측정파장을 이용할 경우 불꽃에 의한 흡수 때문에 바탕선(baseline)이 높아지는 경우가 있다.

3. 배출가스 중 아연화합물 – 유도결합플라스마 분광법

아연을 유도결합플라스마 분광법으로 정량하는 방법이며, 시료용액을 플라스마에 분무하여, 파장 206.19nm의 발광세기를 측정한다.

Chapter 09 배출가스 중 수은화합물

1. 적용 가능한 시험방법

냉증기-원자흡수분광광도법이 주 시험방법이며 시험방법들의 정량범위는 표와 같다.

분석방법	정량범위	방법검출한계
냉증기 – 원자흡수분광광도법	$0.0005{\sim}0.0075\text{mg}/\text{Sm}^3$ (건조시료가스량 1Sm^3인 경우)	$0.0002\text{mg}/\text{Sm}^3$

2. 배출가스 중 수은화합물 – 냉증기 원자흡수분광광도법

(1) 목적

배출원에서 등속으로 흡입된 입자상과 가스상 수은은 흡수액인 **산성 과망간산포타슘 용액**에 채취된다. 시료 중의 수은을 **염화제일주석용액**에 의해 원자 상태로 환원시켜 발생되는 수은증기를 253.7nm에서 냉증기 원자흡수분광광도법에 따라 정량한다.

(2) 간섭물질

시료채취시 배출가스 중에 존재하는 산화 유기물질은 수은의 채취를 방해할 수 있다.

Chapter 10

배출가스 중 베릴륨화합물

1. 적용 가능한 시험방법

원자흡수분광광도법이 주 시험방법이며 시험방법들의 정량범위는 표와 같다.

분석방법	정량범위	방법검출한계
원자흡수분광광도법	0.010~0.500mg/Sm^3 (분석용 시료용액 250mL, 건조시료가스량 1Sm^{3}인 경우)	0.003mg/Sm^3

2. 배출가스 중 베릴륨화합물 – 원자흡수분광광도법

베릴륨을 원자흡수분광광도법에 의해 정량하는 방법으로, 여과지에 포집한 입자상 베릴륨화합물에 질산을 가하여 가열분해한 후 이 액을 증발 건고하고 이를 염산에 용해하여 원자흡수분광광도법에 따라 아산화질소 – 아세틸렌 불꽃을 사용하여 파장 234.9nm에서 베릴륨을 정량한다.

제 5장 한 눈에 보는 배출가스 중 금속화합물 시험방법

1. 배출가스 중 금속화합물 시험방법

금속화합물	시험방법
비소화합물	· 수소화물생성원자흡수분광광도법 · 흑연로원자흡수분광광도법 · 유도결합플라스마 분광법 · 자외선/가시선분광법
카드뮴화합물	· 원자흡수분광광도법 · 유도결합플라스마 분광법
납화합물	· 원자흡수분광광도법 · 유도결합플라스마 분광법
크로뮴화합물	· 원자흡수분광광도법 · 유도결합플라스마 분광법 · 자외선/가시선분광법
구리화합물	· 원자흡수분광광도법 · 유도결합플라스마 분광법
니켈화합물	· 원자흡수분광광도법 · 유도결합플라스마 분광법 · 자외선/가시선분광법
아연화합물	· 원자흡수분광광도법 · 유도결합플라스마 분광법
수은화합물	· 냉증기 원자흡수분광광도법
베릴륨화합물	· 원자흡수분광광도법

2. 금속화합물의 자외선/가시선분광법 흡광도 파장별 정리

물질 – 분석방법	흡광도
니켈화합물 – 자외선/가시선분광법	450
비소화합물 – 자외선/가시선분광법	510
크로뮴화합물 – 자외선/가시선분광법	540

내용문제

01 대기오염공정시험기준상 원자흡수분광광도법과 자외선가시선분광법을 동시에 적용할 수 없는 것은?

① 비소화합물　　　　② 니켈화합물
③ 페놀화합물　　　　④ 크로뮴화합물

해설

· 금속이 아닌 물질은 원자흡수분광광도법이 적용되지 않음
· 금속화합물은 모두 원자흡수분광광도법이 적용됨
· 자외선/가시선분광법이 적용되는 금속화합물 : 비소, 크로뮴, 니켈

정답 ③

02 다음 중 약한 암모니아 액성에서 다이메틸글리옥심과 반응시켜 파장 450nm 부근에서 흡광도를 측정하는 화합물은?

① 니켈화합물　　　　② 비소화합물
③ 카드뮴화합물　　　④ 염소화합물

해설

배출가스 중 니켈화합물 - 자외선/가시선분광법

니켈 이온을 약한 암모니아 액성에서 다이메틸글리옥심과 반응시켜, 생성하는 니켈착화합물을 클로로폼으로 추출하고, 이것을 묽은 염산으로 역추출한다. 이 용액에 브로민수를 가하고 암모니아수로 탈색하여, 약한 암모니아 액성에서 재차 다이메틸 글리옥심과 반응시켜 생성하는 적갈색의 니켈화합물을 파장 450nm 부근에서 흡광도를 측정하여 정량하는 방법이다.

물질	흡광도
니켈화합물	450
비소화합물	510
크로뮴화합물	540

정답 ①

03 배출가스 중의 비소화합물을 자외선가시선분광법으로 분석할 때 간섭물질에 관한 설명으로 옳지 않은 것은?

① 비소화합물 중 일부 화합물은 휘발성이 있으므로 채취 시료를 전처리하는 동안 비소의 손실 가능성이 있어 마이크로파산 분해법으로 전처리하는 것이 좋다.
② 황화수소에 대한 영향은 아세트산납으로 제거할 수 있다.
③ 안티몬은 스티빈(stibine)으로 산화되어 610nm에서 최대 흡수를 나타내는 착화합물을 형성케 함으로써 비소 측정에 간섭을 줄 수 있다.
④ 메틸 비소화합물은 pH1에서 메틸수소화 비소를 생성하여 흡수용액과 착화합물을 형성하고 총 비소 측정에 영향을 줄 수 있다.

해설

③ 안티몬은 스티빈(stibine)으로 산화되어 510nm에서 최대 흡수를 나타내는 착화합물을 형성케 함으로써 비소 측정에 간섭을 줄 수 있다.

배출가스 중 비소화합물 - 자외선/가시선분광법

- 간섭물질

· 비소 및 비소화합물 중 일부 화합물은 휘발성이 있다. 따라서 채취 시료를 전처리하는 동안 비소의 손실 가능성이 있다. 전처리 방법으로서 마이크로파 산분해법을 이용할 것을 권장한다.
· 일부 금속(크로뮴, 코발트, 구리, 수은, 몰리브데넘, 니켈, 백금, 은, 셀레늄 등)이 수소화비소 (AsH₃) 생성에 영향을 줄 수 있지만 시료 용액 중의 이들 농도는 간섭을 일으킬 정도로 높지는 않다.
· 황화수소가 영향을 줄 수 있으며 이는 아세트산납으로 제거할 수 있다.
· 안티몬은 스티빈(stibine)으로 환원되어 510nm에서 최대 흡수를 나타내는 착화합물을 형성케 함으로써 비소 측정에 간섭을 줄 수 있다.
· 메틸 비소화합물은 pH1에서 메틸수소화비소(methylarsine)를 생성하여 흡수용액과 착화합물을 형성하고 총 비소 측정에 영향을 줄 수 있다.

정답 ③

| 배출가스 중 크로뮴화합물 |

04 다음은 굴뚝 배출가스 중 크로뮴화합물을 자외선가시선분광법으로 측정하는 방법이다. (   ) 안에 알맞은 것은?

> 시료용액 중의 크로뮴을 과망간산포타슘에 의하여 6가로 산화하고, (㉠)을/를 가한 다음, 아질산소듐으로 과량의 과망간산염을 분해한 후 다이페닐카바자이드를 가하여 발색시키고, 파장 (㉡)nm 부근에서 흡광도를 측정하여 정량하는 방법이다.

① ㉠ 아세트산, ㉡ 460
② ㉠ 요소, ㉡ 460
③ ㉠ 아세트산, ㉡ 540
④ ㉠ 요소, ㉡ 540

해설

배출가스 중 크로뮴화합물 – 자외선/가시선분광법
시료용액 중의 크로뮴을 과망간산포타슘에 의하여 6가로 산화하고, 요소를 가한 다음, 아질산소듐으로 과량의 과망간산염을 분해한 후 다이페닐카바자이드를 가하여 발색시키고, 파장 540nm 부근에서 흡광도를 측정하여 정량하는 방법이다.

정답 ④

| 배출가스 중 수은화합물 |

05 냉증기 원자흡수분광광도법으로 굴뚝 배출가스 중 수은을 측정하기 위해 사용하는 흡수액으로 옳은 것은? (단, 질량분율)

① 4% 과망간산포타슘/ 10% 질산
② 4% 과망간산포타슘/ 10% 황산
③ 10% 과망간산포타슘/ 6% 질산
④ 6% 과망간산포타슘/ 10% 질산

해설

배출가스 중 수은화합물 – 냉증기 원자흡수분광광도법
흡수액(질량분율, 4% 과망간산포타슘 / 10% 황산)

정답 ②

MEMO

제 6장

배출가스 중

휘발성유기화합물

Chapter 01

배출가스 중 폼알데하이드 및 알데하이드류

1. 일반적 성질

폼알데하이드(formaldehyde)는 상온에서 강한 휘발성을 띄는 기체로 분자식은 HCHO이고 분자량은 30.03, 녹는점은 -92℃, 끓는점은 -21℃이다. 특유의 자극적인 냄새가 나고, 특히 물에 잘 녹으며, 폼알데하이드의 수용액을 포말린(formalin)이라고 한다. 폼알데하이드에 갑자기 짧은 기간 동안 높은 농도로 노출되면 구토, 설사 같은 증상이 나타날 수 있으며, 낮은 농도로 오랫동안 지속적으로 노출되면 코의 세포가 손상되거나 위염과 위궤양을 일으킬 수 있다. 눈, 피부 및 호흡기에 자극을 주거나 피부에 과민성을 유발할 수도 있다. 알데하이드 (aldehyde)는 알데하이드기(-CHO)를 가진 화합물의 총칭이다.

2. 적용 가능한 시험방법

고성능액체크로마토그래피가 주 시험방법이며, 시험방법들의 정량범위는 표와 같다.

분석방법	정량범위	방법검출한계
고성능액체크로마토그래피	0.010~100ppm	0.003ppm
크로모트로핀산 자외선/가시선분광법	0.010~0.200ppm (시료채취량 60L인 경우)	0.003ppm
아세틸아세톤 자외선/가시선분광법	0.020~0.400ppm (시료채취량 60L인 경우)	0.007ppm

3. 배출가스 중 폼알데하이드 및 알데하이드류 – 고성능액체크로마토그래피

(1) 목적

이 시험기준은 소각로, 보일러 등 연소시설의 굴뚝 등에서 배출되는 배출가스 중에 포함되어 있는 폼알데하이드 및 알데하이드류 화합물의 분석방법에 대하여 규정한다.

(2) 고성능액체크로마토그래피

배출가스 중의 알데하이드류를 흡수액 2,4-다이나이트로페닐하이드라진(DNPH, dinitrophenyl hydrazine)과 반응하여 하이드라존 유도체를 생성하게 되고 이를 **액체크로마토그래프**로 분석하여 정량한다. 하이드라존은 UV 영역, 특히 **350~380nm**에서 최대 흡광도를 나타낸다.

(3) 간섭물질

시료 중 알데하이드 화합물 목표성분 외의 알데하이드나 케톤 화합물이 공존할 수 있다. 만일 이 화합물의 컬럼 머무름시간이 비슷하여 고성능액체크로마토그래프(HPLC) 컬럼에서 분리가 일어나지 않을 경우 분석결과에 영향을 줄 수 있다.

4. 배출가스 중 폼알데하이드 – 크로모트로핀산 자외선/가시선분광법

(1) 목적

폼알데하이드를 포함하고 있는 배출가스를 크로모트로핀산을 함유하는 흡수 발색액에 채취하고 가온하여 발색시켜 얻은 자색 발색액의 흡광도를 측정하여 폼알데하이드 농도를 구한다.

(2) 간섭물질

다른 폼알데하이드의 영향은 0.01% 정도, 불포화알데하이드의 영향은 수% 정도이다.

5. 배출가스 중 폼알데하이드 – 아세틸아세톤 자외선/가시선분광법

(1) 목적

배출가스 중의 폼알데하이드를 아세틸아세톤을 함유하는 흡수 발색액에 채취하고 가온하여 발색시켜 얻은 황색 발색액의 흡광도를 측정하여 정량한다.

(2) 간섭물질

이산화황이 공존하면 영향을 받으므로 흡수 발색액에 염화제이수은과 염화소듐을 넣는다. 다른 알데하이드에 의한 영향은 없다.

Chapter 02

배출가스 중 브로민화합물

1. 적용 가능한 시험방법

자외선/가시선분광법이 주 시험방법이며, 시험방법들의 정량범위는 표와 같다.

분석방법	정량범위	방법검출한계	정밀도(%RSD)
자외선/가시선분광법	(1.8~17.0)ppm (시료채취량 : 40L, 분석용 시료용액 : 250mL)	0.6	10
적정법	(1.2~59.0)ppm (시료채취량 : 40L, 분석용 시료용액 : 250mL)	0.4	–

2. 배출가스 중 브로민화합물 – 자외선/가시선분광법

(1) 목적

배출가스 중 브로민화합물을 수산화소듐 용액에 흡수시킨 후 일부를 분취해서 산성으로 하여 과망간산포타슘 용액을 사용하여 브로민으로 산화시켜 **클로로폼**으로 추출한다. 클로로폼층에 정제수와 황산제이철암모늄 용액 및 싸이오사이안산제이수은 용액을 가하여 발색한 정제수 층의 흡광도를 측정해서 브로민을 정량하는 방법이다. 흡수 파장은 460nm이다.

(2) 간섭물질

이 방법은 배출가스 중의 염화수소 100ppm, 염소 10ppm, 이산화황 50ppm까지는 포함되어 있어도 영향이 없다.

3. 배출가스 중 브로민화합물 – 적정법

(1) 목적

배출 가스 중 브로민화합물을 수산화소듐 용액에 흡수시킨 다음 브로민을 하이포아염소산소듐 용액을 사용하여 브로민산 이온으로 산화시키고 과잉의 하이포아염소산염은 폼산소듐으로 환원시켜 이 브로민산 이온을 아이오딘 적정법으로 정량하는 방법이다.

(2) 간섭물질

이 방법은 시료 용액 중에 아이오딘이 공존하면 방해되나 보정에 의해 그 영향을 제거할 수 있다.

Chapter 03 배출가스 중 페놀화합물

1. 일반적 성질

페놀화합물은 방향족 화합물인 벤젠 고리에 수소 대신 하이드록시기($-OH$)가 결합된 화합물의 총칭이다. 페놀(phenol), o-, m-, p-크레졸(cresol), o-, m-, p-클로로페놀(chlorophenol) 등이 페놀화합물에 해당한다. 페놀은 달콤한 타르향의 무색의 결정성 고체로 분자식은 C_6H_5OH이고 분자량은 94.12, 끓는점은 181.8℃, 녹는점은 41~43℃이다. 물에 임의 비율로 용해되며 그 수용액은 약산성이다. NaOH와 반응하나 Na_2CO_3와는 반응하지 않는다. 페놀에 갑자기 짧은 기간 동안 높은 농도로 노출되면 상기도 자극, 식욕 부진, 체중 감소, 두통 및 현기증 등을 일으킬 수 있다. 또한 중독을 일으키지 않는 낮은 농도에서 오랫동안 지속적으로 노출되면 현기증, 소화 불량, 피부 발진, 신경계 영향 및 두통 등이 생길 수 있다.

2. 적용 가능한 시험방법

기체크로마토그래피가 주 시험방법이며, 시험방법들의 정량범위는 표와 같다.

분석방법	정량범위	방법검출한계
기체크로마토그래피	0.20~300.0ppm (시료채취량 10L인 경우)	0.07ppm
4-아미노 안티피린 자외선/가시선분광법	1.00~20.00ppm (시료채취량 20L인 경우)	0.32ppm

3. 배출가스 중 페놀화합물 – 기체크로마토그래피

(1) 목적

이 시험기준은 배출가스 중의 페놀화합물을 측정하는 방법으로서, 배출가스를 **수산화소듐 용액**에 흡수시켜 이 용액을 산성으로 한 후 **아세트산에틸**로 추출한 다음 기체크로마토그래프로 정량하여 페놀화합물의 농도를 산출한다.

(2) 적용범위

① 이 시험기준은 굴뚝 등에서 배출하는 배출가스 중의 페놀, 크레졸, 클로로페놀, 2,4-다이클로로페놀, 2,4,6-트라이클로로페놀 및 펜타클로로페놀 등의 페놀화합물의 분석방법에 관하여 규정한다.

② 10L의 시료를 용매에 흡수하여 채취할 경우 시료 중의 페놀화합물의 농도가 0.20~ 300.0ppm 범위의 분석에 적합하다.

③ 이 방법에 의해 분석하였을 때에 각 페놀화합물의 방법검출한계는 다음 표 13과 같다.

④ 시료 중에 일반 유기물이나 염기성 유기물이 많이 함유되어 있으면 이를 제거하기 위해 알칼리성에서 추출하여 정제하여 적용할 수 있다.

〈 표 13. 배출가스 중의 페놀화합물들의 방법검출한계 〉

물질명	방법검출한계 (ppm)
페놀	0.07
o-크레졸	0.08
m-크레졸	0.09
p-크레졸	0.09
클로로페놀	0.08
2,4-다이클로로페놀	0.07
2,4,6-트라이클로로페놀	0.05
펜타클로로페놀	0.07

(3) 간섭물질

① 채취병법은 기체시료 중의 페놀 성분이 수증기에 용해되어 채취 후 바로 채취용기의 기벽에 물방울이 응축하므로 적합하지 않다.

② 고순도(99.8%)의 시약이나 용매를 사용하면 방해물질을 최소화할 수 있다.

③ 배출가스에 다량의 유기물이나 염기성 유기물이 오염되어 있을 경우에 알칼리성에서 추출하여 제거할 수 있으나 이때 페놀이나 2,4-다이메틸페놀의 회수율이 줄어들 수 있다.

4. 배출가스 중 페놀화합물 – 4-아미노안티피린 자외선/가시선분광법

(1) 목적

이 시험기준은 배출가스 중의 페놀화합물을 측정하는 방법으로서 배출가스를 수산화소듐 용액에 흡수시켜 이 용액의 pH를 10±0.2로 조절한 후 여기에 **4-아미노안티피린 용액**과 **헥사사이아노철(Ⅲ)산포타슘 용액**을 순서대로 가하여 얻어진 적색액을 510nm의 파장에서 흡광도를 측정하여 페놀화합물의 농도를 계산한다.

(2) 적용범위

① 이 시험기준은 굴뚝에서의 배출가스 중의 페놀화합물의 분석방법에 관하여 규정한다.

② 이 시험기준은 20L의 시료를 용매에 흡수시켜 채취할 경우 시료 중의 페놀화합물의 농도가 1.00~20.0ppm 범위의 분석에 적합하다.

③ 이 방법에 의해 분석하였을 때에 총 페놀화합물의 방법검출한계는 0.32ppm이다.

④ 시료 중에 다량의 오염물질이 함유되어 있으면 클로로폼으로 추출하여 적용할 수 있다.

(3) 간섭물질

① 염소, 브로민 등의 산화성기체 및 황화수소, 이산화황 등의 환원성기체가 공존하면 음의 오차를 나타낸다.

② 분석용 시료용액 중에 불순물을 함유하여 착색했을 경우에는 분석조작에 의해 생성한 페놀화합물의 안티피린 색소를 클로로폼으로 추출하여 간섭을 제거할 수 있다.

Chapter 04 배출가스 중 다이옥신 및 퓨란류 – 기체크로마토그래피

1. 목적

이 시험기준의 목적은 배출가스 중 비의도적 잔류성유기오염물질(UPOPs, unintentionally producedpersistent organic pollutants)을 동시 시험·검사함에 있어, 시료채취, 추출, 정제 그리고 기기분석 등 제반 절차의 정확과 통일을 기하는 데 있다.

2. 적용범위

① 배출가스 시료 중 다이옥신 및 퓨란(PCDDs/PCDFs, polychlorinated dibenzo-ρ-dioxins/polychlorinated dibenzofurans) 17종, 코플라나폴리클로리네이티드바이페닐(Co-PCBs, coplanar polychlorinated biphenyls) 12종 또는 폴리클로리네이티드바이페닐 동질체(PCB congeners, polychlorinated biphenyl congeners) 209종, 헥사클로로벤젠(HCB, hexachlorobenzene), 폴리클로리네이티드나프탈렌(PCNs, polychlorinatednaphthalenes) 75종 등을 기체크로마토그래프/고분해능질량분석기(HRGC/HRMS)로 분석하는 방법에 적용한다.

② 다이옥신 및 퓨란, 코플라나폴리클로리네이티드바이페닐 혹은 폴리클로리네이티드바이페닐 동질체의 회수율은 50~120%, 헥사클로로벤젠의 회수율은 40~130%의 범위, 폴리클로리네이티드나프탈렌 중 디클로리네이티드나프탈렌~옥타클로리네이티드나프탈렌(di~octa-CNs)의 회수율은 50~120%를 만족하여야 한다. 단 폴리클로리네이티드나프탈렌 중 모노클로리네이티드나프탈렌(mono-CNs)의 회수율은 30~120%를 만족하여야 한다. 방법검출한계는 표준상태(0℃, 1기압)에서 다이옥신 및 퓨란 1pg/m³, 코플라나폴리클로리네이티드바이페닐 1pg/m³, 폴리클로리네이티드바이페닐 1pg/m³, 헥사클로로벤젠 0.1ng/m³, 폴리클로리네이티드나프탈렌 1pg/m³을 만족하여야 한다. 단 폴리클로리네이티드나프탈렌 중 모노클로리네이티드나프탈렌(mono-CNs)의 방법검출한계는 0.1ng/m³을 만족하여야 한다.

배출가스 중 다환방향족탄화수소류
- 기체크로마토그래피

1. 목적

이 시험기준은 폐기물소각시설, 연소시설, 기타 산업공정의 배출시설에서 배출되는 가스상 및 입자상의 다환방향족탄화수소류(이하 PAHs, polycyclic aromatic hydrocarbons)의 분석방법으로, 배출시설에서 채취된 시료를 여과지, 흡착제, 흡수액 등을 이용하여 채취한 후 기체크로마토그래프/질량분석기를 이용하여 분석한다.

2. 적용범위

① 이 시험기준은 배출가스 중의 PAHs를 여과지, 흡착수지, 흡수액을 사용하여 채취한 다음 기체크로마토그래프/질량분석기를 이용하여 분석하는 방법이다. 이 방법으로 분석되는 PAHs의 종류는 표 14와 같다.

〈 표 14. PAHs의 종류 〉

명칭	CAS No.	화학식	분자량
아세나프텐(acenaphthene)	83-32-9	$C_{12}H_{10}$	154.21
아세나프틸렌(acenaphthylene)	208-96-8	$C_{12}H_8$	152.19
안트라센(anthracene)	120-12-7	$C_{14}H_{10}$	178.23
벤즈(a)안트라센(benz(a)anthracene)	56-55-3	$C_{18}H_{12}$	228.29
벤조(b)플루오란텐(benzo(b)fluoranthene)	205-82-3	$C_{20}H_{12}$	252.31
벤조(k)플루오란텐(benzo(k)fluoranthene)	207-08-9	$C_{20}H_{12}$	252.31
벤조(g,h,i)퍼릴렌(benzo(g,h,i)perylene)	191-24-2	$C_{22}H_{12}$	276.33
벤조(a)피렌(benzo(a)pyrene)	50-32-8	$C_{20}H_{12}$	252.31
크라이센(chrysene)	218-01-9	$C_{18}H_{12}$	228.29
다이벤즈(a,h)안트라센(dibenz(a,h)anthrancene)	53-70-3	$C_{22}H_{14}$	278.35
플루오란텐(fluoranthene)	206-44-0	$C_{16}H_{10}$	202.25
플루오렌(fluorene)	86-73-7	$C_{13}H_{10}$	166.22
인데노피렌(indeno(1,2,3-c,d)pyrene)	193-39-5	$C_{22}H_{12}$	276.33
나프탈렌(naphthalene)	91-20-3	$C_{10}H_8$	128.17
페난트렌(phenanthrene)	85-01-8	$C_{14}H_{10}$	178.23
피렌(pyrene)	129-00-0	$C_{16}H_{10}$	202.25

② 이 시험기준에 의한 배출가스 중 PAHs 개별화학종의 정량한계는 10~50ng/Sm³ 범위이다.

(2) 간섭물질

① PAHs는 넓은 범위의 증기압을 가지며 대략 10^{-8} kPa 이상의 증기압을 갖는 PAHs는 대기 중에서 가스상과 입자상으로 존재한다. 따라서 배출가스 중 총 PAHs의 농도를 정확하게 측정하기 위해서는 여과지와 흡착제의 동시 채취가 필요하다.

② 시료채취과정과 측정과정 중에 실제 배출가스 중의 불순물, 용매, 시약, 초자류, 시료채취장치의 오염에 따라 오차가 발생하며 측정 및 분석과정 중의 동일한 분석절차의 바탕시료 점검을 통하여 불순물에 대한 확인이 필요하다.

Chapter 06 배출가스 중 벤젠

1. 적용 가능한 시험방법

기체크로마토그래피가 주 시험방법이며, 시험방법의 정량범위는 표와 같다.

분석방법	정량범위	방법검출한계
기체크로마토그래피	0.10~2,500ppm	0.03ppm

2. 배출가스 중 벤젠 - 기체크로마토그래피

(1) 목적

이 시험기준은 용제의 증발 또는 화학반응에 의해 굴뚝 등에서 배출되는 배출가스 중의 벤젠 농도를 측정하기 위한 시험방법이다.

(2) 적용범위

흡착관을 이용한 방법, 시료채취 주머니를 이용한 방법을 시료채취방법으로 하고 열탈착장치를 통하여 기체크로마토그래프(gas chromatograph) 방법으로 분석한다. 배출가스 중에 존재하는 벤젠의 정량범위는 0.10~2,500ppm이며, 방법검출한계는 0.03ppm이다.

(3) 간섭물질

① 배출가스는 대부분 수분을 포함하고 있으므로 상대 습도가 높은 경우에는 시료의 수분을 제거하여 수분으로 인한 영향을 최소화하여야 한다.
② 저온농축관 전단부에 수분제거장치를 사용하여 시료 중의 수분이 제거될 수 있도록 한다.

Chapter

07 배출가스 중 총탄화수소

1. 일반적인 성질

총탄화수소는 탄소와 수소로 이루어진 화합물의 총칭으로 메테인, 에테인, 석유, 벤젠, 나프탈렌 등 다양한 물질로 구성된다. 다환방향족탄화수소(PAHs), 휘발성유기화합물(VOCs) 등도 총탄화수소의 일종이다. 총탄화수소 중 올레핀계 탄화수소나 포화지방족 탄화수소는 대기 속의 오존과 반응, 광화학 스모그의 원인 물질이 된다. 타르에 함유된 3,4-벤조피렌(BP)이 강력한 발암성을 갖는다는 것이 인정된 것은 20세기 초이지만, 그 후의 연구에 의하면 3,4-벤조피렌을 대표로 하는 다환방향족탄화수소(PAHs) 가운데 주로 4~6개의 고리를 갖는 것에서 발암성이 인정되고 있다. 이들은 미립자의 표면에 침착하여 어떤 것은 나이트로화되어 방향족 나이트로화합물이 되고, 중금속과 함께 폐 속으로 침입하는 것으로 여겨진다.

2. 적용 가능한 시험방법

불꽃이온화검출기법이 주 시험방법이다.

분석방법	정량범위	방법검출한계	정밀도
불꽃이온화검출기법	–	–	±10% 이내
비분산적외선분광분석법	–	–	±10% 이내

3. 배출가스 중 총탄화수소 – 불꽃이온화검출기법

(1) 목적

이 시험기준은 배출가스 중 총탄화수소의 분석방법으로, 연료를 연소하는 배출원에서 채취된 시료를 여과지 등을 이용하여 먼지를 제거한 후 가열채취관을 통하여 불꽃이온화검출기(flame ionization detector)로 유입한 후 분석한다.

(2) 적용범위

이 시험기준은 시멘트 소성로, 소각로, 연소시설, 도장시설 등에서 배출되는 배출가스 중의 총탄화수소(THC)를 분석하는 방법으로써, 알케인류(alkanes), 알켄류(alkenes) 및 방향족(aromatics) 등이 주성분인 증기의 총탄화수소를 측정하는데 적용된다. 결과 농도는 프로페인 또는 탄소등가농도로 환산하여 표시한다.

(3) 간섭물질

① 배출가스 중 이산화탄소(CO_2), 수분이 존재한다면 양의 오차를 가져올 수 있다. 단, 이산화탄소(CO_2), 수분의 퍼센트(%) 농도의 곱이 100을 초과하지 않는다면 간섭은 없는 것으로 간주한다.

② **수분트랩 안에 유기성 입자상 물질이 존재한다면 양의 오차를 가져올 수 있다.** 따라서 반드시 필터를 사용하여 샘플링을 해야 한다.

(4) 용어정의

① 시료채취부
시료유입, 운반 및 전처리에 필요한 부분을 말한다.

② 총탄화수소 분석기
총탄화수소 농도를 감지하고, 농도에 비례하는 출력을 발생하는 부분을 말한다.

③ 교정가스
측정기의 교정을 위하여 농도를 알고 있는 공인된 가스를 사용한다.

④ 제로편차
제로가스에 대해 기기가 반응하는 정도의 차이로서, 측정범위의 **±3% 이하**인지 확인한다. 단, 시료가스 측정기간 동안에는 점검, 수리, 교정 등은 수행하지 않아야 한다.

⑤ 교정편차
교정편차 점검용 교정가스(측정기기 최대정량농도의 45~55% 범위의 표준가스)에 대해 기기가 반응하는 정도의 차이로서, 측정범위의 ±3% 이하인지 확인한다. 단, 시료가스 측정기간 동안에는 점검, 수리, 교정 등은 수행하지 않아야 한다.

⑥ 반응시간
오염물질 농도의 단계변화에 따라 최종값의 **90%**에 도달하는 시간으로 한다.

(5) 분석기기 및 기구

① 총탄화수소분석기
배출가스 중 총탄화수소를 분석하기 위한 배출가스 측정기로써 형식승인을 받은 분석기기를 사용한다.

② 교정가스 주입장치
제로 및 교정가스를 주입하기 위해서는 **3방콕이나 순간연결장치**(quick connector)를 사용한다.

③ 여과지
배출가스 중의 입자상물질을 제거하기 위하여 여과장치 등을 설치하고, 여과장치가 굴뚝밖에 있는 경우에는 수분이 응축되지 않도록 한다.

④ 기록계
기록계를 사용하는 경우에는 최소 **4회/min**이 되는 기록계를 사용한다.

⑤ 유량조절밸브

유량조절밸브는 0.5~5L/min의 유량제어가 있는 것으로 휘발성유기화합물의 흡착과 변질이 발생하지 않아야 한다.

⑥ 펌프

펌프는 오일을 사용하지 않는 펌프를 사용하여야 하며 가열 시 오염물질의 영향이 없도록 테플론재질의 코팅이 되어 있는 또는 그 이상의 재질로 되어 있는 펌프를 사용하여야 한다.

(6) 시약 및 표준용액

1) 교정 가스

교정에 사용되는 가스는 공인된 가스를 사용한다. 공기 또는 질소로 충전된 프로페인가스로 스팬값 범위 내의 농도 값을 사용한다. 프로페인 이외의 가스는 반응인자에 대한 보정을 하여 사용한다.

① 연소가스

불꽃이온화분석기를 사용하는 경우에는 수소(40%)/헬륨(60%), 수소(40%)/질소(60%)가스, 또는 수소(99.99% 이상)을 사용한다. 공기는 고순도 공기를 사용한다.

② 제로가스

총탄화수소 농도(프로페인 또는 탄소등가농도)가 0.1ppm 이하 또는 스팬값의 0.1% 이하인 고순도 공기를 사용한다.

(7) 시료채취 및 관리

① 시료채취관

스테인리스강 또는 이와 동등한 재질의 것으로 휘발성유기화합물의 흡착과 변질이 없어야 하고 굴뚝 중심 부분의 10% 범위 내에 위치할 정도의 길이의 것을 사용한다.

4. 배출가스 중 총탄화수소 – 비분산적외선분광분석법

(1) 목적

이 시험기준은 배출가스 중 총탄화수소의 분석방법으로, 연료를 연소하는 배출원에서 채취된 시료를 여과지 등을 이용하여 먼지를 제거한 후 가열채취관을 통하여 비분산형적외선분석기 (non – dispersive infrared analyzer)로 유입한 후 분석한다.

(2) 적용범위

① 이 시험기준은 시멘트 소성로, 소각로, 연소시설, 도장시설 등에서 배출되는 배출가스 중의 총탄화수소(THC)를 분석하는 방법으로써, **알케인류(alkanes)가 주성분인 증기의 총탄화수소를 측정하는데 적용**된다. 결과 농도는 **프로페인 또는 탄소등가농도로 환산하여 표시**한다. 비분산적외선분광분석법으로 분석 시 배출가스

성분을 파악할 수 있는 분석이 선행되어야 한다.

② 비분산형적외선(NDIR) 분석기로 다른 유기물질을 측정하려면 그 물질의 특성에 맞는 흡수셀이 설정될 수 있는 장비와 교정가스가 필요하다.

(3) 간섭물질

수분트랩 안에 유기성 입자상 물질이 존재한다면 **양의 오차**를 가져올 수 있다. 따라서 반드시 여과필터를 사용하여 샘플링을 해야 한다.

Chapter

08 휘발성유기화합물 누출확인방법

1. 목적

① 이 시험기준은 휘발성유기화합물(VOCs, volatile organic compounds) 누출원에서 VOCs가 누출되는지 확인하는 데 목적이 있다.

② 누출원에는 밸브, 플랜지 및 기타 연결관, 펌프 및 압축기, 압력완화밸브(pressure relief valve), 공정배출구(시료채취장치), 개방형도관 및 콕, 밀봉시스템 가스제거 배출구(sealing system degassing vents)와 축압배출구(accumulator vents), 출입문밀봉장치(access door seals) 등이 포함되며 기타 다른 누출원도 포함된다.

③ 휴대용 측정기기를 이용하여 개별 누출원으로부터 VOCs 누출을 확인한다.

2. 적용범위

이 방법은 누출의 확인 여부로 사용하여야 한다. 다만, 누출원의 취급물질의 함량(질량분율 %) 및 측정기기의 물질별 반응인자(response factor)를 파악할 수 있는 경우에는 누출원의 물질별 누출량 측정법으로 사용할 수 있다.

3. 용어정의

① **누출농도**
VOCs가 누출되는 누출원 표면에서의 VOCs 농도로서, 대조화합물을 기초로 한 기기의 측정값이다.

② **대조화합물**
누출농도를 확인하기 위한 기기교정용 VOCs 화합물로서 **불꽃이온화 검출기에는 메테인, 에테인, 프로페인 및 뷰테인을 기준으로 하며, 광이온화 검출기에는 아이소뷰틸렌을 기준으로 한다.**

③ **교정가스**
기지 농도로 기기 표시치를 교정하는데 사용되는 VOCs 화합물로서 일반적으로 **누출농도와 유사한 농도**의 대조화합물이다.

④ 검출불가능 누출농도

누출원에서 VOCs가 대기 중으로 누출되지 않는다고 판단되는 농도로서 국지적 VOCs 배경농도의 최고 농도 값으로 기기 측정값으로 500ppm이다.

⑤ 반응인자

관련규정에 명시된 대조화합물로 교정된 기기를 이용하여 측정할 때 관측된 측정값과 VOCs 화합물 기지농도와의 비율이다.

⑥ 교정 정밀도

기지의 농도값과 측정값간의 평균차이를 상대적인 퍼센트로 표현하는 것으로서, 동일한 기지 농도의 측정값들의 일치정도이다.

⑦ 응답시간

VOCs가 시료 채취 장치로 들어가 농도 변화를 일으키기 시작하여 기기 계기판의 최종값이 90%를 나타내는 데 걸리는 시간이다.

4. 휴대용 VOCs 측정기기

(1) 규격

① VOCs 측정기기의 검출기는 시료와 반응하여야 한다. 여기에서 촉매산화, 불꽃이온화, 적외선흡수, 광이온화 검출기 및 기타 시료와 반응하는 검출기 등이 있다.

② 기기는 규정에 표시된 누출농도를 측정할 수 있어야 한다.

③ 기기의 계기눈금은 최소한 표시된 누출농도의 ±5%를 읽을 수 있어야 한다.

④ 기기는 펌프를 내장하고 있어 연속적으로 시료가 검출기로 제공되어야 한다. 일반적으로 시료유량은 0.5~3L/min이다.

⑤ 기기는 폭발 가능한 대기 중에서의 조작을 위하여 근본적으로 안전해야 한다.

⑥ 기기는 채취관 및 연결관 연결이 가능하여야 한다.

(2) 성능 기준

① 측정될 개별 화합물에 대한 기기의 반응인자(response factor)는 10보다 작아야 한다.

② 기기의 응답시간은 30초보다 작거나 같아야 한다.

③ 교정 정밀도는 교정용 가스 값의 10%보다 작거나 같아야 한다.

배출가스 중 사염화탄소, 클로로폼, 염화바이닐 – 기체크로마토그래피

1. 목적

이 시험기준은 굴뚝 배출가스 중 사염화탄소(carbon tetrachloride, CCl$_4$)와 클로로폼(chloroform, CHCl$_3$), 그리고 염화바이닐(vinyl chloride, H$_2$C=CHCl)의 농도를 측정하기 위한 시험방법의 하나로서 굴뚝 배출가스 중 사염화탄소와 클로로폼, 그리고 염화바이닐의 시료를 흡착관 및 시료채취 주머니에 채취하여 기체 크로마토그래프(gas chromatograph, 이하 GC)로 분석하는 과정을 포함하고 있다.

2. 적용범위

이 시험기준은 산업시설 등에서 덕트 또는 굴뚝으로 배출되는 배출가스 중 사염화탄소, 클로로폼 및 염화바이닐의 시료를 흡착관 및 시료채취 주머니에 채취하여 기체크로마토그래프 시스템에서 분석하는 방법에 관하여 규정한다. 사염화탄소, 클로로폼 및 염화바이닐의 정량범위는 0.10ppm 이상이며 방법검출한계는 0.03ppm이다.

분석방법	정량범위	방법검출한계
흡착관법	0.10 ~ 1.00ppm 흡착관농축-GC/FID(혹은 MS)법	0.03ppm
시료채취 주머니 방법	0.10 ~ 500.0ppm (0.10~1.00ppm : 시료채취 주머니-GC/ECD법, 1.00ppm 이상 : 시료채취 주머니-GC/FID(혹은 MS)법)	0.03ppm

3. 간섭물질

1) 배출원에 의한 간섭

GC 분석 시 방해성분이 분리가 되지 않아 측정결과에 영향을 줄 수 있다. 그러므로 특정 분석 조건에 맞는 컬럼과 분석조건을 선택해야 한다. 이러한 경우 GC/MS 방법을 사용하여 보다 선택성이 좋은 조건에서 분석을 하여야 한다.

배출가스 중 벤젠, 이황화탄소, 사염화탄소, 클로로폼, 염화바이닐의 동시측정법

1. 목적

이 시험기준은 굴뚝 배출가스 중 벤젠(C_6H_6), 이황화탄소(CS_2), 사염화탄소(CCl_4), 클로로폼($CHCl_3$), 염화바이닐(H_2C=CHCl)의 농도를 동시에 측정하기 위한 시험방법으로서 시료 채취와 분석에 대한 과정을 포함하고 있다.

2. 적용범위

시료채취 주머니로 굴뚝 배출가스 시료를 채취하여 각 성분을 기체크로마토그래피에 의해 분리한 후 질량 선택적 검출기에 의해 측정한다.

분석방법	정량범위	방법검출한계
벤젠	0.10 ~ 2500ppm (시료채취주머니-GC분석법)	0.03ppm
이황화탄소	1.00ppm 이상	0.20ppm
사염화탄소, 클로로폼 및 염화바이닐	0.10 ~ 500.0ppm	0.03ppm

3. 간섭물질

(1) 수분에 의한 간섭

① 배출가스는 대부분 수분을 포함하고 있으므로 상대습도가 높은 경우에는 시료의 수분을 제거하여 수분으로 인한 영향을 최소화하여야 한다.

② 저온농축관 전단부에 수분제거장치를 사용하여 시료 중의 수분이 제거될 수 있도록 한다.

배출가스 중 휘발성유기화합물 – 기체크로마토그래피

1. 목적

이 시험기준은 배출가스 중에 존재하는 휘발성유기화합물(VOCs, volatile organic compounds) 의 농도를 측정하기 위한 시험방법으로 시료를 흡착관 또는 시료채취 주머니에 채취하고, 흡착 관은 열탈착장치에 직접 연결하거나 흡착제로 이황화탄소를 사용하여 용매추출한 후 이 액을 기 체크로마토그래프에 주입하며, 시료채취 주머니에 채취한 시료는 자동연속주입시스템(on-line system)으로 전량을 주입하거나 기체용 주사기 또는 시료주입루프를 통해 일정량을 기체크로마 토그래프에 주입하여 분리한 후 불꽃이온화검출기(FID), 광이온화검출기(PID), 전자포획검출기 (ECD) 혹은 질량분석기(MS)에 의해 측정한다.

2. 적용범위

이 시험기준은 배출가스 중에 존재하는 0.10ppm 이상 농도의 휘발성유기화합물의 분석에 적 합하며 방법검출한계는 0.03ppm이다.

Chapter

12

배출가스 중 1, 3 − 뷰타다이엔 − 기체크로마토그래피

1. 목적

이 시험기준은 용제의 증발 또는 화학반응에 의해 굴뚝 등에서 배출되는 배출가스 중의 1,3−뷰타다이엔 농도를 측정하기 위한 시험방법이다. 배출가스 중 1,3−뷰타다이엔의 시료 채취와 분석에 대한 과정을 포함하고 있다.

2. 적용범위

① 시료채취방법 : 흡착관을 이용한 방법, 시료채취 주머니를 이용한 방법
② 분석방법 : 기체크로마토그래피(GC, gas chromatography)
③ 정량범위 : 0.03ppm 이상
④ 방법검출한계 : 0.01ppm

3. 간섭물질

배출가스는 대부분 수분을 포함하고 있으므로 상대 습도가 높은 경우에는 시료의 수분을 제 거하여 수분으로 인한 영향을 최소화하여야 한다. (저온농축관 전단부에 수분제거장치를 사 용하여 시료 중의 수분이 제거될 수 있도록 한다.)

Chapter 13

배출가스 중 다이클로로메테인 – 기체크로마토그래피

1. 목적

이 시험기준은 용제의 증발 또는 화학반응에 의해 굴뚝 등에서 배출되는 배출가스 중의 다이클로로메테인 농도를 측정하기 위한 시험방법이다. 배출가스 중 다이클로로메테인의 시료채취와 분석에 대한 과정을 포함하고 있다.

2. 적용범위

① 시료채취방법 : 흡착관을 이용한 방법, 시료채취 주머니를 이용한 방법
② 분석방법 : 기체크로마토그래피(GC, gas chromatography)
③ 정량범위 : 0.50ppm 이상
④ 방법검출한계 : 0.17ppm

3. 간섭물질

배출가스는 대부분 수분을 포함하고 있으므로 상대 습도가 높은 경우에는 시료의 수분을 제거하여 수분으로 인한 영향을 최소화하여야 한다. (저온농축관 전단부에 수분제거장치를 사용하여 시료 중의 수분이 제거될 수 있도록 한다.)

Chapter 14

배출가스 중 트라이클로로에틸렌 – 기체크로마토그래피

1. 목적

이 시험기준은 용제의 증발 또는 화학반응에 의해 굴뚝 등에서 배출되는 배출가스 중의 트라이클로로에틸렌 농도를 측정하기 위한 시험방법이다. 배출가스 중 트라이클로로에틸렌의 시료채취와 분석에 대한 과정을 포함하고 있다.

2. 적용범위

① 시료채취방법 : 흡착관을 이용한 방법, 시료채취 주머니를 이용한 방법
② 분석방법 : 기체크로마토그래피(GC, gas chromatography)
③ 정량범위 : 0.30ppm 이상
④ 방법검출한계 : 0.10ppm

3. 간섭물질

배출가스는 대부분 수분을 포함하고 있으므로 상대 습도가 높은 경우에는 시료의 수분을 제거하여 수분으로 인한 영향을 최소화하여야 한다. (저온농축관 전단부에 수분제거장치를 사용하여 시료 중의 수분이 제거될 수 있도록 한다.)

Chapter
15
배출가스 중 에틸렌옥사이드

1. 배출가스 중 에틸렌옥사이드 – 시료채취 주머니 – 기체크로마토그래피

이 방법은 굴뚝 등에서 배출되는 배출가스 중의 에틸렌옥사이드 농도를 측정하기 위한 시험 방법이다. 대기 중 에틸렌옥사이드의 시료채취 및 분석에 대한 과정을 포함하고 있다.

(1) 목적

이 방법은 대기압에서 시료채취 주머니를 이용한 시료채취 과정들을 나타내고 있다. 시료채취 주머니에 채취한 시료를 가스 주사기 또는 시료 주입루프를 통해 일정량을 직접 기체크로마토그래프에 주입하여 에틸렌옥사이드를 분리한 후 불꽃이온화검출기(FID)에 의해 측정한다.

(2) 적용범위

이 방법은 배출가스 중에 존재하는 에틸렌옥사이드화합물이 고농도이거나 시료채취 후 8시간 이내에 분석되어지는 경우에 적용된다. 시료채취 주머니를 이용해 직접 GC 분석법으로 분석할 경우 1.00~5,000ppm 범위에서 측정할 수 있다. 방법검출한계는 0.31ppm이다.

(3) 간섭 물질

배출가스는 대부분 수분을 포함하고 있으므로 수분량이 많은 경우에는 시료의 수분을 제거하여 수분으로 인한 영향을 최소화하여야 한다.

2. 배출가스 중 에틸렌옥사이드 – 용매추출 – 기체크로마토그래피

(1) 목적

이 방법은 대기압에서 시료채취 주머니에 채취한 시료를 흡착관(charcoal tube)에 흡착하여 CS_2로 용매추출한 후 기체크로마토그래프로 에틸렌옥사이드를 분리한 후 불꽃이온화검출기(FID, Flame Ionization Detector)에 의해 측정한다.

(2) 적용범위

이 방법은 배출가스 중에 존재하는 에틸렌옥사이드화합물이 저농도이거나 시료채취 후 8시간 이내에 분석할 수 없고, 시료 안정성에 의심이 되는 경우에 적용된다. 시료채취 주머니에 채취한 시료를 흡착관에 흡착한 후 용매추출법으로 추출하여 GC 분석법으로 분석할 경우 0.30~20.0ppm 범위에서 측정할 수 있다. 방법검출한계는 0.10ppm이다.

3. 배출가스 중 에틸렌옥사이드 – HBr유도체화 – 기체크로마토그래피

(1) 목적

이 방법은 대기압에서 시료채취 주머니에 채취한 시료를 HBr 코팅된 활성탄 흡착관을 이용해 유도체화하고 탈착한 후 기체크로마토그래프로 2-브로모에탄올을 측정하여 에틸렌옥사이드 농도를 환산한다.

(2) 적용범위

이 방법은 배출가스 중에 존재하는 에틸렌옥사이드화합물이 저농도이거나 시료채취 후 8시간 이내에 분석할 수 없고, 시료 안정성에 의심이 되는 경우에 적용된다. 24L 채취 시료일 경우 0.05~4.60ppm 범위에서 측정할 수 있다. 방법검출한계는 0.02ppm이다.

(3) 간섭 물질

① 시료에 2-브로모에탄올이 존재할 경우 측정농도에 영향을 미친다.

② 유도체 화합물과 다른 화합물들이 존재하거나 GC분석 중에 2-브로모에탄올과 거의 같은 머무름시간을 갖는 화합물이 존재할 경우 영향을 받는다.

1. 배출가스 중 휘발성유기화합물 시험방법

배출가스	시험방법
폼알데하이드 및 알데하이드류	· 고성능액체 크로마토그래피 · 크로모트로핀산 자외선/가시선분광법 · 아세틸아세톤 자외선/가시선분광법
브로민화합물	· 자외선/가시선분광법 · 적정법
페놀화합물	· 기체크로마토그래피 · 4-아미노안티피린 자외선/가시선분광법
다이옥신 및 퓨란류	· 기체크로마토그래피
다환방향족탄화수소류	· 기체크로마토그래피
벤젠	· 기체크로마토그래피
총탄화수소	· 불꽃이온화검출기 · 비분산적외선분광분석법
사염화탄소, 클로로폼, 염화바이닐	· 기체크로마토그래피
휘발성유기화합물	· 기체크로마토그래피
1,3-뷰타다이엔	· 기체크로마토그래피
다이클로로메테인	· 기체크로마토그래피
트라이클로로에틸렌	· 기체크로마토그래피
다이에틸헥실프탈레이트	· 기체크로마토그래피
벤지딘	· 황산함침여지채취 – 기체크로마토그래피 · 여지채취 – 액체크로마토그래피
바이닐아세테이트	· 열탈착 – 기체크로마토그래피
아닐린	· 열탈착 – 기체크로마토그래피
이황화메틸	· 저온농축 – 모세관 컬럼 – 기체크로마토그래피
에틸렌옥사이드	· 시료채취 주머니 – 기체크로마토그래피 · 용매추출 – 기체크로마토그래피 · HBr유도체화 – 기체크로마토그래피
프로필렌옥사이드	· 시료채취 주머니 – 기체크로마토그래피 · 용매추출 – 기체크로마토그래피
벤젠, 이황화탄소, 사염화탄소, 클로로폼, 염화바이닐의 동시측정법	· 벤젠, 이황화탄소, 사염화탄소, 클로로폼, 염화바이닐의 동시측정법
암모니아, 벤젠	· 흡광차 분광법
일산화탄소, 이산화황, 이산화질소, 염화수소	· 수동형 개방경로 적외선 분광법
벤조(a)피렌	· 기체크로마토그래피 질량분석법
플레어가스 발열량 분석	· 질량분석법 · 기체크로마토그래피 · 열량계법

2. 시험방법별 적용물질

시험방법	배출가스
기체크로마토그래피	· 페놀화합물 · 다이옥신 및 퓨란류 · 다환방향족탄화수소류 · 휘발성유기화합물, 벤젠, 사염화탄소, 클로로폼, 염화바이닐 · 1,3-뷰타다이엔 · 다이클로로메테인, 트라이클로로에틸렌, · 다이에틸헥실프탈레이트 · 플레어가스 발열량 분석
용매추출 – 기체크로마토그래피	· 에틸렌옥사이드 · 프로필렌옥사이드 · N,N-다이메틸폼아마이드
시료채취 주머니 – 기체크로마토그래피	· 에틸렌옥사이드 · 프로필렌옥사이드
열탈착 – 기체크로마토그래피	· N,N-다이메틸폼아마이드 · 바이닐아세테이트 · 아닐린
황산함침여지채취 – 기체크로마토그래피	· 벤지딘
저온농축 – 모세관 컬럼 – 기체크로마토그래피	· 이황화메틸
기체크로마토그래피 질량분석법	· 벤조(a)피렌
비분산적외선분광분석법	· 총탄화수소

자외선/가시선분광법	· 브로민화합물
	· 폼알데하이드 및 알데하이드류
	  – 크로모트로핀산 자외선/가시선분광법
	  – 아세틸아세톤 자외선/가시선분광법

적정법	· 브로민화합물
흡광차 분광법	· 암모니아, 벤젠

| 내용문제 |

| 배출가스 중 폼알데하이드 및 알데하이드류 |

01 굴뚝 배출가스 중에 포함된 폼알데하이드 및 알데하이드류의 분석방법으로 거리가 먼 것은?

① 고성능액체크로마토그래피
② 크로모트로핀산 자외선/가시선분광법
③ 나프틸에틸렌다이아민법
④ 아세틸아세톤 자외선/가시선분광법

해설

폼알데하이드 및 알데하이드류 분석방법

· 고성능액체크로마토그래피
· 크로모트로핀산 자외선/가시선분광법
· 아세틸아세톤 자외선/가시선분광법

정답 ③

| 배출가스 중 폼알데하이드 및 알데하이드류 |

02 굴뚝 배출가스 중 폼알데하이드 및 알데하이드류의 분석방법으로 거리가 먼 것은?

① Methyl Ethyl Ketone법
② 고성능액체크로마토그래피
③ 크로모트로핀산 자외선/가시선 분광법
④ 아세틸아세톤 자외선/가시선 분광법

해설

폼알데하이드 및 알데하이드류 분석방법

· 고성능액체크로마토그래피
· 크로모트로핀산 자외선/가시선분광법
· 아세틸아세톤 자외선/가시선분광법

정답 ①

| 배출가스 중 폼알데하이드 및 알데하이드류 |

03 굴뚝배출가스 중 알데하이드 분석방법으로 옳지 않은 것은?

① 크로모트로핀산 자외선/가시선분광법은 배출가스를 크로모트로핀산을 함유하는 흡수 발색액에 채취하고 가온하여 얻은 자색 발색액의 흡광도를 측정하여 농도를 구한다.
② 아세틸아세톤 자외선/가시선분광법은 배출가스를 아세틸아세톤을 함유하는 흡수 발색액에 채취하고 가온하여 얻은 황색 발색액의 흡광도를 측정하여 농도를 구한다.
③ 흡수액 2,4-DNPH(Dinitrophenylhydrazine)과 반응하여 하이드라존 유도체를 생성하게 되고 이를 액체크로마토그래프로 분석한다.
④ 수산화소듐용액(0.4W/V%)에 흡수·채취시켜 이 용액을 산성으로 한 후 초산에틸로 용매를 추출해서 이온화검출기를 구비한 가스크로마토그래피로 분석한다.

해설

④ 알데하이드 분석방법에는 가스크로마토그래피는 없다.

정답 ④

| 배출가스 중 폼알데하이드 및 알데하이드류 |

04 2,4-다이나이트로페닐하이드라진(DNPH)과 반응하여 하이드라존유도체를 생성하게 하여 이를 액체크로마토그래피로 분석하는 물질은?

① 아민류 ② 알데하이드류
③ 벤젠 ④ 다이옥신류

해설

배출가스 중 폼알데하이드 및 알데하이드류 – 고성능액체크로마토그래피

배출가스 중의 알데하이드류를 흡수액 2,4-다이나이트로페닐하이드라진(DNPH)과 반응하여 하이드라존 유도체를 생성하게 되고 이를 액체크로마토그래프로 분석하여 정량한다. 하이드라존은 UV 영역, 특히 350~380nm에서 최대 흡광도를 나타낸다.

정답 ②

| 배출가스 중 폼알데하이드 및 알데하이드류 |

05 알데하이드류를 DNPH 유도체를 형성하여 아세토나이트릴(acetonitrile) 용매로 추출하여 고성능액체크로마토그래피에 의해 자외선 검출기로 분석할 때 측정파장으로 가장 적합한 것은?

① 360nm ② 510nm
③ 650nm ④ 730nm

해설

350~380nm

정답 ①

| 배출가스 중 폼알데하이드 및 알데하이드류 |

06 크로모트로핀산 자외선/가시선분광법으로 굴뚝 배출가스 중 폼알데하이드를 정량할 때 흡수발색액 제조에 필요한 시약은?

① CH_3COOH ② H_2SO_4
③ $NaOH$ ④ NH_4OH

해설

흡수액 : 크로모트로핀산 + 황산

배출가스 중 가스상물질 시료채취방법

분석물질별 분석방법 및 흡수액

분석물질	분석방법	흡수액
암모니아	·인도페놀법	·붕산 용액(5g/L)
염화수소	·이온크로마토그래피 ·싸이오사이안산제2수은법	·정제수 ·수산화소듐 용액 (0.1mol/L)
염소	·오르토톨리딘법	·오르토톨리딘 염산 용액 (0.1g/L)
황산화물	·침전적정법	·과산화수소수 용액 (1+9)
질소산화물	·아연환원 나프틸에틸렌다이아민법	·황산 용액(0.005mol/L)
이황화탄소	·자외선/가시선분광법 ·가스크로마토그래피	·다이에틸아민구리 용액
폼알데하이드	·크로모트로핀산법 ·아세틸아세톤법	·크로모트로핀산+황산 ·아세틸아세톤 함유 흡수액
황화수소	·자외선/가시선분광법	·아연아민착염 용액
플루오린화합물	·자외선/가시선분광법 ·적정법 ·이온선택전극법	·수산화소듐 용액 (0.1mol/L)
사이안화수소	·자외선/가시선분광법	·수산화소듐 용액 (0.5mol/L)
브로민화합물	·자외선/가시선분광법 ·적정법	·수산화소듐 용액 (0.1mol/L)
페놀	·자외선/가시선분광법 ·가스크로마토그래피	·수산화소듐 용액 (0.1mol/L)
비소	·자외선/가시선분광법 ·원자흡수분광광도법 ·유도결합플라스마분광법	·수산화소듐 용액 (0.1mol/L)

정답 ②

연습문제

07 휘발성 유기화합물(VOCs) 누출확인방법에 사용되는 측정기기의 규격, 성능기준 요구사항으로 거리가 먼 것은?

① 기기의 응답시간은 30초보다 작거나 같아야 한다.

② 교정밀도는 교정용 가스 값의 10%보다 작거나 같아야 한다.

③ 기기의 계기눈금은 최소한 표시된 누출농도의 ±10%를 읽을 수 있어야 한다.

④ 기기는 펌프를 내장하고 있어야 하고 일반적으로 시료유량은 0.5~3L/min이다.

해설

휘발성유기화합물 누출확인방법-대용 VOCs 측정기기

③ 휴대용 VOCs 측정기기의 계기눈금은 최소한 표시된 누출농도의 ±5%를 읽을 수 있어야 한다.

정답 ③

08 휘발성유기화합물 누출확인에 사용되는 휴대용 VOCs 측정기기에 관한 설명으로 옳지 않은 것은?

① 휴대용 VOCs 측정기기의 계기눈금은 최소한 표시된 누출농도의 ±5%를 읽을 수 있어야 한다.

② 휴대용 VOCs 측정기기는 펌프를 내장하고 있어 연속적으로 시료가 검출기로 제공되어야 하며, 일반적으로 시료유량은 0.5~3L/min이다.

③ 휴대용 VOCs측정기기의 응답시간은 60초보다 작거나 같아야 한다.

④ 측정될 개별 화합물에 대한 기기의 반응인자(response factor)는 10보다 작아야한다.

해설

휘발성유기화합물 누출확인방법-대용 VOCs 측정기기

③ 기기의 응답시간은 30초보다 작거나 같아야 한다.

정답 ③

| 휘발성 유기화합물(VOCs) 누출확인방법 |

09 휘발성유기화합물(VOCs)누출확인방법에서 사용하는 용어 정의 중 "응답시간"은 VOCs가 시료채취장치로 들어가 농도 변화를 일으키기 시작하여 기기 계기판의 최종값이 얼마를 나타내는데 걸리는 시간을 의미하는가?(단, VOCs 측정기기 및 관련장비는 사양과 성능기준을 만족한다.)

① 80% ② 85%
③ 90% ④ 95%

해설

휘발성유기화합물 누출확인방법
응답시간 : VOCs가 시료 채취 장치로 들어가 농도 변화를 일으키기 시작하여 기기 계기판의 최종값이 90%를 나타내는 데 걸리는 시간이다.

정답 ③

| 휘발성 유기화합물(VOCs) 누출확인방법 |

10 휘발성 유기화합물질(VOCs) 누출확인방법에 관한 설명으로 거리가 먼 것은?

① 검출불가능 누출농도는 누출원에서 VOCs가 대기 중으로 누출되지 않는다고 판단되는 농도로서 국지적 VOCs 배경농도의 최고농도값이다.
② 휴대용 측정기기를 사용하여 개별 누출원 으로부터의 직접적인 누출량을 측정한다.
③ 누출농도는 VOCs가 누출되는 누출원 표면에서의 표면에서의 농도로서 대조화합물을 기초로 한 기기의 측정값이다.
④ 응답시간은 VOCs가 시료채취로 들어가 농도 변화를 일으키기 시작하여 기기계기판의 최종값이 90%를 나타내는데 걸리는 시간이다.

해설

휘발성유기화합물 누출확인방법은 누출의 확인 여부로만 사용하여야 하고, 개별 누출원으로부터의 직접적인 누출량을 확인할 수는 없다.

정답 ②

| 배출가스 중 총탄화수소 |

11 배출가스 중 불꽃이온화기를 이용한 총탄화수소 분석에 사용되는 용어 및 설명으로 옳지 않은 것은?

① 배출가스 중 이산화탄소(CO_2), 수분이 존재한다면 양의 오차를 가져올 수 있다. 단, 이산화탄소(CO_2), 수분의 퍼센트(%)농도의 곱이 100을 초과하지 않는다면 간섭은 없는 것으로 간주한다.
② 분석기는 총탄화수소 농도를 감지하고, 농도에 비례하는 출력을 발생하는 부분을 말한다.
③ 반응시간은 오염물질 농도의 단계변화에 따라 최종값의 100%에 도달하는 시간으로 한다.
④ 수분트랩 안에 유기성 입자상 물질이 존재한다면 양의 오차를 가져올 수 있다.

해설

③ 오염물질 농도의 단계변화에 따라 최종값의 90%에 도달하는 시간으로 한다.

정답 ③

연습문제

12 굴뚝 배출가스 중 총탄화수소 측정장치 시스템과 교정 및 연소시에 사용되는 가스에 설명으로 틀린 것은?

① 기록계를 사용하는 경우에는 최소 2회/분이 되는 기록계를 사용한다.

② 시료채취관은 굴뚝중심 부분의 10% 범위 내에 위치할 정도의 길이의 것을 사용한다.

③ 불꽃이온화검출기를 사용하는 경우에 연소가스는 수소(40%)/헬륨(60%) 또는 수소(40%)/질소(60%) 가스를 사용한다.

④ 영점가스는 총탄화수소농도(프로페인 또는 탄소등가 농도)가 0.1mL/m^3 이하 또는 스팬값의 0.1% 이하인 고순도 공기를 사용한다.

해설

① 기록계를 사용하는 경우에는 최소 4회/min이 되는 기록계를 사용한다.

정답 ①

---

13 배출가스 중의 총탄화수소를 불꽃이온화검출기로 분석하기 위한 장치구성에 관한 설명과 가장 거리가 먼 것은?

① 총탄화수소분석기는 총탄화수소를 분석하기 위한 배출가스 측정기로써 형식승인을 받은 분석기기를 사용한다.

② 시료채취관은 유리관 재질의 것으로 하고 굴뚝 중심 부분의 30% 범위 내에 위치할 정도의 길이의 것을 사용한다.

③ 기록계를 사용하는 경우에는 최소 4회/min이 되는 기록계를 사용한다.

④ 영점 및 교정가스를 주입하기 위해서는 3방콕이나 순간연결장치(quick connector)를 사용한다.

해설

② 시료채취관은 스테인리스강 또는 이와 동등한 재질의 것으로 휘발성 유기화합물의 흡착과 변질이 없어야 하고 굴뚝 중심 부분의 10% 범위 내에 위치할 정도의 길이의 것을 사용한다.

정답 ②

| 배출가스 중 페놀화합물 |

14 4-아미노안티피린 용액과 헥사시아노철(Ⅲ) 산 포타슘 용액을 순서대로 가하여 얻어진 적색(赤色)액의 흡광도 측정은 어떤 항목의 분석방법에 해당하는가?

① 페놀화합물   ② 퓨란류
③ 플루오린화합물   ④ 벤젠

해설

배출가스 중 페놀화합물 – 4 – 아미노안티피린
자외선/가시선분광법

배출가스 중의 페놀화합물을 측정하는 방법으로서 배출가스를 수산화소듐 용액에 흡수시켜 이 용액의 pH를 10 ± 0.2로 조절 한 후 여기에 4-아미노안티피린 용액과 헥사시아노철(Ⅲ)산포타슘 용액을 순서대로 가하여 얻어진 적색액을 510nm의 파장에서 흡광도를 측정하여 페놀화합물의 농도를 계산한다.

정답 ①

| 배출가스 중 페놀화합물 |

15 다음은 배출가스 중의 페놀화합물의 기체크로마 토그래피 분석방법을 설명한 것이다. ( )안에 알맞은 것은?

> 배출가스를 (㉠)에 흡수시켜 이 용액을 산 성으로 한 후 (㉡)(으)로 추출한 다음 기체 크로마토그래프로 정량하여 페놀화합물의 농 도를 산출한다.

① ㉠ 정제수, ㉡ 과망간산포타슘
② ㉠ 수산화소듐용액, ㉡ 과망간산포타슘
③ ㉠ 정제수, ㉡ 아세트산에틸
④ ㉠ 수산화소듐용액, ㉡ 아세트산에틸

해설

배출가스 중 페놀화합물 – 기체크로마토그래피

배출가스 중의 페놀화합물을 측정하는 방법으로서, 배출가스를 수산화소듐 용액에 흡수시켜 이 용액을 산성으로 한 후 아세트산에틸로 추출한 다음 기체크로마토그래프로 정량하여 페놀화합물의 농도를 산출한다.

정답 ④

연습문제

| 배출가스 중 벤젠 |

16 다음은 배출가스 중 벤젠 분석방법이다. ( ) 안에 알맞은 것은?

> 흡착관을 이용한 방법, 시료채취 주머니를 이용한 방법을 시료채취방법으로 하고 열탈착장치를 통하여 (㉮)방법으로 분석한다. 배출가스 중에 존재하는 벤젠의 정량범위는 0.10~2,500ppm이며, 방법검출한계는 (㉯)이다.

① ㉮ 원자흡수분광광도, ㉯ 0.03ppm
② ㉮ 원자흡수분광광도, ㉯ 0.10ppm
③ ㉮ 기체크로마토그래피, ㉯ 0.03pm
④ ㉮ 기체크로마토그래피, ㉯ 0.10ppm

해설

배출가스 중 벤젠 – 기체크로마토그래피
흡착관을 이용한 방법, 시료채취 주머니를 이용한 방법을 시료채취방법으로 하고 열탈착장치를 통하여 기체크로마토그래피(GC, gas chromatography) 방법으로 분석한다. 배출가스 중에 존재하는 벤젠의 정량범위는 0.10 ~2,500 ppm이며, 방법검출한계는 0.03ppm이다.

정답 ③

제 7장

환경대기

Chapter

01

환경대기 중 아황산가스 측정방법

1. 적용 가능한 시험방법

〈 표 15. 환경대기 중 아황산가스 측정방법 〉

수동측정법	자동측정법
파라로자닐린법	자외선형광법(주시험방법)
산정량 수동법	용액전도율법
산정량 반자동법	불꽃광도법
	흡광차분광법

자외선형광법이 주시험방법이며, 시험방법들의 정량범위는 표 16과 같다.

〈 표 16. 시험방법별 정량범위 〉

분석방법	정량범위	방법검출한계	정밀도 (%RSD)
자외선형광법			
파라로자닐린법	$(0.01 \sim 0.4)\,\mu mol/mol$	$0.01\,\mu mol/mol$	4.6
산정량수동법	$\geq 0.38\,\mu mol/mol$	$0.02\,\mu mol/mol$	1.6

2. 환경대기 중 아황산가스 자동측정법 – 자외선형광법

(1) 적용범위

① 이 시험방법은 자외선형광법에 의하여 대기 시료 중에 포함되어 있는 아황산가스의 농도를 연속 측정하는 방법에 적용한다.

② 단파장 영역(200~230nm)의 자외선 빛이 대기 시료가스 중의 SO_2 분자와 반응하면 SO_2 분자가 빛을 흡수하며 들뜬상태의 SO_2^* 분자가 생성되고 다시 안정상태로 회귀하면서 2차 형광(secondary emission)을 발생하게 된다. 이때 발생되는 형광복사선의 세기가 SO_2의 농도와 비례하게 된다. 이를 이용해서 대기 시료 중에 포함되는 아황산가스 농도를 측정한다.

③ 이 시험방법의 측정범위는 아황산가스 0~0.01 – 0~1.0 $\mu mol/mol$이며, 이 상한, 하한 사이의 적당한 범위를 선정한다. 검출한계는 측정범위 최대눈금의 1% 이하이어야 한다.

(2) 간섭물질

① 대기 중에 존재하는 방향족 탄화수소 계열의 기체성분은 자외선과 반응하여 형광을 발생시키는데 이들의 영향을 고려하여 탄화수소제거장치를 시료채취 도입부에 설치하여야한다. 대기 중에 고농도의 황화수소가 존재할 것으로 예상될 경우 황화수소를 선택적으로 세정할 수 있는 장치가 사용되어야 한다.

② 대기 중에 아황산가스의 농도 정도로 공존하는 기체 성분에는 별 영향이 없다. 대기 중에 존재하는 CS_2, NO, CO 및 CO_2 등은 자외선 영역에서 약하게 형광을 발생하나, 이들의 형광 세기는 SO_2에 비해 5×10^{-2}, 4×10^{-3} 정도에 불과하다. 수분의 경우는 공기 중에 25% 함유 시 SO_2 출력값을 2%까지 직선적으로 감소시키기 때문에 일차적으로 제거시키거나 기기의 보정이 이루어져야 한다.

3. 환경대기 중 아황산가스 측정방법 – 파라로자닐린법

(1) 목적

① 이 시험방법은 사염화수은포타슘(potassium tetrachloro mercurate)용액에 대기 중의 아황산가스를 흡수시켜 안전한 이염화 아황산수은염(dichlorosulfite mercurate) 착화합물을 형성시키고 이 착화합물과 파라로자닐린(pararosaniline) 및 폼알데하이드를 반응시켜 진하게 발색되는 파라로자닐린 메틸설폰산(pararosaniline methyl sulfonic acid)을 형성시키는 것이다.

② 발색된 용액은 비색계 또는 분광광도계를 사용하여 흡광도를 측정하고 검정곡선에 의해 시료 가스 중의 아황산가스 농도를 구한다. 단, 이 시험방법에 의한 환경대기 중의 아황산가스 농도의 측정은 24시간치까지 채취 측정할 수 있다.

(2) 간섭물질

① 알려진 주요 방해물질은 질소산화물(NO_x), 오존(O_3), 망가니즈(Mn), 철(Fe) 및 크로뮴(Cr)이다. 여기에서 설명하고 있는 방법은 이러한 방해물질을 최소한으로 줄이거나 제거할 수 있다. NO_x의 방해는 설퍼민산(NH_3SO_3)을 사용함으로써 제거할 수 있고 오존의 방해는 측정기간을 늦춤으로써 제거된다.

② 에틸렌 다이아민테트라 아세트산(EDTA, ethylene diamine tetra acetic acid disodium salt) 및 인산은(silver phosphate)은 위의 금속성분들의 방해를 방지한다. 10mL 흡수액 중에 적어도 $60\mu g$ Fe^{3+}, $10\mu g$ Mn^{2+} 및 $10\mu g$ Cr^{3+}는 이 방법에서 아황산가스 측정에 방해를 주지 않는다. Cr^{3+} $10\mu g$ 또는 $22\mu g$ V^{4+}도 위의 조건에서 크게 방지하지 않는다. 암모니아, 황화물(sulfides) 및 알데하이드는 방해되지 않는다.

4. 환경대기 중 아황산가스 측정방법 – 산정량 수동법

(1) 목적

시료 중의 아황산가스를 묽은 과산화수소 용액(H_2O_2)이 들어 있는 드레셀병(drechsel bottle)에 흡수시킴으로써 아황산가스를 황산(H_2SO_4)으로 변화하도록 하고 이때 발생한 황산의 양을 표준알칼리 액으로 적정하여 아황산가스 농도를 구하는 방법이다.

(2) 적용범위

시료를 높은 유속으로 채취하는 방법(5분~4시간 시료채취)과 낮은 유속으로 채취하는 방법((4~72)시간 시료채취)의 두 가지 방법이 있으며 높은 유속으로 채취하는 방법은 일반적으로 아황산가스 농도가 $0.38\mu mol/mol$ 이상의 시료에 사용된다.

(3) 간섭물질

① 이 방법은 아황산가스를 산화시킨 다음 산도를 측정하게 되므로 산 또는 알칼리 가스 및 증기가 방해를 하기 때문에 아황산가스에 대해 선택적인 분석방법은 되지 못한다. 정상적인 도시의 대기는 이 측정에 실질적으로 방해를 줄만한 산의 증기는 없고 단지 공장 등에서 배출되는 염산(HCl), 질산(HNO_3) 또는 아세트산(CH_3COOH)이 확산되어 있는 지역에서는 이 방법을 사용하기 곤란하다.

② 도시 대기 중에 존재하는 탄산가스(CO_2)의 방해는 흡수액의 pH를 4.5로 조절하므로 막을 수 있다. 이 pH에서 대기 중의 정상적인 탄산가스 농도는 평형상태를 이루게 된다. 암모니아의 방해는 따로 측정을 해서 계산할 수밖에 없다. 이 방법은 50mL 흡수액 속에 아황산가스가 $10\mu g$ 이하로 들어 있을 때는 검출되지 않으며 이 방법의 재현성은 좋은 편이다.

5. 환경대기 중 아황산가스 측정방법 – 산정량 반자동법

(1) 목적

시료 중의 아황산가스를 묽은 과산화수소 용액(H_2O_2)이 들어 있는 드레셀병(drechsel bottle)에 흡수시켜 황산(H_2SO_4)으로 산화시켜 이 용액을 표준 알칼리용액으로 적정하여 아황산가스 농도를 3시간 또는 24시간마다 연속적으로 측정하는 방법이다.

(2) 적용범위

시료를 높은 유속으로 채취하는 방법(5분~4시간 시료채취)과 낮은 유속으로 채취하는 방법((4~72)시간 시료채취)의 두 가지 방법이 있으며 높은 유속으로 채취하는 방법은 일반적으로 아황산가스 농도가 $0.38\mu mol/mol$ 이상의 시료에 사용된다. 또한 낮은 유속으로 채취하는 방법의 측정범위는 아황산가스 농도 $15\mu g/m^3$ 이상의 시료에 사용된다.

(3) 간섭물질

① 이 방법은 아황산가스를 산화시킨 다음 산도를 측정하게 되므로 산 또는 알칼리가스 및 증기가 방해를 하기 때문에 아황산가스에 대해 선택적인 분석방법은 되지 못한다. 정상적인 도시의 대기는 이 측정에 실질적으로 방해를 줄만한 산의 증기는 없고 단지 공장 등에서 배출되는 염산(HCl), 질산(HNO_3) 또는 아세트산(CH_3COOH)이 확산되어 있는 지역에서는 이 방법을 사용하기 곤란하다.

② 도시 대기 중에 존재하는 탄산가스(CO_2)의 방해는 흡수액의 pH를 4.5로 조절하므로 막을 수 있다. 이 pH에서 대기 중의 정상적인 탄산가스 농도는 평형상태를 이루게 된다. 암모니아의 방해는 따로 측정을 해서 계산할 수밖에 없다. 이 방법은 50mL 흡수액 속에 아황산가스가 $10\mu g$ 이하로 들어 있을 때는 검출되지 않으며 이 방법의 재현성은 좋은 편이다.

6. 환경대기 중 아황산가스 자동측정법 – 용액전도율법

(1) 목적

이 시험방법은 환경 대기 중의 아황산가스의 농도를 용액전도율법에 의해 연속적으로 측정하는 자동계측기에 대해 규정함으로써 대기 환경오염물질을 감시하고자 하는데 있어 측정의 정확성과 통일성을 갖추도록 함을 목적으로 한다.

(2) 적용범위

① 이 시험방법은 용액전도율법에 의하여 대기 시료 중에 포함되어 있는 아황산가스의 농도를 연속 측정하는 방법에 적용한다.

② 시료기체를 황산산성과산화수소수 흡수액에 도입하면 아황산가스는 과산화수소수에 의해 황산으로 산화되어 흡수된다. 이때 황산의 생성으로 인하여 흡수액의 전도율이 증가하게 되는데, 이 전도율의 증가가 시료기체 중의 아황산가스의 농도에 비례하는 방법을 적용한다.

③ 이 시험방법의 측정범위는 아황산가스 $0\sim0.01$ – $0\sim1.0\mu mol/mol$이며, 이 상한, 하한 사이의 적당한 범위를 선정한다.

④ 이 방법에 의하여 정확히 측정될 수 있는 아황산가스의 최소검출 농도는 0.01 $\mu mol/mol$이며, 흡수액 및 시료가스 유량을 적절히 조절하면 $3.0\sim10.0\mu mol/mol$까지의 농도는 측정할 수 있다. 이 이상의 농도(10% 정도)는 적당한 셀 상수(Cell Constant)를 가진 전극과 시료 및 흡수액의 양을 조절하면 측정할 수 있고 0.01 $\mu mol/mol$ 이하의 범위는 더 큰 전극을 사용하거나 온도조절 및 공기방울에 의한 방해의 제거 등으로 측정할 수 있다.

(3) 간섭물질

① 용액에 녹아 전해질을 형성하는 모든 수용성 가스는 방해요인이 된다. 모든 할로겐화수소는 정량적으로 측정된다. 그러나 특정오염지역을 제외하고는 이러한 기체들은 대기 중 아황산가스 기체에 비하여 극히 적게 존재한다.

② 약산성 기체인 황화수소(H_2S) 등은 용해도가 적고 전도도가 나쁘기 때문에 방해되지 않으며, 보통 대기 중에 존재하는 탄산가스(CO_2)는 흡수액이 알칼리성이 아닌 한 방해요인이 되지 않는다.

③ 암모니아와 같은 알칼리성 기체는 산을 중화시켜 낮은 전도도 값을 나타내며 석회 가루나 다른 알칼리성을 나타내는 입자가 흡수되면 낮은 값을 나타내므로 제거하여야 한다.

④ 염화소듐($NaCl$)이나 황산(H_2SO_4)과 같은 중성 또는 산성 에어로졸은 용해도, 이온화도 및 흡수제의 제거능력 등에 따라 다르나 높은 값을 나타낸다. 이들 에어로졸은 그 입자가 크지 않는 한 잘 제거되지 않으며 특히 황산에어로졸은 쉽게 이들 흡수제를 통과한다.

7. 환경대기 중 아황산가스 자동측정법 – 불꽃광도법

(1) 목적

이 시험방법은 환경 대기 중의 아황산가스의 농도를 불꽃광도법에 의해 연속적으로 측정하는 자동계측기에 대해 규정함으로써 대기 환경오염물질을 감시하고자 하는데 있어 측정의 정확성과 통일성을 갖추도록 함을 목적으로 한다.

(2) 적용범위

① 시험방법은 불꽃광도법에 의하여 대기 시료 중에 포함되어 있는 아황산가스의 농도를 연속 측정하는 방법에 적용한다.

② 환원성 수소 불꽃 안에 도입된 아황산가스가 불꽃 속에서 환원될 때 발생하는 빛 중 394nm 부근의 파장영역에서 발광의 세기를 측정하여 시료 기체 중의 아황산가스 농도를 연속적으로 측정하는 방법이다.

③ 이 시험방법의 측정범위는 아황산가스 0~0.01 – 0~1.0μmol/mol이며, 이 상한, 하한 사이의 적당한 범위를 선정한다. 검출한계는 측정범위 최대눈금의 1% 이하이어야 한다.

(3) 간섭물질

시료 기체 중 공존하는 아황산가스와 발광 스펙트럼이 겹치는 기체(황화수소, 이황화탄소 등)와 소광 작용이 있는 기체(탄화수소, 이산화탄소 등)의 간섭 영향을 받을 수 있다. 이 방법은 모든 황화합물에 대하여 반응하는데 황화합물의 농도가 아황산가스 농도의 5% 이하일 때는 영향이 적으나 그 이상일 때는 적당한 전처리를 하여 방해 물질을 제거한 후에 측정한다.

8. 환경대기 중 아황산가스 자동측정법 - 흡광차분광법

(1) 목적

이 시험방법은 환경 대기 중의 아황산가스의 농도를 흡광차분광법에 의해 연속적으로 측정하는 자동계측기에 대해 규정함으로써 대기 환경오염물질을 감시하고자 하는데 있어 측정의 정확성과 통일성을 갖추도록 함을 목적으로 한다.

(2) 적용범위

① 이 시험방법은 흡광차분광법에 의하여 대기 시료 중에 포함되어 있는 아황산가스의 농도를 연속 측정하는 방법에 적용한다. 본 흡광차분광법은 특정한 원 거리 내에 존재하는 평균 농도를 측정하는 방법이다.

② 모든 형태의 기체분자는 분자 고유의 흡수스펙트럼을 가지고 있다. 흡광차분광법 (DOAS)은 자외선 흡수를 이용한 분석법으로 아황산가스 기체의 고유 흡수 파장에 대하여 Beer-Lambert 법칙에 따라 농도에 비례한 빛의 흡수를 보여준다. 자외선 영역에서의 아황산가스 기체분자에 의한 흡수 스펙트럼을 측정하여 시료 기체 중의 아황산가스 농도를 연속적으로 측정하는 방법이다.

③ 이 시험방법의 측정범위는 아황산가스 0~0.01 - 0~1.0 μmol/mol 이며, 상한, 하한 사이의 적당한 범위를 선정한다. 검출한계는 측정범위 최대눈금의 1% 이하이어야 한다.

(3) 간섭물질

시료 기체 중 공존하는 아황산가스와 흡수 스펙트럼이 겹치는 기체(오존, 질소산화물 등)의 간섭 영향을 받을 수 있으나 흡수 스펙트럼 신호의 처리 과정에서 간섭물질의 영향을 제거할 수 있다.

Chapter

02 환경대기 중 일산화탄소 측정방법

1. 적용 가능한 시험방법

〈 표 17. 환경대기 중 일산화탄소 측정방법 〉

수동측정법	자동측정법
비분산적외선분석법	비분산적외선분석법(주시험방법)
불꽃이온화검출기법(가스크로마토그래피)	

비분산적외선분석법이 주시험방법이며, 시험방법들의 정량범위는 표 18과 같다.

〈 표 18. 시험방법별 정량범위 〉

분석방법	정량범위	방법검출한계	정밀도(%RSD)
비분산적외선분석법	$(0.5{\sim}100)\mu mol/mol$	$0.05\mu mol/mol$	4
불꽃이온화검출기법(가스크로마토그래피)	$(0{\sim}22)\mu mol/mol$	$0.04\mu mol/mol$	5

2. 환경대기 중 일산화탄소 자동측정법 – 비분산적외선분석법

(1) 목적

이 시험방법은 환경 대기 중의 일산화탄소의 농도를 연속적으로 측정하는 자동계측기에 대해 규정함으로써 대기 환경오염물질을 감시하고자 하는데 그 목적이 있다.

(2) 간섭물질

시료기체 중의 이산화탄소는, 특히 수증기의 존재 하에서 영향을 줄 수 있다. 그 영향은 이산화탄소와 수증기의 함유량과 사용하는 분석기에 따라 달라진다. 측정자는 필요한 경우 시료기체에 유사한 양의 이산화탄소 또는 수분을 함유한 가스를 이용하여 교정하거나 제작사에 의해 제공되는 보정곡선용 표준물질에 의해 측정결과를 보정하여야 한다.

3. 환경대기 중 일산화탄소 측정방법 – 비분산형적외선분석법

(1) 목적

① 이 시험법은 환경대기 중의 일산화탄소(CO) 농도를 측정하기 위한 시험방법이다.
② 이 방법은 일산화탄소에 의한 적외선 흡수량의 변화를 비분산형적외선분석기를 이용하여 환경 대기 중에 포함되어 있는 일산화탄소의 농도를 측정하는 방법이다.

(2) 적용범위

환경 대기 중의 오염물질을 연속적으로 측정하는 비분산 정필터형 적외선 기체 분석계에 대하여 적용한다.

(3) 간섭물질

1) 수증기

주요한 방해 요소는 수증기이고, 시료 가스 안의 수증기 용량의 함수이다. 보정을 하지 않는다면 이는 오차가 $10\mu mol/mol$까지 될 수 있다.

2) 이산화탄소

이산화탄소(CO_2)에 의한 방해가 있을 수 있다. 대기에 존재하는 농도의 이산화탄소 방해의 영향은 그다지 크지 않다. $340\mu mol/mol$의 이산화탄소는 $0.2\mu mol/mol$에 해당하는 값을 주게 된다. 필요하다면, 소다석회를 사용하여 이산화탄소를 정화한다.

3) 탄화수소

일반적인 대기 중의 탄화수소의 농도는 보통 방해 요인이 되지 않는다. $500\mu mol/mol$의 메테인은 $0.5\mu mol/mol$과 동일한 값을 제공한다.

4. 환경대기 중 일산화탄소 측정방법 – 불꽃이온화검출기법

(1) 목적

① 이 시험법은 환경대기 중의 일산화탄소(CO) 농도를 측정하기 위한 시험방법이다.
② 시료가스의 일정량을 채취하여 이것을 기체크로마토그래피에 도입하여 얻어지는 크로마토그램의 봉우리의 높이로서 일산화탄소 농도를 구하는 방법이다. 이 방법에는 열전도형 검출기와 불꽃이온화 검출기가 부착된 기체크로마토그래피를 이용하는 방법이 있다.

(2) 적용범위

측정범위는 전자가 0.1% 이상으로 배출 가스 중의 일산화탄소의 측정에 적당하고, 후자는 1.0ppm 이상으로 환경 대기 중의 일산화탄소 측정에 적당하며 불꽃이온화 검출기를 이용한다. 운반가스로는 수소를 사용하며 시료공기를 분자체(molecular sieve)가 채워진 분리관을 통과시키면 분리된 일산화탄소는 니켈 촉매에 의해서 메테인으로 환원되는데 불꽃 이온화 검출기로 정량된다.

Chapter

03

환경대기 중 질소산화물 측정방법

1. 적용 가능한 시험방법

〈 표 19. 환경대기 중 질소산화물 측정방법 〉

수동측정법	자동측정법
야곱스호흐하이저법 수동살츠만법	화학발광법(주시험방법) 흡광광도법(살츠만법) 흡광차분광법

화학발광법이 주시험방법이며, 시험방법들의 정량범위는 표 20과 같다.

〈 표 20. 시험방법별 정량범위 〉

분석방법	정량범위	방법검출한계	정밀도 (%RSD)
화학발광법	-	-	-
수동살츠만법	$(0.005{\sim}5)\,\mu mol/mol$	$0.005\,\mu mol/mol$	5
야곱스호흐하이저법	$(0.01{\sim}0.4)\,\mu mol/mol$	$0.01\,\mu mol/mol$	$14.4{\sim}21.5$

2. 환경대기 중 질소산화물 자동측정법 – 화학발광법

(1) 간섭물질

① 시료가스 중의 이산화탄소는, 특히 수증기의 존재 하에서, 화학발광을 억제하기 때문에 영향을 줄 수 있다. 그 영향은 이산화탄소와 수증기의 함유량과 사용하는 분석기에 따라 달라진다. 측정자는 필요한 경우 시료가스에 유사한 양의 이산화 탄소를 함유한 가스를 이용하여 교정하거나 제작사에 의해 제공되는 보정곡선용 표준물질에 의해 측정결과를 보정하여야 한다.

② 시료가스 중의 암모니아가 영향을 줄 수 있다. 시료가스와 유사한 양의 암모니아 를 함유한 표준가스를 이용하여 그 영향을 보정하여야 한다.

3. 환경대기 중 질소산화물 측정방법 – 야콥스호흐하이저법

(1) 목적

수산화소듐(NaOH) 용액에 시료가스를 흡수시키면 대기 중의 이산화질소(NO_2)는 아질산소듐
($NaNO_2$) 용액으로 변화된다. 이때 생성된 아질산 이온(NO_2^-)을 발색 시약 인산설퍼닐아마이
드 및 나프틸에틸렌다이아민·이염산염으로 발색시켜 비색법에 의해 측정된다.

(2) 적용범위

① 분석은 $(0.04\sim1.5)\mu g$ NO_2^-/mL의 범위 즉, 흡수액 50mL를 사용하여 공기유량
20mL/min, 24시간 시료 가스를 채취할 경우 $(0.01\sim0.4)\mu mol/mol$까지 측정가능
하다.
② 또한, $0.04\mu g$/mL의 농도는 1cm셀을 사용했을 때 0.02의 흡광도에 해당된다.

(3) 간섭물질

아황산가스의 방해는 분석 전에 과산화수소로 아황산가스를 황산(H_2SO_4)으로 변화시키는데
따라 제거된다.

4. 환경대기 중 질소산화물 자동측정법 – 흡광광도법(살츠만법)

(1) 목적

이 시험방법은 환경 대기 중의 질소산화물의 농도를 연속적으로 측정하는 자동계측기에 대해
규정함으로써 대기 환경오염물질을 감시하고자 하는데 그 목적이 있다.

(2) 적용범위

① 이 시험방법은 흡수발색액(Saltzman 시약)을 사용하여 흡광광도법에 의해 시료 가
스 중에 함유된 일산화질소와 이산화질소의 1시간 평균값을 동시에 연속 측정하는
방법이다.
② 흡수발색액[N-1-나프틸에틸렌다이아민이염산염, 설파닐산 및 아세트산의 혼합
용액] 일정량에 일정유량의 시료가스를 일정기간 통과시켜서 이산화질소를 흡수
시킨다. 흡수발색액의 흡광도를 측정해서 시료가스 중에 포함되고 있는 이산화질
소농도를 연속적으로 측정한다.
③ 일산화질소는 흡수발색액과 반응하지 않으므로 산화액(황산과 과망가니즈산포타
슘 혼합액)으로 이산화질소로 산화시켜 이산화질소와 같은 방법으로 측정한다.
④ 이 시험방법의 측정범위는 일산화질소 $0\sim0.1\mu mol/mol$ 또는 $0\sim2.0\mu mol/mol$이
며, 이 상한, 하한 사이의 적당한 범위를 선정한다. 최소검출한계는 측정범위 최
대눈금의 1% 이하이다.

(3) 간섭물질

시료기체 중에 다량의 일산화질소가 공존하면 영향을 받을 수 있다. 이 방법은 이 영향을 무시할 수 있는 경우 또는 영향을 제거할 수 있는 경우에 적용한다.

5. 환경대기 중 질소산화물 측정방법 – 수동살츠만법

(1) 목적

NO_2를 포함한 시료공기를 흡수 발색액(나프틸에틸렌다이아민·이염산염, 술파닐산 및 아세트산 혼합액)에 통과시키면 NO_2 량에 비례하여 등적색의 아조(azo) 염료가 생긴다. 이 발색된 용액의 흡광도를 측정하여 NO_2 농도를 구하는 방법이다.

(2) 적용범위

유리솜여과기가 붙어 있는 흡수관을 사용할 때는 $(0.005{\sim}5)\,\mu\mathrm{mol/mol}$까지 NO_2 농도를 측정하는데 적당하다.

(3) 간섭물질

① 일반적으로 대기 중에 존재하는 일산화질소, 아황산가스, 황화수소, 염화수소 및 플루오로화합물의 질량농도는 이산화질소의 질량농도 측정에 어떤 영향도 미치지 않는다.

② 오존의 질량농도가 $0.2\mathrm{mg/m^3}$보다 큰 경우 오존은 기기의 지시값을 증가시켜 측정을 약간 간섭한다. 이러한 간섭 효과는 면 여과기를 사용하면 피할 수 있다.

③ 면 여과기는 표백되고 무광의 끝손질하지 않은 원면으로 느슨하게 채운 안지름 15mm와 길이 약 80mm 이상의 붕규산 유리관이며, 면 여과기는 흡수병으로 들어가기 전에 공기로부터 오존을 제거할 필요가 있다고 생각되는 경우에만 측정장치의 구성 요소가 되어야 한다.

④ 과산화아크릴질산염(PAN, peroxyacryl nitrate)은 이산화질소와 같은 몰 농도의 약 $(15{\sim}35)\%$의 반응을 나타낼 수 있다. 그러나 대기 중의 과산화아크릴질산염의 질량농도는 일반적으로 너무 낮아서 어떤 유의 오차도 일으킬 수 없다. 또한 공기 시료 중에 아질산염과 질산은이 존재하는 경우 이산화질소처럼 흡수 용액으로 분홍색을 나타내어 지시값을 증가시킨다.

6. 환경대기 중 질소산화물 자동측정법 – 흡광차분광법

(1) 목적

이 시험방법은 환경 대기 중의 질소산화물의 농도를 흡광차분광법에 의해 연속적으로 측정하는 자동계측기에 대해 규정함으로써 대기 환경오염물질을 감시하고자 하는데 있어 측정의 정확성과 통일성을 갖추도록 함을 목적으로 한다.

(2) 적용범위

① 이 시험방법은 흡광차분광법에 의하여 대기 시료 중에 포함되어 있는 질소산화물의 농도를 연속 측정하는 방법에 적용한다. 본 흡광차분광법은 특정한 원 거리 내에 존재하는 평균 농도를 측정하는 방법이다.

② 모든 형태의 기체분자는 분자 고유의 흡수스펙트럼을 가지고 있다. 흡광차분광법(DOAS)은 자외선 흡수를 이용한 분석법으로 질소산화물 기체의 고유 흡수 파장에 대하여 Beer-Lambert 법칙에 따라 농도에 비례한 빛의 흡수를 보여준다. 자외선 영역에서의 질소산화물 기체분자에 의한 흡수 스펙트럼을 측정하여 시료 기체 중의 질소산화물 농도를 연속적으로 측정하는 방법이다.

③ 이 시험방법의 측정범위는 질소산화물 $0 \sim 0.01 - 0 \sim 1.0 \mu mol/mol$ 이며, 상한, 하한 사이의 적당한 범위를 선정한다. 검출한계는 측정범위 최대눈금의 1% 이하이어야 한다.

(3) 간섭물질

시료 기체 중 공존하는 질소산화물과 흡수 스펙트럼이 겹치는 기체(오존, 아황산가스 등)의 간섭 영향을 받을 수 있으나 흡수 스펙트럼 신호의 처리 과정에서 간섭물질의 영향을 제거할 수 있다.

Chapter

04 환경대기 중 먼지 측정방법

1. 적용 가능한 시험방법

〈 표 21. 환경대기 중 먼지 측정방법 〉

수동측정법	자동측정법
고용량 공기시료채취기법 저용량 공기시료채취기법	베타선법

〈 표 22. 환경대기 중의 먼지 측정 – 적용 가능한 시험방법 〉

측정방법	측정원리 및 개요	적용범위
고용량 공기시료채취기법	고용량 펌프(1,133~1,699L/min)를 사용하여 질량농도를 측정	먼지는 대기 중에 함유되어 있는 액체 또는 고체인 입자상 물질로서 먼지의 질량농도를 측정하는데 사용된다.
저용량 공기시료채취기법	저용량 펌프(16.7L/min 이하)를 사용하여 질량농도를 측정	
베타선법	여과지 위에 베타선을 투과시켜 질량농도를 측정	

2. 환경대기 중 먼지 측정방법 – 고용량 공기시료채취기법

(1) 고용량 공기시료채취기(high volume air sampler)

대기 중에 부유하고 있는 입자상물질을 고용량 공기시료채취기를 이용하여 여과지 상에 채취하는 방법으로 입자상물질 전체의 질량농도(mass concentration)를 측정하거나 금속성분의 분석에 이용한다. 이 방법에 의한 채취입자의 입경은 일반적으로 $0.01~100\mu m$ 범위이다.

(2) 분석기기

고용량 공기시료채취기는 공기흡입부, 여과지홀더, 유량측정부 및 보호상자로 구성된다.

① 공기흡입부

공기흡입부는 직권정류자모터에 2단 원심터빈형 송풍기가 직접 연결된 것으로 무부하일 때의 흡입유량이 약 $2m^3/min$이고 24시간 이상 연속 측정할 수 있는 것이어야 한다.

② 여과지홀더(filter paper support)

여과지홀더는 보통 15cm×22cm, 또는 20cm×25cm 크기의 여과지를 공기가 새지 않도록 안전하게 장착할 수 있고 공기흡입부에 직접 연결할 수 있는 구조이어야 한다.

③ 유량측정부

유량측정부는 시료가스 흡입유량을 측정하는 부분으로 통상공기흡입부에 붙어 있고 장착 및 탈착이 쉬운 면적식 유량계를 사용한다. 표준유량계는 상대유량 단위로서 $1 \sim 2m^3/min$의 범위를 $0.05m^3/min$까지 측정할 수 있도록 눈금이 새겨진 것을 사용한다. 또 지시유량계의 눈금은 통상 고용량 공기시료채취기를 사용하는 상태에서 기준 유량계로 교정하여 사용한다.

④ 보호상자(shelter)

보호상자는 고용량 공기시료채취기(high volume air sampler)의 입자상물질의 채취면을 위로 향하게 하여 수평으로 고정할 수 있고 비, 바람 등에 의한 여과지의 파손을 방지할 수 있는 내식성 재질로 된 것을 사용한다. 보호상자는 지붕, 본체상자, 받침다리의 3부분으로 구성되어 있고 지붕과 본체상자 사이에는 공간이 있어야 한다.

⑤ 채취용 여과지

입자상 물질의 채취에 사용하는 여과지는 $0.3\mu m$ 되는 입자를 99% 이상 채취할 수 있으며 압력손실과 흡수성이 적고 가스상 물질의 흡착이 적은 것이어야 하며 또한 분석에 방해되는 물질을 함유하지 않은 것이어야 한다. 사용된 여과지의 재질은 일반적으로 유리섬유, 석영섬유, 폴리스타이렌, 나이트로셀룰로스, 플루오로수지 등으로 되어 있으며 분석에 사용한 여과지의 종류와 재질을 기록해 놓는다.

⑥ 분석용 저울

가능한 0.01mg까지 정확하게 측정할 수 있는 저울을 사용하여야 하며 측정표준 소급성이 유지된 표준기에 의해 교정되어야 한다.

⑦ 건조용기

시료채취 여과지의 수분평형을 유지하기 위한 용기로서 $20\pm5.6℃$ 대기압력에서 적어도 24시간을 건조시킬 수 있어야 한다. 또는, 여과지를 $105℃$에서 적어도 2시간 동안 건조시킬 수 있어야 한다.

⑧ 시료채취 여과지 보관용기

여과지손상이나 채취된 입자들의 손실을 막기 위해 여과지의 취급에 주의하여야 하며 여과지 카트리지나 보관용기는 이러한 손상에 의한 측정 오차를 줄일 수 있다.

⑨ 일회용 장갑

손으로 인한 오염 방지 및 정확한 입자의 질량을 측정하기 위하여 분말이 없는 (powder-free latex) 일회용 장갑을 사용한다.

(3) 시약 및 표준용액

① 제습제

시료 채취 여과지의 수분 평형을 유지하기 위한 제습제로 50% 염화칼슘 용액 등을 사용할 수 있다.

(4) 측정방법

1) 채취용 여과지

① 입자상 물질의 채취에 사용하는 여과지는 $0.3\mu m$ 되는 입자를 99% 이상 채취할 수 있어야 한다.

② 압력손실과 흡수성이 적고 가스상 물질의 흡착이 적은 것이어야 하며 또한 분석에 방해되는 물질을 함유하지 않은 것이어야 한다.

③ 사용된 여과지의 재질은 일반적으로 유리섬유, 석영섬유, 폴리스타이렌, 나이트로셀룰로스, 플루오로수지 등으로 되어 있으며 분석에 사용한 여과지의 종류와 재질을 기록해 놓는다.

2) 채취전 여과지의 칭량

① 채취된 여과지를 미리 온도 20℃, 상대습도 50%에서 항량이 될 때까지 보관하였다가 0.01mg의 감도를 갖는 분석용 저울로서 0.1mg까지 정확히 단다.

② 단, 항온 항습 장치가 없을 때는 상온에서 무게분율 50% 염화칼슘용액을 제습제로 한 데시케이터 내에서 항량이 될 때까지 보관한 다음 위와 같은 방법으로 단다.

③ 칭량이 끝난 여과지는 부호 또는 기호를 표시하여 기록한다.

3) 먼지의 채취

① 샘플러가 정상적으로 작동하는가를 확인한다.

② 칭량한 여과지를 여과지홀더에 고정시키고 나사를 조여 공기가 새지 않도록 한다. 이때 여과지의 입자채취면이 위를 향하도록 한다.

③ 샘플러를 보호상자 내에 수평으로 고정시킨다.

④ 배기판에 설치되어 있는 유량계 연결꼭지에 고무관을 사용하여 유량계를 연결한다.

⑤ 전원스위치를 넣고 채취시작 시간을 기록한다.

⑥ 채취을 시작하고부터 5분 후에 유량계의 눈금을 읽어 유량을 기록하고 유량계는 떼어 놓는다. 이때의 유량은 보통 $1.2\sim1.7m^3/min$ 정도 되도록 한다. 또 유량계의 눈금은 유량계 부자(floater)의 중앙부를 읽는다.

4) 채취후 여과지의 칭량

채취후의 여과지는 입자 채취면이 안쪽으로 향하도록 접어 여과지의 파손이 없도록 세심한 주의를 기울여 채취된 여과지를 미리 온도 20℃, 상대습도 50% 일정한 값이 될 때까지 보관하였다가 24시간 방치한 후 무게를 단다.

(5) 먼지농도의 계산

① 채취된 시료는 수분을 평형화 한 후에 무게측정을 한 후 실제 측정된 온도와 압력에 대하여 0℃, 760mmHg으로 보정하여 농도를 계산한다.

② 채취 전후의 여과지의 질량차이와 흡입 공기량으로부터 다음 식에 의하여 먼지농도를 구한다.

$$\text{먼지농도}(\mu g/m^3) = \frac{We - Ws}{V} \times 10^3$$

We : 채취 후 여과지의 질량(mg)
Ws : 채취 전 여과지의 질량(mg)
V : $Q \times t$ = 총 공기흡입량(m^3)
Q : 평균 유량(m^3/min)
t : 시료 채취 시간

③ 평균 유량

$$Q = \frac{Q_1 + Q_2}{2}$$

Q_1 : 시료채취 초기 유량
Q_2 : 시료채취 종료 시 유량

3. 환경대기 중 먼지 측정방법 – 저용량 공기시료채취기법

(1) 적용범위

먼지는 대기 중에 함유되어 있는 액체 또는 고체인 입자상 물질로서 부착 수분을 제거한 것이며 먼지의 질량농도를 측정하는데 사용된다.

(2) 저용량 공기시료채취기법(low volume air sampler method)

이 방법은 환경 대기 중에 부유하고 있는 입자상 물질을 저용량 공기시료채취기를 사용하여 여과지 위에 채취하는 방법으로 일반적으로 총부유먼지와 $10\mu m$ 이하의 입자상 물질을 채취하여 질량농도를 구하거나 금속 등의 성분 분석에 이용한다. 많은 학자들에 의해 원하는 입자의 크기를 채취하기 위한 방법으로 새로운 많은 저용량 공기시료채취기가 개발 사용되고 있다.

(3) 분석기기

저용량 공기시료채취기의 기본구성은 흡입펌프, 분립장치, 여과지홀더 및 유량측정부로 구성된다.

(4) 흡입펌프

흡입펌프는 연속해서 30일 이상 사용할 수 있고 되도록 다음의 조건을 갖춘 것을 사용한다.

① 진공도가 높을 것
② 유량이 큰 것
③ 맥동이 없이 고르게 작동될 것
④ 운반이 용이할 것

(5) 여과지홀더

여과지홀더는 보통 직경이 110mm 또는 47mm 정도의 여과지를 파손되지 않고 공기가 새지 않도록 장착할 수 있는 것이어야 한다.

(6) 유량측정부

유량측정부는 통상 다음과 같이 하여 유량을 측정한다.

   ① 로터미터계

     유량계는 여과지홀더와 흡입펌프와의 사이에 설치한다. 이 유량계에 새겨진 눈금은 20°C, 760mmHg에서 10~30L/min 범위를 0.5L/min까지 측정할 수 있도록 되어 있는 것을 사용한다.

   ② 진공계

     멤브레인필터(membrane filter)와 같이 압력 손실이 큰 여과지를 사용할 경우에는 유량의 눈금 값에 대한 보정이 필요하기 때문에 압력계를 부착한다.

(7) 분립장치

분립장치는 $10\mu m$ 이상 되는 입자를 제거하는 장치로서 싸이클론방식(cyclone방식, 원심분리방식도 포함)과 다단형방식이 있다.

(8) 분석용 저울

가능하다면 0.001mg까지 정확하게 측정할 수 있는 저울을 사용하여야 하며 측정표준 소급성이 유지된 표준기에 의해 교정되어야 한다.

(9) 건조용기

시료채취 필터의 수분평형을 유지하기 위한 용기로서 $20\pm5.6^\circ\text{C}$ 대기압력에서 적어도 24시간을 건조시킬 수 있어야 한다. 또는, 필터를 105°C에서 적어도 2시간 동안 건조시킬 수 있어야 한다.

(10) 시료채취 필터 보관용기

필터손상이나 채취된 입자들의 손실을 막기 위해 필터의 취급에 주의하여야 하며 필터 카트리지나 보관용기는 이러한 손상에 의한 측정 오차를 줄일 수 있다.

(11) 일회용 장갑

손으로 인한 오염 방지 및 정확한 입자의 질량을 측정하기 위하여 분말이 없는(powder-free latex) 일회용 장갑을 사용한다.

(12) 제습제

시료 채취 필터의 수분 평형을 유지하기 위한 제습제로 50% 염화칼슘 용액 등을 사용할 수 있다.

(13) 유량의 보정(유량계의 유량지시값의 압력에 의한 보정)

저용량 공기시료채취에 의한 입자상 물질의 채취는 항상 설정되어 있는 일정 유량으로 흡입해야 하고 여과지 또는 샘플러 각 부분의 공기저항에 의하여 생기는 압력손실을 측정하여 유량계의 유량을 보정해 주어야 한다. 유량보정은 통상 다음 방법으로 한다.

$$Q_r = 20 \sqrt{\frac{760}{760 - \triangle p}}$$

Q_r : 유량계의 눈금값
20 : 760mmHg에서 유량(Q_o = 20L/min)
$\triangle p$: 유량계 내의 압력손실(mmHg)

(14) 누출시험

① 여과지홀더 앞 입구를 막는다. 입구가 여러 개 있을 때는 각각의 입구를 모두 막는다. 또 다단형일 때는 분립기의 앞을 막는다.
② 진공계의 마개를 잠그고 펌프가 작동할 때 유량계의 부자가 영(zero)을 가리키는가를 확인한다.

(15) 먼지농도의 계산

① 채취 전후의 여과지의 질량차이와 흡입 공기량으로부터 다음 식에 의하여 먼지농도를 구한다.

$$\text{먼지농도}(\mu g/m^3) = \frac{We - Ws}{V} \times 10^3$$

We : 채취후 여과지의 질량(mg)
Ws : 채취전 여과지의 질량(mg)
V : Q × t = 총 공기흡입량(m^3)
Q : 평균 유량(m^3/min)
t : 시료 채취 시간

② 평균 유량

$$Q = \frac{Q_1 + Q_2}{2}$$

Q_1 : 시료채취 초기 유량
Q_2 : 시료채취 종료 시 유량

(16) 주의사항

① 흡입펌프는 약 1년간(8,000시간) 사용 후에는 날개(blade)를 교환한다.
② 일반적으로 유량계의 설계온도는 20℃가 많으므로 온도보정의 영향은 적지만 ±10℃에 대하여 오차범위 ±2% 이하이다.
③ 장치의 세척

〈 표 23. 장치의 세척방법 〉

세척부위	세척회수	세 척 방 법
분립장치	채취때마다	중성세제 또는 초음파 세척기를 사용하여 씻는다.
팩킹	채취때마다	중성세제 또는 초음파 세척기를 사용하여 씻는다.
망	채취때마다	중성세제 또는 초음파 세척기를 사용하여 씻는다.
유량계	연 1회	알코올 또는 중성세제로 씻는다.
펌프사일렌서(pump silencer)	연 1회	펠트(felt) 모양의 필터를 교환한다.

④ 유량변화는 온도 및 입자상물질 채취량의 증가에 따라 달라지기 때문에 강우 등 기상조건이 변화할 때는 반드시 유량을 확인해야 한다. 또 장기간 채취할 때는 입자상 물질에 의하여 여과지가 막히기 때문에 채취 후반에는 되도록 유량확인을 자주해야 한다. 이 때문에 샘플러는 유량측정, 유량조정을 하기 쉬운 위치에 설치하는 것이 좋다.

⑤ 유량계를 청소할 때는 눈금교정을 한다.

⑥ 저용량 공기시료채취기와 같은 장소에 동시에 설치할 때는 저용량 공기시료채취기에서 배출되는 유량에 영향을 받지 않도록 충분한 거리를 띄어 놓는다.

Chapter 05

환경대기 중 미세먼지(PM-10, PM-2.5) 측정방법

1. 적용 가능한 시험방법

〈 표 24. 환경대기 중 미세먼지 측정방법 〉

수동측정법	자동측정법
중량농도법	베타선법

2. 환경대기 중의 미세먼지(PM-10) 자동측정법 – 베타선법

(1) 목적

이 시험방법은 환경 대기 중에 존재하는 입경이 $10\mu m$ 이하인 입자상 물질(PM-10)의 질량 농도를 베타선법에 의해 측정하는 방법에 대해 규정하며, 베타선법에 의한 측정의 정확성과 통일성을 갖추도록 함을 목적으로 한다.

(2) 적용범위

① 이 측정방법은 베타선을 방출하는 베타선원으로부터 조사된 베타선이 필터 위에 채취된 먼지를 통과할 때 흡수되는 베타선의 세기를 비교 측정하여 대기 중 미세 먼지의 질량농도를 측정하는 방법을 제시한다.

② 측정결과는 상온상태(20℃, 760mmHg)로 환산된 미세먼지의 단위부피당 질량농 도로 나타내며, 측정 단위는 국제단위계인($\mu g/m^3$)을 사용한다.

③ 측정 질량농도의 최소검출한계는 $10\mu g/m^3$ 이하이며, 측정범위는 0~1,000, 0~2,000, 0~5,000, 0~10,000$\mu g/m^3$ 등이 측정 가능한 것으로 한다.

(3) 간섭물질

① 유속 변화에 의한 영향

측정기 동작 중의 유속의 변화는 시료 채취 유량의 변화에 의한 측정 편차를 일 으킬 수 있으며, 입경분립장치의 입자 크기 분리 특성을 변경시킬 수 있다. 정확 한 유량 조절장치의 사용과 설계유량의 정확한 유지는 이러한 오차를 최소화하기 위해 필요하다.

② 시료 중 수분에 의한 영향

시료채취 도입부의 입경분립장치에는 일정온도로 조절되는 가열 장치가 설치되어 대기 시료 중의 수분에 의한 응축 현상을 제거할 수 있어야 한다.

3. 환경대기 중의 미세먼지(PM-10) 측정방법 - 중량농도법

(1) 목적

이 시험방법은 대기환경 중 입경크기 $10\mu m$ 이하 미세먼지(PM-10)의 질량농도를 측정하는 방법에 대하여 규정한다. 시료채취기를 사용하여 대기 중 미세먼지 시료를 채취하고, 채취 전후 필터의 무게 차이를 농도로 측정하는 질량농도측정 방법의 정확성과 통일성을 갖추도록 함을 목적으로 한다.

(2) 적용범위

① 측정결과는 미세먼지의 단위부피당 질량농도로 나타내며, 측정 단위는 국제단위계인($\mu g/m^3$)을 사용한다.

② 측정 질량농도의 검출한계는 측정 질량농도범위가 $80\mu g/m^3$ 이하에서 $5\mu g/m^3$ 이하, $80\mu g/m^3$ 이상에서는 측정 질량농도의 7% 이내이어야 한다.

③ 본 측정방법에서 적용되는 시료채취기는 저용량시료채취기를 기준으로 하며 채취된 PM-10 시료는 입자상물질의 물리화학적 분석에 이용될 수 있다.

(3) 간섭물질

① 휘발성 입자

필터에 채취된 휘발성 입자는 무게를 측정하기 전 종종 이동 중이거나 저장 중에 손실된다. 채취된 필터의 이동이나 저장이 필요한 경우 필터는 이러한 손실을 최소할 수 있도록 가능한 빠른 시간 내에 무게를 측정해야 한다.

② 부산물에 의한 측정오차

시료채취 필터 위에서 기체 상 물질들의 반응 등에 의해 PM-10 질량농도 측정량이 증가 또는 감소되는 오차가 일어날 수 있다. PM-10 시료채취과정에서 아황산가스(SO_2)와 질산이 필터위에 머무르면 황산염과 질산염으로 산화되는 화학반응을 통하여 염류가 생성됨으로써 PM-10 질량농도가 증가하는 경우와, 시료 중에 생성된 염류가 저장과 이동과정에서 기압과 대기온도에 따라 해리과정을 거쳐 다시 기체상으로 변환됨으로써 PM-10 질량농도가 감소되는 경우가 초래될 수 있다.

③ 습도

채취시료의 대기 습도에 의한 영향은 피할 수 없으나, 필터 평형화 과정은 필터 매질의 습도 효과를 최소화 할 수 있다.

(4) 채취시료의 질량농도 계산

1) 전체 유량을 다음 식과 같이 계산한다.

$$Q_o = V \times t$$

Q_o : 대기 온도 압력 조건에서 채취 된 전체 유량(m^3)
V : 평균 샘플 유속(m^3/min)
t : 시료채취 시간

2) PM-10 질량농도를 다음 식과 같이 계산한다.

$$PM-10 = \frac{(W_t - W_i)}{V} \times 10^6$$

PM-10 :	PM-10 질량농도($\mu g/m^3$)
W_t :	최종 필터의 무게(g)
W_i :	초기 필터의 무게(g)
V :	시료 채취량(m^3)
10^6 :	g을 μg으로 전환

4. 환경대기 중 미세먼지(PM-2.5) 측정방법 – 중량농도법

(1) 목적
이 시험기준은 환경대기 중 미세먼지(이하 PM-2.5) 중량농도 측정을 목적으로 한다.

(2) 적용범위
① 이 시험기준은 대기 중 24시간 동안 유효한계입경(d_{p50}) $2.5\mu m$의 미세한 부유물질의 질량농도 측정에 적용되며, 채취된 PM-2.5 시료는 부차적인 물리·화학적 분석에 활용될 수 있다.
② 이 시험기준에 의한 환경대기 중 PM-2.5 중량농도법의 정량한계는 $3\mu g/m^3$이다.

(3) 측정단위
환경대기 중 PM-2.5 질량농도는 채취된 유효한계입경(d_{p50}) $2.5\mu m$ 입자들의 총 질량을 시료 채취기가 흡입한 유량으로 나누어 계산하며 단위는 부피(m^3)당 질량(μg), $\mu g/m^3$로 표시한다.

5. 환경대기 중 미세먼지(PM-2.5) 자동측정법 – 베타선법

(1) 목적
이 측정방법은 환경대기 중에 존재하는 공기역학적 등가입경 (이하 입경이라 함)이 $2.5\mu m$ 이하인 입자상 물질(PM-2.5)의 질량농도를 베타선흡수법(베타선법)에 의해 측정하는 방법에 대해 규정하며, 베타선법에 의한 측정의 정확성과 통일성을 갖추도록 함을 목적으로 한다.

(2) 적용범위
① 이 측정방법은 베타선을 방출하는 베타선 광원으로 부터 조사된 베타선이 필터 위에 채취된 먼지를 통과할 때 흡수되는 베타선의 세기를 비교 측정하여 대기 중 미세먼지의 질량농도를 측정하는 방법을 제시한다.
② 측정결과는 상온 상태(20℃, 760mmHg)로 환산된 단위부피당 질량농도로 나타내며, 측정 단위는 국제단위계인($\mu g/m^3$)을 사용한다.
③ 측정 질량농도의 최소검출한계는 $5\mu g/m^3$ 이하이며, 측정범위는 0~1,000$\mu g/m^3$이다.

(3) 간섭오차

① 이 측정방법은 베타선이 여과지 위에 채취된 먼지를 통과할 때 흡수 소멸하는 베타선의 차로서 미세먼지(PM-2.5) 농도를 측정하는 방법으로 질량소멸계수(μ)는 먼지의 성분, 입경분포, 밀도 등에 영향을 받는다. PM-2.5는 지역적, 공간적 특성에 따라 미세먼지의 성분, 입경분포, 밀도 등이 달라질 수 있으며, 이에 질량소멸계수가 차이를 나타낼 수 있다.

② 따라서 동일한 질량소멸계수를 베타선 자동측정기에 적용할 수 없으므로 중량농도법과의 비교측정을 통해 등가성을 확인하여야 한다.

③ 측정기 동작 중의 유속의 변화는 시료채취 유량의 변화에 의한 측정 편차를 일으킬 수 있으며, 입경분리장치의 입자 크기 분리 특성을 변경시킬 수 있다. 정확한 유량조절장치의 사용과 설계유량의 정확한 유지는 이러한 오차를 최소화하기 위해 필요하다.

Chapter 06 환경대기 중 옥시던트 측정방법

1. 적용 가능한 시험방법

(1) 환경대기 중 옥시던트 측정방법

〈 표 25. 환경대기 중 옥시던트 측정방법 〉

수동측정법	자동측정법
중성 요오드화칼륨법 알칼리성 요오드화칼륨법	중성 요오드화칼륨법

(2) 환경대기 중 오존 측정방법

〈 표 26. 환경대기 중 오존 측정방법 〉

수동측정법	자동측정법
자외선광도법(주시험방법) 화학발광법	흡광차분광법

자외선광도법이 주시험방법이며, 시험방법들의 정량범위는 표와 같다.

〈 표 27. 시험방법별 정량범위 〉

분석방법	정량범위	방법검출한계	정밀도 (%RSD)
중성 요오드화칼륨법	$(0.01{\sim}10)\,\mu\mathrm{mol/mol}$	–	–
알칼리성 요오드화칼륨법	$(0.51{\sim}8.16)\,\mu\mathrm{mol/mol}$	–	–

2. 환경대기 중 옥시던트 측정방법 – 중성 요오드화칼륨법

(1) 적용범위

① 이 방법은 오존으로써 $(0.01{\sim}10)\,\mu\mathrm{mol/mol}$ 범위에 있는 전체 옥시던트를 측정하는데 사용되며 산화성물질이나 환원성물질이 결과에 영향을 미치므로 오존만을 측정하는 방법은 아니다.

② 이 방법은 시료를 채취한 후 1시간 이내에 분석할 수 있을 때 사용할 수 있으며 한 시간 내에 측정할 수 없을 때는 알칼리성 아이오딘화칼륨법을 사용하여야 한다.

③ 옥시던트는 화학적으로 정해진 물질이 아니므로 이 방법이나 다른 방법(알칼리성 아이오딘화칼륨법)으로 분석한 결과가 꼭 같지는 않다. 만일 다른 방법에 의해서 분석한 결과를 비교해 볼 필요가 있을 때는 같은 시료를 사용하여 동시에 비교 분석하여야 한다.

④ 흡수액 10mL 사용할 때 오존 $2\mu g$과 $20\mu g$($1\mu L$과 $10\mu L$) 사이의 농도는 1cm 셀을 사용할 때 흡광도 0.1과 1에 해당된다. 오존 $20\mu mol/mol$까지 함유한 대기시료는 흡광도와 시료농도 사이에 직선관계가 있다.

⑤ 이 방법은 대기 중에 존재하는 오존과 다른 옥시던트가 pH 6.8의 아이오딘화칼륨 용액에 흡수되면 옥시던트 농도에 해당하는 요오드가 유리되며 이 유리된 요오드를 파장 352nm에서 흡광도를 측정하여 정량한다.

요오드가 유리되는 반응식은 다음과 같다.

$$O_3 + 2KI + H_2O \longrightarrow O_2 + I_2 + 2KOH$$

⑥ 오존을 포함한 많은 산화성물질 즉 이산화질소, 염소, 과산화산류, 과산화수소 및 PAN(proxy acetyl nitrate)은 모두 옥시던트이며 이들은 이 방법에서 요오드를 유리시킨다.

⑦ 이산화질소는 오존의 당량, 몰 농도에 대하여 약 10%의 영향을 미친다고 알려져 있다. 이산화질소의 반응은 용액 중에서 아질산이온의 생성결과 일어나며, 이산화질소가 전체 옥시던트에 미치는 영향은 이산화질소의 동시분석으로 예측할 수 있다.

⑧ PAN은 오존의 당량, 몰, 농도의 약 50%의 영향을 미친다.

(2) 간섭물질

① 산화성 가스로는 아황산가스(SO_2) 및 황화수소(H_2S)가 있으며 이들은 부(−)의 영향을 미친다.

② 아황산가스에 대한 방해는 심하나 옥시던트 농도의 100배까지의 농도를 갖는 아황산가스는 임핀저의 위쪽 시료 채취 관에 크로뮴산 종이 흡수제(chromic acid paper absorber)를 설치함으로써 제거할 수 있다.

③ 환원성 먼지 등도 이 방법에서 영향을 미친다.

Chapter
07
환경대기 중 석면측정용 현미경법

1. 적용 가능한 시험방법

대기환경 중 석면 분석을 위한 시료는 일반적으로 적절한 방법으로 위상차현미경법을 주시험법으로 하고, 석면 판독이 불가능한 경우에는 주사전자현미경법 또는 투과전자현미경법으로 결정한다.

〈 표 28. 시험방법별 정량범위 〉

분석방법	정량범위	방법검출한계
위상차현미경	$0.2{\sim}5\mu m$	$0.2\mu m$
주사전자현미경	1.0nm 이하	
투과전자현미경	1.0nm 이상	$7,000$구조수$/mm^2$

2. 환경대기 중 석면측정용 현미경법 – 위상차현미경법

(1) 목적

이 시험방법은 대기환경 중 석면의 농도 측정 방법을 규정함으로써 석면배출을 감시 및 억제하고자 하는데 그 목적이 있다. 대기 중 부유먼지 중의 석면섬유를 위상차현미경을 주 시험방법으로 한다.

(2) 적용범위

① 이 시험방법은 대기중의 실내에 석면을 사용하고 있는 건축내 또는 일정한 공간내에 석면 함유되어 있는 건축물 폐기 시 비산되는 부유먼지 중의 석면의 분석방법에 대하여 규정한다.

② 위상차 현미경법(PCM, phase contrast microscopy)을 이용한 현미경 표본은 아세톤-트리아세틴법, 디메틸프탈레이트-디에틸옥살레이트법으로 제작한다. 위상차의 검출한계는 1/10~1/1,000λ 사이이다.

〈 표 29. 위상차현미경법의 식별방법, 측정범위, 정량범위, 측정계수 〉

식별 방법	측정범위 (μm)	정량범위	측정계수
단섬유	5 이상	길이와 폭의 비가 3:1 이상인 섬유	1
가지가 벌어진 섬유	5 이상	길이와 폭의 비가 3:1 이상인 섬유	1
헝클어져 다발을 이루고 있는 섬유	5 이상	길이와 폭의 비가 3:1 이상인 섬유	섬유개수
입자가 부착하고 있는 섬유	5 이상	입자의 폭이 3μm 넘지 않는 섬유	1
섬유가 그래티큘 시야의 경계선에 물린 경우	5 이상	– 시야 안 – 한쪽 끝 – 경계선에 몰려있음	1 1/2 0
위의 식별방법에 따라 판정하기 힘든 경우	5 이상	다른 시야로 바꾸어 식별	0
다발을 이루고 있는 섬유가 그래티큘 시야의 1/6 이상인 경우	5 이상	다른 시야로 바꾸어 식별	0

(3) 간섭물질

① 간섭성빛

위상차가 일정해서 간섭을 일으킬 수 있는 빛. 빛은 파장과 주기가 모두 짧아서 간섭성을 띠려면 하나의 광원에서 갈라진 두 갈래의 빛일 경우에만 가능하다.

② 물리적 간섭

후광(halo)이나 차광(shading)은 관찰을 방해하기도 한다. 초점이 정확하지 않고 콘트라스트가 역전되는 경우도 있다.

(4) 용어정의

1) 위상차 현미경

① 굴절률 또는 두께가 부분적으로 다른 무색투명한 물체의 각 부분의 투과광 사이에 생기는 위상차를 화상면에서 명암의 차로 바꾸어, 구조를 보기 쉽도록 한 현미경이다.

② 위상차현미경을 사용하여 섬유상으로 보이는 입자를 계수하고 같은 입자를 보통의 생물현미경으로 바꾸어 계수하여, 그 계수치들의 차를 구하면 **굴절률이 거의 1.5인 섬유상의 입자 즉 석면**이라고 추정할 수 있는 입자를 계수할 수가 있게 된다.

③ **석면먼지의 농도표시는 20℃, 760mmHg 상태의 기체 1mL 중에 함유된 석면섬유의 개수(개/mL)로 표시한다.**

④ 대기 중 석면은 강제 흡인 장치를 통해 여과장치에 채취한 후 위상차현미경으로 계수하여 석면 농도를 산출한다.

2) 멤브레인필터

셀룰로오스 에스테르를 원료로 한 얇은 다공성의 막으로 구멍의 지름은 평균 (0.01~10) μm 의 것이 있다. 이 멤브레인필터의 특징은 입자상 물질의 채취율이 매우 높고, 특히 필터의 표면에서 먼지의 채취가 이루어지기 때문에, 채취한 입자를 광학현미경으로 계수하기에 편리하다.

(5) 시료채취 및 관리

1) 시료채취 및 측정방법

① 시료채취 조건

시료채취는 해당시설의 실제 운영조건과 동일하게 유지되는 일반 환경상태에서 측정하는 것을 원칙으로 한다. 시료채취지점에서의 **실내기류는 원칙적으로 0.3m/s 이내가 되도록 한다.** 단, 지하역사 승강장 등 불가피하게 기류가 발생하는 곳에서는 실제조건하에서 측정한다.

② 시료채취 지점 및 위치

시료채취 위치는 원칙적으로 주변시설 등에 의한 영향과 부착물 등으로 인한 측정장애가 없고 대상시설의 오염도를 대표할 수 있다고 판단되는 곳을 선정하는 것을 원칙으로 하되, 기본적으로 시설을 이용하는 사람의 많은 곳을 선정한다. 또한 인접지역에 직접적인 발생원이 없고 대상시설의 **내벽, 천정에서 1m 이상 떨어진 곳을** 선정하며, **바닥면으로부터 (1.2~1.5)m 위치에서 측정**한다. 대상시설의 측정지점은 **2개소 이상**을 원칙으로 하며, 건물의 규모와 용도에 따라 불가피할 경우(대상시설내 공기질이 현저히 다를 것으로 예상되는 경우 등)에는 측정지점을 추가할 수 있다.

③ 시료채취 및 측정시간

주간시간대에(오전 8시~오후 7시) 10L/min으로 1시간 측정

2) 시료채취장치

① 멤브레인필터

셀룰로오스에스테르제(Cellulose ester) 또는 셀룰로오스나이트레이트제(Cellulose nitrocellulose) pore size(0.8~1.2)μm, 직경 25mm 또는 47mm

② 개방형 멤브레인필터홀더

원형의 멤브레인필터를 지지하여 주는 장치로서 40mm의 집풍기를 홀더에 정착된 것(재질 : PVC)

③ 흡인 펌프

20L/min로 공기를 흡인할 수 있는 로터리펌프 또는 다이아프램 펌프는 시료채취관, 시료채취장치, 흡인기체 유량측정장치, 기체흡입장치 등으로 구성한다.

3) 시료채취조작

① 시료채취장치가 정상적으로 작동하는 가를 확인한다.

② 밀폐 용기 속에 보존하였던 멤브레인필터를 공기가 새지 않도록 주의하면서 홀더에 고정시킨다.

③ 시료 채취면이 주 풍향을 향하도록 설치한다.

④ 유량계의 **부자를 10L/min 되게 조정**한다.

⑤ 전원스위치를 넣고 채취시작 시각을 기록한다.

⑥ 흡인을 시작하고부터 약 **10분** 후에 진공계 또는 마노미터로 차압을 측정하여 흡인유량을 정확히 보정한다.

⑦ 채취종료 시각을 기록하고 흡인공기량을 구한다.

⑧ 여과지를 다시 밀폐 용기 속에 넣는다.

⑨ 시료채취가 끝나면 각각의 시료에 시료채취시의 기상과 시료채취의 제반 조건 및 시료채취자의 성명 등에 관하여 기록한다.

⑩ 유량의 보정 및 주의사항에 관하여는 일반적인 규정에 따른다.

(6) 분석절차

1) 기구 및 장치

① 배율 10배의 대안렌즈 및 10배와 40배 이상의 대물렌즈를 가진 **위상차 현미경** 또는 간접 위상차 현미경

② 접안 그래티큘(eyepiece graticule)

③ 대물측미계 또는 스테이지마이크로미터 **최저 10μm 까지 표시되어 있는 것이어야** 한다.

2) 식별방법

채취한 먼지 중에 길이 5μm 이상이고, 길이와 폭의 비가 3 : 1 이상인 섬유를 석면섬유로서 계수한다.

가) 단섬유인 경우

① 길이 5μm 이상인 섬유는 1개로 판정한다.

② 구부러져 있는 섬유는 곡선에 따라 전체 길이를 재어서 판정한다.

③ **길이와 폭의 비가 3 : 1 이상인 섬유는 1개로 판정**한다.

나) **가지가 벌어진 섬유의 경우**

① 1개의 섬유로부터 벌어져 있는 경우에는 1개의 단섬유로 인정하고 '단섬유인 경우'의 규정에 따라 판정한다.

다) **헝클어져 다발을 이루고 있는 경우**

① **여러 개의 섬유가 교차하고 있는 경우는 교차하고 있는 각각의 섬유를 단섬유로 인정하고, '단섬유인 경우'의 규정에 따라 판정**한다.

② **섬유가 헝클어져 정확한 수를 헤아리기 힘들 때에는 0개로 판정**한다.

라) **입자가 부착하고 있는 경우**

① **입자의 폭이 3μm를 넘는 것은 0개로 판정**한다.

마) **섬유가 그래티큘 시야의 경계선에 물린 경우**

① **그래티큘 시야 안으로 완전히 5μm 이상 들어와 있는 섬유는 1개로 인정**한다.

② **그래티큘 시야 안으로 한쪽 끝만 들어와 있는 섬유는 1/2개로 인정**한다.

③ **그래티큘 시야의 경계선에 한꺼번에 너무 많이 몰려 있는 경우에는 0개로 판정**한다.

바) 상기에 열거한 방법들에 따라 판정하기가 힘든 경우에는 해당 시야에서의 판정을 포기하고, 다른 시야로 바꾸어서 다시 식별하도록 한다.

사) **다발을 이루고 있는 섬유가 그래티큘 시야의 1/6 이상일 때는 해당 시야에서의 판정을 포기하고, 다른 시야로 바꾸어서 재식별하도록 한다.**

3) 계수방법

　가) 접안 그래티큘의 보정

　　사용하는 현미경에 따라 접안 그래티큘의 종류 및 크기는 다르다.

　　① 접안렌즈에 사용할 접안 그래티큘을 넣고, 그래티큘의 선들이 깨끗하고 선명하게 보이도록 조정한다.

　　② **대물렌즈의 배율을 40배로** 한다.

　　③ 슬라이드 얹힘대 위에 스테이지 마이크로미터를 놓고, 초점을 맞추어 선들이 선명하게 보이도록 한다.

　　④ 그래티큘을 보정한다.

　나) 계수조작

　　① 접안 그래티큘의 보정에 따른다.

　　② 스테이지 마이크로미터를 얹힘대에서 떼내고, 제작한 표본을 얹힘대 위에 놓는다.

　　③ 저배율(50~100)배로 여과지에 채취된 먼지의 균일성을 확인하고 먼지가 불균일하게 채취되어 있는 표본은 버린다.

　　④ 400배 이상의 배율에서 접안 그래티큘에 있는 척도를 사용하여 식별방법에 따라 계수한다.

　　⑤ 계수는 시야를 이동하면서, 임의적으로 시야를 선택하여 섬유수가 200개 이상이 될 때까지 하고, 1시야 중의 섬유수가 10개 정도 일 때는 시야 전체의 수를 세어서 약 50개에 이르기까지 계수한다.

　　⑥ 위상차 현미경에 따라 계수하고, 섬유가 계수된 동일 시야에 대하여 400배의 배율에서 생물현미경을 사용하여 다시 계수하여 그 결과를 석면섬유수 측정표에 기록한다.

　　⑦ 계수한 표본에 대하여 다시 계수 하였을 때, 통계학적으로 평가하여 95% 이상의 재현성을 가져야 한다.

3. 환경대기 중 석면측정용 현미경법 – 주사전자현미경법

(1) 목적

이 시험방법은 대기환경 중 석면의 농도 측정 방법을 규정함으로써 석면배출을 감시 및 억제하고자 하는데 그 목적이 있다. 대기 중 부유먼지 중의 석면섬유를 위상차현미경법으로 판독이 불가능한 경우에는 주사전자현미경법으로 결정한다.

(2) 적용범위

주사전자현미경(SEM, scanning electron microscopy)은 1.5nm 이하의 고분해능으로 고화질의 화상을 얻을 수 있기 때문에 형상관찰에 폭넓게 이용되고 있다.

(3) 용어정의

① 배율
주사전자현미경의 배율은 편향코일에서 주사하는 각도에 따른 면적대비 음극관 (컴퓨터 모니터)의 면적비율이다. 즉, 편향코일의 각도에 따라서 저배율에서 고배율을 선택할 수 있다. 편향각도는 전기적인 신호에 의하여 다양한 변화를 줄 수 있다.

② 기본 배율(original magnification)
주사전자현미경으로 관찰해서 사진을 촬영한 배율을 뜻한다. 즉, 필름에서 표시된 필름이나 폴라로이드로 촬영한 사진을 뜻한다.

③ 확대배율(final magnification)
필름을 축소 혹은 확대(주로)하여 만든 사진의 배율이다. 일반적으로 보는 사진은 대개 확대배율이다.

④ 분해능
현미경의 분해능을 가까운 두 점과의 거리 혹은 두 선 간의 거리를 분해할 수 있는 최소한의 거리라고 정의하면 주사전자현미경은 대물렌즈로 주사전자광선(scanning electron beam)을 아주 작게 수렴시켜 표본의 표면에 초점을 맞추는 일이 중요하다. 높은 분해능을 원한다면 대물렌즈를 투과한 전자를 가능하면 표본의 표면에 근접시키고 수렴된 전자를 가능한 작은 범위를 주사하도록 한다.

(4) 시료채취 및 측정방법

1) 시료채취 조건
시료채취는 해당시설의 실제 운영조건과 동일하게 유지되는 일반 환경상태에서 측정하는 것을 원칙으로 한다. 시료채취지점에서의 실내기류는 원칙적으로 0.3m/s 이내가 되도록 한다. 단 지하 역사 승강장 등 불가피하게 기류가 발생하는 곳에서는 실제조건하에서 측정한다.

2) 시료채취 지점 및 위치
시료채취 위치는 원칙적으로 주변시설 등에 의한 영향과 부착물 등으로 인한 측정 장애가 없고 대상시설의 오염도를 대표할 수 있다고 판단되는 곳을 선정하는 것을 원칙으로 하되, 기본적으로 시설을 이용하는 사람의 많은 곳을 선정한다. 또한 인접지역에 직접적인 발생원이 없고 대상시설의 내벽, 천정에서 1m 이상 떨어진 곳을 선정하며, 바닥면으로부터 (1.2~1.5)m 위치에서 측정한다. 대상시설의 측정지점은 2개소 이상을 원칙으로 하며, 건물의 규모와 용도에 따라 불가피할 경우(대상시설내 공기질이 현저히 다를 것으로 예상되는 경우 등)에는 측정지점을 추가할 수 있다.

3) 시료채취 및 측정시간
주간시간대에(오전 8시~오후 7시) 10L/min으로 1시간 측정

4. 환경대기 중 석면측정용 현미경법 – 투과전자현미경법

(1) 개요

투과전자현미경은 광학현미경과 그 원리가 비슷하다. 전자현미경에서의 광원은 높은 진공 상태(1×10^{-4} 이상)에서 고속으로 가속되는 전자선이다. 전자선이 표본을 투과하여 일련의 전기자기장(electromagnetic field) 또는 정전기장(electrostatic field)을 거쳐 형광판이나 사진필름에 초점을 맞추어 투사된다. 이 전자의 파장은 가속전압에 따라 다르며 흔히 사용되는 전압(100kV)에서의 전자파장은 0.004nm이다. 최근에 고전압(500~1,000kV)을 사용하는 투과전자현미경이 개발되어 비교적 두꺼운 조직표본도 투과할 수 있게 됨으로써 관찰이 가능해졌으나 아직은 크게 활용되지 않고 있다. 전자현미경은 확대율과 해상력이 뛰어나 광학현미경으로 관찰할 수 없는 세포 및 조직의 미세한 구조를 관찰할 수 있으며, 단백질과 같은 거대분자보다 더 작은 구조도 볼 수 있다. 광학현미경의 광원 대신에 광원과 유사한 성질을 지닌 전자선과 렌즈 대신에 전자 렌즈를 사용한 현미경으로서 결상(상맺힘)의 기본원리는 같다. 전자선은 광선과 비교하면 물질과의 상호작용이 현저하게 크기 때문에 시료는 아주 얇아야 하며 진공 중에 놓여지게 된다. 전자선이 시료를 투과할 때에 생기는 산란흡수, 회절, 위상 3가지의 대조(contrast) 발생원리를 이용한 장비이다. 일정한 파장을 지닌 전자선을 시료에 조사(쏘여줌)하면 시료에서 산란되어진 전자선이 대물렌즈의 후초점면에 회절 형상을 형성시킨다. 즉 시료에서 일정한 방향으로 산란되어진 전자선이 후초점면에서 한 점으로 모이게 된다. 이 후초점면에서 2차파가 대물렌즈의 초점에 확대상을 만든다. 이 상은 투영렌즈에서 형광판에 확대결상 되어진다. 중간렌즈의 초점거리를 바꾸게 되면 현미경형상과 회절형상을 마음대로 얻을 수 있게 된다.

(2) 투과전자현미경의 기본 원리

① 전자총에 의해서 형성된 일련의 전자들이 인가된 전기장에 의하여 시료를 향하여 가속된다.

② 전자다발이 금속으로 형성된 조리개와 자기장을 이용한 렌즈에 의해서 초점으로 모아지고 파장이 일정한 전자빔을 형성한다.

③ 이 전자빔이 다시 자기장을 이용한 또 다른 렌즈에 의해서 시편에 초점을 형성한다.

④ 시편에 입사되는 전자들과 시편 내에 포함된 원자 및 전자들이 상호작용한다.

(3) 목적

이 시험방법은 대기환경 중 석면의 농도 측정 방법을 규정함으로써 석면배출을 감시 및 억제하고자 하는데 그 목적이 있다. 대기 중 부유먼지 중의 석면섬유를 위상차현미경으로 석면판독이 불가능한 경우에는 투과전자현미경법으로 결정한다.

Chapter

08

환경대기 중 금속화합물

1. 개요

(1) 적용 가능한 시험방법

대기 중 금속분석을 위한 시료는 적절한 방법으로 전처리하여 기기분석을 실시한다. 금속별로 사용되는 기기분석 방법은 표 30과 같으며, **원자흡수분광법을 주시험방법**으로 한다. 원자흡수분광법, 유도결합플라스마 원자발광분광법, 자외선/가시선 분광법의 정량범위 및 방법검출한계는 항목별 시험방법에 제시되어 있다.

〈 표 30. 대기 중 금속화합물 - 적용 가능한 시험방법 〉

측정 금속	원자흡수분광법	유도결합플라스마 분광법	자외선/가시선 분광법	기타
구리	O	O	–	
납	O[1]	O[2]	O	
니켈	O	O[2]	–	
비소	O[3]	O	–	O[4]
아연	O	O	–	
철	O	O	–	
카드뮴	O[1]	O[2]	–	
크로뮴	O[5]	O[5]	–	
베릴륨	O	–	–	
코발트	O	–	–	

1) 용매추출법(다이에틸다이싸이오카바민산 또는 디티존-톨루엔 추출법) 사용 가능
2) 용매추출법(1-피롤리딘다이싸이오카바민산 추출법) 사용 가능
3) 수소화물발생 원자흡수분광광도법
4) 흑연로원자흡수분광광도법
5) 용매추출법(트라이옥틸아민 추출법) 사용 가능

(2) 금속 분석에서의 일반적인 주의사항

① 금속의 미량분석에서는 유리기구, 정제수 및 여과지에서의 금속 오염을 방지하는 것이 중요하다. 유리기구는 희석된 질산 용액에 4시간 이상 담근 후, 정제수로 세척한다. 이 시험방법에서 "물"이라 함은 금속이 포함되지 않은 정제수를 의미한다.

② 분석실험실은 일반적으로 산을 가열하는 전처리 시 발생하는 유독기체를 배출시킬 수 있는 환기시설(배기후드) 등이 갖추어져 있어야 한다.

2. 환경대기 중 금속 화합물 – 원자흡수분광법

(1) 목적

① 이 시험방법은 대기 중의 금속 농도 측정 방법을 규정하는데 그 목적이 있다.

② 구리, 납, 니켈, 아연, 철, 카드뮴, 크로뮴을 원자흡수분광법에 의해 정량하는 방법으로, 시료 용액을 직접 공기-아세틸렌 불꽃에 도입하여 원자화 시킨 후, 각 금속 성분의 특성파장에서 흡광세기를 측정하여 각 금속 성분의 농도를 구한다.

(2) 적용범위

① 이 시험방법은 대기 중 입자상 형태로 존재하는 금속(구리, 납, 니켈, 아연, 철, 카드뮴, 크로뮴) 및 그 화합물의 분석방법에 대하여 규정한다. 입자상 금속화합물은 고용량 공기시료채취 기법 및 저용량 공기시료채취기법을 이용하여 여과지에 채취한다. 여과지를 전처리 한 후, 각 금속 성분의 분석농도를 구하고, 에어샘플러의 채취 유량에 따라 대기 중 각 금속 성분의 농도를 산출한다.

② 원자흡수분광법을 이용한 각 금속의 측정파장, 정량범위, 정밀도 및 방법검출한계는 표 31과 같다.

〈 표 31. 원자흡수분광법의 측정파장, 정량범위, 정밀도 및 방법검출한계 〉

측정 금속	측정파장(nm)	정량범위(mg/L)	정밀도(%RSD)	방법검출한계(mg/L)
Cu	324.8	0.05~20	3~10	0.015
Pb	217.0/283.3	0.2~25	2~10	0.06
Ni	232.0	0.2~20	2~10	0.06
Zn	213.8	0.01~1.5	2~10	0.003
Fe	248.3	0.5~50	3~10	0.15
Cd	228.8	0.04~1.5	2~10	0.012
Cr	357.9	2~20	2~10	0.6

(3) 전처리 방법

〈 표 32. 금속별 시료 전처리 방법 비교 〉

전처리법		적용 가능한 금속
산분해법	질산 – 과산화수소법	구리, 납, 니켈, 비소, 아연, 철, 카드뮴, 크로뮴
	질산 – 염산혼합액에 의한 초음파 추출법	
	마이크로파산분해법	
	회화법	
용매추출법	다이에틸다이싸이오카바민산 또는 디티존-톨루엔 추출법	납, 카드뮴
	트라이옥틸아민법	크로뮴

(4) 결과보고

1) 대기 중의 금속 농도 계산방법

대기 중의 해당 금속 농도는 0℃, 760mmHg로 환산한 공기 1m^3 중 금속의 μg 수로 나타내며, 다음 식에 따라서 계산한다.

$$C = C_S \times V_f \times \frac{A_U}{A_E} \times \frac{1}{V_s}$$

C : 표준상태에서 건조한 대기 중의 입자상 금속 농도(μg/Sm^3)

C$_S$: 시료 용액 중의 금속 농도(μg/mL)

V$_f$: 분석용 시료 용액의 최종 부피(mL)

A$_U$: 시료채취에 사용한 여과지의 총 면적(cm^2)

A$_E$: 분석용 시료용액 제조를 위해 분취한 여과지의 면적(cm^2)

V$_s$: 표준상태에서의 건조한 대기가스 채취량(Sm^3)

3. 환경대기 중 금속 화합물 – 유도결합플라스마 분광법

(1) 목적

① 이 시험방법은 대기 중의 금속 농도 측정 방법을 규정하는데 그 목적이 있다.

② 구리, 납, 니켈, 비소, 아연, 카드뮴, 크로뮴, 베릴륨, 코발트를 유도결합플라스마 분광법에 의해 정량하는 방법으로, 시료 용액을 플라스마에 분무하고 각 성분의 특성파장에서 발광세기를 측정하여 각 성분의 농도를 구한다.

(2) 적용범위

① 이 시험방법은 대기 중 입자상 형태로 존재하는 금속(구리, 납, 니켈, 비소, 아연, 카드뮴, 크로뮴, 베릴륨, 코발트) 및 그 화합물의 분석방법에 대하여 규정한다. 입자상 금속화합물은 고용량 공기시료채취기법 및 저용량 공기시료채취기법을 이용하여 여과지에 채취한다. 여과지를 전처리 한 후, 각 금속 성분의 분석농도를 구하고, 에어샘플러의 채취 유량에 따라 대기 중 각 금속 성분의 농도를 산출한다. 단, 기체상 비소 화합물은 흡수액 중에 함유되어 있는 다량의 소듐(Na)에 의해 심각한 간섭을 받기 때문에 수소화물생성 원자분광광도법으로 분석한다.

② 유도결합플라스마 분광법을 이용한 각 금속의 측정파장, 정량범위, 정밀도 및 방법검출한계는 표 33과 같다.

〈 표 33. 유도결합플라스마 분광법의 정량범위와 정밀도 〉

원소	측정파장(nm)	정량범위(mg/L)	정밀도(%)	방법검출한계(mg/L)
Cu	324.75	0.04~20	3~10	0.010
Pb	220.35	0.1~2	2~10	0.032
Ni	231.60 / 221.65	0.04~2	2~10	0.014
As	193.969	0.02~0.15	2~10	0.025
Zn	206.19	0.4~20	3~10	0.120
Fe	259.94	0.1~50	3~10	0.034
Cd	226.50	0.008~2	2~10	0.005
Cr	357.87/206.15/267.72	0.02~4	2~10	0.012
Be	313.04	0.02~2	2~10	0.002
Co	228.62	0.15~5	2~10	0.015

4. 환경대기 중 납 화합물

(1) 적용 가능한 시험방법

원자흡수분광법이 주시험방법이며, 시험방법들의 정량범위는 표와 같다.

분석방법	정량범위	방법검출한계	정밀도(%RSD)
원자흡수분광법	0.2~25mg/L	0.06mg/L	2~10
유도결합플라스마분광법	0.1~2mg/L	0.032mg/L	2~10
자외선/가시선 분광법	0.001~0.04mg	–	3~10

(2) 대기 환경기준

연간 평균값 $0.5\mu g/m^3$ 이하

5. 환경대기 중 니켈 화합물

원자흡수분광법이 주시험방법이며, 시험방법들의 정량범위는 표와 같다.

분석방법	정량범위	방법검출한계	정밀도(%RSD)
원자흡수분광법	0.05~20mg/L	0.015mg/L	3~10
유도결합플라스마분광법	0.04~20mg/L	0.010mg/L	3~10

6. 환경대기 중 비소 화합물

수소화물발생 원자흡수분광법이 주시험방법이며, 시험방법들의 정량범위는 아래 표와 같다.

분석방법	정량범위	방법검출한계	정밀도(%RSD)
수소화물발생 원자흡수분광법	0.005~0.05mg/L	0.002mg/L	3~10
유도결합플라스마분광법	0.02~0.15mg/L	0.025mg/L	2~10
흑연로원자흡수분광광도법	0.005~0.05mg/L	0.002mg/L	3~20

7. 환경대기 중 아연 화합물

원자흡수분광법이 주시험방법이며, 시험방법들의 정량범위는 아래 표와 같다.

분석방법	정량범위	방법검출한계	정밀도(%RSD)
원자흡수분광법	0.01~1.5mg/L	0.003mg/L	2~10
유도결합플라스마분광법	0.4~20mg/L	0.120mg/L	3~10

8. 환경대기 중 철 화합물

원자흡수분광법이 주시험방법이며, 시험방법들의 정량범위는 아래 표와 같다.

분석방법	정량범위	방법검출한계	정밀도(%RSD)
원자흡수분광법	0.5~50mg/L	0.15mg/L	3~10
유도결합플라스마분광법	0.1~50mg/L	0.034mg/L	3~10

9. 환경대기 중 카드뮴

원자흡수분광법이 주시험방법이며, 시험방법들의 정량범위는 아래 표와 같다. 시료 중 카드뮴의 농도가 낮은 경우, 용매추출법을 이용한 전처리가 요구된다.

분석방법	정량범위	방법검출한계	정밀도(%RSD)
원자흡수분광법	0.04~1.5mg/L	0.012mg/L	2~10
유도결합플라스마분광법	0.008~2mg/L	0.005mg/L	2~10

10. 환경대기 중 크로뮴 화합물

원자흡수분광법이 주시험방법이며, 시험방법들의 정량범위는 표와 같다. 시료 중 크로뮴의 농도가 낮은 경우, 용매추출법을 이용한 전처리가 요구된다.

분석방법	정량범위	방법검출한계	정밀도(%RSD)
원자흡수분광법	2~20mg/L	0.6mg/L	2~10
유도결합플라스마분광법	0.02~4mg/L	0.012mg/L	2~10

11. 환경대기 중 베릴륨화합물

유도결합플라스마분광법으로 분석하며 시험방법의 정량범위는 아래 표와 같다.

분석방법	정량범위	방법검출한계	정밀도(%RSD)
유도결합플라스마분광법	0.02~2.0mg/L	0.002mg/L	2~10

12. 환경대기 중 코발트화합물

유도결합플라스마원자발광분광법으로 분석하며 시험방법의 정량범위는 아래 표와 같다.

분석방법	정량범위	방법검출한계	정밀도(%RSD)
유도결합플라스마원자발광분광법	0.15~5mg/L	0.015mg/L	2~10

13. 환경대기 중 수은

(1) 환경대기 중 수은 습성침적량 측정법

이 시험방법은 강우 내 존재하는 총 수은의 습성침적량을 측정하기 위한 모니터링 방법에 대하여 규정한다.

측정항목	측정방법	측정주기
총 수은(TM, Total Mercury)	냉증기원자형광광도법	수동*

* 수동 - 강우 발생 시 바로 회수하여 측정함

(2) 환경대기 중 수은 – 냉증기 원자흡수분광법

이 시험법의 목적은 환경대기 중의 기체상 및 입자상 수은을 채취하고 분석하는 방법을 제시하는데 있다. 이들 시료는 각각 금아말감(gold amalgam) 방식과 유리섬유여과지(glass fiber fiter) 방식으로 채취한다. 기체상 시료는 열 탈착 후, 수은 전용분석시스템(Hg analyzer)인 냉증기 원자흡수분광법(Cold vapor atomic absorption spectrometer : 이하 CVAAS)으로 253.7nm의 파장에서 흡광도를 측정하여 수은의 농도를 산출한다. 입자상 시료는 먼저 산처리의 단계를 거친 후, 액상에 함유된 수은을 다시 금아말감 방식으로 기체상의 형태로 회수한다. 그 다음 기체상 시료와 동일한 방식으로 전용분석시스템을 이용하여 농도를 산출한다.

(3) 환경대기 중 수은 – 냉증기 원자형광광도법

이 시험법의 목적은 환경대기 중의 기체상 및 입자상 수은을 채취하고 분석하는 방법을 제시하는데 있다. 이들 시료는 각각 금아말감(gold amalgam) 방식과 유리섬유여과지(glass fiber fiter) 방식으로 채취한다. 기체상 시료는 열탈착 후, 수은 전용분석시스템(Hg analyzer)인 냉증기 원자형광광도법(Cold vapor atomic fluorescence spectrometer : 이하 CVAFS)으로 253.7nm의 파장에서 형광강도를 측정하여 수은의 농도를 산출한다. 입자상 시료는 먼저 산처리의 단계를 거친 후, 액상에 함유된 수은을 다시 금아말감 방식으로 기체상의 형태로 회수한다. 그 다음 기체상 시료와 동일한 방식으로 전용분석시스템을 이용하여 농도를 산출한다. 참고로 본문에 제시한 분석법의 내용은 냉증기 원자흡수분광법에 제시한 내용과 거의 대부분이 유사하다.

Chapter 09

환경대기 중
휘발성 유기화합물(VOC)

1. 환경대기 중 벤조(a)피렌 시험방법

(1) 환경대기 중 벤조(a)피렌 시험방법 – 가스크로마토그래피

① 목적

이 시험방법은 환경대기 중의 벤조(a)피렌 농도를 측정하기 위한 시험방법이다. 가스크로마토그래피를 주시험방법으로 한다.

② 적용범위

이 방법은 환경대기 중에서 채취한 먼지중의 여러가지 다환방향족 탄화수소(PAH) 를 분리하여 분리된 PAH 중에서 벤조(a)피렌의 농도를 구하는 방법이다.

(2) 환경대기 중 벤조(a)피렌 시험방법 – 형광분광광도법

환경대기 중에서 채취한 먼지 중의 벤조(a)피렌 분석에 적용하며 분석되는 벤조(a)피렌의 농도 범위는 형광분광광도계의 종류에 따라 다르나 고감도 형광광도계를 사용하면 3~200ng/mL, 필터식 형광광도계를 사용하면 10~300ng/mL 범위의 벤조(a)피렌을 정량할 수 있다. 본 법에서 형광분석은 1mL의 액량으로부터 3~200ng 또는 10~300ng의 벤조(a)피렌이 분석 가능하다.

2. 환경대기 중 다환방향족탄화수소류(PAHs) – 기체크로마토그래피/질량분석법

(1) 목적

다환방향족탄화수소류(PAHs, polycyclic aromatic hydrocarbons)는 일부물질의 높은 발암성 또는 유전자 변형성 때문에 대기오염물질 중 관심을 받고 있는 물질로서 특히 벤조(a)피렌은 높은 발암성을 가지는 것으로 알려져 있다. 시료 채취방법으로는 입자상/가스상을 석영 필터와 PUF(poly uretane form)이나 흡착수지(resin)를 사용하며 분석방법으로는 높은 감도를 갖고 있는 기체크로마토그래피/질량분석법을 사용한다.

(2) 적용범위

측정대상의 화합물은 일반적인 탄화수소류와 달리 질소, 황, 산소 등 다른 원소를 포함한 다환방향족탄화수소류(이하 "PAHs"라 한다) 환(ring) 구조의 물질들도 포괄적으로 의미한다. PAHs는 대기 중 비휘발성물질 또는 휘발성물질들로 존재한다. 비휘발성(증기압 $< 10^{-8}$mmHg) PAHs는 필터 상에 채취하고 증기상태로 존재하는 PAHs는 Tenax, 흡착수지, PUF(polyurethane foam)을 사용하여 채취한다. 이 방법으로 측정되는 유해대기측정망의 다환방향족탄화수소류는 표 34와 같다. 이 시험방법은 일반대기 중의 PAHs에 대한 시료에 적용하며 측정방법상 0.01~1ng 범위이다.

〈 표 34. PAHs의 종류 〉

No.	명칭	CAS No.	화학식	분자량
1	아세나프텐(acenaphthene)	83-32-9	$C_{12}H_{10}$	154.21
2	아세나프틸렌(acenaphthylene)	208-96-8	$C_{12}H_8$	152.19
3	안트라센(anthracene)	120-12-7	$C_{14}H_{10}$	178.23
4	벤즈(a)안트라센(benz(a)anthracene)	56-55-3	$C_{18}H_{12}$	228.29
5	벤조(b)플로란센(benzo(b)fluoranthene)	205-82-3	$C_{20}H_{12}$	252.31
6	벤조(k)플로란센(benzo(k)fluoranthene)	207-08-9	$C_{20}H_{12}$	252.31
7	벤조(g,h,i)퍼릴렌(benzo(g,h,i)perylene)	191-24-2	$C_{22}H_{12}$	276.33
8	벤조(a)피렌(benzo(a)pyrene)	50-32-8	$C_{20}H_{12}$	252.31
9	벤조(e)피렌(benzo(e)pyrene)	192-97-2	$C_{20}H_{12}$	252.31
10	크라이센(chrysene)	218-01-9	$C_{18}H_{12}$	228.29
11	다이벤즈안트라센(dibenz(α,h)anthrancene)	53-70-3	$C_{22}H_{14}$	278.35
12	플루오란텐(fluoranthene)	206-44-0	$C_{16}H_{10}$	202.25
13	플루오렌(fluorene)	86-73-7	$C_{13}H_{10}$	166.22
14	인데노피렌(indeno(1,2,3-c,d)pyrene)	193-39-5	$C_{22}H_{12}$	276.33
15	나프탈렌(naphthalene)	91-20-3	$C_{10}H_8$	128.17
16	페난트렌(phenanthrene)	85-01-8	$C_{14}H_{10}$	178.23
17	피렌(pyrene)	129-00-0	$C_{16}H_{10}$	202.25
18	코로넨(coronene)	191-07-1	$C_{24}H_{12}$	300.35
19	퍼릴렌(perylene)	198-55-0	$C_{20}H_{12}$	252.31

(3) 간섭물질

① PAHs는 넓은 범위의 증기압을 가지며 대략 10^{-8}kPa 이상의 증기압을 갖는 PAH는 환경대기중에서 기체와 입자상으로 존재한다. 따라서 총 PAHs의 대기 중 농도를 정확한 측정을 위해서는 여과지와 흡착제의 동시 채취가 필요하다.

② 시료채취과정과 측정과정 중에 실제대기중의 불순물, 용매, 시약, 초자류, 시료채취 기기의 오염에 따라 오차가 발생하며 측정 및 분석과정중의 동일한 분석절차의 공시료 점검을 통하여 불순물에 대한 확인이 필요하다.

(4) 용어정의

① 머무름시간(RT, retention time)
크로마토그래피용 컬럼에서 특정화합물질이 빠져 나오는 시간. 측정운반기체의 유속에 의해 화학물질이 기체흐름에 주입되어서 검출기에 나타날 때 까지 시간

② 다환방향족탄화수소(PAHs)
두 개 또는 그 이상의 방향족 고리가 결합된 탄화수소류

③ 대체표준물질(surrogate)
추출과 분석 전에 각 시료, 공 시료, 매체시료(matrix-spiked)에 더해지는 화학 적으로 반응성이 없는 환경 시료 중에 없는 물질

④ 내부표준물질(IS, internal standard)
알고 있는 양을 시료 추출액에 첨가하여 농도측정 보정에 사용되는 물질로 내부 표준물질은 반드시 분석목적 물질이 아니어야 한다.

3. 환경대기 중 알데하이드류 – 고성능액체크로마토그래피

(1) 적용범위

알데하이드류 화합물은 광화학 오존형성에 중요한 작용을 한다. 특히 폼알데하이드와 다른 특정한 알데하이드는 단기적인 노출로 눈, 피부 그리고 인공호흡기관의 점액질 막을 자극시키는 원인으로 밝혀져 있다. 알데하이드류를 측정하기 위한 시험법으로서 알데하이드 물질을 2,4-다이나이트로 페닐하이드라진(이하 DNPH라 함) 유도체를 형성하게 하여 고성능액체크로마토그래피(HPLC, high performance liquid chromatography)로 분석한다.

(2) 시험방법의 종류

1) DNPH 유도체화 액체크로마토그래피(HPLC/UV) 분석법

이 시험방법은 카보닐화합물과 DNPH가 반응하여 형성된 DNPH 유도체를 아세토나이트릴(acetonitrile) 용매로 추출하여 고성능액체크로마토그래피(HPLC)를 이용하여 자외선(UV) 검출기의 360nm 파장에서 분석한다.

(3) 용어정의

① DNPH 유도화 카트리지

알데하이드의 DNPH 유도화 과정을 입상실리카젤에 표면처리를 하여 현장에서 실제시료 채취를 위해 제조된 유도와 카트리지

4. 환경대기 중 유해 휘발성 유기화합물(VOCs) 시험방법 – 캐니스터법

(1) 목적

이 방법은 대기환경 중에 존재하는 유해 휘발성 유기화합물의 농도를 측정하기 위한 시험방법이다. 대기 중 휘발성 유기화합물(VOC)의 시료채취와 분석에 대한 과정을 포함하고 있다. 이 방법은 캐니스터로서 공기 샘플을 채취하여 VOC를 기체크로마토그래피에 의해 분리한 후 FID, ECD 혹은 질량 선택적 검출기에 의해 측정한다. 이 방법은 대기압 이상과 이하의 최종 압력에서 캐니스터를 이용한 시료채취 과정들을 나타내고 있다.

(2) 적용범위

이 방법은 대기 중에 존재하는 유해 VOC를 0.1~100nmol/mol 범위에서 측정할 수 있다.

5. 환경대기 중 유해 휘발성 유기화합물(VOCs) 시험방법 – 고체흡착법

(1) 목적

이 방법은 대기환경 중에 존재하는 대기 중 휘발성유기화합물(VOC, volatile organic compound)에 대해 흡착관/기체크로마토그래피에 기반을 둔 시료채취 및 분석 방법을 기술한다.

(2) 적용범위

이 방법은 대기환경 중에 존재하는 미량의 휘발성유기화합물(이하 VOC라 함)을 측정하기 위한 시험방법이다. 특히, 본 시험방법은 대기환경 중 0.5~25nmol/mol 농도의 휘발성유기화합물질의 분석에 적합하다.

(3) 측정방법의 종류

① 고체흡착 열탈착법
② 고체흡착 용매 추출법

(4) 간섭물질

1) 돌연변이물질(artifact) 간섭의 최소화

① 시료채취 시 돌연변이물질이 10% 이하가 되도록 목표를 설정하여야 한다. 예를 들어, 벤즈알데하이드(benzaldehyde), 페놀(phenol)과 아세토페논(acetophenone)과 같은 돌연변이물질들은 대기 중 고농도(100~500nmol/mol) 오존상태의 시료채취 시 Tenax® 흡착제의 산화를 통하여 생성된다.

② 오존농도가 높은(100nmol/mol 이상) 지역에서 Tenax® 물질을 가지고 10nmol/mol 이하의 낮은 농도의 VOC(아이소프렌 등) 시료를 채취할 때에는 반드시 오존스크러버가 사용되어야 한다. 단, B.T.E.X(벤젠, 톨루엔, 에틸벤젠, 자일렌) 및 포화 지방족 탄화수소 등의 비교적 반응성이 적은 물질들은 제외한다.

2) 수분에 의한 간섭의 최소화

수분이 많은 곳(상대습도 70% 이상)에서 시료채취를 할 경우에는 Tenax®, Carbotrap과 같은 소수성 흡착제를 선택해야 한다.

(5) 용어정의

① 열탈착(thermal desorption)
불활성의 운반기체를 이용하여 높은 온도에서 VOC를 탈착한 후, 탈착물질을 기체크로마토그래피(GC)와 같은 분석 시스템으로 운송하는 과정
② 2단 열탈착(two-stage thermal desorption)
흡착제로부터 분석물질을 열탈착하여 저온농축트랩에 농축한 다음, 저온농축트랩을 가열하여 농축된 화합물을 기체크로마토그래피로 전달하는 과정

③ 돌연변이물질(artifact)

시료채취나 시료보관 과정에서 화학반응에 의해서 새로운 물질이 만들어지게 되는데 이러한 물질을 총칭하여 돌연변이물질이라 한다. 이러한 물질은 우리가 목적하고자 하는 성분의 농도를 증가시킬 수도 있고 감소시킬 수도 있다.

④ 흡착관(또는 시료관 : sorbent or sample tube)

흡착관은 대기 중 VOC를 농축시키는데 사용된다.

⑤ 저온농축트랩(focusing tube)

작은 흡착제 층을 포함하는 가는 형태의 흡착관(일반적으로 내경 3mm 미만)으로서 사용되며 대기환경 중 온도로 유지되거나 보통 그 이하(예 : -30℃)로 유지된다. 흡착관으로부터 VOC를 열적으로 탈착시켜 재농축시키는데 사용되며 열을 빨리 가함으로써 VOC가 기체크로마토그래피(GC) 시스템으로 이송된다.

⑥ 냉매(cryogen)

냉매는 열탈착 시스템에서 저온농축트랩을 냉각시키는데 사용되며, 일반적으로 사용되는 냉매로는 액체 질소(bp -196℃), 액체 아르곤(bp -185.7℃), 액체 이산화탄소(bp -78.5℃) 등이 있다.

⑦ GC 컬럼(GC capillary column)

내경은 $320\mu m$ 또는 그 이하이고 고정상 필름 두께가 $5\mu m$ 또는 그 이하의 용융실리카(fused silica)와 같은 컬럼을 이용한다. 내경이 $530\mu m$인 경우에는 필름 두께가 $1.5\mu m$ 이상, 길이가 60m 이상일 것(단, 시판되고 있는 컬럼 중에서 별도 규격이라도 분리능이 우수한 것은 사용 가능)

⑧ 파과부피(BV, breakthrough volume)

일정농도의 VOC가 흡착관에 흡착되는 초기 시점부터 일정시간이 흐르게 되면 흡착관 내부에 상당량의 VOC가 포화되기 시작하고 **전체 VOC양의 5%가 흡착관을 통과하게 되는데, 이 시점에서 흡착관 내부로 흘러간 총 부피**를 파과부피라 한다.

⑨ 머무름부피(RV, retention volume)

짧은 길이로 흡착제가 충전된 흡착관을 통과하면서 분석물질의 증기띠를 이동시키는데 필요한 운반기체의 부피. 즉, **분석물질의 증기띠가 흡착관를 통과하면서 탈착되는데 요구되는 양만큼의 부피**를 측정하여 알 수 있다. 보통 그 증기띠가 흡착관을 이동하여 돌파(파과)가 나타난 시점에서 측정된다. 튜브 내의 불감부피(dead volume)를 고려하기 위하여 메테인(methane)의 머무름부피를 차감한다.

⑩ 흡착관의 컨디셔닝

흡착관을 사용하기 전에 열탈착기에 의해서 예를 들어, 350℃(흡착제별로 사용최고온도보다 20℃ 아래를 고려하여 조절)에서 순도 99.99% 이상의 헬륨기체 또는 질소기체 50~100mL/min으로 적어도 2시간 동안 안정화시킨 후 사용한다. 시료채취 이전에 흡착관의 안정화여부를 사전 분석을 통하여 확인해야 한다(단, GC/MS를 이용할 경우는 헬륨기체만을 사용한다).

⑪ 시료채취 안전부피(SSV, safe sampling volume)

파과부피의 2/3배를 취하거나(직접적인 방법) 머무름부피의 1/2 정도를 취함으로 써(간접적인 방법) 얻어진다.

⑫ 흡착능(sorbent strength)

분석하려는 VOCs 물질에 대한 흡착제의 흡착력을 설명하는 용어이다.

6. 환경대기 중 오존전구물질 – 자동측정법

(1) 목적

대기환경 중에 존재하는 휘발성유기화합물(VOCs, Volatile Organic Compounds) 중 지표면 오존생성에 기여하는 56종의 오존전구물질을 자동 기체크로마토그래피/불꽃이온화검출기 (GC/FID, Gas Chromatograph/Flame Ionization Detector) 측정시스템을 이용하여 매 시간단위로 시료를 채취하여 2개의 컬럼을 이용하여 분리하고, 분리된 봉우리를 2개의 불꽃 이온화 검출기로 측정하여 휘발성유기화합물의 농도를 계산한다.

(2) 적용범위

이 시험방법은 대기환경 중에 존재하는 휘발성유기화합물중 지표면 오존생성에 기여하는 분자량이 가벼운 2개의 탄소(C_2)를 가지는 영역에서부터 분자량이 무거운 12개의 탄소(C_{12})를 가지는 영역에 이르기까지 총 56종의 오존전구물질의 분석방법에 관하여 규정한다.

이 시험방법은 대기환경 중 0.1~100nmol/molC 농도 범위의 분석에 적합하다. 검출한계는 각 컬럼별로 프로페인과 벤젠을 기준으로 하여 각각 1nmol/molC이다. 농도단위는 표준상태 (0℃, 1atm)로 환산한 양으로 nmol/molC(nmol/molC 농도를 대상물질의 탄소수로 나누어서 nmol/mol 농도로 최종 결과보고)를 사용한다. 자동측정법의 경우 흡착에 의한 시료채취 방식을 채택하고 있다. 매니폴더(manifolder)를 이용하여 현장에서 시료를 직접 채취하여 분석시료를 정량적으로 흡입하고 저온상태에서 농축트랩에 농축하고 이를 컬럼과 검출기로 분리 측정하는 방식을 사용한다.

(3) 간섭물질

캐니스터(Canister) 내에 수분이 축적되면 시료 분석과정에서 간섭이 일어날 수 있다. 고순도 질소를 이용하여 캐니스터를 세척할 경우 100℃ 정도로 일정하게 열을 가하여 줌으로써 이러한 수분을 제거할 수 있다. 표준시료용 캐니스터는 사용하기 전에 반드시 철저한 세척과정을 거쳐야 하며, 그렇지 않을 경우 분석과정 중에 측정시스템을 오염시킬 수도 있다. 시료채취에 필요한 다른 모든 장비(펌프, 유량조절기 등)도 오염되지 않도록 철저히 세척하여야 한다. 시료분석 시 시료의 흐름으로부터 수분을 선택적으로 제거하기 위해 나피온 반투과막 건조기 (Nafion semi – permeable membrane dryer)를 사용하여 머무름시간의 흔들림 등으로 인한 간섭효과를 최소화하여야 한다.

(4) 용어정의

① 절대 캐니스터 압력

절대압력은 캐니스터 게이지 압력에 기압계 압력을 더한 값으로 표현한다. 여기서 Pg는 캐니스터 게이지 압력(kPa, psi)이고, Pa는 기압계 압력을 말한다.

② 절대압력

절대 제로(zero)압력에 대해 측정된 압력(대기압과 반대)을 말하며, 일반적으로 kPa, mmHg 또는 psi로 표현한다(예 : 1atm = 760mmHg = 14.7psi = 101.325kPa).

③ 게이지 압력

환경 대기압상에서 측정된 압력(절대압력과 반대)을 말하며, 제로게이지 압력은 대기환경(기압계) 압력과 동일하다.

④ 열탈착(Thermal Desorption)

열과 불활성기체를 이용하여 흡착제로부터 휘발성유기화합물을 탈착시켜 기체크로마토그래피로 전달하는 과정을 말한다.

⑤ nmol/mol(parts per billion volume)

nmol/mol는 10억분의 1을 나타내는 단위이며, nmol/mol는 부피가 1일 경우 이 속에 10억분의 1만큼의 부피의 오염물질이 포함된 것을 말한다.

⑥ nmol/molC(parts per billion Carbon)

nmol/molC는 해당 화합물의 nmol/mol 농도를 그 해당 화합물이 갖고 있는 탄소 수를 곱해서 구한다. (예, 벤젠의 농도가 1nmol/mol일 경우 1nmol/mol×6(벤젠의 탄소수) = 6nmol/molC가 된다).

⑦ SCCM(standard Cubic Centimeter per minute)

1sccm이란 $1cm^3$/min을 말하며, 0℃ 1기압에서 1분 동안 방출되는 기체의 양이 $1cm^3$라는 의미이다. 기체(또는 액체를 포함한 압축성 유체)의 경우는 온도와 압력에 따라 같은 양의 분자를 포함하더라도 부피가 달라지므로 온도와 압력을 표준상태로 고정하여 환산한 값을 사용한다.

7. 환경대기 중 탄화수소 측정방법

(1) 적용범위

이 시험법은 환경대기 중의 탄화수소 농도를 측정하기 위한 시험방법이다. 비메탄 탄화수소 측정법을 주시험법으로 한다.

(2) 측정방법의 종류

1) 자동연속(수소염이온화 검출기법)

① 총탄화수소 측정법
② 비메탄 탄화수소 측정법
③ 활성 탄화수소 측정법

제 7장 한 눈에 보는 환경대기 시험방법

1. 환경대기 중 무기물질

(1) 환경대기 중 아황산가스 측정방법

수동측정법	자동측정법
파라로자닐린법	자외선형광법(주시험방법)
산정량 수동법	용액전도율법
산정량 반자동법	불꽃광도법
	흡광차분광법

(2) 환경대기 중 일산화탄소 측정방법

수동측정법	자동측정법
비분산형적외선분석법	비분산적외선분석법(주시험방법)
가스크로마토그래프법	

(3) 환경대기 중 질소산화물 측정방법

수동측정법	자동측정법
야곱스호흐하이저법	화학발광법(주시험방법)
수동살츠만법	흡광광도법(살츠만법)
	흡광차분광법

(4) 환경대기 중 먼지 측정방법

수동측정법	자동측정법
고용량 공기시료채취기법	베타선법
저용량 공기시료채취기법	

(5) 환경대기 중 미세먼지(PM-10, PM-2.5) 측정방법

수동측정법	자동측정법
중량농도법	베타선법

(6) 환경대기 중 옥시던트 측정방법

수동측정법	자동측정법
중성 요오드화칼륨법	중성 요오드화칼륨법
알칼리성 요오드화칼륨법	

(7) 환경대기 중 오존 측정방법

수동측정법	자동측정법
자외선광도법(주시험방법)	흡광차분광법
화학발광법	

(8) 환경대기 중 석면측정용 현미경법

- **위상차현미경**(주시험방법)
- 주사전자현미경
- 투과전자현미경

2. 환경대기 중 금속

물질	측정방법	
구리 화합물	· 원자흡수분광법	· 유도결합플라스마 분광법
납 화합물	· 원자흡수분광법 · 자외선/가시선 분광법	· 유도결합플라스마 분광법
니켈 화합물	· 원자흡수분광법	· 유도결합플라스마 분광법
비소 화합물	· 수소화물발생 원자흡수분광법 · 흑연로 원자흡수분광법	· 유도결합플라스마 분광법
아연 화합물	· 원자흡수분광법	· 유도결합플라스마 분광법
철 화합물	· 원자흡수분광법	· 유도결합플라스마 분광법
카드뮴 화합물	· 원자흡수분광법	· 유도결합플라스마 분광법
크로뮴화합물	· 원자흡수분광법	· 유도결합플라스마 분광법
베릴륨화합물	· 원자흡수분광법	
코발트화합물	· 원자흡수분광법	
수은	· 습성 침적량 측정법 · 냉증기 원자형광광도법	· 냉증기 원자흡수분광법

3. 환경대기 중 휘발성유기화합물(VOC)

물질	측정방법	
벤조(a)피렌	· 가스크로마토그래피법	· 형광분광광도법
다환방향족탄화수소류(PAHs)	· 기체크로마토그래피/질량분석법	
알데하이드류	**· 고성능액체크로마토그래피법**	
유해 휘발성 유기화합물(VOCs)	· 캐니스터법	· 고체흡착법
환경대기 중의 오존전구물질	· 자동측정법	
탄화수소	**· 비메탄 탄화수소 측정법** · 활성 탄화수소 측정법	· 총탄화수소 측정법

7장 연습문제

환경대기

| 내용문제 |

| 환경대기 각 항목별 시험방법 |

01 대기오염공정시험기준 중 환경대기 내의 아황산가스 측정방법으로 옳지 않은 것은?

① 적외선 형광법   ② 용액전도율법
③ 불꽃광도법   ④ 자외선형광법

해설

환경대기 중 아황산가스 측정방법	
수동측정법	자동측정법
파라로자닐린법 산정량 수동법 산정량 반자동법	자외선형광법(주시험방법) 용액전도율법 불꽃광도법 흡광차분광법

정답 ①

| 환경대기 각 항목별 시험방법 |

02 환경대기 중의 아황산가스 농도 측정시 주 시험방법은?

① 흡광차분광법   ② 산정량반자동법
③ 용액전도율법   ④ 자외선형광법

해설

정답 ④

| 환경대기 각 항목별 시험방법 |

03 환경대기 중의 아황산가스 측정을 위한 시험방법이 아닌 것은?

① 불꽃광도법
③ 파라로자닐린법
② 용액전도율법
④ 나프틸에틸렌다이아민법

해설

정답 ④

| 환경대기 각 항목별 시험방법 |

04 환경대기 중 질소산화물 측정방법에서 수동측정방법인 것은?

① 오르토톨리딘법
② 흡광차분광법(DOAS)
③ 화학발광법(Chemiluminescence method)
④ 야곱스호호하이저(Jacobs-Hochheiser)법

해설

환경대기 중 질소산화물 측정방법	
수동측정법	자동측정법
야곱스호호하이저법 수동살츠만법	화학발광법(주시험방법) 흡광광도법(살츠만법) 흡광차분광법

정답 ④

| 환경대기 각 항목별 시험방법 |

05 환경대기 중 납을 분석하기 위한 시험방법에서 대기오염물질공정시험기준상 주시험방법은?

① 유도결합 플라스마 분광법
② 원자흡수분광법
③ X선 형광법
④ 이온크로마토그래피

해설

환경대기 중 납화합물
· 원자흡수분광광도법(주시험법)
· 유도결합플라스마 분광법
· 자외선/가시선분광법
금속의 주시험법은 원자흡수분광광도법

정답 ②

| 환경대기 각 항목별 시험방법 |

06 대기오염공정시험기준상 환경대기 중의 먼지 측정에 적용 가능한 시험방법으로 거리가 먼 것은?

① 고용량 공기시료채취기법
② 저용량 공기시료채취기법
③ 오존전구물질 – 자동측정법
④ 베타선법

해설

환경대기 중 먼지 측정방법

수동측정법	자동측정법
고용량 공기시료채취기법	베타선법
저용량 공기시료채취기법	

정답 ③

| 환경대기 각 항목별 시험방법 |

07 환경대기 중의 각 항목별 분석방법의 연결로 옳지 않은 것은?

① 질소산화물 : 살츠만법
② 옥시던트(오존으로서) : 베타선법
③ 일산화탄소 : 불꽃이온화검출기법(기체크로마토그래피)
④ 아황산가스 : 파라로자닐린법

해설

환경대기 중 오존 측정방법

수동측정법	자동측정법
자외선광도법(주시험방법) 화학발광법	흡광차분광법

② 베타선 : 먼지 측정방법

정답 ②

| 환경대기 각 항목별 시험방법 |

08 환경대기 중 탄화수소의 주 시험방법은?

① 총 탄화수소 측정법
② 비메탄 탄화수소 측정법
③ 활성 탄화수소 측정법
④ 비활성 탄화수소 측정법

해설

환경대기 중 탄화수소 측정방법
비메탄 탄화수소 측정법을 주시험법으로 한다.

정답 ②

09 다음 중 환경대기 중의 탄화수소 농도를 측정하기 위한 시험방법과 거리가 먼 것은?

① 용융 탄화수소 측정법
② 활성 탄화수소 측정법
③ 비메탄 탄화수소 측정법
④ 총탄화수소 측정법

해설

환경대기 중 탄화수소 측정방법

❶ 총탄화수소 측정법
❷ 비메탄 탄화수소 측정법
❸ 활성 탄화수소 측정법

정답 ①

10 현행 대기오염공정시험기준에서 환경대기 중 탄화수소 측정방법(수소염이온화 검출기법)으로 규정되지 않은 것은?

① 총탄화수소 측정법
② 램프식 탄화수소 측정법
③ 비메탄 탄화수소 측정법
④ 활성 탄화수소 측정법

해설

정답 ②

11 환경대기 중 석면농도를 측정하기 위해 위상차 현미경을 사용한 계수방법에 관한 설명 중 ( ) 안에 알맞은 것은?

시료채취 측정시간은 주간 시간대에(오전 8시~오후 7시) (㉠)으로 1시간 측정하고, 유량계의 부자를 (㉡)되게 조정한다.

① ㉠ 1L/min, ㉡ 1L/min
② ㉠ 1L/min, ㉡ 10L/min
③ ㉠ 10L/min, ㉡ 1L/min
④ ㉠ 10L/min, ㉡ 10L/min

해설

주간시간대에(오전 8시~오후 7시) 10L/min 으로 1시간 측정 유량계의 부자를 10L/min 되게 조정한다.

정답 ④

| 환경대기 중 석면 |

12 환경대기 중 석면시험방법 중 위상차현미경법을 통한 계수대상물질의 식별 방법에 관한 설명으로 옳지 않은 것은?(단, 적정한 분석능력을 가진 위상차현미경 등을 사용한 경우)

① 단섬유인 경우 구부러져 있는 섬유는 곡선에 따라 전체 길이를 재어서 판정 한다.

② 헝클어져 다발을 이루고 있는 경우로서 섬유가 헝클어져 정확한 수를 헤아리기 힘들 때에는 0개로 판정한다.

③ 섬유에 입자가 부착하고 있는 경우 입자의 폭이 $3\mu m$를 넘는 것은 1개로 판정한다.

④ 섬유가 그래티큘 시야의 경계선에 물린 경우 그래티큘 시야 안으로 한쪽 끝만 들어와 있는 섬유는 1/2개로 인정한다.

해설

③ 섬유에 입자가 부착하고 있는 경우 입자의 폭이 $3\mu m$를 넘는 것은 0개로 판정한다.

환경대기 중 석면시험방법 – 위상차현미경법

식별방법

❶ 채취한 먼지 중에 길이 $5\mu m$ 이상이고, 길이와 폭의 비가 3:1 이상인 섬유를 석면섬유로서 계수한다.

❷ 단섬유인 경우
- 길이 $5\mu m$ 이상인 섬유는 1개로 판정한다.
- 구부러져 있는 섬유는 곡선에 따라 전체 길이를 재어서 판정한다.
- 길이와 폭의 비가 3 : 1 이상인 섬유는 1개로 판정한다.

❸ 입자가 부착하고 있는 경우
- 입자의 폭이 $3\mu m$를 넘는 것은 0개로 판정한다.

❹ 헝클어져 다발을 이루고 있는 경우

- 여러 개의 섬유가 교차하고 있는 경우는 교차하고 있는 각각의 섬유를 단섬유로 인정하고, 단섬유인 경우의 규정에 따라 판정한다.

- 섬유가 헝클어져 정확한 수를 헤아리기 힘들 때에는 0개로 판정한다.

❺ 섬유가 그래티큘 시야의 경계선에 물린 경우

- 그래티큘 시야 안으로 완전히 $5\mu m$ 이상 들어와 있는 섬유는 1개로 인정한다.

- 그래티큘 시야 안으로 한쪽 끝만 들어와 있는 섬유는 1/2개로 인정한다.

- 그래티큘 시야의 경계선에 한꺼번에 너무 많이 몰려 있는 경우에는 0개로 판정한다.

❻ 상기에 열거한 방법들에 따라 판정하기가 힘든 경우에는 해당 시야에서의 판정을 포기하고, 다른 시야로 바꾸어서 다시 식별하도록 한다.

❼ 다발을 이루고 있는 섬유가 그래티큘 시야의 1/6 이상일 때는 해당 시야에서의 판정을 포기하고, 다른 시야로 바꾸어서 재식별하도록 한다.

정답 ③

| 환경대기 중 석면 |

13 환경대기 내의 석면 시험방법(위상차현미경법) 중 시료채취 장치 및 기구에 관한 설명으로 옳지 않은 것은?

① 멤브레인 필터의 광굴절률 : 약 3.5 전후

② 멤브레인 필터의 재질 및 규격 : 셀룰로오스 에스테르제 또는 셀룰로오스 나이트레이트계 pore size $0.8{\sim}1.2\mu m$, 직경 25mm, 또는 47mm

③ 20L/min로 공기를 흡인할 수 있는 로터리 펌프 또는 다이아프램 펌프는 시료채취관, 시료채취 장치, 흡인기체 유량측정장치, 기체흡입장치 등으로 구성한다.

④ Open face형 필터홀더의 재질 : 40mm의 집풍기가 홀더에 장착된 PVC

해설

① 멤브레인 필터의 광굴절률은 약 1.5를 원칙으로 한다.

정답 ①

| 환경대기 중 석면 |

14 환경대기 중의 석면농도를 측정하기 위해 멤브레인 필터에 채취한 대기부유먼지 중의 석면섬유를 위상차현미경을 사용하여 계수하는 방법에 관한 설명으로 옳지 않은 것은?

① 석면먼지의 농도표시는 20℃, 1기압 상태의 기체 1mL중에 함유된 석면섬유의 개수(개/mL)로 표시한다.

② 멤브레인 필터는 셀룰로오스 에스테르를 원료로 한 얇은 다공성의 막으로, 구멍의 지름은 평균 0.01~10μm의 것이 있다.

③ 대기 중 석면은 강제 흡인 장치를 통해 여과장치에 채취한 후 위상차 현미경으로 계수하여 석면 농도를 산출한다.

④ 빛은 간섭성을 띄우기 위해 단일 빛을 사용하며, 후광 또는 차광이 발생하더라도 측정에 영향을 미치지 않는다.

해설

④ 후광(halo)이나 차광(shading)은 관찰을 방해하기도 한다. 초점이 정확하지 않고 콘트라스트가 역전되는 경우도 있다.

정답 ④

| 환경대기 중 금속 |

15 대기오염공정시험기준에서 규정한 환경대기 중 금속분석을 위한 주 시험방법은?

① 원자흡수분광광도법
② 자외선/가시선 분광법
③ 이온크로마토그래피
④ 유도결합플라스마 원자발광분광법

해설

원자흡수분광광도법

시료를 적당한 방법으로 해리시켜 중성원자로 증기화하여 생긴 기저상태(Ground State or Normal State)의 원자가 이 원자 증기층을 투과하는 특유파장의 빛을 흡수하는 현상을 이용하여 광전측광과 같은 개개의 특유파장에 대한 흡광도를 측정하여 시료 중의 원소농도를 정량하는 방법으로 대기 또는 배출 가스 중의 유해 중금속, 기타 원소의 분석에 적용한다.

정답 ①

| 환경대기 중 유해 휘발성 유기화합물(VOCs) |

16 다음은 환경대기 중 유해 휘발성유기화합물의 시험방법(고체흡착법)에서 사용되는 용어의 정의이다. ( )안에 알맞은 것은?

> 일정농도의 VOC가 흡착관에 흡착되는 초기 시점부터 일정시간이 흐르게 되면 흡착관 내부에 상당량의 VOC가 포화되기 시작하고 전체 VOC 양의 5%가 흡착관을 통과하게 되는데, 이 시점에서 흡착관 내부로 흘러간 총 부피를 ( )라 한다.

① 머무름부피(Retention Volume)
② 안전부피(Safe Sample Volume)
③ 파과부피(Breakthrough Volume)
④ 탈착부피(Desorption Volume)

해설

환경대기 중 유해 휘발성 유기화합물(VOCs) 시험방법 - 고체흡착법

파과부피(BV, breakthrough volume)

일정농도의 VOC가 흡착관에 흡착되는 초기 시점부터 일정시간이 흐르게 되면 흡착관 내부에 상당량의 VOC가 포화되기 시작하고 전체 VOC양의 5%가 흡착관을 통과하게 되는데, 이 시점에서 흡착관 내부로 흘러간 총 부피를 파과부피라 한다.

머무름부피(RV, retention volume)

짧은 길이로 흡착제가 충전된 흡착관을 통과하면서 분석물질의 증기띠를 이동시키는데 필요한 운반기체의 부피. 즉, 분석물질의 증기띠가 흡착관를 통과하면서 탈착되는데 요구되는 양만큼의 부피를 측정하여 알 수 있다. 보통 그 증기 띠가 흡착관을 이동하여 돌파(과과)가 나타난 시점에서 측정된다. 튜브내의 불감부피(dead volume)를 고려하기 위하여 메테인(methane)의 머무름부피를 차감한다.

정답 ③

| 환경대기 중 유해 휘발성 유기화합물(VOCs) |

17 환경대기 중 유해휘발성 유기화합물(VOCs)의 고체흡착법에 사용되는 용어의 정의에서 ( )안에 알맞은 것은?

> 시료채취 안전부피(SSV, safe sampling volume)는 파과부피의 2/3 배를 취하거나(직접적인 방법) 머무름부피의 ( )정도를 취한다(간접적인 방법)

① 1/2
② 2배
③ 5배
④ 10배

해설

환경대기 중 유해 휘발성 유기화합물(VOCs) 시험방법 - 고체흡착법

시료채취 안전부피(SSV, safe sampling volume) : 파과부피의 2/3배를 취하거나(직접적인 방법) 머무름부피의 1/2정도를 취함으로써(간접적인 방법) 얻어진다.

정답 ①

| 환경대기 중 유해 휘발성 유기화합물(VOCs) |

18 대기오염공정시험기준에 의거 환경대기 중 휘발성 유기화합물(유해 VOCs 고체 흡착법)을 추출할 때 추출용매로 가장 적합한 것은?

① Ethyl alcohol
② PCB
③ CS_2
④ n-Hexane

해설

환경대기 중 유해 휘발성 유기화합물(VOCs) 시험방법 - 고체흡착법

고체흡착 용매추출법 - 측정원리

본 방법은 일정량의 흡착제로 충전된 흡착관을 사용하여 분석 대상의 휘발성유기화합물질을 선택적으로 채취하고 채취된 시료를 이황화탄소(CS_2)추출용매를 가하여 분석물질을 추출하여 낸다.

정답 ③

| 환경대기 중 먼지 |

19 환경대기 중 먼지를 저용량 공기시료 채취기로 분당 20L씩 채취할 경우, 유량계의 눈금값 Q_r (L/min)을 나타내는 식으로 옳은 것은? (단, 760mmHg에서의 기준이며, $\triangle P$(mmHg)는 마노미터로 측정한 유량계 내의 압력손실이다.)

① $20\sqrt{\dfrac{760-\triangle P}{760}}$ ② $20\sqrt{\dfrac{760}{760-\triangle P}}$

③ $20\sqrt{\dfrac{20/\triangle P}{760}}$ ④ $20\sqrt{\dfrac{760}{20/\triangle P}}$

해설

환경대기 중 먼지 측정방법 – 저용량 공기시료채취법 량계의 유량지시값의 압력에 의한 보정

$$Q_r = 20\sqrt{\dfrac{760}{760-\triangle p}}$$

Q_r : 유량계의 눈금값

20 : 760mmHg에서 유량(Q_o = 20L/min)

$\triangle P$: 유량계 내의 압력손실(mmHg)

정답 ②

| 환경대기 중 먼지 |

20 저용량공기시료채취기법으로 환경대기 중에 부유하고 있는 입자상 물질을 채취하기 위한 장치의 기본구성 중 흡입펌프 조건으로 옳지 않은 것은?

① 운반이 용이할 것
② 유량이 큰 것
③ 진공도가 높을 것
④ 맥동이 있고 고르게 작동될 것

해설

흡입펌프

흡입펌프는 연속해서 30일 이상 사용할 수 있고 되도록 다음의 조건을 갖춘 것을 사용한다.

– 진공도가 높을 것
– 유량이 큰 것
– 맥동이 없이 고르게 작동될 것
– 운반이 용이할 것

정답 ④

| 환경대기 중 아황산가스 |

21 환경대기 중 아황산가스 농도를 측정함에 있어 파라로자닐린법을 사용할 경우 알려진 주요 방해물질과 거리가 먼 것은?

① Cr   ② O_3
③ NO_x ④ NH_3

해설

환경대기 중 아황산가스 측정방법 – 파라로자닐린법

알려진 주요 방해물질은 질소산화물(NO_x), 오존(O_3), 망가니즈(Mn), 철(Fe) 및 크로뮴(Cr)이다.

NO_x의 방해는 설퍼민산(NH_3SO_3)을 사용함으로써 제거할 수 있고 오존의 방해는 측정기간을 늦춤으로써 제거된다.

정답 ④

연습문제

22 환경대기 내의 옥시던트(오존으로서) 측정방법 중 중성 요오드화칼륨법(수동)에 관한 설명으로 옳지 않은 것은?

① 시료를 채취한 후 1시간 이내에 분석할 수 있을 때 사용할 수 있으며 1시간 이내에 측정 할 수 없을 때는 알칼리성 요오드화칼륨법을 사용하여야 한다.

② 대기 중에 존재하는 오존과 다른 옥시던트가 pH 6.8의 아이오딘화포타슘 용액에 흡수되면 옥시던트 농도에 해당하는 요오드가 유리되며 이 유리된 요오드를 파장 217mm에서 흡광도를 측정하여 정량한다.

③ 산화성 가스로는 아황산가스 및 황화수소가 있으며 이들 부(-)의 영향을 미친다.

④ PAN은 오존의 당량, 물, 농도의 약 50%의 영향을 미친다.

해설

② 대기 중에 존재하는 오존과 다른 옥시던트가 pH 6.8의 아이오딘화칼륨 용액에 흡수되면 옥시던트 농도에 해당하는 요오드가 유리되며 이 유리된 요오드를 파장 352nm에서 흡광도를 측정하여 정량한다.

정답 ②

23 다음은 환경대기 중 다환방향족탄화수소류(PAHs)-기체크로마토그래피/질량분석법에 사용되는 용어의 정의이다. ( )안에 알맞은 것은?

> ( )은 추출과 분석 전에 각 시료, 공시료, 매체시료(matrix-spiked)에 더해지는 화학적으로 반응성이 없는 환경 시료 중에 없는 물질을 말한다.

① 내부표준물질(IS, internal standard)
② 외부표준물질(ES, external standard)
③ 대체표준물질(surrogate)
④ 속실렛(soxhlet) 추출물질

해설

대체표준물질(surrogate)

추출과 분석 전에 각 시료, 공 시료, 매체시료(matrix-spiked)에 더해지는 화학적으로 반응성이 없는 환경 시료 중에 없는 물질

내부표준물질(IS, internal standard)

알고 있는 양을 시료 추출액에 첨가하여 농도측정 보정에 사용되는 물질로 내부표준물질은 반드시 분석목적 물질이 아니어야 한다.

정답 ③

제 8장

배출가스 중

연속자동측정방법

Chapter 01 굴뚝연속자동측정기기 먼지

1. 측정방법의 종류

먼지의 연속자동측정법에는 **광산란적분법**과 **베타(β)선 흡수법, 광투과법**이 있다.

(1) 광산란적분법

먼지를 포함하는 굴뚝배출가스에 빛을 조사하면 먼지로부터 산란광이 발생한다. 산란광의 강도는 먼지의 성상, 크기, 상대굴절률 등에 따라 변화하지만, 이와 같은 조건이 동일하다면 먼지농도에 비례한다. 굴뚝에서 미리 구한 먼지농도와 산란도의 상관관계식에 측정한 산란도를 대입하여 먼지농도를 구한다.

(2) 베타(β)선 흡수법

시료가스를 등속흡인하여 굴뚝밖에 있는 자동연속측정기 내부의 여과지 위에 먼지시료를 채취한다. 이 여과지에 방사선 동위원소로부터 방출된 β선을 조사하고 먼지에 의해 흡수된 β선량을 구한다. 굴뚝에서 미리 구해놓은 β선 흡수량과 먼지농도 사이의 관계식에 시료채취 전후의 β선 흡수량의 차를 대입하여 먼지농도를 구한다.

(3) 광투과법

이 방법은 먼지입자들에 의한 빛의 반사, 흡수, 분산으로 인한 감쇄현상에 기초를 둔다. 먼지를 포함하는 굴뚝배출가스에 일정한 광량을 투과하여 얻어진 투과된 광의 강도변화를 측정하여 굴뚝에서 미리 구한 먼지농도와 투과도의 상관관계식에 측정한 투과도를 대입하여 먼지의 상대농도를 연속적으로 측정하는 방법이다.

Chapter 02

굴뚝연속자동측정기기 이산화황

1. 적용범위

이 시험방법은 굴뚝배출가스 중 이산화황을 연속적으로 자동측정하는 방법에 관하여 규정한다.

2. 용어

본 시험방법에서 사용되는 용어의 의미는 다음과 같으며, 이 이외의 것은 배출가스 중 황산화물 시험법을 따른다.

① 교정가스

공인기관의 보정치가 제시되어 있는 표준가스로 연속자동측정기 최대눈금치의 약 50%와 90%에 해당하는 농도를 갖는다.(90% 교정가스를 스팬가스라고 한다.)

② 제로가스

정제된 공기나 순수한 질소(순도 99.999% 이상)를 말한다.

③ **검출한계**

제로드리프트의 2배에 해당하는 지시치가 갖는 이산화황의 농도를 말한다.

④ 교정오차

교정가스를 연속자동측정기에 주입하여 측정한 분석치가 보정치와 얼마나 잘 일치하는가 하는 정도로서, 그 수치가 작을수록 잘 일치하는 것이다.

⑤ 상대정확도

굴뚝에서 연속자동측정기를 이용하여 구한 이산화황의 분석치가 황산화물 시험방법(이하 주시험법이라 한다.)으로 구한 분석치와 얼마나 잘 일치하는가 하는 정도로서 그 수치가 작을수록 잘 일치하는 것이다.

⑥ **제로드리프트**

연소자동측정기가 정상적으로 가동되는 조건하에서 **제로가스**를 일정시간 흘려준 후 발생한 출력신호가 변화한 정도를 말한다.

⑦ 스팬드리프트

스팬가스를 일정시간 동안 흘려준 후 발생한 출력신호가 변화한 정도를 말한다.

⑧ 응답시간

시료채취부를 통하지 않고 제로가스를 연속자동측정기의 분석부에 흘려주다가 갑자기 스팬가스로 바꿔서 흘려준 후, 기록계에 표시된 지시치가 **스팬가스 보 정치의 95%에 해당하는 지시치를 나타낼 때까지 걸리는 시간**을 말한다.

⑨ 시험가동시간

연속자동측정기를 정상적인 조건에 따라 운전할 때 예기치 않는 수리, 조정 및 부품교환 없이 연속 가동할 수 있는 최소시간을 말한다.

⑩ 점(Point) 측정시스템

굴뚝 또는 덕트 단면 직경의 10% 이하의 경로 또는 단일점에서 오염물질 농도 를 측정하는 배출가스 연속자동측정시스템

⑪ 경로(Path) 측정시스템

굴뚝 또는 덕트 단면 직경의 10% 이상의 경로를 따라 오염물질 농도를 측정하 는 배출가스 연속자동측정시스템

⑫ 보정

보다 참에 가까운 값을 구하기 위하여 판독값 또는 계산값에 어떤 값을 가감하 는 것, 또는 그 값

⑬ 편향(Bias)

계통오차. 측정결과에 치우침을 주는 원인에 의해서 생기는 오차

⑭ 시료채취 시스템 편기

농도를 알고 있는 교정가스를 시료채취관의 출구에서 주입하였을 때와 측정기 에 바로 주입하였을 때 측정기 시스템에 의해 나타나는 가스 농도의 차이

⑮ 퍼지(Purge)

시료채취관에 축적된 입자상 물질을 제거하기 위하여 압축된 공기가 시료채취 관의 안에서 밖으로 불어내어지는 동안 몇몇 시료채취형 시스템에 의해 주기적 으로 수행되는 절차

⑯ 직선성

입력신호의 농도변화에 따른 측정기 출력신호의 직선관계로부터 벗어나는 정도

(2) 측정방법의 종류

측정원리에 따라 용액전도율법, 적외선흡수법, 자외선흡수법, 정전위전해법 및 불꽃광도법 등으로 분류할 수 있다.

3. 장치

(1) 적외선흡수분석계

비분산적외선분광분석법에 따른다.

(2) 자외선 흡수분석계

1) 원리

① 자외선 흡수분석계에는 분광기를 이용하는 분산방식과 이용하지 않는 비분산방식이 있다.

② 분산방식에서는 287nm에서의 이산화황과 이산화질소의 흡광도를 그리고 380nm 에서 이산화질소의 흡광도를 측정하고 몰흡광계수와 농도 및 흡광도로 표시된 2원 1차 연립방정식에 대입하여 이산화황의 극대흡수 파장인 287nm에서의 이산화질소 의 간섭을 보정한다.

③ 287nm에서 구한 이산화황만의 흡광도를 미리 작성한 검량선에 대입하여 그 농도를 구한다. 또한 비분산방식에서는 수은램프로부터 나온 빛을 둘로 나누어 두 개의 광학 필터를 통과시킨다. 이렇게 하여 하나의 필터로부터는 280~320nm의 광을 다른 하나 로부터는 540~570nm의 광을 시료셀에 조사한 다음, 전자는 측정광으로 하고 후자는 비교광으로 하여 흡광도를 측정하고 그 차를 시료가스 중 이산화황의 흡광도로 한다. 이것을 미리 작성한 검량선에 대입하여 시료가스 중 이산화황의 농도를 구한다.

2) 분석계 구성

자외선흡수분석계는 광원, 분광기, 광학필터, 시료셀, 검출기 등으로 이루어져 있다.

① 광원
중수소방전관 또는 중압수은등이 사용된다.

② 분광기
프리즘 또는 회절격자분광기를 이용하여 자외선영역 또는 가시광선영역의 단색 광을 얻는데 사용된다.

③ 광학필터
특정파장 영역의 흡수나 다층박막의 광학적 간섭을 이용하여 자외선에서 가시 광선 영역에 이르는 일정한 폭의 빛을 얻는데 사용된다.

④ 시료셀
시료셀은 200~500mm의 길이로 시료가스가 연속적으로 통과할 수 있는 구조로 되어 있다. 셀의 창은 석영판과 같이 자외선 및 가시광선이 투과할 수 있는 재질 로 되어 있어야 한다.

⑤ 검출기
자외선 및 가시광선에 감도가 좋은 광전자증배관 또는 광전관이 이용된다.

(3) 정전위전해분석계

1) 원리

이산화황을 전해질에 흡수시킨 후 전기화학적 반응을 이용하여 그 농도를 구한다. 전해질에 흡수된 이산화황은 작용전극에 일정한 전위의 전기에너지를 가하면 황산이온으로 산화되는 데 이때 발생되는 전해전류는 온도가 일정할 때 흡수된 이산화황 농도에 비례한다.

2) 분석계 구성

정전위전해 분석계는 크게 나누어 전해셀과 정전위전원 그리고 증폭기로 구성되어 있다.

(4) 불꽃광도 분석계

환원선 수소불꽃에 도입된 이산화황이 불꽃 중에서 환원될 때 발생하는 빛 가운데 394nm 부근의 빛에 대한 발광강도를 측정하여 연도배출가스 중 이산화황 농도를 구한다. 이 방법을 이용하기 위해서는 불꽃에 도입되는 이산화황 농도가 5~6μg/min **이하**가 되도록 시료가스를 깨끗한 공기로 희석해야 한다.

Chapter

03

굴뚝연속자동측정기기 배출가스 유량

1. 적용범위

이 시험방법은 굴뚝에서 배출되는 건조배출가스의 유량을 연속적으로 자동 측정하는 방법에 관하여 규정한다. 건조배출가스 유량은 배출되는 **표준상태의 건조배출가스량[Sm^3(5분적산치)]**으로 나타낸다.

2. 측정방법의 종류

유량의 측정방법에는 피토관, 열선 유속계, 와류 유속계를 이용하는 방법이 있다.

(1) 피토관을 이용하는 방법

관내 유체의 전압과 정압과의 차인 동압을 측정하여 유속을 구하고 유량을 산출한다.

(2) 열선 유속계를 이용하는 방법

흐르고 있는 유체 내에 가열된 물체를 놓으면 유체와 열선(가열된 물체) 사이에 **열 교환**이 이루어짐에 따라 가열된 물체가 냉각된다. 이때 열선의 열 손실은 유속의 함수가 되기 때문에 이 열량을 측정하여 유속을 구하고 유량을 산정한다.

(3) 와류 유속계를 이용하는 방법

1) 측정원리

유동하고 있는 유체 내에 고형물체(소용돌이 발생체)를 설치하면 이 물체의 **하류**에는 유속에 비례하는 주파수의 소용돌이가 발생하므로 이것을 측정하여 유속을 구하고 유량을 산출한다.

2) 측정기 설치환경

① 압력계 및 온도계는 유량계 **하류** 측에 설치해야 한다.
② 소용돌이의 압력변화에 의한 검출방식은 일반적으로 배관 진동의 영향을 받기 쉬우므로 진동방지대책을 세워야 한다.

(4) 초음파 유속계를 이용하는 방법

굴뚝 내에서 초음파를 발사하면 유체흐름과 같은 방향으로 발사된 초음파와 그 반대의 방향으로 발사된 초음파가 같은 거리를 통과하는데 걸리는 시간차가 생기게 되며, 이 시간차를 직접 시간차 측정, 위상차측정, 주파수차 측정방법을 이용하여 유속을 구하고 유량을 산정한다.

1. 한 눈에 보는 배출가스 중 연속자동측정방법

굴뚝연속자동측정기기 측정물질	측정방법
먼지	・광산란적분법 ・베타(β)선 흡수법 ・광투과법
이산화황	・용액전도율법 ・적외선흡수법 ・자외선흡수법 ・정전위전해법 ・불꽃광도법
질소산화물	・설치방식 : 시료채취형, 굴뚝부착형 ・측정원리 : 화학발광법, 적외선흡수법, 자외선흡수법 및 정전위전해법 등
염화수소	・이온전극법 ・비분산적외선분광분석법
플루오린화수소	・이온전극법
암모니아	・용액전도율법 ・적외선가스분석법
배출가스 유량	・피토관을 이용하는 방법 ・열선 유속계를 이용하는 방법 ・와류 유속계를 이용하는 방법

내용문제

| 배출가스 중 연속자동측정방법 |

01 굴뚝 배출가스 중 질소산화물의 연속자동측정방법으로 가장 거리가 먼 것은?

① 화학발광법　　　　② 이온전극법
③ 적외선흡수법　　　④ 자외선흡수법

해설

굴뚝연속자동측정방법

측정물질	측정방법
먼지	· 광산란적분법 · 베타(β)선 흡수법 · 광투과법
이산화황	· 용액전도율법 · 적외선흡수법 · 자외선흡수법 · 정전위전해법 · 불꽃광도법
질소산화물	· 설치방식 : 시료채취형, 굴뚝부착형 · 측정원리 : 화학발광법, 적외선흡수법, 　　　　　자외선흡수법, 정전위전해법 등
염화수소	· 이온전극법 · 비분산적외선광분석법
플루오린화수소	· 이온전극법
암모니아	· 용액전도율법 · 적외선가스분석법
배출가스 유량	· 피토관을 이용하는 방법 · 열선 유속계를 이용하는 방법 · 와류 유속계를 이용하는 방법

정답 ②

| 배출가스 중 연속자동측정방법 |

02 굴뚝배출가스의 연속자동측정 방법에서 측정항목과 측정방법이 잘못 연결된 것은?

① 염화수소 – 비분산적외선분석법
② 암모니아 – 이온전극법
③ 질소산화물 – 화학발광법
④ 이산화황 – 액전도율법

해설

정답 ②

| 배출가스 중 연속자동측정방법 |

03 굴뚝 배출가스 중의 이산화황 측정방법 중 연속자동측정법이 아닌 것은?

① 용액전도율법　　　② 적외선형광법
③ 정전위전해법　　　④ 불꽃광도법

해설

정답 ②

| 굴뚝연속자동측정기기 이산화황 |

04 다음은 굴뚝배출가스 중 이산화황을 연속적으로 자동측정하는 방법 중 불꽃광도분석계의 측정원리에 관한 설명이다. ㉠, ㉡에 알맞은 것은?

> 환원선 수소불꽃에 도입된 이산화황이 불꽃 중에서 환원될 때 발생하는 빛 가운데 (㉠) 부근의 빛에 대한 발광강도를 측정하여 연도배출가스 중 이산화황 농도를 구한다. 이 방법을 이용하기 위하여는 불꽃에 도입되는 이산화황 농도가 (㉡) 이하가 되도록 시료가스를 깨끗한 공기로 희석해야 한다.

① ㉠ 254nm, ㉡ 5~6mg/min
② ㉠ 394nm, ㉡ 5~6mg/min
③ ㉠ 254nm, ㉡ 5~6μg/min
④ ㉠ 394nm, ㉡ 5~6μg/min

해설

불꽃광도 분석계

환원선 수소불꽃에 도입된 이산화황이 불꽃 중에서 환원될 때 발생하는 빛 가운데 394nm 부근의 빛에 대한 발광강도를 측정 하여 연도배출가스 중 이산화황 농도를 구한다. 이 방법을 이용하기 위하여는 불꽃에 도입되는 이산화황 농도가 5~6μg/min 이하가 되도록 시료가스를 깨끗한 공기로 희석 해야 한다.

정답 ④

| 굴뚝연속자동측정기기 이산화황 |

05 굴뚝 배출가스 중 이산화황의 자동연속측정방법에서 사용되는 용어의 의미로 옳지 않은 것은?

① 검출한계 : 제로드리프트의 2배에 해당하는 지시치가 갖는 이산화황의 농도를 말한다.
② 응답시간 : 시료채취부를 통하지 않고 제로가스를 연속자동측정기의 분석부에 흘려주다가 갑자기 스팬가스로 바꿔서 흘려준 후, 기록계에 표시된 지시치가 스팬가스 보정치의 95%에 해당하는 지시치를 나타낼 때까지 걸리는 시간을 말한다.
③ 경로(Path)측정 시스템 : 굴뚝 또는 덕트 단면 직경의 5% 이상의 경로를 따라 오염물질 농도를 측정하는 배출가스 연속자동측정시스템을 말한다.
④ 제로가스 : 정제된 공기나 순수한 질소(순도 99.999% 이상)를 말한다.

해설

③ 경로(Path) 측정시스템 : 굴뚝 또는 덕트 단면 직경의 10% 이상의 경로를 따라 오염물질 농도를 측정하는 배출가스 연속자동측정시스템

정답 ③

| 굴뚝연속자동측정기기 이산화황 |

06 굴뚝 배출가스 중 이산화황 자동연속측정방법에서 사용하는 용어의 의미로 가장 적합한 것은?

① 편향(Bias) : 측정결과에 치우침을 주는 원인에 의해서 생기는 우연오차
② 제로드리프트 : 연속자동측정기가 정상가동되는 조건하에서 제로가스를 일정시간 흘려준 후 발생한 출력신호가 변화된 정도
③ 시험가동시간 : 연속 자동측정기를 정상적인 조건에 따라 운전할 때 예기치 않는 수리, 조정, 부품교환 없이 연속 가동할 수 있는 최대시간
④ 점(Point) 측정 시스템 : 굴뚝 단면 직경의 20% 이하의 경로 또는 여러 지점에서 오염물질 농도를 측정하는 연속 자동측정시스템

해설

시험가동시간
연속자동측정기를 정상적인 조건에 따라 운전할 때 예기치 않는 수리, 조정 및 부품교환 없이 연속 가동할 수 있는 최소시간을 말한다.

점(Point) 측정시스템
굴뚝 또는 덕트 단면 직경의 10% 이하의 경로 또는 단일점에서 오염물질 농도를 측정하는 배출가스 연속자동측정시스템

편향(Bias)
계통오차. 측정결과에 치우침을 주는 원인에 의해서 생기는 오차

정답 ②

| 굴뚝연속자동측정기기 질소산화물 |

07 다음은 굴뚝 등에서 배출되는 질소산화물의 자동연속측정방법(자외선흡수분석계 사용)에 관한 설명이다. ( )안에 가장 적합한 물질은?

> 합산증폭기는 신호를 증폭하는 기능과 일산화질소 측정파장에서 ( )의 간섭을 보정하는 기능을 가지고 있다.

① 수분
② 이산화황
③ 이산화탄소
④ 일산화탄소

해설

합산증폭기
신호를 증폭하는 기능과 일산화질소 측정파장에서 이산화황의 간섭을 보정하는 기능을 가지고 있다.

정답 ②

08 굴뚝에서 배출되는 건조배출가스의 유량을 연속적으로 자동 측정하는 방법에 관한 설명으로 옳지 않은 것은?

① 건조배출가스 유량은 배출되는 표준상태의 건조배출가스량[Sm^3(5분적산치)]으로 나타낸다.
② 열선식 유속계를 이용하는 방법에서 시료채취부는 열선과 지주 등으로 구성되어 있으며, 열선은 직경 2~10μm, 길이 약 1mm의 텅스텐이나 백금선 등이 쓰인다.
③ 유량의 측정방법에는 피토관, 열선 유속계, 와류 유속계를 이용하는 방법이 있다.
④ 와류 유속계를 사용할 때에는 압력계 및 온도계는 유량계 상류 측에 설치해야 하고, 일반적으로 온도계는 글로브식을, 압력계는 부르돈관식을 사용한다.

해설

④ 와류 유속계를 사용할 때에는 압력계 및 온도계는 유량계 하류 측에 설치해야 한다. 소용돌이의 압력변화에 의한 검출방식은 일반적으로 배관 진동의 영향을 받기 쉬우므로 진동방지대책을 세워야 한다.

정답 ④

09 굴뚝연속자동측정기 측정방법 중 도관의 부착방법으로 옳지 않은 것은?

① 도관은 가능한 짧은 것이 좋다.
② 냉각도관은 될 수 있는 대로 수직으로 연결한다.
③ 기체–액체 분리관은 도관의 부착위치 중 가장 높은 부분 또는 최고 온도의 부분에 부착한다.
④ 응축수의 배출에 쓰는 펌프는 충분히 내구성이 있는 것을 쓰고, 이 때 응축 수트랩은 사용하지 않아도 좋다.

해설

③ 기체–액체 분리관은 도관의 부착위치 중 가장 낮은 부분 또는 최저 온도의 부분에 부착하여 응축수를 급속히 냉각시키고 배관계의 밖으로 빨리 방출시킨다.

정답 ③

| 굴뚝 자동측정방법 |

10 굴뚝배출가스 중 오염물질 연속자동측정기기의 설치 위치 및 방법으로 옳지 않은 것은?

① 병합굴뚝에서 배출허용기준이 다른 경우에는 측정기기 및 유량계를 합쳐지기 전 각각의 지점에 설치하여야 한다.

② 분산굴뚝에서 측정기기는 나뉘기 전 굴뚝에 설치하거나, 나뉜 각각의 굴뚝에 설치하여야 한다.

③ 병합굴뚝에서 배출허용기준이 같은 경우에는 측정기기 및 유량계를 오염물질이 합쳐진 후 또는 합쳐지기 전 지점에 설치하여야 한다.

④ 불가피하게 외부공기가 유입되는 경우에 측정기기는 외부공기 유입 후에 설치하여야 한다.

해설

④ 불가피하게 외부공기가 유입되는 경우에 측정기기는 외부공기 유입 전에 설치하여야 한다.

정답 ④

5과목

대기환경 관계법규

제 1장

법규의 기초

Chapter 01. 법규의 기초

법규의 기초

1. 대기관련법규 체계

법령	특징	출제빈도
환경정책기본법	환경법의 최고 상위법(헌법) 모든 환경관련 법령의 상위법 환경정책의 기본 및 기준을 제시하는 법	1~2문
대기환경보전법	대기관련 법규의 가장 기본이 되는법	13~15문
실내공기질관리법	다중이용시설의 실내공기질에 관한 법	1~2문
악취방지법	악취에 관한 법	1~2문

2. 법의 체계

① 법은 법, 시행령, 시행규칙의 체계를 가짐
② 상위법은 하위법보다 우선적임

상위법	환경정책 기본법		
하위법	대기환경보전법	실내공기질 관리법	악취방지법
법규의 내용	−법 −시행령(법, 별표) −시행규칙(법, 별표)	−법 −시행령(법, 별표) −시행규칙(법, 별표)	−법 −시행령(법, 별표) −시행규칙(법, 별표)

③ 각 법마다 법 – 시행령 – 시행규칙이 있음
④ 법령은 장 – 조 – 항으로 이루어져 있음

> 예) 제1장 제2조 1항
>
> ### 대기환경보전법 ←법
>
> ### 第1장 총칙 ←장
>
> 第2조 ←조 (정의)조 이 법에서 사용하는 용어의 뜻은 다음과 같다. 〈개정 2019. 1. 15.〉
> 1. ←항 "대기오염물질"이란 대기 중에 존재하는 물질 중 제7조에 따른 심사·평가 결과 대기오염의 원인으로 인정된 가스·입자상물질로서 환경부령으로 정하는 것을 말한다.
> 1의2. "유해성대기감시물질"이란 대기오염물질 중 제7조에 따른 심사·평가 결과 사람의 건강이나 동식물의 생육(生育)에 위해를 끼칠 수 있어 지속적인 측정이나 감시·관찰 등이 필요하다고 인정된 물질로서 환경부령으로 정하는 것을 말한다.

⑤ 법령에서 보충할 내용은 별표를 통해 나타내기도 함

제 2장

대기환경보전법

Chapter 01 대기환경보전법

대기환경보전법

제1장 총칙 ★★★

- **제1조(목적)**

이 법은 대기오염으로 인한 국민건강이나 환경에 관한 위해(危害)를 예방하고 대기환경을 적정하고 지속가능하게 관리·보전하여 모든 국민이 건강하고 쾌적한 환경에서 생활할 수 있게 하는 것을 목적으로 한다.

- **제2조(정의)** 이 법에서 사용하는 용어의 뜻은 다음과 같다. ^{〈개정 2019. 1. 15.〉}

1. "대기오염물질"이란 대기 중에 존재하는 물질 중 제7조에 따른 심사·평가 결과 대기오염의 원인으로 인정된 가스·입자상물질로서 환경부령으로 정하는 것을 말한다.
1의2. "유해성대기감시물질"이란 대기오염물질 중 제7조에 따른 심사·평가 결과 사람의 건강이나 동식물의 생육(生育)에 위해를 끼칠 수 있어 지속적인 측정이나 감시·관찰 등이 필요하다고 인정된 물질로서 환경부령으로 정하는 것을 말한다.
2. "기후·생태계 변화유발물질"이란 지구 온난화 등으로 생태계의 변화를 가져올 수 있는 기체상물질(氣體狀物質)로서 온실가스와 환경부령으로 정하는 것을 말한다.

기후·생태계 변화유발물질

구분	물질
온실가스	이산화탄소, 메탄, 아산화질소, 수소불화탄소, 과불화탄소, 육불화황
환경부령으로 정하는 것	염화불화탄소(CFC), 수소염화불화탄소(HCFC)

3. "온실가스"란 적외선 복사열을 흡수하거나 다시 방출하여 온실효과를 유발하는 대기 중의 가스상태 물질로서 이산화탄소, 메탄, 아산화질소, 수소불화탄소, 과불화탄소, 육불화황을 말한다.
4. "가스"란 물질이 연소·합성·분해될 때에 발생하거나 물리적 성질로 인하여 발생하는 기체상물질을 말한다.
5. "입자상물질(粒子狀物質)"이란 물질이 파쇄·선별·퇴적·이적(移積)될 때, 그 밖에 기계적으로 처리되거나 연소·합성·분해될 때에 발생하는 고체상(固體狀) 또는 액체상(液體狀)의 미세한 물질을 말한다.
6. "먼지"란 대기 중에 떠다니거나 흩날려 내려오는 입자상물질을 말한다.
7. "매연"이란 연소할 때에 생기는 유리(遊離) 탄소가 주가 되는 미세한 입자상물질을 말한다.
8. "검댕"이란 연소할 때에 생기는 유리(遊離) 탄소가 응결하여 입자의 지름이 1미크론 이상이 되는 입자상물질을 말한다.
9. "특정대기유해물질"이란 유해성대기감시물질 중 제7조에 따른 심사·평가 결과 저농도에서도 장기적인 섭취나 노출에 의하여 사람의 건강이나 동식물의 생육에 직접 또는 간접으로 위해를 끼칠 수 있어 대기 배출에 대한 관리가 필요하다고 인정된 물질로서 환경부령으로 정하는 것을 말한다.

10. "휘발성유기화합물"이란 탄화수소류 중 석유화학제품, 유기용제, 그 밖의 물질로서 환경부장관이 관계 중앙행정기관의 장과 협의하여 고시하는 것을 말한다.

11. "대기오염물질배출시설"이란 대기오염물질을 대기에 배출하는 시설물, 기계, 기구, 그 밖의 물체로서 환경부령으로 정하는 것을 말한다.

12. "대기오염방지시설"이란 대기오염물질배출시설로부터 나오는 대기오염물질을 연소조절에 의한 방법 등으로 없애거나 줄이는 시설로서 환경부령으로 정하는 것을 말한다.

13. "자동차"란 다음 각 목의 어느 하나에 해당하는 것을 말한다.
   가. 「자동차관리법」 제2조제1호에 규정된 자동차 중 환경부령으로 정하는 것
   나. 「건설기계관리법」 제2조제1항제1호에 따른 건설기계 중 주행특성이 가목에 따른 것과 유사한 것으로서 환경부령으로 정하는 것

13의2. "원동기"란 다음 각 목의 어느 하나에 해당하는 것을 말한다.
   가. 「건설기계관리법」 제2조제1항제1호에 따른 건설기계 중 제13호나목 외의 건설기계로서 환경부령으로 정하는 건설기계에 사용되는 동력을 발생시키는 장치
   나. 농림용 또는 해상용으로 사용되는 기계로서 환경부령으로 정하는 기계에 사용되는 동력을 발생시키는 장치
   다. 「철도산업발전기본법」 제3조제4호에 따른 철도차량 중 동력차에 사용되는 동력을 발생시키는 장치

14. "선박"이란 「해양환경관리법」 제2조제16호에 따른 선박을 말한다.

15. "첨가제"란 자동차의 성능을 향상시키거나 배출가스를 줄이기 위하여 자동차의 연료에 첨가하는 탄소와 수소만으로 구성된 물질을 제외한 화학물질로서 다음 각 목의 요건을 모두 충족하는 것을 말한다.
   가. 자동차의 연료에 부피 기준(액체첨가제의 경우만 해당한다) 또는 무게 기준(고체첨가제의 경우만 해당한다)으로 1퍼센트 미만의 비율로 첨가하는 물질. 다만, 「석유 및 석유대체연료 사업법」 제2조제7호 및 제8호에 따른 석유정제업자 및 석유수출입업자가 자동차연료인 석유제품을 제조하거나 품질을 보정(補正)하는 과정에 첨가하는 물질의 경우에는 그 첨가비율의 제한을 받지 아니한다.
   나. 「석유 및 석유대체연료 사업법」 제2조제10호에 따른 가짜석유제품 또는 같은 조 제11호에 따른 석유대체연료에 해당하지 아니하는 물질

15의2. "촉매제"란 배출가스를 줄이는 효과를 높이기 위하여 배출가스저감장치에 사용되는 화학물질로서 환경부령으로 정하는 것을 말한다.

16. "저공해자동차"란 다음 각 목의 자동차로서 대통령령으로 정하는 것을 말한다.
   가. 대기오염 물질의 배출이 없는 자동차
   나. 제46조제1항에 따른 제작차의 배출허용기준보다 오염물질을 적게 배출하는 자동차

17. "배출가스저감장치"란 자동차에서 배출되는 대기오염물질을 줄이기 위하여 자동차에 부착 또는 교체하는 장치로서 환경부령으로 정하는 저감효율에 적합한 장치를 말한다.

18. "저공해엔진"이란 자동차에서 배출되는 대기오염물질을 줄이기 위한 엔진(엔진 개조에 사용하는 부품을 포함한다)으로서 환경부령으로 정하는 배출허용기준에 맞는 엔진을 말한다.

19. "공회전제한장치"란 자동차에서 배출되는 대기오염물질을 줄이고 연료를 절약하기 위하여 자동차에 부착하는 장치로서 환경부령으로 정하는 기준에 적합한 장치를 말한다.

20. "온실가스 배출량"이란 자동차에서 단위 주행거리당 배출되는 이산화탄소(CO_2) 배출량(g/km)을 말한다.

21. "온실가스 평균배출량"이란 자동차제작자가 판매한 자동차 중 환경부령으로 정하는 자동차의 온실가스 배출량의 합계를 해당 자동차 총 대수로 나누어 산출한 평균값(g/km)을 말한다.

22. "장거리이동대기오염물질"이란 황사, 먼지 등 발생 후 장거리 이동을 통하여 국가 간에 영향을 미치는 대기오염물질로서 환경부령으로 정하는 것을 말한다.

23. "냉매(冷媒)"란 기후 · 생태계 변화유발물질 중 열전달을 통한 냉난방, 냉동 · 냉장 등의 효과를 목적으로 사용되는 물질로서 환경부령으로 정하는 것을 말한다.

예제 01 대기환경보전법상 다음 용어의 뜻으로 거리가 먼 것은?

① 대기오염물질 : 대기 중에 존재하는 물질 중 심사·평가 결과 대기오염의 원인으로 인정된 가스·입자상물질로서 환경부령으로 정하는 것을 말한다.

② 기후·생태계 변화유발물질 : 지구 온난화 등으로 생태계의 변화를 가져올 수 있는 기체상물질로서 온실가스와 환경부령으로 정하는 것을 말한다.

③ 매연 : 연소할 때에 생기는 유리탄소가 주가 되는 미세한 입자상물질을 말한다.

④ 촉매제 : 자동차에서 배출되는 대기오염물질을 줄이기 위하여 자동차에 부착 또는 교체하는 장치로서 환경부령으로 정하는 저감효율에 적합한 장치를 말한다.

해설

④ 촉매제 : 배출가스를 줄이는 효과를 높이기 위하여 배출가스저감장치에 사용되는 화학물질로서 환경부령으로 정하는 것을 말한다.

참고

배출가스저감장치 : 자동차에서 배출되는 대기오염물질을 줄이기 위하여 자동차에 부착 또는 교체하는 장치로서 환경부령으로 정하는 저감효율에 적합한 장치를 말한다.

 정답 ④

예제 02 대기환경보전법상 용어의 뜻이 틀린 것은?

① "특정대기유해물질"이란 유해성 대기감시물질 중 규정에 따른 심사·평가 결과 저농도에서도 장기적인 섭취나 노출에 의하여 사람의 건강이나 동식물의 생육에 직접 또는 간접으로 위해를 끼칠 수 있어 대기 배출에 대한 관리가 필요하다고 인정된 물질로서 환경부령으로 정하는 것을 말한다.

② "공회전제한장치"란 자동차에서 배출되는 대기오염물질을 줄이고 연료를 절약하기 위하여 자동차에 부착하는 장치로서 환경부령으로 정하는 기준에 적합한 장치를 말한다.

③ "저공해엔진"이란 자동차에서 배출되는 대기오염물질을 줄이기 위한 엔진(엔진 개조에 사용하는 부품은 제외한다)을 말한다.

④ "검댕"이란 연소할 때 생기는 유리(遊離)탄소가 응결하여 입자의 지름이 1미크론 이상이 되는 입자상물질을 말한다.

해설

③ "저공해엔진"이란 자동차에서 배출되는 대기오염물질을 줄이기 위한 엔진(엔진 개조에 사용하는 부품을 포함한다)으로서 환경부령으로 정하는 배출허용기준에 맞는 엔진을 말한다.

 정답 ③

예제 03 대기환경보전법상 기후·생태계 변화 유발물질이라 볼 수 없는 것은?

① 이산화탄소　　　　　　　　　　　② 아산화질소

③ 탄화수소　　　　　　　　　　　　④ 메탄

해설

기후·생태계 변화유발물질 = 온실가스 + 환경부령으로 정하는 것

구분	물질
온실가스	이산화탄소, 메탄, 아산화질소, 수소불화탄소, 과불화탄소, 육불화황
환경부령으로 정하는 것	염화불화탄소(CFC), 수소염화불화탄소(HCFC)

정답 ③

예제 04 대기환경보전법규상 기후·생태계변화 유발물질과 거리가 먼 것은?

① 수소염화불화탄소　　　　　　　　② 수소불화탄소

③ 사불화수소　　　　　　　　　　　④ 육불화황

해설

정답 ③

예제 05 대기환경보전법상 용어 정의로 옳지 않은 것은?

① "검댕"이란 연소할 때에 생기는 유리탄소가 응결하여 입자의 지름이 1미크론 이상이 되는 입자 상물질을 말한다.

② "온실가스"란 자외선 복사열을 흡수하거나 다시 방출하여 온실효과를 유발하는 대기 중의 가스상 태 물질로서 이산화탄소, 메탄, 이산화질소, 수소불화탄소, 과불화탄소, 육불화황을 말한다.

③ "휘발성유기화합물"이란 탄화수소류 중 석유화학제품, 유기용제, 그 밖의 물질로서 환경부장관이 관계 중앙행정기관의 장과 협의하여 고시하는 것을 말한다.

④ "저공해엔진"이란 자동차에서 배출되는 대기오염물질을 줄이기 위한 엔진(엔진 개조에 사용하는 부품을 포함한다)으로서 환경부령으로 정하는 배출허용기준에 맞는 엔진을 말한다.

해설

"온실가스"란 적외선 복사열을 흡수하거나 다시 방출하여 온실효과를 유발하는 대기 중의 가스상태 물질로서 이산화탄소, 메탄, 아산화질소, 수소불화탄소, 과불화탄소, 육불화황을 말한다.

정답 ②

■ 제11조(대기환경개선 종합계획의 수립 등)

① 환경부장관은 대기오염물질과 온실가스를 줄여 대기환경을 개선하기 위하여 대기환경개선 종합계획(이하 "종합계획"이라 한다)을 10년마다 수립하여 시행하여야 한다.

② 종합계획에는 다음 각 호의 사항이 포함되어야 한다. 〈개정 2012. 5. 23.〉

    1. 대기오염물질의 배출현황 및 전망

    2. 대기 중 온실가스의 농도 변화 현황 및 전망

    3. 대기오염물질을 줄이기 위한 목표 설정과 이의 달성을 위한 분야별·단계별 대책

    3의2. 대기오염이 국민 건강에 미치는 위해정도와 이를 개선하기 위한 위해수준의 설정에 관한 사항

    3의3. 유해성대기감시물질의 측정 및 감시·관찰에 관한 사항

    3의4. 특정대기유해물질을 줄이기 위한 목표 설정 및 달성을 위한 분야별·단계별 대책

    4. 환경분야 온실가스 배출을 줄이기 위한 목표 설정과 이의 달성을 위한 분야별·단계별 대책

    5. 기후변화로 인한 영향평가와 적응대책에 관한 사항

    6. 대기오염물질과 온실가스를 연계한 통합대기환경 관리체계의 구축

    7. 기후변화 관련 국제적 조화와 협력에 관한 사항

    8. 그 밖에 대기환경을 개선하기 위하여 필요한 사항

③ 환경부장관은 종합계획을 수립하는 경우에는 미리 관계 중앙행정기관의 장과 협의하고 공청회 등을 통하여 의견을 수렴하여야 한다. 〈개정 2012. 2. 1.〉

④ 환경부장관은 종합계획이 수립된 날부터 5년이 지나거나 종합계획의 변경이 필요하다고 인정되면 그 타당성을 검토하여 변경할 수 있다. 이 경우 미리 관계 중앙행정기관의 장과 협의하여야 한다.

예제 06 대기환경보전법상 환경부장관은 대기오염물질과 온실가스를 줄여 대기환경을 개선하기 위한 대기환경개선 종합계획을 몇 년마다 수립하여 시행하여야 하는가?

  ① 3년   ② 5년

  ③ 10년   ④ 15년

해설

정답 ③

예제 07 대기환경보전법상 환경부장관은 대기오염물질과 온실가스를 줄여 대기환경을 개선하기 위하여 대기환경개선 종합계획을 수립하여야 한다. 이 종합계획에 포함되어야 할 사항으로 거리가 먼 것은? (단, 그 밖의 사항 등은 고려하지 않음)

  ① 시, 군, 구별 온실가스 배출량 세부명세서

  ② 대기오염물질의 배출현황 및 전망

  ③ 기후변화로 인한 영향평가와 적응대책에 관한 사항

  ④ 기후변화 관련 국제적 조화와 협력에 관한 사항

해설

정답 ①

■ 제13조(장거리이동대기오염물질피해방지 종합대책의 수립 등)

① 환경부장관은 장거리이동대기오염물질피해방지를 위하여 5년마다 관계 중앙행정기관의 장과 협의하고 시·도지사의 의견을 들은 후 제14조에 따른 장거리이동대기오염물질대책위원회의 심의를 거쳐 장거리이동대기오염물질피해방지 종합대책(이하 "종합대책"이라 한다)을 수립하여야 한다. 종합대책 중 대통령령으로 정하는 중요 사항을 변경하려는 경우에도 또한 같다. 〈개정 2015. 12. 1.〉

② 종합대책에는 다음 각 호의 사항이 포함되어야 한다. 〈개정 2015. 12. 1.〉

　1. 장거리이동대기오염물질 발생 현황 및 전망

　2. 종합대책 추진실적 및 그 평가

　3. 장거리이동대기오염물질피해 방지를 위한 국내 대책

　4. 장거리이동대기오염물질 발생 감소를 위한 국제협력

　5. 그 밖에 장거리이동대기오염물질피해 방지를 위하여 필요한 사항

③ 환경부장관은 종합대책을 수립한 경우에는 이를 관계 중앙행정기관의 장 및 시·도지사에게 통보하여야 한다.

④ 관계 중앙행정기관의 장 및 시·도지사는 대통령령으로 정하는 바에 따라 매년 소관별 추진대책을 수립·시행하여야 한다. 이 경우 관계 중앙행정기관의 장 및 시·도지사는 그 추진계획과 추진실적을 환경부장관에게 제출하여야 한다.

[제목개정 2015. 12. 1.]

■ 제14조(장거리이동대기오염물질대책위원회)

① 장거리이동대기오염물질피해 방지에 관한 다음 각 호의 사항을 심의·조정하기 위하여 환경부에 장거리이동대기오염물질대책위원회(이하 "위원회"라 한다)를 둔다. 〈개정 2015. 12. 1.〉

　1. 종합대책의 수립과 변경에 관한 사항

　2. 장거리이동대기오염물질피해 방지와 관련된 분야별 정책에 관한 사항

　3. 종합대책 추진상황과 민관 협력방안에 관한 사항

　4. 그 밖에 장거리이동대기오염물질피해 방지를 위하여 위원장이 필요하다고 인정하는 사항

② 위원회는 위원장 1명을 포함한 25명 이내의 위원으로 성별을 고려하여 구성한다. 〈개정 2017. 11. 28.〉

③ 위원회의 위원장은 환경부차관이 되고, 위원은 다음 각 호의 자로서 환경부장관이 위촉하거나 임명하는 자로 한다. 〈개정 2012. 5. 23.〉

　1. 대통령령으로 정하는 중앙행정기관의 공무원

　2. 대통령령으로 정하는 분야의 학식과 경험이 풍부한 전문가

④ 위원회의 효율적인 운영과 안건의 원활한 심의를 지원하기 위하여 위원회에 실무위원회를 둔다.

⑤ 종합대책 및 제13조제4항에 따른 추진대책의 수립·시행에 필요한 조사·연구를 위하여 위원회에 장거리이동대기오염물질연구단을 둔다. 〈신설 2015. 12. 1.〉

⑥ 위원회와 실무위원회 및 장거리이동대기오염물질연구단의 구성 및 운영 등에 관하여 필요한 사항은 대통령령으로 정한다. 〈개정 2015. 12. 1.〉

[제목개정 2015. 12. 1.]

예제 08 대기환경보전법상 장거리이동대기오염물질 대책위원회에 관한 사항으로 옳지 않은 것은?

① 위원회는 위원장 1명을 포함한 25명 이내의 위원으로 구성한다.

② 위원회의 위원장은 환경부장관이 되고, 위원은 환경부령으로 정하는 중앙행정기관의 공무원 등으로서 환경부장관이 위촉하거나 임명하는 자로 한다.

③ 위원회와 실무위원회 및 장거리이동대기오염물질 연구단의 구성 및 운영 등에 관하여 필요한 사항은 대통령령으로 정한다.

④ 환경부장관은 장거리이동대기오염물질 피해방지를 위하여 5년마다 관계 중앙행정기관의 장과 협의하고 시·도지사의 의견을 들어야 한다.

해설

② 위원회의 위원장은 환경부차관이 되고, 위원은 대통령령으로 정하는 중앙행정기관의 공무원 등으로서 환경부장관이 위촉하거나 임명하는 자로 한다.

정답 ②

제2장 사업장 등의 대기오염물질 배출 규제

■ 제35조(배출부과금의 부과·징수)

① 환경부장관 또는 시·도지사는 대기오염물질로 인한 대기환경상의 피해를 방지하거나 줄이기 위하여 다음 각 호의 어느 하나에 해당하는 자에 대하여 배출부과금을 부과·징수한다. 〈개정 2019. 1. 15.〉

  1. 대기오염물질을 배출하는 사업자(제29조에 따른 공동 방지시설을 설치·운영하는 자를 포함한다)
  2. 제23조제1항부터 제3항까지의 규정에 따른 허가·변경허가를 받지 아니하거나 신고·변경신고를 하지 아니하고 배출시설을 설치 또는 변경한 자

② 제1항에 따른 배출부과금은 다음 각 호와 같이 구분하여 부과한다. 〈개정 2015. 1. 20.〉

  1. 기본부과금 : 대기오염물질을 배출하는 사업자가 배출허용기준 이하로 배출하는 대기오염물질의 배출량 및 배출농도 등에 따라 부과하는 금액
  2. 초과부과금 : 배출허용기준을 초과하여 배출하는 경우 대기오염물질의 배출량과 배출농도 등에 따라 부과하는 금액

③ 환경부장관 또는 시·도지사는 제1항에 따라 배출부과금을 부과할 때에는 다음 각 호의 사항을 고려하여야 한다. 〈개정 2019. 1. 15.〉

  1. 배출허용기준 초과 여부
  2. 배출되는 대기오염물질의 종류
  3. 대기오염물질의 배출 기간
  4. 대기오염물질의 배출량
  5. 제39조에 따른 자가측정(自家測定)을 하였는지 여부
  6. 그 밖에 대기환경의 오염 또는 개선과 관련되는 사항으로서 환경부령으로 정하는 사항

[제목개정 2012. 2. 1.]

④ 제1항 및 제2항에 따른 배출부과금의 산정방법과 산정기준 등 필요한 사항은 대통령령으로 정한다. 다만 초과부과금은 대통령령으로 정하는 바에 따라 본문의 산정기준을 적용한 금액의 10배의 범위에서 위반횟수에 따라 가중하며, 이 경우 위반횟수는 사업장의 배출구별로 위반행위 시점 이전의 최근 2년을 기준으로 산정한다.

예제 09 대기환경보전법상 대기오염물질로 인한 피해방지 등을 위해 대기오염물질 배출사업자에게 배출부과금을 부과할 때 고려사항으로 가장 거리가 먼 것은? (단, 그 밖에 환경부령으로 정하는 사항 등은 제외)

① 배출오염물질을 자가측정 하였는지 여부 ② 배출오염물질의 유해여부
③ 대기오염물질의 배출량 ④ 배출허용기준 초과여부

해설

정답 ②

예제 10 대기환경보전법령상 대기오염물질 배출사업자에게 배출부과금을 부과할 때 고려해야 하는 사항으로 가장 거리가 먼 것은? (단, 그 밖의 사항 등은 고려하지 않는다.)

① 배출허용기준 초과여부 ② 대기오염물질의 배출량 및 기간
③ 배출되는 대기오염물질의 종류 ④ 부과대상업체의 경영현황

해설

정답 ④

■ 제37조(과징금 처분) ★★

① 환경부장관 또는 시·도지사는 다음 각 호의 어느 하나에 해당하는 배출시설을 설치·운영하는 사업자에 대하여 제36조제1항에 따라 조업정지를 명하여야 하는 경우로서 그 조업정지가 주민의 생활, 대외적인 신용·고용·물가 등 국민경제, 그 밖에 공익에 현저한 지장을 줄 우려가 있다고 인정되는 경우 등 그 밖에 대통령령으로 정하는 경우에는 조업정지처분을 갈음하여 매출액에 100분의 5를 곱한 금액을 초과하지 아니하는 범위에서 과징금을 부과할 수 있다. 다만, 매출액이 없거나 매출액의 산정이 곤란한 경우로서 대통령령으로 정하는 경우에는 2억원을 초과하지 아니하는 범위에서 과징금을 부과할 수 있다. 〈개정 2020. 12. 29.〉

1. 「의료법」에 따른 의료기관의 배출시설
2. 사회복지시설 및 공동주택의 냉난방시설
3. 발전소의 발전 설비
4. 「집단에너지사업법」에 따른 집단에너지시설
5. 「초·중등교육법」 및 「고등교육법」에 따른 학교의 배출시설
6. 제조업의 배출시설
7. 그 밖에 대통령령으로 정하는 배출시설

② 제1항에도 불구하고 다음 각 호의 어느 하나에 해당하는 경우에는 조업정지처분을 갈음하여 과징금을 부과할 수 없다. 〈개정 2020. 12. 29.〉

1. 제26조에 따라 방지시설(제29조에 따른 공동 방지시설을 포함한다)을 설치하여야 하는 자가 방지시설을 설치하지 아니하고 배출시설을 가동한 경우
2. 제31조제1항 각 호의 금지행위를 한 경우로서 30일 이상의 조업정지처분을 받아야 하는 경우
3. 제33조에 따른 개선명령을 이행하지 아니한 경우
4. 과징금 처분을 받은 날부터 2년이 경과되기 전에 제36조에 따른 조업정지처분 대상이 되는 경우

③ 제1항에 따른 과징금을 부과하는 위반행위의 종류·정도 등에 따른 과징금의 금액과 그 밖에 필요한 사항은 대통령령으로 정하되, 그 금액의 2분의 1의 범위에서 가중(加重)하거나 감경(減輕)할 수 있다. 〈개정 2020. 12. 29.〉

④ 환경부장관 또는 시·도지사는 제1항에 따른 과징금을 내야 할 자가 납부기한까지 내지 아니하면 국세 체납처분의 예 또는 「지방행정제재·부과금의 징수 등에 관한 법률」에 따라 징수한다. 〈개정 2020. 3. 24.〉

⑤ 제1항에 따라 징수한 과징금은 환경개선특별회계의 세입으로 한다. 〈개정 2012. 2. 1.〉

⑥ 제1항에 따라 시·도지사가 과징금을 징수한 경우 그 징수비용의 교부에 관하여는 제35조제8항을 준용한다. 〈개정 2012. 5. 23.〉

예제 11 대기환경보전법상 공익에 현저한 지장을 줄 우려가 인정되는 경우 등으로 인해 조업정지처분에 갈음하여 부과할 수 있는 과징금처분에 관한 설명으로 옳지 않은 것은?

① 최대 2억원까지 과징금을 부과할 수 있다.
② 과징금을 납부기한까지 납부하지 아니한 경우는 최대 3월 이내 기간의 조업 정지처분을 명할 수 있다.
③ 사회복지시설 및 공동주택의 냉난방시설을 설치, 운영하는 사업자에 대하여 부과할 수 있다.
④ 의료법에 따른 의료기관의 배출시설도 부과할 수 있다.

해설

② 환경부장관 또는 시·도지사는 과징금을 내야 할 자가 납부기한까지 내지 아니하면 국세 체납처분의 예 또는 「지방행정제재·부과금의 징수 등에 관한 법률」에 따라 징수한다.

정답 ②

예제 12 대기환경보전법상 배출시설을 설치·운영하는 사업자에게 조업정지를 명하여야 하는 경우로서 그 조업정지가 공익에 현저한 지장을 줄 우려가 있다고 인정되는 경우, 조업정지처분에 갈음하여 시·도지사가 부과할 수 있는 최대 과징금 액수는?

① 5,000만원   ② 1억원
③ 2억원   ④ 5억원

해설

• 조업정지처분 갈음 최대 과징금 액수 : 2억원   • 업무정지 갈음 최대 과징금 액수 : 5천만원

정답 ③

■ 시행령 제38조(과징금 처분) ★★

③ 법 제37조제1항, 제38조의2제10항 또는 제44조제11항에 따른 과징금은 법 제84조에 따른 위반행위별 행정처분기준에 따른 조업 정지일수에 1일당 300만원과 다음 각 호의 구분에 따른 부과계수를 곱하여 산정한다. 〈개정 2021. 10. 14.〉

1. 별표 1의3에 따른 사업장에 해당하는 경우 : 다음 각 목의 부과계수

사업장 규모별 부과계수

사업장 구분	1종 사업장	2종 사업장	3종 사업장	4종 사업장	5종 사업장
부과계수	2.0	1.5	1.0	0.7	0.4

2. 별표 1의3에 따른 사업장에 해당하지 않는 경우 : 제1호마목의 부과계수

④ 제3항에 따라 산정한 과징금의 금액은 법 제37조제3항에 따라 그 금액의 2분의 1 범위에서 늘리거나 줄일 수 있다. 이 경우 그 금액을 늘리는 경우에도 과징금의 총액은 법 제37조제1항 본문에 따른 매출액에 100분의 5를 곱한 금액(제2항에 해당하는 경우에는 2억원을 말한다)을 초과할 수 없다. [전문개정 2021. 6. 29.]

(기존 시행규칙 제51조(과징금의 부과 등)가 삭제되고 신설된 법규임)

예제 13 대기환경보전법규상 대기배출시설을 설치·운영하는 사업자에 대하여 조업 정지를 명하여야 하는 경우로서 그 조업정지가 주민의 생활, 기타 공익에 현저한 지장을 초래할 우려가 있다고 인정되는 경우 조업정지처분에 갈음하여 과징금을 부과할 수 있다. 이때 과징금의 부과금액 산정 시 적용되지 않는 항목은?

① 조업정지일수   ② 1일당 부과금액
③ 오염물질별 부과금액   ④ 사업장 규모별 부과계수

해설

정답 ③

예제 14 대기환경보전법규상 배출시설을 설치·운영하는 사업자에 대하여 과징금을 부과할 때, "2종 사업장"에 대하여 부과하는 사업장 규모별 부과계수는?

① 0.4   ② 0.7
③ 1.0   ④ 1.5

해설

정답 ④

예제 15 대기환경보전법규상 「의료법」에 따른 의료기관의 배출시설 등에 조업정지 처분을 갈음하여 과징금을 부과하고자 할 때, "2종 사업장"의 규모별 부과계수로 옳은 것은?

① 0.4
② 0.7
③ 1.0
④ 1.5

해설

정답 ④

제3장 생활환경상의 대기오염물질 배출 규제

제4장 자동차 · 선박 등의 배출가스 규제

- **제48조의2(인증시험업무의 대행)**

① 환경부장관은 제48조에 따른 인증에 필요한 시험(이하 "인증시험"이라 한다)업무를 효율적으로 수행하기 위하여 필요한 경우에는 전문기관을 지정하여 인증시험업무를 대행하게 할 수 있다.

② 제1항에 따라 지정을 받은 전문기관(이하 "인증시험대행기관"이라 한다)은 지정받은 사항 중 인력 · 시설 등 환경부령으로 정하는 중요한 사항을 변경한 경우에는 환경부장관에게 신고하여야 한다. 〈신설 2020. 12. 29.〉

③ 인증시험대행기관 및 인증시험업무에 종사하는 자는 다음 각 호의 행위를 하여서는 아니 된다. 〈개정 2020. 12. 29.〉
  1. 다른 사람에게 자신의 명의로 인증시험업무를 하게 하는 행위
  2. 거짓이나 그 밖의 부정한 방법으로 인증시험을 하는 행위
  3. 인증시험과 관련하여 환경부령으로 정하는 준수사항을 위반하는 행위
  4. 제48조제4항에 따른 인증시험의 방법과 절차를 위반하여 인증시험을 하는 행위

④ 인증시험대행기관의 지정기준, 지정절차, 그 밖에 인증업무에 필요한 사항은 환경부령으로 정한다. 〈개정 2020. 12. 29.〉
[본조신설 2008. 12. 31.]

대기환경보전법상 제작차에 대한 인증시험대행기관의 지정취소나 업무정지 기준에 해당하지 않는 것은?

① 매연 단속결과 간헐적으로 배출허용기준을 초과할 경우

② 거짓이나 그 밖의 부정한 방법으로 지정을 받은 경우

③ 다른 사람에게 자신의 명의로 인증시험업무를 하게 하는 행위

④ 환경부령으로 정하는 인증시험의 방법과 절차를 위반하여 인증시험을 하는 행위

해설

정답 ①

■ 제69조(등록의 취소 등)

① 특별자치시장·특별자치도지사·시장·군수·구청장은 전문정비사업자가 다음 각 호의 어느 하나에 해당하면 6개월 이내의 기간을 정하여 업무의 전부 또는 일부의 정지를 명하거나 그 등록을 취소할 수 있다. 다만, 제1호·제2호·제4호 및 제5호에 해당하는 경우에는 등록을 취소하여야 한다. 〈개정 2013. 7. 16.〉

1. 거짓이나 그 밖의 부정한 방법으로 등록을 한 경우
2. 제69조의2에 따른 결격 사유에 해당하게 된 경우. 다만, 제69조의2제5호에 따른 결격 사유에 해당하는 경우로서 그 사유가 발생한 날부터 2개월 이내에 그 사유를 해소한 경우에는 그러하지 아니하다.
3. 고의 또는 중대한 과실로 정비·점검 및 확인검사 업무를 부실하게 한 경우
4. 「자동차관리법」 제66조에 따라 자동차관리사업의 등록이 취소된 경우
5. 업무정지기간에 정비·점검 및 확인검사 업무를 한 경우
6. 제68조제1항에 따른 등록기준을 충족하지 못하게 된 경우
7. 제68조제1항 후단에 따른 변경등록을 하지 아니한 경우
8. 제68조제4항에 따른 금지행위를 한 경우

② 제1항에 따른 행정처분의 세부기준은 환경부령으로 정한다.

[전문개정 2012. 2. 1.]

> **1차 행정처분기준이 등록취소가 되는 경우**
>
> 1. 거짓이나 그 밖의 부정한 방법으로 등록을 한 경우
> 2. 결격 사유에 해당하게 된 경우. 다만, 결격 사유(결격 사유를 가지는 임원이 있는 법인)에 해당하는 경우로서 그 사유가 발생한 날부터 2개월 이내에 그 사유를 해소한 경우에는 그러하지 아니하다.
> 4. 「자동차관리법」 제66조에 따라 자동차관리사업의 등록이 취소된 경우
> 5. 업무정지기간에 정비·점검 및 확인검사 업무를 한 경우

예제 17 대기환경보전법규상 배출가스 전문정비사업자에 대한 1차 행정처분기준이 등록취소가 아닌 것은?

① 고의 또는 중대한 과실로 정비·점검 및 확인검사 업무를 부실하게 한 경우

② 자동차관리법에 따라 자동차관리사업의 등록이 취소된 경우

③ 거짓이나 그 밖의 부정한 방법으로 등록을 한 경우

④ 업무정지기간에 정비·점검 및 확인검사 업무를 한 경우

해설

정답 ①

■ 제70조의2(자동차의 운행정지)

① 환경부장관, 특별시장·광역시장·특별자치시장·특별자치도지사·시장·군수·구청장은 제70조제1항에 따른 개선명령을 받은 자동차 소유자가 같은 조 제2항에 따른 확인검사를 환경부령으로 정하는 기간 이내에 받지 아니하는 경우에는 10일 이내의 기간을 정하여 해당 자동차의 운행정지를 명할 수 있다. 〈개정 2013. 7. 16.〉

② 제1항에 따른 운행정지처분의 세부기준은 환경부령으로 정한다.

[본조신설 2012. 2. 1.]

예제 18 대기환경보전법상 자동차의 운행정지에 관한 사항이다. (   )에 알맞은 것은?

> 환경부장관, 특별시장·광역시장·특별자치시장·특별자치도지사·시장·군수·구청장은 운행차 배출허용 기준초과에 따른 개선명령을 받은 자동차 소유자가 이에 따른 확인검사를 환경부령으로 정하는 기간 이내에 받지 아니하는 경우에는 (   )의 기간을 정하여 해당 자동차의 운행정지를 명할 수 있다.

① 5일 이내   ② 7일 이내

③ 10일 이내   ④ 15일 이내

해설

정답 ③

■ 제76조(선박의 배출허용기준 등)

① 선박 소유자는 「해양환경관리법」 제43조제1항에 따른 선박의 디젤기관에서 배출되는 대기오염물질 중 대통령령으로 정하는 대기오염물질을 배출할 때 환경부령으로 정하는 허용기준에 맞게 하여야 한다. 〈개정 2007. 1. 19.〉

② 환경부장관은 제1항에 따른 허용기준을 정할 때에는 미리 관계 중앙행정기관의 장과 협의하여야 한다.

③ 환경부장관은 필요하다고 인정하면 제1항에 따른 허용기준의 준수에 관하여 해양수산부장관에게 「해양환경관리법」 제49조부터 제52조에 따른 검사를 요청할 수 있다. 〈개정 2020. 5. 26.〉

예제 19
대기환경보전법령상 선박의 디젤기관에서 배출되는 대기오염물질 중 대통령령으로 정하는 대기오염물질에 해당하는 것은?

① 황산화물   ② 일산화탄소

③ 염화수소   ④ 질소산화물

해설

질소산화물

 정답 ④

제6장 보칙 〈개정 2013. 4. 5.〉

■ **제79조(회원)** 다음 각 호의 어느 하나에 해당하는 자는 한국자동차환경협회의 회원이 될 수 있다.

1. 배출가스저감장치 제작자
2. 저공해엔진 제조·교체 등 배출가스저감사업 관련 사업자
3. 전문정비사업자
4. 배출가스저감장치 및 저공해엔진 등과 관련된 분야의 전문가
5. 「자동차관리법」 제44조의2에 따른 종합검사대행자
6. 「자동차관리법」 제45조의2에 따른 종합검사 지정정비사업자
7. 자동차 조기폐차 관련 사업자

[전문개정 2012. 2. 1.]

예제 20
대기환경보전법상 한국자동차환경협회의 회원이 될 수 있는 자로 거리가 먼 것은?

① 배출가스저감장치 제작자

② 저공해엔진 제조·교체 등 배출가스저감사업관련 사업자

③ 저공해자동차 판매사업자

④ 자동차 조기폐차 관련 사업자

해설

 정답 ③

■ **제80조(업무)** 한국자동차환경협회는 정관으로 정하는 바에 따라 다음 각 호의 업무를 행한다.
〈개정 2012. 2. 1.〉

1. 운행차 저공해화 기술개발 및 배출가스저감장치의 보급
2. 자동차 배출가스 저감사업의 지원과 사후관리에 관한 사항
3. 운행차 배출가스 검사와 정비기술의 연구·개발사업
4. 제1호~제3호까지 및 제5호와 관련된 업무로서 환경부장관 또는 시·도지사로부터 위탁받은 업무
5. 그 밖에 자동차 배출가스를 줄이기 위하여 필요한 사항

예제 21
대기환경보전법상 한국자동차환경협회의 정관으로 정하는 업무와 가장 거리가 먼 것은? (단, 그 밖의 사항 등은 고려하지 않는다.)

① 운행차 저공해화 기술개발 및 배출가스저감장치의 보급
② 자동차 배출가스 저감사업의 지원과 사후관리에 관한 사항
③ 운행차 배출가스 검사와 정비기술의 연구·개발사업
④ 삼원촉매장치의 판매와 보급

해설

정답 ④

예제 22
대기환경보전법규상 한국자동차환경협회의 정관에 따른 업무와 거리가 먼 것은?

① 운행차 저공해와 기술개발
② 자동차 배출가스 저감사업의 지원
③ 자동차관련 환경기술인의 교육훈련 및 취업지원
④ 운행차 배출가스 검사와 정비기술의 연구·개발사업

해설

정답 ③

제7장 벌칙 〈개정 2013. 4. 5.〉 ★★★

1. 벌금

(1) 7년 이하의 징역 또는 1억원 이하의 벌금

① 배출시설의 허가나 변경허가를 받지 아니하거나 거짓으로 허가나 변경허가를 받아 배출시설을 설치 또는 변경하거나 그 배출시설을 이용하여 조업한 자
② 방지시설을 설치하지 아니하고 배출시설을 설치·운영한 자
③ 배출시설을 가동할 때에 방지시설을 가동하지 아니하거나 오염도를 낮추기 위하여 배출시설에서 나오는 오염물질에 공기를 섞어 배출하는 행위를 한자
④ 배출시설이나 방지시설을 정당한 사유없이 정상적으로 가동하지 아니하여 배출허용기준을 초과한 오염물질을 배출하는 행위를 한 자
⑤ 배출시설 조업정지명령을 위반하거나 조업시간의 제한이나 조업정지 규정에 의한 조치명령을 이행하지 아니한 자
⑥ 배출시설의 폐쇄나 조업정지에 관한 명령을 위반한 자
⑦ 배출시설의 폐쇄명령, 사용중지명령을 이행하지 아니한 자

⑧ 제작차배출허용기준에 맞지 아니하게 자동차를 제작한 자

⑨ 자동차제작자가 인증받은 내용과 다르게 배출가스 관련 부분의 설계를 고의로 바꾸거나 조작하는 행위를 하여 자동차를 제작한 자

⑩ 인증을 받지 아니하고 자동차를 제작한 자

⑪ 평균배출허용기준을 초과한 자동차제작자에 대한 상환명령을 이행하지 아니하고 자동차를 제작한 자

⑫ 거짓이나 그 밖의 부정한 방법으로 인증을 받은 경우

⑬ 배출가스 저감장치의 인증 규정을 위반하여 인증이나 변경인증을 받지 아니하고 배출가스저감장치와 저공해엔진을 제조하거나 공급·판매한 자

⑭ 환경부령으로 정하는 제조기준에 맞지 아니하게 자동차연료·첨가제 또는 촉매제를 제조한 자

⑮ 자동차연료 또는 첨가제 또는 촉매제의 검사를 받지 아니한 자

⑯ 자동차연료 또는 첨가제 또는 촉매제의 검사를 거부·방해 또는 기피한 자

⑰ 제조기준에 맞지 아니한 것으로 판정된 자동차연료·첨가제 또는 촉매제, 검사를 받지 아니하거나 검사받은 내용과 다르게 제조된 자동차연료·첨가제 또는 촉매제로 자동차연료를 공급하거나 판매한 자 (다만, 학교나 연구기관 등 환경부령으로 정하는 자가 시험·연구 목적으로 제조·공급하거나 사용하는 경우에는 그러하지 않음)

⑱ 제조기준에 적합하지 아니한 것으로 판정된 자동차 연료·첨가제 또는 촉매제의 제조의 중지, 제품의 회수 또는 공급·판매의 중지 명령을 위반한 자

(2) 5년 이하의 징역 또는 5천만원 이하의 벌금

① 배출시설의 신고를 하지 아니하거나 거짓으로 신고를 하고 배출시설을 설치 또는 변경하거나 그 배출시설을 이용하여 조업한 자

② 방지시설을 거치지 아니하고 오염물질을 배출할 수 있는 공기조절장치나 가지배출관 등을 설치하는 행위를 한 자

③ 배출허용기준 적합여부를 판정하기 위한 측정기기의 부착 등의 조치를 하지 아니한 자

④ 배출시설 가동시에 측정기기를 고의로 작동하지 아니하거나 정상적인 측정이 이루어지지 아니하도록 하는 행위를 한 자

⑤ 측정기기를 고의로 훼손하는 행위를 한 자

⑥ 측정기기를 조작하여 측정결과를 빠뜨리거나 거짓으로 측정결과를 작성하는 행위를 한 자

⑦ 비산배출되는 대기오염물질을 줄이기 위한 시설개선 등의 조치 명령을 이행하지 아니한 자

⑧ 황함유기준을 초과하는 연료의 연료사용 제한조치 등의 명령을 위반한 자

⑨ 휘발성유기화합물을 배출하는 시설 또는 그 배출의 억제·방지를 위한 시설의 시설개선 등의 조치명령을 이행하지 아니한 자

⑩ 자동차제작자가 배출가스 관련 부품 교체 또는 자동차의 교체·환불·재매입 명령을 이행하지 아니한 자

⑪ 자동차 결함시정 명령을 위반한 자

⑫ 자동차 결함시정 의무를 위반한 자

⑬ 자동차 배출가스 전문정비업자로 등록하지 아니하고 정비·점검 또는 확인검사 업무를 한 자

⑭ 제조기준에 맞지 아니하게 첨가제 또는 촉매제를 공급하거나 판매한 자

(3) 3년 이하의 징역 또는 3천만원 이하의 벌금

① 황함유기준을 초과하는 연료를 공급·판매한 자

(4) 1년 이하의 징역 또는 1천만원 이하의 벌금

① 배출시설등의 가동개시신고를 하지 아니하고 조업한 자

② 측정기기 조업정지명령을 위반한 자

③ 측정기기 관리대행업의 등록 또는 변경등록을 하지 아니하고 측정기기 관리 업무를 대행한 자

④ 거짓이나 그 밖의 부정한 방법으로 측정기기 관리대행업의 등록을 한 자

⑤ 다른 자에게 자기의 명의를 사용하여 측정기기 관리 업무를 하게 하거나 등록증을 다른 자에게 대여한 자

⑥ 황함유기준을 초과하는 연료를 사용한 자

⑦ 비산배출시설의 사용제한 등의 명령을 위반한 자

⑧ 휘발성유기화합물 함유기준을 초과하는 도료를 제조하거나 수입하여 공급하거나 판매한 자

⑨ 휘발성유기화합물 함유기준을 초과하는 도료를 공급하거나 판매한 자

⑩ 휘발성유기화합물함유기준을 초과하는 도료에 대한 공급·판매 중지 또는 회수 등의 조치명령을 위반한 자

⑪ 자동차 변경인증을 받지 아니하고 자동차를 제작한 자

⑫ 다른 사람에게 자신의 명의로 정비업무를 하게 하는 행위를 한자 또는 거짓이나 그 밖의 부정한 방법으로 정비점검확인서를 발급하는 행위를 한자

⑬ 자동차 배출가스 전문정비사업의 변경등록을 하지 아니하고 등록사항을 변경한 자

⑭ 거짓이나 그 밖의 부정한 방법으로 정비·점검 및 확인검사 결과표를 발급하거나 전산 입력을 하게하는 행위를 한자 또는 다른 자에게 등록증을 대여하거나 다른 자에게 자신의 명의로 정비·점검 및 확인검사 업무를 하게한 자

⑮ 배출가스 전문정비사업자 지정을 받은 자가 고의로 정비 업무를 부실하게 하여 받은 업무정지명령을 위반한 자

⑯ 자동차 정밀검사업무의 업무정지의 명령을 위반한 자

⑰ 제조기준에 맞지 아니한 것으로 판정된 자동차 연료와 검사를 받지 아니하거나 검사받은 내용과 다르게 제조된 자동차 연료를 사용한 자

⑱ 환경상 위해가 발생하거나 인체에 현저하게 유해한 물질이 배출된다고 인정하여 규제된 자동차연료·첨가제 또는 촉매제를 제조하거나 판매한 자

⑲ 첨가제 제조기준에 적합한 제품임을 표시하는 규정을 위반하여 검사를 받은 제품임을 표시하지 아니하거나 거짓으로 표시한 자

⑳ 자동차연료·첨가제 또는 촉매제의 검사대행기관 또는 검사업무에 종사하는 자가 다른 사람에게 자신의 명의로 검사업무를 하게 하는 행위와 거짓이나 그 밖의 부정한 방법으로 검사업무를 하는 행위를 한 자

㉑ 자동차 온실가스 배출량을 보고하지 아니하거나 거짓으로 보고한 자

㉒ 냉매회수업의 등록을 하지 아니하고 냉매회수업을 한 자

㉓ 거짓이나 그 밖의 부정한 방법으로 냉매회수업의 등록을 한 자

㉔ 다른 자에게 자기의 명의를 사용하여 냉매회수업을 하게 하거나 등록증을 다른 자에게 대여한 자

㉕ 관계 공무원의 출입·검사를 거부·방해 또는 기피한 자

(5) 300만원 이하의 벌금

① 대기오염 경보가 발령된 지역의 자동차의 운행제한사업장의 조업단축등의 명령을 정당한 사유없이 위반한 자

② 측정기기 조치명령을 이행하지 아니한 자

③ 비산배출하는 배출시설 신고를 하지 아니하고 시설을 설치·운영한 자

④ 비산배출하는 배출시설의 시설관리기준 준수여부 확인을 위한 정기점검을 받지 아니한 자

⑤ 연료를 제조 판매하거나 사용하는 것을 금지 또는 제한하는 명령(연료사용 제한조치 등)을 위반한 자

⑥ 비산먼지 발생사업의 신고를 하지 아니한 자

⑦ 비산먼지의 발생을 억제하기 위한 시설을 설치하지 아니하거나 필요한 조치를 하지 아니한 자. 다만, 시멘트·석탄·토사·사료·곡물 및 고철의 분체상(粉體狀) 물질을 운송한 자는 제외한다.

⑧ 비산먼지의 발생을 억제하기 위한 시설의 설치나 조치의 이행 또는 개선명령을 이행하지 아니한 자

⑨ 특별대책지역, 대기환경규제지역안에서 휘발성유기화합물을 배출하는 시설이 규정에 의한 신고를 하지 아니하고 시설을 설치 또는 운영한 자

⑩ 특별대책지역, 대기환경규제지역안에서 휘발성유기화합물을 배출하는 시설의 배출을 억제하거나 방지하는 시설을 설치하는 등 휘발성유기화합물의 배출로 인한 대기환경상의 피해가 없도록 조치를 하지 아니한자

⑪ 평균 배출량 달성실적 및 상환계획서를 거짓으로 작성한 자

⑫ 인증받은 내용과 다르게 결함이 있는 배출가스저감장치 또는 저공해엔진을 제조·공급 또는 판매하는 자

⑬ 이륜자동차정기검사 명령을 이행하지 아니한 자

⑭ 자동차 운행정지명령을 받고 이에 불응한 자

⑮ 자동차관리사업의 등록이 취소되었음에도 정비·점검 및 확인검사 업무를 한 전문정비사업자

⑯ 자동차 온실가스 배출허용기준 또는 평균에너지소비효율기준 준수 여부 확인에 필요한 판매실적 등 환경부장관이 정하는 자료를 환경부장관에게 제출하지 아니하거나 거짓으로 자료를 제출한 자

(6) 200만원 이하의 벌금

① 환경기술인의 업무를 방해하거나 환경기술인의 요청을 정당한 사유 없이 거부한 자

2. 과태료

(1) 500만원 이하의 과태료

① 배출시설에서 나오는 오염물질을 측정하지 아니한 자 또는 측정결과를 거짓으로 기록하거나 기록·보존하지 아니한 자

② 자동차 인증·변경인증의 표시를 하지 아니한 자

③ 자동차에 온실가스 배출량을 표시하지 아니하거나 거짓으로 표시한 자

(2) 300만원 이하의 과태료

① 배출시설 등의 운영상황을 기록·보존하지 아니하거나 거짓으로 기록한 자

② 환경기술인을 임명하지 아니한 자

③ 자동차 결함시정명령을 위반한 자

④ 저공해자동차로의 전환 또는 개조 명령, 배출가스저감장치의 부착·교체 명령 또는 배출가스 관련 부품의 교체 명령, 저공해엔진(혼소엔진을 포함한다)으로의 개조 또는 교체 명령을 이행하지 아니한 자

(3) 200만원 이하의 과태료

① 부식이나 마모로 인해 오염물질이 새나가는 배출시설이나 방지시설을 정당한 사유없이 방치하는 행위를 한 자

② 방지시설에 딸린 기계와 기구류의 고장이나 훼손을 정당한 사유없이 방치하는 행위를 한 자

③ 부식, 마모, 고장 또는 훼손되어 정상적으로 작동하지 아니하는 측정기기를 정당한 사유없이 방치하는 행위를 한 자

④ 측정기기 운영 · 관리기준을 지키지 아니한 자

⑤ 비산배출하는 배출시설의 변경신고를 하지 아니한 자

⑥ 비산먼지의 발생 억제 시설의 설치 및 필요한 조치를 하지 아니하고 시멘트 · 석탄 · 토사 등 분체상 물질을 운송한 자

⑦ 휘발성유기화합물 배출시설의 변경신고를 하지 아니한 자

⑧ 제44조 제13항(휘발성유기화합물을 배출하는 시설을 설치한 자는 휘발성유기화합물의 배출을 억제하기 위하여 환경부령으로 정하는 바에 따라 휘발성유기화합물을 배출하는 시설에 대하여 휘발성유기화합물의 배출 여부 및 농도 등을 검사 · 측정하고, 그 결과를 기록 · 보존하여야 한다.)을 위반하여 검사 · 측정을 하지 아니한 자 또는 검사 · 측정 결과를 기록 · 보존하지 아니하거나 거짓으로 기록 · 보존한 자

⑨ 자동차 결함시정 결과보고를 하지 아니한 자

⑩ 자동차 부품의 결함시정 현황 및 결함원인 분석 현황 또는 결함시정 현황을 보고하지 아니한 자

⑪ 자동차 운행차 점검에 응하지 아니하거나 기피 또는 방해한 자

⑫ 등록된 기술인력 외의 사람에게 자동차 정비 · 점검 및 확인검사를 하게한 행위를 한 자

⑬ 자동차 정비 · 점검 및 확인검사 업무에 관하여 환경부령으로 정하는 준수사항을 위반한 행위를 한 자

⑭ 제조기준에 맞지 아니하는 첨가제 또는 촉매제임을 알면서 사용한 자

⑮ 검사를 받지 아니하거나 검사받은 내용과 다르게 제조된 첨가제 또는 촉매제임을 알면서 사용한 자

⑯ 냉매회수업의 변경등록을 하지 아니하고 등록사항을 변경한 자

⑰ 냉매관리기준을 준수하지 아니하거나 냉매의 회수 내용을 기록 · 보존 또는 제출하지 아니한 자

(4) 100만원 이하의 과태료

① 배출시설의 변경신고를 하지 아니한 자

② 환경기술인의 준수사항을 지키지 아니한 자

③ 비산먼지사업의 신고나 변경신고를 하지 아니한 자

④ 평균 배출량 달성 실적을 제출하지 아니한 자

⑤ 상환계획서를 제출하지 아니한 자

⑥ 자동차의 원동기 가동제한을 위반한 자동차의 운전자

⑦ 2회 이상 부적합 판정을 받은 자동차 소유자가 전문정비사업자에게 정비 · 점검 및 확인검사를 받지 아니한 자

⑧ 등록된 기술인력이 교육을 받게 하지 아니한 전문정비사업자

⑨ 정비 · 점검 및 확인검사 결과표를 발급하지 아니하거나 정비 · 점검 및 확인검사 결과를 보고하지 아니한 자

⑩ 냉매관리기준을 준수하지 아니하거나 같은 조 제2항을 위반하여 냉매사용기기의 유지 · 보수 및 냉매의 회수 · 처리 내용을 기록 · 보존 또는 제출하지 아니한 자

⑪ 등록된 기술인력에게 교육을 받게 하지 아니한 자

⑫ 환경기술인 등의 교육을 받게 하지 아니한 자

⑬ 환경부장관, 시 · 도지사 및 시장 · 군수 · 구청장에게 보고를 하지 아니하거나 거짓으로 보고한 자 또는 자료를 제출하지 아니하거나 거짓으로 제출한 자

(5) 50만원 이하의 과태료

① 이륜자동차 정기검사를 받지 아니한 자

벌금

예제 23 대기환경보전법상 환경부령으로 정하는 제조기준에 맞지 아니하게 자동차연료·첨가제 또는 촉매제를 제조한 자에 대한 벌칙기준으로 옳은 것은?

① 7년 이하의 징역이나 1억원 이하의 벌금

② 5년 이하의 징역이나 5천만원 이하의 벌금

③ 1년 이하의 징역이나 1천만원 이하의 벌금

④ 300만원 이하의 벌금

해설

정답 ①

예제 24 대기환경보전법상 평균 배출허용기준을 초과한 자동차제작자에 대한 상환명령을 이행하지 아니하고 자동차를 제작한 자에 대한 벌칙기준으로 옳은 것은?

① 7년 이하의 징역이나 1억원 이하의 벌금에 처한다.

② 5년 이하의 징역이나 5천만원 이하의 벌금에 처한다.

③ 3년 이하의 징역이나 3천만원 이하의 벌금에 처한다.

④ 1년 이하의 징역이나 1천만원 이하의 벌금에 처한다.

해설

정답 ①

예제 25 대기환경보전법상 배출가스 전문정비사업자 지정을 받은 자가 고의로 정비 업무를 부실하게 하여 받은 업무정지명령을 위반한 자에 대한 벌칙 기준으로 옳은 것은?

① 7년 이하의 징역이나 1억원 이하의 벌금

② 5년 이하의 징역이나 3천만원 이하의 벌금

③ 1년 이하의 징역이나 1천만원 이하의 벌금

④ 300만원 이하의 벌금

해설

정답 ③

예제 26 대기환경보전법상 1년 이하의 징역이나 1천만원 이하의 벌금에 처하는 벌칙기준이 아닌 것은?

① 배출시설의 설치를 완료한 후 신고를 하지 아니하고 조업한 자

② 환경상 위해가 발생해 내린 사용규제를 위반하여 자동차 연료·첨가제 또는 촉매제를 제조하거나 판매한 자

③ 측정기기 관리대행업의 등록 또는 변경등록을 하지 아니하고 측정기기 관리 업무를 대행한 자

④ 부품결함시정명령을 위반한 자동차 제작자

해설

④ 부품결함시정명령을 위반한 자동차 제작자 : 5년 이하의 징역 또는 5천만원 이하의 벌금

정답 ④

예제 27 대기환경보전법상 배출가스 전문정비사업자 지정을 받은 자가 고의로 정비 업무를 부실하게 하여 받은 업무정지명령을 위반한 자에 대한 벌칙 기준으로 옳은 것은?

① 7년 이하의 징역이나 1억원 이하의 벌금

② 5년 이하의 징역이나 3천만원 이하의 벌금

③ 1년 이하의 징역이나 1천만원 이하의 벌금

④ 300만원 이하의 벌금

해설

정답 ③

예제 28 대기환경보전법상 5년 이하의 징역이나 5천만원 이하의 벌금에 처하는 기준은?

① 연료사용 제한조치 등의 명령을 위반한 자

② 측정기기 운영·관리기준을 준수하지 않아 조치명령을 받았으나, 이 또한 이행하지 않아 받은 조업정지명령을 위반한 자

③ 배출시설을 설치금지 장소에 설치해서 폐쇄명령을 받았으나 이를 이행하지 아니한 자

④ 첨가제를 제조기준에 맞지 않게 제조한 자

해설

② 측정기기 조업정지명령을 위반한 자 : 1년 이하의 징역 또는 1천만원 이하의 벌금
③ 배출시설의 폐쇄명령, 사용중지명령을 이행하지 아니한 자 : 7년 이하의 징역 또는 1억원 이하의 벌금
④ 환경부령으로 정하는 제조기준에 맞지 아니하게 자동차연료·첨가제 또는 촉매제를 제조한 자 : 7년 이하의 징역 또는 1억원 이하의 벌금

정답 ①

예제 29 대기환경보전법상 벌칙기준 중 7년 이하의 징역이나 1억원 이하의 벌금에 처하는 것은?

① 대기오염물질의 배출허용기준 확인을 위한 측정기기의 부착 등의 조치를 하지 아니한 자
② 황 연료사용 제한조치 등의 명령을 위반한 자
③ 제작차 배출허용기준에 맞지 아니하게 자동차를 제작한 자
④ 배출가스 전문정비사업자로 등록하지 아니하고 정비·점검 또는 확인검사 업무를 한 자

해설

① 대기오염물질의 배출허용기준 확인을 위한 측정기기의 부착 등의 조치를 하지 아니한 자 : 5년 이하의 징역 또는 5천만원 이하의 벌금
② 황함유기준을 초과하는 연료의 연료사용 제한조치 등의 명령을 위반한 자 : 5년 이하의 징역 또는 5천만원 이하의 벌금
④ 배출가스 전문정비사업자로 등록하지 아니하고 정비·점검 또는 확인검사 업무를 한 자 : 5년 이하의 징역 또는 5천만원 이하의 벌금

정답 ③

예제 30 대기환경보전법규상 자동차 운행정지를 받은 자동차를 운행정지기간 중에 운행하는 경우 물게 되는 벌금기준은?

① 100만원 이하의 벌금
② 200만원 이하의 벌금
③ 300만원 이하의 벌금
④ 500만원 이하의 벌금

해설

정답 ③

과태료

예제 31 대기환경보전법상 저공해자동차로의 전환 또는 개조 명령, 배출가스저감장치의 부착·교체명령 또는 배출가스 관련 부품의 교체 명령, 저공해엔진(혼소엔진을 포함한다)으로의 개조 또는 교체 명령을 이행하지 아니한 자에 대한 과태료 부과기준은?

① 300만원 이하의 과태료
② 500만원 이하의 과태료
③ 1천만원 이하의 과태료
④ 2천만원 이하의 과태료

해설

정답 ①

예제 32 대기환경보전법상 사업자는 배출시설과 방지시설의 정상적인 운영·관리를 위하여 환경기술인을 임명하여야 하나, 이를 위반하여 환경기술인을 임명하지 아니한 경우의 과태료부과기준으로 옳은 것은?

① 1천만원 이하의 과태료
② 500만원 이하의 과태료
③ 300만원 이하의 과태료
④ 100만원 이하의 과태료

해설

정답 ③

예제 33 대기환경보전법상 사업자는 조업을 할 때에는 환경부령으로 정하는 바에 따라 배출시설과 방지시설의 운영에 관한 상황을 사실대로 기록하여 보존하여야 하나 이를 위반하여 배출시설 등의 운영상황을 기록·보존하지 아니하거나 거짓으로 기록한 자에 대한 과태료 부과기준으로 옳은 것은?

① 1,000만원 이하의 과태료
② 500만원 이하의 과태료
③ 300만원 이하의 과태료
④ 200만원 이하의 과태료

해설

정답 ③

예제 34 대기환경보전법상 환경기술인 등의 교육을 받게 하지 아니한 자에 대한 과태료 부과기준은?

① 30만원 이하의 과태료를 부과한다.
② 50만원 이하의 과태료를 부과한다.
③ 100만원 이하의 과태료를 부과한다.
④ 200만원 이하의 과태료를 부과한다.

해설

정답 ③

예제 35 대기환경보전법상 시·도지사는 자동차의 원동기를 가동한 상태로 주·정차하는 행위 등을 제한할 수 있는데, 이 자동차의 원동기 가동 제한을 위반한 자동차 운전자에 대한 과태료 부과금액 기준으로 옳은 것은?

① 50만원 이하의 과태료

② 100만원 이하의 과태료

③ 200만원 이하의 과태료

④ 500만원 이하의 과태료

해설

정답 ②

예제 36 대기환경보전법상 이륜자동차 소유자는 배출가스가 운행차배출허용기준에 맞는지 이륜자동차 배출가스 정기검사를 받아야 한다. 이를 받지 아니한 경우 과태료 부과기준으로 옳은 것은?

① 100만원 이하의 과태료를 부과한다.

② 50만원 이하의 과태료를 부과한다.

③ 30만원 이하의 과태료를 부과한다.

④ 10만원 이하의 과태료를 부과한다.

해설

정답 ②

Chapter 02 대기환경보전법 시행령

제1장 총칙 ★★★

■ 제2조(대기오염경보의 대상 지역 등)

① 법 제8조제4항에 따른 대기오염경보의 대상 지역은 특별시장 · 광역시장 · 특별자치시장 · 도지사 또는 특별자치도지사(이하 "시 · 도지사"라 한다)가 필요하다고 인정하여 지정하는 지역으로 한다. 〈개정 2016. 7. 26.〉

② 법 제8조제4항에 따른 대기오염경보의 대상 오염물질은 「환경정책기본법」 제12조에 따라 환경기준이 설정된 오염물질 중 다음 각 호의 오염물질로 한다. 〈개정 2019. 2. 8.〉
1. 미세먼지(PM-10)
2. 초미세먼지(PM-2.5)
3. 오존(O_3)

③ 법 제8조제4항에 따른 대기오염경보 단계는 대기오염경보 대상 오염물질의 농도에 따라 다음 각 호와 같이 구분하되, 대기오염경보 단계별 오염물질의 농도기준은 환경부령으로 정한다. 〈개정 2019. 2. 8.〉
1. 미세먼지(PM-10) : 주의보, 경보
2. 초미세먼지(PM-2.5) : 주의보, 경보
3. 오존(O_3) : 주의보, 경보, 중대경보

④ 법 제8조제4항에 따른 경보 단계별 조치에는 다음 각 호의 구분에 따른 사항이 포함되도록 하여야 한다. 다만, 지역의 대기오염 발생 특성 등을 고려하여 특별시 · 광역시 · 특별자치시 · 도 · 특별자치도의 조례로 경보 단계별 조치사항을 일부 조정할 수 있다. 〈개정 2014. 2. 5.〉
1. 주의보 발령 : 주민의 실외활동 및 자동차 사용의 자제 요청 등
2. 경보 발령 : 주민의 실외활동 제한 요청, 자동차 사용의 제한 및 사업장의 연료사용량 감축 권고 등
3. 중대경보 발령 : 주민의 실외활동 금지 요청, 자동차의 통행금지 및 사업장의 조업시간 단축명령 등

예제 01 대기환경보전법령상 대기오염경보에 관한 설명으로 옳지 않은 것은?

① 미세먼지(PM-10), 미세먼지(PM-2.5), 오존(O_3) 3개 항목 모두 오염물질 농도에 따라 주의보, 경보, 중대경보로 구분하고, 경보발령의 경우 자동차 사용 자제요청의 조치사항을 포함한다.

② 대기오염 경보대상 오염물질은 미세먼지(PM-10), 미세먼지(PM-2.5), 오존(O_3)으로 한다.

③ 해당 지역의 대기자동측정소 PM-10 또는 PM-2.5의 권역별 평균 농도가 경보 단계별 발령기준을 초과하면 해당 경보를 발령할 수 있다.

④ 오존 농도는 1시간 평균농도를 기준으로 하며, 해당 지역의 대기자동측정소 오존 농도가 1개 소라도 경보단계별 발령기준을 초과하면 해당 경보를 발령할 수 있다.

해설

① 미세먼지(PM-10), 미세먼지(PM-2.5)는 주의보, 경보로 구분하고, 오존(O_3)은 주의보, 경보, 중대경보로 구분함
주의보 발령의 경우 자동차 사용 자제요청의 조치사항을 포함한다.

정답 ①

예제 02 대기환경보전법령상 오존의 대기오염 경보단계별 조치사항 중 "중대경보발령" 단계에 해당하지 않는 것은?

① 주민의 실외활동 금지요청　　　　　② 자동차의 통행금지

③ 사업장의 연료사용량 감축권고　　　④ 사업장의 조업시간 단축명령

해설

③ 경보 발령 단계에 해당함

정답 ③

예제 03 대기환경보전법령상 오존의 경보 단계별 조치사항 중 "경보 발령"에 해당하는 조치사항이 아닌 것은?

① 주민의 실외활동 제한요청　　　　　② 자동차 사용의 제한

③ 사업장의 연료사용량 감축권고　　　④ 자동차의 통행금지

해설

④ 자동차의 통행금지 : 중대경보 조치사항

정답 ④

예제 04 대기환경보전법령상 대기오염 경보단계 중 "중대경보 발령"시 조치사항만으로 옳게 나열한 것은?

① 자동차 사용의 자제 요청, 사업장의 연료사용량 감축 권고
② 주민의 실외활동 및 자동차 사용의 자제 요청
③ 자동차 사용의 제한명령 및 사업장의 연료사용량 감축 권고
④ 주민의 실외활동 금지 요청, 사업장의 조업시간 단축명령

해설

정답 ④

예제 05 대기환경보전법령상 대기오염경보의 대상지역 경보단계 및 단계별 조치사항 중 "주의보 발령" 시 조치사항으로 옳은 것은?

① 주민의 실외활동 및 자동차 사용의 자제 요청 등
② 주민의 실외활동 제한 요청 및 자동차 사용의 제한 요청 등
③ 주민의 실외활동 제한 요청 및 자동차 사용의 제한 명령 등
④ 주민의 실외활동 금지 요청 및 사업장의 조업시간 단축 요청 등

해설

정답 ①

예제 06 대기환경보전법령상 "사업장의 연료사용량 감축 권고" 조치를 하여야 하는 대기오염 경보발령 단계 기준은?

① 준주의보 발령단계   ② 경보 발령단계
③ 주의보 발령단계   ④ 중대경보 발령단계

해설

정답 ②

제2장 사업장 등의 대기오염물질 배출 규제

■ 제11조(배출시설의 설치허가 및 신고 등)

① 법 제23조제1항에 따라 설치허가를 받아야 하는 대기오염물질배출시설(이하 "배출시설")은 다음 각 호와 같다. 〈개정 2021. 10. 14.〉

  1. 특정대기유해물질이 환경부령으로 정하는 기준 이상으로 발생되는 배출시설
  2. 「환경정책기본법」 제38조에 따라 지정·고시된 특별대책지역(이하 "특별대책지역"이라 한다)에 설치하는 배출시설. 다만, 특정대기유해물질이 제1호에 따른 기준 이상으로 배출되지 아니하는 배출시설로서 별표 1의3에 따른 5종사업장에 설치하는 배출시설은 제외한다.

② 법 제23조제1항에 따라 제1항 각 호 외의 배출시설을 설치하려는 자는 배출시설 설치신고를 하여야 한다.

③ 법 제23조제1항에 따라 배출시설 설치허가를 받거나 설치신고를 하려는 자는 배출시설 설치허가신청서 또는 배출시설 설치신고서에 다음 각 호의 서류를 첨부하여 환경부장관 또는 시·도지사에게 제출해야 한다. 〈개정 2021. 10. 14.〉

  1. 원료(연료를 포함한다)의 사용량 및 제품 생산량과 오염물질 등의 배출량을 예측한 명세서
  2. 배출시설 및 대기오염방지시설(이하 "방지시설")의 설치명세서
  3. 방지시설의 일반도(一般圖)
  4. 방지시설의 연간 유지관리 계획서
  5. 사용 연료의 성분 분석과 황산화물 배출농도 및 배출량 등을 예측한 명세서(법 제41조제3항 단서에 해당하는 배출시설의 경우에만 해당한다)
  6. 배출시설 설치허가증(변경허가를 신청하는 경우에만 해당한다)

④ 법 제23조제2항에서 "대통령령으로 정하는 중요한 사항"이란 다음 각 호와 같다. 〈개정 2015. 12. 10.〉

  1. 법 제23조제1항 또는 제2항에 따라 설치허가 또는 변경허가를 받거나 변경신고를 한 배출시설 규모의 합계나 누계의 100분의 50 이상(제1항제1호에 따른 특정대기유해물질 배출시설의 경우에는 100분의 30 이상으로 한다) 증설. 이 경우 배출시설 규모의 합계나 누계는 배출구별로 산정한다.
  2. 법 제23조제1항 또는 제2항에 따른 설치허가 또는 변경허가를 받은 배출시설의 용도 추가

⑤ 법 제23조제2항에 따른 변경신고를 하여야 하는 경우와 변경신고의 절차 등에 관한 사항은 환경부령으로 정한다.

⑥ 환경부장관 또는 시·도지사는 법 제23조제1항에 따라 배출시설 설치허가를 하거나 배출시설 설치신고를 수리한 경우(법 제23조제6항에 따라 신고를 수리한 것으로 보는 경우를 포함한다)에는 배출시설 설치허가증 또는 배출시설 설치신고증명서를 신청인에게 내주어야 한다. 다만, 법 제23조제2항에 따라 배출시설의 설치변경을 허가한 경우에는 배출시설 설치허가증의 변경사항란에 변경허가사항을 적는다. 〈개정 2019. 7. 16.〉

⑦ 환경부장관 또는 시·도지사는 법 제23조제9항에 따라 다음 각 호의 사항을 같은 조 제1항 및 제2항에 따른 허가 또는 변경허가의 조건으로 붙일 수 있다. 〈신설 2021. 10. 14.〉

  1. 배출구 없이 대기 중에 직접 배출되는 대기오염물질이나 악취, 소음 등을 줄이기 위하여 필요한 조치사항
  2. 배출시설의 배출허용기준 및 공동 방지시설의 배출허용기준에 따른 배출허용기준 준수 여부 및 방지시설의 적정한 가동 여부를 확인하기 위하여 필요한 조치사항

해설

예제 07

대기환경보전법상 배출시설 설치허가를 받은 자가 대통령령으로 정하는 중요한 사항의 특정대기유해물질 배출시설을 증설하고자 하는 경우 배출시설 변경허가를 받아야 하는 시설의 규모기준은? (단, 배출시설의 규모의 합계나 누계는 배출구별로 산정)

① 배출시설 규모의 합계나 누계의 100분의 5 이상 증설
② 배출시설 규모의 합계나 누계의 100분의 10 이상 증설
③ 배출시설 규모의 합계나 누계의 100분의 20 이상 증설
④ 배출시설 규모의 합계나 누계의 100분의 30 이상 증설

해설

정답 ④

예제 08

대기환경보전법령상 배출시설 설치신고를 하고자 하는 경우 설치신고서에 포함되어야 하는 사항과 가장 거리가 먼 것은?

① 배출시설 및 방지시설의 설치명세서
② 방지시설의 일반도
③ 방지시설의 연간 유지관리 계획서
④ 유해오염물질 확정 배출농도 내역서

해설

정답 ④

예제 09

대기환경보전법령상 대기배출시설의 설치허가를 받고자 하는 자가 제출해야 할 서류목록에 해당하지 않는 것은?

① 오염물질 배출량을 예측한 명세서
② 배출시설 및 방지시설의 설치명세서
③ 방지시설의 연간 유지관리 계획서
④ 배출시설 및 방지시설의 실시계획도면

해설

정답 ④

- 제12조(배출시설 설치의 제한)

법 제23조제8항에 따라 환경부장관 또는 시·도지사가 배출시설의 설치를 제한할 수 있는 경우는 다음 각 호와 같다. ^{〈개정 2019. 7. 16.〉}

1. 배출시설 설치 지점으로부터 반경 1킬로미터 안의 상주 인구가 2만명 이상인 지역으로서 특정대기유해물질 중 한 가지 종류의 물질을 연간 10톤 이상 배출하거나 두 가지 이상의 물질을 연간 25톤 이상 배출하는 시설을 설치하는 경우
2. 대기오염물질(먼지·황산화물 및 질소산화물만 해당한다)의 발생량 합계가 연간 10톤 이상인 배출시설을 특별대책지역(법 제22조에 따라 총량규제구역으로 지정된 특별대책지역은 제외한다)에 설치하는 경우

[제목개정 2013. 1. 31.]

예제 10 다음은 대기환경보전법령상 시·도지사가 배출시설의 설치를 제한할 수 있는 경우이다. ( )안에 가장 알맞은 것은?

> 배출시설 설치 지점으로부터 반경 1킬로미터 안의 상주 인구가 (㉠)인 지역으로 특정 대기유해물질 중 한 가지 종류의 물질을 연간 (㉡) 배출하거나 두 가지 이상의 물질을 연간 (㉢) 배출하는 시설을 설치하는 경우

① ㉠ 1만명 이상, ㉡ 5톤 이상, ㉢ 10톤 이상
② ㉠ 1만명 이상, ㉡ 10톤 이상, ㉢ 20톤 이상
③ ㉠ 2만명 이상, ㉡ 5톤 이상, ㉢ 10톤 이상
④ ㉠ 2만명 이상, ㉡ 10톤 이상, ㉢ 25톤 이상

해설

정답 ④

- 제21조(개선계획서의 제출)

① 법 제32조제5항에 따른 조치명령(적산전력계의 운영·관리기준 위반으로 인한 조치명령은 제외한다. 이하 이 조에서 같다) 또는 법 제33조에 따른 개선명령을 받은 사업자는 그 명령을 받은 날부터 15일 이내에 다음 각 호의 사항을 명시한 개선계획서(굴뚝 자동측정기기를 부착한 경우에는 전자문서로 된 계획서를 포함한다. 이하 같다)를 환경부령으로 정하는 바에 따라 환경부장관 또는 시·도지사에게 제출해야 한다. 다만, 환경부장관 또는 시·도지사는 배출시설의 종류 및 규모 등을 고려하여 제출기간의 연장이 필요하다고 인정하는 경우 사업자의 신청을 받아 그 기간을 연장할 수 있다. ^{〈개정 2019. 7. 16.〉}

예제 11 대기환경보전법령상 배출허용기준초과와 관련하여 개선명령을 받은 사업자의 개선계획서 제출기한은? (단, 기간 연장은 제외)

① 명령을 받은 날부터 10일 이내
② 명령을 받은 날부터 15일 이내
③ 명령을 받은 날부터 30일 이내
④ 명령을 받은 날부터 60일 이내

해설

정답 ②

■ 제24조(초과부과금 산정의 방법 및 기준)

① 제23조제2항 각 호에 해당하는 오염물질에 대한 초과부과금은 다음 각 호의 구분에 따른 산정방법으로 산출한 금액으로 한다. 〈개정 2016. 3. 29.〉

1. 제21조제4항에 따른 개선계획서를 제출하고 개선하는 경우 : 오염물질 1킬로그램당 부과금액×배출허용기준초과 오염물질배출량×지역별 부과계수×연도별 부과금산정지수

2. 제1호 외의 경우 : 오염물질 1킬로그램당 부과금액×배출허용기준초과 오염물질배출량×배출허용기준초과율별 부과계수×지역별 부과계수×연도별 부과금산정지수×위반횟수별 부과계수

② 제1항에 따른 초과부과금의 산정에 필요한 오염물질 1킬로그램당 부과금액, 배출허용기준 초과율별 부과계수 및 지역별 부과계수는 별표 4와 같다.

예제 12 대기환경보전법령상 배출허용기준 초과와 관련하여 개선명령을 받지 아니한 사업자가 개선 계획서를 제출하고 개선하는 경우 초과부과금 산정 시 산정(기준)항목에 해당하지 않는 것은?
① 배출허용기준초과 오염물질배출량
② 지역별 부과계수
③ 시간별 산정계수
④ 오염물질 1킬로그램당 부과금액

해설

정답 ③

■ 제30조(기준이내배출량의 조정 등)

환경부장관 또는 시·도지사는 해당 사업자가 제29조에 따른 자료를 제출하지 않거나 제출한 내용이 실제와 다른 경우 또는 거짓으로 작성되었다고 인정하는 경우에는 다음 각 호의 구분에 따른 방법으로 기준이내배출량을 조정할 수 있다. 〈개정 2019. 7. 16.〉

1. 사업자가 제29조제1항에 따른 확정배출량에 관한 자료를 제출하지 않은 경우 : 해당 사업자가 다음 각 목의 조건에 모두 해당하는 상태에서 오염물질을 배출한 것으로 추정한 기준이내배출량
   가. 부과기간에 배출시설별 오염물질의 배출허용기준농도로 배출했을 것
   나. 배출시설 또는 방지시설의 최대시설용량으로 가동했을 것
   다. 1일 24시간 조업했을 것

2. 자료심사 및 현지조사 결과, 사업자가 제출한 확정배출량의 내용(사용연료 등에 관한 내용을 포함한다)이 실제와 다른 경우 : 자료심사와 현지조사 결과를 근거로 산정한 기준이내배출량

3. 사업자가 제29조제1항에 따라 제출한 확정배출량에 관한 자료가 명백히 거짓으로 판명된 경우 : 제1호에 따라 추정한 배출량의 100분의 120에 해당하는 기준이내배출량

예제 13 대기환경보전법령상 시·도지사가 대기오염물질 기준이내 배출량 조정시 사업자가 제출한 확정배출량 자료가 명백히 거짓으로 판명되었을 경우에는 확정배출량을 현지조사 하여 산정하되 확정배출량의 얼마에 해당하는 배출량을 기준이내 배출량으로 산정하는가?
① 100분의 20
② 100분의 50
③ 100분의 120
④ 100분의 150

해설

정답 ③

■ 제35조(부과금에 대한 조정신청)

① 부과금 납부명령을 받은 사업자(이하 "부과금납부자"라 한다)는 제34조제1항 각 호에 해당하는 경우에는 부과금의 조정을 신청할 수 있다.

② 제1항에 따른 조정신청은 부과금납부통지서를 받은 날부터 60일 이내에 하여야 한다. ⟨개정 2010. 12. 31.⟩

③ 환경부장관 또는 시·도지사는 조정신청을 받으면 30일 이내에 그 처리결과를 신청인에게 알려야 한다. ⟨개정 2019. 7. 16.⟩

④ 제1항에 따른 조정신청은 부과금의 납부기간에 영향을 미치지 아니한다.

예제 14 다음은 대기환경보전법령상 부과금 조정신청에 관한 사항이다 (   )안에 가장 적합한 것은?

> 부과금납부자는 대통령령으로 정하는 사유에 해당하는 경우에는 부과금의 조정을 신청할 수 있고, 이에 따른 조정신청은 부과금납부통지서를 받은날부터 (㉠)에 하여야 한다. 시·도지사는 조정신청을 받으면 (㉡)에 그 처리결과를 신청인에게 알려야 한다.

① ㉠ 30일 이내, ㉡ 15일 이내   ② ㉠ 30일 이내, ㉡ 30일 이내
③ ㉠ 60일 이내, ㉡ 15일 이내   ④ ㉠ 60일 이내, ㉡ 30일 이내

해설

정답 ④

■ 제36조(부과금의 징수유예·분할납부 및 징수절차)★★

① 법 제35조의4제1항 또는 제2항에 따라 부과금의 징수유예를 받거나 분할납부를 하려는 자는 부과금 징수유예신청서와 부과금 분할납부신청서를 환경부장관 또는 시·도지사에게 제출해야 한다. ⟨개정 2019. 7. 16.⟩

② 법 제35조의4제1항에 따른 징수유예는 다음 각 호의 구분에 따른 징수유예기간과 그 기간 중의 분할납부의 횟수에 따른다.
　1. 기본부과금 : 유예한 날의 다음 날부터 다음 부과기간의 개시일 전일까지, 4회 이내
　2. 초과부과금 : 유예한 날의 다음 날부터 2년 이내, 12회 이내

③ 법 제35조의4제2항에 따른 징수유예기간의 연장은 유예한 날의 다음 날부터 3년 이내로 하며, 분할납부의 횟수는 18회 이내로 한다.

④ 부과금의 분할납부 기한 및 금액과 그 밖에 부과금의 부과·징수에 필요한 사항은 환경부장관 또는 시·도지사가 정한다. ⟨개정 2019. 7. 16.⟩

[전문개정 2013. 1. 31.]

예제 15 다음은 대기환경보전법령상 부과금의 징수유예·분할납부 및 징수절차에 관한 사항이다. ( )안에 알맞은 것은?

> 시·도지사는 배출부과금이 납부의무자의 자본금 또는 출자총액을 2배 이상 초과하는 경우로서 사업상 손실로 인해 경영상 심각한 위기에 처하여 징수유예기간 내에도 징수할 수 없다고 인정되면 징수유예기간을 연장하거나 분할납부의 횟수를 늘릴 수 있다. 이에 따른 징수유예 기간의 연장은 유예한 날의 다음 날부터 (㉠)로 하며, 분할납부의 횟수는 (㉡)로 한다.

① ㉠ 2년 이내, ㉡ 12회 이내　　　② ㉠ 2년 이내, ㉡ 18회 이내
③ ㉠ 3년 이내, ㉡ 12회 이내　　　④ ㉠ 3년 이내, ㉡ 18회 이내

해설

정답 ④

예제 16 대기환경보전법령상 사업자가 기본부과금의 징수유예나 분할납부가 불가피하다고 인정되는 경우, 기본부과금의 징수유예기간과 분할납부 횟수기준으로 옳은 것은?
① 유예한 날의 다음 날부터 다음 부과기간의 개시일 전일까지, 24회 이내
② 유예한 날의 다음 날부터 다음 부과기간의 개시일 전일까지, 12회 이내
③ 유예한 날의 다음 날부터 다음 부과기간의 개시일 전일까지, 6회 이내
④ 유예한 날의 다음 날부터 다음 부과기간의 개시일 전일까지, 4회 이내

해설

정답 ④

예제 17 대기환경보전법령상 천재지변으로 사업자의 재산에 중대한 손실이 발생할 경우로 납부기한 전에 부과금을 납부할 수 없다고 인정될 경우, 초과부과금 징수유예기간과 그 기간 중의 분할납부 횟수기준으로 옳은 것은?
① 유예한 날의 다음 날부터 2년 이내, 4회 이내
② 유예한 날의 다음 날부터 2년 이내, 12회 이내
③ 유예한 날의 다음 날부터 3년 이내, 4회 이내
④ 유예한 날의 다음 날부터 3년 이내, 12회 이내

해설

1. 기본부과금 : 유예한 날의 다음 날부터 다음 부과기간의 개시일 전일까지, 4회 이내
2. 초과부과금 : 유예한 날의 다음 날부터 2년 이내, 12회 이내

정답 ②

제3장 생활환경상의 대기오염물질 배출 규제

■ 제40조(저황유의 사용)

① 법 제41조제1항에 따른 황함유기준(이하 "황함유기준"이라 한다)이 정하여진 연료용 유류(이하 "저황유"라 한다)의 공급지역과 사용시설의 범위 등에 관한 기준은 별표 10의2와 같다. 〈개정 2008. 12. 31.〉

② 법 제41조제4항에 따라 시·도지사는 별표 10의2에 따른 기준에 부적합한 유류를 공급하거나 판매하는 자에게는 유류의 공급금지 또는 판매금지와 그 유류의 회수처리를 명하여야 하며, 유류를 사용하는 자에게는 사용금지를 명하여야 한다. 〈개정 2013. 1. 31.〉

③ 제2항에 따라 해당 유류의 회수처리명령 또는 사용금지명령을 받은 자는 명령을 받은 날부터 5일 이내에 다음 각 호의 사항을 구체적으로 밝힌 이행완료보고서를 시·도지사에게 제출하여야 한다. 〈개정 2013. 1. 31.〉

1. 해당 유류의 공급기간 또는 사용기간과 공급량 또는 사용량
2. 해당 유류의 회수처리량, 회수처리방법 및 회수처리기간
3. 저황유의 공급 또는 사용을 증명할 수 있는 자료 등에 관한 사항

예제 18 대기환경보전법령상 황함유기준에 부적합한 유류를 판매하여 그 해당 유류의 회수처리명령을 받은 자는 시·도지사 등에게 그 명령을 받은 날부터 며칠 이내에 이행완료보고서를 제출하여야 하는가?

① 5일 이내에 ② 7일 이내에
③ 10일 이내에 ④ 30일 이내에

해설

정답 ①

예제 19 대기환경보전법령상 황함유기준을 초과하여 해당 유류의 회수처리명령을 받은 자가 시·도지사에게 이행완료보고서를 제출할 때 구체적으로 밝혀야 하는 사항으로 가장 거리가 먼 것은?

① 유류 제조회사가 실험한 황함유량 검사 성적서
② 해당 유류의 회수처리량, 회수처리방법 및 회수처리기간
③ 해당 유류의 공급기간 또는 사용기간과 공급량 또는 사용량
④ 저황유의 공급 또는 사용을 증명할 수 있는 자료 등에 관한 사항

해설

정답 ①

■ 제45조(휘발성유기화합물의 규제 등)

① 법 제44조제1항 각 호 외의 부분에서 "대통령령으로 정하는 시설"이란 다음 각 호의 시설(법 제44조제1항제3호에 따른 휘발성유기화합물 배출규제 추가지역의 경우에는 제2호에 따른 저유소의 출하시설 및 제3호의 시설만 해당한다)을 말한다. 다만, 제38조의2에서 정하는 업종에서 사용하는 시설의 경우는 제외한다. 〈개정 2015. 7. 20.〉

   1. 석유정제를 위한 제조시설, 저장시설 및 출하시설(出荷施設)과 석유화학제품 제조업의 제조시설, 저장시설 및 출하시설

   2. 저유소의 저장시설 및 출하시설

   3. 주유소의 저장시설 및 주유시설

   4. 세탁시설

   5. 그 밖에 휘발성유기화합물을 배출하는 시설로서 환경부장관이 관계 중앙행정기관의 장과 협의하여 고시하는 시설

② 제1항 각 호에 따른 시설의 규모는 환경부장관이 관계 중앙행정기관의 장과 협의하여 고시한다.

③ 법 제45조제4항에서 "대통령령으로 정하는 사유"란 다음 각 호의 어느 하나에 해당하는 사유를 말한다. 〈개정 2013. 1. 31.〉

   1. 국내에서 확보할 수 없는 특수한 기술이 필요한 경우

   2. 천재지변이나 그 밖에 특별시장·광역시장·특별자치시장·도지사(그 관할구역 중 인구 50만 이상의 시는 제외한다)·특별자치도지사 또는 특별시·광역시 및 특별자치시를 제외한 인구 50만 이상의 시장이 부득이하다고 인정하는 경우

예제 20 대기환경보전법령상 「특별대책지역에서 휘발성유기화합물을 배출하는 시설」로서 대통령령으로 정하는 시설은 환경부장관 등에게 신고하여야 하는데, 다음 중 "대통령령으로 정하는 시설"로 가장 거리가 먼 것은?

   ① 목재가공시설   ② 주유소의 저장시설

   ③ 저유소의 출하시설   ④ 세탁시설

해설

정답 ①

제4장 자동차·선박 등의 배출가스 규제

■ 제46조(배출가스의 종류)

법 제46조제1항에서 "대통령령으로 정하는 오염물질"이란 다음 각 호의 구분에 따른 물질을 말한다.
〈개정 2020.5.26.〉

    1. 휘발유, 알코올 또는 가스를 사용하는 자동차
        가. 일산화탄소　　　　　　　　나. 탄화수소
        다. 질소산화물　　　　　　　　라. 알데히드
        마. 입자상물질(粒子狀物質)　　바. 암모니아
    2. 경유를 사용하는 자동차
        가. 일산화탄소　　　　　　　　나. 탄화수소
        다. 질소산화물　　　　　　　　라. 매연
        마. 입자상물질(粒子狀物質)　　바. 암모니아

예제 21 대기환경보전법령상 경유를 사용하는 자동차의 배출가스 중 대통령령으로 정하는 오염물질의 종류에 해당하지 않는 것은?

    ① 탄화수소　　　　　　　　　　　② 알데히드
    ③ 질소산화물　　　　　　　　　　④ 일산화탄소

해설

정답 ②

■ 제47조(인증의 면제·생략 자동차)

① 법 제48조제1항 단서에 따라 인증을 면제할 수 있는 자동차는 다음 각 호와 같다. 〈개정 2013. 3. 23.〉
    1. 군용 및 경호업무용 등 국가의 특수한 공용 목적으로 사용하기 위한 자동차와 소방용 자동차
    2. 주한 외국공관 또는 외교관이나 그 밖에 이에 준하는 대우를 받는 자가 공용 목적으로 사용하기 위한 자동차로서 외교부장관의 확인을 받은 자동차
    3. 주한 외국군대의 구성원이 공용 목적으로 사용하기 위한 자동차
    4. 수출용 자동차와, 박람회나 그 밖에 이에 준하는 행사에 참가하는 자가 전시의 목적으로 일시 반입하는 자동차
    5. 여행자 등이 다시 반출할 것을 조건으로 일시 반입하는 자동차
    6. 자동차제작자 및 자동차 관련 연구기관 등이 자동차의 개발 또는 전시 등 주행 외의 목적으로 사용하기 위하여 수입하는 자동차
    7. 삭제 〈2008. 12. 31.〉
    8. 외국인 또는 외국에서 1년 이상 거주한 내국인이 주거(住居)를 옮기기 위하여 이주물품으로 반입하는 1대의 자동차

② 법 제48조제1항 단서에 따라 인증을 생략할 수 있는 자동차는 다음 각 호와 같다. 〈개정 2008. 2. 29.〉

1. 국가대표 선수용 자동차 또는 훈련용 자동차로서 문화체육관광부장관의 확인을 받은 자동차
2. 외국에서 국내의 공공기관 또는 비영리단체에 무상으로 기증한 자동차
3. 외교관 또는 주한 외국군인의 가족이 사용하기 위하여 반입하는 자동차
4. 항공기 지상 조업용 자동차
5. 법 제48조제1항에 따른 인증을 받지 아니한 자가 그 인증을 받은 자동차의 원동기를 구입하여 제작하는 자동차
6. 국제협약 등에 따라 인증을 생략할 수 있는 자동차
7. 그 밖에 환경부장관이 인증을 생략할 필요가 있다고 인정하는 자동차

예제 22 대기환경보전법령상 인증을 생략할 수 있는 자동차에 해당하지 않는 것은?

① 항공기 지상 조업용 자동차

② 주한 외국군인의 가족이 사용하기 위하여 반입하는 자동차

③ 훈련용 자동차로서 문화체육관광부장관의 확인을 받은 자동차

④ 주한 외국군대의 구성원이 공용 목적으로 사용하기 위한 자동차

해설

④ 인증을 면제할 수 있는 자동차임

정답 ④

◆ 시행령 별표 ◆

■ 대기환경보전법 시행령 [별표 1의3] 〈개정 2016. 3. 29.〉

사업장 분류기준(제13조 관련) ★★★

종별	오염물질발생량 구분(대기오염물질발생량의 연간 합계 기준)
1종사업장	80톤 이상인 사업장
2종사업장	20톤 이상 80톤 미만인 사업장
3종사업장	10톤 이상 20톤 미만인 사업장
4종사업장	2톤 이상 10톤 미만인 사업장
5종사업장	2톤 미만인 사업장

비고

"대기오염물질발생량"이란 방지시설을 통과하기 전의 먼지, 황산화물 및 질소산화물의 발생량을 환경부령으로 정하는 방법에 따라 산정한 양을 말한다.

예제 23 대기환경보전법령상 배출시설에서 발생하는 연간 대기오염물질 발생량의 합계로 사업장을 분류할 때 다음 중 4종 사업장에 속하는 양은?

① 80톤   ② 50톤

③ 12톤   ④ 5톤

해설

정답 ④

예제 24 대기환경보전법령상 대기오염물질발생량의 합계가 연간 20톤 이상 80톤 미만인 사업장의 종별 분류로 옳은 것은?

① 1종 사업장   ② 2종 사업장

③ 3종 사업장   ④ 4종 사업장

해설

정답 ②

예제 25 대기환경보전법령상 3종 사업장 분류기준으로 옳은 것은?

① 대기오염물질발생량의 합계가 연간 20톤 이상 80톤 미만인 사업장
② 대기오염물질발생량의 합계가 연간 20톤 이상 60톤 미만인 사업장
③ 대기오염물질발생량의 합계가 연간 10톤 이상 20톤 미만인 사업장
④ 대기오염물질발생량의 합계가 연간 10톤 이상 50톤 미만인 사업장

해설

정답 ③

예제 26 대기환경보전법령상 오염물질발생량에 따른 사업장 분류기준 중 4종 사업장 분류기준은?

① 대기오염물질발생량의 합계가 연간 10톤 이상 20톤 미만인 사업장
② 대기오염물질발생량의 합계가 연간 5톤 이상 20톤 미만인 사업장
③ 대기오염물질발생량의 합계가 연간 5톤 이상 10톤 미만인 사업장
④ 대기오염물질발생량의 합계가 연간 2톤 이상 10톤 미만인 사업장

해설

정답 ④

예제 27 대기환경보전법령상 연간 대기오염물질발생량에 따른 사업장 구분으로 옳은 것은?

① 대기오염물질발생량의 합계가 연간 3톤인 사업장은 5종 사업장에 해당한다.

② 대기오염물질발생량의 합계가 연간 15톤인 사업장은 4종 사업장에 해당한다.

③ 대기오염물질발생량의 합계가 연간 25톤인 사업장은 2종 사업장에 해당한다.

④ 대기오염물질발생량의 합계가 연간 60톤인 사업장은 1종 사업장에 해당한다.

해설

정답 ③

■ 대기환경보전법 시행령 [별표 4] 〈개정 2018. 12. 31.〉 [시행일 : 2020. 1. 1.] 질소산화물 관련 부분

초과부과금 산정기준(제24조제2항 관련) ★★★

(금액 : 원)

구분 오염물질	오염물질 1kg당 부과금액	배출허용 기준 초과율별 부과계수								지역별 부과계수		
		20% 미만	20% 이상 40% 미만	40% 이상 80% 미만	80% 이상 100% 미만	100% 이상 200% 미만	200% 이상 300% 미만	300% 이상 400% 미만	400% 이상	I 지역	II 지역	III 지역
황산화물	500	1.2	1.56	1.92	2.28	3.0	4.2	4.8	5.4	2	1	1.5
먼지	770	1.2	1.56	1.92	2.28	3.0	4.2	4.8	5.4	2	1	1.5
질소산화물	2,130	1.2	1.56	1.92	2.28	3.0	4.2	4.8	5.4	2	1	1.5
암모니아	1,400	1.2	1.56	1.92	2.28	3.0	4.2	4.8	5.4	2	1	1.5
황화수소	6,000	1.2	1.56	1.92	2.28	3.0	4.2	4.8	5.4	2	1	1.5
이황화탄소	1,600	1.2	1.56	1.92	2.28	3.0	4.2	4.8	5.4	2	1	1.5
특정대기유해물질 불소화물	2,300	1.2	1.56	1.92	2.28	3.0	4.2	4.8	5.4	2	1	1.5
특정대기유해물질 염화수소	7,400	1.2	1.56	1.92	2.28	3.0	4.2	4.8	5.4	2	1	1.5
특정대기유해물질 시안화수소	7,300	1.2	1.56	1.92	2.28	3.0	4.2	4.8	5.4	2	1	1.5

비고

1. 배출허용기준 초과율(%) = (배출농도 – 배출허용기준농도)÷배출허용기준농도×100

2. I지역 : 「국토의 계획 및 이용에 관한 법률」 제36조에 따른 주거지역·상업지역, 같은 법 제37조에 따른 취락지구, 같은 법 제42조에 따른 택지개발지구

3. II지역 : 「국토의 계획 및 이용에 관한 법률」 제36조에 따른 공업지역, 같은 법 제37조에 따른 개발진흥지구(관광·휴양개발진흥지구는 제외한다), 같은 법 제40조에 따른 수산자원보호구역, 같은 법 제42조에 따른 국가산업단지·일반산업단지·도시첨단산업단지, 전원개발사업구역 및 예정구역

4. III지역 : 「국토의 계획 및 이용에 관한 법률」 제36조에 따른 녹지지역·관리지역·농림지역 및 자연환경보전지역, 같은 법 제37조 및 같은 법 시행령 제31조에 따른 관광·휴양개발진흥지구

예제 28 대기환경보전법령상 초과부과금을 산정할 때 다음 오염물질 중 1킬로그램당 부과금액이 가장 높은 것은?

① 시안화수소   ② 암모니아

③ 불소화합물   ④ 이황화탄소

해설

초과부과금 산정기준(제24조제2항 관련)

(금액 : 원)

구분	특정대기유해물질			황화수소	질소산화물	이황화탄소	암모니아	먼지	황산화물
오염물질	염화수소	시안화수소	불소화물						
금액	7,400	7,300	2,300	6,000	2,130	1,600	1,400	770	500

정답 ①

예제 29 대기환경보전법령상 초과부과금 산정기준 중 1kg당 부과금액이 가장 적은 것은?

① 염화수소   ② 황화수소

③ 시안화수소   ④ 이황화탄소

해설

정답 ④

예제 30 대기환경보전법령상 초과부과금 부과대상 오염물질이 아닌 것은?

① 이황화탄소   ② 시안화수소

③ 황화수소   ④ 메탄

해설

정답 ④

■ 대기환경보전법 시행령 [별표 5] 〈개정 2018. 12. 31.〉

일일 기준초과배출량 및 일일유량의 산정방법(제25조제3항 관련) ★★★

1. 일일 기준초과배출량의 산정방법

구분	오염물질	산정방법
일반오염물질	황산화물	일일유량 × 배출허용기준초과농도 × 10^{-6} × 64 ÷ 22.4
	먼지	일일유량 × 배출허용기준초과농도 × 10^{-6}
	질소산화물	일일유량 × 배출허용기준초과농도 × 10^{-6} × 46 ÷ 22.4
	암모니아	일일유량 × 배출허용기준초과농도 × 10^{-6} × 17 ÷ 22.4
	황화수소	일일유량 × 배출허용기준초과농도 × 10^{-6} × 34 ÷ 22.4
	이황화탄소	일일유량 × 배출허용기준초과농도 × 10^{-6} × 76 ÷ 22.4
특정대기유해물질	불소화물	일일유량 × 배출허용기준초과농도 × 10^{-6} × 19 ÷ 22.4
	염화수소	일일유량 × 배출허용기준초과농도 × 10^{-6} × 36.5 ÷ 22.4
	시안화수소	일일유량 × 배출허용기준초과농도 × 10^{-6} × 27 ÷ 22.4

비고

1. 배출허용기준초과농도 = 배출농도 - 배출허용기준농도
2. 특정대기유해물질의 배출허용기준초과 일일오염물질배출량은 소수점 이하 넷째 자리까지 계산하고, 일반오염물질은 소수점 이하 첫째 자리까지 계산한다.
3. 먼지의 배출농도 단위는 표준상태(0℃, 1기압을 말한다)에서의 세제곱미터당 밀리그램(mg/Sm^3)으로 하고, 그 밖의 오염물질의 배출농도 단위는 피피엠(ppm)으로 한다.

2. 일일유량의 산정방법

일일유량 = 측정유량 × 일일조업시간

비고

1. 측정유량의 단위는 시간당 세제곱미터(m^3/h)로 한다.
2. 일일조업시간은 배출량을 측정하기 전 최근 조업한 30일 동안의 배출시설 조업시간 평균치를 시간으로 표시한다.

예제 31 대기환경보전법령상 대기오염물질 배출허용기준 일일유량의 산정방법 (일일유량 = 측정유량 × 일일조업시간) 중 일일조업시간 표시에 대한 설명으로 가장 적합한 것은?

① 일일조업시간은 배출량을 측정하기 전 최근 조업한 7일 동안의 배출시설 조업시간 평균치를 시간으로 표시한다.

② 일일조업시간은 배출량을 측정하기 전 최근 조업한 15일 동안의 배출시설 조업시간 평균치를 시간으로 표시한다.

③ 일일조업시간은 배출량을 측정하기 전 최근 조업한 30일 동안의 배출시설 조업시간 평균치를 시간으로 표시한다.

④ 일일조업시간은 배출량을 측정하기 전 최근 조업한 60일 동안의 배출시설 조업시간 평균치를 시간으로 표시한다.

해설

정답 ③

예제 32 대기환경보전법령상 일일 기준초과배출량 및 일일유량의 산정방법에 관한 설명으로 옳지 않은 것은?

① 일일유량 산정을 위한 측정유량의 단위는 m^3/일로 한다.

② 일일유량 산정을 위한 일일조업시간은 배출량을 측정하기 전 최근 조업한 30일 동안의 배출시설의 조업시간 평균치를 시간으로 표시한다.

③ 먼지 이외의 오염물질의 배출농도 단위는 ppm으로 한다.

④ 특정대기유해물질의 배출허용기준초과 일일오염물질배출량은 소수점이하 넷째자리까지 계산한다.

해설

정답 ①

예제 33 대기환경보전법령상 일일초과배출량 및 일일유량의 산정방법에서 일일유량 산정을 위한 측정유량의 단위는?

① m^3/sec

② m^3/min

③ m^3/h

④ m^3/day

해설

정답 ③

■ 대기환경보전법 시행령 [별표 7]

기본부과금의 지역별 부과계수(제28조제2항 관련)

구분	지역별 부과계수
Ⅰ지역	1.5
Ⅱ지역	0.5
Ⅲ지역	1.0

Ⅰ지역 : 「국토의 계획 및 이용에 관한 법률」에 따른 주거지역·상업지역, 취락지구, 택지개발지구

Ⅱ지역 : 「국토의 계획 및 이용에 관한 법률」에 따른 공업지역, 개발진흥지구(관광·휴양개발진흥지구는 제외한다), 수산자원보호구역, 국가산업단지·일반산업단지·도시첨단산업단지, 전원개발사업구역 및 예정구역

Ⅲ지역 : 「국토의 계획 및 이용에 관한 법률」에 따른 녹지지역·관리지역·농림지역 및 자연환경보전지역, 관광·휴양개발진흥지구

예제 34 대기환경보전법령상 기본부과금의 지역별 부과계수로 옳게 연결된 것은? (단, 지역구분은 「국토의 계획 및 이용에 관한 법률」에 따르고, 대표적으로 Ⅰ지역은 주거지역, Ⅱ지역은 공업지역, Ⅲ지역은 녹지지역이 해당한다.)

① Ⅰ지역-0.5, Ⅱ지역-1.0, Ⅲ지역-1.5
② Ⅰ지역-1.5, Ⅱ지역-0.5, Ⅲ지역-1.0
③ Ⅰ지역-1.0, Ⅱ지역-0.5, Ⅲ지역-1.5
④ Ⅰ지역-1.5, Ⅱ지역-1.0, Ⅲ지역-0.5

해설

정답 ②

예제 35 대기환경보전법령상 기본부과금의 지역별부과계수에서 Ⅱ지역에 해당되는 부과계수는? (단, 지역구분은 국토의 계획 및 이용에 관한 법률에 따른 지역을 기준으로 하고, Ⅰ지역은 주거지역, Ⅱ지역은 공업지역, Ⅲ지역은 녹지지역을 대표지역으로 함)

① 2.0
② 1.5
③ 0.5
④ 1.0

해설

정답 ③

■ 대기환경보전법 시행령 [별표 8] ^{〈개정 2020. 3. 31.〉}

기본부과금의 농도별 부과계수(제28조제2항 관련)

1. 법 제39조에 따른 측정 결과가 없는 시설

가. 연료를 연소하여 황산화물을 배출하는 시설

구분	연료의 황함유량(%)		
	0.5% 이하	1.0% 이하	1.0% 초과
농도별 부과계수	0.2	0.4	1.0

나. 가목 외의 황산화물을 배출하는 시설, 먼지를 배출하는 시설 및 질소산화물을 배출하는 시설의 농도별 부과계수 : 0.15. 다만, 법 제23조제4항에 따라 제출하는 서류를 통해 해당 배출시설에서 배출되는 오염물질 농도를 추정할 수 있는 경우에는 제2호에 따른 농도별 부과계수를 적용할 수 있다.

2. 법 제39조에 따른 측정 결과가 있는 시설

가. 질소산화물에 대한 농도별 부과계수

1) 2020년 12월 31일까지

구분	배출허용기준의 백분율			
	70% 미만	70% 이상 80% 미만	80% 이상 90% 미만	90% 이상 100% 미만
농도별 부과계수	0	0.65	0.8	0.95

2) 2021년 1월 1일부터 2021년 12월 31일까지

구분	배출허용기준의 백분율					
	50% 미만	50% 이상 60% 미만	60% 이상 70% 미만	70% 이상 80% 미만	80% 이상 90% 미만	90% 이상 100% 미만
농도별 부과계수	0	0.35	0.5	0.65	0.8	0.95

3) 2022년 1월 1일 이후

구분	배출허용기준의 백분율							
	30% 미만	30% 이상 40% 미만	40% 이상 50% 미만	50% 이상 60% 미만	60% 이상 70% 미만	70% 이상 80% 미만	80% 이상 90% 미만	90% 이상 100% 미만
농도별 부과계수	0	0.15	0.25	0.35	0.5	0.65	0.8	0.95

나. 가목 외의 기본부과금 부과대상 오염물질에 대한 농도별 부과계수

구분	배출허용기준의 백분율							
	30% 미만	30% 이상 40% 미만	40% 이상 50% 미만	50% 이상 60% 미만	60% 이상 70% 미만	70% 이상 80% 미만	80% 이상 90% 미만	90% 이상 100% 미만
농도별 부과계수	0	0.15	0.25	0.35	0.5	0.65	0.8	0.95

비고

1. 배출허용기준은 법 제16조제1항에 따른 배출허용기준을 말한다.

2. 배출허용기준의 백분율(%) = $\dfrac{배출농도}{배출허용기준농도} \times 100$

3. 배출농도는 제29조에 따른 일일평균배출량의 산정근거가 되는 배출농도를 말한다.

예제 36

대기환경보전법령상 기본부과금의 농도별 부과계수 중 연료의 황함유량이 1.0% 이하인 경우 농도별 부과계수로 옳은 것은? (단, 연료를 연소하여 황산화물을 배출하는 시설 (황산화물의 배출량을 줄이기 위하여 방지시설을 설치한 경우와 생산공정상 황산화물의 배출량이 줄어든다고 인정하는 경우는 제외))

① 0.2
② 0.4
③ 0.8
④ 1.0

해설

정답 ②

예제 37

대기환경보전법령상 연료의 황 함유량이 1.0% 초과인 경우 기본부과금의 농도별 부과계수로 옳은 것은? (단, 연료를 연소하여 황산화물을 배출하는 시설(황산화물의 배출량을 줄이기 위해 방지시설을 설치한 경우와 생산공정상 황산화물의 배출량이 줄어든다고 인정하는 경우는 제외))

① 0.2
② 0.3
③ 0.4
④ 1.0

해설

정답 ④

사업장별 환경기술인의 자격기준(제39조제2항 관련) ★★★

구분	환경기술인의 자격기준
1종사업장 (대기오염물질발생량의 합계가 연간 80톤 이상인 사업장)	대기환경기사 이상의 기술자격 소지자 1명 이상
2종사업장 (대기오염물질발생량의 합계가 연간 20톤 이상 80톤 미만인 사업장)	대기환경산업기사 이상의 기술자격 소지자 1명 이상
3종사업장 (대기오염물질발생량의 합계가 연간 10톤 이상 20톤 미만인 사업장)	대기환경산업기사 이상의 기술자격 소지자, 환경기능사 또는 3년 이상 대기분야 환경관련 업무에 종사한 자 1명 이상
4종사업장 (대기오염물질발생량의 합계가 연간 2톤 이상 10톤 미만인 사업장)	배출시설 설치허가를 받거나 배출시설 설치신고가 수리된 자 또는 배출시설 설치허가를 받거나 수리된 자
5종사업장 (1종사업장부터 4종사업장까지에 속하지 아니하는 사업장)	가 해당 사업장의 배출시설 및 방지시설 업무에 종사하는 피고용인 중에서 임명하는 자 1명 이상

비고

1. 4종사업장과 5종사업장 중 기준 이상의 특정대기유해물질이 포함된 오염물질을 배출하는 경우에는 3종사업장에 해당하는 기술인을 두어야 한다.
2. 1종사업장과 2종사업장 중 1개월 동안 실제 작업한 날만을 계산하여 1일 평균 17시간 이상 작업하는 경우에는 해당 사업장의 기술인을 각각 2명 이상 두어야 한다. 이 경우, 1명을 제외한 나머지 인원은 3종사업장에 해당하는 기술인 또는 환경기능사로 대체할 수 있다.
3. 공동방지시설에서 각 사업장의 대기오염물질 발생량의 합계가 4종사업장과 5종사업장의 규모에 해당하는 경우에는 3종사업장에 해당하는 기술인을 두어야 한다.
4. 전체 배출시설에 대하여 방지시설 설치 면제를 받은 사업장과 배출시설에서 배출되는 오염물질 등을 공동방지시설에서 처리하는 사업장은 5종사업장에 해당하는 기술인을 둘 수 있다.
5. 대기환경기술인이 「물환경보전법」에 따른 수질환경기술인의 자격을 갖춘 경우에는 수질환경기술인을 겸임할 수 있으며, 대기환경기술인이 「소음·진동관리법」에 따른 소음·진동환경기술인 자격을 갖춘 경우에는 소음·진동환경기술인을 겸임할 수 있다.
6. 법 제2조제11호에 따른 배출시설 중 일반보일러만 설치한 사업장과 대기 오염물질 중 먼지만 발생하는 사업장은 5종사업장에 해당하는 기술인을 둘 수 있다.
7. "대기오염물질발생량"이란 방지시설을 통과하기 전의 먼지, 황산화물 및 질소산화물의 발생량을 환경부령으로 정하는 방법에 따라 산정한 양을 말한다.

예제 38 대기환경보전법령상 3종 사업장의 환경기술인의 자격기준에 해당되는 자는?

① 환경기능사

② 1년 이상 대기분야 환경관련업무에 종사한 자

③ 2년 이상 대기분야 환경관련업무에 종사한 자

④ 피고용인 중에서 임명하는 자

해설

정답 ①

예제 39

대기환경보전법령상 사업장별 구분 또는 사업장별 환경기술인의 자격기준에 관한 설명으로 옳지 않은 것은?

① 4종사업장은 대기오염물질발생량의 합계가 연간 2톤 이상 10톤 미만인 사업장을 말한다.

② 공동방지시설에서 각 사업장의 대기오염물질 발생량의 합계가 4종사업장과 5종사업장의 규모에 해당하는 경우에는 3종사업장에 해당하는 기술인을 두어야 한다.

③ 1종사업장과 2종사업장 중 1개월 동안 실제 작업한 날만을 계산하여 1일 평균 17시간 이상 작업하는 경우에는 해당 사업장의 기술인을 각각 2명 이상 두어야 한다.

④ 전체 배출시설에 대하여 방지시설 설치면제를 받은 사업장과 배출시설에서 배출되는 오염물질 등을 공동방지시설에서 처리하는 사업장은 2종사업장에 해당하는 기술인을 두어야 한다.

해설

④ 전체 배출시설에 대하여 방지시설 설치 면제를 받은 사업장과 배출시설에서 배출되는 오염물질 등을 공동방지시설에서 처리하는 사업장은 5종사업장에 해당하는 기술인을 둘 수 있다.

정답 ④

예제 40

대기환경보전법령상 사업장별 환경기술인의 자격기준에 관한 설명으로 옳지 않은 것은?

① 4종사업장과 5종사업장 중 특정대기유해물질이 환경부령으로 정하는 기준 이상으로 포함된 오염물질을 배출하는 경우에는 3종사업장에 해당하는 기술인을 두어야 한다.

② 1종사업장과 2종사업장 중 1개월 동안 실제 작업한 날만을 계산하여 1일 평균 17시간 이상 작업하는 경우에는 해당 사업장의 기술인을 각각 1명 이상 두어야 한다.

③ 공동방지시설에서 각 사업장의 대기오염물질 발생량의 합계가 4종사업장과 5종사업장의 규모에 해당하는 경우에는 3종사업장에 해당하는 기술인을 두어야 한다.

④ 배출시설 중 일반보일러만 설치한 사업장과 대기 오염물질 중 먼지만 발생하는 사업장은 5종사업장에 해당하는 기술인을 둘 수 있다.

해설

② 1종사업장과 2종사업장 중 1개월 동안 실제 작업한 날만을 계산하여 1일 평균 17시간 이상 작업하는 경우에는 해당 사업장의 기술인을 각각 2명 이상 두어야 한다. 이 경우, 1명을 제외한 나머지 인원은 3종사업장에 해당하는 기술인 또는 환경기능사로 대체할 수 있다.

정답 ②

예제 41

대기환경보전법령상 사업장별 환경기술인의 자격기준에 관한 사항으로 거리가 먼 것은?

① 2종사업장의 환경기술인의 자격기준은 대기환경산업기사 이상의 기술자격 소지자 1명 이상 이다.

② 4종사업장과 5종사업장 중 환경부령으로 정하는 기준 이상의 특정대기유해물질이 포함된 오염물 질을 배출하는 경우에는 3종사업장에 해당하는 기술인을 두어야 한다.

③ 1종사업장과 2종사업장 중 1개월 동안 실제 작업한 날만을 계산하여 1일 평균 17시간 이상 작업 하는 경우에는 해당 사업장의 기술인을 각각 2명 이상 두어야 한다.

④ 공동방지시설에서 각 사업장의 대기오염물질 발생량의 합계가 4종사업장과 5종사업장의 규모에 해당하는 경우에는 5종사업장에 해당하는 기술인을 두어야 한다.

해설

④ 공동방지시설에서 각 사업장의 대기오염물질 발생량의 합계가 4종사업장과 5종사업장의 규모에 해당하는 경우에는 3종사업장에 해당하는 기술인을 두어야 한다.

정답 ④

■ 대기환경보전법 시행령 [별표 11의3] 〈개정 2019. 7. 2.〉

청정연료 사용 기준(제43조 관련)

1. 청정연료를 사용하여야 하는 대상시설의 범위

가. 「건축법 시행령」 제3조의4에 따른 공동주택으로서 동일한 보일러를 이용하여 하나의 단지 또는 여러 개의 단지가 공동으로 열을 이용하는 중앙집중난방방식(지역냉난방방식을 포함한다)으로 열을 공급받고, 단지 내의 모든 세대의 평균 전용면적이 40.0m² 를 초과하는 공동주택

나. 「집단에너지사업법 시행령」 제2조제1호에 따른 지역냉난방사업을 위한 시설. 다만, 지역냉난방사업을 위한 시설 중 발전폐열을 지역냉난방용으로 공급하는 산업용 열병합 발전시설로서 환경부장관이 승인한 시설은 제외한다.

다. 전체 보일러의 시간당 총 증발량이 0.2톤 이상인 업무용보일러(영업용 및 공공용보일러를 포함하되, 산업용보일러는 제외한다)

라. 발전시설. 다만, 산업용 열병합 발전시설은 제외한다.

비고

1. 가목부터 라목까지의 시설 중「신에너지 및 재생에너지 개발·이용·보급 촉진법」제2조에 따른 신에너지 및 재생 에너지를 사용하는 시설은 제외한다.

2. 나목 단서에 따른 승인 기준, 절차 및 승인취소 등에 필요한 사항은 환경부장관이 정하여 고시한다.

예제 42 대기환경보전법령상 청정연료를 사용하여야 하는 대상시설의 범위에 해당하지 않는 시설은?

① 산업용 열병합 발전시설

② 전체보일러의 시간당 총 증발량이 0.2톤 이상인 업무용보일러

③ 집단에너지사업법 시행령에 따른 지역냉난방사업을 위한 시설

④ 건축법 시행령에 따른 중앙집중난방방식으로 열을 공급받고 단지 내의 모든 세대의 평균 전용면적이 40.0m²를 초과하는 공동주택

해설

① 발전시설. 다만, 산업용 열병합 발전시설은 제외한다.

정답 ①

예제 43 대기환경보전법령상 청정연료를 사용하여야 하는 대상시설의 범위로 옳지 않은 것은?

① 산업용 열병합 발전시설

② 건축법 시행령에 따른 공동주택으로서 동일한 보일러를 이용하여 하나의 단지 또는 여러 개의 단지가 공동으로 열을 이용하는 중앙집중난방방식으로 열을 공급받고, 단지 내 모든 세대의 평균 전용면적이 40.0m²를 초과하는 공동주택

③ 전체 보일러의 시간당 총 증발량이 0.2톤 이상인 업무용 보일러(영업용 및 공공용 보일러를 포함하되, 산업용 보일러는 제외한다)

④ 집단에너지사업법 시행령에 따른 지역냉난방사업을 위한 시설(단, 지역냉난방사업을 위한 시설 중 발전폐열을 지역냉난방으로 공급하는 산업용 열병합발전시설로서 환경부장관이 승인한 시설은 제외)

해설

① 발전시설. 다만, 산업용 열병합 발전시설은 제외한다.

정답 ①

■ 대기환경보전법 시행령 [별표 12] ^{〈개정 2017. 12. 26.〉}

과징금의 부과기준(제52조 관련)

1. 매출액 산정방법

법 제56조에서 "매출액"이란 그 자동차의 최초 제작시점부터 적발시점까지의 총 매출액으로 한다. 다만, 과거에 위반 경력이 있는 자동차 제작자는 위반행위가 있었던 시점 이후에 제작된 자동차의 매출액으로 한다.

2. 가중부과계수

위반행위의 종류 및 배출가스의 증감 정도에 따른 가중부과계수는 다음과 같다.

위반행위의 종류	가중부과계수	
	배출가스의 양이 증가하는 경우	배출가스의 양이 증가하지 않는 경우
가. 인증을 받지 않고 자동차를 제작하여 판매한 경우	1.0	1.0
나. 거짓이나 그 밖의 부정한 방법으로 인증 또는 변경인증을 받은 경우	1.0	1.0
다. 인증받은 내용과 다르게 자동차를 제작하여 판매한 경우	1.0	0.3

3. 과징금 산정방법

매출액 × 5/100 × 가중부과계수

예제 44 대기환경보전법령상 자동차 배출가스 규제 등에서 매출액 산정 및 위반행위 정도에 따른 과징금의 부과기준과 관련된 사항으로 옳지 않은 것은?

① 매출액 산정방법에서 "매출액"이란 그 자동차의 최초 제작시점부터 적발시점까지의 총 매출액으로 한다.

② 제작차에 대하여 인증을 받지 아니하고 자동차를 제작 · 판매한 행위에 대해서 위반행위의 정도에 따른 가중부과계수는 1.0를 적용한다.

③ 제작차에 대하여 인증을 받은 내용과 다르게 자동차를 제작 · 판매한 행위에 대해서 위반행위의 정도에 따른 가중부과계수는 0.5를 적용한다.

④ 과징금의 산정방법 = 총매출액 × 5/100 × 가중부과계수를 적용한다.

해설

정답 ③

Chapter 03 대기환경보전법 시행규칙

제1장 총칙 ★★★

■ 제11조(측정망의 종류 및 측정결과보고 등)

① 법 제3조제1항에 따라 수도권대기환경청장, 국립환경과학원장 또는 「한국환경공단법」에 따른 한국환경공단(이하 "한국환경공단"이라 한다)이 설치하는 대기오염 측정망의 종류는 다음 각 호와 같다. 〈개정 2019. 2. 13.〉

   1. 대기오염물질의 지역배경농도를 측정하기 위한 교외대기측정망
   2. 대기오염물질의 국가배경농도와 장거리이동 현황을 파악하기 위한 국가배경농도측정망
   3. 도시지역 또는 산업단지 인근지역의 특정대기유해물질(중금속을 제외한다)의 오염도를 측정하기 위한 유해대기물질측정망
   4. 도시지역의 휘발성유기화합물 등의 농도를 측정하기 위한 광화학대기오염물질측정망
   5. 산성 대기오염물질의 건성 및 습성 침착량을 측정하기 위한 산성강하물측정망
   6. 기후ㆍ생태계 변화유발물질의 농도를 측정하기 위한 지구대기측정망
   7. 장거리이동대기오염물질의 성분을 집중 측정하기 위한 대기오염집중측정망
   8. 초미세먼지(PM-2.5)의 성분 및 농도를 측정하기 위한 미세먼지성분측정망

② 법 제3조제2항에 따라 특별시장ㆍ광역시장ㆍ특별자치시장ㆍ도지사 또는 특별자치도지사(이하 "시ㆍ도지사"라 한다)가 설치하는 대기오염 측정망의 종류는 다음 각 호와 같다. 〈개정 2013. 5. 24.〉

   1. 도시지역의 대기오염물질 농도를 측정하기 위한 도시대기측정망
   2. 도로변의 대기오염물질 농도를 측정하기 위한 도로변대기측정망
   3. 대기 중의 중금속 농도를 측정하기 위한 대기중금속측정망

③ 시ㆍ도지사는 법 제3조제2항에 따라 상시측정한 대기오염도를 측정망을 통하여 국립환경과학원장에게 전송하고, 연도별로 이를 취합ㆍ분석ㆍ평가하여 그 결과를 다음 해 1월말까지 국립환경과학원장에게 제출하여야 한다.

예제 01   대기환경보전법규상 수도권대기환경청장, 국립환경과학원장 또는 한국환경공단이 설치하는 대기오염 측정망의 종류에 해당하지 않는 것은?

① 도시지역 또는 산업단지 인근지역의 특정대기유해물질(중금속을 제외한다)의 오염도를 측정하기 위한 유해대기물질측정망

② 산성 대기오염물질의 건성 및 습성 침착량을 측정하기 위한 산성강하물측정망

③ 기후·생태계 변화 유발물질의 농도를 측정하기 위한 지구대기측정망

④ 도시지역의 대기오염물질 농도를 측정하기 위한 도시대기측정망

해설

④ 시·도지사가 설치하는 대기오염 측정망의 종류임

정답 ④

예제 02   대기환경보전법규상 시·도지사가 설치하는 대기오염 측정망에 해당하는 것은?

① 대기 중의 중금속 농도를 측정하기 위한 대기중금속측정망

② 대기오염물질의 지역배경농도를 측정하기 위한 교외대기측정망

③ 도시지역의 휘발성유기화합물 등의 농도를 측정하기 위한 광화학대기오염물질측정망

④ 산성 대기오염물질의 건성 및 습성 침착량을 측정하기 위한 산성강하물측정망

해설

정답 ①

예제 03   대기환경보전법규상 수도권대기환경청장, 국립환경과학원장 또는 한국환경공단이 설치하는 대기오염 측정망의 종류가 아닌 것은?

① 도시지역의 휘발성유기화합물 등의 농도를 측정하기 위한 광화학대기오염물질측정망

② 기후·생태계변화 유발물질의 농도를 측정하기 위한 지구대기측정망

③ 대기 중의 중금속농도를 측정하기 위한 대기중금속측정망

④ 대기오염물질의 지역배경농도를 측정하기 위한 교외대기측정망

해설

정답 ③

예제 04 대기환경보전법규상 시·도지사가 설치하는 대기오염 측정망에 해당하지 않는 것은?

① 도시지역의 휘발성유기화합물 등의 농도를 측정하기 위한 광화학대기오염물질측정망

② 도시지역의 대기오염물질 농도를 측정하기 위한 도시대기측정망

③ 도로변의 대기오염물질 농도를 측정하기 위한 도로변대기측정망

④ 대기 중의 중금속 농도를 측정하기 위한 대기중금속측정망

해설

정답 ①

예제 05 대기환경보전법규상 수도권대기환경청장, 국립환경과학원장 또는 한국환경공단이 설치하는 대기오염 측정망의 종류에 해당하지 않는 것은?

① 대기오염물질의 지역배경농도를 측정하기 위한 교외대기측정망

② 대기 중의 중금속 농도를 측정하기 위한 대기중금속측정망

③ 초미세먼지(PM-2.5)의 성분 및 농도를 측정하기 위한 미세먼지성분측정망

④ 산성 대기오염물질의 건성 및 습성 침착량을 측정하기 위한 산성강하물측정망

해설

② 시·도지사가 설치하는 대기오염 측정망의 종류

정답 ②

■ 제12조(측정망설치계획의 고시)

① 유역환경청장, 지방환경청장, 수도권대기환경청장 및 시·도지사는 법 제4조에 따라 다음 각 호의 사항이 포함된 측정망설치계획을 결정하고 최초로 측정소를 설치하는 날부터 3개월 이전에 고시하여야 한다.

1. 측정망 설치시기
2. 측정망 배치도
3. 측정소를 설치할 토지 또는 건축물의 위치 및 면적

② 시·도지사가 제1항에 따른 측정망설치계획을 결정·고시하려는 경우에는 그 설치위치 등에 관하여 미리 유역환경청장, 지방환경청장 또는 수도권대기환경청장과 협의하여야 한다.

예제 06

대기환경보전법규상 측정망 설치계획을 고시할 때 포함되어야 할 사항과 거리가 먼 것은? (단, 그 밖의 사항 등은 제외)

① 측정망 배치도
② 측정망 설치시기
③ 측정망 교체주기
④ 측정소를 설치할 토지 또는 건축물의 위치 및 면적

해설

정답 ③

■ 제13조(대기오염경보의 발령 및 해제방법 등)

① 법 제8조제1항에 따른 대기오염경보는 방송매체 등을 통하여 발령하거나 해제하여야 한다.

② 제1항에 따른 대기오염경보에는 다음 각 호의 사항이 포함되어야 한다. 〈개정 2016. 3. 29.〉

1. 대기오염경보의 대상지역
2. 대기오염경보단계 및 대기오염물질의 농도
3. 영 제2조제4항에 따른 대기오염경보단계별 조치사항
4. 그 밖에 시·도지사가 필요하다고 인정하는 사항

예제 07

대기환경보전법규상 대기오염경보 발령 시 포함되어야 할 사항으로 가장 거리가 먼 것은? (단, 기타사항은 제외)

① 대기오염경보단계
② 대기오염경보의 경보대상기간
③ 대기오염경보의 대상지역
④ 대기오염경보단계별 조치사항

해설

정답 ②

제2장 사업장 등의 대기오염물질 배출규제

■ **제24조(총량규제구역의 지정 등)**

환경부장관은 법 제22조에 따라 그 구역의 사업장에서 배출되는 대기오염물질을 총량으로 규제하려는 경우에는 다음 각 호의 사항을 고시하여야 한다.

1. 총량규제구역
2. 총량규제 대기오염물질
3. 대기오염물질의 저감계획
4. 그 밖에 총량규제구역의 대기관리를 위하여 필요한 사항

예제 08 환경부장관이 대기환경보전법규정에 의하여 사업장에서 배출되는 대기오염 물질을 총량으로 규제하고자 할 때에 반드시 고시할 사항과 거리가 먼 것은?

① 총량규제구역
② 측정망 설치계획
③ 총량규제 대기오염물질
④ 대기오염물질의 저감계획

해설

정답 ②

■ **제31조(자가방지시설의 설계·시공)**

① 사업자가 법 제28조 단서에 따라 스스로 방지시설을 설계·시공하려는 경우에는 법 제23조제4항에 따라 다음 각 호의 서류를 유역환경청장, 지방환경청장, 수도권대기환경청장 또는 시·도지사에게 제출해야 한다. 다만, 배출시설의 설치허가·변경허가·설치신고 또는 변경신고 시 제출한 서류는 제출하지 않을 수 있다. 〈개정 2019. 7. 16.〉

1. 배출시설의 설치명세서
2. 공정도
3. 원료(연료를 포함한다) 사용량, 제품생산량 및 대기오염물질 등의 배출량을 예측한 명세서
4. 방지시설의 설치명세서와 그 도면(법 제26조제1항 단서에 해당되는 경우에는 이를 증명할 수있는 서류를 말한다)
5. 기술능력 현황을 적은 서류

예제 09 대기환경보전법규상 사업자가 스스로 방지시설을 설계·시공하고자 하는 경우에 시·도지사에 제출하여야 할 서류와 거리가 먼 것은?

① 기술능력 현황을 적은 서류

② 공정도

③ 배출시설의 공정도, 그 도면 및 운영규약

④ 원료(연료를 포함한다) 사용량, 제품생산량 및 오염물질 등의 배출량을 예측한 명세서

해설

정답 ③

예제 10 대기환경보전법규상 환경부령으로 정하는 바에 따라 사업자 스스로 방지시설을 설계·시공하고자 하는 사업자가 시·지도사에게 제출해야 하는 서류로 가장 거리가 먼 것은?

① 기술능력 현황을 적은 서류

② 공사비내역서

③ 공정도

④ 방지시설의 설치명세서와 그 도면

해설

정답 ②

■ 제35조(시운전 기간)

법 제30조제2항에서 "환경부령으로 정하는 기간"이란 제34조에 따라 신고한 배출시설 및 방지시설의 가동개시일부터 30일까지의 기간을 말한다.

예제 11 대기환경보전법규상 배출시설 등의 가동개시 신고와 관련하여 환경부령으로 정하는 시운전 기간은?

① 가동개시일부터 7일 까지의 기간   ② 가동개시일부터 15일 까지의 기간

③ 가동개시일부터 30일 까지의 기간   ④ 가동개시일부터 90일 까지의 기간

해설

정답 ③

■ 제36조(배출시설 및 방지시설의 운영기록 보존)

① 영 별표 1의3에 따른 1종·2종·3종사업장을 설치·운영하는 사업자는 법 제31조제2항에 따라 배출시설 및 방지시설의 운영기간 중 다음 각 호의 사항을 국립환경과학원장이 정하여 고시하는 전산에 의한 방법으로 기록·보존해야 한다. 다만, 굴뚝자동측정기기를 부착하여 모든 배출구에 대한 측정결과를 영 제19조제1항제1호의 굴뚝 원격감시체계 관제센터로 자동전송하는 사업장의 경우에는 해당 자료의 자동전송으로 이를 갈음할 수 있다. 〈개정 2022. 5. 3.〉

1. 시설의 가동시간
2. 대기오염물질 배출량
3. 자가측정에 관한 사항
4. 시설관리 및 운영자
5. 그 밖에 시설운영에 관한 중요사항

② 영 별표 1의3에 따른 4종·5종사업장을 설치·운영하는 사업자는 법 제31조제2항에 따라 배출시설 및 방지시설의 운영기간 중 다음 각 호의 사항을 별지 제7호서식의 배출시설 및 방지시설의 운영기록부에 매일 기록하고 최종 기재한 날부터 1년간 보존하여야 한다. 다만, 사업자가 원하는 경우에는 제1항 각 호 외의 부분 본문에 따라 국립환경과학원장이 정하여 고시하는 전산에 의한 방법으로 기록·보존할 수 있다. 〈신설 2017. 12. 28.〉

1. 시설의 가동시간
2. 대기오염물질 배출량
3. 자가측정에 관한 사항
4. 시설관리 및 운영자
5. 그 밖에 시설운영에 관한 중요사항

③ 제2항에 따른 운영기록부는 테이프·디스켓 등 전산에 의한 방법으로 기록·보존할 수 있다. 〈개정 2010. 12. 31.〉

[전문개정 2009. 1. 14.]

예제 12　대기환경보전법규상 시설의 가동시간, 대기오염물질 배출량 등에 관한 사항을 대기오염물질 배출시설 및 방지시설의 운영기록부에 매일 기록하고, 최종 기재한 날부터 얼마동안 보존하여야 하는가?

① 6개월간　　　　　　　　　　　② 1년간
③ 2년간　　　　　　　　　　　　④ 3년간

해설

정답 ②

■ 제38조(개선계획서) ★★

① 영 제21조제1항에 따른 개선계획서에는 다음 각 호의 구분에 따른 사항이 포함되거나 첨부되어야 한다. 〈개정 2019. 7. 16.〉

　　1. 조치명령을 받은 경우
　　　　가. 개선기간·개선내용 및 개선방법
　　　　나. 굴뚝 자동측정기기의 운영·관리 진단계획
　　2. 개선명령을 받은 경우로서 개선하여야 할 사항이 배출시설 또는 방지시설인 경우
　　　　가. 배출시설 또는 방지시설의 개선명세서 및 설계도
　　　　나. 대기오염물질의 처리방식 및 처리 효율
　　　　다. 공사기간 및 공사비
　　　　라. 다음의 경우에는 이를 증명할 수 있는 서류
　　　　　　1) 개선기간 중 배출시설의 가동을 중단하거나 제한하여 대기오염물질의 농도나 배출량이 변경되는 경우
　　　　　　2) 개선기간 중 공법 등의 개선으로 대기오염물질의 농도나 배출량이 변경되는 경우
　　3. 개선명령을 받은 경우로서 개선하여야 할 사항이 배출시설 또는 방지시설의 운전미숙 등으로 인한 경우
　　　　가. 대기오염물질 발생량 및 방지시설의 처리능력
　　　　나. 배출허용기준의 초과사유 및 대책

② 영 제21조제1항에 따라 개선계획서를 제출받은 유역환경청장, 지방환경청장, 수도권대기환경청장 또는 시·도지사는 제1항제2호라목에 해당하는 경우에는 그 사실 여부를 실지 조사·확인해야 한다. 〈개정 2019. 7. 16.〉

예제 13 대기환경보전법규상 배출허용기준초과에 따른 개선명령을 받은 경우로서 개선하여야 할 사항이 배출시설 또는 방지시설일 때 개선계획서에 포함되어야 할 사항 또는 첨부서류로 가장 거리가 먼 것은?

① 공사기간 및 공사비
② 측정기기 관리담당자 변경사항
③ 대기오염물질의 처리방식 및 처리효율
④ 배출시설 또는 방지시설의 개선명세서 및 설계도

해설

정답 ②

예제 14

대기환경보전법규상 배출허용기준 초과와 관련하여 개선명령을 받은 경우로써 개선하여야 할 사항이 배출시설 또는 방지시설인 경우 사업자가 시·도지사에게 제출하여야 하는 개선계획서에 포함 또는 첨부되어야 하는 사항으로 거리가 먼 것은?

① 배출시설 또는 방지시설의 개선명세서 및 설계도
② 대기오염물질 처리방식 및 처리효율
③ 운영기기 진단계획
④ 공사기간 및 공사비

해설

정답 ③

예제 15

대기환경보전법규상 배출허용기준 초과와 관련한 개선명령을 받은 경우로서 개선계획서에 포함되어야 할 사항과 가장 거리가 먼 것은? (단, 개선하여야 할 사항이 배출시설 또는 방지시설인 경우)

① 배출시설 및 방지시설의 개선명세서 및 설계도
② 오염물질의 처리방식 및 처리효율
③ 공사기간 및 공사비
④ 배출허용기준 초과사유 및 대책

해설

정답 ④

■ 제40조(개선명령의 이행 보고 등)

① 영 제22조제1항에 따른 조치명령의 이행 보고는 별지 제12호서식에 따르고, 개선명령의 이행 보고는 별지 제13호서식에 따른다.

② 영 제22조제2항에 따른 대기오염도 검사기관은 다음 각 호와 같다. 〈개정 2019. 7. 16.〉

　1. 국립환경과학원
　2. 특별시·광역시·특별자치시·도·특별자치도(이하 "시·도"라 한다)의 보건환경연구원
　3. 유역환경청, 지방환경청 또는 수도권대기환경청
　4. 한국환경공단
　5. 「국가표준기본법」 제23조에 따른 인정을 받은 시험·검사기관 중 환경부장관이 정하여 고시하는 기관

예제 16 대기환경보전법규상 개선명령 등의 이행보고와 관련하여 환경부령으로 정하는 대기오염도 검사기관에 해당하지 않는 것은?

① 보건환경연구원   ② 유역환경청

③ 한국환경공단   ④ 환경보전협회

해설

정답 ④

예제 17 대기환경보전법규상 점검기관에서 배출허용기준 준수여부를 확인하기 위하여 대기오염도 검사를 검사기관에 지시한다. 다음 중 대기오염도 검사기관으로 볼 수 없는 기관은?

① 한국환경공단   ② 환경보전협회

③ 경상북도 보건환경연구원   ④ 수도권대기환경청

해설

정답 ②

예제 18 대기환경보전법규상 대기오염도 검사기관과 거리가 먼 것은?

① 수도권대기환경청   ② 환경보전협회

③ 한국환경공단   ④ 낙동강유역환경청

해설

정답 ②

■ 제42조(대기오염물질 발생량 산정방법)

① 법 제25조에 따른 대기오염물질 발생량은 예비용 시설을 제외한 사업장의 모든 배출시설별 대기오염물질 발생량을 더하여 산정하되, 배출시설별 대기오염물질 발생량의 산정방법은 다음과 같다. 〈개정 2013. 2. 1.〉

배출시설의 시간당 대기오염물질 발생량 × 일일조업시간 × 연간가동일수

② 유역환경청장, 지방환경청장, 수도권대기환경청장 또는 시·도지사는 사업장에 대한 지도점검 결과 사업장의 대기오염물질 발생량이 변경되어 해당사업장의 구분(영 별표 1의3에 따른 제1종부터 제5종까지의 사업장 구분을 말한다)을 변경해야 하는 경우에는 사업자에게 그 사실을 통보해야 한다. 〈개정 2019. 7. 16.〉

③ 제2항에 따라 통보를 받은 사업자는 통보일부터 7일 이내에 제27조에 따른 변경신고를 하여야 한다.

예제 19

대기환경보전법규상 사업장에 대한 지도점검결과 사업장의 대기오염물질 발생량이 변경되어 해당 사업장의 구분(1종~5종)을 변경하여야 하는 경우, 시·도지사는 그 사실을 사업자에게 통보해야 하는데, 통보받은 해당사업자는 통보일부터 며칠 이내에 변경신고를 하여야 하는가?

① 5일 이내   ② 7일 이내

③ 10일 이내   ④ 30일 이내

해설

정답 ②

■ **제54조(환경기술인의 준수사항 및 관리사항)**

① 환경기술인의 준수사항은 다음 각 호와 같다. 〈개정 2012. 6. 15.〉

1. 배출시설 및 방지시설을 정상가동하여 대기오염물질 등의 배출이 배출허용기준에 맞도록 할 것
2. 배출시설 및 방지시설의 운영기록을 사실에 기초하여 작성할 것
3. 자가측정은 정확히 할 것(자가측정을 대행하는 경우에도 또한 같다)
4. 자가측정한 결과를 사실대로 기록할 것(자가측정을 대행하는 경우에도 또한 같다)
5. 자가측정 시에 사용한 여과지는 환경오염공정시험기준에 따라 기록한 시료채취기록지와 함께 날짜별로 보관·관리할 것(자가측정을 대행한 경우에도 또한 같다)
6. 환경기술인은 사업장에 상근할 것. 다만, 환경기술인을 공동으로 임명한 경우 그 환경기술인은 해당 사업장에 번갈아 근무하여야 한다.

② 법 제40조제3항에 따른 환경기술인의 관리사항은 다음 각 호와 같다. 〈개정 2019. 7. 16.〉

1. 배출시설 및 방지시설의 관리 및 개선에 관한 사항
2. 배출시설 및 방지시설의 운영에 관한 기록부의 기록·보존에 관한 사항
3. 자가측정 및 자가측정한 결과의 기록·보존에 관한 사항
4. 그 밖에 환경오염 방지를 위하여 유역환경청장, 지방환경청장, 수도권대기환경청장 또는 시·도지사가 지시하는 사항

예제 20

대기환경보전법규상 배출시설과 방지시설의 정상적인 운영·관리를 위해 환경기술인 업무사항을 준수사항 및 관리사항으로 구분할 때, 다음 중 준수사항과 거리가 먼 것은?

① 자가측정은 정확히 할 것
② 배출시설 및 방지시설의 운영기록을 사실에 기초하여 작성할 것
③ 배출시설 및 방지시설의 관리 및 개선에 관한 계획을 수립할 것
④ 자가측정 시에 사용한 여과지는 환경분야 시험·검사 등에 관한 법률에 따른 환경오염 공정시험기준에 따라 기록한 시료채취기록지와 함께 날짜별로 보관·관리할 것

해설

정답 ③

제3장 생활환경상의 대기오염물질 배출 규제

■ 제59조의2(휘발성유기화합물 배출시설의 신고 등)

① 법 제44조제1항에 따라 휘발성유기화합물을 배출하는 시설을 설치하려는 자는 별지 제27호서식의 휘발성유기화합물 배출시설 설치신고서에 휘발성유기화합물 배출시설 설치명세서와 배출 억제·방지시설 설치명세서를 첨부하여 시설 설치일 10일 전까지 시·도지사 또는 대도시 시장에게 제출하여야 한다. 다만, 휘발성유기화합물을 배출하는 시설이 영 제11조에 따른 설치허가 또는 설치신고의 대상이 되는 배출시설에 해당되는 경우에는 제25조에 따른 배출시설 설치허가신청서 또는 배출시설 설치신고서의 제출로 갈음할 수 있다. <개정 2013. 5. 24.>

② 제1항에 따른 신고를 받은 시·도지사 또는 대도시 시장은 별지 제28호서식의 신고증명서를 신고인에게 발급하여야 한다. <개정 2013. 5. 24.>

[제59조에서 이동 <2015. 7. 21.>]

예제 21 대기환경보전법규상 특별대책지역 또는 대기환경규제지역 안에서 "휘발성 유기 화합물"을 배출하는 시설로서 대통령령이 정하는 시설을 설치하고자 할 경우 시·도지사 등에게 배출시설 설치신고서를 제출해야 하는 기간기준은?

① 시설 설치일 7일 전까지   ② 시설 설치일 10일 전까지
③ 시설 설치 후 7일 이내   ④ 시설 설치 후 10일 이내

해설

정답 ②

■ 제60조(휘발성유기화합물 배출시설의 변경신고)

① 법 제44조제2항에 따라 변경신고를 하여야 하는 경우는 다음 각 호와 같다.
  1. 사업장의 명칭 또는 대표자를 변경하는 경우
  2. 설치신고를 한 배출시설 규모의 합계 또는 누계보다 100분의 50 이상 증설하는 경우
  3. 휘발성유기화합물의 배출 억제·방지시설을 변경하는 경우
  4. 휘발성유기화합물 배출시설을 폐쇄하는 경우
  5. 휘발성유기화합물 배출시설 또는 배출 억제·방지시설을 임대하는 경우

② 제1항에 따라 변경신고를 하려는 자는 신고 사유가 제1항제1호, 제4호(영 제45조제1항제3호의 시설(주유소의 저장시설 및 주유시설)을 폐쇄하는 경우로 한정한다) 또는 제5호에 해당하는 경우에는 그 사유가 발생한 날부터 30일 이내에, 같은 항 제2호부터 제4호(영 제45조제1항제3호(주유소의 저장시설 및 주유시설)의 시설을 폐쇄하는 경우는 제외한다)까지에 해당하는 경우에는 변경 전에 별지 제29호서식의 휘발성유기화합물 배출시설 변경신고서에 변경내용을 증명하는 서류와 휘발성유기화합물 배출시설 설치신고증명서를 첨부하여 시·도지사 또는 대도시 시장에게 제출해야 한다. 다만, 제59조의2제1항 단서에 따라 휘발성유기화합물 배출시설 설치신고서의 제출을 제

25조에 따른 배출시설 설치허가신청서 또는 배출시설 설치신고서의 제출로 갈음한 경우에는 제26조에 따른 배출시설 변경허가신청서 또는 제27조에 따른 배출시설 변경신고서의 제출로 갈음할 수 있다. 〈개정 2021. 6. 30.〉

③ 시·도지사 또는 대도시 시장은 제2항에 따른 변경신고를 접수한 경우에는 휘발성유기화합물배출시설 설치신고 증명서의 뒤쪽에 변경신고사항을 적어 발급하여야 한다. 〈개정 2013. 5. 24.〉

예제 22 대기환경보전법규상 휘발성유기화합물 배출시설의 변경신고를 해야 하는 경우가 아닌 것은?

① 사업장의 명칭 또는 대표자를 변경하는 경우

② 휘발성유기화합물 배출시설을 폐쇄하는 경우

③ 휘발성유기화합물의 배출 억제·방지시설을 변경하는 경우

④ 설치신고를 한 배출시설 규모의 합계 또는 누계보다 100분의 30 이상 증설하는 경우

해설

정답 ④

제4장 자동차·선박 등의 배출가스 규제

■ 제117조(자동차연료·첨가제 또는 촉매제의 규제)

국립환경과학원장은 법 제74조제5항에 따라 자동차연료·첨가제 또는 촉매제로 환경상의 위해가 발생하거나 인체에 매우 유해한 물질이 배출된다고 인정되면 해당 자동차연료·첨가제 또는 촉매제의 사용 제한, 다른 연료로의 대체 또는 제작자동차의 단위연료량에 대한 목표주행거리의 설정 등 필요한 조치를 할 수 있다. 〈개정 2016. 6. 2.〉

예제 23 대기환경보전법규상 다음 (   )안에 들어갈 말로 가장 적합한 것은?

> (   )은(는) 대기환경보전법에 따라 자동차연료 첨가제로 또는 촉매제로 환경상의 위해가 발생하거나 인체에 매우 유해한 물질이 배출된다고 인정되면 해당 자동차연료·첨가제 또는 촉매제의 사용 제한, 다른 연료로의 대체 또는 제작자동차의 단위연료량에 대한 목표주행거리의 설정 등 필요한 조치를 할 수 있다.

① 대통령   ② 환경부장관

③ 시·도지사   ④ 국립환경과학원장

해설

정답 ④

■ 제121조의2(자동차연료 또는 첨가제 검사기관의 구분)

① 법 제74조의2제1항에 따른 자동차연료 검사기관은 검사대상 연료의 종류에 따라 다음과 같이 구분한다. 〈개정 2012. 1. 25.〉
  1. 휘발유・경유 검사기관
  2. 엘피지(LPG) 검사기관
  3. 바이오디젤(BD100) 검사기관
  4. 천연가스(CNG)・바이오가스 검사기관

② 법 제74조의2제1항에 따른 첨가제 검사기관은 검사대상 첨가제의 종류에 따라 다음과 같이 구분한다.
  1. 휘발유용・경유용 첨가제 검사기관
  2. 엘피지(LPG)용 첨가제 검사기관

[본조신설 2009. 7. 14.]

예제 24 대기환경보전법규상 자동차연료 검사기관은 검사대상 연료의 종류에 따라 구분하고 있는데, 다음 중 그 구분으로 옳지 않은 것은?

① 휘발유・경유 검사기관　　　　　② 오일샌드・셰일가스 검사기관
③ 엘피지(LPG) 검사기관　　　　　④ 천연가스(CNG)・바이오가스 검사기관

해설

정답 ②

제5장 보칙

■ 제125조(환경기술인의 교육) ★★

① 법 제77조에 따라 환경기술인은 다음 각 호의 구분에 따라「환경정책기본법」제59조에 따른 환경보전협회, 환경부장관, 시・도지사 또는 대도시 시장이 교육을 실시할 능력이 있다고 인정하여 위탁하는 기관(이하 "교육기관"이라 한다)에서 실시하는 교육을 받아야 한다. 다만, 교육 대상이 된 사람이 그 교육을 받아야 하는 기한의 마지막 날 이전 3년 이내에 동일한 교육을 받았을 경우에는 해당 교육을 받은 것으로 본다. 〈개정 2021. 6. 30.〉
  1. 신규교육 : 환경기술인으로 임명된 날부터 1년 이내에 1회
  2. 보수교육 : 신규교육을 받은 날을 기준으로 3년 마다 1회

② 제1항에 따른 교육기간은 4일 이내로 한다. 다만, 정보통신매체를 이용하여 원격교육을 하는 경우에는 환경부장관이 인정하는 기간으로 한다. 〈개정 2009. 1. 14.〉

③ 법 제77조제2항에 따라 교육대상자를 고용한 자로부터 징수하는 교육경비는 교육내용 및 교육기간 등을 고려하여 교육기관의 장이 정한다.

예제 25 대기환경보전법규상 환경정책기본법에 의한 환경보전협회에서 받는 환경기술인의 교육기간 기준으로 옳은 것은? (단, 신규교육 기준, 정보통신매체 원격교육이 아님)

① 2일 이내
② 3일 이내
③ 4일 이내
④ 10일 이내

해설

정답 ③

예제 26 대기환경보전법규상 환경기술인의 보수교육은 신규교육을 받은 날을 기준으로 몇 년마다 받아야 하는가? (단, 규정에 따른 교육기관으로써 정보통신매체를 이용한 원격교육은 제외)

① 1년 마다 1회
② 2년 마다 1회
③ 3년 마다 1회
④ 5년 마다 1회

해설

정답 ③

◆ 시행규칙 별표 ◆

■ 대기환경보전법 시행규칙 [별표 2]

특정대기유해물질(제4조 관련) ★★★

1	카드뮴 및 그 화합물	13	염화비닐	25	1,3-부타디엔
2	시안화수소	14	다이옥신	26	다환 방향족 탄화수소류
3	납 및 그 화합물	15	페놀 및 그 화합물	27	에틸렌옥사이드
4	폴리염화비페닐	16	베릴륨 및 그 화합물	28	디클로로메탄
5	크롬 및 그 화합물	17	벤젠	29	스틸렌
6	비소 및 그 화합물	18	사염화탄소	30	테트라클로로에틸렌
7	수은 및 그 화합물	19	이황화메틸	31	1,2-디클로로에탄
8	프로필렌 옥사이드	20	아닐린	32	에틸벤젠
9	염소 및 염화수소	21	클로로포름	33	트리클로로에틸렌
10	불소화물	22	포름알데히드	34	아크릴로니트릴
11	석면	23	아세트알데히드	35	히드라진
12	니켈 및 그 화합물	24	벤지딘		

예제 27 대기환경보전법규상 특정대기유해물질이 아닌 것은?

① 히드라진
② 크롬 및 그 화합물
③ 카드뮴 및 그 화합물
④ 브롬 및 그 화합물

해설

정답 ④

예제 28 대기환경보전법규상 특정대기유해물질이 아닌 것은?

① 니켈 및 그 화합물
② 히드라진
③ 다이옥신
④ 알루미늄 및 그 화합물

해설

정답 ④

예제 29 대기환경보전법규상 특정대기유해물질에 해당하지 않는 것은?

① 크롬화합물
② 석면
③ 황화수소
④ 스틸렌

해설

정답 ③

예제 30 대기환경보전법규상 특정대기유해물질에 해당하지 않는 것은?

① 아닐린
② 아세트알데히드
③ 1,3-부타디엔
④ 망간

해설

정답 ④

대기오염물질배출시설(제5조 관련)

2. 2020년 1월 1일부터 적용되는 대기오염물질배출시설

　가. 배출시설 적용기준

　　1) 배출시설의 규모는 그 시설의 중량·면적·용적·열량·동력(킬로와트) 등으로 하되 최대시설규모를 말하고, 동일 사업장에 그 규모 미만의 동종시설이 2개 이상 설치된 경우로서 그 시설의 총 규모가 나목의 대상 배출시설란에서 규정하고 있는 규모 이상인 경우에는 그 시설들을 배출시설에 포함한다. 다만, 나목의 대상 배출시설란에서 규정하고 있는 규모 미만의 다음의 시설은 시·도지사가 주변 환경여건을 고려하여 인정하는 경우에는 동종시설 총 규모 산정에서 제외할 수 있다.

　　　가) 지름이 1밀리미터 이상인 고체입자상물질 저장시설

　　　나) 영업을 목적으로 하지 않는 연구시설

　　　다) 설비용량이 1.5메가와트 미만인 도서지방용 발전시설

　　　라) 시간당 증발량이 0.1톤 미만이거나 열량이 61,900킬로칼로리 미만인 보일러로서 「환경기술 및 환경산업 지원법」 제17조에 따른 환경표지 인증을 받은 보일러

　　2) 하나의 동력원에 2개 이상의 배출시설이 연결되어 동시에 가동되는 경우에는 각 배출시설의 동력 소요량에 비례하여 배출시설의 규모를 산출한다.

　　3) 나목에도 불구하고 다음의 시설은 대기오염물질배출시설에서 제외한다.

　　　가) 전기만을 사용하는 간접가열시설

　　　나) 건조시설 중 옥내에서 태양열 등을 이용하여 자연 건조시키는 시설

　　　다) 용적이 5만세제곱미터 이상인 도장시설

　　　라) 선박건조공정의 야외구조물 및 선체외판 도장시설

　　　마) 수상구조물 제작공정의 도장시설

　　　바) 액체여과기 제조업 중 해수담수화설비 도장시설

　　　사) 금속조립구조제 제조업 중 교량제조 등 대형 야외구조물 완성품을 부분적으로 도장하는 야외도장시설

　　　아) 제품의 길이가 100미터 이상인 야외도장시설

　　　자) 붓 또는 롤러만을 사용하는 도장시설

　　　차) 습식시설로서 대기오염물질이 배출되지 않는 시설

　　　카) 밀폐, 차단시설 설치 등으로 대기오염물질이 배출되지 않는 시설로서 시·도지사가 인정하는 시설

　　　타) 이동식 시설(해당 시설이 해당 사업장의 부지경계선을 벗어나는 시설을 말한다)

　　　파) 환경부장관이 정하여 고시하는 밀폐된 진공기반의 용해시설로서 대기오염물질이 배출되지 않는 시설

　나. 배출시설의 분류

배출시설	대상 배출시설
1) 섬유제품 제조시설	가) 동력이 2.25킬로와트 이상인 선별(혼타)시설 나) 연료사용량이 시간당 60킬로그램 이상이거나 용적이 5세제곱미터 이상인 다음의 시설 　(1) 다림질(텐터)시설 　(2) 코팅시설(실리콘·불소수지 외의 유연제 또는 방수용 수지를 사용하는 시설만 해당한다) 다) 연료사용량이 일일 20킬로그램 이상이거나 용적이 1세제곱미터 이상인 모소시설(모직물만 해당한다) 라) 동력이 7.5킬로와트 이상인 기모(식모, 전모)시설
2) 가죽·모피가공시설 및 모피제품·신발 제조시설	용적이 3세제곱미터 이상인 다음의 시설 가) 염색시설 나) 접착시설 다) 건조시설(유기용제를 사용하는 시설만 해당한다)

3) 펄프, 종이 및 판지 제조시설	가) 용적이 3세제곱미터 이상인 다음의 시설 (1) 증해(蒸解)시설 (2) 표백(漂白)시설 나) 연료사용량이 시간당 30킬로그램 이상인 다음의 시설 (1) 석회로시설 (2) 가열시설(연소시설을 포함한다)
4) 기타 종이 및 판지 제품 제조 시설	가) 용적이 3세제곱미터 이상인 다음의 시설 (1) 증해시설 (2) 표백시설 나) 연료사용량이 시간당 30킬로그램 이상인 다음의 시설 (1) 석회로시설 (2) 가열시설(연소시설을 포함한다)
5) 인쇄 및 각종 기록 매체 제조 (복제)시설	연료사용량이 시간당 30킬로그램 이상이거나 합계용적이 1세제곱미터 이상인 그라비아 인쇄 · 건조시설(유기용제류를 사용하는 인쇄시설과 이 시설들과 연계되어 유기용제류를 사용하는 코팅시설, 건조시설만 해당한다)
6) 코크스 제조시설 및 관련제품 저장시설	연료사용량이 시간당 30킬로그램 이상인 석탄 코크스 제조시설(코크스로 · 인출시설 · 냉각 시설을 포함한다. 다만, 석탄 장입시설 및 코크스 오븐가스 방산시설은 제외한다), 석유 코크스 제조시설 및 저장시설
7) 석유 정제품 제조시설 및 관련 제품 저장시설	가) 용적이 1세제곱미터 이상인 다음의 시설 (1) 반응(反應)시설 (2) 흡수(吸收)시설 (3) 응축시설 (4) 정제(精製)시설[분리(分離)시설, 증류(蒸溜)시설, 추출(抽出)시설 및 여과(濾過)시 설을 포함한다] (5) 농축(濃縮)시설 (6) 표백시설 나) 용적이 1세제곱미터 이상이거나 연료사용량이 시간당 30킬로그램 이상인 다음의 시설 (1) 용융 · 용해시설 (2) 소성(燒成)시설 (3) 가열시설 (4) 건조시설 (5) 회수(回收)시설 (6) 연소(燃燒)시설(석유제품의 연소시설, 중질유 분해시설의 일산화탄소 소각시설 및 황 회수장치의 부산물 연소시설만 해당한다) (7) 촉매재생시설 (8) 황산화물 제거시설 다) 용적이 50세제곱미터 이상인 유기화합물(원유 · 휘발유 · 나프타) 저장시설(주유소의 저장시설은 제외한다)
8) 기초유기화합물 제조시설	가) 용적이 1세제곱미터 이상인 다음의 시설 (1) 반응시설 (2) 흡수시설 (3) 응축시설 (4) 정제시설(분리 · 증류 · 추출 · 여과시설을 포함한다) (5) 농축시설 (6) 표백시설 나) 용적이 1세제곱미터 이상이거나 연료사용량이 시간당 30킬로그램 이상인 다음의 시설 (1) 용융 · 용해시설 (2) 소성시설

	(3) 가열시설 (4) 건조시설 (5) 회수시설 (6) 연소시설(중질유 분해시설의 일산화탄소 소각시설 및 황 회수장치의 부산물 연소 　　시설을 포함한 기초유기화합물 제조시설의 연소시설만 해당한다) (7) 촉매재생시설 (8) 황산화물 제거시설 다) 37.5킬로와트 이상인 성형(成形)시설[압출(壓出)방법, 압연(壓延)방법 또는 사출(射出) 　　방법에 의한 시설을 포함한다]
9) 가스 제조시설	가) 용적이 1세제곱미터 이상인 다음의 시설 (1) 반응시설 (2) 흡수시설 (3) 응축시설 (4) 정제시설(분리·증류·추출·여과시설을 포함한다) (5) 농축시설 (6) 표백시설 나) 용적이 1세제곱미터 이상이거나 연료사용량이 시간당 30킬로그램 이상인 다음의 시설 (1) 용융·용해시설 (2) 소성시설 (3) 가열시설(연소시설을 포함한다) (4) 건조시설 (5) 회수시설 (6) 촉매재생시설 (7) 황산화물 제거시설 다) 37.5킬로와트 이상인 성형시설(압출방법, 압연방법 또는 사출방법에 의한 시설을 　　포함한다) 라) 용적이 1세제곱미터 이상이거나 연료사용량이 시간당 30킬로그램 이상인 석탄가스 　　화 연료 제조시설 중 다음의 시설 (1) 건조시설 (2) 분쇄시설 (3) 가스화시설 (4) 제진시설 (5) 황 회수시설(황산제조시설, 황산화물 제거시설을 포함한다) (6) 연소시설(석탄가스화 연료 제조시설의 각종 부산물 연소시설만 해당한다) (7) 용적이 50세제곱미터 이상인 고체입자상물질 및 유·무기산 저장시설
10) 기초무기화합물 제조시설	가) 용적이 1세제곱미터 이상인 다음의 시설 (1) 반응시설 (2) 흡수시설 (3) 응축시설 (4) 정제시설(분리·증류·추출·여과시설을 포함한다) (5) 농축시설 (6) 표백시설 나) 용적이 1세제곱미터 이상이거나 연료사용량이 시간당 30킬로그램 이상인 다음의 시설 (1) 용융·용해시설 (2) 소성시설 (3) 가열시설 (4) 건조시설 (5) 회수시설

	(6) 연소시설(기초무기화합물의 연소시설만 해당한다) (7) 촉매재생시설 (8) 황산화물 제거시설 다) 염산제조시설 및 폐염산정제시설(염화수소 회수시설을 포함한다) 라) 황산제조시설 마) 형석의 용융·용해시설 및 소성시설, 불소화합물 제조시설 바) 과인산암모늄 제조시설 사) 인광석의 용융·용해시설 및 소성시설, 인산제조시설 아) 용적이 1세제곱미터 이상이거나 원료사용량이 시간당 30킬로그램 이상인 다음의 카본 　　블랙 제조시설 　(1) 반응시설 　(2) 분리정제시설 　(3) 분쇄시설 　(4) 성형시설 　(5) 가열시설(연소시설을 포함한다) 　(6) 건조시설 　(7) 저장시설 　(8) 포장시설
11) 무기안료 기타 금속산화물 　　제조시설	가) 용적이 1세제곱미터 이상인 다음의 시설 　(1) 반응시설 　(2) 흡수시설 　(3) 응축시설 　(4) 정제시설(분리·증류·추출·여과시설을 포함한다) 　(5) 농축시설 　(6) 표백시설 나) 연료사용량이 시간당 30킬로그램 이상이거나 용적이 1세제곱미터 이상인 다음의 시설 　(1) 용융·용해시설 　(2) 소성시설 　(3) 가열시설(연소시설을 포함한다) 　(4) 건조시설 　(5) 회수시설
12) 합성염료, 유연제 및 기타 　　착색제 제조시설	가) 용적이 1세제곱미터 이상인 다음의 시설 　(1) 반응시설 　(2) 흡수시설 　(3) 응축시설 　(4) 정제시설(분리·증류·추출·여과시설을 포함한다) 　(5) 농축시설 　(6) 표백시설 나) 연료사용량이 시간당 30킬로그램 이상이거나 용적이 1세제곱미터 이상인 다음의 시설 　(1) 용융·용해시설 　(2) 소성시설 　(3) 가열시설(연소시설을 포함한다) 　(4) 건조시설 　(5) 회수시설
13) 비료 및 질소화합물 제조시설	가) 용적이 1세제곱미터 이상인 다음의 시설 　(1) 반응시설 　(2) 흡수시설 　(3) 응축시설

	(4) 정제시설(분리·증류·추출·여과시설을 포함한다)
	(5) 농축시설
	(6) 표백시설
	나) 연료사용량이 시간당 30킬로그램 이상이거나 용적이 1세제곱미터 이상인 다음의 시설
	(1) 용융·용해시설
	(2) 소성시설
	(3) 가열시설(연소시설을 포함한다)
	(4) 건조시설
	(5) 회수시설
	다) 용적이 3세제곱미터 이상이거나 동력이 7.5킬로와트 이상인 다음의 시설
	(1) 혼합시설
	(2) 입자상물질 계량시설
	라) 질소화합물 및 질산 제조시설
14) 의료용 물질 및 의약품 제조시설	가) 용적이 1세제곱미터 이상인 다음의 시설
	(1) 반응시설
	(2) 흡수시설
	(3) 응축시설
	(4) 정제시설(분리·증류·추출·여과시설을 포함한다)
	(5) 농축시설
	(6) 표백시설
	나) 연료사용량이 시간당 30킬로그램 이상이거나 용적이 1세제곱미터 이상인 다음의 시설
	(1) 용융·용해시설
	(2) 소성시설
	(3) 가열시설(의약품의 연소시설을 포함한다)
	(4) 건조시설
	(5) 회수시설
15) 그 밖의 화학제품 제조시설	가) 용적이 1세제곱미터 이상인 다음의 시설
	(1) 반응시설
	(2) 흡수시설
	(3) 응축시설
	(4) 정제시설(분리·증류·추출·여과시설을 포함한다)
	(5) 농축시설
	(6) 표백시설
	나) 연료사용량이 시간당 30킬로그램 이상이거나 용적이 1세제곱미터 이상인 다음의 시설
	(1) 용융·용해시설
	(2) 소성시설
	(3) 가열시설(화학제품의 연소시설을 포함한다)
	(4) 건조시설
	(5) 회수시설
16) 탄화시설	가) 용적이 30세제곱미터 이상인 탄화(炭火)시설
	나) 목재를 연료로 사용하는 용적이 30세제곱미터 이상인 욕장업의 숯가마·찜질방 및 그 부대시설
	다) 용적이 100세제곱미터 이상인 숯 및 목초액을 제조하는 전통식 숯가마 및 그 부대시설
17) 화학섬유 제조시설	가) 용적이 1세제곱미터 이상인 다음의 시설
	(1) 반응시설
	(2) 흡수시설
	(3) 응축시설

	(4) 정제시설(분리 · 증류 · 추출 · 여과시설을 포함한다)
	(5) 농축시설
	(6) 표백시설
	나) 연료사용량이 시간당 30킬로그램 이상이거나 용적이 1세제곱미터 이상인 다음의 시설
	(1) 용융 · 용해시설
	(2) 소성시설
	(3) 건조시설
	(4) 회수시설
	(5) 가열시설(화학섬유의 연소시설을 포함한다)
18) 고무 및 고무제품 제조시설	가) 용적이 1세제곱미터 이상인 다음의 시설
	(1) 반응시설
	(2) 흡수시설
	(3) 응축시설
	(4) 정제시설(분리 · 증류 · 추출 · 여과시설을 포함한다)
	(5) 농축시설
	(6) 표백시설
	나) 연료사용량이 시간당 30킬로그램 이상이거나 용적이 1세제곱미터 이상인 다음의 시설
	(1) 용융 · 용해시설
	(2) 소성시설
	(3) 가열시설(고무제품의 연소시설을 포함한다)
	(4) 건조시설
	(5) 회수시설
	다) 용적이 3세제곱미터 이상이거나 동력이 7.5킬로와트 이상인 다음의 시설
	(1) 소련(蘇鍊)시설
	(2) 분리시설
	(3) 정련시설
	(4) 접착시설
	라) 용적이 3세제곱미터 이상이거나 동력이 15킬로와트 이상인 가황시설(열과 압력을 가하여 제품을 성형하는 시설을 포함한다)
19) 합성고무 및 플라스틱물질 제조시설	가) 용적이 1세제곱미터 이상인 다음의 시설
	(1) 반응시설
	(2) 흡수시설
	(3) 응축시설
	(4) 정제시설(분리 · 증류 · 추출 · 여과시설을 포함한다)
	(5) 농축시설
	(6) 표백시설
	나) 연료사용량이 시간당 30킬로그램 이상이거나 용적이 1세제곱미터 이상인 다음의 시설
	(1) 용융 · 용해시설
	(2) 소성시설
	(3) 가열시설(플라스틱물질의 연소시설을 포함한다)
	(4) 건조시설
	(5) 회수시설
	다) 용적이 3세제곱미터 이상이거나 동력이 7.5킬로와트 이상인 다음의 시설
	(1) 소련시설
	(2) 분리시설
	(3) 정련시설
20) 플라스틱제품 제조시설	가) 용적이 1세제곱미터 이상인 다음의 시설
	(1) 반응시설

	(2) 흡수시설
	(3) 응축시설
	(4) 정제시설(분리·증류·추출·여과시설을 포함한다)
	(5) 농축시설
	(6) 표백시설
	나) 연료사용량이 시간당 30킬로그램 이상이거나 용적이 1세제곱미터 이상인 다음의 시설
	(1) 용융·용해시설
	(2) 소성시설
	(3) 가열시설(연소시설을 포함한다)
	(4) 건조시설
	(5) 회수시설
	다) 용적이 3세제곱미터 이상이거나 동력이 7.5킬로와트 이상인 다음의 시설
	(1) 소련시설
	(2) 분리시설
	(3) 정련시설
	라) 폴리프로필렌 또는 폴리에틸렌 외의 물질을 원료로 사용하는 동력이 187.5킬로와트 이상인 성형시설(압출방법, 압연방법 또는 사출방법에 의한 시설을 포함한다)
21) 비금속광물제품 제조시설	가) 유리 및 유리제품 제조시설[재생(再生)용 원료가공시설을 포함한다] 중 연료사용량 이 시간당 30킬로그램 이상이거나 용적이 3세제곱미터 이상인 다음의 시설
	(1) 혼합시설
	(2) 용융·용해시설
	(3) 소성시설
	(4) 유리제품 산처리시설(부식시설을 포함한다)
	(5) 입자상물질 계량시설
	나) 도자기·요업(窯業)제품 제조시설(재생용 원료가공시설을 포함한다) 중 연료사용량 이 시간당 30킬로그램 이상이거나 용적이 3세제곱미터 이상인 다음의 시설
	(1) 혼합시설
	(2) 용융·용해시설
	(3) 소성시설(예열시설을 포함하되, 나무를 연료로 사용하는 시설은 제외한다)
	(4) 건조시설
	(5) 입자상물질 계량시설
	다) 시멘트·석회·플라스터 및 그 제품 제조시설 중 연료사용량이 시간당 30킬로그램 이상이거나 용적이 3세제곱미터 이상인 다음의 시설
	(1) 혼합시설(습식은 제외한다)
	(2) 소성시설(예열시설을 포함한다)
	(3) 건조시설(시멘트 양생시설은 제외한다)
	(4) 용융·용해시설
	(5) 냉각시설
	(6) 입자상물질 계량시설
	라) 그 밖의 비금속광물제품 제조시설
	(1) 연료사용량이 시간당 30킬로그램 이상이거나 용적이 3세제곱미터 이상인 다음의 시설
	(가) 혼합시설(습식은 제외한다)
	(나) 용융·용해시설
	(다) 소성시설(예열시설을 포함한다)
	(라) 건조시설
	(마) 입자상물질 계량시설

	(2) 석면 및 암면제품 제조시설의 권취(卷取)시설, 압착시설, 탈판시설, 방사(紡絲)시설, 집면(集綿)시설, 절단(切斷)시설 (3) 아스콘(아스팔트를 포함한다) 제조시설 중 연료사용량이 시간당 30킬로그램 이상이거나 용적이 3세제곱미터 이상인 다음의 시설 (가) 가열 · 건조시설 (나) 선별(選別)시설 (다) 혼합시설 (라) 용융 · 용해시설
22) 1차 철강 제조시설	가) 금속의 용융 · 용해 또는 열처리시설 (1) 시간당 300킬로와트 이상인 전기아크로[유도로(誘導爐)를 포함한다] (2) 노상면적이 4.5제곱미터 이상인 반사로(反射爐) (3) 1회 주입 연료 및 원료량의 합계가 0.5톤 이상이거나 풍구면의 횡단면적이 0.2제곱미터 이상인 다음의 시설 (가) 용선로(鎔銑爐) 또는 제선로 (나) 용융 · 용광로 및 관련시설[원료처리시설, 성형탄 제조시설, 열풍로 및 용선 출탕시설을 포함하되, 고로(高爐)슬래그 냉각시설은 제외한다] (4) 1회 주입 원료량이 0.5톤 이상이거나 연료사용량이 시간당 30킬로그램 이상인 도가니로 (5) 연료사용량이 시간당 30킬로그램 이상이거나 용적이 1세제곱미터 이상인 다음의 시설 (가) 전로 (나) 정련로 (다) 배소로(焙燒爐) (라) 소결로(燒結爐) 및 관련시설(원료 장입, 소결광 후처리시설을 포함한다) (마) 환형로(環形爐) (바) 가열로(연소시설을 포함한다) (사) 용융 · 용해로 (아) 열처리로[소둔로(燒鈍爐), 소려로(燒戾爐)를 포함한다] (자) 전해로(電解爐) (차) 건조로 나) 금속 표면처리시설 (1) 용적이 1세제곱미터 이상인 다음의 시설 (가) 도금시설 (나) 탈지시설 (다) 산 · 알칼리 처리시설 (라) 화성처리시설 (2) 연료사용량이 시간당 30킬로그램 이상이거나 용적이 3세제곱미터 이상인 금속의 표면처리용 건조시설[수세(水洗) 후 건조시설은 제외한다]
23) 1차 비철금속 제조시설	가) 금속의 용융 · 용해 또는 열처리시설 (1) 시간당 300킬로와트 이상인 전기아크로(유도로를 포함한다) (2) 노상면적이 4.5제곱미터 이상인 반사로 (3) 1회 주입 연료 및 원료량의 합계가 0.5톤 이상이거나 풍구면의 횡단면적이 0.2제곱미터 이상인 다음의 시설 (가) 용선로 또는 제선로 (나) 용융 · 용광로 및 관련 시설(원료처리시설, 성형탄 제조시설, 열풍로 및 용선 출탕시설을 포함하되, 고로슬래그 냉각시설은 제외한다) (4) 1회 주입 원료량이 0.5톤 이상이거나 연료사용량이 시간당 30킬로그램 이상인 도가니로

	(5) 연료사용량이 시간당 30킬로그램 이상이거나 용적이 1세제곱미터 이상인 다음의 시설
	(가) 전로
	(나) 정련로
	(다) 배소로
	(라) 소결로 및 관련시설(원료 장입, 소결광 후처리시설을 포함한다)
	(마) 환형로
	(바) 가열로(연소시설을 포함한다)
	(사) 용융·용해로
	(아) 열처리로(소둔로, 소려로를 포함한다)
	(자) 전해로
	(차) 건조로
	나) 금속 표면처리시설
	(1) 용적이 1세제곱미터 이상인 다음의 시설
	(가) 도금시설
	(나) 탈지시설
	(다) 산·알칼리 처리시설
	(라) 화성처리시설
	(2) 연료사용량이 시간당 30킬로그램 이상이거나 용적이 3세제곱미터 이상인 금속의 표면처리용 건조시설(수세 후 건조시설은 제외한다)
	다) 주물사(鑄物砂) 사용 및 처리시설 중 시간당 처리능력이 0.1톤 이상이거나 용적이 1세제곱미터 이상인 다음의 시설
	(1) 저장시설
	(2) 혼합시설
	(3) 코어(Core) 제조시설 및 건조(乾燥)시설
	(4) 주형 장입 및 해체시설
	(5) 주물사 재생시설
24) 금속가공제품·기계·기기· 장비·운송장비·가구 제조시설	가) 금속의 용융·용해 또는 열처리시설
	(1) 시간당 300킬로와트 이상인 전기아크로(유도로를 포함한다)
	(2) 노상면적이 4.5제곱미터 이상인 반사로
	(3) 1회 주입 원료량이 0.5톤 이상이거나 연료사용량이 시간당 30킬로그램 이상인 도가니로
	(4) 연료사용량이 시간당 30킬로그램 이상이거나 용적이 1세제곱미터 이상인 다음의 시설
	(가) 전로
	(나) 정련로
	(다) 용융·용해로
	(라) 가열로(연소시설을 포함한다.)
	(마) 열처리로(소둔로·소려로를 포함한다)
	(바) 전해로
	(사) 건조로
	나) 표면 처리시설
	(1) 용적이 1세제곱미터 이상인 다음의 시설
	(가) 도금시설
	(나) 탈지시설
	(다) 산·알칼리 처리시설
	(라) 화성처리시설

	(2) 연료사용량이 시간당 30킬로그램 이상이거나 용적이 3세제곱미터 이상인 금속 또는 가구의 표면처리용 건조시설(수세 후 건조시설은 제외한다)
	다) 주물사 사용 및 처리시설 중 시간당 처리능력이 0.1톤 이상이거나 용적이 1세제곱미터 이상인 다음의 시설
	(1) 저장시설
	(2) 혼합시설
	(3) 코어(Core) 제조시설 및 건조시설
	(4) 주형 장입 및 해체시설
	(5) 주물사 재생시설
25) 자동차 부품 제조시설	가) 금속의 용융·용해 또는 열처리시설
	(1) 시간당 300킬로와트 이상인 전기아크로(유도로를 포함한다)
	(2) 노상면적이 4.5제곱미터 이상인 반사로
	(3) 1회 주입 원료량이 0.5톤 이상이거나 연료사용량이 시간당 30킬로그램 이상인 도가니로
	(4) 연료사용량이 시간당 30킬로그램 이상이거나 용적이 1세제곱미터 이상인 다음의 시설
	(가) 전로
	(나) 정련로
	(다) 용융·용해로
	(라) 가열로(연소시설을 포함한다)
	(마) 열처리로(소둔로·소려로를 포함한다)
	(바) 전해로
	(사) 건조로
	나) 표면 처리시설
	(1) 용적이 1세제곱미터 이상인 다음의 시설
	(가) 도금시설
	(나) 탈지시설
	(다) 산·알칼리 처리시설
	(라) 화성처리시설
	(2) 연료사용량이 시간당 30킬로그램 이상이거나 용적이 3세제곱미터 이상인 금속 또는 가구의 표면처리용 건조시설(수세 후 건조시설은 제외한다)
26) 컴퓨터·영상·음향·통신장비 및 전기장비 제조시설	가) 용적이 3세제곱미터 이상인 다음의 시설
	(1) 증착(蒸着)시설
	(2) 식각(蝕刻)시설
	나) 금속의 용융·용해 또는 열처리시설
	(1) 시간당 300킬로와트 이상인 전기아크로(유도로를 포함한다)
	(2) 노상면적이 4.5제곱미터 이상인 반사로
	(3) 1회 주입 원료량이 0.5톤 이상이거나 연료사용량이 시간당 30킬로그램 이상인 도가니로
	(4) 연료사용량이 시간당 30킬로그램 이상이거나 용적이 1세제곱미터 이상인 다음의 시설
	(가) 전로
	(나) 정련로
	(다) 용융·용해로
	(라) 가열로(연소시설을 포함한다)
	(마) 열처리로(소둔로·소려로를 포함한다)
	(바) 전해로
	(사) 건조로

	다) 표면 처리시설 (1) 용적이 1세제곱미터 이상인 다음의 시설 　(가) 도금시설 　(나) 탈지시설 　(다) 산·알칼리 처리시설 　(라) 화성처리시설 (2) 연료사용량이 시간당 30킬로그램 이상이거나 용적이 3세제곱미터 이상인 금속의 　표면처리용 건조시설(수세 후 건조시설은 제외한다)
27) 전자부품 제조시설(반도체 제조시설은 제외한다)	가) 용적이 3세제곱미터 이상인 다음의 시설 (1) 증착시설 (2) 식각시설 나) 금속의 용융·용해 또는 열처리시설 (1) 시간당 300킬로와트 이상인 전기아크로(유도로를 포함한다) (2) 노상면적이 4.5제곱미터 이상인 반사로 (3) 1회 주입 원료량이 0.5톤 이상이거나 연료사용량이 시간당 30킬로그램 이상인 도 　가니로 (4) 연료사용량이 시간당 30킬로그램 이상이거나 용적이 1세제곱미터 이상인 다음의 　시설 　(가) 전로 　(나) 정련로 　(다) 용융·용해로 　(라) 가열로(연소시설을 포함한다) 　(마) 열처리로(소둔로·소려로를 포함한다) 　(바) 전해로 　(사) 건조로 다) 표면 처리시설 (1) 용적이 1세제곱미터 이상인 다음의 시설 　(가) 도금시설 　(나) 탈지시설 　(다) 산·알칼리 처리시설 　(라) 화성처리시설 (2) 연료사용량이 시간당 30킬로그램 이상이거나 용적이 3세제곱미터 이상인 금속의 　표면처리용 건조시설(수세 후 건조시설은 제외한다)
28) 반도체 제조시설	가) 용적이 3세제곱미터 이상인 다음의 시설 (1) 증착시설 (2) 식각시설 나) 금속의 용융·용해 또는 열처리시설 (1) 시간당 300킬로와트 이상인 전기아크로(유도로를 포함한다) (2) 노상면적이 4.5제곱미터 이상인 반사로 (3) 1회 주입 원료량이 0.5톤 이상이거나 연료사용량이 시간당 30킬로그램 이상인 　도가니로 (4) 연료사용량이 시간당 30킬로그램 이상이거나 용적이 1세제곱미터 이상인 다음의 　시설 　(가) 전로 　(나) 정련로 　(다) 용융·용해로 　(라) 가열로(연소시설을 포함한다) 　(마) 열처리로(소둔로·소려로를 포함한다)

	(바) 전해로
	(사) 건조로
	다) 표면 처리시설
	(1) 용적이 1세제곱미터 이상인 다음의 시설
	(가) 도금시설
	(나) 탈지시설
	(다) 산·알칼리 처리시설
	(라) 화성처리시설
	(2) 연료사용량이 시간당 30킬로그램 이상이거나 용적이 3세제곱미터 이상인 금속의 표면처리용 건조시설(수세 후 건조시설은 제외한다)
29) 발전시설(수력, 원자력 발전시설은 제외한다)	가) 화력발전시설
	나) 설비용량이 120킬로와트 이상인 열병합발전시설
	다) 설비용량이 120킬로와트 이상인 발전용 내연기관(비상용, 수송용 또는 설비용량이 1.5메가와트 미만인 도서지방용은 제외한다)
	라) 설비용량이 120킬로와트 이상인 발전용 매립·바이오가스 사용시설
	마) 설비용량이 120킬로와트 이상인 발전용 석탄가스화 연료 사용시설
	바) 설비용량이 120킬로와트 이상인 카본블랙 제조시설의 폐가스재이용시설
	사) 설비용량이 120킬로와트 이상인 린번엔진 발전시설
30) 폐수·폐기물·폐가스소각시설·동물장묘시설(소각보일러를 포함한다)	가) 시간당 소각능력이 25킬로그램 이상인 폐수·폐기물소각시설
	나) 「동물보호법」 제32조에 따른 동물화장시설
	다) 연료사용량이 시간당 30킬로그램 이상이거나 용적이 1세제곱미터 이상인 폐가스소각시설·폐가스소각보일러 또는 소각능력이 시간당 100킬로그램 이상인 폐가스소각시설. 다만, 별표 10의2 제3호가목1)나)(2)(다), 같은 호 다목 1)나)(2)(나) 및 같은 호 라목1)라)에 따른 직접연소에 의한 시설 및 별표 16에 따른 기준에 맞는 휘발성유기화합물 배출억제·방지시설 및 악취소각시설은 제외한다.
	라) 가), 나) 및 다)의 부대시설(해당 시설의 공정에 일체되는 경우를 포함한다)로서 동력 15킬로와트 이상인 다음의 시설
	(1) 분쇄시설
	(2) 파쇄시설
	(3) 용융시설
31) 폐수·폐기물 처리시설	가) 시간당 처리능력이 0.5세제곱미터 이상인 폐수·폐기물 증발시설 및 농축시설, 용적이 0.15세제곱미터 이상인 폐수·폐기물 건조시설 및 정제시설
	나) 연료사용량이 시간당 30킬로그램 이상이거나 동력이 15킬로와트 이상인 다음의 시설
	(1) 분쇄시설(멸균시설을 포함한다)
	(2) 파쇄시설
	(3) 용융시설
	다) 1일 처리능력이 100킬로그램 이상인 음식물류 폐기물 처리시설 중 연료사용량이 시간당 30킬로그램 이상이거나 동력이 15킬로와트 이상인 다음의 시설(「악취방지법」 제8조에 따른 악취배출시설로 설치 신고된 시설은 제외한다)
	(1) 분쇄 및 파쇄시설
	(2) 건조시설
32) 보일러·흡수식 냉·온수기 및 가스열펌프	가) 다른 배출시설에서 규정한 보일러 및 흡수식 냉·온수기는 제외한다.
	나) 시간당 증발량이 0.5톤 이상이거나 시간당 열량이 309,500킬로칼로리 이상인 보일러와 흡수식 냉·온수기. 다만, 환경부장관이 고체연료 사용금지 지역으로 고시한 지역에서는 시간당 증발량이 0.2톤 이상이거나 시간당 열량이 123,800킬로칼로리 이상인 보일러와 흡수식 냉·온수기를 말한다.

	다) 나)에도 불구하고 가스(바이오가스를 포함한다) 또는 경질유[경유·등유·부생(副生)연료유1호(등유형)·휘발유·나프타·정제연료유(「폐기물관리법 시행규칙」별표 5의3에 따른 열분해방법 또는 감압증류(減壓蒸溜)방법으로 재생처리한 정제연료유만 해당한다)]만을 연료로 사용하는 시설의 경우에는 시간당 증발량이 2톤 이상이거나 시간당 열량이 1,238,000킬로칼로리 이상인 보일러와 흡수식 냉·온수기만 해당한다. 라) 가스열펌프(Gas Heat Pump : 액화천연가스나 액화석유가스를 연료로 사용하는 가스엔진을 이용하여 압축기를 구동하는 열펌프식 냉·난방기를 말한다. 이하 같다). 다만, 가스열펌프에서 배출되는 대기오염물질이 배출허용기준의 30퍼센트 미만인 경우나 가스열펌프에 환경부장관이 정하여 고시하는 기준에 따라 인증 받은 대기오염물질 저감장치를 부착한 경우는 제외한다.
33) 고형연료·기타 연료 제품 제조·사용시설 및 관련 시설	가) 고형(固形)연료제품 제조시설 　「자원의 절약과 재활용촉진에 관한 법률」 제25조의8에 따른 일반 고형연료제품[SRF (Solid Refuse Fuel)] 제조시설 및 바이오 고형연료제품[BIO-SRF(Biomass-Solid Refuse Fuel)] 제조시설 중 연료사용량이 시간당 30킬로그램 이상이거나 용적이 3세제곱미터 이상이거나 동력이 2.25킬로와트 이상인 다음의 시설 　(1) 선별시설 　(2) 건조·가열시설 　(3) 파쇄·분쇄시설 　(4) 압축·성형시설 나) 바이오매스 연료제품(「자원의 절약과 재활용촉진에 관한 법률」 제25조의8에 따른 바이오 고형연료제품을 제외한다)및 「목재의 지속가능한 이용에 관한 법률 시행령」 제14조에 따른 목재펠릿(wood pellet) 제조시설 중 연료사용량이 시간당 30킬로그램 이상이거나 용적이 3세제곱미터 이상이거나 동력이 2.25킬로와트(파쇄·분쇄시설은 15킬로와트) 이상인 다음의 시설 　(1) 선별시설 　(2) 건조·가열시설 　(3) 파쇄·분쇄시설 　(4) 압축·성형시설 다) 제품 생산량이 시간당 1Nm^3 이상인 바이오가스 제조시설 라) 고형연료제품 사용시설 중 연료제품 사용량이 시간당 200킬로그램 이상이고 사용비율이 30퍼센트 이상인 다음의 시설(「자원의 절약과 재활용촉진에 관한 법률」 제25조의7에 따른 시설만 해당한다) 　(1) 일반 고형연료제품 사용시설 　(2) 바이오 고형연료제품 사용시설 마) 바이오매스 연료제품(「자원의 절약과 재활용촉진에 관한 법률」 제25조의7에 따른 바이오 고형연료제품을 제외한다) 및 「목재의 지속가능한 이용에 관한 법률 시행령」 제14조에 따른 목재펠릿(wood pellet) 사용시설 중 연료제품 사용량이 시간당 200킬로그램 이상인 시설. 다만, 다른 연료와 목재펠릿을 함께 연소하는 시설 및 발전시설은 제외한다. 바) 연료 사용량이 시간당 1Nm^3 이상인 바이오가스 사용시설
34) 화장로 시설	「장사 등에 관한 법률」에 따른 화장시설
35) 도장시설	용적이 5세제곱미터 이상이거나 동력이 2.25킬로와트 이상인 도장시설(분무·분체·침지 도장시설, 건조시설을 포함한다)
36) 입자상물질 및 가스상물질 발생시설	가) 동력이 15킬로와트 이상인 다음의 시설 　(1) 연마시설

	(2) 제재시설
	(3) 제분시설
	(4) 선별시설
	(5) 파쇄·분쇄시설
	(6) 탈사(脫砂)시설
	(7) 탈청(脫靑)시설
	나) 용적이 3세제곱미터 이상이거나 동력이 7.5킬로와트 이상인 다음의 시설
	(1) 고체입자상물질 계량시설
	(2) 혼합시설(농산물 가공시설은 제외한다)
	다) 처리능력이 시간당 100킬로그램 이상인 포장시설(소분시설을 포함한다)
	라) 동력이 52.5킬로와트 이상인 도정(搗精)시설
	마) 용적이 50세제곱미터 이상인 다음의 시설
	(1) 고체입자상물질 저장시설
	(2) 유·무기산 저장시설
	(3) 유기화합물(알켄족·알킨족·방향족·알데히드류·케톤류가 50퍼센트 이상 함유된 것만 해당한다) 저장시설
	바) 연료사용량이 시간당 30킬로그램 이상이거나 용적이 1세제곱미터 이상인 다음의 시설
	(1) 반응시설
	(2) 흡수시설
	(3) 응축시설
	(4) 정제시설(분리, 증류, 추출, 여과시설을 포함한다)
	(5) 농축시설
	(6) 표백시설
	(7) 화학물질 저장탱크 세척시설
	(8) 가열시설(연소시설을 포함한다)
	(9) 성형시설
	사) 가)부터 바)까지의 배출시설 외에 연료사용량이 시간당 60킬로그램 이상이거나 용적이 5세제곱미터 이상이거나 동력이 2.25킬로와트 이상인 다음의 시설
	(1) 건조시설(도포시설 및 분리시설을 포함한다)
	(2) 훈증시설
	(3) 산·알칼리 처리시설
	(4) 소성시설
	(5) 그 밖의 로(爐)
37) 그 밖의 시설	별표 8에 따라 배출허용기준이 설정된 대기오염물질을 제조하거나 해당 대기오염물질을 발생시켜 배출하는 모든 시설. 다만, 대기오염물질이 해당 물질 배출허용기준의 30퍼센트 미만으로 배출되는 시설은 제외한다.

비고

1. 위 표의 1)부터 37)까지에 따른 배출시설에서 발생된 대기오염물질이 일련의 공정작업이나 연속된 공정작업을 통하여 밀폐된 상태로 배출시설을 거쳐 대기 중으로 배출되는 경우로서 해당 배출구가 설치된 최종시설에 대하여 허가(변경 허가를 포함한다)를 받거나 신고(변경신고를 포함한다)를 한 경우에는 그 최종시설과 일련의 공정 또는 연속된 공정에 설치된 모든 배출시설은 허가를 받거나 신고를 한 배출시설로 본다.

2. "연료사용량"이란 연료별 사용량에 무연탄을 기준으로 한 고체연료환산계수를 곱하여 산정한 양을 말하며, 고체연료 환산 계수는 다음 표와 같다(다음 표에 없는 연료의 고체연료환산계수는 사업자가 국가 및 그 밖의 국가공인기관에서 발급 받아 제출한 증명서류에 적힌 해당 연료의 발열량을 무연탄발열량으로 나누어 산정한다. 이 경우 무연탄 1킬로그램당 발열량은 4,600킬로칼로리로 한다).

〈고체연료 환산계수〉

연료 또는 원료명	단위	환산계수	연료 또는 원료명	단위	환산계수
무연탄	kg	1.00	유연탄	kg	1.34
코크스	kg	1.32	갈탄	kg	0.90
이탄	kg	0.80	목탄	kg	1.42
목재	kg	0.70	유황	kg	0.46
중유(C)	L	2.00	중유(A, B)	L	1.86
원유	L	1.90	경유	L	1.92
등유	L	1.80	휘발유	L	1.68
나프타	L	1.80	엘피지	kg	2.40
액화 천연가스	Sm^3	1.56	석탄타르	kg	1.88
메탄올	kg	1.08	에탄올	kg	1.44
벤젠	kg	2.02	톨루엔	kg	2.06
수소	Sm^3	0.62	메탄	Sm^3	1.86
에탄	Sm^3	3.36	아세틸렌	Sm^3	2.80
일산화탄소	Sm^3	0.62	석탄가스	Sm^3	0.80
발생로가스	Sm^3	0.2	수성가스	Sm^3	0.54
혼성가스	Sm^3	0.60	도시가스	Sm^3	1.42
전기	kW	0.17			

3. "습식"이란 해당 시설을 이용하여 수중에서 작업을 하거나 물을 분사시켜 작업을 하는 경우[인장·압축·절단·비틀림·충격·마찰력 등을 이용하는 조분쇄기(크러셔·카드 등)를 사용하는 석재분쇄시설의 경우에는 물을 분무시켜 작업을 하는 경우만 해당한다] 또는 원료 속에 수분이 항상 15퍼센트 이상 함유되어 있는 경우를 말한다.

4. 위 표에 따른 배출시설의 분류에 해당하지 않는 배출시설은 36) 또는 37)의 배출시설로 본다. 다만, 배출시설의 분류 중 36) 또는 37)은「통계법」제22조에 따라 통계청장이 고시하는 한국표준산업분류에 따른 다음 각 목의 항목에만 적용한다.
   가. 대분류에 따른 광업
   나. 대분류에 따른 제조업
   다. 대분류에 따른 수도, 하수 및 폐기물 처리, 원료 재생업
   라. 대분류에 따른 운수 및 창고업
   마. 소분류에 따른 자동차 및 모터사이클 수리업
   바. 소분류에 따른 연료용 가스 제조 및 배관공급업
   사. 소분류에 따른 증기, 냉·온수 및 공기조절 공급업
   아. 세분류에 따른 발전업
   사. 세세분류에 따른 산업설비, 운송장비 및 공공장소 청소업

다. 2020년 1월 1일 당시 배출시설을 설치·운영하고 있는 자로서 법 제23조에 따른 허가·변경허가 또는 신고·변경신고의 대상이 된 경우에는 2021년 12월 31일까지 법 제23조에 따라 허가·변경허가를 받거나 신고·변경신고를 해야 한다. 다만, 흡수식 냉·온수기로서 2011년 1월 1일 이후 설치된 시설은 2022년 12월 31일까지 법 제23조에 따라 허가·변경허가를 받거나 신고·변경신고를 해야 한다.

라. 다목에도 불구하고 13) 비료 및 질소화합물 제조시설에 해당하는 배출시설 중「비료관리법」제2조제3호의 부숙유기질비료 제조시설이 법 제23조에 따른 허가·변경허가 또는 신고·변경신고의 대상이 된 경우에는 다음의 구분에 따른 기한까지 법 제23조에 따라 허가·변경허가를 받거나 신고·변경신고를 해야 한다.
   1) 「가축분뇨의 관리 및 이용에 관한 법률」제2조제9호에 따른 공공처리시설 중 퇴비 및 액비 자원화시설 : 2023년 12월 31일까지
   2) 「가축분뇨의 관리 및 이용에 관한 법률」제27조제1항 본문에 따른 가축분뇨 재활용신고를 한 자가 설치·운영하는 시설 중 공동자원화시설 및 농업협동조합법 제2조제2호에 따른 지역조합에서 설치·운영하는 시설 : 2024년 12월 31일까지
   3) 「가축분뇨의 관리 및 이용에 관한 법률」제27조제1항 본문에 따른 가축분뇨 재활용신고를 한 자가 설치·운영하는 시설 중 2) 이외의 시설(「비료관리법」제11조에 따라 가축분퇴비 또는 퇴비를 비료의 한 종류로 등록한 제조장을 포함한다) : 2025년 12월 31일까지

예제 31 대기환경보전법규상 고체연료 환산계수가 가장 큰 연료(또는 원료명)는? (단, 무연탄 환산계수 : 1.00, 단위 : kg 기준)

① 톨루엔　　　　　　　　　　　　② 유연탄

③ 에탄올　　　　　　　　　　　　④ 석탄타르

해설

정답 ①

예제 32 대기환경보전법규상 대기오염물질 배출시설 중 폐수·폐기물 소각시설기준은 시간당 소각 능력이 얼마 이상인가?

① 5kg 이상　　　　　　　　　　　② 10kg 이상

③ 20kg 이상　　　　　　　　　　④ 25kg 이상

해설

정답 ④

예제 33 대기환경보전법규상 제1차 철강 제조시설 중 금속의 용융·용해 또는 열처리시설에서 대기 오염물질 배출시설기준으로 옳지 않은 것은?

① 시간당 100킬로와트 이상인 전기아크로(유도로를 포함한다)

② 노상면적이 4.5제곱미터 이상인 반사로

③ 1회 주입 연료 및 원료량의 합계가 0.5톤 이상인 제선로

④ 1회 주입 원료량이 0.5톤 이상이거나 연료사용량이 시간당 30킬로그램 이상인 도가니로

해설

① 시간당 300킬로와트 이상인 전기아크로[유도로를 포함한다]

정답 ①

예제 34 대기환경보전법규상 대기오염물질 배출시설기준으로 옳지 않은 것은?

① 소각능력이 시간당 25kg 이상의 폐수·폐기물소각시설

② 입자상물질 및 가스상물질 발생시설 중 동력 5kW 이상의 분쇄시설(습식 및 이동식 포함)

③ 용적이 5세제곱미터 이상이거나 동력이 2.25kW 이상인 도장시설(분무·분체·침지도장시설, 건조시설 포함)

④ 처리능력이 시간당 100kg 이상인 고체입자상물질 포장시설

해설

② 입자상물질 및 가스상물질 발생시설 중 동력 15kW 이상의 분쇄시설(습식 제외)

정답 ②

■ 대기환경보전법 시행규칙 [별표 4] 〈개정 2011. 8. 19〉

대기오염방지시설(제6조 관련) ★★★

1. 중력집진시설
2. 관성력집진시설
3. 원심력집진시설
4. 세정집진시설
5. 여과집진시설
6. 전기집진시설
7. 음파집진시설
8. 흡수에 의한 시설
9. 흡착에 의한 시설
10. 직접연소에 의한 시설
11. 촉매반응을 이용하는 시설
12. 응축에 의한 시설
13. 산화환원에 의한 시설
14. 미생물을 이용한 처리시설
15. 연소조절에 의한 시설
16. 위 제1호부터 제15호까지의 시설과 같은 방지효율 또는 그 이상의 방지효율을 가진 시설로서 환경부장관이 인정하는 시설

| 비고 |

방지시설에는 대기오염물질을 포집하기 위한 장치(후드), 오염물질이 통과하는 관로(덕트), 오염물질을 이송하기 위한 송풍기 및 각종 펌프 등 방지시설에 딸린 기계·기구류 (예비용을 포함한다) 등을 포함한다.

예제 35 대기환경보전법규상 대기오염방지시설과 가장 거리가 먼 것은? (단, 기타의 경우는 제외)

① 중력집진시설
② 여과집진시설
③ 간접연소에 의한 시설
④ 산화 · 환원에 의한 시설

해설

정답 ③

예제 36 대기환경보전법규상 대기오염방지시설과 가장 거리가 먼 것은? (단, 환경부장관이 인정하는 시설 등은 제외)

① 촉매반응을 이용하는 시설
② 음파집진시설
③ 미생물을 이용한 처리시설
④ 환기반응을 이용하는 시설

해설

정답 ④

예제 37 대기환경보전법규상 대기오염방지시설에 해당하지 않는 것은? (단, 기타사항은 제외)

① 미생물을 이용한 처리시설
② 응축에 의한 시설
③ 흡착에 의한 시설
④ 전기투석에 의한 시설

해설

정답 ④

예제 38 대기환경보전법규상 대기오염방지시설과 가장 거리가 먼 것은? (단, 기타 환경부장관이 인정하는 시설 등은 제외)

① 미생물을 이용한 처리시설
② 응축에 의한 시설
③ 흡광광도에 의한 시설
④ 흡착에 의한 시설

해설

정답 ③

■ 대기환경보전법 시행규칙 [별표 5] 〈개정 2019. 12. 20.〉

자동차 등의 종류(제7조 관련)

1. 자동차의 종류

바. 2015년 12월 10일 이후

종류	정의		규모
경자동차	사람이나 화물을 운송하기 적합하게 제작된 것		엔진배기량이 1,000cc 미만
승용자동차	사람을 운송하기 적합하게 제작된 것	소형	엔진배기량이 1,000cc 이상이고, 차량총중량이 3.5톤 미만이며, 승차인원이 8명 이하
		중형	엔진배기량이 1,000cc 이상이고, 차량총중량이 3.5톤 미만이며, 승차인원이 9명 이상
		대형	차량총중량이 3.5톤 이상 15톤 미만
		초대형	차량총중량이 15톤 이상
화물자동차	화물을 운송하기 적합하게 제작된 것	소형	엔진배기량이 1,000cc 이상이고, 차량총중량이 2톤 미만
		중형	엔진배기량이 1,000cc 이상이고, 차량총중량이 2톤 이상 3.5톤 미만
		대형	차량총중량이 3.5톤 이상 15톤 미만
		초대형	차량총중량이 15톤 이상
이륜자동차	자전거로부터 진화한 구조로서 사람 또는 소량의 화물을 운송하기 위한 것		차량총중량이 1천킬로그램을 초과하지 않는 것

비고

1. 가목의 승용자동차 및 나목의 다목적자동차는 다목적형 승용자동차와 승차인원이 8명 이하인 승합차(차량의 너비가 2,000mm 미만이고 차량의 높이가 1,800mm 미만인 승합차만 해당한다)를 포함한다.
2. 가목의 소형화물자동차는 엔진배기량이 800cc 이상인 밴(VAN)과, 승용자동차에 해당되지 아니하는 승차인원이 9명 이상인 승합차를 포함한다.
3. 가목의 중량자동차 및 나목의 대형자동차는 덤프트럭, 콘크리트믹서트럭 및 콘크리트펌프트럭 그 밖에 환경부장관이 고시하는 건설기계를 포함한다.
4. 나목의 중형자동차는 승용자동차 또는 다목적자동차에 해당되지 아니하는 승차인원이 15명 이하인 승합차와 엔진배기량이 800cc 이상인 밴(VAN)을 포함한다.
5. 다목의 화물2는 엔진배기량이 800cc 이상인 밴(VAN)을 포함하고, 화물3은 덤프트럭, 콘크리트믹서트럭 및 콘크리트펌프트럭을 포함한다.
6. 이륜자동차는 운반차를 붙인 이륜자동차와 이륜자동차에서 파생된 삼륜 이상의 자동차를 포함한다.
6의2. 가목부터 마목까지의 이륜자동차의 경우 차량 자체의 중량이 0.5톤 이상인 이륜자동차는 경자동차로 분류한다.
7. 엔진배기량이 50cc 미만인 이륜자동차(바목은 제외한다)는 모페드형 [(원동기를 장착한 소형 이륜차의 통칭(스쿠터형을 포함한다)] 만 이륜자동차에 포함한다.
8. 다목적형 승용자동차·승합차 및 밴(VAN)의 구분에 대한 세부 기준은 환경부장관이 정하여 고시한다.
9. 다목 및 라목에서 건설기계의 종류는 환경부장관이 정하여 고시한다.
10. 라목의 화물자동차는 엔진배기량이 800cc 이상인 밴(VAN)과 덤프트럭, 콘크리트믹서트럭 및 콘크리트펌프트럭을 포함한다.

11. 별표 17 제1호마목 비고의 제6호 및 같은 표 제2호마목 비고의 제6호에 따라 인증 당시의 배출허용기준을 적용받는 자동차는 다목의 자동차의 종류를 적용한다.
12. 별표 17 제1호바목 비고의 제18호 및 같은 표 제2호바목 비고의 제5호부터 제7호까지에 따라 인증 당시의 배출허용기준을 적용받는 자동차는 라목의 자동차의 종류를 적용한다.
13. 마목 및 바목의 화물자동차는 엔진배기량이 1,000cc 이상인 밴(VAN)과 덤프트럭·콘크리트믹스트럭 및 콘크리트펌프트럭을 포함한다.
14. 전기만을 동력으로 사용하는 자동차는 1회 충전 주행거리에 따라 다음과 같이 구분한다.

구분	1회 충전 주행거리
제1종	80km 미만
제2종	80km 이상 160km 미만
제3종	160km 이상

15. 수소를 연료로 사용하는 자동차는 수소연료전지차로 구분한다.

2. 건설기계 및 농업기계의 종류

가. 건설기계의 종류

제작 일자	종류	규모
2004년 1월 1일 이후부터 2014년 12월 31일까지	굴착기, 로우더, 지게차(전동식은 제외한다), 기중기, 불도저, 로울러	원동기 정격출력이 19kW 이상 560kW 미만
2015년 1월 1일 이후	굴착기, 로우더, 지게차(전동식은 제외한다), 기중기, 불도저, 로울러, 스크레이퍼, 모터그레이더(motor grader: 땅 고르는 기계), 노상안정기, 콘크리트뱃칭플랜트, 콘크리트피니셔, 콘크리트살포기, 콘크리트펌프, 아스팔트믹싱플랜트, 아스팔트피니셔, 아스팔트살포기, 골재살포기, 쇄석기, 공기압축기, 천공기, 항타 및 항발기, 사리채취기, 준설선, 타워크레인, 노면파쇄기, 노면측정장비, 콘크리트믹서트레일러, 아스팔트콘크리트재생기, 수목이식기, 터널용고소작업차	원동기 정격출력이 560kW 미만

나. 농업기계의 종류

제작일자	종류	규모
2013년 2월 2일 이후	콤바인, 트랙터	원동기 정격출력이 225kW 이상 560kW 미만
2013년 7월 1일 이후	콤바인, 트랙터	원동기 정격출력이 19kW 이상 560kW 미만
2015년 1월 1일 이후	콤바인, 트랙터	원동기 정격출력이 560kW 미만

예제 39 대기환경보전법규상 구분하고 있는 건설기계에 해당하는 종류와 거리가 먼 것은?

① 불도저
② 골재살포기
③ 천공기
④ 전동식 지게차

해설

④ 지게차(전동식은 제외한다)

정답 ④

예제 40 대기환경보전법규상 규모에 따른 자동차의 분류기준으로 옳지 않은 것은? (단, 2015년 12월 10일 이후)

① 경자동차 : 엔진배기량이 1,000cc 미만
② 소형 승용자동차 : 엔진배기량이 1,000cc 이상이고, 차량 총중량이 3.5톤 미만이며, 승차인원이 8명 이하
③ 이륜자동차 : 차량 총 중량이 10톤을 초과하지 않는 것
④ 초대형 화물자동차 : 차량 총 중량이 15톤 이상

해설

③ 이륜자동차 : 차량 총 중량이 1,000kg을 초과하지 않는 것

정답 ③

예제 41 대기환경보전법규상 전기만을 동력으로 사용하는 자동차의 1회 충전 주행거리가 80km 이상 160km 미만인 경우 제 몇 종 자동차에 해당하는가?

① 제 1종
② 제 2종
③ 제 3종
④ 제 4종

해설

정답 ②

■ 대기환경보전법 시행규칙 [별표 6] ^{〈개정 2019. 12. 30〉}

자동차연료형 첨가제의 종류(제8조 관련)

1. 세척제
2. 청정분산제
3. 매연억제제
4. 다목적첨가제
5. 옥탄가향상제
6. 세탄가향상제
7. 유동성향상제
8. 윤활성향상제
9. 그 밖에 환경부장관이 자동차의 성능을 향상시키거나 배출가스를 줄이기 위하여 필요하다고 정하여 고시하는 것

예제 42 대기환경보전법규상 자동차연료형 첨가제의 종류에 해당하지 않는 것은?

① 청정분산제   ② 옥탄가향상제

③ 매연발생제   ④ 세척제

해설

정답 ③

예제 43 대기환경보전법규상 자동차연료형 첨가제의 종류와 가장 거리가 먼 것은?

① 유동성향상제   ② 다목적첨가제

③ 청정첨가제   ④ 매연억제제

해설

정답 ③

■ 대기환경보전법 시행규칙 [별표 7] 〈개정 2019. 12. 30.〉

대기오염경보 단계별 대기오염물질의 농도기준(제14조 관련) ★★★

대상물질	경보단계	발령기준	해제기준
미세먼지 (PM-10)	주의보	기상조건 등을 고려하여 해당지역의 대기자동측정소 PM-10 시간당 평균농도가 $150\mu g/m^3$ 이상 2시간 이상 지속인 때	주의보가 발령된 지역의 기상조건 등을 검토하여 대기자동측정소의 PM-10 시간당 평균농도가 $100\mu g/m^3$ 미만인 때
	경보	기상조건 등을 고려하여 해당지역의 대기자동측정소 PM-10 시간당 평균농도가 $300\mu g/m^3$ 이상 2시간 이상 지속인 때	경보가 발령된 지역의 기상조건 등을 검토하여 대기자동측정소의 PM-10 시간당 평균농도가 $150\mu g/m^3$ 미만인 때는 주의보로 전환
초미세 먼지 (PM-2.5)	주의보	기상조건 등을 고려하여 해당지역의 대기자동측정소 PM-2.5 시간당 평균농도가 $75\mu g/m^3$ 이상 2시간 이상 지속인 때	주의보가 발령된 지역의 기상조건 등을 검토하여 대기자동측정소의 PM-2.5 시간당 평균농도가 $35\mu g/m^3$ 미만인 때
	경보	기상조건 등을 고려하여 해당지역의 대기자동측정소 PM-2.5 시간당 평균농도가 $150\mu g/m^3$ 이상 2시간 이상 지속인 때	경보가 발령된 지역의 기상조건 등을 검토하여 대기자동측정소의 PM-2.5 시간당 평균농도가 $75\mu g/m^3$ 미만인 때는 주의보로 전환
오존	주의보	기상조건 등을 고려하여 해당지역의 대기자동측정소 오존농도가 0.12ppm 이상인 때	주의보가 발령된 지역의 기상조건 등을 검토하여 대기자동측정소의 오존농도가 0.12ppm 미만인 때
	경보	기상조건 등을 고려하여 해당지역의 대기자동측정소 오존농도가 0.3ppm 이상인 때	경보가 발령된 지역의 기상조건 등을 고려하여 대기자동측정소의 오존농도가 0.12ppm 이상 0.3ppm 미만인 때는 주의보로 전환
	중대 경보	기상조건 등을 고려하여 해당지역의 대기자동측정소 오존농도가 0.5ppm 이상인 때	중대경보가 발령된 지역의 기상조건 등을 고려하여 대기자동측정소의 오존농도가 0.3ppm 이상 0.5ppm 미만인 때는 경보로 전환

비고

1. 해당 지역의 대기자동측정소 PM-10 또는 PM-2.5의 권역별 평균 농도가 경보 단계별 발령기준을 초과하면 해당 경보를 발령할 수 있다.

2. 오존 농도는 1시간당 평균농도를 기준으로 하며, 해당 지역의 대기자동측정소 오존 농도가 1개소라도 경보단계별 발령기준을 초과하면 해당 경보를 발령할 수 있다.

예제 44 다음은 대기환경보전법규상 대기오염 경보단계별 오존의 해제(농도)기준이다. (   )안에 알맞은 것은?

> 중대경보가 발령된 지역의 기상조건 등을 검토하여 대기자동측정소의 오존농도가 (㉠)ppm 이상 (㉡)ppm 미만일 때는 경보로 전환한다.

① ㉠ 0.3, ㉡ 0.5 ② ㉠ 0.5, ㉡ 1.0
③ ㉠ 1.0, ㉡ 1.2 ④ ㉠ 1.2, ㉡ 1.5

해설

정답 ①

예제 45 대기환경보전법규상 대기오염경보단계 중 오존의 중대경보의 발령기준으로 옳은 것은? (단, 오존농도는 1시간 평균농도를 기준으로 한다.)

① 기상조건 등을 고려하여 해당 지역의 대기자동측정소 오존농도가 0.12ppm 이상인 때
② 기상조건 등을 고려하여 해당 지역의 대기자동측정소 오존농도가 0.15ppm 이상인 때
③ 기상조건 등을 고려하여 해당 지역의 대기자동측정소 오존농도가 0.3ppm 이상인 때
④ 기상조건 등을 고려하여 해당 지역의 대기자동측정소 오존농도가 0.5ppm 이상인 때

해설

정답 ④

예제 46 대기환경보전법규상 오존의 대기오염경보단계별 발령기준이다. (   ) 안에 알맞은 것은?

> 대기오염 경보단계 중 "경보" 단계는 기상조건 등을 고려하여 해당 지역의 대기자동측정소 오존농도가 (   ) 이상인 때 발령한다.

① 0.12ppm ② 0.15ppm
③ 0.3ppm ④ 0.5ppm

해설

정답 ③

예제 47

대기환경보전법규상 대기오염 경보단계별 대기오염물질의 농도기준 중 "주의보" 발령기준으로 옳은 것은? (단, 미세먼지(PM-10)을 대상물질로 한다.)

① 기상조건 등을 고려하여 해당지역의 대기자동측정소 PM-10 시간당 평균농도가 $150\mu g/m^3$ 이상 2시간 이상 지속인 때

② 기상조건 등을 고려하여 해당지역의 대기자동측정소 PM-10 시간당 평균농도가 $100\mu g/m^3$ 이상 2시간 이상 지속인 때

③ 기상조건 등을 고려하여 해당지역의 대기자동측정소 PM-10 시간당 평균농도가 $100\mu g/m^3$ 이상 1시간 이상 지속인 때

④ 기상조건 등을 고려하여 해당지역의 대기자동측정소 PM-10 시간당 평균농도가 $75\mu g/m^3$ 이상 2시간 이상 지속인 때

해설

정답 ①

■ 대기환경보전법 시행규칙 [별표 9] ^(개정 2022. 5. 3.)

측정기기의 운영·관리기준(제37조 관련)

1. 적산전력계의 운영·관리기준

  가. 「계량에 관한 법률」 제12조에 따른 형식승인 및 같은 법 제20조에 따른 검정을 받은 적산전력계를 부착하여야 한다.

  나. 적산전력계를 임의로 조작을 할 수 없도록 봉인을 하여야 한다.

2. 굴뚝 자동측정기기의 운영·관리기준

  가. 환경부장관, 시·도지사 및 사업자는 굴뚝 자동측정기기의 구조 및 성능이 「환경분야 시험·검사 등에 관한 법률」 제6조제1항에 따른 환경오염공정시험기준에 맞도록 유지하여야 한다.

  나. 환경부장관, 시·도지사 및 사업자는 「환경분야 시험·검사 등에 관한 법률」 제9조제1항에 따른 형식승인(같은 법 제9조의2에 따른 예비형식승인을 받은 측정기기를 포함한다. 이하 같다)을 받은 굴뚝 자동측정기기를 설치하고, 같은 법 제11조에 따른 정도검사를 받아야 하며, 정도검사 결과를 영 제19조제1항제1호의 굴뚝 원격감시체계 관제센터가 알 수 있도록 조치하여야 한다. 다만, 같은 법 제6조제1항제1호에 따른 환경오염공정시험기준에 맞는 자료수집기 및 중간자료수집기의 경우 형식승인 또는 정도검사를 받은 것으로 본다.

  다. 환경부장관, 시·도지사 및 사업자는 굴뚝 자동측정기기에 의한 측정자료를 영 제19조제1항제1호의 굴뚝 원격감시체계 관제센터에 상시 전송하여야 한다.

  라. 환경부장관, 시·도지사 및 사업자는 굴뚝배출가스 온도측정기를 새로 설치하거나 교체하는 경우에는 「국가표준기본법」에 따른 교정을 받아야 하며, 그 기록을 3년 이상 보관하여야 한다. 다만, 영 별표 3 제1호의 비고 제3호에 따른 온도측정기 중 최종연소실출구 온도를 측정하는 온도측정기의 경우에는 KS규격품을 사용하여 교정을 갈음할 수 있다.

3. 사물인터넷 측정기기의 운영·관리기준

  가. 사물인터넷 측정기기는 측정결과를 임의로 조작할 수 없도록 봉인해야 한다.

  나. 환경부장관, 시·도지사 및 사업자는 사물인터넷 측정기기의 측정결과를 영 제19조제1항제2호의 사물인터넷 측정기기 관제센터에 상시 전송해야 한다.

  다. 환경부장관, 시·도지사 및 사업자는 사물인터넷 측정기기를 새로 설치하거나 교체하려는 경우에는 사전에 설치·교체 계획을 영 제19조제1항제2호의 사물인터넷 측정기기 관제센터에 알려야 한다.

예제 48 대기환경보전법규 중 측정기기의 운영·관리 기준에서 굴뚝배출가스 온도 측정기를 새로 설치하거나 교체하는 경우에는 국가표준기본법에 따른 교정을 받아야 한다. 이 때 그 기록을 최소 몇 년 이상 보관하여야 하는가?

① 2년 이상　　　　　　　　② 3년 이상

③ 5년 이상　　　　　　　　④ 10년 이상

해설

정답 ②

■ 대기환경보전법 시행규칙 [별표 12] ^{〈개정 2011. 8. 19〉}

고체연료 사용시설 설치기준(제56조 관련)

1. 석탄사용시설
   가. 배출시설의 굴뚝높이는 100m 이상으로 하되, 굴뚝상부 안지름, 배출가스 온도 및 속도 등을 고려한 유효굴뚝높이 (굴뚝의 실제 높이에 배출가스의 상승고도를 합산한 높이를 말한다. 이하 같다)가 440m 이상인 경우에는 굴뚝높이를 60m 이상 100m 미만으로 할 수 있다. 이 경우 유효굴뚝높이 및 굴뚝높이 산정방법 등에 관하여는 국립환경과학원장이 정하여 고시한다.
   나. 석탄의 수송은 밀폐 이송시설 또는 밀폐통을 이용하여야 한다.
   다. 석탄저장은 옥내저장시설(밀폐형 저장시설 포함) 또는 지하저장시설에 저장하여야 한다.
   라. 석탄연소재는 밀폐통을 이용하여 운반하여야 한다.
   마. 굴뚝에서 배출되는 아황산가스(SO_2), 질소산화물(NO_X), 먼지 등의 농도를 확인할 수 있는 기기를 설치하여야 한다.
2. 기타 고체연료 사용시설
   가. 배출시설의 굴뚝높이는 20m 이상이어야 한다.
   나. 연료와 그 연소재의 수송은 덮개가 있는 차량을 이용하여야 한다.
   다. 연료는 옥내에 저장하여야 한다.
   라. 굴뚝에서 배출되는 매연을 측정할 수 있어야 한다.

예제 49 다음은 대기환경보전법규상 고체연료 사용시설 설치기준이다. (　)안에 가장 적합한 것은?

> 석탄사용시설의 경우 배출시설의 굴뚝높이는 (㉮)로 하되, 굴뚝상부 안지름, 배출가스 온도 및 속도 등을 고려한 유효굴뚝높이(굴뚝의 실제 높이에 배출가스의 상승고도를 합산한 높이) 가 440m 이상인 경우에는 굴뚝높이를 60m 이상 100m 미만으로 할 수 있다. 기타 고체연료 사용시설의 경우에는 배출시설의 굴뚝높이는 (㉯)이어야 한다.

① ㉮ 50m 이상, ㉯ 20m 이상　　　② ㉮ 50m 이상, ㉯ 10m 이상

③ ㉮ 100m 이상, ㉯ 20m 이상　　　④ ㉮ 100m 이상, ㉯ 100m 이상

해설

정답 ③

예제 50 대기환경보전법규상 고체연료 사용시설 설치기준 중 석탄사용시설의 설치기준은?

① 배출시설의 굴뚝높이는 50m 이상으로 하되, 굴뚝상부 안지름, 배출가스 온도 및 속도 등을 고려한 유효굴뚝높이가 100m 이상인 경우에는 굴뚝높이를 25m 이상 50m 미만으로 할 수 있다.

② 배출시설의 굴뚝높이는 60m 이상으로 하되, 굴뚝상부 안지름, 배출가스 온도 및 속도 등을 고려한 유효굴뚝높이가 100m 이상인 경우에는 굴뚝높이를 30m 이상 60m 미만으로 할 수 있다.

③ 배출시설의 굴뚝높이는 60m 이상으로 하되, 굴뚝상부 안지름, 배출가스 온도 및 속도 등을 고려한 유효굴뚝높이가 100m 이상인 경우에는 굴뚝높이를 50m 이상 60m 미만으로 할 수 있다.

④ 배출시설의 굴뚝높이는 100m 이상으로 하되, 굴뚝상부 안지름, 배출가스 온도 및 속도 등을 고려한 유효굴뚝높이가 440m 이상인 경우에는 굴뚝높이를 60m 이상 100m 미만으로 할 수 있다.

해설

정답 ④

■ 대기환경보전법 시행규칙 [별표 14] 〈개정 2020. 4. 3.〉
　[시행일 : 2021. 1. 1] 제11호다목 중 도장공사에 관한 규정

비산먼지 발생을 억제하기 위한 시설의 설치 및 필요한 조치에 관한 기준
(제58조제4항 관련)

배출공정	시설의 설치 및 조치에 관한 기준
1. 야적(분체상물질을 야적하는 경우에만 해당한다)	가. 야적물질을 1일 이상 보관하는 경우 방진덮개로 덮을 것 나. 야적물질의 최고저장높이의 1/3 이상의 방진벽을 설치하고, 최고저장높이의 1.25배 이상의 방진망(개구율 40% 상당의 방진망을 말한다. 이하 같다) 또는 방진막을 설치할 것. 다만, 건축물축조 및 토목공사장·조경공사장·건축물해체공사장의 공사장 경계에는 높이 1.8m(공사장 부지 경계선으로부터 50m 이내에 주거·상가 건물이 있는 곳의 경우에는 3m) 이상의 방진벽을 설치하되, 둘 이상의 공사장이 붙어 있는 경우의 공동경계면에는 방진벽을 설치하지 아니할 수 있다. 다. 야적물질로 인한 비산먼지 발생억제를 위하여 물을 뿌리는 시설을 설치할 것(고철 야적장과 수용성물질, 사료 및 곡물 등의 경우는 제외한다) 라. 흑한기(매년 12월 1일부터 다음 연도 2월 말일까지를 말한다)에는 표면경화제 등을 살포할 것(제철 및 제강업만 해당한다) 마. 야적 설비를 이용하여 작업 시 낙하거리를 최소화하고, 야적 설비 주위에 물을 뿌려 비산먼지가 흩날리지 않도록 할 것(제철 및 제강업만 해당한다) 바. 공장 내에서 시멘트 제조를 위한 원료 및 연료는 최대한 3면이 막히고 지붕이 있는 구조물 내에 보관하며, 보관시설의 출입구는 방진망 또는 방진막 등을 설치할 것(시멘트 제조업만 해당한다). 사. 저탄시설은 옥내화할 것(발전업만 해당한다). 다만, 이 기준 시행 이전에 설치된 야외 저탄시설은 2024년까지 옥내화를 완료하되, 이 규칙 시행 후 1년 이내에 환경부장관과 협의를 거쳐 옥내화 완료 기간을 연장할 수 있다. 아. 가목부터 사목까지와 같거나 그 이상의 효과를 가지는 시설을 설치하거나 조치하는 경우에는 가목부터 사목까지 중 그에 해당하는 시설의 설치 또는 조치를 제외한다.

2. 실기 및 내리기(분체 상 물질을 싣고 내리 는 경우만 해당한다)	가. 작업 시 발생하는 비산먼지를 제거할 수 있는 이동식 집진시설 또는 분무식 집진시설 (Dust Boost)을 설치할 것(석탄제품제조업, 제철·제강업 또는 곡물하역업에만 해당한다) 나. 싣거나 내리는 장소 주위에 고정식 또는 이동식 물을 뿌리는 시설(살수반경 5m 이상, 수 압 $3kg/cm^2$ 이상)을 설치·운영하여 작업하는 중 다시 흩날리지 아니하도록 할 것(곡물작 업장의 경우는 제외한다) 다. 풍속이 평균초속 8m 이상일 경우에는 작업을 중지할 것 라. 공장 내에서 싣고 내리기는 최대한 밀폐된 시설에서만 실시하여 비산먼지가 생기지 아니 하도록 할 것(시멘트 제조업만 해당한다) 마. 조쇄(캐낸 광석을 초벌로 깨는 일)를 위한 내리기 작업은 최대한 3면이 막히고 지붕이 있 는 구조물 내에서 실시 할 것. 다만, 수직갱에서의 조쇄를 위한 내리기 작업은 충분한 살 수를 실시할 수 있는 시설을 설치할 것(시멘트 제조업만 해당한다) 바. 가목부터 마목까지와 같거나 그 이상의 효과를 가지는 시설을 설치하거나 조치하는 경우 에는 가목부터 마목까지 중 그에 해당하는 시설의 설치 또는 조치를 제외한다.

3. 수송(시멘트·석탄·토 사·사료·곡물·고철 의 운송업은 가목·나 목·바목·사목 및 차 목만 적용하고, 목재 수송은 사목·아목 및 차목만 적용한다)	가. 적재함을 최대한 밀폐할 수 있는 덮개를 설치하여 적재물이 외부에서 보이지 아니하고 흩림이 없도록 할 것
	나. 적재함 상단으로부터 5cm 이하까지 적재물을 수평으로 적재할 것
	다. 도로가 비포장 사설도로인 경우 비포장 사설도로로부터 반지름 500m 이내에 10가구 이상의 주거시설이 있을 때에는 해당 마을로부터 반지름 1km 이내의 경우에는 포장, 간이포장 또는 살수 등을 할 것
	라. 다음의 어느 하나에 해당하는 시설을 설치할 것
	  1) 자동식 세륜(洗輪)시설
	    금속지지대에 설치된 롤러에 차바퀴를 닿게 한 후 전력 또는 차량의 동력을 이용하여 차바퀴를 회전시키는 방법으로 차바퀴에 묻은 흙 등을 제거할 수 있는 시설
	  2) 수조를 이용한 세륜시설
	    – 수조의 넓이 : 수송차량의 1.2배 이상
	    – 수조의 깊이 : 20센티미터 이상
	    – 수조의 길이 : 수송차량 전체길이의 2배 이상
	    – 수조수 순환을 위한 침전조 및 배관을 설치하거나 물을 연속적으로 흘려 보낼 수 있는 시설을 설치할 것
	마. 다음 규격의 측면 살수시설을 설치할 것
	    – 살수높이 : 수송차량의 바퀴부터 적재함 하단부까지
	    – 살수길이 : 수송차량 전체길이의 1.5배 이상
	    – 살 수 압 : $3kgf/cm^2$ 이상
	바. 수송차량은 세륜 및 측면 살수 후 운행하도록 할 것
	사. 먼지가 흩날리지 아니하도록 공사장안의 통행차량은 시속 20km 이하로 운행할 것
	아. 통행차량의 운행기간 중 공사장 안의 통행도로에는 1일 1회 이상 살수할 것
	자. 광산 진입로는 임시로 포장하여 먼지가 흩날리지 아니하도록 할 것(시멘트 제조업만 해 당한다)
	차. 가목부터 자목까지와 같거나 그 이상의 효과를 가지는 시설을 설치하거나 조치하는 경 우에는 가목부터 자목까지 중 그에 해당하는 시설의 설치 또는 조치를 제외한다.

4. 이송	가. 야외 이송시설은 밀폐화하여 이송 중 먼지의 흩날림이 없도록 할 것 나. 이송시설은 낙하, 출입구 및 국소배기부위에 적합한 집진시설을 설치하고, 포집된 먼지 는 흩날리지 아니하도록 제거하는 등 적절하게 관리할 것 다. 기계적[벨트컨베이어, 용기형 승강기(바켓엘리베이터) 등]인 방법이 아닌 시설을 사용할 경우에는 물뿌림 또는 그 밖의 제진(除塵)방법을 사용할 것 라. 기계적(벨트컨베이어, 용기형 승강기 등)인 방법의 시설을 사용하는 경우에는 표면 먼지 를 제거할 수 있는 시설을 설치할 것(시멘트 제조업과 제철 및 제강업만 해당한다). 제철

	및 제강업의 경우 표면 먼지를 제거할 수 있는 시설은 스크래퍼(표면의 먼지를 긁어서 제거하는 시설) 또는 살수시설 등으로 한다.
	마. 이송시설의 하부는 주기적으로 청소하여 이송시설에서 떨어진 먼지가 재비산되지 않도록 할 것(제철 및 제강업만 해당한다)
	바. 가목부터 마목까지와 같거나 그 이상의 효과를 가지는 시설을 설치하거나 조치하는 경우에는 가목부터 마목까지 중 그에 해당하는 시설의 설치 또는 조치를 제외한다.
5. 채광·채취(갱내작업의 경우는 제외한다)	가. 살수시설 등을 설치하도록 하여 주위에 먼지가 흩날리지 아니하도록 할 것 나. 발파 시 발파공에 젖은 가마니 등을 덮거나 적절한 방지시설을 설치한 후 발파할 것 다. 발파 전후 발파 지역에 대하여 충분한 살수를 실시하고, 천공시에는 먼지를 포집할 수 있는 시설을 설치할 것 라. 풍속이 평균 초속 8미터 이상인 경우에는 발파작업을 중지할 것 마. 작은 면적이라도 채광·채취가 이루어진 구역은 최대한 먼지가 흩날리지 아니하도록 조치할 것 바. 분체형태의 물질 등 흩날릴 가능성이 있는 물질은 밀폐용기에 보관하거나 방진덮개로 덮을 것 사. 가목부터 바목까지와 같거나 그 이상의 효과를 가지는 시설을 설치하거나 조치하였을 경우에는 가목부터 바목까지 중 그에 해당하는 시설의 설치 또는 조치는 제외한다.
6. 조쇄 및 분쇄(시멘트 제조업만 해당하며, 갱내 작업은 제외한다)	가. 조쇄작업은 최대한 3면이 막히고 지붕이 있는 구조물에서 실시하여 먼지가 흩날리지 아니하도록 할 것 나. 분쇄작업은 최대한 4면이 막히고 지붕이 있는 구조물에서 실시하여 먼지가 흩날리지 아니하도록 할 것 다. 살수시설 등을 설치하여 먼지가 흩날리지 아니하도록 할 것 라. 가목부터 다목까지와 같거나 그 이상의 효과를 가지는 시설을 설치하거나 조치를 하였을 경우에는 가목부터 다목까지 중 그에 해당하는 시설의 설치 또는 조치는 제외한다.
7. 야외절단	가. 고철 등의 절단작업은 가급적 옥내에서 실시할 것 나. 야외절단 시 비산먼지 저감을 위해 간이 칸막이 등을 설치할 것 다. 야외 절단 시 이동식 집진시설을 설치하여 작업할 것. 다만, 이동식집진시설의 설치가 불가능한 경우에는 진공식 청소차량 등으로 작업현장에 대한 청소작업을 지속적으로 실시할 것 라. 풍속이 평균초속 8m 이상(강선건조업과 합성수지선건조업인 경우에는 10m 이상)인 경우에는 작업을 중지할 것 마. 가목부터 라목까지와 같거나 그 이상의 효과를 가지는 시설을 설치하거나 조치하는 경우에는 가목부터 라목까지 중 그에 해당하는 시설의 설치 또는 조치를 제외한다.
8. 야외 녹 제거	가. 구조물의 길이가 15m 미만인 경우에는 옥내작업을 할 것 나. 야외 작업 시에는 간이칸막이 등을 설치하여 먼지가 흩날리지 아니하도록 할 것 다. 야외 작업 시 이동식 집진시설을 설치할 것. 다만, 이동식 집진시설의 설치가 불가능할 경우 진공식 청소차량 등으로 작업현장에 대한 청소작업을 지속적으로 할 것 라. 작업 후 남은 것이 다시 흩날리지 아니하도록 할 것 마. 풍속이 평균초속 8m 이상(강선건조업과 합성수지선건조업인 경우에는 10m 이상)인 경우에는 작업을 중지할 것 바. 가목부터 마목까지와 같거나 그 이상의 효과를 가지는 시설을 설치하거나 조치하는 경우에는 가목부터 마목까지 중 그에 해당하는 시설의 설치 또는 조치를 제외한다.
9. 야외 연마	가. 야외 작업 시 이동식 집진시설을 설치·운영할 것. 다만, 이동식 집진시설의 설치가 불가능할 경우 진공식 청소차량 등으로 작업현장에 대한 청소작업을 지속적으로 할 것 나. 부지 경계선으로부터 40m 이내에서 야외 작업 시 작업 부위의 높이 이상의 이동식 방진망 또는 방진막을 설치할 것 다. 작업 후 남은 것이 다시 흩날리지 아니하도록 할 것 라. 풍속이 평균초속 8m 이상(강선건조업과 합성수지선건조업인 경우에는 10m 이상)인 경우에는 작업을 중지할 것

	마. 가목부터 라목까지와 같거나 그 이상의 효과를 가지는 시설을 설치하거나 조치하는 경우에는 가목부터 라목까지 중 그에 해당하는 시설의 설치 또는 조치를 제외한다.
10. 야외 도장(운송장비 제조업 및 조립금속 제품제조업의 야외 구조물, 선체외판, 수상구조물, 해수 담수화설비제조, 교량제조 등의 야외 도장시설과 제품의 길이가 100m 이상 인 제품의 야외도장 공정만 해당한다)	가. 소형구조물(길이 10m 이하에 한한다)의 도장작업은 옥내에서 할 것 나. 부지경계선으로부터 40m 이내에서 도장작업을 할 때에는 최고높이의 1.25배 이상의 방진망을 설치할 것 다. 풍속이 평균초속 8m 이상일 경우에는 도장작업을 중지할 것(도장작업위치가 높이 5m 이상이며, 풍속이 평균초속 5m 이상일 경우에도 작업을 중지할 것) 라. 연간 2만톤 이상의 선박건조조선소는 도료사용량의 최소화, 유기용제의 사용억제 등 비산먼지 저감방안을 수립한 후 작업을 할 것 마. 가목부터 라목까지와 같거나 그 이상의 효과를 가지는 시설을 설치하거나 조치하는 경우에는 가목부터 라목까지 중 그에 해당하는 시설의 설치 또는 조치를 제외한다.
11. 그 밖에 공정(건설업만 해당한다)	가. 건축물축조공사장에서는 먼지가 공사장밖으로 흩날리지 아니하도록 다음과 같은 시설을 설치하거나 조치를 할 것 1) 비산먼지가 발생되는 작업(바닥청소, 벽체연마작업, 절단작업 등의 작업을 말한다)을 할 때에는 해당 작업 부위 혹은 해당 층에 대하여 방진막 등을 설치할 것. 다만, 건물 내부 공사의 경우 커튼 월(칸막이 구실만 하고 하중을 지지하지 않는 외벽) 및 창호공사가 끝난 경우에는 그러하지 아니하다. 2) 철골구조물의 내화피복작업 시에는 먼지발생량이 적은 공법을 사용하고 비산먼지가 외부로 확산되지 아니하도록 방진막 등을 설치할 것 3) 콘크리트구조물의 내부 마감공사 시 거푸집 해체에 따른 결합 부위 등 돌출면의 면고르기 연마작업 시에는 방진막 등을 설치하여 비산먼지 발생을 최소화할 것 4) 공사 중 건물 내부 바닥은 항상 청결하게 유지관리하여 비산먼지 발생을 최소화할 것 나. 건축물축조공사장 및 토목공사장에서 분사방식으로 야외 도장작업을 하려는 경우에는 방진막을 설치할 것 다. 도장공사장에서 야외 도장작업을 하려는 경우 및 별표 13 비고 제1호 각 목의 구역에서 건축물축조공사장의 야외 도장작업을 하려는 경우에는 롤러방식(붓칠방식을 포함한다. 이하 같다)으로 할 것. 다만, 충돌혼합으로만 반응하는 폴리우레아 도료를 사용하여 건물 옥상 방수용 도장작업을 하는 경우 또는 도장공사장에서 비산먼지 발생이 적은 방식으로서 환경부장관이 고시하는 방식으로 도장작업을 하는 경우에는 롤러방식으로 하지 않을 수 있다. 라. 건축물해체공사장에서 건물해체작업을 할 경우 먼지가 공사장 밖으로 흩날리지 아니하도록 방진막 또는 방진벽을 설치하고, 물뿌림 시설을 설치하여 작업 시 물을 뿌리는 등 비산먼지 발생을 최소화할 것 마. 가목부터 라목까지와 같거나 그 이상의 효과를 가지는 시설을 설치하거나 조치하는 경우에는 가목부터 라목까지에 해당하는 시설의 설치 또는 조치를 제외한다. 바. 서울특별시, 인천광역시 및 경기도 지역에서 하는 건설업 공사 중 총 공사금액이 100억 이상인 관급공사에 다음 건설기계를 사용하려는 경우에는 법 제58조제1항에 따른 조치(이하 "저공해 조치"라 한다)를 한 건설기계를 사용할 것. 다만, 기술적 요인 등으로 저공해 조치를 하기 어렵다고 환경부장관이 인정하는 경우에는 예외로 한다. 1) 별표 17 제2호가목부터 라목까지에 따른 배출허용기준을 적용받아 제작된 덤프트럭 콘크리트펌프 또는 콘크리트믹서트럭 2) 별표 17 제4호가목의 배출허용기준을 적용받아 제작되었거나 2003년 12월 31일 이전에 제작된 지게차 또는 굴착기

비고

분체(粉體)형태의 물질이란 토사·석탄·시멘트 등과 같은 정도의 먼지를 발생시킬 수 있는 물질을 말한다.

예제 51

대기환경보전법규상 비산먼지 발생을 억제하기 위한 시설의 설치 및 필요한 조치에 관한 기준 중 야적(분체상 물질을 야적하는 경우에만 해당)에 관한 기준으로 옳지 않은 것은? (단, 예외사항은 제외)

① 야적물질을 1일 이상 보관하는 경우 방진덮개로 덮을 것

② 야적물질로 인한 비산먼지 발생억제를 위하여 물을 뿌리는 시설을 설치할 것(고철야적장과 수용성물질 등의 경우는 제외한다.)

③ 야적물질의 최고저장높이의 1/3 이상의 방진벽을 설치할 것

④ 야적물질의 최고저장높이의 1/3 이상의 방진망(막)을 설치할 것

해설

정답 ④

예제 52

대기환경보전법규상 분체상 물질을 싣고 내리는 공정의 경우, 비산먼지 발생을 억제하기 위해 작업을 중지해야 하는 평균풍속(m/s)의 기준은?

① 2 이상   ② 5 이상

③ 7 이상   ④ 8 이상

해설

정답 ④

예제 53

대기환경보전법규상 시멘트수송의 경우 비산먼지 발생을 억제하기 위한 시설 및 필요한 조치기준으로 옳지 않은 것은?

① 적재함 상단으로부터 5cm 이하까지 적재물을 수평으로 적재할 것

② 수송차량은 세륜 및 측면 살수 후 운행하도록 할 것

③ 먼지가 흩날리지 아니하도록 공사장 안의 통행차량은 시속 40km 이하로 운행할 것

④ 적재함을 최대한 밀폐할 수 있는 덮개를 설치하여 적재물의 외부에서 보이지 아니할 것

해설

③ 먼지가 흩날리지 아니하도록 공사장안의 통행차량은 시속 20km 이하로 운행할 것

정답 ③

■ 대기환경보전법 시행규칙 [별표 15]

비산먼지의 발생을 억제하기 위한 시설의 설치 및 필요한 조치에 관한 엄격한 기준
(제58조제5항 관련)

배 출 공 정	시설의 설치 및 조치에 관한 기준
1. 야적	가. 야적물질을 최대한 밀폐된 시설에 저장 또는 보관할 것 나. 수송 및 작업차량 출입문을 설치할 것 다. 보관·저장시설은 가능하면 한 3면이 막히고 지붕이 있는 구조가 되도록 할 것
2. 싣기와 내리기	가. 최대한 밀폐된 저장 또는 보관시설 내에서만 분체상물질을 싣거나 내릴 것 나. 싣거나 내리는 장소 주위에 고정식 또는 이동식 물뿌림시설(물뿌림반경 7m 이상, 수압 5kg/cm^2 이상)을 설치할 것
3. 수송	가. 적재물이 흘러내리거나 흩날리지 아니하도록 덮개가 장치된 차량으로 수송할 것 나. 다음 규격의 세륜시설을 설치할 것 　금속지지대에 설치된 롤러에 차바퀴를 닿게 한 후 전력 또는 차량의 동력을 이용하여 차바퀴를 회전시키는 방법 또는 이와 같거나 그 이상의 효과를 지닌 자동물뿌림장치를 이용하여 차바퀴에 묻은 흙 등을 제거할 수 있는 시설 다. 공사장 출입구에 환경전담요원을 고정배치하여 출입차량의 세륜·세차를 통제하고 공사장 밖으로 토사가 유출되지 아니하도록 관리할 것 라. 공사장 내 차량통행도로는 다른 공사에 우선하여 포장하도록 할 것

비고

시·도지사가 별표 15의 기준을 적용하려는 경우에는 이를 사업자에게 알리고 그 기준에 맞는 시설 설치 등에 필요한 충분한 기간을 주어야 한다.

예제 54 다음은 대기환경보전법규상 비산먼지의 발생을 억제하기 위한 시설의 설치 및 필요한 조치에 관한 엄격한 기준 중 "싣기와 내리기" 작업 공정이다. (　)안에 알맞은 것은?

> 가. 최대한 밀폐된 저장 또는 보관시설 내에서만 분체상물질을 싣거나 내릴 것
> 나. 싣거나 내리는 장소 주위에 고정식 또는 이동식 물뿌림시설(물뿌림 반경 (㉠) 이상, 수압(㉡) 이상)을 설치할 것

① ㉠ 5m, ㉡ 3.5kg/cm^2

② ㉠ 5m, ㉡ 5kg/cm^2

③ ㉠ 7m, ㉡ 3.5kg/cm^2

④ ㉠ 7m, ㉡ 5kg/cm^2

해설

정답 ④

배출가스 보증기간(제63조 관련) ★

2016년 1월 1일 이후 제작자동차

사용연료	자동차의 종류	적용기간	
휘발유	경자동차, 소형 승용 · 화물자동차, 중형 승용 · 화물자동차	15년 또는 240,000km	
	대형 승용 · 화물자동차, 초대형 승용 · 화물자동차	2년 또는 160,000km	
	이륜자동차	최고속도 130km/h 미만	2년 또는 20,000km
		최고속도 130km/h 이상	2년 또는 35,000km
가스	경자동차	10년 또는 192,000km	
	소형 승용 · 화물자동차, 중형 승용 · 화물자동차	15년 또는 240,000km	
	대형 승용 · 화물자동차, 초대형 승용 · 화물자동차	2년 또는 160,000km	
경유	경자동차, 소형 승용 · 화물자동차, 중형 승용 · 화물자동차 (택시를 제외한다)	10년 또는 160,000km	
	경자동차, 소형 승용 · 화물자동차, 중형 승용 · 화물자동차 (택시에 한정한다)	10년 또는 192,000km	
	대형 승용 · 화물자동차	6년 또는 300,000km	
	초대형 승용 · 화물자동차	7년 또는 700,000km	
	건설기계 원동기, 농업기계 원동기	37kW 이상	10년 또는 8,000시간
		37kW 미만	7년 또는 5,000시간
		19kW 미만	5년 또는 3,000시간
전기 및 수소연료전지 자동차	모든 자동차	별지 제30호서식의 자동차배출가스 인증신청서에 적힌 보증기간	

비고

1. 배출가스보증기간의 만료는 기간 또는 주행거리, 가동시간 중 먼저 도달하는 것을 기준으로 한다.
2. 보증기간은 자동차소유자가 자동차를 구입한 일자를 기준으로 한다.
3. 휘발유와 가스를 병용하는 자동차는 가스사용 자동차의 보증기간을 적용한다.
4. 경유사용 경자동차, 소형 승용차 · 화물차, 중형 승용차 · 화물차의 결함확인검사 대상기간은 위 표의 배출가스보증기간에도 불구하고 5년 또는 100,000km로 한다. 다만, 택시의 경우 10년 또는 192,000km로 하되, 2015년 8월 31일 이전에 출고된 경유 택시가 경유 택시로 대폐차된 경우에는 10년 또는 160,000km로 할 수 있다.
5. 건설기계 원동기 및 농업기계 원동기의 결함확인검사 대상기간은 19kW 미만은 4년 또는 2,250시간, 37kW 미만은 5년 또는 3,750시간, 37kW 이상은 7년 또는 6,000시간으로 한다.
6. 위 표의 경유사용 대형 승용 · 화물자동차 및 초대형 승용 · 화물자동차의 배출가스 보증기간은 인증시험 및 결함확인검사에만 적용한다.

7. 경유사용 대형 승용·화물자동차 및 초대형 승용·화물자동차의 결함확인검사 시 아래의 배출가스 관련부품이 정비주기를 초과한 경우에는 이를 정비하도록 할 수 있다.

배출가스 관련부품	정비주기
배출가스재순환장치(EGR system including all related Filter & control valves), PCV 밸브(Positive crankcase ventilation valves)	80,000km
연료분사기(Fuel injecter), 터보차저(Turbocharger), 전자제어장치 및 관련센서(ECU & associated sensors & actuators), 선택적환원촉매장치[(SCR system including Dosing module(요소분사기), Supply module(요소분사펌프 & 제어장치)], 매연포집필터(Particulate Trap), 질소산화물저감촉매(De-NOx Catalyst, NOx Trap), 정화용 촉매(Catalytic Converter)	160,000km

8. 위 표의 배출가스 보증기간에도 불구하고 별표 20의 배출가스 관련 부품의 보증기간은 아래와 같다.
   다만, 배출가스자기진단장치의 감시기능 보증기간은 배출가스 보증기간과 동일하게 적용한다.

사용연료	자동차의 종류		배출가스 관련부품	적용기간
휘발유	경자동차, 소형 승용·화물자동차, 중형 승용·화물자동차		정화용촉매, 선택적환원촉매, 질소산화물저감촉매, ECU	7년 또는 120,000km
			그 외 부품	5년 또는 80,000km
	대형 승용·화물자동차, 초대형 승용·화물자동차		모든 부품	2년 또는 160,000km
	이륜 자동차	최고속도 130km/h 미만	모든 부품	2년 또는 20,000km
		최고속도 130km/h 이상	모든 부품	2년 또는 35,000km
가 스	경자동차		정화용촉매, 선택적환원촉매, 질소산화물저감촉매, ECU	6년 또는 100,000km
			그 외 부품	5년 또는 80,000km
	소형 승용·화물자동차, 중형 승용·화물자동차		정화용촉매, 선택적환원촉매, 질소산화물저감촉매, ECU	7년 또는 120,000km
			그 외 부품	5년 또는 80,000km
	대형 승용·화물자동차, 초대형 승용·화물자동차		모든 부품	2년 또는 160,000km
경 유	경자동차, 소형 승용·화물자동차, 중형 승용·화물자동차 (택시를 제외한다)		매연포집필터, 선택적환원촉매, 질소산화물저감촉매, ECU	7년 또는 120,000km
			그 외 부품	5년 또는 80,000km
	경자동차, 소형 승용차·화물차, 중형 승용차·화물차 (택시에 한정한다)		모든 부품	10년 또는 192,000km
	대형 승용차·화물차		모든 부품	2년 또는 160,000km
	초대형 승용차·화물차		모든 부품	2년 또는 160,000km
	건설기계 원동기, 농업기계 원동기	37kW 이상	모든 부품	5년 또는 3,000시간
		37kW 미만	모든 부품	5년 또는 3,000시간
		19kW 미만	모든 부품	2년 또는 1,500시간

9. 2019년 12월 31일까지 출고되는 자동차 중 별표 17 제1호사목에 따라 인증을 받은 자동차는 별표 18 제7호의 배출가스 보증기간을 적용한다. 다만 가스자동차 (「자동차관리법 시행규칙」 별표 1에 따른 15인승 이하 승합 또는 경형·소형 화물 차종에 한정한다)의 경우에는 2022년 12월 31일까지 출고되는 자동차 중 별표 17 제1호사목에 따라 인증을 받은 자동차는 별표 18 제7호에 따른 배출가스 보증기간을 적용한다.

10. 자동차제작자가 위 표 및 비고의 적용일 이전에 제작된 자동차임을 소명한 자동차로서 위 표 및 비고의 적용일부터 90일(대형 및 초대형 화물의 경우에는 180일, 건설기계, 56kW 미만 농업기계 및 130kW 이상 560kW 미만 농업기계의 경우에는 2015년 9월 30일, 56kW 이상 130kW 미만 농업기계의 경우에는 2016년 9월 30일) 이내에 출고하는 자동차에 대하여는 제작 당시의 기준을 적용한다.

11. 위 표의 배출가스보증기간에도 불구하고, 차량총중량 5톤 이하인 대형 승용차의 경우 5년 또는 160,000km를 적용한다.

12. 이륜자동차의 보증기간은 2017년 1월 1일부터 적용한다.

13. 경유 택시의 배출가스 보증기간 및 배출가스 관련 부품의 보증기간은 2019년 12월 31일까지는 위 표를 적용하고, 2020년 1월 1일부터는 15년 또는 240,000km로 한다. 다만, 2015년 8월 31일 이전에 출고된 경유 택시가 경유 택시로 대폐차되는 경우에는 10년 또는 160,000km로 할 수 있다.

예제 55 대기환경보전법규상 2016년 1월 1일 이후 제작자동차의 배출가스 보증기간 적용기준으로 옳지 않은 것은?

① 휘발유 경자동차 : 15년 또는 240,000km

② 휘발유 대형 승용·화물자동차 : 2년 또는 160,000km

③ 가스 초대형 승용·화물자동차 : 2년 또는 160,000km

④ 가스 경자동차 : 5년 또는 80,000km

해설

④ 가스 경자동차 : 10년 또는 192,000km

정답 ④

예제 56 대기환경보전법규상 가스를 연료로 하는 경자동차의 배출가스 보증기간 적용기준으로 옳은 것은? (단, 2016년 1월 1일 이후 제작자동차)

① 10년 또는 192,000km

② 2년 또는 160,000km

③ 2년 또는 10,000km

④ 6년 또는 100,000km

해설

정답 ①

예제 57 대기환경보전법규상 가스를 사용연료로 하는 경자동차의 배출가스 보증 적용기간기준으로 옳은 것은? (단, 2016년 1월 1일 이후 제작자동차 기준)

① 2년 또는 10,000km
② 2년 또는 160,000km
③ 6년 또는 10,000km
④ 10년 또는 192,000km

해설

정답 ④

예제 58 다음은 대기환경보전법규상 제작자동차의 배출가스 보증기간에 관한 사항이다. (   )안에 알맞은 것은? (단, 2016년 1월1일 이후 제작자동차 기준)

> 배출가스 보증기간의 만료는 (㉠)을 기준으로 한다. 휘발유와 가스를 병용하는 자동차는 (㉡) 사용 자동차의 보증기간을 적용한다.

① ㉠ 기간 또는 주행거리, 가동시간 중 나중 도달하는 것, ㉡ 휘발유
② ㉠ 기간 또는 주행거리, 가동시간 중 나중 도달하는 것, ㉡ 가스
③ ㉠ 기간 또는 주행거리, 가동시간 중 먼저 도달하는 것, ㉡ 휘발유
④ ㉠ 기간 또는 주행거리, 가동시간 중 먼저 도달하는 것, ㉡ 가스

해설

정답 ④

예제 59 대기환경보전법규상 휘발유를 연료로 사용하는 "경자동차"의 배출가스 보증기간 적용기준으로 옳은 것은? (단, 2016년 1월 1일 이후 제작 자동차)

① 15년 또는 240,000km
② 10년 또는 192,000km
③ 2년 또는 160,000km
④ 1년 또는 20,000km

해설

정답 ①

■ 대기환경보전법 시행규칙 [별표 21] ^(개정 2018. 3. 2.)

운행차배출허용기준(제78조 관련) ★

1. 일반기준

가. 자동차의 차종 구분은 「자동차관리법」 제3조제1항 및 같은 법 시행규칙 제2조에 따른다.

나. "차량중량"이란 「자동차관리법 시행규칙」 제39조제2항 및 제80조제4항에 따라 전산정보처리조직에 기록된 해당 자동차의 차량중량을 말한다.

다. 휘발유와 가스를 같이 사용하는 자동차의 배출가스 측정 및 배출허용기준은 가스의 기준을 적용한다.

라. 알코올만 사용하는 자동차는 탄화수소 기준을 적용하지 아니한다.

마. 휘발유사용 자동차는 휘발유 · 알코올 및 가스(천연가스를 포함한다)를 섞어서 사용하는 자동차를 포함하며, 경유사용 자동차는 경유와 가스를 섞어서 사용하거나 같이 사용하는 자동차를 포함한다.

바. 건설기계 중 덤프트럭, 콘크리트믹서트럭, 콘크리트펌프트럭에 대한 배출허용기준은 화물자동차기준을 적용한다.

사. 시내버스는 「여객자동차 운수사업법 시행령」 제3조제1호가목 · 나목 및 다목에 따른 시내버스운송사업 · 농어촌버스운송사업 및 마을버스운송사업에 사용되는 자동차를 말한다.

아. 제3호에 따른 운행차 정밀검사의 배출허용기준 중 배출가스 정밀검사를 무부하정지가동 검사방법(휘발유 · 알코올 또는 가스사용 자동차) 및 무부하급가속검사방법(경유사용 자동차)로 측정하는 경우의 배출허용기준은 제2호의 운행차 수시점검 및 정기검사의 배출허용기준을 적용한다.

자. 희박연소(Lean Burn)방식을 적용하는 자동차는 공기과잉률 기준을 적용하지 아니한다.

차. 1993년 이후에 제작된 자동차 중 과급기(Turbo charger)나 중간냉각기(Intercooler)를 부착한 경유사용 자동차의 배출허용기준은 무부하급가속 검사방법의 매연 항목에 대한 배출허용기준에 5%를 더한 농도를 적용한다.

카. 수입자동차는 최초등록일자를 제작일자로 본다.

타. 원격측정기에 의한 수시점검 결과 배출허용기준을 초과한 차량(휘발유 · 가스사용 자동차)에 대한 정비 · 점검 및 확인검사 시 배출허용기준은 제3호의 정밀검사 기준(휘발유 · 가스사용 자동차)을 적용한다.

예제 60 대기환경보전법규상 운행차 배출허용기준 중 일반기준으로 옳지 않은 것은?

① 건설기계 중 덤프트럭, 콘크리트믹서트럭, 콘크리트펌프트럭에 대한 배출허용기준은 화물자동차 기준을 적용한다.

② 알코올만 사용하는 자동차는 탄화수소 기준을 적용하지 아니한다.

③ 1993년 이후에 제작된 자동차 중 과급기(Turbo charger)나 중각냉각기(Intercooler)를 부착한 경유사용 자동차의 배출허용기준은 무부하급가속 검사방법의 매연 항목에 대한 배출허용기준에 5%를 더한 농도를 적용한다.

④ 희박연소(Lean Burn) 방식을 적용하는 자동차는 공기과잉률 기준을 적용한다.

해설

④ 희박연소(Lean Burn) 방식을 적용하는 자동차는 공기과잉률 기준을 적용하지 아니한다.

정답 ④

예제 61 대기환경보전법규상 운행차 배출허용기준 적용으로 옳지 않은 것은?

① 건설기계 중 덤프트럭, 콘크리트믹서트럭, 콘크리트펌프트럭에 대한 배출허용기준은 화물자동차 기준을 적용한다.

② 희박연소(Lean Burn)방식을 적용하는 자동차는 공기과잉률 기준을 적용하지 아니한다.

③ 휘발유와 가스를 같이 사용하는 자동차의 배출가스 측정 및 배출허용기준은 휘발유의 기준을 적용한다.

④ 알코올만 사용하는 자동차는 탄화수소 기준을 적용하지 아니한다.

해설

③ 휘발유와 가스를 같이 사용하는 자동차의 배출가스 측정 및 배출허용기준은 가스의 기준을 적용한다.

정답 ③

예제 62 대기환경보전법규상 운행차 배출허용기준 중 일반 기준에 관한 사항으로 옳지 않은 것은?

① 1993년 이후에 제작된 자동차 중 과급기(Turbo charger)나 중간냉각기(Intercooler)를 부착한 경유사용 자동차의 배출허용기준은 무부하급가속 검사방법의 매연 항목에 대한 배출허용기준에 5%를 더한 농도를 적용한다.

② 휘발유사용 자동차는 휘발유 및 가스(천연가스는 제외한다)를 섞어서 사용하는 자동차를 포함하며, 경유사용 자동차는 경유와 알코올(천연가스는 제외한다)을 섞어서 사용하거나 같이 사용하는 자동차를 포함한다.

③ 희박연소(Lean burn) 방식을 적용하는 자동차는 공기과잉률 기준을 적용하지 아니한다.

④ 알코올만 사용하는 자동차는 탄화수소 기준을 적용하지 아니한다.

해설

② 휘발유사용 자동차는 휘발유 · 알코올 및 가스(천연가스를 포함한다)를 섞어서 사용하는 자동차를 포함하며, 경유사용 자동차는 경유와 가스를 섞어서 사용하거나 같이 사용하는 자동차를 포함한다.

정답 ②

예제 63 대기환경보전법규상 운행차 배출허용기준 중 일반기준으로 옳지 않은 것은?

① 휘발유와 가스를 같이 사용하는 자동차의 배출가스 측정 및 배출허용기준은 가스의 기준을 적용한다.

② 알코올만 사용하는 자동차는 탄화수소의 기준을 적용한다.

③ 휘발유사용 자동차는 휘발유 · 알코올 및 가스(천연가스를 포함한다)를 섞어서 사용하는 자동차를 포함한다.

④ 건설기계 중 덤프트럭, 콘크리트믹서트럭, 콘크리트펌프트럭에 대한 배출허용기준은 화물자동차 기준을 적용한다.

해설

② 알코올만 사용하는 자동차는 탄화수소의 기준을 적용하지 아니한다.

정답 ②

■ 대기환경보전법 시행규칙 [별표 25] 〈개정 2019. 12. 20〉

정밀검사대상 자동차 및 정밀검사 유효기간(제96조 관련)

차종		정밀검사대상 자동차	검사유효기간
비사업용	승용자동차	차령 4년 경과된 자동차	2년
	기타자동차	차령 3년 경과된 자동차	
사업용	승용자동차	차령 2년 경과된 자동차	1년
	기타자동차	차령 2년 경과된 자동차	

비고

1. "정밀검사대상 자동차"란 법 제63조제1항 각 호에 따른 지역에서 「자동차관리법」 제5조에 따라 등록된 자동차를 말한다.

2. "승용자동차"란 「자동차관리법」 제3조제1항 및 같은 법 시행규칙 제2조에 따른 자동차를 말하며, "기타자동차"란 승용자동차를 제외한 승합·화물·특수자동차를 말한다.

3. 천연가스를 연료로 사용하는 자동차와 「자동차관리법」 제2조제1호에 따른 피견인자동차는 정밀검사대상 자동차에서 제외한다.

4. "사업용자동차"란 「자동차관리법」 제5조에 따라 등록된 자동차 중 「여객자동차 운수사업법」 제2조제2호에 따른 여객자동차운수사업 또는 「화물자동차 운수사업법」 제2조제2호에 따른 화물자동차운수사업의 사업용으로 등록된 자동차를 말한다.

5. "비사업용자동차"란 「자동차관리법」 제5조에 따라 등록된 자동차 중 사업용자동차로 등록되지 아니한 자동차를 말한다.

6. 차령의 기산은 「자동차관리법 시행령」 제3조에 따른다.

7. 정밀검사대상자동차가 최초로 정밀검사를 받아야 하는 날(정밀검사 유효기간 만료일을 말한다)은 정밀검사대상차령 이후 처음으로 이르는 정기검사 유효기간 만료일(「자동차 관리법 시행규칙」 제74조에 따른 정기검사 유효기간 만료일을 말한다. 이하 같다)로 한다. 이 경우 정기검사 유효기간 만료일은 정밀검사대상차령 이후의 시점으로 최초에 설정된 정기검사 유효기간 만료일을 말한다.

8. 정밀검사를 시행하지 아니하는 지역에서 정밀검사를 시행하는 지역으로 자동차의 사용 본거지를 변경등록(「자동차관리법」 제11조에 따른 변경등록을 말한다)하는 자동차 중 정밀검사대상 자동차에 속하는 자동차의 소유자는 변경등록일부터 60일(변경등록일부터 60일이 되는 날을 정밀검사기간 만료일로 본다) 이내에 법 제63조에 따른 정밀검사를 받아야 한다.

9. 정밀검사 유효기간은 다음 각 목의 기준에 따라 계산한다.

가. 정밀검사기간은 정밀검사 유효기간 만료일 전후 각각 30일 이내로 한다. 다만, 정밀검사를 연장 또는 유예한 경우에는 그 만료일부터 30일이 되는 날을 정밀검사기간 만료일로 본다.

나. 가목의 정밀검사기간 내에 정밀검사를 신청하여 정밀검사에서 적합판정(재검사기간 내에 적합판정을 받은 경우를 포함한다)을 받은 자동차의 정밀검사 유효기간은 종전 정밀검사 유효기간 만료일의 다음날부터 기산한다.

다. 가목의 정밀검사기간 외의 기간에 정밀검사를 신청하여 정밀검사에서 적합판정(재검사기간 내에 적합판정을 받은 경우를 포함한다)을 받은 자동차의 정밀검사 유효기간은 그 정밀검사를 받은 날의 다음 날부터 기산한다.

예제 64
대기환경보전법규상 정밀검사대상 자동차 및 정밀검사 유효기간기준으로 옳지 않은 것은?

① 비사업용 승용자동차로서 차령 4년 경과된 자동차의 검사유효기간은 2년이다.
② 비사업용 기타자동차로서 차령 3년 경과된 자동차의 검사유효기간은 1년이다.
③ 사업용 승용자동차로서 차령 2년 경과된 자동차의 검사유효기간은 2년이다.
④ 사업용 기타자동차로서 차령 2년 경과된 자동차의 검사유효기간은 1년이다.

해설

③ 사업용 승용자동차로서 차령 2년 경과된 자동차의 검사유효기간은 1년이다.

정답 ③

예제 65
대기환경보전법규상 정밀검사대상 자동차 및 정밀검사 유효기간 중 차령 2년 경과된 사업용 기타자동차의 검사유효기간 기준으로 옳은 것은? (단, "정밀검사대상 자동차"란 자동차관리법에 따라 등록된 자동차를 말하며, "기타자동차"란 승용자동차를 제외한 승합화물특수자동차를 말한다.)

① 1년   ② 2년
③ 3년   ④ 4년

해설

정답 ①

■ 대기환경보전법 시행규칙 [별표 31] <개정 2013. 2. 1>

운행정지표지(제107조제1항 관련)

(앞면)

운 행 정 지

자동차등록번호 :

점검당시 누적주행거리 :   km

운행정지기간 :   년   월   일 ~   년   월   일

운행정지기간 중 주차장소 :

위의 자동차에 대하여 「대기환경보전법」 제70조의2제1항에 따라 운행정지를 명함.

(인)

134mm×190mm[보존용지(1급)120g/m^2]

(뒷면)

이 표지는 "운행정지기간" 내에는 제거하지 못합니다

비고

1. 바탕색은 노란색으로, 문자는 검정색으로 한다.
2. 이 표는 자동차의 전면유리 우측상단에 붙인다.

유의사항

1. 이 표는 운행정지기간 내에는 부착위치를 변경하거나 훼손하여서는 아니 됩니다.
2. 이 표는 운행정지기간이 지난 후에 담당공무원이 제거하거나 담당 공무원의 확인을 받아 제거하여야 합니다.
3. 이 자동차를 운행정지기간 내에 운행하는 경우에는 「대기환경보전법」 제92조제12호에 따라 300만원 이하의 벌금을 물게 됩니다.

예제 66 대기환경보전법규상 자동차 운행정지표지에 기재되는 사항이 아닌 것은?

① 점검당시 누적주행거리

② 운행정지기간 중 주차장소

③ 자동차 소유자 성명

④ 자동차등록번호

해설

정답 ③

예제 67 대기환경보전법규상 자동차 운행정지표지에 관한 내용으로 옳지 않은 것은?

① 운행정지기간 중 주차장소도 운행정지표지시에 기재되어야 한다.

② 운행정지표지는 자동차의 전면유리 좌측하단에 붙인다.

③ 운행정지표지는 운행정지기간이 지난 후에 담당공무원이 제거하거나 담당공무원의 확인을 받아 제거하여야 한다.

④ 문자는 검정색으로, 바탕색은 노란색으로 한다.

해설

 정답 ②

■ 대기환경보전법 시행규칙 [별표 33] ⟨개정 2015. 7. 21.⟩

자동차연료 · 첨가제 또는 촉매제의 제조기준(제115조 관련)

자동차연료 · 첨가제 또는 촉매제의 제조기준(제115조 관련)

가. 휘발유

항 목	제 조 기 준
방향족화합물 함량(부피%)	24(21) 이하
벤젠 함량(부피%)	0.7 이하
납 함량(g/L)	0.013 이하
인 함량(g/L)	0.0013 이하
산소 함량(무게%)	2.3 이하
올레핀 함량(부피%)	16(19) 이하
황 함량(ppm)	10 이하
증기압(kPa, 37.8℃)	60 이하
90% 유출온도(℃)	170 이하

비고

1. 올레핀(Olefine) 함량에 대하여 ( )안의 기준을 적용할 수 있다. 이 경우 방향족화합물 함량에 대하여도 ( )안의 기준을 적용한다.

2. 위 표에도 불구하고 방향족화합물 함량 기준은 2015년 1월 1일부터 22(19) 이하(부피%)를 적용한다. 다만, 유통시설(일반대리점 · 주유소 · 일반판매소)에 대하여는 2015년 2월 1일부터 적용한다.

3. 증기압 기준은 매년 6월 1일부터 8월 31일까지 제조시설에서 출고되는 제품에 대하여 적용한다.

나. 경유

항 목	제 조 기 준
10% 잔류탄소량(%)	0.15 이하
밀도 @15℃(kg/m³)	815 이상 835 이하
황함량(ppm)	10 이하
다환방향족(무게%)	5 이하
윤활성(μm)	400 이하
방향족 화합물(무게%)	30 이하
세탄지수(또는 세탄가)	52 이상

비고

1. 한국석유공사의 구리지사 정부 비축유에 대하여는 위 표에도 불구하고 다음 표의 기준을 적용한다. 다만, 그 비축유는 전시 또는 이에 준하는 비상사태가 발생한 경우로서 환경부장관과 협의한 경우에만 방출할 수 있다.

항 목	제 조 기 준
10% 잔류탄소량(%)	0.15 이하
밀도 @15℃(kg/m^3)	815 이상 845 이하
황함량(ppm)	30 이하
다환방향족(무게%)	11 이하
윤활성(μm)	460 이하
방향족 화합물(무게%)	–
세탄지수(또는 세탄가)	–

2. 혹한기(매년 11월 15일부터 다음 해 2월 말일까지를 말한다)에는 위 표에도 불구하고 세탄지수(또는 세탄가)를 48 이상으로 적용한다. 다만, 유통시설(일반대리점, 주유소 및 일반판매소를 말한다)에 대하여는 혹한기 적용시기를 3월 31일까지로 한다.

다. LPG

항 목		제 조 기 준
황 함량(ppm)		40 이하
증기압(40℃, MPa)		1.27 이하
밀도(15℃, kg/m^3)		500 이상 620 이하
동판부식(40℃, 1시간)		1 이하
100mL 증발잔류물(mL)		0.05 이하
프로판 함량(mol%)	11월 1일부터 3월 31일까지	25 이상 35 이하
	4월 1일부터 10월 31일까지	10 이하

비고

1. 위 표에도 불구하고 황 함량 기준은 2015년 1월 1일부터 30ppm 이하를 적용한다.
   다만, 유통시설(일반대리점·충전소·일반판매소)에 대하여는 2015년 2월 1일부터 적용한다.
2. 제품이 교체되는 시기인 11월과 4월에는 유통사업자(충전사업자, 집단공급사업자 및 판매사업자)에 대해서만 프로판 함량을 35mol% 이하로 적용한다.
3. 위 표에도 불구하고 프로판 함량기준은 유통시설(일반대리점·충전소·일반판매소)에 대해서 2014년 3월 6일까지 15 이상 35 이하를 적용한다.

라. 바이오디젤(BD100)

항 목	제 조 기 준
지방산메틸에스테르함량(무게 %)	96.5 이상
잔류탄소분(무게 %)	0.1 이하
동점도(40℃, mm^2/s)	1.9 이상 5.0 이하
황분(mg/kg)	10 이하
회분(무게 %)	0.01 이하
밀도@ 15℃(kg/m^3)	860 이상 900 이하
전산가(mg KOH/g)	0.50 이하
모노글리세리드(무게 %)	0.80 이하
디글리세리드(무게 %)	0.20 이하
트리글리세리드(무게 %)	0.20 이하
유리 글리세린(무게 %)	0.02 이하
총 글리세린(무게 %)	0.24 이하

산화안정도(110℃, h)		6 이상
메탄올(무게 %)		0.2 이하
알카리금속(mg/kg)	(Na + K)	5 이하
	(Ca + Mg)	5 이하
인(mg/kg)		10 이하

비고

"바이오디젤(BD100)"이란 자동차용 경유 또는 바이오디젤연료유(BD20)를 제조하는데 사용하는 원료를 말한다.

마. 천연가스

항 목	제 조 기 준
메탄(부피 %)	88.0 이상
에탄(부피 %)	7.0 이하
C_3 이상의 탄화수소(부피 %)	5.0 이하
C_6 이상의 탄화수소(부피 %)	0.2 이하
황 분(ppm)	40 이하
불활성가스(CO_2, N_2 등)(부피 %)	4.5 이하

비고

위 표에도 불구하고 황분 기준은 2015년 1월 1일부터 30ppm 이하를 적용한다. 다만, 유통시설(충전소)에 대하여는 2015년 2월 1일부터 적용한다.

바. 바이오가스

항 목	제 조 기 준
메탄(부피 %)	95.0 이상
수분(mg/Nm^3)	32 이하
황분(ppm)	10 이하
불활성가스(CO_2, N_2 등)(부피 %)	5.0 이하

2. 첨가제 제조기준

　가. 첨가제 제조자가 제시한 최대의 비율로 첨가제를 자동차연료에 혼합한 경우의 성분(첨가제+연료)이 제1호의 자동차연료 제조기준에 맞아야 하며, 혼합된 성분 중 카드뮴(Cd)·구리(Cu)·망간(Mn)·니켈(Ni)·크롬(Cr)·철(Fe)·아연(Zn) 및 알루미늄(Al)의 농도는 각각 1.0mg/L 이하이어야 한다.

　나. 첨가제 제조자가 제시한 최대의 비율로 첨가제를 자동차의 연료에 주입한 후 시험한 배출가스 측정치가 첨가제를 주입하기 전보다 배출가스 항목별로 10% 이상 초과하지 아니하여야 하고, 배출가스 총량은 첨가제를 주입하기 전보다 5% 이상 증가하여서는 아니 된다.

　다. 법 제60조제1항에 따라 환경부장관이 정하는 배출가스 저감장치의 성능 향상을 위하여 사용하는 첨가제 제조기준은 환경부장관이 정하여 고시한다.

　라. 제조된 휘발유용 첨가제는 0.55L 이하의 용기에, 경유용 첨가제는 2L 이하의 용기에 담아서 공급하여야 한다. 다만, 「석유 및 석유대체연료 사업법」제2조제7호 또는 제8호에 따른 석유정제업자 또는 석유수출입업자가 자동차연료인 석유제품을 제조하거나 품질을 보정하는 과정에서 첨가하는 첨가제의 경우에는 그러하지 아니하다.

　마. 고체연료첨가제를 제조한 자가 제시한 비율에 따라 고체연료첨가제를 자동차연료에 주입하였을 때 해당 자동차연료의 용해도가 감소되거나 자동차연료의 회분 측정치가 첨가제를 주입하기 전의 회분 측정치보다 증가되어서는 아니 된다.

3. 촉매제 제조기준

항목	단위	기준	
		최소 기준	최대 기준
요소함량	%(m/m)	31.8	33.2
밀도 @20℃	kg/m^3	1087	1093
굴절지수 @20℃	−	1.3814	1.3843
알칼리도(NH$_3$)	%(m/m)	−	0.2
뷰렛	%(m/m)	−	0.3
알데히드	mg/kg	−	5
불용해성물질	mg/kg	−	20
인(PO$_4$)	mg/kg	−	0.5
칼슘(Ca)	mg/kg	−	0.5
철(Fe)	mg/kg	−	0.5
구리(Cu)	mg/kg	−	0.2
아연(Zn)	mg/kg	−	0.2
크롬(Cr)	mg/kg	−	0.2
니켈(Ni)	mg/kg	−	0.2
알루미늄(Al)	mg/kg	−	0.5
마그네슘(Mg)	mg/kg	−	0.5
나트륨(Na)	mg/kg	−	0.5
칼륨(K)	mg/kg	−	0.5

비고

요소함량, 밀도 @20℃, 굴절지수 @20℃의 목표값은 다음 각 호의 구분에 따른다.
1. 요소함량 : 32.5%
2. 밀도 @20℃ : 1089.5kg/cm^3
3. 굴절지수 @20℃ : 1.3829

예제 68 대기환경보전법규상 자동차연료 제조기준 중 휘발유의 납함량(g/L) 제조기준은?

① 0.5 이하 ② 2.0 이하
③ 0.013 이하 ④ 0.030 이하

해설

정답 ③

예제 69 대기환경보전법규상 자동차연료 중 "천연가스" 각 항목의 제조기준으로 옳지 않은 것은?

① 메탄(부피 %) : 88.0 이상
② 에탄(부피 %) : 7.0 이하
③ 황분(ppm) : 50 이하
④ 불활성가스(CO_2, N_2 등)(부피 %) : 4.5 이하

해설

③ 황분(ppm) : 40 이하

정답 ③

예제 70 대기환경보전법규상 자동차연료 제조기준 중 90% 유출온도(℃) 기준으로 옳은 것은? (단, 휘발유 적용)

① 200 이하
② 190 이하
③ 180 이하
④ 170 이하

해설

정답 ④

예제 71 대기환경보전법규상 자동차연료 제조기준 중 휘발유의 90% 유출온도(℃) 기준은?

① 200 이하
② 190 이하
③ 185 이하
④ 170 이하

해설

정답 ④

예제 72 대기환경보전법규상 자동차연료(휘발유)제조기준으로 옳지 않은 것은?

항목	구분	제조기준
㉠	벤젠 함량(부피%)	0.7 이하
㉡	납 함량(g/L)	0.013 이하
㉢	인 함량(g/L)	0.058 이하
㉣	황 함량(ppm)	10 이하

① ㉠
② ㉡
③ ㉢
④ ㉣

해설

정답 ③

■ 대기환경보전법 시행규칙 [별표 34] ^{〈개정 2009. 7. 14〉}

첨가제·촉매제 제조기준에 맞는 제품의 표시방법 등(제119조 관련)

1. 표시방법

    첨가제 또는 촉매제 용기 앞면 제품명 밑에 한글로 "「대기환경보전법 시행규칙」별표 33의 첨가제 또는 촉매제 제조기준에 맞게 제조된 제품임. 국립환경과학원장(또는 검사를 한 검사기관장의 명칭) 제○○호"로 적어 표시하여야 한다.

2. 표시크기

    첨가제 또는 촉매제 용기 앞면의 제품명 밑에 제품명 글자크기의 100분의 30 이상에 해당하는 크기로 표시하여야 한다.

3. 표시색상

    첨가제 또는 촉매제 용기 등의 도안 색상과 보색관계에 있는 색상으로 하여 선명하게 표시하여야 한다.

예제 73 다음은 대기환경보전법규상 첨가제·촉매제 제조기준에 맞는 제품의 표시방법(기준)이다. ( )안에 알맞은 것은?

> 기준에 맞게 제조된 제품임을 나타내는 표시를 첨가제 또는 촉매제 용기 앞면의 제품명 밑에 제품명 글자크기의 ( )이상에 해당하는 크기로 표시하여야 한다.

① 100분의 20
② 100분의 30
③ 100분의 50
④ 100분의 70

해설

정답 ②

예제 74 다음은 대기환경보전법규 상 첨가제·촉매제 제조기준에 맞는 제품의 표시방법이다. ( ) 안에 알맞은 것은?

> 표시크기는 첨가제 또는 촉매제 용기 앞면의 제품명 밑에 제품명 글자크기의 ( )에 해당하는 크기로 표시하여야 한다.

① 100분의 10 이상
② 100분의 15 이상
③ 100분의 20 이상
④ 100분의 30 이상

해설

정답 ④

■ 대기환경보전법 시행규칙 [별표 34의2] 〈개정 2015. 7. 21.〉

자동차연료 · 첨가제 또는 촉매제 검사기관의 지정기준(제121조 관련)

1. 자동차연료 검사기관의 기술능력 및 검사장비 기준
가. 기술능력
  1) 검사원의 자격 : 다음의 어느 하나에 해당하는 자이어야 한다.
    가) 환경, 자동차 또는 분석 관련 학과의 학사학위 이상을 취득한 자
    나) 자동차, 화공, 안전관리(가스), 환경 분야의 기사 자격 이상을 취득한 자
    다) 환경측정분석사
  2) 검사원의 수
    검사원은 4명 이상이어야 하며 그 중 2명 이상은 해당 검사 업무에 5년 이상 종사한 경험이 있는 사람이어야 한다.

비고

  휘발유 · 경유 · 바이오디젤 검사기관과 LPG · CNG · 바이오가스 검사기관의 기술능력 기준은 같으며, 두 검사 업무를 함께 하려는 경우에는 기술능력을 중복하여 갖추지 아니할 수 있다.

나. 검사장비
  1) 휘발유 · 경유 · 바이오디젤(BD100) 검사장비

순번	검사장비	수량	비고
1	가스크로마토그래피(Gas Chromatography, FID, ECD)	1식	
2	원자흡광광도계(Atomic Absorption Spectrophotometer) 또는 유도결합플라즈마원자분광광도계(Inductively Coupled Plasma Spectrophotometer)	1식	
3	분광광도계(UV/Vis Spectrophotometer)	1식	
4	황함량분석기(Sulfur Analyzer)	1식	1ppm 이하 분석 가능
5	증기압시험기(Vapor Pressure Tester)	1식	
6	증류시험기(Distillation Apparatus)	1식	
7	액체크로마토그래피(High Performance Liquid Chromatography) 또는 초임계유체크로마토그래피(Supercritical Fluid Chromatography)	1식	
8	윤활성시험기(High Frequency Reciprocating Rig)	1식	
9	밀도시험기(Density Meter)	1식	
10	잔류탄소시험기(Carbon Residue Apparatus)	1식	
11	동점도시험기(Viscosity)	1식	
12	회분시험기(Furnace)	1식	
13	전산가시험기(Acid value)	1식	
14	산화안정도시험기(Oxidation stability)	1식	
15	세탄가측정기(Cetane number)	1식	
16	별표 33의 제조기준 시험을 수행할 수 있는 장비	1식	

2) LPG · CNG · 바이오가스 검사장비

순번	검사장비	수량	비고
1	가스크로마토그래피(Gas Chromatography, FID, ECD, TCD, PFPD)	1식	
2	황함량분석기(Sulfur Analyzer)	1식	5ppm 이하 분석 가능
3	증기압시험기(Vapor Pressure Tester)	1식	
4	밀도시험기(Density Meter)	1식	
5	동판부식시험기(Copper Strip Corrosion Apparatus)	1식	
6	증발잔류물시험기(Residual Matter Tester)	1식	
7	별표 33의 제조기준에 관한 시험을 수행할 수 있는 장비	1식	

비고

휘발유 · 경유 · 바이오디젤 검사기관과 LPG · CNG · 바이오가스 검사기관의 검사대행 업무를 함께 하려는 경우에는 검사장비를 중복하여 갖추지 아니할 수 있다.

2. 첨가제 검사기관의 기술능력 및 검사장비 기준
가. 기술능력
1) 검사원의 자격 : 다음의 어느 하나에 해당하는 자이어야 한다.
   가) 환경, 자동차 또는 분석 관련 학과의 학사학위 이상을 취득한 자
   나) 「국가기술자격법 시행규칙」 별표 2에 따른 중직무분야 중 자동차, 화공, 안전관리(가스), 환경 분야의 기사 자격 이상을 취득한 자
   다) 「환경분야 시험 · 검사 등에 관한 법률」 제19조에 따른 환경측정분석사
2) 검사원의 수
   검사원은 4명 이상이어야 하며, 그 중 2명 이상은 배출가스검사 업무에 5년 이상 종사한 경험이 있는 사람이어야 한다.

비고

휘발유용 · 경유용 첨가제 검사기관과 LPG · CNG용 첨가제 검사기관의 기술능력 기준은 같으며, 두 첨가제 검사대행 업무를 함께 하려는 경우에는 기술능력을 중복하여 갖추지 아니할 수 있다.

나. 검사장비
1) 휘발유용 · 경유용 첨가제 검사장비
   가) 배출가스 검사장비

순번	검사장비	수량	비고
1	차대동력계	1식	휘발유, 경유 공용
2	배출가스 시료채취 장치	2식	휘발유용, 경유용 각 1식
3	배출가스 분석장치	2식	휘발유용, 경유용 각 1식
4	자료처리 장치	1식	휘발유, 경유 공용
5	그 밖의 부속장치	1식	휘발유, 경유 공용
6	원동기동력계	1식	경유 전용
7	매연 측정기	1식	경유 전용

   나) 자동차연료 제조기준 검사 및 유해물질 검사장비 : 제1호나목 1)에서 정하는 검사장비

2) LPG · CNG용 첨가제 검사장비
   가) 배출가스 검사장비

순번	검사장비	수량
1	차대동력계	1식
2	배출가스 시료채취 장치	1식
3	배출가스 분석장치	1식
4	자료처리 장치	1식
5	그 밖의 부속장치	1식

   나) 자동차연료 제조기준 검사 및 유해물질 검사장비 : 자동차연료 제조기준 검사장비는 제1호나목 2)와 같고, 유해물질검사장비는 다음과 같다.

검사장비	수량
원자흡광광도계(Atomic Absorption Spectrophotometer) 또는 유도결합플라즈마원자분광광도계(Inductively Coupled Plasma Spectrophotometer)	1식

비고

휘발유용 · 경유용 첨가제 검사기관과 LPG · CNG용 첨가제 검사기관의 검사대행 업무를 함께 하려는 경우에는 기술능력을 중복하여 갖추지 아니할 수 있다.

3. 촉매제 검사기관의 기술능력 및 검사장비 기준
  가. 기술능력
   1) 검사원의 자격 : 다음의 어느 하나에 해당하는 자이어야 한다.
     가) 환경, 자동차 또는 분석 관련 학과의 학사학위 이상을 취득한 자
     나) 「국가기술자격법 시행규칙」 별표 2에 따른 중직무분야 중 자동차, 화공, 안전관리(가스), 환경 분야의 기사 자격 이상을 취득한 자
     다) 「환경분야 시험 · 검사 등에 관한 법률」 제19조에 따른 환경측정분석사
   2) 검사원의 수
     검사원은 4명 이상이어야 하며 그 중 2명 이상은 해당 검사 업무에 5년 이상 종사한 경험이 있는 사람이어야 한다.
  나. 검사장비

순번	검사장비	수량	비고
1	요소함량분석기(Total Nitrogen Analyzer)	1식	
2	원자흡광광도계(Atomic Absorption Spectrophotometer) 또는 유도결합플라즈마원자분광광도계(Inductively Coupled Plasma Spectrophotometer)	1식	
3	분광광도계(UV/Vis Spectrophotometer)	1식	
4	밀도시험기(Density Meter)	1식	
5	굴절계(Refractometer)	1식	Abbe 방식
6	자동적정기(Auto Titration) 또는 적정기(Titration)	1식	
7	별표 33의 제조기준에 관한 시험을 수행할 수 있는 장비	1식	

예제 75 다음은 대기환경보전법규상 자동차연료 검사기관의 기술능력 기준이다. ( )안에 알맞은 것은?

> 검사원의 자격은 국가기술자격법 시행규칙상 규정 직무분야의 기사자격 이상을 취득한 사람이어야 하며, 검사원은 (㉠) 이상이어야 하며, 그 중 (㉡) 이상은 해당 검사 업무에 (㉢) 이상 종사한 경험이 있는 사람이어야 한다.

① ㉠ 3명, ㉡ 1명, ㉢ 3년
② ㉠ 3명, ㉡ 2명, ㉢ 5년
③ ㉠ 4명, ㉡ 2명, ㉢ 3년
④ ㉠ 4명, ㉡ 2명, ㉢ 5년

해설

정답 ④

예제 76 대기환경보전법규상 자동차 연료·첨가제 또는 촉매제 검사기관의 지정기준 중 자동차 연료 검사기관의 기술능력 및 검사장비기준으로 옳지 않은 것은?

① 검사원은 국가기술자격법 시행규칙에 따른 자동차, 화공, 안전관리(가스), 환경 분야의 기사 자격 이상을 취득한 사람이어야 한다.
② 검사원은 2명 이상이어야 하며, 그 중 한 명은 해당 검사업무에 5년 이상 종사한 경험이 있는 사람이어야 한다.
③ 휘발유·경유·바이오디젤(BD100) 검사를 위해 1ppm 이하 분석 가능한 황함량분석기 1식을 갖추어야 한다.
④ 휘발유·경유·바이오디젤 검사기관과 LPG·CNG·바이오가스 검사기관의 기술능력 기준은 같으며, 두 검사 업무를 함께 하려는 경우에는 기술능력을 중복하여 갖추지 아니할 수 있다.

해설

② 검사원은 4명 이상이어야 하며 그 중 2명 이상은 해당 검사 업무에 5년 이상 종사한 경험이 있는 사람이어야 한다.

정답 ②

행정처분기준(제134조 관련)

1. 일반기준

가. 위반행위가 두 가지 이상인 경우에는 각 위반사항에 따라 각각 처분하여야 한다. 다만, 제2호 가목 또는 나목의 처분기준이 모두 조업정지인 경우에는 무거운 처분기준에 따르되, 각 처분기준을 합산한 기간을 넘지 아니하는 범위에서 무거운 처분기준의 2분의 1의 범위에서 가중할 수 있으며, 마목의 운행차의 배출허용기준 위반행위가 두 가지 이상인 경우에는 각 행정처분기준을 합산한다)

나. 위반행위의 횟수에 따른 가중된 행정처분은 최근 1년간[제2호가목 및 아목(제2호가목6) 및 10) 중 매연의 경우는 제외한다)의 경우에는 최근 2년간] 같은 위반행위로 행정처분을 받은 경우에 적용한다. 이 경우 기간의 계산은 위반행위에 대하여 행정처분을 받은 날과 그 처분 후 다시 같은 위반행위를 하여 적발된 날을 기준으로 하며, 배출시설 및 방지시설에 대한 위반횟수는 배출구별로 산정한다.

다. 나목에 따라 가중된 행정처분을 하는 경우 가중처분의 적용 차수는 그 위반행위 전 행정처분 차수(나목에 따른 기간 내에 행정처분이 둘 이상 있었던 경우에는 높은 차수를 말한다)의 다음 차수로 한다.

라. 이 기준에 명시되지 아니한 사항으로 처분의 대상이 되는 사항이 있을 때에는 이 기준 중 가장 유사한 사항에 따라 처분한다.

2. 개별기준

가. 배출시설 및 방지시설 등과 관련된 행정처분기준

위반사항	근거법령	행정처분기준			
		1차	2차	3차	4차
1) 법 제23조에 따라 배출시설설치 허가(변경허가를 포함한다)를 받지 아니하거나 신고를 하지 아니하고 배출시설을 설치한 경우	법 제38조				
가) 해당 지역이 배출시설의 설치가 가능한 지역인 경우		사용중지 명령			
나) 해당 지역이 배출시설의 설치가 불가능한 지역일 경우		폐쇄명령			
2) 법 제23조제2항 또는 법 제23조제3항을 위반하여 변경신고를 하지 아니한 경우	법 제36조	경 고	경 고	조업정지 5일	조업정지 10일
3) 법 제23조제9항에 따른 허가조건을 위반한 경우	법 제36조 제1항 제3호의2				
가) 영 제12조에 따른 배출시설 설치제한 지역 밖에 있는 배출시설의 경우		경 고	조업정지 10일	조업정지 1개월	조업정지 3개월
나) 영 제12조에 따른 배출시설 설치제한 지역 안에 있는 사업장의 경우		경 고	조업정지 10일	조업정지 1개월	허가취소
4) 법 제26조제1항에 따른 방지시설을 설치하지 아니하고 배출시설을 가동하거나 방지시설을 임의로 철거한 경우	법 제36조	조업정지	허가취소 또는 폐쇄		

5) 법 제26조제2항에 따른 방지시설을 설치하지 아니하고 배출시설을 운영하는 경우	법 제36조	조업정지	허가취소 또는 폐쇄		
6) 법 제30조에 따른 가동개시신고를 하지 아니하고 조업하는 경우	법 제36조	경고	허가취소 또는 폐쇄		
7) 법 제30조에 따른 가동개시신고를 하고 가동 중인 배출시설에서 배출되는 대기오염물질의 정도가 배출시설 또는 방지시설의 결함·고장 또는 운전미숙 등으로 인하여 법 제16조에 따른 배출허용기준을 초과한 경우	법 제33조 법 제34조 법 제36조				
가)「환경정책기본법」제22조에 따른 특별대책지역 외에 있는 사업장인 경우		개선명령	개선명령	개선명령	조업정지
나)「환경정책기본법」제22조에 따른 특별대책지역 안에 있는 사업장인 경우		개선명령	개선명령	조업정지	허가취소 또는 폐쇄
8) 법 제31조제1항을 위반하여 다음과 같은 행위를 하는 경우	법 제36조				
가) 배출시설 가동 시에 방지시설을 가동하지 아니하거나 오염도를 낮추기 위하여 배출시설에서 배출되는 대기오염물질에 공기를 섞어 배출하는 행위		조업정지 10일	조업정지 30일	허가취소 또는 폐쇄	
나) 방지시설을 거치지 아니하고 대기오염물질을 배출할 수 있는 공기조절장치·가지배출관 등을 설치하는 행위		조업정지 10일	조업정지 30일	허가취소 또는 폐쇄	
다) 부식·마모로 인하여 대기오염물질이 누출되는 배출시설이나 방지시설을 정당한 사유 없이 방치하는 행위		경고	조업정지 10일	조업정지 30일	허가취소 또는 폐쇄
라) 방지시설에 딸린 기계·기구류(예비용을 포함한다)의 고장 또는 훼손을 정당한 사유 없이 방치하는 행위		경고	조업정지 10일	조업정지 20일	조업정지 30일
마) 기타 배출시설 및 방지시설을 정당한 사유 없이 정상적으로 가동하지 아니하여 배출허용기준을 초과한 대기오염물질을 배출하는 행위		조업정지 10일	조업정지 30일	허가취소 또는 폐쇄	

9) 배출시설 또는 방지시설을 정상 가동하지 아니함으로써 7)에 해당하여 사람 또는 가축에 피해발생 등 중대한 대기오염을 일으킨 경우	법 제36조	조업정지 3개월, 허가취소 또는 폐쇄	허가취소 또는 폐쇄		
10) 법 제31조제2항에 따른 배출시설 및 방지시설의 운영에 관한 관리기록을 거짓으로 기재하였거나 보존·비치하지 아니한 경우	법 제36조	경 고	경 고	경 고	조업정지 20일
11) 법 제33조에 따른 개선명령을 받은 자가 개선명령기간(연장기간 포함) 내에 개선하였으나 검사결과 배출허용 기준을 초과한 경우	법 제34조 법 제36조	개선명령	조업정지 10일	조업정지 20일	허가취소 또는 폐쇄
12) 다음의 명령을 이행하지 아니한 경우					
가) 법 제33조에 따른 개선명령을 받은 자가 개선명령을 이행하지 아니한 경우	법 제36조	조업정지	허가취소 또는 폐쇄		
나) 법 제34조 및 법 제36조에 따른 조업정지명령을 받은 자가 조업정지일 이후에 조업을 계속한 경우		경 고	허가취소 또는 폐쇄		
13) 법 제39조제1항에 따른 자가 측정을 위반한 다음과 같은 경우					
가) 자가측정을 하지 않거나(자가측정 횟수가 적정하지 않은 경우를 포함한다) 측정방법을 위반한 경우	법 제36조	경 고	경 고	조업정지 10일	조업정지 30일
나) 조작 등으로 자가측정 결과를 거짓으로 기록한 경우		조업정지 90일	허가취소 또는 폐쇄		
다) 단순 오기(誤記) 등으로 자가측정 결과를 사실과 다르게 기록한 경우		경 고	경 고	경 고	조업정지 10일
라) 자가측정에 관한 기록을 보존하지 않은 경우		경 고	경 고	조업정지 10일	조업정지 30일
14) 법 제39제2항을 위반하여 사업자가 측정대행업자에게 다음과 같은 행위를 하는 경우	법 제36조				

가) 측정결과를 누락하게 하는 행위		경 고	조업정지 5일	조업정지 10일	조업정지 30일
나) 거짓으로 측정결과를 작성하게 하는 행위		조업정지 90일	허가취소 또는 폐쇄		
다) 정상적인 측정을 방해하는 행위		경 고	경 고	조업정지 5일	조업정지 10일
15) 법 제40조에 따른 환경기술인 임명 등을 위반한 다음과 같은 경우	법 제36조 법 제40조	조업정지 10일	조업정지 20일	조업정지 30일	허가취소 또는 폐쇄
가) 환경관리인을 임명하지 아니한 경우		선임명령	경 고	조업정지 5일	조업정지 10일
나) 환경관리인의 자격기준에 미달한 경우		변경명령	경 고	경 고	조업정지 5일
다) 환경관리인의 준수사항 및 관리사항을 이행하지 아니한 경우		경 고	경 고	경 고	조업정지 5일
16) 법 제41조제4항 또는 법 제42조에 따른 연료의 제조·공급·판매 또는 사용금지·제한 등 필요한 조치명령을 이행하지 아니한 경우	법 제36조 법 제41조 제4항 법 제42조	조업정지 10일	조업정지 20일	조업정지 30일	허가취소 또는 폐쇄명령
17) 거짓이나 그 밖의 부정한 방법으로 법 제23조제1항부터 제3항에 따른 대기배출시설 설치허가·변경허가를 받았거나, 신고·변경신고를 한 경우	법 제36조 제1호·제2호	허가취소 또는 폐쇄명령			

비고

1. 개선명령 및 조업정지기간은 그 처분의 이행에 따른 시설의 규모, 기술능력, 기계·기술의 종류 등을 고려하여 정하되, 영 제20조에 따른 기간을 초과하여서는 아니 된다.
2. 11)나)의 경우 1차 경고를 하였을 때에는 경고한 날부터 5일 이내에 조업정지명령의 이행상태를 확인하고 그 결과에 따라 다음 단계의 조치를 하여야 한다.
3. 조업정지(사용중지를 포함한다. 이하 이 호에서 같다) 기간은 조업정지처분에 명시된 조업정지일부터 1)가)의 경우에는 배출시설의 가동개시신고일까지, 4), 5)의 경우에는 방지시설의 설치완료일까지, 7), 11) 및 12)가)의 경우에는 해당 시설의 개선완료일까지로 한다.
4. 7)가)의 위반행위를 5차 이상 한 자에 대하여는 이전 위반 시의 처분에 더하여 추가위반행위를 하였을 때마다 조업정지 10일을 가산한다.
5. 삭제 〈2013.2.1〉

나. 측정기기의 부착·운영 등과 관련된 행정처분기준

위반사항	근거법령	행정처분기준			
		1 차	2 차	3 차	4 차
1) 법 제32조제1항에 따른 측정기기의 부착 등의 조치를 하지 아니하는 경우	법 제36조				
가) 적산전력계 미부착		경 고	경 고	경 고	조업정지 5일
나) 사업장 안의 일부 굴뚝자동측정기기 미부착		경 고	경 고	조업정지 10일	조업정지 30일
다) 사업장 안의 모든 굴뚝자동측정기기 미부착		경 고	조업정지 10일	조업정지 30일	허가취소 또는 폐쇄
라) 영 별표 3 제2호라목에 따라 굴뚝 자동측정기기의 부착이 면제된 보일러로서 사용연료를 6월 이내에 청정연료로 변경하지 아니한 경우		경 고	경 고	조업정지 10일	조업정지 30일
마) 영 별표 3 제2호사목에 따라 굴뚝 자동측정기기의 부착이 면제된 배출시설로서 6개월 이내에 배출시설을 폐쇄하지 아니한 경우		경 고	경 고	폐 쇄	
2) 법 제32조제3항제1호에 따른 배출시설 가동 시에 굴뚝 자동측정기기를 고의로 작동하지 아니하거나 정상적인 측정이 이루어지지 아니하도록 하여 측정항목별 상태표시(보수중, 동작불량 등) 또는 전송장비별 상태표시(전원단절, 비정상)가 1일 2회 이상 나타나는 경우가 1주 동안 연속하여 4일 이상 계속되는 경우	법 제36조	경 고	조업정지 5일	조업정지 10일	조업정지 30일
3) 법 제32조제3항제2호에 따른 부식·마모·고장 또는 훼손되어 정상적인 작동을 하지 아니하는 측정기기를 정당한 사유 없이 7일 이상 방치하는 경우	법 제36조	경 고	경 고	조업정지 10일	조업정지 30일
4) 법 제32조제3항제3호에 따른 측정기기를 고의로 훼손하는 경우	법 제36조 제9호	조업정지 30일	조업정지 90일	허가취소 또는 폐쇄	
5) 법 제32조제3항제4호에 따른 측정기기를 조작하여 측정결과를 빠뜨리거나 거짓으로 측정결과를 작성하는 경우	법 제36조 제9호				
가) 측정 관련 프로그램이나 전류의 세기 등 측정기기를 조작하여 측정결과를 빠뜨리거나		조업정지 90일	허가취소 또는 폐쇄		

거짓으로 측정결과를 작성하는 경우					
나) 교정가스 또는 교정액의 표준값을 거짓으로 입력하거나 부적절한 교정가스 또는 교정액을 사용하는 경우		경고	경고	조업정지 5일	조업정지 10일
6) 법 제32조제4항에 따른 운영·관리기준을 준수하지 아니하는 경우	법 제32조 제5항·제6항				
가) 굴뚝 자동측정기기가 「환경분야 시험·검사 등에 관한 법률」 제6조제1항에 따른 환경오염공정시험기준에 부합하지 아니하도록 한 경우		경 고	조치명령	조업정지 10일	조업정지 30일
나) 영 제19조제1항제1호의 굴뚝 원격감시체계 관제센터에 측정자료를 전송하지 아니한 경우		경 고	조치명령	조업정지 10일	조업정지 30일
7) 법 제32조제6항에 따른 조업정지명령을 위반한 경우	법 제36조	허가취소 또는 폐쇄			
8) 법 제32조의2제1항을 위반하여 거짓이나 그 밖의 부정한 방법으로 등록을 한 경우	법 제32조의3 제1항제1호	등록취소			
9) 법 제32조의2제1항에 따른 등록 후 2년 이내에 영업을 개시하지 않거나 계속하여 2년 이상 영업 실적이 없는 경우	법 제32조의3 제1항제2호	경 고	등록취소		
10) 법 제32조의2제1항에 따른 등록기준에 미달하게 된 경우					
가) 기술인력이 없는 경우	법 제32조의3 제1항제3호	영업정지 3개월	등록취소		
나) 기술인력이 30일 이상 부족한 경우		영업정지 1개월	영업정지 3개월	등록취소	
다) 시설·장비가 없는 경우		영업정지 3개월	등록취소		
라) 시설·장비가 부족한 경우		영업정지 1개월	영업정지 3개월	등록취소	
11) 법 제32조의2제2항에 따른 결격사유에 해당하는 경우(법 제32조의2제2항제5호에 따른 결격사유에 해당하는 경우로서 그 사유가 발생한 날로부터 2개월 이내에 그 사유를 해소한 경우에는 제외한다)	법 제32조의3 제1항제4호	등록취소			
12) 법 제32조의2제4항을 위반하여 다른 자에게 자기의 명의를 사용하여 측정기기 관리 업무를 하	법 제32조의3 제1항제5호	등록취소			

위반사항	근거법령	1차	2차	3차	4차
게 하거나 등록증을 다른 자에게 대여한 경우					
13) 법 제32조의2제5항에 따른 관리기준을 지키지 않은 경우					
가) 제37조의5제1호부터 제4호까지의 규정에 따른 관리기준을 위반한 경우	법 제32조의3 제1항제6호	경 고	영업정지 3개월	영업정지 6개월	등록취소
나) 제37조의5제5호에 따른 관리기준을 위반한 경우		영업정지 1개월	등록취소		
14) 영업정지 기간 중 측정기기 관리업무를 대행한 경우	법 제32조의3 제1항제7호	등록취소			

다. 비산배출시설, 비산먼지 발생사업 및 휘발성유기화합물의 규제와 관련된 행정처분기준

위반사항	근거법령	행정처분기준			
		1 차	2 차	3 차	4 차
1) 법 제38조의2에 따른 비산배출시설과 관련된 다음의 경우					
가) 법 제38조의2제1항에 따른 비산배출시설의 설치신고 또는 같은 조 제2항에 따른 변경신고를 하지 않은 경우	법 제38조의2 제9항제1호	경 고	경 고	조업정지 10일	조업정지 20일
나) 법 제38조의2제5항에 따른 비산배출시설의 시설관리기준을 지키지 않은 경우	법 제38조의2 제9항제2호	경 고	조업정지 10일	조업정지 20일	조업정지 20일
다) 법 제38조의2제6항에 따른 비산배출시설의 정기점검을 받지 않은 경우	법 제38조의2 제9항제3호	경 고	경 고	조업정지 10일	조업정지 20일
라) 법 제38조의2제8항에 따른 조치명령을 이행하지 않은 경우	법 제38조의2 제9항제4호	조업정지 10일	조업정지 20일	조업정지 30일	조업정지 30일
2) 법 제43조에 따른 비산먼지 발생사업과 관련된 다음의 경우					
가) 비산먼지 발생사업의 신고 또는 변경신고를 하지 아니한 경우	법 제43조 제1항·제2항	경 고	사용중지		
나) 법 제43조제1항에 따른 필요한 조치를 이행하지 아니한 경우		조치이행명령	사용중지		
3) 법 제43조제1항에 따른 시설이나 조치가 기준에 맞지 아니한 경우	법 제43조 제2항·제3항	개선명령	사용중지		
4) 법 제43조제2항에 따른 조치의 이행 또는 개선명령을 이행하지 아니한 경우	법 제43조 제3항	사용중지			

5) 법 제44조 또는 제45조에 따른 휘발성유기화합물 규제와 관련된 다음의 경우					
가) 제44조제1항 및 제2항에 따른 신고 또는 변경신고를 하지 않은 경우	법 제44조 제10항 제1호	경 고	경 고	조업정지 10일	조업정지 20일
나) 제44조제5항에 따른 조치를 하지 않은 경우	법 제44조 제10항 제2호	개선명령	조업정지 10일	조업정지 20일	조업정지 20일
다) 제44조제5항에 따른 조치를 하였으나 같은 조 제6항 또는 제7항에 따른 기준에 미치지 못하는 경우	법 제44조 제10항 제2호	개선명령	개선명령	조업정지 10일	조업정지 10일
라) 법 제44조제9항에 따른 조치명령을 이행하지 않은 경우	법 제44조 제10항 제3호	조업정지 10일	조업정지 20일	조업정지 30일	조업정지 30일

라. 삭제 〈2013.2.1〉

마. 자동차배출가스의 규정에 대한 행정처분기준

위반사항	근거법령	행정처분기준		
		1 차	2 차	3 차
1) 법 제55조제1호에 따른 거짓이나 그 밖의 부정한 방법으로 인증을 받은 경우	법 제55조 제1호	인증취소		
2) 법 제55조제2호에 따른 제작차에 중대한 결함이 발생되어 개선을 하여도 제작차배출허용기준을 유지할 수 없는 경우	법 제55조 제2호	인증취소		
3) 법 제50조제6항에 따른 자동차의 판매 또는 출고정지명령을 위반한 경우	법 제55조 제3호	경 고	경 고	인증취소
4) 법 제51조제4항 또는 제6항에 따른 결함시정명령을 이행하지 아니한 경우	법 제55조 제4호	경 고	경 고	인증취소
5) 거짓이나 그 밖의 부정한 방법으로 인증을 받은 경우	법 제60조 제4항제1호	인증취소		
6) 배출가스저감장치, 저공해엔진 또는 공회전제한장치에 결함이 생겨 이를 개선하여도 저감효율기준을 유지할 수 없는 경우	법 제60조 제4항제2호	인증취소		

위반사항	근거법령	1차	2차	3차
7) 법 제60조의4에 따른 검사 결과 인증의 기준을 유지하지 못하는 경우	법 제60조 제4항제3호	개선명령	개선명령	인증취소
8) 법 제61조의1에 따른 운행차에 대한 점검결과가 운행차배출허용기준을 초과한 경우	법 제70조 제1항	개선명령		
9) 법 제62조의3에 따른 지정정비사업자가 거짓이나 그 밖의 부정한 방법으로 지정을 받는 경우	법 제62조의4 제1항제1호	지정취소		
10) 법 제62조의2에 따른 이륜자동차 검사대행자 또는 법 제62조의3에 따른 지정정비사업자가 이륜자동차정기검사 업무와 관련하여 부정한 금품을 수수하거나 그 밖의 부정한 행위를 한 경우	법 제62조의4 제1항제2호	업무정지 1개월	업무정지 3개월	지정취소
11) 법 제62조의2에 따른 이륜자동차 검사대행자 또는 법 제62조의3에 따른 지정정비사업자가 자산상태의 불량 등을 사유로 그 업무를 계속하는 것이 적합하지 아니하다고 인정될 경우	법 제62조의4 제1항제3호	업무정지 1개월	업무정지 3개월	지정취소
12) 법 제62조의2에 따른 이륜자동차 검사대행자 또는 법 제62조의3에 따른 지정정비사업자가 검사를 실시하지 아니하고 거짓으로 자동차검사표를 작성하거나 검사 결과와 다르게 자동차검사표를 작성한 경우	법 제62조의4 제1항제4호	업무정지 1개월	지정취소	
13) 법 제70조제1항에 따른 개선명령을 받은 자가 환경부령이 정한 기간 이내에 전문정비사업자에게 확인검사를 받지 않은 경우	법 제70조의2 제1항	운행정지 5일	운행정지 10일	

비고

1. 7)의 경우 1차 개선명령에 따른 조치를 하였음에도 불구하고 인증기준을 유지할 수 없다고 판단되는 경우에는 2차에서 인증 취소를 할 수 있다.
2. 10)부터 12)까지의 규정에서 지정취소는 법 제62조의2에 따른 이륜자동차정기검사 업무 대행자의 경우 대행해제를 말한다.

바. 삭제 〈2013.2.1〉

사. 배출가스 전문정비사업자에 대한 행정처분기준

위반사항	근거법령	행정처분기준		
		1 차	2 차	3 차
1) 거짓이나 그 밖의 부정한 방법으로 등록을 한 경우	법 제69조 제1호	등록취소		
2) 법 제69조의2의 어느 하나에 해당 하는 경우	법 제69조 제2호	등록취소		
3) 고의 또는 중대한 과실로 정비·점 검 및 확인검사 업무를 부실하게 한 경우	법 제69조 제3호	업무정지 1개월	업무정지 3개월	업무정지 6개월
4) 「자동차관리법」제66조에 따라 자동 차관리사업의 등록이 취소된 경우	법 제69조 제4호	등록취소		
5) 업무정지기간에 정비·점검 및 확 인검사업무를 한 경우	법 제69조 제5호	등록취소		
6) 법 제68조제1항에 따른 등록기준을 충족하지 못하게 된 경우	법 제69조 제6호	업무정지 1개월	업무정지3개월	업무정지6개월
7) 법 제68조제1항 후단에 따른 변경 등록을 위반한 경우	법 제69조 제7호	경 고	업무정지 1개월	업무정지 3개월
8) 법 제68조제4항에 따른 금지행위를 위반한 경우	법 제69조 제8호	업무정지 1개월	업무정지 3개월	업무정지 6개월

아. 인증시험대행기관에 대한 행정처분의 기준

위반사항	근거법령	행정처분기준			
		1차 위반	2차 위반	3차 위반	4차 이상 위반
1) 거짓이나 그 밖의 부정한 방 법으로 지정을 받은 경우	법 제48조의3 제1호	지정취소			
2) 법 제48조의2제2항제1호를 위 반하여 다른 사람에게 자신의 명의로 인증시험업무를 하게 한 경우	법 제48조의3 제2호	업무정지 6개월	지정취소		
3) 법 제48조의2제2항제2호를 위반하여 거짓이나 그 밖의 부정한 방법으로 인증시험을 한 경우	법 제48조의3 제2호	업무정지6개월	지정취소		
4) 법 제48조의2제2항제3호를 위반하여 시험결과의 원본자 료와 일치하도록 인증시험대 장을 작성하지 아니한 경우	법 제48조의3 제2호	업무정지 3개월	업무정지 6개월	지정취소	
5) 법 제48조의2제2항제3호를 위반하여 시험결과의 원본자 료와 시험대장을 3년 동안 보관하지 아니한 경우	법 제48조의3 제2호	업무정지 3개월	업무정지 6개월	지정취소	

위반사항	근거법령				
6) 법 제48조의2제2항제3호를 위반하여 검사업무에 관한 내부 규정을 준수하지 아니한 경우	법 제48조의3 제2호	경 고	업무정지 1개월	업무정지 3개월	업무정지 6개월
7) 법 제48조의2제2항제4호를 위반하여 인증시험의 방법과 절차를 위반하여 인증시험을 한 경우	법 제48조의3 제2호	업무정지 6개월	지정취소		
8) 법 제48조의2제3항에 따른 지정기준을 충족하지 못하게 된 경우	법 제48조의3 제3호	업무정지 3개월	업무정지 6개월	지정취소	

자. 냉매회수업에 대한 행정처분의 기준

위반사항	근거법령	행정처분기준		
		1차 위반	2차 위반	3차 위반
1) 거짓이나 그 밖의 부정한 방법으로 등록을 한 경우	법 제76조의13 제1호	등록취소		
2) 등록을 한 날부터 2년 이내에 영업을 개시하지 않거나 정당한 사유 없이 계속하여 2년 이상 휴업을 한 경우	법 제76조의13 제2호	경 고	등록취소	
3) 영업정지 기간 중에 냉매회수업을 한 경우	법 제76조의13 제3호	등록취소		
4) 제76조의11제1항에 따른 등록기준을 충족하지 못하게 된 경우	법 제76조의13 제4호	업무정지 1개월	업무정지 3개월	업무정지 6개월
5) 제76조의11제5항에 따른 결격사유에 해당하는 경우(다만, 법인의 경우 2개월 이내에 결격사유가 있는 임원을 교체 임명한 경우는 제외한다)	법 제76조의13 제5호	등록취소		
6) 제76조의12제1항을 위반하여 다른 자에게 자기의 명의를 사용하여 냉매회수업을 하게 하거나 등록증을 다른 자에게 대여한 경우	법 제76조의13 제6호	등록취소		
7) 고의 또는 중대한 과실로 회수한 냉매를 대기로 방출한 경우	법 제76조의13 제7호	업무정지 1개월	업무정지 3개월	업무정지 6개월

차. 그 밖의 사항과 관련된 행정처분기준

위반사항	근거법령	행정처분기준		
		1 차	2 차	3 차
법 제82조제1항에 따른 보고명령을 이행하지 아니하거나 또는 자료제출 요구에 응하지 아니한 경우	법 제36조	경 고		

예제 77 대기환경보전법규상 측정기기의 부착·운영 등과 관련된 행정처분기준 중 "부식·마모·고장 또는 훼손되어 정상적인 작동을 하지 아니하는 측정기기를 정당한 사유 없이 7일 이상 방치하는 경우" 1차~4차 행정처분기준으로 옳은 것은?

① 경고 – 경고 – 경고 – 조업정지 5일
② 경고 – 경고 – 경고 – 조업정지 10일
③ 경고 – 조업정지 10일 – 조업정지 30일 – 허가 취소 또는 폐쇄
④ 경고 – 경고 – 조업정지 10일 – 조업정지 30일

해설

정답 ④

예제 78 대기환경보전법규상 측정기기의 부착·운영 등과 관련된 행정처분기준 중 굴뚝 자동측정기기의 부착이 면제된 보일러(사용연료를 6개월 이내에 청정연료로 변경할 계획이 있는 경우)로서 사용연료를 6월 이내에 청정연료로 변경하지 아니한 경우의 4차 행정처분기준으로 가장 적합한 것은?

① 조업정지 10일
② 조업정지 30일
③ 조업정지 5일
④ 경고

해설

정답 ②

예제 79 대기환경보전법규상 행정처분기준 중 방지시설을 거치지 아니하고 대기오염물질을 배출할 수 있는 공기조절장치·가지배출관 등을 설치하는 행위를 한 자에 대한 행정처분기준으로 옳은 것은?

① (1차) 조업정지, (2차) 경고, (3차) 허가취소
② (1차) 경고, (2차) 경고, (3차) 허가취소
③ (1차) 조업정지 10일, (2차) 조업정지 30일, (3차) 허가취소 또는 폐쇄
④ (1차) 조업정지 10일, (2차) 조업정지 20일, (3차) 조업정지 30일

해설

정답 ③

예제 80 대기환경보전법규상 측정기기의 부착 및 운영 등과 관련된 행정처분기준 중 사업자가 부착한 굴뚝 자동측정기기의 측정결과를 굴뚝 원격감시체계 관제센터로 측정자료를 전송하지 아니한 경우의 각 위반차수별 행정처분기준(1차~4차순)으로 옳은 것은?

① 경고 – 조업정지 10일 – 조업정지 30일 – 허가취소 또는 폐쇄

② 경고 – 조치명령 – 조업정지 10일 – 조업정지 30일

③ 조업정지 10일 – 조업정지 30일 – 개선명령 – 허가취소

④ 조업정지 30일 – 개선명령 – 허가취소 – 사업장 폐쇄

해설

정답 ②

예제 81 대기환경보전법규상 휘발성유기화합물 배출규제와 관련된 행정처분기준 중 휘발성유기화합물 배출억제·방지시설 설치 등의 조치를 이행하였으나 기준에 미달하는 경우 위반차수(1차–2차–3차)별 행정처분기준으로 옳은 것은?

① 개선명령 – 개선명령 – 조업정지 10일

② 개선명령 – 조업정지 30일 – 폐쇄

③ 조업정지 10일 – 허가취소 – 폐쇄

④ 경고 – 개선명령 – 조업정지 10일

해설

정답 ①

예제 82 대기환경보전법규상 환경기술인의 준수사항 및 관리사항을 이행하지 아니한 경우 각 위반차수별 행정처분기준(1차~4차)으로 옳은 것은?

① 선임명령 – 경고 – 경고 – 조업정지 5일

② 선임명령 – 경고 – 조업정지 5일 – 조업정지 30일

③ 변경명령 – 경고 – 조업정지 5일 – 조업정지 30일

④ 경고 – 경고 – 경고 – 조업정지 5일

해설

정답 ④

예제 83 대기환경보전법규상 부식·마모로 인하여 대기오염물질이 누출되는 배출시설을 정당한 사유 없이 방치한 경우의 3차 행정처분기준은?

① 개선명령   ② 경고

③ 조업정지 10일   ④ 조업정지 30일

해설

정답 ④

예제 84 대기환경보전법규상 배출시설 가동 시에 방지시설을 가동하지 아니하거나 오염도를 낮추기 위하여 배출시설에서 배출되는 대기오염물질에 공기를 섞어 배출하는 행위에 대한 1차 행정처분 기준은?

① 조업정지 30일   ② 조업정지 20일

③ 조업정지 10일   ④ 경고

해설

정답 ③

■ 대기환경보전법 시행규칙 [별표 37] 〈개정 2017. 1. 26.〉

위임업무 보고사항(제136조 관련) ★★

업무내용	보고횟수	보고기일	보고자
1. 환경오염사고 발생 및 조치 사항	수시	사고발생 시	시·도지사, 유역환경청장 또는 지방환경청장
2. 수입자동차 배출가스 인증 및 검사현황	연 4회	매분기 종료 후 15일 이내	국립환경과학원장
3. 자동차 연료 및 첨가제의 제조·판매 또는 사용에 대한 규제현황	연 2회	매반기 종료 후 15일 이내	유역환경청장 또는 지방환경청장
4. 자동차 연료 또는 첨가제의 제조기준 적합 여부 검사현황	연료 : 연 4회 첨가제 : 연 2회	연료 : 매분기 종료 후 15일 이내 첨가제 : 매반기 종료 후 15일 이내	국립환경과학원장
5. 측정기기 관리대행업의 등록, 변경등록 및 행정처분 현황	연 1회	다음 해 1월 15일까지	유역환경청장, 지방환경청장 또는 수도권대기환경청장

비고
1. 제1호에 관한 사항은 유역환경청장 또는 지방환경청장을 거쳐 환경부장관에게 보고하여야 한다.
2. 위임업무 보고에 관한 서식은 환경부장관이 정하여 고시한다.

예제 85 대기환경보전법규상 위임업무의 보고횟수 기준이 '수시'에 해당되는 업무 내용은?

① 환경오염사고 발생 및 조치사항

② 자동차 연료 및 첨가제의 제조·판매 또는 사용에 대한 규제현황

③ 첨가제의 제조기준 적합여부 검사현황

④ 수입자동차 배출가스 인증 및 검사현황

해설

정답 ①

예제 86 대기환경보전법규상 위임업무 보고사항 중 자동차 연료 및 첨가제의 제조·판매 또는 사용에 대한 규제현황의 보고횟수기준은?

① 연 1회   ② 연 2회

③ 연 4회   ④ 연 12회

해설

정답 ②

예제 87 대기환경보전법규상 위임업무 보고사항 중 첨가제의 제조기준 적합여부 검사현황의 보고횟수기준으로 옳은 것은?

① 연 4회   ② 연 2회

③ 연 1회   ④ 수시

해설

정답 ②

예제 88 대기환경보전법규상 위임업무 보고사항 중 "수입자동차 배출가스 인증 및 검사현황"의 보고기일 기준으로 옳은 것은?

① 다음 달 10일까지   ② 매분기 종료 후 15일 이내

③ 매반기 종료 후 15일 이내   ④ 다음 해 1월 15일까지

해설

정답 ②

예제 89 대기환경보전법규상 "자동차 연료 및 첨가제의 제조·판매 또는 사용에 대한 규제현황"의 위임업무 보고횟수(㉠) 및 보고기일(㉡) 기준으로 옳은 것은?

① ㉠ 연 1회, ㉡ 다음 해 1월 15일까지

② ㉠ 연 2회, ㉡ 매반기 종료 후 15일 이내

③ ㉠ 연 4회, ㉡ 매분기 종료 후 15일 이내

④ ㉠ 수시, ㉡ 해당사항 발생 시

해설

정답 ②

■ 대기환경보전법 시행규칙 [별표 38] 〈신설 2010. 12. 31.〉

위탁업무 보고사항(제136조제2항 관련) ★

업무내용	보고횟수	보고기일
1. 수시검사, 결함확인 검사, 부품결함 보고서류의 접수	수시	위반사항 적발 시
2. 결함확인검사 결과	수시	위반사항 적발 시
3. 자동차배출가스 인증생략 현황	연 2회	매 반기 종료 후 15일 이내
4. 자동차 시험검사 현황	연 1회	다음 해 1월 15일까지

예제 90 대기환경보전법규상 한국환경공단이 환경부장관에게 행하는 위탁업무 보고사항 중 "자동차 배출가스 인증생략 현황"의 보고횟수 기준으로 옳은 것은?

① 연 4회
② 연 2회
③ 연 1회
④ 수시

해설

정답 ②

예제 91 대기환경보전법규상 한국환경공단이 환경부장관에게 보고해야 할 위탁업무 보고사항 중 자동차배출가스 인증생략 현황의 보고횟수 기준은?

① 수시
② 연 1회
③ 연 2회
④ 연 4회

해설

정답 ③

제 3장

기타 대기 관련법

Chapter 01 환경정책기본법

환경정책기본법상 대기환경기준 〈개정 2019. 7. 2.〉 ★★★

측정시간	SO₂ (ppm)	NO₂ (ppm)	O₃ (ppm)	CO (ppm)	PM₁₀ ($\mu g/m^3$)	PM₂.₅ ($\mu g/m^3$)	납(Pb) ($\mu g/m^3$)	벤젠 ($\mu g/m^3$)
연간	0.02	0.03	–	–	50	15	0.5	5
24시간	0.05	0.06	–	–	100	35	–	–
8시간	–	–	0.06	9	–	–	–	–
1시간	0.15	0.10	0.10	25	–	–	–	–

비고

1. 1시간 평균치는 999천분위수(千分位數)의 값이 그 기준을 초과해서는 안 되고, 8시간 및 24시간 평균치는 99백분위수의 값이 그 기준을 초과해서는 안 된다.
2. 미세먼지(PM-10)는 입자의 크기가 10μm 이하인 먼지를 말한다.
3. 초미세먼지(PM-2.5)는 입자의 크기가 2.5μm 이하인 먼지를 말한다.

예제 01 환경정책기본법령상 납(Pb)의 대기환경기준으로 옳은 것은?

① 연간평균치 $0.5\mu g/m^3$ 이하
② 3개월 평균치 $1.5\mu g/m^3$ 이하
③ 24시간 평균치 $1.5\mu g/m^3$ 이하
④ 8시간 평균치 $1.5\mu g/m^3$ 이하

해설

정답 ①

예제 02 환경정책기본법령상 대기 중 미세먼지(PM-10)의 환경기준으로 적절한 것은? (단, 연간평균치)

① $150\mu g/m^3$ 이하
② $120\mu g/m^3$ 이하
③ $70\mu g/m^3$ 이하
④ $50\mu g/m^3$ 이하

해설

정답 ④

예제 03 환경정책기본법령상 대기환경기준(1시간 평균치 기준)의 연결로 옳은 것은? (단, ㉠ 아황산가스(SO_2), ㉡ 이산화질소(NO_2)이다.)

① ㉠ 0.05ppm 이하 ㉡ 0.06ppm 이하
② ㉠ 0.06ppm 이하 ㉡ 0.05ppm 이하
③ ㉠ 0.15ppm 이하 ㉡ 0.10ppm 이하
④ ㉠ 0.10ppm 이하 ㉡ 0.15ppm 이하

해설

정답 ③

예제 04 환경정책기본법령상 아황산가스(SO_2)의 대기환경기준으로 옳게 연결된 것은?

– 24시간 평균치 : (㉠)ppm 이하
– 1시간 평균치 : (㉡)ppm 이하

① ㉠ 0.05, ㉡ 0.15
② ㉠ 0.06, ㉡ 0.10
③ ㉠ 0.07, ㉡ 0.12
④ ㉠ 0.08, ㉡ 0.12

해설

정답 ①

예제 05 환경정책기본법령상 아황산가스(SO_2)의 대기환경기준(ppm)으로 옳은 것은? (단, ㉠ 연간, ㉡ 24시간, ㉢ 1시간의 평균치 기준)

① ㉠ 0.02 이하, ㉡ 0.05 이하, ㉢ 0.15 이하
② ㉠ 0.03 이하, ㉡ 0.15 이하, ㉢ 0.25 이하
③ ㉠ 0.06 이하, ㉡ 0.10 이하, ㉢ 0.15 이하
④ ㉠ 0.03 이하, ㉡ 0.06 이하, ㉢ 0.10 이하

해설

정답 ①

예제 06 환경정책기본법령상 이산화질소(NO_2)의 대기환경기준은? (단, 24시간 평균치 기준)

① 0.03ppm 이하
② 0.05ppm 이하
③ 0.06ppm 이하
④ 0.10ppm 이하

해설

정답 ③

예제 07 환경정책기본법령상 "벤젠"의 대기환경기준($\mu g/m^3$)은? (단, 연간평균치)

① 0.1 이하
② 0.15 이하
③ 0.5 이하
④ 5 이하

해설

정답 ④

예제 08 대기환경보전법령상 대기환경기준으로 옳지 않은 것은?

① 미세먼지(PM-10) – 연간평균치 50mg/m^3 이하
② 아황산가스(SO_2) – 연간평균치 0.02ppm 이하
③ 일산화탄소(CO) – 1시간평균치 25ppm 이하
④ 오존(O_3) – 1시간평균치 0.1ppm 이하

해설

정답 ①

예제 09 환경정책기본법령상 대기환경기준으로 옳지 않은 것은?

구분	항목	기준	농도
㉠	CO	8시간 평균치	9ppm 이하
㉡	NO_2	24시간 평균치	0.1ppm 이하
㉢	PM-10	연간 평균치	50$\mu g/m^3$ 이하
㉣	벤젠	연간 평균치	5$\mu g/m^3$ 이하

① ㉠
② ㉡
③ ㉢
④ ㉣

해설

정답 ②

■ 제3조(정의) ★

이 법에서 사용하는 용어의 뜻은 다음과 같다. 〈개정 2019. 1. 15.〉

1. "환경"이란 자연환경과 생활환경을 말한다.
2. "자연환경"이란 지하·지표(해양을 포함한다) 및 지상의 모든 생물과 이들을 둘러싸고 있는 비생물적인 것을 포함한 자연의 상태(생태계 및 자연경관을 포함한다)를 말한다.
3. "생활환경"이란 대기, 물, 토양, 폐기물, 소음·진동, 악취, 일조(日照), 인공조명, 화학물질 등 사람의 일상생활과 관계되는 환경을 말한다.
4. "환경오염"이란 사업활동 및 그 밖의 사람의 활동에 의하여 발생하는 대기오염, 수질오염, 토양오염, 해양오염, 방사능오염, 소음·진동, 악취, 일조 방해, 인공조명에 의한 빛공해 등으로서 사람의 건강이나 환경에 피해를 주는 상태를 말한다.
5. "환경훼손"이란 야생동식물의 남획(濫獲) 및 그 서식지의 파괴, 생태계질서의 교란, 자연경관의 훼손, 표토(表土)의 유실 등으로 자연환경의 본래적 기능에 중대한 손상을 주는 상태를 말한다.
6. "환경보전"이란 환경오염 및 환경훼손으로부터 환경을 보호하고 오염되거나 훼손된 환경을 개선함과 동시에 쾌적한 환경 상태를 유지·조성하기 위한 행위를 말한다.
7. "환경용량"이란 일정한 지역에서 환경오염 또는 환경훼손에 대하여 환경이 스스로 수용, 정화 및 복원하여 환경의 질을 유지할 수 있는 한계를 말한다.
8. "환경기준"이란 국민의 건강을 보호하고 쾌적한 환경을 조성하기 위하여 국가가 달성하고 유지하는 것이 바람직한 환경상의 조건 또는 질적인 수준을 말한다.

예제 10 환경정책기본법상 용어의 정의 중 ( )안에 가장 적합한 것은?

> ( )이란 일정한 지역에서 환경오염 또는 환경훼손에 대하여 환경이 스스로 수용, 정화 및 복원하여 환경의 질을 유지할 수 있는 한계를 말한다.

① 환경기준   ② 환경용량
③ 환경보전   ④ 환경보존

해설

정답 ②

예제 11
환경정책기본법상 이 법에서 사용하는 용어의 뜻으로 옳지 않은 것은?

① "환경용량"이란 일정한 지역에서 환경오염 또는 환경훼손에 대하여 환경이 스스로 수용, 정화 및 복원하여 환경의 질을 유지할 수 있는 한계를 말한다.

② "자연환경"이란 지하·지표(해양을 포함한다) 및 지상의 모든 생물과 이들을 둘러싸고 있는 비생물적인 것을 포함한 자연의 상태(생태계 및 자연경관을 포함한다)를 말한다.

③ "환경"이란 자연환경과 인간환경, 생물환경을 말한다.

④ "환경훼손"이란 야생동식물의 남획 및 그 서식지의 파괴, 생태계질서의 교란, 자연경관의 훼손, 표토의 유실 등으로 자연환경의 본래적 기능에 중대한 손상을 주는 상태를 말한다.

해설

정답 ③

■ 제12조(환경기준의 설정)

① 국가는 생태계 또는 인간의 건강에 미치는 영향 등을 고려하여 환경기준을 설정하여야 하며, 환경여건의 변화에 따라 그 적정성이 유지되도록 하여야 한다. 〈개정 2016. 1. 27.〉

② 환경기준은 대통령령으로 정한다.

③ 특별시·광역시·도·특별자치도(이하 "시·도"라 한다)는 해당 지역의 환경적 특수성을 고려하여 필요하다고 인정할 때에는 해당 시·도의 조례로 제1항에 따른 환경기준보다 확대·강화된 별도의 환경기준(이하 "지역환경기준"이라 한다)을 설정 또는 변경할 수 있다.

④ 특별시장·광역시장·도지사·특별자치도지사(이하 "시·도지사"라 한다)는 제3항에 따라 지역환경기준을 설정하거나 변경한 경우에는 이를 지체 없이 환경부장관에게 보고하여야 한다.

예제 12
환경정책기본법상 시·도지사가 해당 지역의 환경적 특수성을 고려하여 규정에 의한 환경기준보다 확대·강화된 별도의 환경기준을 설정할 경우, 누구에게 보고하여야 하는가?

① 환경부장관 ② 보건복지부장관

③ 국토교통부장관 ④ 국무총리

해설

특별시장·광역시장·도지사·특별자치도지사(이하 "시·도지사"라 한다)는 해당 지역의 환경적 특수성을 고려하여 필요하다고 인정할 때에는 해당 시·도의 조례로 환경기준보다 확대·강화된 별도의 환경기준(지역환경기준)을 설정하거나 변경한 경우에는 이를 지체 없이 환경부장관에게 보고하여야 한다.

정답 ①

Chapter 02 실내공기질관리법

■ **제2조(정의)**

이 법에서 사용하는 용어의 정의는 다음과 같다. 〈개정 2020. 5. 26.〉

1. "다중이용시설"이라 함은 불특정다수인이 이용하는 시설을 말한다.
2. "공동주택"이라 함은 「건축법」 규정에 따른 공동주택을 말한다.
   2의2. "대중교통차량"이란 불특정인을 운송하는 데 이용되는 차량을 말한다.
3. "오염물질"이라 함은 실내공간의 공기오염의 원인이 되는 가스와 떠다니는 입자상물질 등으로서 환경부령이 정하는 것을 말한다.
4. "환기설비"라 함은 오염된 실내공기를 밖으로 내보내고 신선한 바깥공기를 실내로 끌어들여 실내공간의 공기를 쾌적한 상태로 유지시키는 설비를 말한다.
5. "공기정화설비"라 함은 실내공간의 오염물질을 없애거나 줄이는 설비로서 환기설비의 안에 설치되거나, 환기설비와는 따로 설치된 것을 말한다.

예제 01 실내공기질 관리법상 용어의 정의로 옳지 않은 것은?

① "공동주택"이라 함은 「건축법」 규정에 의한 공동주택을 의미한다.
② "다중이용시설"이라 함은 불특정다수인이 이용하는 시설을 말한다.
③ "공기정화설비"라 함은 오염된 실내공기를 밖으로 내보내고 신선한 바깥공기를 실내로 끌어들여 실내공간의 공기를 쾌적한 상태로 유지시키는 설비를 말하며, 환기설비와 동일한 의미로 사용되는 것을 말한다.
④ "오염물질"이라 함은 실내공간의 공기오염의 원인이 되는 가스와 떠다니는 입자상물질 등으로서 환경부령이 정하는 것을 말한다.

해설

③ 환기설비 설명임

 정답 ③

■ 제3조(적용대상)

① 이 법의 적용대상이 되는 다중이용시설은 다음 각 호의 시설 중 대통령령으로 정하는 규모의 것으로 한다. 〈개정 2021. 12. 7.〉

1. 지하역사(출입통로 · 대합실 · 승강장 및 환승통로와 이에 딸린 시설을 포함한다)
2. 지하도상가(지상건물에 딸린 지하층의 시설을 포함한다)
3. 철도역사의 대합실
4. 「여객자동차 운수사업법」 제2조제5호에 따른 여객자동차터미널의 대합실
5. 「항만법」 제2조제5호에 따른 항만시설 중 대합실
6. 「공항시설법」 제2조제7호에 따른 공항시설 중 여객터미널
7. 「도서관법」 제3조제1호에 따른 도서관
8. 「박물관 및 미술관 진흥법」 제2조제1호 및 제2호에 따른 박물관 및 미술관
9. 「의료법」 제3조제2항에 다른 의료기관
10. 「모자보건법」 제2조제11호에 따른 산후조리원
11. 「노인복지법」 제34조제1항제1호에 따른 노인요양시설
12. 「영유아보육법」 제2조제3호에 따른 어린이집
12의2. 「어린이놀이시설 안전관리법」 제2조제2호에 따른 어린이놀이시설 중 실내 어린이놀이시설
13. 「유통산업발전법」 제2조제2호에 따른 대규모점포
14. 「장사 등에 관한 법률」 제29조에 따른 장례식장(지하에 위치한 시설로 한정한다)
15. 「영화 및 비디오물의 진흥에 관한 법률」 제2조제10호에 따른 영화상영관(실내 영화상영관으로 한정한다)
16. 「학원의 설립 · 운영 및 과외교습에 관한 법률」 제2조제1호에 따른 학원
17. 「전시산업발전법」 제2조제4호에 따른 전시시설(옥내시설로 한정한다)
18. 「게임산업진흥에 관한 법률」 제2조제7호에 따른 인터넷컴퓨터게임시설제공업의 영업시설
19. 실내주차장
20. 「건축법」 제2조제2항제14호에 따른 업무시설
21. 「건축법」 제2조제2항에 따라 구분된 용도 중 둘 이상의 용도에 사용되는 건축물
22. 「공연법」에 따른 공연장 중 실내 공연장
23. 「체육시설의 설치 · 이용에 관한 법률」에 따른 체육시설 중 실내 체육시설
24. 「공중위생관리법」 제2조제1항제3호나목에 따른 목욕장업의 영업시설
25. 그 밖에 대통령령으로 정하는 시설

② 이 법의 적용대상이 되는 공동주택은 다음 각호의 공동주택으로서 대통령령으로 정하는 규모 이상으로 신축되는 것으로 한다. 〈개정 2020. 5. 26.〉

1. 아파트
2. 연립주택
3. 기숙사

③ 이 법의 적용대상이 되는 대중교통차량은 다음 각 호의 차량으로 한다. 〈신설 2013. 3. 22., 2014. 1. 7.〉

1. 「도시철도법」 제2조제2호에 다른 도시철도의 운행에 사용되는 도시철도차량
2. 「철도산업발전기본법」 제3조제4호에 따른 철도차량 중 여객을 운송하기 위한 철도차량
3. 「여객자동차 운수사업법」 제2조제3호에 따른 여객자동차운송사업에 사용되는 자동차 중 대통령령으로 정하는 자동차

예제 02

실내공기질 관리법상 이 법의 적용대상이 되는 다중이용시설(대통령령으로 정하는 규모의 것)에 해당하지 않는 것은 어느 것인가?

① 지하역사(출입통로 · 대합실 · 승강장 및 환승통로와 이에 딸린 시설을 포함)
② 실외공공주차장
③ 「도서관법」에 따른 도서관
④ 「게임산업진흥에 관한 법률」에 따른 인터넷컴퓨터게임시설제공업의 영업시설

해설

실내시설임. 실외시설은 해당안됨

정답 ②

◆ 시행규칙 별표 ◆

■ 실내공기질 관리법 시행규칙 [별표 1] ⟨개정 2019. 2. 13.⟩

오염물질(제2조 관련) ★

1. 미세먼지(PM-10)
2. 이산화탄소(CO_2 ; Carbon Dioxide)
3. 폼알데하이드(Formaldehyde)
4. 총부유세균(TAB ; Total Airborne Bacteria)
5. 일산화탄소(CO ; Carbon Monoxide)
6. 이산화질소(NO_2 ; Nitrogen dioxide)
7. 라돈(Rn ; Radon)
8. 휘발성유기화합물(VOCs ; Volatile Organic Compounds)
9. 석면(Asbestos)
10. 오존(O_3 ; Ozone)
11. 초미세먼지(PM-2.5)
12. 곰팡이(Mold)
13. 벤젠(Benzene)
14. 톨루엔(Toluene)
15. 에틸벤젠(Ethylbenzene)
16. 자일렌(Xylene)
17. 스티렌(Styrene)

예제 03 실내공기질 관리법규상 규정하고 있는 오염물질에 해당하지 않는 것은?

① 브롬화수소(HBr)

② 미세먼지(PM-10)

③ 폼알데하이드(Formaldehyde)

④ 총부유세균(TAB)

해설

정답 ①

■ 실내공기질 관리법 시행규칙 [별표 4의2] 〈개정 2018. 10. 18.〉

신축 공동주택의 실내공기질 권고기준(제7조의2 관련) 〈개정 2018. 10. 18.〉 ★★★

물질	실내공기질 권고 기준
벤젠	$30\mu g/m^3$ 이하
폼알데하이드	$210\mu g/m^3$ 이하
스티렌	$300\mu g/m^3$ 이하
에틸벤젠	$360\mu g/m^3$ 이하
자일렌	$700\mu g/m^3$ 이하
톨루엔	$1,000\mu g/m^3$ 이하
라돈	$148Bq/m^3$ 이하

예제 04 실내공기질 관리법규상 자일렌 항목의 신축공동주택의 실내공기질 권고기준은?

① $30\mu g/m^3$ 이하 ② $210\mu g/m^3$ 이하

③ $300\mu g/m^3$ 이하 ④ $700\mu g/m^3$ 이하

해설

정답 ④

예제 05 실내공기질 관리법규상 "에틸벤젠"의 신축공동주택의 실내공기질 권고기준은?

① $30\mu g/m^3$ 이하
② $210\mu g/m^3$ 이하
③ $300\mu g/m^3$ 이하
④ $360\mu g/m^3$ 이하

해설

정답 ④

예제 06 실내공기질 관리법규상 신축 공동주택의 실내 공기질 권고기준으로 옳은 것은?

① 스티렌 $360\mu g/m^3$ 이하
② 폼알데하이드 $360\mu g/m^3$ 이하
③ 자일렌 $360\mu g/m^3$ 이하
④ 에틸벤젠 $360\mu g/m^3$ 이하

해설

정답 ④

예제 07 실내공기질 관리법규상 신축 공동주택의 실내공기질 권고기준으로 틀린 것은?

① 벤젠 : $30\mu g/m^3$ 이하
② 톨루엔 : $1,000\mu g/m^3$ 이하
③ 자일렌 : $700\mu g/m^3$ 이하
④ 에틸벤젠 : $300\mu g/m^3$ 이하

해설

정답 ④

예제 08 실내공기질 관리법규상 폼알데하이드의 신축 공동주택의 실내공기질 권고기준은?

① $30\mu g/m^3$ 이하
② $210\mu g/m^3$ 이하
③ $300\mu g/m^3$ 이하
④ $700\mu g/m^3$ 이하

해설

정답 ②

예제 09 실내공기질 관리법규상 신축 공동주택의 실내공기질 권고기준 중 "자일렌($\mu g/m^3$)" 기준으로 옳은 것은?

① 700 이하

② 360 이하

③ 300 이하

④ 210 이하

해설

정답 ①

예제 10 실내공기질 관리법규상 신축 공동주택의 실내공기질 권고기준으로 옳지 않은 것은?

① 에틸벤젠 $360\mu g/m^3$ 이하

② 폼알데하이드 $210\mu g/m^3$ 이하

③ 벤젠 $300\mu g/m^3$ 이하

④ 톨루엔 $1,000\mu g/m^3$ 이하

해설

정답 ③

■ 실내공기질 관리법 시행규칙 [별표 2] ^(개정 2020. 4. 3.)

실내공기질 유지기준(제3조 관련) ★★★

오염물질 항목 다중이용시설	미세먼지 (PM-10) ($\mu g/m^3$)	미세먼지 (PM-2.5) ($\mu g/m^3$)	이산화탄소 (ppm)	폼알데하이드 ($\mu g/m^3$)	총부유세균 (CFU/m^3)	일산화탄소 (ppm)
가. 지하역사, 지하도상가, 철도 역사의 대합실, 여객자동차 터미널의 대합실, 항만시설 중 대합실, 공항시설 중 여객 터미널, 도서관·박물관 및 미술관, 대규모 점포, 장례식장, 영화상영관, 학원, 전시시설, 인터넷컴퓨터게임시설제공업의 영업시설, 목욕장업의 영업시설	100 이하	50 이하	1,000 이하	100 이하	–	10 이하

나. 의료기관, 산후조리원, 노인요양시설, 어린이집, 실내 어린이놀이시설	75 이하	35 이하		80 이하	800 이하	
다. 실내주차장	200 이하	–	1,000 이하	100 이하	–	25 이하
라. 실내 체육시설, 실내 공연장, 업무시설, 둘 이상의 용도에 사용되는 건축물	200 이하	–	–	–	–	–

비고

1. 도서관, 영화상영관, 학원, 인터넷컴퓨터게임시설제공업 영업시설 중 자연환기가 불가능하여 자연환기설비 또는 기계환기설비를 이용하는 경우에는 이산화탄소의 기준을 1,500ppm 이하로 한다.
2. 실내 체육시설, 실내 공연장, 업무시설 또는 둘 이상의 용도에 사용되는 건축물로서 실내 미세먼지(PM-10)의 농도 가 $200\mu g/m^3$에 근접하여 기준을 초과할 우려가 있는 경우에는 실내공기질의 유지를 위하여 다음 각 목의 실내공 기정화시설(덕트) 및 설비를 교체 또는 청소하여야 한다.
   가. 공기정화기와 이에 연결된 급 · 배기관(급 · 배기구를 포함한다)
   나. 중앙집중식 냉 · 난방시설의 급 · 배기구
   다. 실내공기의 단순배기관
   라. 화장실용 배기관
   마. 조리용 배기관

참고

개정전 법규 - 18. 4회 이전 문제에 적용됨

유지기준	이 (CO_2)	포 (HCHO)	일 (CO)	미 (PM10)	총 (부유세균)
노약자시설	1,000	100	10	100	800
일반인시설	1,000	100	10	150	–
실내 주차장	1,000	100	25	200	–

예제 11 실내공기질 관리법규상 실내주차장의 ㉠ PM10($\mu g/m^3$), ㉡ CO(ppm) 실내공기질 유지기준으로 옳은 것은?

① ㉠ 100 이하 , ㉡ 10 이하

② ㉠ 150 이하 , ㉡ 20 이하

③ ㉠ 200 이하 , ㉡ 25 이하

④ ㉠ 300 이하 , ㉡ 40 이하

해설

암기법

오염물질 항목 다중이용시설	이 (CO_2)	포 (HCHO)	일 (CO)	미 (PM10)	미 (PM2.5)	총 (부유세균)
노약자시설	1,000	80	10	75	35	800
일반인시설	1,000	100	10	100	50	–
실내주차장	1,000	100	25	200	–	–
복합용도시설	–	–	–	200	–	–

정답 ③

예제 12 실내공기질 관리법규상 "어린이집"의 실내공기질 유지기준으로 옳은 것은?

① PM10($\mu g/m^3$) – 150 이하

② CO(ppm) – 25 이하

③ 총부유세균(CFU/m^3) – 800 이하

④ 폼알데하이드($\mu g/m^3$) – 150 이하

해설

정답 ③

예제 13 실내공기질 관리법규상 노인요양시설 내부의 쾌적한 공기질을 유지하기 위한 실내공기질 유지기준이 설정된 오염물질이 아닌 것은?

① 미세먼지(PM-10)

② 폼알데하이드

③ 아산화질소

④ 총부유세균

해설

정답 ③

예제 14 실내공기질 관리법규상 "지하도상가" 폼알데하이드($\mu g/m^3$) 실내공기질 유지기준은?

① 100 이하　　　　　　　　　　② 400 이하

③ 500 이하　　　　　　　　　　④ 1,000 이하

해설

정답 ①

예제 15 실내공기질 관리법규상 "공항시설 중 여객터미널"의 PM-10($\mu g/m^3$)실내공기질 유지기준은?

① 200 이하　　　　　　　　　　② 150 이하

③ 100 이하　　　　　　　　　　④ 25 이하

해설

정답 ③

■ 실내공기질 관리법 시행규칙 [별표 3] 〈개정 2020. 4. 3.〉

실내공기질 권고기준(제4조 관련) ★★

오염물질 항목 다중이용시설	이산화질소 (ppm)	라돈 (Bq/m³)	총휘발성유기화합물 ($\mu g/m^3$)	곰팡이 (CFU/m³)
가. 지하역사, 지하도상가, 철도역사의 대합실, 여객자동차터미널의 대합실, 항만시설 중 대합실, 공항시설 중 여객터미널, 도서관·박물관 및 미술관, 대규모점포, 장례식장, 영화상영관, 학원, 전시시설, 인터넷컴퓨터게임시설제공업의 영업시설, 목욕장업의 영업시설	0.1 이하	148 이하	500 이하	–
나. 의료기관, 산후조리원, 노인요양시설, 어린이집, 실내 어린이놀이시설	0.05 이하		400 이하	500 이하
다. 실내주차장	0.30 이하		1,000 이하	–

예제 16 실내공기질 관리법규상 "의료기관"의 라돈(Bq/m^3)항목 실내공기질 권고기준은?

① 148 이하   ② 400 이하

③ 500 이하   ④ 1,000 이하

해설

암기법

오염물질 항목 다중이용시설	곰	총	이	라
노약자시설	500 이하	400 이하	0.05 이하	148 이하
일반인시설	–	500 이하	0.1 이하	
실내주차장	–	1,000 이하	0.30 이하	

정답 ①

예제 17 실내공기질 관리법규상 "장례식장"의 "이산화질소" 실내공기질 권고기준은?

① 0.01ppm 이하   ② 0.05ppm 이하

③ 0.1ppm 이하   ④ 0.5ppm 이하

해설

정답 ③

예제 18 실내공기질 관리법규상 실내공기질 권고기준(ppm)으로 옳은 것은? (단, "실내주차장"이며, "이산화질소"항목)

① 0.03 이하   ② 0.05 이하

③ 0.06 이하   ④ 0.30 이하

해설

정답 ④

■ 시행규칙 제10조의12(실내 라돈 농도의 권고기준)

법 제11조의10제2항에 따라 다중이용시설 또는 공동주택의 소유자등에게 권고하는 실내 라돈 농도의 기준은 다음 각 호의 구분에 따른다. 〈개정 2018. 10. 18.〉

1. 다중이용시설의 소유자 등 : 148(Bq/m^3) 이하
2. 공동주택의 소유자 등 : 148(Bq/m^3) 이하

예제 19 실내공기질 관리법규상 "공동주택의 소유자"에게 권고하는 실내 라돈 농도의 기준으로 옳은 것은?

① 1세제곱미터당 148베크렐 이하
② 1세제곱미터당 300베크렐 이하
③ 1세제곱미터당 500베크렐 이하
④ 1세제곱미터당 800베크렐 이하

해설

정답 ①

■ 법 제13조의5(규제의 재검토)

환경부장관은 제4조의7(환경부장관은 다중이용시설의 실내공기질 실태를 파악하기 위하여 다중이용시설의 소유자·점유자 또는 관리자 등 관리책임이 있는 자(이하 "소유자등"이라 한다)에게 환경부령으로 정하는 측정기기를 부착하고, 환경부령으로 정하는 기준에 따라 운영·관리할 것을 권고할 수 있다.)에 따른 측정기기의 부착 및 운영·관리에 대하여 2017년 1월 1일을 기준으로 5년마다(매 5년이 되는 해의 1월 1일 전까지를 말한다) 그 타당성을 검토하여 개선 등의 조치를 하여야 한다.

예제 20 다음은 실내공기질 관리법상 측정기기의 부착 및 운영·관리와 규제의 재검토 사항이다. (   )안에 가장 적합한 것은?

> 환경부장관은 다중이용시설의 실내공기질 실태를 파악하기 위하여 다중이용시설의 소유자·점유자 등 관리책임이 있는 자에게 환경부령으로 정하는 측정기기를 부착하고, 환경부령으로 정하는 기준에 따라 운영·관리할 것을 권고할 수 있다. 환경부장관은 위에 따른 측정기기의 부착 및 운영·관리에 대하여 2017년 1월 1일을 기준으로 (   ) 그 타당성을 검토하여 개선 등의 조치를 하여야 한다.

① 1년 마다   ② 2년 마다
③ 3년 마다   ④ 5년 마다

해설

정답 ④

Chapter

03 악취방지법

■ 제2조(정의)

이 법에서 사용하는 용어의 뜻은 다음과 같다. 〈개정 2013. 7. 16.〉

1. "악취"란 황화수소, 메르캅탄류, 아민류, 그 밖에 자극성이 있는 물질이 사람의 후각을 자극하여 불쾌감과 혐오감을 주는 냄새를 말한다.
2. "지정악취물질"이란 악취의 원인이 되는 물질로서 환경부령으로 정하는 것을 말한다.
3. "악취배출시설"이란 악취를 유발하는 시설, 기계, 기구, 그 밖의 것으로서 환경부장관이 관계 중앙행정기관의 장과 협의하여 환경부령으로 정하는 것을 말한다.
4. "복합악취"란 두 가지 이상의 악취물질이 함께 작용하여 사람의 후각을 자극하여 불쾌감과 혐오감을 주는 냄새를 말한다.
5. "신고대상시설"이란 다음 각 목의 어느 하나에 해당하는 시설을 말한다.
   가. 제8조제1항 또는 제5항에 따라 신고하여야 하는 악취배출시설
   나. 제8조의2제2항에 따라 신고하여야 하는 악취배출시설

[전문개정 2010. 2. 4.]

예제 01 다음은 악취방지법상 용어의 뜻이다. (   ) 안에 가장 적합한 것은?

> - (㉮)이란 악취의 원인이 되는 물질로서 환경부령으로 정하는 것을 말한다.
> - (㉯)란 두 가지 이상의 악취물질이 함께 작용하여 사람의 후각을 자극하여 불쾌감과 혐오감을 주는 냄새를 말한다.

① ㉮ 유해악취물질, ㉯ 다중악취
② ㉮ 유해악취물질, ㉯ 복합악취
③ ㉮ 지정악취물질, ㉯ 다중악취
④ ㉮ 지정악취물질, ㉯ 복합악취

해설

정답 ④

■ 제16조의2(기술진단 등)

① 시·도지사, 대도시의 장 및 시장·군수·구청장은 악취로 인한 주민의 건강상 위해(危害)를 예방하고 생활환경을 보전하기 위하여 해당 지방자치단체의 장이 설치·운영하는 다음 각 호의 악취배출시설에 대하여 5년마다 기술진단을 실시하여야 한다. 다만, 다른 법률에 따라 악취에 관한 기술진단을 실시한 경우에는 이 항에 따른 기술진단을 실시한 것으로 본다. 〈개정 2017. 1. 17.〉

1. 「하수도법」제2조제9호 및 제10호에 따른 공공하수처리시설 및 분뇨처리시설
2. 「가축분뇨의 관리 및 이용에 관한 법률」제2조제9호에 따른 공공처리시설
3. 「물환경보전법」제2조제17호에 따른 공공폐수처리시설
4. 「폐기물관리법」제2조제8호에 따른 폐기물처리시설 중 음식물류 폐기물을 처리(재활용을 포함한다)하는 시설
5. 그 밖에 시·도지사, 대도시의 장 및 시장·군수·구청장이 해당 지방자치단체의 장이 설치·운영하는 시설 중 악취발생으로 인한 피해가 우려되어 기술진단을 실시할 필요가 있다고 인정하는 시설

② 제1항에 따라 기술진단을 실시한 시·도지사, 대도시의 장 및 시장·군수·구청장은 제1항에 따른 기술진단 결과 악취저감 등의 조치가 필요하다고 인정되는 경우에는 개선계획을 수립하여 시행하여야 한다.

③ 제1항에 따른 기술진단의 내용·방법, 기술진단 대상시설의 범위 등은 환경부령으로 정한다. 〈개정 2018. 6. 12.〉

④ 시·도지사, 대도시의 장 및 시장·군수·구청장은 한국환경공단 또는 제16조의3제1항에 따라 등록을 한 자로 하여금 제1항에 따른 기술진단 업무를 대행하게 할 수 있다. 〈신설 2018. 6. 12.〉

[본조신설 2010. 2. 4.]

예제 02 다음은 악취방지법상 기술진단 등에 관한 사항이다. ( )안에 알맞은 것은?

> 시·도지사, 대도시의 장 및 시장·군수·구청장은 악취로 인한 주민의 건강상 위해(危害)를 예방하고 생활환경을 보전하기 위하여 해당 지방자치단체의 장이 설치·운영하는 다음 각호의 악취배출시설에 대하여 ( )마다 기술진단을 실시하여야 한다.

① 1년　　　　　　　　　　　　　② 2년
③ 3년　　　　　　　　　　　　　④ 5년

해설

정답 ④

■ 악취방지법 시행규칙 [별표 1] ^{〈개정 2011. 2. 1〉}

지정악취물질(제2조 관련)

종류	적용시기
1. 암모니아 2. 메틸메르캅탄 3. 황화수소 4. 다이메틸설파이드 5. 다이메틸다이설파이드 6. 트라이메틸아민 7. 아세트알데하이드 8. 스타이렌 9. 프로피온알데하이드 10. 뷰틸알데하이드 11. n-발레르알데하이드 12. i-발레르알데하이드	2005년 2월 10일부터
13. 톨루엔 14. 자일렌 15. 메틸에틸케톤 16. 메틸아이소뷰틸케톤 17. 뷰틸아세테이트	2008년 1월 1일부터
18. 프로피온산 19. n-뷰틸산 20. n-발레르산 21. i-발레르산 22. i-뷰틸알코올	2010년 1월 1일부터

예제 03 악취방지법규상 지정악취물질이 아닌 것은?

① 아세트알데하이드

② 메틸메르캅탄

③ 톨루엔

④ 벤젠

해설

정답 ④

배출허용기준 및 엄격한 배출허용기준의 설정 범위(제8조제1항 관련)

1. 복합악취

구분	배출허용기준(희석배수)		엄격한 배출허용기준의 범위(희석배수)	
	공업지역	기타 지역	공업지역	기타 지역
배출구	1,000 이하	500 이하	500~1,000	300~500
부지경계선	20 이하	15 이하	15~20	10~15

2. 지정악취물질

구분	배출허용기준(ppm)		엄격한 배출허용기준의 범위(ppm)
	공업지역	기타 지역	공업지역
암모니아	2 이하	1 이하	1~2
메틸메르캅탄	0.004 이하	0.002 이하	0.002~0.004
황화수소	0.06 이하	0.02 이하	0.02~0.06
다이메틸설파이드	0.05 이하	0.01 이하	0.01~0.05
다이메틸다이설파이드	0.03 이하	0.009 이하	0.009~0.03
트라이메틸아민	0.02 이하	0.005 이하	0.005~0.02
아세트알데하이드	0.1 이하	0.05 이하	0.05~0.1
스타이렌	0.8 이하	0.4 이하	0.4~0.8
프로피온알데하이드	0.1 이하	0.05 이하	0.05~0.1
뷰틸알데하이드	0.1 이하	0.029 이하	0.029~0.1
n-발레르알데하이드	0.02 이하	0.009 이하	0.009~0.02
i-발레르알데하이드	0.006 이하	0.003 이하	0.003~0.006
톨루엔	30 이하	10 이하	10~30
자일렌	2 이하	1 이하	1~2
메틸에틸케톤	35 이하	13 이하	13~35
메틸아이소뷰틸케톤	3 이하	1 이하	1~3
뷰틸아세테이트	4 이하	1 이하	1~4
프로피온산	0.07 이하	0.03 이하	0.03~0.07
n-뷰틸산	0.002 이하	0.001 이하	0.001~0.002
n-발레르산	0.002 이하	0.0009 이하	0.0009~0.002
i-발레르산	0.004 이하	0.001 이하	0.001~0.004
i-뷰틸알코올	4.0 이하	0.9 이하	0.9~4.0

1. 배출허용기준의 측정은 복합악취를 측정하는 것을 원칙으로 한다. 다만, 사업자의 악취물질 배출 여부를 확인할 필요가 있는 경우에는 지정악취물질을 측정할 수 있다. 이 경우 어느 하나의 측정방법에 따라 측정한 결과 기준을 초과하였을 때에는 배출허용기준을 초과한 것으로 본다.
2. 복합악취는 「환경분야 시험·검사 등에 관한 법률」 제6조제1항제4호에 따른 환경오염공정시험기준의 공기희석관능법(空氣稀釋官能法)을 적용하여 측정하고, 지정악취물질은 기기분석법(機器分析法)을 적용하여 측정한다.
3. 복합악취의 시료는 다음과 같이 구분하여 채취한다.
   가. 사업장 안에 지면으로부터 높이 5m 이상의 일정한 악취배출구와 다른 악취발생원이 섞여 있는 경우에는 부지

경계선 및 배출구에서 각각 채취한다.

나. 사업장 안에 지면으로부터 높이 5m 이상의 일정한 악취배출구 외에 다른 악취발생원이 없는 경우에는 일정한 배출구에서 채취한다.

다. 가목 및 나목 외의 경우에는 부지경계선에서 채취한다.

4. 지정악취물질의 시료는 부지경계선에서 채취한다.

5. "희석배수"란 채취한 시료를 냄새가 없는 공기로 단계적으로 희석시켜 냄새를 느낄 수 없을 때까지 최대로 희석한 배수를 말한다.

6. "배출구"란 악취를 송풍기 등 기계장치 등을 통하여 강제로 배출하는 통로(자연 환기가 되는 창문·통기관 등은 제외한다)를 말한다.

7. "공업지역"이란 다음 각 호의 어느 하나에 해당하는 지역을 말한다.

가. 「산업입지 및 개발에 관한 법률」 제6조·제7조·제7조의2 및 제8조에 따른 국가산업단지·일반산업단지·도시첨단산업단지 및 농공단지

나. 「국토의 계획 및 이용에 관한 법률 시행령」 제30조제3호가목에 따른 전용공업지역

다. 「국토의 계획 및 이용에 관한 법률 시행령」 제30조제3호나목에 따른 일반공업지역(「자유무역지역의 지정 및 운영에 관한 법률」 제4조에 따른 자유무역지역만 해당한다)

예제 04 악취방지법규상 다음 지정악취물질의 배출허용기준으로 옳지 않은 것은?

	지정악취물질	배출허용기준		엄격한 배출허용 기준범위(ppm)
		공업지역	기타지역	공업지역
㉠	톨루엔	30 이하	10 이하	10~30
㉡	프로피온산	0.07 이하	0.03 이하	0.03~0.07
㉢	스타이렌	0.8 이하	0.4 이하	0.4~0.8
㉣	뷰틸아세테이트	5 이하	1 이하	1~5

① ㉠

② ㉡

③ ㉢

④ ㉣

해설

정답 ④

예제 05 다음은 악취방지법규상 복합악취에 대한 배출허용기준 및 엄격한 배출허용 기준의 설정 범위이다. ㉠, ㉡에 알맞은 것은?

구분	배출허용기준	
	공업지역	기타지역
배출구	1,000 이하	(㉠) 이하
부지경계선	20 이하	(㉡) 이하

① ㉠ 500, ㉡ 10

② ㉠ 500, ㉡ 15

③ ㉠ 750, ㉡ 10

④ ㉠ 750, ㉡ 15

해설

정답 ②

예제 06 악취방지법규상 다음 지정악취물질의 배출허용기준(ppm)으로 옳지 않은 것은? (단, 공업지역)

① n-발레르알데하이드 : 0.02 이하
② 톨루엔 : 30 이하
③ 프로피온산 : 0.1 이하
④ i-발레르산 : 0.004 이하

해설

③ 프로피온산 : 0.07 이하

정답 ③

예제 07 악취방지법규상 배출허용기준 및 엄격한 배출허용기준의 설정범위와 관련한 다음 설명 중 옳지 않은 것은?

① 배출허용기준의 측정은 복합악취를 측정하는 것을 원칙으로 하지만 사업자의 악취물질 배출 여부를 확인할 필요가 있는 경우에는 지정악취물질을 측정할 수 있다.
② 복합악취의 시료 채취는 사업장 안에 지면으로부터 높이 5m 이상의 일정한 악취배출구와 다른 악취발생원이 섞여 있는 경우에는 부지경계선 및 배출구에서 각각 채취한다.
③ "배출구"라 함은 악취를 송풍기 등 기계장치 등을 통하여 강제로 배출하는 통로(자연환기가 되는 창문·통기관 등은 제외한다)를 말한다.
④ 부지경계선에서 복합악취의 공업지역에서 배출허용기준(희석배수)은 1,000 이하이다.

해설

④ 부지경계선에서 복합악취의 공업지역에서 배출허용기준(희석배수)은 20 이하이다.

정답 ④

■ 악취방지법 시행규칙 [별표 10] 〈개정 2011. 2. 1.〉

위임업무 보고사항(제21조제1항 관련)

업무 내용	보고횟수	보고기일	보고자
1. 악취검사기관의 지정, 지정사항 변경보고 접수 실적	연 1회	다음 해 1월 15일까지	국립환경 과학원장
2. 악취검사기관의 지도·점검 및 행정처분 실적	연 1회	다음 해 1월 15일까지	

예제 08

악취방지법규상 위임업무 보고사항 중 악취검사기관의 지정, 지정사항 변경보고 접수 실적의 보고 횟수 기준은?

① 수시   ② 연 1회

③ 연 2회   ④ 연 4회

해설

정답 ②

예제 09

악취방지법규상 위임업무 보고사항 중 "악취검사기관의 지도·점검 및 행정처분 실적" 보고횟수기준은?

① 연 1회   ② 연 2회

③ 연 4회   ④ 수시

해설

정답 ①

■ 악취방지법 시행규칙 [별표 8] 〈개정 2019. 6. 13.〉

악취검사기관의 준수사항(제17조 관련)

1. 시료는 기술인력으로 고용된 사람이 채취해야 한다.
2. 검사기관은 「환경분야 시험·검사 등에 관한 법률」 제18조의2제1항에 따라 국립환경과학원장이 실시하는 정도관리를 받아야 한다.
3. 검사기관은 「환경분야 시험·검사 등에 관한 법률」 제6조제1항제4호에 따른 환경오염공정시험기준에 따라 정확하고 엄정하게 측정·분석을 해야 한다.
4. 검사기관이 법인인 경우 보유차량에 국가기관의 악취검사차량으로 잘못 인식하게 하는 문구를 표시하거나 과대표시를 해서는 안 된다.
5. 검사기관은 다음의 서류를 작성하여 3년간 보존해야 한다.
  가. 실험일지 및 검량선(檢量線) 기록지
  나. 검사 결과 발송 대장
  다. 정도관리 수행기록철

예제 10 악취방지법규상 악취검사기관의 준수사항 중 실험일지 및 검량선 기록지, 검사 결과 발송 대장, 정도관리 수행기록철 등의 보존기간으로 옳은 것은?

① 1년간 보존　　　　　　　　　　② 2년간 보존

③ 3년간 보존　　　　　　　　　　④ 5년간 보존

해설

정답 ③

예제 11 다음은 악취방지법규상 악취검사기관의 준수사항이다. (　)안에 알맞은 것은?

> 악취검사기관은 정도관리 수행기록철 등의 서류를 작성하여 (　) 보존해야 한다.

① 1년간　　　　　　　　　　② 3년간

③ 5년간　　　　　　　　　　④ 10년간

해설

정답 ②

참고

기간 정리

- 악취방지법규상 악취검사기관의 준수사항 중 실험일지 및 검량선 기록지, 검사 결과 발송 대장, 정도관리 수행기록철 등의 보존기간 : 3년간
- 배출시설 및 방지시설 운영기록 보존 : 1년간
- 과태료의 가중된 부과기준 : 최근 1년간 같은 위반행위 적용

■ 악취방지법 시행규칙 [별표 7] ⟨개정 2017. 12. 20.⟩

악취검사기관의 검사시설 · 장비 및 기술인력 기준(제15조제1항 관련)

기술인력	검사시설 및 장비
대기환경기사 1명 악취분석요원 1명 악취판정요원 5명	1. 공기희석관능 실험실 2. 지정악취물질 실험실 3. 무취공기 제조장비 1벌 4. 악취희석장비 1벌 5. 악취농축장비(필요한 측정 · 분석장비별) 1벌 6. 지정악취물질을 「환경분야 시험 · 검사 등에 관한 법률」 제6조제1항제4호에 따른 환경오염공정시험기준에 따라 측정 · 분석할 수 있는 장비 및 실험기기 각 1벌

비고
1. 대기환경기사는 다음의 사람으로 대체할 수 있다.
   가. 국공립연구기관의 연구직공무원으로서 대기환경연구분야에 1년 이상 근무한 사람
   나. 「고등교육법」에 따른 대학에서 대기환경분야를 전공하여 석사 이상의 학위를 취득한 사람
   다. 「고등교육법」에 따른 대학에서 대기환경분야를 전공하여 학사학위를 취득한 사람(법령에 따라 이와 같은 수준의 학력이 있다고 인정되는 사람을 포함한다)으로서 같은 분야에서 3년 이상 근무한 사람
   라. 대기환경산업기사를 취득한 후 악취검사기관에서 악취분석요원으로 5년 이상 근무한 사람
2. 악취분석요원은 다음의 사람으로 한다.
   가. 대기환경기사, 화학분석기능사, 환경기능사 또는 대기환경산업기사 이상의 자격을 가진 사람
   나. 국공립연구기관의 대기분야 실험실에서 3년 이상 근무한 사람
   다. 「국가표준기본법」 제23조에 따라 기술표준원으로부터 시험 · 검사기관의 인정을 받은 기관에서 악취분석요원으로 3년 이상 근무한 사람
   라. 「환경분야 시험 · 검사 등에 관한 법률」 제19조에 따른 대기환경측정분석 분야 환경측정분석사의 자격을 가진 사람
3. 악취판정요원은 「환경분야 시험 · 검사 등에 관한 법률」 제6조제1항제4호에 따른 환경오염공정시험기준에 따른 악취판정요원 선정검사에 합격한 사람이어야 한다.
4. 여러 항목을 측정할 수 있는 장비를 보유한 경우에는 해당 장비로 측정할 수 있는 항목의 장비를 모두 갖춘 것으로 본다.
5. 지정악취물질을 측정 · 분석할 수 있는 장비를 임차한 경우에는 이를 갖춘 것으로 본다.

예제 12 악취방지법규상 악취검사기관의 검사시설 · 장비 및 기술인력 기준에서 대기환경기사를 대체할 수 있는 인력요건으로 거리가 먼 것은?

① 「고등교육법」에 따른 대학에서 대기환경분야를 전공 하여 석사 이상의 학위를 취득한 자

② 국 · 공립연구기관의 연구직공무원으로서 대기환경연구분야에 1년 이상 근무한 자

③ 대기환경산업기사를 취득한 후 악취검사기관에서 악취 분석요원으로 3년 이상 근무한 자

④ 「고등교육법」에 의한 대학에서 대기환경분야를 전공 하여 학사학위를 취득한 자로서 같은 분야에서 3년 이상 근무한 자

해설

③ 대기환경산업기사를 취득한 후 악취검사기관에서 악취분석요원으로 5년 이상 근무한 사람

정답 ③

■ 악취방지법 시행규칙 [별표 2] <개정 2021. 12. 31.>

악취배출시설(제3조 관련)

시설 종류	시설 규모의 기준
1. 축산시설	사육시설 면적이 돼지 50m², 소·말 100m², 닭·오리·양 150m², 사슴 500m², 개 60m², 그 밖의 가축은 500m² 이상인 시설
2. 도축시설, 고기 가공·저장 처리 시설	도축시설이나 고기 가공·저장처리 시설의 면적이 200m² 이상인 시설
3. 수산물 가공 및 저장 처리 시설	작업장(원료처리실, 제조가공실, 포장실 또는 그 밖에 식품의 제조·가공에 필요한 작업실) 면적이 100m² 이상인 가공 또는 저장 처리시설. 다만, 어선에 설치된 시설은 제외한다.
4. 동·식물성 유지(油脂) 제조 시설	1일(최대) 폐수발생량이 5m³ 이상인 동·식물성 유지 제조시설
5. 동물용 사료 및 조제식품 제조시설	1) 연료사용량이 시간당 60kg 이상이거나 용적(容積)이 5m³ 이상인 증자(蒸煮, 훈증 공정을 포함한다), 자숙, 발효, 증류, 산·알칼리처리 또는 건조 공정(진공 냉동건조 공정은 제외한다)을 포함하는 사료 제조시설 2) 1일 생산능력 3ton 이상(8시간 기준)인 단미(單味)사료 제조시설
6. 식품 제조시설	연료사용량이 시간당 60kg 이상이거나 용적(容積)이 5m³ 이상인 증자(훈증 공정을 포함한다), 자숙, 발효, 증류, 산·알칼리처리 또는 건조 공정(진공 냉동건조 공정은 제외한다)을 포함하는 시설. 다만, 장류의 경우 양조간장 시설로 한정한다.
7. 알코올 음료 제조시설(맥아 및 맥주 제조시설은 제외한다)	용적이 5m³ 이상인 증자(훈증 공정을 포함한다), 자숙, 발효, 증류, 산·알칼리처리 또는 건조 공정(진공 냉동건조 공정은 제외한다)을 포함하는 시설
8. 맥아 및 맥주 제조시설	연료사용량이 시간당 60kg 이상이거나 용적이 5m³ 이상인 증자(훈증 공정을 포함한다), 자숙, 발효, 증류, 산·알칼리처리 또는 건조 공정(진공 냉동건조 공정은 제외한다)을 포함하는 시설
9. 담배 제조시설	용적이 3m³ 이상인 가습·건조 공정 또는 풀칠 공정(희석·배분 공정은 제외한다)을 포함하는 시설
10. 방적 및 가공사 제조시설	용적 합계가 2m³ 이상인 세모(洗毛)·부잠(副蠶) 공정을 포함하는 시설
11. 직물 직조 및 직물제품 제조시설	용적 합계가 1m³ 이상인 호제·호배합 공정을 포함하는 시설
12. 섬유 염색 및 가공시설	용적 합계가 5m³ 이상인 세모·표백·정련(精練 : 섬유의 불순물을 제거함)·자숙·염색·다림질·탈수·건조 또는 염료조제 공정을 포함하는 시설
13. 모피가공 및 모피제품 제조시설	1) 용적이 10m³ 이상인 원피(原皮)저장시설 2) 연료사용량이 시간당 30kg 이상이거나 용적이 3m³ 이상인 석회처리, 무두질, 염색 또는 도장·도장마무리용 건조 공정을 포함하는 시설
14. 가죽 제조시설	1) 용적이 10m³ 이상인 원피저장시설 2) 연료사용량이 시간당 30kg 이상이거나 용적이 3m³ 이상인 석회처리, 탈모, 탈회(脫灰), 무두질, 염색 또는 도장·도장마무리용 건조 공정을 포함하는 시설(인조가죽 제조시설을 포함한다)
15. 신발 제조시설	롤·프레스 등 제조 작업장 합계 면적이 330m² 이상인 제조시설
16. 목재 및 나무제품 제조시설	1) 동력이 15kW 이상인 목재 제재·가공연마 공정(방부처리 또는 화학처리를 하지 않은 원료를 사용하는 공정과 일반제재는 제외한다)을 포함하는 시설 2) 연료사용량이 시간당 30kg 이상이거나 용적이 3m³ 이상인 도포·도장·도장마무

	리용 건조공정을 포함하는 시설 3) 용적이 $3m^3$ 이상이거나 동력이 15kW 이상인 접합·성형 또는 접착합판 건조 공정을 포함하는 시설 4) 용적이 $10m^3$ 이상인 목재 방부·방충처리 또는 양생 공정을 포함하는 시설
17. 펄프·종이 및 종이제품 제조시설	1) 용적이 $3m^3$ 이상인 함침(含浸)·증해(蒸解)·표백·탈수 또는 탈묵 공정을 포함하는 시설 2) 연료사용량이 시간당 30kg 이상인 석회로 또는 가열·건조 공정을 포함하는 제조시설
18. 인쇄 및 인쇄관련 시설	작업장 면적이 $150m^2$ 이상인 시설로서 제판·인쇄·건조·코팅·압출·접착(접합) 시설
19. 석유 정제품 제조시설 및 관련제품 저장시설	「대기환경보전법 시행규칙」 별표 3에 따른 대기오염물질배출시설 중 석유 정제품 제조시설 및 관련제품 저장시설을 포함하는 시설
20. 기초유기화합물 제조시설	「대기환경보전법 시행규칙」 별표 3에 따른 대기오염물질배출시설 중 기초유기화합물 제조시설을 포함하는 시설
21. 기초무기화합물 제조시설	「대기환경보전법 시행규칙」 별표 3에 따른 대기오염물질배출시설 중 기초무기화합물 제조시설을 포함하는 시설
22. 무기안료·합성염료·유연제 제조시설 및 기타 착색제 제조시설	「대기환경보전법 시행규칙」 별표 3에 따른 대기오염물질배출시설 중 무기안료 기타 금속산화물 제조시설 또는 합성염료, 유연제 및 기타 착색제 제조시설을 포함하는 시설
23. 비료 및 질소화합물 제조시설	1) 「대기환경보전법 시행규칙」 별표 3에 따른 대기오염물질배출시설 중 비료 및 질소화합물 제조시설을 포함하는 시설 2) 「비료관리법 시행령」 별표 2에 따른 비료생산업의 공동시설 및 생산시설
24. 합성고무, 플라스틱물질 및 플라스틱제품 제조시설	「대기환경보전법 시행규칙」 별표 3에 따른 대기오염물질배출시설 중 합성고무, 플라스틱물질 제조시설 또는 플라스틱제품 제조시설을 포함하는 시설
25. 의료용 물질 및 의약품 제조시설	1) 용적이 $1m^3$ 이상인 반응, 흡수, 응축, 정제(분리·증류·추출·여과), 농축, 표백 또는 혼합 공정을 포함하는 시설 2) 연료사용량이 시간당 30kg 이상이거나 용적이 $1m^3$ 이상인 연소(화학제품의 연소만 해당한다), 용융·용해, 소성, 가열, 건조 또는 회수 공정을 포함하는 시설 3) 연료사용량이 시간당 60kg 이상이거나 용적이 $5m^3$ 이상인 증자(훈증 공정을 포함한다), 자숙, 발효, 증류, 산·알칼리처리 또는 건조 공정(진공 냉동건조 공정은 제외한다)을 포함하는 시설
26. 농약 및 살균·살충제 제조시설	1) 용적이 $1m^3$ 이상인 반응, 흡수, 응축, 정제(분리·증류·추출·여과), 농축, 표백 또는 혼합 공정을 포함하는 시설 2) 연료사용량이 시간당 30kg 이상이거나 용적이 $1m^3$ 이상인 연소(화학제품의 연소만 해당한다), 용융·용해, 소성, 가열, 건조 또는 회수 공정을 포함하는 시설
27. 화학제품 제조시설	1) 용적이 $1m^3$ 이상인 반응, 흡수, 응축, 정제(분리·증류·추출·여과), 농축, 표백 또는 혼합 공정을 포함하는 시설 2) 연료사용량이 시간당 30kg 이상이거나 용적이 $1m^3$ 이상인 연소(화학제품의 연소만 해당한다), 용융·용해, 소성, 가열, 건조 또는 회수 공정을 포함하는 시설
28. 화학섬유 제조시설	「대기환경보전법 시행규칙」 별표 3에 따른 대기오염물질배출시설 중 화학섬유 제조시설을 포함하는 시설
29. 고무 및 고무제품 제조시설	「대기환경보전법 시행규칙」 별표 3에 따른 대기오염물질배출시설 중 고무 및 고무제품 제조시설을 포함하는 시설

30. 비금속 광물제품 제조시설	아스콘(아스팔트를 포함한다) 제조시설 중 연료사용량이 시간당 30kg 이상이거나 용적이 $3m^3$ 이상인 가열, 건조, 선별, 혼합, 용융 또는 용해시설을 포함하는 시설
31. 1차 철강 제조시설	「대기환경보전법 시행규칙」 별표 3에 따른 대기오염물질배출시설 중 1차 철강 제조시설을 포함하는 시설
32. 1차 비철금속 제조시설	「대기환경보전법 시행규칙」 별표 3에 따른 대기오염물질배출시설 중 1차 비철금속 제조시설을 포함하는 시설
33. 코크스 제조시설 및 관련 제품 저장시설	「대기환경보전법 시행규칙」 별표 3에 따른 대기오염물질배출시설 중 코크스 제조시설 및 관련제품 저장시설을 포함하는 시설
34. 기타 금속 가공제품 제조시설	1) 용적이 $5m^3$ 이상이거나 동력이 3마력 이상인 도장 및 피막 처리 공정을 포함하는 시설 2) 용적이 $1m^3$ 이상인 도금, 열처리, 탈지, 산·알칼리처리 및 화성처리 공정을 포함하는 시설 3) 연료사용량이 시간당 30kg 이상이거나 용적이 $3m^3$ 이상인 금속 표면처리용 건조 공정을 포함하는 시설 4) 처리능력이 0.1ton 이상이거나 용적이 $1m^3$ 이상인 주물사처리 공정(코어제조 공정을 포함한다)을 포함하는 시설
35. 재생용 가공원료 생산시설	1) 연료사용량이 시간당 30kg 이상이거나 용적이 $1m^3$ 이상인 용융·용해 또는 열분해 공정을 포함하는 시설 2) 폐플라스틱을 혼련(混鍊)·압축 또는 가압하여 펠릿이나 판 모양으로 가공하기 위한 동력 100마력 이상의 성형시설을 포함하는 생산시설
36. 산업용 세탁시설	작업장 면적이 $330m^2$ 이상인 산업용 세탁작업장
37. 농수산물 전문판매장	「농수산물유통 및 가격안정에 관한 법률」에 따른 농수산물 도매시장, 농수산물 공판장
38. 하수, 폐수 및 분뇨처리시설	1) 「물환경보전법」에 따른 수질오염방지시설, 공공폐수처리시설 및 폐수처리업의 처리시설(저장시설을 포함한다) 2) 「하수도법」에 따른 공공하수처리시설, 개인하수 처리시설 중 오수처리시설, 분뇨 처리시설 3) 「가축분뇨의 관리 및 이용에 관한 법률」에 따른 처리시설 및 공공처리시설
39. 폐기물 수집, 운반, 처리 및 원료 재생 시설	「폐기물관리법」에 따른 폐기물처리시설 및 폐기물보관시설. 다만, 폐지·고철·폐석고·폐석회·폐내화물(廢耐火物)·폐유리 등 무기성 폐기물(수분을 제외한 무기물 함량이 60% 이상의 시설을 말한다) 재활용자의 폐기물 처리시설 및 폐기물 보관시설과 폐기물 배출자의 폐기물 보관시설은 제외한다.
40. 그 밖의 시설	제1호부터 제39호까지의 시설 규모 미만의 시설 중 월 3회 이상 복합악취 또는 지정악취를 측정한 결과 모두 별표 3 제1호 배출허용기준(희석배수)란의 기타 지역 또는 같은 표 제2호 기타 지역의 배출허용기준을 초과하여 특별한 관리가 필요하다고 인정되는 시설로서 시·도지사 또는 대도시의 장이 정하여 고시하는 시설

비고
1. 위 표에 규정된 시설에서 밀폐 등으로 악취가 대기 중으로 전혀 배출되지 않는 시설은 제외한다.
2. 사무실·창고·보일러실 등 부대시설이 작업장과 분리·구획된 경우에는 그 부대시설은 면적에 합산하지 않는다.
3. 위 표에 규정된 시설 규모의 기준에 미치지 못하는 공정 또는 시설로서 같은 사업장에 둘 이상의 같은 종류의 공정 또는 시설이 설치되어 공정 또는 시설의 총 규모가 해당 각 항목에 규정된 규모 이상인 경우에는 그 공정 또는 시설은 악취배출시설의 기준에 해당되는 것으로 본다. 다만, 저장 공정이나 저장시설의 경우에는 그렇지 않다.

행정처분기준(제19조 관련)

1. 일반기준

가. 위반행위가 둘 이상인 경우로서 그에 해당하는 각각의 처분기준이 다른 경우에는 그 중 무거운 처분기준에 따른다. 다만, 제2호나목의 경우 둘 이상의 처분기준이 같은 업무정지인 경우에는 각 처분기준을 합산한 기간을 넘지 않는 범위에서 무거운 처분기준의 2분의 1의 범위에서 가중할 수 있다.

나. 위반행위의 횟수에 따른 가중된 행정처분기준은 최근 2년간 같은 위반행위로 행정처분을 받은 경우에 적용한다. 이 경우 기간의 계산은 위반행위에 대하여 행정처분을 받은 날과 그 처분 후 다시 같은 위반행위를 하여 적발된 날을 기준으로 한다.

다. 나목에 따라 가중된 행정처분을 하는 경우 행정처분의 적용 차수는 그 위반행위 전 부과처분 차수(나목에 따른 기간 내에 행정처분이 둘 이상 있었던 경우에는 높은 차수를 말한다)의 다음 차수로 한다. 다만, 적발된 날부터 소급하여 2년이 되는 날 전에 한 부과처분은 가중처분의 차수 산정 대상에서 제외한다.

라. 처분권자는 위반행위의 동기·내용·횟수 및 위반 정도 등 다음에 해당하는 사유를 고려하여 제2호나목 및 다목의 처분을 줄일 수 있다. 이 경우 그 처분이 업무정지인 경우에는 그 처분기준의 2분의 1의 범위에서 줄일 수 있고, 등록취소인 경우에는 6개월 이상의 업무정지 처분으로 줄일(법 제16조의6제1항제1호·제2호·제6호 또는 제7호에 해당하는 경우는 제외한다) 수 있으며, 지정취소인 경우에는 3개월 이상의 업무정지 처분으로 줄일(법 제19조제1항제1호에 해당하는 경우는 제외한다)할 수 있다.

1) 위반행위가 고의나 중대한 과실이 아닌 사소한 부주의나 오류로 인한 것으로 인정되는 경우
2) 위반의 내용·정도가 경미하여 기술진단전문기관 또는 악취검사기관 이용자에 대한 피해가 적다고 인정되는 경우
3) 위반행위자가 해당 위반행위를 처음 한 경우로서, 5년 이상 기술진단 업무 또는 악취검사 업무를 모범적으로 해 온 사실이 인정되는 경우
4) 위반행위자가 해당 위반행위로 인하여 검사로부터 기소유예 처분을 받거나 법원으로부터 선고유예의 판결을 받은 경우
5) 그 밖에 기술진단전문기관 또는 악취검사기관에 대한 정책상 필요하다고 인정되는 경우

2. 개별기준

가. 악취배출시설 관련 행정처분

위반사항	근거 법조문	행정처분기준			
		1차	2차	3차	4차 이상
1) 법 제10조에 따른 개선명령을 받은 자가 개선명령을 이행하지 않은 경우	법 제11조	조업정지 명령			
2) 법 제10조에 따른 개선명령을 받은 자가 개선명령을 이행은 하였으나 최근 2년 이내에 법 제7조에 따른 배출허용기준을 반복하여 초과하는 경우	법 제11조				
가) 연속하여 초과하는 경우		개선명령	조업정지 명령		
나) 가) 외의 경우		개선명령	개선명령	조업정지 명령	
3) 신고를 하지 않거나 거짓으로 신고하고 신고대상시설을 설치하거나 운영한 경우	법 제13조				
가) 다른 법률에서 그 설치 장소에 해당 신고대상시설을 설치할 수 없도록 금지하고 있지 않은 경우		사용중지 명령			

위반사항	근거 법조문	1차	2차	3차	4차 이상
나) 다른 법률에서 그 설치 장소에 해당 신고대상시설을 설치할 수 없도록 금지하고 있는 경우		폐쇄명령			
4) 변경신고를 하지 않거나 거짓으로 변경신고를 하고 신고대상시설을 설치하거나 운영한 경우	법 제13조	경 고	사용중지 명령		

비고

1. 1) 및 2)에 따른 조업정지 기간은 처분서에 적힌 조업정지일부터 해당 시설의 개선 완료일까지로 한다.
2. 3) 및 4)에 따른 사용중지 기간은 처분서에 적힌 사용중지일부터 신고 또는 변경신고 완료일까지로 한다.
3. 2)의 경우에는 다음 각 목의 구분에 따라 위반 횟수를 산정한다.
   가. 2)가)에 따라 1차 위반으로 행정처분을 받은 자가 2)나)의 위반행위를 한 경우 : 2)나)에 따른 2차 위반을 한 것으로 본다.
   나. 2)나)에 따라 1차 또는 2차 위반으로 행정처분을 받은 자가 2)가)의 위반행위를 한 경우 : 2)나)에 따른 위반 횟수 산정에 포함한다.

나. 기술진단전문기관 관련 행정처분

위반사항	근거 법조문	행정처분기준			
		1차	2차	3차	4차 이상
1) 거짓이나 그 밖의 부정한 방법으로 법 제16조의3제1항에 따라 등록을 한 경우	법 제16조의6제1항제1호	등록취소			
2) 법 제16조의3제1항에 따라 등록을 한 후 1년 이내에 업무를 개시하지 않거나 정당한 사유 없이 계속하여 1년 이상 휴업한 경우	법 제16조의6제1항제2호	경 고	등록취소		
3) 법 제16조의3제1항에 따른 등록 요건을 갖추지 못하게 된 경우	법 제16조의6제1항제3호	업무정지 6개월	등록취소		
4) 법 제16조의3제2항을 위반하여 변경등록을 하지 않거나 거짓 또는 부정한 방법으로 변경등록을 한 경우	법 제16조의6제1항제4호	경 고	업무정지 1개월	업무정지 3개월	업무정지 6개월
5) 법 제16조의4에 따른 준수사항을 지키지 않은 경우	법 제16조의6제1항제5호				
가) 법 제16조의4제1호부터 제3호까지의 준수사항을 지키지 않은 경우		경 고	업무정지 1개월	업무정지 3개월	업무정지 6개월
나) 영 제7조의2제2항제1호부터 제6호까지의 준수사항을 지키지 않은 경우		경 고	업무정지 1개월	업무정지 3개월	업무정지 6개월
다) 영 제7조의2제2항제7호의 준수사항을 지키지 않은 경우		업무정지 1개월	업무정지 3개월	등록취소	

위반사항	근거 법조문	행정처분기준			

위반사항	근거 법조문	행정처분기준			
6) 법 제16조의5제1호부터 제3호까지와 제5호의 어느 하나에 해당하게 된 경우(법인의 임원 중에 법 제16조의5제5호에 해당하는 사람이 있는 경우 6개월 이내에 그 임원을 바꾸어 임명하는 경우는 제외한다)	법 제16조의6제1항제6호	등록취소			
7) 업무정지 기간 중에 새로운 기술진단 계약을 체결하거나 기술진단 업무를 한 경우	법 제16조의6제1항제7호	등록취소			

다. 악취검사기관과 관련한 행정처분

위반사항	근거 법조문	행정처분기준			
		1차	2차	3차	4차 이상
1) 거짓이나 그 밖의 부정한 방법으로 지정을 받은 경우	법 제19조 제1항제1호	지정취소			
2) 법 제18조제2항에 따른 지정기준에 미치지 못하게 된 경우	법 제19조 제1항제2호				
가) 검사시설 및 장비가 전혀 없는 경우		지정취소			
나) 검사시설 및 장비가 부족하거나 고장난 상태로 7일 이상 방치한 경우		경 고	업무정지 1개월	업무정지 3개월	지정취소
다) 기술인력이 전혀 없는 경우		지정취소			
라) 기술인력이 부족하거나 부적합한 경우		경 고	업무정지 15일	업무정지 1개월	업무정지 3개월
3) 고의 또는 중대한 과실로 검사 결과를 거짓으로 작성한 경우	법 제19조 제1항제3호	업무정지 15일	업무정지 1개월	업무정지 3개월	지정취소

참고

악취방지법 상의 벌칙

1. 3년 이하의 징역 또는 3천만원 이하의 벌금
 1. 신고대상시설의 조업정지명령을 위반한 자
 2. 신고대상시설의 사용중지명령 또는 폐쇄명령을 위반한 자

2. 1년 이하의 징역 또는 1천만원 이하의 벌금
 1. 악취배출시설 설치나 운영에 대한 신고를 하지 아니하거나 거짓으로 신고를 하고 신고대상시설을 설치 또는 운영한 자
 2. 기술진단전문기관의 등록을 하지 아니하고 기술진단 업무를 대행한 자
 3. 거짓이나 그 밖의 부정한 방법으로 기술진단전문기관의 등록을 한 자

3. 300만원 이하의 벌금
 1. 악취 배출 허용기준 초과와 관련하여 받은 개선명령을 이행하지 아니한 자
 2. 관계 공무원의 출입·채취 및 검사를 거부 또는 방해하거나 기피한 자
 3. 악취방지계획에 따라 악취방지에 필요한 조치를 하지 아니하고 악취배출시설을 가동한 자
 4. 기간 이내에 악취방지계획에 따라 악취방지에 필요한 조치를 하지 아니한 자

악취방지법 상의 과태료

1. 200만원 이하의 과태료
 1. 악취의 배출허용기준 초과와 관련하여 배출허용기준 이하로 내려가도록 조치명령을 이행하지 아니한 자
 2. 악취로 인한 주민의 건강상 위해 예방 등을 위해 기술진단을 실시하지 아니한 자
 3. 생활악취에 관한 변경등록을 하지 아니하고 중요한 사항을 변경한 자
 4. 기술진단전문기관 업무 준수사항을 지키지 아니한 자

2. 100만원 이하의 과태료
 1. 악취배출시설 변경신고를 하지 아니하거나 거짓으로 변경신고를 한 자
 2. 환경부장관, 시·도지사 또는 대도시의 장이 요구하는 보고를 하지 아니하거나 거짓으로 보고한 자 또는 자료를 제출하지 아니하거나 거짓으로 제출한 자

MEMO

기출

대기환경
기사

2020년 제 1, 2회 통합 대기환경기사

1과목   대기오염 개론

001 도시 대기오염물질의 광화학반응에 관한 설명으로 옳지 않은 것은?

① O_3는 파장 200~320nm에서 강한 흡수가, 450~700nm에서는 약한 흡수가 일어난다.

② PAN은 알데하이드의 생성과 동시에 생기기 시작하며, 일반적으로 오존농도와는 관계가 없다.

③ NO_2는 도시 대기오염물질 중에서 가장 중요한 태양빛 흡수 기체로서 파장 420nm 이상의 가시광선에 의하여 NO와 O로 광분해한다.

④ SO_3는 대기 중의 수분과 쉽게 반응하여 황산을 생성하고 수분을 더 흡수하여 중요한 대기오염물질의 하나인 황산입자 또는 황산미스트를 생성한다.

> ② PAN(옥시던트)은 알데하이드보다 늦게 발생한다.
>
> **광화학 반응의 생성 물질 순서**
>
> NO → HC, NO_2 → 알데하이드 → O_3 → 옥시던트
>
> 정답 ②

002 실내공기 오염물질인 라돈에 관한 설명으로 가장 거리가 먼 것은?

① 무색, 무취의 기체로 액화되어도 색을 띠지 않는 물질이다.

② 반감기는 3.8일로 라듐이 핵분열 할 때 생성되는 물질이다.

③ 자연계에 널리 존재하며, 건축자재 등을 통하여 인체에 영향을 미치고 있다.

④ 주기율표에서 원자번호가 238번으로, 화학적으로 활성이 큰 물질이며, 흙 속에서 방사선 붕괴를 일으킨다.

> ④ 주기율표에서 라돈의 원자번호는 222번으로, 화학적으로 거의 반응을 일으키지 않고, 흙 속에서 방사선 붕괴를 일으킨다.
>
> 정답 ④

003 산성비가 토양에 미치는 영향에 관한 설명으로 옳지 않은 것은?

① Al^{3+}은 뿌리의 세포분열이나 Ca 또는 P의 흡수나 흐름을 저해한다.
② 교환성 Al은 산성의 토양에만 존재하는 물질이고, 교환성 H와 함께 토양 산성화의 주요한 요인이 된다.
③ 토양의 양이온 교환기는 강산적 성격을 갖는 부분과 약산적 성격을 갖는 부분으로 나누는데, 결정도가 낮은 점토광물은 강산적이다.
④ 산성강수가 가해지면 토양은 산적 성격이 약한 교환기부터 순서적으로 Ca^{2+}, Mg^{2+}, Na^+, K^+ 등의 교환성 염기를 방출하고, 대신 그 교환 자리에 H^+가 흡착되어 치환된다.

③ 토양의 양이온 교환기는 강산적 성격을 갖는 부분과 약산적 성격을 갖는 부분으로 나누는데, 결정도가 낮은 점토광물은 약산적이다.

정답 ③

004 대기 중 각 오염원의 영향평가를 해결하기 위한 수용모델에 관한 설명으로 옳지 않은 것은?

① 지형, 기상학적 정보 없이도 사용 가능하다.
② 수용체 입장에서 영향평가가 현실적으로 이루어질 수 있다.
③ 오염원의 조업 및 운영 상태에 대한 정보 없이도 사용 가능하다.
④ 측정 자료를 입력 자료로 사용하므로 배출원 조건의 시나리오 작성이 용이하다.

④ 수용모델은 시나리오 작성이 곤란하다.

정답 ④

005 전기 자동차의 일반적 특성으로 가장 거리가 먼 것은?

① 내연기관에 비해 소음과 진동이 적다.
② CO_2나 NO_x를 배출하지 않는다.
③ 충전 시간이 오래 걸리는 편이다.
④ 대형차에 잘 맞으며, 자동차 수명보다 전지 수명이 길다.

④ 전기 자동차는 배터리 수명이 짧아, 소형차에 잘 맞으며, 자동차 수명보다 전지 수명이 짧다.

정답 ④

006 Panofsky에 의한 리차드슨 수(Ri)의 크기와 대기의 혼합 간의 관계에 관한 설명으로 옳지 않은 것은?

① Ri=0 : 수직방향의 혼합이 없다.
② 0 < Ri < 0.25 : 성층에 의해 약화된 기계적 난류가 존재한다.
③ Ri < −0.04 : 대류에 의한 혼합이 기계적 혼합을 지배한다.
④ −0.03 < Ri < 0 : 기계적 난류와 대류가 존재하나 기계적, 난류가 혼합을 주로 일으킨다.

Ri=0 : 중립, 기계적 난류만 존재

정답 ①

007 LA 스모그에 관한 설명으로 옳지 않은 것은?

① 광화학적 산화반응으로 발생한다.
② 주 오염원은 자동차 배기가스이다.
③ 주로 새벽이나 초저녁에 자주 발생한다.
④ 기온이 24℃ 이상이고, 습도가 70% 이하로 낮은 상태일 때 잘 발생한다.

③ LA 스모그는 광화학 반응으로 발생하므로, 주로 해가 강한 한낮에 발생한다.

정답 ③

008 대기오염사건과 대표적인 주 원인물질 또는 전구물질의 연결이 옳지 않은 것은?

① 뮤즈계곡 사건 – SO_2
② 도노라 사건 – NO_2
③ 런던 스모그 사건 – SO_2
④ 보팔 사건 – MIC(Methyl Isocyanate)

② 도노라 사건 – SO_2

정답 ②

009 다음 오염물질 중 온실효과를 유발하는 것으로 가장 거리가 먼 것은?

① 메탄
② CFCs
③ 이산화탄소
④ 아황산가스

④ 아황산가스는 온실가스가 아니다.
온실가스 : CO_2, CH_4, N_2O, CFCs, CCl_4, O_3, H_2O 등

정답 ④

010 다음 중 2차 오염물질(secondary pollutants)은?

① SiO_2
② N_2O_3
③ NaCl
④ NOCl

구분	종류
1차 대기오염물질	SO_x, NO_x, CO, CO_2, HC, HCl, NH_3, H_2S, SiO_2, NaCl, N_2O_3
2차 대기오염물질	O_3, PAN($CH_3COOONO_2$), H_2O_2, NOCl, 아크로레인(CH_2CHCHO), 케톤
1·2차 대기오염물질	SO_2, SO_3, H_2SO_4, NO, NO_2, HCHO, 케톤류, 유기산

정답 ④

011 대기오염원의 영향을 평가하는 방법 중 분산모델에 관한 설명으로 가장 거리가 먼 것은?

① 오염물의 단기간 분석 시 문제가 된다.
② 지형 및 오염원의 조업조건에 영향을 받는다.
③ 먼지의 영향평가는 기상의 불확실성과 오염원이 미확인인 경우에 문제점을 가진다.
④ 현재나 과거에 일어났던 일을 추정, 미래를 위한 전략은 세울 수 있으나 미래 예측은 어렵다.

④는 수용모델에 관한 설명이다.

정답 ④

012 다음 [보기]가 설명하는 오염물질로 옳은 것은?

[보기]
- 상온에서 무색이며 투명하여 순수한 경우에는 냄새가 거의 없지만 일반적으로 불쾌한 자극성 냄새를 가진 액체
- 햇빛에 파괴될 정도로 불안정하지만 부식성은 비교적 약함
- 끓는점은 약 46℃이며, 그 증기는 공기보다 약 2.64배 정도 무거움

① $COCl_2$ ② Br_2
③ SO_2 ④ CS_2

이황화탄소(CS_2)의 설명이다.

정답 ④

---

013 실제 굴뚝 높이가 50m, 굴뚝내경 5m, 배출가스의 분출속도가 12m/s, 굴뚝주위의 풍속이 4m/s라고 할 때, 유효굴뚝의 높이(m)는?

(단, $\triangle H = 1.5 \times D \times \left(\dfrac{V_s}{U}\right)$ 이다.)

① 22.5   ② 27.5
③ 72.5   ④ 82.5

유효굴뚝높이(H_e) = 실제굴뚝높이(H_s) + 유효상승고($\triangle H$)

$H_e = 50 + 1.5 \times \left(\dfrac{12 \times 5}{4}\right) = 72.5m$

정답 ③

---

014 대기압력이 900mb인 높이에서의 온도가 25℃일 때 온위(potential temperature, K)는?

(단, $\theta = T\left(\dfrac{1,000}{P}\right)^{0.288}$)

① 307.2   ② 377.8
③ 421.4   ④ 487.5

$\theta = T\left(\dfrac{1,000}{P}\right)^{0.288}$

$= (273 + 25℃) \times \left(\dfrac{1,000}{900}\right)^{0.288}$

$= 307.18\,K$

정답 ①

---

015 20℃, 750mmHg에서 측정한 NO의 농도가 0.5ppm이다. 이때 NO의 농도($\mu g/Sm^3$)는?

① 약 463   ② 약 524
③ 약 553   ④ 약 616

일산화질소

$\dfrac{0.5mL}{m^3} \times \dfrac{\dfrac{273SmL}{(273+20)mL} \times \dfrac{760mmHg}{750mmHg}}{\dfrac{273Sm^3}{(273+20)m^3} \times \dfrac{760mmHg}{750mmHg}}$

$\times \dfrac{30mg}{22.4SmL} \times \dfrac{10^3\mu g}{1mg} = 669.64\mu g/Sm^3$

정답 정답 없음(전 항 정답 처리됨)

016 열섬효과에 관한 설명으로 옳지 않은 것은?

① 열섬현상은 고기압의 영향으로 하늘이 맑고 바람이 약한 때에 잘 발생한다.
② 열섬효과로 도시주위의 시골에서 도시로 바람이 부는데, 이를 전원풍이라 한다.
③ 도시의 지표면은 시골보다 열용량이 적고 열전도율이 높아 열섬효과의 원인이 된다.
④ 도시에서는 인구와 산업의 밀집지대로서 인공적인 열이 시골에 비하여 월등하게 많이 공급된다.

③ 도시의 지표면은 시골보다 열용량이 크고 열전도율이 낮아 인공열이 축적되므로, 열섬효과의 원인이 된다.

정답 ③

017 대기 중에 존재하는 가스상 오염물질 중 염화수소와 염소에 관한 설명으로 옳지 않은 것은?

① 염소는 강한 산화력을 이용하여 살균제, 표백제로 쓰인다.
② 염화수소가 대기중에 노출될 경우 백색의 연무를 형성하기도 한다.
③ 염소는 상온에서 적갈색을 띄는 액체로 휘발성과 부식성이 강하다.
④ 염화수소는 무색으로서 자극성 냄새가 있으며 상온에서 기체이다. 전지, 약품, 비료 등에 사용된다.

③ 브롬에 관한 설명이다.

염소 : 상온에서 황록색 유독한 기체

정답 ③

018 지름이 $1.0\mu m$이고 밀도가 $10^6 g/m^3$인 물방울이 공기 중에서 지표로 자유낙하 할 때 Reynolds 수는? (단, 공기의 점도는 $0.0172 g/m \cdot s$, 밀도는 $1.29 kg/m^3$이다.)

① 1.9×10^{-6}　　② 2.4×10^{-6}
③ 1.9×10^{-5}　　④ 2.4×10^{-5}

1) 침강속도 (V_g)

$$v_g = \frac{d^2 g(\rho_p - \rho_a)}{18\mu}$$

$$= \frac{(1 \times 10^{-6})^2 \times 9.8 \times (1,000 - 1.29)}{18 \times (0.0172 \times 10^{-3})}$$

$$= 3.16129 \times 10^{-5} m/s$$

단, $\rho_p = 10^6 g/m^3 = 10^3 kg/m^3$

$\rho_a = 1.29 kg/m^3$

$\mu = 0.0172 g/m \cdot s \times \frac{1kg}{1,000g}$

$= 0.0172 \times 10^{-3} kg/m \cdot s$

2) 레이놀즈 수 (R_e)

$$R_e = \frac{DV\rho}{\mu}$$

$$= \frac{(10^{-6}) \times (3.16129 \times 10^{-5}) \times 1.29}{0.0172 \times 10^{-3}}$$

$$= 2.370 \times 10^{-6}$$

정답 ②

019 디젤 자동차의 배출가스 후처리기술로 옳지 않은 것은?

① 매연여과장치　　② 습식흡수방법
③ 산화 촉매장치　　④ 선택적 촉매환원

경유(디젤) 자동차 배기가스 후처리기술

· 매연여과장치(입자상물질 여과장치)
· 산화 촉매장치
· 선택적 촉매환원장치

정답 ②

020 다음 중 주로 연소 시 배출되는 무색의 기체로 물에 매우 난용성이며, 혈액 중의 헤모글로빈과 결합력이 강해 산소 운반능력을 감소시키는 물질은?

① HC   ② NO
③ PAN   ④ 알데하이드

헤모글로빈과 결합력이 강한 물질은 NO, CO이다.

정답 ②

2과목   연소공학

021 기체연료의 특징 및 종류에 관한 설명으로 옳지 않은 것은?

① 부하의 변동범위가 넓고 연소의 조절이 용이한 편이다.
② 천연가스는 화염전파속도가 크며, 폭발범위가 크므로 1차 공기를 적게 혼합하는 편이 유리하다.
③ 액화천연가스는 메탄을 주성분으로 하는 천연가스를 1기압 하에서 −168℃ 근처에서 냉각, 액화시켜 대량수송 및 저장을 가능하게 한 것이다.
④ 액화석유가스는 액체에서 기체로 될 때 증발열(90~100kcal/kg)이 있으므로 사용하는데 유의할 필요가 있다.

② 액화석유가스(LPG)의 설명이다.

정답 ②

---

022 액화석유가스에 관한 설명으로 옳지 않은 것은?

① 저장설비가 많이 든다.
② 황분이 적고 독성이 없다.
③ 비중이 공기보다 가볍고, 누출될 경우 쉽게 인화 폭발될 수 있다.
④ 유지 등을 잘 녹이기 때문에 고무 패킹이나 유지로 된 도포제로 누출을 막는 것은 어렵다.

③ 액화석유가스(LPG)는 비중이 공기보다 무겁다.

정답 ③

---

023 저위발열량이 5,000kcal/Sm³인 기체연료의 이론 연소온도(℃)는 약 얼마인가? (단, 이론연소가스량 15Sm³/Sm³, 연료연소가스의 평균정압 비열 0.35kcal/Sm³·℃, 기준온도는 0℃, 공기는 예열하지 않으며, 연소가스는 해리되지 않는다고 본다.)

① 952   ② 994
③ 1,008   ④ 1,118

기체연료의 이론연소온도

$$t_o = \frac{H_l}{G \times C_p} + t$$

$$= \frac{5,000\text{kcal/Sm}^3}{15\text{Sm}^3/\text{Sm}^3 \times 0.35\text{kcal/Sm}^3 \cdot ℃} + 0℃$$

$$= 952.38℃$$

정답 ①

024 프로판 2kg을 과잉공기계수 1.31로 완전연소 시킬 때 발생하는 습연소가스량(kg)은?

① 약 24 ② 약 32
③ 약 38 ④ 약 43

1) 프로판의 연소반응식

$$C_3H_8 + 5O_2 \rightarrow 3CO_2 + 4H_2O$$

44kg : 5×32kg : 3×44kg : 4×18kg

2kg : O_o(kg) : CO_2(kg) : H_2O(kg)

$$\therefore O_o = \frac{5 \times 32}{44} \times 2 = 7.272 \text{ kg}$$

$$\therefore CO_2 = \frac{3 \times 44}{44} \times 2 = 6 \text{ kg}$$

$$\therefore H_2O = \frac{4 \times 18}{44} \times 2 = 3.272 \text{ kg}$$

2) G_w(kg)

$$= (m - 0.232)A_0 + \sum \text{연소생성물}(H_2O \text{포함})$$

$$= (m - 0.232) \times \frac{O_0}{0.232} + (O_2 + H_2O)$$

$$= (1.31 - 0.232) \times \frac{7.272}{0.232} + (6 + 3.272)$$

$$= 43.06 \text{ kg}$$

정답 ④

025 옥탄(C_8H_{18})을 완전연소시킬 때의 AFR(Air Fuel Ratio)은? (단, 무게비 기준으로 한다.)

① 15.1 ② 30.8
③ 45.3 ④ 59.5

$$C_8H_{18} + 12.5O_2 \rightarrow 8CO_2 + 9H_2O$$

$$AFR = \frac{\text{공기}(kg)}{\text{연료}(kg)} = \frac{\text{산소}(kg)/0.232}{\text{연료}(kg)}$$

$$= \frac{12.5 \times 32/0.232}{114} = 15.12$$

정답 ①

026 어떤 액체연료를 보일러에서 완전연소시켜 그 배출가스를 Orsat 분석 장치로서 분석하여 CO_2 15%, O_2 5%의 결과를 얻었다면, 이 때 과잉공기계수는? (단, 일산화탄소 발생량은 없다.)

① 1.12 ② 1.19
③ 1.25 ④ 1.31

배기가스 성분으로 공기비 구하는 공식

$$\text{공기비}(m) = \frac{N_2}{N_2 - 3.76(O_2 - 0.5CO)}$$

$$= \frac{80}{80 - 3.76 \times (5)}$$

$$= 1.307$$

정답 ④

027 착화온도(발화점)에 대한 특성으로 옳지 않은 것은?

① 분자구조가 복잡할수록 착화온도는 낮아진다.
② 산소농도가 낮을수록 착화온도는 낮아진다.
③ 발열량이 클수록 착화온도는 낮아진다.
④ 화학 반응성이 클수록 착화온도는 낮아진다.

② 산소농도가 높을수록 착화온도는 낮아진다.

정답 ②

028 황화수소의 연소반응식이 다음 [보기]와 같을 때 황화수소 $1Sm^3$의 이론연소공기량(Sm^3)은?

> [보기]
> $2H_2S + 3O_2 \rightarrow 2SO_2 + 2H_2O$

① 5.54 ② 6.42
③ 7.14 ④ 8.92

$H_2S + 1.5O_2 \rightarrow H_2O + SO_2$

$A_o(Sm^3/Sm^3) = \dfrac{O_o}{0.21} = \dfrac{1.5}{0.21} = 7.14$

$\therefore A_o(Sm^3) = 7.14(Sm^3/Sm^3) \times 1Sm^3 = 7.14Sm^3$

정답 ③

---

029 액체연료의 특징으로 옳지 않은 것은?

① 저장 및 계량, 운반이 용이하다.
② 점화, 소화 및 연소의 조절이 쉽다.
③ 발열량이 높고 품질이 대체로 일정하며 효율이 높다.
④ 소량의 공기로 완전 연소되며 검댕발생이 없다.

④ 기체연료의 설명이다.
액체연료는 소량의 공기로 완전 연소되기 어렵고, 검댕이 발생한다.

정답 ④

---

030 C 80%, H 20%로 구성된 액체 탄화수소 연료 1kg을 완전연소 시킬 때 발생하는 CO_2의 부피(Sm^3)는?

① 1.2 ② 1.5
③ 2.6 ④ 2.9

$$C + O_2 \rightarrow CO_2$$

12kg : $22.4Sm^3$

$1kg \times 0.8$: $X\ Sm^3$

$\therefore X = \dfrac{22.4}{12} \times (1 \times 0.8) = 1.493\,Sm^3$

정답 ②

---

031 S 함량 3%의 벙커 C유 100kL를 사용하는 보일러에 S 함량 1%인 벙커 C유로 30% 섞어 사용하면 SO_2 배출량은 몇 % 감소하는가? (단, 벙커 C유 비중 0.95, 벙커 C유 함유 S는 모두 SO_2로 전환된다.)

① 16 ② 20
③ 25 ④ 28

감소하는 S(%) = 감소하는 SO_2(%)

감소하는 황(%) = $\left(1 - \dfrac{\text{나중 황}}{\text{처음 황}}\right) \times 100$

$= \left(1 - \dfrac{100kL(0.01 \times 0.3 + 0.03 \times 0.7)}{100kL \times 0.03}\right) \times 100 = 20\%$

정답 ②

---

032 프로판과 부탄이 용적비 3 : 2로 혼합된 가스 $1Sm^3$가 이론적으로 완전연소할 때 발생하는 CO_2의 양(Sm^3)은?

① 2.7 ② 3.2
③ 3.4 ④ 4.1

혼합기체의 건조가스량 계산

$\dfrac{3}{5}$: $C_3H_8 + 5O_2 \rightarrow 3CO_2 + 4H_2O$

$\dfrac{2}{5}$: $C_4H_{10} + 6.5O_2 \rightarrow 4CO_2 + 5H_2O$

프로판과 부탄의 CO_2 발생량(Sm^3/Sm^3) 계산

$3 \times \dfrac{3}{5} + 4 \times \dfrac{2}{5} = 3.4(Sm^3/Sm^3)$

정답 ③

033 연소 시 매연 발생량이 가장 적은 탄화수소는?

① 나프텐계   ② 올레핀계
③ 방향족계   ④ 파라핀계

매연은 탄수소비가 클수록 발생량이 많다.

탄수소비 : 올레핀계 > 나프텐계 > 파라핀계

정답 ④

034 다음 연소장치 중 일반적으로 가장 큰 공기비를 필요로 하는 것은?

① 오일버너   ② 가스버너
③ 미분탄버너   ④ 수평수동화격자

보통 저질 연료일수록 공기비가 커짐

가스버너 < 오일버너 < 미분탄 버너 < 이동화격자 < 수평화격자

정답 ④

035 액체연료 연소장치 중 건타입(Gun type) 버너에 관한 설명으로 옳지 않은 것은?

① 유압은 보통 7 kg/cm^2 이상 이다.
② 연소가 양호하고 전자동 연소가 가능하다.
③ 형식은 유압식과 공기분무식을 합한 것이다.
④ 유량조절 범위가 넓어 대형 연소에 사용한다.

건타입 버너

· 분무압 7kg/cm^2 이상
· 유압식과 공기분무식을 합한 것
· 연소가 양호함
· 전자동 연소 가능

정답 ④

036 기체 연료의 연소방식 중 확산연소에 관한 설명으로 옳지 않은 것은?

① 역화의 위험성이 없다.
② 붉고 긴 화염을 만든다.
③ 가스와 공기를 예열할 수 없다.
④ 연료의 분출속도가 클 경우에는 그을음이 발생하기 쉽다.

③ 가스와 공기를 예열할 수 있다.

정답 ③

037 다음 연소의 종류 중 흑연, 코크스, 목탄 등과 같이 대부분 탄소만으로 되어있는 고체연료에서 관찰되는 연소형태는?

① 표면연소   ② 내부연소
③ 증발연소   ④ 자기연소

① 표면연소 : 흑연, 코크스, 목탄 등과 같이 대부분 탄소만으로 되어있는 고체연료

②, ④ 내부연소(자기연소) : 니트로글리세린, 폭탄, 다이너마이트

③ 증발연소 : 휘발유, 등유, 알코올, 벤젠 등의 액체연료

정답 ①

038 어떤 물질의 1차 반응에서 반감기가 10분이었다. 반응물이 1/10 농도로 감소할 때까지 얼마의 시간(분)이 걸리겠는가?

① 6.9   ② 33.2

③ 693   ④ 3323

1차 반응식

$$\ln\left(\frac{C}{C_o}\right) = -k \cdot t$$

1) 반응속도 상수(k)

$$\ln\left(\frac{1}{2}\right) = -k \times 10\,\mathrm{min}$$

$$\therefore k = 0.0693/\mathrm{min}$$

2) 반응물이 1/10 농도로 감소될 때까지의 시간

$$\ln\left(\frac{1}{10}\right) = -0.0693/\mathrm{min} \times t$$

$$\therefore t = 33.23\,\mathrm{min}$$

정답 ②

039 다음 기체연료 중 고위발열량(kcal/Sm^3)이 가장 낮은 것은?

① Ethane   ② Ethylene

③ Acetylene   ④ Methane

① C_2H_6 ② C_2H_4 ③ C_2H_2 ④ CH_4

기체연료의 (고위)발열량(kcal/Sm^3)은 탄소(C)나 수소(H)의 수가 많을수록 증가한다.

정답 ④

040 유류연소버너 중 유압식 버너에 관한 설명으로 가장 거리가 먼 것은?

① 대용량 버너 제작이 용이하다.

② 유압은 보통 50~90kg/cm^2 정도이다.

③ 유량 조절 범위가 좁아(환류식 1 : 3, 비환류식 1 : 2) 부하변동에 적응하기 어렵다.

④ 연료유의 분사각도는 기름의 압력, 점도 등으로 약간 달라지지만 40~90° 정도의 넓은 각도로 할 수 있다.

② 유압은 보통 5~30kg/cm^2 정도이다.

정답 ②

041 국소배기시설에서 후드의 유입계수가 0.84, 속도압이 10mmH$_2$O일 때 후드에서의 압력손실(mmH$_2$O)은?

① 4.2   ② 8.4

③ 16.8   ④ 33.6

관의 압력손실

1) $F = \dfrac{1 - Ce^2}{Ce^2} = \dfrac{1 - 0.84^2}{0.84^2} = 0.4172$

2) $\triangle P = F \times h = 0.4172 \times 10 = 4.172(\mathrm{mmH_2O})$

정답 ①

042 환기 및 후드에 관한 설명으로 옳지 않은 것은?

① 폭이 넓은 오염원 탱크에서는 주로 '밀고 당기는(push/pull)' 방식의 환기공정이 요구된다.
② 후드는 일반적으로 개구면적을 좁게 하여 흡인 속도를 크게 하고, 필요 시 에어커튼을 이용한다.
③ 폭이 좁고 긴 직사각형의 슬로트 후드(slot hood)는 전기도금공정과 같은 상부개방형 탱크에서 방출되는 유해물질을 포집하는 데 효율적으로 이용된다.
④ 천개형 후드는 포착형보다 유입 공기의 속도가 빠를 때 사용되며, 주로 저온의 오염공기를 배출하고 과잉습도를 제거할 때 제한적으로 사용된다.

④ 천개형 후드는 포착형보다 유입 공기의 속도가 빠를 때 사용되며, 주로 고온의 오염공기를 배출하고 과잉습도를 제거할 때 제한적으로 사용된다.
· 천개형 후드(CANOPY HOOD) : 가열된 상부개방 오염원에서 배출되는 오염물질 포집에 사용
· 포착형 후드(CAPTURE HOOD) : 작업장 내의 오염물질을 포착하기 위해 충분히 빠른 속도의 직접 기류를 만들어서 포집

정답 ④

043 먼지의 입경분포에 관한 설명으로 옳지 않은 것은?

① 대수정규분포는 미세한 입자의 특성과 잘 일치한다.
② 빈도분포는 먼지의 입경분포를 적당한 입경간격의 개수 또는 질량의 비율로 나타내는 방법이다.
③ 먼지의 입경분포를 나타내는 방법 중 적산분포에는 정규분포, 대수정규분포, Rosin Rammler 분포가 있다.
④ 적산분포(R)는 일정한 입경보다 큰 입자가 전체의 입자에 대하여 몇 % 있는가를 나타내는 것으로 입경분포가 0이면 R=100%이다.

① Rosin Rammler 분포가 미세한 입자의 특성과 잘 일치한다.

정답 ①

044 세정집진장치의 특징으로 옳지 않은 것은?

① 압력손실이 작아 운전비가 적게 든다.
② 소수성 입자의 집진율이 낮은 편이다.
③ 점착성 및 조해성 분진의 처리가 가능하다.
④ 연소성 및 폭발성 가스의 처리가 가능하다.

① 세정집진장치는 세정수를 뿌리므로, 압력손실이 높고 운전비가 높다.

정답 ①

045 염소농도 0.2%인 굴뚝 배출가스 $3,000Sm^3/h$를 수산화칼슘 용액을 이용하여 염소를 제거하고자 할 때, 이론적으로 필요한 시간당 수산화칼슘의 양(kg/h)은? (단, 처리효율은 100%로 가정한다.)

① 16.7   ② 18.2
③ 19.8   ④ 23.1

$$Cl_2 + Ca(OH)_2 \rightarrow CaOCl_2 + H_2O$$

$$Cl_2 : Ca(OH)_2$$

$$22.4Sm^3 : 74kg$$

$$\frac{0.2}{100} \times 3,000Sm^3/h : x\,kg/h$$

$$\therefore x = 19.82kg/h$$

정답 ③

046 다음은 활성탄의 고온 활성화 재생방법으로 적용될 수 있는 다단로(multi-hearth furnace)와 회전로(rotary kiln)의 비교표이다. 비교 내용 중 옳지 않은 것은?

	구분	다단로	회전로
가	온도 유지	여러 개의 버너로 구분된 반응영역에서 온도분포조절이 가능하고 열효율이 높음	단 1개의 버너로 열공급 영역별 온도유지가 불가능하고 열효율이 낮음
나	수증기 공급	반응영역에서 일정하게 분사	입구에서만 공급하므로 일정치 않음
다	입도 분포	입도에 비례하여 큰 입자가 빨리 배출	입도 분포에 관계없이 체류시간을 동일하게 유지 가능
라	품질	고품질 입상재생설비로 적합	고품질 입상재생설비로 부적합

① 가   ② 나
③ 다   ④ 라

구분	다단로	회전로
정의	상부로부터 공급된 소각물을 여러 단으로 분할된 수평고정상로에서 회전축으로 교반하여 하부로 이동하게 하여 최종 재가 배출될 때까지 다음 단으로 연속적으로 이동하는 형식의 소각로	경사진 구조의 원통형 소각로가 회전하면서 폐기물이 교반, 건조 이동되면서 연소됨
입도 분포	입도 분포에 관계없이 체류시간을 동일하게 유지 가능	입도에 비례하여 큰 입자가 빨리 배출

정답 ③

047 중력침전을 결정하는 중요 매개변수는 먼지입자의 침전속도이다. 다음 중 먼지의 침전속도 결정과 가장 관계가 깊은 것은?

① 입자의 온도
② 대기의 분압
③ 입자의 유해성
④ 입자의 크기와 밀도

침강속도에 영향을 미치는 요소

· 입자의 직경(크기)

· 입자의 밀도

· 공기의 밀도

· 공기의 점성계수

· 중력가속도

스토크스 공식에 들어가는 인자는 침강속도에 영향을 미친다.

입자의 침전속도식 – 스토크 식

$$V_S = \frac{d^2(\rho_s - \rho_a)g}{18\mu}$$

V_S	:	입자의 침전속도
ρ_s	:	입자의 밀도
μ	:	공기의 점성계수
d	:	입자의 직경, 입경
ρ_a	:	공기의 밀도

정답 ④

048 처리가스량 25,420m³/h, 압력손실이 100mm H₂O인 집진장치의 송풍기 소요동력(kW)은 약 얼마인가? (단, 송풍기 효율은 60%, 여유율은 1.3이다.)

① 9   ② 12
③ 15   ④ 18

$$P = \frac{Q \times \triangle P \times \alpha}{102 \times \eta}$$

$$= \frac{(25,420/3,600) \times 100 \times 1.3}{102 \times 0.6} = 14.43$$

여기서,   P : 소요 동력(kW)
         Q : 처리가스량(m³/sec)
         $\triangle$P : 압력(mmH₂O)
         α : 여유율(안전율)
         η : 효율

정답 ③

049 벤투리스크러버의 액가스비를 크게 하는 요인으로 가장 거리가 먼 것은?

① 먼지의 농도가 높을 때
② 처리가스의 온도가 높을 때
③ 먼지 입자의 친수성이 클 때
④ 먼지 입자의 점착성이 클 때

③ 먼지 입자의 친수성이 적을 때

벤투리스크러버에서 액·가스비를 크게 하는 이유
(장치 내에 물 공급을 증가시키는 이유)

❶ 분진의 입경이 작을 때
❷ 분진의 농도가 높을 때
❸ 분진입자의 친수성이 적을 때
❹ 처리가스의 온도가 높을 때
❺ 분진 입자의 점착성이 클 때

정답 ③

050 탈취방법 중 촉매연소법에 관한 설명으로 옳지 않은 것은?

① 직접연소법에 비해 질소산화물의 발생량이 높고, 고농도로 배출된다.
② 직접연소법에 비해 연료소비량이 적어 운전비는 절감되나, 촉매독이 문제가 된다.
③ 적용 가능한 악취성분은 가연성 악취성분, 황화수소, 암모니아 등이 있다.
④ 촉매는 백금, 코발트, 니켈 등이 있으며, 고가이지만 성능이 우수한 백금계의 것이 많이 이용된다.

① 촉매연소법은 직접연소법에 비해 연소온도가 낮아, 질소산화물의 발생량이 낮고, 저농도로 배출된다.

정답 ①

051 80%의 효율로 제진하는 전기집진장치의 집진면적을 2배로 증가시키면 집진효율(%)은 얼마로 향상되는가?

① 92   ② 94
③ 96   ④ 98

전기집진장치의 집진효율 공식 $\eta = 1 - e^{\left(\frac{-Aw}{Q}\right)}$

$$\therefore A = -\frac{Q}{w}(1-\eta)$$

$$\frac{A_{\text{나중효율}}}{A_{\text{처음효율}}} = \frac{-\frac{Q}{w}\ln(1-\eta_{\text{나중}})}{-\frac{Q}{w}\ln(1-0.80)} = 2$$

$$\therefore \eta_{\text{나중}} = 0.96 = 96\%$$

정답 ③

052 굴뚝 배출 가스량은 2,000Sm³/h, 이 배출가스 중 HF 농도는 500mL/Sm³이다. 이 배출가스를 50m³의 물로 세정할 때 24시간 후 순환수인 폐수의 pH는? (단, HF는 100% 전리되며, HF 이외의 영향은 무시한다.)

① 약 1.3 ② 약 1.7
③ 약 2.1 ④ 약 2.6

1) 순환수 중 HF의 해리로 발생하는 수소이온[H^+]의 몰농도(mol/L)

$$[H^+] = \frac{흡수되는\ HF의\ 양(mol)}{순환수의\ 양(L)}$$

$$= \frac{\dfrac{2,000\,Sm^3}{h} \times \dfrac{500mL}{1Sm^3} \times 24hr \times \dfrac{1mol}{22.4 \times 10^3 mL}}{50m^3 \times \dfrac{1,000L}{1m^3}}$$

$$= 2.1428 \times 10^{-2}M$$

2) pH

$$pH = -\log[H^+]$$
$$= -\log(2.1428 \times 10^{-2})$$
$$= 1.669$$

정답 ②

---

053 사이클론의 원추부 높이가 1.4m, 유입구 높이가 15cm, 원통부 높이가 1.4m일 때 외부선회류의 회전수는? (단, $N = \dfrac{1}{H_A}\left[H_B + \dfrac{H_C}{2}\right]$)

① 6회 ② 11회
③ 14회 ④ 18회

$$N_e = \frac{\left(H_1 + \dfrac{H_2}{2}\right)}{h} = \frac{\left(1.4 + \dfrac{1.4}{2}\right)}{0.15} = 14\,회$$

여기서, h : 유입구 높이(m)
H_1 : 사이클론 몸통 길이(m)
H_2 : 사이클론 원추 길이(m)

정답 ③

---

054 헨리의 법칙에 관한 설명으로 옳지 않은 것은?

① 비교적 용해도가 적은 기체에 적용된다.
② 헨리상수의 단위는 atm/m³ · kmol이다.
③ 헨리상수의 값은 온도가 높을수록, 용해도가 적을수록 커진다.
④ 온도와 기체의 부피가 일정할 때 기체의 용해도는 용매와 평형을 이루고 있는 기체의 분압에 비례한다.

② 헨리상수의 단위는 atm · m³/kmol이다.

헨리의 법칙

$P = HC$

P : 분압(atm)
C : 액중 농도(kmol/m³)
H : 헨리상수(atm · m³/kmol)

정답 ②

---

055 다음은 물리흡착과 화학흡착의 비교표이다. 비교 내용 중 옳지 않은 것은?

	구분	물리흡착	화학흡착
가	온도범위	낮은 온도	대체로 높은 온도
나	흡착층	단일 분자층	여러 층이 가능
다	가역정도	가역성이 높음	가역성이 낮음
라	흡착열	낮음	높음 (반응열 정도)

① 가 ② 나
③ 다 ④ 라

② 물리적 흡착은 다분자층이고, 화학적 흡착은 단분자층이다.

정답 ②

056 직경이 D인 구형입자의 비표면적(S_v, m^2/m^3)에 관한 설명으로 옳지 않은 것은? (단, ρ는 구형입자의 밀도이다.)

① $S_v = \dfrac{3\rho}{D}$로 나타낸다.

② 입자가 미세할수록 부착성이 커진다.

③ 먼지의 입경과 비표면적은 반비례 관계이다.

④ 비표면적이 크게 되면 원심력 집진장치의 경우에는 장치벽면을 폐색시킨다.

$$S_v = \frac{\text{표면적}}{\text{부피}} = \frac{\pi D^2}{\dfrac{\pi D^3}{6}} = \frac{6}{D}$$

정답 ①

057 접선유입식 원심력 집진장치의 특징에 관한 설명 중 옳은 것은?

① 장치의 압력손실은 5,000mmH₂O이다.

② 장치 입구의 가스속도는 18~20cm/s이다.

③ 유입구 모양에 따라 나선형과 와류형으로 분류된다.

④ 도익선회식이라고도 하며 반전형과 직진형이 있다.

① 장치의 압력손실은 100~150mmH₂O이다.

② 장치 입구의 가스속도는 7~15m/s이다.

④ 축류식 : 반전형과 직진형으로 분류된다.

정답 ③

058 다음 중 유해물질 처리방법으로 가장 거리가 먼 것은?

① CO는 백금계의 촉매를 사용하여 연소시켜 제거한다.

② Br₂는 산성수용액에 의한 선정법으로 제거한다.

③ 이황화탄소는 암모니아를 불어넣는 방법으로 제거한다.

④ 아크로레인은 NaClO 등의 산화제를 혼입한 가성소다 용액으로 흡수 제거한다.

② Br₂는 차아염소산나트륨(NaOCl) 흡수법으로 제거한다.

정답 ②

059 A집진장치의 입구 및 출구의 배출가스 중 먼지의 농도가 각각 15g/Sm³, 150mg/Sm³이었다. 또한 입구 및 출구에서 채취한 먼지시료 중에 포함된 0~5μm의 입경분포의 중량 백분율이 각각 10%, 60%이었다면 이 집진장치의 0~5μm의 입경범위의 먼지시료에 대한 부분집진율(%)은?

① 90 ② 92

③ 94 ④ 96

부분집진율

$$\eta = \left(1 - \frac{C\,f}{C_0\,f_0}\right) \times 100$$

$$\eta = \left(1 - \frac{0.15g/Sm^3 \times 0.6}{15g/Sm^3 \times 0.1}\right) \times 100 = 94\%$$

정답 ③

060 다음 악취물질 중 공기 중의 최소 감지농도가 가장 낮은 것은?

① 염소
② 암모니아
③ 황화수소
④ 이황화탄소

악취가 심한 물질일수록 최소 감지농도가 낮다.

최소 감지농도

메틸머캅탄, 트리메틸아민 < 황화수소 < 암모니아 < 자일렌 < 에틸벤젠 < 폼알데하이드 < 톨루엔 < 아닐린 < 벤젠 < 아세톤

정답 ③

4과목 대기오염 공정시험기준(방법)

061 배출가스 중 이황화탄소를 자외선가시선분광법으로 정량할 때 흡수액으로 옳은 것은?

① 아연아민착염 용액
② 제일염화주석 용액
③ 다이에틸아민구리 용액
④ 수산화제이철암모늄 용액

배출가스 중 가스상 물질 시료채취방법

분석물질별 분석방법 및 흡수액

분석물질	분석방법	흡수액
이황화탄소	· 자외선/가시선분광법 · 가스크로마토그래피	· 다이에틸아민구리 용액

정답 ③

---

062 대기오염공정시험기준상 비분산적외선분광분석법에서 응답시간에 관한 설명이다. ( ) 안에 알맞은 것은?

응답시간은 제로 조정용 가스를 도입하여 안정된 후 유로를 스팬가스로 바꾸어 기준 유량으로 분석기에 도입하여 그 농도를 눈금 범위 내의 어느 일정한 값으로부터 다른 일정한 값으로 갑자기 변화시켰을 때 스텝(step) 응답에 대한 소비시간이 (㉠) 이내이어야 한다. 또 이때 최종 지시 값에 대한 90%의 응답을 나타내는 시간은 (㉡) 이내이어야 한다.

① ㉠ 1초, ㉡ 1분
② ㉠ 1초, ㉡ 40초
③ ㉠ 10초, ㉡ 1분
④ ㉠ 10초, ㉡ 40초

비분산 적외선 분광분석법 – 응답시간

제로 조정용 가스를 도입하여 안정된 후 유로를 스팬가스로 바꾸어 기준 유량으로 분석기에 도입하여 그 농도를 눈금 범위 내의 어느 일정한 값으로부터 다른 일정한 값으로 갑자기 변화시켰을 때 스텝(step) 응답에 대한 소비시간이 **1초** 이내이어야 한다. 또 이때 최종 지시 값에 대한 90%의 응답을 나타내는 시간은 **40초** 이내이어야 한다.

정답 ②

063 기체크로마토그래피의 장치구성에 관한 설명으로 옳지 않은 것은?

① 분리관유로는 시료도입부, 분리관, 검출기기배관으로 구성되며, 배관의 재료는 스테인레스강이나 유리 등 부식에 대한 저항이 큰 것이어야 한다.

② 분리관(column)은 충전물질을 채운 내경 2mm~7mm의 시료에 대하여 불활성금속, 유리 또는 합성수지관으로 각 분석방법에서 규정하는 것을 사용한다.

③ 운반가스는 일반적으로 열전도도형검출기(TCD)에서는 순도 99.8% 이상의 아르곤이나 질소를, 수소염 이온화검출기(FID)에서는 순도 99.8% 이상의 수소를 사용한다.

④ 주사기를 사용하는 시료도입부는 실리콘고무와 같은 내열성 탄성체격막이 있는 시료기화실로서 분리관 온도와 동일하거나 또는 그 이상의 온도를 유지할 수 있는 가열기구가 갖추어져야 한다.

③ 운반가스(carrier gas)

· 열전도도형 검출기(TCD) : 순도 99.8% 이상의 수소나 헬륨

· 불꽃이온화 검출기(FID) : 순도 99.8% 이상의 질소 또는 헬륨

정답 ③

---

064 굴뚝배출가스 중 수분량이 체적백분율로 10%이고, 배출가스의 온도는 80℃, 시료채취량은 10L, 대기압은 0.6기압, 가스미터 게이지압은 25mmHg, 가스미터온도 80℃에서의 수증기포화압이 255mmHg라 할 때, 흡수된 수분량(g)은?

① 0.15 ② 0.21
③ 0.33 ④ 0.46

배출가스 중의 수분량 측정(포화 수증기압이 주어졌을 때)

$$X_w = \frac{수분량}{건조가스량 + 수분량} \times 100$$

$$X_w = \frac{\frac{22.4}{18}m_a}{V_m \times \frac{273}{273 + \theta_m} \times \frac{P_a + P_m - P_v}{760} + \frac{22.4}{18}m_a} \times 100$$

$$10\% = \frac{\frac{22.4L}{18g} \times x\,g}{10L \times \frac{273}{273 + 80} \times \frac{0.6atm \times \frac{760mmHg}{1atm} + 25 - 255}{760} + \frac{22.4L}{18g} \times x\,g}$$

$$\times 100\%$$

∴ 수분량(x) = 0.205g

정답 ②

1024 | **기출문제** | 대기환경기사

065 대기오염공정시험기준상 원자흡수분광광도법 분석 장치 중 시료원자화장치에 관한 설명으로 옳지 않은 것은?

① 시료원자화장치 중 버너의 종류로 전분무버너와 예혼합버너가 있다.
② 내화성산화물을 만들기 쉬운 원소의 분석에 적당한 불꽃은 프로판 – 공기 불꽃이다.
③ 빛이 투과하는 불꽃의 길이를 10 cm 이상으로 해주려면 멀티패스(Multi Path)방식을 사용한다.
④ 분석의 감도를 높여주고 안정한 측정치를 얻기 위하여 불꽃 중에 빛을 투과시킬 때 불꽃 중에서의 유효길이를 되도록 길게 한다.

· 아세틸렌 – 아산화질소 불꽃 : 불꽃의 온도가 높기 때문에 불꽃 중에서 해리하기 어려운 내화성산화물(Refractory Oxide)을 만들기 쉬운 원소의 분석에 적당하다.
· 프로페인-공기 불꽃 : 불꽃 온도가 낮고 일부 원소에 대하여 높은 감도를 나타낸다.
[개정 – 용어변경] 프로판 → 프로페인

정답 ②

066 배출가스 중 가스상 물질의 시료 채취방법 중 다음 분석물질별 흡수액과의 연결이 옳지 않은 것은?

	분석물질	흡수액
가	불소화합물	수산화소듐용액 (0.1 N)
나	벤젠	질산암모늄+황산 (1→5)
다	비소	수산화칼륨용액 (0.4 W/V%)
라	황화수소	아연아민착염용액

① 가   ② 나
③ 다   ④ 라

수산화소듐이 흡수액인 분석물질
염화수소, 플루오린화합물, 사이안화수소, 브로민화합물, 페놀, 비소
[개정] 해당 공정시험기준은 개정되었습니다.
이론 549쪽 〈표 4. 분석물질별 분석방법 및 흡수액〉으로 개정 사항을 숙지해 주세요.

정답 ③

067 배출가스 중 질소산화물 농도 측정방법으로 옳지 않은 것은?

① 화학발광법
② 자외선형광법
③ 적외선흡수법
④ 아연환원 나프틸에틸렌다이아민법

배출가스 중 질소산화물 시험방법
· 자동측정법(화학발광법, 적외선흡수법, 자외선흡수법 및 정전위전해법 등)
· 자외선/가시선분광법 – 아연환원 나프틸에틸렌다이아민법

정답 ②

068 액의 농도에 관한 설명으로 옳지 않은 것은?

① 단순히 용액이라 기재하고 그 용액의 이름을 밝히지 않은 것은 수용액을 뜻한다.
② 혼액(1+2)은 액체상의 성분을 각각 1용량 대 2용량의 비율로 혼합한 것을 뜻한다.
③ 황산(1 : 7)은 용질이 액체일 때 1mL를 용매에 녹여 전량을 7mL로 하는 것을 뜻한다.
④ 액의 농도를 (1→5)로 표시한 것은 그 용질의 성분이 고체일 때는 1g을 용매에 녹여 전량을 5mL로 하는 비율을 말한다.

③ 황산(1:7)은 황산 1용량에 물 7용량을 혼합한 것이다.

정답 ③

069 대기오염공정시험기준상 분석시험에 있어 기재 및 용어에 관한 설명으로 옳은 것은?

① 시험조작 중 "즉시"란 10초 이내에 표시된 조작을 하는 것을 뜻한다.
② "감압 또는 진공"이라 함은 따로 규정이 없는 한 10mmHg 이하를 뜻한다.
③ 용액의 액성표시는 따로 규정이 없는 한 유리전극법에 의한 pH미터로 측정한 것을 뜻한다.
④ "정확히 단다"라 함은 규정한 양의 검체를 취하여 분석용 저울로 0.3mg까지 다는 것을 뜻한다.

① 시험조작 중 "즉시"란 30초 이내에 표시된 조작을 하는 것을 뜻한다.

② "감압 또는 진공"이라 함은 따로 규정이 없는 한 15mmHg 이하를 뜻한다.

④ "정확히 단다"라 함은 규정한 양의 검체를 취하여 분석용 저울로 0.1mg까지 다는 것을 뜻한다.

정답 ③

070 배출허용기준 중 표준산소농도를 적용받는 항목에 대한 배출가스량 보정식으로 옳은 것은? (단, Q : 배출가스유량(Sm^3/일), Q_a : 실측배출가스유량(Sm^3/일), O_s : 표준산소농도(%), O_a : 실측산소농도(%))

① $Q = Q_a \times \dfrac{O_s - 21}{O_a - 21}$

② $Q = Q_a \times \dfrac{O_a - 21}{O_s - 21}$

③ $Q = Q_a \div \dfrac{21 - O_s}{21 - O_a}$

④ $Q = Q_a \div \dfrac{21 - O_s}{21 - O_a}$

배출가스 유량 보정

$Q = Q_a \div \dfrac{21 - O_s}{21 - O_a}$

여기서, Q : 배출가스유량(Sm^3/일)
  O_s : 표준산소농도(%)
  O_a : 실측산소농도(%)
  Q_a : 실측배출가스유량(Sm^3/일)

정답 ③

071 원자흡광분석에서 발생하는 간섭 중 분석에 사용하는 스펙트럼의 불꽃 중에서 생성되는 목적원소의 원자증기 이외의 물질에 의하여 흡수되는 경우에 발생되는 것은?

① 물리적 간섭
② 화학적 간섭
③ 분광학적 간섭
④ 이온학적 간섭

원자흡수분광광도법 간섭의 종류

① 분광학적 간섭 : 장치나 불꽃의 성질에 기인하는 것

② 물리적 간섭 : 시료 용액의 점성이나 표면장력 등 물리적 조건의 영향에 의하여 일어나는 것

③ 화학적 간섭 : 원소나 시료에 특유한 것

정답 ③

072 배출가스 중 암모니아를 인도페놀법으로 분석할 때 암모니아와 같은 양으로 공존하면 안 되는 물질은?

① 아민류　　　　　② 황화수소
③ 아황산가스　　　④ 이산화질소

[배출가스 중 암모니아]

자외선/가시선분광법 – 인도페놀법 적용범위

시료채취량 20L인 경우 시료 중의 암모니아의 농도가 (1.2~12.5)ppm인 것의 분석에 적합하고, 이산화질소가 100배 이상, 아민류가 몇십 배 이상, 이산화황이 10배 이상 또는 황화수소가 같은 양 이상 각각 공존하지 않는 경우에 적용할 수 있다.

정답 ②

073 공정시험방법상 환경대기 중의 탄화수소 농도를 측정하기 위한 주시험법은?

① 총탄화수소 측정법
② 활성 탄화수소 측정법
③ 비활성 탄화수소 측정법
④ 비메탄 탄화수소 측정법

환경대기 중 탄화수소 측정방법

· 비메탄 탄화수소 측정법(주시험 방법)
· 총탄화수소 측정법
· 활성 탄화수소 측정법

정답 ④

074 굴뚝 배출가스 유속을 피토관으로 측정한 결과가 다음과 같을 때 배출가스 유속(m/s)은?

- 동압 : $100mmH_2O$,
- 배출가스 온도 : 295℃
- 표준상태 배출가스 밀도 : $1.2kg/m^3$(0℃, 1기압)
- 피토관 계수 : 0.87

① 43.7　　　　② 48.2
③ 50.7　　　　④ 54.3

1) 295℃에서 배출가스 비중량
(배출가스의 밀도를 구하는 방법)

$$\gamma = \gamma_o \times \frac{273}{273+\theta_s} \times \frac{P_a+P_s}{760}$$

$$\gamma = 1.2 \times \frac{273}{273+295} = 0.5767 \, kg/m^3$$

여기서,

γ : 굴뚝 내의 배출가스 밀도(kg/m^3)
γ_o : 온도 0℃, 기압 760mmHg로 환산한 습한 배출가스 밀도(kg/Sm^3)
P_a : 측정공 위치에서의 대기압(mmHg)
P_s : 각 측정점에서 배출가스 정압의 평균치(mmHg)
θ_s : 각 측정점에서 배출가스 온도의 평균치(℃)

2) 유속 측정방법

$$V = C\sqrt{\frac{2gh}{\gamma}} = 0.87 \times \sqrt{\frac{2 \times 9.8 \times 100}{0.5767}} = 50.719 \, m/s$$

정답 ③

075 대기 및 굴뚝 배출 기체중의 오염물질을 연속적으로 측정하는 비분산 정필터형 적외선가스분석기(고정형)와 성능 유지조건에 대한 설명으로 옳은 것은?

① 최대눈금범위의 ±5% 이하에 해당하는 농도변화를 검출할 수 있는 감도를 지녀야 한다.

② 측정가스의 유량이 표시한 기준유량에 대하여 ±10% 이내에서 변동하여도 성능에 지장이 있어서는 안된다.

③ 동일 조건에서 제로가스를 연속적으로 도입하여 24시간 연속 측정하는 동안 전체눈금의 ±5% 이상의 지시변화가 없어야 한다.

④ 전압변동에 대한 안정성 측면에서 전원전압이 설정 전압의 ±10% 이내로 변화하였을 때 지시 값 변화는 전체눈금의 ±1% 이내이어야 한다.

076 다음 중 굴뚝에서 배출되는 가스의 유량을 측정하는 기기가 아닌 것은?

① 피토관
② 열선 유속계
③ 와류 유속계
④ 위상차 유속계

077 굴뚝배출가스 중 아황산가스의 자동연속 측정방법 중 자외선 흡수분석계에 관한 설명으로 옳지 않은 것은?

① 광원 : 저압수소방전관 또는 저압수은등이 사용된다.

② 분광기 : 프리즘 또는 회절격자분광기를 이용하여 자외선영역 또는 가시광선영역의 단색광을 얻는데 사용된다.

③ 검출기 : 자외선 및 가시광선에 감도가 좋은 광전자증배관 또는 광전관이 이용된다.

④ 시료셀 : 시료셀은 200~500mm의 길이로 시료가스가 연속적으로 통과할 수 있는 구조로 되어 있다.

078 적정법에 의한 배출가스 중 브롬화합물의 정량 시 과잉의 하이포아염소산염을 환원시키는 데 사용하는 것은?

① 염산
② 폼산소듐
③ 수산화소듐
④ 암모니아수

079 화학반응 공정 등에서 배출되는 굴뚝 배출가스 중 일산화탄소 분석방법에 따른 정량범위로 틀린 것은?

① 정전위전해법 : 0~200ppm
② 비분산형적외선분석법 : 0~1,000ppm
③ 기체크로마토그래피 : TCD의 경우 0.1% 이상
④ 기체크로마토그래피 : FID의 경우
    0~2,000ppm

---

① 정전위전해법 : 0~1000ppm

[개정] 해당 공정시험기준은 개정되었습니다.

이론 665쪽 "배출가스 중 일산화탄소 – 적용가능한 시험방법"에서 개정사항을 숙지해 주세요.

정답 ①

---

080 다음은 배출가스 중 입자상 아연화합물의 자외선가시선 분광법에 관한 설명이다. (   ) 안에 알맞은 것은?

아연 이온을 (㉠)과 반응시켜 생성되는 아연착색물질을 사염화탄소로 추출한 후 그 흡수도를 파장 (㉡)에서 측정하여 정량하는 방법이다.

① ㉠ 디티존, ㉡ 460nm
② ㉠ 디티존, ㉡ 535nm
③ ㉠ 디에틸디티오카바민산나트륨, ㉡ 460nm
④ ㉠ 디에틸디티오카바민산나트륨, ㉡ 535nm

배출가스 중 아연화합물 – 자외선/가시선분광법

아연 이온을 디티존과 반응시켜 생성되는 아연착색물질을 사염화탄소로 추출한 후 그 흡수도를 파장 535nm에서 측정하여 정량하는 방법이다.

[개정] "배출가스 중 아연화합물 – 자외선/가시선분광법"은 공정시험기준에서 삭제되어 더 이상 출제되지 않습니다.

정답 ②

---

081 환경정책기본법령상 일산화탄소(CO)의 대기환경 기준은? (단, 8시간 평균치이다.)

① 0.15ppm 이하　　② 0.3ppm 이하
③ 9ppm 이하　　④ 25ppm 이하

환경정책기본법상 대기 환경기준 <개정 2019. 7. 2.>

측정 시간	SO_2 (ppm)	NO_2 (ppm)	O_3 (ppm)	CO (ppm)
연간	0.02	0.03	–	–
24시간	0.05	0.06	–	–
8시간	–	–	0.06	9
1시간	0.15	0.10	0.10	25

측정 시간	PM_{10} ($\mu g/m^3$)	$PM_{2.5}$ ($\mu g/m^3$)	납(Pb) ($\mu g/m^3$)	벤젠 ($\mu g/m^3$)
연간	50	15	0.5	5
24시간	100	35	–	–
8시간	–	–	–	–
1시간	–	–	–	–

정답 ③

---

082 실내공기질 관리법규상 "영화상영관"의 실내 공기질 유지기준($\mu g/m^3$)은? (단, 항목은 미세 먼지 (PM−10)($\mu g/m^3$)이다.)

① 10 이하　　② 100 이하
③ 150 이하　　④ 200 이하

실내공기질 유지기준 - 암기법

오염물질 항목 다중 이용시설	이 (CO_2)	포 (HCHO)	일 (CO)
노약자시설	1,000	80	10
일반인시설	1,000	100	10
실내주차장	1,000	100	25
복합용도시설	–	–	–

오염물질 항목 다중 이용시설	미 (PM10)	미 (PM2.5)	총 (부유세균)
노약자시설	75	35	800
일반인시설	100	50	–
실내주차장	200	–	–
복합용도시설	200	–	–

· 노약자시설 : 의료기관, 산후조리원, 노인요양시설, 어린이집, 실내어린이놀이시설
· 일반인시설 : 지하역사, 지하도상가, 철도 역사의 대합실, 여객자동차 터미널의 대합실, 항만시설 중 대합실, 공항시설 중 여객 터미널, 도서관·박물관 및 미술관, 대규모 점포, 장례식장, 영화상영관, 학원, 전시시설, 인터넷컴퓨터게임시설제공업의 영업시설, 목욕장업의 영업시설
· 복합용도시설 : 라실내 체육시설, 실내 공연장, 업무시설, 둘 이상의 용도에 사용되는 건축물

정답 ②

083 대기환경보전법규상 사업자는 자가측정 시 사용한 여과지 및 시료채취기록지는 환경오염공정시험기준에 따라 측정한 날부터 얼마동안 보존(기준)하여야 하는가?

① 2년　　② 1년
③ 6개월　　④ 3개월

제52조(자가측정의 대상 및 방법 등)

자가측정 시 사용한 여과지 및 시료채취기록지의 보존기간은 환경오염공정시험기준에 따라 측정한 날부터 6개월로 한다.

정답 ③

084 환경정책기본법령상 각 항목별 대기환경기준으로 옳지 않은 것은? (단, 기준치는 24시간 평균치이다.)

① 아황산가스(SO_2) : 0.05ppm 이하
② 이산화질소(NO_2) : 0.06ppm 이하
③ 오존(O_3) : 0.06ppm 이하
④ 미세먼지 (PM−10) : $100\mu g/m^3$ 이하

환경정책기본법상 대기 환경기준 <개정 2019. 7. 2.>

측정 시간	SO_2 (ppm)	NO_2 (ppm)	O_3 (ppm)	CO (ppm)
연간	0.02	0.03	–	–
24시간	0.05	0.06	–	–
8시간	–	–	0.06	9
1시간	0.15	0.10	0.10	25

측정 시간	PM_{10} ($\mu g/m^3$)	$PM_{2.5}$ ($\mu g/m^3$)	납(Pb) ($\mu g/m^3$)	벤젠 ($\mu g/m^3$)
연간	50	15	0.5	5
24시간	100	35	–	–
8시간	–	–	–	–
1시간	–	–	–	–

정답 ③

085 실내공기질 관리법규상 "산후조리원"의 현행 실내 공기질 권고기준으로 옳지 않은 것은?

① 라돈(Bq/m³) : 5.0 이하
② 이산화질소(ppm) : 0.05 이하
③ 총휘발성유기화합물(μg/m³) : 400 이하
④ 곰팡이(CFU/m³) : 500 이하

실내공기질 권고기준 - 암기법

오염물질 항목 / 다중 이용시설	곰 (곰팡이) (CFU/m³)	총 (VOC) (μg/m³)	이 (NO₂) (ppm)	라 (Rn) (Bq/m³)
노약자시설	500 이하	400 이하	0.05 이하	
일반인시설	–	500 이하	0.1 이하	148 이하
실내주차장		1,000 이하	0.30 이하	

· 노약자시설 : 의료기관, 노인요양시설, 어린이집, 실내 어린이놀이시설
· 일반인시설 : 지하역사, 지하도상가, 철도역사의 대합실, 여객자동차터미널의 대합실, 항만시설 중 대합실, 공항시설 중 여객터미널, 도서관·박물관 및 미술관, 대규모점포, 장례식장, 영화상영관, 학원, 전시시설, 인터넷컴퓨터게임시설제공업의 영업시설, 목욕장업의 영업시설

정답 ①

086 대기환경보전법령상 대기오염 경보단계의 3가지 유형 중 "경보발령" 시 조치사항으로 가장 거리가 먼 것은?

① 주민의 실외활동 제한요청
② 자동차 사용의 제한
③ 사업장의 연료사용량 감축권고
④ 사업장의 조업시간 단축명령

④ 중대경보 조치사항임

경보단계별 조치사항

1. 주의보 발령 : 주민의 실외활동 및 자동차 사용의 자제 요청 등
2. 경보 발령 : 주민의 실외활동 제한 요청, 자동차 사용의 제한 및 사업장의 연료사용량 감축 권고 등
3. 중대경보 발령 : 주민의 실외활동 금지 요청, 자동차의 통행금지 및 사업장의 조업시간 단축명령 등

정답 ②

087 대기환경보전법령상 초과부과금의 부과대상이 되는 오염물질이 아닌 것은?

① 황산화물   ② 염화수소
③ 황화수소   ④ 페놀

초과부과금 산정기준(제24조제2항 관련)

(금액 : 원)

구분	특정대기유해물질			황화수소
오염물질	염화수소	시안화수소	불소화물	
금액	7,400	7,300	2,300	6,000

오염물질	질소산화물	이황화탄소	암모니아	먼지	황산화물
금액	2,130	1,600	1,400	770	500

정답 ④

088 다음은 대기환경보전법규상 미세먼지 (PM-10)의 "주의보" 발령기준 및 해제기준이다. ( ) 안에 알맞은 것은?

> - 발령기준 : 기상조건 등을 고려하여 해당 지역의 대기자동측정소 PM-10 시간당 평균농도가 (㉠) 지속인 때
> - 해제기준 : 주의보가 발령된 지역의 기상 조건 등을 검토하여 대기자동측정소의 PM-10 시간당 평균농도가 (㉡)인 때

① ㉠ $150\mu g/m^3$ 이상 2시간 이상, ㉡ $100\mu g/m^3$ 미만
② ㉠ $150\mu g/m^3$ 이상 1시간 이상, ㉡ $150\mu g/m^3$ 미만
③ ㉠ $100\mu g/m^3$ 이상 2시간 이상, ㉡ $100\mu g/m^3$ 미만
④ ㉠ $100\mu g/m^3$ 이상 1시간 이상, ㉡ $80\mu g/m^3$ 미만

대기오염경보 단계별 대기오염물질의 농도기준(제14조 관련) ★★★

대상 물질	경보 단계	발령기준 (기상조건 등을 고려하여 해당지역의 대기자동측정소 시간당 평균농도가)
미세먼지 (PM-10)	주의보	$150\mu g/m^3$ 이상 2시간 이상 지속일 때
	경보	$300\mu g/m^3$ 이상 2시간 이상 지속일 때
초미세먼지 (PM-2.5)	주의보	$75\mu g/m^3$ 이상 2시간 이상 지속일 때
	경보	$150\mu g/m^3$ 이상 2시간 이상 지속일 때

대상 물질	해제기준 (발령된 지역의 기상조건 등을 검토하여 대기자동측정소의 시간당 평균농도가)
미세먼지 (PM-10)	$100\mu g/m^3$ 미만일 때 해제
	$150\mu g/m^3$ 미만일 때는 주의보로 전환
초미세먼지 (PM-2.5)	$35\mu g/m^3$ 미만일 때 해제
	$75\mu g/m^3$ 미만일 때는 주의보로 전환

정답 ②

089 다음은 대기환경보전법규상 고체연료 사용시설 설치기준이다. ( ) 안에 가장 적합한 것은?

> 석탄사용시설의 경우 배출시설의 굴뚝높이는 100m 이상으로 하되, 굴뚝상부 안지름, 배출가스 온도 및 속도 등을 고려한 유효굴뚝높이가 ( )인 경우에는 굴뚝높이를 60m 이상 100m 미만으로 할 수 있다.

① 150m 이상
② 220m 이상
③ 350m 이상
④ 440m 이상

> 배출시설의 굴뚝높이는 100m 이상으로 하되, 굴뚝상부 안지름, 배출가스 온도 및 속도 등을 고려한 유효굴뚝높이가 440m 이상인 경우에는 굴뚝높이를 60m 이상 100m 미만으로 할 수 있다.

참고 대기환경보전법 시행규칙 [별표 12]

고체연료 사용시설 설치기준(제56조 관련)

정답 ④

090 대기환경보전법규상 한국환경공단이 환경부장관에게 행하는 위탁업무 보고사항 중 "자동차배출가스 인증생략 현황"의 보고 횟수 기준은?

① 수시
② 연 1회
③ 연 2회
④ 연 4회

대기환경보전법 시행규칙 [별표 38]

위탁업무 보고사항(제136조제2항 관련) ★

업무내용	보고횟수	보고기일
1. 수시검사, 결함확인검사, 부품결함 보고 서류의 접수	수시	위반사항 적발 시
2. 결함확인검사 결과	수시	위반사항 적발 시
3. 자동차배출가스 인증생략 현황	연 2회	매 반기 종료 후 15일 이내
4. 자동차 시험검사 현황	연 1회	다음 해 1월 15일까지

정답 ③

091 대기환경보전법령상 대기오염물질발생량의 합계가 연간 25톤인 사업장은 몇 종 사업장에 해당하는가?

① 2종사업장   ② 3종사업장
③ 4종사업장   ④ 5종사업장

사업장 분류기준(제13조 관련) ★★★

종별	오염물질발생량 구분 (대기오염물질발생량의 연간 합계 기준)
1종사업장	80톤 이상인 사업장
2종사업장	20톤 이상 80톤 미만인 사업장
3종사업장	10톤 이상 20톤 미만인 사업장
4종사업장	2톤 이상 10톤 미만인 사업장
5종사업장	2톤 미만인 사업장

정답 ④

092 대기환경보전법규상 수도권대기환경청장, 국립환경과학원장 또는 한국환경공단이 설치하는 대기오염 측정망에 해당하는 것은?

① 도시지역의 휘발성유기화합물 등의 농도를 측정하기 위한 광화학대기오염물질측정망
② 도시지역의 대기오염물질 농도를 측정하기 위한 도시대기측정망
③ 도로변의 대기오염물질 농도를 측정하기 위한 도로변대기측정망
④ 대기 중의 중금속 농도를 측정하기 위한 대기중금속측정망

· 시도지사(특별시장 · 광역시장 · 특별자치시장 · 도지사 또는 특별자치도지사)가 설치하는 대기오염 측정망의 종류

1. 도시지역의 대기오염물질 농도를 측정하기 위한 도시대기측정망
2. 도로변의 대기오염물질 농도를 측정하기 위한 도로변대기측정망
3. 대기 중의 중금속 농도를 측정하기 위한 대기중금속측정망

· 수도권대기환경청장, 국립환경과학원장 또는 한국환경공단이 설치하는 대기오염 측정망의 종류

1. 대기오염물질의 지역배경농도를 측정하기 위한 교외대기측정망
2. 대기오염물질의 국가배경농도와 장거리이동 현황을 파악하기 위한 국가배경농도측정망
3. 도시지역 또는 산업단지 인근지역의 특정대기유해물질(중금속을 제외한다)의 오염도를 측정하기 위한 유해대기물질측정망
4. 도시지역의 휘발성유기화합물 등의 농도를 측정하기 위한 광화학대기오염물질측정망
5. 산성 대기오염물질의 건성 및 습성 침착량을 측정하기 위한 산성강하물측정망
6. 기후 · 생태계 변화유발물질의 농도를 측정하기 위한 지구대기측정망
7. 장거리이동대기오염물질의 성분을 집중 측정하기 위한 대기오염집중측정망
8. 초미세먼지(PM-2.5)의 성분 및 농도를 측정하기 위한 미세먼지성분측정망

정답 ①

093 대기환경보전법령상 기본부과금 산정기준 중 "수산자원보호구역"의 지역별 부과계수는? (단, 지역구분은 국토의 계획 및 이용에 관한 법률에 의한다.)

① 도시지역의 휘발성유기화합물 등의 농도를 측정하기 위한 광화학대기오염물질측정망
② 도시지역의 대기오염물질 농도를 측정하기 위한 도시대기측정망
③ 도로변의 대기오염물질 농도를 측정하기 위한 도로변대기측정망
④ 대기 중의 중금속 농도를 측정하기 위한 대기중금속측정망

기본부과금의 지역별 부과계수

구분	지역별 부과계수	「국토의 계획 및 이용에 관한 법률」에 따른 지역 구분
I 지역	1.5	주거지역·상업지역, 취락지구, 택지개발지구
II 지역	0.5	공업지역, 개발진흥지구(관광·휴양개발진흥지구는 제외한다), 수산자원보호구역, 국가산업단지·일반산업단지·도시첨단산업단지, 전원개발사업구역 및 예정구역
III 지역	1.0	녹지지역·관리지역·농림지역 및 자연환경보전지역, 관광·휴양개발진흥지구

정답 ①

094 대기환경보전법상 제작차배출허용기준에 맞지 아니하게 자동차를 제작한 자에 대한 벌칙기준은?

① 7년 이하의 징역이나 1억원 이하의 벌금에 처한다.
② 5년 이하의 징역이나 5천만원 이하의 벌금에 처한다.
③ 3년 이하의 징역이나 3천만원 이하의 벌금에 처한다.
④ 1년 이하의 징역이나 1천만원 이하의 벌금에 처한다.

7년 이하의 징역 또는 1억원 이하의 벌금

1. 배출시설의 허가나 변경허가를 받지 아니하거나 거짓으로 허가나 변경허가를 받아 배출시설을 설치 또는 변경하거나 그 배출시설을 이용하여 조업한 자
2. 방지시설을 설치하지 아니하고 배출시설을 설치·운영한 자
3. 배출시설을 가동할 때에 방지시설을 가동하지 아니하거나 오염도를 낮추기 위하여 배출시설에서 나오는 오염물질에 공기를 섞어 배출하는 행위를 한자
4. 배출시설이나 방지시설을 정당한 사유없이 정상적으로 가동하지 아니하여 배출허용기준을 초과한 오염물질을 배출하는 행위를 한 자
5. 배출시설 조업정지명령을 위반하거나 조업시간의 제한이나 조업정지 규정에 의한 조치명령을 이행하지 아니한 자
6. 배출시설의 폐쇄나 조업정지에 관한 명령을 위반한 자
7. 배출시설의 폐쇄명령, 사용중지명령을 이행하지 아니한 자
8. 제작차배출허용기준에 맞지 아니하게 자동차를 제작한 자
9. 자동차제작자가 인증받은 내용과 다르게 배출가스 관련 부분의 설계를 고의로 바꾸거나 조작하는 행위를 하여 자동차를 제작한 자
10. 인증을 받지 아니하고 자동차를 제작한 자
11. 평균배출허용기준을 초과한 자동차제작자에 대한 상황명령을 이행하지 아니하고 자동차를 제작한 자
12. 거짓이나 그 밖의 부정한 방법으로 인증을 받은 경우
13. 배출가스 저감장치의 인증 규정을 위반하여 인증이나 변경인증을 받지 아니하고 배출가스저감장치와 저공해엔진을 제조하거나 공급·판매한 자
14. 환경부령으로 정하는 제조기준에 맞지 아니하게 자동차연료·첨가제 또는 촉매제를 제조한 자
15. 자동차연료 또는 첨가제 또는 촉매제의 검사를 받지 아니한 자

16. 자동차연료 또는 첨가제 또는 촉매제의 검사를 거부·방해 또는 기피한 자

17. 제조기준에 맞지 아니한 것으로 판정된 자동차연료·첨가제 또는 촉매제, 검사를 받지 아니하거나 검사받은 내용과 다르게 제조된 자동차연료·첨가제 또는 촉매제로 자동차연료를 공급하거나 판매한 자(다만, 학교나 연구기관 등 환경부령으로 정하는 자가 시험·연구 목적으로 제조·공급하거나 사용하는 경우에는 그러하지 않음)

18. 제조기준에 적합하지 아니한 것으로 판정된 자동차 연료·첨가제 또는 촉매제의 제조의 중지, 제품의 회수 또는 공급·판매의 중지 명령을 위반한 자

정답 ①

---

095 다음은 대기환경보전법상 기존 휘발성유기화합물 배출시설 규제에 관한 사항이다.
( ) 안에 알맞은 것은?

> 특별대책지역, 대기관리권역 또는 휘발성유기화합물 배출규제 추가지역으로 지정·고시될 당시 그 지역에서 휘발성유기화합물을 배출하는 시설을 운영하고 있는 자는 특별대책지역, 대기관리권역 또는 휘발성유기화합물 배출규제 추가지역으로 지정·고시된 날부터 ( )에 시·도지사 등에게 휘발성유기화합물 배출시설 설치 신고를 하여야 한다.

① 15일 이내
② 1개월 이내
③ 2개월 이내
④ 3개월 이내

대기환경보전법 제45조
(기존 휘발성유기화합물 배출시설에 대한 규제)

특별대책지역, 대기관리권역 또는 휘발성유기화합물 배출규제 추가지역으로 지정·고시될 당시 그 지역에서 휘발성유기화합물을 배출하는 시설을 운영하고 있는 자는 특별대책지역, 대기관리권역 또는 휘발성유기화합물 배출규제 추가지역으로 지정·고시된 날부터 (3개월 이내)에 시·도지사 등에게 휘발성유기화합물 배출시설 설치 신고를 하여야 한다.

정답 ④

---

096 악취방지법상 악취검사를 위한 관계 공무원의 출입·채취 및 검사를 거부 또는 방해하거나 기피한 자에 대한 벌칙기준은?

① 100만원 이하의 벌금
② 200만원 이하의 벌금
③ 300만원 이하의 벌금
④ 1000만원 이상의 벌금

정답 ③

---

097 실내공기질 관리법규상 신축 공동주택의 오염물질 항목별 실내공기질 권고기준으로 옳지 않은 것은?

① 폼알데하이드 : $300\mu g/m^3$ 이하
② 에틸벤젠 : $360\mu g/m^3$ 이하
③ 자일렌 : $700\mu g/m^3$ 이하
④ 벤젠 : $30\mu g/m^3$ 이하

신축 공동주택의 실내공기질 권고기준(제7조의2 관련)
<개정 2018. 10. 18.>

물질	실내공기질 권고 기준
벤젠	$3\mu g/m^3$ 이하
폼알데하이드	$210\mu g/m^3$ 이하
스티렌	$300\mu g/m^3$ 이하
에틸벤젠	$360\mu g/m^3$ 이하
자일렌	$700\mu g/m^3$ 이하
톨루엔	$1,000\mu g/m^3$ 이하
라돈	$148Bq/m^3$ 이하

정답 ①

098 다음은 대기환경보전법규상 비산먼지 발생을 억제하기 위한 시설의 설치 및 필요한 조치에 관한 엄격한 기준이다. ( ) 안에 알맞은 것은?

> 배출공정 중 "싣기와 내리기 공정"은 싣거나 내리는 장소 주위에 고정식 또는 이동식 물뿌림시설(물뿌림 반경 (㉠) 이상, 수압 (㉡) 이상)을 설치하여야 한다.

① ㉠ 3m, ㉡ $2kg/cm^2$
② ㉠ 3m, ㉡ $3kg/cm^2$
③ ㉠ 5m, ㉡ $2kg/cm^2$
④ ㉠ 7m, ㉡ $5kg/cm^2$

배출공정 중 "싣기와 내리기 공정"은 싣거나 내리는 장소 주위에 고정식 또는 이동식 물뿌림시설(물뿌림 반경 7m 이상, 수압 $5kg/cm^2$ 이상)을 설치하여야 한다.

참고 비산먼지의 발생을 억제하기 위한 시설의 설치 및 필요한 조치에 관한 엄격한 기준

정답 ④

099 대기환경보전법령상 인증을 생략할 수 있는 자동차에 해당하지 않는 것은?

① 훈련용 자동차로서 문화체육관광부장관의 확인을 받은 자동차
② 주한 외국군인의 가족이 사용하기 위하여 반입하는 자동차
③ 자동차제작자 및 자동차 관련 연구기관 등이 자동차의 개발 또는 전시 등 주행 외의 목적으로 사용하기 위하여 수입하는 자동차
④ 항공기 지상 조업용 자동차

③ 인증을 면제할 수 있는 자동차에 해당한다.

정답 ③

100 다음은 대기환경보전법령상 시·도지사가 배출시설의 설치를 제한할 수 있는 경우이다. ( ) 안에 알맞은 것은?

> 배출시설 설치지점으로부터 반경 1킬로미터 안의 상주인구가 (㉠) 이상인 지역으로서 특정대기유해물질 중 한 가지 종류의 물질을 연간 (㉡) 이상 배출하거나 두 가지 이상의 물질을 연간 (㉢) 이상 배출하는 시설을 설치하는 경우는 시·도지사가 배출시설의 설치를 제한할 수 있다.

① ㉠ 2만명, ㉡ 10톤, ㉢ 25톤
② ㉠ 2만명, ㉡ 5톤, ㉢ 15톤
③ ㉠ 1만명, ㉡ 10톤, ㉢ 25톤
④ ㉠ 1만명, ㉡ 5톤, ㉢ 15톤

제12조(배출시설 설치의 제한)

배출시설 설치 지점으로부터 반경 1킬로미터 안의 상주 인구가 2만명 이상인 지역으로서 특정대기유해물질 중 한 가지 종류의 물질을 연간 10톤 이상 배출하거나 두 가지 이상의 물질을 연간 25톤 이상 배출하는 시설을 설치하는 경우는 시·도지사가 배출시설의 설치를 제한할 수 있다.

정답 ①

02

2020년 제3회 대기환경기사

1과목 대기오염 개론

001 다음 대기오염물질과 관련되는 주요 배출업종을 연결한 것으로 가장 적합한 것은?

① 벤젠 - 도장공업
② 염소 – 주유소
③ 시안화수소 – 유리공업
④ 이황화탄소 – 구리정련

② 염소(Cl_2) : 소다공업, 화학공업, 농약제조, 의약품
③ 시안화수소(HCN) : 화학공업, 가스공업, 제철공업, 청산제조업, 용광로, 코크스로
④ 이황화탄소(CS_2) : 비스코스 섬유공업, 이황화탄소 제조공장 등

정답 ①

002 대기오염이 식물에 미치는 영향에 관한 설명으로 가장 거리가 먼 것은?

① SO_2는 회백색 반점을 생성하며, 피해부분은 엽육세포이다.
② PAN은 유리화, 은백색 광택을 나타내며, 주로 해면연조직에 피해를 준다.
③ NO_2는 불규칙 흰색 또는 갈색으로 변화되며, 피해부분은 엽육세포이다.
④ HF는 SO_2와 같이 잎 안쪽부분에 반점을 나타내기 시작하며, 늙은 잎에 특히 민감하고, 밤이 낮보다 피해가 크다.

④ HF는 주로 잎의 끝이나 가장자리의 발육부진이 두드러지고, 어린 잎에 특히 민감하고, 낮이 밤보다 피해가 크다.

정답 ④

003 A굴뚝으로부터 배출되는 SO_2가 풍하측 5,000m 지점에서 지표 최고 농도를 나타냈을 때, 유효 굴뚝 높이(m)는? (단, Sutton의 확산식을 사용하고, 수직확산계수는 0.07, 대기안정도 지수(n)는 0.25이다.)

① 약 120   ② 약 140
③ 약 160   ④ 약 180

최대착지거리 공식

$$X_{max} = \left(\frac{H_e}{\sigma_z} \right)^{\frac{2}{2-n}}$$

$$5,000 = \left(\frac{H_e}{0.07} \right)^{\frac{2}{2-0.25}}$$

$$\therefore H_e = 120.69m$$

정답 ①

004 44m 높이의 연돌에서 배출되는 가스의 평균온도가 250℃이고, 대기의 온도가 25℃일 때, 이 굴뚝의 통풍력(mmH$_2$O)은? (단, 표준상태의 가스와 공기의 밀도는 1.3kg/Sm^{3}이고 굴뚝 안에서의 마찰손실은 무시한다.)

① 약 12.4   ② 약 15.8
③ 약 22.5   ④ 약 30.7

$$Z = 355H \left(\frac{1}{273+t_a} - \frac{1}{273+t_g} \right)$$
$$= 355 \times 44 \left(\frac{1}{273+25} - \frac{1}{273+250} \right) = 22.549mmH_2O$$

정답 ③

005 다음 중 지구온난화 지수가 가장 큰 것은?

① CH_4 ② SF_6
③ N_2O ④ HFCs

온난화 지수(GWP)

SF_6 > PFC > HFC > N_2O > CH_4 > CO_2

정답 ②

006 시정장애에 관한 설명 중 옳지 않은 것은?

① 시정장애 직접 원인은 부유분진 중 극미세먼지 때문이다.
② 시정장애 물질들은 주민의 호흡기계 건강에 영향을 미친다.
③ 빛이 대기를 통과할 때 시정장애 물질들은 빛을 산란 또는 흡수한다.
④ 2차 오염물질들이 서로 반응, 응축, 응집하여 생성된 물질들이 직접적인 원인이다.

④ 1차 오염물질들이 서로 반응, 응축, 응집하여 생성된 물질은 2차 오염물질이다.
시정장애현상의 직접적인 원인은 주로 미세먼지 때문이다.

정답 ④

007 대기가 가시광선을 통과시키고 적외선을 흡수하여 열을 밖으로 나가지 못하게 함으로써 보온작용을 하는 것을 무엇이라 하는가?

① 온실효과 ② 복사균형
③ 단파복사 ④ 대기의 창

온실효과에 관한 설명이다.

정답 ①

008 상온에서 녹황색이고 강한 자극성 냄새를 내는 기체로서 공기보다 무겁고 표백작용이 강한 오염물질은?

① 염소 ② 아황산가스
③ 이산화질소 ④ 폼알데하이드

염소에 관한 설명이다.

정답 ①

009 다음 ( ) 안에 가장 적합한 물질은?

방향족 탄화수소 중 ( )은 대표적인 발암물질이며, 환경 호르몬으로 알려져 있고, 연소과정에서 생성된다. 숯불에 구운 쇠고기 등 가열로 검게 탄 식품, 담배연기, 자동차 배기가스, 석탄 타르 등에 포함되어 있다.

① 벤조피렌 ② 나프탈렌
③ 안트라센 ④ 톨루엔

① 숯불에 구운 쇠고기 등 가열로 검게 탄 식품, 담배 연기, 자동차 배기가스, 석탄 타르 등에 포함되어 있는 대표적인 발암물질은 벤조피렌이다.

정답 ①

010 빛의 소멸계수(σ_{ext})가 0.45km^{-1}인 대기에서, 시정거리의 한계를 빛의 강도가 초기 강도의 95%가 감소했을 때의 거리라고 정의할 경우 이때 시정거리 한계(km)는? (단, 광도는 Lambert-Beer 법칙을 따르며, 자연대수로 적용한다.)

① 약 0.1   ② 약 6.7
③ 약 8.7   ④ 약 12.4

Lambert-Beer 법칙에 의한 가시거리 계산

입사광(I_0)이 100%일 때 95% 감소했으므로 투사광(I_t)은 5%이다.

$$\frac{I_t}{I_0} = e^{-\sigma X}$$

$$\frac{5}{100} = e^{-(0.45km^{-1} \times X)}$$

∴ 시정거리(X) = 6.66km

정답 ②

011 Fick의 확산방정식을 실제 대기에 적용시키기 위한 추가적 가정에 대한 내용과 가장 거리가 먼 것은?

① 오염물질은 플룸(plum)내에서 소멸된다.
② 바람에 의한 오염물의 주 이동방향은 x축이다.
③ 풍향, 풍속, 온도, 시간에 따른 농도변화가 없는 정상상태 분포를 가정한다.
④ 풍속은 x, y, z 좌표시스템 내의 어느 점에서든 일정하다.

① 농도변화 없는 정상상태 분포(dC/dt=0)이므로 플룸 내에서 소멸되지 않는다.

정답 ①

012 석면이 가지고 있는 일반적인 특성과 거리가 먼 것은?

① 절연성
② 내화성 및 단열성
③ 흡습성 및 저인장성
④ 화학적 불활성

③ 석면은 흡습성은 없다.

정답 ③

013 산성비에 관한 설명 중 옳은 것은?

① 산성비 생성의 주요 원인물질은 다이옥신, 중금속 등이다.
② 일반적으로 산성비에 대한 내성은 침엽수가 활엽수보다 강하다.
③ 산성비란 정상적인 빗물의 pH 7보다 낮게 되는 경우를 말한다.
④ 산성비로 인해 호수나 강이 산성화되면 물고기 먹이가 되는 플랑크톤의 생장을 촉진한다.

① 산성비 생성의 주요 원인물질은 SO_x, NO_x 등이다.
③ 산성비란 정상적인 빗물의 pH 5.6보다 낮게 되는 경우를 말한다.
④ 산성비로 인해 호수나 강이 산성화되면 물고기 먹이가 되는 플랑크톤의 생장을 방해한다.

정답 ②

014 다음 (   ) 안에 들어갈 용어로 옳은 것은?

> 지구의 평균 지상기온은 지구가 태양으로부터 받고 있는 태양에너지와 지구가 (㉠) 형태로 우주로 방출하고 있는 에너지의 균형으로부터 결정된다. 이 균형은 대기 중의 (㉡), 수증기 등, (㉠)을(를) 흡수하는 기체가 큰 역할을 하고 있다.

① ㉠ 자외선, ㉡ CO
② ㉠ 적외선, ㉡ CO
③ ㉠ 자외선, ㉡ CO_2
④ ㉠ 적외선, ㉡ CO_2

온실가스(CO_2, H_2O 등)는 적외선을 흡수한다.

정답 ④

015 로스앤젤레스 스모그 사건에 대한 설명 중 옳지 않은 것은?

① 대기는 침강성 역전 상태였다.
② 주 오염성분은 NO_x, O_3, PAN, 탄화수소이다.
③ 광화학적 및 열적 산화반응을 통해서 스모그가 형성되었다.
④ 주 오염 발생원은 가정 난방용 석탄과 화력발전소의 매연이다.

④ 런던형 스모그 설명이다.

정답 ④

016 다음 황화합물에 관한 설명 중 (   ) 안에 가장 알맞은 것은?

> 전지구적으로 해양을 통해 자연적 발생원 중 가장 많은 양의 황화합물이 (   ) 형태로 배출되고 있다.

① H_2S ② CS_2
③ OCS   ④ $(CH_3)_2S$

황화합물 중 자연적 발생원으로 가장 많이 배출되는 것은 황화메틸(DMS, CH_3SCH_3)이다.

정답 ④

017 다음 [보기]가 설명하는 주위 대기조건에 따른 연기의 배출형태를 옳게 나열한 것은?

> [보기]
> ㉠ 지표면 부근에 대류가 활발하여 불안정하지만, 그 상층은 매우 안정하여 오염물의 확산이 억제되는 대기조건에서 발생한다. 발생시간동안 상대적으로 지표면의 오염물 질농도가 일시적으로 높아질 수 있는 형태
> ㉡ 대기상태가 중립인 경우에 나타나며, 바람이 다소 강하거나 구름이 많이 낀 날 자주 볼 수 있는 형태

① ㉠ 지붕형, ㉡ 원추형
② ㉠ 훈증형, ㉡ 원추형
③ ㉠ 구속형, ㉡ 훈증형
④ ㉠ 부채형, ㉡ 훈증형

㉠ 상층 – 안정, 하층 – 불안정일 때 : 훈증형
㉡ 대기상태가 중립일 때 : 원추형

정답 ②

018 안료, 색소, 의약품 제조공업에 이용되며 색소 침착, 손·발바닥의 각화, 피부암 등을 일으키는 물질로 옳은 것은?

① 납   ② 크롬
③ 비소   ④ 니켈

비소(As)
· 배출원 : 안료, 의약품, 화학, 농약
· 증상 : 손·발바닥에 나타나는 각화증, 각막궤양, 비중격 천공, 탈모, 흑피증 등

정답 ③

019 햇빛이 지표면에 도달하기 전에 자외선의 대부분을 흡수함으로써 지표생물권을 보호하는 대기권의 명칭은?

① 대류권　　　　　② 성층권
③ 중간권　　　　　④ 열권

자외선을 흡수하는 오존층은 성층권에 있다.

정답 ②

020 오존에 관한 설명으로 옳지 않은 것은?

① 대기 중 오존은 온실가스로 작용한다.
② 대기 중에서 오존의 배경농도는 0.1~0.2ppm 범위이다.
③ 단위체적당 대기 중에 포함된 오존의 분자수 (mol/cm^3)로 나타낼 경우 약 지상 25km 고도에서 가장 높은 농도를 나타낸다.
④ 오존전량(total overhead amount)은 일반적으로 적도지역에서 낮고, 극지의 인근 지점에서는 높은 경향을 보인다.

② 대기 중에서 오존의 배경농도는 0.01~0.04ppm이다.

정답 ②

021 다음 설명에 해당하는 기체연료는?

> – 고온으로 가열된 무연탄이나 코크스 등에 수증기를 반응시켜 얻은 기체연료이다.
> – 반응식
> $C + H_2O \rightarrow CO + H_2 + Q$
> $C + 2H_2O \rightarrow CO_2 + 2H_2 + Q$

① 수성 가스　　　② 오일 가스
③ 고로 가스　　　④ 발생로 가스

고온으로 가열된 무연탄이나 코크스 등에 수증기를 반응시켜 얻은 기체연료는 수성가스이다.

정답 ①

022 액화천연가스의 대부분을 차지하는 구성성분은?

① CH_4　　　　　② C_2H_6
③ C_3H_8　　　　④ C_4H_{10}

· LPG의 주성분 : 프로판, 부탄(C_3H_8, C_4H_{10})

· LNG의 주성분 : 메탄(CH_4)

정답 ①

023 다음 연료 중 착화온도(℃)의 대략적인 범위가 옳지 않은 것은?

① 목탄 : 320 ~ 370℃
② 중유 : 430 ~ 480℃
③ 수소 : 580 ~ 600℃
④ 메탄 : 650 ~ 750℃

② 중유 : 530~580℃

정답 ②

024 H_2 40%, CH_4 20%, C_3H_8 20%, CO 20%의 부피조성을 가진 기체연료 $1Sm^3$을 공기비 1.1로 연소시킬 때 필요한 실제공기량(Sm^3)은?

① 약 8.1   ② 약 8.9
③ 약 10.1   ④ 약 10.9

| 필요(실제)공기량(Sm^3/Sm^3) – 혼합가스 |

40% $H_2 + \frac{1}{2}O_2 \rightarrow H_2O$

20% $CH_4 + 2O_2 \rightarrow CO_2 + 2H_2O$

20% $C_3H_8 + 5O_2 \rightarrow 3CO_2 + 4H_2O$

20% $CO + \frac{1}{2}O_2 \rightarrow CO_2$

$A_o(Sm^3/Sm^3)$
$= \dfrac{O_o}{0.21}$
$= \dfrac{0.5 \times 0.40 + 2 \times 0.20 + 5 \times 0.20 + 0.5 \times 0.40}{0.21}$
$= 8.095$
$\therefore A = mA_o = 1.1 \times 8.095 = 8.904(Sm^3/Sm^3)$

정답 ②

025 1.5%(무게기준) 황분을 함유한 석탄 1,143kg을 이론적으로 완전연소시킬 때 SO_2 발생량(Sm^3)은? (단, 표준상태 기준이며, 황분은 전량 SO_2로 전환된다.)

① 12   ② 18
③ 21   ④ 24

$$S + O_2 \rightarrow SO_2$$
$$32kg \quad : \quad 22.4Sm^3$$
$$1,143kg \times \frac{1.5}{100} \quad : \quad X\,Sm^3$$
$$\therefore X = 1,143kg \times \frac{1.5}{100} \times \frac{22.4Sm^3}{32kg\,S} = 12Sm^3$$

정답 ①

026 [보기]에서 설명하는 내용으로 가장 적합한 유류연소버너는?

[보기]
– 화염의 형식 : 가장 좁은 각도의 긴 화염이다.
– 유량조절범위 : 약 1:10 정도이며, 대단히 넓다.
– 용도 : 제강용평로, 연속가열로, 유리용해로 등의 대형가열로 등에 많이 사용된다.

① 유압식   ② 회전식
③ 고압기류식   ④ 저압기류식

유량조절비가 1 : 10인 것은 고압 공기식(기류식) 버너이다.

	분무압 (kg/cm^2)	유량조절비	연료사용량 (L/h)	분무각도 (°)
고압 공기식 버너	2~10	1:10	3~500L/hr (외부) 10~1,200L/hr (내부)	20~30
저압 공기식 버너	0.05~0.2	1:5	2~200	30~60
회전식 버너 (로터리)	0.3~0.5	1:5	1,000L/hr (직결식) 2,700L/hr (벨트식)	40~80
유압 분무식 버너	5~30	환류식 1:3 비환류식 1:2	15~2,000	40~90

정답 ③

027 다음 중 기체연료의 확산 연소에 사용되는 버너 형태로 가장 적합한 것은?

① 심지식 버너   ② 회전식 버너
③ 포트형 버너   ④ 증기분무식 버너

기체연료 연소장치

연소장치	종류
확산 연소	포트형, 버너형, 선회식, 방사식
예혼합 연소	고압버너, 저압버너, 송풍버너

정답 ③

028 다음 가스 중 $1Sm^3$를 완전연소할 때 가장 많은 이론공기량(Sm^3)이 요구되는 것은? (단, 가스는 순수가스임)

① 에탄   ② 프로판
③ 에틸렌   ④ 아세틸렌

보통 탄소수, 수소수가 많을수록 이론공기량이 커진다.
① 에탄(C_2H_6)
② 프로판(C_3H_8)
③ 에틸렌(C_2H_4)
④ 아세틸렌(C_2H_2)

정답 ②

029 배기장치의 송풍기에서 $1,000Sm^3/min$의 배기가스를 배출하고 있다. 이 장치의 압력손실은 $250mmH_2O$이고, 송풍기의 효율이 65%라면 이 장치를 움직이는데 소요되는 동력(kW)은?

① 43.61   ② 55.36
③ 62.84   ④ 78.57

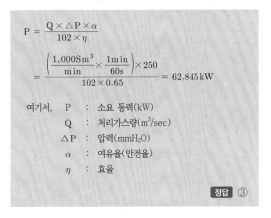

$$P = \frac{Q \times \triangle P \times \alpha}{102 \times \eta}$$

$$= \frac{\left(\frac{1,000Sm^3}{min} \times \frac{1min}{60s}\right) \times 250}{102 \times 0.65} = 62.845\,kW$$

여기서, P : 소요 동력(kW)
         Q : 처리가스량(m^3/sec)
         $\triangle P$: 압력(mmH_2O)
         α : 여유율(안전율)
         η : 효율

정답 ③

030 메탄의 고위발열량이 $9,900kcal/Sm^3$이라면 저위발열량($kcal/Sm^3$)은?

① 8,540   ② 8,620
③ 8,790   ④ 8,940

저위발열량($kcal/Sm^3$) 계산

$CH_4 + 2O_2 \rightarrow CO_2 + 2H_2O$

$H_1 = H_h - 480 \sum H_2O$

$= 9,900 - 480 \times 2 = 8,940(kcal/Sm^3)$

정답 ④

031 기체연료 연소방식 중 예혼합연소에 관한 설명으로 옳지 않은 것은?

① 연소조절이 쉽고 화염길이가 짧다.
② 역화의 위험이 없으며 공기를 예열할 수 있다.
③ 화염온도가 높아 연소부하가 큰 경우에 사용이 가능하다.
④ 연소기 내부에서 연료와 공기의 혼합비가 변하지 않고 균일하게 연소된다.

② 예혼합연소는 역화의 위험이 크다.

정답 ②

032 쓰레기 이송방식에 따라 가동화격자(moving stoker)를 분류할 때 다음 [보기]가 설명하는 화격자 방식은?

[보기]
– 고정화격자와 가동화격자를 횡방향으로 나란히 배치하고, 가동화격자를 전후로 왕복운동 시킨다.
– 비교적 강한 교반력과 이송력을 갖고 있으며, 화격자의 눈이 메워짐이 별로 없다는 이점이 있으나, 낙진량이 많고, 냉각작용이 부족하다.

① 직렬식　　　　② 병렬요동식
③ 부채 반전식　　④ 회전 롤러식

② 병렬요동식 : 고정·가동화격자를 횡방향으로 나란히 배치
③ 부채 반전식 : 부채형의 가동화격자를 90°로 반전시키며 이송
④ 회전 롤러식 : 드럼형 가동화격자의 회전에 의해 이송

정답 ②

033 유동층연소에서 부하변동에 대한 적응성이 좋지 않은 단점을 보완하기 위한 방법으로 가장 거리가 먼 것은?

① 층의 높이를 변화시킨다.
② 층 내의 연료비율을 고정시킨다.
③ 공기분산판을 분할하여 층을 부분적으로 유동시킨다.
④ 유동층을 몇 개의 셀로 분할하여 부하에 따라 작동시키는 수를 변화시킨다.

유동층연소에서 부하변동에 대한 적응성이 좋지 않은 단점을 보완하기 위한 방법
❶ 공기분산판을 분할하여 층을 부분적으로 유동시킴
❷ 유동층을 몇 개의 셀로 분할하여 부하에 따라 작동시키는 수를 변화시킴
❸ 층의 높이를 변화시킴

정답 ②

034 메탄 1mol이 공기비 1.2로 연소할 때의 등가비는?

① 0.63　　　　② 0.83
③ 1.26　　　　④ 1.62

등가비 : 공기비의 역수

$\phi = \dfrac{1}{m} = \dfrac{1}{1.2} = 0.833$

정답 ②

035 벙커 C유에 2.5%의 S성분이 함유되어 있을 때 건조 연소가스량 중의 SO_2양(%)은? (단, 공기비 1.3, 이론 공기량 $12Sm^3/kg-oil$, 이론 건조 연소 가스량 $12.5Sm^3/kg-oil$이고, 연료 중의 황성분은 95%가 연소되어 SO_2로 된다.)

① 약 0.1 　　② 약 0.2
③ 약 0.3 　　④ 약 0.4

1) SO_2

$$S + O_2 \rightarrow SO_2$$

$$32kg \quad : \quad 22.4Sm^3$$

$$\frac{2.5\,kg\,S}{100\,kg\,연료} \times \frac{95}{100} \quad : \quad X$$

$$\therefore X = \frac{2.5}{100} \times \frac{95}{100} \times \frac{22.4Sm^3}{32kg} = 0.016625\,Sm^3/kg$$

2) $G_d = G_{od} + (m-1)A_O$

$$= 12.5 + (1.3 - 1) \times 12$$

$$= 16.1\,Sm^3/kg$$

3) $X_{SO_2} = \dfrac{SO_2}{G_d} \times 100(\%) = \dfrac{0.016625}{16.1} \times 100(\%)$

$$= 0.103\%$$

정답 ①

036 연소실 열발생률에 대한 설명으로 옳은 것은?

① 연소실의 단위면적, 단위시간당 발생되는 열량이다.
② 연소실의 단위용적, 단위시간당 발생되는 열량이다.
③ 단위시간에 공급된 연료의 중량을 연소실 용적으로 나눈 값이다.
④ 연소실에 공급된 연료의 발열량을 연소실 면적으로 나눈 값이다.

연소실 열발생률(연소실 열부하, $kcal/m^3 \cdot hr$) : 연소실 단위용적, 단위시간당 발생되는 열량

정답 ②

037 연료의 연소 시 과잉공기의 비율을 높여 생기는 현상으로 옳지 않은 것은?

① 에너지손실이 커진다.
② 연소가스의 희석효과가 높아진다.
③ 공연비가 커지고 연소온도가 낮아진다.
④ 화염의 크기가 커지고 연소가스 중 불완전 연소물질의 농도가 증가한다.

④ 불완전 연소(공기가 부족할 때)의 설명임

정답 ④

038 코크스나 목탄 등이 고온으로 될 때 빨간 짧은 불꽃을 내면서 연소하는 것으로, 휘발성분이 없는 고체연료의 연소형태는?

① 자기연소 　　② 분해연소
③ 표면연소 　　④ 내부연소

③ 표면연소 : 고체연료 표면에 고온을 유지시켜 표면에서 반응을 일으켜 내부로 연소가 진행되는 형태
예 흑연, 코크스, 목탄 등

①, ④ 자기연소(내부연소) : 연료 내부의 산소를 이용해 연소
예 니트로글리세린, 폭탄, 다이너마이트

② 분해연소 : 열분해에 의해 발생된 가스와 공기가 혼합하여 연소
예 목재, 석탄, 타르 등

정답 ③

039 가스의 조성이 CH_4 70%, C_2H_6 20%, C_3H_8 10%인 혼합가스의 폭발범위로 가장 적합한 것은? (단, CH_4 폭발범위 : 5~15%, C_2H_6 폭발범위 : 3~12.5%, C_3H_8 폭발범위 : 2.1~9.5%이며, 르샤틀리에의 식을 적용한다.)

① 약 2.9~12%
② 약 3.1~13%
③ 약 3.9~13.7%
④ 약 4.7~7.8%

르샤틀리에의 폭발범위 계산

$$L = \frac{100}{\dfrac{V_1}{L_1} + \dfrac{V_2}{L_2} + \cdots \dfrac{V_n}{L_n}}$$

$$L_{하한} = \frac{100}{\dfrac{70}{5} + \dfrac{20}{3} + \dfrac{10}{2.1}} = 3.93\,\%$$

$$L_{상한} = \frac{100}{\dfrac{70}{15} + \dfrac{20}{12.5} + \dfrac{10}{9.5}} = 13.67\,\%$$

$\therefore$ 3.93% ~ 13.67%

정답 ③

040 탄소 80%, 수소 15%, 산소 5% 조성을 갖는 액체연료의 $(CO_2)_{max}$(%)는? (단, 표준상태 기준)

① 12.7
② 13.7
③ 14.7
④ 15.7

1) $A_o = \dfrac{O_o}{0.21}$

$\quad = \dfrac{(1.867 \times 0.80 + 5.6 \times 0.15 - 0.7 \times 0.05)}{0.21}$

$\quad = 10.9457\,Sm^3/kg$

2) $G_{od} = (1-0.21)A_o + CO_2$

$\quad = (1-0.21) \times 10.9457 + \dfrac{22.4}{12} \times 0.80$

$\quad = 10.1404\,Sm^3/kg$

3) $CO_{2MAX} = \dfrac{CO_2}{G_{od}} \times 100\%$

$\quad = \dfrac{\dfrac{22.4}{12} \times 0.80}{10.1404} \times 100\% = 14.7\%$

정답 ③

3과목   대기오염 방지기술

041 다음 [보기]가 설명하는 흡착장치로 옳은 것은?

> [보기]
> 가스의 유속을 크게 할 수 있고, 고체와 기체의 접촉을 크게 할 수 있으며, 가스와 흡착제를 향류로 접촉할 수 있는 장점은 있으나, 주어진 조업조건에 따른 조건 변동이 어렵다.

① 유동층 흡착장치
② 이동층 흡착장치
③ 고정층 흡착장치
④ 원통형 흡착장치

흡착장치의 종류

흡착장치 종류	특징
고정층 방식	· 입상활성탄의 흡착층에 가스 통과 · 흡·탈착 동시 진행을 위해 2대 이상이 필요
이동층 흡착장치	· 흡착제는 상부에서 하부로 · 가스는 하부에서 상부로
유동층 흡착장치	· 가스 유속 크게 유지 가능 · 접촉 양호, 가스-흡착제 향류접촉 · 흡착제 마모 큼 · 조업 중 조건 변동 곤란

정답 ①

042 공기의 유속과 점도가 각각 1.5m/s, 0.0187cP일 때, 레이놀즈수를 계산한 결과 1,950이었다. 이때 덕트 내를 이동하는 공기의 밀도(kg/m^3)는 약 얼마인가? (단, 덕트의 직경은 75mm이다.)

① 0.23
② 0.29
③ 0.32
④ 0.40

$$\mu = 0.0187 \times 0.01 g/cm \cdot sec = 1.87 \times 10^{-5} g/cm \cdot sec$$

$$R_e = \frac{D\nu\rho}{\mu}$$

$$\therefore \rho = \frac{R_e \times \mu}{D\nu}$$

$$= \frac{1,950 \times (0.0187 \times 10^{-2} g/cm \cdot s)}{0.075m \times 1.5m/s} \times \frac{100cm}{1m} \times \frac{1kg}{10^3 g}$$

$$= 0.32 kg/m^3$$

정답 ③

043 45° 곡관의 반경비가 2.0일 때, 압력손실계수는 0.27이다. 속도압이 26mmH₂O일 때, 곡관의 압력손실(mmH₂O)은?

① 1.5
② 2.0
③ 3.5
④ 4.0

곡관의 압력손실

$$\Delta P = f\frac{R}{D} \times \frac{\gamma v^2}{2g} = 0.27 \times \frac{1}{2.0} \times 26 = 3.51$$

반경비 = D/R

F :   상수
Pv :   속도압(mmH₂O)
f :   마찰손실계수
R :   곡률반경
D :   관의 직경(m)
γ :   유체비중(kg_f/m^3)
v :   유속(m/s)

정답 ③

044 가스 중 불화수소를 수산화나트륨 용액과 향류로 접촉시켜 87% 흡수시키는 충전탑의 흡수율을 99.5%로 향상시키기 위한 충전탑의 높이는? (단, 흡수액상의 불화수소의 평형분압은 0이다.)

① 2.6배 높아져야 함
② 5.2배 높아져야 함
③ 9배 높아져야 함
④ 18배 높아져야 함

$h = NOG \times HOG$이므로 $h \propto NOG$임

$$\therefore \frac{h_{99.5}}{h_{87}} = \frac{NOG_{99.5}}{NOG_{87}} = \frac{\ln\left(\dfrac{1}{1 - \dfrac{99.5}{100}}\right)}{\ln\left(\dfrac{1}{1 - \dfrac{87}{100}}\right)} = 2.59$$

단, $NOG = \ln\left(\dfrac{1}{1 - \eta}\right)$

정답 ①

045 다음 중 활성탄으로 흡착 시 효과가 가장 적은 것은?

① 알코올류   ② 아세트산
③ 담배연기   ④ 일산화질소

④ 일산화질소는 극성 물질이므로 활성탄으로 잘 흡착되지 않는다.

정답 ④

046 전기집진장치의 각종 장해현상에 따른 대책으로 가장 거리가 먼 것은?

① 먼지의 비저항이 낮아 재비산 현상이 발생할 경우 baffle을 설치한다.
② 배출가스의 점성이 커서 역전리 현상이 발생할 경우 집진극의 타격을 강하게 하거나 빈도수를 늘린다.
③ 먼지의 비저항이 비정상적으로 높아 2차 전류가 현저하게 떨어질 경우 스파크 횟수를 줄인다.
④ 먼지의 비저항이 비정상적으로 높아 2차 전류가 현저하게 떨어질 경우 조습용 스프레이의 수량을 늘린다.

③ 먼지의 비저항이 비정상적으로 높아 2차 전류가 현저하게 떨어질 경우 스파크 횟수를 증가시킨다.

정답 ③

047 배출가스 중의 NO_x 제거법에 관한 설명으로 옳지 않은 것은?

① 비선택적인 촉매환원에서는 NO_x뿐만 아니라 O_2까지 소비된다.
② 선택적 촉매환원법의 최적온도 범위는 700~850℃ 정도이며, 보통 50% 정도의 NO_x를 저감시킬 수 있다.
③ 선택적 촉매환원법은 T_iO_2와 V_2O_5를 혼합하여 제조한 촉매에 NH_3, H_2, CO, H_2S 등의 환원가스를 작용시켜 NO_x를 N_2로 환원시키는 방법이다.
④ 배출가스 중의 NO_x 제거는 연소조절에 의한 제어법보다 더 높은 NO_x 제거효율이 요구되는 경우나 연소방식을 적용할 수 없는 경우에 사용된다.

② 선택적 촉매환원법의 최적온도 범위는 275~450℃ 정도이며, 보통 90% 정도의 NO_x를 저감시킬 수 있다.

정답 ②

048 다음 [보기]가 설명하는 원심력 송풍기는?

> [보기]
> – 구조가 간단하여 설치장소의 제약이 적고, 고온, 고압 대용량에 적합하며, 압입통풍기로 주로 사용된다.
> – 효율이 좋고 적은 동력으로 운전이 가능하다.

① 터보형   ② 평판형
③ 다익형   ④ 프로펠러형

송풍기의 종류

대분류	소분류	특징
원심형 송풍기	전향날개형 (다익형)	· 효율 낮음 · 제한된 곳이나 저압에서 대풍량 요하는 곳이 필요한 곳에 설치
	후향날개형 (터보형)	· 구조 간단, 소음 큼 · 설치장소 제약 적음 · 고온·고압의 대용량에 적합함 · 압입통풍기로 주로 사용
	비행기 날개형 (익형)	· 터보형을 변형한 것 · 고속 가동되며 소음 적음 · 원심력 송풍기 중 가장 효율 높음
축류식 송풍기	프로펠러형	· 축차에 두 개 이상의 두꺼운 날개가 있는 형태 · 저압·대용량에 적합 · 저효율
	고정날개 축류형 (베인형)	· 적은 공간 소요 · 축류형 중 가장 효율 높음 · 공기분포 양호
	튜브형	· 덕트 도중에 설치하여 송풍압력을 높임 · 국소 통기 또는 대형 냉각탑에 사용

정답 ①

049 다음 각 집진장치의 유속과 집진특성에 대한 설명 중 옳지 않은 것은?

① 건식 전기집진장치는 재비산 한계내에서 기본 유속을 정한다.
② 벤투리스크러버와 제트스크러버는 기본유속이 작을수록 집진율이 높다.
③ 중력집진장치와 여과집진장치는 기본유속이 작을수록 미세한 입자를 포집한다.
④ 원심력집진장치는 적정 한계내에서는 입구유속이 빠를수록 효율은 높은 반면 압력손실은 높다.

② 벤투리스크러버와 제트스크러버는 기본유속이 클수록 집진율이 높다.

정답 ②

050 평판형 전기집진장치의 집진판 사이의 간격이 10cm, 가스의 유속은 3m/s, 입자가 집진극으로 이동하는 속도가 4.8cm/s일 때, 층류영역에서 입자를 완전히 제거하기 위한 이론적인 집진극의 길이(m)는?

① 1.34   ② 2.14
③ 3.13   ④ 4.29

전기 집진기의 이론적 길이(L)

$$L = \frac{RU}{w} = \frac{0.05 \times 3}{0.048} = 3.125 \, m$$

정답 ③

051 먼지함유량이 A인 배출가스에서 C만큼 제거시키고 B만큼을 통과시키는 집진장치의 효율 산출식과 가장 거리가 먼 것은?

① $\dfrac{C}{A}$ ② $\dfrac{C}{(B+C)}$

③ $\dfrac{B}{A}$ ④ $\dfrac{(A-B)}{A}$

$A = B + C$

제거율 $= \dfrac{C}{A} = \dfrac{C}{B+C} = \dfrac{A-B}{A}$

정답 ③

052 후드의 종류에 관한 설명으로 옳지 않은 것은?

① 일반적으로 포집형 후드는 다른 후드보다 작업자의 작업방해가 적고, 적용이 유리하다.
② 포위식 후드의 예로는 완전 포위식인 글러브 상자와 부분 포위식인 실험실 후드, 페인트 분무도장 후드가 있다.
③ 후드는 동작원리에 따라 크게 포위식과 외부식으로, 포위식은 다시 리시버형 또는 수형과 포집형 후드로 구분할 수 있다.
④ 포위식 후드는 적은 제어풍량으로 만족할 만한 효과를 기대할 수 있으나, 유입공기량이 적어 충분한 후드 개구면 속도를 유지하지 못하면 오히려 외부로 오염물질이 배출될 우려가 있다.

③ 후드는 동작원리에 따라 크게 포위식과 외부식으로, 외부식은 다시 리시버형 또는 수형과 포집형 후드로 구분할 수 있다.

정답 ③

053 적용 방법에 따른 충전탑(packed tower)과 단탑(plate tower)을 비교한 설명으로 가장 거리가 먼 것은?

① 포말성 흡수액일 경우 충전탑이 유리하다.
② 흡수액에 부유물이 포함되어 있을 경우 단탑을 사용하는 것이 더 효율적이다.
③ 온도 변화에 따른 팽창과 수축이 우려될 경우에는 충전제 손상이 예상되므로 단탑이 유리하다.
④ 운전 시 용매에 의해 발생하는 용해열을 제거해야 할 경우 냉각오일을 설치하기 쉬운 충전탑이 유리하다.

④ 운전 시 용매에 의해 발생하는 용해열을 제거해야 할 경우 유수식(가스분산형)인 단탑이 유리하다.

정답 ④

054 반지름 250mm, 유효높이 15m인 원통형 백필터를 사용하여 농도 $6g/m^3$인 배출가스를 $20m^3/s$로 처리하고자 한다. 겉보기 여과속도를 1.2cm/s로 할 때 필요한 백필터의 수는?

① 49 ② 62
③ 65 ④ 71

$N = \dfrac{Q}{\pi \times D \times L \times V_f}$

$= \dfrac{20\,m^3/s}{\pi \times 0.5m \times 15m \times 0.012m/s}$

$= 70.73$

∴ 백필터의 개수는 71개

정답 ④

055 광학현미경을 이용하여 입자의 투영면적을 관찰하고 그 투영면적으로부터 먼지의 입경을 측정하는 방법 중 "입자의 투영면적 가장자리에 접하는 가장 긴 선의 길이"로 나타내는 입경(직경)은?

① 등면적 직경　　② Feret 직경
③ Martin 직경　　④ Heyhood 직경

② Feret경 :
입자의 끝과 끝을 연결한 선 중 최대인 선의 길이

①, ④ 투영면직경(등가경, Heyhood경) :
울퉁불퉁, 들쭉날쭉한 먼지의 면적과 동일한 면적을 가지는 원의 직경

③ Martin경 :
평면에 투영된 입자의 그림자 면적과 기준선이 평형하게 이등분하는 선의 길이(2개의 등면적으로 각 입자를 등분할 때 그 선의 길이)

정답 ②

056 일반적인 활성탄 흡착탑에서의 화재방지에 관한 설명으로 가장 거리가 먼 것은?

① 접촉시간은 30초 이상, 선속도는 0.1m/s 이하로 유지한다.
② 축열에 의한 발열을 피할 수 있도록 형상이 균일한 조립상 활성탄을 사용한다.
③ 사영역이 있으면 축열이 일어나므로 활성탄 층의 구조를 수직 또는 경사지게 하는 편이 좋다.
④ 운전 초기에는 흡착열이 발생하여 15~30분 후에는 점차 낮아지므로 물을 충분히 뿌려주어 30분 정도 공기를 공회전시킨 다음 정상 가동한다.

① 접촉 시간을 2sec 이하로 한다.
즉 선속도를 0.2~0.4m/sec로 한다.

흡착탑 운전 시 화재방지법

· 발화온도는 산화물인 K함량이 높은 야자각 활성탄이 약 300℃, 석탄계 활성탄이 약 350℃이므로 석탄계 활성탄이 유리하며 축열에 의한 발열을 피할 수 있도록 형상이 균일한 조립상 활성탄을 사용한다.

· 사영역(Dead zone)이 있으면 축열이 일어나므로 활성탄층의 구조를 수직 또는 경사지게 하거나 활성탄 층의 두께(높이)를 0.5m 이하로 설치한다.

· 접촉 시간을 2sec 이하로 한다. 즉 선속도를 0.2m~0.4m/sec로 한다. 선속도가 0.2m/sec 미만이면 유속이 낮아 축열 가능성이 있다.

· 흡착탑 전단에 wet scrubber나 heat exchanger를 설치 또는 공기와 희석하여 온도를 70℃ 이하로 한다. 물론 질소와 같은 불활성 기체를 주입하는 방법이 가장 안전하나 대 용량에서는 현실적으로 불합리하다.

· 운전 초기에 흡착열이 발생하여 15~30분 후에는 점차 낮아지므로 물을 충분히 뿌려주어 30분 정도 공기를 공회전시킨 다음 정상 가동한다. 활성탄은 소수성(疎水性)이고 유기용매의 분자량은 물분자량보다 크기 때문에 초기에 첨가된 물은 가동 중 자연히 탈착되며 활성탄의 흡착능력을 전혀 감소시키지 않음

· 흡착탑에 열전대 및 온도 감지 경보시스템, 또는 가스 배출구에 CO 또는 CO_2 감지 meter를 설치하여 온도 상승 시 water spray되도록 안전장치를 설치

· 운전 정지 시 유입가스를 온도가 낮은 공기로 전환시키고 송풍기를 공회전시켜 흡착탑 내부 온도를 50℃ 이하로 낮춘 다음 운전을 종료한다.

정답 ①

057 전기집진장치로 함진가스를 처리할 때 입자의 겉보기 고유저항이 높을 경우의 대책으로 옳지 않은 것은?

① 아황산가스를 조절제로 투입한다.
② 처리가스의 습도를 높게 유지한다.
③ 탈진의 빈도를 늘리거나 타격강도를 높인다.
④ 암모니아를 조절제로 주입하고, 건식집진장치를 사용한다.

전기비저항 이상 시 대책

	$10^4 \Omega cm$ 이하일 때	$10^{11} \Omega cm$ 이상일 때
대책	· 함진가스 유속을 느리게 함 · 암모니아수 주입	물, 수증기, SO_3, H_2SO_4, 무수황산, NaCl, 소다회 (Soda Lime), TEA 등 주입

정답 ④

058 중력집진장치에서 집진효율을 향상시키기 위한 조건으로 옳지 않은 것은?

① 침강실의 입구폭을 작게 한다.
② 침강실 내의 가스흐름을 균일하게 한다.
③ 침강실 내의 처리가스의 유속을 느리게 한다.
④ 침강실의 높이는 낮게 하고, 길이는 길게 한다.

① 침강실의 입구폭을 크게 하면, 집진효율이 증가한다. 입구폭 증가→가스 속도 감소→체류시간 증가→집진효율 증가

정답 ①

059 배출가스 중 염화수소 제거에 관한 설명으로 옳지 않은 것은?

① 누벽탑, 충전탑, 스크러버 등에 의해 용이하게 제거 가능하다.
② 염화수소 농도가 높은 배기가스를 처리하는 데는 관외 냉각형, 염화수소 농도가 낮은 때에는 충전탑 사용이 권장된다.
③ 염화수소의 용해열이 크고 온도가 상승하면 염화수소의 분압이 상승하므로 완전 제거를 목적으로 할 경우에는 충분히 냉각할 필요가 있다.
④ 염산은 부식성이 있어 장치는 플라스틱, 유리라이닝, 고무라이닝, 폴리에틸렌 등을 사용해서는 안 되며 충전탑, 스크러버를 사용할 경우에는 mist catcher는 설치할 필요가 없다.

④ mist catcher이 없으면, 염산(HCl)이 발생해 부식되기 쉽다.

정답 ④

060 습식탈황법의 특징에 대한 설명 중 옳지 않은 것은?

① 반응속도가 빨라 SO_2의 제거율이 높다.
② 처리한 가스의 온도가 낮아 재가열이 필요한 경우가 있다.
③ 장치의 부식 위험이 있고, 별도의 폐수처리시설이 필요하다.
④ 상업성 부산물의 회수가 용이하지 않고, 보수가 어려우며, 공정의 신뢰도가 낮다.

④ 상업성 부산물의 회수가 가능하고, 공정의 신뢰도가 높다.

정답 ④

061 대기오염공정시험기준상 원자흡수분광광도법에서 분석시료의 측정조건 결정에 관한 설명으로 가장 거리가 먼 것은?

① 분석선 선택 시 감도가 가장 높은 스펙트럼선을 분석선으로 하는 것이 일반적이다.
② 양호한 SN비를 얻기 위하여 분광기의 슬릿 폭은 목적으로 하는 분석선을 분리할 수 있는 범위 내에서 되도록 넓게 한다(이웃의 스펙트럼선과 겹치지 않는 범위 내에서).
③ 불꽃 중에서의 시료의 원자밀도 분포와 원소 불꽃의 상태 등에 따라 다르므로 불꽃의 최적 위치에서 빛이 투과하도록 버너의 위치를 조절한다.
④ 일반적으로 광원램프의 전류값이 낮으면 램프의 감도가 떨어지는 등 수명이 감소하므로 광원램프는 장치의 성능이 허락하는 범위 내에서 되도록 높은 전류값에서 동작시킨다.

④ 일반적으로 광원램프의 전류값이 높으면 램프의 감도가 떨어지고 수명이 감소하므로 광원램프는 장치의 성능이 허락하는 범위 내에서 되도록 낮은 전류값에서 동작시킨다.

정답 ④

062 환경대기 중 아황산가스를 파라로자닐린법으로 분석할 때 다음 간섭물질에 대한 제거방법으로 옳은 것은?

① NO_x : 측정기간을 늦춘다.
② Cr : pH를 4.5 이하로 조절한다.
③ O_3 : 설퍼민산(NH_3SO_3)을 사용한다.
④ Mn, Fe : EDTA 및 인산을 사용한다.

① NO_x : 설퍼민산(NH_3SO_3)을 사용한다.
③ O_3 : 측정기간을 늦춘다.
②, ④ 망간(Mn), 철(Fe) 및 크롬(Cr) : EDTA 및 인산은 (silver phosphate)을 사용한다.

정답 ④

063 굴뚝 배출가스 중 아황산가스의 연속 자동측정 방법의 종류로 옳지 않은 것은?

① 불꽃광도법
② 광전도전위법
③ 자외선흡수법
④ 용액전도율법

배출가스 중 이산화황 연속자동측정방법

· 용액전도율법
· 적외선흡수법
· 자외선흡수법
· 정전위전해법
· 불꽃광도법

[개정 – 용어변경] 아황산가스 → 이산화황

정답 ②

064 어떤 굴뚝 배출가스의 유속을 피토관으로 측정하고자 한다. 동압 측정 시 확대율이 10배인 경사 마노미터를 사용하여 액주 55mm를 얻었다. 동압은 약 몇 mmH_2O인가? (단, 경사 마노미터에는 비중 0.85의 톨루엔을 사용한다.)

① 4.7
② 5.5
③ 6.5
④ 7.0

경사 마노미터의 동압 계산

$$동압 = 액체비중 \times 액주(mm) \times \sin(경사각) \times \left(\frac{1}{확대율}\right)$$
$$= 0.85 \times 55 \times \frac{1}{10}$$
$$= 4.675 mmH_2O$$

정답 ①

065 굴뚝 배출가스 중 먼지농도를 반자동식 시료채취기에 의해 분석하는 경우 채취장치 구성에 관한 설명으로 옳지 않은 것은?

① 흡입노즐의 꼭짓점은 80° 이하의 예각이 되도록 하고 주위장치에 고정시킬 수 있도록 충분한 각(가급적 수직)이 확보되도록 한다.
② 흡입노즐의 안과 밖의 가스흐름이 흐트러지지 않도록 흡입노즐 안지름(d)은 3mm 이상으로 하고, d는 정확히 측정하여 0.1mm 단위까지 구하여 둔다.
③ 흡입관은 수분농축 방지를 위해 시료가스 온도를 120±14℃로 유지할 수 있는 가열기를 갖춘 보로실리케이트, 스테인리스강 재질 또는 석영 유리관을 사용한다.
④ 피토관은 피토관 계수가 정해진 L형 피토관(C : 1.0 전후) 또는 S형(웨스턴형 C : 0.84 전후) 피토관으로서 배출가스 유속의 계속적인 측정을 위해 흡입관에 부착하여 사용한다.

> ① 흡입노즐의 꼭짓점은 30° 이하의 예각이 되도록 한다.
>
> **정답** ①

066 대기오염공정시험기준상 비분산적외선분광분석법의 용어 및 장치 구성에 관한 설명으로 옳지 않은 것은?

① 제로 드리프트(Zero Drift)는 측정기의 교정범위눈금에 대한 지시 값의 일정기간 내의 변동을 말한다.
② 비교가스는 시료 셀에서 적외선 흡수를 측정하는 경우 대조가스로 사용하는 것으로 적외선을 흡수하지 않는 가스를 말한다.
③ 광원은 원칙적으로 흑체발광으로 니크롬선 또는 탄화규소의 저항체에 전류를 흘려 가열한 것을 사용한다.
④ 시료셀은 시료가스가 흐르는 상태에서 양단의 창을 통해 시료광속이 통과하는 구조를 갖는다.

> · 제로 드리프트 : 측정기의 최저눈금에 대한 지시치의 일정기간 내의 변동
> · 스팬 드리프트 : 측정기의 교정범위눈금에 대한 지시 값의 일정기간 내의 변동
>
> **정답** ①

067 굴뚝 배출가스량이 $125 Sm^3/h$이고, HCl 농도가 200ppm일 때, 5,000L 물에 2시간 흡수시켰다. 이때 이 수용액의 pOH는? (단, 흡수율은 60%이다.)

① 8.5   ② 9.3

③ 10.4   ④ 13.3

1) 2시간 동안 흡수된 HCl(M)

$\dfrac{2시간 \ 동안 \ 흡수된 \ HCl(mol)}{용액의 \ 부피(L)}$

$= \dfrac{\dfrac{125 Sm^3}{hr} \times \dfrac{200 mL}{Sm^3} \times 2hr \times \dfrac{1 mol}{22.4 L} \times \dfrac{1L}{1,000 mL} \times 0.6}{5,000 L}$

$= 2.6785 \times 10^{-4} M$

2) pOH

$HCl \rightarrow H^+ + C^-$

$[H^+] = 2.6785 \times 10^{-4} M$

$pH = -\log[H^+] = -\log(2.6785 \times 10^{-4}) = 3.573$

$pOH = 14 - pH = 14 - 3.573 = 10.427$

정답 ③

068 대기오염공정시험기준상 환경대기 중 가스상 물질의 시료 채취방법에 관한 설명으로 옳지 않은 것은?

① 용기채취법에서 용기는 일반적으로 수소 또는 헬륨 가스가 충진된 백(bag)을 사용한다.
② 용기채취법은 시료를 일단 일정한 용기에 채취한 다음 분석에 이용하는 방법으로 채취관 – 용기, 또는 채취관 – 유량조절기 – 흡입펌프 – 용기로 구성된다.
③ 직접채취법에서 채취관은 일반적으로 4불화에틸렌수지(teflon), 경질유리, 스테인리스강제 등으로 된 것을 사용한다.
④ 직접채취법에서 채취관의 길이는 5m 이내로 되도록 짧은 것이 좋으며, 그 끝은 빗물이나 곤충 기타 이물질이 들어가지 않도록 되어 있는 구조이어야 한다.

① 용기채취법에서 용기는 일반적으로 진공병 또는 공기주머니 (air bag)를 사용한다.

정답 ①

069 대기오염공정시험기준상 화학분석 일반사항에 대한 규정 중 옳지 않은 것은?

① "약"이란 그 무게 또는 부피 등에 대하여 ±10% 이상의 차가 있어서는 안 된다.
② 냉수는 15℃ 이하, 온수는 60~70℃, 열수는 약 100℃를 말한다.
③ 방울수라 함은 10℃에서 정제수 10방울을 떨어뜨릴 때 그 부피가 약 1mL 되는 것을 뜻한다.
④ 밀봉용기라 함은 물질을 취급 또는 보관하는 동안에 기체 또는 미생물이 침입하지 않도록 내용물을 보호하는 용기를 뜻한다.

③ 방울수라 함은 20℃에서 정제수 20방울을 떨어뜨릴 때 그 부피가 약 1mL 되는 것을 뜻한다.

정답 ③

070 환경대기 중 석면농도를 측정하기 위해 위상차현미경을 사용한 계수방법에 관한 설명으로 (   ) 안에 알맞은 것은?

> 시료채취 측정시간은 주간시간대에(오전 8시 ~오후 7시) (㉠)으로 1시간 측정하고, 시료채취조작 시 유량계의 부자를 (㉡) 되게 조정한다.

① ㉠ 1L/min, ㉡ 1L/min
② ㉠ 1L/min, ㉡ 10L/min
③ ㉠ 10L/min, ㉡ 1L/min
④ ㉠ 10L/min, ㉡ 10L/min

> 시료채취 측정시간은 주간시간대에(오전 8시~오후 7시) 10L/min으로 1시간 측정하고, 시료채취조작 시 유량계의 부자를 10L/min 되게 조정한다.

정답 ④

071 대기오염공정시험기준상 일반화학분석에 대한 공통적인 사항으로 따로 규정이 없는 경우 사용해야 하는 시약의 규격으로 옳지 않은 것은?

	명 칭	농 도(%)	비중(약)
가	암모니아수	32.0~38.0 (NH₃로서)	1.38
나	플루오르화수소	46.0~48.0	1.14
다	브롬화수소	47.0~49.0	1.48
라	과염소산	60.0~62.0	1.54

① 가
② 나
③ 다
④ 라

	명 칭	농 도(%)	비중(약)
가	암모니아수	28.0~30.0 (NH₃로서)	0.9

정답 ①

072 고용량공기시료채취기를 이용하여 배출가스 중 비산먼지의 농도를 계산하려고 한다. 풍속이 0.5m/s 미만 또는 10m/s 이상 되는 시간이 전 채취시간의 50% 이상일 때 풍속에 대한 보정계수는?

① 1.0
② 1.2
③ 1.4
④ 1.5

> **비산먼지 – 고용량공기시료채취법**
>
> 풍속에 대한 보정
>
> | 풍 속 범 위 | 보정계수 |
> |---|---|
> | 풍속이 0.5m/s 미만 또는 10m/s 이상 되는 시간이 전 채취시간의 50% 미만일 때 | 1.0 |
> | 풍속이 0.5m/s 미만 또는 10m/s 이상 되는 시간이 전 채취시간의 50% 이상일 때 | 1.2 |

정답 ②

073 대기오염공정시험기준상 고성능 이온크로마토그래피의 장치 중 써프렛서에 관한 설명으로 가장 거리가 먼 것은?

① 장치의 구성상 써프렛서 앞에 분리관이 위치한다.
② 용리액에 사용되는 전해질 성분을 제거하기 위한 것이다.
③ 관형 써프렛서에 사용하는 충전물은 스티롤계 강산형 및 강염기형 수지이다.
④ 목적성분의 전기전도를 낮추어 이온성분을 고감도로 검출할 수 있게 해준다.

> 써프렛서란 용리액에 사용되는 전해질 성분을 제거하기 위하여 분리관 뒤에 직렬로 접속시킨 것으로써 전해질을 물 또는 **저전도도**의 용매로 바꿔줌으로써 전기전도도 셀에서 **목적이온 성분과 전기전도도만을 고감도로 검출할 수 있게** 해주는 것이다.

정답 ④

074 굴뚝에서 배출되는 건조배출가스의 유량을 계산할 때 필요한 값으로 옳지 않은 것은? (단, 굴뚝의 단면은 원형이다.)

① 굴뚝 단면적
② 배출가스 평균온도
③ 배출가스 평균동압
④ 배출가스 중의 수분량

건조배출가스의 유량을 계산할 때 필요한 값

· 굴뚝 단면적
· 배출가스 유속
· 배출가스 수분량
· 배출가스 평균온도
· 가스미터 흡입가스 온도
· 대기압
· 측정점에서의 정압
· 가스미터 흡입가스 게이지압

[참고] 등속흡입을 위한 흡입량

q_m

$$= \frac{\pi}{4}d^2v\left(1 - \frac{X_w}{100}\right)\frac{273 + \theta_m}{273 + \theta_s} \times \frac{P_a + P_s}{P_a + P_m - P_v} \times 60 \times 10^{-3}$$

q_m : 가스미터에 있어서의 등속 흡입유량(L/min)
d : 흡입노즐의 내경(mm)
v : 배출가스 유속(m/s)
X_w : 배출가스 중의 수증기의 부피 백분율(%)
θ_m : 가스미터의 흡입가스 온도(℃)
θ_s : 배출가스 온도(℃)
P_a : 측정공 위치에서의 대기압(mmHg)
P_s : 측정점에서의 정압(mmHg)
P_m : 가스미터의 흡입가스 게이지압(mmHg)
P_v : θ_m의 포화수증기압(mmHg)

정답 ③

075 대기오염공정시험기준상 원자흡수분광광도법에서 사용하는 용어의 정의로 옳지 않은 것은?

① 선프로파일(Line Profile) : 파장에 대한 스펙트럼선의 강도를 나타내는 곡선
② 공명선(Resonance Line) : 목적하는 스펙트럼선에 가까운 파장을 갖는 다른 스펙트럼선
③ 예복합 버너(Premix Type Burner) : 가연성 가스, 조연성 가스 및 시료를 분무실에서 혼합시켜 불꽃 중에 넣어주는 방식의 버너
④ 분무실(Nebulizer-Chamber) : 분무기와 함께 분무된 시료용액의 미립자를 더욱 미세하게 해주는 한편 큰 입자와 분리시키는 작용을 갖는 장치

· 공명선(Resonance Line) : 원자가 외부로부터 빛을 흡수했다가 다시 먼저 상태로 돌아갈 때 방사하는 스펙트럼선
· 근접선(Neighbouring Line) : 목적하는 스펙트럼선에 가까운 파장을 갖는 다른 스펙트럼선

정답 ②

076 배출가스 중 굴뚝 배출 시료채취방법 중 분석 대상기체가 폼알데하이드일 때 채취관, 도관의 재질로 옳지 않은 것은?

① 석영
② 보통강철
③ 경질유리
④ 불소수지

정답 ②

077 굴뚝의 배출가스 중 구리화합물을 원자흡수분광광도법으로 분석할 때의 적정 파장(nm)은?

① 213.8
② 228.8
③ 324.8
④ 357.9

① Zn   ② Cd   ④ Cr

원자흡수분광광도법의 측정파장(개정후)

측정 금속	측정파장(nm)
Cu	324.8
Pb	217.0/283.3
Ni	232.0
Zn	213.8
Fe	248.3
Cd	228.8
Cr	357.9
Be	234.9

정답 ③

078 굴뚝 배출가스 내의 산소측정방법 중 덤벨형 (dumb-bell) 자기력 분석계에 관한 설명으로 옳지 않은 것은?

① 측정셀은 시료 유통실로서 자극사이에 배치하여 덤벨 및 불균형 자계발생 자극편을 내장한 것이어야 한다.
② 편위검출부는 덤벨의 편위를 검출하기 위한 것으로 광원부와 덤벨봉에 달린 거울에서 반사하는 빛을 받는 수광기로 된다.
③ 피드백코일은 편위량을 없애기 위하여 전류에 의하여 자기를 발생시키는 것으로 일반적으로 백금선이 이용된다.
④ 덤벨은 자기화율이 큰 유리 등으로 만들어진 중공의 구체를 막대 양 끝에 부착한 것으로 수소 또는 헬륨을 봉입한 것을 말한다.

④ 덤벨은 자기화율이 적은 석영 등으로 만들어진 중공의 구체를 막대 양 끝에 부착한 것으로 질소 또는 공기를 봉입한 것을 말한다.

정답 ④

079 굴뚝 내의 온도(θ_s)는 133℃이고, 정압(Ps)은 15mmHg 이며 대기압(Pa)은 745mmHg이다. 이때 대기오염공정시험기준상 굴뚝 내의 배출가스 밀도(kg/m³)는? (단, 표준상태의 공기의 밀도(γ_o)는 1.3kg/Sm³이고, 굴뚝 내 기체 성분은 대기와 같다.)

① 0.744 ② 0.874
③ 0.934 ④ 0.984

080 다음 굴뚝 배출가스를 분석할 때 아연환원 나프틸에틸렌다이아민법이 주 시험방법인 물질로 옳은 것은?

① 페놀 ② 브롬화합물
③ 이황화탄소 ④ 질소산화물

081 환경정책기본법령상 환경부장관은 국가환경종합계획의 종합적·체계적 추진을 위해 몇 년마다 환경보전중기종합계획을 수립하여야 하는가?

① 1년 ② 2년
③ 3년 ④ 5년

082 대기환경보전법령상 배출시설 설치허가를 받은 자가 대통령령으로 정하는 중요한 사항의 특정대기유해물질 배출시설을 증설하고자 하는 경우 배출시설 변경허가를 받아야 하는 시설의 규모 기준은? (단, 배출시설의 규모의 합계나 누계는 배출구별로 산정한다.)

① 배출시설 규모의 합계나 누계의 100분의 5 이상 증설
② 배출시설 규모의 합계나 누계의 100분의 20 이상 증설
③ 배출시설 규모의 합계나 누계의 100분의 30 이상 증설
④ 배출시설 규모의 합계나 누계의 100분의 50 이상 증설

083 대기환경보전법령상 기후·생태계변화 유발물질과 가장 거리가 먼 것은?

① 이산화질소
② 메탄
③ 과불화탄소
④ 염화불화탄소

기후·생태계 변화유발물질
= 온실가스 + 환경부령으로 정하는 것

구분	물질
온실가스	이산화탄소, 메탄, 아산화질소, 수소불화탄소, 과불화탄소, 육불화황
환경부령으로 정하는 것	염화불화탄소(CFC), 수소염화불화탄소(HCFC)

정답 ①

084 환경정책기본법령상 "벤젠"의 대기환경기준(μg/m^3)은? (단, 연간평균치)

① 0.1 이하
② 0.15 이하
③ 0.5 이하
④ 5 이하

환경정책기본법상 대기 환경기준 <개정 2019. 7. 2.>

측정 시간	SO$_2$ (ppm)	NO$_2$ (ppm)	O$_3$ (ppm)	CO (ppm)
연간	0.02	0.03	–	–
24시간	0.05	0.06	–	–
8시간	–	–	0.06	9
1시간	0.15	0.10	0.10	25

측정 시간	PM$_{10}$ (μg/m^3)	PM$_{2.5}$ (μg/m^3)	납(Pb) (μg/m^3)	벤젠 (μg/m^3)
연간	50	15	0.5	5
24시간	100	35	–	–
8시간	–	–	–	–
1시간	–	–	–	–

정답 ④

085 대기환경보전법령상 배출가스 관련부품을 장치별로 구분할 때 다음 중 배출가스 자기진단장치(On Board Diagnostics)에 해당하는 것은?

① EGR제어용 서모밸브(EGR Control Thermo Valve)
② 연료계통 감시장치(Fuel System Monitor)
③ 정화조절밸브(Purge Control Valve)
④ 냉각수온센서(Water Temperature Sensor)

① 배출가스 재순환장치(Exhaust Gas Recirculation : EGR)
③ 연료증발가스방지장치(Evaporative Emission Control System)
④ 연료공급장치(Fuel Metering System)

참고 대기환경보전법 시행규칙 [별표 20]

배출가스 관련부품(제76조 관련)

정답 ②

086 대기환경보전법령상 자동차연료형 첨가제의 종류가 아닌 것은?

① 세척제
② 청정분산제
③ 성능향상제
④ 유동성향상제

자동차연료형 첨가제의 종류

1. 세척제
2. 청정분산제
3. 매연억제제
4. 다목적첨가제
5. 옥탄가향상제
6. 세탄가향상제
7. 유동성향상제
8. 윤활성향상제
9. 그 밖에 환경부장관이 배출가스를 줄이기 위하여 필요하다고 정하여 고시하는 것

정답 ③

087 실내공기질 관리법령상 신축 공동주택의 실내 공기질 권고기준으로 틀린 것은?

① 자일렌 : $600\mu g/m^3$ 이하
② 톨루엔 : $1000\mu g/m^3$ 이하
③ 스티렌 : $300\mu g/m^3$ 이하
④ 에틸벤젠 : $360\mu g/m^3$ 이하

① 자일렌 : $700\mu g/m^3$ 이하

신축 공동주택의 실내공기질 권고기준(제7조의2 관련)
<개정 2018. 10. 18.>

물질	실내공기질 권고 기준
벤젠	$30\mu g/m^3$ 이하
폼알데하이드	$210\mu g/m^3$ 이하
스티렌	$300\mu g/m^3$ 이하
에틸벤젠	$360\mu g/m^3$ 이하
자일렌	$700\mu g/m^3$ 이하
톨루엔	$1,000\mu g/m^3$ 이하
라돈	$148Bq/m^3$ 이하

정답 ①

088 대기환경보전법령상 사업자가 환경기술인을 바꾸어 임명하려는 경우 그 사유가 발생한 날부터 며칠 이내에 임명하여야 하는가? (단, 기타의 경우는 고려하지 않는다.)

① 당일
② 3일 이내
③ 5일 이내
④ 7일 이내

제39조(환경기술인의 자격기준 및 임명기간)

❶ 법 제40조제1항에 따라 사업자가 환경기술인을 임명하려는 경우에는 다음 각 호의 구분에 따른 기간에 임명하여야 한다. <개정 2013. 1. 31.>

1. 최초로 배출시설을 설치한 경우에는 가동개시 신고를 할 때

2. 환경기술인을 바꾸어 임명하는 경우에는 그 사유가 발생한 날부터 5일 이내. 다만, 환경기사 1급 또는 2급 이상의 자격이 있는 자를 임명하여야 하는 사업장으로서 5일 이내에 채용할 수 없는 부득이한 사정이 있는 경우에는 30일의 범위에서 별표 10에 따른 4종·5종사업장의 기준에 준하여 환경기술인을 임명할 수 있다.

정답 ③

089 대기환경보전법령상 위임업무 보고사항 중 자동차 연료 및 첨가제의 제조·판매 또는 사용에 대한 규제현황에 대한 보고횟수 기준은?

① 연 1회
② 연 2회
③ 연 4회
④ 연 12회

위임업무 보고사항

· 자동차 연료 및 첨가제의 제조·판매 또는 사용에 대한 규제현황 : 연 2회

· 자동차 연료 또는 첨가제의 제조기준 적합 여부 검사현황
 – 연료 : 연 4회 / 첨가제 : 연 2회

정답 ②

090 대기환경관계법령상 자가측정 대상 및 방법에 관한 기준이다. (   ) 안에 알맞은 것은?

> 사업자가 자가측정 시 사용한 여과지 및 시료 채취기록지의 보존기간은 「환경 분야 시험·검사 등에 관한 법률」에 따른 환경오염공정시험기준에 따라 측정한 날부터 (   )(으)로 한다.

① 6개월
② 9개월
③ 1년
④ 2년

091 대기환경보전법령상 대기오염 경보의 발령 시 단계별 조치사항으로 틀린 것은?

① 주의보 → 주민의 실외활동 자제요청
② 경보 → 주민이 실외활동 제한요청
③ 경보 → 사업장의 연료사용량 감축권고
④ 중대경보 → 주민의 실외활동 제한요청

092 대기환경보전법령상 용어의 뜻으로 틀린 것은?

① 대기오염물질 : 대기 중에 존재하는 물질 중 심사·평가 결과 대기오염의 원인으로 인정된 가스·입자상물질로서 환경부령으로 정하는 것을 말한다.
② 기후·생태계 변화유발물질 : 지구 온난화 등으로 생태계의 변화를 가져올 수 있는 기체상물질로서 온실가스와 환경부령으로 정하는 것을 말한다.
③ 매연 : 연소할 때에 생기는 유리 탄소가 주가 되는 미세한 입자상물질을 말한다.
④ 촉매제 : 자동차에서 배출되는 대기오염물질을 줄이기 위하여 자동차에 부착 또는 교체하는 장치로서 환경부령으로 정하는 저감효율에 적합한 장치를 말한다.

093 대기환경보전법령상 배출허용기준 준수여부를 확인하기 위한 환경부령으로 정하는 대기오염도 검사기관에 해당하지 않는 것은?

① 환경기술인협회
② 한국환경공단
③ 특별자치도 보건환경연구원
④ 국립환경과학원

094 대기환경보전법령상 측정기기의 부착·운영 등과 관련된 행정처분기준 중 사업자가 부착한 굴뚝 자동측정기기의 측정자료를 관제센터로 전송하지 아니한 경우 각 위반 차수별(1차~4차) 행정처분기준으로 옳은 것은?

① 경고 – 조치명령 – 조업정지 10일 – 조업정지 30일

② 조업정지 10일 – 조업정지 30일 – 경고 – 허가취소

③ 조업정지 10일 – 조업정지 30일 – 조치이행명령 – 사용중지

④ 개선명령 – 조업정지 30일 – 사용중지 – 허가취소

참고 대기환경보전법 시행규칙 [별표 36]

행정처분기준(제134조 관련)

측정기기의 부착·운영 등과 관련된 행정처분기준

위반사항	행정처분기준			
	1차	2차	3차	4차
관제센터에 측정자료를 전송하지 아니한 경우	경고	조치명령	조업정지 10일	조업정지 30일

정답 ①

095 대기환경보전법령상 황함유기준에 부적합한 유류를 판매하여 그 해당 유류의 회수처리명령을 받은 자는 시·도지사 등에게 그 명령을 받은 날부터 며칠 이내에 이행완료보고서를 제출하여야 하는가?

① 5일 이내에
② 7일 이내에
③ 10일 이내에
④ 30일 이내에

제40조(저황유의 사용)

해당 유류의 회수처리명령 또는 사용금지명령을 받은 자는 명령을 받은 날부터 5일 이내에 이행완료보고서를 시·도지사에게 제출하여야 한다.

정답 ①

096 대기환경보전법령상 초과부과금 산정기준 중 오염물질과 그 오염물질 1kg당 부과금액(원)의 연결로 모두 옳은 것은?

① 황산화물 – 500, 암모니아 – 1,400
② 먼지 – 6,000, 이황화탄소 – 2,300
③ 불소화합물 – 7,400, 시안화수소 – 7,300
④ 염소 – 7,400, 염화수소 – 1,600

초과부과금 산정기준(제24조제2항 관련)

(금액 : 원)

구분	특정대기유해물질			황화수소
오염물질	염화수소	시안화수소	불소화물	
금액	7,400	7,300	2,300	6,000

오염물질	질소산화물	이황화탄소	암모니아	먼지	황산화물
금액	2,130	1,600	1,400	770	500

정답 ①

097 환경정책기본법령상 미세먼지(PM-10)의 환경 기준으로 옳은 것은? (단, 24시간 평균치)

① $100\mu g/m^3$ 이하
② $50\mu g/m^3$ 이하
③ $35\mu g/m^3$ 이하
④ $15\mu g/m^3$ 이하

환경정책기본법상 대기 환경기준 <개정 2019. 7. 2.>

측정 시간	SO_2 (ppm)	NO_2 (ppm)	O_3 (ppm)	CO (ppm)
연간	0.02	0.03	–	–
24시간	0.05	0.06	–	–
8시간	–	–	0.06	9
1시간	0.15	0.10	0.10	25

측정 시간	PM_{10} ($\mu g/m^3$)	$PM_{2.5}$ ($\mu g/m^3$)	납(Pb) ($\mu g/m^3$)	벤젠 ($\mu g/m^3$)
연간	50	15	0.5	5
24시간	100	35	–	–
8시간	–	–	–	–
1시간	–	–	–	–

정답 ①

098 다음은 대기환경보전법령상 대기오염물질 배출 시설기준이다. ( ) 안에 알맞은 것은?

배출시설	대상 배출시설
폐 수 · 폐 기 물 처리시설	– 시간당 처리능력이 (㉮) 세제 곱미터 이상인 폐수·폐기물 증 발시설 및 농축시설 – 용적이 (㉯) 세제곱미터 이상 인 폐수·폐기물 건조시설 및 정 제시설

① ㉮ 0.5, ㉯ 0.3
② ㉮ 0.3, ㉯ 0.15
③ ㉮ 0.3, ㉯ 0.3
④ ㉮ 0.5, ㉯ 0.15

배출시설	대상 배출시설
폐 수 · 폐 기 물 처리시설	– 시간당 처리능력이 (0.5) 세제곱미터 이상인 폐수·폐기물 증발시설 및 농축시설 – 용적이 (0.15) 세제곱미터 이상인 폐 수·폐기물 건조시설 및 정제시설

참고 대기환경보전법 시행규칙 [별표 3]

대기오염물질배출시설(제5조 관련)

정답 ④

099 대기환경보전법령상 수도권대기환경청장, 국립환경과학원장 또는 한국환경공단이 설치하는 대기오염 측정망의 종류에 해당하지 않는 것은?

① 대기오염물질의 국가배경농도와 장거리이동 현황을 파악하기 위한 국가배경농도측정망
② 대기오염물질의 지역배경농도를 측정하기 위한 교외대기측정망
③ 도시지역의 휘발성유기화합물 등의 농도를 측정하기 위한 광화학대기오염물질측정망
④ 대기 중의 중금속 농도를 측정하기 위한 대기중금속측정망

---

④ 시도지사가 설치하는 대기오염 측정망이다.

측정망

· 시도지사(특별시장·광역시장·특별자치시장·도지사 또는 특별자치도지사)가 설치하는 대기오염 측정망의 종류

  1. 도시지역의 대기오염물질 농도를 측정하기 위한 도시대기측정망
  2. 도로변의 대기오염물질 농도를 측정하기 위한 도로변대기측정망
  3. 대기 중의 중금속 농도를 측정하기 위한 대기중금속측정망

· 수도권대기환경청장, 국립환경과학원장 또는 한국환경공단이 설치하는 대기오염 측정망의 종류

  1. 대기오염물질의 지역배경농도를 측정하기 위한 교외대기측정망
  2. 대기오염물질의 국가배경농도와 장거리이동 현황을 파악하기 위한 국가배경농도측정망
  3. 도시지역 또는 산업단지 인근지역의 특정대기유해물질(중금속을 제외한다)의 오염도를 측정하기 위한 유해대기물질측정망
  4. 도시지역의 휘발성유기화합물 등의 농도를 측정하기 위한 광화학대기오염물질측정망
  5. 산성 대기오염물질의 건성 및 습성 침착량을 측정하기 위한 산성강하물측정망
  6. 기후·생태계 변화유발물질의 농도를 측정하기 위한 지구대기측정망
  7. 장거리이동대기오염물질의 성분을 집중 측정하기 위한 대기오염집중측정망
  8. 초미세먼지(PM-2.5)의 성분 및 농도를 측정하기 위한 미세먼지성분측정망

정답 ④

100 악취방지법령상 지정악취물질에 해당하지 않는 것은?

① 염화수소   ② 메틸에틸케톤
③ 프로피온산   ④ 뷰틸아세테이트

악취방지법 시행규칙 [별표 1] <개정 2011.2.1>

지정악취물질(제2조 관련)

1. 암모니아
2. 메틸메르캅탄
3. 황화수소
4. 다이메틸설파이드
5. 다이메틸다이설파이드
6. 트라이메틸아민
7. 아세트알데하이드
8. 스타이렌
9. 프로피온알데하이드
10. 뷰틸알데하이드
11. n-발레르알데하이드
12. i-발레르알데하이드
13. 톨루엔
14. 자일렌
15. 메틸에틸케톤
16. 메틸아이소뷰틸케톤
17. 뷰틸아세테이트
18. 프로피온산
19. n-뷰틸산
20. n-발레르산
21. i-발레르산
22. i-뷰틸알코올

정답 ①

001 대기환경보호를 위한 국제의정서와 설명의 연결이 옳지 않은 것은?

① 소피아 의정서 - CFC 감축의무
② 교토 의정서 - 온실가스 감축목표
③ 몬트리올 의정서 - 오존층 파괴물질의 생산 및 사용의 규제
④ 헬싱키 의정서 - 유황배출량 또는 국가간 이동량 최저 30% 삭감

① 소피아 의정서 – 질소산화물(NO_x) 저감

정답 ①

002 대기오염사건과 기온역전에 관한 설명으로 옳지 않은 것은?

① 로스앤젤레스 스모그사건은 광화학스모그의 오염형태를 가지며, 기상의 안정도는 침강역전 상태이다.
② 런던스모그 사건은 주로 자동차 배출가스 중의 질소산화물과 반응성 탄화수소에 의한 것이다.
③ 침강역전은 고기압 중심부분에서 기층이 서서히 침강하면서 기온이 단열변화로 승온되어 발생하는 현상이다.
④ 복사역전은 지표에 접한 공기가 그보다 상공의 공기에 비하여 더 차가워져서 생기는 현상이다.

② LA 스모그 사건은 주로 자동차 배출가스 중의 질소산화물과 반응성 탄화수소에 의한 것이다.

정답 ②

003 입자에 의한 산란에 관한 설명으로 옳지 않은 것은? (단, λ : 파장, D : 입자직경으로 한다.)

① 레일리산란은 D/λ가 10보다 클 때 나타나는 산란현상으로 산란광의 광도는 λ^4에 비례한다.
② 맑은 하늘이 푸르게 보이는 까닭은 태양광선의 공기에 의한 레일리산란 때문이다.
③ 레일리산란에 의해 가시광선 중에서는 청색광이 많이 산란되고, 적색광이 적게 산란된다.
④ 입자의 크기가 빛의 파장과 거의 같거나 큰 경우에 나타나는 산란을 미산란이라고 한다.

① 레일리산란은 D가 $\lambda/15$보다 작을 때 나타나는 산란현상으로 산란광의 광도는 λ^4에 비례한다.

정답 ①

004 다음 중 이산화탄소의 가장 큰 흡수원으로 옳은 것은?

① 토양
② 동물
③ 해수
④ 미생물

이산화탄소 흡수량 순서 : 대기 > 해양 > 동토

정답 ③

005 지표에 도달하는 일사량의 변화에 영향을 주는 요소와 가장 거리가 먼 것은?

① 계절
② 대기의 두께
③ 지표면의 상태
④ 태양의 입사각의 변화

· 계절이 여름일 때
· 태양 고도가 높을수록
· 대기의 두께가 얇을수록   →   일사량이 증가함
· 태양의 입사각이 직각일 때

정답 ③

006 최대에너지의 파장과 흑체 표면의 절대온도는 반비례함을 나타내는 법칙은?

① 플랑크 법칙
② 알베도의 법칙
③ 비인의 변위법칙
④ 스테판-볼츠만의 법칙

① 플랑크 복사법칙 : 온도가 증가할수록 복사선의 파장이 짧아지도록 그 중심이 이동함
③ 비인(Vein)의 법칙 : 최대에너지 파장과 흑체 표면의 절대온도는 반비례
④ 스테판 볼츠만 법칙 : 복사에너지는 표면온도의 4승에 비례

정답 ③

007 다음 중 일반적으로 대도시의 산성강우 속에 가장 높은 농도로 존재할 것으로 예상되는 이온 성분은? (단, 산성강우는 pH 5.6 이하로 본다.)

① K^+
② F^-
③ Na^+
④ SO_4^{2-}

산성비 이온 중 SO_4^{2-}이 가장 많다.

정답 ④

008 대기압력이 950mb인 높이에서 공기의 온도가 -10℃일 때 온위(potential temperature)는?
(단, $\theta = T(\frac{1,000}{P})^{0.288}$ 를 이용한다.)

① 약 267K
② 약 277K
③ 약 287K
④ 약 297K

$$\theta = T\left(\frac{1,000}{P}\right)^{0.288}$$
$$= \{273 + (-10℃)\} \times \left(\frac{1,000}{950}\right)^{0.288}$$
$$= 266.9\ K$$

정답 ①

009 광화학적 산화제와 2차 대기오염물질에 관한 설명으로 옳지 않은 것은?

① 오존은 산화력이 강하므로 눈을 자극하고, 폐수종과 폐충혈 등을 유발시킨다.
② PAN은 강산화제로 작용하며, 빛을 흡수하여 가시거리를 증가시키며, 고엽에 특히 피해가 큰 편이다.
③ 오존은 성숙한 잎에 피해가 크며, 섬유류의 퇴색작용과 직물의 셀룰로스를 손상시킨다.
④ 자외선이 강할 때, 빛의 지속시간이 긴 여름철에, 대기가 안정되었을 때 대기 중 광산화제의 농도가 높아진다.

② PAN은 강산화제로 작용하며, 빛을 분산시켜 가시거리를 단축시키며, 초엽에 특히 피해가 큰 편이다.

정답 ②

010 다음 중 CFC-12의 올바른 화학식은?

① CF_3Br ② CF_3Cl
③ CF_2Cl_2 ④ $CHFCl_2$

011 Richardson수(R)에 관한 설명으로 옳지 않은 것은?

① R = 0은 대류에 의한 난류만 존재함을 나타낸다.
② 0.25 < R은 수직방향의 혼합이 거의 없음을 나타낸다.
③ Richardson수(R)가 큰 음의 값을 가지면 바람이 약하게 되어 강한 수직운동이 일어난다.
④ −0.03 < R < 0 기계적 난류와 대류가 존재하나 기계적 난류가 혼합을 주로 일으킴을 나타낸다.

012 온실효과에 관한 설명 중 가장 적합한 것은?

① 실제 온실에서의 보온작용과 같은 원리이다.
② 일산화탄소의 기여도가 가장 큰 것으로 알려져 있다.
③ 온실효과 가스가 증가하면 대류권에서 적외선 흡수량이 많아져서 온실효과가 증대된다.
④ 가스차단기, 소화기 등에 주로 사용되는 NO_2는 온실효과에 대한 기여도가 CH_4 다음으로 크다.

013 라돈에 관한 설명으로 가장 거리가 먼 것은?

① 무색, 무취의 기체로 액화되어도 색을 띠지 않는 물질이다.
② 공기보다 9배 정도 무거워 지표에 가깝게 존재한다.
③ 주로 토양, 지하수, 건축자재 등을 통하여 인체에 영향을 미치고 있으며 흙 속에서 방사선 붕괴를 일으킨다.
④ 일반적으로 인체의 조혈기능 및 중추신경계통에 가장 큰 영향을 미치는 것으로 알려져 있으며, 화학적으로 반응성이 크다.

014 50m의 높이가 되는 굴뚝내의 배출가스 평균온도가 300℃, 대기온도가 20℃일 때 통풍력(mmH$_2$O)은? (단, 연소가스 및 공기의 비중을 1.3kg/Sm^{3}이라고 가정한다.)

① 약 15   ② 약 30

③ 약 45   ④ 약 60

$$Z = 355H\left(\frac{1}{273 + t_a} - \frac{1}{273 + t_g}\right)$$

$$= 355 \times 50\left(\frac{1}{273 + 20} - \frac{1}{273 + 300}\right) = 29.602\,mmH_2O$$

정답 ②

015 다음 중 염소 또는 염화수소 배출 관련업종으로 가장 거리가 먼 것은?

① 화학 공업   ② 소다 제조업

③ 시멘트 제조업   ④ 플라스틱 제조업

③ 시멘트 제조업은 크롬의 배출원이다.

정답 ③

016 온위(Potential temperature)에 대한 설명으로 옳은 것은?

① 환경감률이 건조 단열감률과 같은 기층에서는 온위가 일정하다.

② 환경감률이 습윤 단열감률과 같은 기층에서는 온위가 일정하다.

③ 어떤 고도의 공기덩어리를 850mb 고도까지 건조단열적으로 옮겼을 때의 온도이다.

④ 어떤 고도의 공기덩어리를 1000mb 고도까지 습윤단열적으로 옮겼을 때의 온도이다.

①, ② 환경감률이 건조 단열감률과 같은 기층(중립)일 때 온위는 일정하다.

③, ④ 어떤 고도의 공기덩어리를 1,000mb 고도까지 건조단열적으로 옮겼을 때의 온도이다.

정답 ①

017 충분히 발달된 지표경계층에서 측정된 평균풍속 자료가 아래 표와 같은 경우 마찰속도(u*)는?

고도(m)	풍속(m/s)
2	3.7
1	2.9

$\left(단, U = \dfrac{u*}{k}\ln\dfrac{Z}{Z_0}, \text{Karman constant} : 0.40\right)$

① 0.12m/s   ② 0.46m/s

③ 1.06m/s   ④ 2.12m/s

$$U = \frac{u*}{k}\ln\frac{Z}{Z_0}$$

$$U_2 - U_1 = \frac{u*}{k}\ln\frac{Z_2}{Z_1}$$

$$3.7 - 2.9 = \frac{u*}{0.40}\ln\frac{2}{1}$$

$$\therefore u* = 0.46\,m/s$$

정답 ②

018 다음 중 대기층의 구조에 관한 설명으로 옳은 것은?

① 지상 80km 이상을 열권이라고 한다.

② 오존층은 주로 지상 약 30~45km에 위치한다.

③ 대기층의 수직 구조는 대기압에 따라 4개 층으로 나뉜다.

④ 일반적으로 지상에서부터 상층 10~12km까지를 성층권이라고 한다.

② 오존층은 주로 지상 약 20~30km에 위치한다.

③ 대기층의 수직 구조는 온도경사에 따라 4개 층으로 나뉜다.

④ 일반적으로 지상에서부터 상층 12~50km까지를 성층권이라고 한다.

정답 ①

019 건물에 사용되는 대리석, 시멘트 등을 부식시켜 재산상의 손실을 발생시키는 산성비에 가장 큰 영향을 미치는 물질로 옳은 것은?

① O_3 ② N_2
③ SO_2 ④ TSP

산성비 기여도는 SO_x가 가장 크다.

정답 ③

020 광화학옥시던트 중 PAN에 관한 설명으로 옳은 것은?

① 분자식은 $CH_3COOONO_2$이다.
② PBzN보다 100배 정도 강하게 눈을 자극한다.
③ 눈에는 자극이 없으나 호흡기 점막에는 강한 자극을 준다.
④ 푸른색, 계란 썩는 냄새를 갖는 기체로서 대기 중에서 강산화제로 작용한다.

② PBzN이 PAN보다 100배 정도 강하게 눈을 자극한다.
③ 눈과 호흡기 점막에는 강한 자극을 준다.
④ 무색, 무취

정답 ①

2과목   **연소공학**

021 아래의 조성을 가진 혼합기체의 하한 연소범위(%)는?

성분	조성(%)	하한연소범위(%)
메탄	80	5.0
에탄	15	3.0
프로판	4	2.1
부탄	1	1.5

① 3.46   ② 4.24
③ 4.55   ④ 5.05

르 샤틀리에의 폭발범위

$$L(\%) = \frac{100}{\dfrac{V_1}{L_1} + \dfrac{V_2}{L_2} + \cdots + \dfrac{V_n}{L_n}}$$

$$L(\%) = \frac{100}{\dfrac{80}{5.0} + \dfrac{15}{3.0} + \dfrac{4}{2.1} + \dfrac{1}{1.5}} = 4.24\%$$

정답 ②

022 C : 78(중량%), H : 18(중량%), S : 4(중량%) 인 중유의 $(CO_2)_{max}$는? (단, 표준상태, 건조가스 기준으로 한다.)

① 약 13.4% ② 약 14.8%

③ 약 17.6% ④ 약 20.6%

1) $A_o = \dfrac{O_o}{0.21}$

$= \dfrac{(1.867 \times 0.78 + 5.6 \times 0.18 + 0.7 \times 0.04)}{0.21}$

$= 11.8679 Sm^3/kg$

2) $G_{od} = (1-0.21)A_o + CO_2 + SO_2$

$= (1-0.21) \times 11.8679$

$+ \dfrac{22.4}{12} \times 0.78 + \dfrac{22.4}{32} \times 0.04$

$= 10.8596 Sm^3/kg$

3) $CO_{2\,MAX} = \dfrac{CO_2}{G_{od}} \times 100\%$

$= \dfrac{\dfrac{22.4}{12} \times 0.78}{10.8596} \times 100\% = 13.40\%$

정답 ①

023 연료 연소 시 매연이 잘 생기는 순서로 옳은 것은?

① 타르 > 중유 > 경유 > LPG

② 타르 > 경유 > 중유 > LPG

③ 중유 > 타르 > 경유 > LPG

④ 경유 > 타르 > 중유 > LPG

검댕의 발생빈도 순서

타르 > 고휘발분 역청탄 > **중유** > 저휘발분 역청탄 > 아탄 > 코크스 > **경유** > 등유 > 석탄 가스 > 제조가스 > 액화석유가스 (LPG) > 천연가스

정답 ①

024 다음 중 NO_x 발생을 억제하기 위한 방법으로 가장 거리가 먼 것은?

① 연료대체

② 2단 연소

③ 배출가스 재순환

④ 버너 및 연소실의 구조 개량

연소조절에 의한 NO_x의 저감방법

❶ 저온 연소

❷ 저산소 연소

❸ 저질소 성분 연료 우선 연소

❹ 2단 연소

❺ 최고 화염온도를 낮추는 방법

❻ 배기가스 재순환

❼ 버너 및 연소실의 구조개선

❽ 수증기 및 물분사 방법

정답 ①

025 액체연료의 연소장치에 관한 설명 중 옳은 것은?

① 건타입(gun type) 버너는 유압식과 공기분무식을 혼합한 것으로 유압이 $30kg/cm^2$ 이상으로 대형 연소장치이다.

② 저압기류 분무식 버너의 분무각도는 30~60° 정도이고, 분무에 필요한 공기량은 이론연소 공기량의 30~50% 정도이다.

③ 고압기류 분무식 버너의 분무각도는 70°이고, 유량조절비가 1 : 3 정도로 부하변동 적응이 어렵다.

④ 회전식 버너는 유압식 버너에 비해 연료유의 입경이 작으며, 직결식은 분무컵의 회전수가 전동기의 회전수보다 빠른 방식이다.

① 건타입(gun type) 버너는 유압이 $7kg/cm^2$ 이상이다.

③ 고압기류 분무식 버너의 분무각도는 20~30°이고, 유량조절비가 1 : 10 정도로 부하변동 적응이 쉽다.

④ 회전식 버너는 유압식 버너에 비해 연료유의 입경이 크다.

정답 ②

026 액화석유가스(LPG)에 대한 설명으로 옳지 않은 것은?

① 유황분이 적고 유독성분이 거의 없다.
② 천연가스에서 회수되기도 하지만 대부분은 석유 정제 시 부산물로 얻어진다.
③ 비중이 공기보다 가벼워 누출될 경우 인화 폭발 위험성이 크다.
④ 사용에 편리한 기체연료의 특징과 수송 및 저장에 편리한 액체연료의 특징을 겸비하고 있다.

027 다음 중 화학적 반응이 항상 자발적으로 일어나는 경우는? (단, $\triangle G°$는 Gibbs 자유에너지 변화량, $\triangle S°$는 엔트로피 변화량, $\triangle H$는 엔탈피 변화량이다.)

① $\triangle G° < 0$ ② $\triangle G° > 0$
③ $\triangle S° < 0$ ④ $\triangle H < 0$

028 다음 중 석탄의 탄화도 증가에 따라 감소하는 것은?

① 비열   ② 발열량
③ 고정탄소   ④ 착화온도

029 액체연료가 미립화 되는데 영향을 미치는 요인으로 가장 거리가 먼 것은?

① 분사압력   ② 분사속도
③ 연료의 점도   ④ 연료의 발열량

030 저위발열량이 4,900kcal/Sm³인 가스연료의 이론연소온도(℃)는? (단, 이론연소가스량 : 10Sm³/Sm³, 기준온도 : 15℃, 연료연소가스의 평균정압비열 : 0.35kcal/Sm³·℃, 공기는 예열되지 않으며, 연소가스는 해리되지 않는 것으로 한다.)

① 1,015   ② 1,215
③ 1,415   ④ 1,615

031 어떤 화학반응 과정에서 반응물질이 25% 분해하는 데 41.3분 걸린다는 것을 알았다. 이 반응이 1차라고 가정할 때, 속도상수 $k(s^{-1})$는?

① 1.022×10^{-4} ② 1.161×10^{-4}
③ 1.232×10^{-4} ④ 1.437×10^{-4}

1차반응식

$$\ln\left(\frac{C}{C_o}\right) = k \times t$$

$$\ln\left(\frac{75}{100}\right) = -k \times 41.3 \min \times \frac{60s}{1 \min}$$

$$\therefore k = 1.1609 \times 10^{-4}/sec$$

정답 ②

032 중유의 원소조성은 C : 88%, H : 12%이다. 이 중유를 완전연소 시킨 결과, 중유 1kg당 건조 배기가스량이 15.8Sm³이었다면, 건조 배기가스 중의 CO_2의 농도(%)는?

① 10.4 ② 13.1
③ 16.8 ④ 19.5

실제 건가스(G_d, Sm³/kg) 중 CO_2(%)

$$\frac{CO_2}{G_d} \times 100(\%) = \frac{1.867 \times 0.88}{15.8} \times 100\% = 10.39\%$$

정답 ①

033 중유에 관한 설명과 거리가 먼 것은?

① 점도가 낮을수록 유동점이 낮아진다.
② 잔류탄소의 함량이 많아지면 점도가 높게 된다.
③ 점도가 낮은 것이 사용상 유리하고, 용적당 발열량이 적은 편이다.
④ 인화점이 높은 경우 역화의 위험이 있으며, 보통 그 예열온도보다 약 2℃ 정도 높은 것을 쓴다.

④ 점도가 높을수록 인화점이 높아지고, 폭발 위험(역화 위험)이 감소한다.

정답 ④

034 중유를 시간당 1,000kg씩 연소시키는 배출시설이 있다. 연돌의 단면적이 3m²일 때 배출가스의 유속(m/s)은? (단, 이 중유의 표준상태에서의 원소 조성 및 배출가스의 분석치는 아래 표와 같고, 배출가스의 온도는 270℃이다.)

> [중유의 조성]
> C : 86.0%, H : 13.0%, 황분 : 1.0%
> [배출가스의 분석결과]
> $(CO_2)+(SO_2)$: 13.0%, O_2 : 2.0%, CO : 0.1%

① 약 2.4 ② 약 3.2
③ 약 3.6 ④ 약 4.4

1) 공기비(m)

$$m = \frac{N_2}{N_2 - 3.76(O_2 - 0.5CO)}$$

$$= \frac{84.9}{84.9 - 3.76(2 - 0.5 \times 0.1)} = 1.0945$$

2) 습가스량(G_w)

2.1) $A_o = \frac{O_o}{0.21}$

$$= \frac{1.867C + 5.6\left(H - \frac{O}{8}\right) + 0.7S}{0.21}$$

$$= \frac{1.867 \times 0.86 + 5.6 \times 0.13 + 0.7 \times 0.01}{0.21}$$

$$= 11.1458 \, Sm^3/kg$$

2.2) G_w

$$G_w = mA_o + 5.6H + 0.7O + 0.8N + 1.244W$$

$$= 1.0945 \times 11.1458 + 5.6 \times 0.13$$

$$= 12.9270 \, Sm^3/kg$$

2.3) 270℃일 때 G_w

$$G_w = \frac{12.9270 \, Sm^3}{kg} \times \frac{273 + 270}{273 + 0}$$

$$= 25.7119 \, m^3/kg$$

3) 유속

$$V = \frac{Q}{A}$$

$$= \frac{G_w(m^3/kg) \times 1,000kg/hr}{A(m^2)} \times \frac{1 \, hr}{3,600 \, s}$$

$$= \frac{25.7119(m^3/kg) \times 1,000kg/hr}{3(m^2)} \times \frac{1 \, hr}{3,600 \, s}$$

$$= 2.38 \, m/s$$

정답 ①

035 메탄올 2.0kg을 완전 연소하는 데 필요한 이론 공기량(Sm^3)은?

① 2.5 ② 5.0

③ 7.5 ④ 10.0

1) 이론산소량(O_o)

$$CH_3OH + 1.5O_2 \rightarrow CO_2 + 2H_2O$$

32kg : $1.5 \times 22.4Sm^3$

2kg : $O_o(Sm^3)$

$\therefore O_o = 2.1Sm^3$

2) 이론공기량(A_o)

$$A_o = \frac{O_o}{0.21} = \frac{2.1Sm^3}{0.21} = 10Sm^3$$

정답 ④

036 연료의 종류에 따른 연소 특성으로 옳지 않은 것은?

① 기체연료는 부하의 변동범위(turn down ratio)가 좁고 연소의 조절이 용이하지 않다.
② 기체연료는 저발열량의 것으로 고온을 얻을 수 있고, 전열효율을 높일 수 있다.
③ 액체연료의 경우 회분은 아주 적지만, 재속의 금속산화물이 장해원인이 될 수 있다.
④ 액체연료는 화재, 역화 등의 위험이 크며, 연소온도가 높아 국부적인 과열을 일으키기 쉽다.

① 기체연료는 부하의 변동범위(turn down ratio)가 넓고 연소의 조절이 용이하다.

정답 ①

037 다음 각종 가스의 완전연소 시 단위부피당 이론 공기량(Sm^3/Sm^3)이 가장 큰 것은?

① Ethylene ② Methane

③ Acetylene ④ Propylene

① C_2H_4 ② CH_4 ③ C_2H_2 ④ C_3H_6

연료의 탄소(C)나 수소(H)의 수가 많을수록 이론공기량이 증가한다.

정답 ④

038 옥탄가(octane number)에 관한 설명으로 옳지 않은 것은?

① n-paraffine에서는 탄소수가 증가할수록 옥탄가가 저하하여 C_7에서 옥탄가는 0이다.
② iso-paraffine에서는 methyl측쇄가 많을수록, 특히 중앙부에 집중할수록 옥탄가는 증가한다.
③ 방향족 탄화수소의 경우 벤젠고리의 측쇄가 C_3까지는 옥탄가가 증가하지만 그 이상이면 감소한다.
④ iso-octane과 n-octane, neo-octane의 혼합 표준연료의 노킹정도와 비교하여 공급가솔린과 동등한 노킹정도를 나타내는 혼합표준연료 중의 iso-octane(%)를 말한다.

④ 옥탄가는 가장 노킹이 발생하기 쉬운 헵탄(heptane)의 옥탄가를 0으로 하고, 노킹이 발생하기 어려운 이소옥탄(iso-octane)의 옥탄가를 100으로 하여 옥탄가가 결정된다.

정답 ④

039 다음 각종 연료성분의 완전연소 시 단위 체적당 고위발열량(kcal/Sm^3)의 크기 순서로 옳은 것은?

① 일산화탄소 > 메탄 > 프로판 > 부탄
② 메탄 > 일산화탄소 > 프로판 > 부탄
③ 프로판 > 부탄 > 메탄 > 일산화탄소
④ 부탄 > 프로판 > 메탄 > 일산화탄소

연료의 탄소(C)나 수소(H)의 수가 많을수록 (고위)발열량 (kcal/Sm^3)이 증가한다.

∴ 부탄(C_4H_{10}) > 프로판(C_3H_8) > 메탄(CH_4) > 일산화탄소 (CO)

정답 ④

---

040 A석탄을 사용하여 가열로의 배출가스를 분석한 결과 CO_2 14.5%, O_2 6%, N_2 79%, CO 0.5% 이었다. 이 경우의 공기비는?

① 1.18   ② 1.38
③ 1.58   ④ 1.78

$$공기비(m) = \frac{N_2}{N_2 - 3.76(O_2 - 0.5CO)}$$

$$= \frac{79}{79 - 3.76 \times (6 - 0.5 \times 0.5)}$$

$$= 1.376$$

정답 ②

---

041 가로 a, 세로 b인 직사각형의 유로에 유체가 흐를 경우 상당직경(equivalent diameter)을 산출하는 간이식은?

① $\sqrt{ab}$ ② 2ab
③ $\sqrt{\dfrac{2(a+b)}{ab}}$ ④ $\dfrac{2ab}{a+b}$

$$상당직경 = \frac{2ab}{a+b}$$

정답 ④

---

042 중력 집진장치의 효율을 향상시키는 조건에 대한 설명으로 옳지 않은 것은?

① 침강실 내의 배기가스 기류는 균일하여야 한다.
② 침강실의 침전높이가 작을수록 집진율이 높아진다.
③ 침강실의 길이를 길게 하면 집진율이 높아진다.
④ 침강실 내 처리가스 속도가 클수록 미세한 분진을 포집할 수 있다.

---

④ 침강실 내 처리가스 속도가 작을수록 처리효율이 높고, 미세한 분진을 포집할 수 있다.

정답 ④

---

043 다음 [보기]가 설명하는 축류 송풍기의 유형으로 옳은 것은?

> 축류형 중 가장 효율이 높으며, 일반적으로 직선류 및 아담한 공간이 요구되는 HVAC 설비에 응용된다. 공기의 분포가 양호하여 많은 산업장에서 응용되고 있다.
> 효율과 압력상승 효과를 얻기 위해 직선형 고정날개를 사용하나, 날개의 모양과 간격은 변형되기도 한다.

① 원통 축류형 송풍기
② 방사 경사형 송풍기
③ 고정날개 축류형 송풍기
④ 공기회전자 축류형 송풍기

고정날개 축류형(베인형)
· 적은 공간 소요
· 축류형 중 가장 효율 높음
· 공기분포 양호

정답 ③

044 벤투리 스크러버의 액가스비를 크게 하는 요인으로 옳지 않은 것은?

① 먼지의 입경이 작을 때
② 먼지입자의 친수성이 클 때
③ 먼지입자의 점착성이 클 때
④ 처리가스의 온도가 높을 때

액가스비를 증가시켜야 하는 경우
· 먼지 입자의 소수성이 클 때
· 먼지의 입경이 작을 때
· 먼지 입자의 점착성이 클 때
· 처리가스의 온도가 높을 때

정답 ②

045 습식전기집진장치의 특징에 관한 설명 중 틀린 것은?

① 집진면이 청결하여 높은 전계 강도를 얻을 수 있다.
② 고저항의 먼지로 인한 역전리 현상이 일어나기 쉽다.
③ 건식에 비하여 가스의 처리속도를 2배 정도 크게 할 수 있다.
④ 작은 전기저항에 의해 생기는 먼지의 재비산을 방지할 수 있다.

② 습식은 역전리 현상이나 재비산이 일어나기 어렵다.

정답 ②

046 면적 $1.5m^2$인 여과집진장치로 먼지농도가 $1.5g/m^3$인 배기가스가 $100m^3/min$으로 통과하고 있다. 먼지가 모두 여과포에서 제거되었으며, 집진된 먼지층의 밀도가 $1g/cm^3$라면 1시간 후 여과된 먼지층의 두께(mm)는?

① 1.5   ② 3
③ 6   ④ 15

1) 속도

$$V = \frac{Q}{A} = \frac{100m^3/min}{1.5m^2} = 66.6667m/min$$

2) 먼지부하(L_d)

$$L_d = C_i \times V_f \times t \times \eta$$

$$= \frac{15g}{m^3} \times \frac{66.6667m}{min} \times 60min \times 1$$

$$= 6,000g/m^2 = 6kg/m^2$$

3) 먼지층의 밀도(ρ)

$$\rho = \frac{1g}{cm^3} = \frac{1kg}{10^3g} \times \left(\frac{100cm}{1m}\right)^3 = 1,000kg/m^3$$

4) 먼지층의 두께(mm)

$$\frac{L_d}{\rho} = \frac{6kg/m^2}{1,000kg/m^3} = 0.006m = 6mm$$

정답 ③

047 배연탈황기술과 가장 거리가 먼 것은?

① 암모니아법   ② 석회석 주입법
③ 수소화 탈황법   ④ 활성산화 망간법

048 입자상 물질에 관한 설명으로 가장 거리가 먼 것은?

① 직경 d인 구형입자의 비표면적(단위체적당 표면적)은 d/6이다.
② cascade impactor는 관성충돌을 이용하여 입경을 간접적으로 측정하는 방법이다.
③ 공기동력학경은 stokes경과 달리 입자밀도를 $1g/cm^3$으로 가정함으로써 보다 쉽게 입경을 나타낼 수 있다.
④ 비구형입자에서 입자의 밀도가 1보다 클 경우 공기동력학경은 stokes경에 비해 항상 크다고 볼 수 있다.

049 황함유량 2.5%인 중유를 30ton/h로 연소하는 보일러에서 배기가스를 NaOH 수용액으로 처리한 후 황성분을 전량 Na_2SO_3로 회수할 경우, 이때 필요한 NaOH의 이론량(kg/h)은? (단, 황성분은 전량 SO_2로 전환된다.)

① 1,750   ② 1,875
③ 1,935   ④ 2,015

050 배출가스의 온도를 냉각시키는 방법 중 열교환법의 특성으로 가장 거리가 먼 것은?

① 운전비 및 유지비가 높다.
② 열에너지를 회수할 수 있다.
③ 최종 공기부피가 공기희석법, 살수법에 비해 매우 크다.
④ 온도감소로 인해 상대습도는 증가하지만 가스 중 수분량에는 거의 변화가 없다.

051 다음 유해가스 처리에 관한 설명 중 가장 거리가 먼 것은?

① 시안화수소는 물에 대한 용해도가 매우 크므로 가스를 물로 세정하여 처리한다.
② 염화인(PCl_3)은 물에 대한 용해도가 낮아 암모니아를 불어넣어 병류식 충전탑에서 흡수 처리한다.
③ 아크로레인은 그대로 흡수가 불가능하며 NaClO 등의 산화제를 혼입한 가성소다 용액으로 흡수 제거한다.
④ 이산화셀렌은 코트렐집진기로 포집, 결정으로 석출, 물에 잘 용해되는 성질을 이용해 스크러버에 의해 세정하는 방법 등이 이용된다.

052 여과 집진장치에 관한 설명으로 옳지 않은 것은?

① 폭발성, 점착성 및 흡습성 분진의 제거에 효과적이다.
② 탈진방식 중 간헐식은 여포의 수명이 연속식에 비해 길다.
③ 탈진방식 중 간헐식은 진동형, 역기류형, 역기류진동형으로 분류할 수 있다.
④ 여과재는 내열성이 약하므로 고온가스 냉각 시 산노점(dew point) 이상으로 유지해야 한다.

053 다음 발생 먼지 종류 중 일반적으로 S/Sb가 가장 큰 것은? (단, S는 진비중, Sb는 겉보기 비중이다.)

① 카본블랙
② 시멘트킬른
③ 미분탄보일러
④ 골재드라이어

054 집진장치의 압력손실이 400mmH$_2$O, 처리가스량이 30,000m^3/h이고, 송풍기의 전압효율은 70%, 여유율이 1.2일 때 송풍기의 축동력(kW)은? (단, 1kW=102kg$_f$ · m/s이다.)

① 36
② 56
③ 80
④ 95

055 흡착과정에 대한 설명으로 옳지 않은 것은?

① 파과곡선의 형태는 흡착탑의 경우에 따라서 비교적 기울기가 큰 것이 바람직하다.
② 포화점에서는 주어진 온도와 압력조건에서 흡착제가 가장 많은 양의 흡착질을 흡착하는 점이다.
③ 실제의 흡착은 비정상상태에서 진행되므로 흡착의 초기에는 흡착이 천천히 진행되다가 어느 정도 흡착이 진행되면 빠르게 흡착이 이루어진다.
④ 흡착제층 전체가 포화되어 배출가스 중에 오염가스 일부가 남게 되는 점을 파과점이라 하고, 이점 이후부터는 오염가스의 농도가 급격히 증가한다.

③ 실제의 흡착은 비정상상태에서 진행되므로 흡착의 초기에는 흡착이 빠르게 진행되다가 어느 정도 흡착이 진행되면 느리게 흡착이 이루어진다.

정답 ③

056 압력손실이 250mmH₂O이고, 처리가스량 30000 m³/h인 집진장치의 송풍기 소요동력(kW)은? (단, 송풍기의 효율은 80%, 여유율은 1.25이다.)

① 약 25   ② 약 29
③ 약 32   ④ 약 38

$$P = \frac{Q \times \triangle P \times \alpha}{102 \times \eta}$$

$$= \frac{\left(\dfrac{30,000\,\text{m}^3}{\text{hr}} \times \dfrac{1\,\text{hr}}{3,600\,\text{sec}} \right) \times 250 \times 1.25}{102 \times 0.8}$$

$$= 31.91\,\text{kW}$$

여기서, P : 소요 동력(kW)
Q : 처리가스량(m³/sec)
$\triangle$P : 압력(mmH₂O)
α : 여유율(안전율)
η : 효율

정답 ③

057 흡수장치에 사용되는 흡수액이 갖추어야 할 요건으로 옳은 것은?

① 용해도가 낮아야 한다.
② 휘발성이 높아야 한다.
③ 부식성이 높아야 한다.
④ 점성은 비교적 낮아야 한다.

흡수액의 구비요건

· 용해도가 높아야 한다.
· 휘발성이 낮아야 한다.
· 부식성이 낮아야 한다.
· 흡수액의 점성이 비교적 낮아야 한다.
· 용매의 화학적 성질과 비슷해야 한다.

정답 ④

058 유량측정에 사용되는 가스 유속측정 장치 중 작동원리로 Bernoulli식이 적용되지 않는 것은?

① 로터미터(Rotameter)
② 벤투리장치(Venturi meter)
③ 건조가스장치(Dry gas meter)
④ 오리피스장치(Orifice meter)

베르누이 식이 적용되는 것

· 벤투리미터
· 피토관
· 오리피스
· 로터미터

정답 ③

059 어떤 집진장치의 입구와 출구의 함진가스의 분진농도가 7.5g/Sm^3과 0.055g/Sm^3이었다. 또한 입구와 출구에서 측정한 분진시료 중 입경이 0~5μm인 입자의 중량분율은 전분진에 대하여 0.1과 0.5이었다면 0~5μm의 입경을 가진 입자의 부분집진율(%)은?

① 약 87　　　　　② 약 89
③ 약 96　　　　　④ 약 98

부분집진율

$$\eta = \left(1 - \frac{C\,f}{C_0\,f_0}\right) \times 100$$

$$\eta = \left(1 - \frac{0.055g/Sm^3 \times 0.5}{7.5g/Sm^3 \times 0.1}\right) \times 100 = 96.33\%$$

정답 ③

---

060 실내에서 발생하는 CO_2의 양이 시간당 0.3m^3일 때 필요한 환기량(m^3/h)은? (단, CO_2의 허용농도와 외기의 CO_2농도는 각각 0.1%와 0.03%이다.)

① 약 145　　　　　② 약 210
③ 약 320　　　　　④ 약 430

$$Q = \frac{M}{C_o - C} = \frac{0.3m^3/hr}{0.001 - 0.0003} = 428.57m^3/hr$$

여기서,　Q　：　환기량(m^3/hr)
　　　　　M　：　발생량(m^3/hr)
　　　　　C_o　：　실내 허용 농도(m^3/m^3)
　　　　　C　：　신선 외기 농도(m^3/m^3)

정답 ④

4과목 　대기오염 공정시험기준(방법)

061 굴뚝 배출가스 중 총탄화수소 측정을 위한 장치 구성조건 등에 관한 설명으로 옳지 않은 것은?

① 기록계를 사용하는 경우에는 최소 4회/분이 되는 기록계를 사용한다.
② 총탄화수소분석기는 흡광차분광방식 또는 비불꽃 (non flame) 이온크로마토그램방식의 분석기를 사용하며 폭발위험이 없어야 한다.
③ 시료채취관은 스테인리스강 또는 이와 동등한 재질의 것으로 하고 굴뚝중심 부분의 10%범위 내에 위치할 정도의 길이의 것을 사용한다.
④ 영점가스로는 총탄화수소농도(프로판 또는 탄소등가 농도)가 0.1mL/m^3 이하 또는 스팬값의 0.1% 이하인 고순도 공기를 사용한다.

② 총탄화수소분석기는 불꽃이온화분석기(flame ionization detector)를 사용한다.

[개정 – 용어변경] 프로판 → 프로페인

정답 ②

062 다음은 연소관식 공기법을 사용하여 유류 중 황함유량을 분석하는 방법이다. (   ) 안에 알맞은 것은?

> 950℃~1,100℃로 가열한 석영 재질 연소관 중에 공기를 불어넣어 시료를 연소시킨다. 생성된 황산화물을 (㉠)에 흡수시켜 황산으로 만든 다음, (㉡)으로 중화적정하여 황함유량을 구한다.

① ㉠ 수산화소듐, ㉡ 염산표준액
② ㉠ 염산, ㉡ 수산화소듐 표준액
③ ㉠ 과산화수소(3%), ㉡ 수산화소듐 표준액
④ ㉠ 싸이오시안산용액, ㉡ 수산화칼슘 표준액

유류 중의 황함유량 분석방법 – 연소관식 공기법

이 시험기준은 원유, 경유, 중유 등의 황함유량을 측정하는 방법을 규정하며 유류 중 황함유량이 질량분율 0.010% 이상의 경우에 적용하며 방법검출한계는 질량분율 0.003%이다. 950~1,100℃로 가열한 석영 재질 연소관 중에 공기를 불어넣어 시료를 연소시킨다. 생성된 황산화물을 과산화수소(3%)에 흡수시켜 황산으로 만든 다음, 수산화소듐 표준액으로 중화적정하여 황함유량을 구한다.

정답 ③

063 굴뚝 배출가스 중 먼지의 자동 연속 측정방법에서 사용하는 용어의 뜻으로 옳지 않은 것은?

① 검출한계는 제로드리프트의 2배에 해당하는 지시치가 갖는 교정용 입자의 먼지농도를 말한다.
② 응답시간은 표준교정판을 끼우고 측정을 시작했을 때 그 보정치의 90%에 해당하는 지시치를 나타낼 때까지 걸린 시간을 말한다.
③ 교정용입자는 실내에서 감도 및 교정오차를 구할 때 사용하는 균일계 단분산 입자로서 기하평균 입경이 0.3~3㎛인 인공입자로 한다.
④ 시험가동시간이란 연속자동측정기를 정상적인 조건에서 운전할 때 예기치 않는 수리, 조정 및 부품교환 없이 연속가동 할 수 있는 최소 시간을 말한다.

② 응답시간 : 표준교정판(필름)을 끼우고 측정을 시작했을 때 그 보정치의 95%에 해당하는 지시치를 나타낼 때까지 걸린 시간을 말한다.

정답 ②

064 배출가스 중 먼지를 여과지에 포집하고 이를 적당한 방법으로 처리하여 분석용 시험용액으로 한 후 원자흡수분광광도법을 이용하여 각종 금속원소의 원자흡광도를 측정하여 정량분석하고자 할 때, 다음 중 금속원소별 측정파장으로 옳게 짝지어진 것은?

① Pb : 357.9nm
② Cu : 228.8nm
③ Ni : 283.3nm
④ Zn : 213.8nm

원자흡수분광광도법의 측정파장(개정후)

측정 금속	측정파장(nm)
Zn	213.8
Pb	217.0/283.3
Cd	228.8
Ni	232.0
Fe	248.3
Cu	324.8
Cr	357.9
Be	234.9

정답 ④

065 보통형(I형) 흡입노즐을 사용한 굴뚝배출가스 흡입 시 10분간 채취한 흡입가스량(습식가스미터에서 읽은 값)이 60L이었다. 이때 등속흡입이 행하여지기 위한 가스미터에 있어서의 등속흡입유량(L/min)의 범위는? (단, 등속흡입 정도를 알기 위한 등속흡입계수 $I(\%) = \dfrac{V_m}{q_m \times t} \times 100$이다.)

① 3.3 ~ 5.3   ② 5.5 ~ 6.3
③ 6.5 ~ 7.3   ④ 7.5 ~ 8.3

등속흡입 정도를 알기 위하여 다음 식에 의해 구한 값이 90% ~ 110% 범위여야 한다. (개정됨)

$$I(\%) = \frac{V_m}{q_m \times t} \times 100$$

여기서, I : 등속계수(%)

V_m : 흡입기체량(습식가스미터에서 읽은 값)(L)

q_m : 가스미터에 있어서의 등속 흡입유량(L/min)

t : 기체 흡입시간(분)

1) 90%일 때, 등속흡입유량

$$90(\%) = \frac{60L}{q_m \times 10\min} \times 100$$

∴ q_m = 6.67 L/min

2) 110%일 때, 등속흡입유량

$$110(\%) = \frac{60L}{q_m \times 10\min} \times 100$$

∴ q_m = 5.45L/min

그러므로, 5.45~6.67L/min

정답 ②

---

066 다음은 굴뚝 배출가스 중 황산화물의 중화적정법에 관한 설명이다. ( ) 안에 알맞은 것은?

> 메틸레드 – 메틸렌블루 혼합지시약 (3~5) 방울을 가하여 (㉠)으로 적정하고 용액의 색이 (㉡)으로 변한 점을 종말점으로 한다.

① ㉠ 에틸아민동용액, ㉡ 녹색에서 자주색
② ㉠ 에틸아민동용액, ㉡ 자주색에서 녹색
③ ㉠ 0.1N 수산화소듐용액, ㉡ 녹색에서 자주색
④ ㉠ 0.1N 수산화소듐용액, ㉡ 자주색에서 녹색

배출가스 중 황산화물 – 중화적정법

시료를 과산화수소수에 흡수시켜 황산화물을 황산으로 만든 후 메틸레드 – 메틸렌블루 혼합지시약 (3~5) 방울을 가하여 0.1N 수산화소듐 용액으로 적정하여 액의 색이 자주색에서 녹색으로 변화하는 점을 종말점으로 한다.

[개정] "배출가스 중 황산화물 – 중화적정법"은 공정시험기준에서 삭제되어 더 이상 출제되지 않습니다.

정답 ④

---

067 자외선/가시선 분광법에 의한 불소화합물 분석방법에 관한 설명으로 옳지 않은 것은?

① 분광광도계로 측정 시 흡수 파장은 460nm를 사용한다.
② 이 방법의 정량범위는 HF로서 0.05ppm~ 1,200ppm이며, 방법검출한계는 0.015ppm이다.
③ 시료가스 중에 알루미늄(Ⅲ), 철(Ⅱ), 구리(Ⅱ), 아연(Ⅱ) 등의 중금속 이온이나 인산 이온이 존재하면 방해 효과를 나타낸다.
④ 굴뚝에서 적절한 시료채취장치를 이용하여 얻은 시료 흡수액을 일정량으로 묽게 한 다음 완충액을 가하여 pH를 조절하고 란탄과 알리자린콤플렉손을 가하여 생성되는 생성물의 흡광도를 분광광도계로 측정한다.

---

① 분광광도계로 측정 시 흡수 파장은 620nm를 사용한다.

[개정] 해당 공정시험기준은 개정되었습니다.

이론 681쪽 "배출가스 중 플루오린화합물 – 자외선/가시선분광법"으로 개정사항을 숙지해 주세요.

정답 ①

068 자외선/가시선 분광분석 측정에서 최초광의 60%가 흡수되었을 때의 흡광도는?

① 0.25 ② 0.3
③ 0.4 ④ 0.6

흡광도 - 램버어트-비어 법칙

$I_t = 100\% - $ 흡수율

$\quad = 100\% - 60\%$

$\quad = 40\%$

$A = \log \dfrac{I_0}{I_t} = \log \dfrac{100}{40} = 0.397$

A : 흡광도

I_0 : 입사광의 강도

I_t : 투사광의 강도

정답 ③

069 배출허용기준 중 표준 산소농도를 적용받는 어떤 오염물질의 보정된 배출가스 유량이 50 Sm^3/day이었다. 이때 배출가스를 분석하니 실측 산소농도는 5%, 표준 산소농도는 3%일 때, 측정되어진 실측 배출가스 유량(Sm^3/day)은?

① 46.25 ② 51.25
③ 56.25 ④ 61.25

배출가스유량 보정

$Q = Q_a \div \dfrac{21 - O_s}{21 - O_a}$

$50 = Q_a \div \dfrac{21 - 3}{21 - 5}$

$\therefore Q_a = 56.25 \ Sm^3/day$

여기서,

Q : 배출가스유량(Sm^3/일)

O_s : 표준산소농도(%)

O_a : 실측산소농도(%)

Q_a : 실측배출가스유량(Sm^3/일)

정답 ③

070 비분산적외선분광분석법에서 사용하는 주요 용어의 의미로 옳지 않은 것은?

① 스팬가스 : 분석기의 최저 눈금 값을 교정하기 위하여 사용하는 가스
② 스팬 드리프트 : 측정기의 교정범위눈금에 대한 지시 값의 일정기간 내의 변동
③ 정필터형 : 측정성분이 흡수되는 적외선을 그 흡수파장에서 측정하는 방식
④ 비교가스 : 시료셀에서 적외선 흡수를 측정하는 경우 대조가스로 사용하는 것으로 적외선을 흡수하지 않는 가스

① 스팬가스 : 분석기의 최고 눈금 값을 교정하기 위하여 사용하는 가스

정답 ①

071 흡광차분광법을 사용하여 아황산가스를 분석할 때 간섭성분으로 오존(O_3)이 존재할 경우 다음 조건에 따른 오존의 영향(%)을 산출한 값은?

- 오존을 첨가했을 경우의 지시 값 : 0.7(μmol/mol)
- 오존을 첨가하지 않은 경우의 지시 값 : 0.5(μmol/mol)
- 분석기기의 최대 눈금 값 : 5(μmol/mol)
- 분석기기의 최소 눈금 값 : 0.01(μmol/mol)

① 1 ② 2
③ 3 ④ 4

$R_t = \dfrac{(A - B)}{C} \times 100$

$\quad = \dfrac{(0.7 - 0.5)}{5} \times 100 = 4$

여기서,

R_t : 오존의 영향(%)

A : 오존을 첨가했을 경우의 지시 값(μmol/mol)

B : 오존을 첨가하지 않은 경우의 지시 값(μmol/mol)

C : 최대 눈금 값(μmol/mol)

정답 ④

072 원자흡수분광광도법의 장치 구성이 순서대로 옳게 나열된 것은?

① 광원부 → 파장선택부 → 측광부 → 시료원자화부
② 광원부 → 시료원자화부 → 파장선택부 → 측광부
③ 시료원자화부 → 광원부 → 파장선택부 → 측광부
④ 시료원자화부 → 파장선택부 → 광원부 → 측광부

원자흡수분광광도법 장치 구성 순서

광원부 → 시료원자화부 → 파장선택부 → 측광부

정답 ②

073 굴뚝 배출가스 중 질소산화물의 연속 자동측정법으로 옳지 않은 것은?

① 화학발광법
② 용액전도율법
③ 자외선흡수법
④ 적외선흡수법

배출가스 중 연속자동측정방법 – 질소산화물

· 화학발광법
· 적외선흡수법
· 자외선흡수법
· 정전위전해법

정답 ②

074 다음은 기체크로마토그램에서 피크(peak)의 분리 정도를 나타낸 그림이다. 분리계수(d)와 분리도 (R)를 구하는 식으로 옳은 것은?

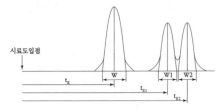

① $d = \dfrac{t_{R2}}{t_{R1}},\ R = \dfrac{2(t_{R2} - t_{R1})}{W1 + W2}$

② $d = t_{R2} - t_{R1},\ R = \dfrac{t_{R2} + t_{R1}}{W1 + W2}$

③ $d = \dfrac{t_{R2} - t_{R1}}{W1 + W2},\ R = \dfrac{t_{R2}}{t_{R1}}$

④ $d = \dfrac{t_{R2} - t_{R1}}{2},\ R = 100 \times d(\%)$

· 분리계수$(d) = \dfrac{t_{R2}}{t_{R1}}$

· 분리도$(R) = \dfrac{2(t_{R2} - t_{R1})}{W_1 + W_2}$

정답 ①

075 기체−액체 크로마토그래피에서 사용되는 고정상 액체(Stationary Liquid)의 조건으로 옳은 것은?

① 사용온도에서 증기압이 낮고, 점성이 작은 것이어야 한다.
② 사용온도에서 증기압이 낮고, 점성이 큰 것이어야 한다.
③ 사용온도에서 증기압이 높고, 점성이 작은 것이어야 한다.
④ 사용온도에서 증기압이 높고, 점성이 큰 것이어야 한다.

[기체−액체 크로마토그래피] 고정상 액체의 조건
· 분석대상 성분을 완전히 분리할 수 있는 것이어야 한다.
· 사용온도에서 증기압이 낮고, 점성이 작은 것이어야 한다.
· 화학적으로 안정된 것이어야 한다.
· 화학적 성분이 일정한 것이어야 한다.

정답 ①

076 다음 중 물질을 취급 또는 보관하는 동안에 기체 또는 미생물이 침입하지 않도록 내용물을 보호하는 용기를 뜻하는 것은?

① 기밀용기
② 밀폐용기
③ 밀봉용기
④ 차광용기

용기
· 용기 : 시험용액 또는 시험에 관계된 물질을 보존, 운반 또는 조작하기 위하여 넣어두는 것으로 시험에 지장을 주지 않도록 깨끗한 것
· 밀폐용기 : 물질을 취급 또는 보관하는 동안에 이물이 들어가거나 내용물이 손실되지 않도록 보호하는 용기
· 기밀용기 : 물질을 취급 또는 보관하는 동안에 외부로부터의 공기 또는 다른 가스가 침입하지 않도록 내용물을 보호하는 용기
· 밀봉용기 : 물질을 취급 또는 보관하는 동안에 기체 또는 미생물이 침입하지 않도록 내용물을 보호하는 용기
· 차광용기 : 광선을 투과하지 않은 용기 또는 투과하지 않게 포장을 한 용기로서 취급 또는 보관하는 동안에 내용물의 광화학적 변화를 방지할 수 있는 용기

정답 ③

077 대기오염공정시험기준상 자외선/가시선 분광법에서 사용되는 흡수셀의 재질에 따른 사용 파장범위로 가장 적합한 것은?

① 플라스틱제는 자외부 파장범위
② 플라스틱제는 가시부 파장범위
③ 유리제는 가시부 및 근적외부 파장범위
④ 석영제는 가시부 및 근적외부 파장범위

자외선/가시선 분광법 − 흡수셀의 재질
· 유리제 : 가시 및 근적외부
· 석영제 : 자외부

정답 ③

078 다음 분석가스 중 아연아민착염용액을 흡수액으로 사용하는 것은?

① 황화수소 ② 브롬화합물
③ 질소산화물 ④ 폼알데하이드

② 브로민화합물 : 수산화소듐

③ 질소산화물 : 황산용액(개정후)

④ 폼알데하이드 : 크로모트로핀산 + 황산 / 아세틸아세톤 함유 흡수액

[개정] 해당 공정시험기준은 개정되었습니다.

이론 549쪽 〈표 4. 분석물질별 분석방법 및 흡수액〉으로 개정사항을 숙지해 주세요.

[개정 – 용어변경] 브롬 → 브로민

정답 ①

079 굴뚝 배출가스 중의 황화수소를 아이오딘 적정법으로 분석하는 방법에 관한 설명으로 거리가 먼 것은?

① 다른 산화성 및 환원성 가스에 의한 방해는 받지 않는 장점이 있다.
② 시료 중의 황화수소를 염산산성으로 하고, 아이오딘 용액을 가하여 과잉의 아이오딘을 싸이오황산소듐 용액으로 적정한다.
③ 시료 중의 황화수소가 100~2,000ppm 함유되어 있는 경우의 분석에 적합한 시료채취량은 10~20L, 흡입속도는 1L/min 정도이다.
④ 녹말 지시약(질량분율 1%)은 가용성 녹말 1g을 소량의 물과 섞어 끓는 물 100mL 중에 잘 흔들어 섞으면서 가하고, 약 1분간 끓인 후 식혀서 사용한다.

① 다른 산화성 및 환원성 가스에 의한 방해를 받는다.

[개정] "배출가스 중 황화수소-아이오딘적정법"은 공정시험기준에서 삭제되어 더 이상 출제되지 않습니다.

정답 ①

080 다음 [보기]가 설명하는 굴뚝 배출가스 중의 산소측정방식으로 옳은 것은?

> [보기]
> 이 방식은 주기적으로 단속하는 자계 내에서 산소분자에 작용하는 단속적인 흡입력을 자계 내에 일정유량으로 유입하는 보조가스의 배압 변화량으로서 검출한다.

① 전극 방식 ② 덤벨형 방식
③ 질코니아 방식 ④ 압력검출형 방식

① 전극 방식 : 이 방식에서는 산화환원반응을 일으키는 가스(SO_2, CO_2 등)의 영향을 무시할 수 있는 경우 또는 영향을 제거할 수 있는 경우에 적용할 수 있다.

② 덤벨형 방식 : 방식은 덤벨(dumb–bell)과 시료 중의 산소와의 자기화 강도의 차에 의하여 생기는 덤벨의 편위량을 검출한다.

③ 질코니아 방식 : 이 방식은 고온에서 산소와 반응하는 가연성가스(일산화탄소, 메테인 등) 또는 질코니아소자를 부식시키는 가스(SO_2 등)의 영향을 무시할 수 있는 경우 또는 그 영향을 제거할 수 있는 경우에 적용한다.

정답 ④

5과목 대기환경관계법규

081 대기환경보전법령상 자동차 연료(휘발유)의 제조기준 중 벤젠 함량(부피 %) 기준으로 옳은 것은?

① 1.5 이하 ② 1.0 이하
③ 0.7 이하 ④ 0.0013 이하

대기환경보전법 시행규칙 [별표 33]

자동차연료 · 첨가제 또는 촉매제의 제조기준(제115조 관련) 참조

정답 ③

082 대기환경보전법령상 먼지·황산화물 및 질소산화물의 연간 발생량 합계가 18톤인 배출구의 자가측정횟수 기준은? (단, 특정대기유해물질이 배출되지 않으며, 관제센터로 측정결과를 자동전송하지 않는 사업장의 배출구이다.)

① 매주 1회 이상
② 매월 2회 이상
③ 2개월마다 1회 이상
④ 반기마다 1회 이상

대기환경보전법 시행규칙 [별표 11]

자가측정의 대상·항목 및 방법(제52조제3항 관련)

1. 관제센터로 측정결과를 자동전송하지 않는 사업장의 배출구

구 분	배출구별 규모 (먼지·황산화물 및 질소산화물의 연간 발생량 합계)	측정횟수
제1종 배출구	80톤 이상인 배출구	매주 1회 이상
제2종 배출구	20톤 이상 80톤 미만인 배출구	매월 2회 이상
제3종 배출구	10톤 이상 20톤 미만인 배출구	2개월마다 1회 이상
제4종 배출구	2톤 이상 10톤 미만인 배출구	반기마다 1회 이상
제5종 배출구	2톤 미만인 배출구	반기마다 1회 이상

측정항목 : 배출허용기준이 적용되는 대기오염물질
다만, 비산먼지는 제외한다.

정답 ③

083 대기환경보전법령상 청정연료를 사용하여야 하는 대상시설의 범위에 해당하지 않는 시설은?

① 산업용 열병합 발전시설
② 전체보일러의 시간당 총 증발량이 0.2톤 이상인 업무용보일러
③ 「집단에너지사업법 시행령」에 따른 지역냉난방사업을 위한 시설
④ 「건축법 시행령」에 따른 중앙집중난방방식으로 열을 공급받고 단지 내의 모든 세대의 평균 전용면적이 40.0m²를 초과하는 공동주택

① 발전시설. 다만, 산업용 열병합 발전시설은 제외한다.
대기환경보전법 시행령 [별표 11의3]
청정연료 사용 기준(제43조 관련) 참조

정답 ①

084 대기환경보전법령상 가스형태의 물질 중 소각용량이 시간당 2톤(의료폐기물 처리시설은 시간당 200kg) 이상인 소각처리시설에서의 일산화탄소 배출허용기준(ppm)은? (단, 각 보기 항의 (   )안의 값은 표준산소농도(O_2의 백분율)를 의미한다.)

① 30(12) 이하
② 50(12) 이하
③ 200 (12) 이하
④ 300(12) 이하

대기환경보전법 시행규칙 [별표 8]
대기오염물질의 배출허용기준(제15조 관련) 참조
2. 2020년 1월 1일부터 적용되는 배출허용기준
가. 가스형태의 물질
1) 일반적인 배출허용기준

대기오염물질	배출시설	배출허용기준
일산화탄소 (ppm)	1) 폐수·폐기물·폐가스 소각처리시설 (소각보일러를 포함한다)	
	가) 소각용량이 시간당 2톤(의료폐기물 처리시설은 시간당 200 킬로그램) 이상인 시설	50(12) 이하
	나) 소각용량 시간당 2톤 미만인 시설	200(12) 이하
	2) 석유 정제품 제조시설 중 중질유 분해시설의 일산화탄소 소각보일러	200(12) 이하
	3) 고형연료제품 제조·사용시설 및 관련시설	
	가) 고형연료제품 사용량이 시간당 2톤 이상인 시설	50(12) 이하
	나) 고형연료제품 사용량이 시간당 200킬로그램 이상 2톤 미만인 시설	150(12) 이하
	다) 일반 고형연료제품(SRF) 제조시설 중 건조·가열시설	300(15) 이하
	라) 바이오매스 및 목재펠릿 사용시설	200(12) 이하
	4) 화장로시설	
	가) 2009년 12월 31일 이전 설치시설	200(12) 이하
	나) 2010년 1월 1일 이후 설치시설	80(12) 이하

정답 ②

085 대기환경보전법령상 벌칙기준 중 7년 이하의 징역이나 1억원 이하의 벌금에 처하는 것은?

① 대기오염물질의 배출허용기준 확인을 위한 측정기기의 부착 등의 조치를 하지 아니한 자
② 황연료사용 제한조치 등의 명령을 위반한 자
③ 제작차 배출허용기준에 맞지 아니하게 자동차를 제작한 자
④ 배출가스 전문정비사업자로 등록하지 아니하고 정비·점검 또는 확인검사 업무를 한 자

① 5년 이하의 징역 또는 5천만원 이하의 벌금
② 5년 이하의 징역 또는 5천만원 이하의 벌금
④ 5년 이하의 징역 또는 5천만원 이하의 벌금

정답 ③

086 대기환경보전법령상 대기오염도 검사기관과 거리가 먼 것은?

① 수도권대기환경청
② 환경보전협회
③ 한국환경공단
④ 유역환경청

대기오염도 검사기관
1. 국립환경과학원
2. 시도의 보건환경연구원
3. 유역환경청, 지방환경청 또는 수도권대기환경청
4. 한국환경공단
5. 「국가표준기본법」 제23조에 따른 인정을 받은 시험·검사기관 중 환경부장관이 정하여 고시하는 기관

정답 ②

087 악취방지법령상 지정악취물질이 아닌 것은?

① 아세트알데하이드
② 메틸메르캅탄
③ 톨루엔
④ 벤젠

④ 벤젠은 지정악취물질이 아니다.

정답 ④

088 환경정책기본법령상 미세먼지(PM-10)의 대기 환경기준은? (단, 연간평균치 기준이다.)

① $10\mu g/m^3$ 이하   ② $25\mu g/m^3$ 이하
③ $30\mu g/m^3$ 이하   ④ $50\mu g/m^3$ 이하

환경정책기본법상 대기 환경기준 <개정 2019. 7. 2.>

측정 시간	SO_2 (ppm)	NO_2 (ppm)	O_3 (ppm)	CO (ppm)
연간	0.02	0.03	–	–
24시간	0.05	0.06	–	–
8시간	–	–	0.06	9
1시간	0.15	0.10	0.10	25

측정 시간	PM_{10} ($\mu g/m^3$)	$PM_{2.5}$ ($\mu g/m^3$)	납(Pb) ($\mu g/m^3$)	벤젠 ($\mu g/m^3$)
연간	50	15	0.5	5
24시간	100	35	–	–
8시간	–	–	–	–
1시간	–	–	–	–

정답 ④

089 다음은 대기환경보전법령상 환경기술인에 관한 사항이다. (   ) 안에 알맞은 것은?

> 환경기술인을 두어야 할 사업장의 범위, 환경기술인의 자격기준, 임명기간은 (   )으로 정한다.

① 시·도지사령   ② 총리령
③ 환경부령   ④ 대통령령

환경기술인을 두어야 할 사업장의 범위, 환경기술인의 자격기준, 임명기간은 대통령령으로 정한다.

정답 ④

090 다음은 대기환경보전법령상 환경부령으로 정하는 첨가제 제조기준에 맞는 제품의 표시방법이다. (   ) 안에 알맞은 것은?

> 표시크기는 첨가제 또는 촉매제 용기 앞면의 제품명 밑에 제품명 글자크기의 (   )에 해당하는 크기로 표시하여야 한다.

① 100분의 10 이상
② 100분의 20 이상
③ 100분의 30 이상
④ 100분의 50 이상

첨가제 또는 촉매제 용기 앞면의 제품명 밑에 제품명 글자크기의 100분의 30 이상에 해당하는 크기로 표시하여야 한다.

정답 ③

091 실내공기질 관리법령상 신축 공동주택 실내공기질 권고기준으로 옳은 것은?

① 스티렌 $360\mu g/m^3$ 이하
② 폼알데하이드 $360\mu g/m^3$ 이하
③ 자일렌 $360\mu g/m^3$ 이하
④ 에틸벤젠 $360\mu g/m^3$ 이하

신축 공동주택의 실내공기질 권고기준(제7조의2 관련)

물질	실내공기질 권고 기준
벤젠	$30\mu g/m^3$ 이하
폼알데하이드	$210\mu g/m^3$ 이하
스티렌	$300\mu g/m^3$ 이하
에틸벤젠	$360\mu g/m^3$ 이하
자일렌	$700\mu g/m^3$ 이하
톨루엔	$1,000\mu g/m^3$ 이하
라돈	$148Bq/m^3$ 이하

정답 ④

092 다음은 악취방지법령상 악취검사기관의 준수사항에 관한 내용이다. (   ) 안에 알맞은 것은?

> 검사기관이 법인인 경우 보유차량에 국가기관의 악취검사차량으로 잘못 인식하게 하는 문구를 표시하거나 과대표시를 해서는 아니되며, 검사기관은 다음의 서류를 작성하여 (   ) 보존하여야 한다.
>
> 가. 실험일지 및 검량선 기록지
>
> 나. 검사결과 발송 대장
>
> 다. 정도관리 수행기록철

① 1년간   ② 2년간
③ 3년간   ④ 5년간

기간 정리

· 악취방지법규상 악취검사기관의 준수사항 중 실험일지 및 검량선 기록지, 검사 결과 발송 대장, 정도관리 수행기록철 등의 보존기간 : 3년간
· 배출시설 및 방지시설 운영기록 보존기간 : 1년간
· 과태료의 가중된 부과기준 부과기간 : 최근 1년간 같은 위반행위 적용
· 자가측정 시 사용한 여과지 및 시료채취기록지의 보존기간 : 측정한 날부터 6개월

정답 ③

093 악취방지법령상 위임업무 보고사항 중 "악취검사기관의 지도·점검 및 행정처분 실적" 보고횟수 기준은?

① 연 1회   ② 연 2회
③ 연 4회   ④ 수시

악취방지법의 위임업무 보고사항의 보고횟수는 모두 연 1회이다.

정답 ①

094 다음은 대기환경보전법령상 운행차정기검사의 방법 및 기준에 관한 사항이다. (   ) 안에 알맞은 것은?

> 배출가스 검사대상 자동차의 상태를 검사할 때 원동기가 충분히 예열되어있는 것을 확인하고, 수냉식 기관의 경우 계기판 온도가 (㉠) 또는 계기판 눈금이 (㉡)이어야 하며, 원동기가 과열되었을 경우에는 원동기실 덮개를 열고 (㉢) 지난 후 정상상태가 되었을 때 측정한다.

① ㉠ 25℃ 이상, ㉡ 1/10 이상, ㉢ 1분 이상
② ㉠ 25℃ 이상, ㉡ 1/10 이상, ㉢ 5분 이상
③ ㉠ 40℃ 이상, ㉡ 1/4 이상, ㉢ 1분 이상
④ ㉠ 40℃ 이상, ㉡ 1/4 이상, ㉢ 5분 이상

가) 수냉식 기관의 경우 계기판 온도가 40℃ 이상 또는 계기판 눈금이 1/4 이상이어야 하며, 원동기가 과열되었을 경우에는 원동기실 덮개를 열고 5분 이상 지난 후 정상상태가 되었을 때 측정
나) 온도계가 없거나 고장인 자동차는 원동기를 시동하여 5분이 지난 후 측정

대기환경보전법 시행규칙 [별표 22]

정기검사의 방법 및 기준(제87조제1항 관련) 참조

정답 ④

095 다음은 대기환경보전법령상 기본부과금 부과대상 오염물질에 대한 초과배출량 산정방법 중 초과배출량 공제분 산정방법이다. (   ) 안에 알맞은 것은?

> 3개월간 평균배출농도는 배출허용기준을 초과한 날 이전 정상 가동된 3개월 동안의 (   )를 산술평균한 값으로 한다.

① 5분 평균치
② 10분 평균치
③ 30분 평균치
④ 1시간 평균치

대기환경보전법 시행령 [별표 5의2]

초과배출량공제분 산정방법(제25조제5항 관련)

초과배출량공제분

= (배출허용기준농도 − 3개월간 평균배출농도)
  × 3개월간 평균배출유량

비고 :

1. 3개월간 평균배출농도는 배출허용기준을 초과한 날 이전 정상 가동된 3개월 동안의 30분 평균치를 산술평균한 값으로 한다.

2. 3개월간 평균배출유량은 배출허용기준을 초과한 날 이전 정상 가동된 3개월 동안의 30분 유량값을 산술평균한 값으로 한다.

3. 초과배출량공제분이 초과배출량을 초과하는 경우에는 초과배출량을 초과배출량공제분으로 한다.

정답 ③

096 대기환경보전법령상 환경부장관이 특별대책지역의 대기오염 방지를 위하여 필요하다고 인정하면 그 지역에 새로 설치되는 배출시설에 대해 정할 수 있는 기준은?

① 일반배출허용기준
② 특별배출허용기준
③ 심화배출허용기준
④ 강화배출허용기준

환경부장관은 환경정책기본법에 따른 특별대책지역의 대기오염 방지를 위하여 필요하다고 인정하면 그 지역에 설치된 배출시설에 대하여 엄격한 배출허용기준을 정할 수 있으며, 그 지역에 새로 설치되는 배출시설에 대하여 특별배출허용기준을 정할 수 있다.

정답 ②

097 대기환경보전법령상 기관출력이 130kW 초과인 선박의 질소산화물 배출기준(g/kWh)은? (단, 정격 기관속도 n(크랭크샤프트의 분당 속도)이 130rpm 미만이며 2011년 1월 1일 이후에 건조한 선박의 경우이다.)

① 17 이하
② $44.0 \times n^{(-0.23)}$ 이하
③ 7.7 이하
④ 14.4 이하

대기환경보전법 시행규칙 [별표 35]

선박의 배출허용기준(제124조 관련)

기관 출력	정격 기관속도 (n : 크랭크샤프트의 분당 속도)	질소산화물 배출기준(g/kWh)		
		기준 1	기준 2	기준 3
130 kW 초과	n이 130rpm 미만일 때	17 이하	14.4 이하	3.4 이하
	n이 130rpm 이상 2,000rpm 미만일 때	$45.0 \times n^{(-0.2)}$ 이하	$44.0 \times n^{(-0.23)}$ 이하	$9.0 \times n^{(-0.2)}$ 이하
	n이 2,000rpm 이상일 때	9.8 이하	7.7 이하	2.0 이하

비고 : 기준 1은 2010년 12월 31일 이전에 건조된 선박에, 기준 2는 2011년 1월 1일 이후에 건조된 선박에, 기준 3은 2016년 1월 1일 이후에 건조된 선박에 설치되는 디젤기관에 각각 적용하되, 기준별 적용대상 및 적용시기 등은 해양수산부령으로 정하는 바에 따른다.

정답 ④

098 대기환경보전법령상 대기오염 경보단계 중 오존에 대한 "경보" 해제기준과 관련하여 (   ) 안에 알맞은 것은?

> 경보가 발령된 지역의 기상조건 등을 고려하여 대기자동측정소의 오존농도가 (   )인 때는 주의보로 전환한다.

① 0.1ppm 이상 0.3ppm 미만
② 0.1ppm 이상 0.5ppm 미만
③ 0.12ppm 이상 0.3ppm 미만
④ 0.12ppm 이상 0.5ppm 미만

대기오염경보단계 – 오존

(기상조건 등을 고려하여 해당 지역의 대기자동측정소 오존 농도 ppm 기준)

주의보	경보	중대경보
0.12~0.3	0.3~0.5	0.5 이상

정답 ③

099 대기환경보전법령상 배출시설 설치허가 신청서 또는 배출시설 설치신고서에 첨부하여야 할 서류가 아닌 것은?

① 원료(연료를 포함한다)의 사용량 및 제품 생산량을 예측한 명세서
② 배출시설 및 방지시설의 설치명세서
③ 방지시설의 상세 설계도
④ 방지시설의 연간 유지관리 계획서

배출시설 설치허가 신청서 또는 배출시설 설치신고서에 첨부하여야 할 서류

· 원료(연료를 포함한다)의 사용량 및 제품 생산량과 오염물질 등의 배출량을 예측한 명세서
· 배출시설 및 방지시설의 설치명세서
· 방지시설의 일반도
· 방지시설의 연간 유지관리 계획서
· 사용 연료의 성분 분석과 황산화물 배출농도 및 배출량 등을 예측한 명세서(법 제41조제3항 단서에 해당하는 배출시설의 경우에만 해당한다)
· 배출시설 설치허가증(변경허가를 신청하는 경우에만 해당한다)

정답 ③

100 다음 중 대기환경보전법령상 초과부과금 산정기준에 따른 오염물질 1킬로그램당 부과금액이 가장 높은 것은?

① 질소산화물
② 황화수소
③ 이황화탄소
④ 시안화수소

대기환경보전법 시행령 [별표 4]

초과부과금 산정기준(제24조제2항 관련)

(금액 : 원)

오염물질	염화수소	시안화수소	황화수소	불소화물
금액	7,400	7,300	6,000	2,300

질소산화물	이황화탄소	암모니아	먼지	황산화물
2,130	1,600	1,400	770	500

정답 ④

1과목 대기오염 개론

---

001 다음에서 설명하는 오염물질로 가장 적합한 것은?

> · 부드러운 청회색의 금속으로 밀도가 크고 내식성이 강하다.
> · 소화기로 섭취되면 대략 10% 정도가 소장에서 흡수되고, 나머지는 대변으로 배출된다. 세포 내에서는 SH기와 결합하여 헴(heme) 합성에 관여하는 효소 등 여러 효소작용을 방해한다.
> · 인체에 축적되면 적혈구 형성을 방해하며, 심하면 복통, 빈혈, 구토를 일으키고 뇌세포에 손상을 준다.

① Cr   ② Hg
③ Pb   ④ Al

---

① 크롬(Cr) : 만성중독은 코, 폐 및 위장의 점막에 병변을 일으키는 것이 특징

② 수은(Hg) : 미나마타병, 헌터루셀병, 사지 감각이상, 구음장애, 청력장애, 구실성 시야협착, 소뇌성 운동질환 등을 일으킴

④ 알루미늄(Al) : 위장관에서 다른 원소들의 흡수에 영향을 미침, 불소의 흡수를 억제하고, 칼슘과 철 화합물의 흡수를 감소시키며, 소장에서 인과 결합하여 인 결핍과 골연화증을 유발함

정답 ③

---

002 국지풍에 관한 설명으로 옳지 않은 것은?

① 일반적으로 낮에 바다에서 육지로 부는 해풍은 밤에 육지에서 바다로 부는 육풍보다 강하다.

② 고도가 높은 산맥에 직각으로 강한 바람이 부는 경우에 산맥의 풍하 쪽으로 건조한 바람이 부는데 이러한 바람을 훼풍이라 한다.

③ 곡풍은 경사면→계곡→주계곡으로 수렴하면서 풍속이 가속되기 때문에 일반적으로 낮에 산 위쪽으로 부는 산풍보다 더 강하게 분다.

④ 열섬효과로 인하여 도시 중심부가 주위보다 고온이 되어 도시 중심부에서 상승기류가 발생하고 도시 주위의 시골에서 도시로 바람이 부는데 이를 전원풍이라 한다.

---

③ 곡풍은 계곡 → 경사면 → 산정상으로 분다.

정답 ③

---

003 다음에서 설명하는 대기분산모델로 가장 적합한 것은?

> · 가우시안모델식을 적용한다.
> · 적용 배출원의 형태는 점, 선, 면이다.
> · 미국에서 최근에 널리 이용되는 범용적인 모델로 장기 농도 계산용이다.

① RAMS   ② ISCLT
③ UAM   ④ AUSPLUME

---

① RAMS : 바람장과 오염물질의 분산을 동시에 계산 (미국)

③ UAM : 광화학 반응 고려(미국)

④ AUSPLUME : 호주, 미국 ISC-ST, ISC-LT 개조

참고 시뮬레이션 – 대기 분야에 적용되는 분산모델의 종류 및 특징

정답 ②

004 0℃, 1기압에서 SO_2 10ppm은 몇 mg/m^3인가?

① 19.62   ② 28.57

③ 37.33   ④ 44.14

$$10ppm = 10\,mL/Sm^3$$

$$10\,mL/Sm^3 \times \frac{64\,mg\,SO_2}{22.4\,mL} = 28.57\,mg/Sm^3$$

정답 ②

---

005 굴뚝에서 배출되는 연기의 형태 중 환상형 (looping)에 관한 설명으로 옳은 것은?

① 대기가 과단열감률 상태일 때 나타나므로 맑은 날 오후에 발생하기 쉽다.

② 상층이 불안정, 하층이 안정일 경우에 나타나며, 지표 부근의 오염물질 농도가 가장 낮다.

③ 전체 대기층이 중립 상태일 때 나타나며, 매연 속의 오염물질 농도는 가우시안 분포를 갖는다.

④ 전체 대기층이 매우 안정할 때 나타나며, 상하 확산 폭이 적어 굴뚝의 높이가 낮을 경우 지표 부근에 심각한 오염 문제를 야기한다.

② 상층이 불안정, 하층이 안정일 경우 : 지붕형

③ 전체 대기층이 중립 상태 : 원추형

④ 전체 대기층이 매우 안정 : 부채형

정답 ①

---

006 폼알데하이드의 배출과 관련된 업종으로 가장 거리가 먼 것은?

① 피혁제조공업   ② 합성수지공업

③ 암모니아제조공업   ④ 포르말린제조공업

③ 암모니아제조공업 : 황화수소 배출원

정답 ③

---

007 시골에서 먼지 농도를 측정하기 위하여 공기를 0.15m/s의 속도로 12시간 동안 여과지에 여과시켰을 때, 사용된 여과지의 빛 전달률이 깨끗한 여과지의 80%로 감소했다. 1,000m당 Coh는?

① 0.2   ② 0.6

③ 1.1   ④ 1.5

$$Coh = \frac{\log\left(\frac{I_0}{I_t}\right) \times 100}{여과속도(m/sec) \times 시간(s)} \times 1,000m$$

$$= \frac{\log\left(\frac{1}{0.8}\right) \times 100}{0.15 \times 12 \times 3,600} \times 1,000m = 1.495$$

정답 ④

---

008 다음에서 설명하는 오염물질로 가장 적합한 것은?

· 매우 낮은 농도에서 피해를 일으킬 수 있으며, 주된 증상으로 상편생장, 전두운동의 저해, 황화현상, 줄기의 신장저해, 성장 감퇴 등이 있다.

· 0.1ppm 정도의 저농도에서도 스위트피와 토마토에 상편생장을 일으킨다.

① 오존   ② 에틸렌

③ 아황산가스   ④ 불소화합물

에틸렌의 지표식물 : 스위트피, 토마토

정답 ②

009 비인의 변위법칙에 관한 식은?

① $\lambda = 2,897/T$
 (λ : 최대에너지가 복사될 때의 파장,
  T : 흑체의 표면온도)

② $E = \sigma T^4$
 (E : 흑체의 단위 표면적에서 복사되는 에너지,
  σ : 상수, T : 흑체의 표면온도)

③ $I = I_0 \exp(-K\rho L)$
 (I_0, I : 각각 입사 전후의 빛의 복사속밀도,
  K : 감쇠상수, ρ : 매질의 밀도,
  L : 통과거리)

④ $R = K(1-\alpha) - L$
 (R : 순복사, K : 지표면에 도달한 일사량,
  α : 지표의 반사율,
  L : 지표로부터 방출되는 장파복사)

비인(Vein)의 법칙

최대에너지 파장과 흑체 표면의 절대온도는 반비례함

$$\lambda = \frac{2,897}{T}$$

λ : 파장
T : 표면절대온도

정답 ①

---

010 2차 대기오염물질에 해당하는 것은?

① H_2S　　② H_2O_2
③ NH_3　　④ $(CH_3)_2S$

옥시던트는 2차 대기오염물질이다.

정답 ②

---

011 다음에서 설명하는 오염물질로 가장 적합한 것은?

· 분자량이 98.9이고, 비등점이 약 8℃인 독특한 풀냄새가 나는 무색(시판용품은 담황녹색) 기체(액화가스)이다.
· 수분이 존재하면 가수분해되어 염산을 생성하여 금속을 부식시킨다.

① 페놀　　② 석면
③ 포스겐　　④ T.N.T

포스겐($COCl_2$) : 자극성 풀냄새의 무색 기체, 수중에서 급속히 염산으로 분해되므로 매우 위험

정답 ③

---

012 불안정한 조건에서 굴뚝의 안지름이 5m, 가스온도가 173℃, 가스 속도가 10m/s, 기온이 17℃, 풍속이 36km/h일 때, 연기의 상승 높이(m)는? (단, 불안정 조건 시 연기의 상승높이는 $\triangle H = 150\dfrac{F}{U^3}$이며, F는 부력을 나타냄)

① 34　　② 40
③ 49　　④ 56

1) 부력계수

$$F = \left\{ gV_s \times \left(\frac{D}{2}\right)^2 \times \left(\frac{T_s - T_a}{T_a}\right) \right\}$$

$$= \left\{ 9.8m/s^2 \times 10m/s \times \left(\frac{5m}{2}\right)^2 \times \left(\frac{(273+173)K - (273+17)K}{(273+17)K}\right) \right\}$$

$$= 329.482$$

2) 연기상승고

$$\triangle h = \frac{150 \cdot F}{U^3}$$

$$= \frac{150 \times 329.482}{\left(\dfrac{36,000m}{hr} \times \dfrac{1hr}{3,600sec}\right)^3} = 49.42m$$

정답 ③

013 다음 중 오존 파괴지수가 가장 큰 것은?

① CCl_4
② $CHFCl_2$
③ CH_2FCl
④ $C_2H_2FCl_3$

> ① CCl_4 : 사염화탄소
>
> ② $CHFCl_2$: CFC-21
>
> ③ CH_2FCl : CFC-31
>
> ④ $C_2H_2FCl_3$: CFC-131
>
> **오존층파괴지수(ODP)**
>
> 할론1301 > 할론2402 > 할론1211 > 사염화탄소 > CFC11 > CFC12 > HCFC
>
> **정답** ①

014 Fick의 확산방정식을 실제 대기에 적용시키기 위하여 필요한 가정 조건으로 가장 거리가 먼 것은?

① 바람에 의한 오염물질의 주 이동방향은 x축이다.
② 오염물질은 점배출원으로부터 연속적으로 배출된다.
③ 풍향, 풍속, 온도, 시간에 따른 농도변화가 없는 정상상태이다.
④ 하류로의 확산은 바람이 부는 방향(x축)의 확산보다 강하다.

> ④ 하류로의 확산은 바람이 부는 방향(x축)의 확산에 비해 무시할만큼 작다.
>
> **정답** ④

015 일산화탄소에 관한 설명으로 옳지 않은 것은?

① 대류권 및 성층권에서의 광화학반응에 의하여 대기 중에서 제거된다.
② 물에 잘 녹아 강우의 영향을 크게 받으며, 다른 물질에 강하게 흡착하는 특징을 가진다.
③ 토양 박테리아의 활동에 의하여 이산화탄소로 산화되어 대기 중에서 제거된다.
④ 발생량과 대기 중의 평균농도로부터 대기 중 평균 체류시간이 약 1~3개월 정도일 것이라 추정되고 있다.

> ② CO는 물에 잘 녹지 않는다.
>
> **정답** ②

016 역사적인 대기오염 사건에 관한 설명으로 가장 적합하지 않은 것은?

① 로스엔젤레스 사건은 자동차에서 배출되는 질소산화물, 탄화수소 등에 의하여 침강성 역전 조건에서 발생했다.
② 뮤즈계곡 사건은 공장에서 배출되는 아황산가스, 황산, 미세입자 등에 의하여 기온역전, 무풍상태에서 발생했다.
③ 런던 사건은 석탄연료의 연소 시 배출되는 아황산가스, 먼지 등에 의하여 복사성 역전, 높은 습도, 무풍상태에서 발생했다.
④ 보팔 사건은 공장조업사고로 황화수소가 다량 누출 되어 발생하였으며 기온역전, 지형상분지 등의 조건으로 많은 인명피해를 유발했다.

> ④ 보팔 - MIC
>
> **물질별 사건 정리**
>
> · 포자리카 : 황화수소
>
> · 보팔 : 메틸이소시아네이트
>
> · 세베소 : 다이옥신
>
> · LA 스모그 : 자동차 배기가스의 NO_x, 옥시던트
>
> · 체르노빌, TMI : 방사능 물질
>
> · 나머지 사건 : 화석연료 연소에 의한 SO_2, 매연, 먼지
>
> **정답** ④

017 지표면의 오존 농도가 증가하는 원인으로 가장 거리가 먼 것은?

① CO
② NO_X
③ VOC_S
④ 태양열 에너지

> 광화학 반응으로 오존의 농도가 증가한다.
>
> **광화학 반응의 3대 요소**
>
> 태양에너지, NO_X, 탄화수소(VOCs 등)
>
> **정답** ①

018 세류현상(down wash)이 발생하지 않는 조건은?

① 오염물질의 토출속도가 굴뚝높이에서의 풍속과 같을 때
② 오염물질의 토출속도가 굴뚝높이에서의 풍속의 2.0배 이상일 때
③ 굴뚝높이에서의 풍속이 오염물질 토출속도의 1.5배 이상일 때
④ 굴뚝높이에서의 풍속이 오염물질 토출속도의 2.0배 이상일 때

> **세류현상 방지대책**
>
> 오염물질의 토출속도를 굴뚝높이에서의 풍속의 2.0배 이상으로 증가시킴
>
> **정답** ②

019 고도에 따른 대기층의 명칭을 순서대로 나열한 것은? (단, 낮은 고도 → 높은 고도)

① 지표 → 대류권 → 성층권 → 중간권 → 열권
② 지표 → 대류권 → 중간권 → 성층권 → 열권
③ 지표 → 성층권 → 대류권 → 중간권 → 열권
④ 지표 → 성층권 → 중간권 → 대류권 → 열권

> **정답** ①

020 다음 오존파괴물질 중 평균수명(년)이 가장 긴 것은?

① CFC-11
② CFC-115
③ HCFC-123
④ CFC-124

> ① CFC-11 : 45년
>
> ② CFC-115 : 1,700년
>
> **정답** ②

2과목   연소공학

021 옥탄가에 관한 설명이다. ( ) 안에 들어갈 말로 옳은 것은?

> 옥탄가는 시험 가솔린의 노킹 정도를 (㉠)과 (㉡)의 혼합표준연료의 노킹정도와 비교했을 때, 공급 가솔린과 동등한 노킹정도를 나타내는 혼합표준연료 중의 (㉠)%를 말한다.

① ㉠ iso-octane, ㉡ n-butane
② ㉠ iso-octane, ㉡ n-heptane
③ ㉠ iso-propane, ㉡ n-pentane
④ ㉠ iso-pentane, ㉡ n-butane

> 옥탄가 : 가장 노킹이 발생하기 쉬운 헵탄(n-heptane)의 옥탄가를 0으로 하고, 노킹이 발생하기 어려운 이소옥탄(iso-octane)의 옥탄가를 100으로 하여 결정함
>
> **정답** ②

022 다음 회분 성분 중 백색에 가깝고 융점이 높은 것은?

① CaO
② SiO_2
③ MgO
④ Fe_2O_3

> 회분 중 융점(녹는점)이 높고, 백색인 것은 SiO_2, MgO이다.
>
> **정답** ②, ③

023 액화석유가스(LPG)에 관한 설명으로 옳지 않은 것은?

① 천연가스 회수, 나프타 분해, 석유정제 시 부산 물로부터 얻어진다.
② 비중은 공기의 1.5~2.0배 정도로 누출 시 인화 폭발의 위험이 크다.
③ 액체에서 기체로 될 때 증발열이 있으므로 사용하는 데 유의할 필요가 있다.
④ 메탄, 에탄을 주성분으로 하는 혼합물로 1atm 에서 −168℃ 정도로 냉각하면 쉽게 액화된다.

· LNG 주성분 : 메탄
· LPG 주성분 : 프로판, 부탄

정답 ④

024 고체연료의 연소방법 중 유동층 연소에 관한 설명으로 옳지 않은 것은?

① 재나 미연탄소의 배출이 많다.
② 미분탄연소에 비해 연소온도가 높아 NOx 생성을 억제하는 데 불리하다.
③ 미분탄연소와는 달리 고체연료를 분쇄할 필요가 없고 이에 따른 동력손실이 없다.
④ 석회석입자를 유동층매체로 사용할 때, 별도의 배연탈황 설비가 필요하지 않다.

② 유동층 연소는 연소온도가 낮아 NOx 생성이 억제된다.

정답 ②

025 디젤노킹을 억제할 수 있는 방법으로 옳지 않은 것은?

① 회전속도를 높인다.
② 급기온도를 높인다.
③ 기관의 압축비를 크게 하여 압축압력을 높인다.
④ 착화지연 기간 및 급격연소 시간의 분사량을 적게 한다.

① 회전속도를 낮춘다.

디젤노킹(diesel knocking)의 방지법

❶ 세탄가가 높은 연료를 사용함
❷ 착화성(세탄가)이 좋은 경유를 사용함
❸ 분사개시 때 분사량을 감소시킴
❹ 분사시기를 알맞게 조정함
❺ 흡기 온도를 높임
❻ 압축비, 압축압력, 압축온도를 높임
❼ 엔진의 회전속도를 낮춤
❽ 흡인공기에 와류가 일어나게 하고, 온도를 높임

정답 ①

026 회전식 버너에 관한 설명으로 옳지 않은 것은?

① 분무각도가 40~80°로 크고, 유량조절범위도 1 : 5 정도로 비교적 넓은 편이다.
② 연료유는 0.3~0.5kg/cm^2 정도로 가압하여 공급하며, 직결식의 분사유량은 1,000L/h 이하이다.
③ 연료유의 점도가 크고, 분무컵의 회전수가 작을수록 분무상태가 좋아진다.
④ 3,000~10,000rpm으로 회전하는 컵모양의 분무컵에 송입되는 연료유가 원심력으로 비산됨과 동시에 송풍기에서 나오는 1차 공기에 의해 분무되는 형식이다.

③ 연료유의 점도가 작고, 분무컵의 회전수가 클수록 더 작은 미립자형태가 되어 분무상태가 좋아진다.

정답 ③

027 액체연료에 관한 설명으로 옳지 않은 것은?

① 회분이 거의 없으며 연소, 소화, 점화의 조절이 쉽다.
② 화재, 역화의 위험이 크고, 연소 온도가 높기 때문에 국부가열의 위험이 존재한다.
③ 기체연료에 비해 밀도가 커 저장에 큰 장소가 필요하지 않고 연료의 수송도 간편한 편이다.
④ 완전연소 시 다량의 과잉공기가 필요하므로 연소장치가 대형화되는 단점이 있으며, 소화가 용이하지 않다.

④ 완전연소 시 다량의 과잉공기가 필요하지 않고, 고체 대비 점화 및 소화가 쉽다.

정답 ④

028 폭굉 유도 거리(DID)가 짧아지는 요건으로 가장 거리가 먼 것은?

① 압력이 높다.
② 점화원의 에너지가 강하다.
③ 정상의 연소속도가 작은 단일가스이다.
④ 관 속에 방해물이 있거나 관내경이 작다.

③ 정상의 연소속도가 큰 가스이다.

폭굉 유도 거리가 짧아지는 요건

❶ 관 속에 방해물이 있거나 관내경이 작을수록
❷ 압력이 높을수록
❸ 점화원의 에너지가 강할수록
❹ 정상의 연소속도가 큰 혼합가스일수록

→ 폭굉 유도 거리 짧아짐

정답 ③

029 석탄의 탄화도가 증가할수록 나타나는 성질로 옳지 않은 것은?

① 착화온도가 높아진다.
② 연소속도가 느려진다.
③ 수분이 감소하고 발열량이 증가한다.
④ 연료비(고정탄소(%)/휘발분(%))가 감소한다.

④ 연료비(고정탄소(%)/휘발분(%))가 증가한다.

탄화도 높을수록

· 고정탄소, 연료비, 착화온도, 발열량, 비중 증가함
· 수분, 이산화탄소, 휘발분, 비열, 매연 발생, 산소함량, 연소속도 감소함

정답 ④

030 당량비(ϕ)에 관한 설명으로 옳지 않은 것은?

① $\phi > 1$ 경우는 불완전연소가 된다.
② $\phi > 1$ 경우는 연료가 과잉인 경우이다.
③ $\phi < 1$ 경우는 공기가 부족한 경우이다.
④ $\phi = \dfrac{\text{실제의 연료량/산화제}}{\text{완전연소를 위한 이상적 연료량/산화제}}$ 이다.

③ $\phi < 1$ 경우는 공기가 과잉인 경우이다.

공기비	m < 1	m = 1	1 < m
등가비	1 < Φ	Φ = 1	Φ < 1
AFR	작아짐		커짐
	· 공기 부족, 연료 과잉 · 불완전 연소 · 매연, CO, HC 발생량 증가 · 폭발위험	· 완전연소 · CO$_2$ 발생량 최대	· 과잉공기 · 산소과대 · SO$_x$, NO$_x$ 발생량 증가 · 연소온도 감소 · 열손실 커짐 · 저온부식 발생 · 탄소함유물질 (CH$_4$, CO, C 등) 농도 감소 · 방지시설의 용량이 커지고 에너지 손실 증가 · 희석효과가 높아져 연소 생성물의 농도 감소

정답 ③

031 고위발열량이 12,000kcal/kg인 연료 1kg의 성분을 분석한 결과 탄소가 87.7%, 수소가 12%, 수분이 0.3%이었다. 이 연료의 저위발열량(kcal/kg)은?

① 10,350   ② 10,820
③ 11,020   ④ 11,350

저위발열량(kcal/kg) 계산

$H_l = H_h - 600(9H + W)$
$= 12,000 - 600(9 \times 0.12 + 0.003)$
$= 11,350 \, \text{kcal/kg}$

정답 ④

032 분무화 연소방식에 해당하지 않는 것은?

① 유압 분무화식   ② 충돌 분무화식
③ 여과 분무화식   ④ 이류체 분무화식

분무화 연소 방식

· 유압 분무화식
· 충돌 분무화식
· 이류 분무화식

정답 ③

033 기체연료의 연소방법 중 예혼합연소에 관한 설명으로 옳지 않은 것은?

① 화염길이가 길고 그을음이 발생하기 쉽다.
② 역화의 위험이 있어 역화방지기를 부착해야 한다.
③ 화염온도가 높아 연소부하가 큰 곳에 사용 가능하다.
④ 연소기 내부에서 연료와 공기의 혼합비가 변하지 않고 균일하게 연소된다.

① 화염길이가 짧고 그을음(매연) 발생이 적다.

기체연료의 연소방법

연소장치	특징
확산연소	· 연소조정범위 넓음 · 장염 발생 · 연료 분출속도 느림 · 연료의 분출속도가 클 때, 그을음이 발생하기 쉬움 · 기체연료와 연소용 공기를 버너 내에서 혼합시키지 않음 · 역화의 위험이 없으며, 공기를 예열할 수 있음
예혼합연소	· 연소가 내부에서 연료와 공기의 혼합비가 변하지 않고 균일하게 연소됨 · 화염온도가 높아 연소부하가 큰 경우에 사용이 가능함 · 짧은 불꽃 발생 · 매연 적게 생성 · 연료 유량 조절비가 큼 · 혼합기 분출속도 느릴 경우, 역화 발생 가능

정답 ①

034 연소에 관한 설명으로 옳지 않은 것은?

① 표면연소는 휘발분 함유율이 적은 물질의 표면 탄소분부터 직접 연소되는 형태이다.
② 다단연소는 공기 중의 산소 공급 없이 물질 자체가 함유하고 있는 산소를 사용하여 연소하는 형태이다.
③ 증발연소는 비교적 융점이 낮은 고체연료가 연소하기 전에 액상으로 용해한 후 증발하여 연소하는 형태이다.
④ 분해연소는 분해온도가 증발온도보다 낮은 고체연료가 기상 중에 화염을 동반하여 연소할 경우 관찰되는 연소 형태이다.

② 자기연소(내부연소)의 설명임

정답 ②

035 S 함량이 5%인 B−C유 400kL를 사용하는 보일러에 S함량이 1%인 B−C유를 50% 섞어서 사용하면 SO_2의 배출량은 몇 % 감소하는가? (단, 기타 연소조건은 동일하며, S는 연소 시 전량 SO_2로 변환되고, S 함량에 무관하게 B−C유의 비중은 0.95임)

① 30% ② 35%
③ 40% ④ 45%

감소하는 S(%) = 감소하는 SO_2(%)

감소하는 황(%)

$= \left(1 - \dfrac{\text{나중 황}}{\text{처음 황}}\right) \times 100$

$= \left(1 - \dfrac{400\text{kL}(0.05 \times 0.5 + 0.01 \times 0.5)}{400\text{kL} \times 0.05}\right) \times 100\%$

$= 40\%$

정답 ③

036 C 85%, H 11%, S 2%, 회분 2%의 무게비로 구성된 B-C유 1kg을 공기비 1.3으로 완전연소시킬 때, 건조 배출가스 중의 먼지 농도 (g/Sm^3)는? (단, 모든 회분 성분은 먼지가 됨)

① 0.82 ② 1.53
③ 5.77 ④ 10.23

1) $G_d = mA_o - 5.6H + 0.7O + 0.8N$

$= 1.3 \times \dfrac{1.867 \times 0.85 + 5.6 \times 0.11 + 0.7 \times 0.02}{0.21} - 5.6 \times 0.11$

$= 13.1079\,Sm^3/kg$

2) 연료 1kg 연소 시 발생하는 검댕량(g)

$1,000g \times 0.02 = 20g$

3) $\dfrac{검댕(g)}{배기가스(Sm^3)} = \dfrac{20g}{13.1079\,Sm^3/kg \times 1kg}$

$= 1.525\,g/Sm^3$

정답 ②

037 표준상태에서 CO_2 50kg의 부피(m^3)는? (단, CO_2는 이상기체라 가정)

① 12.73 ② 22.40
③ 25.45 ④ 44.80

$50kg\,CO_2 \times \dfrac{22.4\,Sm^3}{44kg} = 25.45\,Sm^3$

정답 ③

038 고체연료의 화격자 연소장치 중 연료가 화격자 → 석탄층 → 건류층 → 산화층 → 환원층을 거치며 연소되는 것으로, 연료층을 항상 균일하게 제어할 수 있고 저품질 연료도 유효하게 연소시킬 수 있어 쓰레기 소각로에 많이 이용되는 장치로 가장 적합한 것은?

① 체인 스토커(chain stoker)
③ 포트식 스토커(pot stoker)
② 산포식 스토커(spreader stoker)
④ 플라스마 스토커(plasma stoker)

정답 ①

039 어떤 액체연료의 연소 배출가스 성분을 분석한 결과 CO_2가 12.6%, O_2가 6.4%일 때, $(CO_2)_{max}(\%)$는? (단, 연료는 완전연소 됨)

① 11.5 ② 13.2
③ 15.3 ④ 18.1

$(CO_2)_{max} = \dfrac{21(CO_2 + CO)}{21 - O_2 + 0.395CO}$

$\therefore (CO_2)_{max} = \dfrac{21 \times 12.6}{21 - 6.4} = 18.12\%$

정답 ④

040 다음 중 황함량이 가장 낮은 연료는?

① LPG ② 중유
③ 경유 ④ 휘발유

황함량 순서 : LPG < 휘발유 < 등유 < 경유 < 중유

정답 ①

041 유체의 점성에 관한 설명으로 옳지 않은 것은?

① 액체의 온도가 높아질수록 점성계수는 감소한다.
② 점성계수는 압력과 습도의 영향을 거의 받지 않는다.
③ 유체 내에 발생하는 전단응력은 유체의 속도구배에 반비례한다.
④ 점성은 유체분자 상호간에 작용하는 응집력과 인접 유체층간의 운동량 교환에 기인한다.

③ 유체 내에 발생하는 전단응력은 유체의 속도구배에 비례한다.

$$\tau = \mu \frac{dv}{dy}$$

τ : 전단응력
μ : 점성계수
$\frac{dv}{dy}$: 속도경사(속도구배)

정답 ③

042 송풍기 회전수(N)와 유체밀도(ρ)가 일정할 때, 성립하는 송풍기 상사법칙을 나타내는 식은? (단, Q : 유량, P : 풍압, L : 동력, D : 송풍기의 크기)

① $Q_2 = Q_1 \times [\frac{D_1}{D_2}]^2$ ② $P_2 = P_1 \times [\frac{D_1}{D_2}]^2$

③ $Q_2 = Q_1 \times [\frac{D_2}{D_1}]^3$ ④ $L_2 = L_1 \times [\frac{D_2}{D_1}]^3$

직경이 일정하지 않을 때 송풍기 상사법칙

❶ 유량(Q)은 직경(D)^{3}에 비례

$$Q_2 = Q_1 \left(\frac{N_2}{N_1}\right) \left(\frac{D_2}{D_1}\right)^3$$

❷ 압력(P)은 직경(D)^{2}에 비례

$$P_2 = P_1 \left(\frac{\gamma_2}{\gamma_1}\right) \left(\frac{N_2}{N_1}\right)^2 \left(\frac{D_2}{D_1}\right)^2$$

❸ 동력(W)은 직경(D)^{5}에 비례

$$W_2 = W_1 \left(\frac{\gamma_2}{\gamma_1}\right) \left(\frac{N_2}{N_1}\right)^3 \left(\frac{D_2}{D_1}\right)^5$$

정답 ③

043 사이클론(cyclone)의 운전조건과 치수가 집진율에 미치는 영향으로 옳지 않은 것은?

① 동일한 유량일 때 원통의 직경이 클수록 집진율이 증가한다.
② 입구의 직경이 작을수록 처리가스의 유입속도가 빨라져 집진율과 압력손실이 증가한다.
③ 함진가스의 온도가 높아지면 가스의 점도가 커져 집진율이 감소하나 그 영향은 크지 않은 편이다.
④ 출구의 직경이 작을수록 집진율이 증가하지만 동시에 압력손실이 증가하고 함진가스의 처리능력이 감소한다.

① 동일한 유량일 때 원통의 직경이 작을수록 집진율이 증가한다.

정답 ①

044 사이클론(cyclone)의 가스 유입속도를 4배로 증가시키고 유입구의 폭을 3배로 늘렸을 때, 처음 Lapple의 절단경 d_p에 대한 나중 Lapple의 절단입경 d_p'의 비는?

① 0.87   ② 0.93
③ 1.18   ④ 1.26

라플 방정식 – 절단입경 계산식

$$d_{P_{50}} = \sqrt{\frac{9\mu B}{2\pi N_e v (\rho_p - \rho)}}$$

$$\therefore \frac{d_{P_{50}}'}{d_{P_{50}}} = \sqrt{\frac{3}{4}} = 0.866$$

정답 ①

045 임의로 충진한 충진탑에서 혼합물을 물리적으로 분리할 때, 액의 분배가 원활하게 이루어지지 못하면 어떤 현상이 발생할 수 있는가?

① mixing 현상　　② flooding 현상
③ blinding 현상　　④ channeling 현상

· 편류(channeling) 현상 : 충전탑에서 흡수액 분배가 잘 되지 않아 한 쪽으로만 액이 지나가는 현상
② 범람(flooding) 현상 : 부하점을 초과하여 유속 증가 시 가스가 액중으로 분산·범람하는 현상
③ 눈막힘(blinding) 현상 : 여과 집진장치에서 여과포가 막히는 현상

정답 ④

046 입경측정방법 중 관성충돌법(cascade impactor)에 관한 설명으로 옳지 않은 것은?

① 입자의 질량크기분포를 알 수 있다.
② 되튐으로 인한 시료의 손실이 일어날 수 있다.
③ 관성충돌을 이용하여 입경을 간접적으로 측정하는 방법이다.
④ 시료채취가 용이하고 채취 준비에 많은 시간이 소요되지 않는 장점이 있으나, 단수를 임의로 설계하기가 어렵다.

④ 시료채취가 어렵다.

정답 ④

047 다음 여과포의 재질 중 최고사용온도가 가장 높은 것은?

① 오론
② 목면
③ 비닐론
④ 나일론(폴리아미드계)

여과포의 내열온도

① 오론 : 150℃　　② 목면 : 80℃

③ 비닐론 : 100℃　　④ 나일론(폴리아미드계) : 110℃

정답 ①

048 유해가스를 처리할 때 사용하는 충전탑(packed tower)에 관한 내용으로 옳지 않은 것은?

① 충전탑에서 hold-up은 탑의 단위면적당 충전재의 양을 의미한다.
② 흡수액에 고형물이 함유되어 있는 경우에는 침전물이 생기는 방해를 받는다.
③ 충전물을 불규칙적으로 충전했을 때 접촉면적과 압력손실이 커진다.
④ 일정양의 흡수액을 흘릴 때 유해가스의 압력손실은 가스속도의 대수 값에 비례하며, 가스속도가 증가할 때 나타나는 첫 번째 파괴점(break point)을 loading point라 한다.

① 충전탑에서 hold-up은 충전층 내 액보유량을 의미한다.

정답 ①

049 하전식 전기집진장치에 관한 설명으로 옳지 않은 것은?

① 2단식은 1단식에 비해 오존의 생성이 적다.
② 1단식은 일반적으로 산업용에 많이 사용된다.
③ 2단식은 비교적 함진 농도가 낮은 가스처리에 유용하다.
④ 1단식은 역전리 억제에는 효과적이나 재비산 방지는 곤란하다.

④ 1단식은 재비산 억제에는 효과적이나 역전리는 오히려 촉진된다.

하전식 전기집진장치

종류	특징
1단식	· 보통 산업용으로 많이 쓰인다. · 재비산 억제 효과적 · 역전리 촉진
2단식	· 비교적 함진농도가 낮은 가스처리에 유용하다. · 1단식에 비해 오존의 생성을 감소시킬 수 있다. · 역전리의 억제 효과적 · 재비산 방지 곤란

정답 ④

050 사이클론(cyclone)을 사용하여 입자상 물질을 집진할 때, 입경에 따라 집진효율이 달라진다. 집진효율이 50%인 입경을 나타내는 용어는?

① stokes diameter
② critical diameter
③ cut size diameter
④ aerodynamic diameter

051 일정한 온도 하에서 어떤 유해가스와 물이 평형을 이루고 있다. 가스 분압이 38mmHg이고 Henry 상수가 0.01atm · m^3/kg · mol일 때, 액 중 유해가스 농도(kg · mol/m^3)는?

① 3.8　　　　　② 4.0
③ 5.0　　　　　④ 5.8

052 광학현미경을 사용하여 분진의 입경을 측정할 수 있다. 이때 입자의 투영면적을 2등분하는 선의 거리로 나타낸 분진의 입경은?

① Feret경　　　　② Martin경
③ 등면적경　　　④ Heyhood경

053 촉매산화식 탈취공정에 관한 설명으로 옳지 않은 것은?

① 대부분의 성분은 탄산가스와 수증기가 되기 때문에 배수처리가 필요 없다.
② 비교적 고온에서 처리하기 때문에 직접연소식에 비해 질소산화물의 발생량이 많다.
③ 광범위한 가스 조건 하에서 적용이 가능하며 저농도에서도 뛰어난 탈취효과를 발휘할 수 있다.
④ 처리하고자 하는 대상가스 중의 악취성분 농도나 발생상황에 대응하여 최적의 촉매를 선정함으로써 뛰어난 탈취효과를 확보할 수 있다.

054 유량이 $5,000m^3/h$인 가스를 충전탑을 사용하여 처리하고자 한다. 충전탑 내의 가스 유속을 $0.34m/s$로 할 때, 충전탑의 직경(m)은?

① 1.9 ② 2.3
③ 2.8 ④ 3.5

$$Q = AV = \frac{\pi}{4}D^2 \times V$$

$$\left(\frac{5,000m^3}{hr} \times \frac{1hr}{3,600sec}\right) = \frac{\pi}{4}D^2 \times 0.34$$

$$\therefore D = 2.28m$$

정답 ②

055 시멘트산업에서 일반적으로 사용하는 전기집진장치의 배출가스 조절제는?

① 물(수증기) ② SO_3 가스
③ 암모늄염 ④ 가성소다

시멘트산업에서는 먼지가 많이 발생하므로 물(수증기)를 주입한다.

정답 ①

056 가연성 유해가스를 제거하기 위한 방법 중 촉매산화법에 관한 설명으로 옳지 않은 것은?

① 압력손실이 커서 운영 비용이 많이 든다.
② 체류시간은 연소 장치에서 요구되는 것보다 짧다.
③ 촉매로는 백금, 팔라듐 등의 귀금속이 활성이 크기 때문에 널리 사용된다.
④ 촉매들은 운전 시 상한온도가 있기 때문에 촉매층을 통과할 때 온도가 과도하게 올라가지 않도록 한다.

① 촉매산화법은 연소온도가 낮아 압력손실이 낮고 동력비가 적게 든다.

정답 ①

057 직경이 $1.2m$인 직선덕트를 사용하여 가스를 15 m/s의 속도로 수송할 때, 길이 100m당 압력손실(mmHg)은? (단, 덕트의 마찰계수 = 0.005, 가스의 밀도 = $1.3kg/m^3$)

① 19.1 ② 21.8
③ 24.9 ④ 29.8

$$\Delta P = 4f\frac{L}{D} \times \frac{\gamma v^2}{2g}$$

$$= 4 \times 0.005 \times \frac{100}{1.2} \times \frac{1.3 \times 15^2}{2 \times 9.8} = 24.87mmH_2O$$

이 값의 단위를 mmHg로 환산하면,

$$24.87 \times \frac{760mmHg}{10,332mmH_2O} = 1.83mmHg$$

정답 없음(전항 정답 처리)

058 $20℃$, 1기압에서 공기의 동점성계수는 $1.5 \times 10^{-5}m^2/s$이다. 관의 지름이 50mm일 때, 그 관을 흐르는 공기의 속도(m/s)는? (단, 레이놀즈 수 = 3.5×10^4)

① 4.0 ② 6.5
③ 9.0 ④ 10.5

$$R_e = \frac{DV}{\nu}$$

$$3.5 \times 10^4 = \frac{0.05 \times V}{1.5 \times 10^{-5}}$$

$$\therefore V = 10.5m/sec$$

정답 ④

059 탈취방법 중 수세법에 관한 설명으로 옳지 않은 것은?

① 고농도의 악취가스 전처리에 효과적이다.
② 조작이 간단하며 탈취효율이 우수하여 전처리 과정 없이 사용된다.
③ 수온에 따라 탈취효과가 달라지고 압력손실이 큰 것이 단점이다.
④ 알데히드류, 저급유기산류, 페놀 등 친수성 극성기를 가지는 성분을 제거할 수 있다.

② 수세법은 조작은 간단하지만, 탈취효율이 낮아 전처리로 사용된다.

정답 ②

060 가스분산형 흡수장치로만 짝지어진 것은?

① 단탑, 기포탑
② 기포탑, 충전탑
③ 분무탑, 단탑
④ 분무탑, 충전탑

흡수장치

· 액분산형 : 충전탑, 분무탑, 스크러버(벤투리, 사이클론, 제트)
· 가스분산형 : 단탑(포종탑, 다공판탑)

정답 ①

---

061 이온크로마토그래피의 검출기에 관한 설명이다. ( ) 안에 들어갈 내용으로 가장 적합한 것은?

(㉠)는 고성능 액체크로마토그래피 분야에서 가장 널리 사용되는 검출기로, 최근에는 이온크로마토그래피에서도 전기전도도 검출기와 병행하여 사용되기도 한다. 또한 (㉡)는 전이금속 성분의 발색반응을 이용하는 경우에 사용된다.

① ㉠ 광학검출기, ㉡ 암페로메트릭검출기
② ㉠ 전기화학적검출기, ㉡ 염광광도검출기
③ ㉠ 자외선흡수검출기, ㉡ 가시선흡수검출기
④ ㉠ 전기전도도검출기, ㉡ 전기화학적검출기

이온크로마토그래피 검출기

❶ 전기전도도 검출기 : 분리관에서 용출되는 각 이온 종을 직접 또는 써프렛서를 통과시킨 전기전도도계 셀내의 고정된 전극 사이에 도입시키고 이때 흐르는 전류를 측정하는 것이다.

❷ 자외선 및 가시선 흡수 검출기 : 자외선흡수검출기(UV 검출기)는 고성능 액체크로마토그래피 분야에서 가장 널리 사용되는 검출기이며, 최근에는 이온크로마토그래피에서도 전기전도도 검출기와 병행하여 사용되기도 한다. 또한 가시선 흡수 검출기(VIS 검출기)는 전이금속 성분의 발색반응을 이용하는 경우에 사용된다.

❸ 전기화학적 검출기 : 정전위 전극반응을 이용하는 전기화학 검출기는 검출 감도가 높고 선택성이 있는 검출기로써 분석화학 분야에 널리 이용되는 검출기이며 전량검출기, 암페로 메트릭 검출기 등이 있다.

정답 ③

062 굴뚝 배출가스 중의 황산화물을 분석하는 데 사용하는 시료흡수용 흡수액은?

① 질산용액
② 붕산용액
③ 과산화수소수
④ 수산화나트륨용액

분석물질별 분석방법 및 흡수액
황산화물 : 과산화수소수 용액(1+9)

정답 ③

063 자외선/가시선 분광법에 관한 설명으로 옳지 않은 것은? (단, I_o : 입사광의 강도, I_t : 투사광의 강도)

① $\dfrac{I_t}{I_o}$를 투과도(t)라 한다.

② $\log\dfrac{I_t}{I_o}$을 흡광도(A)라 한다.

③ 투과도(t)를 백분율로 표시한 것을 투과 퍼센트라 한다.

④ 자외선/가시선 분광법은 램버어트-비어 법칙을 응용한 것이다.

흡광도

$$A = \log\dfrac{1}{t} = \log\dfrac{I_o}{I_t}$$

정답 ②

---

064 오염물질A의 실측 농도가 $250mg/Sm^3$이고, 그 때의 실측 산소농도가 3.5%이다. 오염물질A의 보정농도(mg/Sm^3)는? (단, 오염물질 A는 표준산소농도를 적용받으며, 표준산소농도는 4%임)

① 219   ② 243
③ 247   ④ 286

오염물질 농도 보정

$$C = C_a \times \dfrac{21 - O_s}{21 - O_a}$$

$$C = 250 \times \dfrac{21 - 4}{21 - 3.5} = 242.85 \, mg/Sm^3$$

C : 오염물질 농도(mg/Sm^3 또는 ppm)

O_s : 표준산소농도(%)

O_a : 실측산소농도(%)

C_a : 실측오염물질농도(mg/Sm^3 또는 ppm)

정답 ②

---

065 비분산적외선 분석기의 구성에서 ( ) 안에 들어갈 기기로 옳은 것은? (단, 복광속 분석기 기준)

> 광원 → (㉠) → (㉡) → 시료셀 →
> 검출기 → 증폭기 → 지시계

① ㉠ 광학섹터, ㉡ 회전필터
② ㉠ 회전섹터, ㉡ 광학필터
③ ㉠ 광학필터, ㉡ 회전필터
④ ㉠ 회전섹터, ㉡ 광학섹터

비분산 적외선 분석기 기기

광원 → 회전섹터 → 광학필터 → 시료셀 → 검출기 → 증폭기 → 지시계

정답 ②

---

066 배출가스 중의 건조시료가스 채취량을 건식가스미터를 사용하여 측정할 때 필요한 항목에 해당하지 않는 것은?

① 가스미터의 온도
② 가스미터의 게이지압
③ 가스미터로 측정한 흡입가스량
④ 가스미터 온도에서의 포화수증기압

배출가스 중의 건조시료가스 채취량을 건식가스미터를 사용하여 측정할 때 필요한 항목

· 가스미터로 측정한 흡입가스량(L)

· 건조시료가스 채취량(L)

· 가스미터의 온도(℃)

· 대기압(mmHg)

· 가스미터의 게이지압(mmHg)

건조시료가스 채취량(L) 계산식 - 건식가스 미터를 사용 시

$$V_s = V \times \dfrac{273}{273 + t} \times \dfrac{P_a + P_m}{760}$$

V : 가스미터로 측정한 흡입가스량(L)

V_s : 건조시료가스 채취량(L)

t : 가스미터의 온도(℃)

P_a : 대기압(mmHg)

P_m : 가스미터의 게이지압(mmHg)

정답 ④

067 대기 중의 가스상 물질을 용매채취법에 따라 채취할 때 사용하는 순간유량계 중 면적식 유량계는?

① 노즐식 유량계
② 오리피스 유량계
③ 게이트식 유량계
④ 미스트식 가스미터

용매채취법 유량계

순간 유량계	면적식 유량계 : 부자식(floater), 피스톤식 또는 게이트식 유량계
	기타 유량계 : 오리피스(orifice) 유량계, 벤투리(venturi)식 유량계 또는 노즐(flow nozzle)식 유량계

참고 제 2장 시료채취방법 Chapter 04. 환경대기 시료채취방법 3. 가스상 물질의 시료 채취방법

정답 ③

068 굴뚝을 통해 대기 중으로 배출되는 가스상의 시료를 채취할 때 사용하는 도관에 관한 설명으로 옳지 않은 것은?

① 도관의 안지름은 도관의 길이, 흡인가스의 유량, 응축수에 의한 막힘, 또는 흡인펌프의 능력 등을 고려해서 4~25mm로 한다.
② 하나의 도관으로 여러 개의 측정기를 사용할 경우 각 측정기 앞에서 도관을 병렬로 연결하여 사용한다.
③ 도관의 길이는 가능한 한 먼 곳의 시료 채취구에서도 채취가 용이하도록 100m 정도로 가급적 길게 하되, 200m를 넘지 않도록 한다.
④ 도관은 가능한 한 수직으로 연결해야 하고 부득이 구부러진 관을 사용할 경우에는 응축수가 흘러나오기 쉽도록 경사지게(5° 이상) 한다.

③ 도관의 길이는 되도록 짧게 하고, 부득이 길게 해서 쓰는 경우에는 이음매가 없는 배관을 써서 접속 부분을 적게 하고 받침 기구로 고정해서 사용해야 하며, 76m를 넘지 않도록 한다.

정답 ③

069 굴뚝 배출가스 중의 염화수소를 분석하는 방법 중 자외선/가시선 분광법(흡광광도법)에 해당하는 것은?

① 질산은법
② 4-아미노안티피린법
③ 싸이오시안산제이수은법
④ 란탄-알리자린 콤플렉손법

② 4-아미노안티피린법 – 페놀화합물
③ 싸이오시안산제이수은법 – 염화수소
④ 란탄-알리자린 콤플렉손법 – 불소화합물

[개정 – 용어변경]

· 시안→싸이안

· 불소화합물→플루오린화합물

정답 ③

070 굴뚝 배출가스 중의 질소산화물을 연속자동측정할 때 사용하는 화학발광 분석계의 구성에 관한 설명으로 옳지 않은 것은?

① 반응조는 시료가스와 오존가스를 도입하여 반응시키기 위한 용기로서 내부압력조건에 따라 감압형과 상압형으로 구분된다.
② 오존발생기는 산소가스를 오존으로 변환시키는 역할을 하며, 에너지원으로서 무성방전관 또는 자외선발생기를 사용한다.
③ 검출기에는 화학발광을 선택적으로 투과시킬 수 있는 발광필터가 부착되어 있어 전기신호를 발광도로 변환시키는 역할을 한다.
④ 유량제어부는 시료가스 유량제어부와 오존가스 유량제어부가 있으며 이들은 각각 저항관, 압력조절기, 니들밸브, 면적유량계, 압력계 등으로 구성되어 있다.

③ 검출기에는 화학발광을 선택적으로 투과시킬 수 있는 광학필터가 부착되어 있으며 발광도를 전기신호로 변환시키는 역할을 한다.

정답 ③

071 굴뚝 배출가스 중의 질소산화물을 아연환원 나프틸에틸렌다이아민법에 따라 분석할 때에 관한 설명이다. ( ) 안에 들어갈 내용으로 옳은 것은?

> 시료 중의 질소산화물을 오존 존재 하에서 물에 흡수시켜 (㉠)으로 만들고 (㉡)을 사용하여 (㉢)으로 환원한 후 설파닐아마이드 (sulfanilamide) 및 나프틸에틸렌다이아민 (naphthyl ethylene diamine)을 반응시켜 얻어진 착색의 흡광도로부터 질소산화물을 정량한다.

① ㉠ 아질산이온, ㉡ 분말금속아연, ㉢ 질산이온
② ㉠ 아질산이온, ㉡ 분말황산아연, ㉢ 질산이온
③ ㉠ 질산이온, ㉡ 분말황산아연, ㉢ 아질산이온
④ ㉠ 질산이온, ㉡ 분말금속아연, ㉢ 아질산이온

배출가스 중 질소산화물 – 자외선/가시선분광법 – 아연환원 나프틸에틸렌다이아민법

시료 중의 질소산화물을 오존 존재 하에서 흡수액에 흡수시켜 질산 이온으로 만들고 분말금속아연을 사용하여 아질산이온으로 환원한 후 설파닐아마이드 (sulfanilamide) 및 나프틸에틸렌다이아민 (naphthyl ethylene diamine)을 반응시켜 얻어진 착색의 흡광도로부터 질소산화물을 정량한다.

[개정] 물→흡수액

정답 ④

072 대기오염공정시험기준 총칙 상의 시험 기재 및 용어에 관한 내용으로 옳지 않은 것은?

① 시험조작 중 "즉시"란 30초 이내에 표시된 조작을 하는 것을 뜻한다.
② "감압 또는 진공"이라 함은 따로 규정이 없는 한 50mmHg 이하를 뜻한다.
③ 용액의 액성표시는 따로 규정이 없는 한 유리 전극법에 의한 pH미터로 측정한 것을 뜻한다.
④ 액체성분의 양을 "정확히 취한다"는 홀피펫, 눈금플라스크 또는 이와 동등 이상의 정도를 갖는 용량계를 사용하여 조작하는 것을 뜻한다.

② "감압 또는 진공"이라 함은 따로 규정이 없는 한 15mmHg 이하를 뜻한다.

[개정 – 용어변경] 눈금플라스크→부피플라스크

정답 ②

073 대기오염공정시험기준 총칙 상의 용어 정의로 옳지 않은 것은?

① 냉수는 4℃ 이하, 온수는 60~70℃, 열수는 약 100℃를 말한다.
② 시험에 사용하는 시약은 따로 규정이 없는 한 특급 또는 1급 이상 또는 이와 동등한 규격의 것을 사용하여야 한다.
③ 기체 중의 농도를 mg/m^3로 나타냈을 때 m^3은 표준상태의 기체 용적을 뜻하는 것으로 Sm^3로 표시한 것과 같다.
④ ppm의 기호는 따로 표시가 없는 한 기체일 때는 용량 대 용량(V/V), 액체일 때는 중량 대 중량(W/W)으로 표시한 것을 뜻한다.

① 냉수는 15℃ 이하, 온수는 60~70℃, 열수는 약 100℃를 말한다.

온도의 표시

· 표준온도 : 0℃,
· 상온 : 15~25℃
· 실온 : 1~35℃
· 찬 곳 : 따로 규정이 없는 한 0~15℃의 곳
· 냉수 : 15℃ 이하
· 온수 : 60~70℃
· 열수 : 약 100℃
· "냉후" (식힌 후)라 표시되어 있을 때는 보온 또는 가열 후 실온까지 냉각된 상태를 뜻한다.

[개정]
④ ppm의 기호는 따로 표시가 없는 한 기체일 때는 용량 대 용량(부피분율), 액체일 때는 중량 대 중량(중량분율)을 표시한 것을 뜻한다.

정답 ①

074 대기 중의 유해 휘발성 유기화합물을 고체흡착법에 따라 분석할 때 사용하는 용어의 정의이다. ( ) 안에 들어갈 내용으로 가장 적합한 것은?

> 일정농도의 VOC가 흡착관에 흡착되는 초기 시점부터 일정시간이 흐르게 되면 흡착관 내부에 상당량의 VOC가 포화되기 시작하고 전체 VOC 양의 5%가 흡착관을 통과하게 되는데, 이 시점에서 흡착관 내부로 흘러간 총 부피를 ( )라 한다.

① 머무름부피(retention volume)
② 안전부피(safe sample volume)
③ 파과부피(breakthrough volume)
④ 탈착부피(desorption volume)

정답 ③

075 굴뚝 배출가스 중의 일산화탄소를 분석하는 방법에 해당하지 않는 것은?

① 정전위전해법
② 자외선가시선분광법
③ 비분산형적외선분석법
④ 기체크로마토그래피법

배출가스 중 일산화탄소 측정방법
· 자동측정법 - 비분산적외선분광분석법
· 자동측정법 - 전기화학식(정전위전해법)
· 기체크로마토그래피

정답 ②

076 굴뚝 배출가스 중의 무기 불소화합물을 자외선/가시선 분광법에 따라 분석하여 얻은 결과이다. 불소화합물의 농도(ppm)는? (단, 방해이온이 존재할 경우임)

> · 검정곡선에서 구한 불소화합물 이온의 질량 : 1mg
> · 건조시료가스량 : 20L
> · 분취한 액량 : 50mL

① 100
② 155
③ 250
④ 295

$$C = \frac{A_F \times V/v}{V_s} \times 1,000 \times \frac{22.4}{19}$$

$$C = \frac{1 \times 250/50}{20} \times 1,000 \times \frac{22.4}{19} = 294.73\,ppm$$

C : 불소화합물의 농도(ppm, F)
A_F : 검정곡선에서 구한 불소화합물 이온의 질량(mg)
V_S : 건조시료가스량(L)
V : 시료용액 전량(mL)
(방해이온이 존재할 경우 : 250mL,
방해이온이 존재하지 않을 경우 : 200mL)
v : 분취한 액량(mL)

정답 ④

077 원자흡수분광법에 따라 분석하여 얻은 측정결과이다. 대기 중의 납 농도(mg/m^3)는?

> · 분석용시료용액 : 100mL
> · 표준시료 가스량 : 500L
> · 시료용액 흡광도에 상당하는 납 농도 : 0.0125mg Pb/mL

① 2.5
② 5.0
③ 7.5
④ 9.5

$$\frac{용\,질}{용\,액} = \frac{\frac{0.0125\,mg\,Pb}{mL} \times 100\,mL}{500L \times \frac{1Sm^3}{1,000L}} = 2.5\,mg/m^3$$

정답 ①

078 대기 중의 다환방향족 탄화수소(PAH)를 기체 크로마토그래피법에 따라 분석하고자 한다. 다음 중 체류시간(retention time)이 가장 긴 것은?

① 플루오렌(fluorene)
② 나프탈렌(naphthalene)
③ 안트라센(anthracene)
④ 벤조(a)피렌(benzo(a)pyrene)

정답 ④

079 굴뚝 배출가스 중의 일산화탄소를 기체크로마토그래피법에 따라 분석할 때에 관한 설명으로 옳지 않은 것은?

① 부피분율 99.9% 이상의 헬륨을 운반가스로 사용한다.
② 활성알루미나(Al_2O_3 93.1%, SiO_2 0.02%)를 충전제로 사용한다.
③ 메테인화 반응장치가 있는 불꽃이온화 검출기를 사용한다.
④ 내면을 잘 세척한 안지름이 2~4mm, 길이가 0.5~1.5m인 스테인리스강 재질관을 분리관으로 사용한다.

② 합성제올라이트를 충전제로 사용한다.

정답 ②

080 이온크로마토그래피의 설치조건(기준)으로 옳지 않은 것은?

① 대형변압기, 고주파가열 등으로부터 전자유도를 받지 않아야 한다.
② 부식성 가스 및 먼지발생이 적고, 진동이 없으며 직사광선을 피해야 한다.
③ 실온 10~25℃, 상대습도 30~85% 범위로 급격한 온도 변화가 없어야 한다.
④ 공급전원은 기기의 사양에 지정된 전압 전기용량 및 주파수로 전압변동은 40% 이하이고, 급격한 주파수 변동이 없어야 한다.

④ 공급전원은 기기의 사양에 지정된 전압 전기용량 및 주파수로 전압변동은 10% 이하여야 한다.

[개정] 해당 공정시험기준은 아래와 같이 개정되었습니다.

이온크로마토그래피 설치조건(개정후)

· 실온 15℃~25℃, 상대습도 30%~85% 범위로 급격한 온도변화가 없어야 한다.
· 진동이 없고 직사광선을 피해야 한다.
· 부식성 가스 및 먼지 발생이 적고 환기가 잘 되어야 한다.
· 대형변압기, 고주파가열 등으로부터의 전자유도를 받지 않아야 한다.
· 공급전원은 기기의 사양에 지정된 전압 전기용량 및 주파수로 전압변동은 10% 이하이고 주파수 변동이 없어야 한다.

정답 ④

081 대기환경보전법령상 환경기술인 등의 교육을 받게 하지 아니한 자에 대한 행정 처분기준으로 옳은 것은?

① 50만원 이하의 과태료를 부과한다.
② 100만원 이하의 과태료를 부과한다.
③ 100만원 이하의 벌금에 처한다.
④ 200만원 이하의 벌금에 처한다.

100만원 이하의 과태료

· 환경기술인의 준수사항을 지키지 아니한 자
· 환경기술인 등의 교육을 받게 하지 아니한 자

정답 ②

082 대기환경보전법령상 수도권대기환경청장, 국립환경과학원장 또는 한국환경공단이 설치하는 대기오염 측정망의 종류가 아닌 것은?

① 도시지역의 휘발성유기화합물 등의 농도를 측정하기 위한 광화학대기오염물질측정망
② 기후·생태계변화 유발물질의 농도를 측정하기 위한 지구대기측정망
③ 대기 중의 중금속 농도를 측정하기 위한 대기중금속측정망
④ 대기오염물질의 지역배경농도를 측정하기 위한 교외대기측정망

③ 대기중금속측정망은 시·도지사가 설치하는 대기오염 측정망임

정답 ③

083 대기환경보전법령상 개선명령의 이행보고와 관련하여 환경부령으로 정하는 대기오염도 검사기관에 해당하지 않는 것은?

① 보건환경연구원
② 유역환경청
③ 한국환경공단
④ 환경보전협회

대기오염도 검사기관

1. 국립환경과학원
2. 특별시·광역시·특별자치시·도·특별자치도(이하 "시·도"라 한다)의 보건환경연구원
3. 유역환경청, 지방환경청 또는 수도권대기환경청
4. 한국환경공단

정답 ④

084 대기환경관계법령상 비산먼지 발생을 억제하기 위한 시설의 설치 및 필요한 조치에 관한 기준 중 시멘트 수송공정에서 적재물은 적재함 상단으로부터 수평으로 몇 cm 이하까지 적재하여야 하는가?

① 5cm 이하
② 10cm 이하
③ 20cm 이하
④ 30cm 이하

대기환경보전법 시행규칙 [별표 14]

비산먼지 발생을 억제하기 위한 시설의 설치 및 필요한 조치에 관한 기준(제58조제4항 관련)

배출공정	시설의 설치 및 조치에 관한 기준
3. 수송(시멘트·석탄·토사·사료·곡물·고철의 운송업은 가목·나목·바목·사목 및 차목만 적용하고 목재수송은 사목·아목 및 차목만 적용한다)	가. 적재함을 최대한 밀폐할 수 있는 덮개를 설치하여 적재물이 외부에서 보이지 아니하고 흘림이 없도록 할 것 나. 적재함 상단으로부터 5cm 이하까지 적재물을 수평으로 적재할 것 다. 도로가 비포장 사설도로인 경우 비포장 사설도로로부터 반지름 500m 이내에 10가구 이상의 주거시설이 있을 때에는 해당 마을로부터 반지름 1km 이내의 경우에는 포장, 간이포장 또는 살수 등을 할 것

정답 ①

085 대기환경보전법령상 분체상 물질을 싣고 내리는 공정의 경우, 비산먼지 발생을 억제하기 위해 작업을 중지해야 하는 평균풍속(m/s)의 기준은?

① 2 이상 ② 5 이상
③ 7 이상 ④ 8 이상

대기환경보전법 시행규칙 [별표 14]

비산먼지 발생을 억제하기 위한 시설의 설치 및 필요한 조치에 관한 기준(제58조제4항 관련)

배출공정	시설의 설치 및 조치에 관한 기준
2. 싣기 및 내리기(분체상 물질을 싣고 내리는 경우만 해당한다)	가. 작업 시 발생하는 비산먼지를 제거할 수 있는 이동식 집진시설 또는 분무식 집진시설(Dust Boost)을 설치할 것(석탄제품 제조업, 제철·제강업 또는 곡물하역업에만 해당한다) 나. 싣거나 내리는 장소 주위에 고정식 또는 이동식 물을 뿌리는 시설(살수반경 5m 이상, 수압 3kg/cm^2 이상)을 설치·운영하여 작업하는 중 다시 흩날리지 아니하도록 할 것(곡물작업장의 경우는 제외한다) 다. 풍속이 평균초속 8m 이상일 경우에는 작업을 중지할 것 라. 공장 내에서 싣고 내리기는 최대한 밀폐된 시설에서만 실시하여 비산먼지가 생기지 아니하도록 할 것(시멘트 제조업만 해당한다) 마. 조쇄(캐낸 광석을 초벌로 깨는 일)를 위한 내리기 작업은 최대한 3면이 막히고 지붕이 있는 구조물 내에서 실시 할 것. 다만, 수직갱에서의 조쇄를 위한 내리기 작업은 충분한 살수를 실시할 수 있는 시설을 설치할 것(시멘트 제조업만 해당한다) 바. 가목부터 마목까지와 같거나 그 이상의 효과를 가지는 시설을 설치하거나 조치하는 경우에는 가목부터 마목까지 중 그에 해당하는 시설의 설치 또는 조치를 제외한다.

086 대기환경보전법령상 장거리이동대기오염물질대책위원회의 위원에는 대통령령으로 정하는 분야의 학식과 경험이 풍부한 전문가를 위촉할 수 있다. 여기서 나타내는 '대통령령으로 정하는 분야'와 가장 거리가 먼 것은?

① 예방의학 분야
② 유해화학물질 분야
③ 국제협력 분야 및 언론 분야
④ 해양 분야

대통령령으로 정하는 분야

· 대기환경 분야   · 기상 분야
· 예방의학 분야   · 산림 분야
· 보건 분야   · 국제협력 분야 및 언론 분야
· 화학사고 분야   · 해양 분야

정답 ②

087 대기환경보전법령상 대기오염경보에 관한 설명으로 틀린 것은?

① 시·도지사는 당해 지역에 대하여 대기오염경보를 발령할 수 있다.
② 지역의 대기오염 발생 특성 등을 고려하여 특별시, 광역시 등의 조례로 경보 단계별 조치사항을 일부 조정할 수 있다.
③ 대기오염경보의 대상 지역, 대상 오염물질, 발령 기준, 경보 단계 및 경보 단계별 조치 등에 필요한 사항은 환경부령으로 정한다.
④ 경보단계 중 경보발령의 경우에는 주민의 실외활동 제한 요청, 자동차 사용의 제한 및 사업장의 연료사용량 감축 권고 등의 조치를 취하여야 한다.

088 대기환경보전법령상 기후·생태계 변화 유발물질 중 "환경부령으로 정하는 것"에 해당하는 것은?

① 염화불화탄소와 수소염화불화탄소
② 염화불화산소와 수소염화불화산소
③ 불화염화수소와 불화염소화수소
④ 불화염화수소와 불화수소화탄소

089 대기환경보전법령상 장거리이동대기오염물질 대책위원회에 관한 사항으로 틀린 것은?

① 위원회는 위원장 1명을 포함한 25명 이내의 위원으로 구성한다.
② 위원회의 위원장은 환경부장관이 되고, 위원은 환경부령으로 정하는 중앙행정기관의 공무원 등으로서 환경부장관이 위촉하거나 임명하는 자로 한다.
③ 위원회와 실무위원회 및 장거리이동대기오염물질연구단의 구성 및 운영 등에 관하여 필요한 사항은 대통령령으로 정한다.
④ 환경부장관은 장거리이동대기오염물질 피해방지를 위하여 5년마다 관계 중앙행정기관의 장과 협의하고 시·도지사의 의견을 들어야 한다.

090 실내공기질 관리법령상 신축 공동주택의 실내공기질 권고기준 중 "에틸벤젠" 기준으로 옳은 것은?

① 210$\mu g/m^3$ 이하
② 300$\mu g/m^3$ 이하
③ 360$\mu g/m^3$ 이하
④ 700$\mu g/m^3$ 이하

091 대기환경보전법령상 환경부장관은 오염물질 측정기기의 운영·관리기준을 지키지 않는 사업자에 대해 조치명령을 하는 경우, 부득이한 사유인 경우 신청에 의한 연장기간까지 포함하여 최대 몇 개월의 범위에서 개선기간을 정할 수 있는가?

① 3개월　　　　② 6개월
③ 9개월　　　　④ 12개월

조치명령 개선기간 6개월 + 연장 6개월 = 12개월

제18조(측정기기의 개선기간)

❶ 환경부장관 또는 시·도지사는 법 제32조제5항에 따라 조치명령을 하는 경우에는 6개월 이내의 개선기간을 정하여야 한다.

❷ 환경부장관 또는 시·도지사는 법 제32조제5항에 따른 조치명령을 받은 자가 천재지변이나 그 밖의 부득이한 사유로 제1항에 따른 개선기간 내에 조치를 마칠 수 없는 경우에는 조치명령을 받은 자의 신청을 받아 6개월의 범위에서 개선기간을 연장할 수 있다.

정답 ④

092 대기환경보전법령상 그 배출시설이 발전소의 발전 설비로서 국민경제에 현저한 지장을 줄 우려가 있어 조업정지처분을 갈음하여 과징금을 부과할 때, 3종사업장인 경우 조업정지 1일당 과징금 부과금액 기준으로 옳은 것은?

① 900만원　　　　② 600만원
③ 450만원　　　　④ 300만원

1일당 과징금 = 1일당 부과금액 × 사업장 규모별 부과계수
　　　　　　 = 300만원 × 1.0 = 300만원

제51조(과징금의 부과 등)

과징금 = 조업정지일수 × 1일당 부과금액 × 사업장 규모별 부과계수

1. 과징금은 행정처분기준에 따라 조업정지일수에 1일당 부과금액과 사업장 규모별 부과계수를 곱하여 산정할 것

2. 1일당 부과금액은 300만원으로 하고, 사업장 규모별 부과계수는 1종사업장에 대하여는 2.0, 2종사업장에 대하여는 1.5, 3종사업장에 대하여는 1.0, 4종사업장에 대하여는 0.7, 5종사업장에 대하여는 0.4로 할 것

[법규 개정] 현행 법규에서 삭제되었고, 대기보전법 시행령 제38조(과징금 처분) 법규가 관련되어 신설됨

정답 ④

093 대기환경보전법령상 위임업무 보고사항 중 "자동차 연료 및 첨가제의 제조·판매 또는 사용에 대한 규제현황" 업무의 보고횟수 기준은?

① 연 1회　　　　② 연 2회
③ 연 4회　　　　④ 수시

대기환경보전법 시행규칙 [별표 37] <개정 2017. 1. 26.>
위임업무 보고사항

업무내용	보고횟수
1. 환경오염사고 발생 및 조치 사항	수 시
2. 수입자동차 배출가스 인증 및 검사현황	연 4회
3. 자동차 연료 및 첨가제의 제조·판매 또는 사용에 대한 규제현황	연 2회
4. 자동차 연료 또는 첨가제의 제조기준 적합 여부 검사현황	연료 : 연 4회 / 첨가제 : 연 2회
5. 측정기기 관리대행업의 등록, 변경등록 및 행정처분 현황	연 1회

정답 ②

094 대기환경보전법령상 비산먼지 발생사업으로서 "대통령령으로 정하는 사업" 중 환경부령으로 정하는 사업과 가장 거리가 먼 것은?

① 비금속물질의 채취업, 제조업 및 가공업
② 제1차 금속 제조업
③ 운송장비 제조업
④ 목재 및 광석의 운송업

제44조(비산먼지 발생사업) 법 제43조제1항 전단에서 "대통령령으로 정하는 사업"이란 다음 각 호의 사업 중 환경부령으로 정하는 사업을 말한다. <개정 2019. 7. 16.>

1. 시멘트·석회·플라스터 및 시멘트 관련 제품의 제조업 및 가공업
2. 비금속물질의 채취업, 제조업 및 가공업
3. 제1차 금속 제조업
4. 비료 및 사료제품의 제조업
5. 건설업(지반 조성공사, 건축물 축조공사, 토목공사, 조경공사 및 도장공사로 한정한다)
6. 시멘트, 석탄, 토사, 사료, 곡물 및 고철의 운송업
7. 운송장비 제조업
8. 저탄시설(貯炭施設)의 설치가 필요한 사업
9. 고철, 곡물, 사료, 목재 및 광석의 하역업 또는 보관업
10. 금속제품의 제조업 및 가공업
11. 폐기물 매립시설 설치·운영 사업

정답 ④

095 환경정책기본법령상 대기 환경기준에 해당되지 않은 항목은?

① 탄화수소(HC) ② 아황산가스(SO_2)
③ 일산화탄소(CO) ④ 이산화질소(NO_2)

환경정책기본법상 대기 환경기준 〈개정 2019. 7. 2.〉

측정 시간	SO_2 (ppm)	NO_2 (ppm)	O_3 (ppm)	CO (ppm)	PM_{10} ($\mu g/m^3$)	$PM_{2.5}$ ($\mu g/m^3$)	납(Pb) ($\mu g/m^3$)	벤젠 ($\mu g/m^3$)
연간	0.02	0.03	–	–	50	15	0.5	5
24 시간	0.05	0.06	–	–	100	35	–	–
8 시간	–	–	0.06	9	–	–	–	–
1 시간	0.15	0.10	0.10	25	–	–	–	–

정답 ①

096 실내공기질 관리법령상 "의료기관"의 라돈(Bq/m^3) 항목 실내공기질 권고기준은?

① 148 이하 ② 400 이하
③ 500 이하 ④ 1,000 이하

실내공기질 관리법 시행규칙 [별표 3] 〈개정 2020. 4. 3.〉

실내공기질 권고기준(제4조 관련)

오염물질 항목 / 다중 이용시설	곰팡이 (CFU/m^3)	총휘발성 유기화합물 ($\mu g/m^3$)	이산화질소 (ppm)	라돈 (Bq/m^3)
노약자시설	500 이하	400 이하	0.05 이하	
일반인시설	–	500 이하	0.1 이하	148 이하
실내주차장	–	1,000 이하	0.30 이하	

정답 ①

097 대기환경보전법령상 배출시설 설치신고를 하고자 하는 경우 배출시설 설치신고서에 포함되어야 하는 사항과 가장 거리가 먼 것은?

① 배출시설 및 방지시설의 설치명세서
② 방지시설의 일반도
③ 방지시설의 연간 유지관리 계획서
④ 유해오염물질 확정 배출농도 내역서

배출시설 설치신고서 포함사항

1. 원료(연료를 포함한다)의 사용량 및 제품 생산량과 오염물질 등의 배출량을 예측한 명세서

2. 배출시설 및 방지시설의 설치명세서

3. 방지시설의 일반도(一般圖)

4. 방지시설의 연간 유지관리 계획서

5. 사용 연료의 성분 분석과 황산화물 배출농도 및 배출량 등을 예측한 명세서(법 제41조제3항 단서에 해당하는 배출시설의 경우에만 해당한다)

6. 배출시설 설치허가증(변경허가를 신청하는 경우에만 해당한다)

정답 ④

098 환경정책기본법령상 오존(O_3)의 환경기준 중 8시간 평균치 기준(㉠)과 1시간 평균치 기준 (㉡)으로 옳은 것은?

① ㉠ 0.06ppm 이하, ㉡ 0.03ppm 이하
② ㉠ 0.06ppm 이하, ㉡ 0.1ppm 이하
③ ㉠ 0.03ppm 이하, ㉡ 0.03ppm 이하
④ ㉠ 0.03ppm 이하, ㉡ 0.1ppm 이하

환경정책기본법상 대기 환경기준 〈개정 2019. 7. 2.〉

측정 시간	SO_2 (ppm)	NO_2 (ppm)	O_3 (ppm)	CO (ppm)	PM_{10} ($\mu g/m^3$)	$PM_{2.5}$ ($\mu g/m^3$)	납(Pb) ($\mu g/m^3$)	벤젠 ($\mu g/m^3$)
연간	0.02	0.03	–	–	50	15	0.5	5
24 시간	0.05	0.06	–	–	100	35	–	–
8 시간	–	–	0.06	9	–	–	–	–
1 시간	0.15	0.10	0.10	25	–	–	–	–

정답 ②

099 대기환경보전법령상 운행차배출허용기준을 초과하여 개선명령을 받은 자동차에 대한 운행정지 표지의 색상기준으로 옳은 것은?

① 바탕색은 노란색, 문자는 검정색
② 바탕색은 흰색, 문자는 검정색
③ 바탕색은 초록색, 문자는 흰색
④ 바탕색은 노란색, 문자는 흰색

바탕색은 노란색으로, 문자는 검정색으로 한다.

정답 ①

100 실내공기질 관리법령상 이 법의 적용대상이 되는 시설 중 "대통령령이 정하는 규모의 것"에 해당하지 않는 것은?

① 여객자동차터미널의 연면적 1천 5백제곱미터 이상인 대합실
② 공항시설 중 연면적 1천 5백제곱미터 이상인 여객터미널
③ 연면적 430제곱미터 이상인 어린이집
④ 연면적 2천제곱미터 이상이거나 병상수 100개 이상인 의료기관

① 여객자동차터미널의 연면적 2천제곱미터 이상인 대합실

실내공기질 관리법 시행령 – 제2조(적용대상)

❶ 「실내공기질 관리법」(이하 "법"이라 한다) 제3조제1항 각호 외의 부분에서 "대통령령으로 정하는 규모의 것"이란 다음 각 호의 어느 하나에 해당하는 시설을 말한다. 이 경우 둘 이상의 건축물로 이루어진 시설의 연면적은 개별 건축물의 연면적을 모두 합산한 면적으로 한다. <개정 2016. 12. 20.>

1. 모든 지하역사(출입통로·대합실·승강장 및 환승통로와 이에 딸린 시설을 포함한다)
2. 연면적 2천제곱미터 이상인 지하도상가(지상건물에 딸린 지하층의 시설을 포함한다. 이하 같다). 이 경우 연속되어 있는 둘 이상의 지하도상가의 연면적 합계가 2천제곱미터 이상인 경우를 포함한다.
3. 철도역사의 연면적 2천제곱미터 이상인 대합실
4. 여객자동차터미널의 연면적 2천제곱미터 이상인 대합실
5. 항만시설 중 연면적 5천제곱미터 이상인 대합실
6. 공항시설 중 연면적 1천5백제곱미터 이상인 여객터미널

7. 연면적 3천제곱미터 이상인 도서관
8. 연면적 3천제곱미터 이상인 박물관 및 미술관
9. 연면적 2천제곱미터 이상이거나 병상 수 100개 이상인 의료기관
10. 연면적 500제곱미터 이상인 산후조리원
11. 연면적 1천제곱미터 이상인 노인요양시설
12. 연면적 430제곱미터 이상인 국공립어린이집, 법인어린이집, 직장어린이집 및 민간어린이집
13. 모든 대규모점포
14. 연면적 1천제곱미터 이상인 장례식장(지하에 위치한 시설로 한정한다)
15. 모든 영화상영관(실내 영화상영관으로 한정한다)
16. 연면적 1천제곱미터 이상인 학원
17. 연면적 2천제곱미터 이상인 전시시설(옥내시설로 한정한다)
18. 연면적 300제곱미터 이상인 인터넷컴퓨터게임시설제공업의 영업시설
19. 연면적 2천제곱미터 이상인 실내주차장(기계식 주차장은 제외한다)
20. 연면적 3천제곱미터 이상인 업무시설
21. 연면적 2천제곱미터 이상인 둘 이상의 용도(「건축법」 제2조제2항에 따라 구분된 용도를 말한다)에 사용되는 건축물
22. 객석 수 1천석 이상인 실내 공연장
23. 관람석 수 1천석 이상인 실내 체육시설
24. 연면적 1천제곱미터 이상인 목욕장업의 영업시설

❷ 삭제 <2016. 12. 20.>

❸ 법 제3조제2항 각호외의 부분에서 "대통령령이 정하는 규모"라 함은 100세대를 말한다.

❹ 법 제3조제3항제3호에서 "대통령령으로 정하는 자동차"란 「여객자동차 운수사업법 시행령」 제3조제1호라목에 따른 시외버스운송사업에 사용되는 자동차 중 고속형 시외버스와 직행형 시외버스를 말한다. <신설 2014. 3. 18.>

정답 ①

05 2021년 05월 15일

2021년 제 2회 대기환경기사

1과목 **대기오염 개론**

001 대기 압력이 990mb인 높이에서의 온도가 22℃일 때, 온위(K)는?

① 275.63 ② 280.63
③ 286.46 ④ 295.86

$$\theta = T\left(\frac{1,000}{P}\right)^{0.288} = (273 + 22℃) \times \left(\frac{1,000}{990}\right)^{0.288}$$

$$= 295.855\,K$$

정답 ④

002 자동차 배출가스 정화장치인 삼원촉매장치에 관한 내용으로 옳지 않은 것은?

① HC는 CO_2와 H_2O로 산화되며, NOx는 N_2로 환원된다.
② 우수한 효율을 얻기 위해서는 엔진에 공급되는 공기연료비가 이론공연비이어야 한다.
③ 두개의 촉매 층이 직렬로 연결되어 CO, HC, NOx를 동시에 처리할 수 있다.
④ 일반적으로 로듐촉매는 CO와 HC를 저감시키는 반응을 촉진시키고 백금촉매는 NOx를 저감시키는 반응을 촉진시킨다.

④

오염물질	제거 반응	촉매
CO, HC	산화 반응	· 산화 촉매 : 백금(Pt), 팔라듐(Pd)
NOx	환원 반응	· 환원 촉매 : 로듐(Rh)

정답 ④

003 다음 중 오존층 보호와 가장 거리가 먼 것은?

① 헬싱키 의정서 ② 런던 회의
③ 비엔나 협약 ④ 코펜하겐 회의

① 헬싱키 의정서 : SO_x 감축 결의

정답 ①

004 다음 중 오존파괴지수가 가장 작은 물질은?

① CCl_4 ② CF_3Br
③ CF_2BrCl ④ $CHFClCF_3$

① CCl_4 : 사염화탄소
② CF_3Br : 할론1301
③ CF_2BrCl : 할론1211
④ $CHFClCF_3$: CFC−124(HCFC)

오존층파괴지수(ODP)

할론1301 > 할론2402 > 할론1211 > 사염화탄소 > CFC11 > CFC12 > HCFC

정답 ④

005 산성비에 관한 설명으로 가장 거리가 먼 것은?

① 산성비는 대기 중에 배출되는 황산화물과 질소산화물이 황산, 질산 등의 산성 물질로 변하여 발생한다.
② 산성비 문제를 해결하기 위하여 질소산화물 배출량 또는 국가 간 이동량을 최저 30% 삭감하는 몬트리올 의정서가 채택되었다.
③ 산성비가 토양에 내리면 토양은 Ca^{2+}, Mg^{2+}, Na^+, K^+ 등의 교환성염기를 방출하고, 그 교환자리에 H^+가 치환된다.
④ 일반적으로 산성비란 pH가 5.6 이하인 강우를 뜻하는데, 이는 자연 상태에 존재하는 CO_2가 빗방울에 흡수되어 평형을 이루었을 때의 pH를 기준으로 한 것이다.

006 1984년 인도 중부지방의 보팔시에서 발생한 대기오염사건의 원인물질은?

① CH_3CNO
② SOx
③ H_2S
④ $COCl_2$

007 리차드슨 수(Ri)에 관한 내용으로 옳지 않은 것은?

① Ri수가 0에 접근하면 분산이 줄어든다.
② Ri수가 0일 때 대기는 중립상태가 되고 기계적 난류가 지배적이다.
③ Ri수가 큰 양의 값을 가지면 대류가 지배적이어서 강한 수직 운동이 일어난다.
④ Ri수는 무차원수로 대류 난류를 기계적 난류로 전환시키는 비율을 나타낸 것이다.

008 대기 중의 광화학반응에서 탄화수소와 반응하여 2차 오염물질을 형성하는 화학종과 가장 거리가 먼 것은?

① CO
② -OH
③ NO
④ NO_2

009 입자상물질의 농도가 $0.25mg/m^3$이고, 상대습도가 70%일 때, 가시거리(km)는? (단, 상수 A는 1.3)

① 4.3
② 5.2
③ 6.5
④ 7.2

010 대기오염물질은 발생방법에 따라 1차 오염물질과 2차 오염물질로 구분할 수 있다. 2차 오염물질에 해당하는 것은?

① CO   ② H_2S

③ NOCl   ④ $(CH_3)_2S$

· 1차 대기오염물질 : CO, H_2S, $(CH_3)_2S$

· 2차 대기오염물질 : NOCl

정답 ③

---

011 탄화수소가 관여하지 않을 경우 NO_2의 광화학 반응식이다. ㉠~㉣에 알맞은 것은? (단, O는 산소원자)

[㉠]	+ hv	→	[㉡]	+ O
O	+ [㉢]	→	[㉣]	
[㉣]	+ [㉡]	→	[㉠]	+ [㉢]

① ㉠ NO, ㉡ NO_2, ㉢ O_3, ㉣ O_2
② ㉠ NO_2, ㉡ NO, ㉢ O_2, ㉣ O_3
③ ㉠ NO, ㉡ NO_2, ㉢ O_2, ㉣ O_3
④ ㉠ NO_2, ㉡ NO, ㉢ O_3, ㉣ O_2

[㉠ NO_2]	+ hv	→	[㉡ NO]	+ O
O	+ [㉢ O_2]	→	[㉣ O_3]	
[㉣ O_3]	+ [㉡ NO]	→	[㉠ NO_2]	+ [㉢ O_2]

정답 ②

---

012 표준상태에서 일산화탄소 12ppm은 몇 $\mu g/Sm^3$ 인가?

① 12,000   ② 15,000

③ 20,000   ④ 22,400

$$12ppm = \frac{12\,mL}{Sm^3}$$

$$\frac{12\,mL}{Sm^3} \times \frac{28\,mg}{22.4\,mL} \times \frac{1,000\mu g}{1\,mg} = 15,000\mu g/Sm^3$$

정답 ②

---

013 열섬효과에 관한 내용으로 가장 거리가 먼 것은?

① 구름이 많고 바람이 강한 주간에 주로 발생한다.
② 일교차가 심한 봄, 가을이나 추운 겨울에 주로 발생한다.
③ 교외지역에 비해 도시지역에 고온의 공기층이 형성된다.
④ 직경이 10km 이상인 도시에서 자주 나타나는 현상이다.

① 구름이 적고 바람이 약한 야간에 주로 발생한다.

정답 ①

---

014 질소산화물(NOx)에 관한 내용으로 옳지 않은 것은?

① NO_2는 적갈색의 자극성 기체로 NO보다 독성이 강하다.
② 질소산화물은 fuel NOx와 thermal NOx로 구분될 수 있다.
③ NO는 혈액 중 헤모글로빈과의 결합력이 CO보다 강하다.
④ N_2O는 무색, 무취의 기체로 대기 중에서 반응성이 매우 크다.

④ N_2O는 무색, 무취의 기체로 대기 중에서 반응성이 작다.

정답 ④

015 납이 인체에 미치는 영향에 관한 일반적인 내용으로 가장 거리가 먼 것은?

① 신경, 근육 장애가 발생하며 경련이 나타난다.
② 헤모글로빈의 기본요소인 포르피린 고리의 형성을 방해한다.
③ 인체 내 노출된 납의 99% 이상은 뇌에 축적된다.
④ 세포 내의 SH기와 결합하여 헴(Heme) 합성에 관여하는 효소를 포함한 여러 세포의 효소작용을 방해한다.

③ 소화기로 섭취되면 대략 10% 정도가 소장에서 흡수되고, 나머지는 대변으로 배출된다.

정답 ③

016 고도가 높아짐에 따라 기온이 급격히 떨어져 대기가 불안정하고 난류가 심할 때, 연기의 확산 형태는?

① 상승형(lofting)
② 환상형(looping)
③ 부채형(fanning)
④ 훈증형(fumigation)

① 상승형(lofting) : 하층 – 안정, 상층 – 불안정
② 환상형(looping) : 불안정
③ 부채형(fanning) : 중립
④ 훈증형(fumigation) : 하층 – 불안정, 상층 – 안정

정답 ②

017 가우시안모델을 전개하기 위한 기본적인 가정으로 가장 거리가 먼 것은?

① 연기의 확산은 정상상태이다.
② 풍하방향으로의 확산은 무시한다.
③ 고도가 높아짐에 따라 풍속이 증가한다.
④ 오염분포의 표준편차는 약 10분간의 대표치이다.

③ 풍속은 일정하다.

정답 ③

018 물질의 특성에 관한 설명으로 옳은 것은?

① 디젤차량에서는 탄화수소, 일산화탄소, 납이 주로 배출된다.
② 염화수소는 플라스틱공업, 소다공업 등에서 주로 배출된다.
③ 탄소의 순환에서 가장 큰 저장고 역할을 하는 부분은 대기이다.
④ 불소는 자연상태에서 단분자로 존재하며 활성탄 제조 공정, 연소공정 등에서 주로 배출된다.

① 디젤 차량에서는 SO_x, 매연이 주로 배출된다.
③ 탄소의 순환에서 가장 큰 저장고 역할을 하는 부분은 해양이다.
④ 불소는 자연상태에서 이원자 분자로 존재하며, 알루미늄의 잔해공장이나 인산비료 공장에서 HF 또는 SiF_4 형태로 배출된다.

정답 ②

019 바람에 관한 내용으로 옳지 않은 것은?

① 경도풍은 기압경도력, 전향력, 원심력이 평형을 이루어 부는 바람이다.
② 해륙풍 중 해풍은 낮 동안 햇빛에 더워지기 쉬운 육지 쪽 지표상에 상승기류가 형성되어 바다에서 육지로 부는 바람이다.
③ 지균풍은 마찰력이 무시될 수 있는 고공에서 기압경도력과 전향력이 평형을 이루어 등압선에 평행하게 직선운동을 하는 바람이다.
④ 산풍은 경사면 → 계곡 → 주계곡으로 수렴하면서 풍속이 감속되기 때문에 낮에 산 위쪽으로 부는 곡풍보다 세기가 약하다.

④ 산풍은 경사면 → 계곡 → 주계곡으로 수렴하면서 풍속이 가속되기 때문에 낮에 산 위쪽으로 부는 곡풍보다 세기가 강하다.

정답 ④

020 대기 중의 오존층 파괴에 관한 설명으로 옳지 않은 것은?

① 오존층의 두께는 적도지방이 극지방보다 얇다.
② 오존층 파괴물질이 오존층을 파괴하는 자유 라디칼을 생성시킨다.
③ 성층권의 오존층 농도가 감소하면 지표면에 보다 많은 양의 자외선이 도달한다.
④ 프레온가스의 대체물질인 HCFCs(hydrochloro-fluorocarbons)은 오존층 파괴능력이 없다.

④ HCFCs은 오존층 파괴능력이 없는 것이 아니라, CFCs보다 적다.

정답 ④

021 석탄의 탄화도가 증가할수록 나타나는 성질로 옳지 않은 것은?

① 휘발분이 감소한다.
② 발열량이 증가한다.
③ 착화온도가 낮아진다.
④ 고정탄소의 양이 증가한다.

③ 착화온도가 증가한다.

탄화도 높을수록

· 고정탄소, 연료비, 착화온도, 발열량, 비중 증가함
· 수분, 이산화탄소, 휘발분, 비열, 매연 발생, 산소함량, 연소 속도 감소함

정답 ③

022 착화온도에 관한 설명으로 옳지 않은 것은?

① 발열량이 낮을수록 높아진다.
② 산소농도가 높을수록 낮아진다.
③ 반응활성도가 클수록 높아진다.
④ 분자구조가 간단할수록 높아진다.

③ 반응활성도가 클수록 낮아진다.

정답 ③

023 확산형 가스버너 중 포트형에 관한 설명으로 가장 거리가 먼 것은?

① 가스와 공기를 함께 가열할 수 있다.
② 포트의 입구가 작으면 슬래그가 부착되어 막힐 우려가 있다.
③ 역화의 위험이 있기 때문에 반드시 역화 방지기를 부착해야 한다.
④ 밀도가 큰 가스 출구는 상부에, 밀도가 작은 가스 출구는 하부에 배치되도록 설계한다.

③ 포트형은 확산 연소방식이므로, 역화의 위험이 없다.

정답 ③

024 공기 중의 산소 공급 없이 연료 자체가 함유하고 있는 산소를 이용하여 연소하는 연소형태는?

① 자기연소
② 확산연소
③ 표면연소
④ 분해연소

② 확산 연소 : 가연성 연료와 외부 공기가 서로 확산에 의해 혼합하면서 화염을 형성하는 연소형태
③ 표면 연소 : 고체연료 표면에 고온을 유지시켜 표면에서 반응을 일으켜 내부로 연소가 진행되는 형태
④ 분해 연소 : 증발온도보다 분해온도가 낮은 경우에는 가열에 의해 열분해되어 휘발하기 쉬운 성분의 표면에서 떨어져 나와 연소하는 현상

정답 ①

025 석탄·석유 혼합연료(COM)에 관한 설명으로 가장 적합한 것은?

① 별도의 탈황, 탈질 설비가 필요 없다.
② 별도의 개조 없이 중유 전용 연소시설에 사용될 수 있다.
③ 미분쇄한 석탄에 물과 첨가제를 섞어서 액체화시킨 연료이다.
④ 연소가스의 연소실 내 체류시간 부족, 분서변의 폐쇄와 마모 등의 문제점을 갖는다.

① 재와 매연처리시설(NOx, SOx, 분진 처리시설) 필요함
② 중유 전용 보일러를 사용하는 곳에는 바로 사용할 수 없어 개조가 필요함
③ 중유 중에서 석탄을 분쇄, 혼합하며 슬러리로 만든 연료

정답 ④

026 저발열량이 $6,000kcal/Sm^3$, 평균정압비열이 $0.38kcal/Sm^3 \cdot ℃$인 가스연료의 이론연소온도($℃$)는? (단, 이론 연소가스량은 $10Sm^3/Sm^3$, 연료와 공기의 온도는 $15℃$, 공기는 예열되지 않으며 연소가스는 해리되지 않음)

① 1,385
② 1,412
③ 1,496
④ 1,594

기체연료의 이론연소온도

$$t_o = \frac{H_1}{G \times C_p} + t$$

$$= \frac{6,000kcal/Sm^3}{10Sm^3/Sm^3 \times 0.38kcal/Sm^3 \cdot ℃} + 15℃$$

$$= 1,593.94℃$$

정답 ④

027 기체연료의 일반적인 특징으로 가장 거리가 먼 것은?

① 적은 과잉공기로 완전연소가 가능하다.
② 연소 조절, 점화 및 소화가 용이한 편이다.
③ 연료의 예열이 쉽고, 저질연료로 고온을 얻을 수 있다.
④ 누설에 의한 역화·폭발 등의 위험이 작고, 설비비가 많이 들지 않는다.

④ 기체연료는 누설에 의한 역화·폭발 등의 위험이 크고, 설비비가 다른 연료보다 크다.

정답 ④

028 중유를 A, B, C 중유로 구분할 때, 구분기준은?

① 점도
② 비중
③ 착화온도
④ 유황함량

중유는 점도로 A, B, C를 구분한다.

정답 ①

029 중유를 사용하는 가열로의 배출가스를 분석한 결과 N_2 : 80%, CO : 12%, O_2 : 8%의 부피비를 얻었다. 공기비는?

① 1.1
② 1.4
③ 1.6
④ 2.0

$$공기비(m) = \frac{N_2}{N_2 - 3.76(O_2 - 0.5CO)}$$
$$= \frac{80}{80 - 3.76 \times (8 - 0.5 \times 12)}$$
$$= 1.1$$

정답 ①

030 메탄 1mol이 완전연소할 때, AFR은? (단, 부피 기준)

① 6.5
② 7.5
③ 8.5
④ 9.5

$$CH_4 + 2O_2 \rightarrow CO_2 + 2H_2O$$

$$\therefore AFR = \frac{공기(mole)}{연료(mole)} = \frac{산소(mole)/0.21}{연료(mole)}$$

$$= \frac{2/0.21}{1} = 9.52$$

정답 ④

031 프로판과 부탄을 1 : 1의 부피비로 혼합한 연료를 연소했을 때, 건조 배출가스 중의 CO_2 농도가 10%이다. 이 연료 $4m^3$를 연소했을 때 생성되는 건조 배출가스의 양(Sm^3)은? (단, 연료 중의 C성분은 전량 CO_2로 전환)

① 105
② 140
③ 175
④ 210

혼합기체의 건조가스량 계산

$$50\% \quad : \quad C_3H_8 \quad + \quad 5O_2 \quad \rightarrow \quad 3CO_2 \quad + \quad 4H_2O$$
$$2m^3 \qquad\qquad\qquad\qquad 6m^3$$

$$50\% \quad : \quad C_4H_{10} \quad + \quad 6.5O_2 \quad \rightarrow \quad 4CO_2 \quad + \quad 5H_2O$$
$$2m^3 \qquad\qquad\qquad\qquad 8m^3$$

1) 프로판과 부탄의 CO_2 발생량(Sm^3/Sm^3) 계산
   $$6 + 8 = 14m^3$$

2) 건조 가스량 계산
   $$\frac{CO_2(m^3)}{G_{od}(m^3)} = 0.1$$
   $$G_{od} = \frac{CO_2}{0.1} = \frac{14}{0.1} = 140(m^3)$$

정답 ②

032 C : 85%, H : 10%, S : 5%의 중량비를 갖는 중유 1kg을 1.3의 공기비로 완전연소 시킬 때, 건조 배출가스 중의 이산화황 부피분율(%)은? (단, 황 성분은 전량 이산화황으로 전환)

① 0.18   ② 0.27

③ 0.34   ④ 0.45

$G_d(Sm^3/kg) = (m-0.21)A_o + \Sigma$건조생성물

1) $A_o = \dfrac{O_o}{0.21} = \dfrac{1.867C + 5.6\left(H - \dfrac{O}{8}\right) + 0.7S}{0.21}$

     $= \dfrac{1.867 \times 0.85 + 5.6 \times 0.10 + 0.7 \times 0.05}{0.21}$

     $= 10.3902 Sm^3/kg$

2) $G_d = mA_o - 5.6H + 0.7O + 0.8N$

     $= 1.3 \times 10.3902 - 5.6 \times 0.10 = 12.9473 Sm^3/kg$

3) $SO_2 = \dfrac{SO_2}{G_d} \times 100(\%) = \dfrac{0.7S}{G_d} \times 100(\%)$

     $= \dfrac{0.7 \times 0.05}{12.9473} \times 100(\%) = 0.2703\%$

정답 ②

---

033 액화석유가스(LPG)에 관한 설명으로 가장 거리가 먼 것은?

① 발열량이 높고, 유황분이 적은 편이다.

② 증발열이 5~10kcal/kg로 작아 취급이 용이하다.

③ 비중이 공기보다 커서 누출 시 인화·폭발의 위험성이 높은 편이다.

④ 천연가스에서 회수되거나 나프타의 열분해에 의해 얻어지기도 하지만 대부분 석유정제시 부산물로 얻어진다.

② 액체연료는 기체로 기화될 때 증발열이 90~100kcal/kg로 커서 취급이 위험하고 열손실이 큰 단점이 있다.

정답 ②

---

034 수소 13%, 수분 0.7%이 포함된 중유의 고발열량이 5,000kcal/kg일 때, 이 중유의 저발열량(kcal/kg)은?

① 4,126   ② 4,294

③ 4,365   ④ 4,926

저위발열량(kcal/kg) 계산

$H_l = H_h - 600(9H + W)$

   $= 5,000 - 600(9 \times 0.13 + 0.007)$

   $= 4,293.8 kcal/kg$

정답 ②

---

035 매연 발생에 관한 설명으로 옳지 않은 것은?

① 연료의 C/H 비가 클수록 매연이 발생하기 쉽다.

② 분해되기 쉽거나 산화되기 쉬운 탄화수소는 매연 발생이 적다.

③ 탄소결합을 절단하기보다 탈수소가 쉬운 쪽이 매연이 발생하기 쉽다.

④ 중합 및 고리화합물 등과 같이 반응이 일어나기 쉬운 탄화수소일수록 매연 발생이 적다.

④ 중합 및 고리화합물 등과 같이 반응이 일어나기 쉬운 탄화수소일수록 매연이 잘 발생한다.

검댕(그을음, 매연)의 발생 특징 – 액체연료

❶ 분해가 쉽거나 산화하기 쉬운 탄화수소는 매연 발생이 적음

❷ 연료의 C/H의 비율이 클수록, 분자량이 클수록 매연이 잘 발생함

❸ 중합 및 고리화합물 등과 같이 반응이 일어나기 쉬운 탄화수소일수록 매연이 잘 발생함

❹ 탈수소가 용이한 연료일수록 매연이 잘 발생함

❺ -C-C-의 탄소결합을 절단하기보다 탈수소가 쉬운 쪽이 매연이 잘 발생함

❻ 연소실 부하가 클수록 매연이 잘 발생함

❼ 연소실 온도가 낮아지면 매연이 잘 발생함

❽ 분무 시 액체방울이 클수록 매연이 잘 발생함

정답 ④

036 불꽃점화기관에서 연소과정 중 발생하는 노킹 현상을 방지하기 위한 기관의 구조에 관한 설명으로 가장 거리가 먼 것은?

① 연소실을 구형(circular type)으로 한다.
② 점화플러그를 연소실 중심에 설치한다.
③ 난류를 증가시키기 위해 난류생성 pot을 부착시킨다.
④ 말단가스를 고온으로 하기 위해 삼원촉매시스템을 사용한다.

④ 삼원촉매시스템은 배기가스의 오염물질을 저감하기 위해 사용한다.

엔진 구조에 대한 노킹방지 대책

❶ 연소실을 구형(circular type)으로 한다.
❷ 점화플러그는 연소실 중심에 부착시킨다.
❸ 난류를 증가시키기 위해 난류생성 pot을 부착시킨다.
❹ 연소실을 구형으로 한다.

정답 ④

037 연소 배출가스의 성분 분석결과 CO_2가 30%, O_2가 7%일 때, $(CO_2)_{max}(\%)$는? (단, 완전연소 기준)

① 35   ② 40
③ 45   ④ 50

$$(CO_2)_{max} = \frac{21(CO_2 + CO)}{21 - O_2 + 0.395CO}$$

$$\therefore (CO_2)_{max} = \frac{21 \times 30}{21 - 7} = 45\%$$

정답 ③

038 가연성 가스의 폭발범위와 그 위험도에 관한 설명으로 옳지 않은 것은?

① 폭발하한값이 높을수록 위험도가 증가한다.
② 일반적으로 가스의 온도가 높아지면 폭발범위가 넓어진다.
③ 폭발한계농도 이하에서는 폭발성 혼합가스를 생성하기 어렵다.
④ 가스 압력이 높아졌을 때 폭발하한값은 크게 변하지 않으나 폭발상한값은 높아진다.

① 폭발하한값이 낮을수록, 폭발 가능성이 크고, 위험도가 증가한다.

정답 ①

039 액체연료의 연소버너에 관한 설명으로 가장 거리가 먼 것은?

① 유압분무식 버너는 유량조절 범위가 좁은 편이다.
② 회전식 버너는 유압식 버너에 비해 연료유의 분무화 입경이 크다.
③ 고압공기식 버너의 분무각도는 40~90° 정도로 저압공기식 버너에 비해 넓은 편이다.
④ 저압공기식 버너는 주로 소형 가열로에 이용되고, 분무에 필요한 공기량은 이론 연소 공기량의 30~50% 정도이다.

③ 고압공기식 버너의 분무각도는 20~30° 정도로 저압공기식 버너에 비해 좁은 편이다.

정답 ③

040 등가비(Φ, equivalent ratio)에 관한 내용으로 옳지 않은 것은?

① 등가비(Φ)는

$$\frac{실제연료량/산화제}{완전연소를 위한 이상적연료량/산화제}$$ 로

정의된다.

② $\Phi < 1$일 때, 공기 과잉이며 일산화탄소(CO) 발생량이 적다.

③ $\Phi > 1$일 때, 연료 과잉이며 질소산화물(NOx) 발생량이 많다.

④ $\Phi = 1$일 때, 연료와 산화제의 혼합이 이상적이며 연료가 완전연소된다.

③ $\Phi > 1$일 때, 연료 과잉이며 매연, CO 발생량이 많다.

정답 ③

3과목 **대기오염 방지기술**

---

041 집진율이 85%인 사이클론과 집진율이 96%인 전기집진장치를 직렬로 연결하여 입자를 제거할 경우, 총 집진효율(%)은?

① 90.4
② 94.4
③ 96.4
④ 99.4

$\eta_T = 1 - (1 - \eta_1)(1 - \eta_2)$

$= 1 - (1 - 0.85)(1 - 0.96)$

$= 0.994 = 99.4\%$

정답 ④

---

042 다음에서 설명하는 후드 형식으로 가장 적합한 것은?

작업을 위한 하나의 개구면을 제외하고 발생원 주위를 전부 에워싼 것으로 그 안에서 오염물질이 발산된다. 오염물질의 송풍 시 낭비되는 부분이 적은데 이는 개구면 주변의 벽이 라운지 역할을 하고, 측벽은 외부로부터의 분기류에 의한 방해에 대한 방해판 역할을 하기 때문이다.

① slot형 후드
② booth형 후드
③ canopy형 후드
④ exterior형 후드

① 슬로트(slot)형 후드 : 폭이 좁고 긴 직사각형의 후드

③ 천개형(canopy)형 후드 : 가열된 상부개방 오염원에서 배출되는 오염물질 포집에 사용

④ 외부식(exterior형) 후드 : 발생원과 후드가 일정 거리 떨어져 있는 후드

정답 ②

---

043 다음에서 설명하는 송풍기 유형은?

후향 날개형을 정밀하게 변형시킨 것으로 원심력 송풍기 중 효율이 가장 좋아 대형 냉난방 공기 조화장치, 산업용 공기청정장치 등에 주로 사용되며, 에너지 절감효과가 뛰어나다.

① 프로펠러형(propeller)
② 비행기 날개형(airfoil blade)
③ 방사 날개형(radial blade)
④ 전향 날개형(forward curved)

후향 날개형(터보형)을 변형한 것은 비행기 날개형(익형)이다.

정답 ②

---

044 전기집진기의 음극(−) 코로나 방전에 관한 내용으로 옳은 것은?

① 주로 공기정화용으로 사용된다.
② 양극(+)코로나 방전에 비해 전계강도가 약하다.
③ 양극(+)코로나 방전에 비해 불꽃 개시전압이 낮다.
④ 양극(+)코로나 방전에 비해 코로나 개시전압이 낮다.

	음극(−) 코로나	양극(+) 코로나
정의	전기집진장치에서 방전극을(−)극, 집진극을 (+)극으로 했을 때, 방전극에 나타나는 코로나	전기집진장치에서 방전극을(+)극, 집진극을 (−)극으로 했을 때, 방전극에 나타나는 코로나
특징	·코로나 개시전압이 낮음 ·불꽃 개시전압이 높음 ·전계강도 강함 ·방전극에서 발생하는 산소라디칼이 공기 중 산소와 결합하여 다량의 오존 발생	·코로나 개시전압이 높음 ·불꽃 개시전압이 낮음 ·전계강도 약함 ·오존 발생 적음
용도	산업용, 공업용	가정용, 공기정화용

정답 ④

045 층류의 흐름인 공기 중을 입경이 $2.2\,\mu m$, 밀도가 2,400g/L인 구형입자가 자유낙하하고 있다. 구형입자의 종말속도(m/s)는? (단, 20℃에서 공기의 밀도는 1.29g/L, 공기의 점도는 1.81×10^{-4} poise)

① 3.5×10^{-6} ② 3.5×10^{-5}
③ 3.5×10^{-4} ④ 3.5×10^{-3}

$$V_g = \frac{(\rho_p - \rho)d^2 g}{18\mu}$$

$$= \frac{(2,400-1.29)\text{kg/m}^3 \times (2.2\times10^{-6}\text{m})^2 \times 9.8\text{m/s}^2}{18\times1.81\times10^{-4}\text{poise}\times\dfrac{0.1\text{kg/m}\cdot\text{s}}{1\text{poise}}}$$

$$= 3.49\times10^{-4}\text{m/s}$$

TIP $1\text{poise} = 1\text{g/cm}\cdot\text{s}$
$= 0.1\text{kg/m}\cdot\text{s}$

정답 ③

046 유해가스 흡수장치 중 충전탑(Packed tower)에 관한 설명으로 옳지 않은 것은?

① 온도의 변화가 큰 곳에는 적용성이 낮고, 희석열이 심한 곳에는 부적합하다.
② 충전제에 흡수액을 미리 분사시켜 엷은층을 형성시킨 후 가스를 유입시켜 기·액 접촉을 극대화한다.
③ 액분산형 가스흡수장치에 속하며, 효율을 높이기 위해서는 가스의 용해도를 증가시켜야 한다.
④ 흡수액을 통과시키면서 가스유속을 증가시킬 때, 충전층 내의 액보유량이 증가하는 것을 flooding이라 한다.

④ loading : 흡수액을 통과시키면서 가스유속을 증가시킬 때, 충전층 내의 액보유량이 현저히 증가하는 현상

범람(flooding) : 부하점을 초과하여 유속 증가 시 가스가 액 중으로 분산·범람하는 현상

정답 ④

047 미세입자가 운동하는 경우에 작용하는 마찰저 항력(drag force)에 관한 내용으로 가장 거리가 먼 것은?

① 마찰저항력은 항력계수가 커질수록 증가한다.
② 마찰저항력은 입자의 투영면적이 커질수록 증가한다.
③ 마찰저항력은 레이놀즈수가 커질수록 증가한다.
④ 마찰저항력은 상대속도의 제곱에 비례하여 증가한다.

③ 마찰저항력은 레이놀즈수가 커질수록 감소한다.

항력(drag force)

$$D = C_D A \frac{\rho V^2}{2}$$

$$C_D = \frac{24}{R_e}$$

D : 항력(drag force)
C_D : 항력계수
A : 입자의 투영면적
ρ : 유체의 밀도
V : 유체 - 입자 상대 속도

정답 ③

048 유해가스 처리에 사용되는 흡수액의 조건으로 옳은 것은?

① 점성이 커야 한다.
② 끓는점이 높아야 한다.
③ 용해도가 낮아야 한다.
④ 어는점이 높아야 한다.

흡수액의 구비요건

❶ 용해도가 높아야 한다.
❷ 용매의 화학적 성질과 비슷해야 한다.
❸ 흡수액의 점성이 비교적 낮아야 한다.
❹ 휘발성이 낮아야 한다.(끓는점이 높아야 한다.)

정답 ②

049 다이옥신의 처리 방법에 관한 내용으로 옳지 않은 것은?

① 촉매분해법 : 금속산화물(V_2O_5, TiO_2), 귀금속 (Pt, Pd)이 촉매로 사용된다.
② 오존분해법 : 산성 조건일수록 분해속도가 빨라지는 것으로 알려져 있다.
③ 광분해법 : 자외선 파장(250~340nm)이 가장 효과적인 것으로 알려져 있다.
④ 열분해방법 : 산소가 아주 적은 환원성 분위기에서 탈염소화, 수소첨가반응 등에 의해 분해시킨다.

② 오존분해법(산화법) : 수중 분해 시 순수의 경우는 염기성일수록, 온도가 높을수록 분해가 잘 됨

정답 ②

050 원형 덕트(duct)의 기류에 의한 압력손실에 관한 내용으로 옳지 않은 것은?

① 곡관이 많을수록 압력손실이 작아진다.
② 관의 길이가 길수록 압력손실은 커진다.
③ 유체의 유속이 클수록 압력손실은 커진다.
④ 관의 직경이 클수록 압력손실은 작아진다.

① 곡관이 적을수록 압력손실이 작아진다.

원형관의 압력손실

$$\Delta P = F \times P_v = 4f \frac{L}{D} \times \frac{\gamma v^2}{2g}$$

정답 ①

051 배출가스 중의 일산화탄소를 제거하는 방법 중 가장 실질적이고, 확실한 것은?

① 활성탄 등의 흡착제를 사용하여 흡착제거
② 벤투리스크러버나 충전탑 등으로 세정하여 제거
③ 탄산나트륨을 사용하는 시보드법을 적용하여 제거
④ 백금계 촉매를 사용하여 무해한 이산화탄소로 산화시켜 제거

052 NO 농도가 250ppm인 배기가스 $2,000\,Sm^3/min$을 CO를 이용한 선택적 접촉 환원법으로 처리하고자 한다. 배기가스 중의 NO를 완전히 처리하기 위해 필요한 CO의 양(Sm^3/h)은?

① 30 ② 35
③ 40 ④ 45

053 유해가스의 처리에 사용되는 흡착제에 관한 일반적인 설명으로 가장 거리가 먼 것은?

① 실리카겔은 250℃ 이하에서 물과 유기물을 잘 흡착한다.
② 활성탄은 극성물질 제거에는 효과적이지만, 유기용매 회수에는 효과적이지 않다.
③ 활성알루미나는 기체 건조에 주로 사용되며 가열로 재생시킬 수 있다.
④ 합성제올라이트는 극성이 다른 물질이나 포화 정도가 다른 탄화수소의 분리에 효과적이다.

054 집진장치의 압력손실이 300mmH₂O, 처리가스량이 $500\,m^3/min$, 송풍기 효율이 70%, 여유율이 1.0이다. 송풍기를 하루에 10시간씩 30일을 가동할 때, 전력요금(원)은? (단, 전력요금은 1kWh 당 50원)

① 525,210 ② 1,050,420
③ 31,512,605 ④ 22,058,823

055 여과집진장치의 탈진방식에 관한 설명으로 옳지 않은 것은?

① 간헐식은 먼지의 재비산이 적고 높은 집진율을 얻을 수 있다.

② 연속식은 탈진 시 먼지의 재비산이 일어나 간헐식에 비해 집진율이 낮고 여포의 수명이 짧은 편이다.

③ 연속식은 포집과 탈진이 동시에 이루어져 압력손실의 변동이 크므로 고농도, 저용량의 가스처리에 효율적이다.

④ 간헐식의 여포 수명은 연속식에 비해서는 긴 편이고, 점성이 있는 조대먼지를 탈진할 경우 여포손상의 가능성이 있다.

---

③ 연속식은 포집과 탈진이 동시에 이루어져 압력손실의 변동이 일정하므로 고농도, 대용량 가스처리에 효율적이다.

정답 ③

---

056 전기집진장치에서 먼지의 전기비저항이 높은 경우 전기비저항을 낮추기 위해 일반적으로 주입하는 물질과 가장 거리가 먼 것은?

① NH_3　　　　② $NaCl$

③ H_2SO_4　　　④ 수증기

· 전기비저항을 낮추기 위한 물질 : 물(수증기), 무수황산, SO_3, 소석회, $NaCl$

· 전기비저항을 높이기 위한 물질 : 암모니아수

정답 ①

---

057 다음 그림과 같은 배기시설에서 관 DE를 지나는 유체의 속도는 관 BC를 지나는 유체 속도의 몇 배인가? (단, Φ는 관의 직경, Q는 유량, 마찰손실과 밀도 변화는 무시)

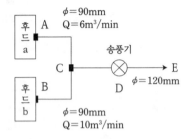

① 0.8　　　　② 0.9

③ 1.2　　　　④ 1.5

· 관 DE 직경 : 120mm, Q : 16m^3/min

· 관 BC 직경 : 90mm, Q : 10m^3/min

$$\frac{v_{DE}}{v_{BC}} = \frac{\dfrac{16}{\dfrac{\pi}{4}(120)^2}}{\dfrac{10}{\dfrac{\pi}{4}(90)^2}} = 0.9$$

정답 ②

---

058 사이클론(cyclone)에서 50%의 집진효율로 제거되는 입자의 최소입경을 나타내는 용어는?

① critical diameter

② average diameter

③ cut size diameter

④ analytical diameter

· critical diameter(한계입경) : 100% 집진효율

· cut size diameter(절단입경) : 50% 집진효율

정답 ③

059 환기시설의 설계에 사용하는 보충용 공기에 관한 설명으로 가장 거리가 먼 것은?

① 환기시설에 의해 작업장에서 배기된 만큼의 공기를 작업장 내로 재공급하여야 하는데, 이를 보충용 공기라 한다.

② 보충용 공기는 일반 배기가스용 공기보다 많도록 조절하여 실내를 약간 양(+)압으로 하는 것이 좋다.

③ 보충용 공기의 유입구는 작업장이나 다른 건물의 배기구에서 나온 유해물질의 유입을 유도하기 위해서 최대한 바닥에 가깝도록 한다.

④ 여름에는 보통 외부공기를 그대로 공급하지만, 공정 내의 열부하가 커서 제어해야 하는 경우에는 보충용 공기를 냉각하여 공급한다.

> ③ 보충용 공기의 유입구는 작업장이나 다른 건물의 배기구에서 나온 유해물질의 유입을 유도할 수 있는 위치로서 바닥에서 2.4~3m 정도에서 유입하도록 한다.
>
> **정답** ③

060 배출가스 내의 NOx 제거방법 중 건식법에 관한 설명으로 옳지 않은 것은?

① 현재 상용화된 대부분의 선택적 촉매 환원법(SCR)은 환원제로 NH_3 가스를 사용한다.

② 흡착법은 흡착제로 활성탄, 실리카겔 등을 사용하며, 특히 NO를 제거하는 데 효과적이다.

③ 선택적 촉매 환원법(SCR)은 촉매층에 배기가스와 환원제를 통과시켜 NOx를 N_2로 환원시키는 방법이다.

④ 선택적 비촉매 환원법(SNCR)의 단점은 배출가스가 고온이어야 하고, 온도가 낮을 경우 미반응된 NH_3가 배출될 수 있다는 것이다.

> ② NO 제거는 선택적 접촉환원법이 효과적이다.
>
> **정답** ②

4과목 대기오염 공정시험기준(방법)

061 굴뚝 배출가스 중의 브롬화합물 분석에 사용되는 흡수액은?

① 붕산용액

② 수산화소듐용액

③ 다이에틸아민동용액

④ 황산 + 과산화수소 + 증류수

> **수산화소듐이 흡수액인 분석물질(개정후)**
>
> 염화수소, 플루오린화합물, 사이안화수소, 브로민화합물, 페놀, 비소
>
> [개정] 해당 공정시험기준은 개정되었습니다.
>
> 이론 549쪽 〈표 4. 분석물질별 분석방법 및 흡수액〉으로 개정사항을 숙지해 주세요.
>
> **정답** ②

062 불꽃이온화검출기법에 따라 분석하여 얻은 대기 시료에 대한 측정결과이다. 대기 중의 일산화탄소 농도(ppm)는?

> · 교정용 가스 중의 일산화탄소 농도 : 30ppm
> · 시료 공기 중의 일산화탄소 피크 높이 : 10mm
> · 교정용 가스 중의 일산화탄소 피크 높이 : 20mm

① 15 ② 35

③ 40 ④ 60

> $$C = Cs \times \frac{L}{Ls} = 30 \times \frac{10}{20} = 15\,ppm$$
>
> C : 일산화탄소 농도($\mu mol/mol$)
>
> Cs : 교정용 가스 중의 일산화탄소 농도($\mu mol/mol$)
>
> L : 시료 공기 중의 일산화탄소의 피크 높이(mm)
>
> Ls : 교정용 가스 중의 일산화탄소 피크 높이(mm)
>
> **정답** ①

063 굴뚝 배출가스 중의 산소를 오르자트 분석법에 따라 분석할 때에 관한 설명으로 옳지 않은 것은?

① 탄산가스 흡수액으로 수산화포타슘 용액을 사용한다.
② 산소 흡수액을 만들 때는 되도록 공기와의 접촉을 피한다.
③ 각의 흡수액을 사용하여 탄산가스, 산소 순으로 흡수한다.
④ 산소 흡수액은 물에 수산화소듐을 녹인 용액과 물에 피로가롤을 녹인 용액을 혼합한 용액으로 한다.

④ 산소 흡수액은 물에 수산화포타슘을 녹인 용액과 물에 피로가롤을 녹인 용액을 혼합한 용액으로 한다.

배출가스 중 산소 – 화학분석법 – 오르자트분석법

· 탄산가스 흡수액 : 수산화포타슘(KOH)

· 산소 흡수액 : 수산화포타슘 용액 + 피로가롤 용액

[개정] "배출가스 중 산소-화학분석법-오르자트분석법"은 공정시험기준에서 삭제되어 더 이상 출제되지 않습니다.

정답 ④

064 염산(1+4) 용액을 조제하는 방법은?

① 염산 1용량에 물 2용량을 혼합한다.
② 염산 1용량에 물 3용량을 혼합한다.
③ 염산 1용량에 물 4용량을 혼합한다.
④ 염산 1용량에 물 5용량을 혼합한다.

염산(1+4) 용액 : 염산 1용량 + 물 4용량

정답 ③

065 굴뚝 배출가스 중의 폼알데하이드를 크로모트로핀산 자외선/가시선 분광법에 따라 분석할 때, 흡수 발색액 제조에 필요한 시약은?

① H_2SO_4　　　　② NaOH
③ NH_4OH　　　　④ CH_3COOH

· 폼알데하이드 – 크로모트로핀산 자외선/가시선 분광법 흡수액 : 크로모트로핀산 + 황산

배출가스 중 가스상물질 시료채취방법 – 분석물질별 분석방법 및 흡수액

정답 ①

066 흡광차분광법에 따라 분석하는 대기오염물질과 그 물질에 대한 간섭성분의 연결이 옳은 것은?

① 오존(O_3) – 벤젠(C_6H_6)의 영향
② 아황산가스(SO_2) – 오존(O_3)의 영향
③ 일산화탄소(CO) – 수분(H_2O)의 영향
④ 질소산화물(NOx) – 톨루엔($C_6H_5CH_3$)의 영향

흡광차분광법 간섭물질

· 오존(O_3) – 아황산가스, 질소산화물

· 아황산가스(SO_2) – 오존, 질소산화물

· 질소산화물(NOx) – 오존, 아황산가스

정답 ②

067 기체크로마토그래피의 장치 구성에 관한 설명으로 옳지 않은 것은?

① 분리관오븐의 온도조절 정밀도는 전원 전압 변동 10%에 대하여 온도변화가 ±0.5℃ 범위 이내(오븐의 온도가 150℃ 부근일 때)이어야 한다.

② 방사성 동위원소를 사용하는 검출기를 수용하는 검출기 오븐의 경우 온도조절 기구와 별도로 독립작용 할 수 있는 과열방지기구를 설치하여야 한다.

③ 보유시간을 측정할 때는 10회 측정하여 그 평균치를 구하며 일반적으로 5~30분 정도에서 측정하는 봉우리의 보유시간은 반복시험 할 때 ±5% 오차범위 이내이어야 한다.

④ 불꽃이온화 검출기는 대부분의 화합물에 대하여 열전도도 검출기보다 약 1,000배 높은 감도를 나타내고 대부분의 유기 화합물을 검출할 수 있기 때문에 흔히 사용된다.

기기분석 – 기체 크로마토그래피

③ 보유시간을 측정할 때는 <u>3회</u> 측정하여 그 평균치를 구한다. 일반적으로 5~30분 정도에서 측정하는 봉우리의 보유시간은 반복시험을 할 때 <u>±3%</u> 오차범위 이내이어야 한다.

[개정 – 용어변경] 보유시간 → 머무름시간

정답 ③

068 휘발성유기화합물질(VOCs)의 누출확인방법에 관한 설명으로 옳지 않은 것은?

① 교정가스는 기기 표시치를 교정하는 데 사용되는 불활성 기체이다.

② 누출농도는 VOCs가 누출되는 누출원 표면에서의 VOCs 농도로서 대조화합물을 기초로 한 기기의 측정값이다.

③ 응답시간은 VOCs가 시료채취장치로 들어가 농도 변화를 일으키기 시작하여 기기계기판의 최종값이 90%를 나타내는 데 걸리는 시간이다.

④ 검출불가능 누출농도는 누출원에서 VOCs가 대기 중으로 누출되지 않는다고 판단되는 농도로서 국지적 VOCs 배경농도의 최고값이다.

① 교정가스 : 기지 농도로 기기 표시치를 교정하는 데 사용되는 VOCs 화합물로서 일반적으로 누출농도와 유사한 농도의 대조화합물이다.

정답 ①

069 원자흡수분광광도법에 따라 원자흡광분석을 수행할 때, 빛이 스펙트럼의 불꽃 중에서 생성되는 목적원소의 원자증기 이외의 물질에 의하여 흡수되는 경우에 일어나는 간섭은?

① 물리적 간섭　　　　② 화학적 간섭
③ 이온학적 간섭　　　④ 분광학적 간섭

원자흡수분광광도법 간섭의 종류

❶ 분광학적 간섭 : 장치나 불꽃의 성질에 기인하는 것

❷ 물리적 간섭 : 시료 용액의 점성이나 표면장력 등 물리적 조건의 영향에 의하여 일어나는 것

❸ 화학적 간섭 : 원소나 시료에 특유한 것

정답 ④

070 굴뚝 배출가스 중의 오염물질과 연속자동측정 방법의 연결이 옳지 않은 것은?

① 염화수소 – 이온전극법
② 불화수소 – 자외선흡수법
③ 아황산가스 – 불꽃광도법
④ 질소산화물 – 적외선흡수법

② 플루오린화수소 : 이온전극법

한 눈에 보는 배출가스 중 연속자동측정방법

[개정–용어변경]

· 불화수소 → 플루오린화수소

· 아황산가스 → 이산화황

정답 ②

071 굴뚝 배출가스 중의 암모니아를 중화적정법에 따라 분석할 때에 관한 설명으로 옳은 것은?

① 다른 염기성가스나 산성가스의 영향을 받지 않는다.
② 분석용 시료용액을 황산으로 적정하여 암모니아를 정량한다.
③ 시료채취량이 40L일 때 암모니아의 농도가 1~5ppm인 것의 분석에 적합하다.
④ 페놀프탈레인용액과 메틸레드용액을 1 : 2의 부피비로 섞은 용액을 지시약으로 사용한다.

① 다른 염기성가스나 산성가스의 영향을 받는다.

③ 시료채취량 40L인 경우 시료 중의 암모니아의 농도가 약 100ppm 이상인 것의 분석에 적합하다.

④ 지시약은 메틸레드 용액과 메틸렌블루 용액을 2 : 1 부피비로 섞어 사용한다.

[개정] "배출가스 중 암모니아 – 중화적정법"은 공정시험기준에서 삭제되어 더 이상 출제되지 않습니다.

정답 ②

072 환경대기 중의 벤조(a)피렌 농도를 측정하기 위한 주 시험방법으로 가장 적합한 것은?

① 이온크로마토그래피법
② 가스크로마토그래피법
③ 흡광차분광법
④ 용매포집법

환경대기 중 벤조(a)피렌 시험방법

· 가스크로마토그래피법

· 형광분광광도법

정답 ②

073 굴뚝 배출가스 중의 일산화탄소 분석방법에 해당하지 않는 것은?

① 이온크로마토그래피법
② 기체크로마토그래피법
③ 비분산형적외선분석법
④ 정전위전해법

배출가스 중 일산화탄소 측정방법(개정후)

· 자동측정법 – 비분산적외선분광분석법

· 자동측정법 – 전기화학식(정전위전해법)

· 기체크로마토그래피

정답 ①

074 굴뚝 A의 배출가스에 대한 측정결과이다. 피토관으로 측정한 배출가스의 유속(m/s)은?

> · 배출가스 온도 : 150℃
> · 비중이 0.85인 톨루엔을 사용했을 때의 경사마노미터 동압 : 7.0mm 톨루엔주
> · 피토관 계수 : 0.8584
> · 배출가스의 밀도 : 1.3kg/Sm³

① 8.3
② 9.4
③ 10.1
④ 11.8

1) 경사 마노미터의 동압 계산

동압 = 액체비중 × 액주(mm) × sin(경사각) × $\left(\dfrac{1}{확대율}\right)$ = 0.85×7

$\qquad\qquad = 5.95 \text{mmH}_2\text{O}$

2) 150℃에서 배출가스 비중량

$\gamma = \gamma_o \times \dfrac{273}{273 + \theta_s} \times \dfrac{P_a + P_s}{760}$

$\gamma = 1.3 \times \dfrac{273}{273 + 150} = 0.8390 \text{kg/m}^3$

3) 피토관 유속 측정방법

$V = C\sqrt{\dfrac{2gh}{\gamma}} = 0.8584 \times \sqrt{\dfrac{2 \times 9.8 \times 5.95}{0.8390}}$

$\qquad = 10.02 \text{m/s}$

정답 ③

075 굴뚝 배출가스 중의 황산화물을 아르세나조Ⅲ법에 따라 분석할 때에 관한 설명으로 옳지 않은 것은?

① 아세트산바륨용액으로 적정한다.
② 과산화수소수를 흡수액으로 사용한다.
③ 아르세나조Ⅲ을 지시약으로 사용한다.
④ 이 시험법은 오르토톨리딘법이라고도 불린다.

④ 오르토톨리딘법은 염소 분석법임

정답 ④

076 배출가스 중의 금속원소를 원자흡수분광광도법에 따라 분석할 때, 금속원소와 측정파장의 연결이 옳은 것은?

① Pb – 357.9nm
② Cu – 228.8nm
③ Ni – 217.0nm
④ Zn – 213.8nm

원자흡수분광광도법의 측정파장(개정후)

측정 금속	측정파장(nm)
Zn	213.8
Pb	217.0/283.3
Cd	228.8
Ni	232.0
Fe	248.3
Cu	324.8
Cr	357.9
Be	234.9

정답 ④

077 분석대상가스와 채취관 및 도관 재질의 연결이 옳지 않은 것은?

① 일산화탄소 - 석영
② 이황화탄소 - 보통강철
③ 암모니아 - 스테인레스강
④ 질소산화물 - 스테인레스강

분석물질의 종류별 채취관 및 연결관 등의 재질

분석물질, 공존가스	채취관, 연결관의 재질									여과재		
암모니아	❶	❷	❸	❹	❺	❻				ⓐ	ⓑ	ⓒ
일산화탄소	❶	❷	❸	❹	❺	❻	❼			ⓐ	ⓑ	ⓒ
염화수소	❶	❷			❺	❻	❼			ⓐ	ⓑ	ⓒ
염소	❶	❷			❺	❻	❼			ⓐ	ⓑ	ⓒ
황산화물	❶	❷		❹	❺	❻	❼			ⓐ	ⓑ	ⓒ
질소산화물	❶	❷		❹	❺	❻				ⓐ	ⓑ	ⓒ
이황화탄소	❶	❷				❻				ⓐ	ⓑ	
폼알데하이드	❶	❷				❻				ⓐ	ⓑ	
황화수소	❶	❷		❹	❺	❻	❼			ⓐ	ⓑ	ⓒ
플루오린화합물				❹		❻						ⓒ
사이안화수소	❶	❷		❹	❺	❻	❼			ⓐ	ⓑ	ⓒ
브로민	❶	❷				❻				ⓐ	ⓑ	
벤젠	❶	❷				❻				ⓐ	ⓑ	
페놀	❶	❷		❹		❻				ⓐ	ⓑ	
비소	❶	❷		❹	❺	❻	❼			ⓐ	ⓑ	ⓒ

비고 : ❶ 경질유리, ❷ 석영, ❸ 보통강철, ❹ 스테인리스강 재질, ❺ 세라믹, ❻ 플루오로수지, ❼ 염화바이닐수지, ❽ 실리콘수지, ❾ 네오프렌 / ⓐ 알칼리 성분이 없는 유리솜 또는 실리카솜, ⓑ 소결유리, ⓒ 카보런덤

[개정 - 용어변경] 해당 공정시험기준은 개정되었습니다.

· 불소화합물 → 플루오린화합물

· 시안화수소 → 사이안화수소

· 브롬 → 브로민

· 염화비닐 → 염화바이닐

· 불소수지 → 플루오로수지

 정답 ②

078 대기오염공정시험기준 총칙에 관한 내용으로 옳지 않은 것은?

① 정확히 단다 - 분석용 저울로 0.1mg까지 측정
② 용액의 액성 표시 - 유리전극법에 의한 pH미터로 측정
③ 액체성분의 양을 정확히 취한다 - 피펫, 삼각플라스크를 사용해 조작
④ 여과용 기구 및 기기를 기재하지 아니하고 여과한다 - KS M 7602 거름종이 5종 또는 이와 동등한 여과지를 사용해 여과

③ 액체성분의 양을 정확히 취한다 - 홀피펫, 부피플라스크 또는 이와 동등 이상의 정도를 갖는 용량계를 사용하여 조작하는 것

[개정-용어변경] 눈금플라스크 → 부피플라스크

정답 ③

079 원자흡수분광도법에 사용되는 불꽃을 만들기 위한 가연성가스와 조연성가스의 조합 중, 불꽃 온도가 높아서 불꽃 중에서 해리하기 어려운 내화성산화물을 만들기 쉬운 원소의 분석에 가장 적합한 것은?

① 수소(H_2) − 산소(O_2)
② 프로판(C_3H_8) − 공기(air)
③ 아세틸렌(C_2H_2) − 공기(air)
④ 아세틸렌(C_2H_2) − 아산화질소(N_2O)

원자흡수분광광도법 − 불꽃

1) 조연성 가스 − 가연성 가스

· 수소 − 공기
대부분의 원소분석에 사용, 원자외 영역에서의 불꽃자체에 의한 흡수가 적기 때문에 이 파장영역에서 분석선을 갖는 원소의 분석에 적당

· 아세틸렌 − 공기
대부분의 원소분석에 사용

· 아세틸렌 − 아산화질소
불꽃의 온도가 높기 때문에 불꽃중에서 해리하기 어려운 내화성산화물(Refractory Oxide)을 만들기 쉬운 원소의 분석에 적당

· 프로판 − 공기
불꽃 온도가 낮고 일부 원소에 대하여 높은 감도를 나타냄

· 아세틸렌 − 산소
· 석탄가스 − 공기
· 수소 − 공기 − 아르곤
· 수소 − 산소

2) 이들 가운데 수소 − 공기, 아세틸렌 − 공기, 아세틸렌 − 아산화질소 및 프로페인 − 공기가 가장 널리 이용됨

3) 어떠한 종류의 불꽃이라도 가연성 가스와 조연성가스의 혼합비는 감도에 크게 영향을 주며 최적혼합비는 원소에 따라 다르다.

[개정 − 용어변경]

· 알곤 → 아르곤
· 프로판 → 프로페인

정답 ④

080 배출가스 중의 먼지를 원통여지 포집기로 포집하여 얻은 측정결과이다. 표준상태에서의 먼지 농도(mg/m^3)는?

· 대기압 : 765mmHg
· 가스미터의 가스게이지압 : 4mmHg
· 15℃에서의 포화수증기압 : 12.67mmHg
· 가스미터의 흡인가스온도 : 15℃
· 먼지포집 전의 원통여지무게 : 6.2721g
· 먼지포집 후의 원통여지무게 : 6.2963g
· 습식가스미터에서 읽은 흡인가스량 : 50L

① 386
② 436
③ 513
④ 558

1) 건조시료가스 채취량(L) 계산식 − 습식가스 미터를 사용

$$V_s = V \times \frac{273}{273 + t} \times \frac{P_a + P_m - P_v}{760}$$

$$= 50L \times \frac{273}{273 + 15} \times \frac{765 + 4 - 12.67}{760}$$

$$= 47.1669$$

V : 가스미터로 측정한 흡입가스량(L)
V_s : 건조시료가스 채취량(L)
t : 가스미터의 온도(℃)
P_a : 대기압(mmHg)
P_m : 가스미터의 게이지압(mmHg)
P_v : t℃에서의 포화수증기압(mmHg)

2) 건조 배출가스 중 먼지농도(mg/Sm^3)

$$C_s = \frac{(6.2963 - 6.2721)g}{47.1669L} \times \frac{1,000mg}{1g} \times \frac{1,000L}{1m^3}$$

$$= 513.07 mg/Sm^3$$

정답 ③

081 환경정책기본법령상 시·도로부터 해당 지역의 환경적 특수성을 고려하여 필요하다고 인정되어 보다 확대·강화된 별도의 환경기준을 설정 또는 변경한 경우, 누구에게 보고하여야 하는가?

① 국무총리
② 환경부장관
③ 보건복지부장관
④ 국토교통부장관

환경정책기본법 제12조(환경기준의 설정)

1. 국가는 생태계 또는 인간의 건강에 미치는 영향 등을 고려하여 환경기준을 설정하여야 하며, 환경 여건의 변화에 따라 그 적정성이 유지되도록 하여야 한다. <개정 2016. 1. 27.>

2. 환경기준은 대통령령으로 정한다.

3. 특별시·광역시·도·특별자치도(이하 "시·도"라 한다)는 해당 지역의 환경적 특수성을 고려하여 필요하다고 인정할 때에는 해당 시·도의 조례로 제1항에 따른 환경기준보다 확대·강화된 별도의 환경기준(이하 "지역환경기준"이라 한다)을 설정 또는 변경할 수 있다.

4. 특별시장·광역시장·도지사·특별자치도지사(이하 "시·도지사"라 한다)는 제3항에 따라 지역환경기준을 설정하거나 변경한 경우에는 이를 지체 없이 환경부장관에게 보고하여야 한다.

정답 ②

082 대기환경보전법령상 한국환경공단이 환경부 장관에게 보고하여야 하는 위탁업무 보고사항 중 "결함확인검사 결과"의 보고기일 기준은?

① 매 반기 종료 후 15일 이내
② 매 분기 종료 후 15일 이내
③ 다음 해 1월 15일까지
④ 위반사항 적발 시

대기환경보전법 시행규칙 [별표 38] <신설 2010. 12. 31.>

위탁업무 보고사항(제136조제2항 관련)

업무내용	보고횟수	보고기일
1. 수시검사, 결함확인 검사, 부품결함 보고서류의 접수	수시	위반사항 적발 시
2. 결함확인검사 결과	수시	위반사항 적발 시
3. 자동차배출가스 인증 생략 현황	연 2회	매 반기 종료 후 15일 이내
4. 자동차 시험검사 현황	연 1회	다음 해 1월 15일까지

정답 ④

083 대기환경보전법령상 배출시설의 변경신고를 하여야 하는 경우에 해당하지 않는 것은?

① 배출시설 또는 방지시설을 임대하는 경우
② 사업장의 명칭이나 대표자를 변경하는 경우
③ 종전의 연료보다 황함유량이 낮은 연료로 변경하는 경우
④ 배출시설에서 허가받은 오염물질 외의 새로운 대기오염물질이 배출되는 경우

③ 종전의 연료보다 황함유량이 낮은 연료로 변경하는 경우는 제외한다.

대기환경보전법 시행규칙

제27조(배출시설의 변경신고 등)

❶ 법 제23조제2항에 따라 변경신고를 하여야 하는 경우는 다음 각 호와 같다. <개정 2014. 2. 6.>

1. 같은 배출구에 연결된 배출시설을 증설 또는 교체하거나 폐쇄하는 경우. 다만, 배출시설의 규모[허가 또는 변경허가를 받은 배출시설과 같은 종류의 배출시설로서 같은 배출구에 연결되어 있는 배출시설(방지시설의 설치를 면제받은 배출시설의 경우에는 면제받은 배출시설)의 총 규모를 말한다]를 10퍼센트 미만으로 증설 또는 교체하거나 폐쇄하는 경우로서 다음 각 목의 모두에 해당하는 경우에는 그러하지 아니하다.

   가. 배출시설의 증설·교체·폐쇄에 따라 변경되는 대기오염물질의 양이 방지시설의 처리용량 범위 내일 것

   나. 배출시설의 증설·교체로 인하여 다른 법령에 따른 설치 제한을 받는 경우가 아닐 것

2. 배출시설에서 허가받은 오염물질 외의 새로운 대기오염물질이 배출되는 경우

3. 방지시설을 증설·교체하거나 폐쇄하는 경우

4. 사업장의 명칭이나 대표자를 변경하는 경우

5. 사용하는 원료나 연료를 변경하는 경우. 다만, 새로운 대기오염물질을 배출하지 아니하고 배출량이 증가되지 아니하는 원료로 변경하는 경우 또는 종전의 연료보다 황함유량이 낮은 연료로 변경하는 경우는 제외한다.

6. 배출시설 또는 방지시설을 임대하는 경우

7. 그 밖의 경우로서 배출시설 설치허가증에 적힌 허가사항 및 일일 조업시간을 변경하는 경우

정답 ③

---

084 환경정책기본법령상 "일정한 지역에서 환경오염 또는 환경훼손에 대하여 환경이 스스로 수용, 정화 및 복원하여 환경의 질을 유지할 수 있는 한계"를 의미하는 것은?

① 환경기준   ② 환경한계
③ 환경용량   ④ 환경표준

① 환경기준 : 국민의 건강을 보호하고 쾌적한 환경을 조성하기 위하여 국가가 달성하고 유지하는 것이 바람직한 환경상의 조건 또는 질적인 수준

③ 환경용량 : 일정한 지역에서 환경오염 또는 환경 훼손에 대하여 환경이 스스로 수용, 정화 및 복원하여 환경의 질을 유지할 수 있는 한계

정답 ③

---

085 대기환경보전법령상의 자동차 연료·첨가제 또는 촉매제 검사기관의 지정기준 중 자동차 연료 검사기관의 기술능력 및 검사장비기준에 관한 내용으로 옳지 않은 것은?

① 검사원은 2명 이상이어야 하며, 그 중 한 명은 해당 검사 업무에 10년 이상 종사한 경험이 있는 사람이어야 한다.
② 휘발유·경유·바이오디젤(BD100) 검사장비로 1ppm 이하 분석이 가능한 황함량분석기 1식을 갖추어야 한다.
③ 검사원은 자동차, 화공, 안전관리(가스), 환경 분야의 기사 자격 이상을 취득한 사람이어야 한다.
④ 휘발유·경유·바이오디젤 검사기관과 LPG·CNG·바이오가스 검사기관의 기술능력 기준은 같으며, 두 검사 업무를 함께 하려는 경우에는 기술능력을 중복하여 갖추지 아니할 수 있다.

① 검사원은 4명 이상이어야 하며 그 중 2명 이상은 해당 검사 업무에 5년 이상 종사한 경험이 있는 사람이어야 한다.

대기환경보전법 시행규칙 [별표 34의 2]

자동차 연료·첨가제 또는 촉매제 검사기관의 지정기준 (제121조 관련)

정답 ①

086 환경정책기본법령상 일산화탄소의 대기환경 기준은? (단, 8시간 평균치 기준)

① 5ppm 이하　　　② 9ppm 이하
③ 25ppm 이하　　④ 35ppm 이하

환경정책기본법상 대기 환경기준 ⟨개정 2019. 7. 2.⟩

측정 시간	SO_2 (ppm)	NO_2 (ppm)	O_3 (ppm)	CO (ppm)
연간	0.02	0.03	–	–
24시간	0.05	0.06	–	–
8시간	–	–	0.06	9
1시간	0.15	0.10	0.10	25

측정 시간	PM_{10} ($\mu g/m^3$)	$PM_{2.5}$ ($\mu g/m^3$)	납(Pb) ($\mu g/m^3$)	벤젠 ($\mu g/m^3$)
연간	50	15	0.5	5
24시간	100	35	–	–
8시간	–	–	–	–
1시간	–	–	–	–

정답 ②

087 대기환경보전법령상 배출허용기준 초과와 관련하여 개선명령을 받은 경우로서 개선하여야 할 사항이 배출시설 또는 방지시설인 경우 사업자가 시·도지사에게 제출하여야 하는 개선계획서에 포함 또는 첨부되어야 하는 사항에 해당하지 않는 것은?

① 배출시설 또는 방지시설의 개선명세서 및 설계도
② 대기오염물질의 처리방식 및 처리효율
③ 운영기기 진단계획
④ 공사기간 및 공사비

제38조(개선계획서)

❶ 영 제21조제1항에 따른 개선계획서에는 다음 각 호의 구분에 따른 사항이 포함되거나 첨부되어야 한다.
⟨개정 2019. 7. 16.⟩

1. 조치명령을 받은 경우

　가. 개선기간·개선내용 및 개선방법

　나. 굴뚝 자동측정기기의 운영·관리 진단계획

2. 개선명령을 받은 경우로서 개선하여야 할 사항이 배출시설 또는 방지시설인 경우

　가. 배출시설 또는 방지시설의 개선명세서 및 설계도

　나. 대기오염물질의 처리방식 및 처리 효율

　다. 공사기간 및 공사비

　라. 다음의 경우에는 이를 증명할 수 있는 서류

　　1) 개선기간 중 배출시설의 가동을 중단하거나 제한하여 대기오염물질의 농도나 배출량이 변경되는 경우

　　2) 개선기간 중 공법 등의 개선으로 대기오염 물질의 농도나 배출량이 변경되는 경우

3. 개선명령을 받은 경우로서 개선하여야 할 사항이 배출시설 또는 방지시설의 운전미숙 등으로 인한 경우

　가. 대기오염물질 발생량 및 방지시설의 처리능력

　나. 배출허용기준의 초과사유 및 대책

정답 ③

088 대기환경보전법령상 비산먼지 발생사업에 해당하지 않는 것은?

① 화학제품제조업 중 석유정제업
② 제1차 금속제조업 중 금속주조업
③ 비료 및 사료 제품의 제조업 중 배합사료제조업
④ 비금속물질의 채취·제조·가공업 중 일반도자기제조업

대기환경보전법 시행규칙 [별표 13] <개정 2019. 7. 16.>

제5호마목 중 도장공사에 관한 개정규정

비산먼지 발생 사업(제57조 관련)

1. 시멘트·석회·플라스터(Plaster) 및 시멘트관련 제품의 제조 및 가공업

2. 비금속물질의 채취·제조·가공업

3. 제1차 금속제조업

4. 비료 및 사료 제품의 제조업

5. 건설업

6. 시멘트·석탄·토사·사료·곡물·고철의 운송업

7. 운송장비제조업

8. 저탄시설의 설치가 필요한 사업

9. 고철·곡물·사료·목재 및 광석의 하역업 또는 보관업

10. 금속제품 제조가공업

11. 폐기물매립시설 설치·운영 사업

정답 ①

089 대기환경보전법령상 일일유량은 측정유량과 일일 조업시간의 곱으로 환산한다. 이때, 일일 조업시간의 표시기준은?

① 배출량을 측정하기 전 최근 조업한 1일 동안의 배출시설 조업시간 평균치를 시간으로 표시한다.
② 배출량을 측정하기 전 최근 조업한 7일 동안의 배출시설 조업시간 평균치를 시간으로 표시한다.
③ 배출량을 측정하기 전 최근 조업한 30일 동안의 배출시설 조업시간 평균치를 시간으로 표시한다.
④ 배출량을 측정하기 전 최근 조업한 전체 기간의 배출시설 조업시간 평균치를 시간으로 표시한다.

일일 조업시간은 배출량을 측정하기 전 최근 조업한 30일 동안의 배출시설 조업시간 평균치를 시간으로 표시한다.

참고 대기환경보전법 시행령 [별표 5]

일일 기준초과배출량 및 일일유량의 산정방법(제25조제3항 관련)

정답 ③

090 대기환경보전법령상 환경기술인의 임명기준에 관한 내용이다. ( ) 안에 알맞은 말은? (단, 1급은 기사, 2급은 산업기사와 동일)

환경기술인을 바꾸어 임명하는 경우에는 그 사유가 발생한 날부터 (Ⓐ) 이내에 임명하여야 한다. 다만, 환경기사 1급 또는 2급 이상의 자격이 있는 자를 임명하여야 하는 사업장으로서 (Ⓐ) 이내에 채용할 수 없는 부득이한 사정이 있는 경우에는 (Ⓑ)의 범위에서 규정에 적합한 환경기술인을 임명할 수 있다.

① Ⓐ 5일, Ⓑ 30일
② Ⓐ 5일, Ⓑ 60일
③ Ⓐ 10일, Ⓑ 30일
④ Ⓐ 10일, Ⓑ 60일

제39조(환경기술인의 자격기준 및 임명기간)

환경기술인을 바꾸어 임명하는 경우에는 그 사유가 발생한 날부터 **5일 이내**. 다만, 환경기사 1급 또는 2급 이상의 자격이 있는 자를 임명하여야 하는 사업장으로서 5일 이내에 채용할 수 없는 부득이한 사정이 있는 경우에는 **30일의 범위**에서 별표 10에 따른 4종·5종사업장의 기준에 준하여 환경기술인을 임명할 수 있다.

정답 ①

091 대기환경보전법령상 특정대기유해물질에 해당하지 않는 것은?

① 염소 및 염화수소   ② 아크릴로니트릴
③ 황화수소   ④ 이황화메틸

092 대기환경보전법령상 수도권대기환경청장, 국립환경과학원장 또는 한국환경공단이 설치하는 대기오염 측정망에 해당하지 않는 것은?

① 대기오염물질의 지역배경농도를 측정하기 위한 교외대기측정망
② 도시지역의 대기오염물질 농도를 측정하기 위한 도시대기측정망
③ 산성 대기오염물질의 건성 및 습성침착량을 측정하기 위한 산성강하물측정망
④ 도시지역의 휘발성유기화합물 등의 농도를 측정하기 위한 광화학대기오염물질측정망

093 대기환경보전법령상 배출부과금을 부과할 때 고려하여야 하는 사항에 해당하지 않는 것은? (단, 그 밖에 대기환경의 오염 또는 개선과 관련되는 사항으로서 환경부령으로 정하는 사항은 제외)

① 사업장 운영 현황
② 배출허용기준 초과 여부
③ 대기오염물질의 배출 기간
④ 배출되는 대기오염물질의 종류

094 악취방지법령상 지정악취물질과 배출허용기준의 연결이 옳지 않은 것은?

항목	구 분	배출허용기준(ppm)	
		공업지역	기타지역
㉠	암모니아	2 이하	1 이하
㉡	메틸메르캅탄	0.008 이하	0.005 이하
㉢	황화수소	0.06 이하	0.02 이하
㉣	트라이메틸아민	0.02 이하	0.005 이하

① ㉠   ② ㉡
③ ㉢   ④ ㉣

항목	구 분	배출허용기준(ppm)	
		공업지역	기타지역
㉡	메틸메르캅탄	0.004 이하	0.002 이하

참고 악취방지법 시행규칙 [별표 3]

배출허용기준 및 엄격한 배출허용기준의 설정 범위(제8조제1항 관련)

정답 ②

095 대기환경보전법령상 환경부장관이 사업장에서 배출되는 대기오염물질을 총량으로 규제하고자 할 때 고시하여야 하는 사항에 해당하지 않는 것은?

① 총량규제구역
② 측정망 설치계획
③ 총량규제 대기오염물질
④ 대기오염물질의 저감계획

❶ 총량규제구역

❷ 총량규제 대기오염물질

❸ 대기오염물질의 저감계획

❹ 그 밖에 총량규제구역의 대기관리를 위하여 필요한 사항

정답 ②

096 대기환경보전법령상 환경부장관이 배출시설의 설치를 제한할 수 있는 경우에 관한 사항이다. ( ) 안에 알맞은 말은?

> 배출시설 설치 지점으로부터 반경 1킬로미터 안의 상주인구가 (㉠)명 이상인 지역으로서 특정대기유해물질 중 한 가지 종류의 물질을 연간 (㉡) 이상 배출하는 시설을 설치하는 경우

① ㉠ 1만, ㉡ 1톤   ② ㉠ 1만, ㉡ 10톤
③ ㉠ 2만, ㉡ 1톤   ④ ㉠ 2만, ㉡ 10톤

제12조(배출시설 설치의 제한)

환경부장관 또는 시·도지사가 배출시설의 설치를 제한할 수 있는 경우는 다음 각 호와 같다. <개정 2019. 7. 16.>

1. 배출시설 설치 지점으로부터 **반경 1킬로미터** 안의 상주 인구가 **2만명 이상**인 지역으로서 특정대기유해물질 중 한 가지 종류의 물질을 연간 **10톤 이상** 배출하거나 **두 가지 이상**의 물질을 **연간 25톤 이상** 배출하는 시설을 설치하는 경우

2. 대기오염물질(먼지·황산화물 및 질소산화물만 해당한다)의 발생량 합계가 **연간 10톤 이상**인 배출시설을 특별대책지역(법 제22조에 따라 총량규제구역으로 지정된 특별대책지역은 제외한다)에 설치하는 경우

[제목개정 2013. 1. 31.]

정답 ④

097 실내공기질 관리법령상 "실내주차장"에서 미세먼지(PM-10)의 실내공기질 유지기준은?

① $200\,\mu g/m^3$ 이하   ② $150\,\mu g/m^3$ 이하
③ $100\,\mu g/m^3$ 이하   ④ $25\,\mu g/m^3$ 이하

실내공기질 유지기준 – 암기법

오염물질 항목 다중 이용시설	이 (CO₂)	포 (HCHO)	일 (CO)	미 (PM10)	미 (PM2.5)	총 (부유세균)
노약자시설	1,000	80	10	75	35	800
일반인시설	1,000	100	10	100	50	–
실내주차장	1,000	100	25	200	–	–
복합용도시설	–	–	–	200	–	–

· 노약자시설 : 의료기관, 산후조리원, 노인요양시설, 어린이집, 실내어린이놀이시설

· 일반인시설 : 지하역사, 지하도상가, 철도 역사의 대합실, 여객자동차 터미널의 대합실, 항만시설 중 대합실, 공항시설 중 여객 터미널, 도서관·박물관 및 미술관, 대규모 점포, 장례식장, 영화상영관, 학원, 전시시설, 인터넷컴퓨터게임시설제공업의 영업시설, 목욕장업의 영업시설

· 복합용도시설 : 실내 체육시설, 실내 공연장, 업무시설, 둘 이상의 용도에 사용되는 건축물

정답 ①

098 대기환경보전법령상 대기오염경보 발령 시 포함되어야 할 사항에 해당하지 않는 것은? (단, 기타사항은 제외)

① 대기오염경보단계
② 대기오염경보의 대상지역
③ 대기오염경보의 경보대상기간
④ 대기오염경보단계별 조치사항

대기오염경보 발령 시 포함되어야 할 사항

❶ 대기오염경보의 대상지역
❷ 대기오염경보단계 및 대기오염물질의 농도
❸ 영 제2조제4항에 따른 대기오염경보단계별 조치사항
❹ 그 밖에 시·도지사가 필요하다고 인정하는 사항

정답 ③

099 대기환경보전법령상 4종 사업장의 분류기준에 해당하는 것은?

① 대기오염물질 발생량의 합계가 연간 80톤 이상 100톤 미만
② 대기오염물질 발생량의 합계가 연간 20톤 이상 80톤 미만
③ 대기오염물질 발생량의 합계가 연간 10톤 이상 20톤 미만
④ 대기오염물질 발생량의 합계가 연간 2톤 이상 10톤 미만

대기환경보전법 시행령 [별표 1의3] <개정 2016. 3. 29.>

사업장 분류기준(제13조 관련)

종별	오염물질발생량 구분 (대기오염물질발생량의 연간 합계 기준)
1종 사업장	80톤 이상인 사업장
2종 사업장	20톤 이상 80톤 미만인 사업장
3종 사업장	10톤 이상 20톤 미만인 사업장
4종 사업장	2톤 이상 10톤 미만인 사업장
5종 사업장	2톤 미만인 사업장

비고 : "대기오염물질발생량"이란 방지시설을 통과하기 전의 먼지, 황산화물 및 질소산화물의 발생량을 환경부령으로 정하는 방법에 따라 산정한 양을 말한다.

정답 ④

100 실내공기질 관리법령상 노인요양시설의 실내공기질 유지기준이 되는 오염물질 항목에 해당하지 않는 것은?

① 미세먼지(PM-10) ② 폼알데하이드
③ 아산화질소 ④ 총부유세균

실내공기질 유지기준 - 암기법

오염물질 항목 / 다중이용시설	이 (CO₂)	포 (HCHO)	일 (CO)	미 (PM10)	미 (PM2.5)	총 (부유세균)
노약자시설	1,000	80	10	75	35	800
일반인시설	1,000	100	10	100	50	−
실내주차장	1,000	100	25	200	−	−
복합용도시설	−	−	−	200	−	−

· 노약자시설 : 의료기관, 산후조리원, 노인요양시설, 어린이집, 실내어린이놀이시설

· 일반인시설 : 지하역사, 지하도상가, 철도 역사의 대합실, 여객자동차 터미널의 대합실, 항만시설 중 대합실, 공항시설 중 여객 터미널, 도서관·박물관 및 미술관, 대규모 점포, 장례식장, 영화상영관, 학원, 전시시설, 인터넷컴퓨터게임시설제공업의 영업시설, 목욕장업의 영업시설

· 복합용도시설 : 실내 체육시설, 실내 공연장, 업무시설, 둘 이상의 용도에 사용되는 건축물

정답 ③

1과목 대기오염 개론

001 온실 효과와 지구온난화에 관한 설명으로 옳은 것은?

① CH_4가 N_2O보다 지구온난화에 기여도가 낮다.
② 지구온난화지수(GWP)는 SF_6가 HFCs보다 작다.
③ 대기의 온실 효과는 실제 온실에서의 보온 작용과 같은 원리이다.
④ 북반구에서 대기 중의 CO_2 농도는 여름에 감소하고 겨울에 증가하는 경향이 있다.

① 지구온난화 기여도 : CO_2 > CFCs > CH_4 > N_2O > H_2O
② 지구온난화지수(GWP) : SF_6 > PFC > HFC > N_2O > CH_4 > CO_2
③ 실제 온실의 보온 작용과 대기의 온실 효과는 원리가 다르다.

대기 온실효과와 실제 온실의 보온 효과 비교

대기의 온실 효과	실제 온실의 보온 효과
온실기체의 적외선 흡수	담요 효과(밀폐 효과)
	· 외부 공기와 온실 내부 공기 교환 차단
	· 대류 억제

정답 ④

002 대기오염물질의 확산을 예측하기 위한 바람장미에 관한 내용으로 옳지 않은 것은?

① 풍향은 바람이 불어오는 쪽으로 표시한다.
② 풍속이 0.2m/s 이하일 때를 정온(calm)이라 한다.
③ 가장 빈번히 관측된 풍향을 주풍이라 하고 막대의 굵기를 가장 굵게 표시한다.
④ 바람장미는 풍향별로 관측된 바람의 발생 빈도와 풍속을 16방향인 막대기형으로 표시한 기상 도형이다.

③ 가장 빈번히 관측된 풍향을 주풍이라 하고 막대의 길이를 가장 길게 표시한다.

정답 ③

003 다음 중 광화학반응과 가장 관련이 깊은 탄화수소는?

① Parafin계 탄화수소
② Olefin계 탄화수소
③ Acetylene계 탄화수소
④ 지방족 탄화수소

광화학반응에 참여하는 탄화수소는 올레핀계 탄화수소이다.

정답 ②

004 광화학반응으로 생성되는 오염물질에 해당하지 않는 것은?

① 케톤
② PAN
③ 과산화수소
④ 염화불화탄소

광화학반응으로 생성되는 오염물질은 2차 오염물질(옥시던트)이다.

④ 염화불화탄소는 1차 오염물질이다.

정답 ④

005 다음 중 오존파괴지수가 가장 큰 것은?

① CFC-113
② CFC-114
③ Halon-1211
④ Halon-1301

오존층파괴지수(ODP)

할론1301 > 할론2402 > 할론1211 > 사염화탄소 > CFC11 > CFC12 > HCFC

정답 ④

006 LA스모그에 관한 내용으로 가장 적합하지 않은 것은?

① 화학반응은 산화 반응이다.
② 복사역전 조건에서 발생했다.
③ 런던스모그에 비해 습도가 낮은 조건에서 발생했다.
④ 석유계 연료에서 유래 되는 질소산화물이 주원인물질이다.

② LA스모그는 침강성 역전 조건에서 발생했다.

정답 ②

007 가우시안 모델을 적용하기 위한 가정으로 가장 적합하지 않은 것은?

① 고도변화에 따른 풍속변화는 무시한다.
② 수평 방향의 난류확산보다 대류에 의한 확산이 지배적이다.
③ 배출된 오염물질은 흘러가는 동안 없어지거나 다른 물질로 바뀌지 않는다.
④ 이류방향으로의 오염물질 확산을 무시하고 풍하방향으로의 확산만을 고려한다.

④ x축 확산은 이류이동이 지배적이고, 풍하방향으로의 확산은 무시한다.

정답 ④

008 먼지의 농도를 측정하기 위해 공기를 0.3m/s의 속도로 1.5시간 동안 여과지에 여과시킨 결과 여과지의 빛 전달률이 깨끗한 여과지의 80%로 감소했다. 1,000m당 Coh는?

① 6.0
② 3.0
③ 2.5
④ 1.5

$$Coh_{1,000} = \frac{\log\left(\frac{1}{0.8}\right) \times 100}{0.3 \times 1.5 \times 3,600} \times 1,000m$$

$$= 5.98$$

정답 ①

009 일반적인 자동차 배출가스의 구성 중 자동차가 공회전할 때 특히 많이 배출되는 오염물질은?

① 일산화탄소
② 탄화수소
③ 질소산화물
④ 이산화탄소

	많이 나올 때	적게 나올 때
HC	감속	운행
CO	공전, 가속	운행
NO_x	가속	공전
CO_2	운전	공전, 감속

정답 ①

010 산성비에 관한 설명 중 ( ) 안에 알맞은 것은?

일반적으로 산성비는 pH (㉠) 이하의 강우를 말하며, 이는 자연상태의 대기 중에 존재하는 (㉡)가 강우에 흡수되었을 때의 pH를 기준으로 한 것이다.

① ㉠ 3.6, ㉡ CO_2
② ㉠ 3.6, ㉡ NO_2
③ ㉠ 5.6, ㉡ CO_2
④ ㉠ 5.6, ㉡ NO_2

· 산성비 기준 pH : 5.6
· 자연강우 산성물질 : CO_2

정답 ③

011 온위에 관한 내용으로 옳지 않은 것은? (단, θ 는 온위(K), T는 절대온도(K), P는 압력(mb))

① 온위는 밀도와 비례한다.
② $\theta = T(\frac{1,000}{P})^{0.288}$ 로 나타낼 수 있다.
③ 고도가 높아질수록 온위가 높아지면 대기는 안정하다.
④ 표준압력(1,000mb)에서 어느 고도의 공기를 건조단열적으로 끌어내리거나 끌어올려 1,000 mb 고도에 가져갔을 때 나타나는 온도를 온위라고 한다.

① 온위는 밀도와 반비례한다.

정답 ①

012 표준상태에서 NO_2 농도가 $0.5g/m^3$이다. 150℃, 0.8atm에서 NO_2 농도(ppm)는?

① 472
② 492
③ 570
④ 595

$$\frac{0.5g}{m^3} \times \frac{10^3 mg}{1g} \times \frac{22.4 SmL}{46 mg} = 243.47ppm$$

정답 없음(전항 정답 처리)

013 불화수소(HF) 배출과 가장 관련 있는 산업은?

① 소다 공업
② 도금공장
③ 플라스틱 공업
④ 알루미늄 공업

불화수소(HF)배출원 : 알루미늄 공업, 인산비료 공업, 유리 제조 공업

정답 ④

014 환기를 위한 실내공기오염의 지표가 되는 물질은?

① SO_2　　　　　② NO_2
③ CO　　　　　　④ CO_2

대표적인 실내공기오염 지표 : CO_2

정답 ④

015 환경기온감률이 다음과 같을 때 가장 안정한 조건은?

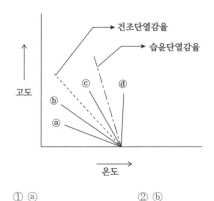

① ⓐ　　　　　② ⓑ
③ ⓒ　　　　　④ ⓓ

ⓐ, ⓑ 불안정
ⓒ 조건부 불안정(미단열)
ⓓ 안정

정답 ④

016 유효굴뚝높이가 1m인 굴뚝에서 배출되는 오염물질의 최대착지농도를 현재의 1/10로 낮추고자 할 때, 유효굴뚝높이를 몇 m 증가시켜야 하는가?
(단, sutton의 확산방정식 사용, 기타 조건은 동일)

① 0.04　　　　　② 0.20
③ 1.24　　　　　④ 2.16

$C_{max} \propto \dfrac{1}{H_e^2}$ 이므로,

$1 : \dfrac{1}{10} = \dfrac{1}{1^2} : \dfrac{1}{(1+x)^2}$

∴ 증가할 유효굴뚝높이$(x) = 2.16m$

정답 ④

017 지균풍에 관한 설명으로 가장 적합하지 않은 것은?

① 등압선에 평행하게 직선운동을 하는 수평의 바람이다.
③ 기압경도력과 전향력의 크기가 같고 방향이 반대일 때 발생한다.
② 고공에서 발생하기 때문에 마찰력의 영향이 거의 없다.
④ 북반구에서 지균풍은 오른쪽에 저기압, 왼쪽에 고기압을 두고 분다.

④ 북반구에서 지균풍은 오른쪽에 고기압, 왼쪽에 저기압을 두고 분다.

정답 ④

018 유효굴뚝높이가 60m인 굴뚝으로부터 SO_2가 125g/s의 속도로 배출되고 있다. 굴뚝높이에서의 풍속이 6m/s일 때, 이 굴뚝으로부터 500m 떨어진 연기중심선 상에서 오염물질의 지표농도 $(\mu g/m^3)$는? (단, 가우시안모델식 사용, 수평확산계수(δ_y)는 36m, 수직확산계수(δ_z)는 18.5m, 배출되는 SO_2는 화학적으로 반응하지 않음)

① 52   ② 66
③ 2,483   ④ 9,957

연기 중심선상 오염물질 지표 농도

$$C(x,0,0,H_e) = \frac{Q}{\pi U \sigma_y \sigma_z} \exp\left[-\frac{1}{2}\left(\frac{H_e}{\sigma_z}\right)^2\right]$$

$$= \frac{125 \times 10^6 \mu g/s}{\pi \times 6m/s \times 36m \times 18.5m} \exp\left[-\frac{1}{2}\left(\frac{60}{18.5}\right)^2\right]$$

$$= 51.76 \mu g/m^3$$

정답 ①

019 냄새물질에 관한 일반적인 설명으로 옳지 않은 것은?

① 분자량이 작을수록 냄새가 강하다.
② 분자 내에 황 또는 질소가 있으면 냄새가 강하다.
③ 불포화도(이중결합 및 삼중결합의 수)가 높을수록 냄새가 강하다.
④ 분자 내 수산기의 수가 1개일 때 냄새가 가장 약하고 수산기의 수가 증가할수록 냄새가 강해진다.

④ 분자 내 수산기($-OH$)의 수가 1개일 때 냄새 가장 강하고, 수가 증가하면 냄새가 약해진다.

정답 ④

020 광화학반응에 의해 고농도 오존이 나타날 수 있는 조건에 해당하지 않는 것은?

① 무풍상태일 때
② 일사량이 강할 때
③ 대기가 불안정할 때
④ 질소산화물과 휘발성 유기화합물의 배출이 많을 때

③ 대기가 안정할 때

정답 ③

2과목   **연소공학**

021 화염으로부터 열을 받으면 가연성 증기가 발생하는 연소로 휘발유, 등유, 알코올, 벤젠 등 액체연료의 연소형태는?

① 증발연소   ② 자기연소
③ 표면연소   ④ 확산연소

② 자기연소 : 공기 중의 산소 공급 없이 연소하는 것

③ 표면연소 : 휘발분이 없는 고체연료(코크스, 목탄)의 가장 대표적인 연소형태로 적열 코크스나 숯의 표면에 산소가 접촉하여 연소가 일어나며, 표면이 빨갛게 빛을 낼뿐 화염은 생성되지 않음

④ 확산연소 : 기체연료와 공기를 연소실로 각각 보내어 연소하는 방식

정답 ①

022 가연성 가스의 폭발범위에 관한 일반적인 설명으로 옳지 않은 것은?

① 가스의 온도가 높아지면 폭발범위가 넓어진다.
② 폭발한계농도 이하에서는 폭발성 혼합가스가 생성되기 어렵다.
③ 폭발상한과 폭발하한의 차이가 클수록 위험도가 증가한다.
④ 가스의 압력이 높아지면 상한값은 크게 변하지 않으나 하한값이 높아진다.

④ 가스의 압력이 높아지면 하한값이 크게 변하지 않으나 상한값이 높아진다.

연소범위(폭발범위, 가연한계)의 특징

❶ 가스의 온도가 높아지면 일반적으로 넓어짐
❷ 가스압이 높아지면 하한값이 크게 변화되지 않으나 상한값은 높아짐
❸ 폭발한계농도 이하에서는 폭발성 혼합가스를 생성하기 어려움
❹ 압력이 상압(1기압)보다 높아질 때 변화가 큼

정답 ④

023 자동차 내연기관에서 휘발유(C_8H_{18})가 완전 연소될 때 무게 기준의 공기연료비(AFR)는? (단, 공기의 분자량은 28.95)

① 15   ② 30
③ 40   ④ 60

$$C_8H_{18} + 12.5O_2 \rightarrow 8CO_2 + 9H_2O$$

$$AFR = \frac{공기(kg)}{연료(kg)} = \frac{산소(kg)/0.232}{연료(kg)}$$

$$= \frac{12.5 \times 32/0.232}{114} = 15.12$$

정답 ①

024 등가비($\varnothing$)에 관한 내용으로 옳지 않은 것은?

① $\varnothing$ = 공기비(m)
② $\varnothing$ = 1일 때 완전연소
③ $\varnothing$ < 1일 때 공기가 과잉
④ $\varnothing$ > 1일 때 연료가 과잉

① $\varnothing$ = 1 / 공기비(m)

정답 ①

025 기체연료의 종류에 관한 설명으로 가장 적합한 것은?

① 수성가스는 코크스를 용광로에 넣어 선철을 제조할 때 발생하는 기체연료이다.
② 석탄가스는 석유류를 열분해, 접촉분해 및 부분 연소시킬 때 발생하는 기체연료이다.
③ 고로가스는 고온으로 가열된 무연탄이나 코크스 등에 수증기를 반응시켜 얻은 기체연료이다.
④ 발생로가스는 코크스나 석탄, 목재 등을 적열 상태로 가열하여 공기 또는 산소를 보내 불완전 연소시켜 얻은 기체연료이다.

① 수성가스 : 고온으로 가열된 무연탄이나 코크스 등에 수증기를 반응시켜 얻은 기체연료
② 석유가스 : 석유류를 열분해, 접촉분해 및 부분 연소시킬 때 발생하는 기체연료이다.
③ 고로가스 : 용광로 발생가스

정답 ④

026 공기비가 클 때 나타나는 현상으로 가장 적합하지 않은 것은?

① 연소실 내의 온도감소
② 배기가스에 의한 열 손실 증가
③ 가스폭발의 위험 증가와 매연 발생
④ 배기가스 내의 SO_2, NO_2 함량 증가로 인한 부식 촉진

③ 공기비가 작을 때(불완전 연소)의 특징임

공기비가 클 때 나타나는 현상

· SO_x, NO_x 증가

· 연소온도 감소, 냉각 효과

· 열 손실 커짐

· 저온부식 발생

· 희석효과가 높아져, 연소 생성물의 농도 감소

정답 ③

027 과잉산소량(잔존 산소량)을 나타내는 표현은? (단, A : 실제 공기량, A_0 : 이론 공기량, m : 공기비(m > 1), 표준상태, 부피 기준)

① $0.21mA_0$ ② $0.21mA$
③ $0.21(m-1)A_0$ ④ $0.21(m-1)A$

과잉산소량 = 0.21 × 과잉공기량

= 0.21 ×(실제공기량 − 이론공기량)

= $0.21 \times (A - A_0)$

= $0.21 \times (mA_0 - A_0)$

= $0.21 \times (m - 1)A_0$

정답 ③

028 C : 80%, H : 15%, S : 5%의 무게비로 구성된 중유 1kg을 1.1의 공기비로 완전 연소시킬 때, 건조 배출가스 중의 SO_2 농도(ppm)는? (단, 모든 S성분은 SO_2가 됨)

① 3,026   ② 3,530
③ 4,126   ④ 4,530

1) $SO_2 = 0.7 \times 0.05 = 0.035 \text{m}^3/\text{kg}$

2) $A_o = O_o \times \dfrac{1}{0.21}$

$= (1.867 \times 0.8 + 5.6 \times 0.15 + 0.7 \times 0.05) \times \dfrac{1}{0.21}$

$= 11.2790 \text{m}^3/\text{kg}$

3) $G_d = (m - 0.21)A_O + CO_2 + SO_2$

$= (1.1 - 0.21) \times 10.3902 + \dfrac{22.4}{12} \times 0.8 + 0.035$

$= 11.5666 \text{m}^3/\text{kg}$

4) $X_{SO_2} = \dfrac{SO_2}{G_d} \times 10^6 = \dfrac{0.035}{11.5666} \times 10^6 = 3025.9 \text{ppm}$

정답 ①

029 고체연료 중 코크스에 관한 설명으로 가장 적합하지 않은 것은?

① 주성분은 탄소이다.
② 원료탄보다 회분의 함량이 많다.
③ 연소 시에 매연이 많이 발생한다.
④ 원료탄을 건류하여 얻어지는 2차 연료로 코크스로에서 제조된다.

③ 코크스는 휘발분이 거의 없어 매연이 발생하지 않는다.

정답 ③

030 화격자 연소에 관한 설명으로 가장 적합하지 않은 것은?

① 상부투입식은 투입되는 연료와 공기가 향류로 교차하는 형태이다.
② 상부투입식의 경우 화격자 상에 고정층을 형성해야 하므로 분체상의 석탄을 그대로 사용할 수 없다.
③ 정상상태에서 상부투입식은 상부로부터 석탄층 → 건조층 → 건류층 → 환원층 → 산화층 → 회층의 구성순서를 갖는다.
④ 하부투입식은 저융점의 회분을 많이 포함한 연료의 연소에 적합하며 착화성이 나쁜 연료도 유용하게 사용 가능하다.

④ 하부투입식은 저융점의 회분을 많이 포함한 연료의 연소에 적합하며 착화성이 나쁜 연료에 부적합하다.

정답 ④

031 CH_4의 최대탄산가스율(%)은? (단, CH_4는 완전 연소함)

① 11.7 ② 21.8
③ 34.5 ④ 40.5

$$CH_4 + 2O_2 \rightarrow CO_2 + 2H_2O$$

1) $G_{od} = (1 - 0.21)A_o + \Sigma$건조생성물($H_2O$ 제외)

$$= (1 - 0.21) \times \frac{2}{0.21} + 1 = 8.5238(Sm^3/Sm^3)$$

2) $(CO_2)_{max}(\%) = \dfrac{CO_2(\text{부피})}{G_{od}(\text{부피})} \times 100 = \dfrac{1}{8.5238} \times 100$

$$= 11.73\%$$

정답 ①

032 다음 조건을 갖는 기체연료의 이론연소온도(℃)는?

- 연료의 저발열량 : 7,500kcal/Sm^3
- 연료의 이론연소가스량 : 10.5Sm^3/Sm^3
- 연료연소가스의 평균정압비열 : 0.35kcal/$Sm^3 \cdot$℃
- 기준온도 : 25℃
- 공기는 예열되지 않고, 연소가스는 해리되지 않음

① 1,916 ② 2,066
③ 2,196 ④ 2,256

기체연료의 이론연소온도

$$t_o = \frac{H_l}{G \times C_p} + t$$

$$= \frac{7,500kcal/Sm^3}{10.5Sm^3/Sm^3 \times 0.35kcal/Sm^3 \cdot ℃} + 25℃$$

$$= 2,065.82℃$$

정답 ②

033 가솔린 기관의 노킹현상을 방지하기 위한 방법으로 가장 적합하지 않은 것은?

① 화염속도를 빠르게 한다.
② 말단 가스의 온도와 압력을 낮춘다.
③ 혼합기의 자기착화온도를 높게 한다.
④ 불꽃진행거리를 길게 하여 말단가스가 고온·고압에 충분히 노출되도록 한다.

④ 불꽃진행거리(화염전파거리)를 짧게 한다.

가솔린 노킹(knocking)의 방지법

· 옥탄가가 높은 가솔린 사용
· 혼합비 높임
· 화염전파속도 높임
· 화염전파거리 짧게 함
· 점화시기를 늦춤
· 압축비 낮춤
· 혼합 가스와 냉각수 온도 낮춤
· 혼합 가스에 와류를 증대시킴
· 연소실에 탄소가 퇴적된 경우, 탄소를 제거함

정답 ④

034 C_2H_6의 고발열량이 $15,520kcal/Sm^3$일 때, 저발열량$(kcal/Sm^3)$은?

① 18,380
② 16,560
③ 14,080
④ 12,820

저위발열량$(kcal/Sm^3)$ 계산

$$C_2H_6 + \frac{7}{2}O_2 \rightarrow 2CO_2 + 3H_2O$$

$$H_l = H_h - 480 \cdot \Sigma H_2O$$
$$= 15,520 - 480 \times 3 = 14,080(kcal/Sm^3)$$

정답 ③

035 89%의 탄소와 11%의 수소로 이루어진 액체 연료를 1시간에 187kg씩 완전 연소할 때 발생하는 배출 가스의 조성을 분석한 결과 CO_2 : 12.5%, O_2 : 3.5%, N_2 : 84%이었다. 이 연료를 2시간 동안 완전 연소시켰을 때 실제 소요된 공기량(Sm^3)은?

① 1,205
② 2,410
③ 3,610
④ 4,810

1) $A_o = \dfrac{O_o}{0.21}$

$\quad = \dfrac{1.867 \times 0.89 + 5.6 \times 0.11}{0.21}$

$\quad = 10.8458(m^3/kg) \times 187kg/h$

$\quad = 2028.17(m^3/h)$

2) $m = \dfrac{N_2}{N_2 - 3.76\,O_2} = \dfrac{84}{84 - 3.76 \times 3.5} = 1.1857$

3) $A = 1.1857 \times 2,028.17 = 2,404.94(Sm^3/h)$

$\therefore 2,404.94(Sm^3/h) \times 2h = 4,809.88(Sm^3)$

정답 ④

036 연소에 관한 용어 설명으로 옳지 않은 것은?

① 유동점은 저온에서 중유를 취급할 경우의 난이도를 나타내는 척도가 될 수 있다.
② 인화점은 액체연료의 표면에 인위적으로 불씨를 가했을 때 연소하기 시작하는 최저온도이다.
③ 발열량은 연료가 완전연소 할 때 단위중량 혹은 단위부피당 발생하는 열량으로 잠열을 포함하는 저발열량과 포함하지 않는 고발열량으로 구분된다.
④ 발화점은 공기가 충분한 상태에서 연료를 일정 온도 이상으로 가열했을 때 외부에서 점화하지 않더라도 연료 자신의 연소열에 의해 연소가 일어나는 최저온도이다.

③ 발열량은 연료가 완전연소 할 때 단위중량 혹은 단위부피당 발생하는 열량으로 잠열을 포함하는 고발열량과 포함하지 않는 저발열량으로 구분된다.

정답 ③

037 석탄의 유동층 연소에 관한 설명으로 가장 적합하지 않은 것은?

① 부하변동에 쉽게 적용할 수 없다.
② 유동매체의 보충이 필요하지 않다.
③ 유동매체를 석회석으로 할 경우 로 내에서 탈황이 가능하다.
④ 비교적 저온에서 연소가 행해지기 때문에 화격자 연소에 비해 thermal NOx 발생량이 적다.

② 유동매체의 보충이 필요하다.

정답 ②

038 석유류의 특성에 관한 내용으로 옳은 것은?

① 일반적으로 인화점은 예열온도보다 약간 높은 것이 좋다.
② 인화점이 낮을수록 역화의 위험성이 낮아지고 착화가 곤란하다.
③ 일반적으로 API가 10° 미만이면 경질유, 40° 이상이면 중질유로 분류된다.
④ 일반적으로 경질유는 방향족계 화합물을 50% 이상 함유하고 중질유에 비해 밀도와 점도가 높은 편이다.

② 인화점이 낮을수록 역화의 위험성이 높아지고 착화가 쉽다.
③ 일반적으로 API가 34° 이상이면 경질유, 34° 이하이면 중질유로 분류된다.
④ 일반적으로 경질유는 중질유보다 가벼우므로, 밀도와 점도가 낮다.

API 비중

물의 비중을 10으로 하여 나타낸 석유의 비중값

구분	API
경질유(Light)	34 이상
중질유(Medium)	24~34
중질유(Heavy)	24 이하

정답 ①

039 25℃에서 탄소가 연소하여 일산화탄소가 될 때 엔탈피 변화량(kJ)은?

$$C + O_2(g) \rightarrow CO_2(g) \quad \Delta H = -393.5kJ$$
$$CO + 1/2O_2(g) \rightarrow CO_2(g) \quad \Delta H = -283.0kJ$$

① -676.5 ② -110.5
③ 110.5 ④ 676.5

헤스의 법칙 이용 엔탈피 계산

+식① $C + O_2(g) \rightarrow CO_2(g)$
-식② $CO_2(g) \rightarrow CO + 1/2O_2(g)$
───────────────────────────────
$C + 1/2 O_2(g) \rightarrow CO \qquad \Delta H$

$\Delta H = \Delta H_1 - \Delta H_2$
$= -393.5 - (-283.0)$
$= -110.5(kJ)$

정답 ②

040 액체연료를 비점(℃)이 큰 순서대로 나열한 것은?

① 등유 > 중유 > 휘발유 > 경유
② 중유 > 경유 > 등유 > 휘발유
③ 경유 > 휘발유 > 중유 > 등유
④ 휘발유 > 경유 > 등유 > 중유

비점(끓는점) 순서 : 중유 > 경유 > 등유 > 휘발유 > LPG

정답 ②

041 질소산화물(NOx) 저감방법으로 가장 적합하지 않은 것은?

① 연소영역에서의 산소 농도를 높인다.
② 부분적인 고온영역이 없게 한다.
③ 고온영역에서 연소가스의 체류시간을 짧게 한다.
④ 유기질소화합물을 함유하지 않는 연료를 사용한다.

---

① 산소 농도를 높이면 NOx 발생량이 증가한다.

연소조절에 의한 NOx 처리 방법

❶ 저온연소
❷ 저산소연소
❸ 저질소성분 우선연소
❹ 2단연소
❺ 배가스 재순환
❻ 버너 및 연소실의 구조개량

정답 ①

---

042 유해가스를 처리하는 흡수장치의 효율을 높이기 위한 흡수액의 조건은?

① 점성이 커야 한다.
② 어는점이 높아야 한다.
③ 휘발성이 적어야 한다.
④ 가스의 용해도가 낮아야 한다.

좋은 흡수액(세정액)의 조건

❶ 용해도가 커야 함
❷ 화학적으로 안정해야 함
❸ 독성, 부식성이 없어야 함
❹ 휘발성이 작아야 함
❺ 점성이 작아야 함
❻ 어는점이 낮아야 함
❼ 가격이 저렴해야 함

정답 ③

---

043 먼지의 자유낙하에서 종말침강속도에 관한 설명으로 옳은 것은?

① 입자가 바닥에 닿는 순간의 속도
② 입자의 가속도가 0이 될 때의 속도
③ 입자의 속도가 0이 되는 순간의 속도
④ 정지된 다른 입자와 충돌하는 데 필요한 최소한의 속도

종말침강속도 : 입자의 가속도가 0이 될 때의 속도로, 속도가 일정하다.

정답 ②

---

044 후드에 의한 먼지 흡입에 관한 설명으로 옳지 않은 것은?

① 국소적인 흡인방식을 취한다.
② 배풍기에 충분한 여유를 둔다.
③ 후드를 발생원에 가깝게 설치한다.
④ 후드의 개구면적을 가능한 크게 한다.

---

④ 후드의 개구면적을 가능한 작게 한다.

후드의 흡입 향상 조건

❶ 후드를 발생원에 가깝게 설치
❷ 후드의 개구면적을 작게 함
❸ 충분한 포착속도를 유지
❹ 기류흐름 및 장해물 영향 고려(에어커튼 사용)
❺ 배풍기 여유율을 30%로 유지 함

정답 ④

045 집진장치의 입구 쪽 처리가스 유량이 300,000 m³/h, 먼지 농도가 15g/m³이고, 출구 쪽 처리된 가스의 유량이 305,000m³/h, 먼지 농도가 40mg/m³일 때, 집진효율(%)은?

① 89.6   ② 95.3

③ 99.7   ④ 103.2

$$\eta = \left(1 - \frac{CQ}{C_o Q_o}\right) \times 100(\%)$$

$$= \left(1 - \frac{0.04 \times 305,000}{15 \times 300,000}\right) \times 100$$

$$= 99.73\%$$

정답 ③

046 직경이 10μm인 구형입자가 20℃ 층류영역의 대기 중에서 낙하하고 있다. 입자의 종말침강속도(m/s)와 레이놀즈수를 순서대로 나열한 것은? (단, 20℃에서 입자의 밀도=1,800kg/m³, 공기의 밀도=1.2kg/m³, 공기의 점도=1.8×10^{-5} kg/m·s)

① 5.44×10^{-3}, 3.63×10^{-3}

② 5.44×10^{-3}, 2.44×10^{-6}

③ 3.63×10^{-6}, 2.44×10^{-6}

④ 3.63×10^{-6}, 3.63×10^{-3}

1) 침강속도

$$V_g = \frac{(\rho_s - \rho) \times d^2 \times g}{18 \times \mu}$$

$$= \frac{(1,800 - 1.2)\text{kg/m}^3 \times (10 \times 10^{-6}\text{m})^2 \times 9.8\text{m/s}^2}{18 \times 1.8 \times 10^{-5}\text{kg/m·s}}$$

$$= 5.44 \times 10^{-3}\text{m/s}$$

2) 레이놀즈수

$$R_e = \frac{DV\rho}{\mu}$$

$$= \frac{(10 \times 10^{-6}) \times (5.44 \times 10^{-3}) \times 1.2}{1.8 \times 10^{-5}}$$

$$= 3.62 \times 10^{-3}$$

정답 ①

047 표준상태의 공기가 내경이 50cm인 강관 속을 2m/s의 속도로 흐르고 있을 때, 공기의 질량유속 (kg/s)은? (단, 공기의 평균분자량 = 29)

① 0.34   ② 0.51

③ 0.78   ④ 0.97

$$\text{질량유속(kg/s)} = \frac{29\text{kg}}{22.4\text{Sm}^3} \times \frac{2\text{m}}{\text{s}} \times \frac{\pi(0.5\text{m})^2}{4}$$

$$= 0.508\text{kg/s}$$

정답 ②

048 여과집진장치의 탈진방식 중 간헐식에 관한 설명으로 옳지 않은 것은?

① 연속식에 비해 먼지의 재비산이 적고 높은 집진효율을 얻을 수 있다.

② 고농도, 대량가스 처리에 적합하며 점성이 있는 조대먼지의 탈진에 효과적이다.

③ 진동형은 여과포의 음파진동, 횡진동, 상하진동에 의해 포집된 먼지를 털어내는 방식이다.

④ 역기류형은 단위집진실에 처리가스의 공급을 중단시킨 후 순차적으로 탈진하는 방식이다.

② 연속식의 설명이다.

· 연속식 : 고농도, 대용량 처리가 용이하다.

· 간헐식 : 저농도, 소량 처리가 용이하다.

정답 ②

049 촉매소각법에 관한 일반적인 설명으로 옳지 않은 것은?

① 열소각법에 비해 연소 반응시간이 짧다.
② 열소각법에 비해 thermal Nox 생성량이 작다.
③ 백금, 코발트는 촉매로 바람직하지 않은 물질이다.
④ 촉매제가 고가이므로 처리가스량이 많은 경우에는 부적합하다.

③ 백금, 코발트는 촉매로 이용된다.

정답 ③

050 물리적 흡착에 의한 가스처리에 관한 설명으로 옳지 않은 것은?

① 처리가스의 분압이 낮아지면 흡착량이 감소한다.
② 처리가스의 온도가 높아지면 흡착량이 증가한다.
③ 흡착과정이 가역적이기 때문에 흡착제의 재생이 가능하다.
④ 다분자층 흡착이며 화학적 흡착에 비해 오염가스의 회수가 용이하다.

② 물리적 처리는 온도가 낮아지면 흡착량이 증가한다.

	물리적 흡착	화학적 흡착
반응	가역반응	비가역반응
계	open system	closed system
원동력	분자간 인력 (반데르발스 힘) 2~20kJ/g mol	화학 반응 20~400kJ/g mol
흡착열	낮음	높음
흡착층	다분자 흡착	단분자 흡착
온도, 압력 영향	온도영향이 큼 (온도↓, 압력↑ ⇨ 흡착↑) (온도↑, 압력↓ ⇨ 탈착↑)	온도영향 적음 (임계온도 이상에서 흡착 안 됨)
재생	가능	불가능

정답 ②

051 원심력집진장치(cyclone)의 집진효율에 관한 내용으로 옳은 것은?

① 원통의 직경이 클수록 집진효율이 증가한다.
② 입자의 밀도가 클수록 집진효율이 감소한다.
③ 가스의 온도가 높을수록 집진효율이 증가한다.
④ 가스의 유입속도가 클수록 집진효율이 증가한다.

원심력 집진장치의 효율향상조건

· 먼지의 농도, 밀도, 입경 클수록
· 입구 유속 빠를수록
· 유량 클수록
· 회전수 많을수록
· 몸통 길이 길수록
· 몸통 직경 작을수록
· 처리가스 온도 낮을수록
· 점도 작을수록
→ 집진효율 증가함

정답 ④

052 세정집진장치의 장점으로 가장 적합한 것은?

① 점착성 및 조해성 먼지의 제거가 용이하다.
② 별도의 폐수처리시설이 필요하지 않다.
③ 먼지에 의한 폐쇄 등의 장애가 일어날 확률이 낮다.
④ 소수성 먼지에 대해 높은 집진효율을 얻을 수 있다.

② 별도의 폐수처리시설이 필요하다.
③ 먼지에 의한 폐쇄 등의 장애가 일어날 확률이 높다.
④ 친수성 먼지에 대해 높은 집진효율을 얻을 수 있다.

정답 ①

053 흡인통풍의 장점으로 가장 적합하지 않은 것은?

① 통풍력이 크다.
② 연소용 공기를 예열할 수 있다.
③ 굴뚝의 통풍저항이 큰 경우에 적합하다.
④ 노 내압이 부압(−)으로 역화의 우려가 없다.

② 흡인통풍은 외기가 들어올 수 있으므로 오히려 배기가스 온도가 낮아질 수 있고, 압입통풍에서 연소용 공기를 예열할 수 있다.

정답 ②

054 원통형 전기집진장치의 집진극 직경이 10cm이고 길이가 0.75m이다. 배출가스의 유속이 2m/s이고 먼지의 겉보기이동속도가 10cm/s일 때, 이 집진장치의 실제 집진효율(%)은?

① 78
② 86
③ 95
④ 99

원통형 집진장치의 집진효율

$\eta = 1 - e^{\left(-\frac{2Lw}{RU}\right)}$

$= 1 - e^{\left(-\frac{2 \times 0.75m \times 0.1m/s}{0.05m \times 2m/s}\right)}$

$= 0.7767$

$= 77.68\%$

정답 ①

055 외기 유입이 없을 때 집진효율이 88%인 원심력 집진장치(cyclone)가 있다. 이 원심력 집진장치에 외기가 10% 유입되었을 때, 집진효율(%)은? (단, 외기가 10% 유입되었을 때 먼지통과율은 외기가 유입되지 않은 경우의 3배)

① 54
② 64
③ 75
④ 86

집진응용 3 – 통과율 변화 시 집진율 변화 계산

처음 집진율은 88%이므로, 처음 통과율은 12%임
먼지 통과율이 3배가 되었으므로,
나중 통과율 = 12 × 3 = 36%임
∴ 나중 집진율 = 100 − 나중 통과율
= 100 − 36
= 64%

정답 ②

056 불소화합물 처리에 관한 내용이다. ( ) 안에 들어갈 화학식으로 가장 적합한 것은?

사불화규소는 물과 반응해서 콜로이드 상태의 규산과 ( )을(를) 생성한다.

① CaF_2
② $NaHF_2$
③ $NaSiF_6$
④ H_2SiF_6

사불화규소(SiF_4)는 물과 반응하여 SiO_2와 HF를 생성하고, SiF_4는 다시 HF와 반응하여 규불화수소산(H_2SiF_6)을 생성한다.

정답 ④

057 유체의 점도를 나타내는 단위에 해당하지 않는 것은?

① poise
② Pa·s
③ L·atm
④ g/cm·s

③ atm·s

· 점도(점성계수)의 단위 : poise, g/cm·s, kg/m·s, Pa·s

정답 ③

058 중력집진장치에 관한 설명으로 가장 적합하지 않은 것은?

① 배기가스의 점도가 낮을수록 집진효율이 증가한다.
② 함진가스의 온도변화에 의한 영향을 거의 받지 않는다.
③ 침강실의 높이가 낮고, 길이가 길수록 집진효율이 증가한다.
④ 함진가스의 유량, 유입속도 변화에 거의 영향을 받지 않는다.

④ 함진가스의 유량, 유입속도 변화에 영향을 크게 받는다.

정답 ④

059 처리가스량이 $30,000 \text{m}^3/\text{h}$, 압력손실이 300 mmH_2O인 집진장치를 효율이 47%인 송풍기로 운전할 때, 송풍기의 소요동력(kW)은?

① 38
② 43
③ 49
④ 52

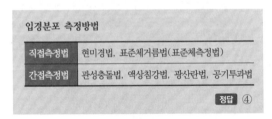

$$P = \frac{Q \times \triangle P \times \alpha}{102 \times \eta}$$

$$= \frac{(30,000/3,600) \times 300}{102 \times 0.47} = 52.14$$

여기서, P : 소요 동력(kW)
Q : 처리가스량(m^3/sec)
△P : 압력(mmH_2O)
α : 여유율(안전율)
η : 효율

정답 ④

060 먼지의 입경측정 방법을 직접측정법과 간접측정법으로 구분할 때, 직접측정법에 해당하는 것은?

① 광산란법
② 관성충돌법
③ 액상침강법
④ 표준체측정법

입경분포 측정방법	
직접측정법	현미경법, 표준체거름법(표준체측정법)
간접측정법	관성충돌법, 액상침강법, 광산란법, 공기투과법

정답 ④

4과목 | 대기오염 공정시험기준(방법)

061 배출가스 중의 수은화합물을 냉증기 원자흡수분광광도법에 따라 분석할 때 사용하는 흡수액은?

① 질산암모늄 + 황산용액
② 과망간산포타슘 + 황산용액
③ 시안화포타슘 + 디티존용액
④ 수산화칼슘 + 피로가롤용액

> **배출가스 중 수은화합물 – 냉증기 원자흡수분광광도법**
>
> 흡수액(질량분율, 4% 과망간산포타슘 / 10% 황산)
>
> **정답 ②**

062 비분산적외선분석기의 장치구성에 관한 설명으로 옳지 않은 것은?

① 비교셀은 시료셀과 동일한 모양을 가지며 산소를 봉입하여 사용한다.
② 광원은 원칙적으로 흑체발광으로 니크롬선 또는 탄화규소의 저항체에 전류를 흘려 가열한 것을 사용한다.
③ 광학필터는 시료가스 중에 포함되어 있는 간섭물질가스의 흡수파장역 적외선을 흡수제거하기 위해 사용한다.
④ 회전섹터는 시료광속과 비교광속을 일정 주기로 단속시켜 광학적으로 변조시키는 것으로 측정 광신호의 증폭에 유효하고 잡신호의 영향을 줄일 수 있다.

> ① 비교셀은 시료셀과 동일한 모양을 가지며 아르곤 또는 질소 같은 불활성 기체를 봉입하여 사용한다.
>
> [개정 – 용어변경] 니크롬 → 니크로뮴
>
> **정답 ①**

063 다음 자료를 바탕으로 구한 비산먼지의 농도(mg/m^3)는?

> · 채취먼지량이 가장 많은 위치에서의 먼지 농도 : $115mg/m^3$
> · 대조위치에서의 먼지 농도 : $0.15mg/m^3$
> · 전 시료채취기간 중 주 풍향이 90° 이상 변함
> · 풍속이 0.5m/s 미만 또는 10m/s 이상이 되는 시간이 전 채취시간의 50% 이상임

① 114.9
② 137.8
③ 165.4
④ 206.7

> **비산먼지 농도의 계산**
>
> 비산먼지 농도(C)
>
> $C = (C_H - C_B) \times W_D \times W_S$
> $\quad = (115 - 0.15) \times 1.5 \times 1.2$
> $\quad = 206.7 mg/m^3$
>
> C_H : 채취먼지량이 가장 많은 위치에서의 먼지 농도 (mg/Sm^3)
> C_B : 대조위치에서의 먼지 농도(mg/Sm^3)
> W_D, W_S : 풍향, 풍속 측정결과로부터 구한 보정계수
>
> (단, 대조 위치를 선정할 수 없는 경우에는 C_B는 $0.15mg/Sm^3$로 한다.)
>
> **보정계수**
>
> 1) 풍향에 대한 보정
>
> | 풍향변화범위 | 보정계수 |
> |---|---|
> | 전 시료채취 기간 중 주 풍향이 90° 이상 변할 때 | 1.5 |
> | 전 시료채취 기간 중 주 풍향이 45°~90° 변할 때 | 1.2 |
> | 전 시료채취 기간 중 풍향이 변동이 없을 때(45° 미만) | 1.0 |
>
> 2) 풍속에 대한 보정
>
> | 풍속범위 | 보정계수 |
> |---|---|
> | 풍속이 0.5m/s 미만 또는 10m/s 이상 되는 시간이 전 채취시간의 50% 미만일 때 | 1.0 |
> | 풍속이 0.5m/s 미만 또는 10m/s 이상 되는 시간이 전 채취시간의 50% 이상일 때 | 1.2 |
>
> **정답 ④**

064 대기오염공정시험기준상의 용어 정의 및 규정에 관한 내용으로 옳은 것은?

① "약"이란 그 무게 또는 부피에 대해 ±1% 이상의 차가 있어서는 안 된다.
② 상온은 15~25℃, 실온은 1~35℃, 찬 곳은 따로 규정이 없는 한 0~15℃의 곳을 뜻한다.
③ 방울수라 함은 20℃에서 정제수 10방울을 떨어뜨릴 때 그 부피가 약 1mL 되는 것을 뜻한다.
④ 10억분율은 pphm으로 표시하고 따로 표시가 없는 한 기체일 때는 용량 대 용량(V/V), 액체일 때는 중량 대 중량(W/W)을 표시한 것을 뜻한다.

온도의 표시

· 표준온도 : 0℃
· 상온 : 15~25℃
· 실온 : 1~35℃
· 냉수 : 15℃ 이하
· 온수 : 60~70℃
· 열수 : 약 100℃
· 찬 곳 : 따로 규정이 없는 한 0~15℃의 곳
· "냉후"(식힌 후)라 표시되어 있을 때는 보온 또는 가열 후 실온까지 냉각된 상태를 뜻한다.

[개정]
④ 10억분율은 pphm으로 표시하고 따로 표시가 없는 한 기체일 때는 용량 대 용량(부피분율), 액체일 때는 중량 대 중량(중량분율)을 표시한 것을 뜻한다.

정답 ②

065 가로 길이가 3m, 세로 길이가 2m인 상·하 동일 단면적의 사각형 굴뚝이 있다. 이 굴뚝의 환산직경(m)은?

① 2.2 ② 2.4
③ 2.6 ④ 2.8

굴뚝 단면이 사각형인 경우(상·하 동일 단면적의 정사각형 또는 직사각형) 직경 산출방법

$$환산직경 = \frac{2(가로 \times 세로)}{가로 + 세로} = \frac{2 \times 3 \times 2}{3 + 2} = 2.4m$$

정답 ②

066 굴뚝 배출가스 중의 황산화물 시료채취에 관한 일반적인 내용으로 옳지 않은 것은?

① 채취관과 삼방콕 등 가열하는 실리콘을 제외한 보통 고무관을 사용한다.
② 시료가스 중의 황산화물과 수분이 응축되지 않도록 시료가스 채취관과 콕 사이를 가열할 수 있는 구조로 한다.
③ 시료채취관은 유리, 석영, 스테인리스강 등 시료가스 중의 황산화물에 의해 부식되지 않는 재질을 사용한다.
④ 시료가스 중에 먼지가 섞여 들어가는 것을 방지하기 위해 채취관의 앞 끝에 알칼리(alkali)가 없는 유리솜 등의 적당한 여과재를 넣는다.

① 채취관과 어댑터(adapter), 삼방콕 등 가열하는 접속부분은 갈아 맞춤 또는 실리콘 고무관을 사용하고 보통 고무관을 사용하면 안 된다.

정답 ①

067 배출가스 중의 산소를 오르자트 분석법에 따라 분석할 때 사용하는 산소 흡수액은?

① 입상아연 + 피로가롤용액
② 수산화소듐용액 + 피로가롤용액
③ 염화제일주석용액 + 피로가롤용액
④ 수산화포타슘용액 + 피로가롤용액

배출가스 중 산소-화학분석법-오르자트분석법

· 탄산가스 흡수액 : 수산화포타슘(KOH)
· 산소 흡수액 : 수산화포타슘 용액 + 피로가롤 용액

[개정] "배출가스 중 산소-화학분석법-오르자트분석법"은 공정시험기준에서 삭제되어 더 이상 출제되지 않습니다.

정답 ④

068 굴뚝 배출가스 중의 폼알데하이드 및 알데하이드류의 분석방법에 해당하지 않는 것은?

① 차아염소산염 자외선/가시선 분광법
② 아세틸아세톤 자외선/가시선 분광법
③ 크로모트로핀산 자외선/가시선 분광법
④ 고성능액체크로마토그래피법

폼알데하이드 적용가능한 시험방법

· 고성능액체크로마토그래피법

· 크로모트로핀산 자외선/가시선분광법

· 아세틸아세톤 자외선/가시선분광법

정답 ①

069 환경대기 중의 시료채취 시 주의사항으로 옳지 않은 것은?

① 시료채취 유량은 규정하는 범위 내에서 되도록 많이 채취하는 것을 원칙으로 한다.
② 악취물질의 채취는 되도록 짧은 시간 내에 끝내고 입자상 물질 중의 금속성분이나 발암성물질 등은 되도록 장시간 채취한다.
③ 입자상 물질을 채취할 경우에는 채취관 벽에 분진이 부착 또는 퇴적하는 것을 피하고 특히 채취관을 수평 방향으로 연결할 경우에는 되도록 관의 길이를 길게 하고 곡률반경을 작게 한다.
④ 바람이나 눈, 비로부터 보호하기 위해 측정기기는 실내에 설치하고 채취구를 밖으로 연결할 경우 채취관 벽과의 반응, 흡착, 흡수 등에 의한 영향을 최소한도로 줄일 수 있는 재질과 방법을 선택한다.

③ 입자상 물질을 채취할 경우에는 채취관 벽에 분진이 부착 또는 퇴적하는 것을 피하고 특히 채취관은 수평방향으로 연결할 경우에는 되도록 <u>관의 길이를 짧게 하고 곡률 반경은 크게</u> 한다. 또한 입자상 물질을 채취할 때에는 기체의 흡착, 유기성분의 증발, 기화 또는 변화하지 않도록 주의한다.

정답 ③

070 분석대상가스가 암모니아인 경우 사용 가능한 채취관의 재질에 해당하지 않는 것은?

① 석영
② 불소수지
③ 실리콘수지
④ 스테인리스강

배출가스 중 가스상물질의 시료채취방법 – 분석물질의 종류별 채취관 및 연결관 등의 재질

분석물질, 공존가스	채취관, 연결관의 재질							여과재		
암모니아	❶	❷	❸	❹	❺	❻		ⓐ	ⓑ	ⓒ
일산화탄소	❶	❷	❸	❹	❺	❻	❼	ⓐ	ⓑ	ⓒ
염화수소	❶	❷			❺	❻	❼	ⓐ	ⓑ	ⓒ
염소	❶	❷			❺	❻	❼	ⓐ	ⓑ	ⓒ
황산화물	❶	❷		❹	❺	❻	❼	ⓐ	ⓑ	ⓒ
질소산화물	❶	❷		❹	❺	❻		ⓐ	ⓑ	ⓒ
이황화탄소	❶	❷				❻		ⓐ	ⓑ	
포름알데히드	❶	❷				❻		ⓐ	ⓑ	
황화수소	❶	❷		❹	❺	❻	❼	ⓐ	ⓑ	ⓒ
플루오린화합물				❹		❻				ⓒ
사이안화수소	❶	❷		❹	❺	❻	❼	ⓐ	ⓑ	ⓒ
브로민	❶	❷				❻		ⓐ	ⓑ	
벤젠	❶	❷				❻		ⓐ	ⓑ	
페놀	❶	❷		❹		❻		ⓐ	ⓑ	
비소	❶	❷		❹	❺	❻	❼	ⓐ	ⓑ	ⓒ

비고 : ❶ 경질유리, ❷ 석영, ❸ 보통강철, ❹ 스테인리스강 재질, ❺ 세라믹, ❻ 플루오로수지, ❼ 염화바이닐수지, ❽ 실리콘수지, ❾ 네오프렌 / ⓐ 알칼리 성분이 없는 유리솜 또는 실리카솜, ⓑ 소결유리, ⓒ 카보런덤

[개정-용어변경] 해당 공정시험기준은 개정되었습니다.

· 불소화합물→플루오린화합물

· 시안화수소→사이안화수소

· 브롬→브로민

· 염화비닐→염화바이닐

· 불소수지→플루오로수지

정답 ③

071 환경대기 중의 석면을 위상차현미경법에 따라 측정할 때에 관한 설명으로 옳지 않은 것은?

① 시료채취 시 시료 포집면을 주 풍향을 향하도록 설치한다.
② 시료채취 지점에서의 실내기류는 0.3m/s 이내가 되도록 한다.
③ 포집한 먼지 중 길이가 $10\mu m$ 이하이고 길이와 폭의 비가 5:1 이하인 섬유를 석면섬유로 계수한다.
④ 시료채취는 해당시설의 실제 운영조건과 동일하게 유지되는 일반 환경상태에서 수행하는 것을 원칙으로 한다.

③ 포집한 먼지 중에 길이 $5\mu m$ 이상이고, 길이와 폭의 비가 3:1 이상인 섬유를 석면섬유로서 계수한다.

환경대기 중 석면시험방법 - 위상차현미경법 식별방법

❶ 포집한 먼지 중에 길이 $5\mu m$ 이상이고, 길이와 폭의 비가 3:1 이상인 섬유를 석면섬유로서 계수한다.

❷ 단섬유인 경우
· 길이 $5\mu m$ 이상인 섬유는 1개로 판정한다.
· 구부러져 있는 섬유는 곡선에 따라 전체 길이를 재어서 판정한다.
· 길이와 폭의 비가 3:1 이상인 섬유는 1개로 판정한다.

❸ 입자가 부착하고 있는 경우
· 입자의 폭이 $3\mu m$ 를 넘는 것은 0개로 판정한다.

❹ 헝클어져 다발을 이루고 있는 경우
· 여러 개의 섬유가 교차하고 있는 경우는 교차하고 있는 각각의 섬유를 단섬유로 인정하고, 단섬유인 경우의 규정에 따라 판정한다.
· 섬유가 헝클어져 정확한 수를 헤아리기 힘들 때에는 0개로 판정한다.

❺ 섬유가 그래티큘 시야의 경계선에 물린 경우
· 그래티큘 시야 안으로 완전히 $5\mu m$ 이상 들어와 있는 섬유는 1개로 인정한다.
· 그래티큘 시야 안으로 한쪽 끝만 들어와 있는 섬유는 1/2개로 인정한다.
· 그래티큘 시야의 경계선에 한꺼번에 너무 많이 몰려 있는 경우에는 0개로 판정한다.

❻ 상기에 열거한 방법들에 따라 판정하기가 힘든 경우에는 해당 시야에서의 판정을 포기하고, 다른 시야로 바꾸어서 다시 식별하도록 한다.

❼ 다발을 이루고 있는 섬유가 그래티큘 시야의 1/6 이상일 때는 해당 시야에서의 판정을 포기하고, 다른 시야로 바꾸어서 재식별하도록 한다.

정답 ③

072 단색화장치를 사용하여 광원에서 나오는 빛 중 좁은 파장범위의 빛만을 선택한 뒤 액층에 통과시켰다. 입사광의 강도가 1이고, 투사광의 강도가 0.5일 때, 흡광도는? (단, Lambert - Beer 법칙 적용)

① 0.3 ② 0.5
③ 0.7 ④ 1.0

램버어트 - 비어(Lambert - Beer)의 법칙

$$A = \log \frac{I_0}{I_t} = \log \frac{1}{0.5} = 0.3$$

정답 ①

073 유류 중의 황 함유량을 측정하기 위한 분석방법에 해당하는 것은?

① 광학기법
② 열탈착식 광도법
③ 방사선식 여기법
④ 자외선/가시선 분광법

유류 중의 황 함유량 분석방법

· 연소관식 공기법(중화적정법)
· 방사선식 여기법(기기분석법)

정답 ③

074 피토관으로 측정한 결과 덕트(duct) 내부가스의 동압이 13mmH$_2$O이고 유속이 20m/s이었다. 덕트의 밸브를 모두 열었을 때 동압이 26mmH$_2$O일 때, 덕트의 밸브를 모두 열었을 때의 가스 유속(m/s)은?

① 23.2   ② 25.0
③ 27.1   ④ 28.3

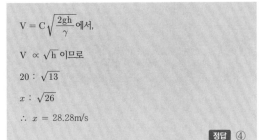

$V = C\sqrt{\dfrac{2gh}{\gamma}}$ 에서,

$V \propto \sqrt{h}$ 이므로

$20 : \sqrt{13}$

$x : \sqrt{26}$

$\therefore x = 28.28\text{m/s}$

정답 ④

075 흡광차분광법에 관한 설명으로 옳지 않은 것은?

① 광원부는 발·수광부 및 광케이블로 구성된다.
② 광원으로 180~2,850nm 파장을 갖는 제논램프를 사용한다.
③ 일반 흡광광도법은 적분적이며 흡광차분광법은 미분적이라는 차이가 있다.
④ 분석장치는 분석기와 광원부로 나누어지며 분석기 내부는 분광기, 샘플 채취부, 검지부, 분석부, 통신부 등으로 구성된다.

③ 일반 흡광광도법은 미분적(일시적)이며 흡광차분광법(DOAS)은 적분적(연속적)이란 차이점이 있다.

정답 ③

076 원자흡수분광광도법에 따라 분석할 때, 분석오차를 유발하는 원인으로 가장 적합하지 않은 것은?

① 검정곡선 작성의 잘못
② 공존물질에 의한 간섭영향 제거
③ 광원부 및 파장선택부의 광학계 조정 불량
④ 가연성가스 및 조연성가스의 유량 또는 압력의 변동

② 공존물질에 의한 간섭

원자흡수분광광도법 – 분석오차의 원인

· 준시료의 선택의 부적당 및 제조의 잘못
· 분석시료의 처리방법과 희석의 부적당
· 표준시료와 분석시료의 조성이나 물리적 화학적 성질의 차이
· 공존물질에 의한 간섭
· 광원램프의 드리프트(Drift) 열화
· 광원부 및 파장선택부의 광학계의 조정 불량
· 측광부의 불안정 또는 조절 불량
· 분무기 또는 버너의 오염이나 폐색
· 가연성 가스 및 조연성 가스의 유량이나 압력의 변동
· 불꽃을 투과하는 광속의 위치의 조정 불량
· 검정곡선 작성의 잘못

정답 ②

077 어떤 사업장의 굴뚝에서 배출되는 오염물질의 농도가 600ppm이고 표준산소농도가 6%, 실측산소농도가 8%일 때, 보정된 오염물질의 농도(ppm)는?

① 692.3   ② 722.3
③ 832.3   ④ 862.3

오염물질 농도 보정

$$C = C_a \times \frac{21 - O_s}{21 - O_a}$$

$$C = 600 \times \frac{21 - 6}{21 - 8} = 692.3 \, mg/Sm^3$$

여기서, C : 오염물질 농도(mg/Sm^3 또는 ppm)

O_s : 표준산소농도(%)

O_a : 실측산소농도(%)

C_a : 실측오염물질농도(mg/Sm^3 또는 ppm)

정답 ①

078 이온크로마토그래피법에 관한 일반적인 설명으로 옳지 않은 것은?

① 검출기로 수소염이온화검출기(FID)가 많이 사용된다.
② 용리액조, 송액펌프, 시료주입장치, 분리관, 써프렛서, 검출기, 기록계로 구성되어 있다.
③ 강수(비, 눈, 우박 등), 대기먼지, 하천수 중의 이온성분을 정성, 정량 분석하는 데 사용된다.
④ 용리액조는 이온성분이 용출되지 않는 재질로써 용리액을 직접 공기와 접촉시키지 않는 밀폐된 것을 선택한다.

① 검출기로 **전도도 검출기**가 많이 사용된다.

정답 ①

079 굴뚝연속자동측정기기에 사용되는 도관에 관한 설명으로 옳지 않은 것은?

① 도관은 가능한 짧은 것이 좋다.
② 냉각도관은 될 수 있는 한 수직으로 연결한다.
③ 기체 – 액체 분리관은 도관의 부착위치 중 가장 높은 부분에 부착한다.
④ 응축수의 배출에 사용하는 펌프는 내구성이 좋아야 하고, 이때 응축수 트랩은 사용하지 않아도 된다.

③ 기체 – 액체 분리관은 도관의 부착위치 중 **가장 낮은 부분 또는 최저 온도의 부분**에 부착하여 응축수를 급속히 냉각시키고 배관계의 밖으로 빨리 방출시킨다.

정답 ③

080 환경대기 시료채취방법 중 측정대상 기체와 선택적으로 흡수 또는 반응하는 용매에 시료가스를 일정 유량으로 통과시켜 채취하는 방법으로 채취관 – 여과재 – 채취부 – 흡입펌프 – 유량계(가스미터)로 구성되는 것은?

① 용기채취법　　　　② 고체흡착법
③ 직접채취법　　　　④ 용매채취법

환경대기 시료채취방법 – 가스상 물질의 시료채취방법

· **직접 채취법**
　시료를 측정기에 직접 도입하여 분석하는 방법으로 채취관 – 분석장치 – 흡입펌프로 구성된다.

· **용기채취법**
　시료를 일단 일정한 용기에 채취한 다음 분석에 이용하는 방법으로 채취관 – 용기, 또는 채취관 – 유량조절기 – 흡입펌프 – 용기로 구성된다.

· **용매채취법**
　측정대상 기체와 선택적으로 흡수 또는 반응하는 용매에 시료가스를 일정유량으로 통과시켜 채취하는 방법으로 채취관 – 여과재 – 채취부 – 흡입펌프 – 유량계 (가스미터)로 구성된다.

· **고체흡착법**
　고체분말표면에 기체가 흡착되는 것을 이용하는 방법으로 시료채취장치는 흡착관, 유량계 및 흡입펌프로 구성한다.

· **저온농축법**
　탄화수소와 같은 기체성분을 냉각제로 냉각 응축시켜 공기로부터 분리 채취하는 방법으로 주로 GC나 GC/MS 분석기에 이용한다.

정답 ④

---

081 대기환경보전법령상 환경기술인의 준수사항으로 옳지 않은 것은?

① 배출시설 및 방지시설의 운영기록을 사실에 기초하여 작성해야 한다.
② 환경기술인을 공동으로 임명한 경우 환경 기술인이 해당 사업장에 번갈아 근무해서는 안 된다.
③ 배출시설 및 방지시설을 정상가동하여 대기오염물질 등의 배출이 배출허용기준에 맞도록 해야 한다.
④ 자가측정 시 사용한 여과지는 환경오염공정 시험기준에 따라 기록한 시료채취 기록지와 함께 날짜별로 보관·관리해야 한다.

---

② 환경기술인은 사업장에 상근할 것. 다만, 환경기술인을 공동으로 임명한 경우 그 환경기술인은 해당 사업장에 번갈아 근무하여야 한다.

환경기술인의 준수사항

❶ 배출시설 및 방지시설을 정상가동하여 대기오염물질 등의 배출이 배출허용기준에 맞도록 할 것
❷ 배출시설 및 방지시설의 운영기록을 사실에 기초하여 작성할 것
❸ 자가측정은 정확히 할 것(자가측정을 대행하는 경우에도 또한 같다)
❹ 자가측정한 결과를 사실대로 기록할 것(자가측정을 대행하는 경우에도 또한 같다)
❺ 자가측정 시에 사용한 여과지는 환경오염공정 시험기준에 따라 기록한 시료채취기록지와 함께 날짜별로 보관·관리할 것(자가측정을 대행한 경우에도 또한 같다)
❻ 환경기술인은 사업장에 상근할 것. 다만, 환경기술인을 공동으로 임명한 경우 그 환경기술인은 해당 사업장에 번갈아 근무하여야 한다.

정답 ②

082 대기환경보전법령상 환경부장관 또는 시·도지사가 배출부과금의 납부의무자가 납부기한 전에 배출부과금을 납부할 수 없다고 인정하여 징수를 유예하거나 징수금액을 분할 납부하게 할 경우에 관한 설명으로 옳지 않은 것은?

① 부과금의 분할납부 기한 및 금액과 그 밖에 부과금의 부과·징수에 필요한 사항은 환경부장관 또는 시·도지사가 정한다.
② 초과부과금의 징수유예기간은 유예한 날의 다음 날부터 2년 이내이며 그 기간 중의 분할납부 횟수는 12회 이내이다.
③ 기본부과금의 징수유예기간은 유예한 날의 다음 날부터 다음 부과기간의 개시일 전일까지이며 그 기간 중의 분할납부 횟수는 4회 이내이다.
④ 징수유예기간 내에 징수할 수 없다고 인정되어 징수유예기간을 연장하거나 분할납부횟수를 증가시킬 경우 징수유예기간의 연장은 유예한 날의 다음 날부터 5년 이내이며 분할납부 횟수는 30회 이내이다.

④ 징수유예기간 내에 징수할 수 없다고 인정되어 징수유예기간을 연장하거나 분할납부횟수를 증가시킬 경우 **징수유예기간의 연장은 유예한 날의 다음 날부터 3년 이내로 하며, 분할납부의 횟수는 18회 이내로 한다.**

시행령 제36조(부과금의 징수유예·분할납부 및 징수절차)

❶ 법 제35조의4제1항 또는 제2항에 따라 부과금의 징수유예를 받거나 분할납부를 하려는 자는 부과금 징수유예신청서와 부과금 분할납부신청서를 환경부장관 또는 시·도지사에게 제출해야 한다. <개정 2019. 7. 16.>

❷ 법 제35조의4제1항에 따른 징수유예는 다음 각 호의 구분에 따른 징수유예기간과 그 기간 중의 분할납부의 횟수에 따른다.

　1. **기본부과금 : 유예한 날의 다음 날부터 다음 부과기간의 개시일 전일까지, 4회 이내**

　2. **초과부과금 : 유예한 날의 다음 날부터 2년 이내, 12회 이내**

❸ 징수유예기간 내에 징수할 수 없다고 인정되어 징수유예기간을 연장하거나 분할납부횟수를 증가시킬 경우 **징수유예기간의 연장은 유예한 날의 다음 날부터 3년 이내로 하며, 분할납부의 횟수는 18회 이내로 한다.**

❹ 부과금의 분할납부 기한 및 금액과 그 밖에 부과금의 부과·징수에 필요한 사항은 환경부장관 또는 시·도지사가 정한다. <개정 2019. 7. 16.>

[전문개정 2013. 1. 31.]

정답 ④

083 대기환경보전법령상 "자동차 사용의 제한 및 사업장의 연료사용량 감축 권고" 등의 조치사항이 포함되어야 하는 대기오염경보단계는?

① 경계 발령　　　　② 경보 발령
③ 주의보 발령　　　④ 중대경보 발령

· 주의보 발령 : 주민의 실외활동 및 자동차 사용의 자제 요청 등

· 경보 발령 : 주민의 실외활동 제한 요청, 자동차 사용의 제한 및 사업장의 연료사용량 감축 권고 등

· 중대경보 발령 : 주민의 실외활동 금지 요청, 자동차의 통행 금지 및 사업장의 조업시간 단축 명령 등

정답 ②

084 대기환경보전법령상 일일 기준초과배출량 및 일일 유량의 산정방법으로 옳지 않은 것은?

① 측정유량의 단위는 m^3/h로 한다.
② 먼지를 제외한 그 밖의 오염물질의 배출농도 단위는 ppm으로 한다.
③ 특정대기유해물질의 배출허용기준초과 일일 오염물질배출량은 소수점 이하 넷째 자리까지 계산한다.
④ 일일 조업시간은 배출량을 측정하기 전 최근 조업한 3개월 동안의 배출시설 조업시간 평균치를 일 단위로 표시한다.

④ 일일 조업시간은 배출량을 측정하기 전 최근 조업한 30일 동안의 배출시설 조업시간 평균치를 시간으로 표시한다.

정답 ④

085 환경정책기본법령상 SO₂의 대기환경기준은?
(단, ㉠ 연간평균치, ㉡ 24시간평균치, ㉢ 1시간평균치)

① ㉠ : 0.02ppm 이하, ㉡ : 0.05ppm 이하, ㉢ : 0.15ppm 이하
② ㉠ : 0.03ppm 이하, ㉡ : 0.06ppm 이하, ㉢ : 0.10ppm 이하
③ ㉠ : 0.05ppm 이하, ㉡ : 0.10ppm 이하, ㉢ : 0.12ppm 이하
④ ㉠ : 0.06ppm 이하, ㉡ : 0.10ppm 이하, ㉢ : 0.12ppm 이하

환경정책기본법상 대기 환경기준 (개정 2019. 7. 2.)

측정 시간	SO₂ (ppm)	NO₂ (ppm)	O₃ (ppm)	CO (ppm)
연간	0.02	0.03	–	–
24시간	0.05	0.06	–	–
8시간	–	–	0.06	9
1시간	0.15	0.10	0.10	25

측정 시간	PM₁₀ ($\mu g/m^3$)	PM₂.₅ ($\mu g/m^3$)	납(Pb) ($\mu g/m^3$)	벤젠 ($\mu g/m^3$)
연간	50	15	0.5	5
24시간	100	35	–	–
8시간	–	–	–	–
1시간	–	–	–	–

정답 ①

086 대기환경보전법령상 배출시설 및 방지시설 등과 관련된 1차 행정처분기준이 조업정지에 해당하지 않는 경우는?

① 방지시설을 설치해야 하는 자가 방지시설을 임의로 철거한 경우
② 배출허용기준을 초과하여 개선명령을 받은 자가 개선명령을 이행하지 않은 경우
③ 방지시설을 설치해야 하는 자가 방지시설을 설치하지 않고 배출시설을 가동하는 경우
④ 배출시설 가동개시 신고를 해야 하는 자가 가동개시 신고를 하지 않고 조업하는 경우

④ 1차 행정처분 : 경고

정답 ④

087 실내공기질 관리법령상 공동주택 소유자에게 권고하는 실내 라돈 농도의 기준은?

① 1세제곱미터당 148베크렐 이하
② 1세제곱미터당 348베크렐 이하
③ 1세제곱미터당 548베크렐 이하
④ 1세제곱미터당 848베크렐 이하

실내 라돈 농도의 권고기준 : 148(Bq/m^3) 이하

정답 ①

088 대기환경보전법령상 첨가제·촉매제 제조기준에 맞는 제품의 표시방법에 관한 내용 중 ( ) 안에 알맞은 것은?

> 표시 크기는 첨가제 또는 촉매제 용기 앞면의 제품명 밑에 제품명 글자 크기의 ( )에 해당하는 크기이어야 한다.

① 100분의 50 이상
② 100분의 30 이상
③ 100분의 15 이상
④ 100분의 5 이상

정답 ②

089 대기환경보전법령상 환경부령으로 정하는 바에 따라 특별자치시장·특별자치도지사·시장·군수·구청장에게 신고하고 비산먼지의 발생을 억제하기 위한 시설을 설치하거나 필요한 조치를 해야 할 경우에 해당하지 않는 경우는?

① 비산먼지를 발생시키는 운송장비 제조업을 하려는 자
② 비산먼지를 발생시키는 비료 및 사료제품의 제조업을 하려는 자
③ 비산먼지를 발생시키는 금속물질의 채취업 및 가공업을 하려는 자
④ 비산먼지를 발생시키는 시멘트 관련 제품의 가공업을 하려는 자

문제출제오류로 전항정답

정답 전항정답

090 대기환경보전법령상 제조기준에 맞지 않는 첨가제 또는 촉매제임을 알면서 사용한 자에 대한 과태료 부과기준은?

① 1천만원 이하의 과태료
② 500만원 이하의 과태료
③ 300만원 이하의 과태료
④ 200만원 이하의 과태료

정답 ④

091 대기환경보전법령상 자동차연료형 첨가제의 종류에 해당하지 않는 것은? (단, 그 밖에 환경부장관이 자동차의 성능을 향상시키거나 배출가스를 줄이기 위해 필요하다고 정하여 고시하는 경우를 제외)

① 세척제
② 청정분산제
③ 매연발생제
④ 옥탄가향상제

❶ 세척제
❷ 청정분산제
❸ 매연억제제
❹ 다목적첨가제
❺ 옥탄가향상제
❻ 세탄가향상제
❼ 유동성향상제
❽ 윤활성향상제
❾ 그 밖에 환경부장관이 자동차의 성능을 향상시키거나 배출가스를 줄이기 위하여 필요하다고 정하여 고시하는 것

정답 ③

092 악취방지법령상 지정악취물질에 해당하지 않는 것은?

① 메틸메르캅탄　　　② 트라이메틸아민
③ 아세트알데하이드　④ 아닐린

지정악취물질

1. 암모니아
2. 메틸메르캅탄
3. 황화수소
4. 다이메틸설파이드
5. 다이메틸다이설파이드
6. 트라이메틸아민
7. 아세트알데하이드
8. 스타이렌
9. 프로피온알데하이드
10. 뷰틸알데하이드
11. n-발레르알데하이드
12. i-발레르알데하이드
13. 톨루엔
14. 자일렌
15. 메틸에틸케톤
16. 메틸아이소뷰틸케톤
17. 뷰틸아세테이트
18. 프로피온산
19. n-뷰틸산
20. n-발레르산
21. i-발레르산
22. i-뷰틸알코올

정답 ④

093 실내공기질 관리법령의 적용 대상이 되는 대통령령으로 정하는 규모의 다중이용시설에 해당하지 않는 것은?

① 모든 지하역사
③ 철도역사의 연면적 2천2백제곱미터인 대합실
② 여객자동차터미널의 연면적 2천2백제곱미터인 대합실
④ 공항시설 중 연면적 1천1백제곱미터인 여객터미널

④ 공항시설 중 연면적 1천5백제곱미터 이상인 여객터미널

실내공기질 관리법 시행령

제2조(적용대상)

❶ 「실내공기질 관리법」(이하 "법"이라 한다) 제3조제1항 각 호 외의 부분에서 "대통령령으로 정하는 규모의 것"이란 다음 각 호의 어느 하나에 해당하는 시설을 말한다. 이 경우 둘 이상의 건축물로 이루어진 시설의 연면적은 개별 건축물의 연면적을 모두 합산한 면적으로 한다. <개정 2016. 12. 20.>

1. 모든 지하역사(출입통로·대합실·승강장 및 환승통로와 이에 딸린 시설을 포함한다)
2. 연면적 2천제곱미터 이상인 지하도상가(지상건물에 딸린 지하층의 시설을 포함한다. 이하 같다). 이 경우 연속되어 있는 둘 이상의 지하도상가의 연면적 합계가 2천제곱미터 이상인 경우를 포함한다.
3. 철도역사의 연면적 2천제곱미터 이상인 대합실
4. 여객자동차터미널의 연면적 2천제곱미터 이상인 대합실
5. 항만시설 중 연면적 5천제곱미터 이상인 대합실
6. 공항시설 중 연면적 1천5백제곱미터 이상인 여객터미널
7. 연면적 3천제곱미터 이상인 도서관
8. 연면적 3천제곱미터 이상인 박물관 및 미술관
9. 연면적 2천제곱미터 이상이거나 병상 수 100개 이상인 의료기관
10. 연면적 500제곱미터 이상인 산후조리원
11. 연면적 1천제곱미터 이상인 노인요양시설
12. 연면적 430제곱미터 이상인 국공립어린이집, 법인어린이집, 직장어린이집 및 민간어린이집

정답 ④

094 대기환경보전법령상 시·도지사가 설치하는 대기오염 측정망에 해당하는 것은?

① 대기 중의 중금속 농도를 측정하기 위한 대기중금속측정망
② 대기오염물질의 지역배경농도를 측정하기 위한 교외대기측정망
③ 도시지역의 휘발성유기화합물 등의 농도를 측정하기 위한 광화학대기오염물질측정망
④ 산성 대기오염물질의 건성 및 습성 침착량을 측정하기 위한 산성강하물측정망

· **시도지사(특별시장·광역시장·특별자치시장·도지사 또는 특별자치도지사)가 설치하는 대기오염 측정망의 종류**

❶ 도시지역의 대기오염물질 농도를 측정하기 위한 도시대기측정망
❷ 도로변의 대기오염물질 농도를 측정하기 위한 도로변대기측정망
❸ 대기 중의 중금속 농도를 측정하기 위한 대기중금속측정망

· **수도권대기환경청장, 국립환경과학원장 또는 한국환경공단이 설치하는 대기오염 측정망의 종류**

❶ 대기오염물질의 지역배경농도를 측정하기 위한 교외대기측정망
❷ 대기오염물질의 국가배경농도와 장거리이동 현황을 파악하기 위한 국가배경농도측정망
❸ 도시지역 또는 산업단지 인근지역의 특정대기유해물질(중금속을 제외한다)의 오염도를 측정하기 위한 유해대기물질측정망
❹ 도시지역의 휘발성유기화합물 등의 농도를 측정하기 위한 광화학대기오염물질측정망
❺ 산성 대기오염물질의 건성 및 습성 침착량을 측정하기 위한 산성강하물측정망
❻ 기후·생태계 변화유발물질의 농도를 측정하기 위한 지구대기측정망
❼ 장거리이동대기오염물질의 성분을 집중 측정하기 위한 대기오염집중측정망
❽ 초미세먼지(PM-2.5)의 성분 및 농도를 측정하기 위한 미세먼지성분측정망

정답 ①

---

095 대기환경보전법령상 배출시설 설치허가를 받은 자가 변경신고를 해야 하는 경우에 해당하지 않는 것은?

① 배출시설 또는 방지시설을 임대하는 경우
③ 종전의 연료보다 황함유량이 높은 연료로 변경하는 경우
② 사업장의 명칭이나 대표자를 변경하는 경우
④ 배출시설의 규모를 10% 미만으로 폐쇄함에 따라 변경되는 대기오염물질의 양이 방지시설의 처리용량 범위 내일 경우

법 제27조(배출시설의 변경신고 등)

❶ 법 제23조제2항에 따라 변경신고를 하여야 하는 경우는 다음 각 호와 같다. <개정 2014. 2. 6.>

1. 같은 배출구에 연결된 배출시설을 증설 또는 교체하거나 폐쇄하는 경우. 다만, 배출시설의 규모[허가 또는 변경허가를 받은 배출시설과 같은 종류의 배출시설로서 같은 배출구에 연결되어 있는 배출시설 (방지시설의 설치를 면제받은 배출시설의 경우에는 면제받은 배출시설)의 총 규모를 말한다]를 10퍼센트 미만으로 증설 또는 교체하거나 폐쇄하는 경우로서 다음 각 목의 모두에 해당하는 경우에는 그러하지 아니하다.

   가. 배출시설의 증설·교체·폐쇄에 따라 변경되는 대기오염물질의 양이 방지시설의 처리용량 범위 내일 것

   나. 배출시설의 증설·교체로 인하여 다른 법령에 따른 설치 제한을 받는 경우가 아닐 것

2. 배출시설에서 허가받은 오염물질 외의 새로운 대기오염물질이 배출되는 경우

3. 방지시설을 증설·교체하거나 폐쇄하는 경우

4. 사업장의 명칭이나 대표자를 변경하는 경우

5. 사용하는 원료나 연료를 변경하는 경우. 다만, 새로운 대기오염물질을 배출하지 아니하고 배출량이 증가되지 아니하는 원료로 변경하는 경우 또는 종전의 연료보다 황함유량이 낮은 연료로 변경하는 경우는 제외한다.

6. 배출시설 또는 방지시설을 임대하는 경우

7. 그 밖의 경우로서 배출시설 설치허가증에 적힌 허가사항 및 일일 조업시간을 변경하는 경우

정답 ④

096 대기환경보전법령상 초과부과금 부과대상이 되는 오염물질에 해당하지 않는 것은?

① 일산화탄소　　　② 암모니아
③ 시안화수소　　　④ 먼지

초과부과금의 부과대상이 되는 오염물질

❶ 황산화물

❷ 암모니아

❸ 황화수소

❹ 이황화탄소

❺ 먼지

❻ 불소화물

❼ 염화수소

❽ 질소산화물

❾ 시안화수소

정답 ①

097 환경부장관은 라돈으로 인한 건강피해가 우려되는 시·도가 있는 경우 해당 시·도지사에게 라돈관리계획을 수립하여 시행하도록 요청할 수 있다. 이때, 라돈관리계획에 포함되어야 하는 사항에 해당하지 않는 것은? (단, 그 밖에 라돈관리를 위해 시·도지사가 필요하다고 인정하는 사항은 제외)

① 다중이용시설 및 공동주택 등의 현황
② 라돈으로 인한 건강피해의 방지 대책
③ 인체에 직접적인 영향을 미치는 라돈의 양
④ 라돈의 실내 유입 차단을 위한 시설 개량에 관한 사항

라돈관리계획에 포함되어야 하는 사항

❶ 다중이용시설 및 공동주택 등의 현황

❷ 라돈으로 인한 실내공기오염 및 건강피해의 방지 대책

❸ 라돈의 실내 유입 차단을 위한 시설 개량에 관한 사항

❹ 그 밖에 라돈관리를 위하여 시·도지사가 필요하다고 인정하는 사항

정답 ③

098 실내공기질 관리법령상 의료기관의 폼알데하이드 실내공기질 유지기준은?

① $10\,\mu g/m^3$ 이하　　　② $20\,\mu g/m^3$ 이하
③ $80\,\mu g/m^3$ 이하　　　④ $150\,\mu g/m^3$ 이하

실내공기질 관리법 시행규칙 [별표 2] <개정 2020. 4. 3.>

실내공기질 유지기준(제3조 관련)

오염물질 항목 / 다중이용시설	미세먼지 (PM-10) $\mu g/m^3$	미세먼지 (PM-2.5) $\mu g/m^3$	이산화탄소 ppm
가. 지하역사, 지하도상가, 철도 역사의 대합실, 여객자동차 터미널의 대합실, 항만시설 중 대합실, 공항시설 중 여객 터미널, 도서관·박물관 및 미술관, 대규모 점포, 장례식장, 영화상영관, 학원, 전시시설, 인터넷컴퓨터게임시설제공업의 영업시설, 목욕장업의 영업시설	100 이하	50 이하	1,000 이하
나. 의료기관, 산후조리원, 노인요양시설, 어린이집, 실내 어린이놀이시설	75 이하	35 이하	
다. 실내주차장	200 이하	–	
라. 실내 체육시설, 실내 공연장, 업무시설, 둘 이상의 용도에 사용되는 건축물	200 이하	–	

오염물질 항목 / 다중이용시설	폼알데하이드 $\mu g/m^3$	총부유세균 CFU/m³	일산화탄소 ppm
가. 지하역사, 지하도상가, 철도 역사의 대합실, 여객자동차 터미널의 대합실, 항만시설 중 대합실, 공항시설 중 여객 터미널, 도서관·박물관 및 미술관, 대규모 점포, 장례식장, 영화상영관, 학원, 전시시설, 인터넷컴퓨터게임시설제공업의 영업시설, 목욕장업의 영업시설	100 이하	–	10 이하
나. 의료기관, 산후조리원, 노인요양시설, 어린이집, 실내 어린이놀이시설	80 이하	800 이하	
다. 실내주차장	100 이하	–	25 이하
라. 실내 체육시설, 실내 공연장, 업무시설, 둘 이상의 용도에 사용되는 건축물	–	–	–

정답 ③

099 대기환경보전법령상 대기오염방지시설에 해당하지 않는 것은? (단, 환경부장관이 인정하는 기타 시설은 제외)

① 흡착에 의한 시설
② 응집에 의한 시설
③ 촉매반응을 이용하는 시설
④ 미생물을 이용한 처리시설

대기환경보전법 시행규칙 [별표 4] <개정 2011. 8. 19.>

대기오염방지시설(제6조 관련)

1. 중력집진시설
2. 관성력집진시설
3. 원심력집진시설
4. 세정집진시설
5. 여과집진시설
6. 전기집진시설
7. 음파집진시설
8. 흡수에 의한 시설
9. 흡착에 의한 시설
10. 직접연소에 의한 시설
11. 촉매반응을 이용하는 시설
12. 응축에 의한 시설
13. 산화환원에 의한 시설
14. 미생물을 이용한 처리시설
15. 연소조절에 의한 시설
16. 위 제1호부터 제15호까지의 시설과 같은 방지효율 또는 그 이상의 방지효율을 가진 시설로서 환경부장관이 인정하는 시설

정답 ②

100 대기환경보전법령상의 용어 정의로 옳은 것은?

① "온실가스"란 적외선 복사열을 흡수하거나 다시 방출하여 온실 효과를 유발하는 대기 중의 가스상 물질로서 이산화탄소, 메탄, 아산화질소, 수소불화탄소, 과불화탄소, 육불화황을 말한다.
② "기후·생태계변화유발물질"이란 지구온난화 등으로 생태계의 변화를 가져올 수 있는 액체상 물질로서 환경부령으로 정하는 것을 말한다.
③ "매연"이란 연소할 때에 생기는 탄소가 주가 되는 기체상 물질을 말한다.
④ "검댕"이란 연소할 때에 생기는 탄소가 응결하여 생성된 지름이 $10\mu m$ 이상인 기체상 물질을 말한다.

② "기후·생태계변화유발물질"이란 지구온난화 등으로 생태계의 변화를 가져올 수 있는 **기체상** 물질로서 환경부령으로 정하는 것을 말한다.
③ "매연"이란 연소할 때에 생기는 유리(遊離) 탄소가 주가 되는 **미세한 입자상물질**을 말한다.
④ "검댕"이란 연소할 때에 생기는 탄소가 응결하여 생성된 지름이 $1\mu m$ **이상인 입자상** 물질을 말한다.

정답 ①

1과목 대기오염 개론

001 지구온난화가 환경에 미치는 영향에 관한 설명으로 옳은 것은?

① 지구온난화에 의한 해면상승은 지역의 특수성에 관계없이 전 지구적으로 동일하게 발생한다.
② 오존의 분해반응을 촉진시켜 대류권의 오존농도가 지속적으로 감소한다.
③ 기상조건의 변화는 대기오염 발생횟수와 오염농도에 영향을 준다.
④ 기온상승과 이에 따른 토양의 건조화는 남방계 생물의 성장에는 영향을 주지만 북방계생물의 성장에는 영향을 주지 않는다.

① 지구온난화에 의한 해면상승은 전 지구적으로 동일하지 않고, 지역의 특수성에 따라 발생 양상이 다르다.
② 오존의 생성반응을 촉진시켜 대류권의 오존농도가 지속적으로 증가한다.
④ 기온상승과 이에 따른 토양의 건조화는 남방계 및 북방계 생물의 성장에 모두 영향을 준다.

정답 ③

002 다음 중 PAN의 구조식은?

① $$C_6H_5 - \overset{\displaystyle O}{\overset{\|}{C}} - O - O - NO_2$$

② $$CH_3 - \overset{\displaystyle O}{\overset{\|}{C}} - O - O - NO_2$$

③ $$C_2H_5 - \overset{\displaystyle O}{\overset{\|}{C}} - O - O - NO_2$$

④ $$C_4H_8 - \overset{\displaystyle O}{\overset{\|}{C}} - O - O - NO_2$$

· PAN : $CH_3COOONO_2$
· PPN : $C_2H_5COOONO_2$

정답 ②

003 실내공기오염물질 중 라돈에 관한 설명으로 옳지 않은 것은?

① 무취의 기체로 액화 시 푸른색을 띤다.
② 화학적으로 거의 반응을 일으키지 않는다.
③ 일반적으로 인체에 폐암을 유발하는 것으로 알려져 있다.
④ 라듐의 핵분열 시 생성되는 물질로 반감기는 3.8일 정도이다.

① 무색, 무취의 기체로 액화 시 무색을 띤다.

정답 ①

004 고도가 증가함에 따라 온위가 변하지 않고 일정할 때, 대기의 상태는?

① 안정　　　　　② 중립
③ 역전　　　　　④ 불안정

· 온위경사 증가 : 안정
· 온위경사 일정 : 중립
· 온위경사 감소 : 불안정

정답 ②

005 흑체의 표면온도가 1,500K에서 1,800K로 증가했을 경우, 흑체에서 방출되는 에너지는 몇 배가 되는가? (단, 슈테판 – 볼츠만 법칙 기준)

① 1.2배　　　　　② 1.4배
③ 2.1배　　　　　④ 3.2배

$E \propto T^4$ 이므로

$$\frac{E_{1800}}{E_{1500}} = \left(\frac{1,800}{1,500}\right)^4 = 2.07\,\text{배}$$

정답 ③

006 Thermal NOx에 관한 내용으로 옳지 않은 것은? (단, 평형 상태 기준)

① 연소 시 발생하는 질소산화물의 대부분은 NO와 NO₂이다.
② 산소와 질소가 결합하여 NO가 생성되는 반응은 흡열반응이다.
③ 연소온도가 증가함에 따라 NO 생성량이 감소한다.
④ 발생원 근처에서는 NO/NO₂의 비가 크지만 발생원으로부터 멀어지면서 그 비가 감소한다.

③ 연소온도가 증가함에 따라 NO 생성량이 증가한다.

정답 ③

007 연기의 형태에 관한 설명으로 옳지 않은 것은?

① 지붕형 : 상층이 안정하고 하층이 불안정한 대기 상태가 유지될 때 발생한다.
② 환상형 : 대기가 불안정하여 난류가 심할 때 잘 발생한다.
③ 원추형 : 오염의 단면분포가 전형적인 가우시안 분포를 이루며 대기가 중립조건일 때 잘 발생한다.
④ 부채형 : 하늘이 맑고 바람이 약한 안정한 상태일 때 잘 발생하며 상·하 확산폭이 적어 굴뚝 부근 지표의 오염도가 낮은 편이다.

① 훈증형

정답 ①

008 대기오염모델 중 수용모델에 관한 설명으로 옳지 않은 것은?

① 오염물질의 농도 예측을 위해 오염원의 조업 및 운영상태에 대한 정보가 필요하다.
② 새로운 오염원, 불확실한 오염원과 불법배출 오염원을 정량적으로 확인 평가할 수 있다.
③ 오염물질의 분석방법에 따라 현미경분석법과 화학분석법으로 구분할 수 있다.
④ 측정자료를 입력자료로 사용하므로 시나리오 작성이 곤란하다.

① 분산모델

정답 ①

009 Fick의 확산방정식의 기본 가정에 해당하지 않는 것은?

① 시간에 따른 농도변화가 없는 정상상태이다.
② 풍속이 높이에 반비례한다.
③ 오염물질이 점원에서 계속적으로 방출된다.
④ 바람에 의한 오염물질의 주 이동방향이 x축이다.

② 풍속은 고도에 상관없이 일정하다.

정답 ②

010 다음 악취물질 중 최소감지농도(ppm)가 가장 낮은 것은?

① 암모니아   ② 황화수소
③ 아세톤   ④ 톨루엔

011 대표적으로 대기오염물질인 CO_2에 관한 설명으로 옳지 않은 것은?

① 대기 중의 CO_2 농도는 여름에 감소하고 겨울에 증가한다.
② 대기 중의 CO_2 농도는 북반구가 남반구보다 높다.
③ 대기 중의 CO_2는 바다에 많은 양이 흡수되나 식물에게 흡수되는 양보다는 작다.
④ 대기 중의 CO_2 농도는 약 410ppm 정도이다.

012 실내공기오염물질 중 석면의 위험성은 점점 커지고 있다. 다음에서 설명하는 석면의 분류에 해당하는 것은?

> 전 세계에서 생산되는 석면의 95% 정도에 해당하는 것으로 백석면이라고도 한다. 섬유다발의 형태로 가늘고 잘 휘어지며 이상적인 화학식은 $Mg_3(Si_2O_5)(OH)_4$이다.

① Chrysotile   ② Amosite
③ Saponite   ④ Crocidolite

013 일산화탄소 436ppm에 노출되어 있는 노동자의 혈중 카르복시헤모글로빈(COHb) 농도가 10%가 되는 데 걸리는 시간(h)은?

> 혈중 COHb 농도(%) $= \beta(1 - e^{-\sigma t}) \times C_{\infty}$
> (여기서, $\beta = 0.15\%$/ppm, $\sigma = 0.402 h^{-1}$,
> C_{∞}의 단위는 ppm)

① 0.21   ② 0.41
③ 0.63   ④ 0.81

014 역전에 관한 설명으로 옳지 않은 것은?

① 침강역전은 고기압 기류가 상층에 장기간 체류하며 상층의 공기가 하강하여 발생하는 역전이다.
② 침강역전이 장기간 지속될 경우 오염물질이 장기 축적될 수 있다.
③ 복사역전은 주로 지표 부근에서 발생하므로 대기오염에 많은 영향을 준다.
④ 복사역전은 주로 구름이 많은 날 일출 후, 겨울보다 여름에 잘 발생한다.

015 납이 인체에 미치는 영향에 관한 설명으로 옳지 않은 것은?

① 일반적으로 납 중독증상은 Hunter-Russel 증후군으로 일컬어지고 있다.
② 납 중독의 해독제로 Ca-EDTA, 페니실아민, DMSA 등을 사용한다.
③ 헤모글로빈의 기본요소인 포르피린 고리의 형성을 방해하여 빈혈을 유발한다.
④ 세포 내의 SH기와 결합하여 헴(heme) 합성에 관여하는 효소를 포함한 여러 효소작용을 방해한다.

① Hunter-Russel 증후군 : 수은 중독증

정답 ①

016 산성강우에 관한 내용 중 ( ) 안에 알맞은 것을 순서대로 나열한 것은?

> 일반적으로 산성강우는 pH ( ) 이하의 강우를 말하며, 기준이 되는 이 값은 대기 중의 ( )가 강우에 포화되어 있을 때의 산도이다.

① 7.0, CO_2 ② 7.0, NO_2
③ 5.6, CO_2 ④ 5.6, NO_2

· 산성강우 : pH 5.6 이하의 강우

정답 ③

017 굴뚝의 반경이 1.5m, 실제 높이가 50m, 굴뚝 높이에서의 풍속이 180m/min일 때, 유효굴뚝 높이를 24m 증가시키기 위한 배출가스의 속도(m/s)는? (단, $\triangle H = 1.5 \times \dfrac{V_s}{U} \times D$, $\triangle H$: 연기상승높이, V_s : 배출가스의 속도, U : 굴뚝 높이에서의 풍속, D : 굴뚝의 직경)

① 5 ② 16
③ 33 ④ 49

$$\triangle H = 1.5 \times \frac{V_s}{U} \times D$$

$$= 1.5 \times \frac{V_s}{\dfrac{180m}{min} \times \dfrac{1min}{60s}} \times 3m$$

∴ 배출가스속도(V_s) = 16m/s

정답 ②

018 지상 50m에서의 온도가 23℃, 지상 10m에서의 온도가 23.3℃일 때, 대기안정도는?

① 미단열 ② 과단열
③ 안정 ④ 중립

1) 환경감율 $r = \dfrac{23 - 23.3}{50 - 10} = -0.0075$

2) 대기안정도
$r_d(=-0.01) > r > r_w(=-0.006)$이므로, 조건부 불안정 (미단열)

정답 ①

019 다음은 탄화수소가 관여하지 않을 때 이산화질소의 광화학반응을 도식화하여 나타낸 것이다. ㉠, ㉡에 알맞은 분자식은?

$$NO_2 + hv \rightarrow (㉡) + O^*$$
$$O^* + O_2 + M \rightarrow (㉠) + M$$
$$(㉡) + (㉠) \rightarrow NO_2 + O_2$$

① ㉠ SO_3, ㉡ NO
② ㉠ NO, ㉡ SO_3
③ ㉠ O_3, ㉡ NO
④ ㉠ NO, ㉡ O_3

$$NO_2 + hv \rightarrow (NO) + O^*$$
$$O^* + O_2 + M \rightarrow (O_3) + M$$
$$(NO) + (O_3) \rightarrow NO_2 + O_2$$

정답 ③

020 황산화물(SO_x)에 관한 설명으로 옳지 않은 것은?

① SO_2는 금속에 대한 부식성이 강하며 표백제로 사용되기도 한다.
② 황 함유 광석이나 황 함유 화석연료의 연소에 의해 발생한다.
③ 일반적으로 대류권에서 광분해되지 않는다.
④ 대기 중의 SO_2는 수분과 반응하여 SO_3로 산화된다.

④ 대기 중의 SO_2는 수분과 반응하여 H_2SO_4가 생성된다.

$$SO_2 + \frac{1}{2}O_2 \rightarrow SO_3 + H_2O \rightarrow H_2SO_4$$

정답 ④

021 탄소 : 79%, 수소 : 14%, 황 : 3.5%, 산소 : 2.2%, 수분 : 1.3%로 구성된 연료의 저발열량은? (단, Dulong식 적용)

① 9,100kcal/kg
② 9,700kcal/kg
③ 10,400kcal/kg
④ 11,200kcal/kg

1) 고위발열량

$$H_h = 8,100C + 34,000\left(H - \frac{O}{8}\right) + 2,500S$$

$$= 8,100 \times 0.79 + 34,000\left(0.14 - \frac{0.022}{8}\right)$$
$$+ 2,500 \times 0.035$$

$$= 11,153 \text{kcal/kg}$$

2) 저위발열량

$$H_l = H_h - 600(9H + W)$$

$$= 11,153 - 600(9 \times 0.14 + 0.013)$$

$$= 10,389.2 \text{kcal/kg}$$

정답 ③

022 액체연료의 일반적인 특징으로 옳지 않은 것은?

① 인화 및 역화의 위험이 크다.
② 고체연료에 비해 점화, 소화 및 연소 조절이 어렵다.
③ 연소온도가 높아 국부적인 과열을 일으키기 쉽다.
④ 고체연료에 비해 단위 부피당 발열량이 크고 계량이 용이하다.

② 고체연료에 비해 점화, 소화 및 연소 조절이 쉽다.

정답 ②

023 연소공학에서 사용되는 무차원수 중 Nusselt number의 의미는?

① 압력과 관성력의 비
② 대류 열전달과 전도 열전달의 비
③ 관성력과 중력의 비
④ 열 확산계수와 질량 확산계수의 비

넛셀 수 : $Nu = \dfrac{\text{대류 열전달}}{\text{전도 열전달}} = \dfrac{\text{전도 열저항}}{\text{대류 열저항}}$

정답 ②

024 다음 연료 중 $(CO_2)_{max}(\%)$가 가장 큰 것은?

① 고로 가스
② 코크스로 가스
③ 갈탄
④ 역청탄

주요 연료의 $(CO_2)_{max}$ 값(%) 순서

고로가스 > 무연탄 > 갈탄 > 역청탄 > 발생로 가스 > 코크스로 가스

정답 ①

025 연소에 관한 설명으로 옳은 것은?

① 공연비는 공기와 연료의 질량비(또는 부피비)로 정의되며 예혼합연소에서 많이 사용된다.
② 등가비가 1보다 큰 경우 NOx 발생량이 증가한다.
③ 등가비와 공기비는 비례관계에 있다.
④ 최대탄산가스율은 실제 습연소가스량과 최대탄산가스량의 비율이다.

② 등가비가 1보다 작은 경우 NOx 발생량이 증가한다.
③ 등가비와 공기비는 반비례관계(역수관계)에 있다.
④ 최대탄산가스율은 이론건연소가스량과 최대탄산가스량의 비율이다.

정답 ①

026 프로판 : 부탄 = 1 : 1의 부피비로 구성된 LPG를 완전 연소시켰을 때 발생하는 건조 연소가스의 CO_2 농도가 13%이었다. 이 LPG $1m^3$를 완전 연소할 때, 생성되는 건조 연소가스량(m^3)은?

① 12   ② 19
③ 27   ④ 38

혼합기체의 건조가스량 계산

$50\% : C_3H_8 + 5O_2 \rightarrow 3CO_2 + 4H_2O$

$50\% : C_4H_{10} + 6.5O_2 \rightarrow 4CO_2 + 5H_2O$

1) 프로판과 부탄의 CO_2 발생량(Sm^3/Sm^3) 계산
$3 \times 0.5 + 4 \times 0.5 = 3.5(Sm^3/Sm^3)$

2) 건조 가스량 계산
$\dfrac{CO_2(Sm^3/Sm^3)}{G_{od}(Sm^3/Sm^3)} \times 100\% = 13\%$

$\therefore G_{od} = \dfrac{CO_2}{0.13} = \dfrac{3.5}{0.13} = 26.92Sm^3$

정답 ③

027 공기의 산소 농도가 부피기준으로 20%일 때, 메탄의 질량기준 공연비는? (단, 공기의 분자량은 28.95g/mol)

① 1   ② 18
③ 38   ④ 40

AFR(질량)-산소 부피기준, 공기 분자량 주어짐

$CH_4 + 2O_2 \rightarrow CO_2 + 2H_2O$

$AFR(질량비) = \dfrac{\text{공기}(질량)}{\text{연료}(질량)}$

$= \dfrac{2\,mol\,O_2 \times \dfrac{1\,mol\,공기}{0.2\,mol\,O_2} \times \dfrac{28.95\,공기}{mol\,공기}}{16g\,CH_4} = 18.09$

정답 ②

028 다음 탄화수소 중 탄화수소 $1m^3$를 완전 연소 할 때 필요한 이론공기량이 $19m^3$인 것은?

① C_2H_4 ② C_2H_2
③ C_3H_8 ④ C_3H_4

① $C_2H_4 + 3O_2 \rightarrow 2CO_2 + 2H_2O$

$$A_o = \frac{O_o}{0.21} = \frac{3}{0.21} = 14.285 Sm^3/Sm^3$$

② $C_2H_2 + 2.5O_2 \rightarrow 2CO_2 + H_2O$

$$A_o = \frac{O_o}{0.21} = \frac{2.5}{0.21} = 11.90 Sm^3/Sm^3$$

③ $C_3H_8 + 5O_2 \rightarrow 3CO_2 + 4H_2O$

$$A_o = \frac{O_o}{0.21} = \frac{5}{0.21} = 23.80 Sm^3/Sm^3$$

④ $C_3H_4 + 4O_2 \rightarrow 3CO_2 + 2H_2O$

$$A_o = \frac{O_o}{0.21} = \frac{4}{0.21} = 19.04 Sm^3/Sm^3$$

정답 ④

029 $A(g) \rightarrow$ 생성물 반응의 반감기가 $0.693/k$일 때, 이 반응은 몇 차 반응인가? (단, k는 반응속도 상수)

① 0차 반응 ② 1차 반응
③ 2차 반응 ④ 3차 반응

반감기가 일정한 것은 1차 반응이다.

정리 **반응차수별 반감기**

반감기	0차 반응	1차 반응	2차 반응
	$\frac{C_0}{2k}$	$\frac{\ln 2}{k}$	$\frac{1}{kC_0}$
	초기 농도에 비례	초기 농도와 무관	초기 농도에 반비례
	반감기가 점점 감소함	반감기 일정	반감기가 점점 증가함

정답 ②

030 기체연료의 연소에 관한 설명으로 옳지 않은 것은?

① 예혼합연소에는 포트형과 버너형이 있다.
② 확산연소는 화염이 길고 그을음이 발생하기 쉽다.
③ 예혼합연소는 화염온도가 높아 연소부하가 큰 경우에 사용 가능하다.
④ 예혼합연소는 혼합기의 분출속도가 느릴 경우 역화의 위험이 있다.

① 확산연소에는 포트형과 버너형이 있다.

정답 ①

031 매연 발생에 관한 일반적인 내용으로 옳지 않은 것은?

① $-C-C-$(사슬모양)의 탄소결합을 절단하기 쉬운 쪽이 탈수소가 쉬운 쪽보다 매연이 잘 발생한다.
② 연료의 C/H 비가 클수록 매연이 잘 발생한다.
③ LPG를 연소할 때보다 코크스를 연소할 때 매연의 발생빈도가 더 높다.
④ 산화하기 쉬운 탄화수소는 매연발생이 적다.

① $-C-C-$의 탄소결합을 절단하기보다 탈수소가 쉬운 쪽이 매연이 잘 발생한다.

정답 ①

032 고체연료의 일반적인 특징으로 옳지 않은 것은?

① 연소 시 많은 공기가 필요하므로 연소장치가 대형화된다.
② 석탄을 이탄, 갈탄, 역청탄, 무연탄, 흑연으로 분류할 때 무연탄의 탄화도가 가장 작다.
③ 고체연료는 액체연료에 비해 수소함유량이 작다.
④ 고체연료는 액체연료에 비해 산소함유량이 크다.

② 고체연료별 연료비(탄화도) 크기 : 무연탄 > 역청탄 > 갈탄 > 이탄 > 목재

정답 ②

033 메탄 : 50%, 에탄 : 30%, 프로판 : 20%으로 구성된 혼합가스의 폭발범위는? (단, 메탄의 폭발범위는 5~15%, 에탄의 폭발범위는 3~12.5%, 프로판의 폭발범위는 2.1~9.5%, 르샤틀리에의 식 적용)

① 1.2~8.6%

② 1.9~9.6%

③ 2.5~10.8%

④ 3.4~12.8%

르샤틀리에의 폭발범위 계산

$$L = \frac{100}{\dfrac{V_1}{L_1} + \dfrac{V_2}{L_2} + \cdots \dfrac{V_n}{L_n}}$$

$$L_{하한} = \frac{100}{\dfrac{50}{5} + \dfrac{30}{3} + \dfrac{20}{2.1}} = 3.39\,\%$$

$$L_{상한} = \frac{100}{\dfrac{50}{15} + \dfrac{30}{12.5} + \dfrac{20}{9.5}} = 12.76\%$$

∴ 3.39% ~ 12.76%

정답 ④

034 다음 기체연료 중 고발열량(kcal/Sm³)이 가장 낮은 것은?

① 메탄   ② 에탄

③ 프로판   ④ 에틸렌

① CH_4 ② C_2H_6 ③ C_3H_8 ④ C_2H_4

기체연료의 (고위)발열량(kcal/Sm³)은 탄소(C)나 수소(H)의 수가 많을수록 증가한다.

정답 ①

035 S성분을 2wt% 함유한 중유를 1시간에 10t씩 연소시켜 발생하는 배출가스 중의 SO_2를 $CaCO_3$를 사용하여 탈황할 때, 이론적으로 소요되는 $CaCO_3$의 양(kg/h)은? (단, 중유 중의 S성분은 전량 SO_2로 산화됨, 탈황률은 95%)

① 594   ② 625

③ 694   ④ 725

$$SO_2 + CaCO_3 + \frac{1}{2}O_2 \rightarrow CaSO_4 + CO_2$$

$$SO_2 : CaCO_3$$

$$32kg : 100kg$$

$$\frac{2}{100} \times \frac{10,000kg}{hr} \times 0.95 : CaCO_3 kg/hr$$

따라서, $CaCO_3$ 필요량 = 593.75kg/hr

정답 ①

036 2.0MPa, 370℃의 수증기를 1시간에 30t씩 생성하는 보일러의 석탄 연소량이 5.5t이다. 석탄의 발열량이 20.9MJ/kg, 발생수증기와 급수의 비엔탈피는 각각 3,183kJ/kg, 84kJ/kg일 때, 열효율은?

① 65%   ② 70%

③ 75%   ④ 80%

열효율

$$열효율 = \frac{유효열}{공급열} = \frac{\dfrac{30t}{hr} \times \dfrac{(3,183 - 84)kJ}{kg} \times \dfrac{1,000kg}{1t}}{5.5t \times \dfrac{20.9 \times 10^3 kJ}{kg} \times \dfrac{1,000kg}{1t}}$$

$$= 0.8087 = 80.87\%$$

정답 ④

037 연료를 2.0의 공기비로 완전 연소시킬 때, 배출 가스 중의 산소 농도(%)는?

① 7.5   ② 9.5

③ 10.5   ④ 12.5

완전 연소 시(배기가스 중 산소농도를 이용한) 공기비 계산

$$m = \frac{21}{21 - O_2}$$

$$2 = \frac{21}{21 - O_2}$$

$$\therefore O_2 = 10.5\%$$

정답 ③

038 액체연료의 연소방식을 기화 연소방식과 분무화 연소방식으로 분류할 때 기화 연소방식에 해당하지 않는 것은?

① 심지식 연소   ② 유동식 연소

③ 증발식 연소   ④ 포트식 연소

액체연료의 연소방식

· 기화 연소방식 : 심지식 연소, 포트식 연소, 증발식 연소

· 분무화 연소방식(버너) : 고압 공기식 버너, 저압 공기식 버너, 회전식 버너, 증기 분무식 버너, 건타입 버너

정답 ②

039 어떤 2차 반응에서 반응물질의 10%가 반응하는 데 250s가 걸렸을 때, 반응물질의 90%가 반응하는 데 걸리는 시간(s)은? (단, 기타 조건은 동일)

① 5,500   ② 2,500

③ 20,300   ④ 28,300

2차 반응식

$$\frac{1}{C} - \frac{1}{C_o} = kt$$

1) $\dfrac{1}{0.9} - \dfrac{1}{1} = k \times 250$

$\therefore k = 4.444 \times 10^{-4}$

2) $\dfrac{1}{0.1} - \dfrac{1}{1} = 4.444 \times 10^{-4} \times t$

$\therefore t = 20,250s$

정답 ③

040 연소에 관한 설명으로 옳지 않은 것은?

① $(CO_2)_{max}$는 연료의 조성에 관계없이 일정하다.

② $(CO_2)_{max}$는 연소방식에 관계없이 일정하다.

③ 연소가스 분석을 통해 완전 연소, 불완전 연소를 판정할 수 있다.

④ 실제공기량은 연료의 조성, 공기비 등을 사용하여 구한다.

① $(CO_2)_{max}$는 연료의 조성에 따라 값이 달라진다.

정답 ①

041 80%의 집진효율을 갖는 2개의 집진장치를 연결하여 먼지를 제거하고자 한다. 집진장치를 직렬 연결한 경우(A)와 병렬 연결한 경우(B)에 관한 내용으로 옳지 않은 것은? (단, 두 집진장치의 처리가스량은 동일)

① (A)방식의 총 집진효율은 94%이다.
② (A)방식은 높은 처리효율을 얻기 위한 것이다.
③ (B)방식은 처리가스의 양이 많은 경우 사용된다.
④ (B) 방식의 총 집진효율은 단일집진장치와 동일하게 80%이다.

① 직렬 연결한 경우(A)

$\eta_A = 1 - (1 - 0.8)(1 - 0.8) = 0.96 = 96\%$

정답 ①

042 중력집진장치에 관한 설명으로 옳지 않은 것은?

① 배출가스의 점도가 높을수록 집진효율이 증가한다.
② 침강실 내의 처리가스 속도가 느릴수록 미립자를 포집할 수 있다.
③ 침강실의 높이가 낮고 길이가 길수록 집진효율이 높아진다.
④ 배출가스 중의 입자상 물질을 중력에 의해 자연 침강하도록 하여 배출가스로부터 입자상 물질을 분리·포집한다.

① 배출가스의 점도가 높을수록 집진효율이 감소한다.

정답 ①

043 여과집진장치의 특징으로 옳지 않은 것은?

① 수분이나 여과속도에 대한 적응성이 높다.
② 폭발성, 점착성 및 흡습성 먼지의 제거가 어렵다.
③ 다양한 여과재의 사용으로 설계 시 융통성이 있다.
④ 여과재의 교환이 필요해 중력집진장치에 비해 유지비가 많이 든다.

① 여과집진장치는 수분이나 여과속도에 대한 적응성이 낮다.

정답 ①

044 동일한 밀도를 가진 먼지입자 A, B가 있다. 먼지입자 B의 지름이 먼지입자 A 지름의 100배일 때, 먼지입자 B의 질량은 먼지입자 A질량의 몇 배인가?

① 100
② 10,000
③ 1,000,000
④ 100,000,000

$M = \rho V = \rho \left(\dfrac{\pi D^3}{6} \right)$ 이므로,

$\dfrac{M_B}{M_A} = \dfrac{\rho \left(\dfrac{\pi D_B^{\,3}}{6} \right)}{\rho \left(\dfrac{\pi D_A^{\,3}}{6} \right)} = \left(\dfrac{D_B}{D_A} \right)^3 = \left(\dfrac{100}{1} \right)^3 = 10^6$

정답 ③

045 공장 배출가스 중의 일산화탄소를 백금계 촉매를 사용하여 처리할 때, 촉매독으로 작용하는 물질에 해당하지 않는 것은?

① Ni
② Zn
③ As
④ S

촉매독을 유발하는 물질은 Fe, Pb, Si, As, P, S, Zn 등이다.

정답 ①

046 전기집진장치에서 발생하는 각종 장애현상에 대한 대책으로 옳지 않은 것은?

① 재비산 현상이 발생할 때에는 처리가스의 속도를 낮춘다.
② 부착된 먼지로 불꽃이 빈발하여 2차전류가 불규칙하게 흐를 때에는 먼지를 충분하게 탈리시킨다.
③ 먼지의 비저항이 비정상적으로 높아 2차전류가 현저히 떨어질 때에는 스파크 횟수를 줄인다.
④ 역전리 현상이 발생할 때에는 집진극의 타격을 강하게 하거나 타격빈도를 늘린다.

③ 먼지의 비저항이 비정상적으로 높아 2차전류가 현저히 떨어질 때에는 스파크 횟수를 증가시킨다.

정리 2차 전류가 현저하게 떨어질 때 대책
❶ 스파크 횟수 증가
❷ 조습용 스프레이 수량 증가
❸ 입구 먼지 농도 조절

정답 ③

047 배출가스 중의 NOx를 저감하는 방법으로 옳지 않은 것은?

① 2단연소 시킨다.
② 배출가스를 재순환시킨다.
③ 연소용 공기의 예열온도를 낮춘다.
④ 과잉공기량을 많게 하여 연소시킨다.

④ 공기량을 줄여야 NOx가 저감된다.

정답 ④

048 후드의 압력손실이 3.5mmH₂O, 동압이 1.5 mmH₂O일 때, 유입계수는?

① 0.234
② 0.315
③ 0.548
④ 0.734

후드 압력손실 공식

1) $\Delta P = F \times h$

$3.5 = F \times 1.5$

$\therefore F = 2.3333$

2) 유입계수(Ce)

$F = \dfrac{1 - Ce^2}{Ce^2}$

$2.3333 = \dfrac{1 - Ce^2}{Ce^2}$

$\therefore Ce = 0.5477$

정답 ③

049 상온에서 유체가 내경이 50cm인 강관 속을 2m/s의 속도로 흐르고 있을 때, 유체의 질량유속(kg/s)은? (단, 유체의 밀도는 1g/cm³)

① 452.6　　② 415.3
③ 392.7　　④ 329.6

질량유속

$\overline{M} = \rho Q = \rho v A$

$= \dfrac{1g}{cm^3} \times \dfrac{200cm}{s} \times \dfrac{\pi (50cm)^2}{4} \times \dfrac{1kg}{1,000g}$

$= 392.69 \, kg/s$

정답 ③

050 원심력집진장치(cyclone)의 집진효율에 관한 내용으로 옳지 않은 것은?

① 유입속도가 빠를수록 집진효율이 증가한다.
② 원통의 직경이 클수록 집진효율이 증가한다.
③ 입자의 직경과 밀도가 클수록 집진효율이 증가한다.
④ Blow-down 효과를 적용했을 때 집진효율이 증가한다.

② 원통의 직경이 작을수록 집진효율이 증가한다.

정답 ②

051 액측 저항이 지배적으로 클 때 사용이 유리한 흡수장치는?

① 충전탑　　　　② 분무탑
③ 벤투리스크러버　④ 다공판탑

기체 용해도에 따른 흡수탑 선정

	용해도가 큰 가스	용해도가 작은 가스
저항	가스측의 저항이 지배적	액측 저항이 지배적
적합한 흡수장치	액분산형 흡수장치(충전탑, 분무탑, 벤투리스크러버 등)	가스분산형 흡수장치(단탑, 기포탑(포종탑, 다공판탑))

정답 ④

052 충전탑 내의 충전물이 갖추어야 할 조건으로 옳지 않은 것은?

① 공극률이 클 것
② 충전밀도가 작을 것
③ 압력손실이 작을 것
④ 비표면적이 클 것

② 충전밀도가 클 것

좋은 충전물의 조건
❶ 충전밀도가 커야 함
❷ Hold-up이 작아야 함
❸ 공극율이 커야 함
❹ 비표면적이 커야 함
❺ 압력손실이 작아야 함
❻ 내열성, 내식성이 커야 함
❼ 충분한 강도를 지녀야 함
❽ 화학적으로 불활성이어야 함

정답 ②

053 여과집진장치의 여과포 탈진방법으로 적합하지 않은 것은?

① 진동형
② 역기류형
③ 충격제트기류 분사형(pulse jet)
④ 승온형

여과포 탈진방법
· 간헐식 : 진동형(중앙, 상하), 역기류형, 역세형, 역세 진동형
· 연속식 : 충격기류식(pulse jet형, reverse jet형), 음파 제트(sonic jet)

정답 ④

054 Scale 방지대책(습식석회석법)으로 옳지 않은 것은?

① 순환액의 pH 변동을 크게 한다.
② 탑 내에 내장물을 가능한 설치하지 않는다.
③ 흡수액량을 증가시켜 탑 내 결착을 방지한다.
④ 흡수탑 순환액에 산화탑에서 생성된 석고를 반송하고 슬러리의 석고 농도를 5% 이상으로 유지하여 석고의 결정화를 촉진한다.

① 순환액의 pH 변동을 줄인다.

스케일링 방지대책
· 부생된 석고를 반송하고 흡수액 중 석고 농도를 5% 이상 높게 하여 결정화 촉진
· 순환액 pH 변동 줄임
· 흡수액량을 다량 주입하여 탑 내 결착 방지
· 가능한 탑 내 내장물 최소화

정답 ①

055 대기오염물질의 입경을 현미경법으로 측정할 때, 입자의 투영면적을 2등분하는 선의 길이로 나타내는 입경은?

① Feret경
② 장축경
③ Heywood경
④ Martin경

광학적 직경
❶ Feret경 : 입자의 끝과 끝을 연결한 선중 최대인 선의 길이
❷ Martin경 : 입자의 투영면적을 2등분하는 선의 길이
❸ 투영면적경(등가경, Heywood경) : 울퉁불퉁, 들쭉날쭉한 먼지의 면적과 동일한 면적을 가지는 원의 직경

정답 ④

056 유입구 폭이 20cm, 유효회전수가 8인 원심력 집진장치(cyclone)를 사용하여 다음 조건의 배출가스를 처리할 때, 절단입경(μm)은?

- 배출가스의 유입속도 : 30m/s
- 배출가스의 점도 : 2×10^{-5}kg/m·s
- 배출가스의 밀도 : 1.2kg/m^3
- 면지입자의 밀도 : 2.0g/cm^3

① 2.78
② 3.46
③ 4.58
④ 5.32

사이클론의 절단입경(d_{p50})

$$d_{p50} = \sqrt{\frac{9\times\mu\times b}{2\times(\rho_p-\rho)\times\pi\times V\times N}}$$

$$= \sqrt{\frac{9\times2\times10^{-5}\mathrm{kg/m\cdot s}\times0.2m}{2\times(2,000-1.2)\mathrm{kg/m^3}\times\pi\times30\mathrm{m/s}\times8}}$$

$$\times\frac{10^6\mu m}{1m}$$

$$= 3.4559\mu m$$

정답 ②

057 직경이 30cm, 높이가 10m인 원통형 여과집진 장치를 사용하여 배출가스를 처리하고자 한다. 배출가스의 유량이 750m^3/min, 여과속도가 3.5cm/s일 때, 필요한 여과포의 개수는?

① 32개
② 38개
③ 45개
④ 50개

$$N = \frac{Q}{\pi\times D\times L\times V_f}$$

$$= \frac{750\mathrm{m^3/min}}{\pi\times0.3m\times10m\times\frac{3.5cm}{s}\times\frac{1m}{100cm}\times\frac{60sec}{1min}}$$

$$= 37.8$$

∴ 여과포 개수는 38개

정답 ②

058 세정집진장치에 관한 설명으로 옳지 않은 것은?

① 분무탑은 침전물이 발생하는 경우에 사용이 적합하다.
② 벤투리스크러버는 점착성, 조해성 먼지의 제거에 효과적이다.
③ 제트스크러버는 처리가스량이 많은 경우에 사용이 적합하다.
④ 충전탑은 온도 변화가 크고 희석열이 큰 곳에는 사용이 적합하지 않다.

③ 제트스크러버는 운전비가 비싸므로, 처리가스량이 적을 경우에 사용이 적합하다.

정답 ③

059 공기의 평균분자량이 28.85일 때, 공기 $100Sm^3$의 무게(kg)는?

① 126.8
② 127.8
③ 128.8
④ 129.8

$$\frac{28.85kg}{kmol} \times \frac{1kmol}{22.4Sm^3} \times 100Sm^3 = 128.79kg$$

정답 ③

060 점성계수가 $1.8 \times 10^{-5} kg/m \cdot s$, 밀도가 $1.3kg/m^3$인 공기를 안지름이 100mm인 원형 파이프를 사용하여 수송할 때, 층류가 유지될 수 있는 최대 공기유속(m/s)은?

① 0.1
② 0.3
③ 0.6
④ 0.9

Re < 2,000일 때가 층류임.

$$R_e = \frac{DV\rho}{\mu}$$

$$2,000 = \frac{0.1 \times V \times 1.3}{1.8 \times 10^{-5}}$$

$$\therefore V = 0.276 m/s$$

정답 ②

061 배출가스 중의 수분량을 별도의 흡습관을 이용하여 분석하고자 한다. 측정조건과 측정결과가 다음과 같을 때, 배출가스 중 수증기의 부피 백분율(%)은? (단, 0℃, 1atm 기준)

- 흡입한 건조 가스량(건식 가스미터에서 읽은 값) : 20L
- 측정 전 흡습관의 질량 : 96.16g
- 측정 후 흡습관의 질량 : 97.69g

① 6.4
② 7.1
③ 8.7
④ 9.5

배출가스 중의 수분량 측정(건식 가스미터를 사용할 때)

$$X_w = \frac{수분량}{건조가스량 + 수분량} \times 100$$

$$X_w = \frac{\frac{22.4}{18}m_a}{V_m' \times \frac{273}{273 + \theta_m} \times \frac{P_a + P_m}{760} + \frac{22.4}{18}m_a} \times 100$$

$$X_w = \frac{\frac{22.4L}{18g} \times (97.69 - 96.16)g}{20L \times \frac{273}{273} \times \frac{760}{760} + \frac{22.4L}{18g} \times (97.69 - 96.16)g}$$

$$\times 100\% = 8.69\%$$

여기서,

X_w : 배출가스 중의 수증기의 부피 백분율(%)
m_a : 흡습 수분의 질량($m_{a2} - m_{a1}$)(g)
V_m' : 흡입한 가스량(건식 가스미터에서 읽은 값)(L)
θ_m : 가스미터에서의 흡입 가스온도(℃)
P_a : 대기압(mmHg)
P_m : 가스미터에서의 가스게이지압(mmHg)

정답 ③

062 원자흡수분광광도법의 원자흡광분석장치 구성에 포함되지 않는 것은?

① 분리관
② 광원부
③ 분광기
④ 시료원자화부

원자흡수분광광도법 장치 구성 순서

광원부 - 시료원자화부 - 파장선택부 - 측광부

자외선/가시선분광법 분석장치

광원부 - 파장선택부 - 시료부 - 측광부

이온크로마토그래프의 장치 구성 순서

용리액조 - 송액펌프 - 시료주입장치 - 분리관 - 써프렛서 - 검출기 및 기록계

정답 ①

---

063 대기오염공정시험기준 총칙 상의 내용으로 옳지 않은 것은?

① 액의 농도를 (1 → 2)로 표시한 것은 용질 1g 또는 1mL를 용매에 녹여 전량을 2mL로 하는 비율을 뜻한다.
② 황산 (1 : 2)라 표시한 것은 황산 1용량에 정제수 2용량을 혼합한 것이다.
③ 시험에 사용하는 표준품은 원칙적으로 특급 시약을 사용한다.
④ 방울수라 함은 4℃에서 정제수 20방울을 떨어뜨릴 때 부피가 약 1mL가 되는 것을 뜻한다.

④ 방울수라 함은 20℃에서 정제수 20방울을 떨어뜨릴 때 부피가 약 1mL가 되는 것을 뜻한다.

정답 ④

---

064 이온크로마토그래피에 관한 설명으로 옳지 않은 것은?

① 분리관의 재질로 스테인리스관이 널리 사용되며 에폭시수지관 또는 유리관은 사용할 수 없다.
② 일반적으로 용리액조로 폴리에틸렌이나 경질 유리제를 사용한다.
③ 송액펌프는 맥동이 적은 것을 사용한다.
④ 검출기는 일반적으로 전도도 검출기를 많이 사용하고 그 외 자외선/가시선 흡수검출기, 전기화학적 검출기 등이 사용된다.

① 분리관의 재질은 내압성, 내부식성으로 용리액 및 시료액과 반응성이 적은 것을 선택하며 에폭시수지관 또는 유리관이 사용된다. 일부는 스테인레스관이 사용되지만 금속 이온 분리용으로는 좋지 않다.

정답 ①

---

065 굴뚝 배출가스 중의 이산화황을 연속적으로 자동 측정할 때 사용하는 용어 정의로 옳지 않은 것은?

① 검출한계 : 제로드리프트의 2배에 해당하는 지시치가 갖는 이산화황의 농도를 말한다.
② 제로드리프트 : 연속자동측정기가 정상적으로 가동되는 조건하에서 제로가스를 일정시간 흘려준 후 발생한 출력신호가 변화한 정도를 말한다.
③ 경로(path) 측정시스템 : 굴뚝 또는 덕트 단면 직경의 5% 이하의 경로를 따라 오염물질 농도를 측정하는 배출가스 연속자동측정시스템을 말한다.
④ 제로가스 : 정제된 공기나 순수한 질소를 말한다.

③ 경로(Path) 측정시스템 : 굴뚝 또는 덕트 단면 직경의 10% 이상의 경로를 따라 오염물질 농도를 측정하는 배출가스 연속자동측정시스템

정답 ③

066 기체크로마토그래피의 정성분석에 관한 내용으로 옳지 않은 것은?

① 동일 조건에서 특정한 미지성분의 머무름 값과 예측되는 봉우리의 머무름 값을 비교해야 한다.

② 머무름 값의 표시는 무효부피(dead volume)의 보정유무를 기록해야 한다.

③ 일반적으로 5~30분 정도에서 측정하는 봉우리의 머무름시간은 반복시험을 할 때 ±10% 오차범위 이내이어야 한다.

④ 머무름시간을 측정할 때는 3회 측정하여 그 평균치를 구한다.

067 특정 발생원에서 일정한 굴뚝을 거치지 않고 외부로 비산되는 먼지의 농도를 고용량공기시료채취법으로 분석하고자 한다. 측정조건과 결과가 다음과 같을 때 비산먼지의 농도($\mu g/m^3$)는?

- 채취시간 : 24시간
- 채취 개시 직후의 유량 : 1.8m^3/s
- 채취 종료 직전의 유량 : 1.2m^3/s
- 채취 후 여과지의 질량 : 3.828g
- 채취 전 여과지의 질량 : 3.419g
- 대조위치에서의 먼지 농도 : 0.15$\mu g/m^3$
- 전 시료채취 기간 중 주 풍향이 90° 이상 변함
- 풍속이 0.5m/s 미만 또는 10m/s 이상 되는 시간이 전 채취시간의 50% 미만임

① 185.76   ② 283.80
③ 294.81   ④ 372.70

068 굴뚝 배출가스 중의 질소산화물을 분석하기 위한 시험방법은?

① 아르세나조 Ⅲ법
② 비분산적외선분광분석법
③ 4-피리딘카복실산 – 피라졸론법
④ 아연환원나프틸에틸렌다이아민법

질소산화물 시험방법

· 자외선/가시선분광법 – 아연환원나프틸에틸렌다이아민법(주시험방법)
· 자외선/가시선분광법 – 페놀디설폰산
· 전기화학식(정전위 전해법)
· 화학 발광법
· 적외선 흡수법
· 자외선 흡수법

정답 ④

---

069 환경대기 중의 탄화수소 농도를 측정하기 위한 주 시험방법은?

① 총탄화수소 측정법
② 비메탄 탄화수소 측정법
③ 활성 탄화수소 측정법
④ 비활성 탄화수소 측정법

환경대기 중 탄화수소 시험방법

· 비메탄 탄화수소 측정법(주 시험방법)
· 활성 탄화수소 측정법
· 총탄화수소 측정법

정답 ②

---

070 대기오염공정시험기준상의 용어 정의로 옳지 않은 것은?

① "밀폐용기"라 함은 물질을 취급 또는 보관하는 동안에 이물이 들어가거나 내용물이 손실되지 않도록 보호하는 용기를 뜻한다.
② "감압 또는 진공"이라 함은 따로 규정이 없는 한 15mmHg 이하를 뜻한다.
③ "항량이 될 때까지 건조한다"라 함은 따로 규정이 없는 한 보통의 건조방법으로 1시간 더 건조 또는 강열할 때 전후 무게의 차가 매 g당 0.3mg 이하일 때를 뜻한다.
④ "정량적으로 씻는다"라 함은 어떤 조작에서 다음 조작으로 넘어갈 때 사용한 비커, 플라스크 등의 용기 및 여과막 등에 부착한 정량대상 성분을 증류수로 깨끗이 씻어 그 세액을 합하는 것을 뜻한다.

---

④ "정량적으로 씻는다"라 함은 어떤 조작으로부터 다음 조작으로 넘어갈 때 사용한 비커, 플라스크 등의 용기 및 여과막 등에 부착한 정량대상 성분을 **사용한 용매로** 씻어 그 세액을 합하고 **먼저 사용한 같은 용매를 채워 일정용량으로 하는 것을** 뜻한다.

정답 ④

---

071 원자흡수분광광도법의 분석원리로 옳은 것은?

① 시료를 해리 및 증기화시켜 생긴 기저상태의 원자가 이 원자증기층을 투과하는 특유 파장의 빛을 흡수하는 현상을 이용하여 시료 중의 원소농도를 정량한다.
② 기체시료를 운반가스에 의해 관 내에 전개시켜 각 성분을 분석한다.
③ 선택성 검출기를 이용하여 시료 중의 특정 성분에 의한 적외선 흡수량 변화를 측정하여 그 성분의 농도를 구한다.
④ 발광부와 수광부 사이에 형성되는 빛의 이동경로를 통과하는 가스를 실시간으로 분석한다.

---

② 기체크로마토그래피
③ 비분산형적외선분석법
④ 흡광차 분광법

정답 ①

---

072 굴뚝연속자동측정기기의 설치방법으로 옳지 않은 것은?

① 응축된 수증기가 존재하지 않는 곳에 설치한다.
② 먼지와 가스상 물질을 모두 측정하는 경우 측정위치는 먼지를 따른다.
③ 수직굴뚝에서 가스상 물질의 측정위치는 굴뚝 하부 끝에서 위를 향하여 굴뚝 내경의 1/2배 이상이 되는 지점으로 한다.
④ 수평굴뚝에서 가스상 물질의 측정위치는 외부 공기가 새어들지 않고 요철이 없는 곳으로 굴뚝의 방향이 바뀌는 지점으로부터 굴뚝 내경의 2배 이상 떨어진 곳을 선정한다.

③ 가스상 물질의 측정위치는, 수직굴뚝 하부 끝단으로부터 위를 향하여 그곳의 굴뚝 내경의 8배 이상이 되고, 상부 끝단으로부터 아래를 향하여 그곳의 굴뚝내경의 2배 이상이 되는 지점에 측정공 위치를 선정하는 것을 원칙으로 한다.

정답 ③

073 다음 중 2,4-다이나트로페닐하이드라진(DNPH)과 반응하여 생성된 하이드라존 유도체를 액체크로마토그래피로 분석하여 정량하는 물질은?

① 아민류
② 알데하이드류
③ 벤젠
④ 다이옥신류

배출가스 중 폼알데하이드 및 알데하이드류 - 고성능액체크로마토그래피

· 이 시험기준은 소각로, 보일러 등 연소시설의 굴뚝 등에서 배출되는 배출가스 중에 포함되어 있는 폼알데하이드 및 알데하이드류 화합물의 분석방법에 대하여 규정한다.
· 배출가스 중의 알데하이드류를 흡수액 2,4-다이나이트로페닐하이드라진(DNPH, dinitrophenyl hydrazine)과 반응하여 하이드라존 유도체를 생성하게 되고 이를 액체크로마토그래프로 분석하여 정량한다.
· 하이드라존은 UV영역, 특히 350~380nm에서 최대 흡광도를 나타낸다.

정답 ②

074 배출가스 중의 염소를 오르토톨리딘법으로 분석할 때 분석에 영향을 미치지 않는 물질은?

① 오존
② 이산화질소
③ 황화수소
④ 암모니아

배출가스 중 염소 - 자외선/가시선분광법 - 오르토톨리딘법

이 방법은 브로민, 아이오딘, 오존, 이산화질소 및 이산화염소 등의 산화성가스나 황화수소, 이산화황 등의 환원성가스의 영향을 무시할 수 있는 경우에 적용한다

정답 ④

075 피토관을 사용하여 굴뚝 배출가스의 평균유속을 측정하고자 한다. 측정조건과 결과가 다음과 같을 때, 배출가스의 평균유속(m/s)은?

· 동압 : 13mmH₂O
· 피토관계수 : 0.85
· 배출가스의 밀도 : 1.2kg/Sm³

① 10.6
② 12.4
③ 14.8
④ 17.8

피토관에 의한 유속

$$V = C\sqrt{\frac{2gP_v}{\gamma}} = 0.85 \times \sqrt{\frac{2 \times 9.8 \times 13}{1.2}} = 12.38\,m/s$$

여기서, V : 유속(m/s)
    C : 피토관계수
    P_v : 동압(mmH₂O)
    γ : 배출가스 밀도(kg/m³)

정답 ②

076 위상차현미경법으로 환경대기 중의 석면을 분석할 때 계수대상물의 식별방법에 관한 내용으로 옳지 않은 것은? (단, 적정한 분석능력을 가진 위상차현미경을 사용하는 경우)

① 구부려져 있는 단섬유는 곡선에 따라 전체길이를 재어서 판정한다.
② 섬유가 헝클어져 정확한 수를 헤아리기 힘들 때에는 0개로 판정한다.
③ 길이가 $7\mu m$ 이하인 단섬유는 0개로 판정한다.
④ 섬유가 그래티큘 시야의 경계선에 물린 경우 그래티큘 시야 안으로 한쪽 끝만 들어와 있는 섬유는 1/2개로 인정한다.

③ 길이가 $5\mu m$ 이상인 단섬유는 1개로 판정한다.

정답 ③

077 직경이 0.5m, 단면이 원형인 굴뚝에서 배출되는 먼지 시료를 채취할 때, 측정점수는?

① 1   ② 2
③ 3   ④ 4

① 굴뚝 단면적이 $0.25m^2$ 이하로 소규모일 경우에는 그 굴뚝 단면의 중심을 대표점으로 하여 1점만 측정하므로, 측정점수는 1개임

배출가스 중 입자상 물질의 시료채취방법(배출가스 중 먼지 동일)

측정점의 선정 – 원형단면의 측정점

굴뚝직경 2R(m)	반경 구분수	측정점수
1 이하	1	4
1 초과 2 이하	2	8
2 초과 4 이하	3	12
4 초과 4.5 이하	4	16
4.5 초과	5	20

· 굴뚝 단면적이 $0.25m^2$ 이하로 소규모일 경우에는 그 굴뚝 단면의 중심을 대표점으로 하여 1점만 측정한다.
· 굴뚝 반경이 2.5m인 경우 = 직경이 5m인 경우에 측정점수는 20 이다.

정답 ①

078 굴뚝 배출가스 중의 카드뮴화합물을 원자흡수분광광도법으로 분석하고자 한다. 채취한 시료에 유기물이 함유되지 않았을 때 분석용 시료 용액의 전처리 방법은?

① 질산법
② 과망간산칼륨법
③ 질산–과산화수소법
④ 저온회화법

배출가스 중 카드뮴화합물 – 원자흡수분광광도법
시료의 성상 및 처리 방법

성상	처리 방법
타르, 기타 소량의 유기물을 함유하는 것	질산 – 염산법, 질산 – 과산화수소수법, 마이크로파산분해법
유기물을 함유하지 않는 것	질산법, 마이크로파산분해법
다량의 유기물, 유리 탄소를 함유하는 것 셀룰로스 섬유제 필터를 사용한 것	저온회화법

정답 ①

079 자외선/가시선분광법에 사용되는 장치에 관한 내용으로 옳지 않은 것은?

① 시료부는 시료액을 넣은 흡수셀 1개와 셀홀더, 시료실로 구성되어 있다.
② 자외부의 광원으로 주로 중수소 방전관을 사용한다.
③ 파장 선택을 위해 단색화장치 또는 필터를 사용한다.
④ 가시부와 근적외부의 광원으로 주로 텅스텐램프를 사용한다.

① 시료부에는 일반적으로 시료액을 넣은 흡수셀(cell, **시료셀**)과 대조액을 넣는 흡수셀(**대조셀**)이 있고 이 셀을 보호하기 위한 **셀홀더**(cell holder)와 이것을 광로에 올려 놓을 **시료실**로 구성된다.

정답 ①

080 환경대기 중의 벤조(a)피렌을 분석하기 위한 시험방법은?

① 이온크로마토그래피법
② 비분산적외선분광분석법
③ 흡광차분광법
④ 형광분광광도법

5과목   **대기환경관계법규**

081 실내공기질 관리법령상 건축자재의 오염물질 방출 기준 중 ( ) 안에 알맞은 것은? (단, 단위는 mg/m^2 · h)

오염물질	접착제	페인트
톨루엔	0.08 이하	(㉠)
총휘발성 유기화합물	(㉡)	(㉢)

① ㉠ 0.02 이하, ㉡ 0.05 이하, ㉢ 1.5 이하
② ㉠ 0.05 이하, ㉡ 0.1 이하, ㉢ 2.0 이하
③ ㉠ 0.08 이하, ㉡ 2.0 이하, ㉢ 2.5 이하
④ ㉠ 0.10 이하, ㉡ 2.5 이하, ㉢ 4.0 이하

082 대기환경보전법령상 경유를 사용하는 자동차에 대해 대통령령으로 정하는 오염물질에 해당하지 않는 것은?

① 탄화수소
② 알데하이드
③ 질소산화물
④ 일산화탄소

083 대기환경보전법령상의 운행차 배출허용 기준으로 옳지 않은 것은?

① 휘발유와 가스를 같이 사용하는 자동차의 배출가스 측정 및 배출허용기준은 가스의 기준을 적용한다.
② 건설기계 중 덤프트럭, 콘크리트믹서트럭, 콘크리트펌프트럭의 배출허용기준은 화물자동차기준을 적용한다.
③ 희박연소 방식을 적용하는 자동차는 공기과잉률 기준을 적용하지 않는다.
④ 알코올만 사용하는 자동차는 탄화수소 기준을 적용한다.

④ 알코올만 사용하는 자동차는 탄화수소 기준을 적용하지 아니한다.

참고 대기환경보전법 시행규칙 [별표 21]
운행차배출허용기준(제78조 관련)

정답 ④

084 악취방지법령상 악취배출시설의 변경신고를 해야 하는 경우에 해당하지 않는 것은?

① 악취배출시설을 폐쇄하는 경우
② 사업장의 명칭을 변경하는 경우
③ 환경담당자의 교육사항을 변경하는 경우
④ 악취배출시설 또는 악취방지시설을 임대하는 경우

제10조(악취배출시설의 변경신고)
① 악취배출시설의 변경신고를 하여야 하는 경우는 다음 각 호와 같다. <개정 2019. 6. 13.>
1. 악취배출시설의 악취방지계획서 또는 악취방지시설을 변경하는 경우
2. 악취배출시설을 폐쇄하거나, 별표2 제2호에 따른 시설 규모의 기준에서 정하는 공정을 추가하거나 폐쇄하는 경우
3. 사업장의 명칭 또는 대표자를 변경하는 경우
4. 악취배출시설 또는 악취방지시설을 임대하는 경우
5. 악취배출시설에서 사용하는 원료를 변경하는 경우

정답 ③

085 대기환경보전법령상 사업장별 환경기술인의 자격 기준에 관한 설명으로 옳지 않은 것은?

① 대기오염물질 배출시설 중 일반보일러만 설치한 사업장은 5종사업장에 해당하는 기술인을 둘 수 있다.
② 2종사업장의 환경기술인 자격기준은 대기환경산업기사 이상의 기술자격 소지자 1명 이상이다.
③ 대기환경기술인이 「물환경보전법」에 따른 수질환경기술인의 자격을 갖춘 경우에는 수질환경기술인을 겸임할 수 있다.
④ 1종사업장과 2종사업장 중 1개월 동안 실제 작업한 날만을 계산하여 1일 평균 12시간 이상 작업하는 경우에는 해당 사업장의 기술인을 각각 2명 이상 두어야 한다.

④ 1종사업장과 2종사업장 중 1개월 동안 실제 작업한 날만을 계산하여 1일 평균 17시간 이상 작업하는 경우에는 해당 사업장의 기술인을 각각 2명 이상 두어야 한다. 이 경우, 1명을 제외한 나머지 인원은 3종사업장에 해당하는 기술인 또는 환경기능사로 대체할 수 있다.

정답 ④

086 대기환경보전법령상 오존의 대기오염 중대경보 해제기준에 관한 내용 중 ( ) 안에 알맞은 것은?

중대경보가 발령된 지역의 기상조건 등을 고려하여 대기자동측정소의 오존농도가 (㉠)ppm 이상 (㉡)ppm 미만일 때는 경보로 전환한다.

① ㉠ 0.3, ㉡ 0.5
② ㉠ 0.5, ㉡ 1.0
③ ㉠ 1.0, ㉡ 1.2
④ ㉠ 1.2, ㉡ 1.5

· 오존 주의보 : 0.12ppm 이상인 때
· 오존 경보 : 0.3ppm 이상인 때
· 오존 중대경보 : 0.5ppm 이상인 때

정답 ①

087 대기환경보전법령상 배출시설로부터 나오는 특정 대기유해물질로 인해 환경기준의 유지가 곤란하다고 인정되어 시·도지사가 특정대기유해물질을 배출하는 배출시설의 설치를 제한할 수 있는 경우에 관한 내용 중 (   ) 안에 알맞은 것은?

> 배출시설 설치 지점으로부터 반경 1킬로미터 안의 상주인구가 2만명 이상인 지역으로서 특정대기유해물질 중 한 가지 종류의 물질을 연간 (ⓐ) 이상 배출하거나 두 가지 이상의 물질을 연간 (ⓑ) 이상 배출하는 시설을 설치하는 경우

① ⓐ 5톤, ⓑ 10톤
② ⓐ 5톤, ⓑ 20톤
③ ⓐ 10톤, ⓑ 20톤
④ ⓐ 10톤, ⓑ 25톤

제12조(배출시설 설치의 제한)

배출시설 설치 지점으로부터 반경 1킬로미터 안의 상주 인구가 2만명 이상인 지역으로서 특정대기유해물질 중 한 가지 종류의 물질을 연간 10톤 이상 배출하거나 두 가지 이상의 물질을 연간 25톤 이상 배출하는 시설을 설치하는 경우는 시·도지사가 배출시설의 설치를 제한할 수 있다.

정답 ④

---

088 대기환경보전법령상 자동차 결함확인검사에 관한 내용 중 환경부장관이 관계 중앙행정기관의 장과 협의하여 정하는 사항에 해당하지 않는 것은?

① 대상 자동차의 선정기준
② 자동차의 검사방법
③ 자동차의 검사수수료
④ 자동차의 배출가스 성분

법 제51조(결함확인검사 및 결함의 시정)

환경부장관이 제2항의 환경부령을 정하는 경우(결함확인검사 대상 자동차의 선정기준, 검사방법, 검사절차, 검사기준, 판정방법, 검사수수료 등에 필요한 사항)에는 관계 중앙행정기관의 장과 협의하여야 하며, 매년 같은 항의 선정기준에 따라 결함확인검사를 받아야 할 대상 차종을 결정·고시하여야 한다.

정답 ④

---

089 악취방지법령상 지정악취물질과 배출허용기준 (ppm)의 연결이 옳지 않은 것은? (단, 공업지역 기준, 기타 사항은 고려하지 않음)

① n-발레르알데하이드 : 0.02 이하
② 톨루엔 : 30 이하
③ 프로피온산 : 0.1 이하
④ i-발레르산 : 0.004 이하

---

③ 프로피온산 : 0.07 이하

참고 악취방지법 시행규칙 [별표 3]
배출허용기준 및 엄격한 배출허용기준의 설정 범위 (제8조제1항 관련)

정답 ③

---

090 환경정책기본법령에서 환경기준을 확인할 수 있는 항목에 해당하지 않는 것은?

① 납
② 일산화탄소
③ 오존
④ 탄화수소

환경정책기본법상 대기 환경기준

SO_2, NO_2, O_3, CO, PM10, PM2.5, 납, 벤젠

정답 ④

091 대기환경보전법령상 과징금 처분에 관한 내용이다. (   ) 안에 알맞은 것은?

> 환경부장관은 자동차제작자가 거짓으로 자동차의 배출가스가 배출가스보증기간에 제작차배출허용기준에 맞게 유지될 수 있다는 인증을 받은 경우 그 자동차 제작자에 대하여 매출액에 (㉠)(을)를 곱한 금액을 초과하지 않는 범위에서 과징금을 부과할 수 있다. 이때 과징금의 금액은 (㉡)을 초과할 수 없다.

① ㉠ 100분의 3, ㉡ 100억원
② ㉠ 100분의 3, ㉡ 500억원
③ ㉠ 100분의 5, ㉡ 100억원
④ ㉠ 100분의 5, ㉡ 500억원

제56조(과징금 처분)

① 환경부장관은 자동차제작자가 다음 각 호의 어느 하나에 해당하는 경우에는 그 자동차제작자에 대하여 **매출액에 100분의 5를 곱한 금액을 초과하지 아니하는 범위에서 과징금을 부과할 수 있다. 이 경우 과징금의 금액은 500억원을 초과할 수 없다.** <개정 2016. 12. 27.>

1. 제48조제1항을 위반하여 인증을 받지 아니하고 자동차를 제작하여 판매한 경우

2. 거짓이나 그 밖의 부정한 방법으로 제48조에 따른 인증 또는 변경인증을 받은 경우

3. 제48조제1항에 따라 인증받은 내용과 다르게 자동차를 제작하여 판매한 경우

정답 ④

---

092 대기환경보전법령상 공급지역 또는 사용시설에 황함유기준을 초과하는 연료를 공급·판매한 자에 대한 벌칙기준은?

① 7년 이하의 징역 또는 1억원 이하의 벌금에 처한다.
② 5년 이하의 징역 또는 3천만원 이하의 벌금에 처한다.
③ 3년 이하의 징역 또는 3천만원 이하의 벌금에 처한다.
④ 500만원 이하의 벌금에 처한다.

황함유기준을 초과하는 연료를 공급·판매한 자 : 3년 이하의 징역 또는 3천만원 이하의 벌금

정답 ③

---

093 대기환경보전법령상 자동차의 운행정지에 관한 내용 중 (   ) 안에 알맞은 것은?

> 환경부장관, 특별시장·광역시장·특별자치시장·특별자치도지사·시장·군수·구청장은 운행차의 배출가스가 운행차배출허용기준을 초과하여 개선명령을 받은 자동차 소유자가 이에 따른 확인검사를 환경부령으로 정하는 기간 이내에 받지 않은 경우 (   )의 기간을 정하여 해당 자동차의 운행정지를 명할 수 있다.

① 5일 이내   ② 7일 이내
③ 10일 이내   ④ 15일 이내

제70조의2(자동차의 운행정지)

① 환경부장관, 특별시장·광역시장·특별자치시장·특별자치도지사·시장·군수·구청장은 개선명령을 받은 자동차 소유자가 확인검사를 환경부령으로 정하는 기간 이내에 받지 아니하는 경우에는 10일 이내의 기간을 정하여 해당 자동차의 운행정지를 명할 수 있다. <개정 2013. 7. 16.>

정답 ③

094 대기환경보전법령상 환경기술인의 교육에 관한 내용으로 옳지 않은 것은? (단, 정보통신매체를 이용하여 원격교육을 하는 경우를 제외)

① 환경기술인으로 임명된 날부터 1년 이내에 1회 신규교육을 받아야 한다.
② 환경기술인은 환경보전협회, 환경부장관, 시·도지사가 교육을 실시할 능력이 있다고 인정하여 위탁하는 기관에서 실시하는 교육을 받아야 한다.
③ 교육과정의 교육시간은 7일 정도로 한다.
④ 교육대상이 된 사람이 그 교육을 받아야 하는 기한의 마지막 날 이전 3년 이내에 동일한 교육을 받았을 경우에는 해당 교육을 받은 것으로 본다.

③ 교육과정의 교육시간은 4일 정도로 한다.

정답 ③

095 대기환경보전법령상 배출시설 설치신고를 하려는 자가 배출시설 설치신고서에 첨부하여 환경부장관 또는 시·도지사에게 제출해야 하는 서류에 해당하지 않는 것은?

① 질소산화물 배출농도 및 배출량을 예측한 명세서
② 방지시설의 연간 유지관리 계획서
③ 방지시설의 일반도
④ 배출시설 및 대기오염방지시설의 설치명세서

제11조(배출시설의 설치허가 및 신고 등)

③ 법 제23조제1항에 따라 배출시설 설치허가를 받거나 설치신고를 하려는 자는 배출시설 설치허가신청서 또는 배출시설 설치신고서에 다음 각 호의 서류를 첨부하여 환경부장관 또는 시·도지사에게 제출해야 한다. <개정 2019. 7. 16.>

1. 원료(연료를 포함한다)의 사용량 및 제품 생산량과 오염물질 등의 배출량을 예측한 명세서

2. 배출시설 및 방지시설의 설치명세서

3. 방지시설의 일반도(一般圖)

4. 방지시설의 연간 유지관리 계획서

5. 사용 연료의 성분 분석과 황산화물 배출농도 및 배출량 등을 예측한 명세서(법 제41조제3항 단서에 해당하는 배출시설의 경우에만 해당한다)

6. 배출시설 설치허가증(변경허가를 신청하는 경우에만 해당한다)

정답 ①

096 대기환경보전법령상 "3종사업장"에 해당하는 경우는?

① 대기오염물질발생량의 합계가 연간 9톤인 사업장
② 대기오염물질발생량의 합계가 연간 11톤인 사업장
③ 대기오염물질발생량의 합계가 연간 22톤인 사업장
④ 대기오염물질발생량의 합계가 연간 52톤인 사업장

사업장 분류기준(제13조 관련)

종별	오염물질발생량 구분 (대기오염물질발생량의 연간 합계 기준)
1종사업장	80톤 이상인 사업장
2종사업장	20톤 이상 80톤 미만인 사업장
3종사업장	10톤 이상 20톤 미만인 사업장
4종사업장	2톤 이상 10톤 미만인 사업장
5종사업장	2톤 미만인 사업장

정답 ②

097 대기환경보전법령상 특정 대기오염물질의 배출허용기준이 300(12)ppm일 때, (12)의 의미는?

① 해당배출허용농도(백분율)
② 해당배출허용농도(ppm)
③ 표준산소농도(O_2의 백분율)
④ 표준산소농도(O_2의 ppm)

배출허용기준 난의 (   )는 표준산소농도(O_2의 백분율)를 말한다.

정답 ③

098 대기환경보전법령상 대기오염경보 단계 중 '경보 발령' 단계의 조치사항으로 옳지 않은 것은?

① 주민의 실외활동 제한 요청
② 자동차 사용의 제한
③ 사업장의 연료사용량 감축 권고
④ 사업장의 조업시간 단축명령

④ 중대경보 발령 단계에 해당함.

시행령 제2조(대기오염경보의 대상 지역 등)

1. 주의보 발령 : 주민의 실외활동 및 자동차 사용의 자제 요청 등
2. 경보 발령 : 주민의 실외활동 제한 요청, 자동차 사용의 제한 및 사업장의 연료사용량 감축 권고 등
3. 중대경보 발령 : 주민의 실외활동 금지 요청, 자동차의 통행금지 및 사업장의 조업시간 단축명령 등

정답 ④

099 대기환경보전법령상 대기오염방지시설에 해당하지 않는 것은?

① 흡착에 의한 시설
② 응축에 의한 시설
③ 응집에 의한 시설
④ 촉매반응을 이용하는 시설

참고 대기환경보전법 시행규칙 [별표 4]
대기오염방지시설(제6조 관련)

정답 ③

100 실내공기질 관리법령상 실내공기질의 측정에 관한 내용 중 ( ) 안에 알맞은 것은?

> 다중이용시설의 소유자 등은 실내공기질 측정 대상오염물질이 실내공기질 권고기준의 오염물질항목에 해당하는 경우 실내공기질을 (ⓐ) 측정해야 한다. 또한 실내공기질 측정결과를 (ⓑ) 보존해야 한다.

① ⓐ 연 1회, ⓑ 10년간
② ⓐ 연 2회, ⓑ 5년간
③ ⓐ 2년에 1회, ⓑ 10년간
④ ⓐ 2년에 1회, ⓑ 5년간

실내공기질 관리법 시행규칙 제11조(실내공기질의 측정)

· 실내공기질 유지기준 오염물질 항목 : 1년에 한 번 측정함

· 실내공기질 권고기준 오염물질 항목 : 2년에 한 번 측정함

· 다중이용시설의 소유자 등은 실내공기질 측정결과를 10년간 보존해야 한다.

정답 ③

대기오염 개론

001 가우시안 확산모델에 관한 내용으로 옳지 않은 것은?

① 확산계수(σ_y, σ_z)를 구하기 위한 시료 채취시 간을 10분 정도로 한다.
② 고도에 따른 풍속 변화가 power law를 따른다고 가정한다.
③ 오염물질이 배출원에서 연속적으로 배출된다고 가정한다.
④ 경계조건을 달리 설정함으로써 오염원의 위치와 형태에 따른 오염물질의 농도를 예측할 수 있다.

② 고도에 따른 풍속 변화는 무시한다.

정답 ②

002 PAN에 관한 내용으로 옳지 않은 것은?

① 대기 중의 광화학반응으로 생성된다.
② PAN의 지표식물에는 강낭콩, 상추, 시금치 등이 있다.
③ 황산화물의 일종으로 가시광선을 흡수해 가시 거리를 단축시킨다.
④ 사람의 눈에 통증을 일으키며 식물의 잎에 흑 반병을 발생시킨다.

③ 질소산화물의 일종으로 가시광선을 흡수해 가시거리를 단축시킨다.

정답 ③

003 오존의 반응을 나타낸 다음 도식 중 ( ) 안에 알맞은 것은?

$$
\begin{aligned}
\bigcirc \ CF_3Cl &\xrightarrow{h\nu} CF_3 + (\ ) \\
(\ ) + O_3 &\rightarrow ClO + O_2 \\
ClO + O &\rightarrow (\ ) + O_2 \\
\\
\bigcirc \ CF_3Br &\xrightarrow{h\nu} CF_3 + (\ ) \\
(\ ) + O_3 &\rightarrow BrO + O_2 \\
BrO + O &\rightarrow (\ ) + O_2
\end{aligned}
$$

① ㉠ : F·, ㉡ : C·
② ㉠ : C·, ㉡ : F·
③ ㉠ : Cl·, ㉡ : Br·
④ ㉠ : F·, ㉡ : Br·

CFC에서는 Cl 라디칼, 할론에서는 Br 라디칼이 떨어져 나와, 오존층 파괴 촉매로 작용함

정답 ③

004 Stokes 직경의 정의로 옳은 것은?

① 구형이 아닌 입자와 침강속도가 같고 밀도가 1g/cm^3인 구형입자의 직경
② 구형이 아닌 입자와 침강속도가 같고 밀도가 10g/cm^3인 구형입자의 직경
③ 침강속도가 1cm/s이고 구형이 아닌 입자와 밀도가 같은 구형입자의 직경
④ 구형이 아닌 입자와 침강속도가 같고 밀도가 같은 구형입자의 직경

· 공기역학적 직경(Aerodynamic Diameter) : 본래의 먼지와 침강속도가 같고 밀도가 1g/cm^3인 구형입자의 직경
· 스토크 직경(Stokes diameter) : 본래의 먼지와 같은 밀도 및 침강속도를 갖는 구형입자의 직경

정답 ④

005 다음에서 설명하는 굴뚝에서 배출되는 연기의 모양은?

> – 대기가 중립조건일 때 나타난다.
> – 오염물질이 멀리 퍼져 나가고 지면 가까이에는 오염의 영향이 거의 없다.
> – 오염의 단면분포가 전형적인 가우시안 분포를 이룬다.

① 환상형
② 원추형
③ 지붕형
④ 부채형

- 중립 : 원추형
- 불안정 : 환상형
- 안정 : 부채형

정답 ②

006 공장에서 대량의 H_2S 가스가 누출되어 발생한 대기오염사건은?

① 도노라사건
② 포자리카사건
③ 요코하마사건
④ 보팔시사건

물질별 사건 정리

- 포자리카 : 황화수소
- 보팔 : 메틸이소시아네이트
- 세베소 : 다이옥신
- LA 스모그 : 자동차 배기가스의 NOx, 옥시던트
- 체르노빌, TMI : 방사능 물질
- 나머지 사건 : 화석연료 연소에 의한 SO_2, 매연, 먼지

정답 ②

007 20℃, 750mmHg에서 이산화황의 농도를 측정한 결과 0.02ppm이었다. 이를 mg/m^3로 환산한 값은?

① 0.008
② 0.013
③ 0.053
④ 0.157

$$\frac{0.02\,mL}{m^3} \times \frac{64\,mg}{22.4\,SmL} \times \frac{273+20}{273+0} \times \frac{760\,mmHg}{750\,mmHg}$$

$$= 0.0525\,mg/m^3$$

정답 ③

008 자동차 배출가스 저감기술에 관한 내용으로 옳지 않은 것은?

① 입자상물질 여과장치는 세라믹 필터나 금속 필터를 사용하여 입자상 물질을 포집하는 장치이다.
② 후처리 버너는 엔진의 배기계통에 장착하여 배출가스 중의 가연성분을 제거하는 장치이다.
③ 디젤 산화촉매는 자동차 배출가스 중의 HC, CO를 탄산가스와 물로 산화시켜 정화한다.
④ EBD는 촉매의 존재 하에 NOx와 선택적으로 반응할 수 있는 환원제를 주입하여 NOx를 N_2로 환원하는 장치이다.

④ 삼원촉매장치는 촉매의 존재 하에 NOx와 선택적으로 반응할 수 있는 환원제를 주입하여 NOx를 N_2로 환원하는 장치이다.

정답 ④

009 다음 NOx의 광분해 사이클 중 ( ) 안에 알맞은 빛의 종류는?

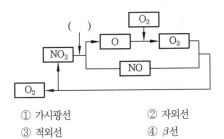

① 가시광선　　　　② 자외선
③ 적외선　　　　　④ β선

NOx는 자외선에 의해 분해된다.

정답 ②

010 먼지 농도가 $40\mu g/m^3$, 상대습도가 70%일 때, 가시거리(km)는? (단, 계수 A는 1.2)

① 19　　　　　　② 23
③ 30　　　　　　④ 67

상대습도 70%일 때의 가시거리 계산

$$L(km) = \frac{1,000 \times A}{G} = \frac{1,000 \times 1.2}{40} = 30km$$

정답 ③

011 다이옥신에 관한 내용으로 옳지 않은 것은?

① 250~340nm의 자외선 영역에서 광분해 될 수 있다.
② 2개의 벤젠고리와 산소, 2개 이상의 염소가 결합된 화합물이다.
③ 완전 분해되더라도 연소가스 배출 시 저온에서 재생될 수 있다.
④ 증기압이 높고 물에 잘 녹는다.

④ 다이옥신은 휘발성이 낮아 증기압이 낮고 물에 잘 녹지 않는다.

정답 ④

012 하루 동안 시간에 따른 대기오염물질의 농도변화를 나타낸 그래프이다. A, B, C에 해당하는 물질은?

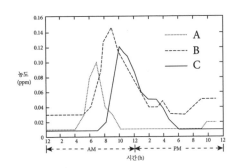

① A=NO_2, B=O_3, C=NO
② A=NO, B=NO_2, C=O_3
③ A=NO_2, B=NO, C=O_3
④ A=O_3, B=NO, C=NO_2

하루 중 NOx 농도 변화

NO 농도 증가(출근 시간) → NO_2로 산화 → 광산화로 인한 O_3 증가(한낮)

정답 ②

013 지상 100m에서의 기온이 20℃일 때, 지상 300m에서의 기온(℃)은? (단, 지상에서부터 600m까지의 평균기온감율은 0.88℃/100m)

① 15.5　　　　　② 16.2
③ 17.5　　　　　④ 18.2

$$\frac{-0.88℃}{100m} = \frac{(t-20)℃}{(300-100)m}$$

$$\therefore t = 18.24℃$$

정답 ④

014 다음 중 불화수소의 가장 주된 배출원은?

① 알루미늄공업　　② 코크스연소로
③ 농약　　　　　　④ 석유정제업

불화수소 배출원 : 알루미늄공업, 인산비료공업, 유리제조공업

정답 ①

015 직경이 $1 \sim 2 \mu m$ 이하인 미세입자의 경우 세정 (rain out) 효과가 작은 편이다. 그 이유로 가장 적합한 것은?

① 응축효과가 크기 때문
② 휘산효과가 작기 때문
③ 부정형의 입자가 많기 때문
④ 브라운 운동을 하기 때문

직경이 작은 미세입자는 브라운 운동으로 세정 효과가 작다.

정답 ④

016 파스킬(Pasquill)의 대기안정도에 관한 내용으로 옳지 않은 것은?

① 낮에는 풍속이 약할수록(2m/s 이하), 일사량이 강할수록 대기가 안정하다.
② 낮에는 일사량과 풍속으로, 야간에는 운량, 운고, 풍속으로부터 안정도를 구분한다.
③ 안정도는 A~F까지 6단계로 구분하며 A는 매우 불안정한 상태, F는 가장 안정한 상태를 뜻한다.
④ 지표가 거칠고 열섬효과가 있는 도시나 지면의 성질이 균일하지 않은 곳에서는 오차가 크게 나타날 수 있다.

① 낮에는 일사량이 약할수록 대기가 안정하다.

정답 ①

017 오존과 오존층에 관한 내용으로 옳지 않은 것은?

① 1돕슨단위는 지구 대기 중의 오존총량을 0℃, 1atm에서 두께로 환산했을 때 0.01mm에 상당하는 양이다.
② 대기 중의 오존 배경농도는 0.01~0.04ppm 정도이다.
③ 오존의 생성과 소멸이 계속적으로 일어나면서 오존층의 오존 농도가 유지된다.
④ 오존층은 성층권에서 오존의 농도가 가장 높은 지상 50~60km 구간을 말한다.

④ 오존층은 성층권에서 오존의 농도가 가장 높은 지상 20~30km 구간을 말한다.

정답 ④

018 부피가 $100m^3$인 복사실에서 분당 0.2mg의 오존을 배출하는 복사기를 연속적으로 사용하고 있다. 복사기를 사용하기 전 복사실의 오존 농도가 0.1ppm일 때, 복사기를 5시간 사용한 후 복사실의 오존 농도(ppb)는? (단, 0℃, 1기압 기준, 환기를 고려하지 않음)

① 260
② 380
③ 420
④ 520

1) 처음 오존 농도 : 0.1ppm = 100ppb

2) 발생 오존 농도

$$= \frac{오존(m^3)}{실내(m^3)} \times \frac{10^9 ppb}{1}$$

$$= \frac{\dfrac{0.2mg}{분} \times \dfrac{22.4Sm^3}{48kg} \times \dfrac{60분}{hr} \times \dfrac{1kg}{10^6 mg} \times 5hr}{100m^3}$$

$$\times 10^9 ppb$$

$$= 280ppb$$

∴ 5시간 사용 후 오존 농도 = 처음 농도 + 발생 농도
$$= 100 + 280$$
$$= 380ppb$$

정답 ②

019 인체에 다음과 같은 피해를 유발하는 오염물질은?

헤모글로빈의 기본요소인 포르피린고리의 형성을 방해함으로써 인체 내 헤모글로빈의 형성을 억제하여 빈혈이 발생할 수 있다.

① 다이옥신
② 납
③ 망간
④ 바나듐

납 : 헤모글로빈 형성을 억제하여 빈혈 유발(조혈기능장애)

정답 ②

020 다음 중 복사역전이 가장 발생하기 쉬운 조건은?

① 하늘이 흐리고, 바람이 강하며, 습도가 낮을 때
② 하늘이 흐리고, 바람이 약하며, 습도가 높을 때
③ 하늘이 맑고, 바람이 강하며, 습도가 높을 때
④ 하늘이 맑고, 바람이 약하며, 습도가 낮을 때

복사성 역전 : 하늘이 맑고 바람이 적을 때, 습도가 낮을 때
가장 강하게 형성

정답 ④

2과목   연소공학

021 다음 내용과 관련있는 무차원수는? (단, μ : 점성계수, ρ : 밀도, D : 확산계수)

정의 :	$\dfrac{\mu}{\rho D}$
의미 :	$\dfrac{\text{운동량의 확산속도}}{\text{물질의 확산속도}}$

① Schmidt number
② Nusselt number
③ Grashof number
④ Karlovitz number

무차원수

① 슈미트수(Schmidt number)

$$Sc = \frac{\nu}{D} = \frac{\mu}{\rho D} = \frac{\text{운동량의 확산속도}}{\text{물질의 확산속도}}$$

② 넛셀수(Nusselt number)

$$Nu = \frac{\text{대류 열전달}}{\text{전도 열전달}} = \frac{\text{전도 열저항}}{\text{대류 열저항}}$$

③ 그라스호프수(Grashof number)

$$Gr = \frac{\text{부력}}{\text{점성력}} = \frac{g\rho^2 D^3 \beta \Delta T}{\mu^2}$$

정답 ①

022 어떤 연료의 배출가스가 CO_2 : 13%, O_2 : 6.5%, N_2 : 80.5%로 이루어졌을 때, 과잉공기계수는? (단, 연료는 완전 연소됨)

① 1.54   ② 1.44
③ 1.34   ④ 1.24

공기비(과잉공기계수, m)

$$m = \frac{N_2}{N_2 - 3.76(O_2 - 0.5CO)}$$

$$= \frac{80.5}{80.5 - 3.76 \times 6.5} = 1.435$$

정답 ②

023 연료의 연소과정에서 공기비가 너무 낮은 경우 발생하는 현상은?

① CO, 매연의 발생량이 증가한다.
② 연소실 내의 온도가 감소한다.
③ SOx, NOx 발생량이 증가한다.
④ 배출가스에 의한 열손실이 증가한다.

m < 1	m = 1	1 < m
·공기부족 ·불완전 연소	·완전 연소	·과잉공기
·매연, 검댕, CO, HC 증가 ·폭발위험	·CO_2 발생량 최대	·SOx, NOx 증가 ·연소온도 감소, 냉각효과 ·열손실 커짐 ·저온부식 발생 ·희석효과가 높아져, 연소 생성물의 농도 감소

정답 ①

024 연료의 일반적인 특징으로 옳은 것은?

① 석탄의 휘발분이 많을수록 매연발생량이 적다.
② 공기의 산소농도가 높을수록 석탄의 착화온도가 낮다.
③ C/H비가 클수록 이론공연비가 증가한다.
④ 중유는 점도를 기준으로 A, B, C 중유로 구분할 수 있으며 이 중 A 중유의 점도가 가장 높다.

① 석탄의 휘발분이 많을수록 매연발생량이 크다.
③ C/H비가 클수록 이론공연비가 감소한다.
④ 중유는 점도를 기준으로 A, B, C 중유로 구분할 수 있으며 이 중 C 중유의 점도가 가장 높다.

정답 ②

025 다음 중 착화온도가 가장 높은 연료는?

① 수소
② 휘발유
③ 무연탄
④ 목재

착화점 순서 : 수소 > 무연탄 > 휘발유 > 목재

정답 ①

026 굴뚝 배출가스 중의 HCl 농도가 200ppm이다. 세정기를 사용하여 배출가스 중의 HCl 농도를 32mg/m³으로 저감했을 때, 세정기의 HCl 제거효율(%)은? (단, 0℃, 1atm 기준)

① 75
② 80
③ 85
④ 90

$$\eta = 1 - \frac{C}{C_o}$$

$$= 1 - \frac{\left(\frac{32\,\mathrm{mg}}{\mathrm{Sm}^3} \times \frac{22.4\,\mathrm{mL}}{36.5\,\mathrm{mg}} \right)}{200\,\mathrm{ppm}}$$

$$= 0.9018$$

$$= 90.18\%$$

정답 ④

027 석탄의 유동층 연소방식에 관한 설명으로 옳지 않은 것은?

① 부하변동에 적응력이 낮다.
② 유동매체의 손실로 인한 보충이 필요하다.
③ 유동매체를 석회석으로 할 경우 로 내에서 탈황이 가능하다.
④ 공기소비량이 많아 화격자 연소장치에 비해 배출가스량이 많은 편이다.

④ 공기소비량이 적어 화격자 연소장치에 비해 배출가스량이 적은 편이다.

정답 ④

028 디젤기관의 노킹현상을 방지하기 위한 방법으로 옳은 것은?

① 착화지연기간을 증가시킨다.
② 세탄가가 낮은 연료를 사용한다.
③ 압축비와 압축압력을 높게 한다.
④ 연료 분사개시 때 분사량을 증가시킨다.

① 착화지연기간이 증가되면 디젤노킹이 더 잘 발생한다.
② 세탄가가 높은 연료 사용해야 디젤 노킹이 방지된다.
④ 연료 분사개시 때 분사량을 감소시킨다.

디젤노킹(diesel knocking)의 방지법
❶ 세탄가가 높은 연료를 사용함
❷ 착화성(세탄가)이 좋은 경유를 사용함
❸ 분사개시 때 분사량을 감소시킴
❹ 분사시기를 알맞게 조정함
❺ 급기 온도를 높임
❻ 압축비, 압축압력, 압축온도를 높임
❼ 엔진의 온도와 회전속도를 높임
❽ 흡인공기에 와류가 일어나게 하고, 온도를 높임

정답 ③

029 기체연료의 특징으로 옳지 않은 것은?

① 적은 과잉공기로 완전 연소가 가능하다.
② 연료의 예열이 쉽고 연소 조절이 비교적 용이하다.
③ 공기와 혼합하여 점화할 때 누설에 의한 역화·폭발 등의 위험이 크다.
④ 운송이나 저장이 편리하고 수송을 위한 부대설비 비용이 액체연료에 비해 적게 소요된다.

④ 고체연료의 설명임

정답 ④

030 수소 8%, 수분 2%로 구성된 고체연료의 고발열량이 8,000kcal/kg일 때, 이 연료의 저발열량(kcal/kg)은?

① 7,984   ② 7,779
③ 7,556   ④ 6,835

저위발열량

$H_l = H_h - 600(9H + W)$

$= 8,000 - 600(9 \times 0.08 + 0.02)$

$= 7,556 \text{kcal/kg}$

정답 ③

031 반응물의 농도가 절반으로 감소하는 데 1,000s가 걸렸을 때, 반응물의 농도가 초기의 1/250으로 감소할 때까지 걸리는 시간(s)은? (단, 1차 반응 기준)

① 6,650   ② 6,966
③ 7,470   ④ 7,966

1차 반응식

$\ln\left(\dfrac{C}{C_o}\right) = -kt$

1) 반응속도 상수(k)

$\ln\left(\dfrac{1}{2}\right) = -k \times 1,000s$

$\therefore k = 6.9314 \times 10^{-4}/s$

2) 반응물이 1/250 농도로 감소될 때까지의 시간

$\ln\left(\dfrac{1}{250}\right) = -6.9314 \times 10^{-4} \times t$

$\therefore t = 7,965.78s$

정답 ④

032 일반적인 디젤 기관의 특징으로 옳지 않은 것은?

① 가솔린 기관에 비해 납 발생량이 적은 편이다.
② 압축비가 높아 가솔린 기관에 비해 소음과 진동이 큰 편이다.
③ NOx는 가속 시 특히 많이 배출되며 HC는 감속 시 특히 많이 배출된다.
④ 연료를 공기와 혼합하여 실린더에 흡입, 압축시킨 후 점화플러그에 의해 강제로 연속 폭발시키는 방식이다.

· 가솔린 엔진 : 연료를 공기와 혼합하여 실린더에 흡입, 압축시킨 후 점화플러그에 의해 강제로 연속 폭발시키는 방식

· 디젤 엔진 : 공기만을 연소실에 흡입, 압축하여 고온 고압의 압축공기를 형성시킨 다음 압축 종료 직전에 고압의 연료를 분사함으로써 공기 압축열에 의해 연료를 자기착화 되게 하는 자연 연소방식

정답 ④

033 C : 85%, H : 10%, O : 3%, S : 2%의 무게비로 구성된 액체연료를 1.3의 공기비로 완전 연소할 때 발생하는 실제 습연소가스량(Sm^3/kg)은?

① 8.6

② 9.8

③ 10.4

④ 13.8

$$A_o = \frac{O_o}{0.21}$$

$$= \frac{1.867C + 5.6\left(H - \frac{O}{8}\right) + 0.7S}{0.21}$$

$$= \frac{1.867 \times 0.85 + 5.6\left(0.1 - \frac{0.03}{8}\right) + 0.7 \times 0.02}{0.21}$$

$$= 10.1902\,Sm^3/kg$$

$$\therefore G_w = mA_o + 5.6H + 0.7O + 0.8N + 1.244W$$

$$= 1.3 \times 10.1902 + 5.6 \times 0.1 + 0.7 \times 0.03$$

$$= 13.828\,Sm^3/kg$$

정답 ④

034 C : 85%, H : 7%, O : 5%, S : 3%의 무게비로 구성된 중유의 이론적인 $(CO_2)_{max}(\%)$는?

① 9.6

② 12.6

③ 17.6

④ 20.6

1) $A_o = \dfrac{O_o}{0.21}$

$$= \frac{1.867C + 5.6\left(H - \frac{O}{8}\right) + 0.7S}{0.21}$$

$$= \frac{1.867 \times 0.85 + 5.6\left(0.07 - \frac{0.05}{8}\right) + 0.7 \times 0.03}{0.21}$$

$$= 9.3569\,Sm^3/kg$$

2) $G_{od} = (1 - 0.21)A_o + CO_2 + SO_2$

$$= (1 - 0.21) \times 9.3569$$

$$+ \frac{22.4}{12} \times 0.85 + \frac{22.4}{32} \times 0.03$$

$$= 8.9996\,Sm^3/kg$$

3) $CO_{2_{max}} = \dfrac{CO_2}{G_{od}} \times 100\%$

$$= \frac{\frac{22.4}{12} \times 0.85}{8.9996} \times 100\% = 17.63\%$$

정답 ③

035 확산형 가스버너 중 포트형에 관한 내용으로 옳지 않은 것은?

① 포트 입구의 크기가 작으면 슬래그가 부착하여 막힐 우려가 있다.

② 기체연료와 연소용 공기를 버너 내에서 혼합시킨 뒤 로 내에 주입시킨다.

③ 밀도가 큰 공기 출구는 상부에, 밀도가 작은 가스 출구는 하부에 배치되도록 한다.

④ 버너 자체가 로 벽과 함께 내화벽돌로 조립되어 로 내부에 개구된 것으로 가스와 공기를 함께 가열할 수 있는 장점이 있다.

② 예혼합연소의 설명이다.

정답 ②

036 기체연료의 연소형태로 옳은 것은?

① 증발연소   ② 표면연소

③ 분해연소   ④ 예혼합연소

037 부탄가스를 완전 연소시킬 때, 부피 기준 공기 연료비(AFR)는?

① 15.23   ② 20.15

③ 30.95   ④ 60.46

038 COM(coal oil mixture) 연료의 연소에 관한 내용으로 옳지 않은 것은?

① 재와 매연 발생 등의 문제점을 갖는다.

② 중유만을 사용할 때보다 미립화 특성이 양호하다.

③ 중유전용 보일러를 사용하는 곳에 별도의 개조 없이 사용할 수 있다.

④ 화염길이는 미분탄연소에 가깝고 화염안정성은 중유연소에 가깝다.

039 가동(이동식)화격자의 일반적인 특징으로 옳지 않은 것은?

① 역동식화격자는 폐기물의 교반 및 연소조건이 불량하여 소각효율이 낮다.

② 회전롤러식화격자는 여러 개의 드럼을 횡축으로 배열하고 폐기물을 드럼의 회전에 따라 순차적으로 이송한다.

③ 병렬요동식화격자는 고정화격자와 가동화격자를 횡방향으로 나란히 배치하고 가동화격자를 전·후로 왕복 운동시킨다.

④ 계단식화격자는 고정화격자와 가동화격자를 교대로 배치하고 가동화격자를 왕복운동시켜 폐기물을 이송한다.

040 황의 농도가 3wt%인 중유를 매일 100kL씩 사용하는 보일러에 황의 농도가 1.5wt%인 중유를 30% 섞어 사용할 때, SO_2 배출량(kL)은 몇 % 감소하는가? (단, 중유의 황 성분은 모두 SO_2로 전환, 중유의 비중은 1.0)

① 30%   ② 25%

③ 15%   ④ 10%

041 유체의 흐름에서 레이놀즈(Reynolds) 수와 관련이 가장 적은 것은?

① 관의 직경
② 유체의 속도
③ 관의 길이
④ 유체의 밀도

$$R_e = \frac{\text{관성력}}{\text{점성력}} = \frac{\rho v D}{\mu} = \frac{vD}{\nu}$$

여기서, ρ : 밀도

μ : 점성계수

D : 관의 직경

v : 유속

ν : 동점성계수

정답 ③

042 분무탑에 관한 설명으로 옳지 않은 것은?

① 구조가 간단하고 압력손실이 작은 편이다.
② 침전물이 생기는 경우에 적합하고 충전탑에 비해 설비비, 유지비가 적게 든다.
③ 분무에 상당한 동력이 필요하고 가스 유출 시 비말동반의 위험이 있다.
④ 가스분산형 흡수장치로 CO, NO, N_2 등의 용해도가 낮은 가스에 적용된다.

④ 분무탑은 액분산형 흡수장치로, 용해도가 큰 가스에 적용된다.

정답 ④

043 자동차 배출가스 중의 질소산화물을 선택적 촉매 환원법으로 처리할 때 사용되는 환원제로 적합하지 않은 것은?

① CO_2
② NH_3
③ H_2
④ H_2S

선택적 촉매 환원법(SCR) 환원제

NH_3, $(NH_2)_2CO$, H_2S, H_2 등

비선택적 촉매 환원법(NCR) 환원제

CH_4, H_2, H_2S, CO

정답 ①

044 다음 먼지의 입경 측정방법 중 직접 측정법은?

① 현미경측정법
② 관성충돌법
③ 액상침강법
④ 광산란법

입경분포 측정방법

직접 측정법	현미경법, 표준 체거름법(표준 체측정법)
간접 측정법	관성충돌법, 액상침강법, 광산란법, 공기투과법

정답 ①

045 여과집진장치를 사용하여 배출가스의 먼지농도를 10g/m^3에서 0.5g/m^3으로 감소시키고자 한다. 여과집진장치의 먼지부하가 300g/m^2이 되었을 때 탈진할 경우, 탈진주기(min)는? (단, 겉보기 여과속도는 2cm/s)

① 26   ② 34
③ 43   ④ 46

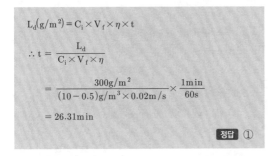

$$L_d(\text{g/m}^2) = C_i \times V_f \times \eta \times t$$

$$\therefore t = \frac{L_d}{C_i \times V_f \times \eta}$$

$$= \frac{300\text{g/m}^2}{(10-0.5)\text{g/m}^3 \times 0.02\text{m/s}} \times \frac{1\text{min}}{60\text{s}}$$

$$= 26.31\text{min}$$

정답 ①

046 집진효율이 90%인 전기집진장치의 집진면적을 2배로 증가시켰을 때, 집진효율(%)은? (단, Deutsch-Anderson식 적용, 기타 조건은 동일)

① 93   ② 95
③ 97   ④ 99

전기집진장치의 집진효율 공식 $\eta = 1 - e^{\left(\frac{-Aw}{Q}\right)}$

$$\therefore A = -\frac{Q}{w}\ln(1-\eta)$$

$$\frac{A_{\text{나중효율}}}{A_{\text{처음효율}}} = \frac{-\frac{Q}{w}\ln(1-\eta_{\text{나중}})}{-\frac{Q}{w}\ln(1-0.90)} = 2$$

$$\therefore \eta_{\text{나중}} = 0.99 = 99\%$$

정답 ④

047 먼지의 입경분포(누적분포)를 나타내는 식은?

① Rayleigh 분포식
② Freundlich 분포식
③ Rosin-Rammler 분포식
④ Cunningham 분포식

먼지의 입경분포를 나타내는 방법(적산분포) : 정규분포, 대수정규분포, Rosin-Rammler 분포

정답 ③

048 먼지의 폭발에 관한 설명으로 옳지 않은 것은?

① 비표면적이 큰 먼지일수록 폭발하기 쉽다.
② 산화속도가 빠르고 연소열이 큰 먼지일수록 폭발하기 쉽다.
③ 가스 중에 분산·부유하는 성질이 큰 먼지일수록 폭발하기 쉽다.
④ 대전성이 작은 먼지일수록 폭발하기 쉽다.

④ 대전성이 큰 먼지일수록 폭발하기 쉽다.

정답 ④

049 여과집진장치의 탈진방식 중 간헐식에 관한 설명으로 옳지 않은 것은?

① 간헐식 중 진동형은 여포의 음파진동, 횡진동, 상하진동에 의해 포집된 먼지를 털어내는 방식으로 점착성 먼지에는 사용할 수 없다.
② 집진실을 여러 개의 방으로 구분하고 방 하나씩 처리가스의 흐름을 차단하여 순차적으로 탈진하는 방식이다.
③ 간헐식 중 역기류형은 여포의 먼지를 0.03~0.10초 정도의 짧은 시간 내에 높은 충격 분출압을 주어 제거하는 방식이다.
④ 연속식에 비해 먼지의 재비산이 적고 높은 집진효율을 얻을 수 있다.

③ 연속식 중 충격기류식 설명임

정답 ③

050 다음은 어떤 법칙에 관한 내용인가?

> 휘발성인 에탄올을 물에 녹인 용액의 증기압은 물의 증기압보다 높다. 그러나 비휘발성인 설탕을 물에 녹인 용액인 설탕물의 증기압은 물보다 낮다.

① 헨리의 법칙
② 렌츠의 법칙
③ 샤를의 법칙
④ 라울의 법칙

① 헨리의 법칙 : 기체의 용해도와 압력이 비례한다.
② 렌츠의 법칙 : 전자기 유도 현상이 일어날 때 그 유도되는 전류의 방향은 변화하는 방향의 반대 방향으로 형성된다.
③ 샤를의 법칙 : 기체의 부피는 절대온도에 비례한다.
④ 라울의 법칙 : 용액의 증기압 법칙

정답 ④

051 회전식 세정집진장치에서 직경이 10cm인 회전판이 9,620rpm으로 회전할 때 형성되는 물방울 직경(μm)은?

① 93
② 104
③ 208
④ 316

회전판의 반경과 물방울 직경과의 관계식을 이용한 계산

$$D_w = \frac{200}{N\sqrt{R}}$$

$$= \frac{200}{9,620\sqrt{5cm}} = 9.2976 \times 10^{-3} cm$$

$$\therefore D_w = 9.2976 \times 10^{-3} cm \times \frac{10^4 \mu m}{1cm} = 92.976 \mu m$$

정답 ①

052 유해가스 처리에 사용되는 흡수액의 조건으로 옳지 않은 것은?

① 용해도가 커야 한다.
② 휘발성이 작아야 한다.
③ 점성이 커야 한다.
④ 용매와 화학적 성질이 비슷해야 한다.

③ 점성이 작아야 한다.

흡수액의 구비요건
· 용해도가 높아야 한다.
· 휘발성이 낮아야 한다.
· 부식성이 낮아야 한다.
· 흡수액의 점성이 비교적 낮아야 한다.
· 용매의 화학적 성질과 비슷해야 한다.

정답 ③

053 지름이 20cm, 유효높이가 3m인 원통형 백필터를 사용하여 배출가스 4m³/s를 처리하고자 한다. 여과속도를 0.04m/s로 할 때, 필요한 백필터의 개수는?

① 53
② 54
③ 70
④ 71

$$N = \frac{Q}{\pi \times D \times L \times V_f}$$

$$= \frac{4m^3/s}{\pi \times 0.2m \times 3m \times 0.04m/s} = 53.05$$

∴ 백필터 개수는 54개

정답 ②

054 처리가스량이 $10^6 m^3/h$, 입구 먼지농도가 $2g/m^3$, 출구 먼지농도가 $0.4g/m^3$, 총 압력손실이 72 mmH_2O일 때, blower의 소요동력(kW)은?

① 425
② 375
③ 245
④ 187

$$P = \frac{Q \times \triangle P \times \alpha}{102 \times \eta}$$

$$= \frac{\left(\frac{10^6 m^3}{hr} \times \frac{1hr}{3,600 sec}\right) \times 72}{102 \times \left(1 - \frac{0.4}{2.0}\right)} = 245$$

여기서, P : 소요동력(kW)

Q : 처리가스량(m^3/sec)

$\triangle P$: 압력(mmH_2O)

α : 여유율(안전율)

η : 효율

정답 ③

055 탈취방법 중 수세법에 관한 설명으로 옳지 않은 것은?

① 용해도가 높고 친수성 극성기를 가진 냄새성분의 제거에 사용할 수 있다.
② 주로 분뇨처리장, 계란건조장, 주물공장 등의 악취제거에 적용된다.
③ 수온변화에 따라 탈취효과가 크게 달라지는 것이 단점이다.
④ 조작이 간단하며 처리효율이 우수하여 주로 단독으로 사용된다.

④ 수세법은 처리효율이 낮다.

정답 ④

056 다이옥신 제어방법에 관한 설명으로 옳지 않은 것은?

① 250~340nm의 자외선을 조사하여 다이옥신을 분해할 수 있다.
② 다이옥신의 발생을 억제하기 위해 PVC, PCB가 포함된 제품을 소각하지 않는다.
③ 소각로에서 접촉촉매산화를 유도하기 위해 철, 니켈 성분을 함유한 쓰레기를 투입한다.
④ 다이옥신은 저온에서 재생될 수 있으므로 소각로를 고온으로 유지해야 한다.

③ 다이옥신은 소각로에서 철, 니켈 등을 촉매로 촉매분해한다.

정답 ③

057 다음 중 알칼리용액을 사용한 처리가 가장 적합하지 않은 오염물질은?

① HCl
② Cl_2
③ HF
④ CO

알칼리용액 사용 처리가 적합한 오염물질 : 산성 물질

정답 ④

058 원심력 집진장치에 블로 다운(blow down)을 적용하여 얻을 수 있는 효과에 해당하지 않는 것은?

① 유효 원심력 감소를 통한 운영비 절감
② 원심력 집진장치 내의 난류 억제
③ 포집된 먼지의 재비산 방지
④ 원심력 집진장치 내의 먼지부착에 의한 장치폐쇄 방지

블로 다운 효과

❶ 원심력 증대 → 처리효율 증가

❷ 재비산 방지

❸ 폐색 방지

❹ 가교현상 방지

정답 ①

059 복합 국소배기장치에 사용되는 댐퍼조절평형법 (또는 저항조절평형법)의 특징으로 옳지 않은 것은?

① 오염물질 배출원이 많아 여러 개의 가지 덕트를 주 덕트에 연결할 필요가 있을 때 주로 사용한다.
② 덕트의 압력손실이 클 때 주로 사용한다.
③ 공정 내에 방해물이 생겼을 때 설계변경이 용이하다.
④ 설치 후 송풍량 조절이 불가능하다.

④ 댐퍼를 설치하면 송풍량 조절이 가능하다.

정답 ④

060 후드의 설치 및 흡인에 관한 내용으로 옳지 않은 것은?

① 발생원에 최대한 접근시켜 흡인한다.
② 주 발생원을 대상으로 국부적인 흡인방식을 취한다.
③ 후드의 개구면적을 넓게 한다.
④ 충분한 포착속도(capture velocity)를 유지한다.

③ 후드의 개구면적을 줄인다.

후드의 흡입 향상 조건
❶ 후드를 발생원에 가깝게 설치
❷ 후드의 개구면적을 작게 함
❸ 충분한 포착속도를 유지
❹ 기류흐름 및 장해물 영향 고려(에어커튼 사용)
❺ 배풍기 여유율을 30%로 유지함

정답 ③

4과목 대기오염 공정시험기준(방법)

061 자외선/가시선 분광법에 따라 10mm 셀을 사용하여 측정한 시료의 흡광도가 0.1이었다. 동일한 시료에 대해 동일한 조건에서 20mm 셀을 사용하여 측정한 흡광도는?

① 0.05
② 0.10
③ 0.12
④ 0.20

램버어트 – 비어(Lambert–Beer)의 법칙

$A = \log \dfrac{1}{t} = \log \dfrac{I_o}{I_t} = \epsilon C \ell$ 에서,

셀의 길이와 흡광도는 비례하므로, 셀의 길이가 2배 증가하면 흡광도는 2배 증가한다.

여기서, I_o : 입사광의 강도

I_t : 투사광의 강도

C : 농도

ℓ : 빛의 투사거리

ϵ : 비례상수로서 흡광계수

정답 ④

062 대기오염공정시험기준 총칙 상의 시험기재 및 용어에 관한 내용으로 옳지 않은 것은?

① 시험조작 중 "즉시"란 30초 이내에 표시된 조작을 하는 것을 뜻한다.
② "정확히 단다"라 함은 규정한 양의 검체를 취하여 분석용 저울로 0.1mg까지 다는 것을 뜻한다.
③ 액체성분의 양을 "정확히 취한다"라 함은 메스피펫, 메스실린더 또는 이와 동등 이상의 정도를 갖는 용량계를 사용하여 조작하는 것을 뜻한다.
④ "항량이 될 때까지 건조한다"라 함은 따로 규정이 없는 한 보통의 건조방법으로 1시간 더 건조 또는 강열할 때 전후 무게의 차가 매 g당 0.3mg 이하일 때를 뜻한다.

③ 액체성분의 양을 "정확히 취한다"라 함은 홀피펫, 눈금플라스크 또는 이와 동등 이상의 정도를 갖는 용량계를 사용하여 조작하는 것을 뜻한다.

정답 ③

063 다음 중 여과재로 "카보런덤"을 사용하는 분석대상물질은?

① 비소 ② 브로민
③ 벤젠 ④ 이황화탄소

> **카보런덤 사용 분석대상물질이 아닌 것**
>
> 이황화탄소, 폼알데하이드, 브로민, 벤젠, 페놀
>
> **정답** ①

064 기체 중의 오염물질 농도를 mg/m^3로 표시했을 때 m^3이 의미하는 것은?

① 100℃, 1atm에서의 기체용적
② 표준상태에서의 기체용적
③ 상온에서의 기체용적
④ 절대온도, 절대압력 하에서의 기체용적

> 공정시험법에서 가스의 온도, 압력 기준은 표준상태이다.
>
> **정답** ②

065 환경대기 중의 아황산가스 측정방법에 해당하지 않는 것은?

① 적외선형광법 ② 용액전도율법
③ 불꽃광도법 ④ 흡광차분광법

> **환경대기 중 아황산가스 측정방법**
>
> | 수동측정법 | 자동측정법 |
> | --- | --- |
> | 파라로자닐린법
산정량 수동법
산정량 반자동법 | 자외선형광법(주시험방법)
용액전도율법
불꽃광도법
흡광차분광법 |
>
> **정답** ①

066 이온크로마토그래프의 일반적인 장치 구성을 순서대로 나열한 것은?

① 펌프 - 시료주입장치 - 용리액조 - 분리관 - 검출기 - 써프렛서
② 용리액조 - 펌프 - 시료주입장치 - 분리관 - 써프렛서 - 검출기
③ 시료주입장치 - 펌프 - 용리액조 - 써프렛서 - 분리관 - 검출기
④ 분리관 - 시료주입장치 - 펌프 - 용리액조 - 검출기 - 써프렛서

> **원자흡수분광광도법 장치 구성 순서**
>
> 광원부 - 시료원자화부 - 파장선택부 - 측광부
>
> **자외선/가시선분광법 분석장치**
>
> 광원부 - 파장선택부 - 시료부 - 측광부
>
> **이온크로마토그래프의 장치 구성 순서**
>
> 용리액조 - 송액펌프 - 시료주입장치 - 분리관 - 써프렛서 - 검출기 및 기록계
>
> **정답** ②

067 배출가스 중의 휘발성유기화합물(VOCs) 시료 채취방법에 관한 내용으로 옳지 않은 것은?

① 흡착관법의 시료채취량은 1~5L 정도로, 시료 흡입속도는 100~250mL/min 정도로 한다.
② 흡착관법에서 누출시험을 실시한 후 시료를 도입하기 전에 가열한 시료채취관 및 연결관을 시료로 충분히 치환해야 한다.
③ 시료채취주머니방법에 사용되는 시료채취주머니는 빛이 들어가지 않도록 차단해야 하며 시료채취 이후 24시간 이내에 분석이 이루어지도록 해야 한다.
④ 시료채취주머니방법에 사용되는 시료채취주머니는 새 것을 사용하는 것을 원칙으로 하되 재사용하는 경우 수소나 아르곤가스를 채운 후 6시간 동안 놓아둔 후 퍼지(purge)시키는 조작을 반복해야 한다.

068 환경대기 중의 유해 휘발성유기화합물을 고체 흡착 용매추출법으로 분석할 때 사용하는 추출 용매는?

① CS_2
② PCB
③ C_2H_5OH
④ C_6H_{14}

069 대기오염공정시험기준 총칙 상의 온도에 관한 내용으로 옳지 않은 것은?

① 상온은 15~25℃, 실온은 1~35℃로 한다.
② 온수는 60~70℃, 열수는 약 100℃를 말한다.
③ 찬 곳은 따로 규정이 없는 한 0~30℃의 곳을 뜻한다.
④ 냉후(식힌 후)라 표시되어 있을 때는 보온 또는 가열 후 실온까지 냉각된 상태를 뜻한다.

070 환경대기 중의 다환방향족탄화수소류를 기체크로마토그래피/질량분석법으로 분석할 때 사용되는 용어에 관한 설명 중 ( ) 안에 알맞은 것은?

( )은 추출과 분석 전에 각 시료, 바탕시료, 매체시료(matrix-spiked)에 더해지는 화학적으로 반응성이 없는 환경시료 중에 없는 물질을 말한다.

① 절대표준물질
② 외부표준물질
③ 매체표준물질
④ 대체표준물질

071 4-아미노안티피린 용액과 헥사시아노철(III) 산포타슘 용액을 순서대로 가해 얻어진 적색액의 흡광도를 측정하여 농도를 계산하는 오염물질은?

① 배출가스 중 페놀화합물
② 배출가스 중 브로민화합물
③ 배출가스 중 에틸렌옥사이드
④ 배출가스 중 다이옥신 및 퓨란류

페놀화합물 : 4-아미노안티피린 자외선/가시선분광법

정답 ①

072 굴뚝 내부 단면의 가로길이가 2m, 세로길이가 1.5m일 때, 굴뚝의 환산직경(m)은? (단, 굴뚝 단면은 사각형이며, 상·하 면적이 동일함)

① 1.5
② 1.7
③ 1.9
④ 2.0

굴뚝 단면이 사각형인 경우(상·하 동일 단면적의 정사각형 또는 직사각형) 환산직경 산출방법

$$환산직경 = \frac{2(가로 \times 세로)}{가로 + 세로} = \frac{2 \times 2 \times 1.5}{2 + 1.5} = 1.7m$$

정답 ②

073 원자흡수분광광도법에서 사용하는 용어 정의로 옳지 않은 것은?

① 충전가스 : 중공음극램프에 채우는 가스
② 선프로파일 : 파장에 대한 스펙트럼선의 폭을 나타내는 곡선
③ 공명선 : 원자가 외부로부터 빛을 흡수했다가 다시 먼저 상태로 돌아갈 때 방사하는 스펙트럼선
④ 역화 : 불꽃의 연소속도가 크고 혼합기체의 분출속도가 작을 때 연소현상이 내부로 옮겨지는 것

② 선프로파일(Line Profile) : 파장에 대한 스펙트럼선의 강도를 나타내는 곡선

정답 ②

074 유류 중의 황함유량 분석방법 중 방사선 여기법에 관한 내용으로 옳지 않은 것은?

① 여기법 분석계의 전원 스위치를 넣고 1시간 이상 안정화시킨다.
② 석유 제품의 시료채취 시 증기의 흡입은 될 수 있는 한 피해야 한다.
③ 시료에 방사선을 조사하고 여기된 황 원자에서 발생하는 γ선의 강도를 측정한다.
④ 시료를 충분히 교반한 후 준비된 시료셀에 기포가 들어가지 않도록 주의하여 액 층의 두께가 5~20mm가 되도록 시료를 넣는다.

③ 시료에 방사선을 조사하고 여기된 황 원자에서 발생하는 형광 X선의 강도를 측정한다.

유류 중의 황함유량 분석방법 – 방사선 여기법

원유, 경유, 중유 등의 황함유량을 측정하는 방법을 규정하며 유류 중 황함유량이 질량분율(0.030~5.000)%인 경우에 적용하며 방법검출한계는 질량분율 0.009%이다. 시료에 방사선을 조사하고, 여기된 황의 원자에서 발생하는 형광 X선의 강도를 측정한다. 시료 중의 황함유량은 미리 표준시료를 이용하여 작성된 검정곡선으로 구한다.

정답 ③

075 환경대기 중의 금속화합물 분석을 위한 주시험방법은?

① 원자흡수분광광도법
② 자외선/가시선분광법
③ 이온크로마트그래피법
④ 비분산적외선분광분석법

금속화합물의 주시험방법은 원자흡수분광광도법이다.

정답 ①

076 굴뚝 배출가스 중의 질소산화물을 연속적으로 자동측정하는 데 사용되는 자외선흡수분석계의 구성에 관한 내용으로 옳지 않은 것은?

① 광원 : 중수소방전관 또는 중압수은 등을 사용한다.
② 시료셀 : 시료가스가 연속적으로 흘러갈 수 있는 구조로 되어 있으며 그 길이는 200~500mm이고 셀의 창은 자외선 및 가시광선이 투과할 수 있는 재질이어야 한다.
③ 광학필터 : 프리즘과 회절격자 분광기 등을 이용하여 자외선 또는 적외선 영역의 단색광을 얻는 데 사용된다.
④ 합산증폭기 : 신호를 증폭하는 기능과 일산화질소 측정파장에서 아황산가스의 간섭을 보정하는 기능을 가지고 있다.

③ 광학필터 : 특정파장 영역의 흡수나 다층박막의 광학적 간섭을 이용하여 자외선에서 가시광선 영역에 이르는 일정한 폭의 빛을 얻는 데 사용된다.

정답 ③

077 굴뚝에서 배출되는 건조배출가스의 유량을 연속적으로 자동 측정하는 방법에 관한 내용으로 옳지 않은 것은?

① 유량 측정방법에는 피토관, 열선유속계, 와류유속계를 사용하는 방법이 있다.
② 와류유속계를 사용할 때에는 압력계와 온도계를 유량계 상류 측에 설치해야 한다.
③ 건조배출가스 유량은 배출되는 표준상태의 건조배출가스량[Sm^3(5분 적산치)]으로 나타낸다.
④ 열선유속계를 사용하는 방법에서 시료채취부는 열선과 지주 등으로 구성되어 있으며 열선으로 텅스텐이나 백금선 등이 사용된다.

② 와류유속계를 사용할 때에는 압력계와 온도계를 유량계 하류 측에 설치해야 한다.

정답 ②

078 굴뚝 단면이 상·하 동일 단면적의 원형인 경우 굴뚝 배출시료 측정점에 관한 설명으로 옳지 않은 것은?

① 굴뚝 직경이 1.5m인 경우 측정점수는 8점이다.
② 굴뚝 직경이 3m인 경우 반경구분수는 3이다.
③ 굴뚝 직경이 4.5m를 초과할 경우 측정점수는 20점이다.
④ 굴뚝 단면적이 $1m^2$ 이하로 소규모일 경우 굴뚝 단면의 중심을 대표점으로 하여 1점만 측정한다.

④ 굴뚝 단면적이 $0.25m^2$ 이하로 소규모일 경우 굴뚝 단면의 중심을 대표점으로 하여 1점만 측정한다.

배출가스 중 입자상 물질 시료채취방법

원형 단면의 측정점

굴뚝 직경 2R(m)	반경구분수	측정점수
1 이하	1	4
1 초과 2 이하	2	8
2 초과 4 이하	3	12
4 초과 4.5 이하	4	16
4.5 초과	5	20

정답 ④

079 비분산적외선분광분석법에서 사용하는 용어 정의로 옳지 않은 것은?

① 정필터형 : 측정성분이 흡수되는 적외선을 그 흡수파장에서 측정하는 방식
② 비분산 : 빛을 프리즘이나 회절격자와 같은 분산소자에 의해 분산하지 않는 것
③ 비교가스 : 시료 셀에서 적외선 흡수를 측정하는 경우 대조가스로 사용하는 것으로 적외선을 흡수하지 않는 가스
④ 반복성 : 동일한 방법과 조건에서 동일한 분석계를 사용하여 여러 측정대상을 장시간에 걸쳐 반복적으로 측정하는 경우 각각의 측정치가 일치하는 정도

④ 반복성 : 동일한 분석계를 이용하여 동일한 측정대상을 동일한 방법과 조건으로 비교적 단시간에 반복적으로 측정하는 경우로서 각각의 측정치가 일치하는 정도

정답 ④

080 기체크로마토그래피의 고정상 액체가 만족시켜야 할 조건에 해당하지 않는 것은?

① 화학적 성분이 일정해야 한다.
② 사용온도에서 점성이 작아야 한다.
③ 사용온도에서 증기압이 높아야 한다.
④ 분석대상 성분을 완전히 분리할 수 있어야 한다.

③ 사용온도에서 증기압이 낮아야 한다.

고정상 액체(Stationary Liquid)

고정상 액체는 가능한 한 다음의 조건을 만족시키는 것을 선택한다.
· 분석대상 성분을 완전히 분리할 수 있는 것이어야 한다.
· 사용온도에서 증기압이 낮고, 점성이 작은 것이어야 한다.
· 화학적으로 안정된 것이어야 한다.
· 화학적 성분이 일정한 것이어야 한다.

정답 ③

081 대기환경보전법령상 사업장별 환경기술인의 자격기준에 관한 내용으로 옳지 않은 것은?

① 4종사업장과 5종사업장 중 기준 이상의 특정대기유해물질이 포함된 오염물질을 배출하는 경우 3종사업장에 해당하는 기술인을 두어야 한다.
② 1종사업장과 2종사업장 중 1개월 동안 실제 작업한 날만을 계산하여 1일 평균 17시간 이상 작업하는 경우 해당 사업장의 기술인을 각각 2명 이상 두어야 한다.
③ 대기환경기술인이 소음·진동관리법에 따른 소음·진동환경기술인 자격을 갖춘 경우에는 소음·진동환경기술인을 겸임할 수 있다.
④ 전체배출시설에 대해 방지시설 설치 면제를 받은 사업장과 배출시설에서 배출되는 오염물질 등을 공동방지시설에서 처리하는 사업장은 5종사업장에 해당하는 기술인을 둘 수 없다.

④ 전체 배출시설에 대하여 방지시설 설치 면제를 받은 사업장과 배출시설에서 배출되는 오염물질 등을 공동방지시설에서 처리하는 사업장은 5종사업장에 해당하는 기술인을 둘 수 있다.

정답 ④

082 대기환경보전법령상 대기오염물질 발생량 산정에 필요한 항목에 해당하지 않는 것은?

① 배출시설의 시간당 대기오염물질 발생량
② 일일조업시간
③ 배출허용기준 초과 횟수
④ 연간가동일수

배출시설별 대기오염물질 발생량의 산정방법

배출시설의 시간당 대기오염물질 발생량 × 일일조업시간 × 연간가동일수

정답 ③

083 대기환경보전법령상 배출부과금 납부의무자가 납부기한 전에 배출부과금을 납부할 수 없다고 인정되어 징수를 유예하거나 그 금액을 분할 납부하게 할 수 있는 경우에 해당하지 않는 것은?

① 천재지변으로 사업자의 재산에 중대한 손실이 발생한 경우
② 사업에 손실을 입어 경영상으로 심각한 위기에 처하게 된 경우
③ 배출부과금이 납부의무자의 자본금을 1.5배 이상 초과하는 경우
④ 징수유예나 분할납부가 불가피하다고 인정되는 경우

법 제35조의4(배출부과금의 징수유예·분할납부 및 징수 절차)

① 환경부장관 또는 시·도지사는 배출부과금의 납부의무자가 다음 각 호의 어느 하나에 해당하는 사유로 납부기한 전에 배출부과금을 납부할 수 없다고 인정하면 징수를 유예하거나 그 금액을 분할하여 납부하게 할 수 있다. <개정 2012. 5. 23., 2019. 1. 15.>

1. 천재지변이나 그 밖의 재해로 사업자의 재산에 중대한 손실이 발생한 경우
2. 사업에 손실을 입어 경영상으로 심각한 위기에 처하게 된 경우
3. 그 밖에 제1호 또는 제2호에 준하는 사유로 징수유예나 분할납부가 불가피하다고 인정되는 경우

정답 ③

---

084 환경정책기본법령상 일산화탄소(CO)의 대기환경기준(ppm)은? (단, 1시간 평균치 기준)

① 0.25 이하   ② 0.5 이하
③ 25 이하   ④ 50 이하

환경정책기본법상 대기 환경기준 <개정 2019. 7. 2.>

측정시간	SO_2 (ppm)	NO_2 (ppm)	O_3 (ppm)	CO (ppm)
연간	0.02	0.03	–	–
24시간	0.05	0.06	–	–
8시간	–	–	0.06	9
1시간	0.15	0.10	0.10	25

측정시간	PM_{10} ($\mu g/m^3$)	$PM_{2.5}$ ($\mu g/m^3$)	납(Pb) ($\mu g/m^3$)	벤젠 ($\mu g/m^3$)
연간	50	15	0.5	5
24시간	100	35		
8시간	–	–		
1시간	–	–		

정답 ③

085 실내공기질 관리법령상 공항시설 중 여객터미널에 대한 라돈의 실내공기질 권고기준은? (단, 단위는 Bq/m³)

① 100 이하 ② 148 이하
③ 200 이하 ④ 248 이하

실내공기질 권고기준 – 암기법

오염물질 항목 다중이용시설	곰 (곰팡이) (CFU/m³)	총 (VOC) (μg/m³)	이 (NO₂) (ppm)	라 (Rn) (Bq/m³)
노약자시설	500 이하	400 이하	0.05 이하	148 이하
일반인시설	–	500 이하	0.1 이하	
실내주차장	–	1,000 이하	0.30 이하	

· 노약자시설 : 의료기관, 어린이집, 노인요양시설, 산후조리원
· 일반인시설 : 지하역사, 지하도상가, 철도역사의 대합실, 여객자동차터미널의 대합실, 항만시설 중 대합실, 공항시설 중 여객터미널, 도서관·박물관 및 미술관, 대규모점포, 장례식장, 영화상영관, 학원, 전시시설, 인터넷컴퓨터게임시설제공업의 영업시설, 목욕장업의 영업시설

정답 ②

086 대기환경보전법령상 사업자가 스스로 방지시설을 설계·시공하려는 경우 시·도지사에게 제출해야 하는 서류에 해당하지 않는 것은?

① 기술능력 현황을 적은 서류
② 공정도
③ 배출시설의 위치 및 운영에 관한 규약
④ 원료(연료를 포함) 사용량, 제품생산량 및 대기오염물질 등의 배출량을 예측한 명세서

제31조(자가방지시설의 설계·시공)

① 사업자가 스스로 방지시설을 설계·시공하려는 경우에는 다음 각 호의 서류를 유역환경청장, 지방환경청장, 수도권대기환경청장 또는 시·도지사에게 제출해야 한다. 다만, 배출시설의 설치허가·변경허가·설치신고 또는 변경신고 시 제출한 서류는 제출하지 않을 수 있다. <개정 2019. 7. 16.>

1. 배출시설의 설치명세서

2. 공정도

3. 원료(연료를 포함한다) 사용량, 제품생산량 및 대기오염물질 등의 배출량을 예측한 명세서

4. 방지시설의 설치명세서와 그 도면(법 제26조제1항 단서에 해당되는 경우에는 이를 증명할 수 있는 서류를 말한다)

5. 기술능력 현황을 적은 서류

정답 ③

087 대기환경보전법령상 위임업무의 보고 횟수 기준이 '수시'인 업무내용은?

① 환경오염사고 발생 및 조치사항
② 자동차 연료 및 첨가제의 제조·판매 또는 사용에 대한 규제현황
③ 자동차 첨가제의 제조기준 적합여부 검사현황
④ 수입자동차의 배출가스 인증 및 검사현황

① 수시
② 연 2회
③ 연 2회
④ 연 4회

참고 대기환경보전법 시행규칙 [별표 37]
위임업무 보고사항(제136조 관련)

정답 ①

088 대기환경보전법령상 1년 이하의 징역이나 1천만원 이하의 벌금에 처하는 경우에 해당하지 않는 것은?

① 배출시설의 설치를 완료한 후 가동개시 신고를 하지 않고 조업한 자
② 환경상의 위해가 발생하여 제조·판매 또는 사용을 규제당한 자동차 연료·첨가제 또는 촉매제를 제조하거나 판매한 자
③ 측정기기 관리대행업의 등록 또는 변경 등록을 하지 않고 측정기기 관리업무를 대행한 자
④ 환경부장관에게 받은 이륜자동차정기검사 명령을 이행하지 않은 자

④ 300만원 이하의 벌금

정답 ④

089 대기환경보전법령상 석탄사용시설의 설치기준에 관한 내용으로 옳지 않은 것은? (단, 유효굴뚝 높이가 440m 미만인 경우)

① 배출시설의 굴뚝높이는 100m 이상으로 한다.
② 석탄저장은 옥내저장시설(밀폐형 저장시설 포함) 또는 지하저장시설에 해야 한다.
③ 굴뚝에서 배출되는 아황산가스, 질소산화물, 먼지 등의 농도를 확인할 수 있는 기기를 설치해야 한다.
④ 석탄연소재는 덮개가 있는 차량을 이용하여 운반해야 한다.

④ 석탄연소재는 밀폐통을 이용하여 운반하여야 한다.

참고 대기환경보전법 시행규칙 [별표 12]
고체연료 사용시설 설치기준(제56조 관련)

정답 ④

090 실내공기질 관리법령의 적용대상에 해당하지 않는 것은?

① 지하역사
② 병상 수가 100개인 의료기관
③ 철도역사의 연면적 1천5백제곱미터인 대합실
④ 공항시설 중 연면적 1천5백제곱미터인 여객터미널

③ 철도역사의 연면적 2천제곱미터 이상인 대합실

참고 실내공기질관리법 시행령 제2조(적용대상)

정답 ③

091 대기환경보전법령상 자가측정의 대상·항목 및 방법에 관한 내용으로 옳지 않은 것은?

① 굴뚝 자동측정기기를 설치하여 먼지항목에 대한 자동측정자료를 전송하는 배출구의 경우 매연항목에 대해서도 자가측정을 한 것으로 본다.
② 안전상의 이유로 자가측정이 곤란하다고 인정받은 방지시설설치면제사업장의 경우 대행기관을 통해 연 1회 이상 자가측정을 해야 한다.
③ 굴뚝 자동측정기기를 설치한 배출구의 경우 자동측정자료를 전송하는 항목에 한정하여 자동측정자료를 자가측정자료에 우선하여 활용해야 한다.
④ 측정대상시설이 중유 등 연료유만을 사용하는 시설인 경우 황산화물에 대한 자가측정은 연료의 황함유분석표로 갈음할 수 있다.

② 방지시설설치면제사업장은 해당 시설에 대하여 연 1회 이상 자가측정을 해야 한다. 다만, 물리적 또는 안전상의 이유로 자가측정이 곤란하거나 대기오염물질 발생을 저감하는 장치를 상시 가동하는 등의 사유로 자가측정이 필요하지 않다고 환경부장관(법 제23조제1항에 따라 환경부장관의 허가를 받거나 환경부장관에게 신고를 한 배출시설만 해당한다) 또는 시·도지사가 인정하는 경우에는 그렇지 않다.

참고 대기환경보전법 시행규칙 [별표 11]
자가측정의 대상·항목 및 방법(제52조제3항 관련)

정답 ②

092 대기환경보전법령상 "온실가스"에 해당하지 않는 것은?

① 수소불화탄소   ② 과염소산
③ 육불화황   ④ 메탄

온실가스 : 이산화탄소, 메탄, 아산화질소, 수소불화탄소, 과불화탄소, 육불화황

정답 ②

093 대기환경보전법령상 인증을 면제할 수 있는 자동차에 해당하는 것은?

① 항공기 지상 조업용 자동차
② 국가대표 선수용 자동차로서 문화체육관광부장관의 확인을 받은 자동차
③ 여행자 등이 다시 반출할 것을 조건으로 일시 반입하는 자동차
④ 주한 외국군인의 가족이 사용하기 위해 반입하는 자동차

인증을 면제할 수 있는 자동차

1. 군용 및 경호업무용 등 국가의 특수한 공용 목적으로 사용하기 위한 자동차와 소방용 자동차
2. 주한 외국공관 또는 외교관이나 그 밖에 이에 준하는 대우를 받는 자가 공용 목적으로 사용하기 위한 자동차로서 외교부장관의 확인을 받은 자동차
3. 주한 외국군대의 구성원이 공용 목적으로 사용하기 위한 자동차
4. 수출용 자동차와, 박람회나 그 밖에 이에 준하는 행사에 참가하는 자가 전시의 목적으로 일시 반입하는 자동차
5. 여행자 등이 다시 반출할 것을 조건으로 일시 반입하는 자동차
6. 자동차제작자 및 자동차 관련 연구기관 등이 자동차의 개발 또는 전시 등 주행 외의 목적으로 사용하기 위하여 수입하는 자동차
7. 삭제 <2008. 12. 31.>
8. 외국인 또는 외국에서 1년 이상 거주한 내국인이 주거(住居)를 옮기기 위하여 이주물품으로 반입하는 1대의 자동차

인증을 생략할 수 있는 자동차

1. 국가대표 선수용 자동차 또는 훈련용 자동차로서 문화체육관광부장관의 확인을 받은 자동차
2. 외국에서 국내의 공공기관 또는 비영리단체에 무상으로 기증한 자동차
3. 외교관 또는 주한 외국군인의 가족이 사용하기 위하여 반입하는 자동차
4. 항공기 지상 조업용 자동차
5. 법 제48조제1항에 따른 인증을 받지 아니한 자가 그 인증을 받은 자동차의 원동기를 구입하여 제작하는 자동차
6. 국제협약 등에 따라 인증을 생략할 수 있는 자동차
7. 그 밖에 환경부장관이 인증을 생략할 필요가 있다고 인정하는 자동차

정답 ③

094 대기환경보전법령상 자동차 운행정지표지의 바탕색은?

① 회색   ② 녹색
③ 노란색   ④ 흰색

자동차 운행정지표지의 바탕색은 노란색으로, 문자는 검정색으로 한다.

정답 ③

095 대기환경보전법령상 자동차연료형 첨가제의 종류에 해당하지 않는 것은? (단, 기타 사항은 고려하지 않음)

① 세탄가첨가제 ② 다목적첨가제
③ 청정분산제 ④ 유동성향상제

참고 대기환경보전법 시행규칙 [별표 6]
  자동차연료형 첨가제의 종류(제8조 관련)

1. 세척제
2. 청정분산제
3. 매연억제제
4. 다목적첨가제
5. 옥탄가향상제
6. 세탄가향상제
7. 유동성향상제
8. 윤활성 향상제
9. 그 밖에 환경부장관이 배출가스를 줄이기 위하여 필요하다고 정하여 고시하는 것

정답 ①

---

096 대기환경보전법령상의 용어 정의로 옳지 않은 것은?

① 가스 : 물질이 연소·합성·분해될 때 발생하거나 물리적 성질로 인해 발생하는 기체상물질
② 기후·생태계 변화유발물질 : 지구온난화 등으로 생태계의 변화를 가져올 수 있는 기체상물질로서 온실가스와 환경부령으로 정하는 것
③ 휘발성유기화합물 : 석유화학제품, 유기용제, 그 밖의 물질로서 관계 중앙행정기관의 장이 고시하는 것
④ 매연 : 연소할 때 생기는 유리탄소가 주가 되는 미세한 입자상물질

③ 휘발성유기화합물 : 탄화수소류 중 석유화학제품, 유기용제, 그 밖의 물질로서 환경부장관이 관계 중앙행정기관의 장과 협의하여 고시하는 것

정답 ③

---

097 대기환경보전법령상 초과부과금의 산정에 필요한 오염물질 1kg당 부과금액이 가장 높은 것은?

① 시안화수소 ② 암모니아
③ 먼지 ④ 이황화탄소

대기환경보전법 시행령 [별표 4] <개정 2018. 12. 31.>
질소산화물 관련 부분

초과부과금 산정기준(제24조제2항 관련)

(금액 : 원)

오염물질	금액
염화수소	7,400
시안화수소	7,300
황화수소	6,000
불소화물	2,300
질소산화물	2,130
이황화탄소	1,600
암모니아	1,400
먼지	770
황산화물	500

정답 ①

---

098 악취방지법령상의 용어 정의로 옳지 않은 것은?

① "통합악취"란 두 가지 이상의 악취물질이 함께 작용하여 사람의 후각을 자극하여 불쾌감과 혐오감을 주는 냄새를 말한다.
② "악취배출시설"이란 악취를 유발하는 시설, 기계, 기구, 그 밖의 것으로서 환경부장관이 관계 중앙행정기관의 장과 협의하여 환경부령으로 정하는 것을 말한다.
③ "악취"란 황화수소, 메르캅탄류, 아민류, 그 밖에 자극성이 있는 물질이 사람의 후각을 자극하여 불쾌감과 혐오감을 주는 냄새를 말한다.
④ "지정악취물질"이란 악취의 원인이 되는 물질로서 환경부령으로 정하는 것을 말한다.

① "복합악취"란 두 가지 이상의 악취물질이 함께 작용하여 사람의 후각을 자극하여 불쾌감과 혐오감을 주는 냄새를 말한다.

정답 ①

099 대기환경보전법령상 특정대기유해물질에 해당하지 않는 것은?

① 프로필렌 옥사이드
② 니켈 및 그 화합물
③ 아크롤레인
④ 1,3-부타디엔

100 악취방지법령상 지정악취물질과 배출허용기준, 엄격한 배출허용기준 범위의 연결이 옳지 않은 것은? (단, 공업지역 기준)

	지정 악취물질	배출허용기준 (ppm)	엄격한 배출허용기준 범위(ppm)
㉠	톨루엔	30 이하	10~30
㉡	프로피온산	0.07 이하	0.03~0.07
㉢	스타이렌	0.8 이하	0.4~0.8
㉣	뷰틸아세테이트	5 이하	1~5

① ㉠
② ㉡
③ ㉢
④ ㉣

MEMO

기출

대기환경 산업기사

2018년 03월 04일

2018년 제1회 대기환경산업기사

2018년 03월 04일

1과목 대기오염 개론

001 대기오염현상 중 광화학 스모그에 대한 설명으로 거리가 먼 것은?

① 미국 로스엔젤레스에서 시작되어 자동차 운행이 많은 대도시지역에서도 관측되고 있다.
② 일사량이 크고 대기가 안정되어 있을 때 잘 발생된다.
③ 주된 원인물질은 자동차배기가스 내 포함된 SO_2, CO 화합물의 대기확산이다.
④ 광화학산화물인 오존의 농도는 아침에 서서히 증가하기 시작하여 일사량이 최대인 오후에 최대의 경향을 나타내고 다시 감소한다.

③ 광화학 스모그의 원인 물질은 자동차 배기가스의 NO_x 임

	런던 스모그	LA 스모그
발생시기	새벽~이른아침	한낮(12시~2시 최대)
온도	4℃ 이하	24℃ 이상
습도	습윤 (90% 이상)	건조 (70% 이하)
바람	무풍	무풍
역전종류	복사성 역전	침강성 역전
오염원인	석탄연료의 매연 (가정, 공장)	자동차 매연(NO_x)
오염물질	SO_x	옥시던트
반응형태	환원	산화
시정거리	100m 이하	1km 이하
피해 및 영향	호흡기 질환 사망자 최대	눈, 코, 기도 점막자극 고무 등의 손상
발생기간	단기간	장기간

정답 ③

002 대기 중 탄화수소(HC)에 대한 설명으로 옳지 않은 것은?

① 지구규모의 발생량으로 볼 때 자연적 발생량이 인위적 발생량보다 많다.
② 탄화수소는 대기 중에서 산소, 질소, 염소 및 황과 반응하여 여러 종류의 탄화수소 유도체를 생성한다.
③ 탄화수소류 중에서 이중결합을 가진 올레핀 화합물은 포화 탄화수소나 방향족 탄화수소보다 대기 중에서의 반응성이 크다.
④ 대기환경 중 탄화수소는 기체, 액체, 고체로 존재하며 탄소원자 1~12개인 탄화수소는 상온, 상압에서 기체로, 12개를 초과하는 것은 액체 또는 고체로 존재한다.

④ C_1~C_4는 기체, C_5~C_{16}는 액체, C_{17} 이상은 고체

정답 ④

003 광화학적 스모그(smog)의 3대 주요 원인요소와 거리가 먼 것은?

① 아황산가스
② 자외선
③ 올레핀계 탄화수소
④ 질소산화물

광화학 스모그의 3대 요소

질소산화물, 올레핀계 탄화수소, 자외선

정답 ①

004 다음 중 인체 내에서 콜레스테롤, 인지질 및 지방분의 합성을 저해하거나 기타 다른 영양물질의 대사장애를 일으키며, 만성폭로 시 설태가 끼는 대기오염물질의 원소기호로 가장 적합한 것은?

① Se   ② Tl
③ V   ④ Al

바나듐(V) : 인후자극, 설태

정답 ③

005 다음 대기오염과 관련된 역사적 사건 중 주로 자동차 등에서 배출되는 오염물질로 인한 광화학 반응에 기인한 것은?

① 뮤즈(Meuse) 계곡 사건
② 런던(London) 사건
③ 로스엔젤레스(Los Angeles) 사건
④ 포자리카(Pozarica) 사건

물질별 사건 정리

· 포자리카 : 황화수소

· 보팔 : 메틸이소시아네이트

· 세베소 : 다이옥신

· LA 스모그 : 자동차 배기가스의 NO_x, 옥시던트

· 체르노빌, TMI : 방사능 물질

· 나머지 사건 : 화석연료 연소에 의한 SO_2, 매연, 먼지

정답 ③

006 기본적으로 다이옥신을 이루고 있는 원소구성으로 가장 옳게 연결된 것은? (단, 산소는 2개이다.)

① 1개의 벤젠고리, 2개 이상의 염소
② 2개의 벤젠고리, 2개 이상의 불소
③ 1개의 벤젠고리, 2개 이상의 불소
④ 2개의 벤젠고리, 2개 이상의 염소

정답 ④

007 포스겐에 관한 설명으로 가장 적합한 것은?

① 분자량 98.9이고, 수분 존재 시 금속을 부식시킨다.
② 물에 쉽게 용해되는 기체이며, 인체에 대한 유독성은 약한 편이다.
③ 황색의 수용성 기체이며, 인체에 대한 급성 중독으로는 과혈당과 소화기관 및 중추신경계의 이상 등이 있다.
④ 비점은 120℃, 융점은 −58℃ 정도로서 공기 중에서 쉽게 가수분해 되는 성질을 가진다.

포스겐(COCl₂)

· 자극성 풀냄새의 무색 기체

· 수중에서 급속히 염산으로 분해되므로 매우 위험

정답 ①

008 다음 국제적인 환경관련 협약 중 오존층 파괴 물질인 염화불화탄소의 생산과 사용을 규제하려는 목적에서 제정된 것은?

① 람사협약   ② 몬트리올의정서
③ 바젤협약   ④ 런던협약

· 람사협약 : 습지보전

· 바젤협약 : 국가간 유해폐기물 이동 규제

· 런던협약 : 폐기물 해양투기 금지

· 몬트리올의정서 : 오존층 파괴물질인 CFC 삭감 결의

정답 ②

009 SO_2의 식물 피해에 관한 설명으로 가장 거리가 먼 것은?

① 낮보다는 밤에 피해가 심하다.
② 식물잎 뒤쪽 표피 밑의 세포가 피해를 입기 시작한다.
③ 반점 발생경향은 맥간반점을 띤다.
④ 협죽도, 양배추 등이 SO_2에 강한 식물이다.

① 밤보다는 낮에 피해가 심하다.

대기오염물질에 의한 피해 정도

· 낮>밤

· 공단, 도시>농촌

정답 ①

010 A공장에서 배출되는 가스량이 480m³/min(아황산가스 0.20%(V/V)를 포함)이다. 연간 25%(부피기준)가 같은 방향으로 유출되어 인근 지역의 식물생육에 피해를 주었다고 할 때, 향후 8년 동안 이 지역에 피해를 줄 아황산가스 총량은? (단, 표준상태 기준, 공장은 24시간 및 365일 연속가동 된다고 본다.)

① 약 2,548톤
② 약 2,883톤
③ 약 3,252톤
④ 약 3,604톤

$$\frac{480\text{m}^3}{\text{min}} \times \frac{0.2}{100} \times \frac{25}{100} \times \frac{64 \times 10^{-3}\text{t}}{22.4\text{Sm}^3}$$

$$\times \frac{1,440\text{min}}{1\text{d}} \times \frac{365\text{d}}{1\text{yr}} \times 8\text{yr} = 2,883.29\text{t}$$

정답 ②

011 체적이 100m³인 복사실의 공간에서 오존(O_3)의 배출량이 분당 0.4mg인 복사기를 연속 사용하고 있다. 복사기 사용 전의 실내오존(O_3)의 농도가 0.2ppm이라고 할 때 3시간 사용 후 오존농도는 몇 ppb인가? (단, 환기가 되지 않음, 0℃, 1기압 기준으로 하며, 기타 조건은 고려하지 않음)

① 268
② 383
③ 424
④ 536

1) 처음 오존농도 : 0.2ppm = 200ppb

2) 발생 오존농도

$$= \frac{\text{오존}(\text{m}^3)}{\text{실내}(\text{m}^3)} \times \frac{10^9\text{ppb}}{1}$$

$$= \frac{\frac{0.4\text{mg}}{\text{분}} \times \frac{22.4\text{Sm}^3}{48\text{kg}} \times \frac{60\text{분}}{\text{hr}} \times \frac{1\text{kg}}{10^6\text{mg}} \times 3\text{hr}}{100(\text{m}^3)} \times 10^9\text{ppb}$$

$$= 336\text{ppb}$$

∴ 3시간 사용 후 오존농도 = 처음농도 + 발생농도
= 200 + 336 = 536ppb

정답 ④

012 자동차 배출가스 발생에 관한 설명으로 가장 거리가 먼 것은?

① 일반적으로 자동차의 주요 유해배출가스는 CO, NO_x, HC 등이다.
② 휘발유 자동차의 경우 CO는 가속시, HC는 정속시, NO_x는 감속시에 상대적으로 많이 발생한다.
③ CO는 연료량에 비하여 공기량이 부족할 경우에 발생한다.
④ NO_x는 높은 연소온도에서 많이 발생하며, 매연은 연료가 미연소하여 발생한다.

	HC	CO	NO_x	CO_2
많이 나올 때	감속	공전, 가속	가속	운행
적게 나올 때	운행	운행	공전	공전, 감속

정답 ②

013 공기 중에서 직경 $2\mu m$의 구형 매연입자가 스토크스 법칙을 만족하며 침강할 때, 종말 침강속도는? (단, 매연입자의 밀도는 $2.5g/cm^3$, 공기의 밀도는 무시하며, 공기의 점도는 $1.81\times10^{-4}g/cm \cdot sec$)

① 0.015cm/s   ② 0.03cm/s

③ 0.055cm/s   ④ 0.075cm/s

$$V_g = \frac{(\rho_p - \rho)\times d^2 \times g}{18\mu}$$

$$= \frac{(2,500-1.3)kg/m^3 \times (2\mu m \times 10^{-6}m/\mu m)^2 \times 9.8m/s^2}{18 \times 1.81 \times 10^{-5}kg/m\cdot s}$$

$$= 3.006 \times 10^{-4}m/s$$

$$= 3.006 \times 10^{-2}cm/s$$

$$= 0.03006cm/s$$

정답 ②

014 유효굴뚝높이가 130m인 굴뚝으로부터 SO_2가 30g/sec로 배출되고 있고, 유효고 높이에서 바람이 6m/sec로 불고 있다고 할 때, 다음 조건에 따른 지표면 중심선의 농도는? (단, 가우시안형의 대기오염 확산방정식 적용, σ_y : 220m, σ_z : 40m)

① $0.92\mu g/m^3$ ② $0.73\mu g/m^3$

③ $0.56\mu g/m^3$ ④ $0.33\mu g/m^3$

연기 중심선상 오염물질 지표 농도

$$C(x,0,0,H_e) = \frac{Q}{\pi U \sigma_y \sigma_z}\exp\left[-\frac{1}{2}\left(\frac{H_e}{\sigma_z}\right)^2\right]$$

$$= \frac{30\times10^6 \mu g/s}{\pi \times 6m/s \times 220m \times 40m}\exp\left[-\frac{1}{2}\left(\frac{130}{40}\right)^2\right]$$

$$= 0.919\mu g/m^3$$

정답 ①

015 라디오존데(radiosonde)는 주로 무엇을 측정하는 데 사용되는 장비인가?

① 고층대기의 초고주파의 주파수(20kHz 이상) 이동상태를 측정하는 장비
② 고층대기의 입자상 물질의 농도를 측정하는 장비
③ 고층대기의 가스상 물질의 농도를 측정하는 장비
④ 고층대기의 온도, 기압, 습도, 풍속 등의 기상요소를 측정하는 장비

라디오존데(Radiosonde)

· 고층대기의 온도, 기압, 습도, 풍향, 풍속 등의 기상요소를 측정하는 장비

· 라디오존데를 통해 혼합고, 환경감율을 알 수 있음

정답 ④

016 경도모델(또는 K-이론모델)을 적용하기 위한 가정으로 거리가 먼 것은?

① 연기의 축에 직각인 단면에서 오염의 농도분포는 가우스 분포(정규분포)이다.
② 오염물질은 지표를 침투하지 못하고 반사한다.
③ 배출원에서 오염물질의 농도는 무한하다.
④ 배출원에서 배출된 오염물질은 그 후 소멸하고, 확산계수는 시간에 따라 변한다.

확산계수는 변하지 않는다.

정답 ④

017 대기구조를 대기의 분자 조성에 따라 균질층(homosphere)과 이질층(heterosphere)으로 구분할 때 다음 중 균질층의 범위로 가장 적절한 것은?

① 지상 0~50km   ② 지상 0~88km

③ 지상 0~155km   ④ 지상 0~200km

균질층 : 고도 약 0~80km

이질층 : 고도 80km 이상

정답 ②

018 불활성 기체로 일명 웃음의 기체라고도 하며, 대류권에서는 온실가스로, 성층권에서는 오존층 파괴물질로 알려진 것은?

① NO ② NO_2
③ N_2O ④ N_2O_5

019 다음 중 복사역전(radiation inversion)이 가장 잘 발생하는 계절과 시기는?

① 여름철 맑은 날 정오
② 여름철 흐린 날 오후
③ 겨울철 맑은 날 이른아침
④ 겨울철 흐린 날 오후

복사역전
· 밤에서 새벽까지 단기간 형성
· 밤에 지표면 열 냉각되어 기온역전 발생
· 일출직전에 하늘이 맑고 바람이 적을 때 가장 강하게 형성

020 악취처리방법 중 특히 인체에 독성이 있는 악취 유발물질이 포함된 경우의 처리방법으로 가장 부적합한 것은?

① 국소환기(local ventilation)
② 흡착(adsorption)
③ 흡수(absorption)
④ 위장(masking)

독성물질은 제거해야 하므로, 위장은 적합하지 않음

021 다음은 굴뚝 배출가스 중의 질소산화물을 아연 환원 나프틸에틸렌디아민법으로 분석 시약과 장치의 구비조건이다. ( )안에 알맞은 것은?

> 질소산화물분석용 아연분말은 시약 1급의 아연분말로서 질산이온의 아질산이온으로의 환원율이 (㉠) 이상인 것을 사용하고, 오존발생장치는 오존이 (㉡) 정도의 오존 농도를 얻을 수 있는 것을 사용한다.

① ㉠ 65% ㉡ 부피분율 0.1%
② ㉠ 90% ㉡ 부피분율 0.1%
③ ㉠ 65% ㉡ 부피분율 1%
④ ㉠ 90% ㉡ 부피분율 1%

아연분말(질소산화물 분석용)

시약 1급의 아연분말로써 질산이온의 아질산이온으로의 환원율이 90% 이상인 것을 사용한다.

오존발생장치

오존발생장치는 오존이 (부피분율 1%) 정도의 오존 농도를 얻을 수 있는 것으로써 질소산화물의 생성량이 적고, 그 산포 또한 작은 것이어야 한다.

022 굴뚝 배출가스 중 먼지 채취 시 배출구(굴뚝)의 직경이 2.2m의 원형 단면일 때, 필요한 측정점의 반경구분수와 측정점수는?

① 반경구분수 1, 측정점수 4
② 반경구분수 2, 측정점수 8
③ 반경구분수 3, 측정점수 12
④ 반경구분수 4, 측정점수 16

배출가스 중 입자상 물질 시료채취방법

원형 단면의 측정점

굴뚝직경 2R(m)	반경구분수	측정점수
1 이하	1	4
1 초과 2 이하	2	8
2 초과 4 이하	3	12
4 초과 4.5 이하	4	16
4.5 초과	5	20

정답 ③

023 다음은 굴뚝 배출가스 중 크롬화합물을 자외선가시선분광법으로 측정하는 방법이다. ( )안에 알맞은 것은?

시료용액 중의 크롬을 과망간산포타슘에 의하여 6가로 산화하고, (㉠)을/를 가한 다음, 아질산소듐으로 과량의 과망간산염을 분해한 후 다이페닐카바자이드를 가하여 발색시키고, 파장 (㉡) nm 부근에서 흡수도를 측정하여 정량하는 방법이다.

① ㉠ 아세트산, ㉡ 460
② ㉠ 요소, ㉡ 460
③ ㉠ 아세트산, ㉡ 540
④ ㉠ 요소, ㉡ 540

배출가스 중 크로뮴화합물 – 자외선/가시선분광법

시료용액 중의 크로뮴을 과망간산포타슘에 의하여 6가로 산화하고, 요소를 가한 다음, 아질산소듐으로 과량의 과망간산염을 분해한 후 다이페닐카바자이드를 가하여 발색시키고, 파장 540nm 부근에서 흡수도를 측정하여 정량하는 방법이다.

[개정-용어변경] 크롬 → 크로뮴

정답 ④

024 다음은 굴뚝에서 배출되는 먼지측정방법에 관한 설명이다. ( )안에 알맞은 말을 순서대로 옳게 나열한 것은?

"수동식 채취기를 사용하여 굴뚝에서 배출되는 기체 중의 먼지를 측정할 때 흡입가스량은 원칙적으로 (㉠) 여과지 사용 시 포집면적 1cm^{2}당 (㉡)mg 정도이고, (㉢) 여과지 사용 시 전체 먼지포집량이 (㉣)mg 이상이 되도록 한다"

① ㉠ 원통형, ㉡ 0.5, ㉢ 원형, ㉣ 1
② ㉠ 원통형, ㉡ 1, ㉢ 원형, ㉣ 5
③ ㉠ 원형, ㉡ 0.5, ㉢ 원통형, ㉣ 1
④ ㉠ 원형, ㉡ 1, ㉢ 원통형, ㉣ 5

배출가스 중 입자상 물질 시료채취방법 – 수동식 채취기

흡입가스량은 원칙적으로 채취량이 원형여과지일 때 채취면적 1cm^2 당 1mg 정도, 원통형여과지일 때는 전체채취량이 5mg 이상 되도록 한다. 다만, 동 채취량을 얻기 곤란한 경우에는 흡입유량을 400L 이상 또는 흡입시간을 40분 이상으로 한다.

정답 ④

025 굴뚝 배출가스 중의 아황산가스 측정방법 중 연속자동측정법이 아닌 것은?

① 용액전도율법 ② 적외선형광법
③ 정전위전해법 ④ 불꽃광도법

배출가스 중 연속자동측정방법	
측정물질	측정방법
먼지	·광산란적분법 ·베타(β)선 흡수법 ·광투과법
아황산가스	·용액전도율법 ·적외선흡수법 ·자외선흡수법 ·정전위전해법 ·불꽃광도법
질소산화물	·설치방식 : 시료채취형, 굴뚝부착형 ·측정원리 : 화학발광법, 적외선흡수법, 자외선흡수법 및 정전위전해법 등
염화수소	·이온전극법 ·비분산 적외선 분석법
불화수소	·이온전극법
암모니아	·용액전도율법 ·적외선가스분석법
배출가스 유량	·피토관을 이용하는 방법 ·열선 유속계를 이용하는 방법 ·와류 유속계를 이용하는 방법

정답 ②

026 굴뚝에서 배출되는 염소가스를 분석하는 오르토톨리딘법에서 분석용 시료의 시험온도로 가장 적합한 것은?

① 약 0℃ ② 약 10℃
③ 약 20℃ ④ 약 50℃

약 20℃에서 분석용 시료를 10mm 셀에 취한다.

정답 ③

027 굴뚝 배출가스 중 납화합물 분석을 위한 자외선 가시선분광법에 관한 설명으로 옳은 것은?

① 납착염의 흡광도를 450nm에서 측정하여 정량하는 방법이다.
② 시료 중 납이온이 디티존과 반응하여 생성되는 납 디티존 착염을 사염화탄소로 추출한다.
③ 납착물은 시간이 경과하면 분해되므로 20℃ 이하의 빛이 차단된 곳에서 단시간에 측정한다.
④ 시료 중 납성분 추출 시 시안화포타슘용액으로 세정조작을 수회 반복하여도 무색이 되지 않는 이유는 다량의 비소가 함유되어 있기 때문이다.

① 납착염의 흡광도를 520nm에서 측정하여 정량하는 방법이다.
② 납 이온을 시안화포타슘 용액 중에서 디티존에 적용시켜서 생성되는 납 디티존 착염을 클로로포름으로 추출한다.
③ 납착물은 시간이 경과하면 분해되므로 20℃ 이하의 빛이 차단된 곳에서 단시간에 측정한다.
④ 시료 중 납성분 추출 시 시안화포타슘용액으로 세정조작을 수회 반복하여도 무색이 되지 않는 이유는 다량의 비스무트가 함유되어 있기 때문이다.

[개정] "배출가스 중 납화합물 - 자외선/가시선분광법"은 공정시험기준에서 삭제되어 더 이상 출제되지 않습니다.

정답 ③

028 아황산가스(SO_2) 25.6g을 포함하는 2L 용액의 몰농도(M)는?

① 0.02M ② 0.1M
③ 0.2M ④ 0.4M

$$\frac{25.6g}{2L} \times \frac{1 mol}{64g} = 0.2 mol/L$$

정답 ③

029 비분산적외선분광분석법에 관한 설명으로 옳지 않은 것은?

① 선택성 검출기를 이용하여 적외선의 흡수량 변화를 측정하여 시료중 성분의 농도를 구하는 방법이다.
② 광원은 원칙적으로 니크롬선 또는 탄화규소의 저항체에 전류를 흘려 가열한 것을 사용한다.
③ 대기중 오염물질을 연속적으로 측정하는 비분산 정필터형 적외선 가스분석기에 대하여 적용한다.
④ 비분산(Nondispersive)은 빛을 프리즘이나 회절격자와 같은 분산소자에 의해 충분히 분산되는 것을 말한다.

④ 비분산(Nondispersive)은 빛을 프리즘이나 회절격자와 같은 분산소자에 의해 분산하지 않는 것을 말한다.

[개정-용어변경] 니크롬 → 니크로뮴

정답 ④

030 링겔만 매연 농도표를 이용한 방법에서 매연 측정에 관한 설명으로 옳지 않은 것은?

① 농도표는 측정자의 앞 16cm에 놓는다.
② 농도표는 굴뚝배출구로부터 30~45cm 떨어진 곳의 농도를 관측 비교한다.
③ 측정자의 눈높이에 수직이 되게 관측 비교한다.
④ 매연의 검은 정도를 6종으로 분류한다.

① 농도표는 측정자의 앞 16m에 놓는다.

정답 ①

031 대기오염공정시험기준상 용기에 관한 용어 정의로 옳지 않은 것은?

① "용기"라 함은 시험용액 또는 시험에 관계된 물질을 보존, 운반 또는 조작하기 위하여 넣어두는 것으로 시험에 지장을 주지 않도록 깨끗한 것을 뜻한다.
② "밀폐용기"라 함은 물질을 취급 또는 보관하는 동안에 이물이 들어가거나 내용물이 손실되지 않도록 보호하는 용기를 뜻한다.
③ "기밀용기"라 함은 광선을 투과하지 않은 용기 또는 투과하지 않게 포장을 한 용기로서 취급 또는 보관하는 동안에 내용물의 광화학적 변화를 방지할 수 있는 용기를 뜻한다.
④ "밀봉용기"라 함은 물질을 취급 또는 보관하는 동안에 기체 또는 미생물이 침입하지 않도록 내용물을 보호하는 용기를 뜻한다.

용기

· "용기"라 함은 시험용액 또는 시험에 관계된 물질을 보존, 운반 또는 조작하기 위하여 넣어두는 것으로 시험에 지장을 주지 않도록 깨끗한 것을 뜻한다.
· "밀폐용기"라 함은 물질을 취급 또는 보관하는 동안에 이물이 들어가거나 내용물이 손실되지 않도록 보호하는 용기를 뜻한다.
· "기밀용기"라 함은 물질을 취급 또는 보관하는 동안에 외부로부터의 공기 또는 다른 가스가 침입하지 않도록 내용물을 보호하는 용기를 뜻한다.
· "밀봉용기"라 함은 물질을 취급 또는 보관하는 동안에 기체 또는 미생물이 침입하지 않도록 내용물을 보호하는 용기를 뜻한다.
· "차광용기"라 함은 광선을 투과하지 않은 용기 또는 투과하지 않게 포장을 한 용기로서 취급 또는 보관하는 동안에 내용물의 광화학적 변화를 방지할 수 있는 용기를 뜻한다.

정답 ③

032 환경대기 중 아황산가스 농도를 측정함에 있어 파라로자닐린법을 사용할 경우 알려진 주요 방해 물질과 거리가 먼 것은?

① Cr
② O_3
③ NO_x
④ NH_3

환경대기 중 아황산가스 측정방법 – 파라로자닐린법

알려진 주요 방해물질은 질소산화물(NO_x), 오존(O_3), 망간(Mn), 철(Fe) 및 크롬(Cr)이다.

NO_x의 방해는 설퍼민산(NH_3SO_3)을 사용함으로써 제거할 수 있고 오존의 방해는 측정기간을 늦춤으로써 제거된다.

정답 ④

033 어느 지역에 환경기준시험을 위한 시료채취 지점수(측정점수)는 약 몇 개소인가? (단, 인구비례에 의한 방법기준)

- 그 지역 가주지 면적 = 80km²
- 그 지역 인구밀도 = 1,500명/km²
- 전국 평균인구밀도 = 450명/km²

① 6개소
② 11개소
③ 18개소
④ 23개소

환경대기 시료채취방법

시료채취 지점수 및 채취 장소의 결정
– 인구비례에 의한 방법

측정점수

$$= \frac{\text{그 지역 가주지 면적}}{25\,km^2} \times \frac{\text{그 지역 인구밀도}}{\text{전국 평균인구밀도}}$$

$$= \frac{80km^2}{25km^2} \times \frac{1,500 명/km^2}{450 명/km^2} = 10.66 ≒ 11$$

정답 ②

034 환경대기 중 먼지를 고용량 공기시료 채취기로 채취하고자 한다. 이 방법에 따른 시료채취 유량 으로 가장 적합한 것은?

① 10~300L/min
② 0.5~1.0m³/min
③ 1.2~1.7m³/min
④ 2.2~2.8m³/min

환경대기 중 먼지 측정방법 – 고용량 공기시료채취기법

채취을 시작하고부터 5분 후에 유량계의 눈금을 읽어 유량을 기록하고 유량계는 떼어 놓는다. 이때의 유량은 보통 1.2~1.7m³/min 정도 되도록 한다.

정답 ③

035 비분산적외선분광분석법에서 분석기의 최저 눈금 값을 교정하기 위하여 사용하는 가스는?

① 비교가스
② 제로가스
③ 스팬가스
④ 혼합가스

비분산적외선분광분석법

비교가스 : 시료 셀에서 적외선 흡수를 측정하는 경우 대조 가스로 사용하는 것으로 적외선을 흡수하지 않는 가스

제로가스 : 분석기의 최저 눈금 값을 교정하기 위하여 사용 하는 가스

스팬가스 : 분석기의 최고 눈금 값을 교정하기 위하여 사용 하는 가스

정답 ②

036 자외선가시선분광법에서 장치 및 장치 보정에 관한 설명으로 옳지 않은 것은?

① 가시부와 근적외부의 광원으로는 주로 텅스텐 램프를 사용하고 자외부의 광원으로는 주로 중수소 방전관을 사용한다.

② 일반적으로 흡광도 눈금의 보정은 110℃에서 3시간 이상 건조한 과망간산칼륨(1급 이상)을 N/10 수산화소듐 용액에 녹인 과망간산소듐 용액으로 보정한다.

③ 광전관, 광전자증배관은 주로 자외 내지 가시 파장 범위에서 광전도셀은 근적외 파장범위에서, 광전지는 주로 가시파장 범위 내에서의 광전측광에 사용된다.

④ 광전광도계는 파장 선택부에 필터를 사용한 장치로 단광속형이 많고 비교적 구조가 간단하여 작업분석용에 적당하다.

---

② 일반적으로 흡광도 눈금의 보정은 110℃에서 3시간 이상 건조한 중크롬산칼륨(1급 이상)을 N/20 수산화포타슘 용액에 녹여 다이크로뮴산포타슘 용액으로 보정한다.

자외선/가시선분광법 – 흡광도 눈금의 보정(개정후)

110℃에서 3시간 이상 건조한 다이크로뮴산포타슘(1급 이상)을 0.05mol/L 수산화포타슘(KOH) 용액에 녹여 다이크로뮴산포타슘($K_2Cr_2O_7$) 용액을 만든다. 그 농도는 시약의 순도를 고려하여 $K_2Cr_2O_7$으로서 0.0303g/L가 되도록 한다. 이 용액의 일부를 신속하게 10.0mm 흡수셀에 취하고 25℃에서 1nm 이하의 파장폭에서 흡광도를 측정한다.

[개정-용어변경] 중크롬산칼륨 → 다이크로뮴산포타슘

정답 ②

---

037 다음은 환경대기 시료 채취방법에 관한 설명이다. 가장 적합한 것은?

이 방법은 측정대상 기체와 선택적으로 흡수 또는 반응하는 용매에 시료가스를 일정유량으로 통과시켜 채취하는 방법으로 채취관 – 여과재 – 채취부 – 흡입펌프 – 유량계(가스미터)로 구성된다.

① 용기채취법
② 채취용 여과지에 의한 방법
③ 고체흡착법
④ 용매채취법

환경대기 시료채취방법 – 가스상물질의 시료채취방법

직접 채취법 : 시료를 측정기에 직접 도입하여 분석하는 방법으로 채취관 – 분석장치 – 흡입펌프로 구성된다.

용기채취법 : 시료를 일단 일정한 용기에 채취한 다음 분석에 이용하는 방법으로 채취관 – 용기, 또는 채취관 – 유량조절기 – 흡입펌프 – 용기로 구성된다.

용매채취법 : 측정대상 기체와 선택적으로 흡수 또는 반응하는 용매에 시료가스를 일정유량으로 통과시켜 채취하는 방법으로 채취관 – 여과재 – 채취부 – 흡입펌프 – 유량계(가스미터)로 구성된다.

고체흡착법 : 고체분말표면에 기체가 흡착되는 것을 이용하는 방법으로 시료채취장치는 흡착관, 유량계 및 흡입펌프로 구성한다.

저온농축법 : 탄화수소와 같은 기체성분을 냉각제로 냉각 응축시켜 공기로부터 분리 채취하는 방법으로 주로 GC나 GC/MS 분석기에 이용한다.

정답 ④

038 굴뚝 내의 배출가스 유속을 피토관으로 측정한 결과 그 동압이 2.2mmHg이었다면 굴뚝 내의 배출가스의 평균유속(m/sec)은? (단, 배출가스 온도 250℃, 공기의 비중량 1.3kg/Sm³, 피토관계수 1.2이다.)

① 8.6
② 16.9
③ 25.5
④ 35.3

039 대기오염공정시험기준에서 정하고 있는 온도에 대한 설명으로 옳지 않은 것은?

① 냉수 : 15℃ 이하
② 찬 곳은 따로 규정이 없는 한 0~15℃의 곳
③ 온수 : 35~50℃
④ 실온 : 1~35℃

040 다음 중 배출가스유량 보정식으로 옳은 것은?
(단, Q : 배출가스유량(Sm³/일),
O_s : 표준산소농도(%),
O_a : 실측산소농도(%),
Q_a : 실측배출가스유량(Sm³/일))

① $Q = Q_a \div \dfrac{21 - O_s}{21 - O_a}$

② $Q = Q_a \times \dfrac{21 - O_s}{21 - O_a}$

③ $Q = Q_a \div \dfrac{21 + O_s}{21 + O_a}$

④ $Q = Q_a \times \dfrac{21 + O_s}{21 + O_a}$

대기오염 방지기술

041 다음 연소장치 중 대용량 버너제작이 용이하나, 유량조절범위가 좁아(환류식 1 : 3, 비환류식 1 : 2 정도) 부하변동에 적응하기 어려우며, 연료 분사범위가 15~2,000L/hr 정도인 것은?

① 회전식 버너
② 건타입 버너
③ 유압분무식 버너
④ 고압기류 분무식 버너

> 참고 필기 이론 교재 334쪽 분무화 연소 방식(버너)
>
> 정답 ③

042 두 개의 집진장치를 직렬로 연결하여 배출가스 중의 먼지를 제거하고자 한다. 입구 농도는 14g/m³이고, 첫 번째와 두 번째 집진장치의 집진효율이 각각 75%, 95%라면 출구 농도는 몇 mg/m³인가?

① 175
② 211
③ 236
④ 241

> $C = C_o(1 - \eta_1)(1 - \eta_2)$
>
> $= 14(1 - 0.75)(1 - 0.95)$
>
> $= 0.175\text{g}/\text{m}^3 \times \dfrac{1,000\text{mg}}{1\text{g}} = 175\text{mg}/\text{m}^3$
>
> 정답 ①

043 여과집진장치의 간헐식 탈진방식에 관한 설명으로 옳지 않은 것은?

① 분진의 재비산이 적다.
② 높은 집진율을 얻을 수 있다.
③ 고농도, 대용량의 처리가 용이하다.
④ 진동형과 역기류형, 역기류 진동형이 있다.

> · 연속식 : 고농도, 대용량 처리가 용이하다.
> · 간헐식 : 저농도, 소량 처리가 용이하다.
>
> 정답 ③

044 중유 1kg에 수소 0.15kg, 수분 0.002kg이 포함되어 있고, 고위발열량이 10,000kcal/kg일 때, 이 중유 3kg의 저위발열량은 대략 몇 kcal인가?

① 29,990
② 27,560
③ 10,000
④ 9,200

> 1) 저위발열량(kcal/kg)
>
> $H_l = H_h - 600(9H + W)$
>
> $= 10,000 - 600(9 \times 0.15 + 0.002)$
>
> $= 9,188.8\text{kcal}/\text{kg}$
>
> 2) 중유 3kg의 저위발열량(kg)
>
> $9,188.8\text{kcal}/\text{kg} \times 3\text{kg} = 27,566.4\text{kcal}$
>
> 정답 ②

045 미분탄연소의 장점으로 거리가 먼 것은?

① 연소량의 조절이 용이하다.
② 비산먼지의 배출량이 적다.
③ 부하변동에 쉽게 응할 수 있다.
④ 과잉공기에 의한 열손실이 적다.

> ② 미분탄연소는 비산먼지 배출량이 많다.
>
> 정답 ②

046 같은 화학적 조성을 갖는 먼지의 입경이 작아질 때 입자의 특성변화에 관한 설명으로 가장 적합한 것은?

① stokes식에 따른 입자의 침강속도는 커진다.
② 중력집진장치에서 집진효율과는 무관하다.
③ 입자의 원심력은 커진다.
④ 입자의 비표면적은 커진다.

입경이 작아지면,
· 비표면적이 커짐
· 반응속도 빨라짐
· 반응효율 증가함

정답 ④

047 벤젠을 함유한 유해가스의 일반적 처리방법은?

① 세정법
② 선택환원법
③ 접촉산화법
④ 촉매연소법

벤젠 : 촉매연소에 의한 제거

정답 ④

048 흡수탑을 이용하여 배출가스 중의 염화수소를 수산화나트륨 수용액으로 제거하려고 한다. 기상 총괄이동단위높이(HOG)가 1m인 흡수탑을 이용하여 99%의 흡수효율을 얻기 위한 이론적 흡수탑의 충전높이는?

① 4.6m
② 5.2m
③ 5.6m
④ 6.2m

$$h = HOG \times NOG = 1m \times \ln\left(\frac{1}{1-0.99}\right)$$

$$= 4.6m$$

정답 ①

049 배출가스 중 질소산화물의 처리방법인 촉매환원법에 적용하고 있는 일반적인 환원가스와 거리가 먼 것은?

① H_2S
② NH_3
③ CO_2
④ CH_4

선택적 촉매환원법(SCR) 환원제

NH_3, $(NH_2)_2CO$, H_2S 등

비선택적 촉매환원법(NCR) 환원제

CH_4, H_2, H_2S, CO

정답 ③

050 연료에 관한 다음 설명 중 가장 거리가 먼 것은?

① 중유는 인화점을 기준으로 하여 주로 A, B, C 중유로 분류된다.
② 인화점이 낮을수록 연소는 잘되나 위험하며, C 중유의 인화점은 보통 70℃ 이상이다.
③ 기체연료는 연소 시 공급연료 및 공기량을 밸브를 이용하여 간단하게 임의로 조절할 수 있어 부하변동범위가 넓다.
④ 4℃ 물에 대한 15℃ 중유의 중량비를 비중이라고 하며, 중유 비중은 보통 0.92~0.97 정도이다.

① 중유는 유동점을 기준으로 하여 A, B, C 중유로 분류된다.

유동점 : 유체가 흐르기 시작하는 온도

정답 ①

051 세정집진장치에서 관성충돌계수를 크게 하는 조건이 아닌 것은?

① 먼지의 밀도가 커야 한다.
② 먼지의 입경이 커야 한다.
③ 액적의 직경이 커야 한다.
④ 처리가스와 액적의 상대속도가 커야 한다.

· 관성충돌 : 물과 먼지가 부딪히는 것

· 관성충돌계수 : 물과 먼지가 잘 부딪히는 정도의 계수

액적의 직경이 작을수록, 먼지는 크고 무거울수록 관성충돌계수가 커진다.

정답 ③

052 원형관에서 유체의 흐름을 파악하는데 레이놀드수(N_{Re})가 사용되는데, 다음 중 레이놀드수와 거리가 먼 것은?

① 관의 직경   ② 유체 점도
③ 입자의 밀도   ④ 유체 평균유속

$$R_e = \frac{관성력}{점성력} = \frac{vd}{\nu} = \frac{\rho vd}{\mu}$$

정답 ③

053 공극률이 20%인 분진의 밀도가 1,700kg/m³이라면, 이 분진의 겉보기 밀도(kg/m³)는?

① 1,280   ② 1,360
③ 1,680   ④ 2,040

$$공극률 = 1 - \frac{겉보기\,밀도}{진밀도}$$

$$n = 1 - \frac{\rho_{겉}}{\rho_{진}}$$

$$0.2 = 1 - \frac{\rho_{겉}}{1,700}$$

$$\therefore \rho_{겉} = 1,360kg/m^3$$

정답 ②

054 분자식이 C_mH_n인 탄화수소가스 1Sm³의 완전연소에 필요한 이론산소량(Sm³)은?

① 4.8m+1.2n   ② 0.21m+0.79n
③ m+0.56n   ④ m+0.25n

$$C_mH_n + \frac{4m+n}{4}O_2 \rightarrow mCO_2 + \frac{n}{2}H_2O$$

$$O_o(Sm^3/Sm^3) = \frac{4m+n}{4} = m + 0.25n$$

정답 ④

055 원심력 집진장치에 대한 설명으로 옳지 않은 것은?

① 사이클론의 배기관경이 클수록 집진율은 좋아진다.
② 블로다운(blow down) 효과가 있으면 집진율이 좋아진다.
③ 처리 가스량이 많아질수록 내통경이 커져 미세한 입자의 분리가 안된다.
④ 입구 가스속도가 클수록 압력손실은 커지나 집진율은 높아진다.

① 사이클론의 배기관경이 작을수록 집진율은 좋아진다.

┌ 먼지 농도, 밀도, 입경 클수록
│ 입구 유속 빠를수록
│ 유량 클수록
│ 회전수 많을수록
│ 몸통 길이 길수록
│ 몸통직경 작을수록
│ 처리가스온도 낮을수록
└ 점도 작을수록

→ 집진효율 증가 / 압력손실 감소

정답 ①

056 다음은 무엇에 관한 설명인가?

> 굵은 입자는 주로 관성충돌작용에 의해 부착되고, 미세한 분진은 확산작용 및 차단작용에 의해 부착되어 섬유의 올과 올 사이에 가교를 형성하게 된다.

① 브리지(bridge) 현상
② 블라인딩(blinding) 현상
③ 블로다운(blow down) 효과
④ 디퓨저 튜브(diffuser tube) 현상

정답 ①

057 자동차 배출가스에서 질소산화물(NO_x)의 생성을 억제시키거나 저감시킬 수 있는 방법과 가장 거리가 먼 것은?

① 배기가스 재순환장치(EGR)
② De-NO_x 촉매장치
③ 터보차저 및 인터쿨러 사용
④ 외관 도장실시

정답 ④

058 배기가스 중에 부유하는 먼지의 응집성에 관한 설명으로 옳지 않은 것은?

① 미세 먼지입자는 브라운 운동에 의해 응집이 일어난다.
② 먼지의 입경이 작을수록 확산운동의 영향을 받고 응집이 된다.
③ 먼지의 입경분포 폭이 작을수록 응집하기 쉽다.
④ 입자의 크기에 따라 분리속도가 다르기 때문에 응집한다.

③ 먼지의 입경분포 폭이 적당해야 응집이 쉽다.

정답 ③

059 전기집진장치에서 방전극과 집진극 사이의 거리가 10cm, 처리가스의 유입속도가 2m/sec, 입자의 분리속도가 5cm/sec일 때, 100% 집진 가능한 이론적인 집진극의 길이(m)는? (단, 배출가스의 흐름은 층류이다.)

① 2
② 4
③ 6
④ 8

> 전기 집진기의 이론적 길이(L)
> $$L = \frac{RU}{w} = \frac{0.1 \times 2}{0.05} = 4m$$

정답 ②

060 흡착에 관한 다음 설명 중 옳은 것은?

① 물리적 흡착은 가역성이 낮다.
② 물리적 흡착량은 온도가 상승하면 줄어든다.
③ 물리적 흡착은 흡착과정의 발열량이 화학적 흡착보다 많다.
④ 물리적 흡착에서 흡착물질은 임계온도 이상에서 잘 흡착된다.

① 물리적 흡착은 가역반응, 화학적 흡착은 비가역 반응
③ 물리적 흡착은 발열량 작음, 화학적 흡착은 발열량 큼
②, ④ 물리적 흡착은 온도 증가하면, 흡착량 줄어듦

정답 ②

061 대기환경보전법상 환경부장관은 대기오염물질과 온실가스를 줄여 대기환경을 개선하기 위한 대기환경개선 종합계획을 몇 년마다 수립하여 시행하여야 하는가?

① 3년   ② 5년
③ 10년   ④ 15년

제11조(대기환경개선 종합계획의 수립 등)
③ 환경부장관은 대기오염물질과 온실가스를 줄여 대기환경을 개선하기 위하여 대기환경개선 종합계획(이하 "종합계획"이라 한다)을 10년마다 수립하여 시행하여야 한다.

정답 ③

062 대기환경보전법규상 정밀검사대상 자동차 및 정밀검사 유효기간기준으로 옳지 않은 것은?

① 비사업용 승용자동차로서 차령 4년 경과된 자동차의 검사유효기간은 2년이다.
② 비사업용 기타자동차로서 차령 3년 경과된 자동차의 검사유효기간은 1년이다.
③ 사업용 승용자동차로서 차령 2년 경과된 자동차의 검사유효기간은 2년이다.
④ 사업용 기타자동차로서 차령 2년 경과된 자동차의 검사유효기간은 1년이다.

③ 사업용 승용자동차로서 차령 2년 경과된 자동차의 검사유효기간은 1년이다.
대기환경보전법 시행규칙 [별표 25] <개정 2008. 4. 17.>
정밀검사대상 자동차 및 정밀검사 유효기간(제96조 관련)

차종		정밀검사대상 자동차	검사 유효기간
비사업용	승용자동차	차령 4년 경과된 자동차	2년
	기타자동차	차령 3년 경과된 자동차	
사업용	승용자동차	차령 2년 경과된 자동차	1년
	기타자동차	차령 2년 경과된 자동차	

정답 ③

063 악취방지법규상 지정악취물질인 메틸아이소뷰틸케톤의 악취배출허용기준은? (단, 단위는 ppm이며, 공업지역)

① 35 이하   ② 30 이하
③ 4 이하   ④ 3 이하

지정악취물질

구분	배출허용기준 (ppm)		엄격한 배출허용 기준 범위(ppm)
	공업지역	기타 지역	공업지역
암모니아	2 이하	1 이하	1~2
메틸메르캅탄	0.004 이하	0.002 이하	0.002~0.004
황화수소	0.06 이하	0.02 이하	0.02~0.06
다이메틸설파이드	0.05 이하	0.01 이하	0.01~0.05
다이메틸다이설파이드	0.03 이하	0.009 이하	0.009~0.03
트라이메틸아민	0.02 이하	0.005 이하	0.005~0.02
아세트알데하이드	0.1 이하	0.05 이하	0.05~0.1
스타이렌	0.8 이하	0.4 이하	0.4~0.8
프로피온알데하이드	0.1 이하	0.05 이하	0.05~0.1
뷰틸알데하이드	0.1 이하	0.029 이하	0.029~0.1
n-발레르알데하이드	0.02 이하	0.009 이하	0.009~0.02
i-발레르알데하이드	0.006 이하	0.003 이하	0.003~0.006
톨루엔	30 이하	10 이하	10~30
자일렌	2 이하	1 이하	1~2
메틸에틸케톤	35 이하	13 이하	13~35
메틸아이소뷰틸케톤	3 이하	1 이하	1~3
뷰틸아세테이트	4 이하	1 이하	1~4
프로피온산	0.07 이하	0.03 이하	0.03~0.07
n-뷰틸산	0.002 이하	0.001 이하	0.001~0.002
n-발레르산	0.002 이하	0.0009 이하	0.0009~0.002
i-발레르산	0.004 이하	0.001 이하	0.001~0.004
i-뷰틸알코올	4.0 이하	0.9 이하	0.9~4.0

정답 ④

064 악취방지법규상 악취배출시설 중 가죽제조시설 (원피저장시설)의 용적규모(기준)는?

① 1m³ 이상   ② 2m³ 이상
③ 5m³ 이상   ④ 10m³ 이상

참고 필기 이론 교재 999쪽

악취방지법 시행규칙 [별표 2] <개정 2021. 12. 31.>

악취배출시설(제3조 관련)

정답 ④

065 대기환경보전법규상 한국환경공단이 환경부장관에게 행하는 위탁업무 보고사항 중 "자동차 배출가스 인증생략 현황"의 보고횟수 기준으로 옳은 것은?

① 연 4회   ② 연 2회
③ 연 1회   ④ 수시

대기환경보전법 시행규칙 [별표 38] <신설 2010. 12. 31.>

위탁업무 보고사항(제136조제2항 관련)

업무내용	보고횟수	보고기일
1. 수시검사, 결함확인 검사, 부품 결함 보고서류의 접수	수시	위반사항 적발 시
2. 결함확인검사 결과	수시	위반사항 적발 시
3. 자동차배출가스 인증생략 현황	연 2회	매 반기 종료 후 15일 이내
4. 자동차 시험검사 현황	연 1회	다음 해 1월 15일까지

정답 ②

066 대기환경보전법규상 구분하고 있는 건설기계에 해당하는 종류와 거리가 먼 것은?

① 불도저   ② 골재살포기
③ 천공기   ④ 전동식 지게차

④ 지게차(전동식은 제외한다)

대기환경보전법 시행규칙 [별표 5] <개정 2015. 12. 10.>

자동차 등의 종류(제7조 관련)

2. 건설기계 및 농업기계의 종류

가. 건설기계의 종류

제작일자	종류	규모
2004년 1월 1일 이후부터 2014년 12월 31일까지	굴삭기, 로우더, 지게차(전동식은 제외한다), 기중기, 불도저, 로울러	원동기 정격출력이 19kW 이상 560kW 미만
2015년 1월 1일 이후	굴삭기, 로우더, 지게차(전동식은 제외한다), 기중기, 불도저, 로울러, 스크레이퍼, 모터그레이더, 노상안정기, 콘크리트뱃칭플랜트, 콘크리트 피니셔, 콘크리트살포기, 콘크리트펌프, 아스팔트믹싱플랜트, 아스팔트피니셔, 아스팔트살포기, 골재살포기, 쇄석기, 공기압축기, 천공기, 항타 및 항발기, 사리채취기, 준설선, 타워크레인, 노면파쇄기, 노면측정장비, 콘크리트믹서트레일러, 아스팔트콘크리트재생기, 수목이식기, 터널용 고소작업차	원동기 정격출력이 560kW 미만

정답 ④

067 대기환경보전법규상 자동차연료 제조기준 중 90% 유출온도(℃) 기준으로 옳은 것은? (단, 휘발유 적용)

① 200 이하　　② 190 이하
③ 180 이하　　④ 170 이하

대기환경보전법 시행규칙 [별표 33] <개정 2015. 7. 21.>

자동차연료ㆍ첨가제 또는 촉매제의 제조기준(제115조 관련)

1. 자동차연료 제조기준

가. 휘발유

항목	제조기준
방향족화합물 함량(부피%)	24(21) 이하
벤젠 함량(부피%)	0.7 이하
납 함량(g/L)	0.013 이하
인 함량(g/L)	0.0013 이하
산소 함량(무게%)	2.3 이하
올레핀 함량(부피%)	16(19) 이하
황 함량(ppm)	10 이하
증기압(kPa, 37.8℃)	60 이하
90% 유출온도(℃)	170 이하

정답 ④

068 대기환경보전법규상 사업자 등은 굴뚝배출가스 온도측정기를 새로 설치하거나 교체하는 경우에는 국가표준기본법에 의한 교정을 받아야 하는데 그 기록은 최소 몇 년 이상 보관하여야 하는가?

① 1년 이상　　② 2년 이상
③ 3년 이상　　④ 10년 이상

대기환경보전법 시행규칙 [별표 9] <개정 2015. 7. 21.>

측정기기의 운영ㆍ관리기준(제37조 관련)

환경부장관, 시ㆍ도지사 및 사업자는 굴뚝배출가스 온도측정기를 새로 설치하거나 교체하는 경우에는 「국가표준기본법」에 따른 교정을 받아야 하며, 그 기록을 3년 이상 보관하여야 한다.

정답 ③

069 대기환경보전법령상 대기오염 경보단계 중 "중대경보 발령"시 조치사항만으로 옳게 나열한 것은?

① 자동차 사용의 자제 요청, 사업장의 연료사용량 감축 권고
② 주민의 실외활동 및 자동차 사용의 자제 요청
③ 자동차 사용의 제한명령 및 사업장의 연료사용량 감축 권고
④ 주민의 실외활동 금지 요청, 사업장의 조업시간 단축명령

시행령 제2조(대기오염경보의 대상 지역 등)

❹ 경보 단계별 조치에는 다음 각 호의 구분에 따른 사항이 포함되도록 하여야 한다. 다만, 지역의 대기오염 발생 특성 등을 고려하여 특별시ㆍ광역시ㆍ특별자치시ㆍ도ㆍ특별자치도의 조례로 경보 단계별 조치사항을 일부 조정할 수 있다. <개정 2014. 2. 5.>

1. 주의보 발령 : 주민의 실외활동 및 자동차 사용의 자제 요청 등

2. 경보 발령 : 주민의 실외활동 제한 요청, 자동차 사용의 제한 및 사업장의 연료사용량 감축 권고 등

3. 중대경보 발령 : 주민의 실외활동 금지 요청, 자동차의 통행금지 및 사업장의 조업시간 단축 명령 등

정답 ④

070 대기환경보전법상 한국자동차환경협회의 정관으로 정하는 업무와 가장 거리가 먼 것은? (단, 그 밖의 사항 등은 고려하지 않는다.)

① 운행차 저공해화 기술개발 및 배출가스저감장치의 보급
② 자동차 배출가스 저감사업의 지원과 사후관리에 관한 사항
③ 운행차 배출가스 검사와 정비기술의 연구·개발사업
④ 삼원촉매장치의 판매와 보급

071 대기환경보전법규상 환경기술인을 임명하지 아니한 경우 4차 행정처분기준으로 옳은 것은?

① 경고
② 조업정지5일
③ 조업정지10일
④ 선임명령

072 실내공기질 관리법규상 신축 공동주택의 실내공기질 권고기준으로 옳지 않은 것은?

① 에틸벤젠 $360\,\mu g/m^3$ 이하
② 폼알데하이드 $210\,\mu g/m^3$ 이하
③ 벤젠 $300\,\mu g/m^3$ 이하
④ 톨루엔 $1,000\,\mu g/m^3$ 이하

073 대기환경보전법규상 환경부령으로 정하는 바에 따라 사업자 스스로 방지시설을 설계·시공하고자 하는 사업자가 시·지도사에게 제출해야 하는 서류로 가장 거리가 먼 것은?

① 기술능력 현황을 적은 서류
② 공사비내역서
③ 공정도
④ 방지시설의 설치명세서와 그 도면

제31조(자가방지시설의 설계·시공)

❶ 사업자가 법 제28조 단서에 따라 스스로 방지시설을 설계·시공하려는 경우에는 다음 각 호의 서류를 유역환경청장, 지방환경청장, 수도권대기환경청장 또는 시·도지사에게 제출해야 한다. 다만, 배출시설의 설치허가·변경허가·설치신고 또는 변경신고 시 제출한 서류는 제출하지 않을 수 있다. <개정 2019. 7. 16.>

1. 배출시설의 설치명세서

2. 공정도

3. 원료(연료를 포함한다) 사용량, 제품생산량 및 대기오염물질 등의 배출량을 예측한 명세서

4. 방지시설의 설치명세서와 그 도면

5. 기술능력 현황을 적은 서류

정답 ②

---

074 대기환경보전법규상 2016년 1월 1일 이후 제작자동차의 배출가스 보증기간 적용기준으로 옳지 않은 것은?

① 휘발유 경자동차 : 15년 또는 240,000km
② 휘발유 대형 승용·화물자동차 : 2년 또는 160,000km
③ 가스 초대형 승용·화물자동차 : 2년 또는 160,000km
④ 가스 경자동차 : 5년 또는 80,000km

---

④ 가스 경자동차 : 10년 또는 192,000km

대기환경보전법 시행규칙 [별표 18] <개정 2015. 12. 10.>

배출가스 보증기간(제63조 관련)

2016년 1월 1일 이후 제작자동차

사용연료	자동차의 종류		적용기간
휘발유	경자동차, 소형 승용·화물자동차, 중형 승용·화물자동차		15년 또는 240,000km
	대형 승용·화물자동차, 초대형 승용·화물자동차		2년 또는 160,000km
	이륜자동차	최고속도 130km/h 미만	2년 또는 20,000km
		최고속도 130km/h 이상	2년 또는 35,000km
가스	경자동차		10년 또는 192,000km
	소형 승용·화물자동차, 중형 승용·화물자동차		15년 또는 240,000km
	대형 승용·화물자동차, 초대형 승용·화물자동차		2년 또는 160,000km
경유	경자동차, 소형 승용·화물자동차, 중형 승용·화물자동차 (택시를 제외한다)		10년 또는 160,000km
	경자동차, 소형 승용·화물자동차, 중형 승용·화물자동차 (택시에 한정한다)		10년 또는 192,000km
	대형 승용·화물자동차		6년 또는 300,000km
	초대형 승용·화물자동차		7년 또는 700,000km
	건설기계 원동기, 농업기계 원동기	37kW 이상	10년 또는 8,000시간
		37kW 미만	7년 또는 5,000시간
		19kW 미만	5년 또는 3,000시간
전기 및 수소연료전지 자동차	모든 자동차		별지 제30호서식의 자동차배출가스 인증신청서에 적힌 보증기간

정답 ④

075 대기환경보전법규상 제1차 금속 제조시설 중 금속의 용융·용해 또는 열처리시설에서 대기오염물질 배출시설기준으로 옳지 않은 것은?

① 시간당 100킬로와트 이상인 전기아크로(유도로를 포함한다)
② 노상면적이 4.5제곱미터 이상인 반사로
③ 1회 주입 연료 및 원료량의 합계가 0.5톤 이상인 제선로
④ 1회 주입 원료량이 0.5톤 이상이거나 연료사용량이 시간당 30킬로그램 이상인 도가니로

① 시간당 300킬로와트 이상인 전기아크로[유도로를 포함한다]

대기환경보전법 시행규칙 [별표 3] <개정 2019. 5. 2.>

대기오염물질배출시설(제5조 관련)

1차금속 제조시설 – 금속의 용융·용해 또는 열처리시설

❶ 시간당 300킬로와트 이상인 전기아크로[유도로(誘導爐)를 포함한다]
❷ 노상면적이 4.5제곱미터 이상인 반사로(反射爐)
❸ 1회 주입 연료 및 원료량의 합계가 0.5톤 이상이거나 풍구(노복)면의 횡단면적이 0.2제곱미터 이상인 다음의 시설
　㉮ 용선로(鎔銑爐) 또는 제선로
　㉯ 용융·용광로 및 관련시설[원료처리시설, 성형탄 제조시설, 열풍로 및 용선출탕시설을 포함하되, 고로(高爐)슬래그 냉각시설은 제외한다]
❹ 1회 주입 원료량이 0.5톤 이상이거나 연료사용량이 시간당 30킬로그램 이상인 도가니로
❺ 연료사용량이 시간당 30킬로그램 이상이거나 용적이 1세제곱미터 이상인 다음의 시설
　㉮ 전로
　㉯ 정련로
　㉰ 배소로(焙燒爐)
　㉱ 소결로(燒結爐) 및 관련시설(원료 장입, 소결광 후처리시설을 포함한다)
　㉲ 환형로(環形爐)
　㉳ 가열로
　㉴ 용융·용해로
　㉵ 열처리로[소둔로(燒鈍爐), 소려로(燒戾爐)를 포함한다]
　㉶ 전해로(電解爐)
　㉷ 건조로

정답 ①

076 대기환경보전법령상 사업자가 기본부과금의 징수유예나 분할납부가 불가피하다고 인정되는 경우, 기본부과금의 징수유예기간과 분할납부 횟수기준으로 옳은 것은?

① 유예한 날의 다음 날부터 다음 부과기간의 개시일 전일까지, 24회 이내
② 유예한 날의 다음 날부터 다음 부과기간의 개시일 전일까지, 12회 이내
③ 유예한 날의 다음 날부터 다음 부과기간의 개시일 전일까지, 6회 이내
④ 유예한 날의 다음 날부터 다음 부과기간의 개시일 전일까지, 4회 이내

제36조(부과금의 징수유예·분할납부 및 징수절차)

1. 기본부과금 : 유예한 날의 다음 날부터 다음 부과기간의 개시일 전일까지, 4회 이내
2. 초과부과금 : 유예한 날의 다음 날부터 2년 이내, 12회 이내

정답 ④

077 대기환경보전법상 이륜자동차 소유자는 배출가스가 운행차배출허용기준에 맞는지 이륜자동차 배출가스 정기검사를 받아야 한다. 이를 받지 아니한 경우 과태료 부과기준으로 옳은 것은?

① 100만원 이하의 과태료를 부과한다.
② 50만원 이하의 과태료를 부과한다.
③ 30만원 이하의 과태료를 부과한다.
④ 10만원 이하의 과태료를 부과한다.

50만원 이하의 과태료

이륜자동차 정기검사를 받지 아니한 자

정답 ②

078 대기환경보전법규상 자동차연료 검사기관은 검사 대상 연료의 종류에 따라 구분하고 있는데, 다음 중 그 구분으로 옳지 않은 것은?

① 휘발유 · 경유 검사기관
② 오일샌드 · 셰일가스 검사기관
③ 엘피지(LPG) 검사기관
④ 천연가스(CNG) · 바이오가스 검사기관

제121조의2(자동차연료 또는 첨가제 검사기관의 구분)

❶ 자동차연료 검사기관은 검사대상 연료의 종류에 따라 다음과 같이 구분한다. <개정 2012. 1. 25.>

1. 휘발유 · 경유 검사기관

2. 엘피지(LPG) 검사기관

3. 바이오디젤(BD100) 검사기관

4. 천연가스(CNG) · 바이오가스 검사기관

정답 ②

079 대기환경보전법령상 초과부과금 부과대상 오염물질과 거리가 먼 것은?

① 이황화탄소
② 염화수소
③ 탄화수소
④ 염소

대기환경보전법 시행령 [별표 4]
<개정 2018. 12. 31.> 질소산화물 관련 부분

초과부과금 산정기준(제24조제2항 관련)

오염물질	금액(원)
염화수소	7,400
시안화수소	7,300
황화수소	6,000
불소화물	2,300
질소산화물	2,130
이황화탄소	1,600
암모니아	1,400
먼지	770
황산화물	500

정답 ③, ④

080 대기환경보전법령상 초과부과금 산정기준에서 다음 오염물질 중 오염물질 1킬로그램당 부과금액이 가장 큰 것은?

① 불소화합물
② 암모니아
③ 시안화수소
④ 황화수소

정답 ③

02

2018년 04월 28일

2018년 제 2회 대기환경산업기사

1과목   대기오염 개론

001 다음 중 리차드슨 수에 대한 설명으로 가장 적합한 것은?

① 리차드슨 수가 큰 음의 값을 가지면 대기는 안정한 상태이며, 수직방향의 혼합은 없다.
② 리차드슨 수가 0에 접근할수록 분산이 커진다.
③ 리차드슨 수는 무차원수로 대류난류를 기계적인 난류로 전환시키는 율을 측정한 것이다.
④ 리차드슨 수가 0.25보다 크면 수직방향의 혼합이 커진다.

> **참고** 필기 이론 교재 182쪽 대기 안정도의 판정
>
> **정답** ③

002 대기의 상태가 약한 역전일 때 풍속은 3m/s이고, 유효 굴뚝 높이는 78m이다. 이때 지상의 오염물질이 최대 농도가 될 때의 착지거리는? (단, sutton의 최대착지거리의 관계식을 이용하여 계산하고, K_y, K_z는 모두 0.13, 안정도 계수(n)는 0.33을 적용할 것)

① 2,123.9m
② 2,546.8m
③ 2,793.2m
④ 3,013.8m

> $$X_{max} = \left(\frac{H_e}{\sigma_z}\right)^{\frac{2}{2-n}} = \left(\frac{78}{0.13}\right)^{\frac{2}{2-0.33}} = 2,123.86m$$
>
> **정답** ①

003 경도모델(K-이론모델)의 가정으로 옳지 않은 것은?

① 오염물질은 지표를 침투하며 반사되지 않는다.
② 배출원에서 오염물질의 농도는 무한하다.
③ 풍하측으로 지표면은 평평하고 균등하다.
④ 풍하쪽으로 가면서 대기의 안정도는 일정하고 확산계수는 변하지 않는다.

> ① 오염물질은 지표를 침투하지 못하고 반사한다.
>
> **정답** ①

004 다음 중 "CFC-114"의 화학식 표현으로 옳은 것은?

① CCl_3F
② $CClF_2 \cdot CClF_2$
③ $CCl_2F \cdot CClF_2$
④ $CCl_2F \cdot CCl_2F$

> **CFC의 화학식**
>
> 1) 번호+90
>
>   CFC114 : 114+90=204
>
>   백의 자리수 = 탄소(C)수 = 2
>
>   십의 자리수 = 수소(H)수 = 0
>
>   일의 자리수 = 불소(F)수 = 4
>
> 2) 염소의 개수
>
> 탄소(C)원자 1개는 4개의 결합선을 가지는데, 결합선에 빈 부분에 염소가 채워짐
>
> 따라서, 염소의 개수 : 6 - 4 = 2
>
>
>
> ∴ CFC-114의 화학식 : $C_2F_4Cl_2$
>
> **정답** ②

005 A공장에서 배출되는 이산화질소의 농도가 770 ppm이다. 이 공장에서 시간당 배출가스량이 108.2Sm³라면 하루에 발생되는 이산화질소는 몇 kg인가? (단, 표준상태 기준, 공장은 연속 가동됨)

① 1.71
② 2.58
③ 4.11
④ 4.56

$$\frac{770 \times 10^{-6} \text{Sm}^3}{\text{Sm}^3} \times \frac{46\text{kg}}{22.4\text{m}^3} \times \frac{108.2\text{Sm}^3}{\text{hr}} \times \frac{24\text{hr}}{1\text{d}}$$

$$= 4.106\text{kg/day}$$

정답 ③

---

006 다음 중 이산화황에 약한 식물과 가장 거리가 먼 것은?

① 보리
② 담배
③ 옥수수
④ 자주개나리

SO₂

지표식물 : 알팔파(자주개나리), 참깨, 담배, 육송, 나팔꽃, 메밀, 시금치, 고구마

강한식물 : 협죽도, 수랍목, 감귤, 무궁화, 양배추, 옥수수

정답 ③

---

007 "수용모델"에 관한 설명으로 가장 거리가 먼 것은?

① 새로운 오염원, 불확실한 오염원과 불법 배출 오염원을 정량적으로 확인 평가할 수 있다.
② 지형, 기상학적 정보 없이도 사용 가능하다.
③ 측정자료를 입력자료로 사용하므로 시나리오 작성이 용이하다.
④ 현재나 과거에 일어났던 일을 추정하여 미래를 위한 계획을 세울 수 있으나 미래 예측은 어렵다.

③ 분산모델 설명임

정답 ③

---

008 어떤 대기오염 배출원에서 아황산가스를 0.7% (V/V) 포함한 물질이 47m³/s로 배출되고 있다. 1년 동안 이 지역에서 배출되는 아황산가스의 배출량은? (단, 표준상태를 기준으로 하며, 배출원은 연속가동 된다고 한다.)

① 약 29,644t
② 약 48,398t
③ 약 57,983t
④ 약 68,000t

$$\frac{47\text{m}^3}{\text{s}} \times \frac{0.7}{100} \times \frac{64 \times 10^{-3}\text{t}}{22.4\text{Sm}^3} \times \frac{86,400\text{s}}{1\text{d}} \times \frac{365\text{d}}{1\text{yr}} \times 1\text{yr}$$

$$= 29,643.84\text{t}$$

정답 ①

---

009 주변환경 조건이 동일하다고 할 때, 굴뚝의 유효고도가 1/2로 감소한다면 하류 중심선의 최대 지표농도는 어떻게 변화하는가? (단, sutton의 확산식을 이용)

① 원래의 1/4
② 원래의 1/2
③ 원래의 4배
④ 원래의 2배

$$C_{max} \propto \frac{1}{H_e^2} = \frac{1}{(1/2)^2} = 4$$

정답 ③

---

010 2차 대기오염물질로만 옳게 나열한 것은?

① O₃, NH₃
② SiO₂, NO₂
③ HCl, PAN
④ H₂O₂, NOCl

2차 오염물질(Oxidant)

O₃, PAN, PB₂N, H₂O₂, NOCl, 아크롤레인(CH₂CHCHO) 등

정답 ④

011 대기권의 성질에 대한 설명 중 옳지 않은 것은?

① 대류권의 높이는 보통 여름철보다는 겨울철에, 저위도보다는 고위도에서 낮게 나타난다.
② 대기의 밀도는 기온이 낮을수록 높아지므로 고도에 따른 기온분포로부터 밀도분포가 결정된다.
③ 대류권에서의 대기 기온체감률은 -1℃/100m 이며, 기온변화에 따라 비교적 비균질한 기층 (heterogeneous layer)이 형성된다.
④ 대기의 상하운동이 활발한 정도를 난류강도라 하고, 이는 열적인 난류와 역학적인 난류가 있으며, 이들을 고려한 안정도로서 리차드슨 수가 있다.

③ 대류권은 균질층이므로 비교적 균질한 기층(heterogeneous layer)이 형성된다.

정답 ③

012 다음은 대기오염물질이 인체에 미치는 영향에 관한 설명이다. ( )안에 가장 적합한 것은?

( )은(는) 혈관 내 용혈을 일으키며, 두통, 오심, 흉부 압박감을 호소하기도 한다. 10ppm 정도에 폭로되면 혼미, 혼수, 사망에 이른다. 대표적 3대 증상으로는 복통, 황달, 빈뇨 등이며, 만성적인 폭로에 의한 국소 증상으로는 손·발바닥에 나타나는 각화증, 각막궤양, 비중격 천공, 탈모 등을 들 수 있다.

① 납   ② 수은
③ 비소   ④ 망간

비중격 천공을 일으키는 물질은 As(비소)이다.

정답 ③

013 오존 전량이 330DU이라는 것을 오존의 양을 두께로 표시하였을 때 어느 정도인가?

① 3.3mm   ② 3.3cm
③ 330mm   ④ 330cm

$100DU = 1mm = 0.1cm$이므로,

$330DU = 3.3mm = 0.33cm$임

정답 ①

014 교토의정서상 온실효과에 기여하는 6대 물질과 거리가 먼 것은?

① 이산화탄소   ② 메탄
③ 과불화규소   ④ 아산화질소

교토의정서 감축대상물질

이산화탄소(CO_2), 메탄(CH_4), 아산화질소(N_2O), 과불화탄소(PFC), 수소불화탄소(HFC), 육불화황(SF_6)

정답 ③

015 입자의 커닝험(Cunningham) 보정계수(C_f)에 관한 설명으로 가장 적합한 것은?

① 커닝험계수 보정은 입경 $d \gg 3\mu m$일 때, $C_f > 1$ 이다.
② 커닝험계수 보정은 입경 $d \ll 3\mu m$일 때, $C_f = 1$ 이다.
③ 유체 내를 운동하는 입자직경이 항력계수에 어떻게 영향을 미치는가를 설명하는 것이다.
④ 커닝험계수 보정은 입경 $d \gg 3\mu m$일 때, $C_f < 1$ 이다.

커닝험 보정계수

1. 미세한 입자($< 1\mu m$)에 작용하는 항력이 스토크스 법칙으로 예측한 값보다 작아서 보정계수를 곱함
2. 항상 1 이상의 값임
3. 미세입자일수록 값이 큼

정답 ③

016 다음 중 메탄의 지표부근 배경농도 값으로 가장 적합한 것은?

① 약 0.15ppm ② 약 1.5ppm
③ 약 30ppm ④ 약 300ppm

017 다음 대기오염물질 중 아래 표와 같이 식물에 대한 특성을 나타내는 것으로 가장 적합한 것은?

· 피해증상 : 잎의 선단부나 엽록부에 피해를 주는 방식으로 나타남
· 피해성숙도 : 매우 적은 농도에서의 피해를 주며, 어린 잎에 현저하게 나타나는 편임
· 저항력이 약한 것 : 글라디올러스
· 저항력이 강한 것 : 명아주, 질경이 등

① SO_2 ② O_3
③ PAN ④ 불소화합물

018 다음 대기오염물질과 주요 배출관련 업종의 연결이 잘못 짝지어진 것은?

① 염화수소 – 소다공업, 활성탄 제조
② 질소산화물 – 비료, 폭약, 필름제조
③ 불화수소 – 인산비료공업, 유리공업, 요업
④ 염소 – 용광로, 식품가공

염소

소다공업, 플라스틱 공장, 활성탄 제조, 금속제련, 의약품

019 정상적인 대기의 성분을 농도(V/V%) 순으로 표시하였다. 올바른 것은?

① $N_2 > O_2 > Ne > CO_2 > Ar$
② $N_2 > O_2 > Ar > CO_2 > Ne$
③ $N_2 > O_2 > CO_2 > Ar > Ne$
④ $N_2 > O_2 > CO_2 > Ne > Ar$

020 다음 ( )안에 공통으로 들어갈 물질은?

(   )은 금속양 원소로서 화성암, 퇴적암, 황과 구리를 함유한 무기질 광석에 많이 분포되어 있으며, 상업용 (   )은 주로 구리의 전기분해 정련 시 찌꺼기로부터 추출된다. 또한 인체에 필수적인 원소로서 적혈구가 산화됨으로써 일어나는 손상을 예방하는 글루타티온 과산화 효소의 보조인자 역할을 한다.

① Ca ② Ti
③ V ④ Se

셀레늄

적혈구 산화손상 예방효과, 결막염(rose eye)

021 다음 분석대상물질과 그 측정법과의 연결이 잘못 짝지어진 것은?

① 시안화수소 – 피리딘 피라졸론법
② 폼알데하이드 – 크로모트로핀산법
③ 황화수소 – 메틸렌블루법
④ 불소화합물 – 페놀디설폰산법

배출가스 중 불소화합물 – 자외선/가시선분광법

란탄 알리자린 콤플렉손법

[개정 – 용어변경] 불소화합물 → 플루오린화합물

[개정] "배출가스 중 질소산화물 – 자외선/가시선분광법 – 페놀디설폰산"은 공정시험기준에서 삭제되어 더 이상 출제되지 않습니다.

정답 ④

---

022 굴뚝 배출가스 중의 먼지측정 시 등속흡입 정도를 알기 위한 등속흡입계수 I(%) 범위기준은? (단, 다시 시료채취를 행하지 않는 범위기준)

① 90~110%　　　② 95~115%
③ 95~110%　　　④ 90~105%

원래 정답은 ③번이었으나, 2020년 이후 공정기준 아래와 같이 개정됨
등속흡입계수 범위 95%~110% → 90%~110%
개정된 기준에 따른 정답은 ①임

정답 ①

---

023 자외선/가시선분광법 분석장치 구성에 관한 설명으로 옳지 않은 것은?

① 일반적인 장치 구성순서는 시료부 – 광원부 – 파장선택부 – 측광부 순이다.
② 단색장치로는 프리즘, 회절격자 또는 이 두 가지를 조합시킨 것을 사용하며 단색광을 내기 위하여 슬릿(slit)을 부속시킨다.
③ 광전관, 광전자증배관은 주로 자외 내지 가시 파장 범위에서, 광전도셀은 근적외 파장범위에서 사용한다.
④ 광전분광광도계에는 미분측광, 2파장측광, 시차측광이 가능한 것도 있다.

자외선/가시선분광법 분석장치

광원부 – 파장선택부 – 시료부 – 측광부

정답 ①

---

024 대기오염물질의 시료 채취에 사용되는 그림과 같은 기구를 무엇이라 하는가?

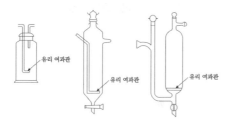

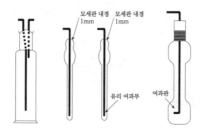

① 흡수병　　　　　　② 진공병
③ 채취병　　　　　　④ 채취관

TIP　흡수병은 빨대가 있고 채취병은 빨대가 없음

참고　필기 이론 교재 547쪽

그림 5 채취병의 보기, 그림 6 흡수병의 보기

정답 ①

025 굴뚝 배출가스 중의 산소를 자동으로 측정하는 방법으로 원리면에서 자기식과 전기화학식 등으로 분류할 수 있다. 다음 중 전기화학식 방식에 해당하지 않는 것은?

① 정전위 전해형　　　② 덤벨형
③ 폴라로그래프형　　　④ 갈바니 전지형

배출가스 중 산소 측정방법 – 자동측정법

자동 측정법	적용방식
전기화학식	· 질코니아 방식 · 전극방식 : 정전위 전해형, 폴라로그래프형, 갈바니 전지형
자기식(자기풍)	–
자기식(자기력)	· 덤벨형 · 압력검출형

정답 ②

026 배출허용기준 시험방법에 준하여 질소산화물(표준산소 농도를 적용받음) 실측농도를 측정한 결과 280ppm이었고, 실측 산소농도가 3.7%이다. 표준산소 농도로 보정한 질소산화물 농도는 얼마인가? (단, 표준산소 농도 : 4%)

① 265ppm　　　　　② 270ppm
③ 275ppm　　　　　④ 285ppm

총칙

오염물질 농도 보정

$$C = C_a \times \frac{21 - O_s}{21 - O_a}$$

$$C = 280 \times \frac{21 - 4}{21 - 3.7} = 275.14 \, ppm$$

여기서,

C	:	오염물질 농도(mg/Sm^3 또는 ppm)
O_s	:	표준산소농도(%)
O_a	:	실측산소농도(%)
C_a	:	실측오염물질농도(mg/Sm^3 또는 ppm)

정답 ③

027 자동연속측정기에 의한 아황산가스의 불꽃광도 측정법에서 시료를 공기 또는 질소로 묽힌 후 수소불꽃 중에 도입하여 발광광도를 측정하여야 하는 파장은?

① 265nm 부근
② 394nm 부근
③ 470nm 부근
④ 560nm 부근

배출가스 중 이산화황 연속자동측정방법

불꽃광도 분석계

환원선 수소불꽃에 도입된 이산화황이 불꽃 중에서 환원될 때 발생하는 빛 가운데 394nm 부근의 빛에 대한 발광강도를 측정하여 연도배출가스 중 이산화황 농도를 구한다. 이 방법을 이용하기 위해서는 불꽃에 도입되는 이산화황 농도가 5~6μg/min 이하가 되도록 시료가스를 깨끗한 공기로 희석해야 한다.

[개정–용어변경] 아황산가스 → 이산화황

정답 ②

028 시험에 사용하는 시약이 따로 규정 없이 단순히 보기와 같이 표시되었을 때 다음 중 그 규정한 농도(%)가 일반적으로 가장 높은 값을 나타내는 것은?

① HNO_3
② HCl
③ CH_3COOH
④ HF

시약 및 표준용액 – 시약의 농도

명칭	화학식	농도(%)	비중
암모니아수	NH_4OH	28.0~30.0 (NH$_3$로서)	0.9
과산화수소	H_2O_2	30.0~35.0	1.11
염산	HCl	35.0~37.0	1.18
플루오린화수소	HF	46.0~48.0	1.14
브로민화수소	HBr	47.0~49.0	1.48
아이오딘화수소	HI	55.0~58.0	1.7
질산	HNO_3	60.0~62.0	1.38
과염소산	$HClO_4$	60.0~62.0	1.54
인산	H_3PO_4	85.0 이상	1.69
황산	H_2SO_4	95.0 이상	1.84
아세트산	CH_3COOH	99.0 이상	1.05

정답 ③

029 굴뚝 배출 가스상물질 시료채취장치 중 연결관에 관한 설명으로 옳지 않은 것은?

① 연결관은 가능한 한 수직으로 연결해야 하고 부득이 구부러진 관을 쓸 경우에는 응축수가 흘러나오기 쉽도록 경사지게(5° 이상)한다.
② 연결관의 안지름은 연결관의 길이, 흡입가스의 유량, 응축수에 의한 막힘 또는 흡입펌프의 능력 등을 고려해서 4~25mm로 한다.
③ 하나의 연결관으로 여러 개의 측정기를 사용할 경우 각 측정기 앞에서 연결관을 병렬로 연결하여 사용한다.
④ 연결관의 길이는 되도록 길게 하며, 10m를 넘지 않도록 한다.

④ 연결관의 길이는 되도록 짧게 하고, 부득이 길게 해서 쓰는 경우에는 이음매가 없는 배관을 써서 접속 부분을 적게 하고 받침 기구로 고정해서 사용해야 하며, 76m를 넘지 않도록 한다.

배출가스 중 가스상물질 시료채취방법 – 연결관의 규격

· 연결관의 안지름은 연결관의 길이, 흡입가스의 유량, 응축수에 의한 막힘 또는 흡입펌프의 능력 등을 고려해서 4mm~25mm로 한다.

· 가열 연결관은 시료연결관, 퍼지라인(purge line), 교정가스관, 열원(선), 열전대 등으로 구성되어야 한다.

· 연결관의 길이는 되도록 짧게 하고, 부득이 길게 해서 쓰는 경우에는 이음매가 없는 배관을 써서 접속 부분을 적게 하고 받침 기구로 고정해서 사용해야 하며, 76m를 넘지 않도록 한다.

· 연결관은 가능한 한 수직으로 연결해야 하고 부득이 구부러진 관을 쓸 경우에는 응축수가 흘러나오기 쉽도록 경사지게(5° 이상)하고 시료가스는 아래로 향하게 한다.

· 연결관은 새지 않는 구조이어야 하며, 분석계에서의 배출가스 및 바이패스(by-pass) 배출가스의 연결은 배후 압력의 변동이 적은 장소에 설치한다.

· 하나의 연결관으로 여러 개의 측정기를 사용할 경우 각 측정기 앞에서 연결관을 병렬로 연결하여 사용한다.

정답 ④

030 굴뚝 배출가스 중 금속화합물을 자외선/가시선 분광법으로 분석할 때, 다음 중 측정하는 흡광도의 파장값(nm)이 가장 큰 금속화합물은?

① 아연　　　　② 수은
③ 구리　　　　④ 니켈

금속화합물 자외선/가시선 분광법 흡광도 파장별 정리 (개정전)

분야	물질 – 분석방법	흡광도
금속화합물	구리화합물 – 자외선/가시선분광법	400
금속화합물	니켈화합물 – 자외선/가시선분광법	450
금속화합물	수은화합물 – 자외선/가시선분광법	490
금속화합물	비소화합물 – 자외선/가시선분광법	510
금속화합물	카드뮴화합물 – 자외선/가시선분광법	520
금속화합물	납화합물 – 자외선/가시선분광법	520
금속화합물	아연화합물 – 자외선/가시선분광법	535
금속화합물	크롬화합물 – 자외선/가시선분광법	540

[개정] 해당 공정시험기준은 아래와 같이 개정되었습니다.

금속화합물 자외선/가시선 분광법 흡광도 파장별 정리 (개정후)

분야	물질 – 분석방법	흡광도
금속화합물	니켈화합물 – 자외선/가시선분광법	450
금속화합물	비소화합물 – 자외선/가시선분광법	510
금속화합물	크롬화합물 – 자외선/가시선분광법	540

정답 ①

031 자외선가시선분광법에서 흡수셀의 세척방법에 관한 설명 중 가장 거리가 먼 것은?

① 탄산소듐(Na_2CO_3) 용액(2W/V%)에 소량의 음이온 계면활성제(보기 : 액상 합성세제)를 가한 용액에 흡수셀을 담가 놓고 필요하면 40~50℃로 약 10분간 가열한다.

② 흡수셀을 꺼내 물로 씻은 후 질산(1+5)에 소량의 과산화수소를 가한 용액에 약 30분간 담궈 둔다.

③ 흡수셀을 새로 만든 크롬산과 황산용액에 약 1시간 담근 다음 흡수셀을 꺼내어 물로 충분히 씻어내어 사용해도 된다.

④ 빈번하게 사용할 때는 물로 잘 씻은 다음 식염수(9%)에 담궈두고 사용한다.

④ 빈번하게 사용할 때는 정제수로 잘 씻은 다음 정제수를 넣은 용기에 담가 두어도 무방하다.

자외선/가시선분광법 – 흡수셀의 세척방법

· 탄산소듐(Na_2CO_3) 용액(2W/V%)에 소량의 음이온 계면활성제(보기 : 액상 합성세제)를 가한 용액에 흡수셀을 담가 놓고 필요하면 40℃~50℃로 약 10분간 가열한다.

· 흡수셀을 꺼내 정제수로 씻은 후 질산(1+5)에 소량의 과산화수소를 가한 용액에 약 30분간 담가 놓았다가 꺼내어 정제수로 잘 씻는다.

· 깨끗한 가제나 흡수지 위에 거꾸로 놓아 물기를 제거하고 실리카젤을 넣은 데시케이터 중에서 건조하여 보존한다. 급히 사용하고자 할 때는 물기를 제거한 후 에탄올로 씻고 다시 에틸에테르로 씻은 다음 드라이어(dryer)로 건조해도 무방하다.

· 또 빈번하게 사용할 때는 정제수로 잘 씻은 다음 정제수를 넣은 용기에 담가 두어도 무방하다.

· 질산과 과산화수소의 혼액 대신에 새로 만든 크롬산과 황산용액에 약 1시간 담근 다음 흡수셀을 꺼내어 정제수로 충분히 씻어내도 무방하다. 그러나 이 방법은 크롬의 정량이나 자외선 영역 측정을 목적으로 할 때 또는 접착하여 만든 셀에는 사용하지 않은 것이 좋다.

· 또 세척 후에는 지문이 묻지 않도록 주의하고 빛이 통과하는 면에는 손이 직접 닿지 않도록 해야 한다.

정답 ④

032 흡광광도 측정에서 최초광의 75%가 흡수되었을 때 흡광도는 약 얼마인가?

① 0.25 ② 0.3
③ 0.6 ④ 0.75

자외선/가시선분광법–램버어트–비어(Lambert–Beer)의 법칙

$A = \log \dfrac{I_0}{I_t}$

$= \log \dfrac{100}{25} = 0.602$

여기서, A : 흡광도

정답 ③

033 다음은 방울수에 관한 정의이다. ( )안에 알맞은 것은?

방울수라 함은 (㉠)℃에서 정제수 (㉡) 방울을 떨어뜨릴 때 그 부피가 약 (㉢)mL가 되는 것을 말한다.

① ㉠ 10, ㉡ 10, ㉢ 1
② ㉠ 10, ㉡ 20, ㉢ 1
③ ㉠ 20, ㉡ 10, ㉢ 1
④ ㉠ 20, ㉡ 20, ㉢ 1

정답 ④

034 배출가스 중의 총탄화수소를 불꽃이온화검출기로 분석하기 위한 장치구성에 관한 설명과 가장 거리가 먼 것은?

① 시료도관은 스테인리스강 또는 불소수지 재질로 시료의 응축방지를 위해 검출기까지의 모든 라인이 150~180℃를 유지해야 한다.
② 시료채취관은 유리관 재질의 것으로 하고 굴뚝 중심 부분의 30% 범위 내에 위치할 정도의 길이의 것을 사용한다.
③ 기록계를 사용하는 경우에는 최소 4회/min이 되는 기록계를 사용한다.
④ 영점 및 교정가스를 주입하기 위해서는 3방콕이나 순간연결장치(quick connector)를 사용한다.

② 시료채취관은 스테인리스강 또는 이와 동등한 재질의 것으로 휘발성유기화합물의 흡착과 변질이 없어야 하고 굴뚝 중심 부분의 10% 범위 내에 위치할 정도의 길이의 것을 사용한다.

[개정] ① 시료도관 내용은 개정으로 공정시험기준에서 삭제되었습니다.

정답 ②

035 이온크로마토그래피 구성장치에 관한 설명으로 옳지 않은 것은?

① 써프렛서는 관형과 이온교환막형이 있으며, 관형은 음이온에는 스티롤계 강산형(H^+) 수지가 사용된다.
② 분리관의 재질은 내압성, 내부식성으로 용리액 및 시료액과 반응성이 큰 것을 선택하며 주로 스테인리스관이 사용된다.
③ 용리액조는 용출되지 않는 재질로서 용리액을 직접공기와 접촉시키지 않는 밀폐된 것을 선택한다.
④ 검출기는 분리관 용리액 중의 시료성분의 유무와 양을 검출하는 부분으로 일반적으로 전도도 검출기를 많이 사용하는 편이다.

② 분리관의 재질은 내압성, 내부식성으로 용리액 및 시료액과 반응성이 적은 것을 선택하며 에폭시수지관 또는 유리관이 사용된다. 일부는 스테인레스관이 사용되지만 금속이온 분리용으로는 좋지 않다.

정답 ②

036 냉증기 원자흡수분광광도법으로 굴뚝 배출가스 중 수은을 측정하기 위해 사용하는 흡수액으로 옳은 것은? (단, 질량분율)

① 4% 과망간산칼륨 / 10% 질산
② 4% 과망간산칼륨 / 10% 황산
③ 10% 과망간산칼륨 / 6% 질산
④ 6% 과망간산칼륨 / 10% 질산

배출가스 중 수은화합물 – 냉증기 원자흡수분광광도법
흡수액(질량분율, 4% 과망간산포타슘/10% 황산)

정답 ②

037 환경대기 중 시료채취 방법에서 인구비례에 의한 방법으로 시료채취 지점수를 결정하고자 한다. 그 지역의 인구밀도가 4,000명/km^2, 그 지역 가주지 면적이 5,000km^2, 전국 평균인구밀도가 5,000명/km^{2}일 때, 시료채취 지점수는?

① 110개   ② 160개
③ 250개   ④ 320개

환경대기 시료채취방법 – 시료 채취 지점 수 및 채취 장소의 결정

인구비례에 의한 방법

$$측정점수 = \frac{그\ 지역\ 가주지\ 면적}{25\,km^2} \times \frac{그\ 지역\ 인구밀도}{전국\ 평균인구밀도}$$

$$측정점수 = \frac{5,000km^2}{25\,km^2} \times \frac{4,000명/km^2}{5,000명/km^2} = 160개$$

정답 ②

---

038 대기오염공정시험기준상 시험의 기재 및 용어의 의미로 옳은 것은?

① "정확히 단다"라 함은 규정한 양의 검체를 취하여 분석용 저울로 0.1mg까지 다는 것을 뜻한다.
② 고체성분의 양을 "정확히 취한다"라 함은 홀피펫, 메스플라스크 등으로 0.1mL까지 취하는 것을 뜻한다.
③ "감압 또는 진공"이라 함은 따로 규정이 없는 한 15mmH$_2$O 이하를 뜻한다.
④ 시험조작 중 "즉시"라 함은 10초 이내에 표시된 조작을 하는 것을 뜻한다.

---

① "정확히 단다"라 함은 규정한 양의 검체를 취하여 분석용 저울로 0.1mg까지 다는 것을 뜻한다.
② 액체성분의 양을 "정확히 취한다"라 함은 홀피펫, 부피플라스크 또는 이와 동등 이상의 정도를 갖는 용량계를 사용하여 조작하는 것을 뜻한다.
③ "감압 또는 진공"이라 함은 따로 규정이 없는 한 15mmHg 이하를 뜻한다.
④ 시험조작 중 "즉시"라 함은 30초 이내에 표시된 조작을 하는 것을 뜻한다.

[개정 – 용어변경] 눈금플라스크 → 부피플라스크

정답 ①

---

039 시료 전처리 방법 중 산분해(acid digestion)에 관한 설명과 가장 거리가 먼 것은?

① 극미량원소의 분석이나 휘발성 원소의 정량분석에는 적합하지 않은 편이다.
② 질산이나 과염소산의 강한 산화력으로 인한 폭발 등의 안전문제 및 플루오르화수소산의 접촉으로 인한 화상 등을 주의해야 한다.
③ 분해 속도가 빠르고 시료 오염이 적은 편이다.
④ 염산과 질산을 매우 많이 사용하며, 휘발성 원소들의 손실 가능성이 있다.

---

③ 분해 속도가 느리고 시료가 쉽게 오염될 수 있다.

시료 전처리 방법 – 산 분해(acid digestion)

필터에 채취한 무기질 시료를 용해시키기 위하여 단일산이나 혼합산(mixed acid)의 묽은산 혹은 진한산을 사용하여 오픈형 열판에서 직접 가열하여 시료를 분해하는 방법이다. 전처리에 사용하는 산류에는 염산(HCl), 질산(HNO$_3$), 플루오린화수소산(HF), 황산(H$_2$SO$_4$), 과염소산(HClO$_4$) 등이 있는데 염산과 질산을 가장 많이 사용한다. 이 방법은 다량의 시료를 처리할 수 있고 가까이서 반응과정을 지켜볼 수 있는 장점이 있으나 분해 속도가 느리고 시료가 쉽게 오염될 수 있는 단점이 있다. 또 휘발성 원소들의 손실 가능성이 있어 극미량원소의 분석이나 휘발성 원소의 정량분석에는 적합하지 않다. 또한 산의 증기로 인해 열판과 후드 등이 부식되며, 분해 용기에 의한 시료의 오염을 유발할 수 있다. 질산이나 과염소산의 강한 산화력으로 인한 폭발 등의 안전문제 및 플루오린화수소산의 접촉으로 인한 화상 등을 주의해야 한다.

[개정 – 용어변경] 플루오르화수소산 → 플루오린화수소산

정답 ③

040 기체크로마토그래피 정량법 중 정량하려는 성분으로 된 순물질을 단계적으로 취하여 크로마토그램을 기록하고 봉우리 넓이 또는 봉우리 높이를 구하는 방법으로서 성분량을 횡축에, 봉우리 넓이 또는 봉우리 높이를 종축으로 하는 것은?

① 보정넓이백분율법　　② 절대검정곡선법
③ 넓이백분율법　　　　④ 표준물첨가법

3과목　　대기오염 방지기술

041 97% 집진효율을 갖는 전기집진장치로 가스의 유효 표류속도가 0.1m/sec인 오염공기 180m³/sec를 처리하고자 한다. 이때 필요한 총집진판 면적(m²)은? (단, Deutsch−Anderson식에 의함)

① 6,456　　　　　② 6,312
③ 6,029　　　　　④ 5,873

042 가로, 세로 높이가 각 0.5m, 1.0m, 0.8m인 연소실에서 저발열량이 8,000kcal/kg인 중유를 1시간에 10kg 연소시키고 있다면 연소실 열발생률은?

① $2.0 \times 10^5 \text{kcal/h} \cdot \text{m}^3$
② $4.0 \times 10^5 \text{kcal/h} \cdot \text{m}^3$
③ $5.0 \times 10^5 \text{kcal/h} \cdot \text{m}^3$
④ $6.0 \times 10^5 \text{kcal/h} \cdot \text{m}^3$

043 여과집진장치의 먼지부하가 360g/m²에 달할 때 먼지를 탈락시키고자 한다. 이때 탈락시간 간격은? (단, 여과집진장치에 유입되는 함진농도는 10g/m³, 여과속도는 7,200cm/hr이고, 집진효율은 100%로 본다.)

① 25min　　　　　② 30min
③ 35min　　　　　④ 40min

044 배출가스 중 황산화물 처리방법으로 가장 거리가 먼 것은?

① 석회석 주입법 ② 석회수 세정법
③ 암모니아 흡수법 ④ 2단 연소법

045 세정집진장치의 장점과 가장 거리가 먼 것은?

① 입자상 물질과 가스의 동시제거가 가능하다.
② 친수성, 부착성이 높은 먼지에 의한 폐쇄염려가 없다.
③ 집진된 먼지의 재비산 염려가 없다.
④ 연소성 및 폭발성 가스의 처리가 가능하다.

046 분쇄된 석탄의 입경 분포식 $[R(\%)=100\exp(-\beta d_p^n)]$에 관한 설명으로 옳지 않은 것은? (단, n : 입경지수, β : 입경계수)

① 위 식을 Rosin Rammler 식이라 한다.
② 위 식에서 $R(\%)$은 체상누적분포(%)를 나타낸다.
③ n이 클수록 입경분포 폭은 넓어진다.
④ β가 커지면 임의의 누적분포를 갖는 입경 d_p는 작아져서 미세한 분진이 많다는 것을 의미한다.

047 Methane과 Propane이 용적비 1 : 1의 비율로 조성된 혼합가스 $1Sm^3$를 완전연소 시키는 데 $20Sm^3$의 실제 공기가 사용되었다면 이 경우 공기비는?

① 1.05 ② 1.20
③ 1.34 ④ 1.46

048 집진장치의 압력손실 $240mmH_2O$, 처리가스량이 $36,500m^3/h$이면 송풍기 소요동력(kW)은? (단, 송풍기의 효율은 70%, 여유율은 1.2)

① 30.6 ② 35.2
③ 40.9 ④ 44.5

049 직경 20cm, 길이 1m인 원통형 전기집진장치에서 가스유속이 1m/s이고, 먼지입자의 분리속도가 30cm/s라면 집진율은 얼마인가?

① 93.63% ② 94.24%
③ 96.02% ④ 99.75%

원통형 집진장치의 집진효율

$$\eta = 1 - e^{\left(-\frac{2Lw}{RU}\right)}$$

$$= 1 - e^{\left(-\frac{2 \times 1m \times 0.3m/s}{0.1m \times 1m/s}\right)}$$

$$= 0.9975 = 99.75\%$$

L :	집진판 길이(m)
w :	겉보기 속도(m/s)
R :	반경(m)
U :	처리가스속도(m/s)

정답 ④

050 전기집진장치의 집진극에 대한 설명으로 옳지 않은 것은?

① 집진극의 모양은 여러 가지가 있으나 평판형과 관(管)형이 많이 사용된다.
② 처리가스량이 많고 고집진효율을 위해서는 관형 집진극이 사용된다.
③ 보통 방전극의 재료와 비슷한 탄소함량이 많은 스테인리스강 및 합금을 사용한다.
④ 집진극면이 항상 깨끗하여야 강한 전계(電界)를 얻을 수 있다.

② 처리가스량이 많고 고집진효율을 위해서는 판상 집진극이 사용된다.

정답 ②

051 흡수법에 의한 유해가스 처리 시 흡수이론에 관한 설명으로 가장 거리가 먼 것은?

① 두 상(phase)이 접할 때 두 상이 접한 경계면의 양측에 경막이 존재한다는 가정을 Lewis-Whitman의 이중경막설이라 한다.
② 확산을 일으키는 추진력은 두 상(phase)에서의 확산물질의 농도차 또는 분압차가 주원인이다.
③ 액상으로의 가스흡수는 기-액 두상(phase)의 본체에서 확산물질의 농도 기울기는 큰 반면, 기-액의 각 경막 내에서는 농도 기울기가 거의 없는데, 이것은 두 상의 경계면에서 효과적인 평형을 이루기 위함이다.
④ 주어진 온도, 압력에서 평형상태가 되면 물질의 이동은 정지한다.

③ 액상으로의 가스흡수는 기-액 두 상(phase)의 본체에서 확산물질의 농도 기울기는 거의 없음

기-액의 각 경막 내에서는 농도 기울기가 있으며 두 상의 경계면에서 평형을 이루기 위함이다.

이중경막설(double film theory) by Lewis Whitman

두 상(phase)이 접할 때, 두 상이 접한 경계면의 양측에 경막이 존재한다는 가정

이때 확산을 일으키는 추진력은 두 상에서의 확산물질의 농도차 또는 분압차이며 주어진 온도, 압력에서 평형상태가 되면 물질의 이동은 정지한다.

기-액 두 상의 본체에서는 확산물질의 농도(또는 분압) 기울기차가 거의 없으나 기-액의 경막 내에서는 농도 기울기가 있으며 두 상의 경계면에서 평형을 이루려고 하기 때문이다.

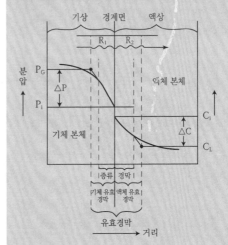

· $P_G(atm)$, $C_L(kmol/m^3)$: 각 상의 본체에서의 분압 및 압력
· $P_i(atm)$, $C_i(kmol/m^3)$: 경계면에서의 기체 및 액체의 분압 및 압력
· 경막두께 = 확산거리

정답 ③

052 후드의 유입계수와 속도압이 각각 0.87, 16 mmH₂O일 때 후드의 압력손실은?

① 약 3.5mmH₂O ② 약 5mmH₂O

③ 약 6.5mmH₂O ④ 약 8mmH₂O

관의 압력손실

1) $F = \dfrac{1 - Ce^2}{Ce^2} = \dfrac{1 - 0.87^2}{0.87^2} = 0.3211$

2) $\Delta P = F \times h = 0.3211 \times 16 = 5.13 (\text{mm H}_2\text{O})$

정답 ②

053 다음 중 연소조절에 의해 질소산화물 발생을 억제시키는 방법으로 가장 적합한 것은?

① 이온화연소법 ② 고산소연소법

③ 고온연소법 ④ 배출가스 재순환법

질소산화물 방지기술

❶ 저온연소

❷ 저산소연소

❸ 저질소 성분 우선연소

❹ 2단연소

❺ 배기가스 재순환연소

정답 ④

054 여과집진장치에 사용되는 여과재에 관한 설명 중 가장 거리가 먼 것은?

① 여과재의 형상은 원통형, 평판형, 봉투형 등이 있으나 원통형을 많이 사용한다.

② 여과재는 내열성이 약하므로 가스온도 250℃를 넘지 않도록 주의한다.

③ 고온가스를 냉각시킬 때에는 산노점(dew point) 이하로 유지하도록 하여 여과재의 눈막힘을 방지한다.

④ 여과재 재질 중 유리섬유는 최고사용온도가 250℃ 정도이며, 내산성이 양호한 편이다.

③ 고온가스를 냉각시킬 때에는 산노점(dew point) 이상으로 유지하도록 하여 여과재의 눈막힘을 방지한다.

정답 ③

055 어떤 가스가 부피로 H₂ 9%, CO 24%, CH₄ 2%, CO₂ 6%, O₂ 3%, N₂ 56%의 구성비를 갖는다. 이 기체를 50%의 과잉공기로 연소시킬 경우 연료 1Sm³당 요구되는 공기량은?

① 약 1.00Sm³ ② 약 1.25Sm³

③ 약 1.70Sm³ ④ 약 2.55Sm³

$9\% : H_2 + \dfrac{1}{2}O_2 \rightarrow H_2O$

$24\% : CO + \dfrac{1}{2}O_2 \rightarrow CO_2$

$2\% : CH_4 + 2O_2 \rightarrow CO_2 + 2H_2O$

$6\% : CO_2 \rightarrow CO_2$

$56\% : N_2 \rightarrow N_2$

$3\% : O_2$

$A_o (Sm^3/Sm^3) = \dfrac{O_o}{0.21}$

$= \dfrac{0.5 \times 0.09 + 0.5 \times 0.24 + 2 \times 0.02 - 0.03}{0.21}$

$= 0.8333$

$\therefore A = mA_o = 1.5 \times 0.8333 = 1.25 (Sm^3/Sm^3)$

정답 ②

056 원심력 집진장치(cyclone)에 관한 설명으로 옳지 않은 것은?

① 저효율 집진장치 중 압력손실은 작고, 고집진율을 얻기 위한 전문적 기술이 요구되지 않는다.
② 구조가 간단하고, 취급이 용이한 편이다.
③ 집진효율을 높이는 방법으로 blow down 방법이 있다.
④ 고농도 함진가스 처리에 유리한 편이다.

① 저효율 집진장치 중 압력손실은 크고, 고집진율을 얻기 위한 전문적 기술이 요구된다.

정답 ①

057 충전탑의 액가스비 범위로 가장 적합한 것은?

① 0.1~0.3L/m³
② 2~3L/m³
③ 5~10L/m³
④ 10~30L/m³

충전탑

처리가스 속도	0.3~1m/s(0.5~1.5m/s)
압력손실	50mmH₂O
액가스비	1~10L/m³(2~3.5L/m³)

정답 ②

058 비중 0.95, 황성분 3.0%의 중유를 매시간마다 1,000L씩 연소시키는 공장 배출가스 중 $SO_2(m^3/h)$량은? (단, 중유 중 황성분의 90%가 SO_2로 되며, 온도변화 등 기타 변화는 무시한다.)

① 12
② 18
③ 24
④ 36

$$
\begin{array}{ccccc}
S & + & O_2 & \rightarrow & SO_2 \\
32kg & & & : & 22.4Sm^3
\end{array}
$$

$$\frac{3}{100} \times \frac{1,000L}{h} \times \frac{0.95kg}{L} \times \frac{90}{100} \quad : \quad X(Sm^3/h)$$

$$\therefore X = \frac{3}{100} \times \frac{1,000L}{h} \times \frac{0.95kg}{L} \times \frac{90}{100} \times \frac{22.4Sm^3 SO_2}{32kgS}$$

$$= 17.955 Sm^3/hr$$

정답 ②

059 직경이 203.2mm인 관에 35m³/min의 공기를 이동시키면 이때 관내 이동 공기의 속도는 약 몇 m/min인가?

① 18m/min
② 72m/min
③ 980m/min
④ 1,080m/min

1) $A = \dfrac{\pi}{4}D^2 = \dfrac{\pi}{4} \times (0.2032)^2 = 0.0324m^2$

2) $V = \dfrac{Q}{A} = \dfrac{35m^3/min}{0.0324m^2} = 1,080.24(m/min)$

정답 ④

060 시간당 $10,000Sm^3$의 배출가스를 방출하는 보일러에 먼지 50%를 제거하는 집진장치가 설치되어 있다. 이 보일러를 24시간 가동했을 때 집진되는 먼지량은? (단, 배출가스 중 먼지농도는 $0.5g/Sm^3$이다.)

① 50kg   ② 60kg
③ 100kg   ④ 120kg

집진되는 먼지량

$$= \frac{0.5g}{Sm^3} \times 0.5 \times \frac{10,000Sm^3}{hr} \times 24hr \times \frac{1kg}{1,000g}$$

$$= 60kg$$

정답 ②

4과목   **대기환경관계법규**

061 대기환경보전법령상 3종 사업장 분류기준으로 옳은 것은?

① 대기오염물질발생량의 합계가 연간 20톤 이상 80톤 미만인 사업장
② 대기오염물질발생량의 합계가 연간 20톤 이상 60톤 미만인 사업장
③ 대기오염물질발생량의 합계가 연간 10톤 이상 20톤 미만인 사업장
④ 대기오염물질발생량의 합계가 연간 10톤 이상 50톤 미만인 사업장

대기환경보전법 시행령 [별표 1의3] <개정 2016. 3. 29.>

사업장 분류기준(제13조 관련)

종별	오염물질발생량 구분 (대기오염물질발생량의 연간 합계 기준)
1종사업장	80톤 이상인 사업장
2종사업장	20톤 이상 80톤 미만인 사업장
3종사업장	10톤 이상 20톤 미만인 사업장
4종사업장	2톤 이상 10톤 미만인 사업장
5종사업장	2톤 미만인 사업장

비고 : "대기오염물질발생량"이란 방지시설을 통과하기 전의 먼지, 황산화물 및 질소산화물의 발생량을 환경부령으로 정하는 방법에 따라 산정한 양을 말한다.

정답 ③

062 환경정책기본법령상 이산화질소(NO_2)의 대기환경기준이다. 다음 ( )에 들어갈 내용으로 옳은 것은?

> – 연간 평균치 : (㉠) ppm 이하
> – 24시간 평균치 : (㉡) ppm 이하
> – 1시간 평균치 : (㉢) ppm 이하

① ㉠ 0.02, ㉡ 0.05, ㉢ 0.15
② ㉠ 0.03, ㉡ 0.06, ㉢ 0.10
③ ㉠ 0.06, ㉡ 0.10, ㉢ 0.15
④ ㉠ 0.10, ㉡ 0.12, ㉢ 0.30

환경정책기본법상 대기 환경기준 <개정 2019. 7. 2.>

측정시간	연간	24시간	8시간	1시간	측정방법
SO_2 (ppm)	0.02	0.05	–	0.15	자외선형광법
NO_2 (ppm)	0.03	0.06	–	0.10	화학발광법
O_3 (ppm)	–	–	0.06	0.10	자외선광도법
CO (ppm)	–	–	9	25	비분산적외선 분석법
PM_{10} ($\mu g/m^3$)	50	100	–	–	베타선흡수법
$PM_{2.5}$ ($\mu g/m^3$)	15	35	–	–	중량농도법, 이에 준하는 자동측정법
납(Pb) ($\mu g/m^3$)	0.5	–	–	–	원자흡광광도법
벤젠 ($\mu g/m^3$)	5	–	–	–	가스크로마토 그래프법

정답 ②

063 대기환경보전법령상 선박의 디젤기관에서 배출되는 대기오염물질 중 대통령령으로 정하는 대기오염물질에 해당하는 것은?

① 황산화물
② 일산화탄소
③ 염화수소
④ 질소산화물

정답 ④

064 대기환경보전법령상 배출허용기준 초과와 관련하여 개선명령을 받은 사업자는 특별한 사유에 의한 연장신청이 없는 경우에는 개선계획서를 며칠 이내에 시·도지사에게 제출하여야 하는가?

① 5일 이내
② 7일 이내
③ 15일 이내
④ 30일 이내

시행령 제21조(개선계획서의 제출)

❶ 조치명령(적산전력계의 운영·관리기준 위반으로 인한 조치명령은 제외한다. 이하 이 조에서 같다) 또는 개선명령을 받은 사업자는 그 명령을 받은 날부터 15일 이내에 다음 각 호의 사항을 명시한 개선계획서(굴뚝 자동측정기기를 부착한 경우에는 전자문서로 된 계획서를 포함한다. 이하 같다)를 환경부령으로 정하는 바에 따라 환경부장관 또는 시·도지사에게 제출해야 한다. 다만, 환경부장관 또는 시·도지사는 배출시설의 종류 및 규모 등을 고려하여 제출기간의 연장이 필요하다고 인정하는 경우 사업자의 신청을 받아 그 기간을 연장할 수 있다. <개정 2019. 7. 16.>

정답 ③

065 대기환경보전법령상 일일초과배출량 및 일일유량의 산정방법에서 일일유량 산정을 위한 측정유량의 단위는?

① m^3/sec
② m^3/min
③ m^3/h
④ m^3/day

대기환경보전법 시행령 [별표 5]
<개정 2018. 12. 31.> 질소산화물 관련 부분

일일 기준초과배출량 및 일일유량의 산정방법 (제25조제3항 관련)

일일유량의 산정방법

일일유량 = 측정유량 × 일일조업시간

비고

1. 측정유량의 단위는 시간당 세제곱미터(m^3/h)로 한다.
2. 일일조업시간은 배출량을 측정하기 전 최근 조업한 30일 동안의 배출시설 조업시간 평균치를 시간으로 표시한다.

정답 ③

066 환경정책기본법상 이 법에서 사용하는 용어의 뜻으로 옳지 않은 것은?

① "환경용량"이란 일정한 지역에서 환경오염 또는 환경훼손에 대하여 환경이 스스로 수용, 정화 및 복원하여 환경의 질을 유지할 수 있는 한계를 말한다.

② "자연환경"이란 지하·지표(해양을 포함한다) 및 지상의 모든 생물과 이들을 둘러싸고 있는 비생물적인 것을 포함한 자연의 상태(생태계 및 자연경관을 포함한다)를 말한다.

③ "환경"이란 자연환경과 인간환경, 생물환경을 말한다.

④ "환경훼손"이란 야생동식물의 남획 및 그 서식지의 파괴, 생태계질서의 교란, 자연경관의 훼손, 표토의 유실 등으로 자연환경의 본래적 기능에 중대한 손상을 주는 상태를 말한다.

환경정책기본법

제3조(정의) 이 법에서 사용하는 용어의 뜻은 다음과 같다.
<개정 2019. 1. 15.>

1. "환경"이란 자연환경과 생활환경을 말한다.

2. "자연환경"이란 지하·지표(해양을 포함한다) 및 지상의 모든 생물과 이들을 둘러싸고 있는 비생물적인 것을 포함한 자연의 상태(생태계 및 자연경관을 포함한다)를 말한다.

3. "생활환경"이란 대기, 물, 토양, 폐기물, 소음·진동, 악취, 일조(日照), 인공조명, 화학물질 등 사람의 일상생활과 관계되는 환경을 말한다.

4. "환경오염"이란 사업활동 및 그 밖의 사람의 활동에 의하여 발생하는 대기오염, 수질오염, 토양오염, 해양오염, 방사능오염, 소음·진동, 악취, 일조 방해, 인공조명에 의한 빛공해 등으로서 사람의 건강이나 환경에 피해를 주는 상태를 말한다.

5. "환경훼손"이란 야생동식물의 남획(濫獲) 및 그 서식지의 파괴, 생태계질서의 교란, 자연경관의 훼손, 표토(表土)의 유실 등으로 자연환경의 본래적 기능에 중대한 손상을 주는 상태를 말한다.

6. "환경보전"이란 환경오염 및 환경훼손으로부터 환경을 보호하고 오염되거나 훼손된 환경을 개선함과 동시에 쾌적한 환경 상태를 유지·조성하기 위한 행위를 말한다.

7. "환경용량"이란 일정한 지역에서 환경오염 또는 환경훼손에 대하여 환경이 스스로 수용, 정화 및 복원하여 환경의 질을 유지할 수 있는 한계를 말한다.

8. "환경기준"이란 국민의 건강을 보호하고 쾌적한 환경을 조성하기 위하여 국가가 달성하고 유지하는 것이 바람직한 환경상의 조건 또는 질적인 수준을 말한다.

정답 ③

---

067 대기환경보전법규상 대기오염물질 배출시설기준으로 옳지 않은 것은?

① 소각능력이 시간당 25kg 이상의 폐수·폐기물 소각시설

② 입자상물질 및 가스상물질 발생시설 중 동력 5kW 이상의 분쇄시설(습식 및 이동식 포함)

③ 용적이 5세제곱미터 이상이거나 동력이 2.25kW 이상인 도장시설(분무·분체·침지도장시설, 건조시설 포함)

④ 처리능력이 시간당 100kg 이상인 고체입자상물질 포장시설

---

② 입자상물질 및 가스상물질 발생시설 중 동력 15kW 이상의 분쇄시설(습식 제외)

대기환경보전법 시행규칙 [별표 3] <개정 2019. 5. 2.>

대기오염물질배출시설(제5조 관련)

입자상물질 및 가스상물질 발생시설

가) 동력이 15kW 이상인 다음의 시설(습식 제외)

❶ 연마시설

❷ 제재시설

❸ 제분시설

❹ 선별시설

❺ 분쇄시설

❻ 탈사(脫砂)시설

❼ 탈청(脫靑)시설

정답 ②

---

068 대기환경보전법규상 측정기기의 부착 및 운영 등과 관련된 행정처분기준 중 사업자가 부착한 굴뚝 자동측정기기의 측정결과를 굴뚝 원격감시체계 관제센터로 측정자료를 전송하지 아니한 경우의 각 위반차수별 행정처분기준(1차~4차 순)으로 옳은 것은?

① 경고 – 조업정지 10일 – 조업정지 30일 – 허가취소 또는 폐쇄
② 경고 – 조치명령 – 조업정지 10일 – 조업정지 30일
③ 조업정지 10일 – 조업정지 30일 – 개선명령 – 허가취소
④ 조업정지 30일 – 개선명령 – 허가취소 – 사업장 폐쇄

대기환경보전법 시행규칙 [별표 36] <개정 2018. 11. 29.>

행정처분기준(제134조 관련)

측정기기의 부착·운영 등과 관련된 행정처분기준

위반사항		관제센터에 측정자료를 전송하지 아니한 경우
행정처분기준	1차	경고
	2차	조치명령
	3차	조업정지 10일
	4차	조업정지 30일

정답 ②

069 대기환경보전법규상 정밀검사대상 자동차 및 정밀검사 유효기간 중 차령 2년 경과된 사업용 기타자동차의 검사유효기간 기준으로 옳은 것은? (단, "정밀검사대상 자동차"란 자동차관리법에 따라 등록된 자동차를 말하며, "기타자동차"란 승용자동차를 제외한 승합·화물·특수자동차를 말한다.)

① 1년　　　　② 2년
③ 3년　　　　④ 5년

대기환경보전법 시행규칙 [별표 25] <개정 2008. 4. 17.>

정밀검사대상 자동차 및 정밀검사 유효기간(제96조 관련)

차종		정밀검사대상 자동차	검사 유효기간
비사업용	승용자동차	차령 4년 경과된 자동차	2년
	기타자동차	차령 3년 경과된 자동차	
사업용	승용자동차	차령 2년 경과된 자동차	1년
	기타자동차	차령 2년 경과된 자동차	

정답 ①

070 악취방지법규상 악취검사기관과 관련한 행정 처분기준 중 검사시설 및 장비가 부족하거나 고장난 상태로 7일 이상 방치한 경우 1차 행정 처분기준으로 옳은 것은?

① 지정취소   ② 시설이전
③ 업무정지 3개월   ④ 경고

악취검사기관과 관련한 행정처분

위반사항	근거 법조문	행정처분기준			
		1차	2차	3차	4차 이상
1) 거짓이나 그 밖의 부정한 방법으로 지정을 받은 경우	법 제19조 제1항 제1호	지정 취소			
2) 법 제18조제2항에 따른 지정기준에 미치지 못하게 된 경우	법 제19조 제1항 제2호				
가) 검사시설 및 장비가 전혀 없는 경우		지정 취소			
나) 검사시설 및 장비가 부족하거나 고장난 상태로 7일 이상 방치한 경우		경고	업무 정지 1개월	업무 정지 3개월	지정 취소
다) 기술인력이 전혀 없는 경우		지정 취소			
라) 기술인력이 부족하거나 부적합한 경우		경고	업무 정지 15일	업무 정지 1개월	업무 정지 3개월
3) 고의 또는 중대한 과실로 검사 결과를 거짓으로 작성한 경우	법 제19조 제1항 제3호	업무 정지 15일	업무 정지 1개월	업무 정지 3개월	지정 취소

정답 ④

071 대기환경보전법규상 고체연료 사용시설 설치기준 중 석탄사용시설의 설치기준은?

① 배출시설의 굴뚝높이는 50m 이상으로 하되, 굴뚝상부 안지름, 배출가스 온도 및 속도 등을 고려한 유효굴뚝높이가 100m 이상인 경우에는 굴뚝높이를 25m 이상 50m 미만으로 할 수 있다.
② 배출시설의 굴뚝높이는 60m 이상으로 하되, 굴뚝상부 안지름, 배출가스 온도 및 속도 등을 고려한 유효굴뚝높이가 100m 이상인 경우에는 굴뚝높이를 30m 이상 60m 미만으로 할 수 있다.
③ 배출시설의 굴뚝높이는 60m 이상으로 하되, 굴뚝상부 안지름, 배출가스 온도 및 속도 등을 고려한 유효굴뚝높이가 100m 이상인 경우에는 굴뚝높이를 50m 이상 60m 미만으로 할 수 있다.
④ 배출시설의 굴뚝높이는 100m 이상으로 하되, 굴뚝상부 안지름, 배출가스 온도 및 속도 등을 고려한 유효굴뚝높이가 440m 이상인 경우에는 굴뚝높이를 60m 이상 100m 미만으로 할 수 있다.

대기환경보전법 시행규칙 [별표 12] <개정 2011. 8. 19.>

고체연료 사용시설 설치기준(제56조 관련)

1. 석탄사용시설

   가. 배출시설의 굴뚝높이는 100m 이상으로 하되, 굴뚝상부 안지름, 배출가스 온도 및 속도 등을 고려한 유효굴뚝높이(굴뚝의 실제 높이에 배출가스의 상승고도를 합산한 높이를 말한다. 이하 같다)가 440m 이상인 경우에는 굴뚝높이를 60m 이상 100m 미만으로 할 수 있다. 이 경우 유효굴뚝높이 및 굴뚝높이 산정방법 등에 관하여는 국립환경과학원장이 정하여 고시한다.

   나. 석탄의 수송은 밀폐 이송시설 또는 밀폐통을 이용하여야 한다.

   다. 석탄저장은 옥내저장시설(밀폐형 저장시설 포함) 또는 지하저장 시설에 저장하여야 한다.

   라. 석탄연소재는 밀폐통을 이용하여 운반하여야 한다.

   마. 굴뚝에서 배출되는 아황산가스(SO_2), 질소산화물(NO_X), 먼지 등의 농도를 확인할 수 있는 기기를 설치하여야 한다.

2. 기타 고체연료 사용시설

   가. 배출시설의 굴뚝높이는 20m 이상이어야 한다.

   나. 연료와 그 연소재의 수송은 덮개가 있는 차량을 이용하여야 한다.

   다. 연료는 옥내에 저장하여야 한다.

   라. 굴뚝에서 배출되는 매연을 측정할 수 있어야 한다.

정답 ④

072 실내공기질 관리법규상 "지하도상가" 폼알데하이드($\mu g/m^3$) 실내공기질 유지기준은?

① 100 이하　　　② 400 이하
③ 500 이하　　　④ 1,000 이하

실내공기질 관리법 시행규칙 [별표 2] <개정 2020. 4. 3.>

실내공기질 유지기준(제3조 관련)

오염물질 항목 / 다중이용시설	미세 먼지 (PM-10) $\mu g/m^3$	미세 먼지 (PM-2.5) $\mu g/m^3$	이산화 탄소 ppm	폼알데 하이드 $\mu g/m^3$	총부유 세균 CFU/m^3	일산화 탄소 ppm
가. 지하역사, 지하도상가, 철도 역사의 대합실, 여객자동차 터미널의 대합실, 항만시설 중 대합실, 공항시설 중 여객 터미널, 도서관·박물관 및 미술관, 대규모 점포, 장례식장, 영화상영관, 학원, 전시시설, 인터넷컴퓨터게임시설제공업의 영업시설, 목욕장업의 영업시설	100 이하	50 이하	1,000 이하	100 이하	–	10 이하
나. 의료기관, 산후조리원, 노인요양시설, 어린이집, 실내 어린이놀이시설	75 이하	35 이하		80 이하	800 이하	
다. 실내주차장	200 이하	–		100 이하	–	25 이하
라. 실내 체육시설, 실내 공연장, 업무시설, 둘 이상의 용도에 용되는 건축물	200 이하	–	–	–	–	–

정답 ①

073 대기환경보전법규상 자동차연료 제조기준 중 휘발유의 90% 유출온도(℃) 기준은?

① 200 이하　　　② 190 이하
③ 185 이하　　　④ 170 이하

대기환경보전법 시행규칙 [별표 33] <개정 2015. 7. 21.>

자동차연료·첨가제 또는 촉매제의 제조기준(제115조 관련)

1. 자동차연료 제조기준

가. 휘발유

항목	제조기준
방향족화합물 함량(부피%)	24(21) 이하
벤젠 함량(부피%)	0.7 이하
납 함량(g/L)	0.013 이하
인 함량(g/L)	0.0013 이하
산소 함량(무게%)	2.3 이하
올레핀 함량(부피%)	16(19) 이하
황 함량(ppm)	10 이하
증기압(kPa, 37.8℃)	60 이하
90% 유출온도(℃)	170 이하

정답 ④

074 다음은 대기환경보전법규상 자동차연료 검사기관의 기술능력 기준이다. ( )안에 알맞은 것은?

> 검사원의 자격은 국가기술자격법 시행규칙상 규정 직무분야의 기사자격 이상을 취득한 사람이어야 하며, 검사원은 (㉠) 이상이어야 하며, 그 중 (㉡) 이상은 해당 검사 업무에 (㉢) 이상 종사한 경험이 있는 사람이어야 한다.

① ㉠ 3명, ㉡ 1명, ㉢ 3년
② ㉠ 3명, ㉡ 2명, ㉢ 5년
③ ㉠ 4명, ㉡ 2명, ㉢ 3년
④ ㉠ 4명, ㉡ 2명, ㉢ 5년

대기환경보전법 시행규칙 [별표 34의2] <개정 2015. 7. 21>

자동차연료·첨가제 또는 촉매제 검사기관의 지정기준 (제121조 관련)

1. 자동차연료 검사기관의 기술능력 및 검사장비 기준

　가. 기술능력

　　1) 검사원의 자격 : 다음의 어느 하나에 해당하는 자이어야 한다.

　　　가) 환경, 자동차 또는 분석 관련 학과의 학사학위 이상을 취득한 자

　　　나) 자동차, 화공, 안전관리(가스), 환경 분야의 기사 자격 이상을 취득한 자

　　　다) 환경측정분석사

　　2) 검사원의 수

　　　검사원은 4명 이상이어야 하며 그 중 2명 이상은 해당 검사 업무에 5년 이상 종사한 경험이 있는 사람이어야 한다.

비고 : 휘발유·경유·바이오디젤 검사기관과 LPG·CNG·바이오가스 검사기관의 기술능력 기준은 같으며, 두 검사 업무를 함께 하려는 경우에는 기술능력을 중복하여 갖추지 아니할 수 있다.

정답 ④

075 악취방지법상 악취의 배출허용기준 초과와 관련하여 배출허용기준 이하로 내려가도록 조치명령을 이행하지 아니한 자에 대한 과태료 부과기준은?

① 50만원 이하의 과태료
② 100만원 이하의 과태료
③ 200만원 이하의 과태료
④ 300만원 이하의 과태료

200만원 이하의 과태료

1. 악취의 배출허용기준 초과와 관련하여 배출허용기준 이하로 내려가도록 조치명령을 이행하지 아니한 자

2. 악취로 인한 주민의 건강상 위해 예방 등을 위해 기술진단을 실시하지 아니한 자

3. 생활악취에 관한 변경등록을 하지 아니하고 중요한 사항을 변경한 자

4. 기술진단전문기관 업무 준수사항을 지키지 아니한 자

정답 ③

076 대기환경보전법규상 대기오염 경보단계별 대기오염물질의 농도기준 중 "주의보" 발령기준으로 옳은 것은? (단, 미세먼지(PM-10)를 대상물질로 한다.)

① 기상조건 등을 고려하여 해당지역의 대기자동측정소 PM-10 시간당 평균농도가 150μg/m³ 이상 2시간 이상 지속인 때
② 기상조건 등을 고려하여 해당지역의 대기자동측정소 PM-10 시간당 평균농도가 100μg/m³ 이상 2시간 이상 지속인 때
③ 기상조건 등을 고려하여 해당지역의 대기자동측정소 PM-10 시간당 평균농도가 100μg/m³ 이상 1시간 이상 지속인 때
④ 기상조건 등을 고려하여 해당지역의 대기자동측정소 PM-10 시간당 평균농도가 75μg/m³ 이상 2시간 이상 지속인 때

대기환경보전법 시행규칙 [별표 7] <개정 2019. 2. 13.>
대기오염경보단계

대상물질	경보단계	발령기준	해제기준
미세먼지 (PM-10)	주의보	기상조건 등을 고려하여 해당지역의 대기자동측정소 PM-10 시간당 평균농도가 150μg/m³ 이상 2시간 이상 지속인 때	주의보가 발령된 지역의 기상조건 등을 검토하여 대기자동측정소의 PM-10 시간당 평균농도가 100μg/m³ 미만인 때
	경보	기상조건 등을 고려하여 해당지역의 대기자동측정소 PM-10시간당 평균농도가 300μg/m³ 이상 2시간 이상 지속인 때	경보가 발령된 지역의 기상조건 등을 검토하여 대기자동측정소의 PM-10 시간당 평균농도가 150μg/m³ 미만인 때는 주의보로 전환

정답 ①

077 다음은 악취방지법상 기술진단 등에 관한 사항이다. ( )안에 알맞은 것은?

> 시·도지사, 대도시의 장 및 시장·군수·구청장은 악취로 인한 주민의 건강상 위해(危害)를 예방하고 생활환경을 보전하기 위하여 해당 지방자치단체의 장이 설치·운영하는 다음 각호의 악취배출시설에 대하여 ( )마다 기술진단을 실시하여야 한다.

① 1년   ② 2년
③ 3년   ④ 5년

제16조의2(기술진단 등)
❶ 시·도지사, 대도시의 장 및 시장·군수·구청장은 악취로 인한 주민의 건강상 위해(危害)를 예방하고 생활환경을 보전하기 위하여 해당 지방자치단체의 장이 설치·운영하는 다음 각 호의 악취배출시설에 대하여 5년마다 기술진단을 실시하여야 한다. 다만, 다른 법률에 따라 악취에 관한 기술진단을 실시한 경우에는 이 항에 따른 기술진단을 실시한 것으로 본다. <개정 2017. 1. 17>

1. 「하수도법」 제2조제9호 및 제10호에 따른 공공하수처리시설 및 분뇨처리시설
2. 「가축분뇨의 관리 및 이용에 관한 법률」 제2조제9호에 따른 공공처리시설
3. 「물환경보전법」 제2조제17호에 따른 공공폐수처리시설
4. 「폐기물관리법」 제2조제8호에 따른 폐기물처리시설 중 음식물류 폐기물을 처리(재활용을 포함한다)하는 시설
5. 그 밖에 시·도지사, 대도시의 장 및 시장·군수·구청장이 해당 지방자치단체의 장이 설치·운영하는 시설 중 악취발생으로 인한 피해가 우려되어 기술진단을 실시할 필요가 있다고 인정하는 시설

정답 ④

078 대기환경보전법령상 천재지변으로 사업자의 재산에 중대한 손실이 발생할 경우로 납부기한 전에 부과금을 납부할 수 없다고 인정될 경우, 초과부과금 징수유예기간과 그 기간 중의 분할납부 횟수기준으로 옳은 것은?

① 유예한 날의 다음날부터 2년 이내, 4회 이내
② 유예한 날의 다음날부터 2년 이내, 12회 이내
③ 유예한 날의 다음날부터 3년 이내, 4회 이내
④ 유예한 날의 다음날부터 3년 이내, 12회 이내

제36조(부과금의 징수유예·분할납부 및 징수절차)
<개정 2019. 7. 16.>

1. 기본부과금 : 유예한 날의 다음 날부터 다음 부과기간의 개시일 전일까지, 4회 이내

2. 초과부과금 : 유예한 날의 다음 날부터 2년 이내, 12회 이내

징수유예기간의 연장은 유예한 날의 다음 날부터 3년 이내로 하며, 분할납부의 횟수는 18회 이내로 한다.

정답 ②

---

079 실내공기질 관리법규상 장례식장의 각 오염물질 항목별 실내공기질 유지기준으로 틀린 것은?

① PM-10($\mu g/m^3$) : 150 이하
② CO_2(ppm) : 1,000 이하
③ CO(ppm) : 25 이하
④ HCHO($\mu g/m^3$) : 100이하

실내공기질 관리법 시행규칙 [별표 2] <개정 2020. 4. 3>

실내공기질 유지기준(제3조 관련)

오염물질 항목\n\n다중이용시설	미세먼지\n(PM-10)\n$\mu g/m^3$	미세먼지\n(PM-2.5)\n$\mu g/m^3$	이산화탄소\nppm	폼알데하이드\n$\mu g/m^3$	총부유세균\nCFU/m^3	일산화탄소\nppm
가. 지하역사, 지하도상가, 철도 역사의 대합실, 여객자동차 터미널의 대합실, 항만시설 중 대합실, 공항시설 중 여객 터미널, 도서관·박물관 및 미술관, 대규모 점포, 장례식장, 영화상영관, 학원, 전시시설, 인터넷컴퓨터게임시설제공업의 영업시설, 목욕장업의 영업시설	100 이하	50 이하	1,000 이하	100 이하	–	10 이하
나. 의료기관, 산후조리원, 노인요양시설, 어린이집, 실내 어린이놀이시설	75 이하	35 이하		80 이하	800 이하	
다. 실내주차장	200 이하	–		100 이하	–	25 이하
라. 실내 체육시설, 실내 공연장, 업무시설, 둘 이상의 용도에 사용되는 건축물	200 이하	–	–	–	–	–

정답 ①, ③

080 대기환경보전법령상 초과부과금 산정기준에서 오염물질 1킬로그램당 부과 금액이 다음 중 가장 적은 오염물질은?

① 불소화합물   ② 염화수소
③ 염소   ④ 시안화수소

대기환경보전법 시행령 [별표 4]
<개정 2018. 12. 31.> 질소산화물 관련 부분

초과부과금 산정기준(제24조제2항 관련)

오염물질	금액(원)
염화수소	7,400
시안화수소	7,300
황화수소	6,000
불소화물(불소화합물)	2,300
질소산화물	2,130
이황화탄소	1,600
암모니아	1,400
먼지	770
황산화물	500

정답 ①

1과목 대기오염 개론

001 상대습도가 70%이고, 상수를 1.2로 정의할 때, 가시거리가 10km라면 농도는 대략 얼마인가?

① $50\,\mu g/m^3$

② $120\,\mu g/m^3$

③ $200\,\mu g/m^3$

④ $280\,\mu g/m^3$

상대습도 70%일 때의 가시거리 계산

$$L(km) = \frac{1,000 \times A}{G}$$

$$10 = \frac{1,000 \times 1.2}{G(\mu g/m^3)}$$

$$\therefore G = 120\,\mu g/m^3$$

정답 ②

---

002 실제 굴뚝높이 120m에서 배출가스의 수직 토출 속도가 20m/s, 굴뚝 높이에서의 풍속은 5m/s 이다. 굴뚝의 유효고도가 150m가 되기 위해서 필요한 굴뚝의 직경은? (단, $\Delta H = (1.5 \times V_s) \cdot D/U$를 이용할 것)

① 2.5m

② 5m

③ 20m

④ 25m

$$\Delta H = H_e - H = 150 - 120 = 30m$$

$$\Delta H = 1.5 \left(\frac{V_s}{U} \right) D$$

$$30 = 1.5 \left(\frac{20}{5} \right) D$$

$$\therefore D = 5m$$

정답 ②

---

003 다음 그림은 탄화수소가 존재하지 않는 경우 NO_2의 광화학사이클(Photolyic cycle)이다. 그림의 A가 O_2일 때 B에 해당되는 물질은?

① NO

② CO_2

③ NO_2

④ O_2

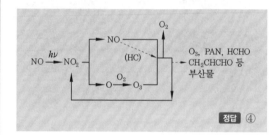

정답 ④

---

004 연소과정 중 고온에서 발생하는 주된 질소화합 물의 형태로 가장 적합한 것은?

① N_2

② NO

③ NO_2

④ NO_3

연소과정에서 생성되는 질소화합물 중 90%는 NO, 10%는 NO_2 형태임

정답 ②

005 다음에서 설명하는 오염물질로 가장 적합한 것은?

> 광부나 석탄연료 배출구 주위에 거주하는 사람들의 폐 중 농도가 증대되고, 배설은 주로 신장을 통해 이루어진다. 뼈에 소량 축적될 수 있고, 만성 폭로 시 설태가 끼이며, 혈장 콜레스테롤치가 저하될 수 있다.

① 구리   ② 카드뮴
③ 바나듐   ④ 비소

바나듐(V) : 인후자극, 설태

정답 ③

006 다이옥신에 관한 설명으로 가장 거리가 먼 것은?

① PCB의 불완전연소에 의해서 발생한다.
② 저온에서 촉매화 반응에 의해 먼지와 결합하여 생성한다.
③ 수용성이 커서 토양오염 및 하천오염의 주원인으로 작용한다.
④ 다이옥신은 두 개의 산소, 두 개의 벤젠, 그 외 염소가 결합된 방향족 화합물이다.

③ 다이옥신은 지용성이므로, 수질오염보다는 토양오염과 대기오염의 주원인으로 작용함

정답 ③

007 다음 오염물질에 관한 설명으로 가장 적합한 것은?

> 이 물질의 직업성 폭로는 철강제조에서 매우 많다. 생물의 필수금속으로서 동·식물에서는 종종 결핍이 보고되고 있으며 인체에 급성으로 과다 폭로되면 화학성 폐렴, 간독성 등을 나타내며, 만성 폭로 시 파킨슨증후군과 거의 비슷한 증후군으로 진전되어 말이 느리고 단조로워진다.

① 납   ② 불소
③ 구리   ④ 망간

Mn 만성중독증 : 파킨슨 증후군과 유사증

정답 ④

008 대기오염물질이 인체에 미치는 영향으로 가장 거리가 먼 것은?

① 이산화질소의 유독성은 일산화질소의 독성보다 강하여 인체에 영향을 끼친다.
② 3,4-벤조피렌 같은 탄화수소 화합물은 발암성 물질로 알려져 있다.
③ SO_2는 고농도일수록 비강 또는 인후에서 많이 흡수되며 저농도인 경우에는 극히 저율로 흡수된다.
④ 일산화탄소는 인체 혈액 중의 헤모글로빈과 결합하기 매우 용이하나, 산소보다 낮은 결합력을 가지고 있다.

헤모글로빈과의 결합력 : NO > CO > O_2

정답 ④

009 대기 내 질소산화물(NO_x)이 LA 스모그와 같이 광화학 반응을 할 때, 다음 중 어떤 탄화수소가 주된 역할을 하는가?

① 파라핀계 탄화수소
② 메탄계 탄화수소
③ 올레핀계 탄화수소
④ 프로판계 탄화수소

010 다음 반사영역이 고려된 가우시안 확산모델에서 각 항에 대한 설명으로 옳지 않은 것은?

$$C(x,y,z) = \frac{Q}{2\pi u \sigma_y \sigma_z}\left[\exp\left(\frac{-y^2}{2\sigma_y^2}\right)\right] \times \left[\exp\left\{\frac{-(z-H)^2}{2\sigma_z^2}\right\} + \exp\left\{\frac{-(z+H)^2}{2\sigma_z^2}\right\}\right]$$

① y : 수직방향의 확산폭이다.
② Z : 농도를 구하려는 지점의 높이로서 농도 지점과 지표면으로부터의 수직거리이다.
③ u : 굴뚝높이의 풍속을 말한다.
④ H : 유효굴뚝높이다.

011 1984년 인도의 보팔시에서 발행한 대기오염 사건의 주원인 물질은?

① 황화수소
② 황산화물
③ 멀캡탄
④ 메틸이소시아네이트

012 가솔린자동차의 엔진작동상태에 따른 일반적인 배기가스 조성 중 감속 시에 가장 큰 농도 증가를 나타내는 물질은? (단, 정상운행 조건대비)

① CO_2
② H_2O
③ CO
④ HC

013 굴뚝에서 배출되는 연기의 형태가 Lofting형일 때의 대기상태로 옳은 것은? (단, 보기 중 상과 하의 구분은 굴뚝 높이 기준)

① 상 : 불안정, 하 : 불안정
② 상 : 안정, 하 : 안정
③ 상 : 안정, 하 : 불안정
④ 상 : 불안정, 하 : 안정

014 지상 10m에서의 풍속이 8m/s이라면 지상 60 m에서의 풍속(m/s)은? (단, P=0.12, Deacon 식을 적용)

① 약 8.0 ② 약 9.9
③ 약 12.5 ④ 약 14.8

015 다음 중 기후·생태계 변화유발물질과 가장 거리가 먼 것은?

① 육불화황 ② 메탄
③ 수소염화불화탄소 ④ 염화나트륨

016 PAN(Peroxyacetyl nitrate)의 생성반응식으로 옳은 것은?

① $CH_3COOO + NO_2 \rightarrow CH_3COOONO_2$
② $C_6H_5COOO + NO_2 \rightarrow C_6H_5COOONO_2$
③ $RCOO + O_2 \rightarrow RO_2 + CO_2$
④ $RO + NO_2 \rightarrow RONO_2$

017 단열압축에 의하여 가열되어 하층의 온도가 낮은 공기와의 경계에 역전층을 형성하고 매우 안정하며 대기오염물질의 연진확산을 억제하는 역전현상은?

① 전선역전 ② 이류역전
③ 복사역전 ④ 침강역전

018 다음 수용모델과 분산모델에 관한 설명으로 가장 거리가 먼 것은?

① 분산모델은 지형 및 오염원의 조업조건에 영향을 받으며 미래의 대기질 예측을 할 수 있다.
② 수용모델은 수용체에서 오염물질의 특성을 분석한 후 오염원의 기여도를 평가하는 것이다.
③ 분산모델은 특정오염원의 영향을 평가할 수 있는 잠재력을 가지고 있으며, 기상과 관련하여 대기 중의 특성을 적절하게 묘사할 수 있어 정확한 결과를 도출할 수 있다.
④ 분산모델은 특정한 오염원의 배출속도와 바람에 의한 분산요인을 입력자료로 하여 수용체 위치에서의 영향을 계산한다.

019 A공장의 현재 유효연돌고가 44m이다. 이때의 농도에 비해 유효연돌고를 높여 최대지표농도를 1/2로 감소시키고자 한다. 다른 조건이 모두 같다고 가정할 때 sutton식에 의한 유효연돌고는?

① 약 62m   ② 약 66m

③ 약 71m   ④ 약 75m

$$C_{max} = \frac{2 \cdot QC}{\pi \cdot e \cdot U \cdot (H_e)^2} \cdot \left(\frac{\sigma_z}{\sigma_y}\right) \text{에서,}$$

$$C_{max} \propto \frac{1}{H_e^2} \text{이므로,}$$

$$\frac{C_2}{C_1} = \frac{(H_{e_1})^2}{(H_{e_2})^2}$$

$$\frac{1}{2} = \frac{44^2}{(H_{e_2})^2}$$

$$\therefore H_{e_2} = \sqrt{2} \times 44 = 62.22(m)$$

정답 ①

020 다음 특정물질 중 오존 파괴지수가 가장 큰 것은?

① HCFC−261   ② HCFC−221

③ CFC−115   ④ CCl₄

오존층 파괴지수(ODP)

할론1301 > 할론2402 > 할론1211 > 사염화탄소 > CFC11 > CFC12 > HCFC

정답 ④

---

021 다음은 원자흡수분광광도법에서 검량선 작성과 정량법에 관한 설명이다. ( )안에 가장 적합한 것은?

> ( )은 목적원소에 의한 흡광도 A_S의 비를 구하고 표준원소에 의한 흡광도 A_R의 비를 구하고 A_S/A_R 값과 표준물질 농도와의 관계를 그래프에 작성하여 검량선을 만드는 방법이다. 이 방법은 측정치가 흩어져 상쇄하기 쉬우므로 분석값의 재현성이 높아지고 정밀도가 향상된다.

① 내부표준물질법   ② 외부표준물질법

③ 표준첨가법   ④ 검정곡선법

원자흡수분광광도법 – 검정곡선의 작성과 정량법

❶ 검정곡선법

검정곡선은 적어도 3종류 이상의 농도의 표준시료용액에 대하여 흡광도를 측정하여 표준물질의 농도를 가로대에, 흡광도를 세로대에 취하여 그래프를 그려서 작성한다. 분석시료에 대하여 흡광도를 측정하고 검정곡선의 직선영역에 의하여 목적성분의 농도를 구한다.

❷ 표준첨가법

같은 양의 분석시료를 여러 개 취하고 여기에 표준물질이 각각 다른 농도로 함유되도록 표준용액을 첨가하여 용액열을 만든다. 이어 각각의 용액에 대한 흡광도를 측정하여 가로대에 용액영역중의 표준물질 농도를, 세로대에는 흡광도를 취하여 그래프용지에 그려 검정곡선을 작성한다. 목적성분의 농도는 검정곡선이 가로대와 교차하는 점으로부터 첨가표준물질의 농도가 0인 점까지의 거리로써 구한다.

❸ 내부표준물질법

이 방법은 분석시료 중에 다량으로 함유된 공존원소 또는 새로 분석시료 중에 가한 내부 표준원소(목적원소와 물리적 화학적 성질이 아주 유사한 것이어야 한다)와 목적원소와의 흡광도 비를 구하는 동시 측정을 행한다. 목적원소에 의한 흡광도 A_S와 표준원소에 의한 흡광도 A_R와의 비를 구하고 A_S/A_R 값과 표준물질 농도와의 관계를 그래프에 작성하여 검정곡선을 만든다.

정답 ①

022 환경대기 내의 옥시던트(오존으로서) 측정방법 중 중성요오드화칼륨법(수동)에 관한 설명으로 옳지 않은 것은?

① 시료를 채취한 후 1시간 이내에 분석할 수 있을 때 사용할 수 있으며 1시간 이내에 측정할 수 없을 때는 알칼리성 요오드화칼륨법을 사용하여야 한다.

② 대기 중에 존재하는 오존과 다른 옥시던트가 pH 6.8의 요오드화칼륨 용액에 흡수되면 옥시던트 농도에 해당하는 요오드가 유리되며 이 유리된 요오드를 파장 217mm에서 흡광도를 측정하여 정량한다.

③ 산화성 가스로는 아황산가스 및 황화수소가 있으며 이들 부(−)의 영향을 미친다.

④ PAN은 오존의 당량, 물, 농도의 약 50%의 영향을 미친다.

> ② 대기 중에 존재하는 오존과 다른 옥시던트가 pH 6.8의 아이오딘화칼륨 용액에 흡수되면 옥시던트 농도에 해당하는 요오드가 유리되며 이 유리된 요오드를 파장 352nm에서 흡광도를 측정하여 정량한다.
>
> **정답** ②

023 다음 각 장치 중 이온크로마토그래피의 주요 장치 구성과 거리가 먼 것은?

① 용리액조
② 송액펌프
③ 써프렛서
④ 회전섹터

> **이온크로마토그래피의 장치 구성 순서**
>
> 용리액조 − 송액펌프 − 시료주입장치 − 분리관 − 써프렛서 − 검출기 및 기록계
>
> **정답** ④

024 화학분석 일반사항에 관한 설명으로 옳지 않은 것은?

① 표준품을 채취할 때 표준액이 정수로 기재되어 있어도 실험자가 환산하여 기재수치에 "약"자를 붙여 사용할 수 있다.

② "방울수"라 함은 20℃에서 정제수 20방울을 떨어뜨릴 때 그 부피가 약 1mL되는 것을 뜻한다.

③ 실온은 1~35℃로 하고, 찬 곳은 따로 규정이 없는 한 0~15℃의 곳을 뜻한다.

④ "밀봉용기"라 함은 물질을 취급 또는 보관하는 동안에 외부로부터의 공기 또는 다른 가스가 침입되지 않도록 내용물을 보호하는 용기를 뜻한다.

> ④ "밀봉용기"라 함은 물질을 취급 또는 보관하는 동안에 기체 또는 미생물이 침입하지 않도록 내용물을 보호하는 용기를 뜻한다.
>
> **정답** ④

025 자외선가시선분광법에 이용되는 램버어트비어(Lambert−Beer)의 법칙을 옳게 나타낸 식은?
(단, I_o : 입사광 강도, I_t : 투사광 강도, C : 농도, ℓ : 빛의 투사거리, ε : 흡광계수)

① $I_o = I_t \cdot 10^{-\varepsilon C \ell}$
② $I_o = I_t \cdot 100^{-\varepsilon C \ell}$
③ $I_t = I_o \cdot 10^{-\varepsilon C \ell}$
④ $I_t = I_o \cdot 100^{-\varepsilon C \ell}$

> **자외선/가시선분광법−램버어트−비어(Lambert−Beer)의 법칙**
>
> $I_t = I_o \cdot 10^{-\varepsilon C \ell}$
>
> **정답** ③

026 현행 대기오염공정시험기준에서 환경대기 중 탄화수소 측정방법(수소염이온화 검출기법)으로 규정되지 않은 것은?

① 총탄화수소 측정법
② 램프식 탄화수소 측정법
③ 비메탄 탄화수소 측정법
④ 활성 탄화수소 측정법

027 환경대기 중의 먼지 측정에 사용되는 저용량 공기 시료채취기 장치 중 흡인펌프가 갖추어야 하는 조건으로 거리가 먼 것은?

① 연속해서 30일 이상 사용할 수 있어야 한다.
② 진공도가 높아야 한다.
③ 맥동이 순차적으로 발생되어야 한다.
④ 유량이 크고 운반이 용이하여야 한다.

028 굴뚝을 통하여 대기 중으로 배출되는 가스상 물질의 시료 채취방법 중 채취부에 관한 기준으로 옳은 것은?

① 수은 마노미터는 대기와 압력차가 50mmHg 이상인 것을 쓴다.
② 펌프보호를 위해 실리콘 재질의 가스 건조탑을 쓰며, 건조제는 주로 활성알루미나를 쓴다.
③ 펌프는 배기능력 10~20L/분인 개방형인 것을 쓴다.
④ 가스미터는 일회전 1L의 습식 또는 건식 가스미터로 온도계와 압력계가 붙어 있는 것을 쓴다.

029 굴뚝 배출가스 중 먼지 측정을 위해 수동식측정법으로 측정하고자 할 때 사용되는 분석 기기에 대한 설명으로 거리가 먼 것은?

① 흡입노즐은 안과 밖의 가스 흐름이 흐트러지지 않도록 흡입노즐 안지름(d)은 1mm 이상으로 한다.
② 흡입노즐의 꼭짓점은 30° 이하의 예각이 되도록 하고 매끈한 반구 모양으로 한다.
③ 분석용 저울은 0.1mg까지 정확하게 측정할 수 있는 저울을 사용하여야 하며 측정표준소급성이 유지된 표준기에 의해 교정되어야 한다.
④ 건조용기는 시료채취 여과지의 수분평형을 유지하기 위한 용기로서 20±5.6℃ 대기 압력에서 적어도 24시간을 건조시킬 수 있어야 한다.

030 화학분석 일반사항에 관한 설명으로 옳지 않은 것은?

① 10억분율은 pphm로 표시하고 따로 표시가 없는 한 기체일 때는 용량 대 용량(V/V), 액체일 때는 중량 대 중량(W/W)을 표시한 것을 뜻한다.

② 냉수(冷水)는 15℃ 이하, 온수(溫水)는 60~70℃를 말한다.

③ 각조의 시험은 따로 규정이 없는 한 상온에서 조작하고 조작 직 후 그 결과를 관찰한다.

④ 황산(1:2)이라고 표시한 것은 황산 1용량에 물 2용량을 혼합한 것이다.

① 1억분율(Parts Per Hundred Million)은 pphm, 10억분율(Partts Per Billion)은 ppb로 표시하고 따로 표시가 없는 한 기체일 때는 용량 대 용량(부피분율), 액체일 때는 중량 대 중량(중량분율)을 표시한 것을 뜻한다. [개정]

정답 ①

031 굴뚝 배출가스 중 황산화물 측정 시 사용하는 아르세나조 III법에서 사용되는 시약이 아닌 것은?

① 과산화수소수　　② 아이소프로필알코올
③ 아세트산바륨　　④ 수산화소듐

배출가스 중 황산화물 – 침전적정법 – 아르세나조 III법

시약 : 과산화수소수, 아이소프로필알코올, 아세트산, 아르세나조 III, 아세트산바륨

시료를 과산화수소수에 흡수시켜 황산화물을 황산으로 만든 후 아이소프로필알코올과 아세트산을 가하고 아르세나조 III을 지시약으로 하여 아세트산바륨 용액으로 적정한다.

정답 ④

032 배출가스 중의 비소화합물을 자외선가시선분광법으로 분석할 때 간섭물질에 관한 설명으로 옳지 않은 것은?

① 비소화합물 중 일부 화합물은 휘발성이 있으므로 채취 시료를 전처리하는 동안 비소의 손실 가능성이 있어 마이크로파산분해법으로 전처리하는 것이 좋다.

② 황화수소에 대한 영향은 아세트산납으로 제거할 수 있다.

③ 안티몬은 스티빈(stibine)으로 산화되어 610nm에서 최대 흡수를 나타내는 착화합물을 형성케 함으로써 비소 측정에 간섭을 줄 수 있다.

④ 메틸 비소화합물은 pH1에서 메틸수소화비소를 생성하여 흡수용액과 착화합물을 형성하고 총 비소 측정에 영향을 줄 수 있다.

③ 안티몬은 스티빈(stibine)으로 산화되어 510nm에서 최대 흡수를 나타내는 착화합물을 형성케 함으로써 비소 측정에 간섭을 줄 수 있다.

배출가스 중 비소화합물 – 자외선/가시선분광법

간섭물질

· 비소 및 비소화합물 중 일부 화합물은 휘발성이 있다. 따라서 채취 시료를 전처리하는 동안 비소의 손실 가능성이 있다. 전처리 방법으로서 마이크로파 산분해법을 이용할 것을 권장한다.

· 일부 금속(크로뮴, 코발트, 구리, 수은, 몰리브데넘, 니켈, 백금, 은, 셀레늄 등)이 수소화비소(AsH_3) 생성에 영향을 줄 수 있지만 시료 용액 중의 이들 농도는 간섭을 일으킬 정도로 높지는 않다.

· 황화수소가 영향을 줄 수 있으며 이는 아세트산납으로 제거할 수 있다.

· 안티몬은 스티빈(stibine)으로 환원되어 510nm에서 최대 흡수를 나타내는 착화합물을 형성케 함으로써 비소 측정에 간섭을 줄 수 있다.

· 메틸 비소화합물은 pH1에서 메틸수소화비소(methylarsine)를 생성하여 흡수용액과 착화합물을 형성하고 총 비소 측정에 영향을 줄 수 있다.

정답 ③

033 굴뚝 배출가스 중 황화수소를 아이오딘 적정법으로 분석할 때 적정시약은?

① 황산 용액
② 싸이오황산소듐 용액
③ 티오시안산암모늄 용액
④ 수산화소듐 용액

034 이온크로마토그래피의 설치조건으로 거리가 먼 것은?

① 대형변압기, 고주파가열등으로부터 전자유도를 받지 않아야 한다.
② 부식성 가스 및 먼지발생이 적고 환기가 잘 되어야 한다.
③ 실온 10~25℃, 상대습도 30~85% 범위로 급격한 온도변화가 없어야 한다.
④ 공급전원은 기기의 사양에 지정된 전압 전기용량 및 주파수로 전압변동은 15% 이하여야 한다.

035 A농황산의 비중은 약 1.84이며, 농도는 약 95%이다. 이것을 몰 농도로 환산하면?

① 35.6mol/L
② 22.4mol/L
③ 17.8mol/L
④ 11.2mol/L

036 비분산 적외선 분석기의 측정기기 성능 유지기준으로 거리가 먼 것은?

① 재현성 : 동일 측정조건에서 제로가스와 스팬가스를 번갈아 10회 도입하여 각각의 측정값이 평균으로부터 편차를 구하며 이 편차는 전체 눈금의 ±1% 이내이어야 한다.
② 감도 : 최대눈금범위의 ±1% 이하에 해당하는 농도변화를 검출할 수 있는 것이어야 한다.
③ 유량변화에 대한 안정성 : 측정가스의 유량이 표시한 기준유량에 대하여 ±2% 이내에서 변동하여도 성능에 지장이 있어서는 안된다.
④ 전압 변동에 대한 안정성 : 전원전압이 성정 전압의 ±10% 이내로 변화하였을 때 지시값 변화는 전체 눈금의 ±1% 이내여야 하고, 주파수가 설정 주파수의 ±2%에서 변동해도 성능에 지장이 있어서는 안된다.

037 굴뚝으로 배출되는 온도 150℃, 상압의 배출가스를 피토관 측정한 결과 동압이 12.0mmH₂O였다. 가스 유속(m/sec)은 약 얼마인가? (단, 피토관계수 = 1, 공기 밀도 = 1.3kg/m³)

① 9m/sec
② 11m/sec
③ 13m/sec
④ 17m/sec

평소 문제에서는 공기 비중량이 kg/Sm³로 출제되나, 밀도 단위가 kg/m³로 출제되어 실제 시험에서는 정답이 2개가 됨

배출가스 중 입자상 물질의 시료채취방법

1) 공기의 비중량이 1.3kg/Sm³일 때,

$$\gamma = \gamma_o \times \frac{273}{273 + \theta_s} \times \frac{P_a + P_s}{760}$$

$$\gamma = 1.3 \times \frac{273}{273 + 150} = 0.839 kg/m^3$$

$$V = C\sqrt{\frac{2gh}{\gamma}} = 1 \times \sqrt{\frac{2 \times 9.8 \times 12 mmH_2O}{0.839}} = 16.74 m/s$$

2) 공기의 비중량이 1.3kg/m³일 때,

$$V = C\sqrt{\frac{2gh}{\gamma}} = 1 \times \sqrt{\frac{2 \times 9.8 \times 12 mmH_2O}{1.3}} = 13.45 m/s$$

정답 ③, ④

038 굴뚝직경 1.7m인 원형단면 굴뚝에서 배출가스 중 먼지(반자동식 측정)를 측정하기 위한 측정점수로 적절한 것은?

① 4
② 8
③ 12
④ 16

배출가스 중 먼지 – 측정점의 선정

원형단면의 측정점

굴뚝직경 2R(m)	반경 구분수	측정점수
1 이하	1	4
1 초과 2 이하	2	8
2 초과 4 이하	3	12
4 초과 4.5 이하	4	16
4.5 초과	5	20

정답 ②

039 A사업장의 굴뚝에서 실측한 SO₂ 농도가 600ppm이었다. 이때 표준산소 농도는 6%, 실측산소농도는 8%이었다면 오염물질의 농도는?

① 962.3ppm
② 692.3ppm
③ 520ppm
④ 425ppm

오염물질 농도 보정

$$C = C_a \times \frac{21 - O_s}{21 - O_a}$$

$$C = 600 \times \frac{21 - 6}{21 - 8} = 692.30 ppm$$

여기서,

C : 오염물질 농도(mg/Sm³ 또는 ppm)
O_s : 표준산소농도(%)
O_a : 실측산소농도(%)
C_a : 실측오염물질농도(mg/Sm³ 또는 ppm)

정답 ②

040 원자흡수분광광도법에서 사용되는 용어에 관한 설명으로 옳지 않은 것은?

① 슬롯버너(Slot Burner) : 가스의 분출구가 세극상(細隙狀)으로 된 버너
② 선프로파일(Line Profile) : 불꽃 중에서의 광로(光路)를 길게 하고 흡수를 증대시키기 위하여 반사를 이용하여 불꽃 중에 빛(光束)을 여러번 투과시키는 것
③ 공명선(Resonance Line) : 원자가 외부로부터 빛을 흡수했다가 다시 먼저 상태로 돌아갈 때(遷移) 방사하는 스펙트럼선
④ 역화(Flame Back) : 불꽃의 연소속도가 크고 혼합기체의 분출속도가 작을 때 연소현상이 내부로 옮겨지는 것

---

② 선프로파일(Line Profile)

　파장에 대한 스펙트럼선의 강도를 나타내는 곡선

멀티 패스(Multi-Path)

불꽃 중에서의 광로를 길게 하고 흡수를 증대시키기 위하여 반사를 이용하여 불꽃 중에 빛을 여러 번 투과시키는 것

정답 ②

---

041 프로판(C_3H_8)과 부탄(C_4H_{10})이 용적비로 $4:1$로 혼합된 가스 $1Sm^3$를 연소할 때 발생하는 CO_2량(Sm^3)은? (단, 완전연소)

① 2.6　　　　　　② 2.8
③ 3.0　　　　　　④ 3.2

혼합기체의 CO_2 발생량(Sm^3/Sm^3)

$$\frac{4}{5} : C_3H_8 + 5O_2 \rightarrow 3CO_2 + 4H_2O$$

$$\frac{1}{5} : C_4H_{10} + 6.5O_2 \rightarrow 4CO_2 + 5H_2O$$

$$\therefore CO_2 \text{ 발생량} = 3 \times \frac{4}{5} + 4 \times \frac{1}{5} = 3.2m^3$$

정답 ④

---

042 승용차 1대당 1일 평균 50km를 운행하며 1km 운행에 26g의 CO를 방출한다고 하면 승용차 1대가 1일 배출하는 CO의 부피는? (단, 표준상태)

① 1,625L/day　　　　② 1,300L/day
③ 1,180L/day　　　　④ 1,040L/day

$$\frac{50km}{d \cdot \text{대}} \times \frac{26gCO}{1km} \times \frac{22.4L}{28g} = 1,040L/d \cdot \text{대}$$

정답 ④

---

043 흡수제의 구비조건과 관련된 설명으로 옳지 않은 것은?

① 흡수제의 손실을 줄이기 위하여 휘발성이 커야 한다.
② 흡수제가 화학적으로 유해가스 성분과 비슷할 때 일반적으로 용해도가 크다.
③ 흡수율을 높이고 범람을 줄이기 위해서는 흡수제의 점도가 낮아야 한다.
④ 빙점은 낮고 비점은 높아야 한다.

044 일산화탄소 $1Sm^3$를 연소시킬 경우 배출된 건 연소가스량 중 $(CO_2)_{max}(\%)$는? (단, 완전 연소)

① 약 28% ② 약 35%
③ 약 52% ④ 약 57%

045 원심력 집진장치에 관한 설명으로 옳지 않은 것은?

① 처리 가능 입자는 $3\sim100\mu m$이며, 저효율 집진장치 중 집진율이 우수한 편이다.
② 구조가 간단하고 보수관리가 용이한 편이다.
③ 고농도의 함진가스 처리에 적당하다.
④ 점(흡)착성이 있거나 딱딱한 입자가 함유된 배출가스 처리에 적합하다.

046 가스겉보기 속도가 $1\sim2m/sec$, 액가스비는 $0.5\sim1.5L/m^3$, 압력손실이 $10\sim50mmH_2O$ 정도인 처리장치는?

① 제트스크러버 ② 분무탑
③ 벤투리스크러버 ④ 충전탑

047 전기집진장치의 장점과 거리가 먼 것은?

① 집진효율이 높다.
② 압력손실이 낮은 편이다.
③ 전압변동과 같은 조건변동에 적용하기 쉽다.
④ 고온(약 500℃ 정도)가스 처리가 가능하다.

③ 전기집진장치는 운전조건 변동에 적용성이 낮음

장 점	단 점
· 미세입자 집진효율	· 설치비용 큼
· 낮은 압력손실	· 가스상 물질 제어 안 됨
· 대량가스처리 가능	· 운전조건 변동에 적용성 낮음
· 운전비 적음	· 넓은 설치면적 필요
· 온도 범위 넓음	· 최초 시설비 큼
· 배출가스의 온도강하가 적음	· 비저항 큰 분진 제거 곤란
· 고온가스 처리 가능 (약 500℃ 전후)	· 분진부하가 대단히 높으면 전처리 시설이 요구
· 연속운전 가능	· 근무자의 안전성 유의

정답 ③

048 에탄(C_2H_6) 5kg을 연소시켰더니 154,000kcal의 열이 발생하였다. 탄소 1kg을 연소할 때 30,000kcal 열이 생긴다면, 수소 1kg을 연소시킬 때 발생하는 열량은?

① 28,000kcal
② 30,000kcal
③ 32,000kcal
④ 34,000kcal

1) 에탄 중에 포함된 탄소의 열량

$$\frac{30,000kcal}{kg\ C} \times \frac{2 \times 12kg\ C}{30kg\ C_2H_6} = \frac{24,000kcal}{kg\ C_2H_6}$$

2) 에탄 중 수소 발열량(x)

에탄의 발열량=에탄 중 탄소 발열량+에탄 중 수소 발열량

$$\frac{154,000kcal}{5kg\ C_2H_6} = \frac{24,000kcal\ C}{kg\ C_2H_6} + \frac{x\ kcal\ H}{kg\ C_2H_6}$$

∴ 에탄 중 수소 발열량(x) = $\frac{6,800kcal\ H}{kg\ C_2H_6}$

3) 수소 1kg 연소시 열량

$$\frac{6,800kcal\ H}{kg\ C_2H_6} \times \frac{30kg\ C_2H_6}{6kg\ H} = \frac{34,000kcal}{kg\ H}$$

정답 ④

049 중량비가 C=75%, H=17%, O=8%인 연료 2kg을 완전연소 시키는 데 필요한 이론 공기량(Sm^3)은? (단, 표준상태 기준)

① 약 9.7
② 약 12.5
③ 약 21.9
④ 약 24.7

1) $O_o(Sm^3/kg)$

$$O_o = \frac{22.4}{12}C + \frac{11.2}{2}\left(H - \frac{O}{8}\right) + \frac{22.4}{32}S$$
$$= 1.867C + 5.6\left(H - \frac{O}{8}\right) + 0.7S$$
$$= 1.867 \times 0.75 + 5.6\left(0.17 - \frac{0.08}{8}\right)$$
$$= 2.2962$$

2) $A_o(Sm^3/kg) = \frac{O_o}{0.21} = 10.9345$

3) $A_o(Sm^3) = 10.9345Sm^3/kg \times 2kg = 21.869$

정답 ③

050 직경 21.2cm 원형관으로 34m^3/min의 공기를 이동시킬 때 관내유속은?

① 약 1,248m/min
② 약 963m/min
③ 약 524m/min
④ 약 482m/min

1) $A = \frac{\pi}{4}D^2 = \frac{\pi}{4} \times (0.212)^2 = 0.0352m^2$

2) $V = \frac{Q}{A} = \frac{34m^3/min}{0.0352m^2} = 963.2(m/min)$

정답 ②

051 염소가스 제거효율이 80%인 흡수탑 3개를 직렬로 연결했을 때, 유입공기 중 염소가스 농도가 75,000ppm이라면 유출공기 중 염소가스 농도는?

① 500ppm 　　② 600ppm
③ 1,000ppm　　④ 1,200ppm

$$C = C_o(1-\eta_1)(1-\eta_2)(1-\eta_3)$$
$$= 75,000(1-0.8)(1-0.8)(1-0.8)$$
$$= 600ppm$$

정답 ②

052 점도에 관한 설명으로 옳지 않은 것은?

① 유체이동에 따라 발생하는 일종의 저항이다.
② 단위는 P(poise) 또는 cP를 사용하며, 20℃ 물의 점도는 약 1cP이다.
③ 순물질의 기체나 액체에서 점도는 온도와 압력의 함수이다.
④ 물질 특유의 성질에 해당한다.

· 점성계수의 단위 : poise, cP(centi-poise)
· 0℃에서 물의 점성계수 : 1.79cP
· 20℃에서 물의 점성계수 : 1.00cP

정답 없음(전항 정답 처리)

053 A중유 보일러의 배출가스를 분석한 결과, 부피비로 CO 3%, O_2 7%, N_2 90%일 때, 공기비는 약 얼마인가?

① 1.3 　　② 1.65
③ 1.82　　④ 2.19

$$공기비(m) = \frac{N_2}{N_2 - 3.76(O_2 - 0.5CO)}$$
$$= \frac{90}{90 - 3.76 \times (7 - 0.5 \times 3)} = 1.298$$

정답 ①

054 황 함유량이 5%이고, 비중이 0.95인 중유를 300L/hr로 태울 경우 SO_2의 이론 발생량(Sm^3/hr)은 약 얼마인가? (단, 표준상태 기준)

① 8 　　② 10
③ 12　　④ 15

$$
\begin{array}{ccccc}
S & + & O_2 & \rightarrow & SO_2 \\
32kg & & & : & 22.4Sm^3
\end{array}
$$

$$\frac{5}{100} \times \frac{300L}{h} \times \frac{0.95kg}{L} \quad : \quad X(Sm^3/h)$$

$$\therefore X = \frac{5}{100} \times \frac{300L}{h} \times \frac{0.95kg}{L} \times \frac{22.4Sm^3 SO_2}{32kg S}$$

$$= 9.975Sm^3/hr$$

정답 ②

055 헨리법칙이 적용되는 가스가 물속에 2.0kmol/m^3로 용해되어 있고, 이 가스의 분압은 19mmHg이다. 이 유해가스의 분압이 48mmHg가 되었다면, 이때 물속의 가스농도(kmol/m^3)는?

① 1.9 　　② 2.8
③ 3.6　　④ 5.1

헨리의 법칙 P = HC이므로

$\therefore P \propto C$

19mmHg : 2.0kmol/m^3

48mmHg : xkmol/m^3

$$\therefore x = \frac{48mmHg}{19mmHg} \times 2.0kmol/m^3 = 5.05kmol/m^3$$

정답 ④

056 공기 중의 산소를 필요로 하지 않고 분자 내의 산소에 의해서 내부연소하는 물질은?

① LNG
② 알코올
③ 코크스
④ 니트로글리세린

자기연소(내부 연소)

1. 공기 중 산소를 필요로 하지 않으며, 분자(물질 자체) 자신이 가지고 있는 산소에 의해 연소

2. 연료 내부의 산소를 이용해 연소

예 니트로글리세린, 폭탄, 다이너마이트

① LNG : 기체 - 확산, 예혼합 연소

② 알코올 : 액체 - 증발 연소

③ 코크스 : 고체 - 표면 연소

정답 ④

057 연료에 대한 설명으로 거리가 먼 것은?

① 액체연료는 대체로 저장과 운반이 용이한 편이다.
② 기체연료는 연소효율이 높고 검댕이 거의 발생하지 않는다.
③ 고체연료는 연소 시 다량의 과잉 공기를 필요로 한다.
④ 액체연료는 황분이 거의 없는 청정연료이며, 가격이 싼 편이다.

④ 황분이 거의 없는 청정연료는 기체연료이고, 가격은 고체연료가 가장 싸다.

정답 ④

058 염소가스를 함유하는 배출가스를 45kg의 수산화나트륨이 포함된 수용액으로 처리할 때 제거할 수 있는 염소가스의 최대 양은?

① 약 20kg
② 약 30kg
③ 약 40kg
④ 약 50kg

$Cl_2 + 2NaOH \rightarrow NaCl + NaOCl + H_2O$

$71(kg) : 80(kg), \ X(kg) : 45(kg)$

$\therefore X(kg) = \dfrac{71 \times 45}{80} = 39.93kg$

정답 ③

059 연소에 있어서 등가비(ø)와 공기비(m)에 관한 설명으로 옳지 않은 것은?

① 공기비가 너무 큰 경우에는 연소실 내의 온도가 저하되고, 배가스에 의한 열손실이 증가한다.
② 등가비(ø)<1인 경우, 연료가 과잉인 경우로 불완전연소가 된다.
③ 공기비가 너무 적을 경우 불완전연소로 연소효율이 저하된다.
④ 가스버너에 비해 수평수동화격자의 공기비가 큰 편이다.

② 등가비(ø)<1인 경우, 공기가 과잉인 경우이다.

공기비	m < 1	m = 1	1 < m
등가비	1 < Φ	Φ = 1	Φ < 1
AFR	작아짐		커짐
	· 공기 부족, 연료 과잉 · 불완전 연소 · 매연, CO, HC 발생량 증가 · 폭발위험	· 완전연소 · CO_2 발생량 최대	· 과잉공기 · 산소과대 · SO_x, NO_x 발생량 증가 · 연소온도 감소 · 열손실 커짐 · 저온부식 발생 · 탄소함유물질 (CH_4, CO, C 등) 농도 감소 · 방지시설의 용량이 커지고 에너지 손실 증가 · 희석효과가 높아져 연소 생성물의 농도 감소

정답 ②

060 유해가스 처리를 위한 장치 중 흡수장치와 거리가 먼 것은?

① 충전탑
② 흡착탑
③ 다공판탑
④ 벤투리스크러버

가스상물질 처리방법 : 흡수, 흡착, 연소(산화) 혹은 환원

정답 ②

061 대기환경보전법규상 자동차 운행정지표지에 관한 내용으로 옳지 않은 것은?

① 운행정지기간 중 주차장소도 운행정지표시에 기재되어야 한다.
② 운행정지표지는 자동차의 전면유리 좌측하단에 붙인다.
③ 운행정지표지는 운행정지기간이 지난 후에 담당공무원이 제거하거나 담당공무원의 확인을 받아 제거하여야 한다.
④ 문자는 검정색으로, 바탕색은 노란색으로 한다.

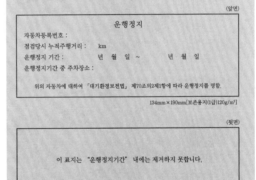

대기환경보전법 시행규칙 [별표 31] <개정 2013. 2. 1.>

운행정지표지(제107조제1항 관련)

(앞면)

운행정지

자동차등록번호 :
점검당시 누적주행거리 :　　km
운행정지 기간 :　　년 월 일 ~　　년 월 일
운행정지기간 중 주차장소 :

위의 자동차에 대하여 「대기환경보전법」 제70조의2제1항에 따라 운행정지를 명함.

134mm×190mm[보존용지(1급)120g/m²]

(뒷면)

이 표지는 "운행정지기간" 내에는 제거하지 못합니다.

비고 :

1. 바탕색은 노란색으로, 문자는 검정색으로 한다.
2. 이 표는 자동차의 전면유리 우측상단에 붙인다.

유의사항 :

1. 이 표는 운행정지기간 내에는 부착위치를 변경하거나 훼손하여서는 아니 됩니다.
2. 이 표는 운행정지기간이 지난 후에 담당공무원이 제거하거나 담당 공무원의 확인을 받아 제거하여야 합니다.
3. 이 자동차를 운행정지기간 내에 운행하는 경우에는 「대기환경보전법」 제92조제12호에 따라 300만원 이하의 벌금을 물게 됩니다.

정답 ②

062 악취실태 조사기준에 관한 설명 중 (   )안에 알맞은 것은?

> 악취방지법규상 특별시장·광역시장 등은 규정에 의한 악취발생실태 조사를 위한 계획을 수립하고, 그 조사주기는 (㉠)으로 하여, 실시한 악취실태조사 결과를 (㉡)까지 환경부장관에게 보고하여야 한다.

① ㉠ 분기당 1회 이상, ㉡ 당해 12월 31일
② ㉠ 분기당 1회 이상, ㉡ 다음해 1월 15일
③ ㉠ 반기당 1회 이상, ㉡ 당해 12월 31일
④ ㉠ 반기당 1회 이상, ㉡ 다음해 1월 15일

제4조(악취실태조사)

❶ 특별시장·광역시장·특별자치시장·도지사(그 관할구역 중 인구 50만 이상의 시는 제외한다. 이하 같다)·특별자치도지사(이하 "시·도지사"라 한다) 또는 인구 50만 이상의 시의 장(이하 "대도시의 장"이라 한다)은 법 제4조 제1항에 따라 악취발생 실태를 조사하기 위하여 조사기관, 조사주기, 조사지점, 조사항목, 조사방법 등을 포함한 계획(이하 "악취실태조사계획"이라 한다)을 수립하여야 한다. <개정 2012. 10. 18.>

❷ 제1항에 따른 조사지점은 악취관리지역 및 악취관리지역의 인근 지역 중 그 지역의 악취를 대표할 수 있는 지점으로 하며, 조사항목은 해당 지역에서 발생하는 지정악취물질을 포함하여야 한다. <개정 2019. 6. 13.>

❸ 시·도지사 또는 대도시의 장은 악취실태조사계획에 따라 실시한 악취실태조사 결과를 다음 해 1월 31일까지 환경부장관에게 보고하여야 한다. <개정 2021. 12. 31.>

❹ 제1항부터 제3항까지에서 규정한 사항 외에 악취실태조사계획의 수립 및 악취실태조사의 실시에 필요한 사항은 환경부장관이 정하여 고시한다. <신설 2019. 6. 13.>

[전문개정 2011. 2. 1.]

정답 ②

---

063 대기환경보전법규상 운행차의 정밀검사 방법·기준 및 검사대상 항목의 일반기준으로 거리가 먼 것은?

① 운행차의 정밀검사방법 및 기준 외의 사항에 대해서는 국토교통부장관이 정하여 고시한다.
② 휘발유와 가스를 같이 사용하는 자동차는 연료를 가스로 전환한 상태에서 배출가스검사 를 실시하여야 한다.
③ 특수 용도로 사용하기 위하여 특수장치 또는 엔진성능 제어장치 등을 부착하여 엔진최고 회전수 등을 제한하는 자동차인 경우에는 해당 자동차의 측정 엔진최고회전수를 엔진정격 회전수로 수정·적용하여 배출가스검사를 시행할 수 있다.
④ 차대동력계상에서 자동차의 운전은 검사기술 인력이 직접 수행하여야 한다.

① 운행차의 정밀검사방법 및 기준 외의 사항에 대해서는 환경부장관이 정하여 고시한다.

대기환경보전법 시행규칙 [별표 26] <개정 2018. 3. 2.>

운행차의 정밀검사 방법·기준 및 검사대상 항목(제97조 관련)

1. 일반기준

가. 운행차의 정밀검사는 부하검사방법을 적용하여 검사를 하여야 한다. 다만, 다음의 어느 하나에 해당하는 자동차는 무부하검사방법을 적용할 수 있다.

1) 상시 4륜구동 자동차

2) 2행정 원동기 장착자동차

3) 1987년 12월 31일 이전에 제작된 휘발유·가스·알코올사용 자동차

4) 소방용 자동차(지휘차, 순찰차 및 구급차를 포함한다)

5) 그 밖에 특수한 구조의 자동차로서 검차장의 출입이나 차대동력계에서 배출가스 검사가 곤란한 자동차

나. 배출가스검사는 관능 및 기능검사를 먼저 한 후 시행하여야 하며, 측정대상자동차의 상태가 제2호에 따른 기준에 적합하지 아니하거나 차대동력계상에서 검사 중에 자동차의 결함 발생 또는 엔진출력 부족 등으로 검사모드가 구현되지 아니하여 배출가스검사를 계속할 수 없다고 판단되는 경우에는 검사를 즉시 중단하고 부적합 처리하여 측정대상자동차를 적합하게 정비하도록 한 후 배출가스 검사를 실시하여야 한다.

다. 차대동력계상에서 자동차의 운전은 검사기술인력이 직접 수행하여야 한다.

라. 특수 용도로 사용하기 위하여 특수장치 또는 엔진성능 제어장치 등을 부착하여 엔진최고회전수 등을 제한하는 자동차인 경우에는 해당 자동차의 측정 엔진최고회전수를 엔진정격회전수로 수정·적용하여 배출가스검사를 시행할 수 있다.

마. 휘발유와 가스를 같이 사용하는 자동차는 연료를 가스로 전환한 상태에서 배출가스검사를 실시하여야 한다.

바. 이 표에서 정한 운행차의 정밀검사방법 및 기준 외의 사항에 대해서는 환경부장관이 정하여 고시한다.

정답 ①

---

064 대기환경보전법령상 황함유기준을 초과하여 해당 유류의 회수처리명령을 받은 자가 시·도지사에게 이행완료보고서를 제출할 때 구체적으로 밝혀야 하는 사항으로 가장 거리가 먼 것은?

① 유류 제조회사가 실험한 황함유량 검사 성적서
② 해당 유류의 회수처리량, 회수처리방법 및 회수처리기간
③ 해당 유류의 공급기간 또는 사용기간과 공급량 또는 사용량
④ 저황유의 공급 또는 사용을 증명할 수 있는 자료 등에 관한 사항

제40조(저황유의 사용)

❸ 해당 유류의 회수처리명령 또는 사용금지명령을 받은 자는 명령을 받은 날부터 5일 이내에 다음 각 호의 사항을 구체적으로 밝힌 이행완료보고서를 시·도지사에게 제출하여야 한다. <개정 2013. 1. 31.>

1. 해당 유류의 공급기간 또는 사용기간과 공급량 또는 사용량
2. 해당 유류의 회수처리량, 회수처리방법 및 회수처리기간
3. 저황유의 공급 또는 사용을 증명할 수 있는 자료 등에 관한 사항

정답 ①

---

065 실내공기질 관리법규상 "공항시설 중 여객터미널"의 PM-10($\mu g/m^3$) 실내공기질 유지기준은?

① 200 이하
② 150 이하
③ 100 이하
④ 25 이하

실내공기질 관리법 시행규칙 [별표 2] <개정 2020. 4. 3.>

실내공기질 유지기준(제3조 관련)

오염물질 항목 다중이용시설	미세먼지 (PM-10) $\mu g/m^3$	미세먼지 (PM-2.5) $\mu g/m^3$	이산화탄소 ppm	폼알데하이드 $\mu g/m^3$	총부유세균 CFU/m^3	일산화탄소 ppm
가. 지하역사, 지하도상가, 철도 역사의 대합실, 여객자동차 터미널의 대합실, 항만시설 중 대합실, 공항시설 중 여객 터미널, 도서관·박물관 및 미술관, 대규모 점포, 장례식장, 영화상영관, 학원, 전시시설, 인터넷컴퓨터게임시설제공업의 영업시설, 목욕장업의 영업시설	100 이하	50 이하	1,000 이하	100 이하	—	10 이하
나. 의료기관, 산후조리원, 노인요양시설, 어린이집, 실내 어린이놀이시설	75 이하	35 이하		80 이하	800 이하	
다. 실내주차장	200 이하	—		100 이하		25 이하
라. 실내 체육시설, 실내 공연장, 업무시설, 둘 이상의 용도에 사용되는 건축물	200 이하	—	—	—	—	—

정답 ③

066 대기환경보전법령상 대기오염물질발생량에 따른 사업장 종별 분류기준에 관한 사항으로 옳지 않은 것은?

① 대기오염물질발생량의 합계가 연간 100톤 발생하는 사업장은 1종사업장에 해당한다.
② 대기오염물질발생량의 합계가 연간 80톤 발생하는 사업장은 1종사업장에 해당한다.
③ 대기오염물질발생량의 합계가 연간 30톤 발생하는 사업장은 3종사업장에 해당한다.
④ 대기오염물질발생량의 합계가 연간 3톤 발생하는 사업장은 4종사업장에 해당한다.

대기환경보전법 시행령 [별표 1의3] <개정 2016. 3. 29.>

사업장 분류기준(제13조 관련)

종별	오염물질발생량 구분 (대기오염물질발생량의 연간 합계 기준)
1종사업장	80톤 이상인 사업장
2종사업장	20톤 이상 80톤 미만인 사업장
3종사업장	10톤 이상 20톤 미만인 사업장
4종사업장	2톤 이상 10톤 미만인 사업장
5종사업장	2톤 미만인 사업장

정답 ③

067 대기환경보전법규상 배출허용기준 초과와 관련한 개선명령을 받은 경우로서 개선계획서에 포함되어야 할 사항과 가장 거리가 먼 것은? (단, 개선하여야 할 사항이 배출시설 또는 방지시설인 경우)

① 배출시설 및 방지시설의 개선명세서 및 설계도
② 오염물질의 처리방식 및 처리효율
③ 공사기간 및 공사비
④ 배출허용기준 초과사유 및 대책

제38조(개선계획서)

❶ 영 제21조제1항에 따른 개선계획서에는 다음 각 호의 구분에 따른 사항이 포함되거나 첨부되어야 한다.
<개정 2019. 7. 16.>

1. 조치명령을 받은 경우

   가. 개선기간·개선내용 및 개선방법

   나. 굴뚝 자동측정기기의 운영·관리 진단계획

2. 개선명령을 받은 경우로서 개선하여야 할 사항이 배출시설 또는 방지시설인 경우

   가. 배출시설 또는 방지시설의 개선명세서 및 설계도

   나. 대기오염물질의 처리방식 및 처리 효율

   다. 공사기간 및 공사비

   라. 다음의 경우에는 이를 증명할 수 있는 서류

      1) 개선기간 중 배출시설의 가동을 중단하거나 제한하여 대기오염물질의 농도나 배출량이 변경되는 경우

      2) 개선기간 중 공법 등의 개선으로 대기오염물질의 농도나 배출량이 변경되는 경우

3. 개선명령을 받은 경우로서 개선하여야 할 사항이 배출시설 또는 방지시설의 운전미숙 등으로 인한 경우

   가. 대기오염물질 발생량 및 방지시설의 처리능력

   나. 배출허용기준의 초과사유 및 대책

정답 ④

068 대기환경보전법령상 기본부과금의 지역별부과계수에서 Ⅱ지역에 해당되는 부과계수는? (단, 지역구분은 국토의 계획 및 이용에 관한 법률에 따른 지역을 기준으로 하고, Ⅰ지역은 주거지역, Ⅱ지역은 공업지역, Ⅲ지역은 녹색지역을 대표지역으로 함)

① 2.0 ② 1.5
③ 0.5 ④ 1.0

대기환경보전법 시행령 [별표 7]

기본부과금의 지역별 부과계수(제28조제2항 관련)

구분	지역별 부과계수
Ⅰ지역	1.5
Ⅱ지역	0.5
Ⅲ지역	1.0

Ⅰ지역 : 「국토의 계획 및 이용에 관한 법률」에 따른 주거지역·상업지역, 취락지구, 택지개발지구

Ⅱ지역 : 「국토의 계획 및 이용에 관한 법률」에 따른 공업지역, 개발진흥지구(관광·휴양개발진흥지구는 제외한다), 수산자원보호구역, 국가산업단지·일반산업단지·도시첨단산업단지, 전원개발사업구역 및 예정구역

Ⅲ지역 : 「국토의 계획 및 이용에 관한 법률」에 따른 녹지지역·관리지역·농림지역 및 자연환경보전지역, 관광·휴양개발진흥지구

정답 ③

069 대기환경보전법규상 시설의 가동시간, 대기오염물질 배출량 등에 관한 사항을 대기오염물질 배출시설 및 방지시설의 운영기록부에 매일 기록하고, 최종 기재한 날부터 얼마동안 보존하여야 하는가?

① 6개월간 ② 1년간
③ 2년간 ④ 3년간

제36조(배출시설 및 방지시설의 운영기록 보존)

❷ 4종·5종사업장을 설치·운영하는 사업자는 배출시설 및 방지시설의 운영기간 중 다음 각 호의 사항을 배출시설 및 방지시설의 운영기록부에 매일 기록하고 최종 기재한 날부터 1년간 보존하여야 한다. 다만, 사업자가 원하는 경우에는 국립환경과학원장이 정하여 고시하는 전산에 의한 방법으로 기록·보존할 수 있다. <신설 2017. 12. 28.>

정답 ②

070 대기환경보전법규상 가스를 연료로 하는 경자동차의 배출가스 보증기간 적용기준으로 옳은 것은? (단, 2016년 1월 1일 이후 제작자동차)

① 10년 또는 192,000km
② 2년 또는 160,000km
③ 2년 또는 10,000km
④ 6년 또는 100,000km

대기환경보전법 시행규칙 [별표 18] <개정 2015. 12. 10.>

배출가스 보증기간(제63조 관련)

2016년 1월 1일 이후 제작자동차

사용연료	자동차의 종류	적용기간	
휘발유	경자동차, 소형 승용·화물자동차, 중형 승용·화물자동차	15년 또는 240,000km	
	대형 승용·화물자동차, 초대형 승용·화물자동차	2년 또는 160,000km	
	이륜자동차	최고속도 130km/h 미만	2년 또는 20,000km
		최고속도 130km/h 이상	2년 또는 35,000km
가스	경자동차	10년 또는 192,000km	
	소형 승용·화물자동차, 중형 승용·화물자동차	15년 또는 240,000km	
	대형 승용·화물자동차, 초대형 승용·화물자동차	2년 또는 160,000km	
경유	경자동차, 소형 승용·화물자동차, 중형 승용·화물자동차 (택시를 제외한다)	10년 또는 160,000km	
	경자동차, 소형 승용·화물자동차, 중형 승용·화물자동차 (택시에 한정한다)	10년 또는 192,000km	
	대형 승용·화물자동차	6년 또는 300,000km	
	초대형 승용·화물자동차	7년 또는 700,000km	
	건설기계 원동기, 농업기계 원동기	37kW 이상	10년 또는 8,000시간
		37kW 미만	7년 또는 5,000시간
		19kW 미만	5년 또는 3,000시간
전기 및 수소연료전지 자동차	모든 자동차	별지 제30호서식의 자동차배출가스 인증신청서에 적힌 보증기간	

정답 ①

071 다음은 대기환경보전법령상 부과금 조정신청에 관한 사항이다. ( )안에 가장 적합한 것은?

> 부과금납부자는 대통령령으로 정하는 사유에 해당하는 경우에는 부과금의 조정을 신청할 수 있고, 이에 따른 조정신청은 부과금납부통지서를 받은날부터 (㉠)에 하여야 한다. 시·도지사는 조정신청을 받으면 (㉡)에 그 처리결과를 신청인에게 알려야 한다.

① ㉠ 30일 이내, ㉡ 15일 이내
② ㉠ 30일 이내, ㉡ 30일 이내
③ ㉠ 60일 이내, ㉡ 15일 이내
④ ㉠ 60일 이내, ㉡ 30일 이내

제35조(부과금에 대한 조정신청)

❶ 부과금 납부명령을 받은 사업자(이하 "부과금납부자"라 한다)는 부과금의 조정을 신청할 수 있다.

❷ 조정신청은 부과금납부통지서를 받은 날부터 60일 이내에 하여야 한다. <개정 2010. 12. 31.>

❸ 환경부장관 또는 시·도지사는 조정신청을 받으면 30일 이내에 그 처리결과를 신청인에게 알려야 한다. <개정 2019. 7. 16.>

❹ 조정신청은 부과금의 납부기간에 영향을 미치지 아니한다.

정답 ④

072 대기환경보전법령상 특별대책지역에서 휘발성유기화합물을 배출하는 시설로서 대통령령으로 정하는 시설은 환경부장관 등에게 신고하여야 하는데, 다음 중 "대통령령으로 정하는 시설"로 가장 거리가 먼 것은?

① 목재가공시설
② 주유소의 저장시설
③ 저유소의 출하시설
④ 세탁시설

> **제45조(휘발성유기화합물의 규제 등)**
> **"대통령령으로 정하는 시설"** 〈개정 2015. 7. 20.〉
>
> 1. 석유정제를 위한 제조시설, 저장시설 및 출하시설(出荷施設)과 석유화학제품 제조업의 제조시설, 저장시설 및 출하시설
> 2. 저유소의 저장시설 및 출하시설
> 3. 주유소의 저장시설 및 주유시설
> 4. 세탁시설
> 5. 그 밖에 휘발성유기화합물을 배출하는 시설로서 환경부장관이 관계 중앙행정기관의 장과 협의하여 고시하는 시설
>
> 정답 ①

073 대기환경보전법령상 대기오염경보의 대상지역 경보단계 및 단계별 조치사항 중 "주의보 발령" 시 조치사항으로 옳은 것은?

① 주민의 실외활동 및 자동차 사용의 자제 요청 등
② 주민의 실외활동 제한 요청 및 자동차 사용의 제한 요청 등
③ 주민의 실외활동 제한 요청 및 자동차 사용의 제한 명령 등
④ 주민의 실외활동 금지 요청 및 사업장의 조업시간 단축 요청 등

> **시행령 제2조(대기오염경보의 대상 지역 등)**
>
> ❹ 경보 단계별 조치에는 다음 각 호의 구분에 따른 사항이 포함되도록 하여야 한다. 다만, 지역의 대기오염 발생 특성 등을 고려하여 특별시·광역시·특별자치시·도·특별자치도의 조례로 경보 단계별 조치사항을 일부 조정할 수 있다. 〈개정 2014. 2. 5.〉
>
> 1. 주의보 발령 : 주민의 실외활동 및 자동차 사용의 자제 요청 등
> 2. 경보 발령 : 주민의 실외활동 제한 요청, 자동차 사용의 제한 및 사업장의 연료사용량 감축 권고 등
> 3. 중대경보 발령 : 주민의 실외활동 금지 요청, 자동차의 통행금지 및 사업장의 조업시간 단축 명령 등
>
> 정답 ①

074 다음은 대기환경보전법규상 첨가제·촉매제 제조기준에 맞는 제품의 표시방법(기준)이다. (　　) 안에 알맞은 것은?

> 기준에 맞게 제조된 제품임을 나타내는 표시를 첨가제 또는 촉매제 용기 앞면의 제품명 밑에 제품명 글자크기의 (　　) 이상에 해당하는 크기로 표시하여야 한다.

① 100분의 20
② 100분의 30
③ 100분의 50
④ 100분의 70

대기환경보전법 시행규칙 [별표 34] <개정 2009. 7. 14.>

첨가제·촉매제 제조기준에 맞는 제품의 표시방법 등 (제119조 관련)

1. 표시방법

   첨가제 또는 촉매제 용기 앞면 제품명 밑에 한글로 "「대기환경보전법 시행규칙」 별표 33의 첨가제 또는 촉매제 제조기준에 맞게 제조된 제품임. 국립환경과학원장(또는 검사를 한 검사기관장의 명칭) 제○○호"로 적어 표시하여야 한다.

2. 표시크기

   첨가제 또는 촉매제 용기 앞면의 제품명 밑에 제품명 글자크기의 100분의 30 이상에 해당하는 크기로 표시하여야 한다.

3. 표시색상

   첨가제 또는 촉매제 용기 등의 도안 색상과 보색관계에 있는 색상으로 하여 선명하게 표시하여야 한다.

정답 ②

---

075 실내공기질 관리법규상 실내공기질 권고기준(ppm)으로 옳은 것은? (단, "실내주차장"이며, "이산화질소" 항목)

① 0.03 이하
② 0.05 이하
③ 0.06 이하
④ 0.30 이하

실내공기질 관리법 시행규칙 [별표 3] <개정 2020. 4. 3.>

실내공기질 권고기준(제4조 관련)

오염물질 항목 / 다중이용시설	이산화질소 ppm	라돈 Bq/m³	총휘발성유기화합물 μg/m³	곰팡이 CFU/m³
가. 지하역사, 지하도상가, 철도역사의 대합실, 여객자동차터미널의 대합실, 항만시설 중 대합실, 공항시설 중 여객터미널, 도서관·박물관 및 미술관, 대규모점포, 장례식장, 영화상영관, 학원, 전시시설, 인터넷컴퓨터게임시설제공업의 영업시설, 목욕장업의 영업시설	0.1 이하	148 이하	500 이하	–
나. 의료기관, 산후조리원, 노인요양시설, 어린이집, 실내어린이놀이시설	0.05 이하		400 이하	500 이하
다. 실내주차장	0.30 이하		1,000 이하	–

정답 ④

076 대기환경보전법규상 자동차연료형 첨가제의 종류와 가장 거리가 먼 것은?

① 유동성향상제　　② 다목적첨가제
③ 청정첨가제　　　④ 매연억제제

077 대기환경보전법령상 대기오염물질 배출사업자에게 배출부과금을 부과할 때 고려해야 하는 사항으로 가장 거리가 먼 것은? (단, 그 밖의 사항 등은 고려하지 않는다.)

① 배출허용기준 초과여부
② 대기오염물질의 배출량 및 기간
③ 배출되는 대기오염물질의 종류
④ 부과대상업체의 경영현황

078 환경정책기본법령상 대기환경기준으로 옳은 것은?

① SO_2의 연간 평균치 – 0.05ppm 이하
② CO의 8시간 평균치 – 9ppm 이하
③ NO_2의 1시간 평균치 – 0.15ppm 이하
④ PM-10의 24시간 평균치 – $50\mu g/m^3$ 이하

079 대기환경보전법규상 규모에 따른 자동차의 분류 기준으로 옳지 않은 것은? (단, 2015년 12월 10일 이후)

① 경자동차 : 엔진배기량이 1,000cc 미만
② 소형 승용자동차 : 엔진배기량이 1,000cc 이상이고, 차량 총중량이 3.5톤 미만이며, 승차인원이 8명 이하
③ 이륜자동차 : 차량 총 중량이 10톤을 초과하지 않는 것
④ 초대형 화물자동차 : 차량 총중량이 15톤 이상

080 실내공기질 관리법규상 규정하고 있는 오염
물질에 해당하지 않는 것은?

① 브롬화수소(HBr)
② 미세먼지(PM-10)
③ 폼알데하이드(Formaldehyde)
④ 총부유세균(TAB)

실내공기질 관리법 시행규칙 [별표 1] <개정 2019. 2. 13.>

오염물질(제2조 관련)

1. 미세먼지(PM-10)

2. 이산화탄소(CO_2 ; Carbon Dioxide)

3. 폼알데하이드(Formaldehyde)

4. 총부유세균(TAB ; Total Airborne Bacteria)

5. 일산화탄소(CO ; Carbon Monoxide)

6. 이산화질소(NO_2 ; Nitrogen dioxide)

7. 라돈(Rn ; Radon)

8. 휘발성유기화합물(VOCs ; Volatile Organic Compounds)

9. 석면(Asbestos)

10. 오존(O_3 ; Ozone)

11. 초미세먼지(PM-2.5)

12. 곰팡이(Mold)

13. 벤젠(Benzene)

14. 톨루엔(Toluene)

15. 에틸벤젠(Ethylbenzene)

16. 자일렌(Xylene)

17. 스티렌(Styrene)

정답 ①

04

2019년 03월 03일

2019년 제1회 대기환경산업기사

1과목   대기오염 개론

001 다음 대기오염의 역사적 사건에 대한 주 오염 물질의 연결로 옳은 것은?

① 보팔시 사건 : SO_2, H_2SO_4-mist
② 포자리카 사건 : H_2S
③ 체르노빌 사건 : PCBs
④ 뮤즈계곡 사건 : methylisocyanate

물질별 사건 정리

· 포자리카 : 황화수소

· 보팔 : 메틸이소시아네이트

· 세베소 : 다이옥신

· LA 스모그 : 자동차 배기가스의 NO_x, 옥시던트

· 체르노빌, TMI : 방사능 물질

· 나머지 사건 : 화석연료 연소에 의한 SO_2, 매연, 먼지

정답 ②

---

002 대류권에서 광화학 대기오염에 영향을 미치는 중요한 태양 빛 흡수 기체의 흡수성에 관한 설명으로 옳지 않은 것은?

① 오존은 200~320nm의 파장에서 강한 흡수가, 450~700nm에서는 약한 흡수가 있다.
② 이산화황은 파장 340nm 이하와 470~550nm에 강한 흡수를 보이며, 대류권에서 쉽게 광분해된다.
③ 알데하이드는 313nm 이하에서 광분해된다.
④ 케톤은 300~700nm에서 약한 흡수를 하여 광분해된다.

SO_2는 280~290mm에서 강한 흡수를 보이지만 대류권에서는 거의 광분해되지 않음

정답 ②

---

003 오존층 보호를 위한 국제협약으로만 연결된 것은?

① 헬싱키 의정서 – 소피아 의정서 – 람사르협약
② 소피아의정서 – 비엔나 협약 – 바젤협약
③ 런던회의 – 비엔나 협약 – 바젤협약
④ 비엔나협약 – 몬트리올 의정서 – 코펜하겐회의

정답 ④

004 다음 설명하는 대기오염물질로 옳은 것은?

> · 석유정제, 포르말린 제조 등에서 발생되며, 휘발성이 높은 물질로서 인체에는 급성중독 시 마취증상이 강하고, 두통, 운동실조 등을 일으킬 수 있다.
> · 원유에서 콜타르를 분류하고 경유의 부분을 재증류하여 얻어지며, 석유의 접촉분해와 접촉개질에 의해서도 얻어진다.

① 벤젠　　　　　　② 이황화탄소
③ 불소　　　　　　④ 카드뮴

005 대기오염물질과 그 영향에 대한 설명 중 가장 거리가 먼 것은?

① CO : 혈액 내 Hb(헤모글로빈)과의 친화력이 산소의 약 21배에 달해 산소운반 능력을 저하시킨다.
② NO : 무색의 기체로 혈액 내 Hb과의 결합력이 CO보다 수백 배 더 강하다.
③ O_3 및 기타 광화학적 옥시던트 : DNA, RNA에도 작용하여 유전인자에 변화를 일으킨다.
④ HC : 올레핀계 탄화수소는 광화학적 스모그에 적극 반응하는 물질이다.

006 다음은 어떤 대기오염물질에 대한 설명인가?

> · 독특한 풀냄새가 나는 무색(시판용품은 담황녹색)의 기체(액화가스)로 끓는점은 약 8℃이다.
> · 건조상태에서는 부식성이 없으나 수분이 존재하면 가수분해되어 금속을 부식시킨다.

① $Pb(C_2H_5)_4$　　　② H_2S
③ HCN　　　　　　④ $COCl_2$

007 다음 중 온실효과의 기여도가 가장 높은 것은?

① N_2O　　　　　　② CFC 11&12
③ CO_2　　　　　　④ CH_4

008 원형굴뚝의 반경이 1.5m, 배출 속도가 7m/s, 평균풍속은 3.5m/s일 때, 다음 식을 이용하여 Δh(유효상승고)를 계산하면?

$$\triangle h = 1.5 \left(\frac{V_s}{U} \right) \times D$$

① 18m　　　　　　② 9m
③ 6m　　　　　　　④ 4.5m

009 다음 특정물질 중 오존 파괴지수가 가장 큰 것은?

① CF_3Br　　　② CCl_4
③ CH_2BrCl　　④ CH_2FBr

010 로스앤젤레스형 대기오염의 특성으로 옳지 않은 것은?

① 광화학적 산화물(photochemical oxidants)을 형성하였다.
② 질소산화물과 올레핀계 탄화수소 등이 원인물질로 작용했다.
③ 자동차 연료인 석유계 연료 등이 주원인물질로 작용했다.
④ 초저녁에 주로 발생하였고 복사역전층과 무풍 상태가 계속되었다.

011 유해가스상 대기오염물질이 식물에 미치는 영향에 관한 설명으로 가장 거리가 먼 것은?

① 고등식물에 대한 피해를 주는 대기오염물질 중에서 독성성분 순으로 나열하면 Cl_2 > SO_2 > HF > O_3 > NO_2 순이다.
② 아황산가스는 특히 소나무과, 콩과, 맥류 등이 피해를 많이 입는다.
③ 황화수소에 강한식물로는 복숭아, 딸기, 사과 등이다.
④ 일산화탄소는 식물에는 별로 심각한 영향을 주지 않으나 500ppm 정도에서 토마토 잎에 피해를 나타낸다.

012 라돈에 관한 설명으로 옳지 않은 것은?

① 지구상에서 발견된 자연방사능 물질 중의 하나이다.
② 사람이 매우 흡입하기 쉬운 가스성 물질이다.
③ 반감기는 3.8일이며, 라듐의 핵분열 시 생성되는 물질이다.
④ 액화되면 푸른색을 띠며, 공기보다 1.2배 무거워 지표에 가깝게 존재하며, 화학적으로 반응을 나타낸다.

013 대표적인 증상으로 인체 혈액 헤모글로빈의 기본 요소인 포르피린 고리의 형성을 방해함으로써 헤모글로빈의 형성을 억제하므로, 중독에 걸렸을 경우 만성 빈혈이 발생할 수 있는 대기오염 물질에 해당하는 것은?

① 납   ② 아연
③ 안티몬   ④ 비소

납 : 헤모글로빈 형성을 억제하여 빈혈 유발

정답 ①

014 대기 중에 존재하는 기체상의 질소산화물 중 대류권에서는 온실가스로 알려져 있고 일명 웃음기체라고도 하며, 성층권에서는 오존층 파괴 물질로 알려져 있는 것은?

① N_2O ② NO_2
③ NO_3 ④ N_2O_5

정답 ①

015 Aerodynamic diameter의 정의로 가장 적합한 것은?

① 본래의 먼지보다 침강속도가 작은 구형입자의 직경
② 본래의 먼지와 침강속도가 동일하며, 밀도 1g /cm^3인 구형입자의 직경
③ 본래의 먼지와 밀도 및 침강속도가 동일한 구형입자의 직경
④ 본래의 먼지보다 침강속도가 큰 구형입자의 직경

공기역학적 직경(Aerodynamic diameter)
본래의 먼지와 침강속도가 동일하며, 밀도 1g/cm^3인 구형입자의 직경

정답 ②

016 지상 20m에서의 풍속이 3.9m/s라면 60m에서의 풍속은? (단, Deacon 법칙 적용, p=0.4)

① 약 4.7m/s   ② 약 5.1m/s
③ 약 5.8m/s   ④ 약 6.1m/s

$$U = U_o \times \left(\frac{Z}{Z_o}\right)^p = 3.9\,m/s \times \left(\frac{60m}{20m}\right)^{0.4} = 6.05\,m/s$$

정답 ④

017 일산화탄소에 대한 설명으로 가장 거리가 먼 것은?

① 연료의 불완전연소에 의해 발생한다.
② 인체 내 호흡기관을 통해 들어오면 곧바로 배출되며, 축적성이 없다.
③ 비흡연자보다 흡연자의 체내 일산화탄소 농도가 높다.
④ 헤모글로빈의 일산화탄소에 대한 친화력은 산소보다 더 크다.

인체 내 호흡기관을 통해 들어오면 배출되지 않고 혈액 내 헤모글로빈과 결합하여 질식사를 일으킴

정답 ②

018 어떤 굴뚝의 배출가스 중 SO_2 농도가 240ppm 이었다. SO_2의 배출허용기준이 $400mg/m^3$ 이하라면 기준 준수를 위하여 이 배출시설에서 줄여야 할 아황산가스의 최소농도는 약 몇 mg/m^3인가? (단, 표준상태 기준)

① 286   ② 325
③ 452   ④ 571

1) 유입농도(mg/m^3)

$240ppm = 240mL/Sm^3$

$240\,mL/Sm^3 \times \dfrac{64\,mg}{22.4\,mL} = 685.714\,mg/Sm^3$

2) 배출허용기준 농도(ppm) $= 400mg/m^3$

3) 제거해야 할 농도 $= (685.714 - 400) = 285.714mg/m^3$

정답 ①

019 아래 그림에서 D상태에 해당되는 연기의 형태는? (단, 점선은 건조단열감율선)

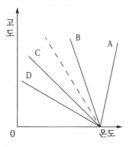

① fumigation   ② lofting
③ fanning   ④ looping

A : 안정, 부채형(Fanning)

B : 약안정

C, D : 불안정, 환상형(Looping)

정답 ④

020 대기권의 오존층과 관련된 설명으로 가장 거리가 먼 것은?

① 290nm 이하의 단파장인 UV-C는 대기 중의 산소와 오존분자 등의 가스 성분에 의해 대부분이 흡수되므로 지표면에 거의 도달하지 않는다.
② 오존의 생성 및 분해반응에 의해 자연상태의 성층권 영역에서는 일정한 수준의 오존량이 평형을 이루고, 다른 대기권 영역에 비해 오존 농도가 높은 오존층이 생긴다.
③ 오존농도의 고도분포는 지상 약 25km에서 평균적으로 약 10ppb의 최대농도를 나타낸다.
④ 지구전체의 평균 오존량은 약 300Dobson 전후이지만, 지리적 또는 계절적으로 평균치의 ±50% 정도까지도 변화한다.

· 오존 밀집지역 : 20~30km

· 오존 최대농도 : 10ppm(25km)

정답 ③

021 일반적으로 환경대기 중에 부유하고 있는 총부유먼지와 $10\mu m$ 이하의 입자상 물질을 여과지 위에 채취하여 질량농도를 구하거나 금속 등의 성분분석에 이용되며, 흡입펌프, 분립장치, 여과지홀더 및 유량측정부의 구성을 갖는 분석방법으로 가장 적합한 것은?

① 고용량 공기시료채취기법
② 저용량 공기시료채취기법
③ 광산란법
④ 광투과법

환경대기 중 먼지 측정방법 – 고용량 공기시료채취기법

대기 중에 부유하고 있는 입자상물질을 고용량 공기시료채취기를 이용하여 여과지 상에 채취하는 방법으로 입자상물질 전체의 질량농도(mass concentration)를 측정하거나 금속성분의 분석에 이용한다. 이 방법에 의한 채취입자의 입경은 일반적으로 $0.1{\sim}100\mu m$ 범위이다.

구성 : 공기흡입부, 여과지홀더, 유량측정부, 보호상자

환경대기 중 먼지 측정방법 – 저용량 공기시료채취기법(low volume air sampler method)

이 방법은 환경 대기 중에 부유하고 있는 입자상 물질을 저용량 공기시료채취기를 사용하여 여과지 위에 채취하는 방법으로 일반적으로 총부유먼지와 $10\mu m$ 이하의 입자상 물질을 채취하여 질량농도를 구하거나 금속 등의 성분 분석에 이용한다.

구성 : 흡입펌프, 분립장치, 여과지홀더, 유량측정부

정답 ②

---

022 배출가스 중 입자상 물질 시료채취를 위한 분석기기 및 기구에 관한 설명으로 옳지 않은 것은?

① 흡입노즐은 스테인리스강 재질, 경질유리, 또는 석영 유리제로 만들어진 것으로 사용한다.
② 흡입노즐의 안과 밖의 가스흐름이 흐트러지지 않도록 흡입노즐 내경(d)은 3mm 이상으로 한다.
③ 흡입관은 수분응축을 방지하기 위해 시료가스 온도를 $120{\pm}14℃$로 유지할 수 있는 가열기를 갖춘 보로실리 케이트, 스테인리스강 재질 또는 석영유리관을 사용한다.
④ 흡입노즐의 꼭짓점은 60° 이하의 예각이 되도록 하고 매끈한 반구 모양으로 한다.

---

④ 흡입노즐의 꼭짓점은 30° 이하의 예각이 되도록 하고 매끈한 반구 모양으로 한다.

배출가스 중 입자상 물질의 시료채취방법 – 흡입노즐

· 흡입노즐은 스테인리스강 재질, 경질유리, 또는 석영 유리제로 만들어진 것으로 다음과 같은 조건을 만족시키는 것이어야 한다.
· 흡입노즐의 안과 밖의 가스흐름이 흐트러지지 않도록 흡입노즐 내경(d)은 3mm 이상으로 한다. 흡입노즐의 내경(d)은 정확히 측정하여 0.1mm 단위까지 구하여 둔다.
· 흡입노즐의 꼭짓점은 30° 이하의 예각이 되도록 하고 매끈한 반구 모양으로 한다.
· 흡입노즐 내외면은 매끄럽게 되어야 하며 흡입노즐에서 먼지 채취부까지의 흡입관은 내부면이 매끄럽고 급격한 단면의 변화와 굴곡이 없어야 한다.

정답 ④

023 환경대기 시료채취방법에 관한 설명으로 옳지 않은 것은?

① 용기채취법은 시료를 일단 일정한 용기에 채취한 다음 분석에 이용하는 방법으로 채취관 – 용기, 또는 채취관 – 유량조절기 – 흡입펌프 – 용기로 구성된다.
② 용기채취법에서 용기는 일반적으로 진공병 또는 공기주머니(air bag)를 사용한다.
③ 용매채취법은 측정대상 기체와 선택적으로 흡수 또는 반응하는 용매에 시료가스를 일정유량으로 통과시켜 채취하는 방법으로 채취관 – 여과재 – 채취부 – 흡입 펌프 – 유량계(가스미터)로 구성된다.
④ 직접채취법에서 채취관은 PVC관을 사용하며, 채취관의 길이는 10m 이내로 한다.

④ 직접채취법에서 채취관은 4불화에틸렌수지(teflon), 경질 유리, 스테인리스강제 등을 사용하며, 채취관의 길이는 5m 이내로 한다.

환경대기 시료채취방법

용기채취법

· 이 방법은 시료를 일단 일정한 용기에 채취한 다음 분석에 이용하는 방법으로 채취관 – 용기, 또는 채취관 – 유량조절 기 – 흡입펌프 – 용기로 구성된다.

· 용기는 일반적으로 진공병 또는 공기주머니(air bag)를 사용한다.

용매채취법

· 이 방법은 측정대상 기체와 선택적으로 흡수 또는 반응하는 용매에 시료가스를 일정유량으로 통과시켜 채취하는 방법 으로 채취관 – 여과재 – 채취부 – 흡입펌프 – 유량계(가스미 터)로 구성된다.

직접 채취법

· 이 방법은 시료를 측정기에 직접 도입하여 분석하는 방법 으로 채취관 – 분석장치 – 흡입펌프로 구성된다.

· 채취관 : 채취관은 일반적으로 4불화에틸렌수지(teflon), 경질유리, 스테인리스강제 등으로 된 것을 사용 한다. 채취관의 길이는 5m 이내로 되도록 짧은 것이 좋으며, 그 끝은 빗물이나 곤충 기타 이물 질 이 들어가지 않도록 되어 있는 구조이어야 한다. 또 채취관을 장기간 사용하여 내면이 오 염되거나 측정성분에 영향을 줄 염려가 있을 때 는 채취관을 교환하거나 잘 씻어 사용한다.

정답 ④

024 환경대기 중의 탄화수소 농도를 측정하기 위한 주 시험법은?

① 총탄화수소 측정법
② 비메탄 탄화수소 측정법
③ 활성 탄화수소 측정법
④ 비활성 탄화수소 측정법

정답 ②

025 굴뚝 배출가스 중 불소화합물 분석방법으로 옳지 않은 것은?

① 자외선/가시선분광법은 시료가스 중에 알루미늄(Ⅲ), 철(Ⅱ), 구리(Ⅱ) 등의 중금속 이온이나 인산이온이 존재하면 방해효과를 나타내므로 적절한 증류방법에 의해 분리한 후 정량한다.
② 자외선/가시선분광법은 증류온도를 145±5℃, 유출속도를 3~5mL/min으로 조절하고, 증류된 용액이 약 220mL가 될 때까지 증류를 계속한다.
③ 적정법은 pH를 조절하고 네오트린을 가한 다음 수산화 바륨용액으로 적정한다.
④ 자외선/가시선분광법의 흡수파장은 620nm를 사용한다.

배출가스 중 플루오린화합물 - 적정법(개정후)

플루오린화 이온을 방해 이온과 분리한 다음, 완충액을 가하여 pH를 조절하고 네오토린을 가한 다음 질산소듐 용액으로 적정하는 방법이다.

배출가스 중 플루오린화합물 - 자외선/가시선분광법(개정후)

· 굴뚝에서 적절한 시료채취장치를 이용하여 얻은 시료 흡수액을 일정량으로 묽게 한 다음 완충액을 가하여 pH를 조절하고 란타넘과 알리자린콤플렉손을 가하여 생성되는 생성물의 흡광도를 분광광도계로 측정하는 방법이다. 흡수 파장은 620nm를 사용한다.

· 간섭물질 : 시료가스 중에 알루미늄(Ⅲ), 철(Ⅱ), 구리(Ⅱ), 아연(Ⅱ) 등의 중금속 이온이나 인산 이온이 존재하면 방해 효과를 나타낸다. 따라서 적절한 증류 방법을 통해 플루오린화합물을 분리한 후 정량하여야 한다.

· 증류온도를 145±5℃ 유출속도를 3mL/min~5mL/min으로 조절하고, 증류된 용액이 약 220mL가 될 때까지 증류를 계속한다.

[개정 - 용어변경] 불소화합물→플루오린화합물

정답 ③

---

026 다음은 배출가스 중의 페놀류의 기체크로마토그래프 분석방법을 설명한 것이다. ( )안에 알맞은 것은?

> 배출가스를 (㉠)에 흡수시켜 이 용액을 산성으로 한 후 (㉡)(으)로 추출한 다음 기체크로마토그래프로 정량하여 페놀류의 농도를 산출한다.

① ㉠ 증류수, ㉡ 과망간산칼륨
② ㉠ 수산화소듐용액, ㉡ 과망간산칼륨
③ ㉠ 증류수, ㉡ 아세트산에틸
④ ㉠ 수산화소듐용액, ㉡ 아세트산에틸

배출가스 중 페놀화합물 - 기체크로마토그래피

배출가스 중의 페놀화합물을 측정하는 방법으로서, 배출가스를 수산화소듐 용액에 흡수시켜 이 용액을 산성으로 한 후 아세트산에틸로 추출한 다음 기체크로마토그래프로 정량하여 페놀화합물의 농도를 산출한다.

[개정-용어변경] 페놀류 → 페놀화합물

정답 ④

---

027 다음 중 대기오염공정시험기준에서 <아래>의 조건에 해당하는 규정농도 이상의 것을 사용해야 하는 시약은? (단, 따로 규정이 없는 상태)

> · 농도 이상 : 85% 이상
> · 비중 : 약 1.69

① $HClO_4$　　　　② H_3PO_4
③ HCl　　　　　④ HNO_3

시약 및 표준용액 - 시약의 농도

명칭	화학식	농도(%)	비중
암모니아수	NH_4OH	28.0~30.0 (NH_3로서)	0.9
과산화수소	H_2O_2	30.0~35.0	1.11
염산	HCl	35.0~37.0	1.18
플루오린화수소	HF	46.0~48.0	1.14
브로민화수소	HBr	47.0~49.0	1.48
아이오딘화수소	HI	55.0~58.0	1.7
질산	HNO_3	60.0~62.0	1.38
과염소산	$HClO_4$	60.0~62.0	1.54
인산	H_3PO_4	85.0 이상	1.69
황산	H_2SO_4	95.0 이상	1.84
아세트산	CH_3COOH	99.0 이상	1.05

정답 ②

028 자동기록식 광전분광광도계의 파장교정에 사용되는 흡수스펙트럼은?

① 홀뮴유리
② 석영유리
③ 플라스틱
④ 방전유리

자외선/가시선분광법

자동기록식 광전분광광도계의 파장교정은 홀뮴(Holmium) 유리의 흡수스펙트럼을 이용한다.

정답 ①

029 기체크로마토그래피의 충전물에서 고정상 액체의 구비조건에 대한 설명으로 거리가 먼 것은?

① 분석대상 성분을 완전히 분리할 수 있는 것이어야 한다.
② 사용온도에서 증기압이 높은 것이어야 한다.
③ 화학적 성분이 일정한 것이어야 한다.
④ 사용온도에서 점성이 작은 것이어야 한다.

기체 – 액체 크로마토그래피

고정상 액체(Stationary Liquid)

고정상 액체는 가능한 한 다음의 조건을 만족시키는 것을 선택한다.

· 분석대상 성분을 완전히 분리할 수 있는 것이어야 한다.
· 사용온도에서 증기압이 낮고, 점성이 작은 것이어야 한다.
· 화학적으로 안정된 것이어야 한다.
· 화학적 성분이 일정한 것이어야 한다.

정답 ②

030 배출가스 중 납화합물을 자외선/가시선분광법으로 분석할 때 사용되는 시약 또는 용액에 해당하지 않는 것은?

① 디티존
② 클로로폼
③ 시안화포타슘 용액
④ 아세틸아세톤

납화합물의 자외선/가시선 분광법

납 이온을 시안화포타슘 용액 중에서 디티존에 적용시켜서 생성되는 납 디티존 착염을 클로로폼으로 추출하고, 과량의 디티존은 시안화포타슘 용액으로 씻어내어, 납착염의 흡수도를 520nm에서 측정하여 정량하는 방법이다.

[개정] "배출가스 중 납화합물 – 자외선/가시선분광법"은 공정시험기준에서 삭제되어 더 이상 출제되지 않습니다.

정답 ④

031 기체크로마토그래피에서 A, B 성분의 보유시간이 각각 2분, 3분이었으며, 피크폭은 32초, 38초이었다면 이때 분리도(R)는?

① 1.1
② 1.4
③ 1.7
④ 2.2

$$분리도(R) = \frac{2(t_{R2} - t_{R1})}{W_1 + W_2} = \frac{2(3-2)\min \times \frac{60s}{1\min}}{32+38} = 1.71$$

여기서,

t_{R1} : 시료도입점으로부터 봉우리 1의 최고점까지의 길이(보유시간)

t_{R2} : 시료도입점으로부터 봉우리 2의 최고점까지의 길이(보유시간)

W_1 : 봉우리 1의 좌우 변곡점에서의 접선이 자르는 바탕선의 길이(피크폭)

W_2 : 봉우리 2의 좌우 변곡점에서의 접선이 자르는 바탕선의 길이(피크폭)

[개정 – 용어변경] 보유시간 → 머무름시간

정답 ③

032 다음은 배출가스 중 황화수소 분석방법에 관한 설명이다. ( )안에 알맞은 것은?

> 시료 중의 황화수소를 (㉠) 용액에 흡수시킨 다음 염산산성으로 하고, (㉡) 용액을 가하여 과잉의 (㉡)(을)를 싸이오황산소듐 용액으로 적정하여 황화수소를 정량한다. 이 방법은 시료 중의 황화수소가 (㉢)ppm 함유되어 있는 경우의 분석에 적합하다.

① ㉠ 메틸렌블루, ㉡ 아이오딘, ㉢ 5~1,000
② ㉠ 아연아민착염, ㉡ 아이오딘, ㉢ 100~2,000
③ ㉠ 메틸렌블루, ㉡ 디에틸아민동,
　㉢ 100~2,000
④ ㉠ 아연아민착염, ㉡ 디에틸아민동,
　㉢ 5~1,000

배출가스 중 황화수소 - 적정법 - 아이오딘 적정법

· 시료 중의 황화수소를 아연아민착염 용액에 흡수시킨 다음 염산산성으로 하고, 아이오딘 용액을 가하여 과잉의 아이오딘 을 싸이오황산소듐 용액으로 적정하여 황화수소를 정량한다.

· 적용범위 : 시료 중의 황화수소가 (100~2,000)ppm 함유 되어 있는 경우의 분석에 적합하다.

[개정] "배출가스 중 황화수소 - 아이오딘적정법"은 공정시험 기준에서 삭제되어 더 이상 출제되지 않습니다.

정답 ②

---

033 굴뚝 배출가스 중 질소산화물의 연속자동측정 방법으로 가장 거리가 먼 것은?

① 화학발광법　　　② 이온전극법
③ 적외선흡수법　　④ 자외선흡수법

배출가스 중 연속자동측정방법

측정물질	측정방법
먼지	· 광산란적분법 · 베타(β)선 흡수법 · 광투과법
아황산가스	· 용액전도율법 · 적외선흡수법 · 자외선흡수법 · 정전위전해법 · 불꽃광도법
질소산화물	· 설치방식 : 시료채취형, 굴뚝부착형 · 측정원리 : 화학발광법, 적외선흡수법, 　자외선흡수법 및 정전위전해법 등
염화수소	· 이온전극법 · 비분산 적외선 분석법
불화수소	· 이온전극법
암모니아	· 용액전도율법 · 적외선가스분석법
배출가스 유량	· 피토관을 이용하는 방법 · 열선 유속계를 이용하는 방법 · 와류 유속계를 이용하는 방법

정답 ②

034 다음은 측정 용어의 정의이다. ( )안에 가장 적합한 용어는?

> · (㉠)(은)는 측정결과에 관련하여 측정량을 합리적으로 추정한 값의 산포 특성을 나타내는 인자를 말한다.
> · (㉡)(은)는 측정의 결과 또는 측정의 값이 모든 비교의 단계에서 명시된 불확도를 갖는 끊어지지 않는 비교의 사슬을 통하여 보통 국가 표준 또는 국제표준에 정해진 기준에 관련시켜 질 수 있는 특성을 말한다.
> · 시험분석 분야에서 (㉡)의 유지는 교정 및 검정곡선 작성과정의 표준물질 및 순수물질을 적절히 사용함으로써 달성할 수 있다.

① ㉠ 대수정규분포도, ㉡ (측정의) 유효성
② ㉠ (측정)불확도, ㉡ (측정의) 유효성
③ ㉠ 대수정규분포도, ㉡ (측정의) 소급성
④ ㉠ (측정)불확도, ㉡ (측정의) 소급성

측정 용어의 정의

측정 불확도(uncertainty)

· 측정결과에 관련하여 측정량을 합리적으로 추정한 값의 산포 특성을 나타내는 인자

측정의 소급성(traceability)

· 측정의 결과 또는 측정의 값이 모든 비교의 단계에서 명시된 불확도를 갖는 끊어지지 않는 비교의 사슬을 통하여 보통 국가 표준 또는 국제표준에 정해진 기준에 관련시켜 질 수 있는 특성

· 시험분석 분야에서 소급성의 유지는 교정 및 검정곡선 작성과정의 표준물질 및 순수 물질을 적절히 사용함으로써 달성할 수 있다.

정답 ④

---

035 굴뚝반경이 3.2m인 원형 굴뚝에서 먼지를 채취하고자 할 때의 측정점수는?

① 8
② 12
③ 16
④ 20

배출가스 중 먼지 – 측정점의 선정

원형단면의 측정점

굴뚝직경 2R(m)	반경구분수	측정점수
1 이하	1	4
1 초과 2 이하	2	8
2 초과 4 이하	3	12
4 초과 4.5 이하	4	16
4.5 초과	5	20

정답 ④

---

036 환경대기 중의 아황산가스 측정을 위한 시험방법이 아닌 것은?

① 불꽃광도법
② 용액전도율법
③ 파라로자닐린법
④ 나프틸에틸렌디아민법

환경대기 중 아황산가스 측정방법

수동측정법	자동측정법
· 파라로자닐린법	· 자외선형광법(주시험방법)
· 산정량 수동법	· 용액전도율법
· 산정량 반자동법	· 불꽃광도법
	· 흡광차분광법

정답 ④

037 화학분석 일반사항에 관한 설명으로 옳지 않은 것은?

① "약"이란 그 무게 또는 부피 등에 대하여 ±5% 이상의 차가 있어서는 안 된다.

② 표준품을 채취할 때 표준액이 정수로 기재되어 있어도 실험자가 환산하여 기재수치에 "약"자를 붙여 사용할 수 있다.

③ "방울수"라 함은 20℃에서 정제수 20방울을 떨어뜨릴 때 그 부피가 약 1mL 되는 것을 뜻한다.

④ 시험에 사용하는 표준품은 원칙적으로 특급 시약을 사용하며 표준액을 조제하기 위한 표준용 시약은 따로 규정이 없는 한 데시케이터에 보존된 것을 사용한다.

① "약"이란 그 무게 또는 부피 등에 대하여 ±10% 이상의 차가 있어서는 안 된다.

정답 ①

038 휘발성유기화합물(VOCs) 누출확인방법에서 사용하는 용어 정의 중 "응답시간"은 VOCs가 시료 채취장치로 들어가 농도 변화를 일으키기 시작하여 기기 계기판의 최종값이 얼마를 나타내는데 걸리는 시간을 의미하는가? (단, VOCs 측정기기 및 관련장비는 사양과 성능기준을 만족한다.)

① 80% ② 85%
③ 90% ④ 95%

휘발성유기화합물 누출확인방법

응답시간 : VOCs가 시료채취장치로 들어가 농도 변화를 일으키기 시작하여 기기 계기판의 최종값이 90%를 나타내는 데 걸리는 시간이다.

정답 ③

039 램버어트 비어(Lambert–Beer)의 법칙에 관한 설명으로 옳지 않은 것은? (단, I_o = 입사광의 강도, I_t = 투사광의 강도, C = 농도, L = 빛의 투사거리, ε = 흡광계수, t = 투과도)

① $I_t = I_o \cdot 10^{-\varepsilon CL}$로 표현한다.
② $\log(1/t) = A$를 흡광도라 한다.
③ ε는 비례상수로서 흡광계수라 하고, C = 1mmol, L = 1mm일 때의 ε의 값을 몰흡광계수라 한다.
④ $\dfrac{I_t}{I_o}$ = t 를 투과도라 한다.

③ ε는 비례상수로서 흡광계수라 하고, C=1mol, L=10mm일 때의 ε의 값을 몰흡광계수라 한다.

램버어트–비어(Lambert–Beer)의 법칙

$I_t = I_o \cdot 10^{-\varepsilon Cl}$

여기서,

I_o	:	입사광의 강도
I_t	:	투사광의 강도
C	:	농도
ℓ	:	빛의 투사거리
ε	:	비례상수로서 흡광계수($C=1mol$, $\ell=10mm$일 때의 ε의 값을 몰흡광계수라 하며 K로 표시한다.)

정답 ③

040 다음은 유류 중의 황함유량 분석방법 중 연소관식 공기법에 관한 설명이다. ( )안에 알맞은 것은?

> 이 시험기준은 원유, 경유, 중유의 황함유량을 측정하는 방법을 규정하며 유류 중 황함유량이 질량분율 0.01% 이상의 경우에 적용한다. (㉠)로 가열한 석영재질 연소관 중에 공기를 불어넣어 시료를 연소시킨다. 생성된 황산화물을 과산화수소 3%에 흡수시켜 황산으로 만든 다음, (㉡) 표준액으로 중화적정하여 황함유량을 구한다.

① ㉠ 450~550℃, ㉡ 질산칼륨
② ㉠ 450~550℃, ㉡ 수산화소듐
③ ㉠ 950~1,100℃, ㉡ 질산칼륨
④ ㉠ 950~1,100℃, ㉡ 수산화소듐

유류 중의 황함유량 분석방법 – 연소관식 공기법

이 시험기준은 원유, 경유, 중유 등의 황함유량을 측정하는 방법을 규정하며 유류 중 황함유량이 질량분율 0.010% 이상의 경우에 적용하며 방법검출한계는 질량분율 0.003%이다. 950~1,100℃로 가열한 석영 재질 연소관 중에 공기를 불어넣어 시료를 연소시킨다. 생성된 황산화물을 과산화수소 (3%)에 흡수시켜 황산으로 만든 다음, 수산화소듐 표준액으로 중화적정하여 황함유량을 구한다.

정답 ④

3과목 대기오염 방지기술

---

041 먼지농도가 $10g/Sm^3$인 매연을 집진율 80%인 집진장치로 1차 처리하고 다시 2차 집진장치로 처리한 결과 배출가스 중 먼지농도가 $0.2g/Sm^3$이 되었다. 이때 2차 집진장치의 집진율은? (단, 직렬 기준)

① 70%
② 80%
③ 85%
④ 90%

$C = C_0(1-\eta_1)(1-\eta_2)$
$0.2 = 10(1-0.8)(1-\eta_2)$
$\therefore \eta_2 = 0.9 = 90\%$

정답 ④

---

042 Butane $1Sm^3$을 공기비 1.05로 완전연소시키면 연소가스 (건조)부피는 얼마인가?

① $10Sm^3$
② $20Sm^3$
③ $30Sm^3$
④ $40Sm^3$

$C_4H_{10} + \frac{13}{2}O_2 \rightarrow 4CO_2 + 5H_2O$

$G_d(Sm^3/Sm^3) = (m-0.21)A_o + \Sigma$연소생성물$(H_2O$ 제외$)$

$= (1.05-0.21) \times \frac{13/2}{0.21} + 4$

$= 30Sm^3/Sm^3$

$G_d = 30Sm^3/Sm^3 \times 1Sm^3$

$= 30Sm^3$

정답 ③

---

043 유압분무식 버너에 관한 설명으로 옳지 않은 것은?

① 구조가 간단하여 유지 및 보수가 용이하다.
② 유량조절 범위가 좁아 부하변동에 적응하기 어렵다.
③ 연료분사범위는 15~2,000kL/hr 정도이다.
④ 분무각도가 40~90° 정도로 크다.

③ 연료분사범위는 15~2,000L/hr 정도이다.

	분무압 (kg/cm²)	유량 조절비	연료사용량 (L/h)	분무각도 (°)
유압 분무식 버너	5~30	환류식 1:3 비환류식 1:2	15~2,000	40~90
고압공기식 버너	2~10	1:10	3~500 (외부) 10~1,200 (내부)	20~30
저압공기식 버너	0.05 ~0.2	1:5	2~200	30~60
회전식 버너 (로터리)	0.3 ~0.5	1:5	1,000 (직결식) 2,700 (벨트식)	40~80

정답 ③

044 다음 중 일반적으로 착화온도가 가장 높은 것은?

① 메탄 　　　　　② 수소
③ 목탄 　　　　　④ 중유

착화점 순서

유황 < 중유 < 파라핀 왁스 < 갈탄(250~400) < 목탄(320~ 370) < 역청탄(320~400) < 무연탄(440~500) < 메탄 < 탄소

정답 ①

---

045 유량 40,715m³/h의 공기를 원형 흡수탑을 거쳐 정화하려고 한다. 흡수탑의 접근유속을 2.5m/s 로 유지하려면 소요되는 흡수탑의 지름(m)은?

① 약 2.8 　　　　② 약 2.4
③ 약 1.7 　　　　④ 약 1.2

$Q = AV = \dfrac{\pi}{4}D^2 \times V$

$(40,715/3,600)\,m^3/s = \dfrac{\pi}{4}D^2 \times 2.5$

$\therefore \; D = 2.4m$

정답 ②

---

046 먼지의 진비중(S)과 겉보기 비중(S_B)이 다음과 같을 때 다음 중 재비산 현상을 유발할 가능성이 가장 큰 것은?

구분	먼지의 배출원	진비중(S)	겉보기비중(S_B)
㉠	미분탄보일러	2.10	0.52
㉡	시멘트킬른	3.00	0.60
㉢	산소제강로	4.74	0.65
㉣	황동용전기로	5.40	0.36

① ㉠ 　　　　　② ㉡
③ ㉢ 　　　　　④ ㉣

S/S_B 비가 클수록 재비산되기 쉽다.

따라서, ㉣의 S/S_B 비가 가장 크므로 가장 재비산되기 쉽다.

구분	먼지의 배출원	진비중(S)	겉보기 비중(S_B)	S/S_B
㉠	미분탄보일러	2.10	0.52	4.04
㉡	시멘트킬른	3.00	0.60	5.00
㉢	산소제강로	4.74	0.65	7.29
㉣	황동용전기로	5.40	0.36	15.00

정답 ④

047 중력집진장치의 효율을 향상시키기 위한 조건에 관한 설명으로 거리가 먼 것은?

① 침강실 내의 처리가스의 속도가 작을수록 미립 자가 포집된다.
② 침강실 내의 배기가스의 기류는 균일해야 한다.
③ 침강실의 높이는 작고 길이는 길수록 집진율이 높아진다.
④ 유입부의 유속이 클수록 처리 효율이 높다.

④ 유입부 유속(가스 유속)이 작을수록 처리 효율이 높다.

중력집진장치의 효율향상조건

· 침강실 내 가스 유속 작을수록,
· 침강실의 높이(H) 작을수록,
· 길이(L) 길수록,
· 입구 폭 클수록,
· 침강속도(V_g) 클수록,   → 집진효율 증가
· 입자의 밀도가 클수록,
· 단수 높을수록,
· 침강실내 배기기류는 균일해야함

정답 ④

048 A 굴뚝 배출가스 중 염소 가스의 농도가 150 mL/Sm^{3}이다. 이 염소가스의 농도를 25mg /Sm^{3}로 저하시키기 위하여 제거해야 할 양 (mL/Sm^3)은 약 얼마인가?

① 95   ② 111
③ 125   ④ 142

현재농도 : 150mL/Sm^3

기준농도 : $25\text{mg/Sm}^3 \times \dfrac{22.4\text{mL}}{71\text{mg}} = 7.89\text{mL/Sm}^3$

제거농도 = 현재농도 − 기준농도
= 150 − 7.89
= 142.11mL/Sm^3

정답 ④

049 세정집진장치에 관한 설명으로 옳지 않은 것은?

① 고온다습한 가스나 연소성 및 폭발성 가스의 처리가 가능하다.
② 점착성 및 조해성 먼지의 처리가 가능하다.
③ 소수성 입자의 집진율은 낮다.
④ 입자상 물질과 가스의 동시 제거는 불가능하나, 타 집진장치와 비교 시 장기운전이나 휴식 후의 운전재개 시 장애는 거의 없다.

④ 세정 집진은 입자상 물질과 가스를 동시에 처리할 수 있다. 타 집진장치와 비교 시 장기운전이나 휴식 후의 운전재개 시 장애가 발생한다.

정답 ④

050 전기집진장치의 유지관리에 관한 설명으로 가장 거리가 먼 것은?

① 시동 시에는 배출가스를 도입하기 최소 1시간 전에 애관용 히터를 가열하여 애자관 표면에 수분이나 먼지의 부착을 방지한다.
② 시동 시에는 고전압 회로의 절연저항이 100MΩ 이상이 되어야 한다.
③ 운전 시 2차 전류가 매우 적을 때에는 먼지농도 가 높거나 먼지의 겉보기 저항이 이상적으로 높 을 경우이므로 조습용스프레이의 수량을 늘려 겉보기 저항을 낮추어야 한다.
④ 정지 시에는 접지저항을 적어도 연 1회 이상 점검하고 10Ω 이하로 유지한다.

① 시동 시에는 애자, 애관 등의 표면을 깨끗이 닦아 고압회 로의 절연저항이 100MΩ 이상이 되도록 한다.

정답 ①

051 유해가스 제거를 위한 흡수제의 구비조건으로 옳지 않은 것은?

① 용해도가 크고, 무독성이어야 한다.
② 액가스비가 작으며, 점성은 커야 한다.
③ 착화성이 없으며, 비점은 높아야 한다.
④ 휘발성이 적어야 한다.

흡수액의 구비요건
❶ 용해도가 높아야 한다.
❷ 용매의 화학적 성질과 비슷해야 한다.
❸ 흡수액의 점성이 비교적 낮아야 한다.
❹ 휘발성이 낮아야 한다.

정답 ②

052 다음 집진장치 중 관성충돌, 확산, 증습, 응집, 부착성 등이 주 포집원리인 것은?

① 원심력집진장치   ② 세정집진장치
③ 여과집진장치   ④ 중력집진장치

· 중력집진장치 : 중력
· 원심력집진장치 : 원심력
· 세정집진장치 : 관성충돌, 확산, 증습에 의한 응집, 응결, 부착
· 여과집진장치 : 관성충돌, 중력, 확산, 직접 차단

정답 ②

053 Propane 432kg을 기화시킨다면 표준상태에서 기체의 용적은?

① 560Sm^3 ② 540Sm^3
③ 280Sm^3 ④ 220Sm^3

C_3H_8 : 44kg = 22.4Sm^3

$432kg \times \dfrac{22.4Sm^3}{44kg} = 219.92Sm^3$

정답 ④

054 초기에 98%의 집진율로 운전되고 있던 집진장치가 성능의 저하로 집진율이 96%로 떨어졌다. 집진장치의 입구의 함진농도는 일정하다고 할 때 출구의 함진농도는 초기에 비해 어떻게 변화하겠는가?

① 1/4로 감소한다.   ② 1/2로 감소한다.
③ 2배로 증가한다.   ④ 4배로 증가한다.

초기 집진율 : 98%
초기 통과율 : 2%
성능저하 후 집진율 : 96%
성능저하 후 통과율 : 4%
이므로, 출구 농도는 초기에 비해 2배 증가하였다.

정답 ③

055 어떤 유해가스와 물이 일정온도에서 평형상태에 있다. 유해가스의 분압이 기상에서 60mmHg 일 때 수중 유해가스의 농도가 2.7kmol/m^3 이면 이때 헨리상수(atm · m^3/kmol)는? (단, 전압은 1atm이다.)

① 0.01   ② 0.02
③ 0.03   ④ 0.04

헨리의 법칙 P = HC 이므로,

$\therefore \ H = \dfrac{P}{C} = \dfrac{60mmHg}{2.7kmol/m^3} \times \dfrac{1atm}{760mmHg}$

$= 0.0292atm \cdot m^3/kmol$

정답 ③

056 다음 집진장치 중 일반적으로 압력손실이 가장 큰 것은?

① 여과집진장치   ② 원심력집진장치
③ 전기집진장치   ④ 벤투리스크러버

집진장치 중 압력손실이 가장 큰 장치는 세정집진장치 중 벤투리스크러버임

정답 ④

---

057 탄소 85%, 수소 11.5%, 황 2.0% 들어있는 중유 1kg당 12Sm³의 공기를 넣어 완전 연소시킨다면, 표준상태에서 습윤 배출가스 중의 SO_2 농도는? (단, 중유 중의 S성분은 모두 SO_2 로 된다.)

① 708ppm   ② 808ppm
③ 1,107ppm   ④ 1,408ppm

$G_w (Sm^3/kg)$

$= mA_o + 5.6H + 0.7O + 0.8N + 1.244W$

$= 12 + 5.6 \times 0.115$

$= 12.644 Sm^3/kg$

$\therefore SO_2(ppm) = \dfrac{SO_2}{G_w} \times 10^6 = \dfrac{0.7S}{G_w} \times 10^6$

$= \dfrac{0.7 \times 0.02}{12.644} \times 10^6 = 1,107.24 ppm$

참고

$G_{od} = A_o - 5.6H + 0.7O + 0.8N$

$G_d = mA_o - 5.6H + 0.7O + 0.8N$

$G_{ow} = A_o + 5.6H + 0.7O + 0.8N + 1.244W$

$G_w = mA_o + 5.6H + 0.7O + 0.8N + 1.244W$

정답 ③

---

058 관성력 집진장치의 일반적인 효율 향상조건에 관한 설명으로 옳지 않은 것은?

① 기류의 방향전환 시 곡률반경이 작을수록 미립자의 포집이 가능하다.
② 기류의 방향전환각도가 작고, 방향전환 횟수가 많을수록 압력손실은 커지지만 집진은 잘 된다.
③ 충돌직전의 처리가스의 속도는 작고, 처리 후 출구 가스속도는 클수록 미립자의 제거가 쉽다.
④ 적당한 모양과 크기의 dust box가 필요하다.

③ 충돌직전의 처리가스의 속도는 크고, 처리 후 출구 가스속도는 작을수록 미립자의 제거가 쉽다.

관성력 집진장치의 효율 향상 조건

· 충돌직전의 처리가스속도 클수록
· 방향전환각도 작을수록
· 전환횟수가 많을수록
· 방향전환 곡률반경(기류반경) 작을수록
· 출구 가스속도 작을수록
· 방해판 많을수록

→ 집진효율 증가 (압력손실 커짐)

정답 ③

---

059 메탄의 치환 염소화 반응에서 C_2Cl_4를 만들 경우 메탄 1kg당 부생되는 HCl의 이론량은? (단, 표준상태 기준)

① 4.2Sm³   ② 5.6Sm³
③ 6.4Sm³   ④ 7.8Sm³

$2CH_4 + 6Cl_2 \longrightarrow C_2Cl_4 + 8HCl$

$2 \times 16 kg$: $8 \times 22.4 Sm^3$

$1 kg$: $X\ Sm^3$

$\therefore X = \dfrac{8 \times 22.4 Sm^3}{2 \times 16 kg} \times 1 kg = 5.6 Sm^3$

정답 ②

060 송풍관(duct)에서 흄(fume) 및 매우 가벼운 건조 먼지(예 : 나무 등의 미세한 먼지와 산화아연, 산화알루미늄 등의 흄)의 반송속도로 가장 적합한 것은?

① 1~2m/s   ② 10m/s
③ 25m/s   ④ 50m/s

유해물질	실례	덕트속도
·증기 ·가스 ·연기	·모든 증기 ·가스 ·연기	특별한 규정은 없으나 경제적 측면을 감안하여 5.0~10.0m/sec
·흄	·용접	10~12.5m/sec
·매우 작고 가벼운 먼지	·나무 가루	12.5~15m/sec
·건조한 먼지 또는 가루	·면먼지 ·미세한 고무 먼지 ·베이크라이트 먼지 ·먼지	15~20m/sec
·산업장의 일반 먼지	·연마먼지 ·주물먼지 ·석면방지의 석면 먼지	18~20m/sec
·무거운 먼지	·무겁고 습기찬 톱먼지 ·샌드블라스트 ·납	20~25m/sec
·무겁고 젖은 먼지	·젖은 시멘트	25m/sec 이상

정답 ②

4과목   **대기환경관계법규**

061 대기환경보전법상 5년 이하의 징역이나 5천만원 이하의 벌금에 처하는 기준은?

① 연료사용 제한조치 등의 명령을 위반한 자
② 측정기기 운영·관리기준을 준수하지 않아 조치명령을 받았으나, 이 또한 이행하지 않아 받은 조업정지명령을 위반한 자
③ 배출시설을 설치금지 장소에 설치해서 폐쇄명령을 받았으나 이를 이행하지 아니한 자
④ 첨가제를 제조기준에 맞지 않게 제조한 자

② 측정기기 조업정지명령을 위반한 자 : 1년 이하의 징역 또는 1천만원 이하의 벌금
③ 배출시설의 폐쇄명령, 사용중지명령을 이행하지 아니한 자 : 7년 이하의 징역 또는 1억원 이하의 벌금
④ 환경부령으로 정하는 제조기준에 맞지 아니하게 자동차연료·첨가제 또는 촉매제를 제조한 자 : 7년 이하의 징역 또는 1억원 이하의 벌금

5년 이하의 징역 또는 5천만원 이하의 벌금
1. 배출시설의 신고를 하지 아니하거나 거짓으로 신고를 하고 배출시설을 설치 또는 변경하거나 그 배출시설을 이용하여 조업한 자
2. 방지시설을 거치지 아니하고 오염물질을 배출할 수 있는 공기조절 장치나 가지배출관 등을 설치하는 행위를 한 자
3. 배출허용기준 적합여부를 판정하기 위한 측정기기의 부착 등의 조치를 하지 아니한 자
4. 배출시설 가동시에 측정기기를 고의로 작동하지 아니하거나 정상적인 측정이 이루어지지 아니하도록 하는 행위를 한 자
5. 측정기기를 고의로 훼손하는 행위를 한 자
6. 측정기기를 조작하여 측정결과를 빠뜨리거나 거짓으로 측정결과를 작성하는 행위를 한 자
7. 비산배출되는 대기오염물질을 줄이기 위한 시설개선 등의 조치 명령을 이행하지 아니한 자
8. 황함유기준을 초과하는 연료의 연료사용 제한조치 등의 명령을 위반한 자
9. 휘발성유기화합물을 배출하는 시설 또는 그 배출의 억제·방지를 위한 시설의 시설개선 등의 조치명령을 이행하지 아니한 자
10. 자동차제작자가 배출가스 관련 부품 교체 또는 자동차의 교체·환불·재매입 명령을 이행하지 아니한 자
11. 자동차 결함시정 명령을 위반한 자
12. 자동차 결함시정 의무를 위반한 자
13. 자동차 배출가스 전문정비업자로 등록하지 아니하고 정비·점검 또는 확인검사 업무를 한 자
14. 제조기준에 맞지 아니하게 첨가제 또는 촉매제를 공급하거나 판매한 자

정답 ①

062 대기환경보전법령상 초과부과금 대상이 되는 대기오염물질에 해당되지 않는 것은?

① 일산화탄소　　② 암모니아
③ 먼지　　　　　④ 염화수소

대기환경보전법 시행령 [별표 4]
<개정 2018. 12. 31.> 질소산화물 관련 부분

초과부과금 산정기준(제24조제2항 관련)

(금액 : 원)

오염물질	금액
염화수소	7,400
시안화수소	7,300
황화수소	6,000
불소화물	2,300
질소산화물	2,130
이황화탄소	1,600
암모니아	1,400
먼지	770
황산화물	500

정답 ①

063 대기환경보전법상 환경부장관은 대기오염물질과 온실가스를 줄여 대기환경을 개선하기 위하여 대기환경개선 종합계획을 수립하여야 한다. 이 종합계획에 포함되어야 할 사항으로 거리가 먼 것은? (단, 그 밖의 사항 등은 고려하지 않음)

① 시, 군, 구별 온실가스 배출량 세부명세서
② 대기오염물질의 배출현황 및 전망
③ 기후변화로 인한 영향평가와 적용대책에 관한 사항
④ 기후변화 관련 국제적 조화와 협력에 관한 사항

제11조(대기환경개선 종합계획의 수립 등)

❶ 환경부장관은 대기오염물질과 온실가스를 줄여 대기환경을 개선하기 위하여 대기환경개선 종합계획(이하 "종합계획"이라 한다)을 10년마다 수립하여 시행하여야 한다.

❷ 종합계획에는 다음 각 호의 사항이 포함되어야 한다.
<개정 2012. 5. 23.>

1. 대기오염물질의 배출현황 및 전망

2. 대기 중 온실가스의 농도 변화 현황 및 전망

3. 대기오염물질을 줄이기 위한 목표 설정과 이의 달성을 위한 분야별·단계별 대책

3의2. 대기오염이 국민 건강에 미치는 위해정도와 이를 개선하기 위한 위해수준의 설정에 관한 사항

3의3. 유해성대기감시물질의 측정 및 감시·관찰에 관한 사항

3의4. 특정대기유해물질을 줄이기 위한 목표 설정 및 달성을 위한 분야별·단계별 대책

4. 환경분야 온실가스 배출을 줄이기 위한 목표 설정과 이의 달성을 위한 분야별·단계별 대책

5. 기후변화로 인한 영향평가와 적용대책에 관한 사항

6. 대기오염물질과 온실가스를 연계한 통합대기환경 관리체계의 구축

7. 기후변화 관련 국제적 조화와 협력에 관한 사항

8. 그 밖에 대기환경을 개선하기 위하여 필요한 사항

정답 ①

064 환경정책기본법령상 납(Pb)의 대기환경기준(μg /m³)으로 옳은 것은? (단, 연간평균치)

① 0.5 이하　　　② 5 이하
③ 50 이하　　　④ 100 이하

환경정책기본법상 대기 환경기준 <개정 2019. 7. 2.>

측정시간	연간	24시간	8시간	1시간	측정방법
SO₂ (ppm)	0.02	0.05	–	0.15	자외선형광법
NO₂ (ppm)	0.03	0.06	–	0.10	화학발광법
O₃ (ppm)	–	–	0.06	0.10	자외선광도법
CO (ppm)	–	–	9	25	비분산적외선 분석법
PM10 (μg/m³)	50	100	–	–	베타선흡수법
PM2.5 (μg/m³)	15	35	–	–	중량농도법, 이에 준하는 자동측정법
납(Pb) (μg/m³)	0.5	–	–	–	원자흡광광도법
벤젠 (μg/m³)	5	–	–	–	가스크로마토 그래프법

정답 ①

065 악취방지법규상 배출허용기준 및 엄격한 배출 허용기준의 설정범위와 관련한 다음 설명 중 옳지 않은 것은?

① 배출허용기준의 측정은 복합악취를 측정하는 것을 원칙으로 하지만 사업자의 악취물질 배출 여부를 확인할 필요가 있는 경우에는 지정악취 물질을 측정할 수 있다.
② 복합악취의 시료 채취는 사업장 안에 지면으로 부터 높이 5m 이상의 일정한 악취배출구와 다 른 악취발생원이 섞여 있는 경우에는 부지 경 계선 및 배출구에서 각각 채취한다.
③ "배출구"라 함은 악취를 송풍기 등 기계장치등을 통하여 강제로 배출하는 통로(자연환기가 되는 창문·통기관 등을 제외한다)를 말한다.
④ 부지경계선에서 복합악취의 공업지역에서 배출 허용기준(희석배수)은 1,000 이하이다.

④ 부지경계선에서 복합악취의 공업지역에서 배출허용기준 (희석배수)은 20 이하이다.

배출허용기준 및 엄격한 배출허용기준의 설정 범위 (제8조제1항 관련)

1. 복합악취

구분	배출허용기준 (희석배수)		엄격한 배출허용기준의 범위 (희석배수)	
	공업지역	기타 지역	공업지역	기타 지역
배출구	1,000 이하	500 이하	500~1,000	300~500
부지경계선	20 이하	15 이하	15~20	10~15

비고

1. 배출허용기준의 측정은 복합악취를 측정하는 것을 원칙으로 한다. 다 만, 사업자의 악취물질 배출 여부를 확인할 필요가 있는 경우에는 지정악취물질을 측정할 수 있다. 이 경우 어느 하나의 측정방법에 따라 측정한 결과 기준을 초과하였을 때에는 배출허용기준을 초과한 것으로 본다.
2. 복합악취는 「환경분야 시험·검사 등에 관한 법률」 제6조제1항제4호 에 따른 환경오염공정시험기준의 공기희석관능법(空氣稀釋官能法)을 적용하여 측정하고, 지정악취물질은 기기분석법(機器分析法)을 적용 하여 측정한다.
3. 복합악취의 시료는 다음과 같이 구분하여 채취한다.
   가. 사업장 안에 지면으로부터 높이 5m 이상의 일정한 악취배출구와 다른 악취발생원이 섞여 있는 경우에는 부지경계선 및 배출구에서 각각 채취한다.
   나. 사업장 안에 지면으로부터 높이 5m 이상의 일정한 악취배출구 외에 다른 악취발생원이 없는 경우에는 일정한 배출구에서 채취 한다.
   다. 가목 및 나목 외의 경우에는 부지경계선에서 채취한다.
4. 지정악취물질의 시료는 부지경계선에서 채취한다.
5. "희석배수"란 채취한 시료를 냄새가 없는 공기로 단계적으로 희석시켜 냄새를 느낄 수 없을 때까지 최대로 희석한 배수를 말한다.
6. "배출구"란 악취를 송풍기 등 기계장치 등을 통하여 강제로 배출하는 통로(자연 환기가 되는 창문·통기관 등은 제외한다)를 말한다.
7. "공업지역"이란 다음 각 호의 어느 하나에 해당하는 지역을 말한다.
   가. 「산업입지 및 개발에 관한 법률」 제6조·제7조·제7조의2 및 제8조에 따른 국가산업단지·일반산업단지·도시첨단산업단지 및 농공단지
   나. 「국토의 계획 및 이용에 관한 법률 시행령」 제30조제3호가목에 따른 전용공업지역
   다. 「국토의 계획 및 이용에 관한 법률 시행령」 제30조제3호나목에 따른 일반공업지역(「자유무역지역의 지정 및 운영에 관한 법률」 제4조에 따른 자유무역지역만 해당한다)

정답 ④

066 대기환경보전법령상 인증을 생략할 수 있는 자동차에 해당하지 않는 것은?

① 항공기 지상 조업용 자동차
② 주한 외국군인의 가족이 사용하기 위하여 반입하는 자동차
③ 훈련용 자동차로서 문화체육관광부장관의 확인을 받은 자동차
④ 주한 외국군대의 구성원이 공용 목적으로 사용하기 위한 자동차

④ 인증을 면제할 수 있는 자동차임

제47조(인증의 면제·생략 자동차)

❶ 법 제48조제1항 단서에 따라 인증을 면제할 수 있는 자동차는 다음 각 호와 같다. <개정 2013. 3. 23.>

1. 군용 및 경호업무용 등 국가의 특수한 공용 목적으로 사용하기 위한 자동차와 소방용 자동차

2. 주한 외국공관 또는 외교관이나 그 밖에 이에 준하는 대우를 받는 자가 공용 목적으로 사용하기 위한 자동차로서 외교부장관의 확인을 받은 자동차

3. 주한 외국군대의 구성원이 공용 목적으로 사용하기 위한 자동차

4. 수출용 자동차와, 박람회나 그 밖에 이에 준하는 행사에 참가하는 자가 전시의 목적으로 일시 반입하는 자동차

5. 여행자 등이 다시 반출할 것을 조건으로 일시 반입하는 자동차

6. 자동차제작자 및 자동차 관련 연구기관 등이 자동차의 개발 또는 전시 등 주행 외의 목적으로 사용하기 위하여 수입하는 자동차

7. 삭제 <2008. 12. 31.>

8. 외국인 또는 외국에서 1년 이상 거주한 내국인이 주거(住居)를 옮기기 위하여 이주물품으로 반입하는 1대의 자동차

❷ 법 제48조제1항 단서에 따라 인증을 생략할 수 있는 자동차는 다음 각 호와 같다. <개정 2008. 2. 29.>

1. 국가대표 선수용 자동차 또는 훈련용 자동차로서 문화체육관광부장관의 확인을 받은 자동차

2. 외국에서 국내의 공공기관 또는 비영리단체에 무상으로 기증한 자동차

3. 외교관 또는 주한 외국군인의 가족이 사용하기 위하여 반입하는 자동차

4. 항공기 지상 조업용 자동차

5. 법 제48조제1항에 따른 인증을 받지 아니한 자가 그 인증을 받은 자동차의 원동기를 구입하여 제작하는 자동차

6. 국제협약 등에 따라 인증을 생략할 수 있는 자동차

7. 그 밖에 환경부장관이 인증을 생략할 필요가 있다고 인정하는 자동차

정답 ④

067 대기환경보전법령상 "사업장의 연료사용량 감축 권고" 조치를 하여야 하는 대기오염 경보발령 단계 기준은?

① 준주의보 발령단계　　② 주의보 발령단계
③ 경보 발령단계　　　　④ 중대경보 발령단계

시행령 제2조(대기오염경보의 대상 지역 등)

❹ 경보 단계별 조치에는 다음 각 호의 구분에 따른 사항이 포함되도록 하여야 한다. <개정 2014. 2. 5.>

1. 주의보 발령
주민의 실외활동 및 자동차 사용의 자제 요청 등

2. 경보 발령
주민의 실외활동 제한 요청, 자동차 사용의 제한 및 사업장의 연료사용량 감축 권고 등

3. 중대경보 발령
주민의 실외활동 금지 요청, 자동차의 통행금지 및 사업장의 조업시간 단축명령 등

정답 ③

068 대기환경보전법령상 사업장별 환경기술인의 자격 기준으로 거리가 먼 것은?

① 전체배출시설에 대하여 방지시설 설치면제를 받은 사업장은 5종사업장에 해당하는 기술인을 둘 수 있다.

② 4종사업장에서 환경부령에 따른 특정대기유해물질이 포함된 오염물질을 배출하는 경우에는 3종사업장에 해당하는 기술인을 두어야 한다.

③ 공동방지시설에서 각 사업장의 대기오염물질 발생량의 합계가 4종 및 5종 사업장의 규모에 해당하는 경우에는 4종 사업장에 해당되는 기술인을 둘 수 있다.

④ 대기오염물질배출시설 중 일반 보일러만 설치한 사업장과 대기오염물질 중 먼지만 발생하는 사업장은 5종사업장에 해당하는 기술인을 둘 수 있다.

③ 공동방지시설에서 각 사업장의 대기오염물질발생량의 합계가 4종 및 5종 사업장의 규모에 해당하는 경우에는 3종 사업장에 해당되는 기술인을 둘 수 있다.

참고 필기 이론 교재 885쪽

대기환경보전법 시행령 [별표 10] <개정 2018. 1. 16.>

사업장별 환경기술인의 자격기준(제39조제2항 관련)

정답 ③

069 대기환경보전법규상 휘발성유기화합물 배출규제와 관련된 행정처분기준 중 휘발성유기화합물 배출억제·방지시설 설치 등의 조치를 이행하였으나 기준에 미달하는 경우 위반차수(1차 - 2차 -3차)별 행정처분기준으로 옳은 것은?

① 개선명령-개선명령-조업정지10일
② 개선명령-조업정지30일-폐쇄
③ 조업정지10일-허가취소-폐쇄
④ 경고-개선명령-조업정지10일

대기환경보전법 시행규칙 [별표 36] <개정 2018. 11. 29.>

행정처분기준(제134조 관련)

다. 비산배출시설, 비산먼지 발생사업 및 휘발성유기화합물의 규제와 관련된 행정처분기준

위반사항	근거 법령	행정처분기준			
		1차	2차	3차	4차
휘발성유기화합물 배출 억제·방지시설 설치 등의 조치를 이행하였으나 기준에 미달하는 경우		개선 명령	개선 명령	조업 정지 10일	조업 정지 10일

정답 ①

070 대기환경보전법규상 자동차연료(휘발유)제조기준으로 옳지 않은 것은?

항목	구분	제조기준
㉠	벤젠 함량(부피%)	0.7 이하
㉡	납 함량(g/L)	0.013 이하
㉢	인 함량(g/L)	0.058 이하
㉣	황 함량(ppm)	10 이하

① ㉠　　　　　　② ㉡
③ ㉢　　　　　　④ ㉣

대기환경보전법 시행규칙 [별표 33] <개정 2015. 7. 21.>

자동차연료·첨가제 또는 촉매제의 제조기준(제115조 관련)

1. 자동차연료 제조기준

가. 휘발유

항목	제조기준
방향족화합물 함량(부피%)	24(21) 이하
벤젠 함량(부피%)	0.7 이하
납 함량(g/L)	0.013 이하
인 함량(g/L)	0.0013 이하
산소 함량(무게%)	2.3 이하
올레핀 함량(부피%)	16(19) 이하
황 함량(ppm)	10 이하
증기압(kPa, 37.8℃)	60 이하
90% 유출온도(℃)	170 이하

비고

1. 올레핀(Olefine) 함량에 대하여 (　)안의 기준을 적용할 수 있다. 이 경우 방향족화합물 함량에 대하여도 (　)안의 기준을 적용한다.

2. 위 표에도 불구하고 방향족화합물 함량 기준은 2015년 1월 1일부터 22(19) 이하(부피%)를 적용한다. 다만, 유통시설(일반대리점·주유소·일반판매소)에 대하여는 2015년 2월 1일부터 적용한다.

3. 증기압 기준은 매년 6월 1일부터 8월 31일까지 제조시설에서 출고되는 제품에 대하여 적용한다.

정답 ③

071 대기환경보전법규상 특정대기유해물질이 아닌 것은?

① 히드라진
② 크롬 및 그 화합물
③ 카드뮴 및 그 화합물
④ 브롬 및 그 화합물

대기환경보전법 시행규칙 [별표 2]

특정 대기 유해물질(제4조 관련)

1. 카드뮴 및 그 화합물	19. 이황화메틸
2. 시안화수소	20. 아닐린
3. 납 및 그 화합물	21. 클로로포름
4. 폴리염화비페닐	22. 포름알데히드
5. 크롬 및 그 화합물	23. 아세트알데히드
6. 비소 및 그 화합물	24. 벤지딘
7. 수은 및 그 화합물	25. 1,3-부타디엔
8. 프로필렌 옥사이드	26. 다환 방향족 탄화수소류
9. 염소 및 염화수소	27. 에틸렌옥사이드
10. 불소화물	28. 디클로로메탄
11. 석면	29. 스틸렌
12. 니켈 및 그 화합물	30. 테트라클로로에틸렌
13. 염화비닐	31. 1,2-디클로로에탄
14. 다이옥신	32. 에틸벤젠
15. 페놀 및 그 화합물	33. 트리클로로에틸렌
16. 베릴륨 및 그 화합물	34. 아크릴로니트릴
17. 벤젠	35. 히드라진
18. 사염화탄소	

정답 ④

072 환경정책기본법령상 각 항목에 대한 대기환경 기준으로 옳은 것은?

① 아황산가스의 연간 평균치 : 0.03ppm 이하
② 아황산가스의 1시간 평균치 : 0.15ppm 이하
③ 미세먼지(PM-10)의 연간 평균치 : $100\mu g/m^3$ 이하
④ 오존(O_3)의 8시간 평균치 : 0.1ppm 이하

환경정책기본법상 대기 환경기준 <개정 2019. 7. 2.>

측정시간	연간	24시간	8시간	1시간	측정방법
SO_2 (ppm)	0.02	0.05	–	0.15	자외선형광법
NO_2 (ppm)	0.03	0.06	–	0.10	화학발광법
O_3 (ppm)	–	–	0.06	0.10	자외선광도법
CO (ppm)	–	–	9	25	비분산적외선 분석법
PM10 ($\mu g/m^3$)	50	100	–	–	베타선흡수법
PM2.5 ($\mu g/m^3$)	15	35	–	–	중량농도법, 이에 준하는 자동측정법
납(Pb) ($\mu g/m^3$)	0.5	–	–	–	원자흡광광도법
벤젠 ($\mu g/m^3$)	5	–	–	–	가스크로마토 그래프법

정답 ②

073 대기환경보전법상 장거리이동대기오염물질 대책 위원회에 관한 사항으로 옳지 않은 것은?

① 위원회는 위원장 1명을 포함한 25명 이내의 위원으로 성별을 고려하여 구성한다.
② 위원회와 실무위원회 및 운영 등에 관하여 필요한 사항은 환경부령으로 정한다.
③ 위원장은 환경부차관으로 한다.
④ 위원회의 효율적인 운영과 안건의 원활한 심의 지원을 위해 실무위원회를 둔다.

---

② 위원회와 실무위원회 및 운영 등에 관하여 필요한 사항은 대통령령으로 정한다.

법 제14조(장거리이동대기오염물질대책위원회)

❶ 장거리이동대기오염물질피해 방지에 관한 다음 각 호의 사항을 심의·조정하기 위하여 환경부에 장거리이동대기오염물질대책위원회(이하 "위원회"라 한다)를 둔다. <개정 2015. 12. 1.>

1. 종합대책의 수립과 변경에 관한 사항

2. 장거리이동대기오염물질피해 방지와 관련된 분야별 정책에 관한 사항

3. 종합대책 추진상황과 민관 협력방안에 관한 사항

4. 그 밖에 장거리이동대기오염물질피해 방지를 위하여 위원장이 필요하다고 인정하는 사항

❷ 위원회는 위원장 1명을 포함한 25명 이내의 위원으로 성별을 고려하여 구성한다. <개정 2017. 11. 28.>

❸ 위원회의 위원장은 환경부차관이 되고, 위원은 다음 각 호의 자로서 환경부장관이 위촉하거나 임명하는 자로 한다. <개정 2012. 5. 23.>

1. 대통령령으로 정하는 중앙행정기관의 공무원

2. 대통령령으로 정하는 분야의 학식과 경험이 풍부한 전문가

❹ 위원회의 효율적인 운영과 안건의 원활한 심의를 지원하기 위하여 위원회에 실무위원회를 둔다.

❺ 종합대책 및 제13조제4항에 따른 추진대책의 수립·시행에 필요한 조사·연구를 위하여 위원회에 장거리이동대기오염물질연구단을 둔다. <신설 2015. 12. 1.>

❻ 위원회와 실무위원회 및 장거리이동대기오염물질연구단의 구성 및 운영 등에 관하여 필요한 사항은 대통령령으로 정한다. <개정 2015. 12. 1.>

[제목개정 2015. 12. 1.]

정답 ②

---

074 대기환경보전법령상 대기오염물질발생량의 합계에 따른 사업장 종별 구분 시 다음 중 "3종사업장"기준은?

① 대기오염물질발생량의 합계가 연간 30톤 이상 80톤 미만인 사업장
② 대기오염물질발생량의 합계가 연간 20톤 이상 50톤 미만인 사업장
③ 대기오염물질발생량의 합계가 연간 10톤 이상 20톤 미만인 사업장
④ 대기오염물질발생량의 합계가 연간 2톤 이상 10톤 미만인 사업장

대기환경보전법 시행령 [별표 1의3] <개정 2016. 3. 29.>

사업장 분류기준(제13조 관련)

종별	오염물질발생량 구분 (대기오염물질발생량의 연간 합계 기준)
1종사업장	80톤 이상인 사업장
2종사업장	20톤 이상 80톤 미만인 사업장
3종사업장	10톤 이상 20톤 미만인 사업장
4종사업장	2톤 이상 10톤 미만인 사업장
5종사업장	2톤 미만인 사업장

비고
"대기오염물질발생량"이란 방지시설을 통과하기 전의 먼지, 황산화물 및 질소산화물의 발생량을 환경부령으로 정하는 방법에 따라 산정한 양을 말한다.

정답 ③

075 다음은 대기환경보전법규상 비산먼지의 발생을 억제하기 위한 시설의 설치 및 필요한 조치에 관한 엄격한 기준 중 "싣기와 내리기" 작업 공정이다. ( )안에 알맞은 것은?

> 가. 최대한 밀폐된 저장 또는 보관시설 내에서만 분체상물질을 싣거나 내릴 것
> 나. 싣거나 내리는 장소 주위에 고정식 또는 이동식 물뿌림시설(물뿌림 반경 (㉠) 이상, 수압 (㉡) 이상)을 설치할 것

① ㉠ 5m, ㉡ 3.5kg/cm^2
② ㉠ 5m, ㉡ 5kg/cm^2
③ ㉠ 7m, ㉡ 3.5kg/cm^2
④ ㉠ 7m, ㉡ 5kg/cm^2

대기환경보전법 시행규칙 [별표 15]

비산먼지의 발생을 억제하기 위한 시설의 설치 및 필요한 조치에 관한 엄격한 기준(제58조제5항 관련)

배출공정	시설의 설치 및 조치에 관한 기준
1. 야적	가. 야적물질을 최대한 밀폐된 시설에 저장 또는 보관할 것
	나. 수송 및 작업차량 출입문을 설치할 것
	다. 보관·저장시설은 가능하면 한 3면이 막히고 지붕이 있는 구조가 되도록 할 것
2. 싣기와 내리기	가. 최대한 밀폐된 저장 또는 보관시설 내에서만 분체상물질을 싣거나 내릴 것
	나. 싣거나 내리는 장소 주위에 고정식 또는 이동식 물뿌림시설(물뿌림반경 7m 이상, 수압 5kg/cm^2 이상)을 설치할 것
3. 수송	가. 적재물이 흘러내리거나 흩날리지 아니하도록 덮개가 장치된 차량으로 수송할 것
	나. 다음 규격의 세륜시설을 설치할 것 금속지지대에 설치된 롤러에 차바퀴를 닿게 한 후 전력 또는 차량의 동력을 이용하여 차바퀴를 회전시키는 방법 또는 이와 같거나 그 이상의 효과를 지닌 자동물뿌림장치를 이용하여 차바퀴에 묻은 흙 등을 제거할 수 있는 시설
	다. 공사장 출입구에 환경전담요원을 고정배치하여 출입차량의 세륜·세차를 통제하고 공사장 밖으로 토사가 유출되지 아니하도록 관리할 것
	라. 공사장 내 차량통행도로는 다른 공사에 우선하여 포장하도록 할 것

비고 : 시·도지사가 별표 15의 기준을 적용하려는 경우에는 이를 사업자에게 알리고 그 기준에 맞는 시설 설치 등에 필요한 충분한 기간을 주어야 한다.

정답 ④

076 악취방지법규상 위임업무 보고사항 중 악취검사기관의 지정, 지정사항 변경보고 접수 실적의 보고 횟수 기준은?

① 수시
② 연 1회
③ 연 2회
④ 연 4회

악취방지법 시행규칙 [별표 10] <개정 2011. 2. 1.>

위임업무 보고사항(제21조제1항 관련)

업무 내용	보고 횟수	보고기일	보고자
1. 악취검사기관의 지정, 지정사항 변경보고 접수 실적	연 1회	다음 해 1월 15일까지	국립환경 과학원장
2. 악취검사기관의 지도·점검 및 행정처분 실적	연 1회	다음 해 1월 15일까지	

정답 ②

077 대기환경보전법규상 환경기술인의 준수사항 및 관리사항을 이행하지 아니한 경우 각 위반차수별 행정처분기준(1차~4차)으로 옳은 것은?

① 선임명령 – 경고 – 경고–조업정지5일
② 선임명령 – 경고 – 조업정지5일 – 조업정지30일
③ 변경명령 – 경고 – 조업정지5일 – 조업정지30일
④ 경고 – 경고 – 경고 – 조업정지5일

대기환경보전법 시행규칙 [별표 36] <개정 2018. 11. 29.>

행정처분기준(제134조 관련)

개별기준

가. 배출시설 및 방지시설등과 관련된 행정처분기준

위반사항	근거법령	행정처분기준			
		1차	2차	3차	4차
환경관리인의 준수사항 및 관리사항을 이행하지 아니한 경우	법 제36조 법 제40조	경고	경고	경고	조업 정지 5일

정답 ④

078 다음은 실내공기질 관리법령상 이 법의 적용 대상이 되는 "대통령령으로 정하는 규모" 기준이다. ( )안에 가장 알맞은 것은?

> 의료법에 의한 연면적 (㉠) 이상이거나 병상 수 (㉡) 이상인 의료기관

① ㉠ 2천제곱미터, ㉡ 100개
② ㉠ 1천제곱미터, ㉡ 100개
③ ㉠ 2천제곱미터, ㉡ 50개
④ ㉠ 1천제곱미터, ㉡ 50개

실내공기질 관리법 시행령(약칭 : 실내공기질법 시행령)

제2조(적용대상)

❶ 「실내공기질 관리법」(이하 "법"이라 한다) 제3조제1항 각 호 외의 부분에서 "대통령령으로 정하는 규모의 것"이란 다음 각 호의 어느 하나에 해당하는 시설을 말한다. 이 경우 둘 이상의 건축물로 이루어진 시설의 연면적은 개별 건축물의 연면적을 모두 합산한 면적으로 한다. <개정 2016. 12. 20.>

1. 모든 지하역사(출입통로·대합실·승강장 및 환승통로와 이에 딸린 시설을 포함한다)
2. 연면적 2천제곱미터 이상인 지하도상가(지상건물에 딸린 지하층의 시설을 포함한다. 이하 같다). 이 경우 연속되어 있는 둘 이상의 지하도상가의 연면적 합계가 2천제곱미터 이상인 경우를 포함한다.
3. 철도역사의 연면적 2천제곱미터 이상인 대합실
4. 여객자동차터미널의 연면적 2천제곱미터 이상인 대합실
5. 항만시설 중 연면적 5천제곱미터 이상인 대합실
6. 공항시설 중 연면적 1천5백제곱미터 이상인 여객터미널
7. 연면적 3천제곱미터 이상인 도서관
8. 연면적 3천제곱미터 이상인 박물관 및 미술관
9. 연면적 2천제곱미터 이상이거나 병상 수 100개 이상인 의료기관
10. 연면적 500제곱미터 이상인 산후조리원
11. 연면적 1천제곱미터 이상인 노인요양시설
12. 연면적 430제곱미터 이상인 국공립어린이집, 법인어린이집, 직장어린이집 및 민간어린이집
13. 모든 대규모점포
14. 연면적 1천제곱미터 이상인 장례식장(지하에 위치한 시설로 한정한다)
15. 모든 영화상영관(실내 영화상영관으로 한정한다)
16. 연면적 1천제곱미터 이상인 학원
17. 연면적 2천제곱미터 이상인 전시시설(옥내시설로 한정한다)
18. 연면적 300제곱미터 이상인 인터넷컴퓨터게임시설제공업의 영업시설
19. 연면적 2천제곱미터 이상인 실내주차장(기계식 주차장은 제외한다)
20. 연면적 3천제곱미터 이상인 업무시설
21. 연면적 2천제곱미터 이상인 둘 이상의 용도(「건축법」 제2조제2항에 따라 구분된 용도를 말한다)에 사용되는 건축물
22. 객석 수 1천석 이상인 실내 공연장
23. 관람석 수 1천석 이상인 실내 체육시설
24. 연면적 1천제곱미터 이상인 목욕장업의 영업시설

정답 ①

---

079 실내공기질 관리법규상 신축 공동주택의 실내공기질 권고기준으로 틀린 것은?

① 벤젠 : $30\mu g/m^3$ 이하
② 톨루엔 : $1,000\mu g/m^3$ 이하
③ 자일렌 : $700\mu g/m^3$ 이하
④ 에틸벤젠 : $300\mu g/m^3$ 이하

신축 공동주택의 실내공기질 권고기준(제7조의2 관련)
<개정 2018. 10. 18.>

물질	실내공기질 권고 기준
벤젠	$30\mu g/m^3$ 이하
폼알데하이드	$210\mu g/m^3$ 이하
스티렌	$300\mu g/m^3$ 이하
에틸벤젠	$360\mu g/m^3$ 이하
자일렌	$700\mu g/m^3$ 이하
톨루엔	$1,000\mu g/m^3$ 이하
라돈	$148Bq/m^3$ 이하

정답 ④

080 악취방지법규상 악취검사기관의 검사시설·장비 및 기술인력 기준에서 대기환경기사를 대체할 수 있는 인력요건으로 거리가 먼 것은?

① 「고등교육법」에 따른 대학에서 대기환경분야를 전공하여 석사 이상의 학위를 취득한 자
② 국·공립연구기관의 연구직공무원으로서 대기환경연구분야에 1년 이상 근무한 자
③ 대기환경산업기사를 취득한 후 악취검사기관에서 악취분석요원으로 3년 이상 근무한 자
④ 「고등교육법」에 의한 대학에서 대기환경분야를 전공하여 학사학위를 취득한 자로서 같은 분야에서 3년 이상 근무한 자

③ 대기환경산업기사를 취득한 후 악취검사기관에서 악취분석요원으로 5년 이상 근무한 사람

악취방지법 시행규칙 [별표 7] <개정 2017. 12. 20.>

악취검사기관의 검사시설·장비 및 기술인력 기준
(제15조제1항 관련)

기술인력	검사시설 및 장비
대기환경기사 1명 악취분석요원 1명 악취판정요원 5명	1. 공기희석관능 실험실 2. 지정악취물질 실험실 3. 무취공기 제조장비 1벌 4. 악취희석장비 1벌 5. 악취농축장비(필요한 측정·분석장비별) 1벌 6. 지정악취물질을 「환경분야 시험·검사 등에 관한 법률」 제6조제1항제4호에 따른 환경오염공정시험기준에 따라 측정·분석할 수 있는 장비 및 실험기기 각 1벌

비고

1. 대기환경기사는 다음의 사람으로 대체할 수 있다.

가. 국공립연구기관의 연구직공무원으로서 대기환경연구분야에 1년 이상 근무한 사람

나. 「고등교육법」에 따른 대학에서 대기환경분야를 전공하여 석사 이상의 학위를 취득한 사람

다. 「고등교육법」에 따른 대학에서 대기환경분야를 전공하여 학사학위를 취득한 사람(법령에 따라 이와 같은 수준의 학력이 있다고 인정되는 사람을 포함한다)으로서 같은 분야에서 3년 이상 근무한 사람

라. 대기환경산업기사를 취득한 후 악취검사기관에서 악취분석요원으로 5년 이상 근무한 사람

2. 악취분석요원은 다음의 사람으로 한다.

가. 대기환경기사, 화학분석기능사, 환경기능사 또는 대기환경산업기사 이상의 자격을 가진 사람

나. 국공립연구기관의 대기분야 실험실에서 3년 이상 근무한 사람

다. 「국가표준기본법」 제23조에 따라 기술표준원으로부터 시험·검사기관의 인정을 받은 기관에서 악취분석요원으로 3년 이상 근무한 사람

라. 「환경분야 시험·검사 등에 관한 법률」 제19조에 따른 대기환경측정분석 분야 환경측정분석사의 자격을 가진 사람

3. 악취판정요원은 「환경분야 시험·검사 등에 관한 법률」 제6조제1항제4호에 따른 환경오염공정시험기준에 따른 악취판정요원 선정검사에 합격한 사람이어야 한다.

4. 여러 항목을 측정할 수 있는 장비를 보유한 경우에는 해당 장비로 측정할 수 있는 항목의 장비를 모두 갖춘 것으로 본다.

5. 지정악취물질을 측정·분석할 수 있는 장비를 임차한 경우에는 이를 갖춘 것으로 본다.

정답 ③

1과목 대기오염 개론

001 2,000m에서의 대기압력이 820mbar이고, 온도가 15℃이며 비열비가 1.4일 때 온위는? (단, 표준압력은 1,000mbar)

① 약 189K   ② 약 236K

③ 약 305K   ④ 약 371K

온위

$$\theta = T \times \left(\frac{P_o}{P}\right)^{\frac{k-1}{k}} = (273 + 15) \times \left(\frac{1,000}{820}\right)^{\frac{1.4-1}{1.4}}$$

$$= 304.8K$$

정답 ③

002 황화수소(H_2S)에 비교적 강한 식물이 아닌 것은?

① 복숭아   ② 토마토

③ 딸기   ④ 사과

② 토마토는 황화수소의 지표 식물(약한 식물)임

정답 ②

003 다음 광화학반응에 관한 설명 중 가장 거리가 먼 것은?

① NO광산화율이란 탄화수소에 의하여 NO가 NO_2로 산화되는 율을 뜻하며, ppb/min의 단위로 표현된다.

② 일반적으로 대기에서의 오존농도는 NO_2로 산화된 NO의 양에 비례하여 증가한다.

③ 과산화기가 산소와 반응하여 오존이 생성될 수도 있다.

④ 오존의 탄화수소 산화(반응)율은 원자상태의 산소에 의하여 탄화수소의 산화에 비해 빠르게 진행된다.

④ 오존보다 산소원자에 의한 탄화수소 산화가 더 빠르게 진행된다.

정답 ④

004 엘니뇨(El Nino) 현상에 관한 설명으로 틀린 것은?

① 스페인어로 '여자아이(the girl)'라는 뜻으로, 엘니뇨가 발생하면 동남아시아, 호주 북부 등에서는 홍수가 주로 발생한다.

② 열대태평양 남미해안으로부터 중태평양에 이르는 넓은 범위에서 해수면의 온도가 평년보다 보통 0.5℃ 이상 높은 상태가 6개월 이상 지속되는 현상을 의미한다.

③ 엘니뇨가 발생하는 이유는 태평양 적도 부근에서 동태평양의 따뜻한 바닷물을 서쪽으로 밀어내는 무역풍이 불지 않거나 불어도 약하게 불기 때문이다.

④ 엘니뇨로 인한 피해가 주요 농산물 생산지역인 태평양 연안국에 집중되어 있어 농산물생산이 크게 감축되고 있다.

· 엘니뇨 : '남자아이'라는 뜻

· 라니냐 : '여자아이'라는 뜻

정답 ①

005 다음 중 자동차 운행 때와 비교하여 감속할 경우 특징적으로 가장 크게 증가하는 것은?

① NO_x
② CO_2
③ H_2O
④ HC

	HC	CO	NO_x	CO_2
많이 나올 때	감속	공전, 가속	가속	운행
적게 나올 때	운행	운행	공전	공전, 감속

정답 ④

006 다음 중 공중역전에 해당하지 않는 것은?

① 복사역전
② 전선역전
③ 해풍역전
④ 난류역전

· 공중역전 : 침강역전, 해풍역전, 난류역전, 전선역전

· 지표역전 : 복사역전, 이류역전

정답 ①

007 1985년 채택된 협약으로, 오존층 파괴 원인물질의 규제에 대한 것을 주 내용으로 하는 국제협약은?

① 제네바 협약
② 비엔나 협약
③ 기후변화 협약
④ 리우 협약

오존층 파괴에 관한 국제협약

비엔나 협약, 몬트리올 의정서, 코펜하겐 회의

산성비에 관한 국제협약

헬싱키 의정서(SO_x 저감), 소피아 의정서(NO_x 저감)

지구온난화에 관한 국제협약

기후변화 협약(리우 회의), 교토의정서

정답 ②

008 다음 물질의 지구온난화지수(GWP)를 크기순으로 옳게 배열한 것은? (단, 큰 순서 > 작은 순서)

① $N_2O > CH_4 > CO_2 > SF_6$
② $CO_2 > SF_6 > N_2O > CH_4$
③ $SF_6 > N_2O > CH_4 > CO_2$
④ $CH_4 > CO_2 > SF_6 > N_2O$

온난화지수(GWP)

$SF_6 > PFC > HFC > N_2O > CH_4 > CO_2$

정답 ③

009 오존(O_3)에 관한 설명으로 옳지 않은 것은?

① 폐수종과 폐충혈 등을 유발시키며, 섬모운동의 기능장애를 일으킨다.
② 식물의 경우 고엽이나 성숙한 잎보다는 어린잎에 주로 피해를 일으키며, 오존에 강한 식물로는 시금치, 파 등이 있다.
③ 오존에 약한 식물로는 담배, 자주개나리 등이 있다.
④ 인체의 DNA와 RNA에 작용하여 유전인자에 변화를 일으킬 수 있다.

② 어린잎에 피해를 주는 것은 불소화합물이고, 오존에 약한 식물로는 시금치, 파 등이 있다.

정답 ②

010 가우시안 연기모델에 도입된 가정으로 옳지 않은 것은?

① 연기의 분산은 시간에 따라 농도가 기상조건이 변하는 비정상상태이다.
② x방향을 주 바람방향으로 고려하면, y방향(풍횡방향)의 풍속은 0이다.
③ 난류확산계수는 일정하다.
④ 연기 내 대기반응은 무시한다.

① 연기의 분산은 시간에 따라 농도가 변하지 않는 정상상태이다.

정답 ①

011 유효굴뚝의 높이가 3배로 증가하면 최대착지 농도는 어떻게 변화되는가? (단, Sutton의 확산식에 의한다.)

① 1/3로 감소한다.　② 1/9로 감소한다.
③ 1/27로 감소한다.　④ 1/81로 감소한다.

$$C_{max} \propto \frac{1}{H_e^2} = \frac{1}{(3)^2} = \frac{1}{9}$$

정답 ②

012 다음은 바람과 관련된 설명이다. (　)안에 순서대로 들어갈 말로 옳은 것은?

> 풍향별로 관측된 바람의 발생빈도와 (　)을/를 동심원상에 그린 것을 (　)(이)라고 한다. 이때 풍향에서 가장 빈도수가 많은 것을 (　)(이)라고 한다.

① 풍속 – 바람장미 – 주풍
② 풍향 – 바람분포도 – 지균풍
③ 난류도 – 연기형태 – 경도풍
④ 기온역전도 – 환경감률 – 확산풍

정답 ①

013 악취(냄새)의 물리적, 화학적 특성에 관한 설명으로 옳지 않은 것은?

① 일반적으로 증기압이 높을수록 냄새는 더 강하다고 볼 수 있다.
② 악취유발물질들은 paraffin과 CS_2를 제외하고는 일반적으로 적외선을 강하게 흡수한다.
③ 악취유발가스는 통상 활성탄과 같은 표면 흡착제에 잘 흡착된다.
④ 악취는 물리적 차이보다는 화학적 구성에 의해서 결정된다는 주장이 더 지배적이다.

④ 악취는 화학적 구성보다는 물리적 차이에 따라 악취 여부가 좌우됨

정답 ④

014 다음 중 인체에 대한 피해로서 "발열"을 일으킬 수 있는 물질로 가장 적합한 것은?

① 바륨, 철화합물
② 황화수소, 일산화탄소
③ 망간화합물, 아연화합물
④ 벤젠, 나프탈렌

인체에 영향을 끼치는 물질

인체 영향	물질
폐자극성	O_3, SO_x, NO_x, Cl_2, NH_3, Br_2
폐 육아종	Be
발열성	망간화합물, 아연화합물
발암성	비소, 석면, 크롬, 니켈 3,4−벤조피렌
눈, 코, 기도점막 자극	O_3, PAN(Oxidant)
조혈기능 장애	벤젠, 톨루엔, 자일렌
질식	이황화탄소, 일산화탄소, 황화수소
중독성 물질	납, 수은, 카드뮴, 셀레늄, 안티몬, 불소화합물
유독성 비금속 물질	비소화합물, 불소화합물, 셀레늄, 황
알레르기성 물질	알데하이드

정답 ③

015 다음 중 온실효과에 대한 기여도가 가장 큰 것은?

① CH_4
② CFC 11&12
③ N_2O
④ CO_2

온실효과 기여도 최대 : CO_2

정답 ④

016 직경이 25cm인 관에서 유체의 점도가 1.75×10^{-5} kg/m·sec이고, 유체의 흐름속도가 2.5m/sec라고 할 때 이 유체의 레이놀드수(N_{Re})와 흐름 특성은? (단, 유체밀도는 $1.15kg/m^3$이다.)

① 2,245, 층류
② 2,350, 층류
③ 41,071, 난류
④ 114,703, 난류

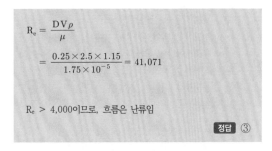

$$R_e = \frac{DV\rho}{\mu}$$

$$= \frac{0.25 \times 2.5 \times 1.15}{1.75 \times 10^{-5}} = 41,071$$

$R_e > 4,000$이므로, 흐름은 난류임

정답 ③

017 휘발성유기화합물질(VOCs)은 다양한 배출원에서 배출되는데 우리나라의 경우 최근 가장 큰 부분(총배출량)을 차지하는 배출원은?

① 유기용제 사용
② 자동차 등 도로이용 오염원
③ 폐기물처리
④ 에너지 수송 및 저장

정답 ①

018 다음 역사적인 대기오염 사건 중 가장 먼저 발생한 사건은?

① 도노라사건
② 뮤즈계곡사건
③ 런던스모그사건
④ 포자리카사건

순서별 사건 정리

뮤즈(30) − 도노라(48) − 포자리카(50) − 런던(52) − LA(54) − 보팔(84)

정답 ②

019 실내오염물질에 관한 설명으로 옳지 않은 것은?

① 라돈은 자연계의 물질 중에 함유된 우라늄이 연속 붕괴하면서 생성되는 라듐이 붕괴할 때 생성되는 것으로서 무색, 무취이다.
② 폼알데하이드는 자극성 냄새를 갖는 무색기체로 폭발의 위험이 있으며, 살균 방부제로도 이용된다.
③ VOCs 중 하나인 벤젠은 피부를 통해 약 50% 정도 침투되며, 체내에 흡수된 벤젠은 주로 근육조직에 분포하게 된다.
④ 석면은 자연계에서 산출되는 가늘고 긴 섬유상 물질로서 내열성, 불활성, 절연성의 성질을 갖는다.

③ VOCs 중 하나인 벤젠은 호흡기로 주로 흡수된다.

정답 ③

020 "석유정제, 석탄건류, 가스공업, 형광물질의 원료 제조" 등과 가장 관련이 깊은 대기배출오염물질은?

① Br_2
② HCHO
③ NH_3
④ H_2S

정답 ④

021 자외선/가시선 분광법에 관한 설명으로 거리가 먼 것은?

① 흡수셀의 재질 중 유리제는 주로 가시 및 근적외부 파장범위, 석영제는 자외부 파장범위를 측정할 때 사용한다.
② 광전광도계는 파장 선택부에 필터를 사용한 장치로 단광속형이 많고 비교적 구조가 간단하여 작업 분석용에 적당하다.
③ 파장의 선택에는 일반적으로 단색화장치(monochrometer) 또는 필터(filter)를 사용하고, 필터에는 색유리 필터, 젤라틴 필터, 간접필터 등을 사용한다.
④ 광원부의 광원에는 중공음극램프를 사용하고, 가시부와 근적외부의 광원으로는 주로 중수소방전관을 사용한다.

자외선/가시선 분광법 – 광원
· 가시부와 근적외부 : 텅스텐램프
· 자외부 : 중수소방전관

정답 ④

022 휘발성유기화합물(VOCs) 누출확인을 위한 휴대용 측정기기의 규격 및 성능기준으로 옳지 않은 것은?

① 기기의 계기눈금은 최소한 표시된 노출농도의 ±5%를 읽을 수 있어야 한다.
② 기기의 응답시간은 30초보다 작거나 같아야 한다.
③ VOCs 측정기기의 검출기는 시료와 반응하지 않아야 한다.
④ 교정 정밀도는 교정용 가스값의 10%보다 작거나 같아야 한다.

③ VOCs 측정기기의 검출기는 시료와 반응하여야 한다.

정답 ③

023 다음은 배출가스 중 수은화합물 측정을 위한 냉증기 원자흡수분광광도법에 관한 설명이다. (   ) 안에 알맞은 것은?

> 배출원에서 등속으로 흡입된 입자상과 가스상 수은은 흡수액인 (㉠)에 채취된다. Hg^{2+} 형태로 채취한 수은은 Hg^0 형태로 환원시켜서, 광학 셀에 있는 용액에서 기화시킨 다음 원자흡수분광광도계로 (㉡)에서 측정한다.

① ㉠ 산성 과망간산포타슘 용액, ㉡ 193.7nm
② ㉠ 산성 과망간산포타슘 용액, ㉡ 253.7nm
③ ㉠ 다이메틸글리옥심 용액, ㉡ 193.7nm
④ ㉠ 다이메틸글리옥심 용액, ㉡ 253.7nm

[개정] 해당 공정시험기준은 아래와 같이 변경되었습니다.

배출가스 중 수은화합물 – 냉증기 원자흡수분광광도법

배출원에서 등속으로 흡입된 입자상과 가스상 수은은 흡수액인 산성 과망간산포타슘 용액에 채취된다. 시료 중의 수은을 염화제일주석용액에 의해 원자 상태로 환원시켜 발생되는 수은증기를 253.7nm에서 냉증기 원자흡수분광광도법에 따라 정량한다.

정답 ②

024 원자흡수분광광도법에 사용하는 불꽃 조합 중 불꽃의 온도가 높기 때문에 불꽃 중에서 해리하기 어려운 내화성산화물(Refractory Oxide)을 만들기 쉬운 원소의 분석에 가장 적합한 것은?

① 아세틸렌 – 공기 불꽃
② 수소 – 공기 불꽃
③ 아세틸렌 – 아산화질소 불꽃
④ 프로판 – 공기 불꽃

원자흡수분광광도법 – 불꽃

❶ 조연성 가스 – 가연성 가스

· 수소 – 공기
대부분의 원소분석에 사용, 원자외 영역에서의 불꽃자체에 의한 흡수가 적기 때문에 이 파장영역에서 분석선을 갖는 원소의 분석에 적당

· 아세틸렌 – 공기
대부분의 원소분석에 사용

· 아세틸렌 – 아산화질소
불꽃의 온도가 높기 때문에 불꽃 중에서 해리하기 어려운 내화성산화물(Refractory Oxide)을 만들기 쉬운 원소의 분석에 적당

· 프로페인 – 공기
불꽃 온도가 낮고 일부 원소에 대하여 높은 감도를 나타냄

· 아세틸렌 – 산소

· 석탄가스 – 공기

· 수소 – 공기 – 아르곤

· 수소 – 산소

❷ 이들 가운데 수소 – 공기, 아세틸렌 – 공기, 아세틸렌 – 아산화질소 및 프로페인 – 공기가 가장 널리 이용됨

❸ 어떠한 종류의 불꽃이라도 가연성 가스와 조연성 가스의 혼합비는 감도에 크게 영향을 주며 최적혼합비는 원소에 따라 다르다.

[개정 – 용어변경] 프로판 → 프로페인

정답 ③

025 배출가스 중 크롬을 원자흡수분광광도법으로 정량할 때 측정파장은?

① 217.0nm　　② 228.8nm
③ 232.0nm　　④ 357.9nm

026 다음 중 분석대상가스가 이황화탄소(CS_2)인 경우 사용되는 채취관, 도관의 재질로 가장 적합한 것은?

① 보통강철　　② 석영
③ 염화비닐수지　　④ 네오프렌

분석물질의 종류별 채취관 및 연결관 등의 재질

분석물질, 공존가스	채취관, 연결관의 재질							여과재		
암모니아	❶	❷	❸	④	⑤	⑥		ⓐ	ⓑ	ⓒ
일산화탄소	❶	❷	❸	④	⑤	⑥	⑦	ⓐ	ⓑ	ⓒ
염화수소	❶	❷			⑤	⑥	⑦	ⓐ	ⓑ	ⓒ
염소	❶	❷			⑤	⑥	⑦	ⓐ	ⓑ	ⓒ
황산화물	❶	❷		④	⑤	⑥	⑦	ⓐ	ⓑ	ⓒ
질소산화물	❶	❷		④	⑤	⑥		ⓐ	ⓑ	ⓒ
이황화탄소	❶	❷				⑥		ⓐ	ⓑ	
폼알데하이드	❶	❷				⑥		ⓐ	ⓑ	
황화수소	❶	❷		④	⑤	⑥	⑦	ⓐ	ⓑ	ⓒ
플루오린화합물				④		⑥				ⓒ
사이안화수소	❶	❷		④	⑤	⑥	⑦	ⓐ	ⓑ	ⓒ
브로민	❶	❷				⑥		ⓐ	ⓑ	
벤젠	❶	❷				⑥		ⓐ	ⓑ	
페놀	❶	❷		④		⑥		ⓐ	ⓑ	
비소	❶	❷		④	⑤	⑥	⑦	ⓐ	ⓑ	ⓒ

비고 : ❶ 경질유리, ❷ 석영, ❸ 보통강철, ④ 스테인리스강 재질, ⑤ 세라믹, ⑥ 플루오로수지, ⑦ 염화바이닐수지, ⑧ 실리콘수지, ⑨ 네오프렌 / ⓐ 알칼리 성분이 없는 유리솜 또는 실리카솜, ⓑ 소결유리, ⓒ 카보런덤

027 굴뚝연속자동측정기 설치방법 중 도관 부착방법으로 가장 거리가 먼 것은?

① 냉각도관 부분에는 반드시 기체 – 액체 분리관과 그 아래쪽에 응축수 트랩을 연결한다.
② 응축수의 배출에 쓰는 펌프는 충분히 내구성이 있는 것을 쓰며, 이때 응축수 트랩은 사용하지 않아도 좋다.
③ 냉각도관은 될 수 있는 대로 수평으로 연결한다.
④ 기체 – 액체 분리관은 도관의 부착위치 중 가장 낮은 부분 또는 최저 온도의 부분에 부착하여 응축수를 급속히 냉각시키고 배관계의 밖으로 방출시킨다.

028 흡광차분광법에서 측정에 필요한 광원으로 적합한 것은?

① 200~900nm 파장을 갖는 중공음극램프
② 200~900nm 파장을 갖는 텅스텐램프
③ 180~2,850nm 파장을 갖는 중공음극램프
④ 180~2,850nm 파장을 갖는 제논램프

029 황화수소를 아이오딘 적정법으로 정량할 때, 종말점의 판단을 위한 지시약은?

① 아르세나조Ⅲ   ② 염화제이철
③ 녹말 용액   ④ 메틸렌 블루

배출가스 중 황화수소 – 적정법 – 아이오딘 적정법

· 적정액 : 싸이오황산소듐 용액

· 지시약 : 녹말 용액

[개정] "배출가스 중 황화수소–아이오딘적정법"은 공정시험기준에서 삭제되어 더 이상 출제되지 않습니다.

정답 ③

---

030 굴뚝 배출가스 중 가스상 물질 시료채취 시 주의사항에 관한 설명으로 옳지 않은 것은?

① 습식가스미터를 이동 또는 운반할 때에는 반드시 물을 빼고, 오랫동안 쓰지 않을 때에도 그와 같이 배수한다.
② 가스미터는 250mmH₂O 이내에서 사용한다.
③ 시료가스의 양을 재기 위하여 쓰는 채취병은 미리 0℃ 때의 참부피를 구해둔다.
④ 시료채취장치의 조립에 있어서는 채취부의 조작을 쉽게 하기 위하여 흡수병, 마노미터, 흡입펌프 및 가스미터는 가까운 곳에 놓는다.

---

② 가스미터는 100mmH₂O 이내에서 사용한다.

정답 ②

---

031 "항량이 될 때까지 건조한다"에서 "항량"의 범위는 벗어나지 않는 것은?

① 검체 8g을 1시간 더 건조하여 무게를 달아 보니 7.9975g이었다.
② 검체 4g을 1시간 더 건조하여 무게를 달아 보니 3.9989g이었다.
③ 검체 1g을 1시간 더 건조하여 무게를 달아 보니 0.999g이었다.
④ 검체 100g을 1시간 더 건조하여 무게를 달아 보니 99.9mg이었다.

"항량이 될 때까지 건조한다 또는 강열한다"라 함은 따로 규정이 없는 한 보통의 건조방법으로 1시간 더 건조 또는 강열할 때 전후 무게의 차가 매 g당 0.3mg 이하일 때를 뜻한다.

조건에 맞는 것은 2번 뿐이다.

$$① \quad \frac{(8-7.9975) \times 1,000\,\mathrm{mg}}{8g} = 0.3125\,\mathrm{mg/g}$$

$$② \quad \frac{(4-3.9989) \times 1,000\,\mathrm{mg}}{4g} = 0.275\,\mathrm{mg/g}$$

$$③ \quad \frac{(1-0.999) \times 1,000\,\mathrm{mg}}{1g} = 1\,\mathrm{mg/g}$$

$$④ \quad \frac{(100,000-99.9)\,\mathrm{mg}}{100g} = 999\,\mathrm{mg/g}$$

정답 ②

032 다음은 형광분광광도법을 이용한 환경대기 내의 벤조(a)피렌 분석을 위한 박층판 만드는 방법이다. ( )안에 알맞은 것은?

> 알루미나에 적당량의 물을 넣고 Slurry로 만들고 이것을 Applicator에 넣고 유리판 위에 약 250μm의 두께로 피복하여 방치한다. 이 Plate를 100℃에서 (㉠) 가열활성하여 보통 황산수용액에서 상대습도를 약 45%로 조성시킨 진공 데시게이터 안에 넣고 (㉡) 보존시킨 것을 사용한다.

① ㉠ 30분간, ㉡ 2시간 이상
② ㉠ 30분간, ㉡ 3주 이상
③ ㉠ 2시간, ㉡ 2시간 이상
④ ㉠ 2시간, ㉡ 3주 이상

환경대기 중 벤조(a)피렌 시험방법 – 형광분광광도법

박층판 만드는 방법

알루미나에 적당량의 물을 넣고 Slurry로 만들고 이것을 Applicator에 넣고 유리판 위에 약 250μm의 두께로 피복하여 방치한다. 이 Plate를 100℃에서 30분간 가열활성하여 보통 황산수용액에서 상대습도를 약 45%로 조성시킨 진공 데시케이터 안에 넣고 3주 이상 보존시킨 것을 사용한다. 사용 시에는 형광성불순물의 유무를 자외선 램프로 점검할 필요가 있다.

정답 ②

033 환경대기 내의 탄화수소 농도 측정방법 중 총탄화수소 측정법에서의 성능기준으로 옳지 않은 것은?

① 응답시간 : 스팬가스를 도입시켜 측정치가 일정한 값으로 급격히 변화되어 스팬가스 농도의 90% 변화할 때까지의 시간은 2분 이하여야 한다.
② 지시의 변동 : 제로가스 및 스팬가스를 흘려보냈을 때 정상적인 측정치의 변동은 각 측정단계(Range)마다 최대 눈금치의 ±1%의 범위 내에 있어야 한다.
③ 예열시간 : 전원을 넣고 나서 정상으로 작동할 때까지의 시간은 6시간 이하여야 한다.
④ 재현성 : 동일조건에서 제로가스와 스팬가스를 번갈아 3회 도입해서 각각의 측정치의 평균치로부터 구한 편차는 각 측정단계(Range)마다 최대 눈금치의 ±1%의 범위 내에 있어야 한다.

> 예열시간 : 전원을 넣고 나서 정상으로 작동할 때까지의 시간은 4시간 이하여야 한다.

정답 ③

034 환경대기 중 먼지 측정방법 중 저용량 공기 시료채취기법에 관한 설명으로 가장 거리가 먼 것은?

① 유량계는 여과지홀더와 흡입펌프의 사이에 설치하고, 이 유량계에 새겨진 눈금은 20℃, 1기압에서 10~30L/min 범위를 0.5L/min까지 측정할 수 있도록 되어 있는 것을 사용한다.

② 흡입펌프는 연속해서 10일 이상 사용할 수 있고, 진공도가 낮은 것을 사용한다.

③ 여과지 홀더의 충전물질은 불소수지로 만들어진 것을 사용한다.

④ 멤브레인필터와 같이 압력손실이 큰 여과지를 사용하는 진공계는 유량의 눈금값에 대한 보정이 필요하기 때문에 압력계를 부착한다.

저용량 공기시료채취기법 – 흡입펌프

흡입펌프는 연속해서 30일 이상 사용할 수 있고 되도록 다음의 조건을 갖춘 것을 사용한다.

❶ 진공도가 높을 것

❷ 유량이 큰 것

❸ 맥동이 없이 고르게 작동될 것

❹ 운반이 용이할 것

정답 ②

035 NaOH 20g을 물에 용해시켜 800mL로 하였다. 이 용액은 몇 N인가?

① 0.0625N   ② 0.625N

③ 0.25N   ④ 62.5N

$$\frac{20g}{0.8L} \times \frac{1eq}{40g} = 0.625N$$

정답 ②

036 다음은 자외선/가시선분광법을 사용한 브롬화합물 정량방법이다. ( )안에 알맞은 것은?

배출가스 중 브롬화합물을 수산화소듐 용액에 흡수시킨 후 일부를 분취해서 산성으로 하여 (㉠)을 사용하여 브롬으로 산화시켜 (㉡)으로 추출한다.

① ㉠ 중성요오드화포타슘 용액, ㉡ 헥산
② ㉠ 과망간산포타슘 용액,   ㉡ 클로로폼
③ ㉠ 과망간산포타슘 용액,   ㉡ 헥산
④ ㉠ 과망간산포타슘 용액,   ㉡ 클로로폼

배출가스 중 브로민화합물 – 자외선/가시선분광법

배출가스 중 브로민화합물을 수산화소듐 용액에 흡수시킨 후 일부를 분취해서 산성으로 하여 과망간산포타슘 용액을 사용하여 브로민으로 산화시켜 클로로폼으로 추출한다. 클로로폼층에 물과 황산철(Ⅱ)암모늄 용액 및 싸이오시안산제이수은 용액을 가하여 발색한 물층의 흡광도를 측정해서 브롬을 정량하는 방법이다. 흡수파장은 460nm이다.

[개정-용어변경] 브롬→브로민

정답 ④

037 다음은 환경대기 내의 유해 휘발성유기화합물 (VOCs)시험방법 중 고체흡착법에 사용되는 용어의 정의이다. ( )안에 알맞은 것은?

> 일정농도의 VOC가 흡착관에 흡착되는 초기 시점부터 일정시간이 흐르게 되면 흡착관내부의 상당량의 VOC가 포화되기 시작하고 전체 VOC양의 ( )가 흡착관을 통과하게 되는데, 이 시점에서 흡착관 내부로 흘러간 총 부피를 파괴부피라 한다.

① 0.1% ② 5%
③ 30% ④ 50%

환경대기 중 유해 휘발성 유기화합물(VOCs) 시험방법 – 고체흡착법

파괴부피(BV, breakthrough volume)

일정농도의 VOC가 흡착관에 흡착되는 초기 시점부터 일정시간이 흐르게 되면 흡착관 내부에 상당량의 VOC가 포화되기 시작하고 전체 VOC양의 5%가 흡착관을 통과하게 되는데, 이 시점에서 흡착관 내부로 흘러간 총 부피를 파괴부피라 한다.

머무름부피(RV, retention volume)

짧은 길이로 흡착제가 충전된 흡착관을 통과하면서 분석물질의 증기띠를 이동시키는데 필요한 운반기체의 부피. 즉, 분석물질의 증기띠가 흡착관을 통과하면서 탈착되는데 요구되는 양만큼의 부피를 측정하여 알 수 있다. 보통 그 증기 띠가 흡착관을 이동하여 돌파(파괴)가 나타난 시점에서 측정된다. 튜브내의 불감부피(dead volume)를 고려하기 위하여 메탄(methane)의 머무름부피를 차감한다.

정답 ②

---

038 굴뚝 배출가스 내 폼알데하이드 및 알데하이드류의 분석방법 중 고성능액체크로마토그래피 (HPLC)에 관한 설명으로 옳지 않은 것은?

① 배출가스 중의 알데하이드류를 흡수액 2, 4-다이나이트로페닐하이드라진(DNPH, dinitrophenyl hydrazine)과 반응하여 하이드라존 유도체(hydra zone derivative)를 생성한다.

② 흡입노즐은 설영제로 만들어진 것으로 흡입노즐의 꼭짓점은 45° 이하의 예각이 되도록 하고 매끈한 반구모양으로 한다.

③ 하이드라존(hydrazone)은 UV영역, 특히 350~380nm에서 최대 흡광도를 나타낸다.

④ 흡입관은 수분응축 방지를 위해 시료가스 온도를 100℃ 이상으로 유지할 수 있는 가열기를 갖춘 보로실리케이트 또는 석영 유리관을 사용한다.

---

② 흡입노즐은 스테인리스강 또는 유리제로 만들어진 것으로 흡입노즐의 안과 밖의 기체 흐름이 흐트러지지 않도록 흡입노즐 내경(d)은 3mm 이상으로 한다. 그리고 흡입노즐의 꼭짓점은 30° 이하의 예각이 되도록 하고 매끈한 반구모양으로 한다. 흡입노즐의 내외면은 매끄럽게 되어야 하며 급격한 단면의 변화와 굴곡이 없어야 한다.

정답 ②

---

039 다음 중 원자흡수분광광도법에서 광원부로 가장 적합한 장치는?

① 텅스텐램프 ② 플라즈마젯
③ 중공음극램프 ④ 수소방전관

기기분석별 광원 정리

· 원자흡수분광광도법 : 중공음극램프

· 자외선/가시선 분광법 : 텅스텐램프(가시부와 근적외부), 중수소 방전관(자외부)

· 비분산 적외선 분석기(복광속 비분산분석기) : 흑체발광으로 니크로뮴선 또는 탄화규소의 저항체에 전류를 흘려 가열한 것

· 흡광차분광법(DOAS) : 180~2,850nm 파장을 갖는 제논램프

[개정 – 용어변경] 플라즈마→플라스마

정답 ③

040 원형굴뚝 단면의 반경이 0.5m인 경우 측정점 수는?

① 1   ② 4
③ 8   ④ 12

배출가스 중 먼지 측정점의 선정 – 원형단면의 측정점

굴뚝직경 2R(m)	반경 구분수	측정점수
1 이하	1	4
1 초과~2 이하	2	8
2 초과~4 이하	3	12
4 초과~4.5 이하	4	16
4.5 초과	5	20

반경이 0.5m이면, 직경은 1m이므로, 측정점수는 4임

정답 ②

3과목   **대기오염 방지기술**

041 $250Sm^3/h$의 배출가스를 배출하는 보일러에서 발생하는 SO_2를 탄산칼슘을 사용하여 이론적으로 완전제거하고자 한다. 이때 필요한 탄산칼슘의 양(kg/h)은? (단, 배출가스 중의 SO_2 농도는 2,500ppm이고, 이론적으로 100% 반응하며, 표준상태 기준)

① 0.28   ② 2.8
③ 28   ④ 280

$$SO_2 + CaCO_3 + \frac{1}{2}O_2 \rightarrow CaSO_4 + CO_2$$

$$SO_2 : CaCO_3$$

$$22.4Sm^3 : 100kg$$

$$\frac{2,500}{10^6} \times 100Sm^3/hr : CaCO_3 kg/hr$$

따라서, $CaCO_3$ 필요량 = 2.79kg/hr

정답 ②

---

042 처리가스양 $1,200m^3/min$, 처리속도 2cm/sec인 함진가스를 직경 25cm, 길이 3m의 원통형 여과포를 사용하여 집진하고자 할 때 필요한 원통형 여과포의 수는?

① 524개   ② 425개
③ 323개   ④ 223개

$$N = \frac{Q_{1실}}{\pi \times D \times L \times V_f} = \frac{1,200m^3/min}{\pi \times 0.25m \times 3m \times \left(\frac{0.02m}{s} \times \frac{60s}{1min}\right)}$$

$$= 424.413$$

∴ 필터백 개수는 425개

정답 ②

---

043 전기집진장치의 유지관리 사항 중 가장 거리가 먼 것은?

① 조습용 spray 노즐은 운전 중 막히기 쉽기 때문에 운전 중에도 점검, 교환이 가능해야 한다.
② 운전 중 2차 전류가 매우 적을 때에는 조습용 spray의 수량을 증가시켜 겉보기 저항을 낮춘다.
③ 시동 시 애자 등의 표면을 깨끗이 닦아 고전압 회로의 절연저항이 50Ω 이하가 되도록 한다.
④ 접지저항은 적어도 연 1회 이상 점검하여 10Ω 이하가 되도록 유지한다.

③ 시동 시에는 애자, 애관 등의 표면을 깨끗이 닦아 고압회로의 절연저항이 100MΩ 이상이 되도록 함

정답 ③

044 A 집진장치의 입구와 출구에서의 먼지 농도가 각각 11mg/Sm^{3}와 0.2×10^{-3}g/Sm^{3}이라면 집진율(%)은?

① 96.2% ② 97.2%
③ 98.2% ④ 99.4%

$$\eta_T = 1 - \frac{C}{C_o} = 1 - \frac{0.2}{11}$$

$$= 0.9818 = 98.18\%$$

정답 ③

045 다음 각종 먼지 중 진비중/겉보기 비중이 가장 큰 것은?

① 카본블랙 ② 미분탄보일러
③ 시멘트 원료분 ④ 골재 드라이어

카본블랙이 가장 입경이 작으므로, S/Sb가 가장 크다.

① 카본블랙의 S/Sb : 76
② 미분탄보일러의 S/Sb : 4.0
③ 시멘트킬른의 S/Sb : 5.0
④ 골재 드라이어의 S/Sb : 2.7

정답 ①

046 입자를 크기별로 구분할 때 평균입자 지름이 0.1μm 이하인 핵영역, 0.1~2.5μm인 집적영역, 2.5μm보다 큰 조대영역으로 나눌 수 있다. 각 영역 입자의 특성에 대한 설명으로 가장 거리가 먼 것은?

① 조대영역 입자는 대부분 기계적 작용에 의해 생성된다.
② 핵영역 입자는 연소 등 화학반응에 의해 핵으로 형성된 부분이다.
③ 집적영역의 입자는 핵영역이나 조대영역의 입자에 비해 대기에서 잘 제거되므로 체류시간이 짧다.
④ 핵영역과 집적영역의 미세입자는 입자에 의한 여러 대기오염 현상을 일으키는 데 큰 역할을 한다.

③ 집적영역의 입자는 핵영역이나 조대영역의 입자에 비해 대기에서 잘 제거되지 않아 체류시간이 길다.

정답 ③

047 수소가스 3.33Sm^{3}를 완전연소 시키기 위해 필요한 이론공기량(Sm^3)은?

① 약 32 ② 약 24
③ 약 12 ④ 약 8

수소 가스 : $H_2 + 0.5O_2 \rightarrow 2H_2O$

$A_o(Sm^3/Sm^3) = O_o/0.21 = 0.5/0.21 = 2.38$

$A_o(Sm^3) = 2.38 \times 3.33 = 7.92$

정답 ④

048 화합물별 주요 원인물질 및 냄새특징을 나타낸 것으로 가장 거리가 먼 것은?

	화합물	원인물질	냄새특징
㉠	황화합물	황화메틸	양파, 양배추 썩는 냄새
㉡	질소화합물	암모니아	분뇨냄새
㉢	지방산류	에틸아민	새콤한 냄새
㉣	탄화수소류	톨루엔	가솔린 냄새

① ㉠   ② ㉡
③ ㉢   ④ ㉣

악취물질별 악취

❶ 황화합물 : 양파, 계란 부패하는 냄새

❷ 질소화합물 : 분뇨, 생선 냄새

❸ 알데하이드류 : 자극적이고, 새콤하면서 타는 듯한 냄새

❹ 탄화수소류 : 자극적인 신나 냄새, 가솔린 냄새

❺ 지방산류 : 땀 냄새, 젖은 구두 냄새

정답 ③

049 다음 유압식 Burner의 특징으로 옳은 것은?

① 분무각도는 40~90°이다.
② 유량조절점위는 1:10 정도이다.
③ 소형가열로의 열처리용으로 주로 쓰이며, 유압은 1~2kg/cm² 정도이다.
④ 연소용량은 2~5L/h 정도이다.

액체연료 연소장치

	분무압 (kg/cm²)	유량 조절비	연료사용량 (L/h)	분무각도 (°)
유압 분무식 버너	5~30	환류식 1:3 비환류식 1:2	15~2,000	40~90
고압공기식 버너	2~10	1:10	3~500 (외부) 10~1,200 (내부)	20~30
저압공기식 버너	0.05 ~0.2	1:5	2~200	30~60

정답 ①

050 90° 곡관의 반경비가 2.25일 때 압력 손실계수는 0.26이다. 속도압이 50mmH₂O라면 곡관의 압력손실은?

① 0.6mmH₂O   ② 13mmH₂O
③ 22.2mmH₂O   ④ 112.5mmH₂O

곡관의 압력손실

$$\Delta P = C \times P_v \times \frac{\theta}{90} = 0.26 \times 50 \times \frac{90}{90} = 13 \, mm \, H_2O$$

정답 ②

051 석회석을 연소로에 주입하여 SO_2를 제거하는 건식탈황방법의 특징으로 옳지 않은 것은?

① 연소로 내에서 긴 접촉시간과 아황산가스가 석회분말의 표면 안으로 쉽게 침투되므로 아황산가스의 제거효율이 비교적 높다.
② 석회석과 배출가스 중 재가 반응하여 연소로 내에 달라붙어 열전달을 낮춘다.
③ 연소로 내에서의 화학반응은 주로 소성, 흡수, 산화의 3가지로 나눌 수 있다.
④ 석회석을 재생하여 쓸 필요가 없어 부대시설이 거의 필요 없다.

① 건식은 습식에 비해 제거효율이 낮음

정답 ①

052 입자가 미세할수록 표면에너지는 커지게 되어 다른 입자 간에 부착하거나 혹은 동종 입자 간에 응집이 이루어지는데 이러한 현상이 생기게 하는 결합력 중 거리가 먼 것은?

① 분자 간의 인력
② 정전기적 인력
③ 브라운 운동에 의한 확산력
④ 입자에 작용하는 항력

항력은 입자 응집에 저항하는 반대힘임

정답 ④

053 C = 82%, H = 14%, S = 3%, N = 1%로 조성된 중유를 $12Sm^3$ 공기/kg 중유로 완전 연소했을 때 습윤 배출가스 중의 SO_2 농도는 약 몇 ppm인가? (단, 중유의 황성분은 모두 SO_2로 된다.)

① 1,784ppm
② 1,642ppm
③ 1,538ppm
④ 1,420ppm

$G_w(Sm^3/kg)$

$= mA_o + 5.6H + 0.7O + 0.8N + 1.244W$

$= 12 + 5.6 \times 0.14 + 0.8 \times 0.01$

$= 12.792 Sm^3/kg$

$\therefore SO_2(ppm) = \dfrac{SO_2}{G_w} \times 10^6 = \dfrac{0.7S}{G_w} \times 10^6$

$= \dfrac{0.7 \times 0.03}{12.792} \times 10^6 = 1,641.65 ppm$

정답 ②

054 다음 중 벤투리 스크러버(Venturi scrubber)에서 물방울 입경과 먼지 입경의 비는 충돌 효율면에서 어느 정도의 비가 가장 좋은가?

① 10 : 1
② 25 : 1
③ 150 : 1
④ 500 : 1

정답 ③

055 충전물이 갖추어야 할 조건으로 가장 거리가 먼 것은?

① 단위 부피 내의 표면적이 클 것
② 가스와 액체가 전체에 균일하게 분포될 것
③ 간격의 단면적이 작을 것
④ 가스 및 액체에 대하여 내식성이 있을 것

좋은 충전물의 조건
❶ 충전밀도가 커야 함
❷ Hold-up이 작아야 함
❸ 공극율이 커야 함
❹ 비표면적이 커야 함
❺ 압력손실이 작아야 함
❻ 내열성, 내식성이 커야 함
❼ 충분한 강도를 지녀야 함
❽ 화학적으로 불활성이어야 함

정답 ③

056 A 집진장치의 압력손실 25.75mmHg, 처리용량 42m³/sec, 송풍기 효율 80%이다. 이 장치의 소요동력은?

① 13kW
② 75kW
③ 180kW
④ 240kW

$$P = \frac{Q \times \triangle P \times \alpha}{102 \times \eta}$$

$$= \frac{42 \times 25.75 \mathrm{mmHg} \times \dfrac{10332 \mathrm{mmH_2O}}{760 \mathrm{mmHg}}}{102 \times 0.8} = 180.18 \mathrm{kW}$$

여기서, P : 소요 동력(kW)
         Q : 처리가스량(m³/sec)
         △P : 압력(mmH₂O)
         α : 여유율(안전율)
         η : 효율

정답 ③

057 집진장치의 집진 효율이 99.5%에서 98%로 낮아지는 경우 출구에서 배출되는 먼지의 농도는 몇 배로 증가하게 되는가?

① 1.5배
② 2배
③ 4배
④ 8배

처음 통과량 : 100-99.5 = 0.5%

나중 통과량 : 100-98 = 2%

$$\therefore \frac{\text{나중 통과량}}{\text{처음 통과량}} = \frac{2}{0.5} = 4\text{배}$$

정답 ③

058 다음 중 흡착제의 흡착능과 가장 관련이 먼 것은?

① 포화(saturation)
② 보존력(retentivity)
③ 파괴점(break point)
④ 유전력(dielectric force)

유전력 : 분산시키는 힘

정답 ④

059 다음 중 전기집진장치의 집진실을 독립된 하전 설비를 가진 집진실로 전기적 구획을 하는 주된 이유로 가장 적합한 것은?

① 순간 정전을 대비하고, 전기안전 사고를 예방하기 위함이다.
② 집진효율을 높이고, 효율적으로 전력을 사용하기 위함이다.
③ 처리가스의 유량분포를 균일하게 하고, 먼지입자의 충분한 체류시간을 확보하게 하기 위함이다.
④ 집진실 청소를 효과적으로 하기 위함이다.

정답 ②

060 층류 영역에서 Stokes의 법칙을 만족하는 입자의 침강속도에 관한 설명으로 옳지 않은 것은?

① 입자와 유체의 밀도차에 비례한다.
② 입자 직경의 제곱에 비례한다.
③ 가스의 점도에 비례한다.
④ 중력가속도에 비례한다.

③ 가스의 점도에 반비례한다.

Stokes 침강속도

$$V_g = \frac{d^2(\rho_p - \rho)g}{18\mu}$$

정답 ③

4과목   대기환경관계법규

---

061 대기환경보전법규상 자동차연료·첨가제 또는 촉매제의 검사를 받으려는 자가 국립환경과학원장 등에게 검사신청 시 제출해야 하는 항목으로 거리가 먼 것은?

① 검사용 시료
② 검사 시료의 화학물질 조성 비율을 확인할 수 있는 성분분석서
③ 제품의 공정도(촉매제만 해당함)
④ 제품의 판매계획

정답 ④

062 대기환경보전법상 이 법에서 사용하는 용어의 뜻으로 옳지 않은 것은?

① "공회전제한장치"란 자동차에서 배출되는 대기오염물질을 줄이고 연료를 절약하기 위하여 자동차에 부착하는 장치로서 환경부령으로 정하는 기준에 적합한 장치를 말한다.
② "촉매제"란 배출가스를 증가시키기 위하여 배출가스증가장치에 사용되는 화학물질로서 환경부령으로 정하는 것을 말한다.
③ "입자상물질(粒子狀物質)"이란 물질이 파쇄·선별·퇴적·이적(移積)될 때, 그 밖에 기계적으로 처리되거나 연소·합성·분해될 때에 발생하는 고체상 또는 액체상의 미세한 물질을 말한다.
④ "온실가스 평균배출량"이란 자동차제작자가 판매한 자동차 중 환경부령으로 정하는 자동차의 온실가스 배출량의 합계를 해당 자동차 총 대수로 나누어 산출한 평균값(g/km)을 말한다.

② "촉매제"란 배출가스를 줄이는 효과를 높이기 위하여 배출가스저감장치에 사용되는 화학물질로서 환경부령으로 정하는 것을 말한다.

정답 ②

063 실내공기질 관리법규상 PM-10의 실내공기질 유지기준이 $100 \mu g/m^3$ 이하인 다중이용시설에 해당하는 것은?

① 실내주차장
② 대규모 점포
③ 산후조리원
④ 지하역사

실내공기질 관리법 시행규칙 [별표 2] <개정 2020. 4. 3.>

실내공기질 유지기준(제3조 관련)

오염물질 항목 다중이용시설	미세먼지 (PM-10) $\mu g/m^3$	미세먼지 (PM-2.5) $\mu g/m^3$	이산화탄소 ppm	폼알데하이드 $\mu g/m^3$	총부유세균 CFU/m³	일산화탄소 ppm
가. 지하역사, 지하도상가, 철도 역사의 대합실, 여객자동차 터미널의 대합실, 항만시설 중 대합실, 공항시설 중 여객 터미널, 도서관·박물관 및 미술관, 대규모 점포, 장례식장, 영화상영관, 학원, 전시시설, 인터넷컴퓨터게임시설제공업의 영업시설, 목욕장업의 영업시설	100 이하	50 이하	1,000 이하	100 이하	–	10 이하
나. 의료기관, 산후조리원, 노인요양시설, 어린이집, 실내 어린이놀이시설	75 이하	35 이하		80 이하	800 이하	
다. 실내주차장	200 이하	–		100 이하	–	25 이하
라. 실내 체육시설, 실내 공연장, 업무시설, 둘 이상의 용도에 사용되는 건축물	200 이하					

비고

1. 도서관, 영화상영관, 학원, 인터넷컴퓨터게임시설제공업 영업시설 중 자연환기가 불가능하여 자연환기설비 또는 기계환기설비를 이용하는 경우에는 이산화탄소의 기준을 1,500ppm 이하로 한다.

2. 실내 체육시설, 실내 공연장, 업무시설 또는 둘 이상의 용도에 사용되는 건축물로서 실내 미세먼지(PM-10)의 농도가 $200 \mu g/m^3$에 근접하여 기준을 초과할 우려가 있는 경우에는 실내공기질의 유지를 위하여 다음 각 목의 실내공기정화시설(덕트) 및 설비를 교체 또는 청소하여야 한다.

가. 공기정화기와 이에 연결된 급·배기관(급·배기구를 포함한다)

나. 중앙집중식 냉·난방시설의 급·배기구

다. 실내공기의 단순배기관

라. 화장실용 배기관

마. 조리용 배기관

정답 ②, ④

064 대기환경보전법령상 사업장의 분류기준 중 4종 사업장의 분류기준은?

① 대기오염물질발생량의 합계가 연간 20톤 이상 50톤 미만인 사업장
② 대기오염물질발생량의 합계가 연간 10톤 이상 20톤 미만인 사업장
③ 대기오염물질발생량의 합계가 연간 2톤 이상 10톤 미만인 사업장
④ 대기오염물질발생량의 합계가 연간 1톤 이상 10톤 미만인 사업장

대기환경보전법 시행령 [별표 1의3] <개정 2016. 3. 29.>

사업장 분류기준(제13조 관련)

종별	오염물질발생량 구분 (대기오염물질발생량의 연간 합계 기준)
1종사업장	80톤 이상인 사업장
2종사업장	20톤 이상 80톤 미만인 사업장
3종사업장	10톤 이상 20톤 미만인 사업장
4종사업장	2톤 이상 10톤 미만인 사업장
5종사업장	2톤 미만인 사업장

비고 : "대기오염물질발생량"이란 방지시설을 통과하기 전의 먼지, 황산화물 및 질소산화물의 발생량을 환경부령으로 정하는 방법에 따라 산정한 양을 말한다.

정답 ③

065 다음은 대기환경보전법규상 자동차의 규모기준에 관한 설명이다. ( )안에 알맞은 것은? (단, 2015년 12월 10일 이후)

소형승용차는 사람을 운송하기 적합하게 제작된 것으로, 그 규모기준은 엔진배기량이 1,000cc 이상이고, 차량총중량이 (㉠)이며, 승차인원이 (㉡)이다.

① ㉠ 1.5톤 미만, ㉡ 5명 이하
② ㉠ 1.5톤 미만, ㉡ 8명 이하
③ ㉠ 3.5톤 미만, ㉡ 5명 이하
④ ㉠ 3.5톤 미만, ㉡ 8명 이하

참고 필기 이론 교재 924쪽

대기환경보전법 시행규칙 [별표 5] <개정 2019. 12. 20.>

자동차 등의 종류(제7조 관련)

정답 ④

066 대기환경보전법령상 자동차제작자는 부품의 결함건수 또는 결함 비율이 대통령령으로 정하는 요건에 해당하는 경우 환경부장관의 명에 따라 그 부품의 결함을 시정해야 한다. 이와 관련하여 ( )안에 가장 적합한 건수기준은?

같은 연도에 판매된 같은 차종의 같은 부품에 대한 부품결함 건수(제작결함으로 부품을 조정하거나 교환한 건수를 말한다.)가 ( )인 경우

① 5건 이상 　　② 10건 이상
③ 25건 이상 　　④ 50건 이상

제51조(부품의 결함시정 명령의 요건)

❶ 환경부장관은 다음 각 호의 모두에 해당하는 경우에는 법 제53조제3항 본문에 따라 그 부품의 결함을 시정하도록 명하여야 한다. <개정 2018. 11. 27.>

1. 같은 연도에 판매된 같은 차종의 같은 부품에 대한 부품결함 건수(제작결함으로 부품을 조정하거나 교환한 건수를 말한다. 이하 이 항에서 같다)가 50건 이상인 경우

2. 같은 연도에 판매된 같은 차종의 같은 부품에 대한 부품결함 건수가 판매 대수의 4퍼센트 이상인 경우

❷ 삭제 <2018. 11. 27.>

정답 ④

067 대기환경보전법상 저공해자동차로의 전환 또는 개조 명령, 배출가스저감장치의 부착·교체 명령 또는 배출가스 관련 부품의 교체 명령, 저공해엔진(혼소엔진을 포함한다)으로의 개조 또는 교체 명령을 이행하지 아니한 자에 대한 과태료 부과기준은?

① 500만원 이하의 과태료
② 300만원 이하의 과태료
③ 200만원 이하의 과태료
④ 100만원 이하의 과태료

300만원 이하의 과태료

❶ 배출시설 등의 운영상황을 기록·보존하지 아니하거나 거짓으로 기록한 자

❷ 환경기술인을 임명하지 아니한 자

❸ 자동차 결함시정명령을 위반한 자

❹ 저공해자동차로의 전환 또는 개조 명령, 배출가스저감장치의 부착·교체 명령 또는 배출가스 관련 부품의 교체 명령, 저공해엔진(혼소엔진을 포함한다)으로의 개조 또는 교체 명령을 이행하지 아니한 자

정답 ②

068 다음은 악취방지법규상 악취검사기관과 관련한 행정처분기준이다. ( )안에 가장 적합한 처분기준은?

> 검사시설 및 장비가 부족하거나 고장난 상태로 7일 이상 방지한 경우 4차 행정처분기준은 ( )이다.

① 경고　　　　　　　② 업무정지 1개월
③ 업무정지 3개월　　④ 지정취소

악취방지법 시행규칙 [별표 9] <개정 2019. 6. 13.>

행정처분기준(제19조 관련)

위반사항	근거 법조문	행정처분기준			
		1차	2차	3차	4차 이상
2) 법 제18조제2항에 따른 지정기준에 미치지 못하게 된 경우	법 제19조 제1항 제2호				
나) 검사시설 및 장비가 부족하거나 고장난 상태로 7일 이상 방치한 경우		경고	업무 정지 1개월	업무 정지 3개월	지정 취소

정답 ④

069 대기환경보전법령상 초과부과금 산정기준에서 다음 오염물질 중 오염물질 1킬로그램당 부과금액이 가장 적은 것은?

① 먼지　　　　　② 황산화물
③ 불소화물　　　④ 암모니아

070 악취방지법상 악취배설시설에 대한 개선 명령을 받은 자가 악취배출허용기준을 계속 초과하여 신고대상시설에 대해 시·도지사로부터 악취배출시설의 조업정지명령을 받았으나, 이를 위반한 경우 벌칙기준은?

① 1년 이하 징역 또는 1천만원 이하의 벌금
② 2년 이하 징역 또는 2천만원 이하의 벌금
③ 3년 이하 징역 또는 3천만원 이하의 벌금
④ 5년 이하 징역 또는 5천만원 이하의 벌금

071 대기환경보전법규상 자동차연료 제조기준 중 휘발유의 황함량 기준(ppm)은?

① 2.3 이하　　　② 10 이하
③ 50 이하　　　④ 60 이하

072 대기환경보전법규상 배출시설을 설치·운영하는 사업자에 대하여 조업정지를 명하여야 하는 경우로서 그 조업정지가 주민들 생활 등 그 밖에 공익에 현저한 지장을 줄 우려가 있다고 인정되는 경우 조업정지처분을 갈음하여 과징금을 부과할 수 있다. 이때 과징금의 부과기준에 적용되지 않는 것은?

① 조업정지일수
② 1일당 부과금액
③ 오염물질별 부과금액
④ 사업장 규모별 부과계수

제51조(과징금의 부과 등)

과징금 =
조업정지일수 × 1일당 부과금액 × 사업장 규모별 부과계수

[법규 개정] 현행 법규에서 삭제되었고, 대기보전법 시행령 제38조(과징금 처분) 법규가 관련되어 신설됨

정답 ③

---

073 대기환경보전법규상 다음 정밀검사대상 자동차에 따른 정밀검사 유효기간으로 옳지 않은 것은? (단, 차종의 구분 등은 자동차관리법에 의함)

① 차령 4년 경과된 비사업용 승용자동차 : 1년
② 차령 3년 경과된 비사업용 기타자동차 : 1년
③ 차령 2년 경과된 사업용 승용자동차 : 1년
④ 차령 2년 경과된 사업용 기타자동차 : 1년

대기환경보전법 시행규칙 [별표 25] <개정 2008. 4. 17.>

정밀검사대상 자동차 및 정밀검사 유효기간(제96조 관련)

차종		정밀검사대상 자동차	검사 유효기간
비사업용	승용자동차	차령 4년 경과된 자동차	2년
	기타자동차	차령 3년 경과된 자동차	
사업용	승용자동차	차령 2년 경과된 자동차	1년
	기타자동차	차령 2년 경과된 자동차	

정답 ①

---

074 대기환경보전법규상 배출시설에서 발생하는 오염물질이 배출허용기준을 초과하여 개선명령을 받은 경우, 개선해야 할 사항이 배출시설 또는 방지시설인 경우 개선계획서에 포함되어야 할 사항으로 거리가 먼 것은?

① 굴뚝 자동측정기기의 운영, 관리 진단계획
② 배출시설 또는 방지시설의 개선명세서 및 설계도
③ 대기오염물질의 처리방식 및 처리효율
④ 공사기간 및 공사비

제38조(개선계획서)

❶ 영 제21조제1항에 따른 개선계획서에는 다음 각 호의 구분에 따른 사항이 포함되거나 첨부되어야 한다.
<개정 2019. 7. 16.>

1. 조치명령을 받은 경우

　가. 개선기간·개선내용 및 개선방법

　나. 굴뚝 자동측정기기의 운영·관리 진단계획

2. 개선명령을 받은 경우로서 개선하여야 할 사항이 배출시설 또는 방지시설인 경우

　가. 배출시설 또는 방지시설의 개선명세서 및 설계도

　나. 대기오염물질의 처리방식 및 처리 효율

　다. 공사기간 및 공사비

　라. 다음의 경우에는 이를 증명할 수 있는 서류

　　1) 개선기간 중 배출시설의 가동을 중단하거나 제한하여 대기오염물질의 농도나 배출량이 변경되는 경우

　　2) 개선기간 중 공법 등의 개선으로 대기오염물질의 농도나 배출량이 변경되는 경우

3. 개선명령을 받은 경우로서 개선하여야 할 사항이 배출시설 또는 방지시설의 운전미숙 등으로 인한 경우

　가. 대기오염물질 발생량 및 방지시설의 처리능력

　나. 배출허용기준의 초과사유 및 대책

정답 ①

075 대기환경보전법령상 시·도지사는 부과금을 부과할 때 부과대상 오염물질량, 부과금액, 납부기간 및 납부장소 등에 기재하여 서면으로 알려야 한다. 이 경우 부과금의 납부기간은 납부통지서를 발급한 날부터 얼마로 하는가?

① 7일   ② 15일
③ 30일   ④ 60일

076 다음은 대기환경보전법규상 비산먼지의 발생을 억제하기 위한 시설의 설치 및 필요한 조치에 관한 엄격한 기준이다. ( )안에 알맞은 것은?

> "싣기와 내리기 공정"인 경우 싣거나 내리는 장소 주위에 고정식 또는 이동식 물뿌림시설(물뿌림 반경 (㉠) 이상, 수압 (㉡) 이상을 설치할 것)

① ㉠ 1.5m, ㉡ 2.5kg/cm^2
② ㉠ 1.5m, ㉡ 5kg/cm^2
③ ㉠ 7m, ㉡ 2.5kg/cm^2
④ ㉠ 7m, ㉡ 5kg/cm^2

대기환경보전법 시행규칙 [별표 15]

비산먼지 발생을 억제하기 위한 시설의 설치 및 필요한 조치에 관한 엄격한 기준(제58조제5항 관련)

2. 싣기와 내리기

  가. 최대한 밀폐된 저장 또는 보관시설 내에서만 분체상 물질을 싣거나 내릴 것.

  나. 싣거나 내리는 장소 주위에 고정식 또는 이동식 물뿌림시설(물뿌림반경 7m 이상, 수압 5kg/cm^2 이상)을 설치할 것.

077 환경정책기본법령상 이산화질소(NO_2)의 대기환경기준으로 옳은 것은?

① 연간 평균치 0.03ppm 이하
② 24시간 평균치 0.05ppm 이하
③ 8시간 평균치 0.03ppm 이하
④ 1시간 평균치 0.15ppm 이하

환경정책기본법상 대기 환경기준 <개정 2019. 7. 2.>

측정시간	연간	24시간	8시간	1시간	측정방법
SO_2 (ppm)	0.02	0.05	–	0.15	자외선형광법
NO_2 (ppm)	0.03	0.06	–	0.10	화학발광법
O_3 (ppm)	–	–	0.06	0.10	자외선광도법
CO (ppm)	–	–	9	25	비분산적외선 분석법
PM_{10} ($\mu g/m^3$)	50	100	–	–	베타선흡수법
$PM_{2.5}$ ($\mu g/m^3$)	15	35	–	–	중량농도법, 이에 준하는 자동측정법
납(Pb) ($\mu g/m^3$)	0.5	–	–	–	원자흡광광도법
벤젠 ($\mu g/m^3$)	5	–	–	–	가스크로마토 그래프법

078 대기환경보전법규상 석유정제 및 석유 화학제품 제조업 제조시설의 휘발성유기화합물 배출 억제·방지시설 설치 등에 관한 기준으로 옳지 않은 것은?

① 중간집수조에서 폐수처리장으로 이어지는 하수구(Sewer line)는 검사를 위해 대기 중으로 개방되어야 하며, 금·틈새 등이 발견되는 경우에는 30일 이내에 이를 보수하여야 한다.

② 휘발성유기화합물을 배출하는 폐수처리장의 집수조는 대기오염공정시험방법(기준)에서 규정하는 검출불가능 누출농도 이상으로 휘발성유기화합물이 발생하는 경우에는 휘발성유기화합물을 80퍼센트 이상의 효율로 억제·제거할 수 있는 부유지붕이나 상부덮개를 설치·운영하여야 한다.

③ 압축기는 휘발성유기화합물의 누출을 방지하기 위한 개스킷 등 봉인장치를 설치하여야 한다.

④ 개방식 밸브나 배관에는 뚜껑, 브라인드프렌지, 마개 또는 이중밸브를 설치하여야 한다.

---

① 중간집수조에서 폐수처리장으로 이어지는 하수구(Sewer line)가 대기 중으로 개방되어서는 아니 되며, 금·틈새 등이 발견되는 경우에는 15일 이내에 이를 보수하여야 한다.

참고

대기환경보전법 시행규칙 [별표 16] <개정 2017. 1. 26.>

휘발성유기화합물 배출 억제·방지시설 설치 및 검사·측정결과의 기록보존에 관한 기준(제61조 관련)

정답 ①

---

079 대기환경보전법규상 환경부장관이 그 구역의 사업장에서 배출되는 대기오염물질을 총량으로 규제하려는 경우 고시하여야 할 사항으로 거리가 먼 것은? (단, 그 밖의 사항 등은 제외)

① 총량규제구역
② 총량규제 대기오염물질
③ 대기오염방지시설 예산서
④ 대기오염물질의 저감계획

제24조(총량규제구역의 지정 등)

환경부장관은 법 제22조에 따라 그 구역의 사업장에서 배출되는 대기오염물질을 총량으로 규제하려는 경우에는 다음 각 호의 사항을 고시하여야 한다.

1. 총량규제구역
2. 총량규제 대기오염물질
3. 대기오염물질의 저감계획
4. 그 밖에 총량규제구역의 대기관리를 위하여 필요한 사항

정답 ③

080 대기환경보전법규상 위임업무의 보고사항 중 수입자동차 배출가스 인증 및 검사현황의 보고 기일 기준으로 옳은 것은?

① 다음 달 10일 까지
② 매분기 종료 후 15일 이내
③ 매반기 종료 후 15일 이내
④ 다음 해 1월 15일까지

대기환경보전법 시행규칙 [별표 37] <개정 2017. 1. 26.>

위임업무 보고사항(제136조 관련)

업무내용	보고 횟수	보고기일	보고자
1. 환경오염사고 발생 및 조치 사항	수시	사고 발생 시	시·도지사, 유역환경청장 또는 지방환경청장
2. 수입자동차 배출가스 인증 및 검사현황	연 4회	매분기 종료 후 15일 이내	국립환경과학원장
3. 자동차 연료 및 첨가제의 제조·판매 또는 사용에 대한 규제현황	연 2회	매반기 종료 후 15일 이내	유역환경청장 또는 지방환경청장
4. 자동차 연료 또는 첨가제의 제조기준 적합 여부 검사현황	연료 : 연 4회 첨가제 : 연 2회	연료 : 매분기 종료 후 15일 이내 첨가제 : 매반기 종료 후 15일 이내	국립환경과학원장
5. 측정기기 관리대행업의 등록, 변경등록 및 행정처분 현황	연 1회	다음 해 1월 15일까지	유역환경청장, 지방환경청장 또는 수도권대기환경청장

정답 ②

1과목   대기오염 개론

001 Panofsky에 따른 Richardson수(Ri)의 크기와 대기의 혼합 간의 관계로 옳지 않은 것은?

① Richardson수가 0에 접근하면 분산은 줄어든다.
② 0.25<Ri : 수직방향의 혼합은 없다.
③ Ri가 0.2보다 크게 되면 수직혼합이 최대가 되고, 수평혼합은 없다.
④ Ri=0 : 기계적 난류만 존재한다.

③ Ri가 −로, 작을수록 수직혼합이 커짐. 0에서 수직혼합은 없고 수평혼합만 존재함

대기 안정도의 판정

❶ Ri < −0.04
대류(열적 난류) 지배, 대류가 지배적이어서 바람이 약하게 되어 강한 수직운동이 일어남

❷ −0.03 < Ri < 0
대류와 기계적 난류 둘 모두 존재, 주로 기계적 난류가 지배적

❸ Ri = 0
기계적 난류만 존재

❹ 0.25 < Ri
수직방향 혼합 거의 없고, 대류 없음(안정), 난류가 층류로 변함

정답 ③

002 굴뚝 직경 2m, 굴뚝 배출가스 속도 5m/s, 굴뚝 배출가스 온도 400Km, 대기온도 300K, 풍속 3m/s일 때 연기 상승높이(m)는?

(단, $F = g\left(\dfrac{D}{2}\right)^2 V_s\left(\dfrac{T_s - T_a}{T_a}\right)$, $\triangle h = \dfrac{114CF^{\frac{1}{3}}}{U}$

$C = 1.58$)

① 142.6m   ② 152.3m
③ 168.5m   ④ 198.2m

1) 부력계수

$(F) = \left\{ gV_s \times \left(\dfrac{D}{2}\right)^2 \times \left(\dfrac{T_s - T_a}{T_a}\right)\right\}$

$= \left\{ 9.8\text{m/s}^2 \times 5\text{m/s} \times \left(\dfrac{2\text{m}}{2}\right)^2 \times \left(\dfrac{400\text{K} - 300\text{K}}{300\text{K}}\right)\right\}$

$= 16.333$

2) 연기상승고

$\triangle h = \dfrac{114 \cdot C \cdot F^{\frac{1}{3}}}{U}$

$= \dfrac{114 \times 1.58 \times (16.333)^{\frac{1}{3}}}{3\text{m/s}} = 152.33\text{m}$

정답 ②

003 로스앤젤레스 스모그 사건에서 시간에 따른 광화학 스모그 구성 성분변화 추이 중 가장 늦은 시간에 하루 중 최고치를 나타내는 물질은?

① NO_2
② 알데하이드
③ 탄화수소
④ NO

004 대기오염사건과 관련된 설명 중 ( )안에 가장 알맞은 것은?

런던 스모그 사건은 (㉠)이 형성되고 거의 무풍 상태가 계속되었으며, 로스앤젤레스 스모그사건은 (㉡)이 형성되고 해안성 안개가 낀 상태에서 발생하였다.

① ㉠ 복사역전, ㉡ 이류성역전
② ㉠ 이류성역전, ㉡ 침강역전
③ ㉠ 침강역전, ㉡ 복사역전
④ ㉠ 복사역전, ㉡ 침강역전

005 다음 오염물질 중 수산기를 포함하는 것은?

① chloroform
② benzene
③ methyl mercaptan
④ phenol

006 연기의 배출속도 50m/s, 평균풍속 300m/min, 유효굴뚝높이 55m, 실제굴뚝높이 24m인 경우 굴뚝의 직경(m)은? (단, $\triangle H = 1.5 \times (V_s/U \times D)$ 식 적용)

① 0.3
② 1.6
③ 2.1
④ 3.7

007 다음 중 "무색의 기체로 자극성이 강하며, 물에 잘 녹고, 살균 방부제로도 이용되고, 단열재, 피혁 제조, 합성수지 제조 등에서 발생하며, 실내 공기를 오염시키는 물질"에 해당하는 것은?

① HCHO
② C_6H_5OH
③ HCl
④ NH_3

008 분자량이 M인 대기오염 물질의 농도가 표준상태(0℃, 1기압)에서 448ppm으로 측정되었다. 표준상태에서 mg/m^3로 환산하면?

① 1/20M
② M/20
③ 20M
④ 20/M

009 다음 중 2차 오염물질로 볼 수 없는 것은?

① 이산화황이 대기중에서 산화하여 생성된 삼산화황
② 이산화질소의 광화학반응에 의하여 생성된 일산화질소
③ 질소산화물의 광화학반응에 의한 원자상 산소와 대기 중의 산소가 결합하여 생성된 오존
④ 석유정제시 수소첨가에 의하여 생성된 황화수소

1차 대기오염	SO_x, NO_x, CO, HC, HCl, NH_3, H_2S, NaCl, N_2O_3
2차 대기오염	O_3, PAN($CH_3COOONO_2$), H_2O_2, NOCl, 아크로레인(CH_2CHCHO), 케톤
1·2차 대기오염물질	SO_2, SO_3, H_2SO_4, NO, NO_2, HCHO, 케톤류, 유기산

정답 ④

010 오존층 보호를 위한 오존층 파괴물질의 생산 및 소비감축에 관한 내용의 국제협약으로 가장 적절한 것은?

① 바젤협약
② 리우선언
③ 그린피스협약
④ 몬트리올 의정서

오존층 파괴에 관한 국제협약

비엔나 협약, 몬트리올 의정서, 코펜하겐 회의

산성비에 관한 국제협약

헬싱키 의정서(SO_x 저감), 소피아 의정서(NO_x 저감)

지구온난화에 관한 국제협약

기후변화 협약(리우 회의), 교토의정서

정답 ④

011 교토의정서의 2020년까지의 연장 및 한국의 녹색기후기금(GCF) 유치를 인준한 당사국회의 개최장소는?

① 모로코 마라케쉬
② 케냐 나이로비
③ 멕시코 칸쿤
④ 카타르 도하

정답 ④

012 지구상에 분포하는 오존에 관한 설명으로 옳지 않은 것은?

① 오존량은 돕슨(Dobson) 단위로 나타내는데, 1Dobson은 지구 대기 중 오존의 총량을 0℃, 1기압의 표준상태에서 두께로 환산하였을 때 0.01cm에 상당하는 양이다.
② 오존층 파괴로 인해 피부암, 백내장, 결막염 등 질병유발과, 인간의 면역기능의 저하를 유발할 수 있다.
③ 오존의 생성 및 분해반응에 의해 자연상태의 성층권 영역에는 일정 수준의 오존량이 평형을 이루게 되고, 다른 대기권 영역에 비해 오존의 농도가 높은 오존층이 생성된다.
④ 지구 전체의 평균오존전량은 약 300Dobson 이지만, 지리적 또는 계절적으로 그 평균값이 ±50% 정도까지 변화하고 있다.

① 오존량은 돕슨(Dobson) 단위로 나타내는데, 1Dobson은 지구 대기 중 오존의 총량을 0℃, 1기압의 표준상태에서 두께로 환산하였을 때 1mm = 0.1cm에 상당하는 양이다.

정답 ①

013 수은에 관한 설명으로 옳지 않은 것은?

① 원자량 200.61, 비중 6.92이며, 염산에 용해된다.
② 만성중독의 경우 전형적인 증상은 특수한 구내염, 눈, 입술, 혀, 손발 등이 빠르고 엷게 떨린다.
③ 만성중독의 경우 손과 팔의 근력이 저하되며, 다발성 신경염도 일어난다고도 보고된다.
④ 일본의 미나마따 지방에서 발생한 미나마따병은 유기수은으로 인한 공해병이며, 구심성 시야협착, 난청, 언어장애 등이 나타난다.

① 수은의 비중 14.6임

정답 ①

014 일반적으로 냄새의 강도와 농도 사이에 성립하는 법칙으로 가장 적합한 것은?

① Nernst−Planck의 법칙
② Weber Fechner의 법칙
③ Albedo의 법칙
④ Wien의 법칙

정답 ②

015 다음 대기오염물질 중 혈관 내 용혈을 일으키며, 3대 증상으로는 복통, 황달, 빈뇨이며, 급성중독일 경우 활성탄과 하제를 투여하고 구토를 유발시켜야 하는 것은?

① Asbestos　　　② Arsenic(As)
③ Benzo[a]pyrene　④ Bromine(Br)

비소는 혈관 내 용혈을 일으키며, 두통, 오심, 흉부 압박감을 호소하기도 한다. 10ppm 정도에 폭로되면 혼미, 혼수, 사망에 이른다. 대표적인 3대 증상으로는 복통, 황달, 빈뇨 등 이며, 만성적인 폭로에 의한 국소 증상 으로는 손·발바닥에 나타나는 각화증, 각막궤양, 비중격 천공, 탈모 등을 들 수 있다.

정답 ②

016 먼지농도가 $160 \mu g/m^3$이고, 상대습도가 70%인 상태의 대도시에서의 가시거리는 몇 km인가? (단, A=1.2)

① 4.2km　　　② 5.8km
③ 7.5km　　　④ 11.2km

상대습도 70%일 때의 가시거리 계산

$$L(km) = \frac{1,000 \times A}{G} = \frac{1,000 \times 1.2}{160 \mu g/m^3} = 7.5 km$$

정답 ③

017 다음 대기오염물질 중 비중이 가장 큰 것은?

① 폼알데하이드　　② 이황화탄소
③ 일산화질소　　　④ 이산화질소

기체의 비중은 분자량이 클수록 크다.

① HCHO : 30　　② CS_2 : 76
③ NO : 30　　　④ NO_2 : 46

그러므로 기체의 비중은 분자량이 가장 큰 CS_2가 가장 큼

정답 ②

018 다음 그림에서 "가" 쪽으로 부는 바람은?

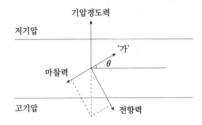

① geostrophic wind
② Föhn wind
③ surface wind
④ gradient wind

019 다음 대기분산모델 중 벨기에에서 개발되었으며, 통계모델로서 도시지역의 오존농도를 계산하는 데 이용했던 것은?

① ADMS(atmospheric dispersion ozone model system)
② OCD(offshore and coastal ozone dispersion model)
③ SMOGSTOP(statistical model of groundlevel short term ozone pollution)
④ RAMS(regional atmospheric ozone model system)

020 통상적으로 대기오염물질의 농도와 혼합고 간의 관계로 가장 적합한 것은?

① 혼합고에 비례한다.
② 혼합고의 2승에 비례한다.
③ 혼합고의 3승에 비례한다.
④ 혼합고의 3승에 반비례한다.

021 굴뚝반경이 2.2m인 원형 굴뚝에서 먼지를 채취하고자 할 때 측정점수는?

① 8   ② 12
③ 16   ④ 20

022 굴뚝 배출가스 중 황화수소(H_2S)를 자외선/가시선분광법(메틸렌블루법)으로 측정했을 때 농도범위가 5~100ppm일 때 시료채취량 범위로 가장 적합한 것은?

① 10~100mL ② 0.1~1L
③ 1~10L ④ 50~100L

023 기체크로마토그래피에 관한 설명으로 옳지 않은 것은?

① 일정유량으로 유지되는 운반가스(carrier gas)는 시료도입부로부터 분리관 내를 흘러서 검출기를 통하여 외부로 방출된다.
② 시료의 각 성분이 분리되는 것은 분리관을 통과하는 성분의 흡광성에 의한 속도변화 차이 때문이다.
③ 일반적으로 무기물 또는 유기물의 대기오염물질에 대한 정성, 정량 분석에 이용된다.
④ 기체시료 또는 기화한 액체나 고체시료를 운반가스(carrier gas)에 의하여 분리, 관내에 전개시켜 기체상태에서 분리되는 각 성분을 크로마토그래피적으로 분석하는 방법이다.

024 분석대상가스가 질소산화물인 경우 흡수액으로 가장 적합한 것은? (단, 페놀디설폰산법 기준)

① 황산+과산화수소+증류수
② 수산화소듐(0.5%)용액
③ 아연아민착염용액
④ 아세틸아세톤함유흡수액

025 0.1N H_2SO_4 용액 1,000mL를 제조하기 위해서는 95% H_2SO_4를 약 몇 mL 취하여야 하는가? (단, H_2SO_4의 비중은 1.84)

① 약 1.2mL   ② 약 3mL

③ 약 4.8mL   ④ 약 6mL

$$NV = N'V'$$

$$\frac{95g\,H_2SO_4 \times \frac{2eq}{98g}}{100g \times \frac{1mL}{1.84g}} \times X\,mL = \frac{0.1\,eq}{L} \times 1L$$

$$\therefore X = 2.8mL$$

정답 ②

026 500mmH_2O는 약 몇 mmHg인가?

① 19mmHg   ② 28mmHg

③ 37mmHg   ④ 45mmHg

$$500\,mm\,H_2O \times \frac{760\,mm\,Hg}{10,332\,mm\,H_2O} = 36.7\,mm\,Hg$$

정답 ③

027 환경대기 중 아황산가스의 농도를 산정량수동법으로 측정하여 다음과 같은 결과를 얻었다. 이때 아황산가스의 농도는?

- 적정에 사용한 0.01N−알칼리 용액의 소비량 0.2mL
- 시료가스 채취량 1.5m^3

① $43\mu g/m^3$ ② $58\mu g/m^3$

③ $65\mu g/m^3$ ④ $72\mu g/m^3$

$$S = \frac{32,000 \times N \times v}{V} = \frac{32,000 \times 0.01 \times 0.2\,mL}{1.5\,m^3}$$

$$= 42.66\mu g/m^3$$

S : 아황산가스의 농도($\mu g/m^3$)
N : 알칼리의 규정도(0.01N)
v : 적정에 사용한 알칼리의 양(mL)
V : 시료가스 채취량(m^3)

다른 풀이)

$$S = \frac{\frac{0.01eq}{L} \times \frac{32 \times 10^6 \mu g}{1eq} \times 0.2\,mL \times \frac{1L}{1,000\,mL}}{1.5\,m^3}$$

$$= 42.66\mu g/m^3$$

정답 ①

028 대기오염공정시험기준 중 원자흡수분광광도법에서 사용되는 용어의 정의로 옳지 않은 것은?

① 슬롯버너 : 가스의 분출구가 세극상으로 된 버너
② 충전가스 : 중공음극램프에 채우는 가스
③ 선프로파일 : 파장에 대한 스펙트럼선의 강도를 나타내는 곡선
④ 근접선 : 목적하는 스펙트럼선과 동일한 파장을 갖는 같은 스펙트럼선

④ 근접선(Neighbouring Line)

목적하는 스펙트럼선에 가까운 파장을 갖는 다른 스펙트럼선

정답 ④

029 자외선가시선분광법에 관한 설명으로 옳지 않은 것은? (단, I_o : 입사광의 강도, I_t : 투사광의 강도, C : 용액의 농도, ℓ : 빛의 투사길이, ε : 비례상수(흡광계수))

① 램버어트 비어의 법칙을 응용한 것이다.

② $\dfrac{I_t}{I_o}$ = 투과도라 한다.

③ 투과도$\left(t = \dfrac{I_t}{I_o}\right)$를 백분율로 표시한 것을 투과 퍼센트라 한다.

④ 투과도$\left(t = \dfrac{I_t}{I_o}\right)$의 자연대수를 흡광도라 한다.

④ 투과도 역수의 자연대수를 흡광도라 한다.

정답 ④

030 원자흡수분광광도법으로 배출가스 중 Zn을 분석할 때의 측정파장으로 적합한 것은?

① 213.8nm   ② 248.3nm

③ 324.8nm   ④ 357.9nm

원자흡수분광광도법의 측정파장(개정후)

측정 금속	측정파장(nm)
Cu	324.8
Pb	217.0/283.3
Ni	232.0
Zn	213.8
Fe	248.3
Cd	228.8
Cr	357.9
Be	234.9

정답 ①

031 시험의 기재 및 용어에 대한 정의로 옳지 않은 것은?

① 용액의 액성표시는 따로 규정이 없는 한 유리 전극법에 의한 pH미터로 측정한 것을 뜻한다.

② 액체성분의 양을 "정확히 취한다"라 함은 홀피펫, 눈금플라스크 또는 이와 동등 이상의 정도를 갖는 용량계를 사용하여 조작하는 것을 뜻한다.

③ "항량이 될 때까지 건조한다"라 함은 따로 규정이 없는 한 보통의 건조방법으로 1시간 더 건조할 때 전후 무게의 차가 매 g당 0.5mg 이하일 때를 뜻한다.

④ "바탕시험을 하여 보정한다"라 함은 시료에 대한 처리 및 측정을 할 때 시료를 사용하지 않고 같은 방법으로 조작한 측정치를 빼는 것을 뜻한다.

③ "항량이 될 때까지 건조한다"라 함은 따로 규정이 없는 한 보통의 건조방법으로 1시간 더 건조할 때 전후 무게의 차가 매 g당 0.3mg 이하일 때를 뜻한다.

[개정 – 용어변경] 눈금플라스크 → 부피플라스크

정답 ③

032 다음 중 특정 발생원에서 일정한 굴뚝을 거치지 않고 외부로 비산 배출되는 먼지를 고용량 공기시료채취법으로 측정하여 농도계산 시 "전 시료채취 기간 중 주 풍량이 45~90°변할 때"의 풍량 보정계수로 옳은 것은?

① 1.0 ② 1.2
③ 1.5 ④ 1.8

비산먼지 - 고용량공기시료채취법

풍향에 대한 보정

풍향변화범위	보정계수
전 시료채취 기간 중 주 풍향이 90° 이상 변할 때	1.5
전 시료채취 기간 중 주 풍향이 45°~90° 변할 때	1.2
전 시료채취 기간 중 풍향이 변동이 없을 때 (45° 미만)	1.0

정답 ②

033 황산 25mL를 물로 희석하여 전량을 1L로 만들었다. 희석 후 황산용액의 농도는? (단, 황산 순도는 95%, 비중은 1.84이다.)

① 약 0.3N ② 약 0.6N
③ 약 0.9N ④ 약 1.5N

$$\frac{\text{황산 eq}}{\text{용 액 L}} = \frac{25\text{mL} \times \dfrac{95\text{g} \times \dfrac{2\text{eq}}{98\text{g}}}{100\text{g} \times \dfrac{1\text{mL}}{1.84\text{g}}}}{1\text{L}} = 0.98\text{N}$$

정답 ③

034 환경대기 내의 옥시던트(오존으로서) 측정방법 중 알칼리성 요오드화칼륨법에 관한 설명으로 가장 거리가 먼 것은?

① 대기 중에 존재하는 저농도의 옥시던트(오존)를 측정하는데 사용된다.
② 이 방법에 의한 오존 검출한계는 0.1~65μg 이며, 더 높은 농도의 시료는 중성 요오드화칼륨법으로 측정한다.
③ 대기 중에 존재하는 미량의 옥시던트를 알칼리성 요오드화칼륨용액에 흡수시키고 초산으로 pH 3.8의 산성으로 하면 산화제의 당량에 해당하는 요오드가 유리된다.
④ 유리된 요오드를 파장 352nm에서 흡광도를 측정하여 정량한다.

② 이 방법에 의한 오존의 검출한계는 1~16μg이며, 더 높은 농도의 시료는 흡수액으로 적당히 묽혀 사용할 수 있다.

환경대기 중 옥시던트 측정방법 - 알칼리성 요오드화칼륨법

· 이 방법은 대기 중에 존재하는 저농도의 옥시던트(오존)를 측정하는데 사용된다. 이 방법은 다른 산화성물질이나 환원성물질이 방해하며 아황산가스나 이산화질소의 방해는 시료를 채취하는 동안에 제거시킬 수 있다.

· 이 방법에 의한 오존의 검출한계는 1~16μg이며, 더 높은 농도의 시료는 흡수액으로 적당히 묽혀 사용할 수 있다.

· 이 방법은 대기 중에 존재하는 미량의 옥시던트를 알칼리성 요오드화칼륨용액에 흡수시키고 초산으로 pH 3.8의 산성으로 하면 산화제의 당량에 해당하는 요오드가 유리된다. 이 유리된 요오드를 파장 352nm에서 흡광도를 측정하여 정량한다.

· 산화성물질 또는 환원성물질은 요오드화칼륨을 요오드로 산화시키는데 영향을 미친다. 아황산가스는 흡수액에 과산화수소를 가하여 흡수시키면 아황산가스가 황산이온으로 산화되며 여분의 과산화수소는 초산을 가하기 전에 끓여서 제거한다. 대기 중의 산소는 흡수액을 감지할 수 있을 정도로 산화시키지 않는다.

정답 ②

035 굴뚝 배출가스 내 휘발성유기화합물질(VOCs) 시료채취방법 중 흡착관법의 시료채취장치에 관한 설명으로 가장 거리가 먼 것은?

① 채취관 재질은 유리, 석영, 불소수지 등으로, 120℃ 이상까지 가열이 가능한 것이어야 한다.
② 시료채취관에서 응축기 및 기타부분의 연결관은 가능한 짧게 하고, 불소수지 재질의 것을 사용한다.
③ 밸브는 스테인레스 재질로 밀봉윤활유를 사용하여 기체의 누출이 없는 구조이어야 한다.
④ 응축기 및 응축수 트랩은 유리재질이어야 하며, 응축기는 기체가 앞쪽 흡착관을 통과하기 전 기체를 20℃ 이하로 낮출 수 있는 부피이어야 한다.

③ 밸브는 플루오로수지, 유리 및 석영재질로 밀봉 윤활유(sealing grease)를 사용하지 않고 기체의 누출이 없는 구조이어야 한다.

[개정 – 용어변경] 불소수지 → 플루오로수지

정답 ③

036 굴뚝 배출가스 중 아황산가스를 연속적으로 분석하기 위한 시험방법에 사용되는 정전위전해분석계의 구성에 관한 설명으로 옳지 않은 것은?

① 가스투과성 격막은 전해셀 안에 들어 있는 전해질의 유출이나 증발을 막고 가스투과성 성질을 이용하여 간섭성분의 영향을 저감시킬 목적으로 사용하는 폴리에틸렌 고분자격막이다.
② 작업전극은 전해셀 안에서 산화전극과 한쌍으로 전기회로를 이루며 아황산가스를 정전위전해하는데 필요한 산화전극을 대전극에 가할 때 기준으로 삼는 전극으로서 백금전극, 니켈 또는 니켈화합물전극, 납 또는 납화합물전극 등이 사용된다.
③ 전해액은 가스투과성 격막을 통과한 가스를 흡수하기 위한 용액으로 약 0.5M 황산용액으로 사용한다.
④ 정전위전원은 작업전극에 일정한 전위의 전기에너지를 부가하기 위한 직류전원으로 수은전지가 있다.

정전위전해분석계의 구성

❶ 가스투과성 격막
전해셀 안에 들어있는 전해질의 유출이나 증발을 막고 가스투과성 성질을 이용하여 간섭성분의 영향을 저감시킬 목적으로 사용하는 4불화에틸렌 수지막 또는 폴리에틸렌막이다.

❷ 작업전극
전해질 안으로 확산흡수된 질소산화물이 전기에너지에 의해 산화될 때 그 농도에 대응하는 전해전류를 발생하는 전극으로 백금전극, 금전극, 팔라듐전극 또는 인듐전극 등이 사용된다.

❸ 대전극
전해셀 안에서 작업전극과 한 쌍으로 전기회로를 이루며 질소산화물을 정전위전해하기 위하여 필요한 산화전위를 작업전극에 가할 때 기준으로 삼는 전극이다. 망간 또는 망간화합물 전극, 납 또는 납화합물 전극 등이 사용된다.

❹ 전해액
가스투과성 격막을 통과한 가스를 흡수하기 위한 용액으로 약 0.5M 황산용액을 사용한다.

정답 ②

037 굴뚝 배출가스 중 페놀화합물을 자외선/가시선 분광법으로 측정할 때 시료액에 4-아미노안티피린용액과 헥사시아노철(Ⅲ)산포타슘 용액을 가한 경우 발색된 색은?

① 황색 ② 황록색
③ 적색 ④ 청색

038 대기오염공정시험기준에서 정의하는 기밀용기(機密容器)에 관한 설명으로 옳은 것은?

① 물질을 취급 또는 보관하는 동안에 이물이 들어가거나 내용물이 손실되지 않도록 보호하는 용기
② 물질을 취급 또는 보관하는 동안에 외부로부터의 공기 또는 다른 가스가 침입하지 않도록 내용물을 보호하는 용기
③ 물질을 취급 또는 보관하는 동안에 내용물이 광화학적변화를 일으키지 않도록 보호하는 용기
④ 물질을 취급 또는 보관하는 동안에 기체 또는 미생물이 침입하지 않도록 내용물을 보호하는 용기

039 외부로 비산 배출되는 먼지를 고용량공기시료 채취법으로 측정한 조건이 다음과 같을 때 비산 먼지의 농도는?

· 대조위치의 먼지농도 : 0.15mg/m^3
· 채취먼지량이 가장 많은 위치의 먼지농도 : 4.69mg/m^3
· 전 시료채취 기간 중 주 풍향이 90° 이상 변했으며, 풍속이 0.5m/s 미만 또는 10m/s 이상되는 시간이 전 채취시간의 50% 미만이었다.

① 4.54mg/m^3 ② 5.45mg/m^3
③ 6.81mg/m^3 ④ 8.17mg/m^3

비산먼지 농도의 계산

$$C = (C_H - C_B) \times W_D \times W_S$$
$$= (4.69 - 0.15) \times 1.5 \times 1.0$$
$$= 6.81 \text{mg/m}^3$$

C_H : 채취먼지량이 가장 많은 위치에서의 먼지농도(mg/Sm^3)
C_B : 대조위치에서의 먼지농도(mg/Sm^3)
W_D, W_S : 풍향, 풍속 측정결과로부터 구한 보정계수

단, 대조위치를 선정할 수 없는 경우에는 C_B는 0.15mg/Sm^3로 한다.

보정계수

1) 풍향에 대한 보정

풍향변화범위	보정계수
전 시료채취 기간 중 주 풍향이 90° 이상 변할 때	1.5
전 시료채취 기간 중 주 풍향이 45°~90° 변할 때	1.2
전 시료채취 기간 중 풍향이 변동이 없을 때(45° 미만)	1.0

2) 풍속에 대한 보정

풍속범위	보정계수
풍속이 0.5m/s 미만 또는 10m/s 이상 되는 시간이 전 채취시간의 50% 미만일 때	1.0
풍속이 0.5m/s 미만 또는 10m/s 이상 되는 시간이 전 채취시간의 50% 이상일 때	1.2

정답 ③

040 굴뚝 배출가스 중 이황화탄소를 자외선/가시선 분광법으로 측정 시 분석파장으로 가장 적합한 것은?

① 560nm   ② 490nm
③ 435nm   ④ 235nm

자외선/가시선 분광법 흡광도 파장별 정리(개정후)

물질	물질 - 분석방법	흡광도 (nm)
폼알데하이드	아세틸아세톤 자외선/가시선분광법	420
이황화탄소	자외선/가시선분광법	435
염소	오르토톨리딘법	435
니켈화합물	자외선/가시선분광법	450
염화수소	싸이오사이안산제이수은 자외선/가시선분광법	460
브로민화합물	자외선/가시선분광법	460
하이드라진	HCl 흡수액 - 자외선/가시선분광법	480
비소화합물	자외선/가시선분광법	510
페놀화합물	4-아미노안티피린 자외선/가시선분광법	510
크로뮴화합물	자외선/가시선분광법	540
질소산화물	아연환원 나프틸에틸렌다이아민법	545
폼알데하이드	크로모트로판산 자외선/가시선분광법	570
플루오린화합물	자외선/가시선분광법	620
사이안화수소	4-피리딘카복실산-피라졸론법	620
염소	4-피리딘카복실산-피라졸론법	638
암모니아	인도페놀법	640
황화수소	메틸렌블루법	670

정답 ③

041 관성충돌, 확산, 증습, 응집, 부착원리를 이용하여 먼지입자와 유해가스를 동시에 제거할 수 있는 장점을 지닌 집진장치로 가장 적합한 것은?

① 음파집진장치　　② 중력집진장치
③ 전기집진장치　　④ 세정집진장치

정답 ④

042 다음 석탄의 특성에 관한 설명으로 옳은 것은?

① 고정탄소의 함량이 큰 연료는 발열량이 높다.
② 회분이 많은 연료는 발열량이 높다.
③ 탄화도가 높을수록 착화온도는 낮아진다.
④ 휘발분 함량과 매연발생량은 무관하다.

② 회분이 많은 연료는 발열량이 낮다.
③ 탄화도가 높을수록 착화온도는 높아진다.
④ 휘발분이 많을수록 매연발생량이 증가한다.

연소 특성
❶ 수분 : 착화 불량, 열손실 초래
❷ 회분 : 발열량 낮음, 연소성 나쁨
❸ 휘발분 : 매연 발생량 증가, 장염 발생
❹ 고정탄소 : 발열량 높고 매연발생률 낮음, 연소성 좋음, 단염 발생

탄화도 높을수록
- 고정탄소, 연료비, 착화온도, 발열량, 비중 증가함
- 수분, 이산화탄소, 휘발분, 비열, 매연 발생, 산소함량, 연소속도 감소함

정답 ①

043 유압식과 공기분무식을 합한 것으로서 유압은 보통 $7kg/cm^2$ 이상이며, 연소가 양호하고, 소형이며, 전자동 연소가 가능한 연소장치는?

① 증기분무식버너　　② 방사형버너
③ 건타입버너　　　　④ 저압기류분무식버너

정답 ③

044 사이클론과 전기집진장치를 순서대로 직렬로 연결한 어느 집진장치에서 포집되는 먼지량이 각각 300kg/h, 195kg/h이고, 최종 배출구로부터 유출되는 먼지량이 5kg/h이면 이 집진장치의 총집진효율은? (단, 기타조건은 동일하며, 처리과정 중 소실되는 먼지는 없다.)

① 98.5%　　　　② 99.0%
③ 99.5%　　　　④ 99.9%

1) 유입량(C_0Q_0)
　유입량 = 제거량 + 유출량
　　　　 = (300+195)+5
　　　　 = 500(kg/hr)

2) 제거율(η)

$$\eta = \left(1 - \frac{CQ}{C_0Q_0}\right) \times 100(\%)$$

$$= \left(1 - \frac{5}{500}\right) \times 100$$

$$= 99\%$$

정답 ②

045 기체연료의 연소방식 중 확산연소에 관한 설명으로 옳지 않은 것은?

① 확산연소 시 연료류와 공기류의 경계에서 확산과 혼합이 일어난다.
② 연소 가능한 혼합비가 먼저 형성된 곳부터 연소가 시작되므로 연소형태는 연소기의 위치에 따라 달라진다.
③ 화염이 길고 그을음이 발생하기 쉽다.
④ 역화의 위험이 있으며 가스와 공기를 예열할 수 없는 단점이 있다.

④ 예혼합 연소의 특징임

정답 ④

046 불화수소를 함유하는 배기가스를 충전 흡수탑을 이용하여 흡수율 92.5%로 기대하고 처리하고자 한다. 기상총괄이동단위높이(HOG)가 0.44일 때 이론인 충전탑의 높이는? (단, 흡수액상 불화수소의 평형분압은 0이다.)

① 0.91m   ② 1.14m
③ 1.41m   ④ 1.63m

$h = HOG \times NOG = 0.44m \times \ln\left(\cfrac{1}{1-0.925}\right)$
$= 1.139m$

정답 ②

047 Propane gas $1Sm^3$을 공기비 1.21로 완전연소시켰을 때 생성되는 건조 배출가스량은? (단, 표준상태 기준)

① $26.8Sm^3$ ② $24.2Sm^3$
③ $22.3Sm^3$ ④ $20.8Sm^3$

$C_3H_8 + 5O_2 \rightarrow 3CO_2 + 4H_2O$
$G_d = (m-0.21)A_o + \Sigma건조 \ 가스량$
$= (1.21-0.21) \times \cfrac{5}{0.21} + 3 = 26.8(Sm^3/Sm^3)$

정답 ①

048 유해가스와 물이 일정온도 하에서 평형상태를 이루고 있을 때, 가스의 분압이 60mmHg, 물 중의 가스농도가 $2.4kg \cdot mol/m^3$이면, 이때 헨리정수는? (단, 전압은 1기압, 헨리정수의 단위는 $atm \cdot m^3/kg \cdot mol$이다.)

① 0.014   ② 0.023
③ 0.033   ④ 0.417

헨리의 법칙 P = HC이므로,

$\therefore \ H = \cfrac{P}{C} = \cfrac{60mmHg}{2.4kmol/m^3} \times \cfrac{1atm}{760mmHg}$
$= 0.0328atm \cdot m^3/kmol$

정답 ③

049 적정조건에서 전기집진장치의 분리속도(이동속도)는 커닝햄(stokes Cunningham) 보정계수 K_m에 비례한다. 다음 중 K_m이 커지는 조건으로 알맞게 짝지은 것은? (단, $K_m \geq 1$)

① 먼지의 입자가 작을수록, 가스압력이 낮을수록
② 먼지의 입자가 작을수록, 가스압력이 높을수록
③ 먼지의 입자가 클수록, 가스압력이 낮을수록
④ 먼지의 입자가 클수록, 가스압력이 높을수록

커닝험 보정계수

❶ 미세한 입자(<$1\mu m$)에 작용하는 항력이 스토크스 법칙으로 예측한 값보다 작아서 보정계수를 곱함
❷ 항상 1 이상의 값임
❸ 미세입자일수록 가스의 점성저항이 작아지므로 커닝험 보정계수가 커짐

정답 ①

050 다음 연료 중 검댕의 발생이 가장 적은 것은?

① 저휘발분 역청탄　　② 코크스
③ 아탄　　　　　　　④ 고휘발분 역청탄

검댕의 발생빈도 순서

타르 > 고휘발분 역청탄 > 중유 > 저휘발분 역청탄 > 아탄 > 코크스 > 경질 연료유 > 등유 > 석탄 가스 > 제조가스 > 액화 석유가스(LPG) > 천연가스

정답 ②

051 통풍에 관한 설명 중 옳지 않은 것은?

① 압입통풍은 역화의 위험성이 있다.
② 압입통풍은 로앞에 설치된 가압송풍기에 의해 연소용 공기를 연소로 안으로 압입하며, 내압은 정압(+)이다.
③ 흡인통풍은 연소용 공기를 예열할 수 있다.
④ 평형통풍은 2대의 송풍기를 설치, 운용하므로 설비비가 많이 소요되는 단점이 있다.

③ 흡인통풍은 외기가 들어올 수 있으므로 오히려 배기가스 온도가 낮아질 수 있고, 압입통풍에서 연소용 공기를 예열할 수 있다.

정답 ③

052 공기가 과잉인 경우로 열손실이 많아지는 때의 등가비(ø) 상태는?

① ø=1　　　　　② ø<1
③ ø>1　　　　　④ ø=0

공기비	m < 1	m = 1	1 < m
등가비	1 < Φ	Φ = 1	Φ < 1
	· 공기 부족, 연료 과잉 · 불완전 연소 · 매연, CO, HC 발생량 증가 · 폭발위험	· 완전연소 · CO_2 발생량 최대	· 과잉공기 · 산소과대 · SO_x, NO_x 발생량 증가 · 연소온도 감소 · 열손실 커짐 · 저온부식 발생 · 탄소함유물질 (CH_4, CO, C 등) 농도 감소 · 방지시설의 용량이 커지고 에너지 손실 증가 · 희석효과가 높아져 연소 생성물의 농도 감소

정답 ②

053 다음 중 사이클론 집진장치에서 50%의 효율로 집진되는 입자의 크기를 나타내는 것으로 가장 적합한 용어는?

① 임계입경　　　　② 한계입경
③ 절단입경　　　　④ 분배입경

정답 ③

054 송풍기에 관한 설명으로 거리가 먼 것은?

① 원심력 송풍기 중 전향날개형은 송풍량이 적으나, 압력손실이 비교적 큰 공기조화용 및 특수 배기용 송풍기로 사용한다.
② 축류 송풍기는 축 방향으로 흘러 들어온 공기가 축 방향으로 흘러 나갈 때의 임펠러의 양력을 이용한 것이다.
③ 원심력 송풍기 중 방사날개형은 자체 정화기능을 가지기 때문에 분진이 많은 작업장에 사용한다.
④ 원심력 송풍기 중 후향날개형은 비교적 큰 압력손실에도 잘 견디기 때문에 공기정화장치가 있는 국소배기 시스템에 사용한다.

① 원심력 송풍기 중 전향날개형은 저압에서 대풍량 요하는 곳이 필요한 곳에 설치한다.

대분류	소분류	특징
원심형 송풍기	전향날개형 (다익형)	· 효율 낮음 · 제한된 곳이나 저압에서 대풍량 요하는 곳이 필요한 곳에 설치
	후향날개형 (터보형)	· 구조 간단, 소음 큼 · 설치장소 제약 적음 · 고온·고압의 대용량에 적합함 · 압입통풍기로 주로 사용
	비행기 날개형 (익형)	· 터보형을 변형한 것 · 고속 가동되며 소음 적음 · 원심력 송풍기 중 가장 효율 높음
축류식 송풍기	프로펠러형	· 축차에 두 개 이상의 두꺼운 날개가 있는 형태 · 저압·대용량에 적합 · 저효율
	고정날개 축류형 (베인형)	· 적은 공간 소요 · 축류형 중 가장 효율 높음 · 공기분포 양호
	튜브형	· 덕트 도중에 설치하여 송풍압력을 높임 · 국소 통기 또는 대형 냉각탑에 사용

정답 ①

055 다음 집진장치 중 통상적으로 압력손실이 가장 큰 것은?

① 충전탑   ② 벤투리 스크러버
③ 사이클론   ④ 임펄스 스크러버

정답 ②

056 후드를 포위식, 외부식, 레시버식으로 분류할 때, 다음 중 레시버식 후드에 해당하는 것은?

① Canopy type   ② Cover type
③ Glove box type   ④ Booth type

종류	특징
포위식 후드 (enclosures hood)	커버형, 글로브 박스형, 부스형, 드래프트 챔버형
외부형 후드 (capture hood)	- 후드 모양 : 슬로트형, 루버형, 그리드형 - 흡인위치 : 측방, 상방, 하방형 등
리시버식 후드 (recieving hood, 수형 후드)	캐노피형, 그라인더커버형

정답 ①

057 연소 시 발생되는 질소산화물(NO_x)의 발생을 감소시키는 방법으로 옳지 않은 것은?

① 2단 연소　　　　② 연소부분 냉각
③ 배기가스 재순환　④ 높은 과잉공기 사용

연소조절에 의한 NO_x의 저감방법

❶ 저온 연소 : NO_x는 고온(250~300℃)에서 발생하므로, 예열온도 조절로 저온 연소를 하면 NOx 발생을 줄일 수 있음

❷ 저산소 연소

❸ 저질소 성분연료 우선 연소

❹ 2단 연소 : 버너부분에서 이론공기량의 95%를 공급하고 나머지 공기는 상부의 공기구멍에서 공기를 더 공급하는 방법

❺ 최고 화염온도를 낮추는 방법

❻ 배기가스 재순환 : 가장 실용적인 방법, 소요공기량의 10~15%의 배기가스를 재순환시킴

❼ 버너 및 연소실의 구조개선

❽ 수증기 및 물분사 방법

정답 ④

058 탄소 89%, 수소 11%로 된 경유 1kg을 공기 과잉계수 1.2로 연소 시 탄소 2%가 그을음으로 된다면 실제 건조 연소가스 $1Sm^3$ 중 그을음의 농도(g/Sm^3)는 약 얼마인가?

① 0.8　　　　② 1.4
③ 2.9　　　　④ 3.7

1) $G_d = mA_o - 5.6H + 0.7O + 0.8N$

$$= 1.2 \times \frac{1.867 \times 0.89 + 5.6 \times 0.11}{0.21} - 5.6 \times 0.11$$

$$= 12.399 Sm^3/kg$$

2) 연료 1kg 연소 시 발생하는 검댕량(g)

$1,000g \times 0.89 \times 0.02 = 17.8g$

3) $\dfrac{검댕(g)}{배기가스(Sm^3)} = \dfrac{17.8g}{12.399Sm^3} = 1.43g/Sm^3$

정답 ②

059 다음 중 각종 발생원에서 배출되는 먼지입자의 진비중(S)과 겉보기 비중(S_B)의 비(S/S_B)가 가장 큰 것은?

① 시멘트킬른　　② 카본블랙
③ 골재건조기　　④ 미분탄보일러

① 시멘트킬른의 S/S_B : 5.0

② 카본블랙의 S/S_B : 76

③ 골재드라이어의 S/S_B : 2.7

④ 미분탄보일러의 S/S_B : 4.0

정답 ②

060 VOC 제어를 위한 촉매소각에 관한 설명으로 가장 거리가 먼 것은?

① 촉매를 사용하여 연소실의 온도를 300~400℃ 정도로 낮출 수 있다.
② 고농도의 VOC 및 열용량이 높은 물질을 함유한 가스는 연소열을 낮춰 촉매활성화를 촉진시키므로 유용하게 사용할 수 있다.
③ 백금, 팔라듐 등이 촉매로 사용된다.
④ Pb, As, P, Hg 등은 촉매의 활성을 저하시킨다.

② 촉매는 반응속도를 빠르게 하지만, 연소열을 조절하지 않는다.

정답 ②

061 대기환경보전법규상 관제센터로 측정결과를 자동전송하지 않는 사업장 배출구의 자가측정횟수기준으로 옳은 것은? (단, 제1종 배출구이며, 기타 경우는 고려하지 않음)

① 매주 1회 이상
② 매월 2회 이상
③ 2개월 마다 1회 이상
④ 반기마다 1회 이상

대기환경보전법 시행규칙 [별표 11] <개정 2017. 12. 28.>
자가측정의 대상·항목 및 방법(제52조제3항 관련)
관제센터로 측정결과를 자동전송하지 않는 사업장의 배출구

구 분	배출구별 규모	측정횟수	측정항목
제1종 배출구	먼지·황산화물 및 질소산화물의 연간 발생량 합계가 80톤 이상인 배출구	매주 1회 이상	별표 8에 따른 배출허용기준이 적용되는 대기오염물질. 다만, 비산먼지는 제외한다.
제2종 배출구	먼지·황산화물 및 질소산화물의 연간 발생량 합계가 20톤 이상 80톤 미만인 배출구	매월 2회 이상	
제3종 배출구	먼지·황산화물 및 질소산화물의 연간 발생량 합계가 10톤 이상 20톤 미만인 배출구	2개월마다 1회 이상	
제4종 배출구	먼지·황산화물 및 질소산화물의 연간 발생량 합계가 2톤 이상 10톤 미만인 배출구	반기마다 1회 이상	
제5종 배출구	먼지·황산화물 및 질소산화물의 연간 발생량 합계가 2톤 미만인 배출구	반기마다 1회 이상	

정답 ①

062 다음은 대기환경보전법상 과징금 처분에 관한 사항이다. (   )안에 가장 적합한 것은?

> 환경부장관은 인증을 받지 아니하고 자동차를 제작하여 판매한 경우 등에 해당하는 때에는 그 자동차제작자에 대하여 매출액에 (㉠)을/를 곱한 금액을 초과하지 아니하는 범위에서 과징금을 부과할 수 있다. 이 경우 과징금의 금액은 (㉡)을 초과할 수 없다.

① ㉠ 100분의 3, ㉡ 100억원
② ㉠ 100분의 3, ㉡ 500억원
③ ㉠ 100분의 5, ㉡ 100억원
④ ㉠ 100분의 5, ㉡ 500억원

제56조(과징금 처분)

❶ 환경부장관은 자동차제작자가 다음 각 호의 어느 하나에 해당하는 경우에는 그 자동차제작자에 대하여 매출액에 100분의 5를 곱한 금액을 초과하지 아니하는 범위에서 과징금을 부과할 수 있다. 이 경우 과징금의 금액은 500억원을 초과할 수 없다. <개정 2016. 12. 27.>

1. 제48조제1항을 위반하여 인증을 받지 아니하고 자동차를 제작하여 판매한 경우
2. 거짓이나 그 밖의 부정한 방법으로 제48조에 따른 인증 또는 변경인증을 받은 경우
3. 제48조제1항에 따라 인증받은 내용과 다르게 자동차를 제작하여 판매한 경우

정답 ④

063 다음은 대기환경보전법규상 비산먼지 발생을 억제하기 위한 시설의 설치 및 필요한 조치에 관한 기준이다. (   )안에 알맞은 것은?

> 싣기 및 내리기(분체상 물질을 싣고 내리는 경우만 해당한다.) 배출공정의 경우, 싣거나 내리는 장소 주위에 고정식 또는 이동식 물을 뿌리는 시설(살수반경 (㉠) 이상, 수압 (㉡) 이상)을 설치·운영하여 작업하는 중 다시 흩날리지 아니하도록 할 것(곡물작업장의 경우는 제외한다.)

① ㉠ 3m, ㉡ 1.5kg/cm²
② ㉠ 3m, ㉡ 3kg/cm²
③ ㉠ 5m, ㉡ 1.5kg/cm²
④ ㉠ 5m, ㉡ 3kg/cm²

대기환경보전법 시행규칙 [별표 14] <개정 2019. 7. 16.>

비산먼지 발생을 억제하기 위한 시설의 설치 및 필요한 조치에 관한 기준(제58조제4항 관련)

2. 싣기 및 내리기(분체상 물질을 싣고 내리는 경우만 해당한다)
  싣거나 내리는 장소 주위에 고정식 또는 이동식 물을 뿌리는 시설(살수반경 5m 이상, 수압 3kg/cm² 이상)을 설치·운영하여 작업하는 중 다시 흩날리지 아니하도록 할 것(곡물작업장의 경우는 제외한다)

정답 ④

064 다음은 대기환경보전법령상 변경신고에 따른 가동개시신고의 대상규모기준에 관한 사항이다. (   )안에 알맞은 것은?

> 배출시설에서 "대통령령으로 정하는 규모 이상의 변경'이란 설치허가 또는 변경허가를 받거나 설치신고 또는 변경신고를 한 배출구별 배출시설 규모의 합계보다 (   ) 증설(대기배출시설 증설에 따른 변경신고의 경우에는 증설의 누계를 말한다.)하는 배출시설의 변경을 말한다.

① 100분의 10 이상　　② 100분의 20 이상
③ 100분의 30 이상　　④ 100분의 50 이상

제15조(변경신고에 따른 가동개시신고의 대상규모 등)

법 제30조제1항에서 "대통령령으로 정하는 규모 이상의 변경"이란 법 제23조제1항부터 제3항까지의 규정에 따라 설치허가 또는 변경허가를 받거나 설치신고 또는 변경신고를 한 배출구별 배출시설 규모의 합계보다 100분의 20 이상 증설(대기배출시설 증설에 따른 변경신고의 경우에는 증설의 누계를 말한다)하는 배출시설의 변경을 말한다. <개정 2015. 12. 10.>

 ②

065 대기환경보전법규상 개선명령과 관련하여 이행 상태 확인을 위해 대기오염도 검사가 필요한 경우 환경부령으로 정하는 대기오염도 검사기관과 거리가 먼 것은?

① 유역환경청 　　② 환경보전협회
③ 한국환경공단　　④ 시 · 도의 보건환경연구원

제40조(개선명령의 이행 보고 등)

❶ 영 제22조제1항에 따른 조치명령의 이행 보고는 별지 제12호서식에 따르고, 개선명령의 이행 보고는 별지 제13호서식에 따른다.

❷ 영 제22조제2항에 따른 대기오염도 검사기관은 다음 각 호와 같다. <개정 2019. 7. 16.>

1. 국립환경과학원

2. 특별시 · 광역시 · 특별자치시 · 도 · 특별자치도(이하 "시 · 도"라 한다)의 보건환경연구원

3. 유역환경청, 지방환경청 또는 수도권대기환경청

4. 한국환경공단

5. 「국가표준기본법」 제23조에 따른 인정을 받은 시험 · 검사기관 중 환경부장관이 정하여 고시하는 기관

정답 ②

066 대기환경보전법규상 대기환경규제지역 지정시 상시 측정을 하지 않는 지역은 대기오염도가 환경기준의 얼마 이상인 지역을 지정하는가?

① 50퍼센트 이상　　② 60퍼센트 이상
③ 70퍼센트 이상　　④ 80퍼센트 이상

제17조(대기환경규제지역의 지정)

❶ 대기환경규제지역의 지정대상지역은 다음 각 호와 같다. <개정 2017. 1. 26.>

1. 상시측정 결과 대기오염도가 「환경정책기본법」 환경기준(이하 "환경기준"이라 한다)을 초과한 지역

2. 상시측정을 하지 아니하는 지역 중 조사된 대기오염물질배출량을 기초로 산정한 대기오염도가 환경기준의 80퍼센트 이상인 지역

❷ 제1항에 따른 대기환경규제지역의 지정에 필요한 세부적인 기준 및 절차 등은 환경부장관이 정하여 고시한다.

정답 ④

067 대기환경보전법상 저공해자동차로의 전환 또는 개조 명령, 배출가스저감장치의 부착·교체 명령 또는 배출가스 관련 부품의 교체 명령, 저공해엔진(혼소엔진을 포함한다)으로의 개조 또는 교체 명령을 이행하지 아니한 자에 대한 과태료 부과기준은?

① 1000만원 이하의 과태료
② 500만원 이하의 과태료
③ 300만원 이하의 과태료
④ 200만원 이하의 과태료

300만원 이하의 과태료
· 배출시설 등의 운영상황을 기록·보존하지 아니하거나 거짓으로 기록한 자
· 환경기술인을 임명하지 아니한 자
· 자동차 결함시정명령을 위반한 자
· 저공해자동차로의 전환 또는 개조 명령, 배출가스저감장치의 부착·교체 명령 또는 배출가스 관련 부품의 교체 명령, 저공해엔진(혼소엔진을 포함한다)으로의 개조 또는 교체 명령을 이행하지 아니한 자

정답 ③

068 대기환경보전법상 거짓으로 배출시설의 설치허가를 받은 후에 시·도지사가 명한 배출시설의 폐쇄명령까지 위반한 사업자에 대한 벌칙기준으로 옳은 것은?

① 7년 이하의 징역이나 1억원 이하의 벌금
② 5년 이하의 징역이나 3천만원 이하의 벌금
③ 1년 이하의 징역이나 500만원 이하의 벌금
④ 300만원 이하의 벌금

7년 이하의 징역 또는 1억원 이하의 벌금
· 배출시설의 허가나 변경허가를 받지 아니하거나 거짓으로 허가나 변경허가를 받아 배출시설을 설치 또는 변경하거나 그 배출시설을 이용하여 조업한 자
· 방지시설을 설치하지 아니하고 배출시설을 설치·운영한 자
· 배출시설을 가동할 때에 방지시설을 가동하지 아니하거나 오염도를 낮추기 위하여 배출시설에서 나오는 오염물질에 공기를 섞어 배출하는 행위를 한 자

· 배출시설이나 방지시설을 정당한 사유없이 정상적으로 가동하지 아니하여 배출허용기준을 초과한 오염물질을 배출하는 행위를 한 자
· 배출시설 조업정지명령을 위반하거나 조업시간의 제한이나 조업정지 규정에 의한 조치명령을 이행하지 아니한 자
· 배출시설의 폐쇄나 조업정지에 관한 명령을 위반한 자
· 배출시설의 폐쇄명령, 사용중지명령을 이행하지 아니한 자
· 제작차배출허용기준에 맞지 아니하게 자동차를 제작한 자
· 자동차제작자가 인증받은 내용과 다르게 배출가스 관련 부분의 설계를 고의로 바꾸거나 조작하는 행위를 하여 자동차를 제작한 자
· 인증을 받지 아니하고 자동차를 제작한 자
· 평균배출허용기준을 초과한 자동차제작자에 대한 상환명령을 이행하지 아니하고 자동차를 제작한 자
· 거짓이나 그 밖의 부정한 방법으로 인증을 받은 경우
· 배출가스 저감장치의 인증 규정을 위반하여 인증이나 변경인증을 받지 아니하고 배출가스저감장치와 저공해엔진을 제조하거나 공급·판매한 자
· 환경부령으로 정하는 제조기준에 맞지 아니하게 자동차연료·첨가제 또는 촉매제를 제조한 자
· 자동차연료 또는 첨가제 또는 촉매제의 검사를 받지 아니한 자
· 자동차연료 또는 첨가제 또는 촉매제의 검사를 거부·방해 또는 기피한 자
· 제조기준에 맞지 아니한 것으로 판정된 자동차연료·첨가제 또는 촉매제, 검사를 받지 아니하거나 검사받은 내용과 다르게 제조된 자동차연료·첨가제 또는 촉매제로 자동차연료를 공급하거나 판매한 자(다만, 학교나 연구기관 등 환경부령으로 정하는 자가 시험·연구 목적으로 제조·공급하거나 사용하는 경우에는 그러하지 않음)
· 제조기준에 적합하지 아니한 것으로 판정된 자동차 연료·첨가제 또는 촉매제의 제조의 중지, 제품의 회수 또는 공급·판매의 중지 명령을 위반한 자

정답 ①

069 대기환경보전법령상 초과부과금 산정기준에서 다음 오염물질 중 1킬로그램당 부과금액이 가장 적은 것은?

① 염화수소　　　② 시안화수소
③ 불소화물　　　④ 황화수소

대기환경보전법 시행령 [별표 4]
<개정 2018. 12. 31.> 질소산화물 관련 부분

초과부과금 산정기준(제24조제2항 관련)

오염물질	금액(원)
염화수소	7,400
시안화수소	7,300
황화수소	6,000
불소화물	2,300
질소산화물	2,130
이황화탄소	1,600
암모니아	1,400
먼지	770
황산화물	500

정답 ③

070 다음은 대기환경보전법상 장거리이동 대기오염물질대책위원회에 관한 사항이다. ( )안에 알맞은 것은?

> 위원회는 위원장 1명을 포함한 (㉠) 이내의 위원으로 성별을 고려하여 구성한다. 위원회의 위원장은 (㉡)이 된다.

① ㉠ 25명, ㉡ 환경부장관
② ㉠ 25명, ㉡ 환경부차관
③ ㉠ 50명, ㉡ 환경부장관
④ ㉠ 50명, ㉡ 환경부차관

법 제14조(장거리이동대기오염물질대책위원회)

❶ 장거리이동대기오염물질피해 방지에 관한 다음 각 호의 사항을 심의 · 조정하기 위하여 환경부에 장거리이동대기오염물질대책위원회(이하 "위원회"라 한다)를 둔다. <개정 2015. 12. 1.>

1. 종합대책의 수립과 변경에 관한 사항
2. 장거리이동대기오염물질피해 방지와 관련된 분야별 정책에 관한 사항
3. 종합대책 추진상황과 민관 협력방안에 관한 사항
4. 그 밖에 장거리이동대기오염물질피해 방지를 위하여 위원장이 필요하다고 인정하는 사항

❷ 위원회는 위원장 1명을 포함한 25명 이내의 위원으로 성별을 고려하여 구성한다. <개정 2017. 11. 28.>

❸ 위원회의 위원장은 환경부차관이 되고, 위원은 다음 각 호의 자로서 환경부장관이 위촉하거나 임명하는 자로 한다. <개정 2012. 5. 23.>

1. 대통령령으로 정하는 중앙행정기관의 공무원
2. 대통령령으로 정하는 분야의 학식과 경험이 풍부한 전문가

❹ 위원회의 효율적인 운영과 안건의 원활한 심의를 지원하기 위하여 위원회에 실무위원회를 둔다.

❺ 종합대책 및 제13조제4항에 따른 추진대책의 수립 · 시행에 필요한 조사 · 연구를 위하여 위원회에 장거리이동대기오염물질연구단을 둔다. <신설 2015. 12. 1.>

❻ 위원회와 실무위원회 및 장거리이동대기오염물질연구단의 구성 및 운영 등에 관하여 필요한 사항은 대통령령으로 정한다. <개정 2015. 12. 1.>

정답 ②

071 실내공기질 관리법규상 실내공기 오염물질에 해당하지 않는 것은?

① 아황산가스 ② 일산화탄소
③ 폼알데하이드 ④ 이산화탄소

실내공기질 관리법 시행규칙 [별표 1] <개정 2019. 2. 13.>

오염물질(제2조 관련)

1. 미세먼지(PM-10)
2. 이산화탄소
3. 폼알데하이드
4. 총부유세균
5. 일산화탄소
6. 이산화질소
7. 라돈
8. 휘발성유기화합물
9. 석면
10. 오존
11. 초미세먼지(PM-2.5)
12. 곰팡이
13. 벤젠
14. 톨루엔
15. 에틸벤젠
16. 자일렌
17. 스티렌

정답 ①

072 대기환경보전법규상 위임업무의 보고사항 중 '수입자동차 배출가스 인증 및 검사현황'의 보고 횟수 기준으로 적합한 것은?

① 연 1회 ② 연 2회
③ 연 4회 ④ 연 12회

대기환경보전법 시행규칙 [별표 37] <개정 2017. 1. 26.>

위임업무 보고사항(제136조 관련)

업무내용	보고 횟수	보고기일	보고자
1. 환경오염사고 발생 및 조치 사항	수시	사고 발생 시	시·도지사, 유역환경청장 또는 지방환경청장
2. 수입자동차 배출가스 인증 및 검사현황	연 4회	매분기 종료 후 15일 이내	국립환경과학원장
3. 자동차 연료 및 첨가제의 제조·판매 또는 사용에 대한 규제현황	연 2회	매반기 종료 후 15일 이내	유역환경청장 또는 지방환경청장
4. 자동차 연료 또는 첨가제의 제조기준 적합 여부 검사현황	연료 : 연 4회 첨가제 : 연 2회	연료 : 매분기 종료 후 15일 이내 첨가제 : 매반기 종료 후 15일 이내	국립환경과학원장
5. 측정기기 관리대행업의 등록, 변경등록 및 행정처분 현황	연 1회	다음 해 1월 15일까지	유역환경청장, 지방환경청장 또는 수도권대기환경청장

비고 :

1. 제1호에 관한 사항은 유역환경청장 또는 지방환경청장을 거쳐 환경부장관에게 보고하여야 한다.
2. 위임업무 보고에 관한서식은 환경부장관이 정하여 고시한다.

정답 ③

073 실내공기질 관리법령상 이 법의 적용대상이 되는 다중이용시설로서 "대통령령으로 정하는 규모의 것"의 기준으로 옳지 않은 것은?

① 공항시설 중 연면적 1천5백제곱미터 이상인 여객터미널
② 연면적 2천제곱미터 이상인 실내주차장(기계식 주차장은 제외한다.)
③ 철도역사의 연면적 1천5백제곱미터 이상인 대합실
④ 항만시설 중 연면적 5천제곱미터 이상인 대합실

③ 철도역사의 연면적 2천제곱미터 이상인 대합실

정답 ③

074 환경정책기본법령상 오존(O_3)의 대기환경기준으로 옳은 것은? (단, 1시간 평균치)

① 0.03ppm 이하
② 0.05ppm 이하
③ 0.1ppm 이하
④ 0.15ppm 이하

환경정책기본법상 대기 환경기준 <개정 2019. 7. 2.>

측정시간	연간	24시간	8시간	1시간
SO_2 (ppm)	0.02	0.05	–	0.15
NO_2 (ppm)	0.03	0.06	–	0.10
O_3 (ppm)	–	–	0.06	0.10
CO (ppm)	–	–	9	25
PM_{10} ($\mu g/m^3$)	50	100	–	–
$PM_{2.5}$ ($\mu g/m^3$)	15	35	–	–
납(Pb) ($\mu g/m^3$)	0.5			
벤젠 ($\mu g/m^3$)	5			

정답 ③

075 대기환경보전법령상 규모별 사업장의 구분 기준으로 옳은 것은?

① 1종사업장 – 대기오염물질발생량의 합계가 연간 70톤 이상인 사업장
② 2종사업장 – 대기오염물질발생량의 합계가 연간 20톤 이상 80톤 미만인 사업장
③ 3종사업장 – 대기오염물질발생량의 합계가 연간 10톤 이상 30톤 미만인 사업장
④ 4종사업장 – 대기오염물질발생량의 합계가 연간 1톤 이상 10톤 미만인 사업장

대기환경보전법 시행령 [별표 1의3] <개정 2016. 3. 29.>

사업장 분류기준(제13조 관련)

종별	오염물질발생량 구분 (대기오염물질발생량의 연간 합계 기준)
1종사업장	80톤 이상인 사업장
2종사업장	20톤 이상 80톤 미만인 사업장
3종사업장	10톤 이상 20톤 미만인 사업장
4종사업장	2톤 이상 10톤 미만인 사업장
5종사업장	2톤 미만인 사업장

비고 : "대기오염물질발생량"이란 방지시설을 통과하기 전의 먼지, 황산화물 및 질소산화물의 발생량을 환경부령으로 정하는 방법에 따라 산정한 양을 말한다.

정답 ②

076 대기환경보전법규상 휘발유를 연료로 사용하는 소형 승용차의 배출가스 보증기간 적용기준은? (단, 2016년 1월 1일 이후 제작자동차)

① 2년 또는 160,000km
② 5년 또는 150,000km
③ 10년 또는 192,000km
④ 15년 또는 240,000km

대기환경보전법 시행규칙 [별표 18] <개정 2015. 12. 10.>

배출가스 보증기간(제63조 관련)

2016년 1월 1일 이후 제작자동차

사용연료	자동차의 종류	적용기간	
휘발유	경자동차, 소형 승용·화물자동차, 중형 승용·화물자동차	15년 또는 240,000km	
	대형 승용·화물자동차, 초대형 승용·화물자동차	2년 또는 160,000km	
	이륜자동차	최고속도 130km/h 미만	2년 또는 20,000km
		최고속도 130km/h 이상	2년 또는 35,000km
가스	경자동차	10년 또는 192,000km	
	소형 승용·화물자동차, 중형 승용·화물자동차	15년 또는 240,000km	
	대형 승용·화물자동차, 초대형 승용·화물자동차	2년 또는 160,000km	
경유	경자동차, 소형 승용·화물자동차, 중형 승용·화물자동차 (택시를 제외한다)	10년 또는 160,000km	
	경자동차, 소형 승용·화물자동차, 중형 승용·화물자동차 (택시에 한정한다)	10년 또는 192,000km	
	대형 승용·화물자동차	6년 또는 300,000km	
	초대형 승용·화물자동차	7년 또는 700,000km	
	건설기계 원동기, 농업기계 원동기	37kW 이상	10년 또는 8,000시간
		37kW 미만	7년 또는 5,000시간
		19kW 미만	5년 또는 3,000시간
전기 및 수소연료전지 자동차	모든 자동차	별지 제30호서식의 자동차배출가스 인증신청서에 적힌 보증기간	

정답 ④

077 대기환경보전법령상 배출시설 설치허가를 받거나 설치신고를 하려는 자가 시·도지사 등에게 제출할 배출시설 설치허가신청서 또는 배출시설 설치신고서에 첨부하여야 할 서류가 아닌 것은?

① 배출시설 및 방지시설의 설치명세서
② 방지시설의 일반도
③ 방지시설의 연간 유지관리계획서
④ 환경기술인 임명일

제11조(배출시설의 설치허가 및 신고 등)

❸ 법 제23조제1항에 따라 배출시설 설치허가를 받거나 설치신고를 하려는 자는 배출시설 설치허가신청서 또는 배출시설 설치신고서에 다음 각 호의 서류를 첨부하여 환경부장관 또는 시·도지사에게 제출해야 한다. <개정 2019. 7. 16.>

1. 원료(연료를 포함한다)의 사용량 및 제품 생산량과 오염물질 등의 배출량을 예측한 명세서

2. 배출시설 및 방지시설의 설치명세서

3. 방지시설의 일반도(一般圖)

4. 방지시설의 연간 유지관리 계획서

5. 사용 연료의 성분 분석과 황산화물 배출농도 및 배출량 등을 예측한 명세서(법 제41조제3항 단서에 해당하는 배출시설의 경우에만 해당한다)

6. 배출시설 설치허가증(변경허가를 신청하는 경우에만 해당한다)

정답 ④

078 다음은 대기환경보전법규상 주유소 주유시설의 휘발성유기화합물 배출 억제·방지시설 설치 및 검사·측정결과의 기록보존에 관한 기준이다. ( )안에 알맞은 것은?

> 유증기 회수배관은 배관이 막히지 아니하도록 적절한 경사를 두어야 한다. 유증기 회수배관을 설치한 후에는 회수배관 액체막힘 검사를 하고 그 결과를 ( ) 기록·보존하여야 한다.

① 1년간   ② 2년간
③ 3년간   ④ 5년간

> 회수설비의 유증기 회수율(회수량/주유량)이 적정범위(0.88~1.2)에 있는지를 회수설비를 설치한 날부터 1년이 되는 날 또는 직전에 검사한 날부터 1년이 되는 날마다 전후 45일 이내에 검사하고, 그 결과를 5년간 기록·보존하여야 한다.
> **정답** ④

079 대기환경보전법규상 비산먼지 발생을 억제하기 위한 시설의 설치 및 필요한 조치에 관한 기준 중 "야외 녹 제거 배출공정" 기준으로 옳지 않은 것은?

① 야외 작업 시 이동식 집진시설을 설치할 것. 다만, 이동식 집진시설의 설치가 불가능할 경우 진공식 청소차량 등으로 작업현장에 대한 청소작업을 지속적으로 할 것
② 풍속이 평균초속 8m 이상(강선건조업과 합성수지선 건조업이 경우에는 10m 이상)인 경우에는 작업을 중지할 것
③ 야외 작업 시에는 간이칸막이 등을 설치하여 먼지가 흩날리지 아니하도록 할 것
④ 구조물의 길이가 30m 미만인 경우에는 옥내작업을 할 것

> ④ 구조물의 길이가 15m 미만인 경우에는 옥내작업을 할 것
> **정답** ④

080 다음은 대기환경보전법규상 배출시설별 배출원과 배출량 조사에 관한 사항이다. ( )안에 알맞은 것은?

> 시·도지사, 유역환경청장, 지방환경청장 및 수도권대기환경청장은 법에 따른 배출시설별 배출원과 배출량을 조사하고, 그 결과를 ( )까지 환경부장관에게 보고하여야 한다.

① 다음해 1월말   ② 다음해 3월말
③ 다음해 6월말   ④ 다음해 12월 31일

> **시행규칙 제16조(배출시설별 배출원과 배출량 조사)**
> ❶ 시·도지사, 유역환경청장, 지방환경청장 및 수도권대기환경청장은 법 제17조제2항에 따른 배출시설별 배출원과 배출량을 조사하고, 그 결과를 다음해 3월말까지 환경부장관에게 보고하여야 한다.
> **정답** ②

1과목   대기오염 개론

001 다음 [보기]가 설명하는 대기오염물질로 옳은 것은?

> [보기]
> - 석탄, 석유 등 화석연료의 연소에 의해서 주로 발생하는 입자상 물질에 함유되어 있는 물질
> - 촉매제, 합금 제조, 잉크와 도자기 제조공정 등에서도 발생
> - 대기 중 $0.1{\sim}1\,\mu g/m^3$ 정도 존재하며 코, 눈 기도를 자극하는 물질

① 비소   ② 아연
③ 바나듐   ④ 다이옥신

바나듐 배출원 : 촉매제, 합금 제조, 잉크와 도자기 제조공정 등

정답 ③

002 대기의 특성과 관련된 설명으로 옳지 않은 것은?

① 공기는 약 0~50℃의 온도범위 내에서 보통 이상기체의 법칙을 따른다.
② 공기의 절대습도란 이론적으로 함유된 수증기 또는 물의 함량을 말하며 단위는 %이다.
③ 대기안정도와 난류는 대기경계층에서 오염물질의 확산정도를 결정하는 중요한 인자이다.
④ 지표면으로부터의 마찰효과가 무시될 수 있는 층에서 기압경도력과 전향력의 평형에 의하여 이루어지는 바람을 지균풍이라고 한다.

② 공기의 절대습도란 이론적으로 함유된 수증기 또는 물의 함량을 말하며 단위는 g/m^3이다.

정답 ②

003 다음 4종류의 고도에 따른 기온분포도 중 plume의 상하 확산폭이 가장 적어 최대착지거리가 큰 것은?

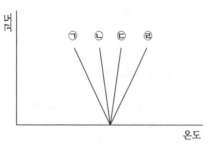

① ㉠   ② ㉡

③ ㉢   ④ ㉣

[대기안정] – [plume 형태]

① ㉠ : 불안정 – 밧줄형

② ㉡ : 중립 – 원추형

③ ㉢ : 약한 안정

④ ㉣ : 강한 안정 – 부채형

강한 안정일 때, 연기가 상하이동을 하지 않고, 수평으로만 이동하므로, 최대착지거리가 가장 크다.

정답 ④

004 다음은 입자 빛산란의 적용 결과에 관한 설명이다. ( )안에 알맞은 것은?

(㉠)의 결과는 모든 입경에 대하여 적용되나, (㉡)의 결과는 입사 빛의 파장에 대하여 입자가 대단히 작은 경우에만 적용된다.

① ㉠ Mie, ㉡ Rayleigh

② ㉠ Rayleigh, ㉡ Mie

③ ㉠ Maxwell, ㉡ tyndall

④ ㉠ tyndall, ㉡ Maxwell

미 산란(Mie)의 결과는 모든 입경에 대하여 적용되나, 레일리 산란(Rayleigh scattering)의 결과는 입사 빛의 파장에 대하여 입자가 대단히 작은 경우에만 적용된다.

미 산란(Mie scattering)

· 입자의 크기가 빛의 파장과 비슷할 경우 발생

· 빛의 파장보다는 입자의 밀도, 크기에 따라서 반응함

· 레일리 산란(Rayleigh)과 비교해서 파장의 의존도가 낮음

· 예 : 수증기 매연 알갱이 등과의 충돌

레일리 산란(Rayleigh scattering)

· 빛의 파장크기보다 매우 작은 입자에 의하여 탄성·산란되는 현상

· 빛이 기체나 투명한 액체 및 고체를 통과할 때 발생

· 예 : 대기 속에서의 태양광의 레일리 산란으로 하늘이 푸르게 보임. 일출 및 일몰

정답 ①

005 다음 [보기]의 설명에 적합한 입자상 오염물질은?

> [보기]
> 금속 산화물과 같이 가스상 물질이 승화, 증류, 및 화학반응 과정에서 응축될 때 주로 생성되는 고체 입자

① 훈연(fume)　　　　② 먼지(dust)
③ 검댕(soot)　　　　④ 미스트(mist)

② 먼지(dust) : 대기 중 떠다니거나 흩날려 내려오는 입자상 물질

③ 검댕(soot) : 연소 과정에서의 유리탄소가 tar에 젖어 뭉쳐진 액체상 매연

④ 미스트(mist) : 미립자를 핵으로 증기가 응축하거나, 큰 물체로부터 분산하여 생기는 액체상 입자, 습도 90% 이상, 가시거리 1km 이상

정답 ①

006 지상 25m에서의 풍속이 10m/s일 때 지상 50m에서의 풍속(m/s)은? (단, Deacon식을 이용하고, 풍속지수는 0.2를 적용한다.)

① 약 10.8　　　　② 약 11.5
③ 약 13.2　　　　④ 약 16.8

Deacon식에 의한 고도변화에 따른 풍속계산

$$U = U_o \times \left(\frac{Z}{Z_o}\right)^P = 10\,\text{m/s} \times \left(\frac{50}{25}\right)^{0.2} = 11.486\,\text{m/s}$$

정답 ②

007 다음 물질 중 오존파괴지수가 가장 낮은 것은?

① CCl_4　　　　② CFC-115
③ Halon-2402　　④ Halon-1301

오존층파괴지수(ODP)

할론1301 > 할론2402 > 할론1211 > 사염화탄소 > CFC11 > CFC12 > HCFC

CFC 숫자가 높아질수록 오존파괴지수(ODP) 값은 낮아짐

정답 ②

008 다음 가스성분 중 일반적으로 대기 내의 체류시간이 가장 짧은 것은? (단, 표준상태 0℃, 760mmHg 건조공기)

① CO　　　　② CO_2
③ N_2O　　　　④ CH_4

체류시간 순

$N_2 > O_2 > N_2O > CO_2 > CH_4 > H_2 > CO > SO_2$

정답 ①

009 다음 대기분산모델 중 가우시안모델식을 적용하지 않는 것은?

① RAMS　　　　② ISCST
③ ADMS　　　　④ AUSPLUME

RAM, RAMS : 바람장 모델 적용함

정답 ①

010 대기오염과 관련된 설명으로 옳지 않은 것은?

① 멕시코의 포자리카 사건은 황화수소의 누출에 의해 발생한 것이다.

② 카보닐황은 대류권에서 매우 안정하기 때문에 거의 화학적인 반응을 하지 않는다.

③ 대기 중의 황화수소(H_2S)는 거의 대부분 OH에 의해 산화 제거되며, 그 결과 SO_2를 생성한다.

④ 도노라 사건은 포자리카 사건 이후에 발생하였으며 1차 오염물질에 의한 사건이다.

> ④ 도노라 사건은 포자리카 사건 전에 발생하였다.
>
> **순서별 사건 정리**
>
> 뮤즈(30) − 요코하마(46) − 도노라(48) − 포자리카(50) − 런던(52) − LA(54) − 보팔(84)
>
> **정답** ④

011 NO_x의 피해에 관한 설명으로 옳은 것은?

① 저항성이 약한 식물로는 담배, 해바라기 등이 있다.

② 식물에는 별로 심각한 영향을 주지 않으나, 주 지표식물로는 아스파라거스, 명아주 등이 있다.

③ 잎가장자리에 주로 흰색 또는 은백색 반점을 유발하고, 인체독성보다 식물의 고목에 민감한 편이다.

④ 스위트피가 주 지표식물이며, 인체독성보다 식물의 고엽, 성숙한 잎에 민감한 편이며, 0.2 ppb 정도에서 큰 영향을 끼친다.

> ② 아스파라거스, 명아주는 질소산화물에 강한 식물이다.
>
> ③ 오존 설명이다.
>
> ④ 에틸렌 설명이다.
>
> **정답** ①

012 [보기]와 같은 연기의 형태로 가장 적합한 것은?

> [보기]
> − 이 연기 내에서는 오염의 단면분포가 전형적인 가우시안 분포를 이룬다.
> − 대기가 중립 조건일 때 발생한다. 즉 날씨가 흐리고 바람이 비교적 약하면 약한 난류가 발생하여 생긴다.
> − 지면 가까이에는 거의 오염의 영향이 미치지 않는다.

① 부채형   ② 원추형

③ 환상형   ④ 지붕형

> 가우시안 분포, 대기 중립 조건이면 원추형 설명임
>
> ① 부채형 : 안정
>
> ③ 환상형 : 불안정
>
> ④ 지붕형 : 하층 안정, 상층 불안정
>
> **정답** ②

013 유효 굴뚝높이 120m인 굴뚝으로부터 배출되는 SO_2가 지상 최대의 농도를 나타내는 지점(m)은? (단, sutton의 식 적용, 수평 및 수직 확산계수는 0.05, 안정도계수(n)는 0.25)

① 약 4457   ② 약 5647

③ 약 6824   ④ 약 7296

> 최대착지거리 : 지상 최대의 농도를 나타내는 지점
>
> $$X_{max} = \left(\frac{H_e}{\sigma_z}\right)^{\frac{2}{2-n}} = \left(\frac{120}{0.05}\right)^{\frac{2}{2-0.25}} = 7,296.23m$$
>
> **정답** ④

014 다음 대기오염물질 중 2차 오염물질이 아닌 것은?

① O_3 ② NOCl
③ H_2O_2 ④ CO_2

④ CO_2는 1차 오염물질이다.

정답 ④

015 비스코스 섬유제조 시 주로 발생하는 무색의 유독한 휘발성 액체이며, 그 불순물은 불쾌한 냄새를 갖고 있는 대기오염물질은?

① 암모니아(NH_3)
② 일산화탄소(CO)
③ 이황화탄소(CS_2)
④ 폼알데하이드(HCHO)

비스코스 섬유공업이면 이황화탄소의 설명이다.

정답 ③

016 R.W. Moncrieff와 J.E. Ammore가 지적한 냄새 물질의 특성과 거리가 먼 것은?

① 아민은 농도가 높으면 암모니아 냄새, 낮으면 생선냄새를 나타낸다.
② 냄새가 강한 물질은 휘발성이 높고, 또 화학반응성이 강한 것이 많다.
③ 동족체에서는 분자량이 클수록 강하지만 어느 한계 이상이 되면 약해진다.
④ 원자가가 낮고, 금속성물질이 냄새가 강하고, 비금속물질이 냄새는 약하다.

④ 금속성물질이 냄새가 약하고, 비금속물질이 냄새는 강하다.

정답 ④

017 다음 설명과 관련된 복사법칙으로 가장 적합한 것은?

> 흑체의 단위($1cm^2$)표면적에서 복사되는 에너지(E)의 양은 그 흑체 표면의 절대온도(K)의 4승에 비례한다.

① 비인의 법칙
② 알베도의 법칙
③ 플랑크의 법칙
④ 스테판-볼츠만의 법칙

① 비인의 법칙 : 최대에너지 파장과 흑체 표면의 절대온도는 반비례함
③ 플랑크의 법칙 : 온도가 증가할수록 복사선의 파장이 짧아지도록 그 중심이 이동함

정답 ④

018 지구대기의 연직구조에 관한 설명으로 옳지 않은 것은?

① 중간권은 고도증가에 따라 온도가 감소한다.
② 성층권 상부의 열은 대부분 오존에 의해 흡수된 자외선 복사의 결과이다.
③ 성층권은 라디오파의 송수신에 중요한 역할을 하며, 오로라가 형성되는 층이다.
④ 대류권은 대기의 4개층(대류권, 성층권, 중간권, 열권) 중 가장 얇은 층이다.

③ 열권은 라디오파의 송수신에 중요한 역할을 하며, 오로라가 형성되는 층이다.

정답 ③

019 온실효과에 관한 설명으로 옳지 않은 것은?

① 온실효과에 대한 기여도(%)는 $CH_4 > N_2O$이다.
② CO_2의 주요 흡수파장영역은 $35 \sim 40\,\mu m$정도이다.
③ O_3의 주요 흡수파장영역은 $9 \sim 10\,\mu m$정도이다.
④ 가시광선은 통과시키고 적외선을 흡수해서 열을 밖으로 나가지 못하게 함으로써 보온작용을 하는 것을 대기의 온실효과라고 한다.

> ② CO_2의 주요 흡수파장영역은 $2.5 \sim 3.0$, $4 \sim 5$, $13 \sim 17\,\mu m$ 정도이다.
>
> 정답 ②

020 광화학적 스모그(smog)의 3대 생성요소와 가장 거리가 먼 것은?

① 자외선
② 염소(Cl_2)
③ 질소산화물 (NO_x)
④ 올레핀(Olefin)계 탄화수소

> **광화학 반응의 3대 요소**
> NO_x, 올레핀계 탄화수소, 빛(자외선)
>
> 정답 ②

021 대기오염공정시험기준상 굴뚝에서 배출되는 가스와 분석방법의 연결이 옳지 않은 것은?

① 암모니아 – 인도페놀법
② 염화수소 – 오르토톨리딘법
③ 페놀 – 4–아미노 안티피린 자외선/가시선분광법
④ 폼알데하이드 – 크로모트로핀산 자외선/가시선분광법

> ② 염소 – 오르토톨리딘법
>
> 참고 염화수소 공정시험법
> · 이온크로마토그래피(주시험법)
> · 싸이오시안산제이수은 자외선/가시선분광법
>
> 정답 ②

022 다음은 배출가스 중 벤젠분석방법이다. ( ) 안에 알맞은 것은?

> 흡착관을 이용한 방법, 테들러 백을 이용한 방법을 시료채취방법으로 하고 열탈착장치를 통하여 (㉠) 방법으로 분석한다. 배출가스 중에 존재하는 벤젠의 정량범위는 0.1ppm ~ 2,500ppm이며, 방법검출한계는 (㉡)이다.

① ㉠ 원자흡수분광도, ㉡ 0.03ppm
② ㉠ 원자흡수분광도, ㉡ 0.07ppm
③ ㉠ 기체크로마토그래프, ㉡ 0.03ppm
④ ㉠ 기체크로마토그래프, ㉡ 0.07ppm

> **배출가스 중 벤젠 – 기체크로마토그래피**
> · 적용범위 : 흡착관을 이용한 방법, 시료채취 주머니를 이용한 방법을 시료채취방법으로 하고 열탈착장치를 통하여 **기체크로마토그래프** 방법으로 분석한다. 배출가스 중에 존재하는 벤젠의 정량 범위는 0.10~2,500ppm이며, 방법검출한계는 0.03ppm이다.
>
> [개정–용어변경] 테들러 백 → 시료채취 주머니
>
> 정답 ③

023 대기오염공정시험기준에서 정하고 있는 온도에 대한 설명으로 옳지 않은 것은?

① 실온 : 1~35℃
② 온수 : 35~50℃
③ 냉수 : 15℃ 이하
④ 찬 곳 : 따로 규정이 없는 한 0~15℃ 의 곳

② 온수 : 60~70℃

온도의 표시

· 표준온도 : 0℃   · 상온 : 15~25℃
· 실온 : 1~35℃   · 냉수 : 15℃ 이하
· 온수 : 60~70℃   · 열수 : 약 100℃
· 찬 곳 : 따로 규정이 없는 한 0~15℃의 곳
· "냉후"(식힌 후)라 표시되어 있을 때는 보온 또는 가열 후 실온까지 냉각된 상태를 뜻한다.

정답 ②

024 다음은 굴뚝 배출가스 중 크롬화합물을 자외선/가시선분광법으로 측정하는 방법이다. (   ) 안에 알맞은 것은?

> 시료용액 중의 크롬을 과망간산포타슘에 의하여 6가로 산화하고, (㉠)을/를 가한 다음, 아질산소듐으로 과량의 과망간산염을 분해한 후 다이페닐카바자이드를 가하여 발색시키고, 파장 (㉡)nm 부근에서 흡수도를 측정하여 정량하는 방법이다.

① ㉠ 요소, ㉡ 460
② ㉠ 요소, ㉡ 540
③ ㉠ 아세트산, ㉡ 460
④ ㉠ 아세트산, ㉡ 540

배출가스 중 크로뮴화합물 – 자외선/가시선분광법

시료용액 중의 크로뮴을 과망간산포타슘에 의하여 6가로 산화하고, 요소를 가한 다음, 아질산소듐으로 과량의 과망간산염을 분해한 후 다이페닐카바자이드를 가하여 발색시키고, 파장 540nm 부근에서 흡수도를 측정하여 정량하는 방법이다.

[개정 – 용어변경] 크롬 → 크로뮴

정답 ②

025 흡광 광도계에서 빛의 강도가 I_o인 단색광이 어떤 시료용액을 통과할 때 그 빛의 90%가 흡수될 경우 흡광도는?

① 0.05   ② 0.2
③ 0.5   ④ 1.0

자외선/가시선분광법

램버어트–비어(Lambert–Beer)의 법칙

I_t = 100% – 흡수율
   = 100% – 90%
   = 10%

$$A = \log \frac{I_0}{I_t} = \log \frac{100}{10} = 1$$

A : 흡광도
I_0 : 입사광의 강도
I_t : 투사광의 강도

정답 ④

026 대기오염공정시험기준상 링겔만 매연 농도표를 이용한 배출가스 중 매연 측정에 관한 설명으로 옳지 않은 것은?

① 농도표는 측정자의 앞 16cm에 놓는다.
② 매연의 검은 정도를 6종으로 분류한다.
③ 링겔만 매연 농도표는 매연의 정도에 따라 색이 진하고 연하게 나타난다.
④ 굴뚝배출구에서 30~45cm 떨어진 곳의 농도를 측정자의 눈높이의 수직이 되게 관측 비교한다.

① 농도표는 측정자의 앞 16m에 놓는다.

정답 ①

027 기체크로마토그래피에 사용되는 검출기 중 미량의 유기물을 분석할 때 유용한 것은?

① 질소인 검출기(NPD)
② 불꽃이온화 검출기(FID)
③ 불꽃 광도 검출기(FPD)
④ 전자 포획 검출기(ECD)

---

① 질소인 검출기(NPD)
· 유기 질소 및 유기 인 화합물을 선택적으로 검출 가능

② 불꽃이온화 검출기(FID)
· 대부분의 유기화합물의 검출이 가능
· 대기 오염 분석에서 미량의 유기물을 분석할 경우에 유용함

④ 전자 포획 검출기(ECD)
· 유기 할로겐 화합물, 나이트로 화합물 및 유기 금속 화합물 등 전자 친화력이 큰 원소가 포함된 화합물을 수 ppt의 매우 낮은 농도까지 선택적으로 검출 가능
· 유기 염소계의 농약분석이나 PCB(polychlorinated biphenyls) 등 검출 가능
· 탄화수소, 알코올, 케톤 등에는 감도 낮음

정답 ②

---

028 굴뚝 배출가스 중의 산소농도를 오르자트분석법으로 측정할 때 사용되는 탄산가스 흡수액은?

① 피로가롤 용액
② 염화제일동용액
③ 물에 수산화포타슘을 녹인 용액
④ 포화식염수에 황산을 가한 용액

배출가스 중 산소 – 화학분석법 – 오르자트분석법

· 흡수 순서 : $CO_2 - O_2$
· 탄산가스 흡수액 : 수산화포타슘(KOH)
· 산소 흡수액 : 수산화포타슘 용액 + 피로가롤 용액

[개정] "배출가스 중 산소-화학분석법-오르자트분석법"은 공정시험기준에서 삭제되어 더 이상 출제되지 않습니다.

정답 ③

---

029 대기오염공정시험기준상 이온크로마토그래피의 장치에 관한 설명 중 ( ) 안에 알맞은 것은?

> ( )(이)란 용리액에 사용되는 전해질 성분을 제거하기 위하여 분리관 뒤에 직렬로 접속시킨 것으로써 전해질을 물 또는 저 전도도의 용매로 바꿔줌으로써 전기전도도 셀에서 목적이온 성분과 전기전도도만을 고감도로 검출할 수 있게 해주는 것이다.

① 분리관　　　　　② 용리액조
③ 송액펌프　　　　④ 써프렛서

전해질을 물 또는 저 전도도의 용매로 바꿔줌으로써 전기전도도 셀에서 목적이온 성분과 전기전도도만을 고감도로 검출할 수 있게 해주는 것은 써프렛서이다.

정답 ④

---

030 대기오염공정시험기준상 다음 [보기]가 설명하는 것은?

> [보기]
> 물질을 취급 또는 보관하는 동안에 기체 또는 미생물이 침입하지 않도록 내용물을 보호하는 용기를 뜻한다.

① 밀폐용기　　　　② 기밀용기
③ 밀봉용기　　　　④ 차광용기

---

① 밀폐용기 : 취급 또는 보관하는 동안에 이물이 들어가거나 내용물이 손실되지 않도록 보호하는 용기
② 기밀용기 : 취급 또는 보관하는 동안에 외부로부터의 공기 또는 다른 가스가 침입하지 않도록 내용물을 보호하는 용기
③ 밀봉용기 : 물질을 취급 또는 보관하는 동안에 기체 또는 미생물이 침입하지 않도록 내용물을 보호하는 용기
④ 차광용기 : 광선을 투과하지 않은 용기 또는 투과하지 않게 포장을 한 용기로서 취급 또는 보관하는 동안에 내용물의 광화학적 변화를 방지할 수 있는 용기

정답 ③

031 수산화소듐 20g을 물에 용해시켜 750mL로 제조하였을 때 이 용액의 농도(M)는?

① 0.33 　　　　② 0.67
③ 0.99 　　　　④ 1.33

$$\frac{20\,g}{0.75\,L} \times \frac{1\,mol}{40\,g} = 0.67\,M$$

수산화소듐(NaCl) 분자량 : 40

몰농도(M) = mol/L

정답 ②

032 냉증기 원자흡수분광광도법으로 굴뚝 배출가스 중 수은을 측정하기 위해 사용하는 흡수액으로 옳은 것은? (단, 흡수액의 농도는 질량분율이다.)

① 4% 과망간산포타슘, 10% 질산
② 4% 과망간산포타슘, 10% 황산
③ 10% 과망간산포타슘, 4% 질산
④ 10% 과망간산포타슘, 4% 황산

배출가스 중 수은화합물 – 냉증기 원자흡수분광광도법

흡수액 : 4% 과망간산포타슘, 10% 황산

정답 ②

033 연료용 유류(원유, 경유, 중유) 중의 황함유량을 측정하기 위한 분석방법으로 옳은 것은? (단, 황함유량은 질량분율 0.01% 이상이다.)

① 광산란법
② 광투과율법
③ 연소관식 공기법
④ 전기화학식 분석법

연료용 유류 중의 황함유량을 측정하기 위한 분석방법
· 종류 : 연소관식 공기법(중화적정법), 방사선식 여기법(기기분석법)

정답 ③

034 농도 7%(w/v)의 H_2O_2 100mL가 이론상 흡수할 수 있는 SO_2의 양(L)으로 옳은 것은?

① 약 0.1 　　　　② 약 0.5
③ 약 1.2 　　　　④ 약 4.6

$SO_2 + H_2O_2 \rightarrow H_2SO_4$

22.4L : 34g

$$x(L) : 100\,mL \times \frac{7\,g}{100\,mL}$$

$\therefore x = 4.61L$

H_2O_2 분자량 : 34g/mol

정답 ④

035 굴뚝에서 배출되는 배출가스 중 암모니아를 중화적정법으로 분석하기 위하여 사용하는 흡수액으로 옳은 것은?

① 질산용액 　　　　② 붕산용액
③ 염화칼슘용액 　　④ 수산화소듐용액

분석물질별 분석방법 및 흡수액

암모니아 – 붕산용액(5g/L)

정답 ②

036 대기오염공정시험기준상 원자흡수분광광도법에 대한 원리를 설명한 것으로 옳은 것은?

① 여기상태의 원자가 기저상태로 될 때 특유의 파장의 빛을 투과하는 현상 이용
② 여기상태의 원자가 이 원자 증기층을 투과하는 특유 파장의 빛을 흡수하는 현상 이용
③ 기저상태에의 원자가 여기상태로 될 때 특유 파장의 빛을 투과하는 현상 이용
④ 기저상태의 원자가 이 원자 증기층을 투과하는 특유 파장의 빛을 흡수하는 현상 이용

원자흡수분광광도법

시료를 적당한 방법으로 해리시켜 중성원자로 증기화하여 생긴 기저상태의 원자가 이 원자 증기층을 투과하는 특유파장의 빛을 흡수하는 현상을 이용하여 광전측광과 같은 개개의 특유 파장에 대한 흡광도를 측정하여 시료 중의 원소농도를 정량하는 방법

정답 ④

037 굴뚝 단면이 상·하 동일 단면적의 직사각형 굴뚝의 직경 산출방법으로 옳은 것은? (단, 가로 : 굴뚝내부 단면 가로치수, 세로 : 굴뚝내부 단면 세로치수)

① 환산직경 $= \left(\dfrac{\text{가로} \times \text{세로}}{\text{가로} + \text{세로}}\right)$

② 환산직경 $= 2 \times \left(\dfrac{\text{가로} \times \text{세로}}{\text{가로} + \text{세로}}\right)$

③ 환산직경 $= 4 \times \left(\dfrac{\text{가로} \times \text{세로}}{\text{가로} + \text{세로}}\right)$

④ 환산직경 $= 8 \times \left(\dfrac{\text{가로} \times \text{세로}}{\text{가로} + \text{세로}}\right)$

굴뚝단면이 사각형인 경우(상·하 동일 단면적의 정사각형 또는 직사각형) 직경 산출방법

② 환산직경 $= 2 \times \left(\dfrac{\text{가로} \times \text{세로}}{\text{가로} + \text{세로}}\right)$

정답 ②

038 다음 중 환경 대기 중의 탄화수소 농도를 측정하기 위한 시험방법과 가장 거리가 먼 것은?

① 총탄화수소 측정법
② 용융 탄화수소 측정법
③ 활성 탄화수소 측정법
④ 비메탄 탄화수소 측정법

환경대기 중 탄화수소 측정방법

· 비메탄 탄화수소 측정법(주시험 방법)
· 총 탄화수소 측정법
· 활성 탄화수소 측정법

정답 ②

039 대기오염공정시험기준상 굴뚝 배출가스 중의 일산화탄소 분석방법으로 가장 거리가 먼 것은?

① 정전위 전해법
② 음이온 전극법
③ 기체크로마토그래피
④ 비분산형 적외선 분석법

배출가스 중 일산화탄소 측정방법

· 자동측정법 – 비분산적외선분광분석법
· 자동측정법 – 전기화학식(정전위전해법)
· 기체크로마토그래피

정답 ②

040 다음은 시안화수소 분석에 관한 내용이다. ( ) 안에 가장 적합한 것으로 옳게 나열된 것은?

> 굴뚝 배출가스 중 시안화수소를 피리딘피라졸론법으로 분석할 때 ( ), ( ) 등의 영향을 무시할 수 있는 경우에 적용한다.

① 철, 동
② 알루미늄, 철
③ 인산염, 황산염
④ 할로겐, 황화수소

배출가스 중 사이안화수소 – 자외선/가시선분광법 – 4–피리딘카복실산 – 피라졸론법

적용범위 : 산화성가스(할로겐 등) 또는 환원성가스(알데하이드류, 황화수소, 이산화황 등)가 공존하면 영향을 받으므로 그 영향을 무시하거나 제거할 수 있는 경우에 적용한다.

[개정–용어변경]

· 시안 → 사이안

· 피리딘피라졸론법 → 4–피리딘카복실산 – 피라졸론법

정답 ④

3과목 **대기오염 방지기술**

041 다음 [보기]가 설명하는 송풍기의 종류로 가장 적합한 것은?

> [보기]
> – 타 기종에 비해 대풍량, 저정압 구조로서 설치면적이 작다.
> – 날개의 형상에 따라 저속운전으로 저소음 및 운전상태가 정숙하다.
> – 풍량변동에 따른 풍압의 변화가 적다.
> – 베인댐퍼(Vane damper)의 설치로 풍량 및 정압 조정이 용이해 position에 따라 정압 조정이 용이하다.

① 터보팬
② 다익 송풍기
③ 레이디얼 팬
④ 익형 송풍기

원심력 송풍기(날개형)이면서 저압에서 대풍량이 필요한 곳에 설치하는 송풍기는 다익형 송풍기이다.

정답 ②

---

042 염소농도가 200ppm인 배출가스를 처리하여 $15mg/Sm^3$로 배출한다고 할 때, 염소의 제거율(%)은? (단, 온도는 표준상태로 가정한다.)

① 95.7
② 97.6
③ 98.4
④ 99.6

$$\eta = 1 - \frac{C}{C_o}$$

$$= 1 - \frac{\left(\dfrac{15mg}{Sm^3} \times \dfrac{22.4mL}{71mg}\right)}{200ppm}$$

$$= 0.9763$$

$$= 97.63\%$$

염소(Cl_2) 분자량 : 71

정답 ②

---

043 먼지의 입경(d_p, μm)을 Rosin–Rammler 분포에 의해 체상분포 $R(\%)=100\exp(-\beta d_p{}^n)$으로 나타낸다. 이 먼지는 입경 $35\mu m$ 이하가 전체의 약 몇 %를 차지하는가? (단, $\beta=0.063$, $n=1$)

① 11
② 21
③ 79
④ 89

---

1) 체상분율(R) $= 100 \cdot e(-\beta d_p{}^n)$
   $= 100 \cdot e(-0.063 \times 35^1)$
   $= 11.03\%$

2) 체하분율(D) $= 100 - R$
   $= 100 - 11.03$
   $= 88.97\%$

정답 ④

044 다음 연료 중 일반적으로 착화온도가 가장 높은 것은?

① 목탄　　　　　　② 무연탄
③ 역청탄　　　　　④ 갈탄(건조)

> **연료의 착화온도**
>
> ① 목탄 : 320~370℃
>
> ② 무연탄 : 440~500℃
>
> ③ 역청탄 : 325~400℃
>
> ④ 갈탄(건조) : 250~450℃
>
> 　　　　　　　　　　　　　　**정답** ②

045 사이클론의 운전조건이 집진율에 미치는 영향으로 옳지 않은 것은?

① 출구의 직경이 작을수록 집진율은 감소하고, 동시에 압력손실도 감소한다.
② 가스의 온도가 높아지면 가스의 점도가 커져 집진율이 저하되나 그 영향은 크지않다.
③ 원통의 길이가 길어지면 선회류 수가 증가하여 집진율은 증가하나 큰 영향은 미치지 않는다.
④ 가스의 유입속도가 클수록 집진율은 증가하나, 10m/s 이상에서는 거의 영향을 미치지 않는다.

> ① 입구의 직경이 작을수록 입구유속이 증가해, 집진효율이 증가하고, 동시에 압력손실도 증가한다.
>
> 　　　　　　　　　　　　　　**정답** ①

046 관성력 집진장치에 관한 설명으로 옳지 않은 것은?

① 충돌식과 반전식이 있으며, 고온가스의 처리가 가능하다.
② 관성력에 의한 분리속도는 회전기류반경에 비례하고, 입경의 제곱에 반비례한다.
③ 집진 가능한 입자는 주로 $10\mu m$ 이상의 조대입자이며, 일반적으로 집진율은 50~70% 정도이다.
④ 기류의 방향전환 각도가 작고, 방향전환 횟수가 많을수록 압력손실은 커지나 집진은 잘된다.

> ② 원심력에 의한 분리속도는 회전기류반경에 반비례하고, 입경의 제곱에 비례한다.
>
> **참고** 원심력 분리속도
>
> $$V_r = \frac{d_p^2(\rho_p - \rho)v^2}{18\mu r}$$
>
> d_p　:　입자 직경
>
> ρ_p　:　입자 밀도
>
> ρ　:　가스 밀도
>
> v　:　함진가스 속도
>
> r　:　몸통 반경
>
> μ　:　가스 점성계수(kg/m·s)
>
> 　　　　　　　　　　　　　　**정답** ②

047 중량조성이 탄소 85%, 수소 15%인 액체연료를 매시 100kg 연소한 후 배출가스를 분석하였더니 분석치가 CO_2 12.5%, CO 3%, O_2 3.5%, N_2 81%이었다. 이때 매 시간당 필요한 공기량(Sm^3/h)은?

① 약 13 ② 약 157
③ 약 657 ④ 약 1,271

1) m

$$m = \frac{N_2}{N_2 - 3.76(O_2 - 0.5CO)}$$

$$= \frac{81}{81 - 3.76(3.5 - 0.5 \times 3)}$$

$$= 1.1023$$

2) $A_o = \dfrac{O_o}{0.21}$

$$= \frac{1.867C + 5.6\left(H - \dfrac{O}{8}\right) + 0.7S}{0.21}$$

$$= \frac{1.867 \times 0.85 + 5.6 \times 0.15}{0.21}$$

$$= 11.5569 \,(Sm^3/kg)$$

3) $A = mA_o$

$$= 1.1023 \times 11.5569$$

$$= 12.7396 \,(Sm^3/kg)$$

4) 매 시간 필요 공기량(Sm^3/h)

$$\frac{12.7396 \, Sm^3}{kg} \times \frac{100kg}{hr} = 1,273.96 \, Sm^3/hr$$

정답 ④

048 입자상 물질에 대한 설명으로 옳지 않은 것은?

① 입경이 작을수록 집진이 어렵다.
② 단위 체적당 입자의 표면적은 입경이 작을수록 작아진다.
③ 입자는 반드시 구형만은 아니고 선형, 부정형 등이 있다.
④ 비중은 항상 일정한 값을 취하는 진비중과 입자의 집합 상태에 따라 달라지는 겉보기 비중으로 구별할 수 있다.

② 단위 체적당 입자의 표면적(비표면적)은 입경이 작을수록 커진다.

참고 비표면적 $S_v = \dfrac{6}{D}$

정답 ②

049 점도(Viscosity)에 관한 설명으로 옳지 않은 것은?

① 기체의 점도는 온도가 상승하면 낮아진다.
② 점도는 유체 이동에 따라 발생하는 일종의 저항이다.
③ 액체인 경우 분자간 응집력이 점도의 원인이다.
④ 일반적으로 액체의 점도는 온도가 상승함에 따라 낮아진다.

① 기체의 점도는 온도가 상승하면 높아진다.

정답 ①

050 세정식 집진장치 중 가압수식에 해당하는 것은?

① 충전탑 ② 로터형
③ 분수형 ④ S형 임펠러

· 가압수식(액분산형) : 스크러버(벤투리, 사이클론), 충전탑, 분무탑 등
· 유수식(가스분산형) : S임펠러형, 로터형, 가스선회형, 가스분출형

정답 ①

051 아래 표는 전기로에 부설된 Bag filter의 유입구 및 유출구의 가스량과 먼지농도를 측정한 것이다. 먼지 통과율(%)로 옳은 것은?

	유입구	유출구
가스량 (Sm³/h)	11.4	16.2
먼지농도 (g/Sm³)	13.25	1.24

① 약 3.3

② 약 6.6

③ 약 10.3

④ 약 13.3

$$P = \frac{CQ}{C_o Q_o} \times 100(\%)$$

$$= \frac{1.24 \times 16.2}{13.25 \times 11.4} \times 100\%$$

$$= 13.29\%$$

정답 ④

052 다음 [보기]가 설명하는 연소장치로 가장 적합한 것은?

[보기]
기체연료의 연소장치로서 천연가스와 같은 고발열량 연료를 연소시키는데 사용되는 버너

① 선회 버너

② 건식 버너

③ 방사형 버너

④ 유압분무식 버너

천연가스 등 고발열량 기체연료에 사용하는 버너는 방사형 버너임

① 선회 버너 : 확산연소용 버너 중 고로가스와 같이 저질연료를 연소시키는 데 사용

②, ④ 건타입 버너, 유압 분무식 버너 : 액체연료의 연소장치

정답 ③

053 저위발열량 5,000kcal/Sm³의 기체연료 연소 시 이론연소온도(℃)는? (단, 이론 연소가스량은 20Sm³/Sm³, 연소가스의 평균정압비열은 0.35kcal/Sm³·℃이며, 기준온도는 실온(15℃)이며, 공기는 예열되지 않고, 연소가스는 해리되지 않는다.)

① 약 560

② 약 610

③ 약 730

④ 약 890

기체연료의 이론연소온도

$$t_o = \frac{H_1}{G \times C_p} + t$$

$$= \frac{5,000kcal/Sm^3}{20Sm^3/Sm^3 \times 0.35kcal/Sm^3 \cdot ℃} + 15℃$$

$$= 729.28℃$$

정답 ③

054 세정집진장치에 관한 설명으로 옳지 않은 것은?

① 타이젠와셔는 회전식에 해당한다.

② 입자포집원리로 관성충돌, 확산작용이 있다.

③ 벤투리스크러버에서 물방울 입경과 먼지 입경의 비는 5 : 1 정도가 좋다.

④ 사용하는 액체는 보통 물이지만 특수한 경우에는 표면활성제를 혼합하는 경우도 있다.

③ 벤투리스크러버에서 물방울 입경과 먼지 입경의 비는 150 : 1 정도가 좋다.

정답 ③

055 흡수장치의 총괄이동 단위높이(H_{OG})가 1.0m이고, 제거율이 95%라면, 이 흡수장치의 높이(m)는 약 얼마인가?

① 1.2   ② 3.0
③ 3.5   ④ 4.2

$$h = HOG \times NOG = 1m \times \ln\left(\frac{1}{1-0.95}\right)$$
$$= 2.99m$$

정답 ②

056 먼지의 입경측정방법 중 주로 1μm 이상인 먼지의 입경측정에 이용되고, 그 측정장치로는 앤더슨피펫, 침강천칭, 광투과장치 등이 있는 것은?

① 관성충돌법
② 액상 침강법
③ 표준체 측정법
④ Bacho 원심기체 침강법

① 관성충돌법 : 입자의 관성충돌을 이용하여 측정
③ 표준 체거름법(표준 체측정법) : 입자를 입경별로 분리하여 측정

정답 ②

057 연소조절에 의한 질소산화물(NO_x) 저감대책으로 가장 거리가 먼 것은?

① 과잉공기량을 크게 한다.
② 2단 연소법을 사용한다.
③ 배출가스를 재순환시킨다.
④ 연소용 공기의 예열온도를 낮춘다.

① 공기량을 적게 한다.

정답 ①

058 하루에 5톤의 유비철광을 사용하는 아비산제조 공장에서 배출되는 SO_2를 NaOH용액으로 흡수하여 Na_2SO_3로 제거하려 한다. NaOH 용액의 흡수효율을 100%라 하면 이론적으로 필요한 NaOH의 양(톤)은? (단, 유비철광 중의 유황분 함유량은 20%이고, 유비철광 중 유황분은 모두 산화되어 배출된다.)

① 0.5   ② 1.5
③ 2.5   ④ 3.5

$$S + O_2 \rightarrow SO_2 + 2NaOH \rightarrow Na_2SO_3 + H_2O$$

$$S : 2NaOH$$

$$32kg : 2 \times 40kg$$

$$\frac{20}{100} \times 5t/d : NaOH(t/d)$$

$$\therefore NaOH = \frac{20}{100} \times 5t/d \times \frac{2 \times 40}{32}$$

$$= 2.5t/d$$

정답 ③

059 화학적 흡착과 비교한 물리적 흡착의 특성에 관한 설명으로 옳지 않은 것은?

① 흡착제의 재생이나 오염가스의 회수에 용이하다.
② 일반적으로 온도가 낮을수록 흡착량이 많다.
③ 표면에 단분자막을 형성하며, 발열량이 크다.
④ 압력을 감소시키면 흡착물질이 흡착제로부터 분리되는 가역적 흡착이다.

③ 물리적 흡착은 다분자층 흡착이다.

정답 ③

060 크기가 가로 1.2m, 세로 2.0m, 높이 1.5m인 연소실에서 저위발열량이 10,000kcal/kg인 중유를 1.5시간에 100kg씩 연소시키고 있다. 이 연소실의 열발생률(kcal/m³·h)은? (단, 연료는 완전연소하며, 연료 및 공기의 예열이 없고 연소실 벽면을 통한 열손실도 전혀 없다고 가정한다.)

① 약 165,246
② 약 185,185
③ 약 277,778
④ 약 416,667

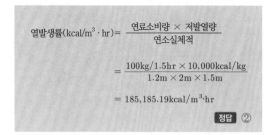

$$열발생률(kcal/m^3 \cdot hr) = \frac{연료소비량 \times 저발열량}{연소실체적}$$

$$= \frac{100kg/1.5hr \times 10,000kcal/kg}{1.2m \times 2m \times 1.5m}$$

$$= 185,185.19 kcal/m^3 \cdot hr$$

정답 ②

4과목　　대기환경관계법규

061 대기환경보전법상 "기타 고체연료 사용시설"의 설치기준으로 틀린 것은?

① 배출시설의 굴뚝높이는 100m 이상이어야 한다.
② 연료의 그 연소재의 수송은 덮개가 있는 차량을 이용하여야 한다.
③ 연료는 옥내에 저장하여야 한다.
④ 굴뚝에서 배출되는 매연을 측정할 수 있어야 한다.

① 배출시설의 굴뚝높이는 20m 이상이어야 한다.

참고 대기환경보전법 시행규칙 [별표 12] <개정 2011. 8. 19>

고체연료 사용시설 설치기준(제56조 관련)

정답 ①

---

062 대기환경보전법상 위임업무 보고사항 중 "측정기기 관리대행업의 등록, 변경등록 및 행정처분 현황"에 대한 유역환경청장의 보고횟수 기준은?

① 수시
② 연 4회
③ 연 2회
④ 연 1회

대기환경보전법 시행규칙 [별표 37] <개정 2017. 1. 26.>

위임업무 보고사항(제136조 관련)

업무내용	보고 횟수
1. 환경오염사고 발생 및 조치 사항	수시
2. 수입자동차 배출가스 인증 및 검사 현황	연 4회
3. 자동차 연료 및 첨가제의 제조·판매 또는 사용에 대한 규제현황	연 2회
4. 자동차 연료 또는 첨가제의 제조기준 적합 여부 검사현황	연료 : 연 4회 첨가제 : 연 2회
5. 측정기기 관리대행업의 등록, 변경등록 및 행정처분 현황	연 1회

정답 ④

---

063 대기환경보전법상 Ⅲ지역에 대한 기본부과금의 지역별 부과계수는? (단, Ⅲ지역은 국토의 계획 및 이용에 관한 법률에 따른 녹지지역·관리지역·농림지역 및 자연환경보전지역이다.)

① 0.5
② 1.0
③ 1.5
④ 2.0

기본부과금의 지역별 부과계수

구분	지역별 부과계수	「국토의 계획 및 이용에 관한 법률」에 따른 지역 구분
Ⅰ 지역	1.5	주거지역·상업지역, 취락지구·택지개발지구
Ⅱ 지역	0.5	공업지역, 개발진흥지구(관광·휴양개발진흥지구는 제외한다), 수산자원보호구역, 국가산업단지·일반산업단지·도시첨단산업단지, 전원개발사업구역 및 예정구역
Ⅲ 지역	1.0	녹지지역·관리지역·농림지역 및 자연환경보전지역, 관광·휴양개발진흥지구

정답 ②

064 다음 중 대기환경보전법상 대기오염경보에 관한 설명으로 틀린 것은?

① 대기오염경보 대상 지역은 시·도지사가 필요하다고 인정하여 지정하는 지역으로 한다.
② 환경기준이 설정된 오염물질 중 오존은 대기오염경보의 대상오염물질이다.
③ 대기오염경보의 단계별 오염물질의 농도기준은 시·도지사가 정하여 고시한다.
④ 오존은 농도에 따라 주의보, 경보, 중대경보로 구분한다.

③ 대기오염경보의 단계별 오염물질의 농도기준은 환경부령으로 정한다.

대기오염경보
· 대상 지역 : 시·도지사가 필요하다고 인정하여 지정하는 지역으로 한다.
· 대상 오염물질 : 미세먼지(PM-10), 초미세먼지(PM-2.5), 오존(O_3)
· 대기오염경보 단계별 오염물질의 농도기준은 환경부령으로 정한다.

정답 ③

065 대기환경보전법상 연료를 연소하여 황산화물을 배출하는 시설에서 연료의 황함유량이 0.5% 이하인 경우 기본부과금의 농도별 부과계수 기준으로 옳은 것은? (단, 대기환경보전법에 따른 측정 결과가 없으며, 배출시설에서 배출되는 오염물질농도를 추정할 수 없다.)

① 0.1   ② 0.2
③ 0.4   ④ 1.0

대기환경보전법 시행령 [별표 8] <개정 2018. 12. 31.>
기본부과금의 농도별 부과계수(제28조제2항 관련)

가. 연료를 연소하여 황산화물을 배출하는 시설

구분	연료의 황함유량(%)		
	0.5% 이하	1.0% 이하	1.0% 초과
농도별 부과계수	0.2	0.4	1.0

정답 ②

066 환경정책기본법상 일산화탄소의 대기환경기준으로 옳은 것은?

① 1시간 평균치 25ppm 이하
② 8시간 평균치 25ppm 이하
③ 24시간 평균치 9ppm 이하
④ 연간 평균치 9ppm 이하

환경정책기본법상 대기 환경기준 <개정 2019. 7. 2.>

측정 시간	SO_2 (ppm)	NO_2 (ppm)	O_3 (ppm)	CO (ppm)
연간	0.02	0.03	–	–
24시간	0.05	0.06	–	–
8시간	–	–	0.06	9
1시간	0.15	0.10	0.10	25

측정 시간	PM_{10} ($\mu g/m^3$)	$PM_{2.5}$ ($\mu g/m^3$)	납(Pb) ($\mu g/m^3$)	벤젠 ($\mu g/m^3$)
연간	50	15	0.5	5
24시간	100	35	–	–
8시간				
1시간				

정답 ①

067 대기환경보전법상 초과부과금 산정기준에서 다음 오염물질 중 1kg당 부과금액이 가장 높은 것은?

① 이황화탄소   ② 먼지
③ 암모니아   ④ 황화수소

초과부과금 산정기준(제24조제2항 관련)

(금액 : 원)

구분	특정대기유해물질			황화수소
오염물질	염화수소	시안화수소	불소화물	
금액	7,400	7,300	2,300	6,000

오염물질	질소 산화물	이황화 탄소	암모니아	먼지	황산화물
금액	2,130	1,600	1,400	770	500

암기법 : 염시황불질이암먼황

정답 ④

068 대기환경보전법상 과태료의 부과기준으로 옳지 않은 것은?

① 일반기준으로서 위반행위의 횟수에 따른 부과 기준은 최근 1년간 같은 위반행위로 과태료 부 과처분을 받은 경우에 적용한다.
② 일반기준으로서 부과권자는 위반행위의 동기와 그 결과 등을 고려하여 과태료 부과금액의 80% 범위에서 이를 감경한다.
③ 개별기준으로서 제작차배출허용기준에 맞지 않 아 결함시정명령을 받은 자동차제작자가 결함 시정 결과보고를 아니한 경우 1차 위반 시 과 태료 부과금액은 100만원이다.
④ 개별기준으로서 제작차배출허용기준에 맞지 않 아 결함시정명령을 받은 자동차제작자가 결함 시정 결과보고를 아니한 경우 3차 위반 시 과 태료 부과금액은 200만원이다.

069 대기환경보전법상 대기오염방지시설이 아닌 것은?

① 흡수에 의한 시설
② 소각에 의한 시설
③ 산화·환원에 의한 시설
④ 미생물을 이용한 처리시설

070 대기환경보전법상 신고를 한 후 조업 중인 배출시설에서 나오는 오염물질의 정도가 배출허용기준을 초과하여 배출시설 및 방지시설의 개선명령을 이행하지 아니한 경우의 1차 행정처분기준은?

① 경고   ② 사용금지명령
③ 조업정지   ④ 허가취소

신고를 한 후 조업 중인 배출시설에서 나오는 오염물질의 정도가 배출허용기준을 초과하여 배출시설 및 방지시설의 개선명령을 이행하지 아니한 경우의 행정처분기준

· 1차 : 조업정지

· 2차 : 허가취소 또는 폐쇄

참고 대기환경보전법 시행규칙 [별표 36] <개정 2018. 11. 29.>

행정처분기준(제134조 관련)

정답 ③

071 대기환경보전법상 100만원 이하의 과태료 부과 대상인 자는?

① 황함유기준을 초과하는 연료를 공급·판매한 자
② 비산먼지의 발생억제시설의 설치 및 필요한 조치를 하지 아니하고 시멘트·석탄·토사 등 분체상 물질을 운송한 자
③ 배출시설 등 운영상황에 관한 기록을 보존하지 아니한 자
④ 자동차의 원동기 가동제한을 위반한 자동차의 운전자

① 3년 이하의 징역 또는 3천만원 이하의 벌금

② 200만원 이하의 과태료

③ 300만원 이하의 과태료

정답 ④

072 대기환경보전법상 배출허용기준의 준수여부 등을 확인하기 위해 환경부령으로 지정된 대기오염도 검사기관으로 옳은 것은? (단, 국가표준기본법에 따른 인정을 받은 시험·검사기관 중 환경부장관이 정하여 고시하는 기관은 제외한다.)

① 지방환경청
② 대기환경기술진흥원
③ 한국환경산업기술원
④ 환경관리연구소

대기오염도 검사기관

1. 국립환경과학원

2. 특별시·광역시·특별자치시·도·특별자치도(이하 "시·도"라 한다)의 보건환경연구원

3. 유역환경청, 지방환경청 또는 수도권대기환경청

4. 한국환경공단

5. 「국가표준기본법」 제23조에 따른 인정을 받은 시험·검사 기관 중 환경부장관이 정하여 고시하는 기관

정답 ①

073 대기환경보전법상 환경부장관은 장거리이동대기 오염물질피해방지를 위하여 5년마다 관계중앙 행정기관의 장과 협의하고 시·도지사의 의견을 들은 후 장거리이동대기오염물질대책위원회의 심의 를 거쳐 종합대책을 수립하여야 하는데, 이 종합 대책에 포함되어야 하는 사항으로 틀린 것은?

① 종합대책 추진실적 및 그 평가
② 장거리이동대기오염물질피해 방지를 위한 국내 대책
③ 장거리이동대기오염물질피해 방지 기금 모금
④ 장거리이동대기오염물질피해 발생 감소를 위한 국제협력

장거리이동대기오염물질 종합대책에 포함되어야 하는 사항 <개정 2015. 12. 1.>

1. 장거리이동대기오염물질 발생 현황 및 전망
2. 종합대책 추진실적 및 그 평가
3. 장거리이동대기오염물질피해 방지를 위한 국내 대책
4. 장거리이동대기오염물질 발생 감소를 위한 국제협력
5. 그 밖에 장거리이동대기오염물질피해 방지를 위하여 필요한 사항

참고 대기보전법

제13조(장거리이동대기오염물질피해방지 종합대책의 수립 등)

정답 ③

---

074 악취방지법상 위임업무 보고사항 중 "악취검사 기관의 지정, 지정사항 변경보고 접수 실적"의 보고횟수 기준은? (단, 보고자는 국립환경과학 원장으로 한다.)

① 연 1회   ② 연 2회
③ 연 4회   ④ 수시

악취방지법의 위임업무 보고사항의 보고횟수는 모두 연 1회 이다.

정답 ①

---

075 대기환경보전법상 수도권대기환경청장, 국립환경 과학원장 또는 한국환경공단이 설치하는 대기 오염 측정망의 종류에 해당하지 않는 것은?

① 도시지역 또는 산업단지 인근지역의 특정대기 유해물질(중금속은 제외한다)의 오염도를 측정 하기 위한 유해대기물질측정망
② 산성 대기오염물질의 건성 및 습성 침착량을 측 정하기 위한 산성강하물측정망
③ 도로변의 대기오염물질 농도를 측정하기 위한 도로변대기측정망
④ 장거리이동 대기오염물질의 성분을 집중 측정 하기 위한 대기오염집중측정망

③ 시·도지사가 설치하는 대기오염 측정망이다.

측정망

· 시·도지사(특별시장·광역시장·특별자치시장·도지사 또는 특별자치도지사)가 설치하는 대기오염 측정망의 종류

1. 도시지역의 대기오염물질 농도를 측정하기 위한 도시대 기측정망
2. 도로변의 대기오염물질 농도를 측정하기 위한 도로변대 기측정망
3. 대기 중의 중금속 농도를 측정하기 위한 대기중금속측 정망

· 수도권대기환경청장, 국립환경과학원장 또는 한국환경공단 이 설치하는 대기오염 측정망의 종류

1. 대기오염물질의 지역배경농도를 측정하기 위한 교외대 기측정망
2. 대기오염물질의 국가배경농도와 장거리이동 현황을 파 악하기 위한 국가배경농도측정망
3. 도시지역 또는 산업단지 인근지역의 특정대기유해물질 (중금속을 제외한다)의 오염도를 측정하기 위한 유해대 기물질측정망
4. 도시지역의 휘발성유기화합물 등의 농도를 측정하기 위 한 광화학대기오염물질측정망
5. 산성 대기오염물질의 건성 및 습성 침착량을 측정하기 위한 산성강하물측정망
6. 기후·생태계 변화유발물질의 농도를 측정하기 위한 지 구대기측정망
7. 장거리이동대기오염물질의 성분을 집중 측정하기 위한 대기오염집중측정망
8. 초미세먼지(PM-2.5)의 성분 및 농도를 측정하기 위한 미세먼지성분측정망

정답 ③

076 대기환경보전법상 자동차연료 제조기준 중 경유의 황함량 기준은? (단, 기타의 경우는 고려하지 않음)

① 10ppm 이하   ② 20ppm 이하
③ 30ppm 이하   ④ 50ppm 이하

경유의 황함량 기준 : 10 이하

참고 대기환경보전법 시행규칙 [별표 33]

자동차연료·첨가제 또는 촉매제의 제조기준(제115조 관련)

정답 ①

077 대기환경보전법상 운행차의 정밀검사방법·기준 및 검사대상 항목기준(일반기준)에 관한 설명으로 틀린 것은?

① 관능 및 기능검사는 배출가스검사를 먼저 한 후 시행하여야 한다.
② 휘발유와 가스를 같이 사용하는 자동차는 연료를 가스로 전환한 상태에서 배출가스검사를 실시하여야 한다.
③ 운행차의 정밀검사는 부하검사방법을 적용하여 검사를 하여야 하지만, 상시 4륜구동 자동차는 무부하검사방법을 적용할 수 있다.
④ 운행차의 정밀검사는 부하검사방법을 적용하여 검사를 하여야 하지만, 2행정 원동기 장착자동차는 무부하검사방법을 적용할 수 있다.

① 배출가스검사는 관능 및 기능검사를 먼저 한 후 시행하여야 한다.

참고 대기환경보전법 시행규칙 [별표 26]

운행차의 정밀검사 방법·기준 및 검사대상 항목(제97조 관련)

1. 일반기준

가. 운행차의 정밀검사는 부하검사방법을 적용하여 검사를 하여야 한다. 다만, 다음의 어느 하나에 해당하는 자동차는 무부하검사방법을 적용할 수 있다.

1) 상시 4륜구동 자동차

2) 2행정 원동기 장착자동차

3) 1987년 12월 31일 이전에 제작된 휘발유·가스·알코올사용 자동차

4) 소방용 자동차(지휘차, 순찰차 및 구급차를 포함한다.)

5) 그 밖에 특수한 구조의 자동차로서 검차장의 출입이나 차대동력계에서 배출가스 검사가 곤란한 자동차

나. 배출가스검사는 관능 및 기능검사를 먼저 한 후 시행하여야 하며, 측정대상자동차의 상태가 제2호에 따른 기준에 적합하지 아니하거나 차대동력계상에서 검사 중에 자동차의 결함 발생 또는 엔진출력 부족 등으로 검사모드가 구현되지 아니하여 배출가스검사를 계속할 수 없다고 판단되는 경우에는 검사를 즉시 중단하고 부적합 처리하여 측정대상자동차를 적합하게 정비하도록 한 후 배출가스 검사를 실시하여야 한다.

다. 차대동력계상에서 자동차의 운전은 검사기술인력이 직접 수행하여야 한다.

라. 특수 용도로 사용하기 위하여 특수장치 또는 엔진성능 제어장치 등을 부착하여 엔진최고회전수 등을 제한하는 자동차인 경우에는 해당 자동차의 측정 엔진최고회전수를 엔진정격회전수로 수정·적용하여 배출가스검사를 시행할 수 있다.

마. 휘발유와 가스를 같이 사용하는 자동차는 연료를 가스로 전환한 상태에서 배출가스검사를 실시하여야 한다.

바. 이 표에서 정한 운행차의 정밀검사방법 및 기준 외의 사항에 대해서는 환경부장관이 정하여 고시한다.

정답 ①

078 다음 중 대기환경보전법상 특정대기유해물질에
해당하는 것은?

① 오존 　　　　　② 아크롤레인
③ 황화에틸 　　　④ 아세트알데히드

대기환경보전법 시행규칙 [별표 2]

특정대기유해물질(제4조 관련)

1. 카드뮴 및 그 화합물	19. 이황화메틸
2. 시안화수소	20. 아닐린
3. 납 및 그 화합물	21. 클로로포름
4. 폴리염화비페닐	22. 포름알데히드
5. 크롬 및 그 화합물	23. 아세트알데히드
6. 비소 및 그 화합물	24. 벤지딘
7. 수은 및 그 화합물	25. 1,3-부타디엔
8. 프로필렌 옥사이드	26. 다환 방향족 탄화수소류
9. 염소 및 염화수소	27. 에틸렌옥사이드
10. 불소화물	28. 디클로로메탄
11. 석면	29. 스틸렌
12. 니켈 및 그 화합물	30. 테트라클로로에틸렌
13. 염화비닐	31. 1,2-디클로로에탄
14. 다이옥신	32. 에틸벤젠
15. 페놀 및 그 화합물	33. 트리클로로에틸렌
16. 베릴륨 및 그 화합물	34. 아크릴로니트릴
17. 벤젠	35. 히드라진
18. 사염화탄소	

정답 ④

---

079 환경정책기본법상 대기환경기준이 설정되어 있
지 않는 항목은?

① O_3 　　　　　② Pb
③ PM-10 　　　　④ CO_2

---

④ CO

대기환경기준 항목 : SO_x, NO_x, CO, O_3, PM-10, PM-2.5,
벤젠, 납

정답 ④

---

080 다음 중 대기환경보전법상 휘발성 유기화합물
배출규제대상 시설이 아닌 것은?

① 목재가공시설
② 주유소의 저장시설
③ 저유소의 저장시설
④ 세탁시설

휘발성 유기화합물 배출규제대상 시설

1. 석유정제를 위한 제조시설, 저장시설 및 출하시설(出荷施
設)과 석유화학제품 제조업의 제조시설, 저장시설 및 출하
시설
2. 저유소의 저장시설 및 출하시설
3. 주유소의 저장시설 및 주유시설
4. 세탁시설
5. 그 밖에 휘발성유기화합물을 배출하는 시설로서 환경부장
관이 관계 중앙행정기관의 장과 협의하여 고시하는 시설

참고 대기보전법 제45조(휘발성유기화합물의 규제 등)

정답 ①

08
2020년 08월 23일
2020년 제 3회 대기환경산업기사

1과목　　　대기오염 개론

001 다음 [보기]가 설명하는 오염물질로 옳은 것은?

> [보기]
> - 급성 중독증상은 구토, 복통, 이질 등이 나타나며 기관지 염증을 일으키는 경우도 있다.
> - 만성적인 경우에는 후각신경의 마비와 폐기종 등을 일으키는 한편 이로 인한 동맥경화증이나 고혈압증의 유발요인이 되기도 한다.
> - 이것에 의한 질환은 수질오염으로 인하여 발생한 이따이이따이병이 있다.

① As　　　　　② Hg
③ Cr　　　　　④ Cd

④ 이따이이따이병은 카드뮴(Cd)의 중독증이다.

　　　　　　　　　　　　　　　　정답 ④

002 실내공기오염물질인 라돈에 관한 설명으로 옳지 않은 것은?

① 무색, 무취의 기체로 폐암을 유발한다.
② 반감기는 3.8일 정도이고 호흡기로의 흡입이 현저하다.
③ 토양, 콘크리트, 벽돌 등으로부터 공기 중에 방출된다.
④ 자연계에는 존재하지 않으며, 공기에 비해 약 3배 정도 무겁다.

④ 라돈은 공기보다 9배 정도 무겁다.

　　　　　　　　　　　　　　　　정답 ④

003 대류권내 공기의 구성 물질을 [보기]와 같이 분류할 때 다음 중 "쉽게 농도가 변하는 물질"에 해당하는 것은?

> [보기]
> 농도가 가장 안정된 물질
> 쉽게 농도가 변하지 않는 물질
> 쉽게 농도가 변하는 물질

① Ne　　　　　② Ar
③ NO_2　　　　　④ CO_2

"쉽게 농도가 변하는 물질"은 체류시간이 짧은 물질이다.

· 체류시간이 긴 물질(체류시간 순) :
　$N_2 > O_2 > N_2O > CO_2 > CH_4 > H_2$

· 체류시간이 짧은 물질 : CO, NH_3, NO, NO_2, SO_2

　　　　　　　　　　　　　　　　정답 ③

004 과거의 역사적으로 발생한 대기오염사건 중 런던형 스모그의 기상 및 안정도 조건으로 옳지 않은 것은?

① 침강성 역전
② 바람은 무풍상태
③ 기온은 4℃ 이하
④ 습도는 85% 이상

① 침강성 역전은 LA 스모그 형성 조건이다.

· LA 스모그 : 침강성 역전

· 런던형 스모그 : 복사성 역전

　　　　　　　　　　　　　　　　정답 ①

005 벨기에의 뮤즈계곡사건, 미국의 도노라사건 및 런던 스모그사건의 공통적인 주요 대기오염 원인 물질로 가장 적합한 것은?

① SO_2 ② O_3

③ CS_2 ④ NO_2

물질별 사건 정리

· 포자리카 : 황화수소

· 보팔 : 메틸이소시아네이트

· 세베소 : 다이옥신

· LA 스모그 : 자동차 배기가스의 NO_x, 옥시던트

· 체르노빌, TMI : 방사능 물질

· 나머지 사건 : 화석연료 연소에 의한 SO_2, 매연, 먼지

정답 ①

---

006 오존 및 오존층에 관한 설명으로 옳지 않은 것은?

① 오존은 약 90% 이상이 고도 10~50km 범위의 성층권에 존재하고 있다.

② 오존층에서는 오존의 생성과 소멸이 계속적으로 일어나며 지표면의 생물체에 유해한 자외선을 흡수한다.

③ 지구 전체의 평균 오존량은 약 300Dobson 정도이고, 지리적 또는 계절적으로 평균치의 ±50% 정도까지 변화한다.

④ CFCs는 독성과 활성이 강한 물질로서 대기 중으로 배출될 경우 빠르게 오존층에 도달한다.

④ CFCs는 대류권에서 비활성인 물질이라 분해되지 않고, 성층권까지 도달해 오존층을 파괴한다.

정답 ④

---

007 유효굴뚝높이 60m에서 SO_2가 980,000㎥/day, 1,200ppm으로 배출되고 있다. 이때 최대 지표 농도(ppb)는? (단, sutton의 확산식을 사용하고, 풍속은 6m/s, 이 조건에서 확산계수 K_y=0.15, K_z=0.18이다.)

① 96   ② 177

③ 361   ④ 485

$$C_{max} = \frac{2 \cdot QC}{\pi \cdot e \cdot U \cdot (H_e)^2} \times \left(\frac{\sigma_z}{\sigma_y}\right)$$

$$= \frac{2 \times \left(\frac{980,000㎥}{d} \times \frac{1d}{86,400s}\right) \times 1,200ppm}{\pi \times e \times 6m/s \times (60)^2} \times \left(\frac{0.18}{0.15}\right)$$

$$= 0.17709ppm \times \frac{10^3 ppb}{1ppm} = 177.09ppb$$

정답 ②

---

008 공업지역의 먼지 농도 측정을 위해 여과지를 이용하여 0.45m/s 속도로 3시간 포집한 결과 깨끗한 여과지에 비해 사용한 여과지의 빛전달율이 66%인 경우 1,000m당 Coh는 약 얼마인가?

① 3.0   ② 3.2

③ 3.7   ④ 4.0

$$Coh = \frac{\log\left(\frac{I_0}{I_t}\right) \times 100}{여과속도(m/sec) \times 시간(s)} \times 1,000m$$

$$Coh_{1,000} = \frac{\log\left(\frac{1}{0.66}\right) \times 100}{0.45 \times 3 \times 3,600} \times 1,000m = 3.71$$

정답 ③

009 다음 중 지구온난화의 주 원인물질로 가장 적합하게 짝지어진 것은?

① $CH_4 - CO_2$
② $SO_2 - NH_3$
③ $CO_2 - HF$
④ $NH_3 - HF$

지구온난화 원인물질(온실가스)
이산화탄소(CO_2), 메탄(CH_4), 아산화질소(N_2O), 과불화탄소(PFC), 수소불화탄소(HFC), 육불화황(SF_6) 등
정답 ①

010 다음 중 SO_2에 대한 저항력이 가장 강한 식물은?

① 콩
② 옥수수
③ 양상추
④ 사루비아

SO_2 강한 식물 : 협죽도, 수랍목, 감귤, 무궁화, 양배추, 옥수수
정답 ②

011 다음 각 대기오염물질의 영향에 관한 설명으로 옳지 않은 것은?

① O_3는 DNA, RNA에 작용하여 유전인자에 변화를 일으키며, 염색체 이상이나 적혈구의 노화를 가져온다.
② 바나듐은 인체에 콜레스테롤, 인지질 및 지방분의 합성을 저해하거나 다른 영양물질의 대사 장해를 일으키기도 한다.
③ 유기수은은 무기수은과 달리 창자로부터의 배출은 적고, 주로 신장으로 배출되며, 혈압강하가 주된 증상이다.
④ 납중독은 조혈기능 장애로 인한 빈혈을 수반하고, 신경계통을 침해하며, 더 나아가 시신경 위축에 의한 실명, 사지의 경련도 일으킬 수 있다.

③ 유기수은은 무기수은과 달리 체내에 흡수되면 거의 배출되지 않는다.
정답 ③

012 다음 중 2차 대기오염물질과 가장 거리가 먼 것은?

① NOCl
② H_2O_2
③ PAN
④ NaCl

④ NaCl은 1차 오염물질이다.
정답 ④

013 다음 각 오염물질에 대한 지표식물로 가장 거리가 먼 것은?

① PAN : 시금치
② 황화수소 : 토마토
③ 아황산가스 : 무궁화
④ 불소화합물 : 글라디올러스

③ 무궁화는 아황산가스에 강한 식물이다.
정답 ③

014 국지풍에 관한 설명으로 옳지 않은 것은?

① 낮에 바다에서 육지로 부는 해풍은 밤에 육지에서 바다로 부는 육풍보다 보통 더 강하다.
② 열섬효과로 인해 도시의 중심부가 주위보다 고온이 되므로 도시 중심부에서는 상승기류가 발생하고 도시 주위의 시골(전원)에서 도시로 부는 바람을 전원풍이라 한다.
③ 고도가 높은 산맥에 직각으로 강한 바람이 부는 경우에는 산맥의 풍하쪽으로 건조한 바람이 불어내리는데 이러한 바람을 휀풍이라 한다.
④ 곡풍은 경사면 → 계곡 → 주계곡으로 수렴하면서 풍속이 가속화되므로 낮에 산 위쪽으로 부는 산풍보다 보통 더 강하다.

④ 곡풍은 골짜기에서 정상쪽으로 부는 바람으로 낮에 불고, 산풍은 정상에서 골짜기로 부는 바람으로 밤에 분다.
정답 ④

015 연소과정에서 방출되는 NO_x 배출가스 중 NO : NO_2의 개략적인 비는 얼마 정도인가?

① 5:95　　　　② 20:80
③ 50:50　　　　④ 90:10

질소산화물(NO_x) 발생 : NO(90%), NO_2(10%)

정답 ④

016 다음은 풍향과 풍속의 빈도 분포를 나타낸 바람장미(wind rose)이다. 여기서 주풍은?

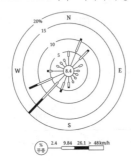

① 서풍　　　　② 북동풍
③ 남동풍　　　　④ 남서풍

바람장미

주풍 : 막대의 길이가 가장 긴 방향, 가장 빈도수가 높은 방향의 바람

정답 ④

017 다음 [보기]가 설명하는 연기 모양으로 옳은 것은?

[보기]
보통 30분 이상 지속되지 않으며, 일단 발생해 있던 복사역전층이 지표온도가 증가하면서 하층에서부터 해소되는 과정에서 상층은 역전상태로 안정층이 되고, 하층에는 불안정층이 되어 굴뚝에서 배출된 오염물질이 아래로 지표면에까지 영향을 미치면서 발생하는 연기모양

① Looping형　　　　② Fanning형
③ Trapping형　　　　④ Fumigation형

① Looping형(지붕형) : 불안정

② Fanning형(부채형) : 안정

③ Trapping형(구속형, 함정형) : 공중역전, 지표역전, 그사이 불안정일 때 발생

④ 하층−불안정, 상층−안정일 때 : 훈증형(fumigation)

정답 ④

018 다음 중 레일리 산란(Rayleigh scattering) 효과가 가장 뚜렷이 나타나는 조건은?

① 입자의 반경이 입사광선의 파장보다 훨씬 큰 경우
② 입자의 반경이 입사광선의 파장보다 훨씬 작은 경우
③ 입자의 반경과 입사광선의 파장이 비슷한 크기인 경우
④ 입자의 반경과 입사광선 파장의 크기가 정확히 일치하는 경우

· 레일리 산란(Rayleigh scattering) : 빛의 파장 크기보다 매우 작은 입자에 의하여 탄성·산란되는 현상
· 미 산란(Mie scattering) : 입자의 크기가 빛의 파장과 비슷할 경우 발생

정답 ②

019 흑체의 최대에너지가 복사될 때 이용되는 파장 ($\lambda_m : \mu m$)과 흑체의 표면온도(T : 절대온도)와의 관계를 나타내는 다음 복사이론에 관한 법칙은?

$$\lambda_m = a/T$$
(단, 비례상수 a : 0.2898cm·K)

① 알베도의 법칙
② 플랑크의 법칙
③ 비인의 변위법칙
④ 스테판 – 볼츠만의 법칙

② 플랑크의 법칙
　온도가 증가할수록 복사선의 파장이 짧아지도록 그 중심이 이동함
③ 비인의 변위법칙
　최대에너지 파장과 흑체 표면의 절대온도는 반비례함
$$\lambda = \frac{2,897}{T}$$
④ 스테판–볼츠만의 법칙
　흑체복사를 하는 물체에서 나오는 복사에너지는 표면온도의 4승에 비례함
$$E = T^4$$

정답 ③

020 보통 가을부터 봄에 걸쳐 날씨가 좋고, 바람이 약하며, 습도가 적을 때 자정 이후부터 아침까지 잘 발생하고, 낮이 되면 일사로 인해 지면이 가열되면 곧 소멸되는 역전의 형태는?

① Lofting inversion
② Coning inversion
③ Radiative inversion
④ Subsidence inversion

복사성 역전의 설명이다.
③ Radiative inversion(복사성 역전)
④ Subsidence inversion(침강성 역전)

정답 ③

2과목 대기오염 공정시험기준(방법)

021 다음은 환경대기 중 옥시던트 측정방법–중성요오드화 칼륨법(Determination of Oxidants – Neutral Buffered Potassium Iodide Method)의 적용범위이다. ( )안에 가장 적합한 것은?

이 방법은 오존으로써 ( ) 범위에 있는 전체 옥시던트를 측정하는데 사용되며 산화성물질이나 환원성물질이 결과에 영향을 미치므로 오존만을 측정하는 방법은 아니다.

① 0.0001~0.001 μmol/mol
② 0.001~0.01 μmol/mol
③ 0.01~10 μmol/mol
④ 100~1,000 μmol/mol

옥시던트 측정방법 – 중성요오드화 칼륨법

이 방법은 오존으로써 $(0.01{\sim}10)\mu$mol/mol 범위에 있는 전체 옥시던트를 측정하는데 사용되며 산화성물질이나 환원성물질이 결과에 영향을 미치므로 오존만을 측정하는 방법은 아니다.

정답 ③

022 굴뚝 배출가스 중 수은화합물을 냉증기 원자흡수분광광도법으로 분석할 때 측정파장(nm)으로 옳은 것은?

① 193.7
② 253.7
③ 324.8
④ 357.9

배출가스 중 수은화합물

냉증기 원자흡수분광광도법 측정파장 : 253.7nm

정답 ②

023 비분산적외선분광분석법에 관한 설명으로 옳지 않은 것은?

① 광원은 원칙적으로 중공음극램프를 사용하며 감도를 높이기 위하여 텅스텐램프를 사용하기도 한다.

② 대기 및 굴뚝 배출기체 중의 오염물질을 연속적으로 측정하는 비분산 정필터형 적외선 가스분석기에 대하여 적용한다.

③ 선택성 검출기를 이용하여 시료 중 특성성분에 의한 적외선의 흡수량 변화를 측정하여 시료 중 들어있는 특정 성분의 농도를 측정한다.

④ 광학필터는 시료가스 중에 간섭 물질가스의 흡수파장역의 적외선을 흡수제거하기 위하여 사용하며, 가스필터와 고체필터가 있는데 이것은 단독 또는 적절히 조합하여 사용한다.

① 광원은 원칙적으로 흑체발광으로 니크로뮴선 또는 탄화규소의 저항체에 전류를 흘려 가열한 것을 사용한다.

정답 ①

024 단면의 모양이 4각형인 어느 연도를 6개의 등면적으로 구분하여 각 측정점에서 유속과 굴뚝 건조 배출가스 중 먼지농도를 수동식으로 측정한 결과가 다음과 같았다. 이때 전체 단면의 평균 먼지농도(g/Sm^3)는?

측정점	1	2	3	4	5	6
먼지농도 (g/Sm^3)	0.48	0.45	0.51	0.47	0.45	0.46
유속 (m/s)	8.2	7.8	8.4	8.0	8.0	7.9

① 0.45
② 0.47
③ 0.49
④ 0.50

배출가스 중 먼지 – 수동식 측정법

전체 단면의 건조 배출가스 중의 평균 먼지농도

$$\overline{C_N}$$

$$= \frac{C_{N1} \cdot A_1 V_1 + C_{N2} \cdot A_2 V_2 + \cdots + C_{Nn} \cdot A_n \cdot V_n}{A_1 \cdot V_1 + A_2 \cdot V_2 + \cdots + A_n \cdot V_n}$$

$$= \frac{0.48 \times 8.2A + 0.45 \times 7.8A + 0.51 \times 8.4A + 0.47 \times 8.0A + 0.45 \times 8.0A + 0.46 \times 7.9A}{8.2A + 7.8A + 8.4A + 8.0A + 8.0A + 7.9A}$$

$$= 0.470$$

여기서,

$\overline{C_N}$ = 전체 단면의 평균 먼지농도(mg/Sm^2)

$C_{N1} \cdot C_{N2} \cdots C_{Nn}$ = 각 단면의 먼지농도(mg/Sm^2)

$A_1 \cdot A_2 \cdots A_n$ = 각 단면의 면적(m^2)

$V_1 \cdot V_2 \cdots V_n$ = 각 단면의 가스유속(m/s)

정답 ②

025 대기오염공정시험기준상 시약, 표준물질, 표준용액에 관한 설명으로 옳지 않은 것은?

① 시험에 사용하는 표준물질은 원칙적으로 특급 시약을 사용한다.
② 표준용액을 조제하기 위한 표준용 시약은 따로 규정이 없는 한 데시케이터에 보존된 것을 사용한다.
③ 시험시약 중 따로 규정이 없고, 단순히 질산으로 표시했을 때는, 그 비중은 약 1.38, 농도는 60.0~62.0(%) 이상의 것을 뜻한다.
④ 표준물질을 채취할 때 표준액이 정수로 기재되어 있는 경우에는 실험자가 환산하여 기재한 수치에 "약"자를 붙여 사용할 수 없다.

026 굴뚝 배출가스 중 먼지를 연속적으로 자동 측정하는 방법에서 사용되는 용어의 의미로 옳지 않은 것은?

① 검출한계 : 제로드리프트의 5배에 해당하는 지시치가 갖는 교정용입자의 먼지농도를 말한다.
② 균일계 단분산 입자 : 입자의 크기가 모두 같은 것으로 간주할 수 있는 시험용입자로서 실험실에서 만들어진다.
③ 교정용입자 : 실내에서 감도 및 교정오차를 구할 때 사용하는 균일계 단분산 입자로서 기하평균 입경이 $0.3 \sim 3\mu m$인 인공입자로 한다.
④ 응답시간 : 표준교정판(필름)을 끼우고 측정을 시작했을 때 그 보정치의 95%에 해당하는 지시치를 나타낼 때까지 걸린 시간을 말한다.

027 배출가스 중의 질소산화물을 페놀디설폰산법으로 측정할 경우 사용하는 시료가스 흡수액으로 옳은 것은?

① 붕산용액
② 암모니아수
③ 오르토톨리딘용액
④ 황산+과산화수소+증류수

028 환경대기 중 아황산가스 측정을 위한 파라로자닐린법(Pararosaniline Method)의 장치구성에 관한 설명으로 옳지 않은 것은?

① 필터는 $0.8 \sim 2.0\mu m$의 다공질막 또는 유리솜 필터를 사용한다.
② 흡입펌프는 유량조절기와 펌프사이에 적어도 0.7 기압의 압력 차이를 유지하여야 한다.
③ 분광광도계로 376nm에서 흡광도를 측정하고, 측정에 사용되는 스펙트럼폭은 50nm이어야 한다.
④ 시료분산기는 외경 8mm, 내경 6mm 및 길이 152mm의 유리관으로서 끝은 외경 $0.3 \sim 0.8$ mm로 가늘게 만든 것을 사용한다.

029 배출가스를 피토관으로 측정한 결과, 동압이 6mmH₂O일 때 배출가스 평균 유속(m/s)은? (단, 피토관 계수 = 1.5, 중력가속도 = $9.8m/s^2$, 굴뚝 내 습한 배출가스 밀도 = $1.3kg/m^3$)

① 12.8

② 14.3

③ 15.8

④ 16.5

유속 측정방법

$$V = C\sqrt{\frac{2gh}{r}} = 1.5 \times \sqrt{\frac{2 \times 9.8 \times 6}{1.3}} = 14.26\,m/s$$

정답 ②

030 다음은 굴뚝 배출가스 중 시안화수소의 자외선/가시선 분광법(피리딘피라졸론법)에 관한 설명이다. ( )안에 알맞은 것은?

이 방법은 시안화수소를 흡수액에 흡수시킨 다음 발색시켜서 얻은 발색액에 대하여 흡광도를 측정하여 시안화수소를 정량하는 방법으로써, 이 방법의 방법검출한계는 ( )이다. 그리고 할로겐 등의 산화성 가스와 황화수소 등의 영향을 무시할 수 있는 경우에 적용한다.

① 0.005ppm

② 0.010ppm

③ 0.016ppm

④ 0.032ppm

시안화수소의 자외선/가시선 분광법(피리딘피라졸론법) – 방법검출한계는 0.016ppm이다.

[개정] 해당 공정시험기준은 아래와 같이 개정되었습니다.
사이안화수소의 자외선/가시선 분광법(4-피리딘카복실산 – 피라졸론법) – 방법검출한계는 0.02ppm이다.

정답 ③

031 환경대기 중 위상차현미경법에 의한 석면먼지의 농도표시에 관한 설명으로 옳은 것은?

① 0℃, 1기압 상태의 기체 1mL 중에 함유된 석면섬유의 개수(개/mL)로 표시한다.

② 0℃, 1기압 상태의 기체 1㎕ 중에 함유된 석면섬유의 개수(개/㎕)로 표시한다.

③ 20℃, 1기압 상태의 기체 1mL 중에 함유된 석면섬유의 개수(개/mL)로 표시한다.

④ 20℃, 1기압 상태의 기체 1㎕ 중에 함유된 석면섬유의 개수(개/㎕)로 표시한다.

환경대기 중 위상차현미경법 – 석면먼지의 농도표시

20℃, 1기압 상태의 기체 1mL 중에 함유된 석면섬유의 개수(개/mL)로 표시한다.

정답 ③

032 대기오염공정시험기준 총칙에 관한 사항으로 옳지 않은 것은?

① 냉수는 15℃ 이하, 온수는 (60~70)℃, 열수는 약 100℃를 말한다.

② 기체 중의 농도를 mg/m^3로 표시했을 때는 m^3은 표준상태(0℃, 1기압)의 기체용적을 뜻하고 Sm^3로 표시한 것과 같다.

③ "냉후"(식힌 후)라 표시되어 있을 때는 보온 또는 가열 후 표준상태 온도까지 냉각된 상태를 뜻한다.

④ 시험에 사용하는 물은 따로 규정이 없는 한 정제증류수 또는 이온교환수지로 정제한 탈염수를 사용한다.

③ "냉후"(식힌 후)라 표시되어 있을 때는 보온 또는 가열 후 실온까지 냉각된 상태를 뜻한다.

정답 ③

033 굴뚝 배출가스 중 일산화탄소 분석방법으로 옳지 않은 것은?

① 정전위전해법
② 이온선택적정법
③ 비분산적외선분석법
④ 기체크로마토그래피

배출가스 중 일산화탄소 측정방법(개정후)
· 자동측정법 – 비분산적외선분광분석법
· 자동측정법 – 전기화학식(정전위전해법)
· 기체크로마토그래피

정답 ②

034 이온크로마토그래피의 장치 요건으로 옳지 않은 것은?

① 송액펌프는 맥동이 적은 것을 사용한다.
② 검출기는 분리관 용리액 중의 시료성분의 유무와 량을 검출하는 부분으로 일반적으로 전도도 검출기를 많이 사용한다.
③ 써프렛서는 관형과 이온교환막형이 있으며, 관형은 음이온에는 스티롤계 강산형(H^+)수지가, 양이온에는 스티롤계 강염기형(OH^-)의 수지가 충진된 것을 사용한다.
④ 용리액조는 이온성분이 잘 용출되는 재질로써 용리액과 공기와의 접촉이 효과적으로 되는 것을 선택하며, 일반적으로 실리카 재질의 것을 사용한다.

④ 이온성분이 **용출되지 않는** 재질로써 용리액을 **직접공기와 접촉시키지 않는 밀폐된** 것을 선택한다. 일반적으로 폴리에틸렌이나 경질 유리제를 사용한다.

정답 ④

035 비분산적외선분석기의 장치구성에 관한 설명으로 옳지 않은 것은?

① 비교셀은 시료셀과 동일한 모양을 가지며 수소 또는 헬륨 기체를 봉입하여 사용한다.
② 시료셀은 시료가스가 흐르는 상태에서 양단의 창을 통해 시료광속이 통과하는 구조를 갖는다.
③ 광학필터는 시료가스 중에 간섭 물질가스의 흡수파장역의 적외선을 흡수제거하기 위하여 사용한다.
④ 검출기는 광속을 받아들여 시료가스 중 측정성분 농도에 대응하는 신호를 발생시키는 선택적 검출기 혹은 광학필터와 비선택적 검출기를 조합하여 사용한다.

① 비교셀은 시료셀과 동일한 모양을 가지며 **아르곤** 또는 **질소** 같은 불활성 기체를 봉입하여 사용한다.

정답 ①

036 다음은 환경대기 중 중금속화합물 동시분석을 위한 유도결합플라즈마분광법에 사용되는 용어 정의이다. (   )안에 알맞은 것은?

검출한계는 지정된 공정시험방법(기준)에 따라 시험하였을 때 바탕용액 농도의 오차범위와 통계적으로 다르게 나타나는 최소의 측정 가능한 농도를 의미하며, 보통 신호대 잡음비(S/N)가 (㉠)(이)가 되는 시료의 농도를 의미함. 실제로는 바탕용액의 농도를 여러 번 측정하여, 이 값의 표준편차의 (㉡)을(를) 곱한 농도로 산출한다.

① ㉠ 1, ㉡ 2
② ㉠ 2, ㉡ 3
③ ㉠ 5, ㉡ 10
④ ㉠ 10, ㉡ 10

검출한계는 지정된 공정시험방법에 따라 시험하였을 때 바탕용액 농도의 오차범위와 통계적으로 다르게 나타나는 최소의 측정 가능한 농도를 의미하며, 보통 신호대 잡음비(S/N, signal to noise ratio)가 2가 되는 시료의 농도를 의미한다. 실제로는 바탕용액의 농도를 여러 번 측정하여, 이 값의 표준편차의 3을 곱한 농도로 산출한다.
[개정 – 용어변경] 플라즈마 → 플라스마

정답 ②

037 가스상 물질 시료채취장치에 대한 주의사항으로 옳지 않은 것은?

① 가스미터는 100mmH$_2$O 이내에서 사용한다.
② 습식가스미터를 이동 또는 운반할 때에는 반드시 물을 뺀다.
③ 시료가스의 양을 재기 위하여 쓰는 채취병은 미리 0℃ 때의 참부피를 구해둔다.
④ 흡수병은 각 분석법에 공용 사용을 원칙으로 하고, 대상 성분이 달라질 때마다 메틸 알코올로 3회 정도 씻은 후 사용한다.

④ 흡수병은 각 분석법에 공용할 수가 있는 것도 있으나, **대상 성분마다 전용으로 하는 것이 좋다.** 만일 공용으로 할 때에는 대상 성분이 달라질 때마다 묽은 산 또는 알칼리 용액과 정제수로 깨끗이 씻은 다음 다시 **흡수액으로 3회 정도 씻은 후 사용한다.** (개정후)

정답 ④

038 원자흡수분광광도법(Atomic Absorption Spectrophotometry)에서 사용되는 용어로 옳지 않은 것은?

① 제로 가스(Zero Gas)
② 멀티 패스(Multi-path)
③ 공명선(Resonance Line)
④ 선프로파일(Line Profile)

① 비분산적외선분광분석법 용어이다.

정답 ①

039 질산은 적정법으로 배출가스 중 시안화수소를 분석할 때 사용되는 시약이 아닌 것은?

① 질산(부피분율 10%)
② 수산화소듐 용액(질량분율 2%)
③ 아세트산(99.7%)(부피분율 10%)
④ p-다이메틸아미노벤질리덴로다닌의 아세톤용액

[배출가스 중 시안화수소 – 적정법 – 질산은 적정법]

시약

❶ 흡수액 : 수산화소듐(NaOH, 98%)
❷ p-다이메틸아미노벤질리덴로다닌의 아세톤 용액
❸ 아세트산(99.7%)(부피분율 10%)
❹ 아세트산(CH$_3$COOH, 99.7%)(부피분율 10%)
❺ 수산화소듐 용액(질량분율 2%)
❻ 0.01N 질산은 용액
❼ 0.1N 질산은 용액

[개정] "배출가스 중 시안화수소 – 적정법 – 질산은 적정법" 은 공정시험기준에서 삭제되어 더 이상 출제되지 않습니다.

정답 ①

040 원자흡수분광광도법의 장치에 관한 설명으로 옳지 않은 것은?

① 아세틸렌-아산화질소 불꽃은 불꽃 온도가 낮고 일부 원소에 대하여 높은 감도를 나타낸다.
② 램프점등장치 중 교류점등 방식은 광원의 빛 자체가 변조되어 있기 때문에 빛의 단속기(Chopper)는 필요하지 않다.
③ 원자흡광분석용 광원은 원자흡광 스펙트럼선의 선폭보다 좁은 선폭을 갖고 휘도가 높은 스펙트럼을 방사하는 중공음극램프가 많이 사용된다.
④ 분광기(파장선택부)는 광원램프에서 방사되는 휘선스펙트럼 가운데서 필요한 분석선만을 골라내기 위하여 사용되는데 일반적으로 회절격자나 프리즘(Prism)을 이용한 분광기가 사용된다.

· 아세틸렌-아산화질소 불꽃은 불꽃의 온도가 높기 때문에 불꽃 중에서 해리하기 어려운 내화성산화물을 만들기 쉬운 원소의 분석에 적당하다.
· 프로페인-공기 불꽃은 불꽃 온도가 낮고 일부 원소에 대하여 높은 감도를 나타낸다.

[개정 - 용어변경] 프로판→프로페인

정답 ①

041 다음 [보기]가 설명하는 원심력송풍기의 유형으로 옳은 것은?

[보기]
축차의 날개는 작고 회전축차의 회전방향 쪽으로 굽어있다. 이 송풍기는 비교적 느린 속도로 가동되며, 이 축차는 때로는 '다람쥐축차'라고 불린다. 주로 가정용 화로, 중앙난방장치 및 에어컨과 같이 저압 난방 및 환기 등에 이용된다.

① 프로펠러형
② 방사 날개형
③ 전향 날개형
④ 방사 경사형

③ 다람쥐축차는 전향날개형(다익형) 원심력 송풍기이다.

정답 ③

042 오염가스의 처리를 위한 소각법에 관한 설명으로 옳지 않은 것은?

① 가열소각법의 연소실 내의 온도는 850~1,100℃, 체류시간 3~5초로 설계하고 있다.
② 촉매소각은 Pt, Co, Ni 등의 촉매를 사용하며 400~500℃ 정도에서 수백분의 1초 동안에 소각시키는 방법이다.
③ 가열소각법은 오염기체의 농도가 낮을 경우 보조연료가 필요하며, 보통 경제적으로 오염가스의 농도가 연소하한치의 50% 이상일 때 적합한 방법이다.
④ 촉매소각은 소각효율도 높고, 압력손실도 작다는 장점이 있으나, Zn, Pb, Hg 및 분진과 같은 촉매독 때문에 촉매의 수명이 짧아지는 단점도 있다.

① 가열소각법(연소산화법)의 연소실 내의 온도는 600~800℃, 체류시간 0.3~0.5초로 설계하고 있다.

정답 ①

043 A굴뚝 배출가스 중 염소농도를 측정하였더니 100ppm이었다. 이때 염소농도를 50mg/Sm^{3}로 저하시키기 위하여 제거해야 할 염소농도 (mg/Sm^3)는?

① 약 32   ② 약 50
③ 약 267   ④ 약 317

현재농도 : $100\,mL/Sm^3 \times \dfrac{71\,mg}{22.4\,mL} = 316.964\,mg/Sm^3$

기준농도 : 50mg/Sm^3

제거농도 = 현재농도 - 기준농도
         = 316.964 - 50
         = 266.9 mg/Sm^3

정답 ③

044 전기집진장치의 집진율이 98%이고 집진시설에서 배출되는 먼지농도가 0.25g/m^{3}일 때 유입되는 먼지농도(g/m^3)는?

① 12.5   ② 15.0
③ 17.5   ④ 20.0

$C = C_o(1-\eta)$

$\therefore C_o = \dfrac{C}{(1-\eta)} = \dfrac{0.25}{(1-0.98)} = 12.5(g/m^3)$

정답 ①

045 다음 중 착화성이 좋은 경유의 세탄값 범위로 가장 적합한 것은?

① 0.1~1   ② 1~5
③ 5~10   ④ 40~60

세탄값이 클수록 발화성(착화성)이 좋다.

정답 ④

046 다음 가스연료의 완전연소 반응식으로 옳지 않은 것은?

① 수소 : $2H_2 + O_2 \rightarrow 2H_2O$
② 메탄 : $CH_4 + O_2 \rightarrow CO_2 + 2H_2$
③ 일산화탄소 : $2CO + O_2 \rightarrow 2CO_2$
④ 프로판 : $C_3H_8 + 5O_2 \rightarrow 3CO_2 + 4H_2O$

② 메탄 : $CH_4 + 2O_2 \rightarrow CO_2 + 2H_2O$

정답 ②

047 여과집진장치에서 처리가스 중 SO$_2$, HCl 등을 함유한 200℃ 정도의 고온 배출가스를 처리하는 데 가장 적합한 여포재는?

① 양모(wool)
② 목면(cotton)
③ 나일론(nylon)
④ 유리섬유(glass fiber)

다른 여포재보다 내열온도가 250℃로 높은 유리섬유가 적합하다.

정답 ④

048 사이클론의 직경이 56cm, 유입가스의 속도가 5.5m/s일 때 분리계수는?

① 약 11.0   ② 약 23.3
③ 약 46.5   ④ 약 55.2

분리계수(S) $= \dfrac{V^2}{Rg} = \dfrac{5.5^2}{\dfrac{0.56}{2} \times 9.8} = 11.02$

정답 ①

049 옥탄(C_8H_{18})이 완전연소될 때 부피 기준의 AFR (air fuel ratio)은?

① 약 15.0　　　　　② 약 59.5
③ 약 69.6　　　　　④ 약 71.2

$C_8H_{18} + 12.5O_2 \rightarrow 8CO_2 + 9H_2O$

$\therefore \text{AFR} = \dfrac{\text{공기(mole)}}{\text{연료(mole)}} = \dfrac{\text{산소(mole)}/0.21}{\text{연료(mole)}}$

$= \dfrac{12.5/0.21}{1} = 59.52$

정답 ②

050 기상농도와 액상농도의 평형관계를 나타내는 헨리법칙이 잘 적용되지 않는 기체는?

① O_2　　　　　② N_2
③ CO　　　　　④ Cl_2

헨리의 법칙이 잘 적용되는 기체	헨리의 법칙이 적용되기 어려운 기체
· 용해도가 작은 기체	· 용해도가 크거나 반응성이 큰 기체
· N_2, H_2, O_2, CO, CO_2, NO, NO_2, H_2S 등	· Cl_2, HCl, HF, SiF_4, SO_2 등

정답 ④

051 유해가스 성분을 제거하기 위한 흡수제의 구비 조건 중 옳지 않은 것은?

① 흡수제의 손실을 줄이기 위하여 휘발성이 적어야 한다.
② 흡수제는 화학적으로 안정해야 하며, 빙점은 높고, 비점은 낮아야 한다.
③ 흡수율을 높이고 범람(flooding)을 줄이기 위해서는 흡수제의 점도가 낮아야 한다.
④ 적은 양의 흡수제로 많은 오염물을 제거하기 위해서는 유해가스의 용해도가 큰 흡수제를 선정한다.

② 흡수제는 화학적으로 안정해야 하며, 빙점(어는점)은 낮고, 끓는점(비점)은 높아야 한다.

정답 ②

052 직경 0.3m인 덕트로 공기가 1m/s로 흐를 때 이 공기의 레이놀즈 수(N_{Re})는? (단, 공기밀도는 $1.3kg/m^3$, 점도는 $1.8 \times 10^{-4} kg/m \cdot s$이다.)

① 약 1,083　　　　② 약 2,167
③ 약 3,251　　　　④ 약 4,334

$R_e = \dfrac{DV\rho}{\mu}$

$= \dfrac{0.3 \times 1 \times 1.3}{1.8 \times 10^{-4}} = 2,166.66$

정답 ②

053 악취처리기술에 관한 설명으로 옳지 않은 것은?

① 흡수에 의한 방법 중 단탑은 충전탑에서 가스 액의 분리가 문제될 때 유용하다.
② 흡착에 의한 방법에서 흡착제를 재생하기 위해서는 증기를 사용하여 충전층을 340℃ 정도로 가열하여 준다.
③ 통풍 및 희석에 의한 방법을 사용할 경우 가스 토출속도는 50cm/s 정도로 하고 그 이하가 되면 다운워시(down wash) 현상을 일으킨다.
④ 흡수에 의한 처리방법을 사용할 경우 흡수에 의해 제거되는 가스상 오염물질은 세정액에 대해 가용성이어야 하고, H_2S의 경우는 에탄올과 아민 등에 흡수된다.

③ 가스토출속도가 낮으면 다운워시 현상이 발생하게 되므로, 토출속도를 높여야 한다.

정답 ③

054 휘발성 유기화합물과 냄새를 생물학적으로 제거하기 위해 사용하는 생물여과의 일반적 특성으로 가장 거리가 먼 것은?

① 설치에 넓은 면적을 요한다.
② 습도제어에 각별한 주의가 필요하다.
③ 고농도 오염물질의 처리에는 부적합한 편이다.
④ 입자상 물질 및 생체량이 감소하여 장치막힘의 우려가 없다.

④ 입자상 물질 및 생체량이 증가하여 장치가 막힐 우려가 있다.

정답 ④

055 중력침강실 내 함진가스의 유속이 2m/s인 경우, 바닥면으로부터 1m 높이(H)로 유입된 먼지는 수평으로 몇 m 떨어진 지점에 착지하겠는가? (단, 층류기준, 먼지의 침강속도는 0.4m/s)

① 2.5   ② 3.0
③ 4.5   ④ 5.0

$$L = \frac{V \times H}{V_s}$$
$$= \frac{2 \times 1}{0.4} = 5m$$

정답 ④

056 입자의 비표면적(단위 체적당 표면적)에 관한 설명으로 옳은 것은?

① 입자의 입경이 작아질수록 비표면적은 커진다.
② 입자의 비표면적이 커지면 응집성과 흡착력이 작아진다.
③ 입자의 비표면적이 작으면 원심력집진장치의 경우 입자가 장치의 벽면에 부착하여 장치벽면을 폐색시킨다.
④ 입자의 비표면적이 작으면 전기집진장치에서는 주로 먼지가 집진극에 퇴적되어 역전리 현상이 초래된다.

② 입자의 비표면적이 커지면 응집성과 흡착력이 커진다.
③ 입자의 비표면적이 크면 원심력집진장치의 경우 입자가 장치의 벽면에 부착하여 장치벽면을 폐색시킨다.
④ 입자의 비표면적이 크면 전기집진장치에서는 주로 먼지가 집진극에 퇴적되어 역전리 현상이 초래된다.

정답 ①

057 습식세정장치의 특징으로 옳지 않은 것은?

① 가연성, 폭발성 먼지를 처리할 수 있다.
② 부식성 가스와 먼지를 중화시킬 수 있다.
③ 단일장치에서 가스흡수와 먼지포집이 동시에 가능하다.
④ 배출가스는 가시적인 연기를 피하기 위해 별도의 재가열이 불필요하고, 집진된 먼지는 회수가 용이하다.

④ 배출가스는 가시적인 연기를 피하기 위해 별도의 재가열이 필요하고, 집진된 먼지는 회수가 어렵다.

정답 ④

058 유입공기 중 염소가스의 농도가 80,000ppm 이고, 흡수탑의 염소가스 제거효율은 80%이다. 이 흡수탑 3개를 직렬로 연결했을 때 유출공기 중 염소가스의 농도(ppm)는?

① 460
② 540
③ 640
④ 720

$$C = C_0(1-\eta_1)(1-\eta_2)(1-\eta_3)$$
$$= 80,000(1-0.8)(1-0.8)(1-0.8)$$
$$= 640$$

정답 ③

059 선택적 촉매환원법(SCR)에서 질소산화물을 N_2 로 환원시키는 데 가장 적당한 반응제는?

① 오존
② 염소
③ 암모니아
④ 이산화탄소

· 선택적 촉매환원법의 환원제 : NH_3, $(NH_2)_2CO$, H_2S
· 비선택적 촉매환원법의 환원제 : CH_4, H_2, H_2S, CO

정답 ③

060 연소계산에서 연소 후 배출가스 중 산소농도가 6.2%일 때 완전연소 시 공기비는?

① 1.15
② 1.23
③ 1.31
④ 1.42

완전연소시(배기가스 중 산소농도를 이용한) 공기비 계산

$$m = \frac{21}{21 - O_2} = \frac{21}{21 - 6.2} = 1.42$$

정답 ④

4과목　　대기환경관계법규

061 대기환경보전법령상 비산먼지 발생사업 신고 후 변경신고를 하여야 하는 경우로 옳지 않은 것은?

① 사업장의 명칭 또는 대표자를 변경하는 경우
② 비산먼지 배출공정을 변경하는 경우
③ 건설공사의 공사기간을 연장하는 경우
④ 공사중지를 한 경우

제58조(비산먼지 발생사업의 신고 등)

❷ 법 제43조제1항 단서에 따라 변경신고를 하여야 하는 경우는 다음 각 호와 같다. <개정 2019. 7. 16.>

1. 사업장의 명칭 또는 대표자를 변경하는 경우

2. 비산먼지 배출공정을 변경하는 경우

3. 다음 각 목에 해당하는 사업 또는 공사의 규모를 늘리거나 그 종류를 추가하는 경우

　가. 별표 13 제1호가목 중 시멘트제조업(석회석의 채광·채취 공정이 포함되는 경우만 해당한다)

　나. 별표 13 제5호가목부터 바목까지에 해당하는 공사로서 사업의 규모가 신고대상사업 최소 규모의 10배 이상인 공사 3의2. 제3호 각 목 외의 사업으로서 사업의 규모를 10퍼센트 이상 늘리거나 그 종류를 추가하는 경우

4. 비산먼지 발생억제시설 또는 조치사항을 변경하는 경우

5. 공사기간을 연장하는 경우(건설공사의 경우에만 해당한다.)

정답 ④

062 대기환경보전법령상 청정연료를 사용하여야 하는 대상시설의 범위로 옳지 않은 것은?

① 산업용 열병합 발전시설
② 건축법 시행령에 따른 공동주택으로서 동일한 보일러를 이용하여 하나의 단지 또는 여러 개의 단지가 공동으로 열을 이용하는 중앙집중난방방식으로 열을 공급받고, 단지 내의 모든 세대의 평균 전용면적이 40.0m²를 초과하는 공동주택
③ 전체 보일러의 시간당 총 증발량이 0.2톤 이상인 업무용보일러(영업용 및 공공용보일러를 포함하되, 산업용보일러는 제외한다.)
④ 집단에너지사업법 시행령에 따른 지역냉난방사업을 위한 시설(단, 지역냉난방사업을 위한 시설 중 발전폐열을 지역냉난방용으로 공급하는 산업용 열병합 발전시설로서 환경부장관이 승인한 시설은 제외)

063 다음은 대기환경보전법령상 총량규제구역의 지정 사항이다. ( )안에 가장 적합한 것은?

> (㉠)은/는 법에 따라 그 구역의 사업장에서 배출되는 대기오염물질을 총량으로 규제하려는 경우에는 다음 각 호의 사항을 고시하여야 한다.
> 1. 총량규제구역
> 2. 총량규제 대기오염물질
> 3. (㉡)
> 4. 그 밖에 총량규제구역의 대기관리를 위하여 필요한 사항

① ㉠ 대통령, ㉡ 총량규제부하량
② ㉠ 환경부장관, ㉡ 총량규제부하량
③ ㉠ 대통령, ㉡ 대기오염물질의 저감계획
④ ㉠ 환경부장관, ㉡ 대기오염물질의 저감계획

064 다음은 대기환경보전법령상 오염물질 초과에 따른 초과부과금의 위반횟수별 부과계수이다. ( )안에 알맞은 것은?

> 위반횟수별 부과계수는 각 비율을 곱한 것으로 한다.
> - 위반이 없는 경우 : (㉠)
> - 처음 위반한 경우 : (㉡)
> - 2차 이상 위반한 경우 : 위반 직전의 부과계수에 (㉢)을(를) 곱한 것

① ㉠ 100분의 100, ㉡ 100분의 105,
　㉢ 100분의 105
② ㉠ 100분의 100, ㉡ 100분의 105,
　㉢ 100분의 110
③ ㉠ 100분의 105, ㉡ 100분의 110,
　㉢ 100분의 110
④ ㉠ 100분의 105, ㉡ 100분의 110,
　㉢ 100분의 115

초과부과금의 위반횟수별 부과계수

1. 위반이 없는 경우 : 100분의 100
2. 처음 위반한 경우 : 100분의 105
3. 2차 이상 위반한 경우 : 위반 직전의 부과계수에 100분의 105를 곱한 것

정답 ①

065 대기환경보전법령상 자동차제작자는 자동차배출가스가 배출가스 보증기간에 제작차배출허용기준에 맞게 유지될 수 있다는 인증을 받아야 하는데, 이 인증받은 내용과 다르게 자동차를 제작하여 판매한 경우 환경부장관은 자동차제작자에게 과징금을 처분을 명할 수 있다. 이 과징금은 최대 얼마를 초과할 수 없는가?

① 500억원　　　② 100억원
③ 10억원　　　④ 5억원

제56조(과징금 처분)

환경부장관은 자동차제작자가 다음 각 호의 어느 하나에 해당하는 경우에는 그 자동차제작자에 대하여 매출액에 100분의 5를 곱한 금액을 초과하지 아니하는 범위에서 과징금을 부과할 수 있다. 이 경우 과징금의 금액은 500억원을 초과할 수 없다.

정답 ①

066 대기환경보전법령상 위임업무 보고사항 중 자동차연료 제조기준 적합여부 검사현황의 보고 횟수기준으로 옳은 것은?

① 수시　　　② 연 1회
③ 연 2회　　　④ 연 4회

대기환경보전법 시행규칙 [별표 37] <개정 2017. 1. 26.>

위임업무 보고사항(제136조 관련)

업무내용	보고 횟수
1. 환경오염사고 발생 및 조치 사항	수시
2. 수입자동차 배출가스 인증 및 검사 현황	연 4회
3. 자동차 연료 및 첨가제의 제조·판매 또는 사용에 대한 규제현황	연 2회
4. 자동차 연료 또는 첨가제의 제조기준 적합 여부 검사현황	연료 : 연 4회 첨가제 : 연 2회
5. 측정기기 관리대행업의 등록, 변경등록 및 행정처분 현황	연 1회

정답 ④

067 실내공기질 관리법령상 실내공간 오염물질에 해당하지 않는 것은?

① 이산화탄소(CO_2)   ② 일산화질소(NO)
③ 일산화탄소(CO)   ④ 이산화질소(NO_2)

실내공기질 관리법 시행규칙 [별표 1] <개정 2019. 2. 13.>

오염물질(제2조 관련) ★

· PM10, PM2.5

· CO, CO_2, NO_2, O_3

· HCHO, 석면, Rn

· VOC, BTEX, 스틸렌

· 곰팡이, 총부유세균

정답 ②

---

068 대기환경보전법령상 초과부과금 산정 시 다음 오염물질 1kg당 부과금액이 가장 큰 오염물질은?

① 불소화물   ② 황화수소
③ 이황화탄소   ④ 암모니아

초과부과금 산정기준(제24조제2항 관련)

(금액 : 원)

구분	특정대기유해물질			황화수소
오염물질	염화수소	시안화수소	불소화물	
금액	7,400	7,300	2,300	6,000

오염물질	질소산화물	이황화탄소	암모니아	먼지	황산화물
금액	2,130	1,600	1,400	770	500

정답 ②

069 악취방지법령상 위임업무 보고사항 중 "악취검사기관의 지정, 지정사항 변경보고 접수 실적"의 보고횟수 기준은?

① 연 1회   ② 연 2회
③ 연 4회   ④ 수시

악취방지법의 위임업무 보고사항의 보고횟수는 모두 연 1회이다.

정답 ①

070 대기환경보전법령상 시·도지사가 설치하는 대기오염 측정망의 종류에 해당하지 않는 것은?

① 도시지역의 대기오염물질 농도를 측정하기 위한 도시대기측정망
② 도로변의 대기오염물질 농도를 측정하기 위한 도로변대기측정망
③ 대기 중의 중금속 농도를 측정하기 위한 대기중금속측정망
④ 도시지역의 휘발성유기화합물 등의 농도를 측정하기 위한 광화학대기오염물질측정망

④ 수도권대기환경청장, 국립환경과학원장 또는 한국환경공단이 설치하는 대기오염 측정망이다.

측정망

· 시·도지사(특별시장·광역시장·특별자치시장·도지사 또는 특별자치도지사)가 설치하는 대기오염 측정망의 종류

1. 도시지역의 대기오염물질 농도를 측정하기 위한 도시대기측정망
2. 도로변의 대기오염물질 농도를 측정하기 위한 도로변대기측정망
3. 대기 중의 중금속 농도를 측정하기 위한 대기중금속측정망

· 수도권대기환경청장, 국립환경과학원장 또는 한국환경공단이 설치하는 대기오염 측정망의 종류

1. 대기오염물질의 지역배경농도를 측정하기 위한 교외대기측정망
2. 대기오염물질의 국가배경농도와 장거리이동 현황을 파악하기 위한 국가배경농도측정망
3. 도시지역 또는 산업단지 인근지역의 특정대기유해물질(중금속을 제외한다)의 오염도를 측정하기 위한 유해대기물질측정망
4. 도시지역의 휘발성유기화합물 등의 농도를 측정하기 위한 광화학대기오염물질측정망
5. 산성 대기오염물질의 건성 및 습성 침착량을 측정하기 위한 산성강하물측정망
6. 기후·생태계 변화유발물질의 농도를 측정하기 위한 지구대기측정망
7. 장거리이동대기오염물질의 성분을 집중 측정하기 위한 대기오염집중측정망
8. 초미세먼지(PM-2.5)의 성분 및 농도를 측정하기 위한 미세먼지성분측정망

정답 ④

071 악취방지법령상 악취방지계획에 따라 악취방지에 필요한 조치를 하지 아니하고 악취배출시설을 가동한 자에 대한 벌칙기준은?

① 1년 이하의 징역 또는 1천만원 이하의 벌금
② 500만원 이하의 벌금
③ 300만원 이하의 벌금
④ 100만원 이하의 벌금

악취방지법 – 300만원 이하의 벌금

1. 악취 배출 허용기준 초과와 관련하여 받은 개선명령을 이행하지 아니한 자
2. 관계 공무원의 출입·채취 및 검사를 거부 또는 방해하거나 기피한 자
3. 악취방지계획에 따라 악취방지에 필요한 조치를 하지 아니하고 악취배출시설을 가동한 자
4. 기간 이내에 악취방지계획에 따라 악취방지에 필요한 조치를 하지 아니한 자

정답 ③

072 경정책기본법령상 초미세먼지(PM-2.5)의 ㉠ 연간 평균치 및 ㉡ 24시간 평균치 대기환경 기준으로 옳은 것은? (단, 단위는 $\mu g/m^3$)

① ㉠ 50 이하, ㉡ 100 이하
② ㉠ 35 이하, ㉡ 50 이하
③ ㉠ 20 이하, ㉡ 50 이하
④ ㉠ 15 이하, ㉡ 35 이하

환경정책기본법상 대기 환경기준 <개정 2019. 7. 2.>

측정 시간	SO_2 (ppm)	NO_2 (ppm)	O_3 (ppm)	CO (ppm)
연간	0.02	0.03	−	−
24시간	0.05	0.06	−	−
8시간	−	−	0.06	9
1시간	0.15	0.10	0.10	25

측정 시간	PM_{10} ($\mu g/m^3$)	$PM_{2.5}$ ($\mu g/m^3$)	납(Pb) ($\mu g/m^3$)	벤젠 ($\mu g/m^3$)
연간	50	15	0.5	5
24시간	100	35	−	−
8시간	−	−	−	−
1시간	−	−	−	−

정답 ④

073 환경정책기본법령상 오존(O_3)의 대기환경기준으로 옳은 것은? (단, 8시간 평균치 기준)

① 0.10ppm 이하
② 0.06ppm 이하
③ 0.05ppm 이하
④ 0.02ppm 이하

환경정책기본법상 대기 환경기준 <개정 2019. 7. 2.>

측정 시간	SO_2 (ppm)	NO_2 (ppm)	O_3 (ppm)	CO (ppm)
연간	0.02	0.03	−	−
24시간	0.05	0.06	−	−
8시간	−	−	0.06	9
1시간	0.15	0.10	0.10	25

측정 시간	PM_{10} ($\mu g/m^3$)	$PM_{2.5}$ ($\mu g/m^3$)	납(Pb) ($\mu g/m^3$)	벤젠 ($\mu g/m^3$)
연간	50	15	0.5	5
24시간	100	35	−	−
8시간	−	−	−	−
1시간	−	−	−	−

정답 ②

074 대기환경보전법령상 자동차에 온실가스 배출량을 표시하지 아니하거나 거짓으로 표시한 자에 대한 과태료 부과기준으로 옳은 것은?

① 500만원 이하의 과태료
② 300만원 이하의 과태료
③ 200만원 이하의 과태료
④ 100만원 이하의 과태료

500만원 이하의 과태료 <개정 2017. 11. 28.>

1. 배출시설에서 나오는 오염물질을 자가측정하지 아니한 자 또는 측정결과를 거짓으로 기록하거나 기록·보존하지 아니한 자

1의2. 인증·변경인증을 받은 자동차제작자가 환경부령으로 정하는 바에 따라 인증·변경인증의 표시를 하지 아니한 자

2. 자동차에 온실가스 배출량을 표시하지 아니하거나 거짓으로 표시한 자

정답 ①

075 대기환경보전법령상 장거리이동대기오염물질 대책위원회에 관한 사항으로 거리가 먼 것은?

① 위원회는 위원장 1명을 포함한 25명 이내의 위원으로 성별을 고려하여 구성한다.
② 위원회의 위원장은 환경부차관이 된다.
③ 위원회와 실무위원회 및 장거리이동대기오염물질연구단의 구성 및 운영 등에 관하여 필요한 사항은 환경부령으로 정한다.
④ 소관별 추진대책의 수립·시행에 필요한 조사·연구를 위하여 위원회에 장거리이동대기오염물질연구단을 둔다.

③ 위원회와 실무위원회 및 장거리이동대기오염물질연구단의 구성 및 운영 등에 관하여 필요한 사항은 **대통령령**으로 정한다.

정답 ③

076 대기환경보전법령상 2016년 1월 1일 이후 제작 자동차 중 휘발유를 연료로 사용하는 최고속도 130km/h 미만 이륜자동차의 배출가스 보증기간 적용기준으로 옳은 것은?

① 2년 또는 20,000km
② 5년 또는 50,000km
③ 6년 또는 100,000km
④ 10년 또는 192,000km

대기환경보전법 시행규칙 [별표 18] <개정 2015.12.10.>
배출가스 보증기간(제63조 관련)

사용 연료	자동차의 종류		적용기간
휘발유	경자동차, 소형 승용·화물자동차, 중형 승용·화물자동차		15년 또는 240,000km
	대형 승용·화물자동차, 초대형 승용·화물자동차		2년 또는 160,000km
	이륜자동차	최고속도 130km/h 미만	2년 또는 20,000km
		최고속도 130km/h 이상	2년 또는 35,000km

정답 ①

077 대기환경보전법령상 개선명령 등의 이행보고 및 확인과 관련하여 환경부령으로 정한 대기오염도 검사기관과 거리가 먼 것은?

① 수도권대기환경청
② 시·도의 보건환경연구원
③ 지방환경보전협회
④ 한국환경공단

대기오염도 검사기관

1. 국립환경과학원
2. 특별시·광역시·특별자치시·도·특별자치도의 보건환경연구원
3. 유역환경청, 지방환경청 또는 수도권대기환경청
4. 한국환경공단
5. 「국가표준기본법」 제23조에 따른 인정을 받은 시험·검사기관 중 환경부장관이 정하여 고시하는 기관

정답 ③

078 대기환경보전법령상 유해성 대기감시물질에 해당하지 않는 것은?

① 불소화물
② 이산화탄소
③ 사염화탄소
④ 일산화탄소

대기환경보전법 시행규칙 [별표 1의2] <신설 2017. 1. 26.>

유해성대기감시물질(제2조의2 관련)

1. 카드뮴 및 그 화합물	23. 아세트알데히드
2. 시안화수소	24. 벤지딘
3. 납 및 그 화합물	25. 1,3-부타디엔
4. 폴리염화비페닐	26. 다환 방향족 탄화수소류
5. 크롬 및 그 화합물	27. 에틸렌옥사이드
6. 비소 및 그 화합물	28. 디클로로메탄
7. 수은 및 그 화합물	29. 스틸렌
8. 프로필렌옥사이드	30. 테트라클로로에틸렌
9. 염소 및 염화수소	31. 1,2-디클로로에탄
10. 불소화물	32. 에틸벤젠
11. 석면	33. 트리클로로에틸렌
12. 니켈 및 그 화합물	34. 아크릴로니트릴
13. 염화비닐	35. 히드라진
14. 다이옥신	36. 암모니아
15. 페놀 및 그 화합물	37. 아세트산비닐
16. 베릴륨 및 그 화합물	38. 비스(2-에틸헥실) 프탈레이트
17. 벤젠	39. 디메틸포름아미드
18. 사염화탄소	40. 일산화탄소
19. 이황화메틸	41. 알루미늄 및 그 화합물
20. 아닐린	42. 망간화합물
21. 클로로포름	43. 구리 및 그 화합물
22. 포름알데히드	

정답 ②

079 대기환경보전법령상 기본부과금 산정을 위해 확정배출량 명세서에 포함되어 시·도지사 등에게 제출해야 할 서류목록으로 거리가 먼 것은?

① 황 함유분석표 사본
② 연료사용량 또는 생산일지
③ 조업일지
④ 방지시설개선 실적표

기본부과금 산정을 위해 확정배출량 명세서에 포함되어 시·도지사 등에게 제출해야 할 서류목록

1. **황 함유분석표 사본**(황 함유량이 적용되는 배출계수를 이용하는 경우에만 제출하며, 해당 부과기간 동안의 분석표만 제출한다)

2. **연료사용량 또는 생산일지** 등 배출계수별 단위사용량을 확인할 수 있는 서류 사본(배출계수를 이용하는 경우에만 제출한다)

3. **조업일지** 등 조업일수를 확인할 수 있는 서류 사본(자가측정 결과를 이용하는 경우에만 제출한다)

4. **배출구별 자가측정한 기록 사본**(자가측정 결과를 이용하는 경우에만 제출한다)

정답 ④

---

080 대기환경보전법령상 대기오염물질 배출시설의 설치가 불가능한 지역에서 배출시설 설치허가를 받지 않거나 신고를 하지 아니하고 배출시설을 설치한 경우의 1차 행정처분기준으로 옳은 것은?

① 조업정지   ② 개선명령
③ 폐쇄명령   ④ 경고

대기환경보전법 시행규칙 [별표 36] <개정 2018. 11. 29.>

행정처분기준(제134조 관련)

2. 개별기준

가. 배출시설 및 방지시설 등과 관련된 행정처분기준

위반사항	행정처분기준			
	1차	2차	3차	4차
1) 법 제23조에 따라 배출시설설치허가(변경허가를 포함한다)를 받지 아니하거나 신고를 하지 아니하고 배출시설을 설치한 경우				
가) 해당 지역이 배출시설의 설치가 가능한 지역인 경우	사용중지명령			
나) 해당 지역이 배출시설의 설치가 불가능한 지역일 경우	폐쇄명령			

정답 ③

MEMO

대기환경기사·산업기사 필기

2024년 1월 10일 인쇄
2024년 1월 15일 발행

저자 : 고경미
펴낸이 : 이정일

펴낸곳 : 도서출판 **일진사**
www.iljinsa.com

(우) 04317 서울시 용산구 효창원로 64길 6
대표전화 : 704-1616, 팩스 : 715-3536
이메일 : webmaster@iljinsa.com
등록번호 : 제1979-000009호(1979.4.2)

값 49,000원

ISBN : 978-89-429-1758-7